国际电气与电子工程译丛

# 动态系统辨识
## ——导论与应用

## Identification of Dynamic Systems
## ——An Introduction with Applications

（德） R. 伊泽曼（Rolf Isermann） 著
M. 明奇霍夫（Marco Münchhof）
杨 帆 耿立辉 倪博溢 译
萧德云 审

机 械 工 业 出 版 社
（原著由 Springer 出版）

本书以一种易懂、明晰、有条理的方式论述系统辨识，而且特别注重面向应用的辨识方法。主要内容包括时域与频域、连续时间与离散时间的非参数模型辨识和参数模型辨识，比较深入地讨论了辨识的数值计算和实际应用中的若干问题；对多变量系统辨识、非线性系统辨识以及闭环系统辨识等也有较为系统的论述。全书共分 9 个部分，24 章，各章论述系统、简要，配有习题和数据集，供读者练习，以加强理解。

本书可供自动化类及相关专业高校师生和工程科技人员选用。



**图书在版编目(CIP)数据**

动态系统辨识:导论与应用/(德)伊泽曼,(德)明奇霍夫著;杨帆,耿立辉,倪博溢译.—北京:机械工业出版社,2016.3(2024.7 重印)

(国际电气与电子工程译丛)

书名原文:Identification of Dynamic Systems:An Introduction with Applications

ISBN 978-7-111-53217-0

Ⅰ.①动… Ⅱ.①伊… ②明… ③杨… ④耿… ⑤倪… Ⅲ.①动态系统-系统辨识 Ⅳ.①TP13

中国版本图书馆 CIP 数据核字(2016)第 051542 号

机械工业出版社(北京市百万庄大街 22 号 邮政编码 100037)

责任编辑:时 静 责任校对:张艳霞

责任印制:乔 宇

北京中科印刷有限公司印刷

2024 年 7 月第 1 版·第 4 次印刷

184mm×260mm·35.25 印张·870 千字

标准书号:ISBN 978-7-111-53217-0

定价:129.00 元

# 中文版序[一]

利用数学模型对任意类型的自然或技术过程进行理解、设计或操作变得日益重要。获得不同数学形式的模型可以创造许多可能性，比如在建立过程之前先进行仿真，或者实现特定的控制操作条件之前先进行测试，或者训练驾驶员和操作员等。数学模型也可能是控制系统的一部分，而且是调优或自适应控制系统必不可少的部分。

由于很多情况下建立过程模型不能仅基于物理和化学定律等理论公式，所以需要利用评估计算测量信号而进行辨识。更多采用的是混合的方法，即先利用基本原理推导出模型结构，也就是模型方程式，然后利用参数估计方法，根据测量数据确定模型的最优参数。

本书的英文原版于2010年底问世。萧德云教授意识到，本书将在中国对学习系统辨识的学生和运用系统辨识的实践者非常有帮助，因此推荐将其翻译成中文。这本系统辨识著作的主要优势是：对辨识方法做了全面介绍，且重点聚焦于各种方法背后的引出动机和基本思想，并伴有实践问题的讨论；不同的工业应用实例会激发读者，通过对所给实例的学习，将方法转化成各自的具体应用；取自实验装置的数据可以让读者马上行动起来，将本书讨论的算法应用于现实世界的数据。

取得出版商的同意后，杨帆博士（清华大学）、耿立辉博士（天津职业技术师范大学）和倪博溢博士（SAP中国研究院）高度勤奋地翻译了本书，萧德云教授对译稿进行了仔细的修改审定。

我们十分感谢将本书翻译成中文，感谢译者的敬业工作以及所付出的时间与努力，祝愿本书能顺利传播推广。

R. 伊泽曼，M. 明奇霍夫
2015年5月
于达姆施塔特

[一] 译者注：“中文版序”原文附后。

# Preface for the Chinese translation

Employing mathematical models of any type of natural or technical processes becomes increasingly important in understanding or designing and operating these processes. The access to models in different mathematical forms opens for example the possibility to simulate processes before they are built or to test special controlled operation conditions before their realization or to train pilots and operators. Mathematical models may also be part of control systems and are an essential part of well – tuned or adaptive control systems.

As the creation of process models in many cases cannot only be based on theoretical formulations based on e. g. physical and chemical laws, the identification by evaluating measured signals is required in many cases. Often, a hybrid approach is employed where first the model structure, i. e. equations, are derived by applying first principles. By parameter estimation, then the optimal parameters for the model are determined from measurements.

The original English version of this book appeared at the end of 2010. It was Professor Xiao, who felt that the book will prove very helpful to students and practitioners of system identification in China and therefore recommended its translation. The main benefits of this compendium on system identification are the holistic introduction to identification methods focusing on the motivation and ideas behind the individual methods accompanied by a discussion on practical issues. The various examples of industrial applications shall stimulate the reader to transfer the methods to his/her specific application by learning from the provided examples. Test data taken at an experimental setup allow the reader to take the first steps right away and apply the algorithms presented in this book to real – world data.

After acceptance by the publisher, the manuscript was with high diligence translated by Dr. Yang (Tsinghua University), Dr. Geng (Tianjin University of Technology and Education) and Dr. Ni (SAP China). Professor Xiao then carefully revised the Chinese manuscript.

We highly appreciate the translation of the book into Chinese, thank our colleagues for this dedicated work and their time and effort, and wish all the best for the dissemination of the book.

Rolf Isermann　　Marco Münchhof

Darmstadt, May 2015

# 序

系统辨识研究的是如何根据含有噪声的输入和输出数据建立系统的数学模型，所获得的辨识模型是某种准则意义下的一种统计近似，近似的程度取决于对系统先验知识的了解，以及对辨识三要素（数据集、模型类和准则函数）的掌握和运用。在 R. Isermann 教授这本著作中，对辨识的这些本质概念给出了充分的论述和解释，使人真正领略到这些概念的内在意义。另外，系统辨识确实就像荷兰教授 P. Eykhoff 所说的那样——“是一只装满技巧的口袋”，R. Isermann 教授这本著作是这句话的最好诠释，该书从时域到频域、从连续时间到离散时间、从线性到非线性、从 SISO 系统到 MIMO 系统、从模型结构确定到模型参数估计、从变量选择到测试信号设计以及从理论分析到实例应用等多方面、多角度地论述辨识技巧无所不在，让人信服并领悟到辨识技巧的魅力。特别地，R. Isermann 教授在这本著作中为读者点出了许多辨识研究的空间和方向，有心者可以从中受到启迪，有望研究出更多、更巧的辨识技巧，以进一步丰富辨识这只“口袋”。

2011 年看到 R. Isermann 教授这本著作问世之时，就感到这是一本具有时代感的不凡大作，推荐杨帆博士将它翻译成中文出版。后来杨帆博士又邀请耿立辉博士和倪博溢博士加盟，这是三位年轻的工学博士，具备深厚的系统辨识学术底蕴，算是强强联手。他们三位取得清华大学博士学位之后，先后在加拿大、德国、法国和澳大利亚从事过博士后研究或做过访问学者，对系统辨识的灼见深受合作导师的赏识。

杨帆博士从 2012 年起接替我担任清华大学研究生“系统辨识理论与实践”这门专业基础课的教学工作。在课堂理论教学环节中，可以把深奥的知识讲得深入浅出、入木三分。在课堂讨论环节中，可以游刃有余地引导学生层层深入，将辨识的知识点像穿糖葫芦似地贯穿在一起，课后学生总会深深感叹“原来辨识知识点有这么紧密的关联”。

耿立辉博士在 EIV 模型辨识方面提出具有广泛实用意义的两种方法，并在小型卫星广义姿态模型辨识中得到成功应用。一种是 $L_2$ 最优辨识方法，在 $L_2$ 信号空间下对测量数据进行正交分解，使描述为正规互质因子的系统模型输出与描述为补内矩阵因子的噪声模型输出正交，以此获得系统辨识模型。另一种是鲁棒辨识方法，以 v－gap 度量为优化准则，通过对描述为正规互质因子的系统模型进行优化，并量化其最坏情况下的误差，以获得系统辨识模型。

倪博溢博士在非均匀采样系统辨识方面做出过具有创新性的贡献，并成功用于天然气长输管线生产过程的数据压缩。针对非均匀采样系统，提出基于有限脉冲响应模型的最小二乘辨识方法和基于 Fourier 变换的频域模型辨识方法；通过构造积分滤波器，提出连续状态空间模型下的子空间辨识方法和在非均匀步长和数据不完备条件下的高斯－牛顿递推辨识方法。

虽然三位博士具有渊博的专业知识，对系统辨识的研究也成绩斐然，但承担本书的翻译工作依然谦虚好学，兢兢业业，协同努力，经常在一起探索作者的学术思想，以及应如何才能更好地表述作者的学术观点，可谓是三人同心，其利断金，才有如此难得的译作，可喜可贺。在此，借昔人的韵调点赞三位博士对译作的孜孜以求：百计修编不肯休，千方润色似苛求，认真不苟皆堪表，译著能成数一流。希望他们再接再厉，将来出版更多、更好的专业著作。

萧德云

2016 年 2 月 1 日

于清华园

# 译 著 序 言

本书英文原版由德国 Darmstadt 工业大学 R. Isermann 教授和 M. Münchhof 博士合著。Isermann 教授是 Darmstadt 工业大学自动控制研究所荣休教授、控制系统与过程自动化实验室主任、国际自动控制联合会（IFAC）Fellow，曾任 IFAC 副主席和多个技术委员会主席等学术职务，在国际自动控制界享有崇高声誉。他多年从事系统辨识的科研和教学工作，几十年间在系统辨识的方法探索和应用研究方面做出了诸多成果。

作者结合自己在系统辨识方面的研究工作，于 20 世纪 70 年代出版了德文版专著《Prozeßidentifikation》，之后多次扩充、再版，例如 1992 年版的《Identifikation Dynamischer Systeme》。本书英文版可以说是作者几十年的积累之大成。21 世纪以来系统辨识领域鲜有扛鼎之作，而本书则是一部重量级作品，值得学习与品味。为方便国内读者阅读，我们将其翻译成中文，希望能帮助到更多的读者从中受益。

本书的主要特点：

（1）体系完整，包括了时域与频域、连续时间与离散时间的各种常用辨识方法，并对多变量系统辨识、非线性系统辨识以及闭环系统辨识等有较为系统的论述。对子空间辨识、神经网络辨识等较新的研究成果做了专题介绍，弥补了经典专著在这方面的缺失。

（2）书中没有过多和过于严格的数学推导和证明，特别强调方法的思路和应用，对问题的原始出处给出了许多参考文献，为读者的进一步探讨提供了方便。参考文献中近十年的占有较大比例，可以看出作者特别注意学术界的新发展。

（3）出于为读者着想，作者花较大篇幅介绍了信号处理以及相关领域的基础知识和基本方法，并对算法的数值性能做了恰到好处的讨论，这是辨识方法在实际应用中必然要面临的问题。

（4）应用导向是本书的宗旨，因此书中对各种方法的适用性、特点和实践中的若干问题做了很多讨论，专门介绍了辨识方法在几类典型实际对象上的应用，这一定会给读者留下深刻的印象。阅读这部分内容时需要一定的领域背景知识，读者可参阅作者的另外几部英文专著《Mechatronic Systems：Fundamentals》、《Fault-diagnosis systems：An introduction from fault detection to fault tolerance》和《Fault diagnosis of technical processes》等。

（5）本书多数章节配有习题，这些习题多数属于概念题或思考题，也有一些需要算法实现的题目，认真做一做对理解正文内容会有很大好处。

本书还配有数据集，可从网页“http：//extras.springer.com/2011/978-3-540-78879-9”下载。这是在三质量振荡器上进行实验得到的数据，包括多组外加输入信号和相应的输出信号，数据集的采样频率很高，经间隔选用，可提供多种不同采样时间（整数倍）的数据。三质量振荡器的机理模型见附录 B，实验设置见配套说明文件。

本书由杨帆、耿立辉和倪博溢三位博士联手翻译，并得到清华大学自动化系多位教授的指导。杨帆博士翻译了第1章、第8~13章、第24章及中文版序、原著序言、符号列表和索引；耿立辉博士翻译了第2~7章、第22章、第23章及附录A和B；倪博溢博士翻译了第14~21章；清华大学萧德云教授对全书进行了逐句认真的审校，保证了翻译质量，也使全书行文格调趋于一律。特别还应该致谢责任编辑时静老师为本书的出版所做的一切。

译者花了一年多的时间进行翻译，力图忠实传达作者的原意。翻译过程中，译者对原文中的一些疏漏进行了校订，以译者注的形式放在脚注中，供读者参考。尽管译者尽了全力，但由于水平有限，仍不免存在谬误，敬请读者批评指正。

译者：杨帆、耿立辉、倪博溢

于清华大学

2016年2月

# 原 著 序 言

自动控制系统的设计、实现和操作等许多问题都需要相对准确的数学模型，以用于描述过程的稳态和动态特性。自然科学的各个领域，特别是物理、化学和生物学，以及在医学工程和经济学中，一般也是如此。如果物理定律（基本原理）的解析形式已知，那么基本的稳态和动态特性可以通过理论分析或物理建模得到。然而，如果这些定律未知或者只有部分已知，或者关键参数不能足够精确地获得，那么就必须进行实验建模，称作过程辨识或系统辨识，也就是利用测量信号在所选的数学模型类中确定过程或系统的模型。

系统辨识这个科学领域是在1960年左右开始系统地发展起来的，尤其是在控制和通信工程领域。它以系统理论、信号理论、控制理论和统计估计理论的方法为基础，且受现代测量技术、数值计算和精确信号处理、控制及自动化功能等需求的影响。辨识方法的发展可诉诸大量的文章和书籍，然而产生重要影响的是IFAC系统辨识专题会议。该会议从1967年以来在全世界范围内每三年组织一次，2009年在法国圣马洛召开的是第15届。

本书旨在以一种易懂、明晰、有条理的方式论述系统辨识，而且特别注重面向应用的方法，这对使用者解决实验建模问题很有帮助。本书以1971、1974、1991以及1992年出版的德文书和多年讲授的课程为基础，内容包括过去30年来自己的研究成果和许多其他研究团队的论著。

全书分9个部分。在“绪论”及“线性动态系统和随机信号的数学模型”两章之后，第I部分论述**非参数模型和连续时间信号的辨识方法**。利用非周期和周期测试信号确定频率响应的经典方法对理解辨识的一些基本概念是非常有益的，而且是其他辨识方法的基础。

第II部分讨论利用**自相关和互相关函数确定脉冲响应**的方法，包括连续时间和离散时间。这些相关分析方法可以看作是用于具有随机干扰测量数据的基本辨识方法，它们是后面章节论述的其他估计方法的基本要素，并可直接用于二值测试信号的设计。

第III部分中论述离散时间参数模型（比如差分方程）的**辨识方法**主要基于最小二乘参数估计。首先，针对稳态过程讨论这些估计方法，也称作回归分析，然后扩展到动态过程，导出非递推和递推的两种参数估计方法，并给出多种改进方法，如增广最小二乘法、总体最小二乘法以及辅助变量法等。贝叶斯方法和极大似然方法需要更深的理论背景，也涉及性能边界的讨论。另外，专门有两章探讨时变系统和闭环条件下的参数估计。

第IV部分介绍**连续时间模型的参数估计方法**。首先将参数估计方法扩展用于可测的频率响应，然后讨论微分方程的参数估计和利用状态变量滤波器的子空间方法。

第V部分集中讨论**多变量系统（MIMO）的辨识**。首先讨论线性传递函数和状态空间模型的基本结构，然后讨论相关分析和参数估计方法，包括同时激励几个输入情况下特殊的不相关测试信号的设计。然而，有时逐个依次辨识单输入多输出（SIMO）过程反而会更加简单。

对许多复杂的过程，**非线性系统辨识**非常重要，第VI部分讨论这个问题。对一些特殊的模型结构，如Volterra级数、Hammerstein模型和Wiener模型，可以直接使用线性系统所用的参数估计方法。然后探讨多维、非线性问题的迭代优化方法和一些已经发展起来的其他有效方法，包括基于结合参数模型的非线性网络模型方法，如神经网络及其变形，以及以非参数表示的查表（图）法等。此外，还讨论使用扩展 Kalman 滤波器的方法。

第 VII 部分总结了几种辨识方法所共有的一些**其他问题**，包括数值计算问题、参数估计的实际考虑和不同参数估计方法的比较等。

第 VIII 部分论述几种辨识方法**在实际过程中的应用**，如电动和液压执行器、机床和机器人、热交换器、内燃引擎和汽车的驱动动态特性等。

第 IX 部分是**附录**，给出一些数学方面的知识和三质量振荡器过程的描述，它被用作贯穿全书的实例。读者可以从 Springer 网页下载测量数据，供应用使用。

动态系统辨识的主题非常宽广，且以许多专家的研究为基础。一些早期的贡献是许多其他方面发展的基础，下面仅列出少部分作者，他们是早期重大成果的贡献者。V. Strejc（1959）发表了阶跃响应特征参数的确定方法；Schaefer and Feissel（1955）和 Balchen（1962）首先利用正交相关分析法测量频率响应；Chow and Davies（1964）、Schweitzer（1966）、Briggs（1967）、Godfrey（1970）和 Davies（1970）等人提出了相关分析法和伪随机二进序列信号的设计方法。大约 1960 年至 1974 年期间，J. Durbin、R. C. K. Lee、V. Strejc、P. Eykhoff、K. J. Åström、V. Peterka、H. Akaike、P. Young、D. W. Clarke、R. K. Mehra、J. M. Mendel、G. Goodwin、L. Ljung、T. Söderström 等人的工作，大大推动了动态过程参数估计理论和应用的发展。

其他一些对辨识领域的贡献在相应章节中给出了引用，也请参见表 1.4 辨识领域的文献概述。

作者还想感谢自 1973 年至今我们组的研究人员为发展和应用辨识方法所作出的许多贡献，如 M. Ayoubi、W. Bamberger、U. Baur，P. Blessing、H. Hensel、R. Kofahl、H. Kurz、K. H. Lachmann、O. Nelles、K. H. Peter、R. Schumann、S. Toepfer、M. Vogt、R. Zimmerschied 等。其他许多有关特殊动态过程的研发成果在应用章节中做了引用。

本书是专门为电子和电气工程、机械和化学工程以及计算机科学专业的本科生和研究生论述系统辨识的，同时也面向研发、设计和生产的从业工程师。先修知识包括系统理论、自动控制、机械和/或电气工程等专业基本的本科课程。每章后面的习题对深入理解所讲的内容很有帮助。

最后感谢 Springer－Verlag 的大力协助。

R. 伊泽曼，M. 明奇霍夫
2010 年 6 月
于达姆施塔特

# 符号列表

（只给出常用的符号和缩写）

**字母符号：**

| | |
|---|---|
| $a$ | 微分方程或差分方程参数，幅值 |
| $b$ | 微分方程或差分方程参数 |
| $c$ | 弹簧系数，常数，刚度，随机差分方程参数，物理模型参数，高斯函数中心 |
| $d$ | 阻尼系数，直接馈通量，随机差分方程参数，迟延，漂移 |
| $e$ | 方程误差，控制偏差 $e=w-y$ |
| e | $\mathrm{e}=2.71828\cdots$（Euler 数） |
| $f$ | 频率（$f=1/T_p$，$T_p$ 为周期时间），函数 $f$（…） |
| $f_S$ | 采样频率 |
| $g$ | 函数 $g(\cdots)$，脉冲响应 |
| $h$ | 阶跃响应，辅助变量法中未受干扰的输出信号 $h\approx y_u$ |
| $i$ | 序号（下脚标） |
| $\mathrm{i}=\sqrt{-1}$ | 虚数单位 |
| $j$ | 整数，序号（下脚标） |
| $k$ | 离散数，离散时间 $k=t/T_0=0,1,2,\cdots$（$T_0$：采样时间） |
| $l$ | 序号（下脚标） |
| $m$ | 质量，阶数，模型阶次，状态数 |
| $n$ | 阶数，干扰信号 |
| $p$ | 概率密度函数，过程参数，随机差分方程阶数，控制器差分方程参数，输入量个数，概率密度函数 $p(x)$ |
| $q$ | 序号（下脚标），控制器差分方程参数 |
| $r$ | 输出量个数 |
| $r_P$ | 惩罚因子 |
| $s$ | 拉普拉斯算子 $s=\delta+\mathrm{i}\omega$ |
| $t$ | 连续时间 |
| $u$ | 输入信号变化量 $\Delta U$，调节量 |
| $w$ | 参考值，设定值，权重，窗函数 $w(t)$ |
| $x$ | 状态变量，任意信号 |
| $y$ | 输出信号变化量 $\Delta Y$，信号 |
| $y_u$ | 有用信号，$u$ 引起的响应 |
| $y_z$ | 干扰 $z$ 引起的响应 |
| $z$ | 干扰变化量 $\Delta Z$，$\mathcal{Z}$ 变换算子 $z=\mathrm{e}^{T_0 s}$，时移算子 $x(k)z^{-1}=x(k-1)$ |

| | |
|---|---|
| $A$ | 过程传递函数分母多项式 |
| $B$ | 过程传递函数分子多项式 |
| $\mathcal{A}$ | 闭环传递函数分母多项式 |
| $\mathcal{B}$ | 闭环传递函数分子多项式 |
| $C$ | 随机滤波器方程分母多项式、协方差函数 |
| $D$ | 随机滤波器方程分子多项式、阻尼比 |
| $F$ | 滤波器的传递函数 |
| $G$ | 传递函数 |
| $I$ | 面积的二阶矩 |
| $J$ | 转动惯量 |
| $K$ | 常数，增益 |
| $M$ | 转矩，扭矩 |
| $N$ | 离散数，数据点数 |
| $P$ | 概率 |
| $Q$ | 控制器传递函数分母多项式 |
| $R$ | 控制器传递函数分子多项式，相关函数 |
| $S$ | 谱密度，和值 |
| $T$ | 时间常数，时间间隔 |
| $T_0$ | 采样时间 |
| $T_M$ | 测量时间 |
| $T_P$ | 周期时间 |
| $U$ | 输入变量、调节量（控制输入） |
| $V$ | 代价函数 |
| $W$ | DFT 和 FFT 的复旋转算子 |
| $Y$ | 输出变量，控制变量 |
| $Z$ | 干扰变量 |
| $\boldsymbol{a}$ | 向量 |
| $\boldsymbol{b}$ | 偏差 |
| $\boldsymbol{b}$，$\boldsymbol{B}$ | 输入向量/矩阵 |
| $\boldsymbol{c}$，$\boldsymbol{C}$ | 输出向量/矩阵 |
| $\boldsymbol{e}$ | 误差向量 |
| $\boldsymbol{h}$ | $\boldsymbol{g}(\boldsymbol{x}) \leqslant \boldsymbol{0}$ 不等式约束向量 |
| $\boldsymbol{n}$ | $\boldsymbol{h}(\boldsymbol{x}) = \boldsymbol{0}$等式约束向量 |
| $\boldsymbol{s}$ | 搜索向量 |
| $\boldsymbol{u}$ | 神经网络的调节变量 |
| $\boldsymbol{v}$ | 输出噪声 |

$\boldsymbol{w}$ 状态噪声
$\boldsymbol{x}$ 设计变量向量
$\boldsymbol{y}$ 输出向量
$z$ 用于神经网络的工作点变量

$\boldsymbol{A}$ 任意矩阵，状态矩阵
$\boldsymbol{C}$ 协方差矩阵，TLS 的测量矩阵
$\boldsymbol{D}$ 直接馈通矩阵
$\boldsymbol{G}$ 传递函数矩阵
$\boldsymbol{G}_v$ 噪声传递函数矩阵
$\boldsymbol{H}$ Hessian 矩阵，Hadamard 矩阵
$\boldsymbol{I}$ 单位矩阵
$\boldsymbol{K}$ 增益矩阵
$\boldsymbol{P}$ 协方差矩阵 $\boldsymbol{P}=\boldsymbol{\Psi}^{\mathrm{T}}\boldsymbol{\Psi}$
$\boldsymbol{S}$ Cholesky 因子
$\boldsymbol{T}$ 相似变换
$\boldsymbol{U}$ 子空间算法的输入矩阵
$\boldsymbol{W}$ 加权矩阵
$\boldsymbol{X}$ 状态矩阵
$\boldsymbol{Y}$ 子空间算法的输出矩阵
$\boldsymbol{A}^{\mathrm{T}}$ 转置矩阵

$\alpha$ 因子，闭环传递函数系数
$\beta$ 因子，闭环传递函数系数
$\gamma$ 激活函数
$\delta$ 衰减因子，脉冲函数，时移
$\varepsilon$ 相关误差信号，终止容限，小的正数
$\zeta$ 阻尼比
$\eta$ 噪信比
$\theta$ 参数
$\lambda$ 遗忘因子，PRBS 发生器的时钟时间
$\mu$ 隶属度函数，序号（下脚标），PRBS 的时间标度因子，控制器传递函数的阶次
$\nu$ 序号（下脚标），白噪声（统计不相关信号），控制器传递函数的阶次
$\xi$ 测量干扰
$\pi$ $\pi=3.14159\cdots$
$\rho$ 随机逼近算法的步长因子
$\tau$ 时间，时间差

| | |
|---|---|
| $\varphi$ | 角度，相位 |
| $\omega$ | 角频率 $\omega=2\pi/T_P$（$T_P$为周期），角速度 $\omega(t)=\dot{\varphi}(t)$ |
| $\omega_0$ | 无阻尼自然频率 |
| | |
| $\Delta$ | 变化量，偏差 |
| $\Pi$ | 乘积 |
| $\Sigma$ | 求和 |
| $\Phi$ | 有效性函数，激活函数，加权函数 |
| $\Psi$ | 小波 |
| | |
| $\boldsymbol{\gamma}$ | 相关向量 |
| $\boldsymbol{\psi}$ | 数据向量 |
| $\boldsymbol{\theta}$ | 参数向量 |
| | |
| $\boldsymbol{\Delta}$ | 增广误差矩阵 |
| $\boldsymbol{\Sigma}$ | 高斯分布的协方差矩阵，奇异值矩阵 |
| $\boldsymbol{\Phi}$ | 转移矩阵 |
| $\boldsymbol{\Psi}$ | 数据矩阵 |

**数学符号：**

| | |
|---|---|
| $\exp(x)=e^x$ | 指数函数 |
| dim | 维数 |
| adj | 伴随 |
| $\angle$ | 相位（幅角） |
| arg | 自变量 |
| cond | 条件数 |
| cov | 协方差 |
| det | 行列式 |
| lim | 极限 |
| max | 最大值（也作下脚标） |
| min | 最小值（也作下脚标） |
| plim | 概率极限 |
| tr | 矩阵的迹 |
| var | 方差 |
| $\mathrm{Re}\{\cdots\}$ | 实部 |
| $\mathrm{Im}\{\cdots\}$ | 虚部 |
| $\boldsymbol{Q}_S$ | 可控性矩阵 |
| $\boldsymbol{Q}_{SK}$ | 增广逆可控性矩阵 |

| | |
|---|---|
| $\mathrm{E}\{\cdots\}$ | 随机变量的期望值 |
| $\mathfrak{F}$ | 傅里叶变换 |
| H | Hermitian 矩阵 |
| $\mathcal{H}$ | Hankel 矩阵 |
| $\mathfrak{H}(f(\boldsymbol{x}))$ | Hilbert 变换 |
| $\mathcal{H}$ | Heaviside 函数 |
| $\mathfrak{L}$ | 拉普拉斯变换 |
| $\boldsymbol{Q}_{\mathrm{B}}$ | 可观性矩阵 |
| $\boldsymbol{Q}_{\mathrm{Bk}}$ | 增广可观性矩阵 |
| $\mathfrak{Z}$ | 从 $s$ 变换直接到 $z$ 变换 |
| $\mathcal{T}$ | Markov 参数矩阵，Töplitz 矩阵 |
| $\mathfrak{Z}$ | $z$ 变换 |
| $G(-\mathrm{i}\omega)$ | 共轭复数，有时记作 $G^*(\mathrm{i}\omega)$ |
| $\Vert\cdot\Vert_2$ | 2 - 范数 |
| $\Vert\cdot\Vert_F$ | Frobenius 范数 |
| $V_{\boldsymbol{\theta}}$ | $V$ 关于 $\boldsymbol{\theta}$ 的一阶导数 |
| $V_{\boldsymbol{\theta\theta}}$ | $V$ 关于 $\boldsymbol{\theta}$ 的二阶导数 |
| $\nabla f(\boldsymbol{x})$ | $f(\boldsymbol{x})$ 的梯度 |
| $\nabla^2 f(\boldsymbol{x})$ | $f(\boldsymbol{x})$ 的 Hessian 矩阵 |
| $\hat{x}$ | 估计或观测变量 |
| $\tilde{x}$ | 估计误差 |
| $\bar{x}$ | 求平均值，稳态值 |
| $\dot{x}$ | 关于时间 $t$ 的一阶导数 |
| $x^{(n)}$ | 关于时间 $t$ 的 $n$ 阶导数 |
| $x_0$ | 幅值或真值 |
| $x_{00}$ | 稳态值或直流分量 |
| $\bar{x}$ | 均值 |
| $x_{\mathrm{S}}$ | 采样信号 |
| $x_{\delta}$ | Dirac 级数近似 |
| $x^*$ | 归一化的、最优的 |
| $x_{\mathrm{d}}$ | 离散时间 |
| | |
| $\boldsymbol{A}^{\dagger}$ | 伪逆 |
| $\boldsymbol{f}/\boldsymbol{A}$ | 正交投影 |
| $\boldsymbol{f}/_{\boldsymbol{B}}\boldsymbol{A}$ | 斜投影 |

**缩写：**

| | |
|---|---|
| ACF (Auto-Correlation Function) | 自相关函数，如 $R_{uu}(\tau)$ |
| ADC (Analog Digital Converter) | 模拟-数字转换器 |
| ANN (Artificial Neural Network) | 人工神经网络 |
| AGRBS (Amplitude modulated GRBS) | 幅值调制 GRBS |
| APRBS (Amplitude modulated PRBS) | 幅值调制 PRBS |
| AR (Auto Regressive) | 自回归 |
| ARIMA (Auto Regressive Integrated Moving Average process) | 自回归积分滑动平均 |
| ARMA (Auto Regressive Moving Average process) | 自回归滑动平均 |
| ARMAX (Auto Regressive Moving Average with eXternal input) | 带外部输入的自回归滑动平均 |
| ARX (Auto Regressive with eXternal input) | 带外部输入的自回归 |
| BLUE (Best Linear Unbiased Estimator) | 最优线性无偏估计器 |
| CCF (Cross-Correlation Function) | 互相关函数，如 $R_{uy}(\tau)$ |
| CDF (Cumulative Distribution Function) | 累积分布函数 |
| CLS (bias Corrected Least Squares) | 偏差校正最小二乘 |
| COR-LS (CORrelation analysis and method of Least Squares) | 相关-最小二乘法 |
| CWT (Continuous-time Wavelet Transform) | 连续时间的小波变换 |
| DARE (Differential Algebraic Riccatti Equation) | 微分代数 Riccatti 方程 |
| DFT (Discrete Fourier Transform) | 离散傅里叶变换 |
| DSFC (Discrete Square root Filter in Covariance form) | 协方差形式的离散平方根滤波器 |
| DSFI (Discrete Square root Filter in Information form) | 信息形式的离散平方根滤波器 |
| DTFT (Discrete Time Fourier Transform) | 离散时间傅里叶变换 |
| DUDC (Discrete UD-factorization in Covariance form) | 协方差形式的离散 UD 分解 |
| EIV (Errors In Variables) | 变量带误差 |
| EKF (Extended Kalman Filter) | 扩展 Kalman 滤波器 |
| ELS (Extended Least Squares) | 增广最小二乘 |
| FFT (Fast Fourier Transform) | 快速傅里叶变换 |
| FIR (Finite Impulse Response) | 有限脉冲响应 |
| FLOPS (FLOating Point operations) | 浮点运算 |
| FRF (Frequency Response Function) | 频率响应函数 |
| GLS (Generalized Least Squares) | 广义最小二乘 |
| GRBS (Generalized Random Binary Signal) | 广义随机二值信号 |
| GTLS (Generalized Total Least Squares) | 广义总体最小二乘 |
| IIR (Infinite Impulse Response) | 无限脉冲响应 |
| IV (Instrumental Variable) | 辅助变量 |

| | |
|---|---|
| KW（Kiefer-Wolfowitz algorithm） | Kiefer－Wolfowitz 算法 |
| LLM（Local Linear Model） | 局部线性模型 |
| LPM（Local Polynomial Model） | 局部多项式模型 |
| LOLIMOT（LOcal LInear MOdel tree） | 局部线性模型树 |
| LPVM（Linear Parameter Variable Model） | 线性参数变量模型 |
| LQR（Linear Quadratic Regulator） | 线性二次型调节器 |
| LRGF（Locally Recurrent Global Feedforward net） | 局部循环全局前馈网络 |
| LS（Least Squares） | 最小二乘 |
| M（Model） | 模型 |
| MA（Moving Average） | 滑动平均 |
| MIMO（Multiple Input，Multiple Output） | 多输入多输出 |
| ML（Maximum Likelihood） | 极大似然 |
| MLP（Multi Layer Perceptron） | 多层感知器 |
| MOESP（Multi-variable Output Error State sPace） | 多变量输出误差状态空间 |
| N4SID（Numerical algorithms for SubSpace State Space IDentification） | 子空间状态空间辨识数值算法 |
| NARX（Non-linear ARX model） | 非线性 ARX 模型 |
| NDE（Non-linear Difference Equation） | 非线性差分方程 |
| NFIR（Non-linear FIR model） | 非线性 FIR 模型 |
| NN（Neural Net） | 神经网络 |
| NOE（Non-linear OE model） | 非线性 OE 模型 |
| ODE（Ordinary Differential Equation） | 常微分方程 |
| OE（Output Error） | 输出误差 |
| P（Process） | 过程 |
| PCA（Principal Component Analysis） | 主成分分析 |
| PDE（Partial Differential Equation） | 偏微分方程 |
| PDF（Probability Density Function） | 概率密度函数 $p(x)$ |
| PE（Prediction Error） | 预报误差 |
| PEM（Prediction Error Method） | 预报误差法 |
| PRBS（Pseudo－Random Binary Signal） | 伪随机二值信号 |
| RBF（Radial Basis Function） | 径向基函数 |
| RCOR－LS（Recursive CORrelation analysis and method of Least Squares） | 递推相关－最小二乘法 |
| RGLS（Recursive Generalized Least Squares） | 递推广义最小二乘 |
| RIV（Recursive Instrumental Variables） | 递推辅助变量 |
| RLS（Recursive Least Squares） | 递推最小二乘 |
| RLS－IF（Recursive Least Squares with Improved Feed-back） | 改进反馈的递推最小二乘 |

| | |
|---|---|
| RML (Recursive Maximum Likelihood) | 递推极大似然 |
| SISO (Single Input, Single Output) | 单输入单输出 |
| SNR (Signal to Noise Ratio) | 信噪比 |
| SSS (Strict Sense Stationary) | 严平稳 |
| STA (STochastic Approximation) | 随机逼近 |
| STFT (Short Time Fourier Transform) | 短时傅里叶变换 |
| STLS (Structured Total Least Squares) | 结构总体最小二乘 |
| SUB (SUBspace) | 子空间 |
| SUMT (Sequential Unconstrained Minimization Technique) | 序贯无约束极小化方法 |
| SVD (Singular Value Decomposition) | 奇异值分解 |
| TLS (Total Least Squares) | 总体最小二乘 |
| WLS (Weighted Least Squares) | 加权最小二乘 |
| WSS (Wide Sense Stationary) | 宽平稳 |
| ZOH (Zero Order Hold) | 零阶保持 |

# 目　录



**第Ⅰ部分　频域非参数模型辨识**
**——连续时间信号**

## 第Ⅱ部分 利用相关分析法辨识非参数模型——连续时间和离散时间

## 第Ⅲ部分　参数模型辨识——离散时间信号

## 第Ⅳ部分　参数模型辨识——连续时间信号



## 第Ⅴ部分　多变量系统辨识

## 第Ⅵ部分 非线性系统辨识

## 第Ⅶ部分　其 他 问 题



## 第Ⅷ部分　应　　用



## 第Ⅸ部分　附　　录

# 第 1 章
# 绪论

无论是电气工程、机械工程或过程工程领域的技术系统，还是生物、医药、化学、物理、经济等领域的非技术系统，系统的时域特性都可以统一用数学模型来描述，这属于**系统理论**的范畴。然而，应用系统理论必须要求描述系统及其环节的稳态和动态特性数学模型是已知的。建立一个合适模型的全过程称为**建模**，如下一节所述，一般有两种建模方法，称作**理论建模**和**实验建模**，两者各自具有明显的优缺点。

## 1.1 理论建模与实验建模

**系统**可以理解为有互相影响的实体的一种有限制的排列，见 DIN 66201[⊖]。在下文的论述中，这些实体就是过程。**过程**定义为物质、能量和/或信息的转换和传递，而且通常有单个（子）过程和整个过程的区分。单个过程即（子）过程可以是电能转换为机械能的过程、工件的金属切割加工过程、穿墙的热传递过程或者化学反应过程，与其他子过程集合在一起构成整个过程。这种集合在一起的过程可以是发电机、机床、热交换器或者化学反应器。如果把这样的过程理解为实体（如上面提到的），那么多个过程就构成一个系统，比如电厂、制造厂、加热系统或者塑料材料生产厂。因此，系统的特性由组成它的过程特性来定义。

数学系统和过程模型的推导以及基于被测信号对它们时域特性的表示分别称作**系统分析**和**过程分析**。依照这种定义，本书所论述的实验系统或过程分析技术就被称作**系统辨识或过程辨识**。如果系统是由随机信号激励的，还需要对信号本身进行分析，为此还要涉及**信号分析问题**。因此，**动态系统辨识**或简称**辨识**将包括上面所提到的所有辨识领域。

对于动态系统数学模型的推导，通常可以分为**理论建模**和**实验建模**。下面会分别讲述这两种不同建模的基本方法。这里，还有必要区分**集中参数系统**和**分布参数系统**。分布参数系统的状态取决于时间和位置，因此它们的特性必须用**偏微分方程**（PDE）描述；**集中参数系统**比较简单，因为所有的存储和状态可以集中到单点上处理，不需要考虑空间上的分布，这种情况下，就可以用**常微分方程**（ODE）描述。

对于**理论分析**，或称作**理论建模**，模型可以通过微积分运算获得方程的方法得到，如根

⊖ 译者注：德国工业标准（DIN：Deutsche Industrie Norm）中有关“过程计算系统（Process computing systems）”的条款。

据物理学原理推导得到。通常需要对系统和/或过程的假设进行简化，因为在大多数情况下，这样才能使数学处理可行。一般说来，将下面类型的方程合并起来就构成模型，见图 1.1（Isermann，2005）：

① **平衡方程**：物质、能量、动量的平衡。对于分布参数系统，通常要考虑无限小的元素；对于集中参数系统，仅需考虑大一些（有限）的元素。

② **物理或化学的状态方程**：即所谓的本构方程，用于描述可逆事件，如感应定律或牛顿第二定律。

③ **唯象方程**：用于描述不可逆事件，比如摩擦和热交换。如果有多个不可逆过程，可以建立熵平衡方程。

④ **联立方程**：如基尔霍夫节点和回路方程、力矩平衡方程等。

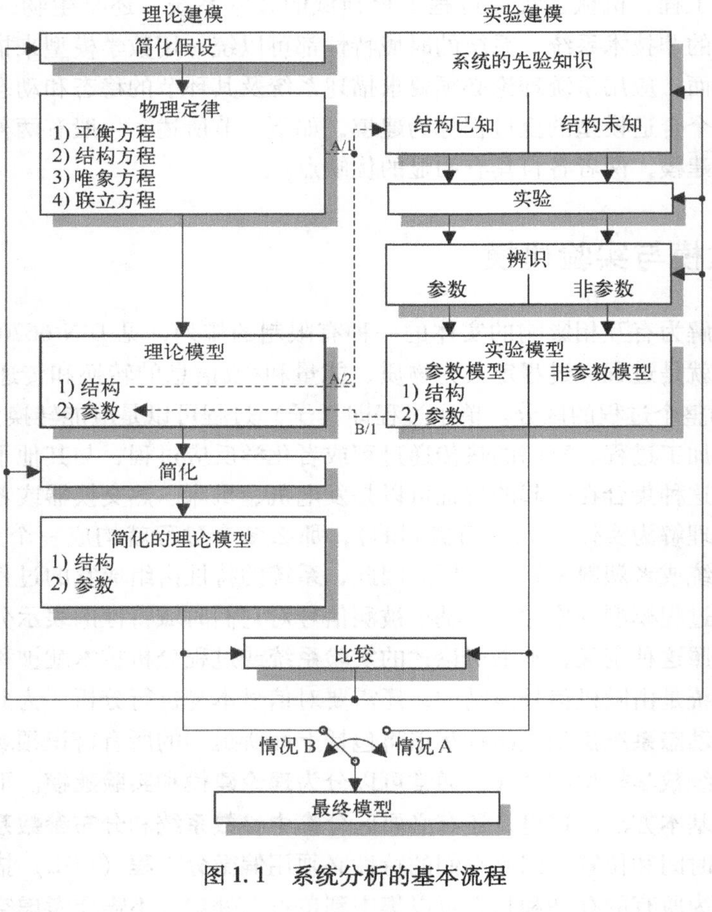


图 1.1　系统分析的基本流程

应用这些方程可以得到常微分方程组或偏微分方程组，如果所有的方程都可以显式求解，那么最终可以求得一个具有特定结构和明确参数的理论模型。在许多情况下，得到的模型或者太复杂，或者结构过于繁杂，以至于需要进行简化才能适用于后续的应用。图 1.2 给出了各简化操作的执行顺序。这个简化过程的前面一些步骤可能已完成，因为通过适当的简化假设，基础方程已经获得。人们总是希望模型能包含尽可能多的物理效应，特别是当今，仿真程序可以提供各式各样任意复杂的预建库。然而，这也经常使得主要的物理效应受到抑制，造成理解和使用这样的模型非常困难，甚至不可行。

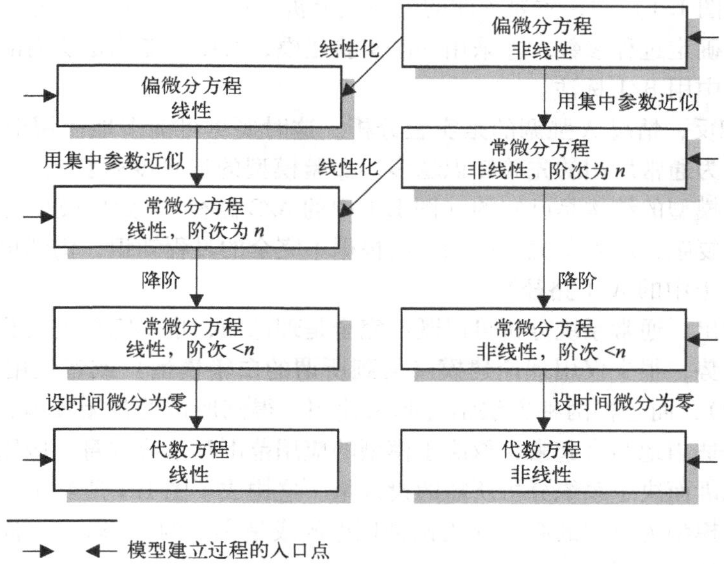


图 1.2　理论建模的基本方法

然而即使所得到的方程组不能显式求解，方程组的各个方程仍然能给出关于模型结构的重要提示。平衡方程总是线性的，一些唯象方程在很大范围内也是线性的。物理和化学的状态方程经常会把非线性引入系统模型。

在**实验分析**或称**辨识**的情况下，数学模型是利用测量数据得到的，通常与特定的先验知识有关。先验知识或是通过理论分析得到，或是根据以前（初始）的实验得到，见图 1.1。完成数据测量之后，对输入和输出信号使用辨识方法，以找到一个数学模型来描述输入和输出之间的关系。输入信号可以是正常运行中作用在过程上常态信号的一部分，也可以是人为引入的具有特定性质的测试信号。选择**参数的**或是选择**非参数的模型**要取决于应用，见第 1.2 节。这时获得的模型称作**实验模型**。

如果两种建模方法都可用，则可对分别导出的实验模型和理论模型进行比较。如果两种模型不匹配，那么根据模型偏差的特征和大小，从中可以获得一些启示，用以更正理论建模或实验建模的相应步骤，见图 1.1。

可见，理论模型和实验模型是可以互为补充的。通常系统分析是个迭代的过程，两种模型的分析为系统分析全过程引入了第一个反馈回路。如果不想同时获得两种模型，可以从实验模型（图 1.1 的情况 A）和理论模型（图 1.1 的情况 B）中选其一。这种选择主要取决于所得模型的用途。

理论模型包含系统物理性质与其参数之间的功能依赖性。如果在设计阶段已对系统的稳态和动态特性进行了优化，或者在完成系统构建之前要对其时域特性进行仿真，那么通常首选理论模型。

与此相反，实验模型只包含数字作为参数，它们相对于过程特性的函数关系是未知的。但是，这种模型可以更好地描述系统的实际动态特性，而且比较容易获得。对于控制器的适应性（Isermann，1991；Isermann et al，1992；Åström et al，1995；Åström and Wittenmark，

1997）以及特定的信号预测或故障检测（Isermann，2006）而言，人们更青睐于实验模型。

在情况 B（图 1.1）中，主要关注的是理论分析。在这种情况下，为了验证理论模型的逼真度或者为了确定过程参数，才采用一次实验建模，否则不能确定所需的模型准确度。这种情况在图 1.1 中用 B/1 标注。

与情况 B 相反，情况 A 强调的是实验分析。这时要尽可能多地使用根据理论分析得到的先验知识，因为通常所用的先验知识越多，实验模型的逼真度就会越高。在理想情况下，通过理论分析，模型的结构是已知的（图 1.1 中的 A/2 路径）。如果模型的基本方程不能显式求解，或者太复杂，或者不完全已知，则根据不完全的过程知识，仍然也可以获得模型的结构信息（图 1.1 中的 A/1 路径）。

以上分析指出，通常系统分析可以既不完全是理论的，也不完全是实验的。为了发挥两种建模方法的优势，很少仅用理论建模（得到所谓的**白箱模型**）或者仅用实验建模（得到所谓的**黑箱模型**），而是将两种方法结合起来使用，得到所谓的**灰箱模型**，见图 1.3。如何将两种建模方法适当地结合起来，取决于模型的应用范围和系统本身。应用领域决定所需的模型准确度，也因而决定系统分析所需的投入量。这构成了图 1.1 所给示意图中的第二个反馈回路，以最终模型为反馈的起点（无论是理论的或是实验的），返回至各自对应的建模步骤，形成第二次迭代过程。

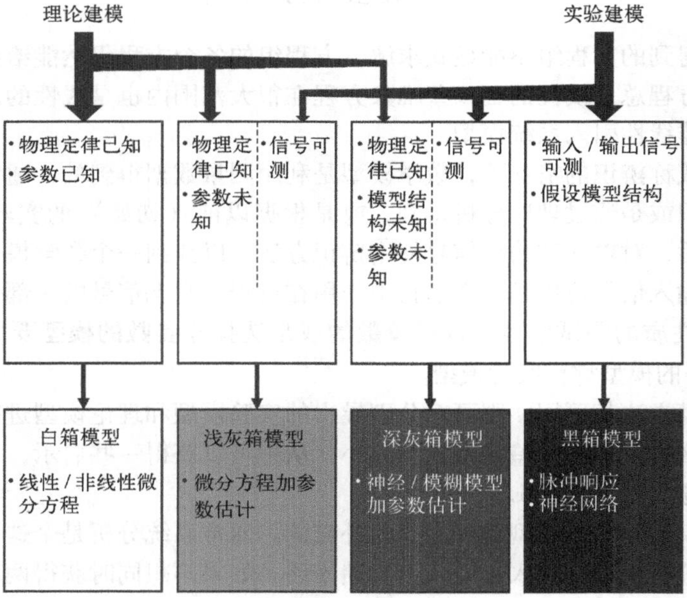


图 1.3　不同类型的数学模型（从白箱模型到黑箱模型）

如果系统内部特性已知且可以用数学描述，那么原则上理论分析可以给出更多的系统信息。尽管如此，在过去的 50 年间实验分析却引起了更多的关注。主要原因如下：

- 即使对简单的系统，理论分析也可能十分复杂。
- 多数情况下，从理论角度得到的模型系数不够精确。
- 系统内部发生的所有行为特性并不都能已知。
- 发生的行为特性不能以所需准确度进行数学描述。

● 一些系统非常复杂，理论分析太费时。

● 与理论建模相比，用更短的时间和更少的工作量就可以获得辨识模型。

对任意结构的系统，根据系统的输入和输出测量数据，实验分析都能建立起相应系统的数学模型。它的主要优点是，相同的实验分析方法可以应用于不同的且任意复杂的系统。然而，只根据输入和输出测量数据仅能获得反映系统输入/输出特性的模型，也就是说所获得的模型一般不能精确地描述系统的内部结构。这种输入/输出模型都是近似的，但对许多应用领域已经足够。如果系统的内部状态是可以测量的，那么显然也就可以获得系统内部结构的信息。随着20世纪60年代数字计算机的出现，一些实用有效的辨识方法开始得以发展。表1.1总结了理论建模和辨识建模的不同性质，并进行了对比。

**表1.1　理论建模和辨识建模的性质**

| 理论建模 | 辨识建模 |
|---|---|
| 模型结构服从自然定律 | 模型结构必须假定 |
| 对输入/输出特性和内部特性建模 | 只辨识输入/输出特性 |
| 模型参数以系统特性的函数给出 | 模型参数仅仅是“数值”，一般不知道它们与系统性质的函数依赖关系 |
| 对特定类型的各种过程和不同的运行条件，模型都是有效的 | 对所研究的系统及运行界限内，模型才是有效的 |
| 模型系数不能精确已知 | 对运行界限内的给定系统，模型系数较为精确 |
| 对不存在的系统也可以进行建模 | 只能对存在的系统进行辨识建模 |
| 系统内部特性必须已知，且必须数学上可描述 | 辨识方法与所研究的系统无关，因而可用于许多不同系统 |
| 通常花时冗长 | 如果辨识方法现成，建模过程很快 |
| 模型可以比较复杂、细致 | 根据模型的应用领域，模型的复杂程度可以调整 |

## 1.2　动态系统辨识的任务和问题

下面考虑单输入单输出（SISO）过程，为了保证输入和输出之间的关系是唯一的，过程必须是稳定的，而且输入和输出可以准确测量。辨识过程P的任务就是，根据可测的输入$u(t)=u_M(t)$和输出$y(t)=y_M(t)$，以及其他可选的被测信号，寻找用于描述过程时域特性的数学模型，见图1.4。如果有**干扰**$z_1$，…，$z_i$作用在过程上，且影响过程的输出信号，那么辨识任务就变得更为复杂。这些干扰的造成可能有各种原因。被测信号的干扰通常都是源于噪声，所以本书下文提到的干扰也包含**噪声**项。在此，考虑输出受到噪声$n(t)$污染，在这种情况下需要采用适当的技术将想要的信号$y_u(t)$与干扰$n(t)$分离，其中想要的信号也就是输入$u(t)$引起的系统响应。

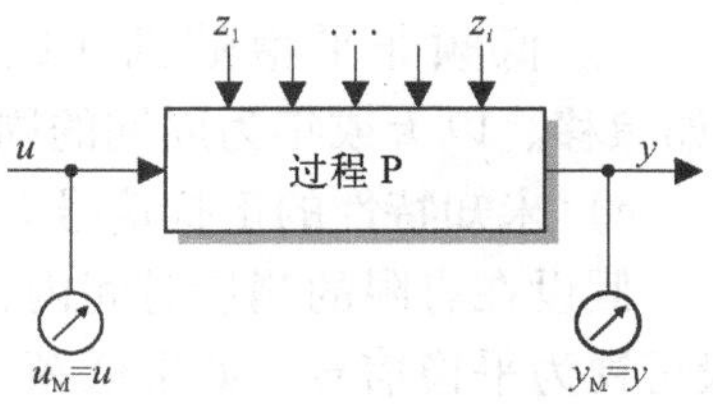

图1.4　动态过程，图中$u$为输入、$y$为输出、$z_i$为干扰

**辨识术语及任务描述如下：**

**辨识就是通过实验确定过程或系统的时域特性模型。利用可测信号在一类数学模型中确定过程或系统的时域特性模型，使得真实过程或系统与数学模型之间的误差（或称偏差）尽可能小。**

上述定义来源于文献（Zadeh，1962），也见文献（Eykhoff，1994）。通常，可测信号只有系统的输入和系统的输出。然而，如果过程的状态是可以测量的，那么也可以获得过程的内部结构信息。

下面，考虑一个线性过程。在这种情况下，各种干扰 $z_1$，…，$z_i$ 可以综合成一个代表性的干扰 $n(t)$，加到想要的信号 $y_u(t)$ 上，见图 1.5。如果干扰 $n(t)$ 不能小到可以忽略，那么这个设想的干扰影响必须通过辨识方法尽可能地消除。为了降低噪信比[⊖]，通常需要增加测量时间 $T_M$。

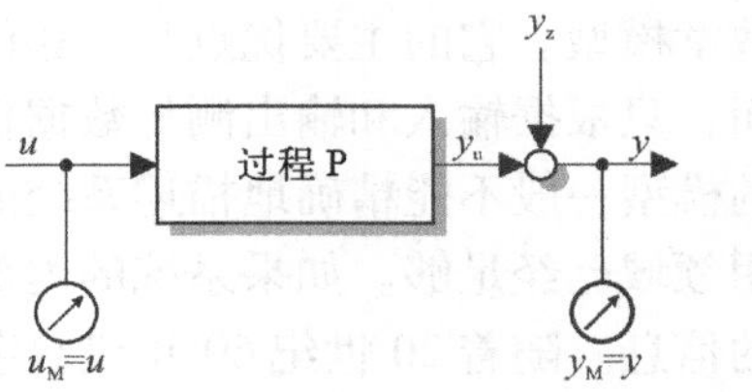


图 1.5 带干扰的动态过程，图中 $u$ 为输入、$y$ 为输出、$n$ 为噪声

对于辨识本身而言，必须考虑到下面的一些限制条件：

① 由于技术原因，或者因为过程参数随着时间变化，或者出于经济考虑（即预算），可用的**测量时间** $T_M$ 总是受限的，即有

$$T_M \leqslant T_{M,\max} \tag{1.2.1}$$

② 由于技术原因，或者由于线性过程特性的假设只在某个运行范围内才是有效的，输入信号的最大允许变化总是受限的，即**测试信号的幅度** $u_0$ 限制为

$$u_{\min} \leqslant u(t) \leqslant u_{\max} \tag{1.2.2}$$

③ 由于技术原因，或者由于线性过程特性的假设只在某个运行范围内才是有效的，**输出信号**的最大允许变化 $y_0$ 也可能是受限的，即

$$y_{\min} \leqslant y(t) \leqslant y_{\max} \tag{1.2.3}$$

④ 干扰 $n(t)$ 通常由不同的分量组成，可分为以下几种类型，参见图 1.6。

a）高频拟平稳随机噪声 $n(t)$，$\mathrm{E}\{n(t)\}=0$；高频确定性信号 $n(t)$，$\overline{n(t)}=0$；

b）低频非平稳随机性或确定性信号 $d(t)$（如漂移、以天或年为周期的周期性信号）；

c）未知特性的干扰信号 $h(t)$（如异常值）。

假设在有限的测量时间内，干扰分量 $n(t)$ 一般可视为平稳信号。如果低频干扰分量 $d(t)$ 具有随机特征，就必须视为非平稳的。低频确定性干扰可以是漂移或以天或年为长周期的周期性信号。具有未知特性的干扰分量 $h(t)$ 是随机信号，即使在较长的测量时间下，也不能将其描述为平稳随机信号。这种干扰可能是突然出现，或时隐时现的干扰，俗称**野值**。这样的干扰可能是电磁感应或测量设备失灵造成的。

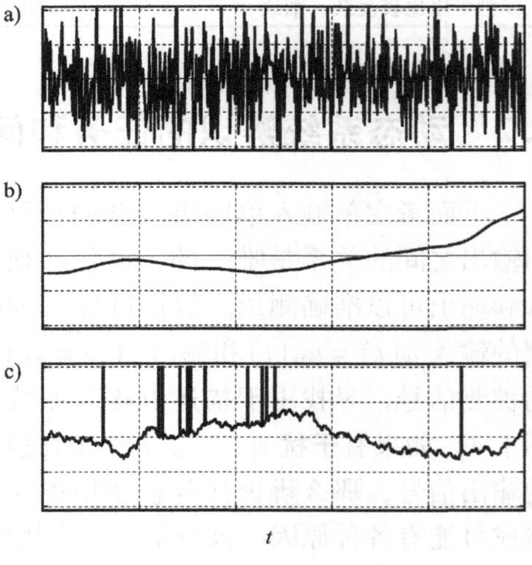


图 1.6 干扰分量示例
a）高频拟平稳随机干扰 b）低频非平稳随机干扰 c）未知性质的干扰

⊖ 译者注：原文误为信噪比。

典型的辨识方法只能在测量时间很长时才能消除噪声 $n(t)$。这种应用中采用简单的平均或回归方法就足够了。消除干扰分量 $d(t)$ 需要选择更特殊的方法，比如能适应于特殊类型干扰的特殊滤波器或回归方法。关于消除 $h(t)$ 的影响几乎没有通用的建议，这样的干扰只能手动或用特殊的滤波器来消除。

因此，实用有效的辨识方法必须能够在下述约束下尽可能精确地确定系统的时域特性：

- 给定干扰 $y_z(t)=n(t)+d(t)+h(t)$。
- 限定测量时间 $T_M \leqslant T_{M,max}$。
- 测试信号幅度受限 $u_{min} \leqslant u(t) \leqslant u_{max}$。
- 输出信号幅度受约束 $y_{min} \leqslant y(t) \leqslant y_{max}$。
- 辨识的目的。

图 1.7 给出了一般的**辨识流程**，通常必须包括以下步骤。

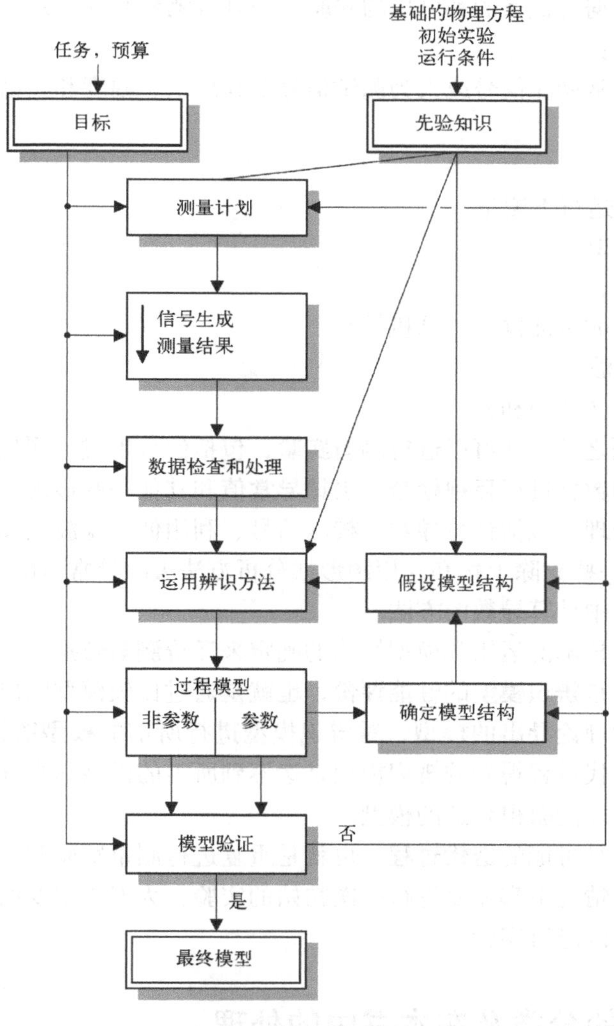


图 1.7　辨识的基本流程

首先，必须确定好**辨识目的**，因为目的决定模型的类型、所需的模型准确度和合适的辨识方法等。通常，这些问题的确定还会受到可用预算的影响，也就是受可分配的财政资源或需要消耗的时间的影响。

其次，需要收集**先验知识**，包括待辨识过程所有容易获得的可用信息，比如：

- 最近观测到的过程特性。
- 过程特性遵循的物理定律。
- 过去实验得到的粗糙模型。
- 有关过程的线性/非线性、时变/时不变、比例/积分特性的一些提示。
- 过渡过程时间。
- 迟延时间。
- 噪声的幅度和频谱。
- 测量的操作条件。

这样，就可以根据辨识目的和可用的先验知识制订**测量实验计划**，这个计划必须对以下内容作出选择和定义：

- 输入信号（正常操作信号或人为测试信号及其形状、幅度和频谱）。
- 采样时间。
- 测量时间。
- 在闭环或开环运行下测量。
- 在线或离线辨识。
- 实时或非实时。
- 必要的设备（如示波器、计算机等）。
- 消除噪声的滤波。
- 执行器的限制（如饱和）。

在落实这些问题之后，就可以**进行测量实验**，包括信号生成、测量和数据存储。

首先，对采集的数据进行**目视检查**，去掉异常值和其他一些显现的测量误差。然后，对数据做进一步的预处理，包括计算导数、校准信号、利用低通滤波消除高频噪声和消除漂移等。第 23 章给出了一些剔除干扰和利用图形或分析方法去除异常值的办法，第 15 章给出了从带有噪声的测量值中计算导数的方法。

接着，通过辨识技术的运用和模型结构的确定来**评价测量数据**。

非常重要的一步是**辨识模型的性能评价**，也就是通过比较模型输出和对象输出，或者比较实验建立的模型和理论导出的模型，对辨识模型进行所谓的**模型验证**，验证方法见第 23 章。通常，第一次迭代过程得到的辨识模型是达不到所需的模型逼真度的。为此，可能需要进行多次迭代过程，才能获得合适的模型。

因此，最后一步是可能的**迭代过程**，也就是重复进行测量实验和模型评价，直到找到符合需要的模型。一般情况下都需要进行一次初始的实验，为安排主要的实验做准备，以便利用更合适的参数或方法进行实验。

## 1.3 辨识方法的分类及在本书中的处理

根据上一节所给的辨识定义，依照下述分类条件可以分成不同的辨识方法：

- 数学模型的类型。
- 所用测试信号的类型。
- 过程和模型之间误差的计算方式。

实际上还包括下面两种分类条件：

- 实验和评价的执行方式（在线、离线）。
- 数据处理所用的算法。

描述过程动态特性的**数学模型**可以用与输入和输出相关的函数或者与内部状态相关的函数表示。它们可以进一步构成以数学方程形式表示的解析模型，或者以表格/特性曲线表示的非参数模型。前一种情况中模型参数显式地包含在方程中，后一种情况中模型不包括参数。由于系统参数在辨识中起着主导作用，所以最重要的是先将数学模型按模型类型分成：

- 参数模型（具有模型结构，模型参数个数有限）。
- 非参数模型（没有具体的模型结构，模型参数个数无限）。

**参数模型**就是一组方程，显式地包含过程参数，比如微分方程或传递函数，可以用代数形式表示。**非参数模型**描述某输入与对应响应之间的关系，可以用表格或点阵特征曲线的形式表示，比如脉冲响应、阶跃响应，或以图表形式表示的频率响应，它们隐含着系统参数。虽然可以把阶跃响应的函数值理解成“参数”，但这种情况下需要用无限个参数才能完全描述过程的动态特性，因此获得的模型是无限维的。在本书中，把参数模型理解为有限个参数的模型。这两类模型可以按照输入和输出信号的类型再细分为连续时间模型和离散时间模型。

**输入信号**和**测试信号**可以是确定性（可解析描述）的、随机性的，或伪随机性（确定性的，但性质接近随机性信号）的。

作为模型与过程之间的一种**误差**度量，可以在下面的误差之中选择（见图 1.8）：

- 输入误差。
- 输出误差。
- 广义方程误差。

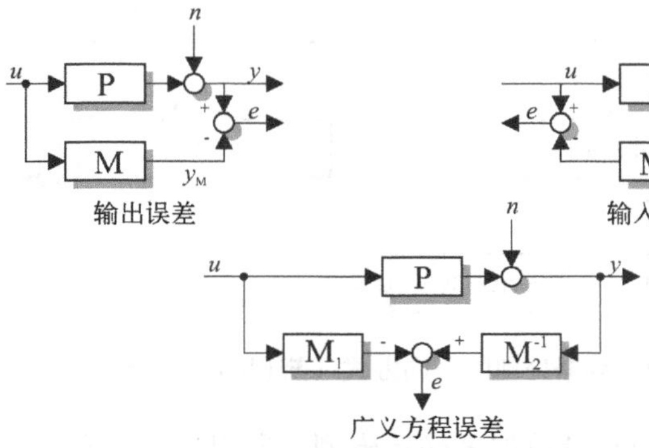

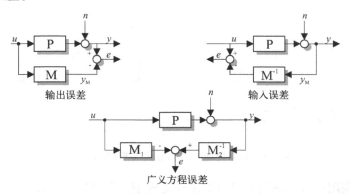

图 1.8　计算模型 M 和过程 P 之间误差的不同方式

由于数学原因，通常倾向于选用那些关于过程参数线性的误差。比如，采用脉冲响应作为模型，就选用输出误差；采用微分方程、差分方程或传递函数作为模型，就选用广义方程误差。但是，最后一种情况（传递函数）也可以选用输出误差。

如果利用数字计算机进行辨识，那么**过程和计算机之间的连接**有两种类型（见图 1.9）：

- 离线（非直接连接）。
- 在线（直接连接）。

对于**离线辨识**，首先将测量数据存储起来（如存放在数据存储器中），然后传给计算机，进而再进行数据的评价和处理。**在线辨识**是与实验并行进行的，计算机和过程连接在一起，一旦获得数据就立即进行辨识操作。

利用数字计算机进行辨识，也可按所采用的**算法类型**区分辨识方式：

- 批处理。
- 实时处理。

在**批处理**情形下，先前存储的测量数据将一次性进行处理，通常这是离线应用的情况。如果在数据得到以后立即处理，则称为**实时处理**，需要计算机和过程直接连接，见图 1.9。另一个区别是数据的处理方法不同，可以分为两种：

- 非递推处理。
- 递推处理。

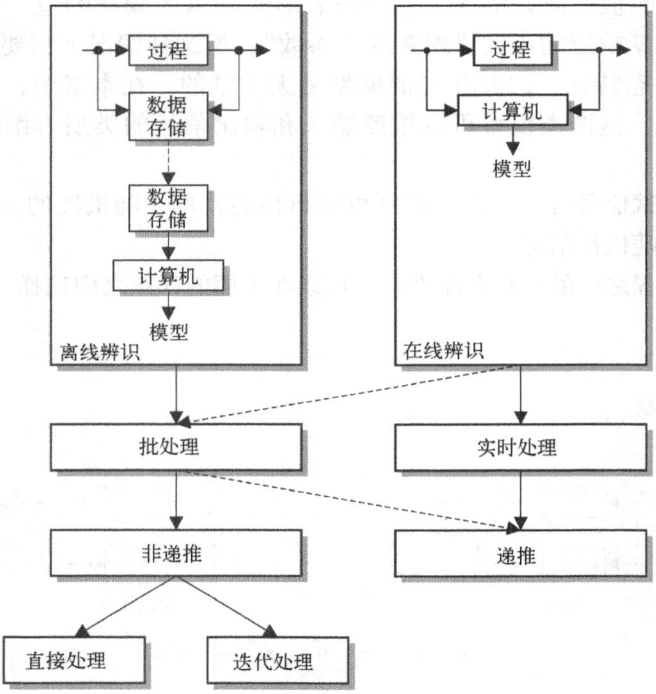


图 1.9　数据处理的不同方式（辨识的一部分）

**非递推方法**利用过去存储的测量数据来确定模型，所以它是一种离线处理的方法。与之相反，递推方法在每得到一个测量数据就更新一次模型。因此，总是用新的测量数据来改进上一步得到的模型，旧的测量数据不需要存储。这是典型的实时处理方法，称作**实时辨识**。由于不仅是模型参数，而且模型的准确性指标（如方差）也可以在线计算，这样就可以考虑不断地进行数据测量，一直达到参数估计的某个准确度为止（Åström and Eykhoff，1971）。

最后，非递推方法又可进一步细分为两种：

- 直接处理。
- 迭代处理。

**直接处理**的方法一次就能确定模型，**迭代处理**的方法要分多步逐步确定模型，因此形成迭代循环，数据被多次利用。

## 1.4 辨识方法概述

下面将简单介绍几种最重要的辨识方法，表 1.2 比较了它们最主要的性质，各种方法重要优缺点的总结见第 23.4 节。

**表 1.2 最重要的辨识方法概述**

| 方法 | 输入模型输出 | 线性过程 | 非线性过程 | 允许的信噪比 | 在线处理 | 离线处理 | 批处理 | 实时处理 | 时变系统 | MIMO系统 | 最终模型的逼真度 | 应用范围 |
|---|---|---|---|---|---|---|---|---|---|---|---|---|
| 特征值的确定 | 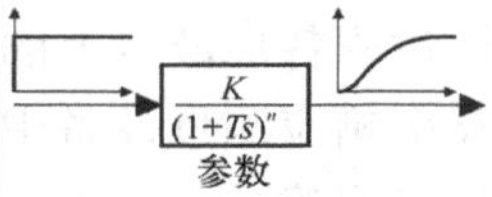 $\frac{K}{(1+Ts)^n}$ 参数 | √ | – | 很大 | – | √ | √ | – | – | – | 中等 | ● 粗糙模型<br>● 控制器整定 |
| 傅里叶分析 | 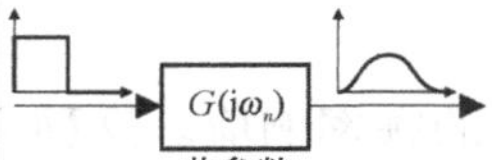 $G(j\omega_n)$ 非参数 | √ | – | 较大 | √ | √ | √ | √ | – | √ | 中等 | ● 理论推导模型的验证 |
| 频率响应测量 | 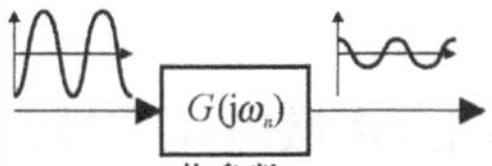 $G(j\omega_n)$ 非参数 | √ | – | 中等 | – | √ | √ | – | – | √ | 很好 | ● 理论推导模型的验证<br>● 经典（线性）控制器设计 |
| 相关分析 | 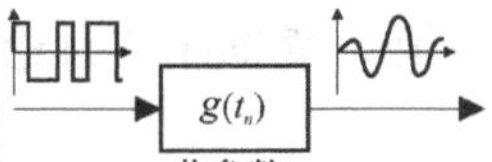 $g(t_n)$ 非参数 | √ | – | 较小 | √ | √ | √ | √ | √ | √ | 好 | ● 信号关系的确定<br>● 时间延迟的确定 |
| 模型调整 | 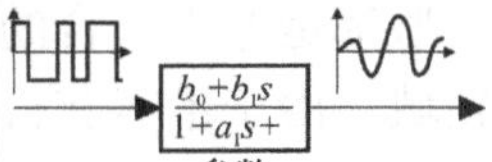 $\frac{b_0+b_1s}{1+a_1s+}$ 参数 | √ | √ | 较大 | √ | √ | – | √ | √ | – | 中等 | ● 模型的参数化 |
| 参数估计 | | √ | √ | 较小 | √ | √ | √ | √ | √ | √ | 好 | ● 自适应控制器设计<br>● 自适应控制器<br>● 故障检测 |
| 迭代优化 | 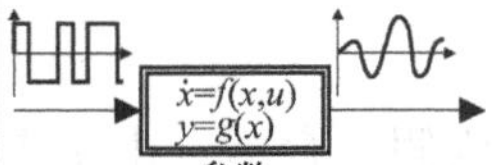 $\dot{x}=f(x,u)$ $y=g(x)$ 参数 | – | √ | 较小 | – | √ | √ | – | – | √ | 由差到很好 | ● 非线性控制器设计<br>● 故障检测<br>● 模型参数 |
| 扩展 Kalman 滤波 | 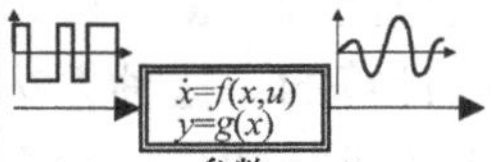 $\dot{x}=f(x,u)$ $y=g(x)$ 参数 | √ | √ | 中等 | √ | √ | √ | (√) | √ | √ | 中等 | ● 状态和参数组合估计（如无中间量测量）<br>● 非线性系统的状态估计 |

（续）

| 方法 | 输入模型输出 | 线性过程 | 非线性过程 | 允许的信噪比 | 在线处理 | 离线处理 | 批处理 | 实时处理 | 时变系统 | MIMO系统 | 最终模型的逼真度 | 应用范围 |
|---|---|---|---|---|---|---|---|---|---|---|---|---|
| 子空间法 | 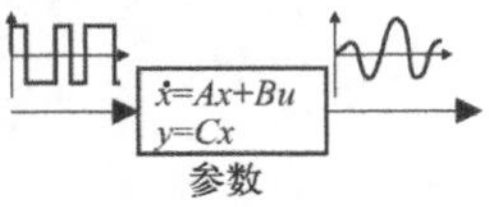  | √ | - | 较小 | - | √ | √ | - | - | √ | 好 | ● 模态分析 |
| 神经网络 | 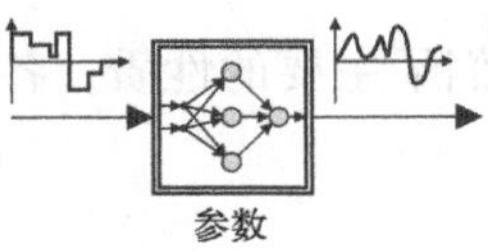  | √ | √ | 较小 | - | √ | √ | - | - | √ | 中等 | ● 非线性控制器设计<br>● 故障检测<br>● 对没有或只有很少过程物理知识情况下的建模 |

注：√为适用；(√)为可能，但并不很适合；－为不适用

## 1.4.1 非参数模型

利用周期性测试信号进行**频率响应测量**，可以直接确定线性过程各离散点上的频率响应特性。这种情况下使用正交相关分析法非常有效，现在所有的频率响应测量设备中都包含有这种方法。如果要对多点频率进行评价，需要的测量时间长，但结果准确性很高。本书第5章将论述这些方法。

**傅里叶分析**可用于根据阶跃响应或脉冲响应辨识线性过程的频率响应。这种方法简单，计算量小，而且需要的测量时间短，但只适用于具有较好信噪比的过程。第3章将专门讨论傅里叶分析方法。

**相关分析**必须在时域中执行，针对的是线性过程的连续时间或离散时间信号，输入信号允许是随机和周期性信号，对信噪比较差的过程也能适用。得到的模型是相关函数或特定情况下线性过程的脉冲响应。一般说来，这种方法的计算量不大。第6章将详细讨论连续时间的相关分析法，第7章将讨论离散时间的相关分析法。

对所有的非参数辨识技术，首先必须保证过程是可以线性化的。由于不需要假设某种模型结构，因而这些方法对任意复杂的集中参数模型和分布参数模型都是非常适合的，用于验证根据理论推导的理论模型也是很合适的。在有些特定的应用领域，由于不需获得模型结构的先验假设，所以会更倾向于采用非参数模型。

## 1.4.2 参数模型

参数模型辨识方法必须假定专用的模型结构。如果模型结构假定合适，由于有较多的先验知识可以利用，所以有望获得比较精确的辨识结果。

最简单的方法是**特征值的确定**，比如基于阶跃响应或脉冲响应测量数据，可以确定延迟时间等系统的特征参数。借助于图表，简单模型的参数也是可以计算的。这种方法只能适用于简单的过程，并且干扰小。然而，它们可为快速、简单地对系统进行初步检验提供很好的基础，比如用来确定大致的时间常数，为后续更为复杂的系统辨识方法应用提供正确的采样时间选择。第2章将讨论特征值的确定方法。

**模型调整方法**最初是随着模拟计算机发展起来的，不过现在已基本上不作为参数估计方法使用了。

**参数估计方法**是基于差分方程或微分方程的辨识方法，方程可以具有任意的阶次和迟延。这些方法是基于对某种误差信号进行最小化的，最小化方法可以借助统计回归的方法，对动态系统来说，还需要辅以特定的方法。它们可以用于处理任意的输入激励和信噪比很小的情况，可以用于多种多样的应用场合，也能在闭环条件应用，还能扩展用于非线性系统。本书的重点将放在这类参数估计方法上，如第 8 章将讨论稳态非线性系统的参数估计方法，第 9 章将讨论离散时间动态系统的参数估计方法，第 15 章将讨论参数估计方法在连续时间动态系统中的应用。

**迭代优化**方法与前面讨论的参数估计方法分开来单独讨论，因为迭代优化方法可以很容易用于处理非线性系统，其代价是由于采用非线性优化技术带来相应的一些缺点。

**基于子空间的方法**已成功地用于模态分析领域，然而也用于需要参数估计的其他领域，具体讨论见第 16 章。

此外，**神经网络**作为一个通用的逼近器已经用于实验系统建模。通常它们可用于几乎没有过程物理知识的过程建模。它们的主要缺点是：对于多数神经网络，网络参数很难给出物理解释，使得对过程建模的结果难以理解其物理含义。然而，局部线性神经网络可以弥补这些缺点。神经网络的详细讨论见第 20 章。

**Kalman 滤波器**不用于参数估计，而用于动态系统的**状态估计**。有些人建议利用 Kalman 滤波器对测量数据进行平滑处理，以作为参数估计方法的一种应用。一种更为通用的滤波框架，即**扩展 Kalman 滤波器**，可以对线性和非线性系统同时进行状态和参数估计。关于它在参数估计中的应用，很多文献都有过报道。第 21 章将讨论 Kalman 滤波器和扩展 Kalman 滤波器的推导，同时概述扩展 Kalman 滤波器用于参数估计的优缺点。

### 1.4.3 信号分析

表 1.3 给出的信号分析方法可用于获取信号的参数模型或非参数模型，通常用它们来确定信号的频域成分。这些方法在许多方面存在区别，各自具有不同的特点。

**表 1.3 最重要的信号分析方法概述**

| 方法 | 周期信号 | 随机信号 | 时变 | 时域 | 频域 | 单频 | 检测周期性 | 幅值 | 相位 | 注释 |
|---|---|---|---|---|---|---|---|---|---|---|
| 带通滤波 | √ | √ | √ | - | (√) | (√) | - | √ | - | ● 精度依赖于滤波器通带<br>● 老数据无需储存 |
| 傅里叶分析 | √ | - | - | - | √ | √ | √ | √ | √ | ● 经典易懂的工具<br>● 多数情况下使用快速傅里叶变换 |
| 参数谱估计 | √ | - | - | √ | √ | √ | - | √ | √ | ● 有效实现，不受加窗影响 |
| 相关分析 | √ | √ | - | √ | - | - | √ | - | - | ● 时域方法，可以检测信号的周期性，并确定周期长度 |
| 谱分析 | - | √ | - | - | √ | - | √ | √ | - | ● 可用 FFT 作傅里叶分析 |
| ARMA 模型参数估计 | √ | √ | - | - | √ | - | - | - | - | ● 提供生成信号的成形滤波器系数<br>● 参数估计方法通常收敛缓慢 |

(续)

| 方　法 | 周期信号 | 随机信号 | 时变 | 时域 | 频域 | 单频 | 检测周期性 | 幅值 | 相位 | 注　释 |
|---|---|---|---|---|---|---|---|---|---|---|
| 短时傅里叶变换 | √ | - | √ | - | √ | √ | √ | √ | √ | ● 傅里叶分析的分块应用 |
| 小波分析 | √ | - | √ | √ | - | √ | √ | √ | (√) | ● 非常适合用于陡变的信号，如矩形波和脉冲形振荡信号 |

注：√为适用；-为不适用

这些方法的主要区别在于是用于**周期性**、**确定性信号**，还是用于**随机性信号**。另外，不是所有的方法都适合用于时变信号，指的是信号的参数（如频率成分）随着时间变化。有些方法完全只能用于**时域**，有些方法要在**频域**中才能对信号进行分析。

这些方法的另一个区别是，不是所有的方法都能明确判断**是否存在单频谱分量**，也就是某单个频振荡分量。尽管有许多方法能用于检测信号的周期分量，但仍然有许多方法不能用于判断信号记录数据段本身是否存在周期性。此外，不是所有的方法都能够确定周期性信号分量的**幅值**和**相位**。有些方法只能确定幅值，有些方法既不能确定幅值，也不能确定相位，除非对信号分析方法给出的结果进行后续的分析。

**带通滤波**方法使用一系列带通滤波器来分析不同频带的信号。这种分析方法的最大优点是不需要储存过去的数据。频率的分辨率与滤波器频带的宽度有关。

**傅里叶分析**是分析信号频率分量的经典工具，详细论述见第 3 章。这种方法的最大优点是已有许多商业化和非商业化的算法实现工具。

**参数谱估计**方法可以给出信号模型，用作生成白噪声的成形滤波器，也可以用作将信号分解成正弦振荡分量之和。这种方法对信号时间长度的选取不敏感，不像傅里叶分析那样对信号时间长度非常敏感，通常采样间隔长度必须是周期长度的整数倍。第 9.2 节将讨论这种方法。

**相关分析法**的详细讨论见第 6 章和第 7 章。这种方法基于时间信号与其时移信号之间的相关性，非常适合用于确定时间信号是否真的是周期性信号，并可以确定信号的周期长度。

**谱分析**考虑的是自相关函数的傅里叶变换，而且利用 ARMA **参数估计方法**来确定生成信号随机分量的 ARMA 成形滤波器的系数，具体讨论见第 9.4.2 节。

最后，新发展的一些方法可以进行时频联合分析，能够用于检测信号性质的变化。**短时傅里叶变换**将傅里叶变换应用于小分块的记录信号。**小波分析**用于计算信号与经过时移和/或时标后的母小波之间的相关性。这两种方法的讨论见第 3 章。

## 1.5　激励信号

为了进行辨识，要给待研究的系统提供运行的输入信号或者人为引入的信号，称**测试信号**（如图 1.10 中所示的激励信号）[⊖]。如果运行的信号不能充分地激励过程（比如幅值小、非平稳或频谱不适合），那么就尤其需要这样的测试信号，在实际应用中这是经常会遇到的情况。令人满意的测试信号通常需要满足以下条件：

⊖ 译者注：这是译者加的说明（原文没有对图 1.10 给出引用）

- 无论是利用还是不利用信号发生器生成的测试信号都必须是简单、可复现的。
- 对相应的辨识方法，信号及其性质的数学描述简单。
- 用给定的执行器可以实现。
- 可施加于过程。
- 对感兴趣的系统动态特性有好的激励。

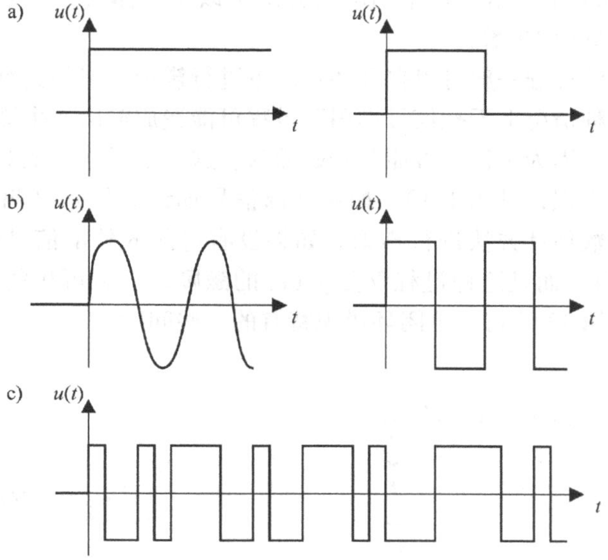


图 1.10　激励信号

a）非周期：阶跃和方脉冲　b）周期：正弦和方波　c）随机：离散二值噪声

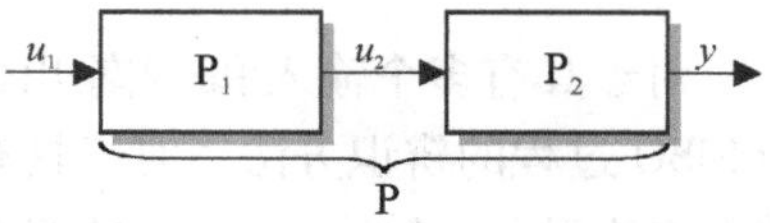


图 1.11　过程 $P$ 包含子过程 $P_1$ 和 $P_2$

直接作用在子过程 $P_2$ 的输入 $u_2(t)$ 一般是不能干预的，它只受前面子过程 $P_1$（如执行器）及其输入 $u_1(t)$ 的影响，见图 1.11，其中子过程 $P_2$ 是待辨识的。如果 $u_2(t)$ 是可测的，只要辨识方法适用于 $u_2(t)$ 的性质，那么子过程 $P_2$ 可以直接辨识。如果辨识方法只适用于特定的测试信号 $u_1(t)$，那么要通过辨识整个过程 P 和子过程 $P_1$，然后再计算 $P_2$。对线性系统来说，由下式给出

$$G_{P_2}(s) = \frac{G_P(s)}{G_{P_1}(s)} \tag{1.5.1}$$

式中，$G_*(s)$ 为对应的传递函数。

## 1.6　特殊的应用问题

下面给出两个应用问题，以激发读者对辨识的兴趣，详细的讨论见后续章节。

### 1.6.1 输入含有噪声

到现在为止，假设作用在过程上的干扰可以组合成作用于输出上的加性干扰 $y_z$。如果输出测量数据受到 $\xi_y(t)$ 干扰，见图 1.12，那么它可以与干扰 $y_z$ 合并起来处理，而且不会造成很大的问题。处理输入信号 $u(t)$ 受到 $\xi_u(t)$ 干扰就会比较困难，这是一种变量带误差（EIV）的辨识问题，见第 23.6 节。解决这个问题的方法可以是总体最小二乘（TLS）法或者主成分分析（PCA）法，见第 10 章。

比例控制作用下的过程一般可以在开环状态下进行辨识，但是具有积分控制作用的过程通常就不行，因为这种情况下干扰信号作用于过程可能造成输出产生漂移。另外，过程也不允许长时间开环运行，因为工作点可能会开始漂移。这些情况下以及对不稳定的过程，就必须在闭环状态下进行辨识，见图 1.13。如果外部信号如设定值是可测的，那么这种过程可以用相关分析法或参数估计方法进行辨识。如果没有可测的外部信号作用于过程（如调节器的设定值是恒定的），而且这种过程仅受 $y_z(t)$ 的激励，那么可用的辨识方法和控制器的结构就会受到限制，第 13 章将讨论闭环辨识特有的一些问题。

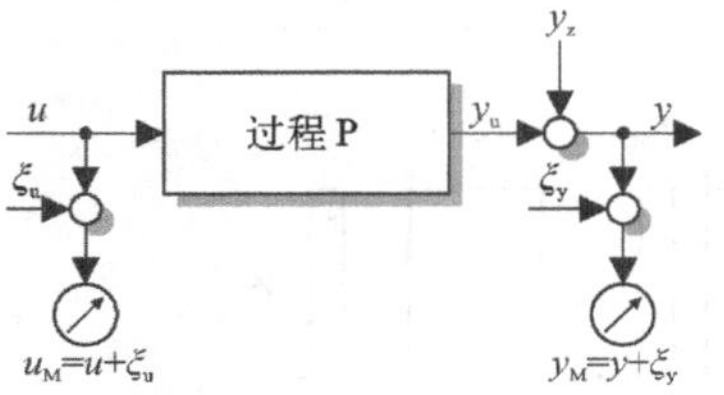


图 1.12　输入和输出带有测量干扰的线性过程

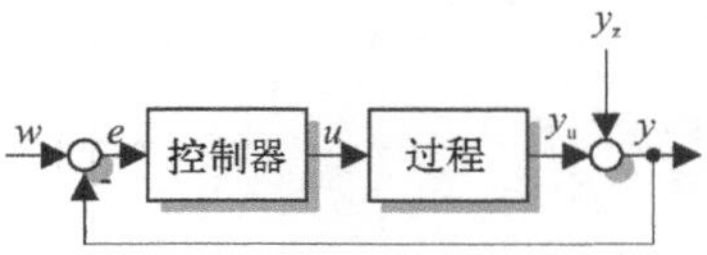


图 1.13　闭环过程的辨识

### 1.6.2 多输入或多输出系统的辨识

对于具有多个输入和/或输出信号的线性系统，如图 1.14 所示，也可以采用本书所讲的用于 SISO 过程的辨识方法。对于具有 1 个输入、$r$ 个输出和采用 1 种测试信号的系统，可以利用辨识方法对各单输入/单输出的组合进行 $r$ 次辨识，以得到 $r$ 个输入/输出模型，见图 1.14。对于具有 $r$ 个输入、单个输出（MISO）的系统，可以采用类似的方法对输入依次进行激励，或者用不相关的输入信号同时激励所有的输入，不过辨识得到的模型不一定是最小实现模型。

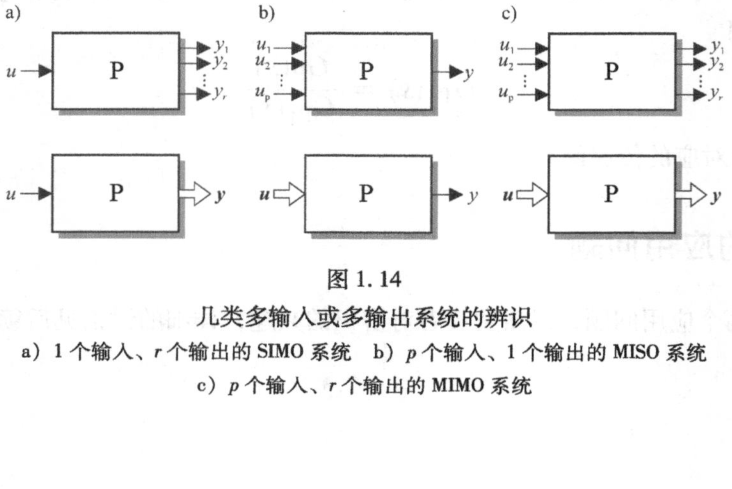


图 1.14

几类多输入或多输出系统的辨识

a）1 个输入、$r$ 个输出的 SIMO 系统　b）$p$ 个输入、1 个输出的 MISO 系统

c）$p$ 个输入、$r$ 个输出的 MIMO 系统

对于多输入和多输出（MIMO）的系统，有三种辨识方案可以选择：一种是依次激励单个输入，同时计算所有的输出；另一种是同时激励所有的输入，依次计算单个输出；第三种是同时激励所有的输入，同时计算所有的输出，然后分别根据输入和输出数据进行辨识。如果用一个模型就足以描述输入/输出特性，那么可以直接应用 SISO 系统辨识方法。然而，如果有 $p$ 个输入同时被激励，以及有 $r$ 个输出，这时就必须寻求专门辨识 MIMO 系统的方法，因为这时模型结构的假设起重要作用。第 17 章将讨论 MIMO 系统的参数估计问题。

## 1.7 应用领域

如前所述，辨识结果模型的应用对模型类的选择、模型所需的逼真度、辨识方法和辨识所需的软硬件有着重要的影响。因此下面将简要介绍一些有代表性的应用领域。

### 1.7.1 增加对过程特性的认识

如果因为缺乏对过程的物理认识，通过理论建模不能确定过程的稳态和动态特性，那么就只能求助于实验建模。这种无法进行理论建模的复杂案例很多，包括许多技术过程，比如炉子、内燃引擎、生物反应器、生物过程和经济过程。辨识方法的选择主要取决于能否施加特殊的测试信号，能否连续测量或只能在离散时间点上测量，还取决于输入和输出变量个数、信噪比、可测量的时间、是否存在反馈回路等。辨识获得的模型通常只需要具有好的/中等的逼真度，为此通常采用一些简单的辨识方法就可以了，不过参数估计方法还是会经常使用的。

### 1.7.2 理论模型的验证

由于简化的假设条件和不准确的过程参数知识，经常需要在实际过程上进行实验来验证理论推导的模型。对于一个由传递函数形式给出的（线性）模型，频率响应的测量为验证理论模型提供一个很好的工具。Bode 图为过程的动态特性提供非常清晰的表示，比如谐振、忽略高频动态特性、迟延和模型阶次。频率响应测量的主要优点是不需要假设模型结构（如模型阶次、迟延等），但它也具有很严重的缺点，即测量时间过长，这点对过渡过程时间长的过程尤其突出，并且需要假设是线性的。

如果过程只有很小的干扰，那么通过比较过程和模型的阶跃响应也就足够了。当然，这种比较是非常显而易见的，也是合乎常情的。但是，当过程存在较严重的干扰时，对连续时间模型来说必须借助于相关分析法或参数估计方法。这种情况下获得的模型逼真度需要达到中等和较高的程度。

### 1.7.3 控制器参数的整定

对 PID 控制器来说，调节器参数的粗略整定并不需要详细的模型（如 Ziegler – Nichols

实验整定），只要根据阶跃响应测量值确定过程的一些特征值就够了。然而，对于精细整定，必须有足够准确的模型。对于这种应用，参数估计方法更受青睐，特别是数字控制器的自整定，如见文献（Åström and Wittenmark，1997，2008；Bobál et al，2005；O'Dwyer，2009；Crowe et al，2005；Isermann et al，1992）。这些技术在今后的几十年中会得到进一步的发展，因为技术员面临工厂中安装越来越多的控制器，目前超过50%的控制器没有得到很好的整定，导致控制回路缓慢振荡或控制性能欠佳（Pfeiffer et al，2009）。

### 1.7.4 基于计算机的数字控制算法设计

对于基于模型的控制算法设计比如内模控制器，或预测控制器，或多变量控制器，需要有较高逼真度的模型。如果控制算法和设计方法是基于参数的离散时间模型，无论是离线还是在线，那么参数估计方法是首选的。对于非线性系统，无论参数估计方法还是神经网络方法都能适用（Isermann，1991）。

### 1.7.5 自适应控制算法

对参数缓慢时变的过程，如果采用数字自适应控制器，那么采用参数化的离散时间模型有很大的好处，因为在闭环和在线的条件下，利用递推参数估计方法可以确定出合适的模型，再通过标准化控制器设计方法就能够很容易地确定控制器的参数。不过，也可以使用非参数模型，在一些著作中对此有些探讨（Sastry and Bodson，1989；Isermann et al，1992；Ikonen and Najim，2002；Åström and Wittenmark，2008）。出于前面所述的控制器参数自整定相同的原因，自适应控制器是另外一个辨识重要应用的课题。自适应控制与激励信号的类型有很强的依赖关系，必须连续进行监控。

### 1.7.6 过程监控和故障检测

如果过程模型的结构理论上准确已知，那么就可以用连续时间参数估计方法来确定模型参数。过程参数的变化可以用来推断过程是否有故障发生，对过程变化的进一步分析可以用来确定故障的类型、位置和大小。但是，这个任务对模型的逼真度有很高的要求。首选的方法是采用具有实时数据处理或块数据处理能力的在线辨识方法。这个问题的详细讨论可参阅著作（Isermann，2006）。故障检测和诊断对**安全攸关系统**和**设备资产管理**有着重要的作用。这种情况下，所有生产设备的信息都集成到公司的宽带网络中，并且可以对所有设备的自身健康状态持续进行评估。当检测到微小的、初期的故障时，自动请求维修服务。这些微小的故障有可能使系统的特性变坏，甚至造成生产瘫痪。

### 1.7.7 信号预测

对于慢过程，如炉子或电厂，借助仿真模型来预测操作员干预的效果，以便为操作员提供支持，使其能够判断干预的效果。为了这个任务，通常需要采用递推在线参数估计方法，以导出对象模型。这种方法也可用于经济市场的预测，可参阅文献（Heij et al，2007）和

(Box et al，2008）的描述。

### 1.7.8 在线优化

如果任务是为了使过程能运行在最优工作点上（如对大型柴油船引擎或蒸汽电厂来说），那么需要用参数估计方法，导出在线的非线性动态模型，再通过数学最优化技术找到最优工作点。由于原油和化工产品等能源和生产商品的价格不断提高，使过程尽可能高效最优运行就变得越来越重要。

从这些不同的例子可以清楚地看到，应用目的对选择系统辨识方法的影响很大。因此，用户只会对用在各种不同问题上的方法感兴趣。这里，参数估计方法发挥重要的作用，因为它们可以很容易地改变，不仅用于包括线性、时不变的 SISO 过程，也包括用于非线性、时变的多变量过程。

辨识技术的这些应用未来将成为富有吸引力的研发领域，因此将来需要大批的拥有系统辨识丰富知识的专业人员。第 24 章将讨论本书所论述的方法在某些方面的部分应用。

## 1.8 文献综述

以下不同领域的新发展推动着系统辨识的发展：

- 系统理论。
- 控制工程。
- 信号理论。
- 时间序列分析。
- 测量工程。
- 数值计算数学。
- 计算机和微控制器。

因此，发表的相关文献分布在上面提到的不同研究领域及其所属的特定期刊和会议。在自动控制领域中能找到系统处理这方面问题的文献，其中 IFAC **系统辨识专题会议**（SYSID）自 1967 年创办，每三年举行一次，成为在系统辨识领域科学家团体的平台。该专题会议至今已在布拉格（1967，**自动控制系统中的辨识专题会议**）、布拉格（1970，**辨识和过程参数估计专题会议**）、海牙（1973，**辨识和系统参数估计专题会议**）、第比利斯（1976）、达姆施塔特（1979）、华盛顿（1982）、约克（1985）、北京（1988）、布达佩斯（1991）、哥本哈根（1994）、北九州（1997）、圣塔芭芭拉（2000）、鹿特丹（2003）、纽卡斯尔（2006）和圣马洛（2009）举行。**国际自动控制联合会**（IFAC）也将 1.1 技术委员会的工作确定为建模、辨识和信号处理领域。

由于上述事实，系统辨识的研究遍及许多不同的领域，很难给出一个覆盖辨识领域所有文献的综述。然而，表 1.4 还是试图列出系统辨识的相关著作，但不能保证是完备的。从表中可以看到，许多教科书通常专注于系统辨识的某一方面。

表 1.4　自 1992 年以来系统辨识的相关著作，但不是完备的。表中，√ = 是；(√) = 是，但不深入；C = CD－ROM；D = 磁盘；M = Matlab 代码或工具箱；W = 网站。1992 年以前的著作文献见(Isermann,1992)。基于实现理论的方法(Juang,1994；Juang and Phan,2006)列为子空间法

| 引用文献<br>(见本章的参考文献) | 特征参数 | 傅里叶变换 | 频率响应测量 | 相关分析 | 最小二乘参数估计 | 数值优化 | 标准卡尔曼滤波 | 扩展卡尔曼滤波 | 神经网络/神经模糊 | 子空间法 | 频域 | 输入信号 | Volterra, Hammerstein, Wiener | 连续时间系统 | MIMO 系统 | 闭环辨识 | 实际数据 | 其他 |
|---|---|---|---|---|---|---|---|---|---|---|---|---|---|---|---|---|---|---|
| Chui and Chen(2009) | | | | | | | √ | √ | | | | | | (√) | √ | | | |
| Grewal and Andrews(2008) | | | | | | | √ | √ | | | | | | (√) | √ | | | C,M |
| Box et al(2008) | | (√) | | √ | √ | (√) | | | | | | (√) | | | √ | | √ | |
| Garnier and Wang(2008) | | √ | | | √ | √ | | | | √ | √ | | | √ | √ | √ | √ | M |
| van den Bos(2007) | | | | | √ | √ | | | | | | (√) | | | | | | |
| Heij et al(2007) | | √ | | | (√) | | √ | | | | | | | | | | | C |
| Lewis et al (2008) | | | | | | | √ | √ | | | (√) | | | √ | √ | | | |
| Mikleš and Fikar(2007) | √ | | | | √ | | | | | | | | | √ | | | √ | W |
| Verhægen and Verdult(2007) | √ | √ | | | √ | √ | √ | | | √ | | √ | | | √ | (√) | | M |
| Bohlin(2006) | | | | | | √ | | √ | | | | | | √ | √ | | √ | W |
| Eubank(2006) | | | | | | | √ | | | | | | | | | | | |
| Juang and Phan(2006) | | | | | | | | | | √ | | | | | | | | |
| Goodwin et al(2005) | | | | | | √ | (√) | | | | | | | | | | | |
| Raol et al(2004) | | √ | | | √ | √ | √ | √ | √ | | (√) | | | √ | | √ | √ | W,M |
| Doyle et al(2002) | | | | | | | | | | √ | √ | √ | √ | | | √ | | |
| Harris et al(2002) | | | | | √ | | | | √ | | | | | | | | | |
| Ikonen and Najim(2002) | | | | | √ | √ | √ | √ | | | | | √ | | | | | |
| Söderström(2002) | | | | | | | √ | √ | | | | | | √ | √ | √ | | |
| Pintelon and Schoukens(2001) | | √ | | | √ | √ | | | | √ | √ | √ | (√) | √ | √ | √ | √ | M |
| Nelles(2001) | | | | | √ | √ | | | √ | | | √ | √ | | √ | √ | √ | M |
| Unbehauen(2000) | (√) | | √ | √ | √ | | | | | | | √ | | | √ | √ | | |
| Kamen and Su(1999) | | | | | | | √ | √ | | | | | | | | | | M |
| Koch(1999) | | | | | √ | | | | | | | | | | | | | |
| Ljung(1999) | | √ | | √ | √ | √ | √ | | √ | √ | √ | √ | √ | √ | √ | √ | √ | W,M |
| van Overshee and de Moor(1996) | | | | | | | (√) | | | √ | | | | | √ | | √ | D,M |
| Brammer and Siffling(1994) | | | | | | | √ | | | | | | | √ | √ | √ | | |
| Juang(1994) | | √ | | √ | (√) | | | | | √ | (√) | | | | √ | √ | √ | |
| Isermann(1992) | √ | √ | √ | √ | √ | (√) | | | | | √ | √ | √ | √ | √ | √ | √ | |

## 习题

1.1　理论建模

简单描述一下理论建模方法。建立怎么样的方程可以组合成一个模型？什么类型的微分方程可以作为建模的结果？为什么说单纯的理论建模方法应用范围是有限的？

1.2　实验建模

简单描述一下实验建模方法，其优缺点是什么？

1.3　模型类型

什么是白箱、灰箱和黑箱模型？

1.4　辨识

辨识的任务是什么？

1.5　辨识的限制条件

实际的辨识实验有哪些限制条件？

1.6　干扰

作用在过程上的典型干扰有哪些？怎样消除它们的影响？

1.7　辨识

系统辨识有哪些步骤？

1.8　辨识方法的分类

辨识方法是根据什么特征进行分类的？

1.9　非参数/参数模型

非参数模型和参数模型之间的区别是什么？举例说明。

1.10　应用领域

哪种辨识方法适用于理论线性模型的验证和数字控制算法的设计？

## 参考文献


Åström KJ, Eykhoff P(1971) System identification——a survey. Automatica 7(2):123 - 162

Åström KJ, Wittenmark B (1997) Computer controlled systems: theory and design, 3rd edn. Prentice-Hall information and system sciences series, Prentice Hall, Upper Saddle River, NJ

Åström KJ, Wittenmark B(2008) Adaptive control, 2nd edn. Dover Publications, Mineola, NY

Åström KJ, Goodwin GC, Kumar PR (1995) Adaptive control, filtering, and signal processing. Springer, New York

Bobál V, Böhm J, Fessl J, Machácek J(2005) Digital self-tuning controllers—Algorithms, implementation and applications. Advanced Textbooks in Control and Signal Processing, Springer, London

Bohlin T(2006) Practical grey-box process identification: Theory and applications. Advances in Industrial Control, Springer, London

van den Bos A(2007) Parameter estimation for scientists and engineers. Wiley-Interscience, Hoboken, NJ

Box GEP, Jenkins GM, Reinsel GC (2008) Time series analysis: Forecasting and control, 4th edn. Wiley Series in Probability and Statistics, John Wiley, Hoboken, NJ

Brammer K, Siffling G (1994) Kalman-Bucy-Filter: Deterministische Beobachtung und stochastische Filterung, 4th edn. Oldenbourg, München

Chui CK, Chen G (2009) Kalman filtering with real-time applications, 4th edn. Springer, Berlin

Crowe J, Chen GR, Ferdous R, Greenwood DR, Grimble MJ, Huang HP, Jeng JC, Johnson MA, Katebi MR, Kwong S, Lee TH (2005) PID control: New identification and design methods. Springer, London

DIN Deutsches Institut für Normung e V (Juli 1998) Begriffe bei Prozessrechensystemen

Doyle FJ, Pearson RK, Ogunnaike BA (2002) Identification and control using Volterra models. Communications and Control Engineering, Springer, London

Eubank RL (2006) A Kalman filter primer, Statistics, textbooks and monographs, vol 186. Chapman and Hall/CRC, Boca Raton, FL

Eykhoff P (1994) Identification in Measurement and Instrumentation. In: FinkelsteinK, Grattam TV (eds) Concise Encyclopaedia of Measurement and Instrumentation, Pergamon Press, Oxford, pp 137-142

Garnier H, Wang L (2008) Identification of continuous-time models from sampled data. Advances in Industrial Control, Springer, London

Goodwin GC, Doná JA, Seron MM (2005) Constrained control and estimation: An optimisation approach. Communications and Control Engineering, Springer, London

Grewal MS, Andrews AP (2008) Kalman filtering: Theory and practice using MATLAB, 3rd edn. John Wiley & Sons, Hoboken, NJ

Harris C, Hong X, Gan Q (2002) Adaptive modelling, estimation and fusion from data: A neuro fuzzy approach. Advanced information processing, Springer, Berlin

Heij C, Ran A, Schagen F (2007) Introduction to mathematical systems theory: linear systems, identification and control. Birkhäuser Verlag, Basel

Ikonen E, Najim K (2002) Advanced process identification and control, Control engineering, vol 9. Dekker, New York

Isermann R (1991) Digital control systems, 2nd edn. Springer, Berlin

Isermann R (1992) Identifikation dynamischer Systeme: Grundlegende Methoden (Vol. 1). Springer, Berlin

Isermann R (2005) Mechatronic Systems: Fundamentals. Springer, London

Isermann R (2006) Fault-diagnosis systems: An introduction from fault detection tofault tolerance. Springer, Berlin

Isermann R, Lachmann KH, Matko D (1992) Adaptive control systems. Prentice Hall international series in systems and control engineering, Prentice Hall, New York, NY

Juang JN (1994) Applied system identification. Prentice Hall, Englewood Cliffs, NJ

Juang JN, Phan MQ (2006) Identification and control of mechanical systems. Cambridge University Press, Cambridge

Kamen EW, Su JK(1999) Introduction to optimal estimation. Advanced Textbooks in Control and Signal Processing, Springer, London

Koch KR (1999) Parameter estimation and hypothesis testing in linear models, 2nd edn. Springer, Berlin

Lewis FL, Xie L, Popa D(2008) Optimal and robust estimation: With an introduction to stochastic control theory, Automation and control engineering, vol 26, 2nd edn. CRC Press, Boca Raton, FL

Ljung L(1999) System identification: Theory for the user, 2nd edn. Prentice Hall Information and System Sciences Series, Prentice Hall PTR, Upper Saddle River, NJ

Mikleš J, Fikar M(2007) Process modelling, identification, and control. Springer, Berlin

Nelles O(2001) Nonlinear system identification: From classical approaches to neural networks and fuzzy models. Springer, Berlin

O'Dwyer A(2009) Handbook of PI and PID controller tuning rules, 3rd edn. Imperial College Press, London

van Overshee P, de Moor B(1996) Subspace identification for linear systems: Theory–implementation–applications. Kluwer Academic Publishers, Boston

Pfeiffer BM, Wieser R, Lorenz O(2009) Wie verbessern Sie die Performance Ihrer Anlage mit Hilfe der passenden APC–Funktionen? Teil 1: APC–Werkzeuge in Prozessleitsystemen. atp 51(4):36–44

Pintelon R, Schoukens J (2001) System identification: A frequency domain approach. IEEE Press, Piscataway, NJ

Raol JR, Girija G, Singh J(2004) Modelling and parameter estimation of dynamic systems, IEE control engineering series, vol 65. Institution of Electrical Engineers, London

Sastry S, Bodson M (1989) Adaptive control: stability, convergence, and robustness. Prentice Hall Information and System Sciences Series, Prentice Hall, Englewood Cliffs, NJ

Söderström T (2002) Discrete–time stochastic systems: Estimation and control, 2nd edn. Advanced Textbooks in Control and Signal Processing, Springer, London

Unbehauen H (2000) Regelungstechnik Bd. 3: Identifikation, Adaption, Optimierung, 6th edn. Vieweg + Teubner, Wiesbaden

Verhaegen M, Verdult V (2007) Filtering and system identification: A least squares approach. Cambridge University Press, Cambridge

Zadeh LA(1962) From circuit theory to system theory. Proc IRE 50:850–865

# 第 2 章

# 线性动态系统和随机信号的数学模型

辨识方法的主要任务是为了导出过程及其信号的数学模型，所以下文将简要论述线性时不变 SISO 过程和随机信号最重要的一些数学模型。这里，假定读者已经熟悉基于时域和频域的模型及相应的分析方法。如果不是这样，请查阅许多有关控制工程和更宽范围内涵盖该主题的教科书（Åström and Murray，2008；Chen，1999；Dorf and Bishop，2008；Franklin et al，2009；Goodwin et al，2001；Nise，2008；Ogata，2009）。下面的简短讨论只是为了统一符号，并让读者回顾一些最重要的关系。

如果系统能用上叠加原理，则称这类系统是**线性的**。对于线性系统，由多个输入信号激励产生的输出可以用各自输入信号所激励的输出叠加而成。在最简单情况下，线性系统的特性可用线性常微分方程（ODE）描述。如果方程系数不发生变化，称系统是**时不变的**；如果系统参数随着时间变化，则必须按**时变的**系统来处理。适合用于描述非线性过程的模型将在后面的章节中与相应的辨识方法予以介绍。如果系统的输出叠加有常数项，则系统称为是**仿射的**。

下文描述的模型**分类**取决于所用的准则，准则的选择又与辨识方法的分类及辨识模型的应用范围有很大关系。一般情况下，模型可分为参数模型和非参数模型、输入/输出模型和状态空间模型、时域模型和频域模型等。

## 2.1 连续时间信号的动态系统数学模型

首先简要回顾一下连续时间动态系统的数学模型理论，因为这些基本原理知识对本书后面各章节所介绍的辨识方法的理解和应用是必不可少的。

### 2.1.1 非参数模型，确定性信号

过程和信号的数学模型可以是非参数的，也可以是参数的。**非参数模型**采用表格或曲线来表示输入和输出之间的关系。这种模型没有特定的结构，通常是无穷维的，它是所谓**黑箱方法**的基础，因此下面将这种模型称作**黑色模型**。描述线性时不变过程最重要的非参数模型有脉冲响应、阶跃响应和频率响应，见图 2.1。

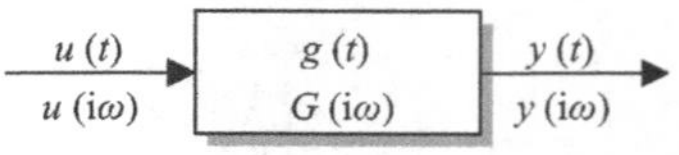


图 2.1　输入为 $u$ 和输出为 $y$ 的动态过程

**脉冲响应**

**脉冲响应** $g(t)$ 定义为由**脉冲函数** $\delta(t)$（Dirac $\delta$ 函数）激励下的过程输出。该脉冲函数定义为

$$\delta(t) = \begin{cases} \infty, t = 0 \\ 0, t \neq 0 \end{cases} \tag{2.1.1}$$

$$\int_{-\infty}^{\infty} \delta(t)\,\mathrm{d}t = 1\mathrm{sec} \tag{2.1.2}$$

利用脉冲响应，可以获取线性过程在任意的确定性输入作用下的输出，采用**卷积积分**可表示为

$$y(t) = \int_0^t g(t-\tau)\,u(\tau)\mathrm{d}\tau = \int_0^t g(\tau)\,u(t-\tau)\mathrm{d}\tau \tag{2.1.3}$$

**阶跃函数** $\sigma(t)$ 又称作 Heaviside 函数 $\mathcal{H}(t)$，定义为

$$\sigma(t) = \begin{cases} 1, t \geqslant 0 \\ 0, t < 0 \end{cases} \tag{2.1.4}$$

通过脉冲函数对时间 $t$ 积分可获得阶跃函数。这时系统的输出定义为**阶跃响应** $h(t)$，可利用输入信号与脉冲响应 $g(t)$ 做卷积计算得到

$$h(t) = \int_0^{\infty} g(\tau)\,\sigma(t-\tau)\mathrm{d}\tau = \int_0^t g(\tau)\mathrm{d}\tau \tag{2.1.5}$$

因此，脉冲响应是阶跃响应对时间的微分，即

$$g(t) = \frac{\mathrm{d}h(t)}{\mathrm{d}t} \tag{2.1.6}$$

注意，Heaviside 函数也可以定义为

$$\mathcal{H}_c(t) = \begin{cases} 1, t > 0 \\ c, t = 0 \\ 0, t < 0 \end{cases} \tag{2.1.7}$$

式中，$c=0$（Föllinger，2010）；当取 $c=1/2$，可增加对称性（Bracewell，2000；Bronstein et al，2008）；或取 $c=1$，使得连续时间阶跃函数和离散时间阶跃函数（在 $k=0$ 时也为 1）的定义很相似。

**频率响应，传递函数**

**频率响应**相当于频域中的脉冲响应。如果过程由谐波振荡信号激励，且一直等到稳态响应完全形成，那么频率响应定义为输出矢量和输入矢量的比值

$$G(\mathrm{i}\omega) = \frac{\boldsymbol{y}(\omega t)}{\boldsymbol{u}(\omega t)} = \frac{y_0(\omega)\mathrm{e}^{\mathrm{i}(\omega t+\varphi(\omega))}}{u_0(\omega)\mathrm{e}^{\mathrm{i}\omega t}} = \frac{y_0(\omega)}{u_0(\omega)}\mathrm{e}^{\mathrm{i}\varphi(\omega)} \tag{2.1.8}$$

利用傅里叶变换也可以获得非周期信号激励的频率响应，如在文献（Papoulis，1962；Föllinger and Kluwe，2003）中有详细论述。傅里叶变换将时域函数 $x(t)$ 映射为频域函数 $x(\mathrm{i}\omega)$

$$\mathfrak{F}\{x(t)\} = x(\mathrm{i}\omega) = \int_{-\infty}^{\infty} x(t)\mathrm{e}^{-\mathrm{i}\omega t}\mathrm{d}t \tag{2.1.9}$$

对应的**傅里叶逆变换**为

$$\mathfrak{F}^{-1}\{x(\mathrm{i}\omega)\} = x(t) = \frac{1}{2\pi}\int_{-\infty}^{\infty} x(\mathrm{i}\omega)\mathrm{e}^{\mathrm{i}\omega t}\mathrm{d}\omega \tag{2.1.10}$$

如果 $x(t)$ 是逐段连续的，且绝对可积，即

$$\int_{-\infty}^{\infty} |x(t)|\,\mathrm{d}t < \infty \tag{2.1.11}$$

则傅里叶变换存在，且为有界连续函数（Poularikas，1999）。非周期信号激励的频率响应定义为输出傅里叶变换和输入傅里叶变换的比值

$$G(\mathrm{i}\omega) = \frac{\mathfrak{F}\{y(t)\}}{\mathfrak{F}\{u(t)\}} = \frac{y(\mathrm{i}\omega)}{u(\mathrm{i}\omega)} \tag{2.1.12}$$

时域中的输入和输出之间的卷积关系可以转变为频域中的简单乘法关系

$$y(\mathrm{i}\omega) = G(\mathrm{i}\omega)\,u(\mathrm{i}\omega) \tag{2.1.13}$$

由于 Dirac δ 脉冲的傅里叶变换为

$$\mathfrak{F}\{\delta(t)\} = 1\,\mathrm{sec} \tag{2.1.14}$$

因此，由式（2.1.12）可得

$$G(\mathrm{i}\omega) = \frac{\mathfrak{F}\{g(t)\}}{\mathfrak{F}\{\delta(t)\}} = \int_{0}^{\infty} g(t)\,\mathrm{e}^{-\mathrm{i}\omega t}\mathrm{d}t\,\frac{1}{1\,\mathrm{sec}} \tag{2.1.15}$$

该式表明频率响应是脉冲响应的傅里叶变换。傅里叶变换在第 3 章中还会再次讨论，那里将详细论述在数字计算机上如何实现傅里叶变换以及有限长度的数据序列对应用傅里叶变换的影响。

由于某些经常遇到的输入信号，如阶跃函数或斜坡函数，它们的傅里叶变换不存在，因此，更为关切的是如何利用这些非周期信号来获取传递函数。为此，引入**拉普拉斯变换**

$$\mathfrak{L}\{x(t)\} = x(s) = \int_{0}^{\infty} x(t)\mathrm{e}^{-st}\mathrm{d}t \tag{2.1.16}$$

同时假设对于 $t<0$，$x(t)=0$。上式中，拉普拉斯变量为 $s=\delta+\mathrm{i}\omega$，且 $\delta>0$。相应地，定义**拉普拉斯逆变换**为

$$\mathfrak{L}^{-1}\{x(s)\} = x(t) = \frac{1}{2\pi\mathrm{i}}\int_{\delta-\mathrm{i}\infty}^{\delta+\mathrm{i}\infty} x(s)\mathrm{e}^{st}\mathrm{d}s \tag{2.1.17}$$

现在，传递函数可以表述为输出拉普拉斯变换与输入拉普拉斯变换之比

$$G(s) = \frac{\mathfrak{L}\{y(t)\}}{\mathfrak{L}\{u(t)\}} = \frac{y(s)}{u(s)} \tag{2.1.18}$$

类似于式（2.1.15），有

$$G(s) = \frac{\mathfrak{L}\{g(t)\}}{\mathfrak{L}\{\delta(t)\}} = \int_{0}^{\infty} g(t)\,\mathrm{e}^{-st}\mathrm{d}t\,\frac{1}{1\,\mathrm{sec}} \tag{2.1.19}$$

当 $\delta \to 0$ 时，有 $s \to \mathrm{i}\omega$，传递函数演变为频率响应

$$\lim_{s\to \mathrm{i}\omega} G(s) = G(\mathrm{i}\omega) \tag{2.1.20}$$

至此，本节介绍了描述非参数线性模型和确定性信号最重要的一些基本方程。

### 2.1.2 参数模型，确定性信号

参数模型是利用方程来描述系统输入和输出之间的关系，一般情况下模型会包含一定数量的明确参数。这些方程可以应用第 1.1 节介绍的理论建模技术来建立，比如利用储量平衡方程、物理或化学状态方程和现象学方程，可以构建方程组，其中包含具有物理意义的参数 $c_i$，这些参数称作**过程系数**（Isermann，2005）。这些方程组揭示了系统的**基本模型结构**，并

可以用详细的方块图来表示。具有这种基本模型结构的模型称作白色模型（白箱），它与前一节介绍的非参数黑色模型是完全不同的，也可回顾图 1.3 中从白箱模型到黑箱模型不同建立方法的对比。

**微分方程**

如果只对过程的输入/输出特性感兴趣，可以不考虑系统的状态（如果可能的话）。对于集中参数系统来说，最终建立的数学模型是常微分方程（ODE）。在线性的情况下，这种 ODE 模型可描述为

$$\begin{aligned} &y^{(n)}(t)+a_{n-1}y^{(n-1)}(t)+\cdots+a_1\dot{y}(t)+a_0y(t)\\ =&b_mu^{(m)}(t)+b_{m-1}u^{(m-1)}(t)+\cdots+b_1\dot{u}(t)+b_0u(t) \end{aligned} \tag{2.1.21}$$

式中，模型参数 $a_i$ 和 $b_i$ 由过程系数 $c_i$ 确定。经过从物理过程到输入/输出模型的变换，基本的模型结构可能已不复存在。对于具有分布参数的过程，可以获得类似的偏微分方程（PDE）。

**传递函数和频率响应**

对式（2.1.21）的 ODE 方程应用拉普拉斯变换，并设所有初始条件为零，可得（参数的）**传递函数**

$$G(s)=\frac{y(s)}{u(s)}=\frac{b_0+b_1s+\cdots+b_ms^m}{a_0+a_1s+\cdots+a_ns^n}=\frac{B(s)}{A(s)} \tag{2.1.22}$$

通过取极限 $s\to\mathrm{i}\omega$，又可得到（参数的）**频率响应**

$$G(\mathrm{i}\omega)=\lim_{s\to\mathrm{i}\omega}G(s)=|G(\mathrm{i}\omega)|\mathrm{e}^{\mathrm{i}\varphi(\omega)} \tag{2.1.23}$$

式中，$|G(\mathrm{i}\omega)|$ 为幅值，$\varphi(\omega)=\angle G(\mathrm{i}\omega)$ 为相位（幅角），它们的表示依赖于模型参数。

**状态空间描述**

如果既对系统输出特性感兴趣，又对系统内部状态感兴趣，则需要用状态空间模型来描述系统。对于单输入和单输出的线性时不变过程，其状态空间模型可描述为

$$\dot{\boldsymbol{x}}(t)=\boldsymbol{A}\boldsymbol{x}(t)+\boldsymbol{b}u(t) \tag{2.1.24}$$

$$y(t)=\boldsymbol{c}^{\mathrm{T}}\boldsymbol{x}(t)+du(t) \tag{2.1.25}$$

上述方程中的元素分别称作**状态向量**（$\boldsymbol{x}(t)$）、**状态矩阵**（$\boldsymbol{A}$）、**输入向量**（$\boldsymbol{b}$）、**输出向量**（$\boldsymbol{c}^{\mathrm{T}}$）和**直接馈通量**（$d$）。第一个方程称作**状态方程**，第二个方程称作**输出方程**，系统的方块图描述如图 2.2 所示。

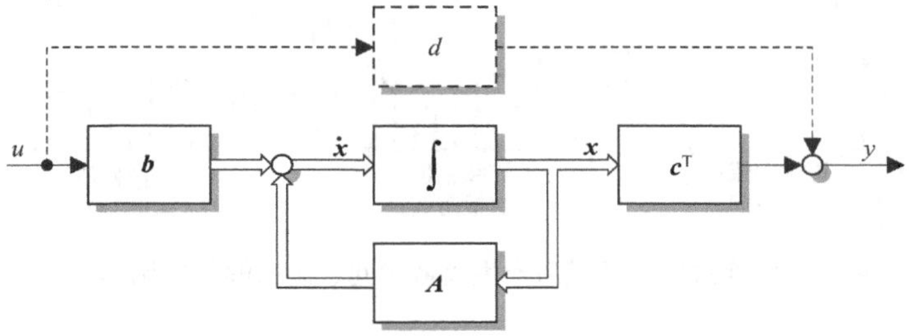


图 2.2　SISO 系统的状态空间描述

方程（2.1.24）和（2.1.25）的时间解对于 Kalman 滤波器的评估（见第 21 章）至关重要，其解可表达为

$$x(t)=\boldsymbol{\Phi}(t-t_0)x(t_0)+\int_{t_0}^{t}\boldsymbol{\Phi}(t-\tau)\boldsymbol{b}u(\tau)\mathrm{d}\tau \tag{2.1.26}$$

其中，$\boldsymbol{\Phi}$ 为转移矩阵，可表示成矩阵指数形式

$$\boldsymbol{\Phi}(t)=\mathrm{e}^{\boldsymbol{A}t}=\lim_{n\to\infty}\left(\boldsymbol{I}+\boldsymbol{A}t+\boldsymbol{A}^2\frac{t^2}{2!}+\cdots+\boldsymbol{A}^n\frac{t^n}{n!}\right) \tag{2.1.27}$$

对式（2.1.27）的级数求和，除了可以直接计算外，还可以采用其他的一些方法来计算这个矩阵指数，如可参见文献（Moler and van Loan，2003）。利用这个转移矩阵，系统的输出可按下式计算

$$y(t)=\boldsymbol{c}^{\mathrm{T}}\boldsymbol{\Phi}(t-t_0)\boldsymbol{x}(t_0)+\boldsymbol{c}^{\mathrm{T}}\int_{t_0}^{t}\boldsymbol{\Phi}(t-\tau)\boldsymbol{b}u(\tau)\mathrm{d}\tau+du(t) \tag{2.1.28}$$

根据状态空间模型描述，系统的连续时间传递函数也可确定为

$$G(s)=\frac{y(s)}{u(s)}=\boldsymbol{c}^{\mathrm{T}}(s\boldsymbol{I}-\boldsymbol{A})^{-1}\boldsymbol{b} \tag{2.1.29}$$

由此可以导出如式（2.1.22）所示的有理传递函数。

## 2.2 离散时间信号的动态系统数学模型

为了对测量变量进行数值处理，也是为了利用数字计算机进行辨识，需要对测量变量进行采样，并用模－数转换器（ADC）进行数字化。通过采样和离散化处理，可获得时间和幅值都量化的离散信号。同时假设幅值的量化误差非常小，以至于可以认为幅值是伪连续的。如果采样过程是周期的，采样时间为 $T_0$，那么可产生幅值调制的脉冲序列，间隔为采样时间 $T_0$，结果见图 2.3。这种采样信号可以在数字计算机上进行处理，比如用于控制（Franklin et al，1998；Isermann，1991）或其他用途，如过程辨识。不过要认识到这时的过程模型不可避免地也包含了数字计算机输入端的采样过程及随后的保持环节和计算机输出端的采样过程，这点很重要。离散时间信号的详细论述可参考有关数字控制的教科书（Franklin et al，1998；Isermann，1991；Phillips and Nagle，1995；Söderström，2002），下面只给出一个简短的概述。

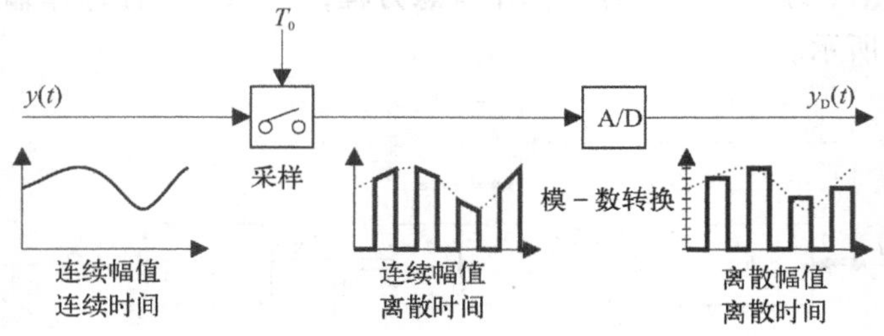


图 2.3 模－数转换过程以及随后产生离散时间、离散幅值的调幅离散时间信号

### 2.2.1 参数模型，确定性信号

**$\delta$ 脉冲序列，$z$ 变换**

如果以充分快的采样速率（相对于过程动态特性而言）对过程的连续时间输入和连续

时间输出进行采样，就可获得用于描述过程特性的差分方程，这种差分方程是通过利用有限差分代替连续时间微分的方法对微分方程进行离散化的结果。而一种更适合的、对大的采样时间也有效的处理方法是利用脉冲对采样信号 $x_S(t)$ 进行近似，这些脉冲具有与 $\delta$ 脉冲面积等价的宽度 $h$，即表示成

$$x_S(t) \approx x_\delta(t) = \frac{h}{1\sec}\sum_{k=0}^{\infty} x(kT_0)\delta(t-kT_0) \tag{2.2.1}$$

用 $h=1\sec$ 进行正规化处理，可得

$$x^*(t) = \sum_{k=0}^{\infty} x(kT_0)\delta(t-kT_0) \tag{2.2.2}$$

对该式进行拉普拉斯变换，得

$$x^*(s) = \mathfrak{L}\{x^*(t)\} = \sum_{k=0}^{\infty} x(kT_0)\mathrm{e}^{-kT_0 s} \tag{2.2.3}$$

拉普拉斯变换 $x^*(s)$ 是周期的，表示为

$$x^*(s) = x^*(s+\mathrm{i}\nu\omega_0),\ \nu = 0,1,2,\dots \tag{2.2.4}$$

式中，**采样频率**为 $\omega_0 = 2\pi/T_0$。引入速记符号

$$z = \mathrm{e}^{T_0 s} = \mathrm{e}^{T_0(\delta+\mathrm{i}\omega)} \tag{2.2.5}$$

得到 **$z$ 变换**

$$x(z) = \mathfrak{Z}\{x(kT_0)\} = \sum_{k=0}^{\infty} x(kT_0)z^{-k} \tag{2.2.6}$$

若 $x(kT_0)$ 是有界的，则对于 $|z|>1$，$x(z)$ 收敛。通过适当选取 $\delta$，可以使大多数感兴趣信号的 $z$ 变换是收敛的。类似于拉普拉斯变换，需要假设对于 $k<0$，$x(kT_0)=0$ 以及 $\delta>0$（Poularikas，1999；Föllinger and Kluwe，2003）。一般而言，$x(z)$ 是无限长序列，然而对许多的测试信号，可获得闭式表达式。

**离散脉冲响应**

由于在 $\delta$ 脉冲激励下系统响应是脉冲响应 $g(t)$，因此可获得如下卷积和

$$y(kT_0) = \sum_{\nu=0}^{\infty} u(\nu T_0)g\big((k-\nu)T_0\big) \tag{2.2.7}$$

上式可以用来计算输入 $u(kT_0)$ 作用下的系统输出，这时用 $\delta$ 脉冲近似的输入可以表示为

$$u^*(t) = \sum_{k=0}^{\infty} u(kT_0)\delta(t-kT_0) \tag{2.2.8}$$

如果输出与输入是同步采样的，则卷积和可以写成

$$y(kT_0) = \sum_{\nu=0}^{\infty} u(\nu T_0)g\big((k-\nu)T_0\big) = \sum_{\nu=0}^{\infty} u\big((k-\nu)T_0\big)g(\nu T_0) \tag{2.2.9}$$

**脉冲传递函数**

用 $\delta$ 脉冲近似的采样输出为

$$y^*(t) = \sum_{k=0}^{\infty} y(kT_0)\delta(t-kT_0) \tag{2.2.10}$$

经拉普拉斯变换，可得

$$y^*(s)=\sum_{\nu=0}^{\infty}\sum_{\mu=0}^{\infty}u(\mu T_0)g\big((\nu-\mu)T_0\big)\mathrm{e}^{-\mu T_0 s} \tag{2.2.11}$$

通过变量代换 $q=\nu-\mu$，有

$$y^*(s)=\sum_{q=0}^{\infty}g(qT_0)\mathrm{e}^{-qT_0 s}\sum_{\mu=0}^{\infty}u(\mu T_0)\mathrm{e}^{-\mu T_0 s}=G^*(s)u^*(s) \tag{2.2.12}$$

式中

$$G^*(s)=\frac{y^*(s)}{u^*(s)}=\sum_{q=0}^{\infty}g(qT_0)\mathrm{e}^{-qT_0 s} \tag{2.2.13}$$

上式称作**脉冲传递函数**。相应的**脉冲频率响应**为

$$G^*(\mathrm{i}\omega)=\lim_{s\to \mathrm{i}\omega}G^*(s),\ \omega\leqslant\frac{\pi}{T_0} \tag{2.2.14}$$

特别需要注意，对于以角频率 $\omega_0=2\pi/T_0$ 进行采样的连续信号，根据 **Shannon 定理**，只有那些角频率满足 $\omega<\omega_S$ 的谐波信号，才能准确地检测为具有真实角频率 $\omega$ 的谐波信号，其中

$$\omega_S=\frac{\omega_0}{2}=\frac{\pi}{T_0} \tag{2.2.15}$$

对于那些 $\omega>\omega_S$ 的信号进行采样时获得的是具有较低频的影像输出信号，这种现象称作**混叠效应**。

将速记符 $z=\mathrm{e}^{T_0 s}=\mathrm{e}^{T_0(\delta+\mathrm{i}\omega)}$ 用于式（2.2.14），可获得 $z$ 传递函数（见图 2.4）

$$G(z)=\frac{y(z)}{u(z)}=\sum_{k=0}^{\infty}g(kT_0)z^{-k}=\mathfrak{Z}\{g(kT_0)\} \tag{2.2.16}$$

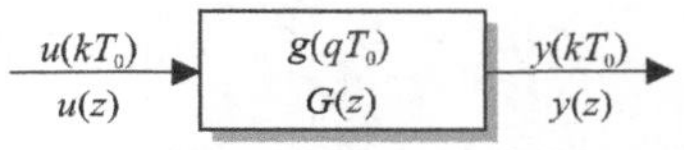


图 2.4　用（离散）脉冲响应和 $z$ 传递函数描述采样输入为 $u$ 和采样输出为 $y$ 的动态过程

对于给定的 $s$ 传递函数 $G(s)$，其 $z$ 传递函数为

$$G(z)=\mathfrak{Z}\left\{\left[\mathfrak{L}^{-1}\{G(s)\}\right]_{t=kT_0}\right\}=\mathfrak{Z}\{G(s)\} \tag{2.2.17}$$

缩写符 $\mathfrak{Z}\{\cdots\}$ 代表根据 $s$ 变换和 $z$ 变换对应表对给定的 $s$ 变换求相应 $z$ 变换，如参见文献（Isermann，1991）。

如果传递函数为 $G(s)$ 的过程通过零阶保持器采样，则 $z$ 传递函数为

$$\begin{aligned}HG(z)&=\mathfrak{Z}\{H(s)G(s)\}=\mathfrak{Z}\left\{\frac{1}{s}\{1-\mathrm{e}^{-T_0 s}\}G(s)\right\}\\&=\{1-z^{-1}\}\mathfrak{Z}\left\{\frac{G(s)}{s}\right\}=\frac{z-1}{z}\mathfrak{Z}\left\{\frac{G(s)}{s}\right\}\end{aligned} \tag{2.2.18}$$

值得注意，式（2.2.19）$z$ 传递函数的参数 $a_i$ 和 $b_i$ 不同于式（2.1.22）$s$ 传递函数的相应参数。

**$z$ - 传递函数**

如果线性过程的微分方程（2.1.21）已知，则可以利用式（2.1.22）确定相应的 $s$ 传递函数，然后再利用式（2.2.17）或式（2.2.18）确定 $z$ 传递函数

$$G(z^{-1})=\frac{y(z)}{u(z)}=\frac{b_0+b_1z^{-1}+\cdots+b_mz^{-m}}{1+a_1z^{-1}+\cdots+a_nz^{-n}}=\frac{B(z^{-1})}{A(z^{-1})} \tag{2.2.19}$$

在许多情况下，分子多项式和分母多项式的阶次是相同的。如果过程包含**迟延** $T_D = dT_0$，$d=1, 2, \cdots$，则相应的 $z$ 传递函数为

$$G(z^{-1}) = \frac{B(z^{-1})}{A(z^{-1})} z^{-d} \tag{2.2.20}$$

**差分方程**

如果将式（2.2.19）重写成如下形式

$$y(z)\left(1 + a_1 z^{-1} + \cdots + a_n z^{-n}\right) = u(z)\left(b_0 + b_1 z^{-1} + \cdots + b_m z^{-m}\right) \tag{2.2.21}$$

在时域中，该式又可写成

$$y(k) + a_1 y(k-1) + \cdots + a_n y(k-n) = b_0 u(k) + b_1 u(k-1) + \cdots + b_m u(k-m) \tag{2.2.22}$$

式中，用速记符（$k$）替代（$kT_0$）。该差分方程的系数不同于式（2.1.21）微分方程的系数。如果选择 $\delta$ 脉冲作为输入，即以离散时间表示为

$$u(k) = \begin{cases} 0, k \neq 0 \\ 1, k = 0 \end{cases} \tag{2.2.23}$$

那么根据差分方程，可以导出系统的脉冲响应。将 $y(k) = g(k)$ 代入式（2.2.22），有

$$\begin{aligned} g(0) &= b_0 \\ g(1) &= b_1 - a_1 g(0) \\ g(2) &= b_2 - a_1 g(1) - a_2 g(0) \\ &\vdots \\ g(k) &= b_k - a_1 g(k-1) - \cdots - a_k g(0), k \leqslant m \\ g(k) &= -a_1 g(k-1) - \cdots - a_n g(k-n), k > m \end{aligned}$$

**状态空间描述**

离散时间信号的状态空间描述为

$$\boldsymbol{x}(k+1) = \boldsymbol{A}_{\mathrm{d}} \boldsymbol{x}(k) + \boldsymbol{b}_{\mathrm{d}} u(k) \tag{2.2.24}$$

$$y(k) = \boldsymbol{c}_{\mathrm{d}}^{\mathrm{T}} \boldsymbol{x}(k) + d_{\mathrm{d}} u(k) \tag{2.2.25}$$

式中，状态向量为（见图 2.5）

$$\boldsymbol{x}(k) = \left(x_1(k)\ x_2(k) \cdots x_m(k)\right)^{\mathrm{T}} \tag{2.2.26}$$

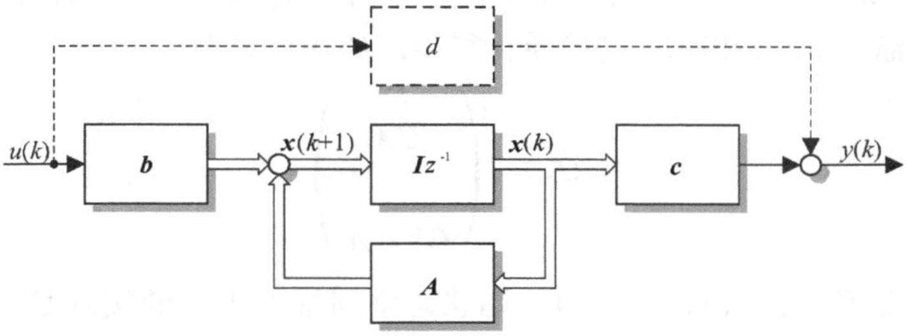


图 2.5 具有采样输入和采样输出、SISO 系统的状态空间描述

利用如下关系（对比式（2.1.27））

$$\boldsymbol{A}_{\mathrm{d}} = \boldsymbol{\Phi}(T_0) = \mathrm{e}^{\boldsymbol{A} T_0} \tag{2.2.27}$$

$$\boldsymbol{b}_{\mathrm{d}} = \boldsymbol{H}(T_0) = \int_0^{T_0} \mathrm{e}^{\boldsymbol{A}(T_0-\tau)}\boldsymbol{b}\mathrm{d}\tau \tag{2.2.28}$$

$$\boldsymbol{c}_{\mathrm{d}}^{\mathrm{T}} = \boldsymbol{c}^{\mathrm{T}} \tag{2.2.29}$$

$$d_{\mathrm{d}} = d \tag{2.2.30}$$

根据连续时间模型可计算得到相应离散时间的状态空间描述。进一步利用

$$G(z^{-1}) = \frac{y(z)}{u(z)} = \boldsymbol{c}_{\mathrm{d}}^{\mathrm{T}}(z\boldsymbol{I} - \boldsymbol{A}_{\mathrm{d}})^{-1}\boldsymbol{b}_{\mathrm{d}} \tag{2.2.31}$$

还可以推导出式（2.2.19）给出的传递函数描述形式。有关的推导过程和更多特性的详细讨论，可参考文献（Isermann，1991；Heij et al，2007）。在第 15.2.2 节中将介绍在输入信号 $u(k)$ 采样点之间进行插值的技术。

在任意输入信号作用下，MIMO 状态空间系统的响应为

$$\boldsymbol{x}(k) = \boldsymbol{A}_{\mathrm{d}}^{k}\boldsymbol{x}(0) + \sum_{\nu=0}^{k-1}\boldsymbol{A}_{\mathrm{d}}^{k-\nu-1}\boldsymbol{B}_{\mathrm{d}}\boldsymbol{u}(\nu) \tag{2.2.32}$$

$$\boldsymbol{y}(k) = \boldsymbol{C}_{\mathrm{d}}\boldsymbol{x}(k) + \boldsymbol{D}_{\mathrm{d}}\boldsymbol{u}(k) \tag{2.2.33}$$

该响应对第 16 章讲述的子空间辨识方法非常重要。下面将讨论离散时间状态空间系统的更多特性，也与后面将要讨论的子空间方法有关。

在下面讨论中，下标“d”将不再用于离散时间矩阵。术语**实现**将代表由矩阵 $\boldsymbol{A}$、$\boldsymbol{B}$、$\boldsymbol{C}$ 和 $\boldsymbol{D}$ 组成的 MIMO 状态空间系统。因为描述同一输入/输出行为特性的实现可以有无限多个，所以将引入**最小实现**这一术语。最小实现利用必要的最少状态变量来描述某一输入/输出行为特性。

如果通过选择合适的输入序列，可以在有限时间区间 $[t_0, t_1]$ 内从任意初始状态 $\boldsymbol{x}(t_0)$ 到达任何最终状态 $\boldsymbol{x}(t_1)$，这种实现就称作是**可控的**。如果**可控性矩阵**

$$\boldsymbol{Q}_{\mathrm{S}} = (\boldsymbol{B}\ \boldsymbol{AB}\ \cdots\ \boldsymbol{A}^{n-1}\boldsymbol{B}) \tag{2.2.34}$$

是满秩的（即秩为 $n$），则状态空间维数为 $n$ 的实现是可控的。其他用于判定系统可控性的条件请参考文献（Heij et al，2007；Chen，1999），这些文献对连续时间的情况也进行了详细讨论，并引入了可控性指标的概念。

可观性是指时刻 $t_0$ 的状态以及位于区间 $[t_0, t_1]$ 上任意时刻 $t$ 的状态可以由时间区间 $[t_0, t_1]$ 上测量得到的输入 $u(k)$ 和输出 $y(k)$ 重构得出。如果定义为

$$\boldsymbol{Q}_{\mathrm{B}} = \begin{pmatrix} \boldsymbol{C} \\ \boldsymbol{CA} \\ \vdots \\ \boldsymbol{C}^{n-1}\boldsymbol{A} \end{pmatrix} \tag{2.2.35}$$

的**可观性矩阵** $\boldsymbol{Q}_B$ 是满秩的（即秩为 $n$），则状态空间维数为 $n$ 的实现是可观的，也见文献（Heij et al，2007；Chen，1999）。可观性不取决于测量数据，而是系统的一种性质（Grewal and Andrews，2008）。该文献指出，通常由于数学模型与真实系统之间不可避免存在差异，因此这种正规的可观性判断方法可能做不到。人们常常采用检验可观性矩阵条件数的方法来判断该矩阵接近奇异的程度。最后要说的是，当且仅当实现是**可控的**和**可观的**，则实现就是**最小的**。

## 2.3 连续时间随机信号模型

**随机信号**的行为本质上具有随机性，因此不能准确地进行描述。然而，利用随机方法、概率运算以及求平均，随机信号的特性是可以描述的。一般情况下，可测量随机信号不完全是随机的，而是具有某些内部相干性，这些特性可体现在信号的数学模型中。下面简要介绍随机信号模型的一些重要术语和定义，范围限定在本书涉及到的辨识方法需要的术语和定义，更宽泛的内容可参考文献（Åström，1970；Hänsler，2001；Papoulis and Pillai，2002；Söderström，2002；Zoubir and Iskander，2004）。

由于具有随机行为特点，随机信号不会以唯一的某个实现 $x_1(t)$ 存在，而会构成随机时间信号的一个全体族（称作总体）

$$\{x_1(t),\ x_2(t), \cdots,\ x_n(t)\} \tag{2.3.1}$$

这些信号的总体称作**随机过程**（信号过程），单一的某个实现 $x_i(t)$ 称作**样本函数**。

**统计描述**

如果考虑某个时间点 $t=t_v$ 上所有样本函数 $x_i(t)$ 的信号值，则随机过程信号幅值的统计特性可用**概率密度函数**（PDF）$p(x_i(t_v)), i=1,2,\cdots,n$ 描述。

内部相干性由不同时间点上的联合概率密度函数描述。对于时刻 $t_1$ 和 $t_2$，二维联合 PDF 为

$$p\big(x(t_1), x(t_2)\big), \begin{cases} 0 \leqslant t_1 < \infty \\ 0 \leqslant t_2 < \infty \end{cases} \tag{2.3.2}$$

该函数用于描述两个信号 $x(t_1)$ 和 $x(t_2)$ 分别出现在 $t_1$ 和 $t_2$ 时刻的概率。对 $n$ 个信号分别出现在时刻 $t_1$，$t_2$，…，$t_n$ 的概率，需要考虑如下的 $n$ 维联合 PDF

$$p\big(x(t_1), x(t_2), \cdots, x(t_n)\big) \tag{2.3.3}$$

如果随机过程的 PDF 和所有联合 PDF 对所有 $n$ 和 $t$ 都是已知的，那么该随机过程就得到完全描述。

到目前为止，假设 PDF 和所有联合 PDF 都是时间的函数，这种情况下随机过程称为**非平稳的**。然而，在许多应用领域，并不需要采用如此宽泛的、包罗万象的定义，因此下面只考虑某些类型的随机过程。

**平稳过程**

如果所有的 PDF 具有时间平移独立性，则该随机过程是**严平稳的**（SSS）。通过计算**期望值**，用线性算子 E{·}表示为

$$\mathrm{E}\{f(x)\} = \int_{-\infty}^{\infty} f(x)p(x)\mathrm{d}x \tag{2.3.4}$$

可推导出平稳过程的特征值和特征曲线。利用 $f(x)=x^n$，可计算 PDF 的 $n$ 阶矩，一阶矩为所有样本函数在时刻 $t$ 的（线性）均值

$$\overline{x} = \mathrm{E}\{x(t)\} = \int_{-\infty}^{\infty} x(t)p(x)\mathrm{d}x \tag{2.3.5}$$

二阶中心矩是方差

$$\sigma_x^2 = \mathrm{E}\{(x(t)-\overline{x})^2\} = \int_{-\infty}^{\infty} (x(t)-\overline{x})^2 p(x)\mathrm{d}x \tag{2.3.6}$$

根据平稳过程的定义，其2维联合PDF只依赖于时间差 $\tau = t_2 - t_1$，因此有

$$p(x(t_1), x(t_2)) = p(x(t), x(t+\tau)) = p(x, \tau) \tag{2.3.7}$$

那么乘积项 $x(t)x(t+\tau)$ 的期望值为

$$R_{xx}(\tau) = \mathrm{E}\{x(t)x(t+\tau)\} = \int_{-\infty}^{\infty}\int_{-\infty}^{\infty} x(t)x(t+\tau)p(x,\tau)\mathrm{d}x\,\mathrm{d}x \tag{2.3.8}$$

该式也只是 $\tau$ 的函数，称作**自相关函数**（ACF）。

如果期望值

$$\mathrm{E}\{x(t)\} = \overline{x} = \mathrm{const} \tag{2.3.9}$$

$$\mathrm{E}\{x(t)x(t+\tau)\} = R_{xx}(\tau) = \mathrm{const} \tag{2.3.10}$$

与时间无关，即均值独立于时间，自相关函数（ACF）只依赖于时间差 $\tau$，则称该过程为**宽平稳的**（WSS）。此外方差必须是有限的（Verhaegen and Verdult，2007）。平稳过程的线性组合还是平稳的（Box et al，2008）。

**各态遍历过程**

目前所使用的期望值是**总体平均**，因为是对多个相似的随机信号求平均，这些信号是由统计意义下相同的信号源在相同的时间上生成的。根据**各态遍历假设**，如果考虑无限长的时间间隔，利用单个样本函数 $x(t)$ 的时间平均也可以求得与总体平均相同的统计信息。因此，各态遍历过程的均值可写成

$$\overline{x} = \mathrm{E}\{x(t)\} = \lim_{T\to\infty}\frac{1}{T}\int_{-\frac{T}{2}}^{\frac{T}{2}} x(t)\mathrm{d}t \tag{2.3.11}$$

且均方值写成

$$\sigma_x^2 = \mathrm{E}\{(x(t)-\overline{x})^2\} = \lim_{T\to\infty}\frac{1}{T}\int_{-\frac{T}{2}}^{\frac{T}{2}} (x(t)-\overline{x})^2\mathrm{d}t \tag{2.3.12}$$

各态遍历过程总是平稳的，反之则不然。

**相关函数**

利用2维联合PDF和自相关函数（ACF）可以获得随机过程内部相干性的重要信息。对于高斯过程，该信息能够确定所有高阶的联合PDF，进而也能确定所有的内部相干性。由于许多过程可以近似为高斯过程，因此自相关函数（ACF）通常就足以用于描述信号的内部相干性。通过信号 $x(t)$ 乘以其时间平移信号（负 $t$ 方向）$x(t+\tau)$，再求平均就可获得**内部相干性或保守倾向**信息。如果该乘积值大，则信号的内部相干性强；如果该乘积值小，则内部相干性弱。然而，对信号进行相关运算会丢失 $x(t)$ 的时间信息，即相位信息。

自相关函数可写成

$$\begin{aligned}R_{xx}(\tau) = \mathrm{E}\{x(t)x(t+\tau)\} &= \lim_{T\to\infty}\frac{1}{T}\int_{-\frac{T}{2}}^{\frac{T}{2}} x(t)x(t+\tau)\mathrm{d}t \\ &= \lim_{T\to\infty}\frac{1}{T}\int_{-\frac{T}{2}}^{\frac{T}{2}} x(t-\tau)x(t)\mathrm{d}t\end{aligned} \tag{2.3.13}$$

以前，相关函数有时也称为**相关图**（Box et al，2008）。

对于无限长度的平稳随机信号，自相关函数（ACF）具有如下性质：

① ACF为偶函数，即 $R_{xx}(\tau) = R_{xx}(-\tau)$。

② $R_{xx}(0)=\overline{x^2(t)}$。

③ $R_{xx}(\infty)=\overline{x(t)}^2$，这意味着 $\tau\to\infty$ 时，该信号可以认为是不相关的。

④ $R_{xx}(\tau)\leqslant R_{xx}(0)$。

利用这些性质，原理上可获得如图 2.6 所示的自相关函数（ACF）曲线。自相关函数（ACF）向两侧衰减得越快，该信号的**保守倾向**越小（见图 2.7b 和图 2.7c）。对周期信号也能确定其自相关函数（ACF），它们具有相同的周期性，因此非常适用于分离噪声和周期信号（见图 2.7d 和图 2.7e）。

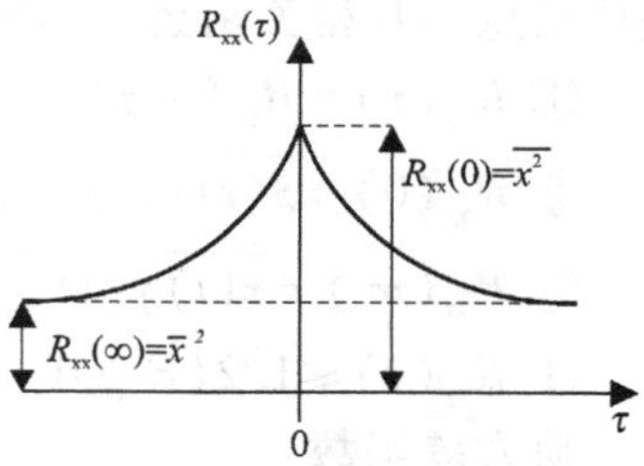


图 2.6　平稳随机过程 $x(t)$ 自相关函数的一般形状

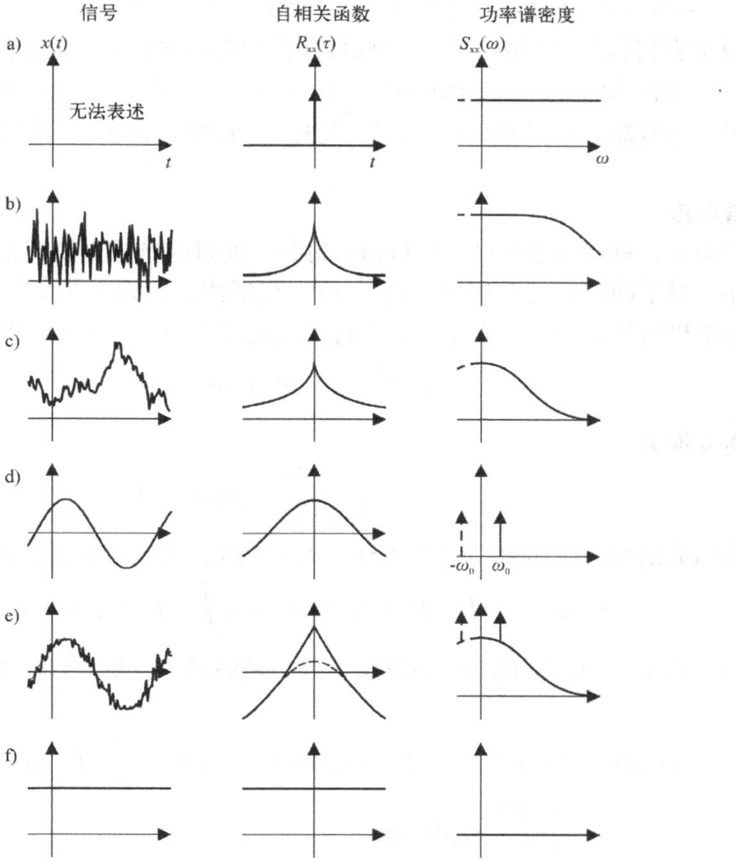


图 2.7　不同信号的自相关函数和功率谱密度：

a）白噪声　b）高频噪声　c）低频噪声　d）谐波信号　e）谐波信号和噪声　f）恒值信号

两个不同随机信号 $x(t)$ 和 $y(t)$ 之间的统计相干性由互相关函数（CCF）给出

$$
\begin{aligned}
R_{xx}(\tau) &= \mathrm{E}\{x(t)x(t+\tau)\} = \lim_{T\to\infty}\frac{1}{T}\int_{-\frac{T}{2}}^{\frac{T}{2}} x(t)x(t+\tau)\mathrm{d}t \\
&= \lim_{T\to\infty}\frac{1}{T}\int_{-\frac{T}{2}}^{\frac{T}{2}} x(t-\tau)x(t)\mathrm{d}t
\end{aligned}
\tag{2.3.14}
$$

与自相关函数（ACF）不同，互相关函数（CCF）不具有对称性，但保留了两个信号之间的相位信息。互相关函数（CCF）具有如下性质：

① $R_{xy}(\tau)=R_{yx}(-\tau)$。

② $R_{xy}(0)=\overline{x(t)y(t)}$，即等于两个信号乘积的均值。

③ $R_{xy}(\infty)=\overline{x(t)}\,\overline{y(t)}$，即等于两个信号均值的乘积。

④ $R_{xy}(\tau)\leqslant 1/2(R_{xx}(0)+R_{yy}(0))$。

**协方差函数**

前面定义的互相关函数依赖于信号均值，如果在计算互相关函数之前减去各自信号的均值，就得到所谓的**协方差函数**。对于标量过程 $x(t)$，自协方差函数定义为

$$C_{xx}(\tau)=\mathrm{cov}(x,\tau)=\mathrm{E}\{(x(t)-\overline{x})(x(t+\tau)-\overline{x})\}=\mathrm{E}\{x(t)x(t+\tau)\}-\overline{x}^2 \quad (2.3.15)$$

令 $\tau=0$，就能获得信号过程的方差。双标量过程的互协方差函数定义为

$$C_{xy}(\tau)=\mathrm{cov}(x,y,\tau)=\mathrm{E}\{(x(t)-\overline{x})(y(t+\tau)-\overline{y})\}=\mathrm{E}\{x(t)y(t+\tau)\}-\overline{x}\,\overline{y} \quad (2.3.16)$$

如果两过程的均值都为零，则互相关函数和协方差函数是相同的。向量过程将由协方差矩阵描述。

**功率谱密度**

到目前为止，只在时域中讨论随机信号过程。通过将信号变换到频域，就可获得信号的谱密度描述。对于确定性的非周期函数 $x(t)$，复幅值密度定义为信号 $x(t)$ 的傅里叶变换。因此，平稳随机信号的功率谱密度定义为自相关函数的傅里叶变换，即

$$S_{xx}(\mathrm{i}\omega)=\int_{-\infty}^{\infty}R_{xx}(\tau)\mathrm{e}^{-\mathrm{i}\omega\tau}\mathrm{d}\tau \quad (2.3.17)$$

其傅里叶逆变换为

$$R_{xx}(\tau)=\frac{1}{2\pi}\int_{-\infty}^{\infty}S_{xx}(\mathrm{i}\omega)\mathrm{e}^{\mathrm{i}\omega\tau}\mathrm{d}\omega \quad (2.3.18)$$

由于自相关函数为偶函数，即 $R_{xx}(\tau)=R_{xx}(-\tau)$，因此功率谱密度为实值函数

$$S_{xx}(\omega)=2\int_{0}^{\infty}R_{xx}(\tau)\mathrm{e}^{-\mathrm{i}\omega t}\mathrm{d}\tau=2\int_{0}^{\infty}R_{xx}(\tau)\cos\omega\tau\mathrm{d}\tau \quad (2.3.19)$$

由于 $S_{xx}(\omega)=S_{xx}(-\omega)$，因此功率谱密度函数也是偶函数。令 $\tau=0$，根据式（2.3.18），可得

$$\begin{aligned}R_{xx}(0)&=\mathrm{E}\{(x(t)-\overline{x})^2\}=\overline{(x(t)-\overline{x})^2}=\sigma_x^2=\frac{1}{2\pi}\int_{-\infty}^{\infty}S_{xx}(\mathrm{i}\omega)\mathrm{d}\omega\\&=\frac{1}{\pi}\int_{0}^{\infty}S_{xx}(\mathrm{i}\omega)\mathrm{d}\omega\end{aligned} \quad (2.3.20)$$

信号 $x(t)$ 的均方值，即信号 $x(t)-\overline{x}$ 的平均功率，与功率谱密度的积分成比例。图 2.7 给出了一些功率谱密度曲线形状的实例。

两个随机信号 $x(t)$ 和 $y(t)$ 的**互功率谱密度**定义为互相关函数的傅里叶变换，即

$$S_{xy}(\mathrm{i}\omega)=\int_{-\infty}^{\infty}R_{xy}(\tau)\mathrm{e}^{-\mathrm{i}\omega\tau}\mathrm{d}\tau \quad (2.3.21)$$

其逆变换为

$$R_{xy}(\tau)=\frac{1}{2\pi}\int_{-\infty}^{\infty}S_{xy}(\mathrm{i}\omega)\mathrm{e}^{\mathrm{i}\omega\tau}\mathrm{d}\omega \quad (2.3.22)$$

由于 $R_{xy}(\tau)$ 为非对称函数，因此，$S_{xy}(i\omega)$ 是具有轴对称实部和点对称虚部的复函数。附带说明一点，式（2.3.17）、式（2.3.18）、式（2.3.21）和式（2.3.22）称为 **Wiener - Khintchin** 关系。

## 2.3.1 特殊的随机信号过程

**独立过程，不相关过程和正交过程**

如果

$$p(x_1, x_2, \cdots, x_n) = p(x_1)p(x_2)\cdots p(x_n) \tag{2.3.23}$$

也就是联合 PDF 等于各自信号 PDF 的乘积，则该随机过程 $x_1(t), x_2(t), \cdots, x_n(t)$ 是**统计独立的**。随机变量具有两两相互独立性

$$\begin{gathered} p(x_1, x_2) = p(x_1)p(x_2) \\ p(x_1, x_3) = p(x_1)p(x_3) \end{gathered} \tag{2.3.24}$$

并不意味着全体变量具有统计独立性，只表明协方差矩阵的非对角线元素为零，也就是说过程是不相关的，即

$$\operatorname{cov}(x_i, x_j, \tau) = C_{x_i x_j}(\tau) = 0, i \neq j \tag{2.3.25}$$

统计独立过程总是不相关的，反之不然。如果随机过程是不相关的，且均值为零，使得相关函数矩阵的非对角线元素为零，即

$$R_{x_i x_j}(\tau) = 0, i \neq j \tag{2.3.26}$$

那么称该随机过程是**正交的**。如果零均值随机变量是不相关的，则它们必定是正交的，反之不一定成立。

**高斯过程或正态分布过程**

如果随机过程服从高斯幅值分布或正态幅值分布，称该过程为**高斯分布或正态分布**。由于高斯分布可以完全由两个一阶矩确定，即均值$\bar{x}$和方差 $\sigma_x^2$，因此高斯过程的分布规律也就完全由均值和协方差函数定义。由此可知，宽平稳高斯过程也是一种严平稳过程。同样的理由，不相关高斯过程也是统计独立的。对所有的线性代数运算和微积分运算，过程的高斯分布特性保持不变。高斯过程简记为$(\bar{x}, \sigma_x)$。

**白噪声**

如果信号值在无限小时间间隔上是统计独立的，使得自相关函数为

$$R_{xx}(\tau) = S_0\delta(\tau) \tag{2.3.27}$$

则称该信号过程为**白噪声**。因此，连续时间白噪声是一种具有无穷大幅值的信号过程[⊖]，不具有内部相干性。这种过程可以想象成具有无穷小时间间隔的一系列 $\delta$ 脉冲，其功率谱密度为

$$S_{xx}(\tau) = \int_{-\infty}^{\infty} S_0\delta(\tau)e^{-i\omega\tau}d\tau = S_0 \tag{2.3.28}$$

因此，对于所有角频率，功率谱密度为常值。所以从零到无穷的所有角频率都具有同等的表征（指类似于包含所有可见光谱成分的白光频谱）。根据式（2.3.28），平均功率可写成

---

⊖ 译者注：原文这种说法不严格。

$$\overline{x^2(t)} = \frac{1}{\pi}\int_0^{\infty} S_{xx}(\omega)\mathrm{d}\omega = \frac{S_0}{\pi}\int_0^{\infty}\mathrm{d}\omega = \infty \tag{2.3.29}$$

因此，连续时间白噪声是不可实现的，只是一种理论上的噪声，具有无穷大的平均功率。利用合适的滤波器，可以生成有限功率、有限带宽的宽“白”噪声或有限带宽的窄有色噪声。

**周期信号**

相关函数和功率谱密度并不只限用于随机信号，它们也能用于周期信号。对于如下的谐波振荡信号

$$x(t) = x_0\sin(\omega_0 t + \alpha),\ \omega_0 = \frac{2\pi}{T_0} \tag{2.3.30}$$

其自相关函数可写成

$$R_{xx}(\tau) = \frac{2x_0^2}{T_0}\int_0^{\frac{T_0}{2}} \sin(\omega_0 t + \alpha)\sin(\omega_0(t+\tau)+\alpha)\mathrm{d}t = \frac{x_0^2}{2}\cos\omega_0\tau \tag{2.3.31}$$

它在半个周期上积分就足够。根据上式，具有任意相位 $\alpha$ 的正弦振荡信号的自相关函数（ACF）为余弦振荡信号，保留了频率 $\omega_0$ 和振幅 $x_0$，但相位信息 $\alpha$ 不复存在。因此，谐波信号的自相关函数（ACF）仍为谐波信号，但随机信号的 ACF 为非周期信号。正是这个特性使得相关函数成为许多辨识方法的基础。

根据式（2.3.17），谐波信号的功率谱密度为

$$\begin{aligned} S_{xx}(\omega) &= \frac{x_0^2}{2}\int_{-\infty}^{\infty}\cos\omega_0\tau\cos\omega\tau\mathrm{d}\tau \\ &= \frac{x_0^2}{2}\int_{-\infty}^{\infty}\cos(\omega-\omega_0)\tau\mathrm{d}\tau + \frac{x_0^2}{2}\int_{-\infty}^{\infty}\cos(\omega+\omega_0)\tau\mathrm{d}\tau \\ &= \frac{x_0^2}{2}\big(\delta(\omega-\omega_0)+\delta(\omega+\omega_0)\big) \end{aligned} \tag{2.3.32}$$

从该式可看出，谐波振荡信号的功率谱密度由频率为 $\omega_0$ 和 $-\omega_0$ 的两种 $\delta$ 脉冲构成。这使得很容易实现周期信号和随机信号的分离。两个周期信号 $x(t)=x_0\sin(n\omega_0 t+\alpha_n), n=1,2,3,\cdots$ 和 $y(t)=y_0\sin(m\omega_0 t+\alpha_m), m=1,2,3,\cdots$ 的互相关函数（CCF）为

$$R_{xy}(\tau) = \frac{x_0 y_0}{T_0}\int_0^{\frac{T}{2}} \sin(n\omega_0 t+\alpha_n)\sin(m\omega_0(t+\tau)+\alpha_m)\mathrm{d}t = 0, n\neq m \tag{2.3.33}$$

这意味着只有相同频率的谐波才对互相关函数（CCF）计算有贡献。这是谐波信号的另一个重要性质，它可以用在某些辨识方法中，如正交相关分析法，见第 5.5.2 节。

**具有随机信号的线性过程**

脉冲响应为 $g(t)$ 的线性过程由平稳随机信号 $u(t)$ 激励，产生零均值输出信号 $y(t)$，其互相关函数（CCF）可写成

$$R_{uy}(\tau) = \mathrm{E}\{u(t)y(t+\tau)\} \tag{2.3.34}$$

如果用卷积积分替代 $y(t+\tau)$，则互相关函数（CCF）变为

$$\begin{aligned} R_{uy}(\tau) &= \mathrm{E}\left\{u(t)\int_0^{\infty} g(t')u(t+\tau-t')\mathrm{d}t'\right\} \\ &= \int_0^{\infty} g(t')\mathrm{E}\{u(t)u(t+\tau-t')\}\mathrm{d}t' \\ &= \int_0^{\infty} g(t')R_{uu}(\tau-t')\mathrm{d}t' \end{aligned} \tag{2.3.35}$$

类似于线性系统的输入 $u(t)$ 和输出 $y(t)$，参照式（2.1.3），其自相关函数（ACF）和互相关函数（CCF）也可以通过卷积积分建立关系，其互功率谱密度，即互相关函数（CCF）的傅里叶变换，可以写成

$$\begin{aligned} S_{uy}(i\omega) &= \int_{-\infty}^{\infty} R_{uy}(\tau)e^{-i\omega\tau}d\tau \\ &= \int_{-\infty}^{\infty}\int_{0}^{\infty} g(t')R_{uu}(\tau-t')dt'e^{-i\omega\tau}d\tau \\ &= \int_{0}^{\infty} g(t')dt'\int_{-\infty}^{\infty} R_{uu}(\tau-t')dt'e^{-i\omega\tau}d\tau \\ &= \int_{0}^{\infty} g(t')e^{-i\omega t'}dt'\ S_{uu}(i\omega) \end{aligned} \tag{2.3.36}$$

从而有

$$S_{uy}(i\omega) = G(i\omega)S_{uu}(i\omega) \tag{2.3.37}$$

进一步有

$$S_{yy}(i\omega) = G(i\omega)S_{yu}(i\omega) \tag{2.3.38}$$

$$S_{yu}(i\omega) = S_{uy}(-i\omega) \tag{2.3.39}$$

$$S_{yy}(i\omega) = G(i\omega)G(-i\omega)S_{uu}(i\omega) = |G(i\omega)|^2 S_{uu}(i\omega) \tag{2.3.40}$$

式中，$G(-i\omega)$ 代表传递函数 $G(i\omega)$ 的复共轭，有时复共轭传递函数也记作 $G^*(i\omega)$，如见文献（Hänsler，2001；Kammeyer and Kroschel，2009）。以功率谱密度为 $S_0$ 的白噪声作为输入信号，通过使用适当的滤波器对频率响应进行整形处理，即可生成具有如下功率谱密度的不同**有色噪声**

$$S_{yy}(i\omega) = |G(i\omega)|^2 S_0 \tag{2.3.41}$$

## 2.4 离散时间随机信号模型

离散时间随机信号通常是连续时间随机信号采样的结果，其统计性质非常类似于上面所述的连续时间信号，包括统计描述、各态遍历性，直到相关函数和协方差函数的计算，主要区别在于离散时间信号采用的是离散时刻 $k=t/T_0=0,1,2,\cdots$ 上的数值，并以求和运算代替积分运算。由于离散时间信号的幅值保持连续性，因此其概率密度函数（PDF）不变。离散时间随机过程的详细论述可参考文献（Gallager，1996；Hänsler，2001）。

**平稳过程**

下面给出统计特征量的定义：

- 均值

$$\overline{x} = E\{x(k)\} = \lim_{N\to\infty}\frac{1}{N}\sum_{k=1}^{N}x(k) \tag{2.4.1}$$

- 均方（方差）

$$\sigma_x^2 = E\{(x(k)-\overline{x})^2\} = \lim_{N\to\infty}\frac{1}{N}\sum_{k=1}^{N}(x(k)-\overline{x})^2 \tag{2.4.2}$$

- 自相关函数（ACF）

$$R_{xx}(\tau)=\mathrm{E}\{x(k)x(k+\tau)\}=\lim_{N\to\infty}\frac{1}{N}\sum_{k=1}^{N}x(k)x(k+\tau) \tag{2.4.3}$$

- 互相关函数（CCF）

$$\begin{aligned}R_{xy}(\tau)&=\mathrm{E}\{x(k)y(k+\tau)\}=\lim_{N\to\infty}\frac{1}{N}\sum_{k=1}^{N}x(k)y(k+\tau)\\&=\lim_{N\to\infty}\frac{1}{N}\sum_{k=1}^{N}x(k-\tau)y(k)\end{aligned} \tag{2.4.4}$$

- 自协方差函数

$$\begin{aligned}C_{xx}(\tau)&=\mathrm{cov}(x,\tau)=\mathrm{E}\{(x(k)-\overline{x})(x(k+\tau)-\overline{x})\}\\&=\mathrm{E}\{x(k)x(k+\tau)\}-\overline{x}^2\end{aligned} \tag{2.4.5}$$

- 互协方差函数

$$\begin{aligned}C_{xy}(\tau)&=\mathrm{cov}(x,y,\tau)=\mathrm{E}\{(x(k)-\overline{x})(y(k+\tau)-\overline{y})\}\\&=\mathrm{E}\{x(k)y(k+\tau)\}-\overline{xy}\end{aligned} \tag{2.4.6}$$

**功率谱密度**

平稳信号的功率谱密度定义为自相关函数的傅里叶变换，写成

$$S_{xx}^{*}(\mathrm{i}\omega)=\mathfrak{F}\{R_{xx}(\tau)\}=\sum_{\tau=-\infty}^{\infty}R_{xx}(\tau)\mathrm{e}^{-\mathrm{i}\tau\omega T_0} \tag{2.4.7}$$

或采用双边 $z$ 变换写成

$$S_{xx}(z)=\mathfrak{Z}\{R_{xx}(\tau)\}=\sum_{\tau=-\infty}^{\infty}R_{xx}(\tau)z^{-\tau} \tag{2.4.8}$$

**白噪声**

如果离散时间信号过程的（有限间隔）采样信号值是统计独立的，则称该过程为白噪声，其相关函数为

$$R_{xx}(\tau)=\sigma_x^2\,\delta(\tau) \tag{2.4.9}$$

式中，$\delta(\tau)$为 **Kronecker $\delta$** 函数，定义为

$$\delta(k)=\begin{cases}1,\ k=0\\0,\ k\neq 0\end{cases} \tag{2.4.10}$$

且 $\sigma_x^2$ 代表方差。离散白噪声信号的功率谱密度式（2.4.8）可写成

$$S_{xx}(z)=\sigma_x^2\sum_{\tau=-\infty}^{\infty}\delta(\tau)z^{-\tau}=\sigma_x^2=S_{xx0}=\mathrm{const} \tag{2.4.11}$$

因此，其功率谱密度在区间 $0\leqslant|\omega|\leqslant\pi/T_0$ 上是常值。值得注意的是，离散时间白噪声的方差为有限值，因而是可实现的，与连续时间白噪声相比，这点是不同的。

**具有随机信号的线性过程**

类似于连续时间的情况，自相关函数（ACF）$R_{uu}(\tau)$和互相关函数（CCF）$R_{uy}(\tau)$可以用卷积和建立关系，表示为

$$R_{uy}(\tau)=\sum_{k=0}^{\infty}g(k)R_{uu}(\tau-k) \tag{2.4.12}$$

功率谱密度之间的关系可分别写成

$$S_{uy}^*(i\omega) = G^*(i\omega)S_{uu}^*(i\omega),\ |\omega| \leq \frac{\pi}{T_0} \tag{2.4.13}$$

或

$$S_{uy}(z) = G(z)S_{uu}(z) \tag{2.4.14}$$

**随机差分方程**

标量随机过程可以利用**随机差分方程**描述成参数模型的形式，在线性情况下写成

$$y(k)+c_1y(k-1)+\cdots+c_ny(k-n) = d_0\nu(k)+d_1\nu(k-1)+\cdots+d_m\nu(k-m) \tag{2.4.15}$$

式中，$y(k)$是一个假想滤波器的输出，该假想滤波器的 $z$ 传递函数为

$$G_F(z^{-1}) = \frac{y(z)}{\nu(z)} = \frac{d_0 + d_1z^{-1} + \cdots + d_mz^{-m}}{1 + c_1z^{-1} + \cdots + c_nz^{-n}} = \frac{D(z^{-1})}{C(z^{-1})} \tag{2.4.16}$$

且 $v(k)$是统计独立信号，即服从(0,1)分布的白噪声，见图 2.8。因此，随机差分方程将随机过程表示成离散时间白噪声的函数。为了分析随机过程，如下几种典型的情况必须考虑。

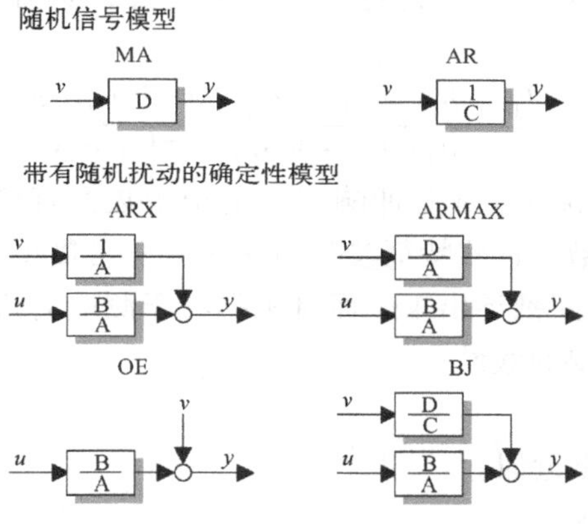

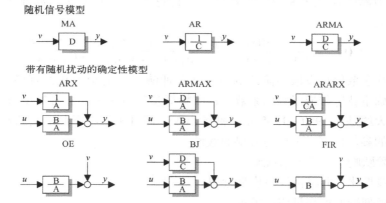

图 2.8 不同随机信号模型和带有随机扰动的确定性模型。模型命名为：AR = 自回归，MA = 滑动平均，X = 外部输入，OE = 输出误差，BJ = Box – Jenkins，FIR = 有限脉冲响应，$v$ = 白噪声，$u$ = 过程输入，$y$ = （受扰）过程输出，也见文献（Ljung，1999；Nelles，2001）

$n$ 阶**自回归过程**（AR）用下面的差分方程描述

$$y(k) + c_1y(k-1) + \cdots + c_ny(k-n) = d_0\nu(k) \tag{2.4.17}$$

这种情况下，信号值 $y(k)$依赖于随机量 $v(k)$和加权的过去值 $y(k-1), y(k-2), \cdots, y(k-n)$，所以称作**自回归**，见图 2.8。**滑动平均过程**（MA）由如下差分方程描述

$$y(k) = d_0\nu(k) + d_1\nu(k-1) + \cdots + d_m\nu(k-m) \tag{2.4.18}$$

因此，信号 $y(k)$是随机量 $v(k), v(k-1), \cdots, v(k-m)$的加权求和，它是一种加权平均，也称作**累加过程**。由式（2.4.17）和式（2.4.18）描述的过程称为**自回归滑动平均过程**（ARMA），见图 2.8，在文献（Box et al，2008）中给出了这种过程的一些例子。如果这种 ARMA 过程的输出 $y$（$k$）在时间上积分 1 到 $d$ 重，那么就得到 ARIMA 过程，其中 I 代表积分。关于更多的离散时间随机过程，如 Poisson 过程、更新过程、马尔可夫链、随机游走和鞅，读者可参考文献（Gallager，1996；Åström，1970）。

**带有随机扰动的确定性模型**

如果确定性模型和随机扰动相结合，那么就可以得到几种不同的模型结构，在图 2.8 中

给出了一些最有代表性的模型。如果系统还受外部输入 $u(k)$ 的控制，那么就会获得 ARX 模型，其中 X 代表外部输入。ARX 模型写成

$$y(k)+c_1y(k-1)+\cdots+c_ny(k-n)=d_0v(k)+b_1u(k-1)+\cdots+b_nu(k-n) \quad (2.4.19)$$

该模型在辨识中应用最为广泛（Mikleš and Fikar，2007）。文献（Goodwin and Sin，1984）建议用首字母“D”表示确定性模型，通常用首字母“N”表示非线性模型，有些作者还用“C”表示连续时间模型。

## 2.5 特征参数的确定

为了初步了解待辨识的过程，甚至为了求得过程的近似特征参数值，一种可取的方法通常是考察一下过程的阶跃响应或脉冲响应。尽管在许多情况下阶跃响应或脉冲响应容易测取，但是它们只能给出一些重要系统参数的粗略估计，比如调节时间、阻尼系数等。本节将在阶跃响应或脉冲响应的基础上，讨论如下一般传递函数在某些特殊情况下的特征参数确定

$$G(s)=\frac{y(s)}{u(s)}=\frac{B(s)}{A(s)}=\frac{b_0+b_1s+\cdots+b_{m-1}s^{m-1}+b_ms^m}{1+a_1s+\cdots+a_{n-1}s^{n-1}+a_ns^n} \quad (2.5.1)$$

个别的特征参数值可以根据阶跃响应（或脉冲响应）的记录数据直接获得，并可经过简单的计算来确定特定传递函数的系数。这些特征参数值是一些非常简单辨识方法的基础。简单辨识方法大约是在 1950 ~ 1965 年间推导出来，而且根据易于测取的阶跃响应的特征值可以确定简单的参数模型。下面是必要的假设：

- 所记录阶跃响应几乎没有扰动。
- 过程可线性化，并可由简单模型近似。
- 粗略的模型近似能满足应用需求。

这里不准备论述过程特征参数值的详细推导，因为在许多控制工程基础的教科书，如文献（Ogata，2009）中都能找到这些内容。在机械结构分析中，当某结构受到锤击时，并且记录下该结构不同部位的加速度，此时通常需要处理脉冲响应。

### 2.5.1 利用一阶系统近似

一阶时滞环节由下述传递函数描述

$$G(s)=\frac{y(s)}{u(s)}=\frac{b_0}{1+a_1s}=\frac{K}{1+sT} \quad (2.5.2)$$

其阶跃响应为

$$y(t)=Ku_0\left(1-e^{-\frac{t}{T}}\right) \quad (2.5.3)$$

对于 $u_0=1$ 的单位阶跃输入，阶跃响应写成

$$h(t)=K\left(1-e^{-\frac{t}{T}}\right) \quad (2.5.4)$$

由上式可知，阶跃响应完全可以由增益 $K$ 和时间常数 $T$ 描述。在 $t=T$、$3T$ 和 $5T$ 时，阶跃响应分别达到其终值的 63%、95% 和 99%。利用阶跃响应终值 $y(\infty)$ 与阶跃输入幅度 $u_0$ 的比值，可以很容易确定增益

$$K = \frac{y(\infty)}{u_0} \tag{2.5.5}$$

为了获得**时间常数** $T$，需要研究任意时刻的响应变化特性

$$\frac{\mathrm{d}y(t)}{\mathrm{d}t} = \frac{y(\infty)}{T}\mathrm{e}^{-\frac{t}{T}} \tag{2.5.6}$$

如果在阶跃响应的任意时刻 $t_1$ 处作切线，则有

$$\frac{\Delta y(t_1)/y(\infty)}{\Delta t} = \frac{\mathrm{e}^{-\frac{t_1}{T}}}{T} \tag{2.5.7}$$

该切线与终值线相交，交点到 $t_1$ 的距离为 $T$，见图 2.9。特别地，当 $t_1=0$ 时，有

$$\frac{\Delta y(0)}{\Delta t} = \frac{y(\infty)}{T} \tag{2.5.8}$$

因此，通过原点作阶跃响应切线，找到切线与终值线的交点，就可以读出时间常数 $T$。

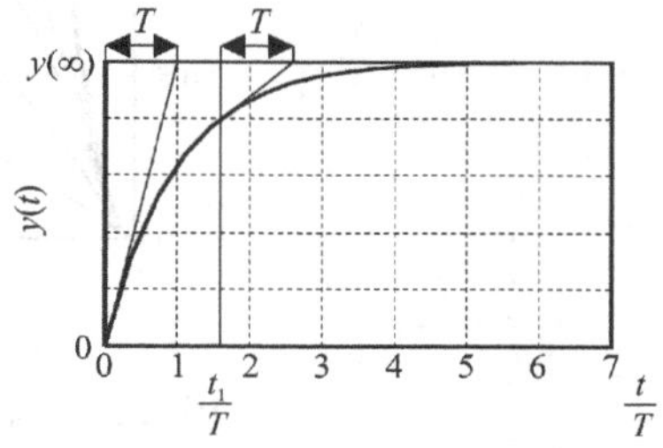


图 2.9 一阶系统阶跃响应的特征参数

**例 2.1（静止空气环境下热电阻温度计（直径为 5 mm）的传递函数）**

在该例中，辨识获得了数字热电阻温度计的传递函数。为了进行这个实验，先用遮光板挡住热电阻温度计，然后再暴露在室外温度下。实验测量数据如图 2.10 所示，辨识获得的时间常数为 $T=2.18$ min。 □

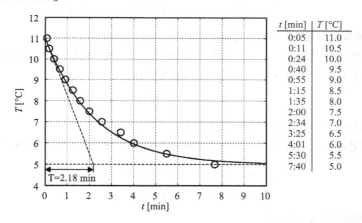

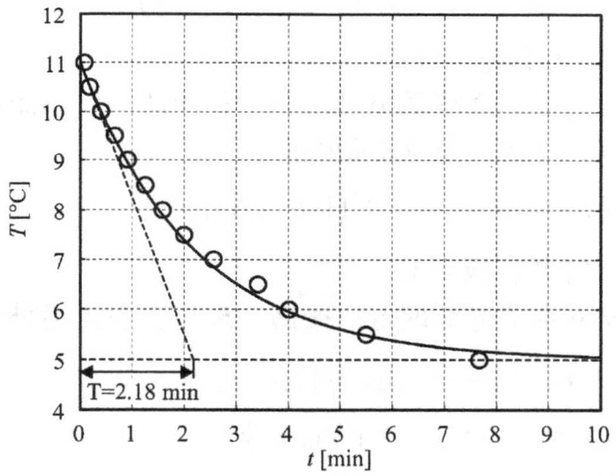


| t [min] | T [°C] |
|---|---|
| 0:05 | 11.0 |
| 0:11 | 10.5 |
| 0:24 | 10.0 |
| 0:40 | 9.5 |
| 0:55 | 9.0 |
| 1:15 | 8.5 |
| 1:35 | 8.0 |
| 2:00 | 7.5 |
| 2:34 | 7.0 |
| 3:25 | 6.5 |
| 4:01 | 6.0 |
| 5:30 | 5.5 |
| 7:40 | 5.0 |

图 2.10 静止空气环境下热电阻温度计（直径为 5 mm）的阶跃响应

## 2.5.2 利用二阶系统近似

二阶系统由如下传递函数描述

$$G(s) = \frac{y(s)}{u(s)} = \frac{b_0}{1+a_1 s+a_2 s^2} = \frac{K}{1+T_1 s+T_2^2 s^2} = \frac{K}{1+\frac{2\zeta}{\omega_{\mathrm{n}}}s+\frac{1}{\omega_{\mathrm{n}}^2}s^2} \tag{2.5.9}$$

式中，$K$ 为**增益**，$\zeta$ 为**阻尼比**，$\omega_{\mathrm{n}}$ 为**无阻尼自然频率**。传递函数的两个极点为

$$s_{1,2} = \omega_{\mathrm{n}}\left(-\zeta \pm \sqrt{\zeta^2-1}\right) \tag{2.5.10}$$

根据 $\zeta$ 的取值大小，根可以为正数、零或负数。下面分三种情况来讨论，图 2.11 给出特征

参数阻尼比 $\zeta$ 的研究。

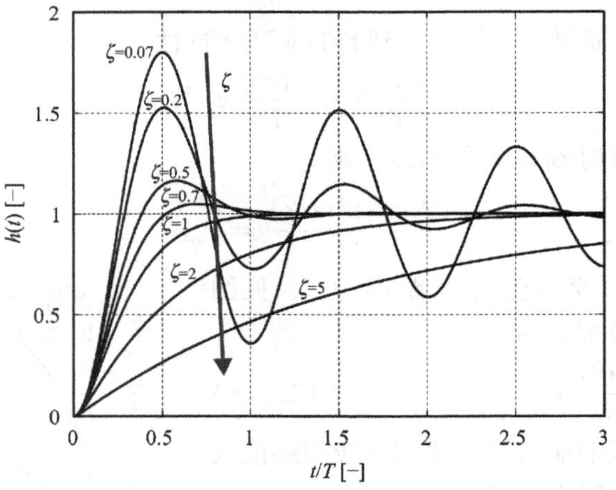


图 2.11　对不同的阻尼比 $\zeta$，二阶系统的阶跃响应

**情况 1**：过阻尼，$\zeta>1$，两个实极点

该情况下，极点为不相等的负实数。因此，系统可由两个一阶系统串联实现，其阶跃响应为

$$h(t)=K\left(1+\frac{1}{s_1-s_2}\left(s_2\mathrm{e}^{s_1t}-s_1\mathrm{e}^{s_2t}\right)\right) \tag{2.5.11}$$

**情况 2**：临界阻尼，$\zeta=1$，两个实轴上极点

该情况下，极点是相等的负实数。这时系统可由两个相同的一阶系统串联实现，该系统在所有二阶系统中具有最短的响应时间。相应阶跃响应为

$$h(t)=K\left(1-\mathrm{e}^{-\omega_\mathrm{n}t}\left(1+\omega_\mathrm{n}(t)\right)\right) \tag{2.5.12}$$

**情况 3**：欠阻尼，$0<\zeta<1$，复共轭极点对

与前两种情况不同，该情况下系统将呈现阻尼振荡。现在，引入另外两个特征参数

$$\omega_\mathrm{d}=\omega_\mathrm{n}\sqrt{1-\zeta^2}\quad \text{阻尼固有振动频率} \tag{2.5.13}$$

$$\gamma=\zeta\omega_\mathrm{n}\qquad \text{阻尼系数} \tag{2.5.14}$$

根据这些定义，阶跃响应可写成

$$h(t)=K\left(1-\frac{1}{\sqrt{1-\zeta^2}}\mathrm{e}^{-\gamma t}\sin(\omega_\mathrm{d}t+\varphi)\right) \tag{2.5.15}$$

式中

$$\varphi=\arctan\frac{\omega_\mathrm{d}}{\gamma}=\arctan\zeta\sqrt{1-\zeta^2} \tag{2.5.16}$$

式（2.5.15）描述的是一个有相位移的衰减正弦函数。超越终值线的最大超调为

$$y_{\max,\mathrm{K}}=y_{\max}-K=K\exp-\frac{\pi\gamma}{\omega_\mathrm{d}} \tag{2.5.17}$$

对于给定的阶跃响应，可以先确定阶跃响应与终值线的交点，再根据振荡周期时间 $T_\mathrm{P}$ 确定阻尼自然频率

$$\omega_d = \frac{2\pi}{T_P} \tag{2.5.18}$$

然后根据最大超调，可以确定阻尼系数

$$\gamma = \frac{\omega_d}{\pi} \ln \frac{K}{y_{max,K}} \tag{2.5.19}$$

利用式（2.5.13）和式（2.5.14），可以计算 $\zeta$ 和 $\boldsymbol{\omega}_n$

$$\zeta = \frac{1}{\left(\frac{\omega_d}{\gamma}\right)^2 + 1} \tag{2.5.20}$$

$$\omega_n = \frac{\gamma}{\zeta} \tag{2.5.21}$$

当 $0 < \zeta < 1/\sqrt{2}$ 时，在如下**谐振频率**处频率响应取得最大幅值

$$\omega_r = \omega_n \sqrt{1 - 2\zeta^2} \tag{2.5.22}$$

该最大幅值为

$$|G(\omega_r)| = \frac{K}{\zeta\sqrt{1-\zeta^2}} \tag{2.5.23}$$

### 2.5.3 利用 *n* 阶具有相等时间常数的时滞系统近似

*n* 阶非周期系统通常由 *n* 个具有不同时间常数、相互独立的一阶储能环节通过串联实现，传递函数可以写成

$$\begin{aligned} G(s) = \frac{y(s)}{u(s)} &= \frac{\prod\limits_{k=1}^{n} K_k}{\prod\limits_{k=1}^{n}(1 + T_k s)} = \frac{K}{1 + a_1 s + \cdots + a_n s^n} \\ &= \frac{K s_1 s_2 \cdots s_n}{(s - s_1)(s - s_2)\cdots(s - s_n)} \end{aligned} \tag{2.5.24}$$

式中

$$a_1 = T_1 + T_2 + \cdots + T_n \tag{2.5.25}$$

$$a_n = T_1 T_2 \cdots T_n \tag{2.5.26}$$

$$s_k = \frac{1}{T_k} \tag{2.5.27}$$

因此，系统的动态特性完全可由增益 $K$ 和 $n$ 个时间常数 $T_i$ 描述。相应的阶跃响应为

$$h(t) = K\left(1 + \sum_{\alpha=1}^{n} c_\alpha e^{s_\alpha t}\right) \tag{2.5.28}$$

其中

$$c_\alpha = \lim_{s \to s_\alpha} \frac{1}{s}(s - s_\alpha)G(s) \tag{2.5.29}$$

对于无源系统，在阶跃响应期间系统中存储的能量/质量/动量与各自时间常数 $T_\alpha$ 成比例。因此，整个 $n$ 阶系统中存储的能量/质量/动量的总量一定与所有的时间常数之和成比例。所以图 2.12 中的面积 $A$ 可写成

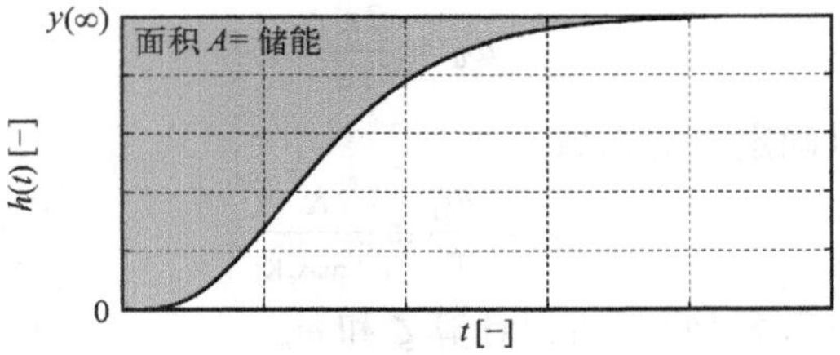


图 2.12　n 阶非周期系统的阶跃响应

$$
\begin{aligned}
A &= Ky(\infty)\sum_{\alpha=1}^{n} T_\alpha = Ky(\infty)(T_1 + T_2 + \cdots + T_n) \\
&= Ky(\infty)T_\Sigma = Ky(\infty)a_1
\end{aligned}
\tag{2.5.30}
$$

其中

$$
T_\Sigma = \sum_{\alpha=1}^{n} T_\alpha \tag{2.5.31}
$$

为所有一阶系统的**时间常数和**，是描述系统特性的另外一个特征参数。该特征参数可以这样进行估计：作一条与 $y$ 轴平行的直线使得面积 $A$ 划分成两个具有同样大小的面积 $A_1$ 和 $A_2$，此时该直线与时间轴的交点即为时间常数和的估计值，见图 2.13。图 2.14 描绘了具有相同时间常数、$n$ 阶非周期系统的阶跃响应，相同时间常数为

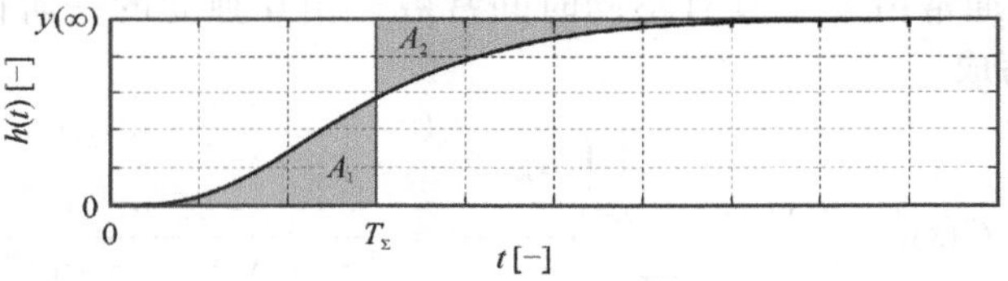


图 2.13　时间常数和的估计

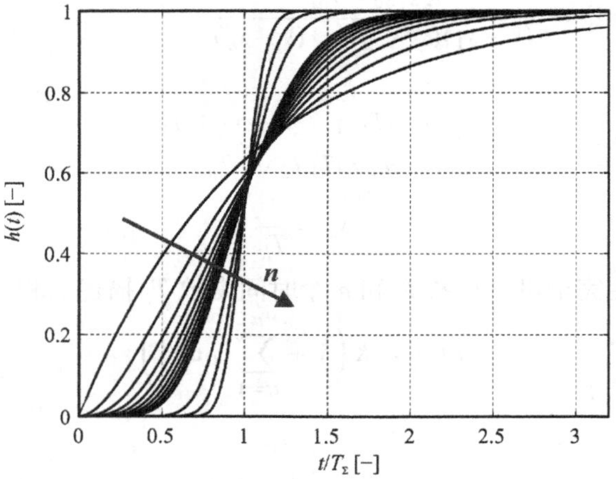


图 2.14　具有相同时间常数、n 阶非周期系统的阶跃响应（Radtke，1966）

$$
T = T_1 = T_2 = \cdots = T_n \tag{2.5.32}
$$

图中的阶跃响应是以时间 $t$ 与时间常数和 $T_\Sigma$ 之比作为时间标尺的，这样能保证所有系统存

储的总量相同，也就是图 2. 12 的面积 $A$ 相同。具有相同时间常数系统的阶跃响应是临界阻尼系统的极限情况，$n \geqslant 2$ 阶系统的阶跃响应相交于一点。不同阶次 $n$ 的系统阶跃响应示于图 2. 15，产生图中响应的系统为

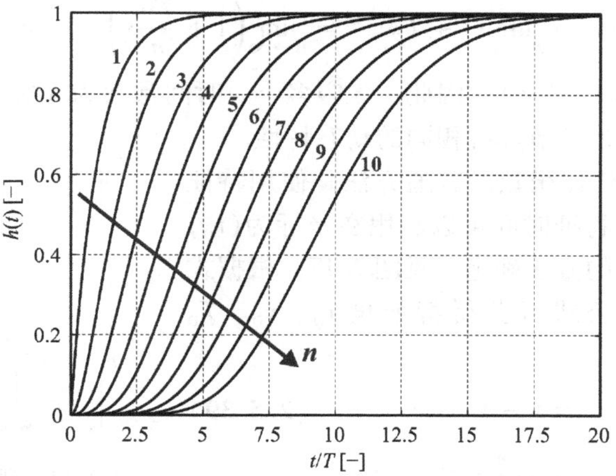


图 2. 15　传递函数为 $G(s)=1/(Ts+1)^n, n=1,2,\cdots,10$ 的 $n$ 阶非周期系统的阶跃响应

$$G(s)=\frac{K}{(Ts+1)^n} \tag{2.5.33}$$

以 $t/T$ 为时间标尺，其阶跃响应写成

$$h(t)=K\left(1-\mathrm{e}^{-\frac{t}{T}}\sum_{\alpha=0}^{n-1}\frac{1}{\alpha!}\left(\frac{t}{T}\right)^{\alpha}\right) \tag{2.5.34}$$

其脉冲响应为（Strejc，1959）

$$g(t)=\frac{K}{T^n}\frac{t^{n-1}}{(n-1)!}\mathrm{e}^{-\frac{t}{T}} \tag{2.5.35}$$

图 2. 16 给出 $n=1$，2，…，10 时系统的脉冲响应。对于 $n \geqslant 2$，脉冲响应的最大值为

$$g_{\max}(t_{\max})=\frac{K(n-1)^{n-1}}{T(n-1)!}\mathrm{e}^{-(n-1)} \tag{2.5.36}$$

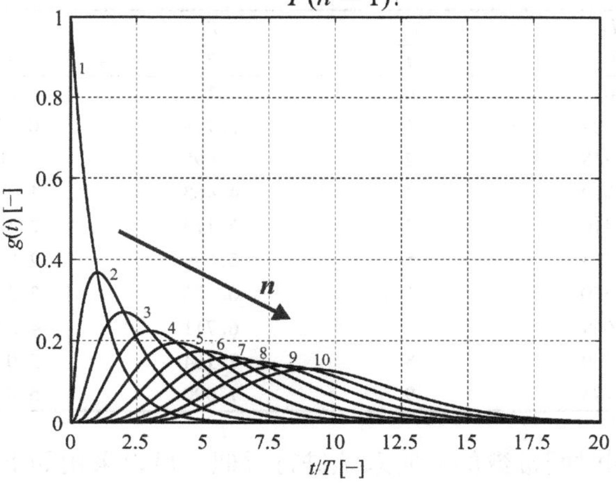


图 2. 16　传递函数为 $G(s)=1/(Ts+1)^n, n=1,2,\cdots,10$ 的 $n$ 阶非周期系统的脉冲响应

最大值对应的时刻为

$$t = t_{\max} = (n-1)T,\ n \geqslant 2 \tag{2.5.37}$$

对于相同的时间常数，在 $n \to \infty$ 的极限情况下，有

$$G(s) = \lim_{n\to\infty}(1+Ts)^{-n} = \lim_{n\to\infty}\left(1+\frac{T_\Sigma}{n}s\right)^{-n} = e^{-T_\Sigma s} \tag{2.5.38}$$

式中，$T_\Sigma = nT$，且 $|T_\Sigma s/n| < 1$。因此，无穷多个、时间常数为无穷小的一阶系统串联与延迟时间为 $T_D = T_\Sigma$ 的延迟环节具有相同的动态特性。

描述 $n \geqslant 2$ 阶系统传递函数的普通方法是使用特征时间 $T_D$ 和 $T_S$，这两个特征时间可以利用在坐标为$(t_Q, y_Q)$的拐点 $Q$ 构造切线的方法确定，见图 2.17。根据式（2.5.33），利用下述公式可获得特征量 $t_Q$、$y_Q$、$T_D$ 和 $T_S$

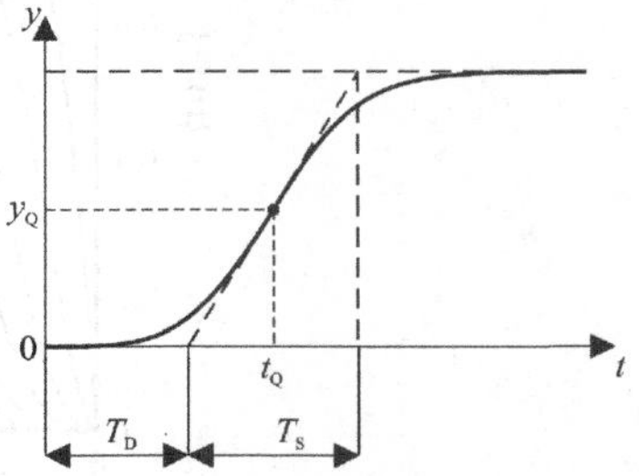

图 2.17　利用 $n \geqslant 2$ 阶系统的阶跃响应确定延迟时间 $T_D$ 和调节时间 $T_S$

$$\frac{t_Q}{T} = n-1 \tag{2.5.39}$$

$$\frac{y_Q}{y_\infty} = 1 - e^{-(n-1)}\sum_{\nu=0}^{n-1}\frac{(n-1)^\nu}{\nu!} \tag{2.5.40}$$

$$\frac{T_S}{T} = \frac{(n-2)!}{(n-1)^{n-2}}e^{n-1} \tag{2.5.41}$$

$$\frac{T_D}{T} = n-1-\frac{(n-2)!}{(n-1)^{n-2}}\left(e^{n-1}-\sum_{\nu=0}^{n-1}\frac{(n-1)^\nu}{\nu!}\right) \tag{2.5.42}$$

对于 $n = 1, \cdots, 10$，系统的特征参数值列于表 2.1。特征参数值 $T_D/T_S$ 和 $y_Q$ 不依赖于时间常数 $T$，只与阶次 $n$ 有关系。对于 $1 \leqslant n \leqslant 7$，近似有

$$n \approx 10\frac{T_D}{T_S} + 1 \tag{2.5.43}$$

根据图 2.17，从测得的阶跃响应先确定出 $T_D$、$T_S$ 和 $y_\infty$，然后利用表 2.1，确定式（2.5.33）描述的近似连续时间模型的参数 $K$、$T$ 和 $n$。

**表 2.1　具有相同时间常数、$n$ 阶系统的特征参数值（Strejc，1959）**

| $n$ | $\frac{T_D}{T_S}$ | $\frac{t_Q}{T}$ | $\frac{T_S}{T}$ | $\frac{T_D}{T}$ | $\frac{y_Q}{y_\infty}$ |
|---|---|---|---|---|---|
| 1 | 0 | 0 | 1 | 0 | 0 |
| 2 | 0.104 | 1 | 2.718 | 0.282 | 0.264 |
| 3 | 0.218 | 2 | 3.695 | 0.805 | 0.323 |
| 4 | 0.319 | 4 | 4.463 | 1.425 | 0.353 |
| 5 | 0.410 | 4 | 5.119 | 2.100 | 0.371 |
| 6 | 0.493 | 5 | 5.699 | 2.811 | 0.384 |
| 7 | 0.570 | 6 | 6.226 | 3.549 | 0.394 |
| 8 | 0.649 | 7 | 6.711 | 4.307 | 0.401 |
| 9 | 0.709 | 8 | 7.164 | 5.081 | 0.407 |
| 10 | 0.773 | 9 | 7.590 | 5.869 | 0.413 |

为了利用具有相同时间常数的 $n$ 阶系统进行近似，可以采用如下步骤：

1）首先需要检验待研究的系统是否能用式（2.5.38）所给出的系统近似。为了确定这

个可行性，必须根据图 2.13 估计出时间常数和 $T_\Sigma$，然后以时间 $t$ 与时间常数和 $T_\Sigma$ 的比值为时间轴绘制出测量数据图，以此可以检验系统是否能由式（2.5.38）的模型近似。如果待检验的系统包含延迟时间，则该迟延时间要从延迟时间 $T_D$ 中扣除。

2）确定系统阶次 $n$：利用延迟时间和调节时间的比值 $T_D/T_S$，根据表 2.1 可以确定系统的阶次。通过检查拐点的 $y$ 坐标值可以验证所得的结果，它必须等于 $y_Q$。

3）确定时间常数 $T$：基于表 2.1，根据特征参数值 $t_Q$、$T_D$ 和 $T_S$，利用三种不同的方式来确定时间常数 $T$。通常情况下，取三个（不同）估计值的平均值作为 $T$。

4）确定增益 $K$：利用阶跃输入幅度 $u_0$ 与系统响应最终偏移量 $y_\infty$ 的比值来计算增益 $K$，即

$$K = \frac{y_\infty}{u_0} \tag{2.5.44}$$

当系统阶次 $n$ 为非整数时，选择紧接在该非整数后的较小整数作为系统的阶次 $n$，并选取相应的延迟时间 $T'_D$，再求增量 $\Delta T_D = T_D - T'_D$，以此作为新的延迟时间，这样可以获得较好的近似。本节所讨论的近似方法简单易行，但容易受噪声和扰动的影响。

### 2.5.4　利用具有延迟的一阶系统近似

$n$ 阶系统的阶跃响应可以利用如下具有延迟的一阶系统近似

$$\tilde{G}(s) = \frac{K}{1 + T_D s}\mathrm{e}^{-T_S s} \tag{2.5.45}$$

式中，$T_D$ 和 $T_S$ 分别是图 2.17 中定义的延迟时间和调节时间。然而，在许多情况下这种简单模型所获得的近似精度并不能满足应用的需求。

对于具有不相等或交错时间常数的二阶系统或 $n$ 阶系统，确定阶跃响应特征参数的其他辨识方法可参考文献（Isermann，1992）。

## 2.6　具有积分作用或微分作用的系统

到目前为止，所讨论的方法都是针对具有比例作用的系统。然而，经过简单的改进，上述讨论的方法也可用来研究具有积分作用或微分作用的系统。

### 2.6.1　积分作用

积分环节的传递函数写成

$$G(s) = \frac{y(s)}{u(s)} = \frac{K_I}{s} = \frac{1}{T_I s} \tag{2.6.1}$$

式中，$K_I$ 为积分作用系数，$T_I$ 为积分时间。在幅值为 $u_0$ 的阶跃输入作用下，其响应为

$$y(t) = \frac{u_0}{T_I}t \tag{2.6.2}$$

响应的斜率可以写成

$$\frac{\mathrm{d}y(t)}{\mathrm{d}t} = \frac{u_0}{T_I} \tag{2.6.3}$$

通过确定斜率 $\mathrm{d}y(t)/\mathrm{d}t$，可以确定特征参数值 $T_I$

$$T_I = \frac{u_0}{\frac{dy(t)}{dt}} \tag{2.6.4}$$

如果系统还包含时滞环节，即

$$G(s) = \frac{y(s)}{u(s)} = \frac{1}{T_I s} \frac{1}{\prod_{k=1}^{n}(1+T_k s)} \tag{2.6.5}$$

在 $u(s) = u_0/s$ 的阶跃输入作用下，其阶跃响应对时间微分的极限为

$$\lim_{t\to\infty} \frac{dy(t)}{dt} = \lim_{s\to 0} s^2 y(s) = \lim_{s\to 0} sG(s)u_0 = \frac{u_0}{T_I} \tag{2.6.6}$$

利用式（2.6.3）和式（2.6.6），根据阶跃响应斜率的最终值，可以确定特征参数值 $T_I$，见图 2.18。如果系统阶跃响应的导数能通过绘图或利用计算机得到，进而下式可作为系统输出

$$\mathfrak{L}\left\{\frac{dy(t)}{dt}\right\} = sy(s) \tag{2.6.7}$$

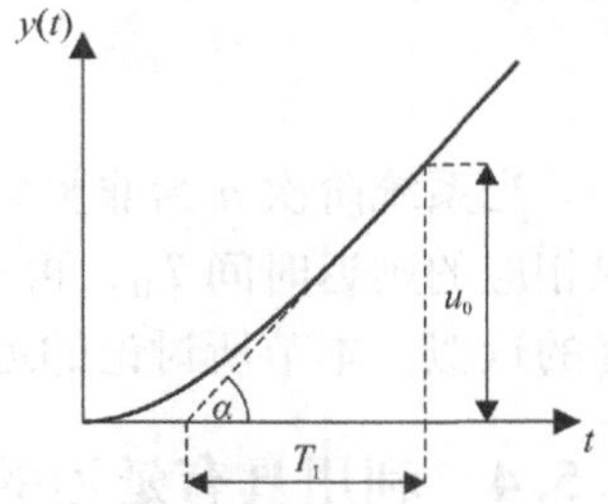

图 2.18　具有积分作用和时滞的系统阶跃响应

那么该输出可由具有如下传递函数的比例作用系统生成

$$G_P(s) = \frac{y(s)}{u(s)} = \frac{1}{T_I} \frac{1}{\prod_{k=1}^{n}(1+T_k s)} \tag{2.6.8}$$

式中，特征参数值 $T_k$ 可由前面介绍的方法确定。

如果传递函数为 $G(s)$ 的积分作用系统由幅值为 $u_0$、持续时间为 $T$ 的短矩形脉冲激励，它可以用面积为 $u_0 T$ 的 $\delta$ 脉冲近似，那么输出的拉普拉斯变换为

$$y(s) = G(s)u_0 T = \frac{T}{T_I} \frac{1}{\prod_{\nu=1}^{n}(1+T_\nu s)} \frac{u_0}{s} \tag{2.6.9}$$

因此，该响应可理解为在幅值为 $u_0$ 的阶跃输入作用下具有比例作用的系统所产生的响应，然后可以利用前面介绍过的方法确定 $K_0 = T/T_I$ 和 $T_\nu$

## 2.6.2　微分作用

具有如下传递函数的系统

$$G(s) = \frac{y(s)}{u(s)} = \frac{T_D s}{\prod_{k=1}^{n}(1+T_k s)} \tag{2.6.10}$$

其微分作用时间为 $T_D$ 或微分作用系数为 $K_D = T_D$，该系统阶跃响应的终值为 $y(\infty) = 0$。如果对记录的阶跃响应进行积分，积分结果看成是阶跃输入作用下的响应，那么输入和输出之间的关系可以用如下假想的比例作用系统描述

$$G_P(s) = \frac{\frac{y(s)}{s}}{u(s)} = \frac{T_D}{\prod_{\nu=1}^{n}(1+T_\nu s)} \tag{2.6.11}$$

其中，特征参数值 $T_D$ 和 $T_\nu$ 也可以利用前面介绍的方法辨识得到。

另一种方法是利用如下的斜坡信号来激励系统

$$u(t) = ct \text{ 或 } u(s) = \frac{c}{s^2} \tag{2.6.12}$$

其输出为

$$y(s) = \frac{T_D}{\prod_{\nu=1}^{n}(1 + T_\nu s)} \frac{c}{s} \tag{2.6.13}$$

这相当于比例作用系统的阶跃响应。因此，可将具有积分作用系统和微分作用系统的分析简化成比例作用系统的分析。

## 2.7 小结

本章第 1 节汇编了连续时间过程、离散时间过程和随机信号的一些基本关系，定义了后续章节中将会使用的一些变量符号。随后，介绍了一些适用于简单线性过程，又便于应用的参数确定方法。这些经典的参数确定方法利用简单模型的系统响应测量数据获取相应特征参数值，而且手工计算快速简单。本章讨论的方法辨识得到的是近似模型，可以用来粗略地评估系统特性。一般而言，这些方法只适用于没有扰动或扰动很小的测量数据。

一阶系统和二阶系统特征参数值的确定可采用观察法来实现，这种情况下无需特殊方法。对于具有低通特性的高阶系统，已有大量方法可用于确定该类系统的特征参数值。利用具有迟延的一阶系统很难获得足够的近似精度，然而利用具有相同时间常数的高阶系统进行近似，在大多数情况下都能获得良好的近似效果。另外，本章主要介绍的方法是用于比例作用系统的，但同样也可用于具有积分作用和微分作用的系统。

## 习题

2.1　傅里叶变换

总结对信号直接应用傅里叶变换的条件。为什么一阶系统阶跃响应的傅里叶变换不存在？

2.2　脉冲响应、阶跃响应和频率响应

脉冲响应、阶跃响应和频率响应彼此之间有什么关系？对于传递函数为 $G(s)=K/(Ts+1)$ 的一阶系统，其中 $K=0.8$ 和 $T=1.5$ s，计算该系统的这些响应。

2.3　一阶过程

以采样时间 $T_0=0.5$ s 对时间常数为 $T=10$ s 的一阶过程进行采样。利用正弦激励作为输入信号确定频率响应时，最大频率应选为多少？

2.4　采样

叙述如何利用采样将连续时间信号变成幅值离散和时间离散的信号。

2.5　随机信号

利用哪些特征量和参数可以描述平稳随机信号？

2.6　白噪声

白噪声的统计特性是什么？连续时间白噪声和离散时间白噪声之间有什么本质差别？

2.7　ARMA 过程

给出二阶自回归滑动平均过程的 $z$ 传递函数。

2.8　一阶系统

确定例 2.1 中热电阻温度计的增益和时间常数。

2.9　具有积分作用的系统

如何确定具有积分作用系统的特征参数？

2.10　具有微分作用的系统

如何确定具有微分作用系统的特征参数？

## 参考文献


Åström KJ(1970) Introduction to stochastic control theory. Academic Press, New York

Åström KJ, Murray RM(2008) Feedback systems: An introduction for scientists and engineers. Princeton University Press, Princeton, NJ

Box GEP, Jenkins GM, Reinsel GC (2008) Time series analysis: Forecasting and control, 4th edn. Wiley Series in Probability and Statistics, John Wiley, Hoboken, NJ

Bracewell RN(2000) The Fourier transform and its applications, 3rd edn. McGraw–Hill series in electrical and computer engineering, McGraw Hill, Boston

Bronstein IN, Semendjajew KA, Musiol G, Mühlig H(2008) Taschenbuch der Mathematik. Harri Deutsch, Frankfurt a. M.

Chen CT(1999) Linear system theory and design, 3rd edn. Oxford University Press, New York

Dorf RC, Bishop RH(2008) Modern control systems. Pearson/Prentice Hall, Upper Saddle River, NJ

Föllinger O(2010) Regelungstechnik: Einführung in die Methoden und ihre Anwendung, 10th edn. Hüthig Verlag, Heidelberg

Föllinger O, Kluwe M (2003) Laplace–, Fourier–und $z$–Transformationen, 8th edn. Hüthig, Heidelberg

Franklin GF, Powell JD, Emami–Naeini A(2009) Feedback control of dynamic systems, 6th edn. Pearson Prentice Hall, Upper Saddle River, NJ

Franklin GG, Powell DJ, Workmann ML(1998) Digital control of dynamic systems, 3rd edn. Addison–Wesley, Menlo Park, CA

Gallager R(1996) Discrete stochastic processes. The Kluwer International Series in Engineering and Computer Science, Kluwer Academic Publishers, Boston

Goodwin GC, Sin KS(1984) Adaptive filtering, prediction and control. Prentice–Hall information and system sciences series, Prentice–Hall, Englewood Cliffs, NJ

Goodwin GC, Graebe SF, Salgado ME(2001) Control system design. Prentice Hall, Upper Saddle River NJ

Grewal MS, Andrews AP(2008) Kalman filtering: Theory and practice using MATLAB, 3rd edn.

John Wiley & Sons, Hoboken, NJ

Hänsler E(2001) Statistische Signale: Grundlagen und Anwendungen. Springer, Berlin

Heij C, Ran A, Schagen F(2007) Introduction to mathematical systems theory: linear systems, identification and control. Birkhäuser Verlag, Basel

Isermann R(1991) Digital control systems, 2nd edn. Springer, Berlin

Isermann R(1992) Identifikation dynamischer Systeme: Grundlegende Methoden (Vol. 1). Springer, Berlin

Isermann R(2005) Mechatronic Systems: Fundamentals. Springer, London

Kammeyer KD, Kroschel K(2009) Digitale Signalverarbeitung: Filterung und Spektralanalyse mit MATLAB-Übungen, 7th edn. Teubner, Wiesbaden

Ljung L(1999) System identification: Theory for the user, 2nd edn. Prentice Hall Information and System Sciences Series, Prentice Hall PTR, Upper Saddle River, NJ

Mikleš J, Fikar M(2007) Process modelling, identification, and control. Springer, Berlin

Moler C, van Loan C(2003) Nineteen dubios ways to compute the exponential of a matrix, twenty-five years later. SIAM Rev 45(1): 3-49

Nelles O(2001) Nonlinear system identification: From classical approaches to neural networks and fuzzy models. Springer, Berlin

Nise NS(2008) Control systems engineering, 5th edn. Wiley, Hoboken, NJ

Ogata K(2009) Modern control engineering. Prentice Hall, Upper Saddle River, NJ

Papoulis A(1962) The Fourier integral and its applications. McGraw Hill, New York

Papoulis A, Pillai SU(2002) Probability, random variables and stochastic processes, 4th edn. McGraw Hill, Boston

Phillips CL, Nagle HT(1995) Digital control system analysis and design, 3rd edn. Prentice Hall, Englewood Cliffs, NJ

Poularikas AD(1999) The handbook of formulas and tables for signal processing. The Electrical Engineering Handbook Series, CRC Press, Boca Raton, FL

Radtke M(1966) Zur Approximation linearer aperiodischer Übergangsfunktionen. Messen, Steuern, Regeln 9: 192-196

Sädersträm T(2002) Discrete-time stochastic systems: Estimation and control, 2nd edn. Advanced Textbooks in Control and Signal Processing, Springer, London

Strejc V(1959) Näherungsverfahren für aperiodische Übergangscharakteristiken. Regelungstechnik 7: 124-128

Verhaegen M, Verdult V(2007) Filtering and system identification: A least squares approach. Cambridge University Press, Cambridge

Zoubir AM, Iskander RM(2004) Bootstrap Techniques for Signal Processing. Cambridge University Press, Cambridge, UK

# 第Ⅰ部分　频域非参数模型辨识
# ——连续时间信号

# 第 3 章

# 周期信号和非周期信号的谱分析方法

对于许多应用场合，计算信号的谱是很重要的。为了能自动计算信号的谱，并能处理任意形状的信号，利用数值方式计算傅里叶变换是一种特别有用的方法。这样的方法通常要在数字计算机上进行，因此在计算傅里叶变换之前，需要对信号进行采样和存储。这就会衍生出一些特殊的问题，本章后面将讨论这些问题。因为所用的数据序列可能很长，因此还要特别注意在数字计算机上实现傅里叶变换计算的效率问题。

## 3.1 傅里叶变换的数值计算

人们常常关注非周期测试信号的频率成分，因为它能用于确定其他信号的频率范围和幅度。对某种测试信号激励的频率成分进行分析，或者在非周期测试信号作用下对系统频率响应函数进行测量，这在辨识领域中非常重要。对后一种情况来说，需要根据式（4.1.1），利用非周期测试信号计算频率响应，这时要求输入和输出的傅里叶变换已知。如果已知输入 $u(t)$ 和/或输出 $y(t)$ 在离散时刻 $t_k$，$k=0$，1，2，…，$N$ 测得的采样信号，那么只得利用数值方法计算式（4.1.4）中的傅里叶变换。为了计算有限时长采样信号的傅里叶变换，需要采用**离散傅里叶变换**（DFT）方法，尤其是**快速傅里叶变换**（FFT），它是一种在计算上更省时的离散傅里叶变换计算方法，这些内容将在下面的章节中讨论。

### 3.1.1 周期信号的傅里叶级数

对于每个周期为 $T$ 的周期函数 $x(t)$，即对于任何整数 $k$，有 $x(t)=x(t+kT)$，其均可写为无穷级数形式

$$x(t)=\frac{a_0}{2}+\sum_{k=1}^{\infty}a_k\cos(k\omega_0 t)+b_k\sin(k\omega_0 t),\ \omega_0=\frac{2\pi}{T} \tag{3.1.1}$$

该级数称作**傅里叶级数**，通常情况下级数项数只取有限项。**傅里叶系数** $a_k$ 和 $b_k$ 可以利用下式确定

$$a_k=\frac{2}{T}\int_0^T x(t)\cos(k\omega_0 t)\mathrm{d}t \tag{3.1.2}$$

$$b_k=\frac{2}{T}\int_0^T x(t)\sin(k\omega_0 t)\mathrm{d}t \tag{3.1.3}$$

式中，积分也可以在其他任何长度为 $T$ 的时间区间上进行。利用复指数函数，上述傅里叶级数又可写成

$$x(t) = \sum_{k=-\infty}^{\infty} c_k e^{ik\omega_0 t} \tag{3.1.4}$$

式中

$$c_k = \frac{1}{T}\int_0^T x(t) e^{-ik\omega_0 t} dt \tag{3.1.5}$$

附带说明一下 **Gibbs 现象**（Gibbs，1899）。Gibbs 现象主要说的是，即使级数项数趋于无穷，在阶跃型间断点上傅里叶级数也不能近似逐段连续可微的周期函数，总会存在超调。在 $N \to \infty$ 的极限下，超调幅度约为阶跃幅度的 18%。这一事实在信号处理中很重要，比如在利用 2 维傅里叶变换处理信号或图片时，在阶跃型间断点上需要进行人工处理。图 3.1 给出利用傅里叶级数近似矩形周期信号的情况，图中傅里叶级数的项数逐渐增加。

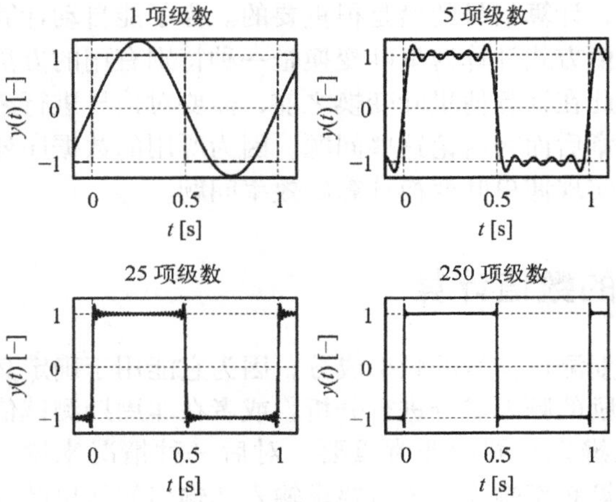


图 3.1　Gibbs 现象：尽管级数项数增加，矩形波还是不能完全重构

### 3.1.2　非周期信号的傅里叶变换

现在，将区间长度规范地扩展到 $T \to \infty$，以便处理非周期信号。如式（2.1.9）引入的傅里叶变换

$$\mathscr{F}\{x(t)\} = x(i\omega) = \int_{-\infty}^{\infty} x(t) e^{-i\omega t} dt \tag{3.1.6}$$

如果对连续时间非周期信号 $x(t)$ 进行采样，采样时间为 $T_0$，那么信号可以写成具有相应幅值的 Dirac 脉冲级数形式

$$x_\delta(k) = \sum_{k=-\infty}^{\infty} x(t)\,\delta(t - kT_0) = \sum_{k=-\infty}^{\infty} x(kT_0)\,\delta(t - kT_0) \tag{3.1.7}$$

这样，式（2.1.9）也就是式（3.1.6）变成

$$x_\delta(i\omega) = \int_{-\infty}^{\infty} \sum_{k=-\infty}^{\infty} x(kT_0)\delta(t - kT_0) e^{-ik\omega T_0} dt = \sum_{k=-\infty}^{\infty} x(kT_0) e^{-ik\omega T_0} \tag{3.1.8}$$

该变换称为**离散时间傅里叶变换**（DTFT）。DTFT 的逆变换为

$$x(k) = \frac{T_0}{2\pi}\int_{-\frac{\pi}{T_0}}^{\frac{\pi}{T_0}} x_\delta(i\omega) e^{ik\omega T_0} d\omega \tag{3.1.9}$$

由于连续时间信号 $x(t)$ 与 Dirac 脉冲级数相乘，获得的傅里叶变换 $x_\delta(\mathrm{i}\omega)$ 在频域中是周期性的。这个结论可以解释如下：时域中的乘法在频域中变成卷积，频谱（也就是原始、未经采样信号的谱）与 Dirac 脉冲序列的卷积就会导致周期性的连续，这个周期性也可以通过指数函数以 $2\pi$ 为周期的幅角导出。由于谱是周期的，因此只需在 $0 \leqslant \omega < 2\pi/T_0$ 或 $-\pi/T_0 \leqslant \omega < \pi/T_0$ 区间上计算即可。

该周期性还诱发导出 **Shannon 定理**，该定理说明只有信号频率满足如下关系，才能进行正确的采样

$$f \leqslant \frac{1}{2T_0} = \frac{1}{2} f_{\mathrm{S}} \tag{3.1.10}$$

式中，$f_{\mathrm{S}}$ 为采样频率。不满足上述关系的所有其他频率都不能进行正确的采样，因为频谱的周期性会导致所谓的**混叠效应**。如果信号频谱的带宽是有限的，也就是 $|\omega| > \omega_{\max}$ 时 $x(\mathrm{i}\omega)$ 为零，这仅对周期信号才有可能，那么该信号的重构才可能是准确无误的。因此，所有有限时间的信号不可能具有带宽有限的频谱。

鉴于计算机的存储能力有限，式（3.1.8）的求和不可能在区间 $-\infty \leqslant \omega \leqslant \infty$ 上进行。因此，需要将数据点数限制为 $N$，并在 $0 \leqslant k \leqslant N-1$ 范围内采样，那么离散傅里叶变换写成

$$\begin{aligned} x(\mathrm{i}\omega) &= \sum_{k=0}^{N-1} x(kT_0)\mathrm{e}^{-\mathrm{i}k\omega T_0} \\ &= \sum_{k=0}^{N-1} x(kT_0)\cos(k\omega T_0) - \mathrm{i}\sum_{k=0}^{N-1} x(kT_0)\sin(k\omega T_0) \\ &= \mathrm{Re}\{x(\mathrm{i}\omega)\} + \mathrm{Im}\{x(\mathrm{i}\omega)\} \end{aligned} \tag{3.1.11}$$

这种能处理数据点的数量限制直接引出加窗概念，见第 3.1.4 节。

非周期信号频谱还是连续的周期函数，然而由于在频域中计算机只能存储有限的数据点，因此频率变量 $\omega$ 也必须进行离散化。由于具有周期性，所以只需在区间 $0 \leqslant \omega < 2\pi/T_0$ 上对频谱进行采样。因此，连续谱也可以像式（3.1.7）那样表示成与采样函数的乘积关系

$$\tilde{x}(\mathrm{i}\nu\Delta\omega) = \sum_{\nu=0}^{M-1} x(\mathrm{i}\omega)\delta(\mathrm{i}\omega - \mathrm{i}\nu\Delta\omega) \tag{3.1.12}$$

其中，$\tilde{x}(\mathrm{i}\nu\Delta\omega)$ 为经采样的傅里叶变换，$\Delta\omega$ 为频率增量，$M$ 是采样点数，它取决于频率增量 $\Delta\omega$，即有 $M = 2\pi/(T_0\Delta\omega)$。这就形成时域中的卷积，意味着通过在频域中采样，时域中的信号在采样区间外也是周期性连续的，即

$$x(kT_0) = x(kT_0 + \mu T_{\mathrm{n}}),\ \mu = 0, 1, 2, \cdots,\ T_{\mathrm{n}} = \frac{2\pi}{\Delta\omega} \tag{3.1.13}$$

现在，将频率增量选为 $T_n = NT_0$，使得周期性等价于时域中测量的持续时间。因此，在频域中应该有 $M = N$ 采样点。

最后，将 DFT 变换对写成

$$x(\mathrm{i}n\Delta\omega) = \mathrm{DFT}\{x(kT_0)\} = \sum_{k=0}^{N-1} x(kT_0)\mathrm{e}^{-\mathrm{i}kn\Delta\omega T_0} \tag{3.1.14}$$

$$x(kT_0) = \mathrm{DFT}^{-1}\{x_{\mathrm{S}}(\mathrm{i}n\Delta\omega)\} = \sum_{k=0}^{N-1} x(\mathrm{i}n\Delta\omega)\mathrm{e}^{\mathrm{i}kn\Delta\omega T_0} \tag{3.1.15}$$

结论是：通过应用 DFT 和逆 DFT，信号及其谱两者都可以变成周期的。

对于每个频率 $\omega$，DFT 需要 $N$ 次乘法和（$N-1$）次加法，所以完整的谱计算需要 $N^2$ 次乘法和 $N$（$N-1$）次加法，显然计算量很大。下一节将介绍一种更有效的算法，即所谓的**快速傅里叶变换**（FFT）。有关离散傅里叶变换更详细的论述可参考文献（Brigham，1988；Stearns，2003）。

当 DFT（还有随后即将介绍的 FFT）仅处理数值向量时，FFT 是如何输出的应该可以解释，下面给出简短的讨论。图 3.2 给出矩形脉冲的 FFT 及通过解析法确定的傅里叶变换。为了获得准确的幅值，需要利用采样时间 $T_0$ 对 FFT 输出进行标尺变换，见文献（Isermann，1991）

$$\mathfrak{F}\{x(kT_0)\} = T_0 x(\mathrm{i}k\Delta\omega) \tag{3.1.16}$$

数据的频率向量为

$$\omega = \big(0, \Delta\omega, 2\Delta\omega, \cdots, (N-1)\Delta\omega\big), \Delta\omega = \frac{2\pi}{T_{\mathrm{M}}} \tag{3.1.17}$$

其中，$T_{\mathrm{M}}$ 为测量时间，$N$ 为采样点数。

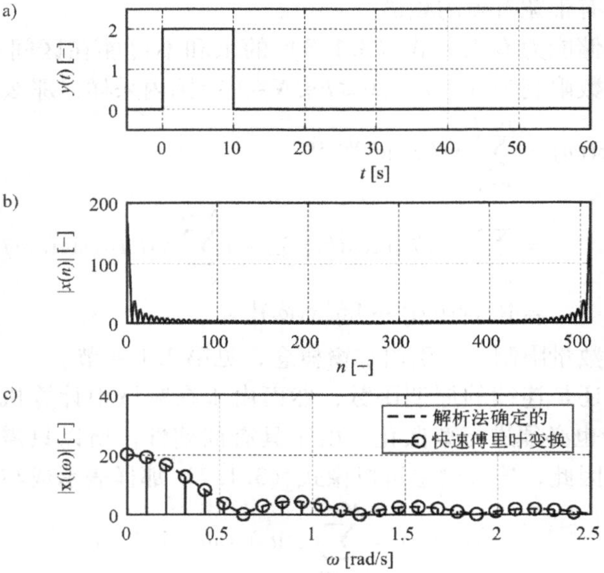


图 3.2 FFT 标尺变换

a）待变换的时间信号 b）FFT 输出（未经标尺变换） c）FFT 输出（利用式（3.1.16）进行标尺变换，频率轴是根据式（3.1.17）计算的）

### 3.1.3 傅里叶变换的数值计算

式（3.1.14）DFT 的计算要用到采样信号与如下复旋转算子的乘积运算

$$\mathrm{e}^{-\mathrm{i}kn\Delta\omega T_0} = W_N^{nk} \tag{3.1.18}$$

这样，离散傅里叶变换可写成

$$x(n) = \sum_{k=0}^{N-1} x(k) W_N^{nk} \tag{3.1.19}$$

式中不再出现采样时间 $T_0$ 和频率增量 $\Delta\omega$。

为了推导快速傅里叶变换算法，通常需要研究旋转算子 $W_N^{nk}$ 的**循环性**和**对称性**。傅里叶

变换可以拆分成两部分的求和，一部分是奇数项求和，另一部分是偶数项求和，即

$$
\begin{aligned}
x(n) &= \sum_{k=0}^{N-1} x(k) W_N^{nk} \\
&= \sum_{k=0}^{\frac{N}{2}-1} x(2k) W_N^{2nk} + \sum_{k=0}^{\frac{N}{2}-1} x(2k+1) W_N^{n(2k+1)} \\
&= \sum_{k=0}^{\frac{N}{2}-1} x(2k) W_N^{2nk} + W_N^{n} \sum_{k=0}^{\frac{N}{2}-1} x(2k+1)) W_N^{2kn} \\
&= x_{\mathrm{e}}(n) + W_N^{n} x_{\mathrm{o}}(n)
\end{aligned} \tag{3.1.20}
$$

上式是按时间抽取（Decimation - In - Time，DIT）基 2FFT 的基础，是一种非常具有启发性，又是 Cooley - Tukey 算法（Cooley and Tukey，1965）最常用的形式。式中两项求和式中都有周期为 $N/2$ 的旋转算子，用“e”表示偶数项求和，用“o”表示奇数项求和。两项求和式又可分别拆分成两项求和的形式。每次拆分标识需要额外添加一个字母，如用“ee”代表偶数项求和式中的偶数项求和。对于 $N=8$，这种拆分算法的原理可用图 3.3 进行说明。

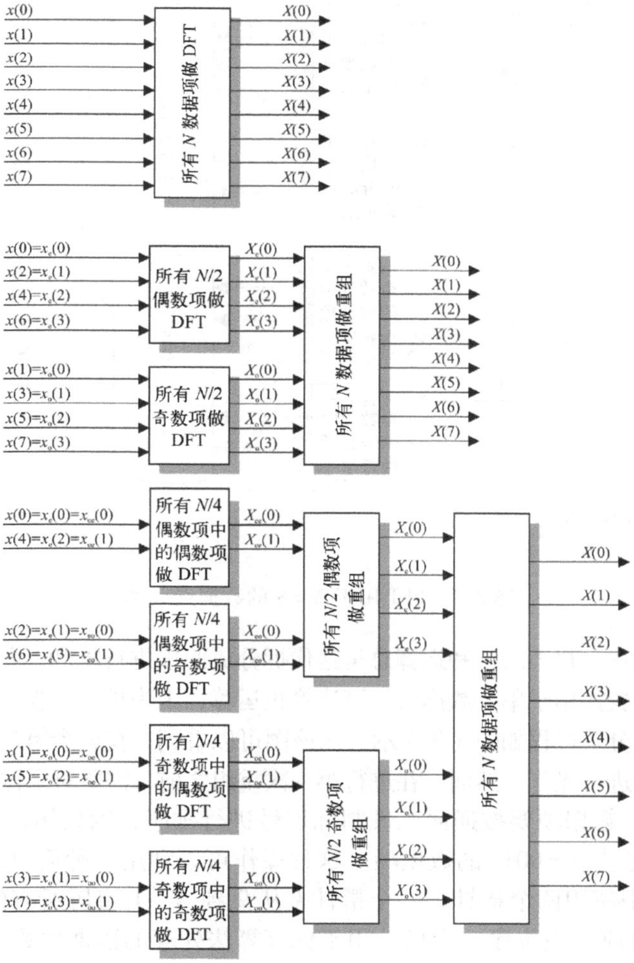


图 3.3　FFT 用于 $N=8$ 的数据点

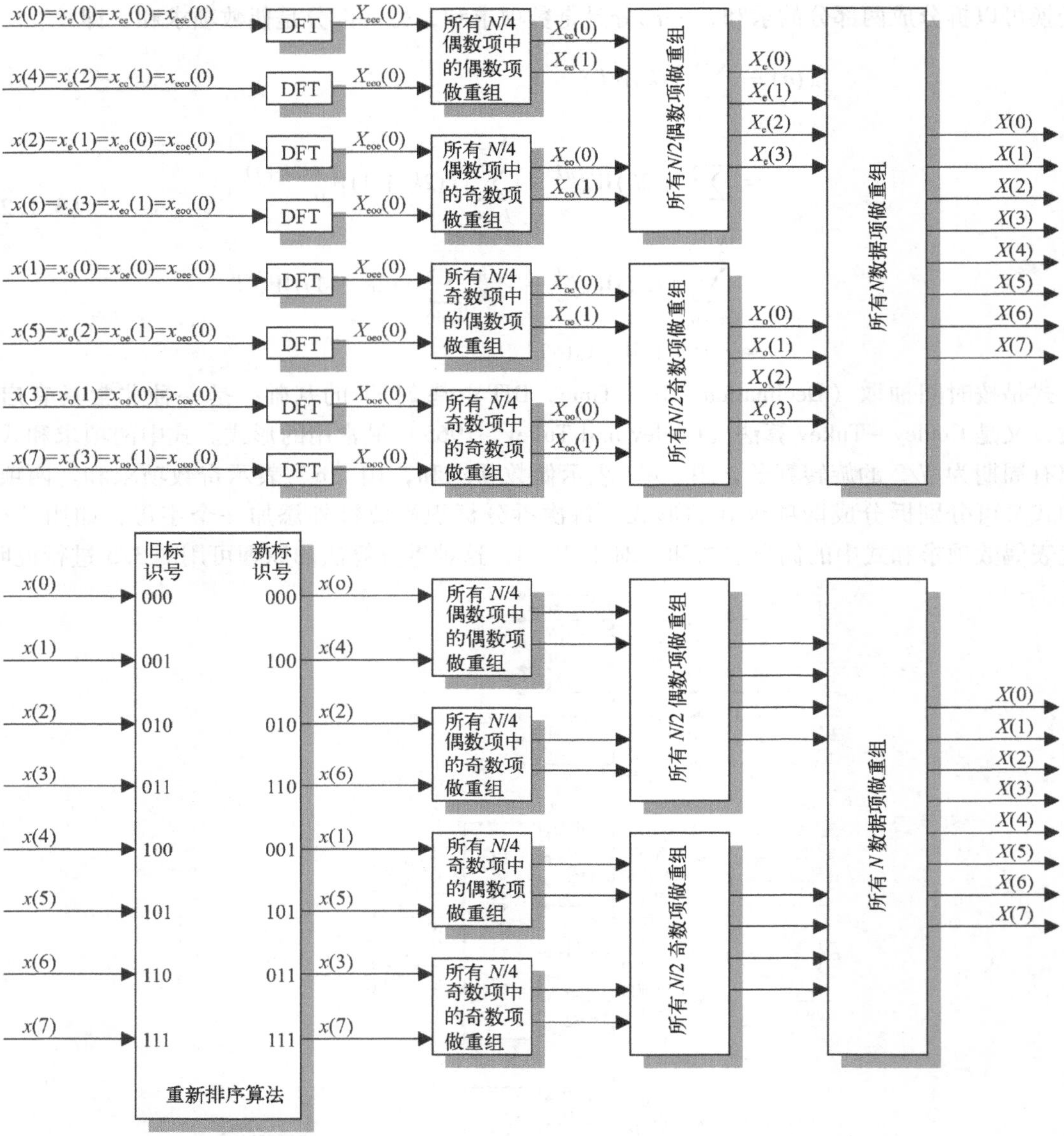


图 3.3　FFT 用于 $N=8$ 的数据点（续）

在接下来的步骤中，FFT 的求和运算总是迭代拆分成两项进行求和，每次处理上次求和数据项的一半。当傅里叶变换用于单一数据时，算法停止运算，因为单一数据的傅里叶变换就是该数据本身，算法的整个分解过程如图 3.3 所示。从该图可以看到，在整个算法执行过程中，重组算法只对相邻的数据项进行操作。然而，在进行第一次重组之前，需要对采样数据进行重新排序。

为了进行重组，数据项要按逆向二进制标识号进行排序，例如标识号为 $n=100_2$ 的数据项重组后变成标识号为 $n=001_2$ 的数据项。这种操作可以利用一种简单、快速有效的算法来实现。在这种算法中使用两个指针，一个指针 $k$ 从 0 到 $N-1$ 遍历所有的数据项，另一个指针 $l$ 总是指向与 $k$ 对应的逆位序。变量 $n$ 用于保存算法处理的数据项数。

该算法分两个阶段工作：循环的第一阶段利用如下规则，指针 $k$ 和逆向指针 $l$ 分别加 1：

- 若 LMB（最左位）为 0，则置 1。
- 若 LMB（最左位）为 1，则置零，并将 LMB 的后一位加 1。此时又有下面两种情况：
  - 若 LMB 的后一位为 0，则置 1。
  - 若 LMB 的后一位为 1，则置 0，并将 LMB 的后二位加 1，以此类推。

另外一个结果也是要用到的，即 $k$ 的逆位序为 $l$，同时 $l$ 的逆位序为 $k$。因此，两个数据项总能进行交换。只有当 $k$ 小于 $l$ 时，才交换数据项，以避免产生反向交换。算法的第二阶段涉及重组，这时需要反复乘以**旋转因子**，该因子是由文献（Gentleman and Sande，1966）命名的。这些因子需要提前计算并存储在一个表格中。最后，如图 3.4 所示将这些相乘的结果相加。

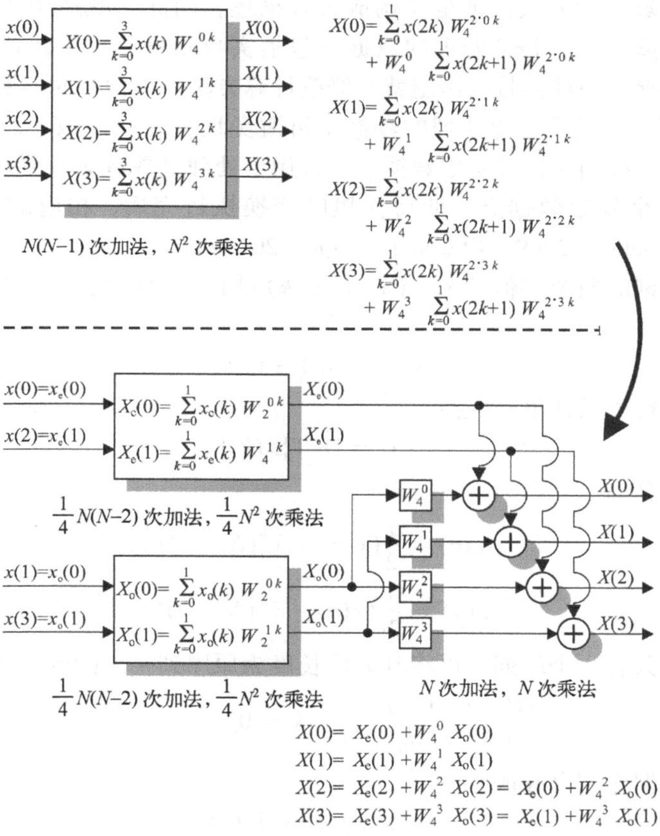


图 3.4　式（3.1.20）FFT 基础算法递归计算的第一步[⊖]

目前，有许多可用的快速傅里叶变换算法，如基 4 算法、基 8 算法或基 $2^n$ 算法。对基 4 算法和基 8 算法来说，当处理较大数据块时，算法的乘法运算总数分别能降低 25% ~40%。对 FFT 有贡献的其他学者还有 Bruun（1978）、Rader（1968）、Bluestein（1970）和 Goertzel

⊖ 译者注：式（3.1.20）中用 $x(n)$ 表示傅里叶变换，而在图 3.3 和图 3.4 中，作者为了区别于信号 $x(k)$，用 $X(n)$ 表示傅里叶变换。

(1958)。当只需要计算一些谱线而不需要计算整个谱时，Goertzel 算法是首选的，另外还可以采用拆分基的技术，如见文献（Sorensen et al，1986）。

有关 FFT 及其他一些算法的高效执行可参考专著（Press et al，2007）和 FFTW 工作室编写的著作（Frigo and Johnson，2005）。后者是一个软件工作室，专门研究计算具有任意输入规模的一维或多维实数及复数的离散傅里叶变换。

DFT 总共要进行 $N^2$ 次复数乘法运算和 $N(N-1)$ 次复数加法运算，其中 $O(N)$ 次运算是可以节省的，因为有些运算很简单（与 1 相乘），然而上述 FFT 算法的计算量会降低到 $N\log_2 N$ 次复数乘法运算和 $N\log_2 N$ 次复数加法运算，其中包括简单的运算，这又是可以节省的。

由于 FFT 对时域中的复数数据也能构成公式描述，因此它既适用于实数数据运算，也适用于复数数据运算。如果 FFT 处理的数据只包括实数测量值，那么就会执行一些无用的运算，比如与零相乘。一种补救的措施就是修改计算方法，以便只对实数数据进行运算。然而，经过 FFT 的第一阶段后，待处理的数据不可避免地会变成复数。因此，同一算法需要两种不同的实现，一种用于处理实数数据，一种用于处理复数数据。更好的办法是将两个实数数据点组合成一个复数数据点，使得傅里叶变换执行完后，相应的结果可以再次分离（Kammeyer and Kroschel，2009；Chu and George，2000）。

为了对同一时刻的两个实值信号 $y(k)$ 和 $z(k)$ 进行傅里叶变换，先按下式将两个信号组合

$$\tilde{x}(k) = y(k) + \mathrm{i}z(k) \tag{3.1.21}$$

然后对组合信号进行离散傅里叶变换

$$\tilde{x}(n) = \mathrm{DFT}\{\tilde{x}(k)\} \tag{3.1.22}$$

最后再对结果进行分离

$$y(n) = \frac{1}{2}\left(\tilde{x}(n) + \tilde{x}^*(N-n)\right) \tag{3.1.23}$$

$$z(n) = \frac{1}{2\mathrm{i}}\left(\tilde{x}(n) - \tilde{x}^*(N-n)\right) \tag{3.1.24}$$

如果要变换的只有一个序列，可将其分成长度为原序列一半的两个序列

$$\left.\begin{aligned} y(k) &= x(2k) \\ z(k) &= x(2k+1) \end{aligned}\right\},\ k = 0,\cdots,\frac{N-1}{2} \tag{3.1.25}$$

然后将两个实值数据序列合并成

$$\tilde{x}(k) = y(k) + \mathrm{i}z(k) \tag{3.1.26}$$

再变换到频域

$$\tilde{x}(n) = \mathrm{DFT}\{\tilde{x}(k)\} \tag{3.1.27}$$

最后，$x(k)$ 的傅里叶变换可写成

$$x(n) = \frac{1}{2}\left(\tilde{x}(n) + \tilde{x}^*(N-n)\right) + \mathrm{e}^{-\mathrm{i}\frac{\pi n}{N}}\frac{1}{2\mathrm{i}}\left(\tilde{x}(n) - \tilde{x}^*(N-n)\right) \tag{3.1.28}$$

上述将两个实数数据点组合成一个复数数据点的方法可加快 FFT 的计算速度，大约能提高 2 倍。表 3.1 列举了针对不同应用的计算复杂度。

**表 3.1　DFT 和 FFT 的浮点运算量比较**

| 时域的复值函数，复数运算 | | | | |
|---|---|---|---|---|
| N | DFT | | FFT | |
| | 加法 | 乘法 | 加法 | 乘法 |
| 128 | 16 256 | 16 384 | 896 | 896 |
| 1 024 | 1 047 552 | 1 048 576 | 10 240 | 10 240 |
| 4 096 | 16 773 120 | 16 777 216 | 49 152 | 49 162 |
| 时域的复值函数，实数运算 | | | | |
| N | DFT | | FFT | |
| | 加法 | 乘法 | 加法 | 乘法 |
| 128 | 65 280 | 65 536 | 3 584 | 3 584 |
| 1 024 | 4 192 256 | 4 194 304 | 40 960 | 40 960 |
| 4 096 | 67 100 672 | 67 108 864 | 196 608 | 196 608 |
| 时域的实值函数，实数运算 | | | | |
| N | DFT | | FFT | |
| | 加法 | 乘法 | 加法 | 乘法 |
| 128 | 16 256 | 16 384 | 768 | 512 |
| 1 024 | 1 047 552 | 1 048 576 | 7 680 | 5 632 |
| 4 096 | 16 773 120 | 16 777 216 | 34 816 | 26 624 |

注：对于 FFT 计算，由于基 2 算法应用广泛，这里采用此算法。

每个长度为 $N$、时间有限的信号可以用任意数量的零数据将其总长度扩展到 $L$，即

$$x(k)=\begin{cases}x(k), & 0\leqslant k\leqslant N-1\\ 0, & N\leqslant k\leqslant L-1 \text{ and } L>N\end{cases} \tag{3.1.29}$$

其作用是增加谱的分辨率。这种技术称作**零填充**，经常用于将信号的长度增加到最优长度，以便采用不同的 FFT 算法（Kammeyer and Kroschel，2009）。然而，对于周期信号，零填充不可避免地会造成泄漏效应。

## 3.1.4　加窗

限制时域中的数据点数可以理解为时间函数 $x(t)$ 与所谓**窗函数**做乘积，以此获得有限时间函数 $x_w(t)$。因此，采样数据不是源于 $x(t)$，而是来自如下的乘积

$$x_{\mathrm{w}}(t)=x(t)\,w(t) \tag{3.1.30}$$

当进行傅里叶变换时，获得的不是傅里叶变换 $x(\mathrm{i}\omega)=\mathfrak{F}\{x(t)\}$，其中 $x(t)$ 是具有长持续时间或无穷持续时间的信号，而是获得

$$x_{\mathrm{w}}(\mathrm{i}\omega)=\mathfrak{F}\{x_{\mathrm{w}}(t)\}=\mathfrak{F}\{x(t)\,w(t)\}=x(\mathrm{i}\omega)*f(\mathrm{i}\omega) \tag{3.1.31}$$

也就是原始信号频谱和窗函数频谱的卷积。

通过考察周期正弦信号的单一、明显谱线，可以对窗函数效应给出最好的说明，这种考察也很容易应用于任意的非周期信号。如果将单一谱线与窗函数的傅里叶变换做卷积，那么会看到该谱线“外溢”到相邻的频率，这也称作**外溢效应**。外溢效应可利用所谓的**窗函数**来控制，此时是在窄而高的主峰值与边缘极值抑制之间寻求折中。

例如，**Bartlett 窗**以宽而低的主峰值换取边缘极值的强抑制作用，而 **Hamming** 窗具有更强的边缘极值抑制作用，实际上它在限定的频带内使主峰值达到最小。**Hann 窗**和 **Blackmann 窗**是另外两种典型的窗函数，见表 3.2。对这些窗函数及许多其他窗函数的综述和详

尽比较请参考教科书（Poularikas，1999；Hamming，2007）。文献（Schoukens et al，2009）对窗函数的解释表明，Hann 窗仅仅对频谱取二阶导数，从而可降低泄漏效应，然而同时对频谱进行平滑处理，会引入平滑误差。Diff 窗对两种类型的误差进行不同的折中考虑，取两相邻谱线之差。有关数据加窗的全面介绍可参阅文献（Harris，1978）。

**表 3.2　典型窗函数（左边：时间函数；右边：傅里叶变换），（Harris，1978）**

名称、形状和方程

Bartlett 窗

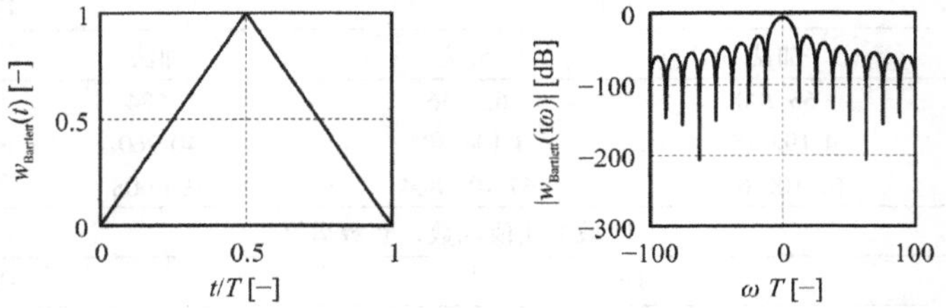


$$w_{Bartlett}(t)=\begin{cases}1-\dfrac{2\left|t-\frac{T}{2}\right|}{T}, & 0\leqslant t\leqslant T\\ 0, & \text{其他}\end{cases}$$

Hamming 窗

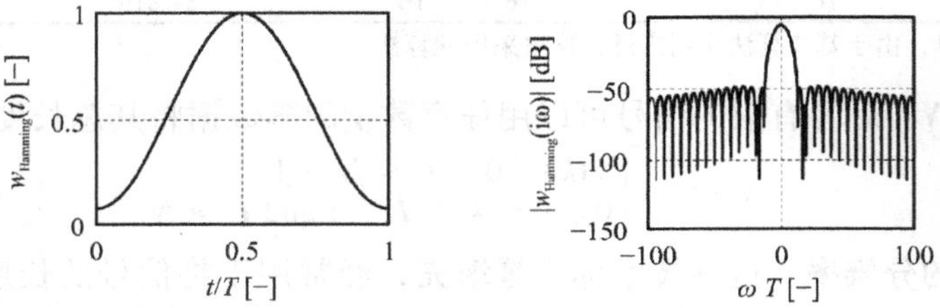


$$w_{Hamming}(t)=\begin{cases}0.54-0.46\cos(2\pi\frac{t}{T}), & 0\leqslant t\leqslant T\\ 0, & \text{其他}\end{cases}$$

Hann 窗

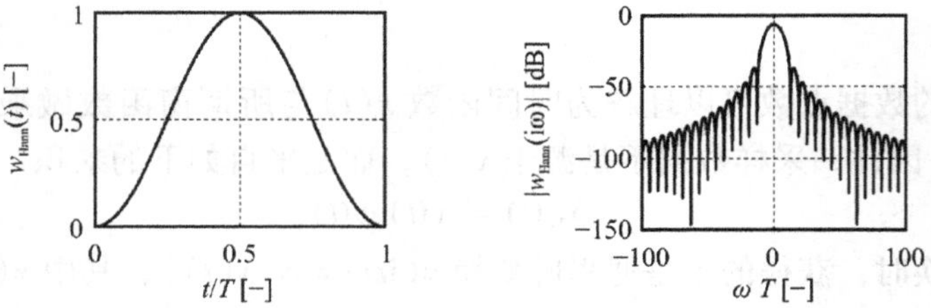


$$w_{Hann}(t)=\begin{cases}0.5(1-\cos(2\pi\frac{t}{T})), & 0\leqslant t\leqslant T\\ 0, & \text{其他}\end{cases}$$

Blackmann 窗

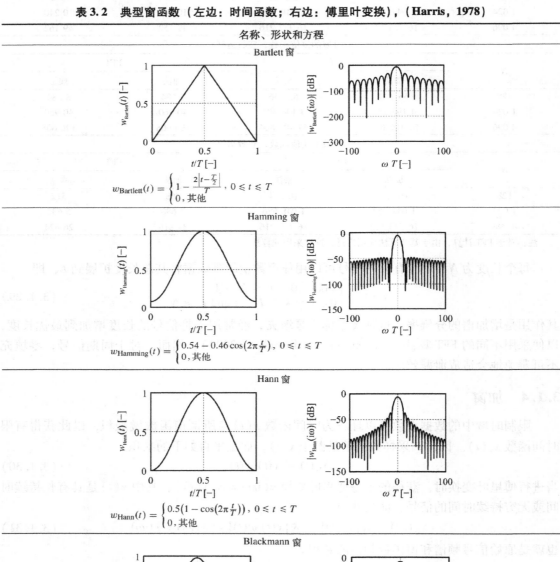

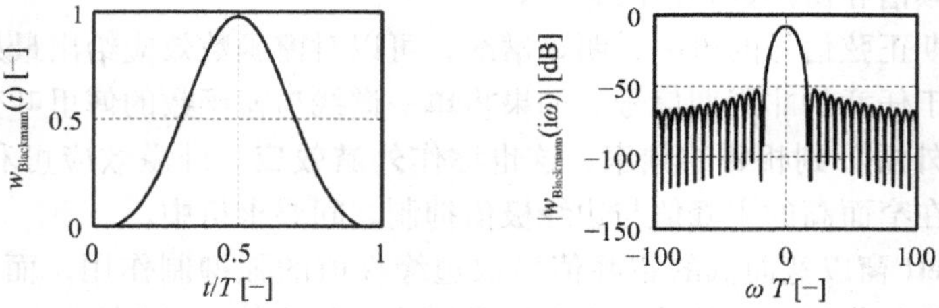


$$w_{Blackmann}(t)=\begin{cases}0.42-0.5\cos(2\pi\frac{t}{T})+0.08\cos(4\pi\frac{t}{T}), & 0\leqslant t\leqslant T\\ 0, & \text{其他}\end{cases}$$

### 3.1.5 短时傅里叶变换

在本章开始介绍的傅里叶变换具有无限长的时间标尺，然而在比如时变系统辨识或故障诊断的应用中，需要知道频率成分是如何随着时间变化的。为此引入**短时傅里叶变换**（STFT）作为分析工具，以适应时频联合分析的特殊需求。下面将介绍 STFT，读者也可参考文献（Qian and Chen，1996）

式（2.1.9）定义的傅里叶变换

$$\mathfrak{F}\{x(t)\} = x(\mathrm{i}\omega) = \int_{-\infty}^{\infty} x(t)\mathrm{e}^{-\mathrm{i}\omega t}\mathrm{d}t \tag{3.1.32}$$

又可写成采样值之和的形式。求和运算在有限区间上进行，并忽略采样时间 $T_0$，则有

$$x(\mathrm{i}\omega) = \sum_{k=0}^{N-1} x(kT_0)\mathrm{e}^{-\mathrm{i}\omega kT_0} \tag{3.1.33}$$

现在，引入时间平移参数 $\tau$ 和窗函数，则 STFT 的计算公式写成

$$x(\omega,\tau) = \sum_{k=0}^{R-1} x((k-\tau)T_0)w(k)\mathrm{e}^{-\mathrm{i}\omega kT_0} \tag{3.1.34}$$

或

$$x(\omega,\tau) = \sum_{k=0}^{R-1} x(kT_0)w(k+\tau)\mathrm{e}^{-\mathrm{i}\omega kT_0} \tag{3.1.35}$$

为了看到信号随着时间变化的情况，将信号划分成小块，对每块数据分别利用式（3.1.34）或式（3.1.35）定义的 STFT 进行计算，见图 3.5。因此，STFT 依赖于时间和频率。

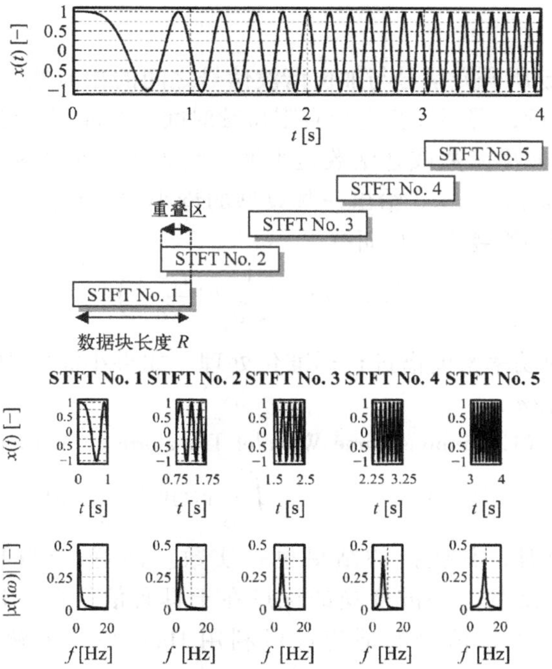


图 3.5 STFT 的应用：对始于 $f=0$ Hz 和 $t=0$ s、止于 $f=10$ Hz 和 $t=4$ s 的线性调频信号，利用存在重叠区的数据块计算的 5 组傅里叶变换

STFT 的二维图称作**谱图**，算法的调节参数为**数据块长度** $R$ 和**数据重叠区**。数据块长度 $R$ 长的频率分辨率高，而时域分辨率会粗些，这种谱称作**窄带谱图**。相反地，数据块长度 $R$ 短的时间分辨率高，这时称作**宽带谱图**。数据块之间的互相重叠使得可以利用较长的数据块，从而增加频域分辨率，而且还能较早地检测出频谱的变化。

时变信号的谱图如图 3.6 所示，图中显示的是线性调频信号的 STFT。

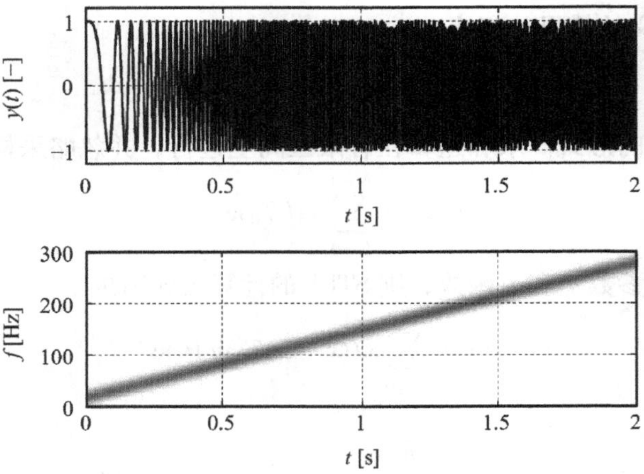


图 3.6 始于 $f=0$ Hz 和 $t=0$ s、止于 $f=300$ Hz 和 $t=2$ s 的线性调频信号的谱图

## 3.2 小波变换

利用 STFT 可以确定所研究信号与加窗谐波信号之间的相似性。为了获得具有尖峰瞬态变化短时信号的更佳逼近，需要计算它与有限持续时间短时**原型函数**之间的相似性。这种具有某些衰减振荡特性的原型函数或基函数是**小波**，它源于母小波 $\Psi(t)$，见文献（Qian and Chen，1996；Best，2000）。表 3.3 给出一些典型的母小波，它们利用因子 $a$ 实现**时间比例扩张**，利用 $\tau$ 实现**时间平移变换**，从而有

$$\Psi^*(t,a,\tau)=\frac{1}{\sqrt{a}}\Psi\Big(\frac{t-\tau}{a}\Big) \tag{3.2.1}$$

引入因子 $1/\sqrt{a}$ 是为了对功率密度谱进行标准化处理。如果小波的中心频率为 $\omega_0$，利用 $t/a$ 可将中心频率扩张为 $\omega_0/a$。

连续时间小波变换（Continuous-time Wavelet Transform，CWT）可写成

$$\mathrm{CWT}(y,a,\tau)=\frac{1}{\sqrt{a}}\int_{-\infty}^{\infty}y(t)\Psi\Big(\frac{t-\tau}{a}\Big)\mathrm{d}t \tag{3.2.2}$$

当 $y(t)$ 和 $\Psi(t)$ 为实数时，其变换的结果也是实数。注意，STFT 通常是复值函数。表 3.3 给出一些样本小波函数。小波变换的优点在于具有信号适应性的基函数，而且具有较好的时频分辨率。例如，信号的适应性可利用 Haar 小波来解释，它不会产生 Gibbs 现象。

**表 3.3 典型的小波函数**

名称、形状和方程

Haar 小波

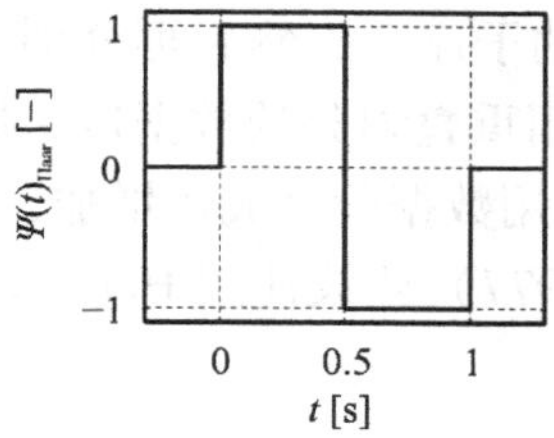


$$\Psi_{\text{Haar}}(t)=\begin{cases}1,0\leqslant t\leqslant 0.5\\-1,0.5<t\leqslant 1\\0,\text{其他}\end{cases}$$

Mexican Hat 小波

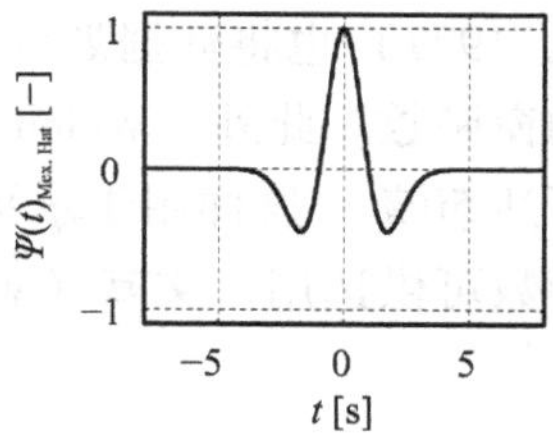


$$\Psi_{\text{Mexican Hat}}(t)=(1-t^2)\mathrm{e}^{-\frac{t^2}{2}}$$

单周期正弦小波

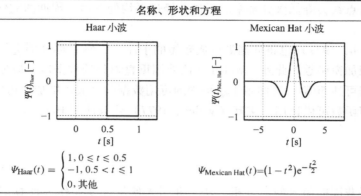

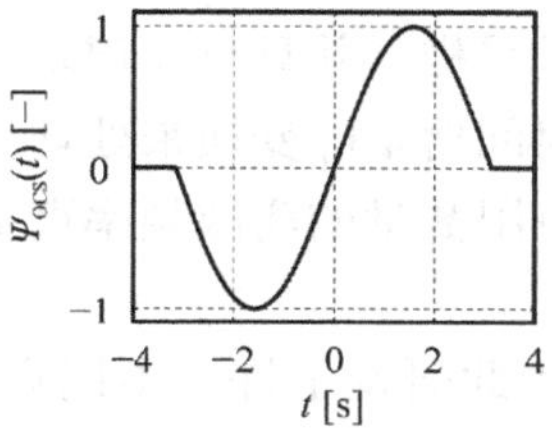


$$\Psi_{\text{OCS}}(t)=\begin{cases}\sin(t),|t|\leqslant\pi\\0,\text{其他}\end{cases}$$

小波函数相当于某种带通滤波器，例如利用比例因子可以降低中心频率，也能减小带宽，而 STFT 的带宽是不会变化的。

## 3.3 周期图

周期图通常也是一种用于计算信号谱的工具，它定义为

$$\hat{S}_{\text{xx}}(\mathrm{i}\omega)=\frac{1}{N}|x(\mathrm{i}\omega)|^2=\frac{1}{N}x(\mathrm{i}\omega)x^*(\mathrm{i}\omega)=\frac{1}{N}\sum_{\nu=0}^{N-1}\sum_{\mu=0}^{N-1}x(\nu)x(\mu)\mathrm{e}^{-\mathrm{i}\omega(\nu+\mu)T_0} \tag{3.3.1}$$

这种估计的期望值可写成（如见文献 Kammeyer and Kroschel，2009）

$$\mathrm{E}\{\hat{S}_{\text{xx}}(\mathrm{i}\omega)\}=\sum_{\nu=-(N-1)}^{N-1}w_{\text{Bartlett}}(\nu)R_{\text{xx}}(\nu)\mathrm{e}^{-\mathrm{i}\omega\nu T_0} \tag{3.3.2}$$

式中，$R_{xx}(v)$是信号 $x(t)$的自相关函数。可见，谱估计是真实功率谱密度 $S_{xx}(\mathrm{i}\omega)$与 Bartlett 窗函数傅里叶变换的卷积。由此可知，周期图只在频率点 $\omega_n$ 处是渐近无偏的，它不是一致估计，因为其方差在 $k\to\infty$ 时不趋于零（Verhaegen and Verdult，2007；Heij et al，2007）。由于周期图的这个性质不理想，因此它本身不能直接应用，需要进行某些改进。

Bartlett 提出先将测量数据划分成若干数据集，然后分别计算每个数据集的周期图，最后对所求得的个体周期图取平均（如见文献 Proakis and Manolakis，2007）。可以证明，如果计算得到 $M$ 个个体周期图，平均后的周期图方差将明显减小，达到 $1/M$ 倍。期望值仍然由

式（3.3.2）给出。因此对有限数量的数据点来说估计还是有偏的。此外，减少计算每个个体周期图的数据点数会降低谱分辨率。不过，经过平均处理后，周期图的估计是均方意义下一致的。

文献（Welch，1977）也将数据划分成较短的子序列，然后再分别进行处理，不过在处理之前对子序列加窗函数。此外，Welch 建议使用重叠划分的数据段，以便构成更多的数据段。重叠的数据可达 50%，这样用于求平均的可用数据段会成倍增加，可使方差减小 50%。有许多不同的窗函数可供选用，文献（Welch，1977）建议使用 Hann 窗。

## 3.4 小结

本章介绍了非周期信号的谱分析方法，并引入傅里叶变换作为计算信号频率成分的工具。虽然傅里叶变换可应用于连续时间信号，并且具有无限时间和无限频率支集，但是在实验应用中所处理的信号通常要经过采样，并且只能记录有限测量时间的数据。

时域中的采样数据可用离散时间傅里叶变换来处理。研究表明，通过时域采样，信号频谱将变为周期的。另外，只能在有限数量的离散频率点上计算频谱，这导致需要采用离散傅里叶变换。

由于 DFT 的计算量非常大，因此研发了许多不同算法，它们可以更快地计算傅里叶变换，称这些算法为快速傅里叶变换。其主要思想是，将原始的数据序列拆分成许多较短的子序列，对这些子序列分别进行变换，然后再适当重组。本章还论述了如何正确理解 FFT 算法的输出。

由于 DFT/FFT 是在有限时间区间上对信号进行计算的，因此频谱可能会受到所谓的泄漏效应或外溢效应的影响，这可以通过时间信号乘以窗函数来缓解。在加窗的操作中，良好的边缘极值抑制作用与窄而高的主峰值之间需要一个折中。

为了分析谱性质随时间的变化情况，发展了时频联合描述方法。本章以两种方法为例，介绍了短时傅里叶变换和小波变换。

引入周期图作为信号功率谱的估计，并已证明这种估计只是渐近无偏的，而且其方差在 $N\to\infty$ 时不趋于零。Bartlett 和 Welsh 提出了一些改进的方法，在测量信号的不同区间上分别计算多个周期图，再求平均，可以避免这一不足。

## 习题

3.1 傅里叶变换

解析信号的傅里叶变换是如何定义的？计算如下锯齿波信号的傅里叶变换。

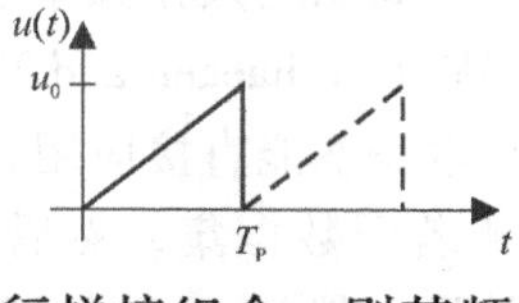


如果将 2、3、…个锯齿脉冲进行拼接组合，则其频谱会发生什么变化？对于无穷多个锯齿脉冲进行拼接组合，必须采用什么样的频谱计算规则？对最终获得的谱有什么影响？

3.2　快速傅里叶变换

利用数值软件包中的 FFT 算法，计算时间信号 $x(t) = \sin(2\pi t)$ 的傅里叶变换，并与预期的理论结果进行比较，以此理解 FFT 的标度和频率分辨率的含义。

3.3　快速傅里叶变换 I

用自己的语言描述快速傅里叶变换所涉及的算法。

3.4　快速傅里叶变换 II

如果测量的数据点数量是固定的，如何提高频域中的分辨率？

3.5　加窗 I

描述加窗的作用。在加窗中通常需要对什么进行折中？试给出更多的窗函数。

3.6　加窗 II

如果周期信号在整数周期上进行采样，为什么利用 DFT 计算得到的谱是非伪的？

3.7　短时傅里叶变换

生成一个线性调频信号，并利用短时傅里叶变换分析它，同时对数据重叠和数据块长度 $R$ 的选择加以说明。

3.8　短时傅里叶变换和小波变换

小波变换与短时傅里叶变换之间的区别是什么？

3.9　周期图

如何定义周期图？周期图应用的关键是什么？

## 参考文献


Best R(2000) Wavelets: Eine praxisorientierte Einführung mit Beispielen: Teile 2 & 8. Tech Mess 67(4 & 11):182 – 187; 491 – 505

Bluestein L(1970) A linear filtering approach to the computation of discrete Fourier transform. IEEE Trans AudioElectroacoust 18(4):451 – 455

Brigham EO(1988) The fast Fourier transform and its applications. Prentice-Hall Signal Processing Series, Prentice Hall, Englewood Cliffs, NJ

Bruun G(1978) z-transform DFT filters and FFTs. IEEE Trans Acoust Speech Signal Process 26(1):56 – 63

Chu E, George A(2000) Inside the FFT black box: Serial and parallel fast Fourier transform algorithms. Computational mathematics series, CRC Press, Boca Raton, FL

Cooley JW, Tukey JW(1965) An algorithm for the machine calculation of complex Fourier series. Math Comput 19(90):297 – 301

Frigo M, Johnson SG(2005) The design and implementation of FFTW3. Proc IEEE 93(2):216 – 231

Gentleman WM, Sande G(1966) Fast Fourier Transforms: for fun and profit. In: AFIPS '66 (Fall): Proceedings of the fall joint computer conference, San Francisco, CA, pp 563 – 578

Gibbs JW(1899) Fourier series. Nature 59:606

Goertzel G(1958) An algorithm for the evaluation of finite trigonometric series. Am Math Mon 65(1):34 – 35

Hamming RW(2007)Digital filters,3rd edn. Dover books on engineering,Dover Publications, Mineola,NY

Harris FJ(1978)On the use of windows for harmonic analysis with the discrete Fourier transform. Proceedings of the IEEE 66(1):51 -83

Heij C,Ran A,Schagen F(2007)Introduction to mathematical systems theory:linear systems, identification and control. Birkhäuser Verlag,Basel

Isermann R(1991)Digital control systems,2nd edn. Springer,Berlin

Kammeyer KD, Kroschel K(2009)Digitale Signalverarbeitung:Filterung und Spektralanalyse mit MATLAB-Übungen,7th edn. Teubner,Wiesbaden

Poularikas AD(1999)The handbook of formulas and tables for signal processing. The Electrical Engineering Handbook Series,CRC Press,Boca Raton,FL

Press WH,Teukolsky SA,Vetterling WT,Flannery BP(2007)Numerical recipes:The art of scientific computing,3rd edn. Cambridge University Press,Cambridge,UK

Proakis JG,Manolakis DG(2007)Digital signal processing,4th edn. Pearson Prentice Hall,Upper Saddle River,NJ

Qian S,Chen D(1996)Joint-time frequency analysis:Methods and applications. PTR Prentice Hall,Upper Saddle River,NJ

Rader CM(1968)Discrete Fourier transforms when the number of data samples is prime. Proc IEEE 56(6):1107 -1108

Schoukens J,Vandersteen G,Barbé K,Pintelon R(2009)Nonparametric preprocessing in system identification:A powerful tool. In:Proceedings of the European Control Conference 2009 - ECC 09,Budapest,Hungary,pp 1 -14

Sorensen H,Heideman M,Burrus C(1986)On computing the split-radix FFT. Speech Signal Proc Acoust 34(1):152 -156

Stearns SD(2003)Digital signal processing with examples in MATLAB. CRC Press,Boca Raton,FL

Verhaegen M,Verdult V(2007)Filtering and system identification:A least squares approach. Cambridge University Press,Cambridge

Welch P(1977)On the variance of time and frequency averages over modifiedperiodograms. In:Acoustics,Speech,and Signal Processing,IEEE International Conference on ICASSP '77,vol 2, pp 58 -62

# 第 4 章
# 利用非周期信号测量频率响应

利用非周期测试信号的傅里叶分析可以用来确定线性过程的非参数频率响应函数，先将输入信号和输出信号变换到频域，然后利用两者的对应频率点相除来确定传递函数。

## 4.1 基本方程

利用非周期测试信号，根据如下关系，可以确定非参数形式的**频率响应函数**

$$G(\mathrm{i}\omega)=\frac{y(\mathrm{i}\omega)}{u(\mathrm{i}\omega)}=\frac{\mathfrak{F}\{y(t)\}}{\mathfrak{F}\{u(t)\}}=\frac{\int_0^\infty y(t)\mathrm{e}^{-\mathrm{i}\omega t}\mathrm{d}t}{\int_0^\infty u(t)\mathrm{e}^{-\mathrm{i}\omega t}\mathrm{d}t} \tag{4.1.1}$$

式中，积分可进一步拆分成实部和虚部

$$y(\mathrm{i}\omega)=\lim_{T\to\infty}\left(\int_0^T y(t)\cos\omega t\,\mathrm{d}t-\mathrm{i}\int_0^T y(t)\sin\omega t\,\mathrm{d}t\right) \tag{4.1.2}$$

利用式（4.1.1）确定频率响应时，要用到输入和输出的傅里叶变换，即这两个信号（通常带有噪声）都需要进行**傅里叶变换**。由于许多典型测试信号的傅里叶变换是不收敛的，如阶跃函数或斜坡函数，因此通常要采用极限 $s\to\mathrm{i}\omega$ 下的拉普拉斯变换，而不用式（4.1.1）中的傅里叶变换。例如，对于阶跃响应和斜坡响应，利用$\lim_{s\to\mathrm{i}\omega}u(s)\,(\omega\neq 0)$，可获得类似于傅里叶变换的结果，见第 4.2.3 节。为此，如果傅里叶变换不收敛，就需要使用极限 $s\to\mathrm{i}\omega$ 下拉普拉斯变换的比值，而不用式（4.1.1）所示的比值，写成

$$G(\mathrm{i}\omega)=\lim_{s\to\mathrm{i}\omega}\frac{y(s)}{u(s)}=\lim_{s\to\mathrm{i}\omega}\frac{\int_0^\infty y(t)\mathrm{e}^{-st}\mathrm{d}t}{\int_0^\infty u(t)\mathrm{e}^{-st}\mathrm{d}t}=\frac{y(\mathrm{i}\omega)}{u(\mathrm{i}\omega)} \tag{4.1.3}$$

式中，积分可进一步拆分成实部和虚部

$$y(\mathrm{i}\omega)=\lim_{\substack{\delta\to 0\\ T\to\infty}}\left(\int_0^T y(t)\mathrm{e}^{-\delta t}\cos\omega t\,\mathrm{d}t-\mathrm{i}\int_0^T y(t)\mathrm{e}^{-\delta t}\sin\omega t\,\mathrm{d}t\right) \tag{4.1.4}$$

相应地，也可写出变换 $u(\mathrm{i}\omega)$。

就信号而言，需要使用小幅值信号，也就是信号与其稳态值的偏差。若分别用 $U(t)$ 和 $Y(t)$ 表示大幅值信号，用 $U_{00}$ 和 $Y_{00}$ 表示测量之前获得的相应稳态值，则小幅值信号可写成

$$y(t)=Y(t)-Y_{00} \tag{4.1.5}$$

$$u(t)=U(t)-U_{00} \tag{4.1.6}$$

为了简化信号的产生过程及随后对辨识结果的评价，通常选择那些形状简单的测试信号，图 4.1 给出了一些测试信号的实例。对于这些简单的信号，其傅里叶变换可事先确定，见第

4.2 节。利用这些简单的变换解析表达式，可以针对当前辨识任务和所研究对象等要求实现测试信号的优化。此外，这时仅需要确定输出 $y(t)$ 的傅里叶变换即可（Isermann，1967，1982）。

利用非参数测试信号激励确定的频率响应函数通常用于快速获取最初始的系统模型，然后以它为指导设计随后实施的、更耗时的实验，以便获得最终的系统模型。这种方法经常用于机械结构分析，如物体受到某种特殊的锤击，且其结构不同部位的加速度已测量得到。因为脉冲的傅里叶变换就是脉冲的幅度，或者说是锤击时的作用力，所以这种输入信号完全不需要进行傅里叶变换。

## 4.2 非周期信号的傅里叶变换

为了能利用式（4.1.3）确定频率响应，并能降低感兴趣频带内的噪声影响，各种测试信号的傅里叶变换和幅值密度需要已知，并能用解析式表达。因此，本节将讨论图 4.1 所示测试信号的傅里叶变换，并分析它们的幅值密度（Bux and Isermann，1967）。为了简化符号，脉冲宽度 $T_P$ 用 $T$ 替代。

### 4.2.1 简单脉冲

首先，本节将分析图 4.1a ~ 4.1d 所示的测试信号。它们的共同特点是信号幅值总为正

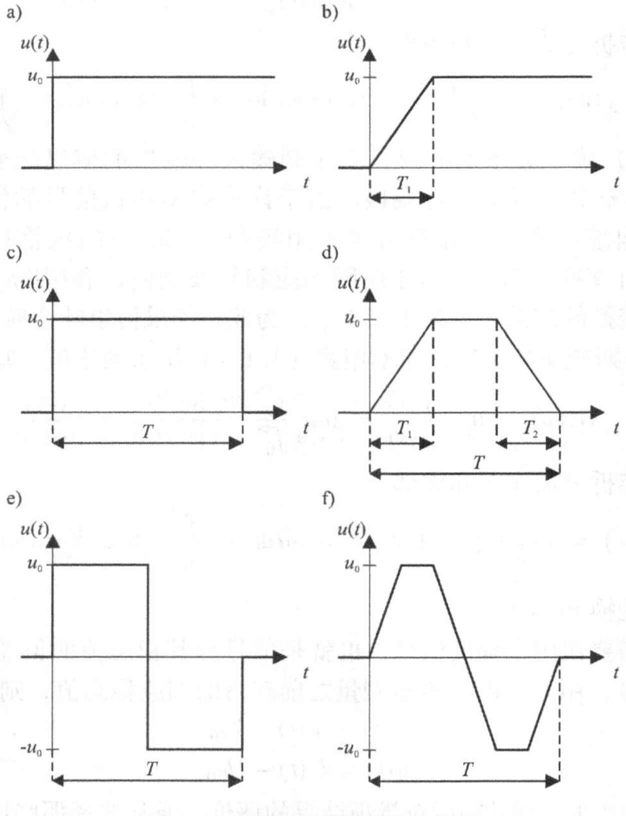


图 4.1 简单的非周期测试信号

a）阶跃函数 b）斜坡函数 c）矩形脉冲 d）梯形脉冲 e）双矩形脉冲 f）双梯形脉冲

值。它们的最大缺点是不适合用于具有积分作用的系统，因为当测试信号结束时，积分器不会归零。这个问题将在下面的小节中进一步讨论。

**梯形脉冲**

对于 $T_2=T_1$ 的情况，其傅里叶变换的确定过程为：将信号拆分成三段（斜坡、常值、斜坡），分别进行傅里叶变换，然后将结果叠加在一起，利用式（4.1.4）可获得

$$u_{\mathrm{tr}}(\mathrm{i}\omega)=u_0(T-T_1)\left(\frac{\sin\frac{\omega T_1}{2}}{\frac{\omega T_1}{2}}\right)\left(\frac{\sin\frac{\omega(T-T_1)}{2}}{\frac{\omega(T-T_1)}{2}}\right)\mathrm{e}^{-\mathrm{i}\frac{\omega T}{2}} \tag{4.2.1}$$

**矩形脉冲**

根据式（4.2.1），考虑取极限 $T_1\to 0$，可以很容易地确定矩形脉冲的傅里叶变换

$$u_{\mathrm{sq}}(\mathrm{i}\omega)=u_0T\left(\frac{\sin\frac{\omega T}{2}}{\frac{\omega T}{2}}\right)\mathrm{e}^{-\mathrm{i}\frac{\omega T}{2}} \tag{4.2.2}$$

文献（Pintelon and Schoukens，2001）建议矩形脉冲的宽度 $T$ 取

$$T=\frac{1}{2.5f_{\max}} \tag{4.2.3}$$

式中，$f_{\max}$为待辨识的感兴趣的最高频率。

**三角脉冲**

根据式（4.2.1），取 $T_1=T_2=T/2$，即可获得三角脉冲的傅里叶变换

$$u_{\mathrm{tri}}(\mathrm{i}\omega)=u_0\frac{T}{2}\left(\frac{\sin\frac{\omega T}{4}}{\frac{\omega T}{4}}\right)^2\mathrm{e}^{-\mathrm{i}\frac{\omega T}{2}} \tag{4.2.4}$$

**无量纲表示**

为了便于比较不同测试信号的傅里叶变换，引入相对量（带 * 号）

$$u^*(t)=\frac{u(t)}{u_0} \tag{4.2.5}$$

$$t^*=\frac{t}{T} \tag{4.2.6}$$

$$\omega^*=\frac{\omega T}{2\pi} \tag{4.2.7}$$

此外，利用矩形脉冲傅里叶变换的可能最大幅值

$$u_{\mathrm{sq}}(\mathrm{i}\omega)|_{\omega=0}=\int_0^T u_0\mathrm{d}t=u_0T \tag{4.2.8}$$

对其他测试信号的傅里叶变换进行归一化处理。通过使用相对量，使得那些形状类似但幅值 $u_0$ 和脉宽 $T$ 不同的测试信号具有相同的幅值密度 $|u^*(\mathrm{i}\omega^*)|$ 和相位 $\angle u^*(\mathrm{i}\omega^*)$。这样，傅里叶变换只取决于脉冲形状。对于上面给出的三种脉冲形状的信号，可分别获得

$$u_{\mathrm{tr}}^*(\mathrm{i}\omega^*)=(T^*-T_1^*)\left(\frac{\sin\pi\omega^*T_1^*}{\pi\omega^*T_1^*}\right)\left(\frac{\sin\pi\omega^*(T^*-T_1^*)}{\pi\omega^*(T^*-T_1^*)}\right)\mathrm{e}^{-\mathrm{i}\pi\omega^*} \tag{4.2.9}$$

$$u_{\mathrm{sq}}^*(\mathrm{i}\omega^*)=\left(\frac{\sin\pi\omega^*}{\pi\omega^*}\right)\mathrm{e}^{-\mathrm{i}\pi\omega^*} \tag{4.2.10}$$

$$u_{\mathrm{tri}}^*(\mathrm{i}\omega^*)=\frac{1}{2}\left(\frac{\sin\frac{\pi\omega^*}{2}}{\frac{\pi\omega^*}{2}}\right)^2\mathrm{e}^{-\mathrm{i}\pi\omega^*} \tag{4.2.11}$$

图 4.2 给出了幅值密度随着相对角频率变化的函数曲线。每条幅值密度曲线在 $\omega^*=0$ 处取得最大值，其大小为脉冲作用下的面积。随着频率的增加，脉冲的幅值密度将逐渐减小，直至首次到达零值点。首次零值点之后将会出现其他的零值点和幅值密度的中间局部最大值。三种典型的测试信号幅值密度的零值点分别为

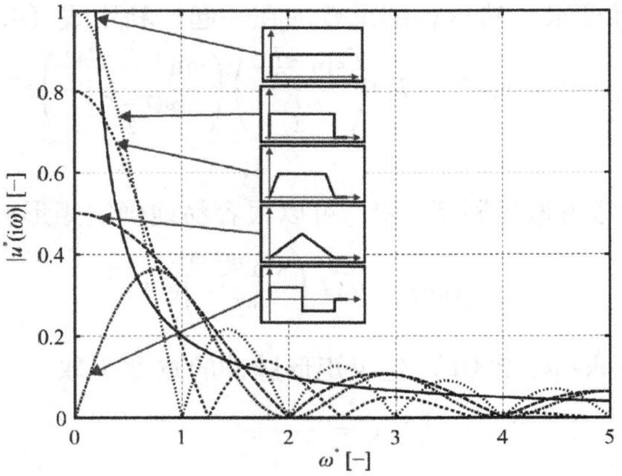


图 4.2 各种非周期测试信号的相对幅值密度

- $\omega_1=2\pi n/T_1$ 或 $\omega_1^*=n/T_1^*$ ⇒梯形脉冲的第一组零值点。
- $\omega_2=2\pi n/(T-T_1)$ 或 $\omega_2^*=n/(T^*-T_1^*)$ ⇒梯形脉冲的第二组零值点。
- $\omega=2\pi n/T$ 或 $\omega^*=n$ ⇒矩形脉冲的唯一一组零值点。
- $\omega=4\pi n/T$ 或 $\omega^*=2n$ ⇒三角脉冲的唯一一组零值点。

其中，$n=1, 2, \cdots$。梯形脉冲和矩形脉冲具有单值零值点，三角脉冲具有双值零值点。前一种情况的幅值密度曲线与 $\omega$ 轴相交，后一种情况的幅值密度曲线与 $\omega$ 轴相切。

**脉宽变化**

如果增加脉冲持续时间 $T$，则低频率处的幅值密度随之增加，因为脉冲曲线下的面积增加，见图 4.3。同时，因为零值点向较低频率移动，所以在较高频率处幅值密度曲线的衰减速度加快。通过构造包络线，可以显示出在任何已知角频率 $\omega$ 处取得的可能最大幅值。矩形脉冲的包络线为

$$|u_{sq}^*(i\omega^*)|_{max}=\frac{1}{\pi\omega^*}=\frac{0.3183}{\omega^*} \tag{4.2.12}$$

三角脉冲的包络线为

$$|u_{tri}^*(i\omega^*)|_{max}=\frac{0.2302}{\omega^*} \tag{4.2.13}$$

根据梯形测试信号的不同形状，可以获得不同的包络线。这些包络线介于矩形脉冲包络线和三角脉冲包络线之间。与其他所有具有相同最大幅值 $u_0$ 的单边脉冲相比，矩形脉冲在低频率处获得最大幅值，其原因为

- 在低频段，利用脉冲曲线下的面积可以确定幅值的大小。对于任何给定的脉宽 $T$，矩形脉冲具有可能的最大面积。
- 对于中频段，利用包络线可以确定幅值密度。矩形脉冲具有最高的包络线，因此它在 $\omega^*=1/2$ 处取得最大的幅值密度。从图 4.2 中可以看到，在低频到中频的整个范围内

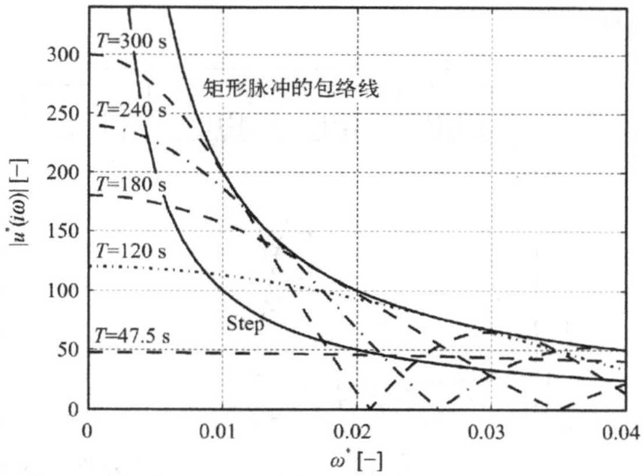


图 4.3　具有不同脉宽 $T$ 的矩形脉冲幅值密度

（即 $0 \leqslant \omega^* \leqslant 1/2$），矩形脉冲都具有最大的幅值密度。

- 对于高频段，在第 2、第 3 等极值点左右的特定区域内，矩形脉冲仍具有最大的幅值密度。然而，由于其激励太小的原因，对于大多数应用来说，该幅值密度没有任何意义。

## 4.2.2　双脉冲

**点对称矩形脉冲**

下面介绍幅值为 $u_0$、脉宽为 $T$ 的双矩形脉冲，如图 4.1e 所示。这种信号的傅里叶变换为

$$u(\mathrm{i}\omega) = u_0 T \left( \frac{\sin^2 \frac{\omega T}{4}}{\frac{\omega T}{4}} \right) \mathrm{e}^{-\mathrm{i} \frac{\omega T - \pi}{2}} \tag{4.2.14}$$

用相对量表示的傅里叶变换为

$$u^*(\mathrm{i}\omega^*) = \left( \frac{\sin^2 \frac{\pi\omega^*}{2}}{\frac{\pi\omega^*}{2}} \right) \mathrm{e}^{-\mathrm{i}\pi \frac{2\omega^* - 1}{2}} \tag{4.2.15}$$

零值点为

$$\omega = \frac{4\pi}{T} n \text{ 或 } \omega^* = 2n,\ n = 0, 1, 2, \cdots . \tag{4.2.16}$$

除了 $n=0$ 外，所有的零值点都是双值的。因此，在 $n=1$，2，…时，幅值密度曲线与 $\omega^*$ 轴相切。与单矩形脉冲不同，在 $\omega^*=0$ 处，其幅值密度为零，并在有限的频率处取得最大值

$$|u^*(\mathrm{i}\omega^*)|_{\max} = 0.362, \omega^* = 0.762 \tag{4.2.17}$$

也见图 4.2。

**轴对称矩形脉冲**

轴对称双矩形脉冲的傅里叶变换为

$$u(\mathrm{i}\omega) = u_0 T \frac{\sin \frac{\omega T}{2}}{\frac{\omega T}{2}} 2 \cos \omega T \tag{4.2.18}$$

图 4.4 表明（对于时间平移双脉冲），在 $\omega^*=0$ 和 $\omega^*=0.5$ 处的幅值密度是单矩形脉冲的 2 倍。感兴趣的频率区间 $\omega_1^* \leqslant \omega^* \leqslant \omega_2^*$ 相当小。在感兴趣的频率范围之外，其幅值密度小于单矩形脉冲的幅值密度。两个矩形脉冲相拼接会使 $\omega^*=0.5$ 及其所有倍频（即 $\omega^*=1.5$，$\omega^*=2.5$ 等）附近区域的激励幅度有所增加，这是以中低频段的衰减以及除了整数倍频外

所有高频段的衰减为代价的。

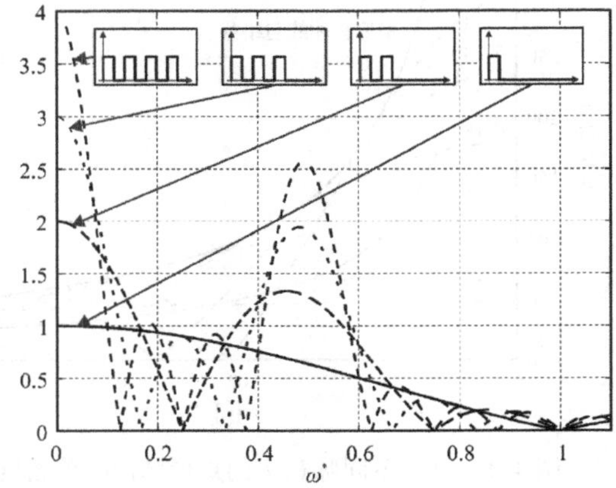


图 4.4 具有不同矩形数的矩形脉冲幅值谱

如果相拼接的不仅仅是两个矩形脉冲，而是更多的以 $2T$ 为持续时间的矩形脉冲，则在 $\omega^*=0.5$（和 $\omega^*=0$）附近范围的幅值密度增长更快。同时，频率为 $\omega_1^*\leqslant\omega^*\leqslant\omega_2^*$ 的区间会变得更窄。在无穷多个矩形脉冲相拼接的极限情况下，傅里叶变换将演变为在 $\omega^*=0.5$（和 $\omega^*=0$，$\omega^*=1.5$，$\omega^*=2.5$ 等）的 $\delta$ 脉冲。

### 4.2.3 阶跃函数和斜坡函数

阶跃函数和斜坡函数不满足收敛准则式（2.1.11），因此不能利用式（2.1.9）或式（4.1.4）直接确定其傅里叶变换。然而还是有其他方法可以用来确定其频域描述的。

根据拉普拉斯变换，通过取极限 $s\to i\omega$，以严格的正规方式获得的傅里叶变换为

$$u_{\mathrm{st}}(\mathrm{i}\omega)=\lim_{s\to\mathrm{i}\omega}\mathfrak{L}\{u_{\mathrm{st}}(t)\}=\lim_{s\to\mathrm{i}\omega}\frac{u_0}{s}=\frac{u_0}{\mathrm{i}\omega}=\frac{u_0}{\omega}\mathrm{e}^{-\mathrm{i}\frac{\pi}{2}}$$

根据前面定义的相对量，上式可重写为

$$u_{\mathrm{st}}^*(\mathrm{i}\omega)=\frac{1}{2\pi\omega^*}\mathrm{e}^{-\frac{\pi}{2}} \tag{4.2.19}$$

类似地，可以获得斜坡函数的傅里叶变换。对于上升时间为 $T_1$ 的斜坡信号，见图 4.1b，其傅里叶变换为

$$u_{\mathrm{r}}(\mathrm{i}\omega)=\lim_{s\to\mathrm{i}\omega}\mathfrak{L}\{u_{\mathrm{r}}(t)\}=\lim_{s\to\mathrm{i}\omega}\frac{u_0}{T_1s^2}(1-\mathrm{e}^{-T_1s})=\frac{u_0}{\omega}\left(\frac{\sin\frac{\omega T_1}{2}}{\frac{\omega T_1}{2}}\right) \tag{4.2.20}$$

或者

$$u_{\mathrm{r}}^*(\mathrm{i}\omega^*)=\frac{1}{2\pi\omega^*}\left(\frac{\sin\pi\omega^*T_1^*}{\pi\omega^*T_1^*}\right)\exp\left(\frac{\pi}{2}-\pi\omega^*\right) \tag{4.2.21}$$

阶跃函数的幅值密度为

$$|u_{\mathrm{st}}(\mathrm{i}\omega)|=\frac{u_0}{\omega}\text{ 或 }|u_{\mathrm{st}}^*(\mathrm{i}\omega^*)|=\frac{1}{2\pi\omega^*},\ \omega\neq0,\ \omega^*\neq0 \tag{4.2.22}$$

该式为双曲线函数。由于不存在零值点，因此在 $0<\omega<\infty$ 范围内的所有频率都可被激励。图 4.3 和式（4.2.12）表明，阶跃函数的幅值密度总是矩形脉冲幅值谱包络线的一半那么高。阶跃函数的幅值密度与任何矩形脉冲的幅值密度在如下频率处是相等的

$$\omega_{sr} = \frac{\pi}{3T} \text{ 或 } \omega_{sr}^* = \frac{1}{6} = 0.1667 \tag{4.2.23}$$

在 $0 < \omega < \omega_{sr}$ 的低频范围内，阶跃函数具有比矩形脉冲更大的幅值密度，因此在所有幅值为 $u_0$ 的非周期测试信号中，阶跃函数具有最大的幅值密度。

斜坡函数的幅值密度小于阶跃函数的幅值密度，它们的比例因子为

$$\kappa = \frac{|u_r(i\omega)|}{|u_{st}(i\omega)|} = \frac{\sin\frac{\omega T_1}{2}}{\frac{\omega T_1}{2}} \tag{4.2.24}$$

该因子的函数曲线与矩形脉冲幅值密度函数的形状一样。斜坡函数幅值密度的零值点位于 $\omega = 2\pi n/T_1$，$n = 1$，2，…，这点与阶跃函数没有零值点的情况不同。随着斜坡上升时间 $T_1$ 的逐渐减小，也就是信号边缘变得越来越陡，第一个零值点会逐渐向着较高频率迁移。这表明所有的测试信号都具有一般的特性：**信号边缘越陡，高频激励越强**。

在许多情况下，是否能用上升时间为 $T_1$ 的逐段斜坡信号来替代阶跃函数，式（4.2.25）中的因子 $\kappa$ 可以给出这个问题的答案。如果允许低于最大角频率 $\omega_{max}$ 的范围内存在≤1%或≤5%的误差，那么因子 $\kappa$ 分别计算为 $\kappa \geqslant 0.95$ 或 $\kappa \geqslant 0.99$，从而上升时间限制为

$$T_{1,max} \leqslant \frac{1.1}{\omega_{max}} \text{ 或 } T_{1,max} \leqslant \frac{0.5}{\omega_{max}} \tag{4.2.25}$$

综上所述，通过对不同非周期测试信号的幅值密度分析表明，对于给定的测试信号幅值 $u_0$，所有可能的测试信号在下述范围内可以取得最大的幅值密度：

- 阶跃函数在低频段。
- 矩形脉冲在中高频段。

因此，根据式（4.3.6），在利用输出响应的噪扰测量数据辨识频率响应中，这些信号能提供最小的误差（Isermann，1967）。与周期测试信号相比，非周期测试信号能够同时激励 $0 \leqslant \omega < \infty$ 范围内的所有频率，但脉冲响应和斜坡响应出现的零值点除外。

## 4.3 确定频率响应

现在，分析根据式（4.1.1），也就是

$$\hat{G}(i\omega) = \frac{y(i\omega)}{u(i\omega)} = \frac{\mathfrak{F}\{y(t)\}}{\mathfrak{F}\{u(t)\}} \tag{4.3.1}$$

来确定频率响应的一些性质。这里，特别要关注噪声对输出的影响：由测试信号 $u(t)$ 激励的系统响应 $y_u(t)$ 通常会受到噪声的污染，即

$$y(t) = y_u(t) + n(t) \tag{4.3.2}$$

将上式代入式（4.3.1），有

$$\hat{G}(i\omega) = \frac{1}{u(i\omega)} \lim_{s \to i\omega} \left( \int_0^\infty y_u(t) e^{-st} dt + \int_0^\infty n(t) e^{-st} dt \right) \tag{4.3.3}$$

和

$$\hat{G}(i\omega) = G_0(i\omega) + \Delta G_n(i\omega) \tag{4.3.4}$$

因此，频率响应估计 $\hat{G}(i\omega)$ 不仅包含准确的频率响应 $G_0(i\omega)$，还包含频率响应误差 $\Delta G_n(i\omega)$，它是由噪声 $n(t)$ 激励生成的，可写成

$$\Delta G_{\mathrm{n}}(\mathrm{i}\omega) = \lim_{s\to\mathrm{i}\omega}\frac{n(s)}{u(s)} = \frac{n(\mathrm{i}\omega)}{u(\mathrm{i}\omega)} \tag{4.3.5}$$

由此，误差幅度为

$$|\Delta G_{\mathrm{n}}(\mathrm{i}\omega)| = \frac{|n(\mathrm{i}\omega)|}{|u(\mathrm{i}\omega)|} \tag{4.3.6}$$

随着 $|u(\mathrm{i}\omega)|$ 相对于 $|n(\mathrm{i}\omega)|$ 逐渐变大，频率响应误差会逐渐变小。因此，对于给定的噪声幅度 $|n(\mathrm{i}\omega)|$，应该使 $|u(\mathrm{i}\omega)|$ 尽可能大，也就是测试信号 $u(t)$ 在 $\omega$ 处的幅值密度要尽可能大。这可通过如下方式实现：

- 选择尽可能大的测试信号幅值 $u_0$。然而，$u_0$ 的选择常常受到如下因素的限制：过程本身、过程可线性化的工作范围以及执行机构的限制等，见第 1.2 节。
- 选择合适的测试信号形状，使其幅值密度集中在感兴趣的频率范围内。

下一节将继续讨论噪声的影响及频率响应估计值所具有的一些特性。

**例 4.1（频率响应函数）**

图 4.5 是利用非周期测试信号估计图 B.1 中三质量振荡器频率响应函数的例子。所用的

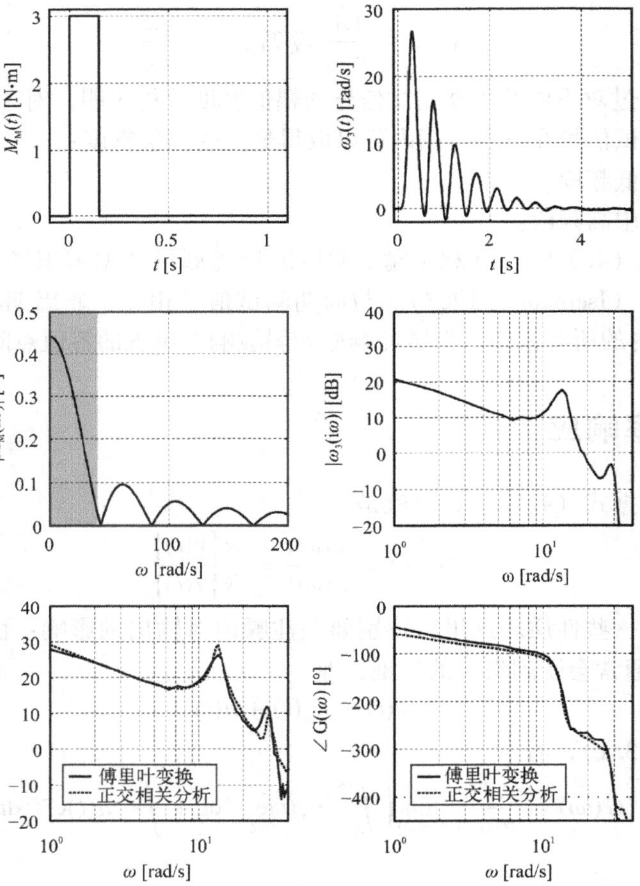


图 4.5　利用脉宽为 $T=0.15\ \mathrm{s}$ 的矩形脉冲作为测试信号测量三质量振荡器的频率响应。利用傅里叶变换得到的测量值（实线），作为参考的利用正交相关分析法得到的测量值（短划线），Bode 图的频率范围（灰色阴影区域）；输入信号是由电动机提供的转矩 $M_{\mathrm{M}}(t)$，输出信号为第三质量块的转速 $\omega_3(t)$

测试信号是宽度 $T=0.15$ s 的矩形脉冲。由图可知，在 $\omega<25$ rad/s 频段上，利用第 5.5.2 节介绍的正交相关分析法所估计的频率响应（作为参考）与利用傅里叶变换所确定的频率响应具有相当好的吻合效果。与之对比，在图 4.6 中选择三角脉冲激励，其第一个零值点与传递函数 $G$（i$\omega$）最大幅度相重合，这时只能确定 $\omega<13.5$ Hz 频段上的频率响应。 □

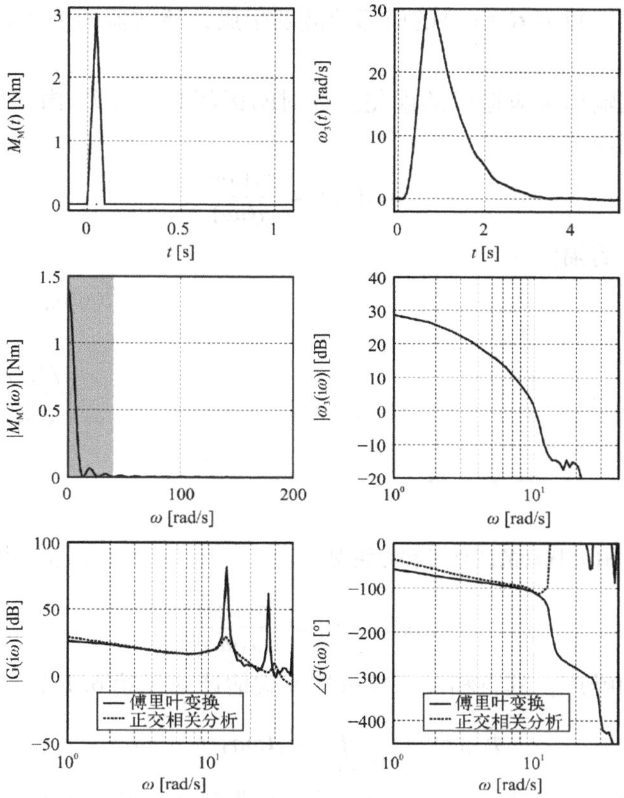


图 4.6 利用脉宽为 $T=0.09$ s 的三角脉冲作为测试信号测量三质量振荡器的频率响应。输入信号频谱的第一个零值点位于过程第一谐振频率 $\omega\approx15$ rad/s。在角频率 $\omega\approx13.5$ rad/s 及其所有整数 $k$ 倍频附近获得的估计结果误差较大。另外，对于较高频段，测试信号的激励太小。利用傅里叶变换得到的测量值（**实线**），作为参考的利用正交相关法得到的测量值（**短划线**），Bode 图的频率范围（灰色阴影区域）

## 4.4 噪声的影响

许多过程的输出信号不仅包含测试信号的响应，还会包含某些噪声，见图 1.5。噪声的产生有多方面原因，或是由作用于过程的外部扰动引起，或是由存在于过程内的内部扰动造成。正如第 1.2 节所论述的那样，噪声可分为高频伪随机扰动（见图 1.6a），低频非平稳随机扰动，如漂移（见图 1.6b）和未知特性的扰动，如异常值（见图 1.6c）。

通常情况下，如果噪声相对于测试信号**幅值比较小**，而且具有**恒均值**，才有可能如本章所述的那样，利用单一非平稳测试信号来辨识过程的模型。如果有非平稳的噪声或者有未知类型的噪声作用在系统上，那么大多数情况下，利用较短时间内记录的响应 $\boldsymbol{y}(\boldsymbol{t})$，是不可能获得任何有用的辨识结果的。因此，宁可等待一个时间周期，使得噪声均值恒定，或者采用其他能较好地处理非平稳噪声的辨识方法。

下面将讨论具有 $E\{n(t)\}=0$ 的**平稳随机噪声** $n(t)$ 对所辨识频率响应逼真度的影响。假设噪声 $n(t)$ 叠加在无扰输出 $y_u(t)$ 上，如式（4.3.2）所示，其中无扰输出是由测试信号激励的。噪声可由传递函数为 $G_n(i\omega)$ 的成形滤波器生成，滤波器的输入是功率谱密度为 $S_{v0}$ 的白噪声，见图 4.7。

下面将讨论受扰输出响应造成的误差。在时间区间 $0\leqslant t\leqslant T_E$ 内，作用在过程上的随机噪声造成的频率响应误差为

$$\Delta G_n(i\omega)=\frac{n_T(i\omega)}{u(i\omega)} \tag{4.4.1}$$

如图 4.8 所示。相应的幅值为

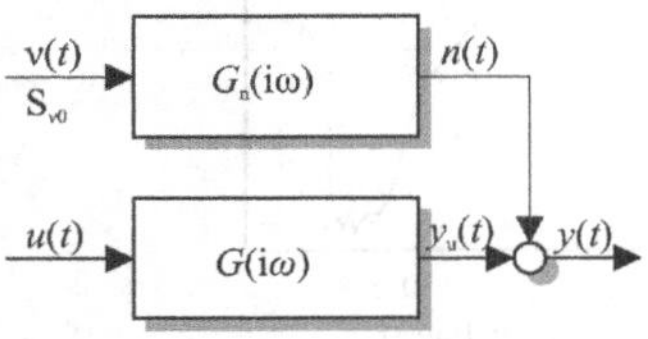

图 4.7　受随机噪声 $n(t)$ 扰动的线性过程方块图

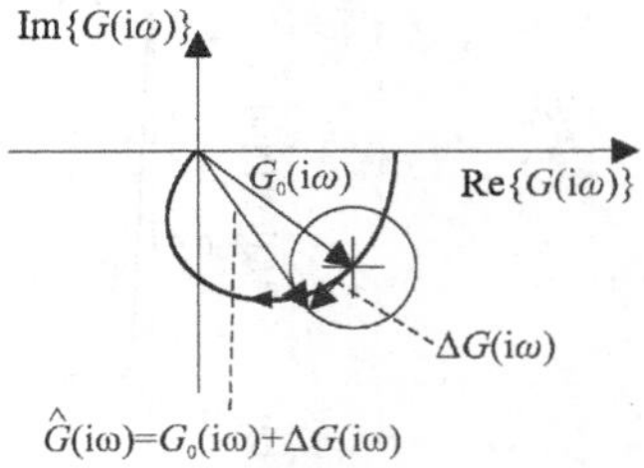

图 4.8　频率响应误差 $\Delta G_n(i\omega)$

$$|\Delta G_n(i\omega)|=\frac{|n_T(i\omega)|}{|u(i\omega)|} \tag{4.4.2}$$

对于持续时间有限的噪声，其自相关函数可按下式估计（见第 6.1 节）

$$\hat{\Phi}_{nn}(\tau)=\frac{1}{T_E}\int_0^{T_E}n_T(t)n_T(t+\tau)\mathrm{d}\tau \tag{4.4.3}$$

然后即可确定噪声的功率谱密度和相应期望值。根据噪声功率谱密度和式（4.4.2）中的输入，可以确定误差幅度的期望值为

$$E\{|\Delta G_n(i\omega)|^2\}=\frac{E\{S_{nn}(i\omega)\}}{S_{uu}(\omega)} \tag{4.4.4}$$

由于测试信号是确定性的，因此有

$$S_{uu}(\omega)=\frac{|u(i\omega)|^2}{T_E} \tag{4.4.5}$$

为了评价时间长度为 $T_E$ 的响应，频率响应相对误差的方差可写成

$$\sigma_{G1}^2=E\left\{\frac{|\Delta G_n(i\omega)|^2}{|G(i\omega)|^2}\right\}=\frac{S_{nn}(\omega)T_E}{|G(i\omega)|^2|u(i\omega)|^2} \tag{4.4.6}$$

如果要评价 $N$ 次不同的响应，则有

$$S_{uu}(\omega)=\frac{|Nu(i\omega)|^2}{NT_E}=N\frac{|u(i\omega)|^2}{T_E} \tag{4.4.7}$$

这种情况下，误差标准差为

$$\sigma_{Gn}=\frac{\sqrt{S_{nn}(\omega)T_E}}{|G(i\omega)||u(i\omega)|\sqrt{N}} \tag{4.4.8}$$

因此，频率响应误差与信噪比成反比，与所记录响应次数的平方根$\sqrt{N}$成反比。为了降低随机噪声 $n(t)$的影响，需要记录由同一测试信号激励的多次响应，并利用下式以确定平均响应

$$\bar{y}(t) = \frac{1}{N}\sum_{k=0}^{N-1} y_k(t) \tag{4.4.9}$$

特别地，在不同测试信号激励情况下，需要计算频率响应均值

$$\bar{G}(\mathrm{i}\omega) = \frac{1}{N}\sum_{k=1}^{N} G_k(\mathrm{i}\omega) = \frac{1}{N}\sum_{k=1}^{N} \mathrm{Re}\{G_k(\mathrm{i}\omega)\} + \mathrm{i}\frac{1}{N}\sum_{k=1}^{N} \mathrm{Im}\{G_k(\mathrm{i}\omega)\} \tag{4.4.10}$$

从式（4.4.8）可以看到，误差标准差以因子 $1/\sqrt{N}$衰减

$$\sigma_{\mathrm{GN}} = \frac{1}{\sqrt{N}}\sigma_{\mathrm{G1}} \tag{4.4.11}$$

然而，只需要计算实部均值和虚部均值，不需要计算幅值均值和相位均值，这点很重要。

对于图 4.7 中的成形滤波器，有

$$S_{\mathrm{nn}}(\omega) = |G_n(s)|^2 S_{\nu 0} \tag{4.4.12}$$

最终使得

$$\sigma_{\mathrm{GN}} = \frac{|G_n(\mathrm{i}\omega)|\sqrt{S_{\nu 0} T_{\mathrm{E}}}}{|G(\mathrm{i}\omega)||u(\mathrm{i}\omega)|\sqrt{N}} \tag{4.4.13}$$

**例 4.2（噪声对频率响应函数估计的影响）**

该例将利用矩形脉冲激励的三质量振荡器，说明所存在扰动噪声对频率响应估计精度的影响。设噪声 $n$（$t$）的标准差 $\sigma_{\mathrm{n}}$ 为 1，则噪信比为

$$\eta = \frac{\sigma_{\mathrm{n}}}{y_{\max}} \approx 4\% \mathrel{\hat{=}} 1:25 \tag{4.4.14}$$

相应的信噪比为 $1/\eta = 25:1$。这种情况下扰动很小，对高斯分布信号的幅度峰峰值为

$$b \approx 4\sigma_{\mathrm{n}} \tag{4.4.15}$$

图 4.9 给出无噪声情况，而图 4.10 描绘的是有噪声扰动的测量情况。从该图可看出，中频范围的辨识结果相对较好，但是不能很好地估计出幅值图中的第二个谐振峰值。图 4.11 说明了如何利用多组噪扰测量数据求平均，以提高频率响应的估计精度。

在 10rad/s$\leqslant\omega\leqslant$25rad/s 的中频段范围，所估计频率响应与离散频率响应测量值具有良好的吻合度，这也验证了第 4.2 节中对激励信号分析的正确性。 □

综上所述，传递函数的谱估计为

$$\hat{G}(\mathrm{i}\omega) = \frac{y(\mathrm{i}\omega)}{u(\mathrm{i}\omega)} \tag{4.4.16}$$

它具有如下特性

$$\lim_{N\to\infty} \mathrm{E}\{\hat{G}(\mathrm{i}\omega)\} = G(\mathrm{i}\omega) \tag{4.4.17}$$

$$\lim_{N\to\infty} \mathrm{var}(\hat{G}(\mathrm{i}\omega)) = \frac{S_{\mathrm{nn}}(\mathrm{i}\omega)}{S_{\mathrm{uu}}(\mathrm{i}\omega)} \tag{4.4.18}$$

参见文献（Ljung，1999；Heij et al，2007；Verhaegen and Verdult，2007）。由此可以看到，随着 $N\to\infty$，估计的方差并不逐渐减小。另外，这种估计只有在无瞬态响应且无噪声作用于输入 $u$（$t$）的情况下才是无偏的（Broersen，1995）。只有如下三个条件同时满足时，才能避免瞬态响应的发生：

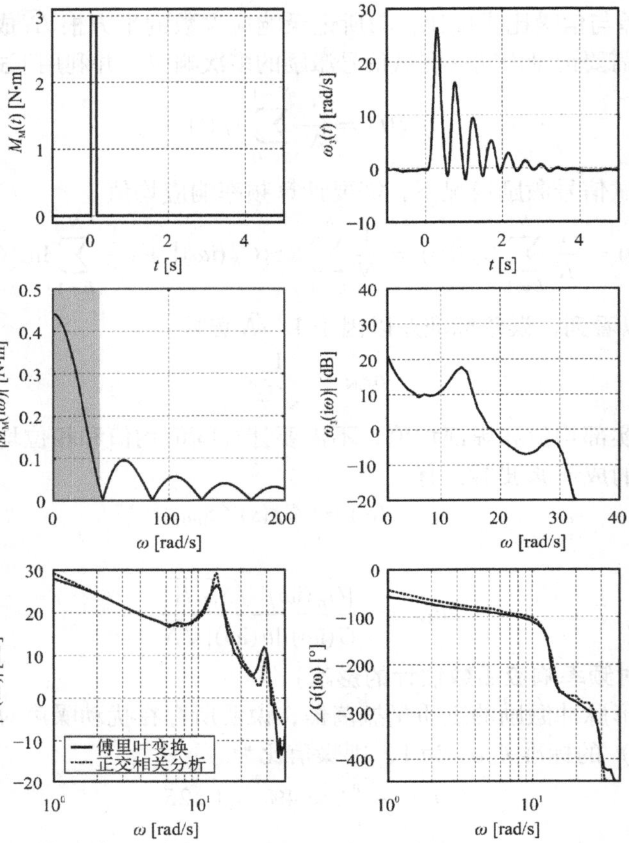


**图 4.9　由幅值为 $u_0=3$ N·m、脉宽为 $T=0.15$ s 的矩形脉冲激励且无噪声扰动的频率响应测量**

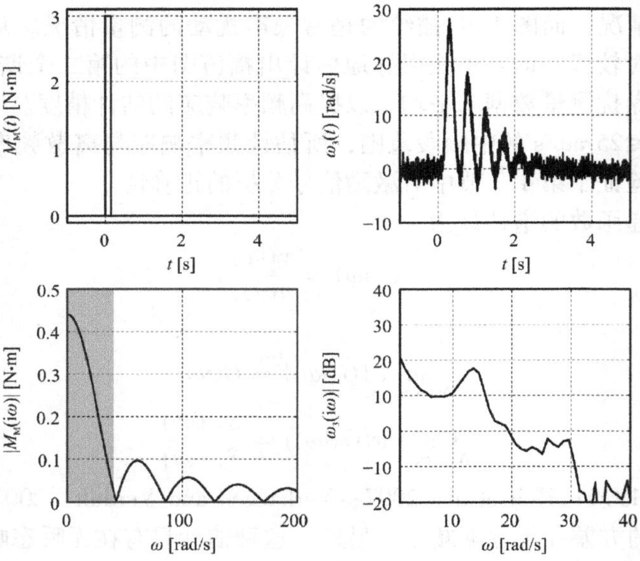


**图 4.10　由幅值为 $u_0=3$ N·m、脉宽为 $T=0.15$ s 的矩形脉冲激励且在标准差为 $\sigma_n=1$ 的噪声扰动下的频率响应测量**

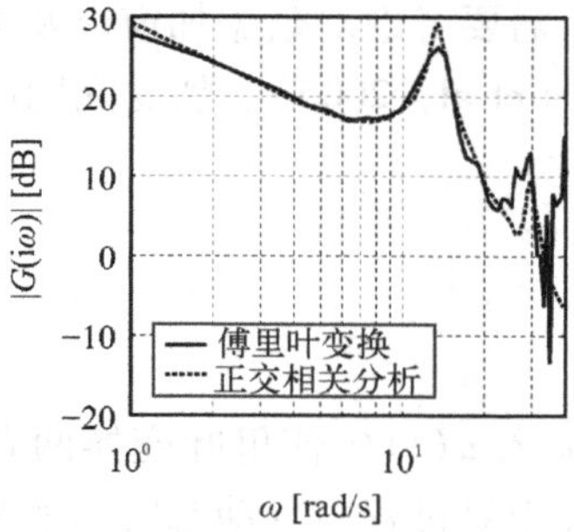

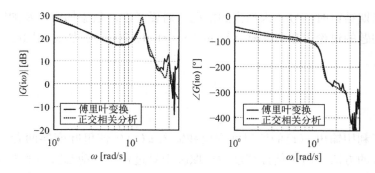

图 4.10　由幅值为 $u_0=3$ N·m、脉宽为 $T=0.15$ s 的矩形脉冲激励且在标准差为 $\sigma_n=1$ 的噪声扰动下的频率响应测量（续）

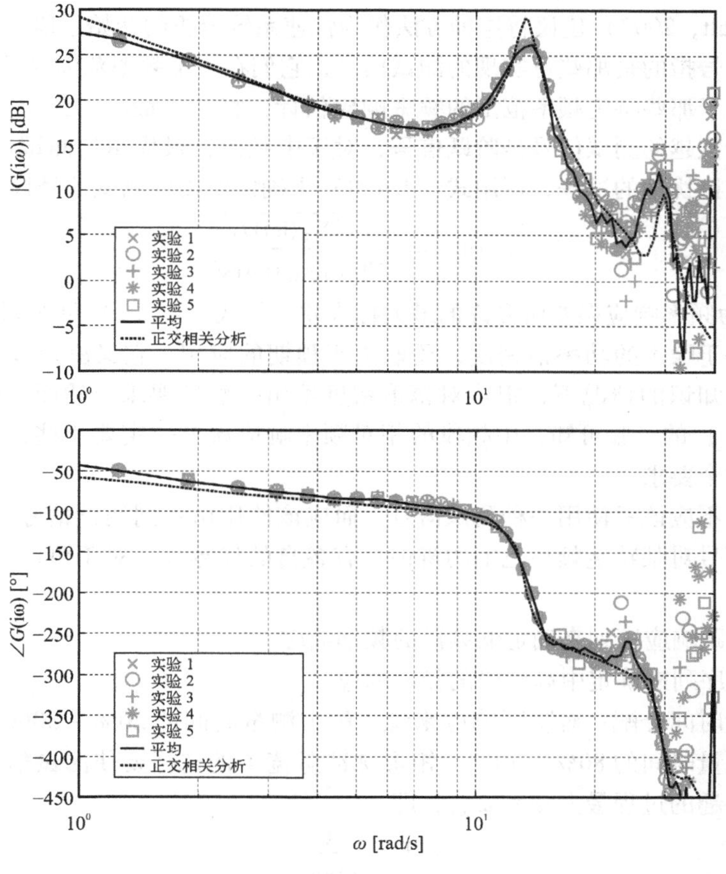


图 4.11　利用矩形脉冲激励的、带有噪声（$\sigma_n=1$）的多组响应测量数据，通过求平均获得的频率响应：5 组频率响应的平均值（实线），利用正弦激励和正交相关分析法（见第 5.5.2 节）直接测量的频率响应（虚线）

（1）系统对 $u(t)\neq 0$，$t<0$ 的激励信号无任何响应。

（2）输入信号具有有限持续时间。

（3）系统响应在测量周期结束之前已消失。

对于测量周期结束时信号还未消失的情况，需要考虑对数据加窗以及加窗对估计的影响等问题。这个问题的讨论可参考文献（Schoukens et al，2006）。加窗问题已在第 3.1.4 节中详尽讨论过。

## 4.5 小结

本章介绍了利用输出 $y(t)$ 的傅里叶变换和输入 $u(t)$ 的傅里叶变换两者的相除运算来估计频率响应函数的方法。由于估计精度主要取决于对过程主导动态特性的充分激励程度，因此推导了不同测试信号幅值密度的解析表达式，并进行了比较分析。根据分析结果，对优越测试信号的设计给出了一些建议。数据加窗对辨识结果也会产生不利的影响，感兴趣的读者可参考文献（Schoukens et al，2006；Antoni and Schoukens，2007）中的研究。文献（Verhaegen and Verdult，2007）建议将这种方法作为快速系统分析的初始手段。

**优越测试信号**指的是那些可实现的测试信号，它们在一定频率范围内具有最大的幅值密度。这些信号用于那些特定频率范围的频率响应估计，将产生最小的误差。本章已经证明，对于低频段，最优越的测试信号是**阶跃信号**，对于中频段，最优越的测试信号是**矩形脉冲**。对于辨识存在随机扰动的过程，可用式（4.4.8）来确定所需的测试信号幅度，写成

$$|u(\mathrm{i}\omega)|_{\mathrm{req}} = \frac{\sqrt{S_{\mathrm{nn}}(\mathrm{i}\omega)T_{\mathrm{E}}}}{|G(\mathrm{i}\omega)|\sigma_G(\mathrm{i}\omega)\sqrt{N}} \tag{4.5.1}$$

式中，$\sigma_{\mathrm{G}}(\mathrm{i}\omega)$ 为频率响应误差所允许的最大标准差。从式（4.5.1）可看到，所需的测试信号幅值密度取决于噪声的功率谱密度，还取决于预期的应用，它又决定 $\sigma_{\mathrm{G}}(\mathrm{i}\omega)$ 值的大小。在没有过程先验知识的情况下，很难对幅值密度给出一般性要求。然而，根据控制器综合（Isermann，1991）的经验可知，中频段的相对频率响应误差一定要小些，例如使用短矩形脉冲可以满足这个要求。

不言而喻，不应该只使用一种测试信号，而应该使用由不同测试信号组合的测试序列，这样每种测试信号对某特定频率范围的辨识具有各自的优越性。对于可以持续实验的过程，可利用：

- 若干个阶跃响应序列来确定低频段的频率响应。
- 矩形脉冲序列来确定中高频段的频率响应。

建议的实验时间分配：对阶跃响应来说，约占测量时间的 20% ~30%，对矩形脉冲响应来说，约占测量时间的 80% ~70%。矩形脉冲脉宽 $T$ 的选择要使测试信号最大的幅值密度大约位于感兴趣的过程最大频率 $\omega_{\max}$，即

$$T = \frac{\pi}{\omega_{\max}} \tag{4.5.2}$$

如果条件允许，应该计算双向的响应，然后求平均，以减弱某些非线性的影响。就这点来说，这些测试序列与第 6.3 节将要介绍的二值测试信号非常相似。

在讨论了如何设计理想的测试信号之后，本章还详细论述了频率响应估计的一些特性。研究还表明，如果在每次实验中系统都用相同的测试信号 $u(t)$ 激励，那么应该先计算系统响应 $y(t)$ 的平均值，然后再根据平均值确定频率响应函数。如果每次使用不同的测试信号，可以先利用每次测量数据分别估计频率响应函数，然后再计算所有频率响应函数的平均值。

## 习题

4.1 利用非周期测试信号测量频率响应

如何利用非周期测试信号确定线性系统的频率响应？与周期测试信号相比，非周期测试信号的优缺点是什么？

4.2 测试信号的傅里叶变换

哪种测试信号可分别在超低频段、低频段、中频段和高频段产生最大的幅值密度？假设所有的测试信号都具有相同的最大幅值 $u_0$。

4.3 梯形脉冲

确定梯形脉冲的傅里叶变换。

4.4 矩形脉冲

确定脉宽为 $T=20\text{s}$ 的矩形脉冲的傅里叶变换。

4.5 测试信号

测试信号边缘陡度与高频段激励之间的关系是什么？

4.6 噪声

如果过程分别用下面的测试信号激励，则采取何种措施才能改善辨识结果？

- 利用同一测试信号多次激励。
- 利用不同测试信号多次激励。

4.7 优越的测试信号

请给出一种优越的测试信号序列。

## 参考文献


Antoni J, Schoukens J(2007) A comprehensive study of the bias and variance of frequency-response-function measurements: Optimal window selection and overlapping strategies. Automatica 43(10):1723-1736

Broersen PMT(1995) A comparison of transfer function estimators. IEEE Trans Instrum Meas 44(3):657-661

Bux D, Isermann R(1967) Vergleich nichtperiodischer Testsignale zur Messung des dynamischen Verhaltens von Regelstrecken. Fortschr.-Ber. VDI Reihe 8 Nr. 9. VDI Verlag, Düsseldorf

Heij C, Ran A, Schagen F(2007) Introduction to mathematical systems theory: linear systems, identification and control. Birkhäuser Verlag, Basel

Isermann R(1967) Zur Messung des dynamischen Verhaltens verfahrenstechnischer Regelstrecken mit determinierten Testsignalen(On the measurement of dynamic behavior of processes with deterministic test signals). Regelungstechnik 15:249-257

Isermann R(1982) Parameter-adaptive control algorithms: A tutorial. Automatica 18(5):513-528

Isermann R(1991) Digital control systems, 2nd edn. Springer, Berlin

Ljung L(1999) System identification: Theory for the user, 2nd edn. Prentice Hall Information and System Sciences Series, Prentice Hall PTR, Upper Saddle River, NJ

Pintelon R, Schoukens J(2001) System identification: A frequency domain approach. IEEE Press, Piscataway, NJ

Schoukens J, Rolain Y, Pintelon R(2006) Analysis of windowing/leakage effects in frequency response function measurements. Automatica 42(1):27 – 38

Verhaegen M, Verdult V(2007) Filtering and system identification: A least squares approach. Cambridge University Press, Cambridge

# 第5章

# 利用周期测试信号测量频率响应

利用周期测试信号测量频率响应可以用来确定线性系统相关频率范围内的某些离散频谱点，一般情况下使用固定频率的正弦信号作为周期测试信号，见第5.1节。然而，也可以采用其他的周期信号，如第5.2节介绍的矩形信号、梯形信号或者三角信号。这种分析可以手工或者借助数字计算机进行，对此傅里叶分析或特定的相关分析法是很有用的工具。

目前已开发出一些特定的基于**相关函数**的频率响应测量技术，这些技术甚至在较大扰动和噪声情况下也能正常使用，见第5.5节。第5.5.1节介绍利用相关函数来确定频率响应的一般方法；第5.5.2节将讨论一种特别适合用于确定频率响应的方法，这种方法称作正交相关分析法，它是一种很有用的技术，能有效地抑制扰动的影响，在大噪声情况下也能非常可靠地估计频率响应。

正如第1.5节所强调的，需要特别关注执行机构的特性。一般说来，采用正弦测试信号要求其实验期间执行机构的稳态特性和动态特性在输入信号作用范围内必须是线性的。如果**稳态特性**是线性的，那么可以直接把执行机构连接到信号发生器上，将正弦输入信号作用于对象。适合这种用法的执行机构要有比例作用特性或者有可变执行速度的积分作用特性。对于具有积分作用的执行机构，通常建议采用基本的位置控制器，且控制器要加正弦设定值信号，以保持恒定均值，避免造成执行机构漂移。对于具有积分作用、恒速工作的执行机构，如交流（AC）电动机传动机构，可以采用三位控制器来控制执行变量的偏移量，以便在较低频率时产生近似的正弦振荡。然而对于较高频率，这种执行机构只能产生梯形信号或者三角信号。

通常，执行机构的稳态特性是非线性的，致使执行机构产生失真正弦信号或梯形信号，使得频谱不同于原始的测试信号。这种情况下通过只分析响应的第一谐振，便可确定过程的频率响应。然而，采用矩形信号（或者具有较陡边缘的梯形信号）作为输入信号，可避免非线性失真问题。此时，只需要在执行机构输入端非线性处的两个离散点间进行信号切换即可，因此可忽略这两个工作点之间的非线性特性。如果执行机构可手动操纵，也可通过手动施加矩形信号或梯形信号。

## 5.1 利用正弦测试信号测量频率响应

为了获得过程频率响应的离散点，可以通过直接计算所记录输入振荡和输出振荡的幅值比和相位差，这是一种最简单的、也是最为人们所熟知的频率响应辨识方法，见图5.1。对于这种辨识技术，只需要一个双通道的示波器或双通道的绘图仪。对每一感兴趣的频率点 $\omega_k$ 需要重复多次实验。然后，利用式（5.1.1）和式（5.1.2）来确定增益和相位

$$|G(\mathrm{i}\omega_\nu)| = \frac{y_0(\omega_\nu)}{u_0(\omega_\nu)} \tag{5.1.1}$$

$$\angle G(\mathrm{i}\omega_\nu) = -t_\varphi \omega_\nu \tag{5.1.2}$$

式中，$t_\varphi$ 代表相位滞后时间，如果输出 $y(t)$ “迟于” 输入 $u(t)$，或者与输入相比存在滞后，则 $t_\varphi$ 为正值。在这种情况下，相位$\angle G(\mathrm{i}\omega_\nu)$为负值。如果过程存在扰动，就需要利用输入信号和输出信号的多点记录数据，根据式（5.1.1）和式（5.1.2），分别计算增益和相位，然后再求平均。

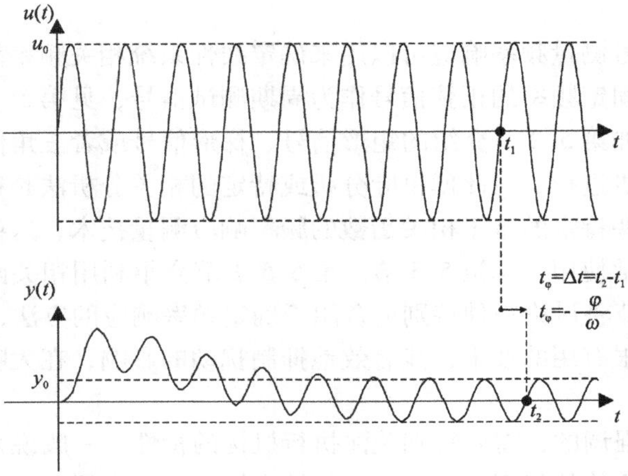


图5.1　在振荡完全平稳后，通过分析所测量的输入和输出直接确定频率响应

**例 5.1（直接确定频率响应）**

图 5.2 给出了直接确定的三质量振荡器频率响应。输入信号振幅为 $u_0 = 0.4\ \mathrm{N \cdot m}$，相应的输出振幅为 $y_0 = 9.85\ \mathrm{rad/s}$。因此，增益为

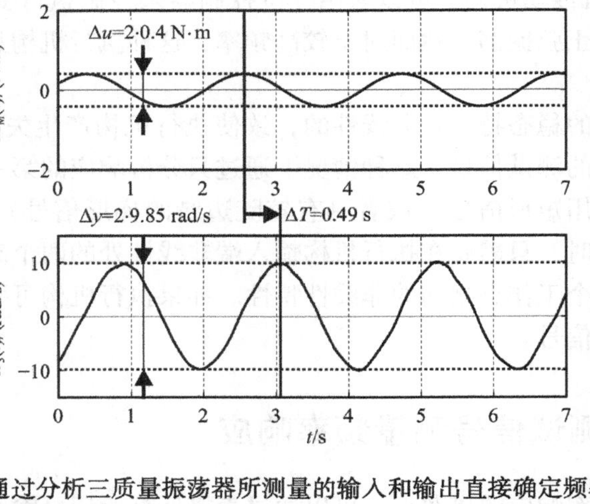


图 5.2　通过分析三质量振荡器所测量的输入和输出直接确定频率响应

$$|G(\mathrm{i}\omega)|_{\omega=2.89\,\mathrm{rad/s}} = \frac{y_0}{u_0} = \frac{9.85\,\mathrm{rad/s}}{0.4\,\mathrm{N\cdot m}} = 24.63\,\frac{\mathrm{rad}}{\mathrm{N\cdot m\cdot s}} \tag{5.1.3}$$

对于平稳的输出振荡，相位可以通过输入和输出两次相继过零的位置来确定。输入信号在 $t_1=2.57$ s 过零，输出信号在 $t_2=3.06$ s 相继过零。因此，相位确定为

$$\begin{aligned}\varphi(\mathrm{i}\omega)|_{\omega=2.89\,\mathrm{rad/s}} &= -t_\varphi\omega = (3.06\,\mathrm{s}-2.57\,\mathrm{s})\,2.89\,\frac{\mathrm{rad}}{\mathrm{s}} \\ &= -1.41\,\mathrm{rad} = -81.36°\end{aligned} \tag{5.1.4}$$

后面，这个结果将与利用正交相关分析法确定的频率响应作比较。 □

## 5.2 利用矩形和梯形测试信号测量频率响应

在某些情况下，采用矩形信号或者梯形信号要比采用典型的正弦信号更方便些。下面介绍一种简单的辨识方法，它利用矩形波信号测取过程频率响应，这种方法特别适用于阶次 $n\geqslant 3$ 的慢变过程。

幅值为 $u_0$、频率为 $\omega_0=2\pi/T$ 的矩形波信号可写成傅里叶级数形式

$$u(t) = \frac{4}{\pi}u_0\left(\sin\omega_0 t + \frac{1}{3}\sin 3\omega_0 t + \frac{1}{5}\sin 5\omega_0 + \cdots\right) \tag{5.2.1}$$

图 5.3 给出了前 4 项谐波及其叠加信号，所叠加波形已非常接近矩形波。该矩形波激励下的响应为

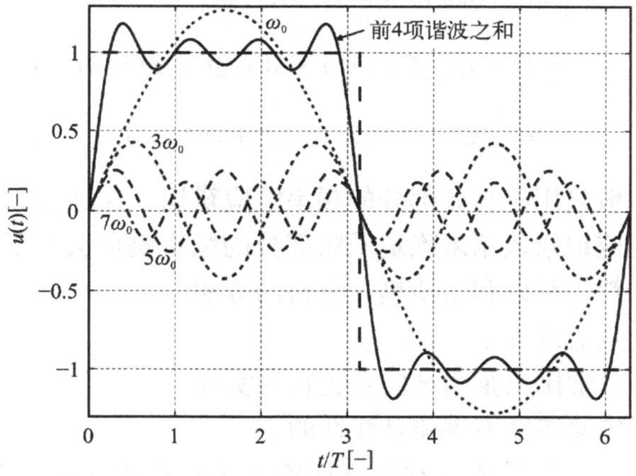


图 5.3　矩形波信号的谐波分解

$$\begin{aligned}y(t) = \frac{4}{\pi}u_0\Big(&|G(\mathrm{i}\omega_0)|\sin\big(\omega_0 t + \varphi(\omega_0)\big) \\ &+ \frac{1}{3}|G(\mathrm{i}3\omega_0)|\sin\big(3\omega_0 t + \varphi(3\omega_0)\big) \\ &+ \frac{1}{5}|G(\mathrm{i}5\omega_0)|\sin\big(5\omega_0 t + \varphi(5\omega_0)\big) + \cdots\Big)\end{aligned} \tag{5.2.2}$$

频率响应的辨识将从**高频段**开始分析。在高频范围内，频率为 $3\omega_0$ 的第二谐波幅值比基波减小 $\gamma=1/3^n$ 倍（$n$ 是具有相同时间常数时滞环节的阶次）。对于 $n\geqslant 3$，有 $\gamma\leqslant 0.04$。因此，高次谐波衰减很快，使得最终输出非常接近纯正的正弦振荡信号，它相对于输入信号的

幅值和相位可以很容易地确定。用这种方法可以确定图 5.4 所示 Nyquist 曲线的第 I 部分（Isermann，1963）。

对于**中频段**，频率为 $3\omega_0$ 的第二谐波幅值不能再忽略，因此有

$$y(t) \approx \frac{4}{\pi}u_0\Big(|G(\mathrm{i}\omega_0)|\sin\big(\omega_0 t + \varphi(\omega_0)\big) + \frac{1}{3}|G(\mathrm{i}3\omega_0)|\sin\big(3\omega_0 t + \varphi(3\omega_0)\big)\Big) \tag{5.2.3}$$

频率为 $5\omega_0$ 的第三谐波及所有更高频率的谐波仍可忽略。通过从系统测量输出 $y(t)$ 中减去第二谐波激励的响应

$$y_{3\omega_0}(t) = \frac{4}{\pi}\frac{1}{3}u_0|G(\mathrm{i}3\omega_0)|\sin\big(3\omega_0 t + \varphi(3\omega_0)\big) \tag{5.2.4}$$

就可获得基频激励的响应。根据高频段的频率响应辨识结果（Nyquist 曲线的第 I 部分），可以确定成分 $y_{3\omega_0}$ 的幅值和相位，这样就可获得图 5.4 所示 Nyquist 曲线的第 II 部分。

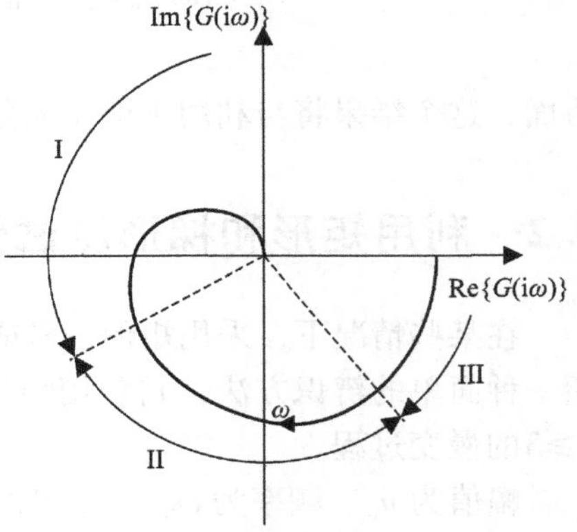

图 5.4　利用矩形波信号确定频率响应过程中按频段划分的测量区域

对于**低频段**，扣除那些必要的高次谐波激励的响应，就可确定 Nyquist 曲线的第 III 部分（见图 5.4）。

由正弦基频激励的响应可写成

$$\begin{aligned}&\frac{4}{\pi}u_0|G(\mathrm{i}\omega_0)|\sin\big(\omega_0 t + \varphi(\omega_0)\big)\\ &= y - u_0\frac{1}{3}|G(\mathrm{i}3\omega_0)|\sin\big(3\omega_0 t + \varphi(3\omega_0)\big)\\ &\quad - u_0\frac{1}{5}|G(\mathrm{i}5\omega_0)|\sin\big(5\omega_0 t + \varphi(5\omega_0)\big) - \cdots\end{aligned} \tag{5.2.5}$$

但是，这种辨识方法一般只用于高频部分的频率响应辨识，这部分的计算量比较小。

然而，利用阶跃响应记录数据来确定低频部分的频率响应会有更高的效率，见第 4.2.3 节和第 4.3 节，相应计算也可以利用傅里叶分析的方法。

这种辨识方法的优点总结如下：

- 矩形波测试信号通常比正弦测试信号更容易实现。
- 执行机构的稳态传递特性不需要是线性的。
- 对于给定的幅值 $u_0$，与其他所有的周期输入信号相比（如正弦振荡信号、梯形振荡信号或三角振荡信号），矩形波信号的基频正弦波幅值最大。因此，给定扰动与有用输出信号的比值最小。

从 $+u_0$ 到 $-u_0$ 的跳变不可能在无限小的时间间隔内完成，必须历经一定的时间 $T_1^*$。通过对比梯形脉冲和矩形脉冲的傅里叶变换系数，可以看出梯形脉冲的傅里叶变换系数更小，其比例因子为

$$\kappa = \frac{\sin\frac{\omega T_1}{2}}{\frac{\omega T_1}{2}} \tag{5.2.6}$$

如果能容许 5%（或 1%）的近似误差，意味着 $\kappa = 0.95$（或 $\kappa = 0.99$），那么从 $+u_0$ 到 $-u_0$ 的切换时间和反过来的切换时间需要满足

$$T_1^* < \frac{1.1}{\omega_{\max}} \quad 或 \quad T_1^* < \frac{0.5}{\omega_{\max}} \tag{5.2.7}$$

式中，$\omega_{\max}$为感兴趣的最大频率。如果切换的历经时间 $T_1^*$ 比较长，且又需要避免利用矩形脉冲进行近似所造成的误差，则必须计算出梯形振荡的傅里叶系数。

## 5.3 利用多频率测试信号测量频率响应

上节讨论的周期测试信号只使用它的基频成分，这种情况需要执行多次计算，而且在每次计算时，基频达到平稳振荡之前的调节相位是不能用的。然而，如果设计的测试信号包含若干频率成分，同时具有较低的幅值，这个缺点就可以避免。

文献（Levin，1960）将频率为 $\omega_0$、$2\omega_0$、$4\omega_0$、$8\omega_0\cdots$ 的多种正弦振荡信号进行叠加，文献（Jensen，1959）利用 $u(t)=u(t)/|u(t)|$ 的二值信号，设计了包含 $\omega_0$、$2\omega_0$、$4\omega_0$ 等 7 种频率的多频信号，文献（Werner，1965）提出另一种设计方案，它采用频率为 $\omega_0$、$3\omega_0$、$9\omega_0$、$\cdots$ 及其相应幅值为 $u_0$、$2/3u_0$、$2/3u_0$、$\cdots$的矩形振荡信号。然而，这些信号的效果都不是最好的，而且可用频率信号的幅值较小。因此，文献（van den Bos，1967）设计了一种优化的二值信号，对 $\omega_0$、$2\omega_0$、$4\omega_0$、$8\omega_0$、$16\omega_0$ 和 $32\omega_0$ 这 6 种频率成分可以取得最大幅值，最低频率的周期为 $T_0$，循环长度分别为 $N=512$、256 或 128，幅值大小约为 $u_0=0.585a$（$a$ 为二值信号的幅度）。

图 5.5 给出一种 $N=256$ 的二值多频信号，对于半个周期，其离散时间时刻切换的过程为 12 +2 −4 +2 −23 +12 −3 +13 −5 +2 −6 +1 −6 +12 −4 +6 −⊖。

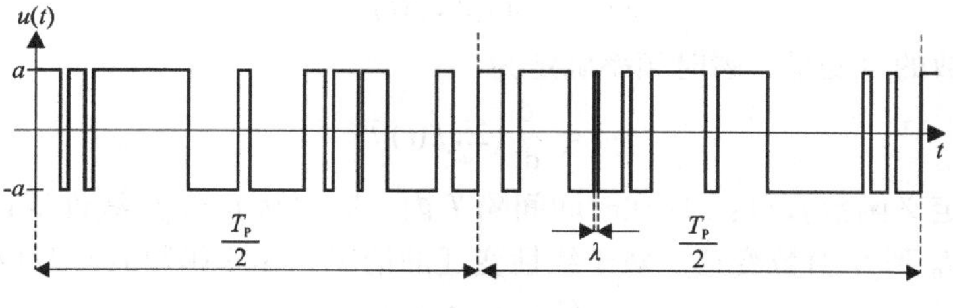


图 5.5 二值多频信号实例

（包含 6 种频率 $\omega_0$、$2\omega_0$、$4\omega_0$、$8\omega_0$、$16\omega_0$和 $32\omega_0$，循环长度 $N=256$）

在多频正弦信号激励下，频率响应的计算需要利用如下的傅里叶系数

$$\left.\begin{aligned} a_{y\nu} &= \frac{2}{nT_P}\int_0^{nT_P} y(t)\cos\omega_\nu t\,\mathrm{d}t \\ b_{y\nu} &= \frac{2}{nT_P}\int_0^{nT_P} y(t)\sin\omega_\nu t\,\mathrm{d}t \end{aligned}\right\} \tag{5.3.1}$$

式中，用整数 $n$ 表示总测量时间 $T_M=nT_P$，那么频率响应的幅值和相位写成

$$\left.\begin{aligned} |G(\mathrm{i}\omega_\nu)| &= \frac{1}{u_{0\nu}}\sqrt{a_{y\nu}^2+b_{y\nu}^2} \\ \varphi(\omega_\nu) &= \arctan\frac{a_{y\nu}}{b_{y\nu}} \end{aligned}\right\} \tag{5.3.2}$$

⊖ 译者注：数字表示持续节拍，“+”和“−”分别表示信号幅值的正、负。

最后，Schroeder 多频正弦信号（Schroeder，1970）可写成

$$u(t)=\sum_{k=1}^{N}A\cos(2\pi f_k t+\varphi_k) \tag{5.3.3}$$

其中

$$f_k=l_k f_0\ ,\ l_k\in N \tag{5.3.4}$$

$$\varphi_k=-\frac{k(k+1)\pi}{N} \tag{5.3.5}$$

设计这种信号的目的是为了尽可能减小组合信号的最大幅值。

## 5.4 利用连续变频测试信号测量频率响应

在通信工程、电子电路分析和声频工程中，通常用到一种称为**线性调频**信号的扫描正弦测试信号，这种信号的频率可随时间变化，是时间的函数。这就带来一个问题，如何测量信号的当前频率？傅里叶变换只针对无限长时间区间定义的，短时傅里叶变换至少也需要一个有限长的区间，因此这两种变换都不能及时地确定信号某点上的频率。这时，信号的**瞬时频率**概念可发挥作用。瞬时频率定义为复值信号的相位对时间的导数

$$\omega=\frac{\mathrm{d}}{\mathrm{d}t}\big(\angle x(t)\big) \tag{5.4.1}$$

这个概念很容易应用于扫描正弦信号。

扫描正弦信号可写成

$$x(t)=\sin\big(2\pi f(t)\,t\big) \tag{5.4.2}$$

其相位是正弦函数的自变量，瞬时频率确定为

$$\omega=\frac{\mathrm{d}}{\mathrm{d}t}\big(2\pi f(t)\,t\big) \tag{5.4.3}$$

分两种情况定义函数$f(t)$：① 在时间间隔 $T$ 内，频率从$f_0$ 到$f_1$ 线性变迁；② 在时间间隔 $T$ 内，频率从$f_0$ 到$f_1$ 对数变迁。对于线性变迁的情况，频率函数$f(t)$写成

$$f(t)=at+b \tag{5.4.4}$$

其瞬时频率为

$$\omega=\frac{\mathrm{d}}{\mathrm{d}t}\big(2\pi(at+b)\,t\big)=2\pi(2at+b) \tag{5.4.5}$$

为了获得 $t=0$ 时的瞬时频率 $\omega(t=0)=2\pi f_0$ 和 $t=T$ 时的瞬时频率 $\omega(t=T)=2\pi f_1$，必须选择频率函数$f(t)$为

$$f(t)=f_0+\frac{f_1-f_0}{2T}t \tag{5.4.6}$$

利用类似的推导，对指数变迁的频率函数$f(t)$确定为

$$f(t)=f_0\left(\frac{f_1}{f_0}\right)^{\frac{1}{T}} \tag{5.4.7}$$

这两种情况下的频率扫描信号示于表 5.1。扫描正弦信号通常用于电路和网络分析。利用所谓的振荡发生器可生成线性变迁扫描正弦信号或指数变迁扫频正弦信号，然后用作电路的输入，并对电路的输出进行分析以确定其幅值和相位，再将结果显示在屏幕上或保存下来作为

以后的参考。

**表 5.1　线性正弦扫描信号和指数正弦扫描信号**

名称、形状和方程

线性扫描信号

$$x(t)=\sin(2\pi f(t)\,t)$$

其中

$$f(t)=f_0+\frac{f_1-f_0}{2T}t$$

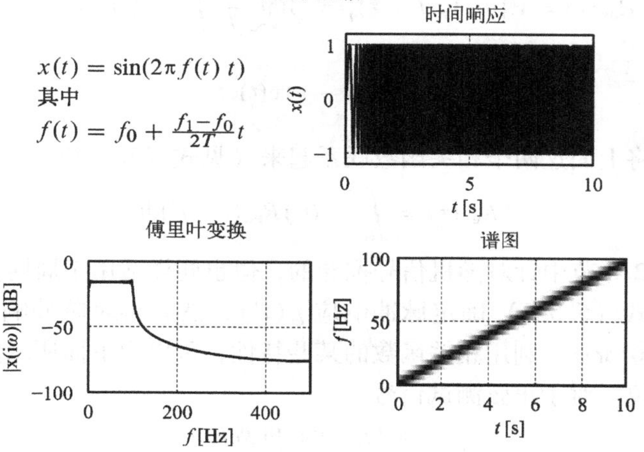


指数扫描信号

$$x(t)=\sin(2\pi f(t)\,t)$$

其中

$$f(t)=f_0\left(\frac{f_1}{f_0}\right)^{\frac{1}{T}}$$

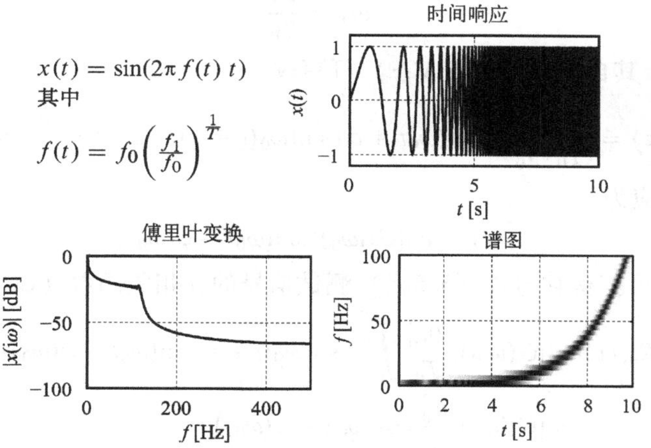


## 5.5　利用相关函数测量频率响应

目前介绍的测量频率响应方法主要适用于小扰动的情况，对于较大的扰动必须采用能自动从噪声中分离出所需有用信号的方法。相关分析法特别适合于这种任务。它通过对测试信号和扰动输出进行相关分析来实现。第 5.5.1 节和第 5.5.2 节将讨论基于相关函数的辨识技术。这种方法主要利用周期函数的相关函数还是周期函数的事实，从而很容易地从随机扰动的相关函数中将其分离，在第 2.3 节中已经论述过这个问题。

### 5.5.1　以相关函数测定频率响应

对于线性系统，输入信号的自相关函数（ACF）写成

$$R_{\mathrm{uu}}(\tau)=\lim_{T\to\infty}\frac{1}{T}\int_{-\frac{T}{2}}^{\frac{T}{2}}u(t)u(t+\tau)\mathrm{d}t \tag{5.5.1}$$

也见式（2.3.8）。根据式（2.3.14），互相关函数（CCF）可写成

$$\begin{aligned}R_{\mathrm{uy}}(\tau)=\mathrm{E}\{u(t)y(t+\tau)\}&=\lim_{T\to\infty}\frac{1}{T}\int_{-\frac{T}{2}}^{\frac{1}{T}}u(t)y(t+\tau)\mathrm{d}t\\&=\lim_{T\to\infty}\frac{1}{T}\int_{-\frac{T}{2}}^{\frac{1}{T}}u(t-\tau)y(t)\mathrm{d}t\end{aligned} \tag{5.5.2}$$

通过卷积积分，可将上面这两个相关函数联系起来（见式（2.3.35））

$$R_{\mathrm{uy}}(\tau)=\int_0^{\infty}g(t')R_{\mathrm{uu}}(\tau-t')\mathrm{d}t' \tag{5.5.3}$$

这些关系式是在第2.3节中针对随机信号推导的，但也同样适用于周期信号。为了确定频率响应，可以先根据式（5.5.3）确定脉冲响应 $g(t')$，然后再对脉冲响应进行傅里叶变换，便可获得频率响应 $G(\mathrm{i}\omega)$。利用相关函数的某些特性，可以像下面所示的那样直接推导出频率响应的幅值和相位。对于正弦测试信号

$$u(t)=u_0\sin\omega_0 t \tag{5.5.4}$$

其频率为

$$\omega_0=\frac{2\pi}{T_{\mathrm{P}}} \tag{5.5.5}$$

根据式（2.3.31），其自相关函数（ACF）可写成

$$R_{\mathrm{uu}}(\tau)=\frac{2u_0^2}{T_0}\int_0^{\frac{T_0}{2}}\sin(\omega_0 t+\alpha)\sin\big(\omega_0(t+\tau)+\alpha\big)\mathrm{d}t=\frac{u_0^2}{2}\cos\omega_0\tau \tag{5.5.6}$$

测试信号激励的响应为

$$y(t)=u_0|G(\mathrm{i}\omega_0)|\sin\big(\omega_0 t-\varphi(\omega_0)\big) \tag{5.5.7}$$

利用式（5.5.3），可获得它与式（5.5.4）测试信号的互相关函数（CCF）

$$\begin{aligned}R_{\mathrm{uy}}(\tau)&=|G(\mathrm{i}\omega_0)|\frac{2u_0^2}{T_{\mathrm{P}}}\int_0^{\frac{T_{\mathrm{P}}}{2}}\sin\omega_0(t-\tau)\sin\big(\omega_0 t-\varphi(\omega_0)\big)\mathrm{d}t\\&=|G(\mathrm{i}\omega_0)|\frac{u_0^2}{2}\cos\big(\omega_0\tau-\varphi(\omega_0)\big)\end{aligned} \tag{5.5.8}$$

由于互相关函数（CCF）具有周期性，因此积分限可取半个周期。

考虑式（5.5.6），有

$$R_{\mathrm{uy}}(\tau)=|G(\mathrm{i}\omega_0)|R_{\mathrm{uu}}\left(\tau-\frac{\varphi(\omega_0)}{\omega_0}\right) \tag{5.5.9}$$

如果绘制出自相关函数（ACF）和互相关函数（CCF）随时着间变化的曲线（见图5.6），那么频率响应的幅值总可以表示为 $\tau$ 点的互相关函数（CCF）和 $(\tau-\varphi(\omega_0)/\omega_0)$ 点的自相关函数（ACF）的比值（Welfonder，1966）

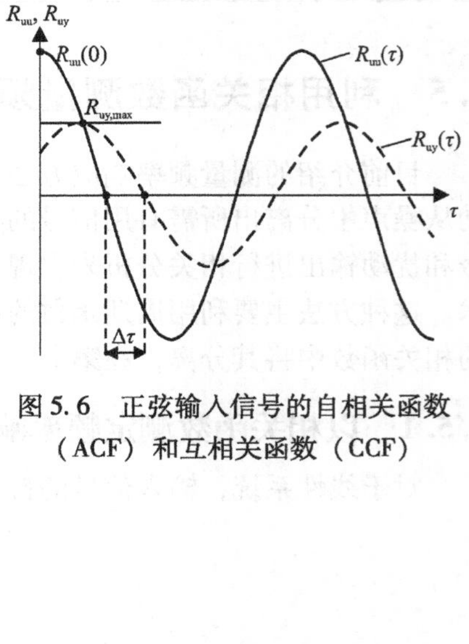

图5.6　正弦输入信号的自相关函数（ACF）和互相关函数（CCF）

$$|G(\mathrm{i}\omega_0)| = \frac{R_{\mathrm{uy}}(\tau)}{R_{\mathrm{uu}}\left(\tau - \frac{\varphi(\omega_0)}{\omega_0}\right)} = \frac{R_{\mathrm{uy,max}}}{R_{\mathrm{uu}}(0)} = \frac{R_{\mathrm{uy}}\left(\frac{\varphi(\omega_0)}{\omega_0}\right)}{R_{\mathrm{uu}}(0)} \tag{5.5.10}$$

根据两个相关函数的**时间滞后 $\Delta\tau$**，可以确定频率响应的相位

$$\varphi(\omega_0) = -\omega_0 \Delta\tau \tag{5.5.11}$$

$\Delta\tau$ 最好利用两个相关函数的**过零点**来确定。所以，只要利用两个相关函数的 4 个离散点值，就可以确定相应的幅值和相位。然而，需要通过处理周期相关函数的更多数据点，再求平均以获得最终结果。

这种方法的应用并不限于正弦信号，可以采用任意的周期信号，因为只要输入和输出都与正弦参考信号进行相关运算，测试信号中的更高次谐波就不会影响计算结果（Welfonder, 1966）。

如果有随机扰动 $n(t)$ 叠加在输出上，那么需要根据式（5.5.2），利用更多的测量周期来计算互相关函数（CCF）。第 6 章将进一步讨论随机信号对估计自相关函数（ACF）的影响。届时将证实，如果随机扰动 $n(t)$ 与测试信号 $u(t)$ 不相关，且 $\overline{u(t)}=0$ 或 $\overline{n(t)}=0$，则估计误差会变为零。只要周期信号的频率不同于测量频率 $\omega_0$，则任意的周期信号都具有上述性质。

**例 5.2（利用相关函数确定频率响应）**

图 5.7 是一个利用相关函数确定频率响应函数的实例，应用对象还是三质量振荡器系统，输出信号叠加有标准差为 $\sigma_{n_y}=4\mathrm{rad/s}$ 的噪声。根据图 5.7 所示的输入信号和输出信号曲线，可以清楚地看出，由于噪声叠加在系统测量输出上，故不可能直接确定其频率响应，必须通过计算输入和输出的自相关函数（ACF）和互相关函数（CCF）来确定。从图 5.7 最下面的图可以看到，互相关函数（CCF）是一条光滑的曲线，显然几乎不受噪声的影响，而且很容易获取互相关函数（CCF）的过零点和最大幅值。

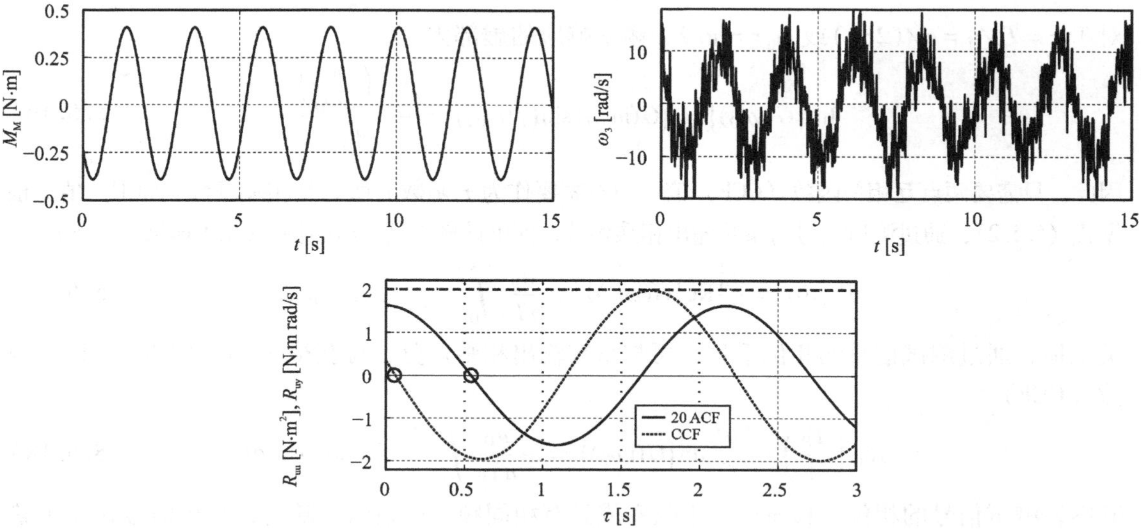


图 5.7　对三质量振荡器系统的噪扰输出信号，利用相关函数测量频率响应

在时差 $\tau=0$ 处，可以读出自相关函数（ACF）的幅值为 $R_{uu}(0)=0.1152\ \mathrm{N\cdot m^2}$（注：图 5.7 中的自相关函数（ACF）经过乘以因子 20 进行了标度处理），互相关函数（CCF）的最大幅值为 $\max(R_{uy}(\tau))=R_{uy,\max}=3.217\ \mathrm{N\cdot m\cdot rad/s}$。因此，频率响应增益为

$$|G(\mathrm{i}\omega_0)|_{\omega=2.8947\,\mathrm{rad/s}}=\frac{R_{\mathrm{uy,max}}}{R_{\mathrm{uu}}(0)}=\frac{1.99\,\mathrm{N\cdot m\cdot\frac{rad}{s}}}{0.081\,\mathrm{N\cdot m^2}}=24.49\,\frac{\frac{\mathrm{rad}}{\mathrm{s}}}{\mathrm{N\cdot m}} \tag{5.5.12}$$

频率响应的相位可利用自相关函数（ACF）和互相关函数（CCF）两个相继过零的位置来确定。自相关函数（ACF）在 $\tau=0.053\ \mathrm{s}$ 处有一个过零点，互相关函数（CCF）在 $\tau=0.542\ \mathrm{s}$ 处出现相应的过零点。据此，频率响应的相位计算为

$$\begin{aligned}\varphi(\mathrm{i}\omega)|_{\omega=2.8947\,\mathrm{rad/s}}&=-\Delta\tau\omega=(0.542\,\mathrm{s}-0.053\,\mathrm{s})\,2.8947\,\frac{\mathrm{rad}}{\mathrm{s}}\\&=-1.41\,\mathrm{rad}=-81.1^\circ\end{aligned} \tag{5.5.13}$$

可以看到，在特定频率点所估计频率响应与直接确定的频率响应（见例 5.1）吻合程度很好。□

### 5.5.2 利用正交相关分析测量频率响应

本节将针对允许采用特殊测试信号和离线辨识的线性系统，介绍一种**最重要的频率响应测量技术**。

**原理**

根据测试信号和系统输出的互相关函数（CCF）上的**两点**值，便可确定某频率点 $\omega_0$ 的频率响应特性。根据式（5.5.8）给出的互相关函数（CCF）计算式，有

$$|G(\mathrm{i}\omega_0)|\cos\big(\omega_0\tau-\varphi(\omega_0)\big)=\frac{R_{\mathrm{uy}}(\tau)}{\frac{u_0^2}{2}} \tag{5.5.14}$$

由此，可获得频率响应的实部估计和虚部估计。对于 $\tau=0$，频率响应的实部为

$$\mathrm{Re}\{G(\mathrm{i}\omega_0)\}=|G(\mathrm{i}\omega_0)|\cos\big(\varphi(\omega_0)\big)=\frac{R_{\mathrm{uy}}(0)}{\frac{u_0^2}{2}} \tag{5.5.15}$$

对于 $\tau=T_P/4=\pi/(2\omega_0)$ 或 $\omega_0\tau=\pi/2$，频率响应的虚部为

$$\mathrm{Im}\{G(\mathrm{i}\omega_0)\}=|G(\mathrm{i}\omega_0)|\sin\big(\varphi(\omega_0)\big)=\frac{R_{\mathrm{uy}}\left(\frac{\pi}{2\omega_0}\right)}{\frac{u_0^2}{2}} \tag{5.5.16}$$

因此，只需要两点互相关函数（CCF）值，而不需要作为 $\tau$ 函数的所有互相关函数（CCF）值。根据式（5.5.2），通过测试信号与系统输出相乘积分，便可计算得到 $\tau=0$ 时的互相关函数（CCF）

$$R_{\mathrm{uy}}(0)=\frac{u_0^2}{2}\mathrm{Re}\{G(\mathrm{i}\omega_0)\}=\frac{u_0}{nT_{\mathrm{P}}}\int_0^{nT_{\mathrm{P}}}y(t)\sin\omega_0 t\,\mathrm{d}t \tag{5.5.17}$$

类似地，通过测试信号的相位平移，再与系统输出相乘积分，可获得 $\tau=T_P/4$ 时的互相关函数（CCF）

$$R_{\mathrm{uy}}\left(\frac{T_{\mathrm{P}}}{4}\right)=\frac{u_0^2}{2}\mathrm{Im}\{G(\mathrm{i}\omega_0)\}=-\frac{u_0}{nT_{\mathrm{P}}}\int_0^{nT_{\mathrm{P}}}y(t)\cos\omega_0 t\,\mathrm{d}t \tag{5.5.18}$$

其中，测试信号的相位平移 $\pi/2$，正弦变成具有相同频率的余弦。随后，乘积信号在 $n$ 个整数周期上积分。

这种频率响应的测量原理利用了三角函数的正交关系。由于基频为 $\omega_0$ 的（整数倍）谐

波信号成分以及具有同样基频 $\omega_0$ 的信号成分与 $\sin\omega_0 t$ 或 $\cos\omega_0 t$ 正交，因此这些信号成分对实部和虚部的辨识不会有贡献。

图 5.8 给出正交相关分析技术的实施方案（Schäfer and Feissel，1955；Balchen，1962；Elsden and Ley，1969）。开始积分前，需要等到系统瞬态响应结束。与前一节讨论的辨识技术相比，正交相关分析法每次完成 $n$ 周期积分后，可以立刻给出实部和虚部。

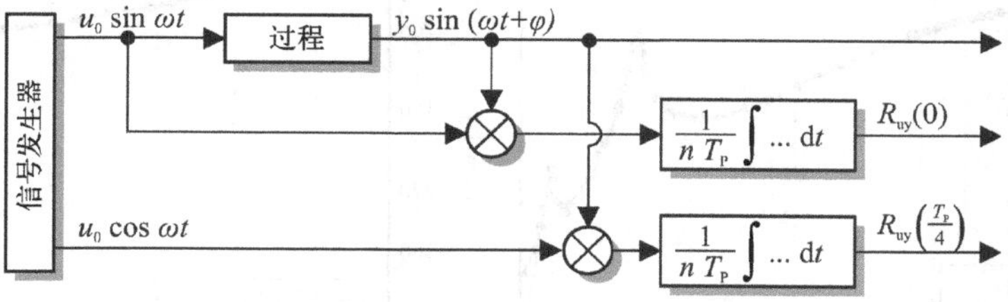


图 5.8　正交相关分析的实施方案

尽管式（5.5.15）和式（5.5.16）已经分别给出了频率响应实部和虚部的表达式，下面还将重新推导这些关系式，此次推导将关注于图 5.8 中需要的互相关函数（CCF）。

在积分器输出端，根据式（5.5.17）和式（5.5.18），可以得到

$$\begin{aligned} R_{uy}(0) &= \frac{1}{nT_P}\int_0^{nT_P} u_0 \sin\omega_0 t y_0 \sin(\omega_0 t+\varphi)dt \\ &= \frac{1}{nT_P}u_0 y_0 \int_0^{nT_P} (\sin\omega_0 t\cos\varphi + \cos\omega_0 t \sin\varphi)\sin\omega_0 t\, dt \end{aligned} \tag{5.5.19}$$

利用正交关系，可得

$$\begin{aligned} R_{uy}(0) &= \frac{1}{nT_P}u_0 y_0 \left(\int_0^{nT_P} \sin^2\omega_0 t\cos\varphi dt + \underbrace{\int_0^{nT_P}\sin\omega_0 t\cos\omega_0 t\sin\varphi dt}_{=0}\right) \\ &= \frac{y_0}{u_0}\frac{u_0^2}{2}\cos\varphi = |G(i\omega_0)|\cos\varphi\frac{u_0^2}{2} = \mathrm{Re}\{G(i\omega_0)\}\frac{u_0^2}{2} \end{aligned} \tag{5.5.20}$$

类似地，可获得 $R_{uy}$（$T_P/4$）的表达式

$$\begin{aligned} R_{uy}\left(\frac{T_P}{4}\right) &= \frac{1}{nT_P}\int_0^{nT_P} u_0\cos\omega_0 t y_0 \sin(\omega_0 t+\varphi)dt \\ &= \mathrm{Im}\{G(i\omega_0)\}\frac{u_0^2}{2} \end{aligned} \tag{5.5.21}$$

然后，根据下面的关系式，可以确定频率响应的幅值和相位

$$|G(i\omega_0)| = \sqrt{\mathrm{Re}^2\{G(i\omega_0)\}+\mathrm{Im}^2\{G(i\omega_0)\}} \tag{5.5.22}$$

$$\varphi(\omega_0) = \arctan\frac{\mathrm{Im}\{G(i\omega_0)\}}{\mathrm{Re}\{G(i\omega_0)\}} \tag{5.5.23}$$

这种测量原理已得到广泛的应用，并且也是市场上可购得的频率响应测量系统的组成部分（Seifert，1962；Elsden and Ley，1969）。由于它具有易于应用的特点，所以不仅应用于存在较大扰动的情况，还经常应用到扰动很小或者没有扰动的场合。基于这种工作原理设计的频率响应测量系统称作**相关频率响应分析仪**。与之具有相同竞争力的测量原理是**扫描频率响应分析**，该方法基于扫描正弦信号发生器和执行 FFT 运算的谱分析仪，见第 5.4 节。

**例 5.3（正交相关分析）**

将正交相关分析法应用于三质量振荡器，并且将测量的频率响应与理论推导的频率响应做比较，见图 5.9。实验辨识结果与理论分析的吻合程度较好。 □

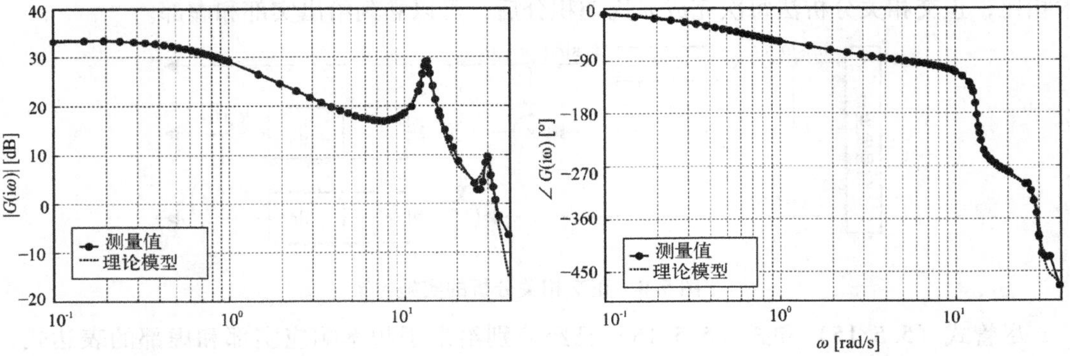


图 5.9 利用正交相关分析法测量三质量振荡器的频率响应

在无限长的测量时间情况下，随机信号和 $\omega \neq \omega_0$ 的周期信号不会影响辨识结果，这点与前一节介绍的辨识技术是相同的。然而，在实际应用中测量时间总是有限长度的，而且许多情况下可能还很短。鉴于这种情况，下节将讨论有限测量时间 $nT_P$ 情况下的辨识误差问题。

**噪声的影响**

利用式（5.5.17）和式（5.5.18）计算频率响应的实部和虚部时，叠加于输出响应 $y_u(t)$（见图 1.5）的扰动 $y_z(t)$ 会导致如下误差

$$\Delta\mathrm{Re}\{G(\mathrm{i}\omega_0)\} = \frac{2}{u_0 n T_P}\int_0^{nT_P} y_z(t)\sin\omega_0 t\,\mathrm{d}t \tag{5.5.24}$$

$$\Delta\mathrm{Im}\{G(\mathrm{i}\omega_0)\} = -\frac{2}{u_0 n T_P}\int_0^{nT_P} y_z(t)\cos\omega_0 t\,\mathrm{d}t \tag{5.5.25}$$

因此，最终获得的频率响应幅值误差为

$$|\Delta G(\mathrm{i}\omega_0)|^2 = \Delta\mathrm{Re}^2\{G(\mathrm{i}\omega_0)\} + \Delta\mathrm{Im}^2\{G(\mathrm{i}\omega_0)\} \tag{5.5.26}$$

现在来研究随机噪声 $n(t)$、周期性扰动 $p(t)$ 和漂移 $d(t)$ 的影响。

对于平稳随机扰动 $n(t)$，实部误差平方的期望值为

$$\begin{aligned}\mathrm{E}\{\Delta\mathrm{Re}^2(\omega_z)\} &= \frac{4}{u_0^2 n^2 T_P^2}\mathrm{E}\left\{\int_0^{nT_P} n(t')\sin\omega_0(t')\mathrm{d}t' \int_0^{nT_P} n(t'')\sin\omega_0(t'')\mathrm{d}t''\right\} \\ &= \frac{4}{u_0^2 n^2 T_P^2}\int_0^{nT_P}\int_0^{nT_P} \mathrm{E}\{n(t')n(t'')\}\sin\omega_0 t'\sin\omega_0 t''\mathrm{d}t'\mathrm{d}t''\end{aligned} \tag{5.5.27}$$

利用

$$R_{nn}(\tau) = R_{nn}(t'-t'') = \mathrm{E}\{n(t')n(t'')\} \tag{5.5.28}$$

并进行变量置换 $\tau = t' - t''$，式（5.5.27）进一步写成

$$\mathrm{E}\{\Delta\mathrm{Re}^2(\omega_0)\} = \frac{4}{u_0^2 n T_P}\int_0^{nT_P} R_{nn}(\tau)\left(\left(1-\frac{\tau}{nT_P}\right)\cos\omega_0\tau + \frac{\sin\omega_0\tau}{\omega_0 n T_P}\right)\mathrm{d}\tau \tag{5.5.29}$$

其推导过程可参考文献（Eykhoff，1974；Papoulis and Pillai，2002）。对于 $\mathrm{E}\{\Delta\,\mathrm{Im}^2(\omega_0)\}$，

可推导出类似的结果，只是最后一项的加号变成减号。将实部和虚部误差平方的期望代入式（5.5.26），有

$$
\begin{aligned}
\mathrm{E}\{|\Delta G(\mathrm{i}\omega_0)|^2\} &= \frac{8}{u_0^2 nT_{\mathrm{P}}}\int_0^{nT_{\mathrm{P}}} R_{\mathrm{nn}}(\tau)\left(1-\frac{|\tau|}{nT_{\mathrm{P}}}\right)\cos\omega_0\tau\mathrm{d}\tau \\
&= \frac{4}{u_0^2 nT_{\mathrm{P}}}\int_{-nT_{\mathrm{P}}}^{nT_{\mathrm{P}}} R_{\mathrm{nn}}(\tau)\left(1-\frac{|\tau|}{nT_{\mathrm{P}}}\right)\mathrm{e}^{-\mathrm{i}\omega_0\tau}\mathrm{d}\tau
\end{aligned} \tag{5.5.30}
$$

其中考虑到 $\mathrm{E}\{\Delta\mathrm{Re}(\omega_0)\Delta\mathrm{Im}(\omega_0)\}=0$（Sins，1967；Eykhoff，1974）。如果 $n(t)$ 是具有功率谱密度 $S_0$ 的**白噪声**，即

$$R_{\mathrm{nn}}(\tau) = S_0\delta(\tau) \tag{5.5.31}$$

则式（5.5.30）可简化为

$$\mathrm{E}\{|\Delta G(\mathrm{i}\omega_0)|^2\} = \frac{4S_0}{u_0^2 nT_{\mathrm{P}}} \tag{5.5.32}$$

频率响应相对误差的标准差为

$$\sigma_G = \sqrt{\mathrm{E}\left\{\frac{|\Delta G(\mathrm{i}\omega_0)|^2}{|G(\mathrm{i}\omega_0)|^2}\right\}} = \frac{2\sqrt{S_0}}{|G(\mathrm{i}\omega_0)|u_0\sqrt{nT_{\mathrm{P}}}} \tag{5.5.33}$$

现在，假设 $n(t)$ 是**有色噪声**，它由功率谱密度为 $S_{\nu0}$ 的白噪声 $\nu(t)$ 经过滤波生成，采用的滤波器可以是转折频率为 $\omega_{\mathrm{C}}=1/T_{\mathrm{C}}$ 的一阶低通滤波器

$$G_\nu(\mathrm{i}\omega) = \frac{n(\mathrm{i}\omega)}{\nu(\mathrm{i}\omega)} = \frac{1}{1+\mathrm{i}\omega T_{\mathrm{C}}} \tag{5.5.34}$$

其自相关函数（ACF）写成

$$R_{\mathrm{nn}}(\tau) = \frac{S_{\nu0}}{2T_{\mathrm{C}}}\mathrm{e}^{-\frac{|\tau|}{T_{\mathrm{C}}}} \tag{5.5.35}$$

对于 $|\tau_{\max}| < kT_{\mathrm{C}}$（如 $k>3$），$R_{\mathrm{nn}}(\tau)\approx 0$。对于较长的测量时间 $nT_{\mathrm{P}} \gg |\tau_{\max}|$，式（5.5.30）近似为

$$\mathrm{E}\{|\Delta G(\mathrm{i}\omega_0)|^2\} \approx \frac{4}{u_0^2 nT_{\mathrm{P}}}S_{\mathrm{nn}}(\omega_0) \tag{5.5.36}$$

因此，在测量周期较长时，功率谱密度为 $S_{\mathrm{nn}}(\omega)$ 的有色噪声 $n(t)$ 具有如下近似标准差

$$\sigma_{\mathrm{G}} \approx \frac{2\sqrt{S_{\mathrm{nn}}(\omega_0)}}{|G(\mathrm{i}\omega_0)|u_0\sqrt{nT_{\mathrm{P}}}} \tag{5.5.37}$$

式中

$$S_{\mathrm{nn}}(\omega) = |G_\nu(\mathrm{i}\omega)|^2 S_{\nu0} \tag{5.5.38}$$

利用式（5.5.34），最终可推导出 $\sigma_{\mathrm{G}}$ 的近似表达式

$$\sigma_{\mathrm{G}} \approx \frac{\sqrt{2S_{\nu0}\omega_{\mathrm{C}}}}{|G(\mathrm{i}\omega_0)|u_0}\underbrace{\frac{\sqrt{\frac{\omega_0}{\omega_{\mathrm{C}}}}}{\sqrt{\pi\left(1+\left(\frac{\omega_0}{\omega_{\mathrm{C}}}\right)^2\frac{1}{\sqrt{n}}\right)}}}_{Q} \tag{5.5.39}$$

式中，因子 $Q$ 如图 5.10 所示。对于给定的有色噪声，它由转折频率为 $\omega_{\mathrm{C}}$ 的滤波器生成，相应的频率响应绝对误差在测量频率点 $\omega_0=\omega_{\mathrm{C}}$ 取得最大值，**该误差与测量整周期数的平方根成比例**。

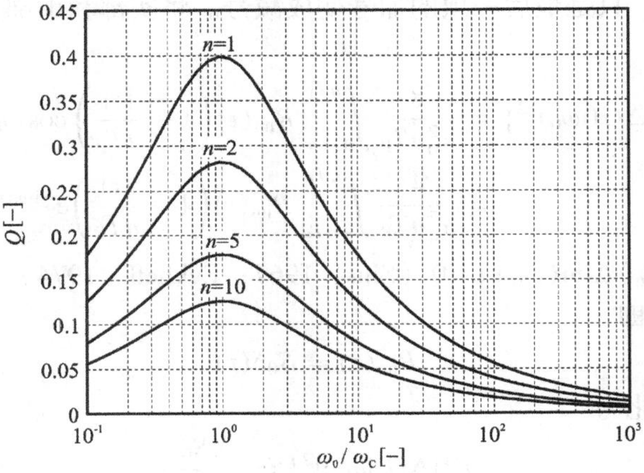


图 5.10　由随机扰动引起的频率响应误差 $Q$ 因子

［其中 $\omega_C$ 为噪声滤波器转折频率，$\omega_0$ 为测量频率（Balchen，1962）］

**例 5.4（正交相关分析的扰动抑制）**

从图 5.11 可看出，正交相关分析法具有良好的扰动抑制能力。这里，三质量振荡器的

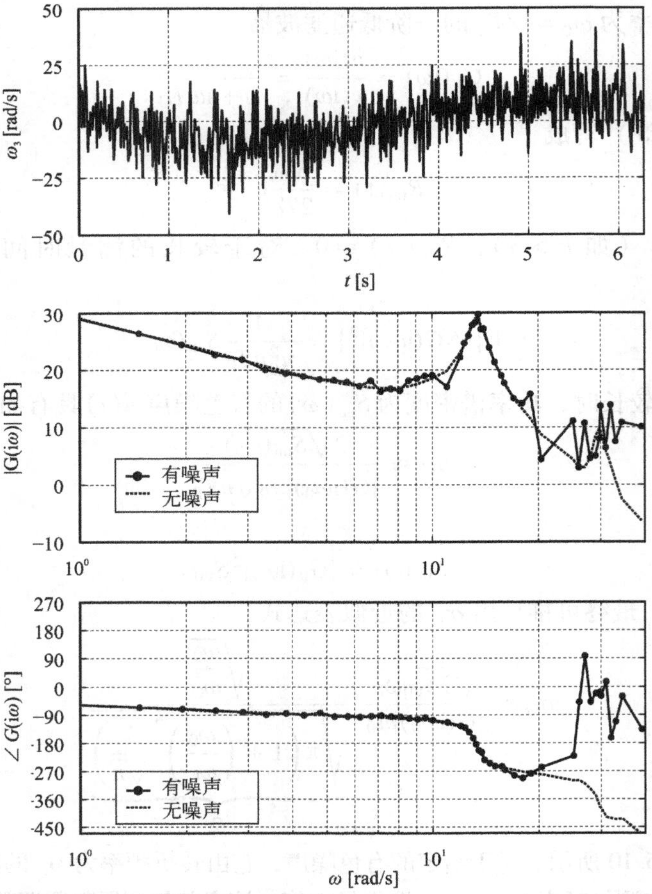


图 5.11　有噪声情况下利用正交相关分析法确定频率响应

输出叠加有扰动噪声。最上面一幅图给出带有噪声的输出测量值。下面两幅图表明，尽管存在较大噪声，还是能测得频率响应的，而且还能相对精确地检测到 $\omega<20\text{rad/s}$ 频率范围内的第一谐振。 □

对于**周期性扰动** $p(t)$

$$p(t)=p_0\cos\omega t \tag{5.5.40}$$

根据式（5.5.24）和式（5.5.25），可分别计算频率响应的实部误差和虚部误差。积分后

$$\Delta\mathrm{Re}\left(\frac{\omega}{\omega_0}\right)=\frac{p_0}{u_0}\pi n\left(1-\left(\frac{\omega}{\omega_0}\right)^2\right)\left(1-\cos 2\pi\frac{\omega}{\omega_0}n\right) \tag{5.5.41}$$

$$\Delta\mathrm{Im}\left(\frac{\omega}{\omega_0}\right)=-\frac{p_0\left(\dfrac{\omega}{\omega_0}\right)}{u_0\pi n\left(1-\left(\dfrac{\omega}{\omega_0}\right)^2\right)\sin 2\pi\dfrac{\omega}{\omega_0}n} \tag{5.5.42}$$

频率响应相对误差的幅值可写成

$$\begin{aligned}\delta_{\mathrm{G}}=\frac{|\Delta G(\mathrm{i}\omega_0)|}{|G(\mathrm{i}\omega_0)|}&=\frac{2p_0\left(\dfrac{\omega}{\omega_0}\right)\sqrt{1-\left(1-\left(\dfrac{\omega}{\omega_0}\right)^2\right)\cos^2\pi\dfrac{\omega}{\omega_0}n}}{u_0|G(\mathrm{i}\omega_0)|\left|\left(1-\left(\dfrac{\omega}{\omega_0}\right)^2\right)\right|}\frac{\left|\sin\pi\dfrac{\omega}{\omega_0}n\right|}{\pi\left(\dfrac{\omega}{\omega_0}\right)n}\\&\approx\frac{p_0\sqrt{2}}{u_0|G(\mathrm{i}\omega_0)|}\underbrace{\frac{\left(\dfrac{\omega}{\omega_0}\right)\sqrt{1+\left(\dfrac{\omega}{\omega_0}\right)^2}}{\left|1-\left(\dfrac{\omega}{\omega_0}\right)^2\right|}\frac{\left|\sin\pi\dfrac{\omega}{\omega_0}n\right|}{\pi\left(\dfrac{\omega}{\omega_0}\right)n}}_{P},\quad\omega\neq\omega_0\end{aligned} \tag{5.5.43}$$

上述近似式的推导是通过取 $\cos^2(\cdots)=0.5$ 得到的。式中，因子 $P$ 是频率响应误差依赖于频率的关键项，其曲线如图 5.12 所示，见文献（Balchen，1962；Elsden and Ley，1969）。当 $\omega/\omega_0=j/n$，$j=0$，2，3，4，5…时，该因子为零。如果周期性扰动的频率 $\omega$ 是测量频率 $\omega_0$ 的整数倍，则这些扰动不会造成频率响应测量误差。对有限的测量周期 $nT_{\mathrm{P}}$（与因子 $P$ 成正比），具有其他频率 $\omega$ 的周期性扰动会造成频率响应测量误差，其中最严重的误差是由那些频率 $\omega$ 非常接近于测量频率 $\omega_0$ 的扰动造成的。如果将 $P(\omega/\omega_0)$ 解释为滤波器，则随着测量时间的增长，“通带”会逐渐变窄。当周期性扰动的频率与测量频率 $\omega_0$ 相同时，在 $n\to\infty$ 情况下，辨识获得的频率响应才会失真。$P(\omega/\omega_0)$ 的包络线可写成

$$\delta_{\mathrm{G}}\left(\frac{\omega}{\omega_0}\right)\bigg|_{\max}=\frac{p_0\sqrt{2}}{u_0|G(\mathrm{i}\omega_0)|}\frac{\sqrt{1+\left(\dfrac{\omega}{\omega_0}\right)^2}}{\left|1-\left(\dfrac{\omega}{\omega_0}\right)^2\right|}\frac{1}{n\pi} \tag{5.5.44}$$

当 $\omega/\omega_0\neq j/n$ 时，**该误差与测量整周期数 $n$ 成比例减小**，减小速度比随机扰动所引起误差的减小速度更快。

最后，探讨**超低频**扰动对频率响应测量的影响。在测量周期内，这些扰动可以近似为非周期性扰动 $d(t)$。根据式（5.5.24）、式（5.5.25）和式（5.5.26），有

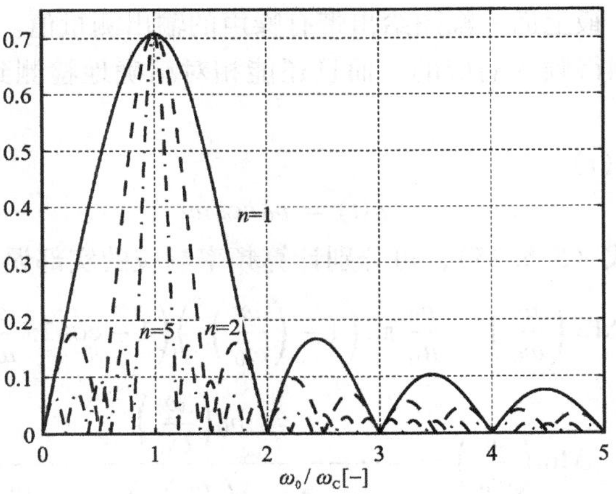


图 5.12　由周期扰动 $p_0\cos\omega t$ 引起的频率响应误差 $P$ 因子，其中 $\omega_0$ 为测量频率（Balchen，1962）

$$
\begin{aligned}
|\Delta G(\mathrm{i}\omega)|^2 &= \frac{2}{u_0^2 n^2 T_\mathrm{P}^2}\int_0^{nT_\mathrm{P}} d(t')\mathrm{e}^{-\mathrm{i}\omega_0 t'}\mathrm{d}t' \int_0^{nT_\mathrm{P}} d(t'')\mathrm{e}^{\mathrm{i}\omega_0 t''}\mathrm{d}t'' \\
&= \frac{2}{u_0^2 n^2 T_\mathrm{P}^2} d_\mathrm{T}(-\mathrm{i}\omega) d_\mathrm{T}(\mathrm{i}\omega) \\
&= \frac{2}{u_0^2 n^2 T_\mathrm{P}^2} |d_\mathrm{T}(\mathrm{i}\omega)|^2
\end{aligned}
\tag{5.5.45}
$$

其中，$d_\mathrm{T}(\mathrm{i}\omega)$是扰动的傅里叶变换，扰动的作用时间为 $T=nT_\mathrm{P}$。对于持续时间为 $T=nT_\mathrm{P}$ 的漂移

$$d(t) = at \tag{5.5.46}$$

其傅里叶变换为

$$d_\mathrm{T}(\mathrm{i}\omega) = \int_0^{nT_\mathrm{P}} at\mathrm{e}^{-\mathrm{i}\omega_0 t}\mathrm{d}t = -\frac{2\pi n}{\omega_0^2}\mathrm{i} \tag{5.5.47}$$

相应的频率响应误差变成

$$|\Delta G(\mathrm{i}\omega)| = \frac{\sqrt{2}a}{u_0\omega_0} \tag{5.5.48}$$

漂移造成的频率响应误差不会随着测量时间的增长而减弱，它正比于漂移因子 $a$。因此，必须采用特殊的方法抑制这些低频扰动。一种解决的办法是，采用具有如下传递函数的高通滤波器，对信号进行滤波

$$G_\mathrm{HP}(s) = \frac{T_\mathrm{D}s}{1+T_1 s} \tag{5.5.49}$$

式中，时间常数必须与测量频率 $\omega_0$ 相适应。

另一种改进的办法是，利用如下多项式，对各种漂移扰动进行近似

$$d(t) = a_0 + a_1 t + a_2 t^2 + \cdots \tag{5.5.50}$$

随后，从测量信号中减去所估计的多项式漂移模型，以消除 $d(t)$的影响。文献（Liewers，1964）提出了一种基于这种方法的漂移消除法。

## 5.6　小结

直接测量频率响应的方法是逐点地确定频率响应，因此计算量小。只要作用于过程的扰

动比较小，这种方法就能获得比较好的辨识结果。然而，对于具有慢时变动态特性的过程来说，这种方法很耗费时间，因为不同测量之间的过渡阶段不能被利用。对于存在较大扰动的线性过程，利用相关函数测量频率响应的方法已被证实是一种很有效的方法。由该方法推导的正交相关分析法，可应用于许多商业性的频率响应测量设备和软件工具。

由于逐点确定频率响应的方法需要很长的测量时间，因此主要用于调节时间较短的过程。如果根据阶跃响应的记录数据，利用傅里叶分析来确定低频段的频率响应（见第 4 章），并利用相关分析法来确定高频段的频率响应，那么辨识的总时间就可以缩短。因此，将非周期测试信号和周期测试信号组合，可构成“优越的”测试信号序列（Isermann, 1971）。

## 习题

5.1　利用单频信号测量频率响应

根据本章介绍，试分析利用单频信号确定频率响应的优缺点。

5.2　矩形波测试信号

如何利用矩形波信号确定频率响应？

5.3　正交相关 I

试推导以矩形波作为输入信号，基于正交相关分析的频率响应确定方法。

5.4　正交相关 II

当存在随机扰动或周期性扰动时，随着测量周期数的增加，频率响应测量误差如何衰减？需要利用哪种因子来增加测量时间，才能使这些扰动的影响减半？

## 参考文献


Balchen JG (1962) Ein einfaches Gerät zur experimentellen Bestimmung des Frequenzganges von Regelungsanordnungen. Regelungstechnik 10:200 – 205

van den Bos A (1967) Construction of binary multifrequency testsignals. In: Preprints of the IFACSymposium on Identification, Prag

Cohen L (1995) Time frequency analysis. Prentice Hall signal processing series, Prentice Hall PTR, Englewood Cliffs, NJ

Elsden CS, Ley AJ (1969) A digital transfer function analyser based on pulse rate techniques. Automatica 5(1):51 – 60

Eykhoff P (1974) System identification: Parameter and state estimation. Wiley – Interscience, London

Isermann R (1963) Frequenzgangmessung an Regelstrecken durch Eingabe von Rechteckschwingungen. Regelungstechnik 11:404 – 407

Isermann R (1971) Experimentelle Analyse der Dynamik von Regelsystemen. BI – Hochschultaschenbücher, Bibliographisches Institut, Mannheim

Jensen JR (1959) Notes on measurement of dynamic characteristics of linear systems, Part III.

Servoteknisk forsksingslaboratorium, Copenhagen

Levin MJ(1960) Optimum estimation of impulse response in the presence of noise. IRE Trans Circuit Theory 7(1):50 – 56

Liewers P (1964) Einfache Methode zur Drifteliminierung bei der Messung von Frequenzgängen. Messen, Steuern, Regeln 7:384 – 388

Papoulis A, Pillai SU(2002) Probability, random variables and stochastic processes, 4th edn. McGraw Hill, Boston

Schäfer O, Feissel W(1955) Ein verbessertes Verfahren zur Frequenzgang-Analyse industrieller Regelstrecken. Regelungstechnik 3:225 – 229

Schroeder M(1970) Synthesis of low-peak-factor signals and binary sequences with low autocorrelation. IEEE Trans Inf Theory 16(1):85 – 89

Seifert W(1962) Kommerzielle Frequenzgangmeßeinrichtungen. Regelungstechnik 10:350 – 353

Sins AW(1967) The determination of a system transfer function in presence of output noise. Ph. D. thesis. Electrical Engineering, University of Eindhoven, Eindhoven

Welfonder E(1966) Kennwertermittlung an gestörten Regelstrecken mittels Korrelation und periodischen Testsignalen. Fortschritt Berichte VDI-Z 8(4)

Werner GW(1965) Entwicklung einfacher Verfahren zur Kennwertermittlung an lienaren, industriellen Regelstrecken mit Testsignalen. Dissertation. TH Ilmenau, Ilmenau

# 第Ⅱ部分　利用相关分析法辨识非参数模型——连续时间和离散时间

# 第6章

# 连续时间模型的相关分析

第5章介绍了利用简单周期信号的各种相关分析方法，这些方法每次测量使用一个测量频率，只能给出一个离散点的频率响应，而且每次实验开始之前，需要等待过渡过程完全结束。由于存在上述问题，这些方法不适用于实时在线辨识。因此，需要采用具有较宽频谱的测试信号，以便能像非周期确定性测试信号那样同时激励更多的频率成分。随机信号的特性可以满足这种需求，由此而引申出伪随机信号。这样的随机信号可以人为生成，或者在合适的情况下，使用对象正常运行期间产生的信号。通过测试信号和输出信号的相关分析，对测试信号激励的响应和噪声激励的响应加上不同的权值。这样就能实现有用信号和噪声的自动分离，以便抑制噪声干扰。

本章主要讨论相关分析法针对具有非周期**连续时间信号**模型的辨识。由于现在计算相关函数通常都采用数字计算机，所以第7章还将讨论离散时间情况下相关函数的计算。第6.1节讨论有限时间的**相关函数估计**及估计的收敛性条件。接着在第6.2节中，利用自相关函数（ACF）和互相关函数（CCF），讨论由随机信号激励过程的辨识问题。第6.3节将讨论利用二值测试信号，特别是伪随机二值信号和广义随机二值信号的相关分析方法。第6.4节还将讨论利用相关分析的**闭环**辨识问题。

## 6.1 相关函数的估计

本节讨论有限测量时间情况下平稳随机信号互相关函数（CCF）和自相关函数（ACF）的估计问题。

### 6.1.1 互相关函数

根据式（2.3.14），两个连续时间平稳随机信号 $x(t)$ 和 $y(t)$ 的互相关函数（CCF）（Hänsler，2001；Papoulis，1962）定义为

$$\begin{aligned} R_{xy}(\tau) &= \mathrm{E}\{x(t)y(t+\tau)\} = \lim_{T\to\infty}\frac{1}{T}\int_{-\frac{T}{2}}^{\frac{T}{2}} x(t)y(t+\tau)\mathrm{d}t \\ &= \lim_{T\to\infty}\frac{1}{T}\int_{-\frac{T}{2}}^{\frac{T}{2}} x(t-\tau)y(t)\mathrm{d}t \end{aligned} \qquad (6.1.1)$$

和

$$R_{yx}(\tau) = \mathrm{E}\{y(t)x(t+\tau)\} = \lim_{T\to\infty}\frac{1}{T}\int_{-\frac{T}{2}}^{\frac{T}{2}} y(t)x(t+\tau)\mathrm{d}t$$
$$= \lim_{T\to\infty}\frac{1}{T}\int_{-\frac{T}{2}}^{\frac{T}{2}} y(t-\tau)x(t)\mathrm{d}t \tag{6.1.2}$$

因此有

$$R_{xy}(\tau) = -R_{yx}(\tau) \tag{6.1.3}$$

然而，在大多数的应用中，测量时间是有限的，长度只有（短）有限的持续时间 $T$。因此，测量时间 $T$ 对相关函数估计的影响是必须考虑的。下面研究这个问题。

假设信号 $x(t)$ 和 $y(t)$ 在时间区间 $0\leqslant t\leqslant T+\tau$ 范围内是已知的，且 $E\{x(t)\}=0$ 和 $E\{y(t)\}=0$（时间区间为 $0\leqslant t\leqslant T$ 的情况将在第 7 章中讨论），互相关函数（CCF）的估计可写成

$$\hat{R}_{xy}(\tau) = \frac{1}{T}\int_0^T x(t)y(t+\tau)\mathrm{d}t$$
$$= \frac{1}{T}\int_0^T x(t-\tau)y(t)\mathrm{d}t \tag{6.1.4}$$

图 6.1 是估计互相关函数（CCF）的方块图。首先，其中一个信号必须延迟时间 $\tau$，然后两个信号作相乘运算，最后计算乘积的均值。该估计的期望值为

$$\mathrm{E}\{\hat{R}_{xy}(\tau)\} = \frac{1}{T}\int_0^T \mathrm{E}\{x(t)y(t+\tau)\}\mathrm{d}t$$
$$= \frac{1}{T}\int_0^T R_{xy}(\tau)\mathrm{d}t = R_{xy}(\tau) \tag{6.1.5}$$

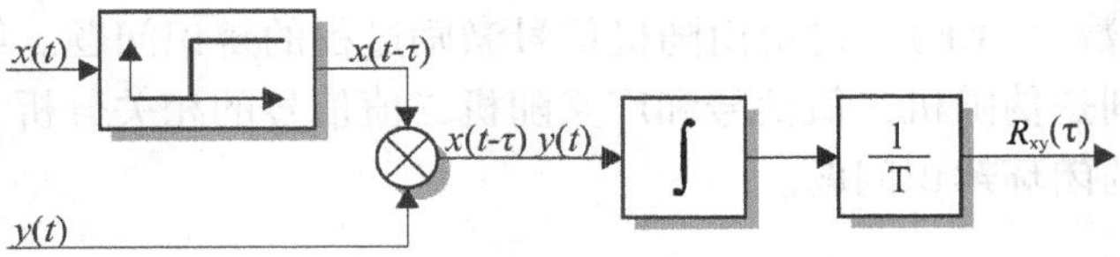


图 6.1　互相关函数估计的方块图

因此，这个估计是无偏的。互相关函数（CCF）估计的方差为

$$\mathrm{var}\,\hat{R}_{xy}(\tau) = \mathrm{E}\{\hat{R}_{xy}(\tau) - R_{xy}(\tau)\}^2 = \mathrm{E}\{\hat{R}^2_{xy}(\tau)\} - R^2_{xy}(\tau)$$
$$= \frac{1}{T^2}\int_0^T\int_0^T \big(x(t)y(t+\tau)x(t')y(t'+\tau)\big)\mathrm{d}t'\mathrm{d}t - R^2_{xy}(\tau) \tag{6.1.6}$$

在 $x(t)$ 和 $y(t)$ 均为正态分布的假设下，可获得

$$\mathrm{var}\,\hat{R}_{xy}(\tau) = \frac{1}{T^2}\int_0^T\int_0^T \big(R_{xx}(t'-t)R_{yy}(t'-t)$$
$$+ R_{xy}(t'-t+\tau)R_{yx}(t'-t-\tau)\big)\mathrm{d}t'\mathrm{d}t \tag{6.1.7}$$

利用变量置换 $t'-t=\xi$ 和 $\mathrm{d}t'=\mathrm{d}\xi$，并通过交换积分顺序（Bendat and Piersol，2010），可写成

$$\mathrm{var}\,\hat{R}_{xy}(\tau) = \frac{1}{T}\int_0^T\left(1-\frac{|\xi|}{T}\right)\big(R_{xx}(\xi)R_{yy}(\xi)$$
$$R_{xy}(\xi+\tau)R_{yx}(\xi-\tau)\big)\mathrm{d}\xi = \sigma^2_{R1} \tag{6.1.8}$$

如果相关函数是绝对可积的，且满足 $E\{x(t)\}=0$ 或 $E\{y(t)\}=0$，则有

$$\lim_{T\to\infty} \operatorname{var} \hat{R}_{\mathrm{xy}}(\tau) = 0 \tag{6.1.9}$$

这意味着式（6.1.4）是均方意义下一致的。

当 $T \gg \tau$ 时，互相关函数（CCF）估计的方差近似为

$$\begin{aligned}\operatorname{var} \hat{R}_{\mathrm{xy}}(\tau) &\approx \frac{1}{T}\int_{-T}^{T}\big(R_{\mathrm{xx}}(\xi)R_{\mathrm{yy}}(\xi) + R_{\mathrm{xy}}(\xi+\tau)R_{\mathrm{yx}}(\xi-\tau)\big)\mathrm{d}\xi \\ &= \frac{1}{T}\int_{-T}^{T}\big(R_{\mathrm{xx}}(\xi)R_{\mathrm{yy}}(\xi) + R_{\mathrm{xy}}(\tau+\xi)R_{\mathrm{xy}}(\tau-\xi)\big)\mathrm{d}\xi\end{aligned} \tag{6.1.10}$$

可见，互相关函数（CCF）估计的方差仅仅取决于两个信号的随机特性。在有限的时间区间 $T$ 内，不可能准确地确定两个随机信号之间的随机相关性，这称作固有统计不确定性（Eykhoff，1964）。

如果对于较大的 $\tau$，可假设 $R_{xy}(\tau)\approx 0$，且 $T \gg \tau$，则式（6.1.10）可简化为

$$\operatorname{var} \hat{R}_{\mathrm{xy}}(\tau) \approx \frac{2}{T}\int_{0}^{T} R_{\mathrm{xx}}(\xi)R_{\mathrm{yy}}(\xi)\mathrm{d}\xi \tag{6.1.11}$$

由于信号通常要受到**随机扰动** $n(t)$ 的干扰，即

$$y(t) = y_0(t) + n(t) \tag{6.1.12}$$

因此必须使用相关函数。如果这种加性噪声 $n(t)$ 的均值为零，即 $E\{n(t)\}=0$，且分别与有用信号 $y_0(t)$ 和 $x(t)$ 是统计独立的，则相关函数之间的关系可写成

$$R_{\mathrm{yy}}(\xi) = R_{\mathrm{y_0y_0}}(\xi) + R_{\mathrm{nn}}(\xi) \tag{6.1.13}$$

$$R_{\mathrm{xy}}(\xi) = R_{\mathrm{xy_0}}(\xi) \tag{6.1.14}$$

根据式（6.1.5），这个估计是无偏的，即有

$$\mathrm{E}\big\{\hat{R}_{\mathrm{xy}}(\tau)\big\} = R_{\mathrm{xy_0}}(\tau) \tag{6.1.15}$$

式（6.1.8）所给的估计值方差会额外增加如下一项

$$\operatorname{var}\big(\hat{R}_{\mathrm{xy}}(\tau)\big)_{\mathrm{n}} = \frac{1}{T}\int_{-T}^{T}\left(1-\frac{|\xi|}{T}\right)R_{\mathrm{xx}}(\xi)R_{\mathrm{nn}}(\xi)\mathrm{d}\xi = \sigma_{\mathrm{R_2}}^2 \tag{6.1.16}$$

其极限为

$$\lim_{T\to\infty} \operatorname{var}\big(\hat{R}_{\mathrm{xy}}(\tau)\big)_{\mathrm{n}} = 0 \tag{6.1.17}$$

使得这个估计还是均方意义下一致的。随着测量时间 $T$ 的增加，扰动影响逐渐消失，因此互相关函数（CCF）估计的方差与测量时间 $T$ 成反比衰减。若扰动叠加于另外一个信号 $x(t)$，也就是

$$x(t) = x_0(t) + n(t) \tag{6.1.18}$$

则有类似的结果，这说明就收敛性而言，哪个信号受到扰动是不重要的。现在，假设两个信号都受到类似的扰动，即

$$y(t) = y_0(t) + n_1(t) \tag{6.1.19}$$

$$x(t) = x_0(t) + n_2(t) \tag{6.1.20}$$

根据 $E\{n_1(t)\}=0$ 和 $E\{n_2(t)\}=0$，可推导出

$$R_{\mathrm{yy}}(\xi) = R_{\mathrm{y_0y_0}}(\xi) + R_{\mathrm{n_1n_1}}(\xi) \tag{6.1.21}$$

$$R_{\mathrm{xx}}(\xi) = R_{\mathrm{x_0x_0}}(\xi) + R_{\mathrm{n_2n_2}}(\xi) \tag{6.1.22}$$

如果这两个扰动分别与各自有用信号是统计独立的，则

$$R_{\mathrm{xy}}(\xi)=R_{\mathrm{x_0y_0}}(\xi)+R_{\mathrm{n_1n_2}}(\xi) \tag{6.1.23}$$

若 $n_1(t)$ 和 $n_2(t)$ 不相关，则互相关函数（CCF）的估计在上述情况下只是无偏的。在这些前提条件下，式（6.1.16）需要额外添加一项

$$\begin{aligned}\operatorname{var}\left(\hat{R}_{\mathrm{xy}}(\tau)\right)_{\mathrm{n_1n_2}}=&\frac{1}{T}\int_{-T}^{T}\left(1-\frac{|\xi|}{T}\right)\Big(R_{\mathrm{x_0x_0}}(\xi)R_{\mathrm{n_1n_1}}(\xi)\\&+R_{\mathrm{y_0y_0}}(\xi)R_{\mathrm{n_2n_2}}(\xi)+R_{\mathrm{n_1n_1}}(\xi)R_{\mathrm{n_2n_2}}(\xi)\Big)\mathrm{d}\xi\end{aligned} \tag{6.1.24}$$

当 $T\to\infty$ 时，该方差也趋于零。然而，对于有限的测量时间 $T$ 而言，其幅值大于单一扰动作用于系统时的幅值。

**定理 6.1（互相关函数的收敛性）**

对于利用式（6.1.5）得到的两个平稳随机信号的互相关函数估计，其误差的影响因素包括：

- 利用式（6.1.8）计算引起的固有统计不确定性。
- 根据式（6.1.16）计算，由扰动 $n(t)$ 引起的不确定性。

如果扰动 $n(t)$ 分别与有用信号 $x_0(t)$ 和 $y_0(t)$ 统计独立，且 $\mathrm{E}\{n(t)\}=0$，则针对有限时间区间 $T$ 获得的互相关函数（CCF）估计是无偏的。在存在扰动 $n(t)$ 的情况下，互相关函数（CCF）估计的方差为（见式（6.1.8）和式（6.1.16））

$$\operatorname{var}\hat{R}_{\mathrm{xy}}(\tau)=\sigma_{R1}^2+\sigma_{R2}^2 \tag{6.1.25}$$

若两个信号分别受到扰动的影响，且它们互不相关，则互相关函数（CCF）的估计只是无偏的。 □

## 6.1.2 自相关函数

对于在时间区间 $0\leqslant t\leqslant T+\tau$ 上取值的连续时间平稳随机信号 $x(t)$，其自相关函数（ACF）的估计可写成

$$\hat{R}_{\mathrm{xx}}(\tau)=\frac{1}{T}\int_{0}^{T}x(t)x(t+\tau)\mathrm{d}t \tag{6.1.26}$$

该估计的期望值为

$$\mathrm{E}\{\hat{R}_{\mathrm{xx}}(\tau)\}=R_{\mathrm{xx}}(\tau) \tag{6.1.27}$$

因此，自相关函数（ACF）估计是无偏的。对于服从正态分布的信号 $x(t)$，类似于式（6.1.8），有

$$\begin{aligned}\operatorname{var}\hat{R}_{\mathrm{xx}}(\tau)&=\mathrm{E}\left\{\left(\hat{R}_{\mathrm{xx}}(\tau)-R_{\mathrm{xx}}(\tau)\right)^2\right\}\\&=\frac{1}{T}\int_{-T}^{T}\left(1-\frac{|\xi|}{T}\right)\left(R_{\mathrm{xx}}^2(\xi)+R_{\mathrm{xx}}(\xi+\tau)R_{\mathrm{xx}}(\xi-\tau)\right)\mathrm{d}\xi=\sigma_{R1}^2\end{aligned} \tag{6.1.28}$$

如果自相关函数（ACF）是绝对可积的，则有

$$\lim_{T\to\infty}\operatorname{var}\hat{R}_{\mathrm{xx}}(\tau)=0 \tag{6.1.29}$$

也就是说，式（6.1.26）的估计是均方意义下一致的。方差 $\sigma_{\mathrm{R1}}^2$ 是由固有不确定性造成的。

当 $T\gg\tau$ 时，方差可近似为

$$\operatorname{var}\hat{R}_{xx}(\tau)\approx\frac{1}{T}\int_{-T}^{T}\big(R_{xx}^2(\xi)+R_{xx}(\xi+\tau)R_{xx}(\xi-\tau)\big)\mathrm{d}\xi \tag{6.1.30}$$

如果假设测量时间 $T$ 较长，则有下面的两种特殊情况。

① $\tau=0$：

$$\operatorname{var}\hat{R}_{xx}(0)\approx\frac{2}{T}\int_{-T}^{T}R_{xx}^2(\xi)\mathrm{d}\xi \tag{6.1.31}$$

② $\tau$ 较大，从而 $R_{xx}(\tau)\approx 0$：由于 $R_{xx}^2(\xi)\gg R_{xx}(\xi+\tau)R_{xx}(\xi-\tau)$，故

$$\operatorname{var}\hat{R}_{xx}(0)\approx\frac{1}{T}\int_{-T}^{T}R_{xx}^2(\xi)\mathrm{d}\xi \tag{6.1.32}$$

因此，$\tau$ 较大时的方差只是 $\tau=0$ 时的一半。

如果信号 $x(t)$ 受到 $n(t)$ 扰动，使得

$$x(t)=x_0(t)+n(t) \tag{6.1.33}$$

假设有用信号 $x_0(t)$ 和噪声 $n(t)$ 不相关，且 $\mathrm{E}\{n(t)\}=0$，那么自相关函数（ACF）写成

$$R_{xx}(\tau)=R_{x_0x_0}(\tau)+R_{nn}(\tau) \tag{6.1.34}$$

因此，含有噪声信号的自相关函数是无噪信号 $x_0(t)$ 和噪声 $n(t)$ 自相关函数之和。

## 6.2 用平稳随机信号激励的动态过程相关分析

### 6.2.1 利用去卷积确定脉冲响应

根据式（5.5.3）或式（2.3.35），自相关函数（ACF）和互相关函数（CCF）可以写成卷积关系

$$R_{uy}(\tau)=\int_0^{\infty}g(t')R_{uu}(\tau-t')\mathrm{d}t' \tag{6.2.1}$$

其中，$g(t)$ 是过程的脉冲响应，过程的输入为 $u(t)$、输出为 $y(t)$。根据式（6.1.4）和式（6.1.26），在有限时间区间 $T$ 内相关函数的估计为

$$\hat{R}_{uu}(\tau)=\frac{1}{T}\int_0^{T}u(t-\tau)u(t)\mathrm{d}t \tag{6.2.2}$$

$$\hat{R}_{uy}(\tau)=\frac{1}{T}\int_0^{T}u(t-\tau)y(t)\mathrm{d}t \tag{6.2.3}$$

通过对式（6.2.1）**去卷积**运算，可以确定所需的脉冲响应 $g(t')$。然而，首先需要利用采样时间 $T_0$ 对卷积进行离散化

$$\hat{R}_{uy}(\nu T_0)\approx T_0\sum_{\mu=0}^{M}g(\mu T_0)\hat{R}_{uu}\big((\nu-\mu)T_0\big) \tag{6.2.4}$$

为了获得 $k=0,\cdots,N$ 的脉冲响应，需要列写 $N+1$ 个像式（6.2.4）形式的方程，见第7.2.1节。文献（Sage and Melsa，1971）采用直接的方法，对输入 $u(t)$ 和输出 $y(t)$ 进行卷积运算。尽管这种方法可归结成下三角矩阵的求逆运算，但这样做是不可取的，因为只有先计算相关函数才能降低噪声的影响。

由于相关函数是利用式（6.2.2）和式（6.2.3）估计的，且对有限的测量时间 $T$，它

们只是近似已知，因此所估计的脉冲响应在某种程度上会失去真实性。

正如第6.1节所述，对于没有噪声扰动的平稳信号 $u(t)$ 和 $y(t)$，其自相关函数（ACF）估计和互相关函数（CCF）估计可以是无偏的。然而，对于应用来说，更重要的还是式（6.1.12）~式（6.1.15）所描述的输出受噪声污染的情况。下面讨论这种情况。

对于含有随机扰动的输出

$$y(t) = y_{\mathrm{u}}(t) + n(t) \tag{6.2.5}$$

根据式（6.1.12）和式（6.1.14），有

$$\mathrm{E}\{\hat{R}_{\mathrm{uy}}(\tau)\} = R^{0}_{\mathrm{uy}}(\tau) + \mathrm{E}\{\Delta R_{\mathrm{uy}}(\tau)\} \tag{6.2.6}$$

其中

$$R^{0}_{\mathrm{uy}}(\tau) = \frac{1}{T}\int_{0}^{T} \mathrm{E}\{u(t-\tau)y_{\mathrm{u}}(t)\}\mathrm{d}t \tag{6.2.7}$$

$$\mathrm{E}\{\Delta R_{\mathrm{uy}}(\tau)\} = \frac{1}{T}\int_{0}^{T} \mathrm{E}\{u(t-\tau)n(t)\}\mathrm{d}t = R_{\mathrm{un}}(\tau) \tag{6.2.8}$$

如果输入和扰动不相关，则有

$$\mathrm{E}\{u(t-\tau)n(t)\} = \mathrm{E}\{u(t-\tau)\}\mathrm{E}\{n(t)\} \tag{6.2.9}$$

因此，若 $\mathrm{E}\{u(t)\}=0$ 或 $\mathrm{E}\{n(t)\}=0$，则

$$\mathrm{E}\{\Delta R_{\mathrm{uy}}(\tau)\} = 0 \tag{6.2.10}$$

根据式（6.2.6），在有限时间区间 $T$ 内，互相关函数（CCF）的估计是无偏的。该相关函数估计的方差可以如下这么确定：由于输入信号具有随机性，因此根据式（6.1.28），自相关函数（ACF）具有固有统计不确定性，写成

$$\mathrm{var}\{\hat{R}_{\mathrm{uu}}(\tau)\} = \frac{1}{T}\int_{-T}^{T}\left(1-\frac{|\xi|}{T}\right)\left(R^{2}_{\mathrm{uu}}(\xi) + R_{\mathrm{uu}}(\xi+\tau)R_{\mathrm{uu}}(\xi-\tau)\right)\mathrm{d}\xi \tag{6.2.11}$$

互相关函数（CCF）同样也具有固有统计不确定性，利用式（6.1.8），可以写成

$$\mathrm{var}\left(\hat{R}_{\mathrm{uy}}(\tau)\right) = \frac{1}{T}\int_{0}^{T}\left(1-\frac{|\xi|}{T}\right)\left(R_{\mathrm{uu}}(\xi)R_{\mathrm{yy}}(\xi)R_{\mathrm{uy}}(\xi+\tau)R_{\mathrm{yu}}(\xi-\tau)\right)\mathrm{d}\xi \tag{6.2.12}$$

如果噪声 $n(t)$ 叠加于输出，还会存在如下额外的不确定性

$$\mathrm{var}\left(\hat{R}_{\mathrm{uy}}(\tau)\right)_{\mathrm{n}} = \frac{1}{T}\int_{-T}^{T}\left(1-\frac{|\xi|}{T}\right)R_{\mathrm{uu}}(\xi)R_{\mathrm{nn}}(\xi)\mathrm{d}\xi \tag{6.2.13}$$

如果各个相关函数及其乘积都是绝对可积的，即意味着至少有 $\mathrm{E}\{u(t)\}=0$，则当 $T\to\infty$ 时，所有这些方差就会为零。因此，所有的相关函数估计都是均方意义下一致的。

**定理6.2（线性过程相关函数的收敛性）**

对于脉冲响应为 $g(t)$ 的线性过程，在下列条件下，根据式（6.2.2）和式（6.2.3）获得的自相关函数 $R_{\mathrm{uu}}(\tau)$ 估计和互相关函数 $R_{\mathrm{uy}}(\tau)$ 估计是均方意义下一致的。

- 有用信号 $u(t)$ 和 $y_{\mathrm{u}}(t)$ 是平稳的。
- $\mathrm{E}\{u(t)\}=0$。
- 扰动 $n(t)$ 是平稳的，且与 $u(t)$ 不相关。 □

如第6.1节所论述的，如果输入 $u(t)$ 受到 $n(t)$ 扰动，或者输入 $u(t)$ 和输出 $y(t)$ 分别受到 $n_1(t)$、$n_2(t)$ 扰动，且两个扰动是不相关的，那么上述定理仍然成立。如果上述定理对某个给定的应用是有效的，那么利用式（6.2.4）获得的脉冲响应估计是均方意义下一致的，

见第 7.2.1 节。下节（第 6.2.2 节）将给出一个实例，用于评估频率响应估计存在的误差。

### 6.2.2 白噪声作为输入信号

**理想白噪声**

如果输入信号是**白噪声**，那么它的自相关函数（ACF）可写成

$$R_{uu}(\tau) = S_{u0}\,\delta(\tau) \tag{6.2.14}$$

利用 $\delta$ 函数的性质，根据式（6.2.1），互相关函数（CCF）可写成

$$R_{uy}(\tau) = S_{u0}\int_0^{\infty} g(t')\delta(\tau - t')\mathrm{d}t' = S_{u0}\,g(\tau) \tag{6.2.15}$$

因此，所求的脉冲响应与互相关函数（CCF）成正比

$$g(\tau) = \frac{1}{S_{u0}}R_{uy}(\tau) \tag{6.2.16}$$

此时，不需要对相关函数进行去卷积运算。由于这种理想白噪声的功率谱密度 $S_{u0}$ 是常数，与频率无关，因而它是无法实现的。为此，需要研究一种**宽带噪声**，在感兴趣的频段内，其功率谱密度近似为常数。

**宽带噪声**

假设宽带噪声可由白噪声经滤波生成，它的功率谱密度为

$$S_{uu}(\omega) = |G_F(\mathrm{i}\omega)|^2 S_{u0} \tag{6.2.17}$$

针对转折频率为 $\omega_C = 1/T_C$ 的一阶滤波器，利用式（2.3.22）以及简单线性动态系统的傅里叶变换，有

$$\begin{aligned} R_{uu}(\tau) &= \frac{1}{2\pi}\int_{-\infty}^{\infty} |G_F(\mathrm{i}\omega)|^2 S_{u0}\mathrm{e}^{\mathrm{i}\omega t}\mathrm{d}\omega \\ &= \frac{1}{\pi}\int_0^{\infty} \frac{S_{u0}}{1 + T_C^2\omega^2}\cos\omega\tau\mathrm{d}\omega \\ &= \frac{1}{2}S_{u0}\omega_C\mathrm{e}^{-\omega_C|\tau|} \end{aligned} \tag{6.2.18}$$

图 6.2 给出的是自相关函数（ACF）和相应功率谱密度 $S_{uu}$ 的曲线形状。对于充分大的带宽，也就是转折频率 $\omega_C$ 充分大，自相关函数（ACF）将趋向于 $\delta$ 函数形状，使得自相关函数（ACF）近似满足式（6.2.16）的应用条件。

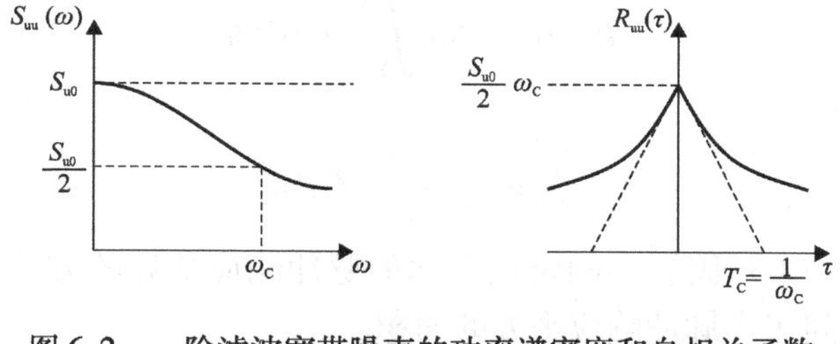


图 6.2　一阶滤波宽带噪声的功率谱密度和自相关函数

文献（Hughes and Norton，1962；Cummins，1964）研究了有限带宽信号激励以及随后式（6.2.16）的“错误”应用所造成的误差。在这项研究中，根据式（6.2.18）计算的自相关函数（ACF）近似于宽度为 $T_C = 1/\omega_C$ 的三角脉冲。相应脉冲响应估计的最大误差出现在 $\tau = 0$ 时刻，其大小为

$$\frac{\Delta g(0)}{g(0)} \approx \frac{1}{3\omega_{\mathrm{C}}} \frac{\dot{g}(0)}{g(0)} \tag{6.2.19}$$

对于时间常数为 $T_1$ 的一阶滤波器，脉冲响应估计的最大误差为

$$\frac{\Delta g(0)}{g(0)} \approx -\frac{1}{3T_1\omega_{\mathrm{C}}} \tag{6.2.20}$$

如果选择 $\omega_{\mathrm{C}}=5/T_1$，可得到 $|\Delta g(0)/g(0)| \approx 0.07$。随着带宽增加，由测试信号的有限带宽引起的误差逐渐变小。可是，由扰动引起的误差却逐渐变大。因此，带宽 $\omega_{\mathrm{C}}=1/T_{\mathrm{C}}$ 不能选择过大。

### 6.2.3 误差估计

本节将针对白噪声情况，讨论脉冲响应 $g(\tau)$（一种非参数过程模型）估计的方差。

对较大的测量时间 $T \gg \tau$，根据式（6.2.12）、式（6.2.14）和式（6.2.16），互相关函数（CCF）的固有统计不确定性导致脉冲响应估计存在如下方差

$$\begin{aligned}\sigma_{\mathrm{g},1}^2 &= \operatorname{var} g(\tau) = \mathrm{E}\{\Delta g^2(\tau)\} \\ &\approx \frac{1}{S_{\mathrm{u0}}^2 T}\int_{-T}^{T}\big(R_{\mathrm{uu}}(\xi)R_{\mathrm{yy}}(\xi) + R_{\mathrm{uy}}(\tau+\xi)R_{\mathrm{uy}}(\tau-\xi)\big)\mathrm{d}\xi \\ &= \frac{1}{S_{\mathrm{u0}}^2 T}\left(R_{\mathrm{yy}}(0) + S_{\mathrm{u0}}\int_{-T}^{T} g(\tau+\xi)g(\tau-\xi)\mathrm{d}\xi\right)\end{aligned} \tag{6.2.21}$$

对 $\tau=0$，而且过程无直接馈通（即 $g(0)=0$）或 $\tau$ 较大时 $g(\tau)\approx 0$，脉冲响应估计的方差简化为

$$\sigma_{\mathrm{g},1}^2 \approx \frac{1}{S_{\mathrm{u0}}^2 T}R_{\mathrm{yy}}(0) = \frac{1}{S_{\mathrm{u0}}^2 T}\overline{y^2(t)} = \frac{1}{S_{\mathrm{u0}}^2 T}\sigma_{\mathrm{y}}^2 \tag{6.2.22}$$

在这种情况下，根据式（2.3.14），$R_{\mathrm{yy}}(\tau)$ 可写成类似于式（2.3.35）的形式

$$R_{\mathrm{yy}}(\tau) = \int_0^{\infty} g(t')R_{\mathrm{uy}}(\tau+t')\mathrm{d}t' \tag{6.2.23}$$

再利用式（6.2.15），有

$$R_{\mathrm{yy}}(\tau) = S_{\mathrm{u0}}\int_0^{\infty} g(t')g(\tau+t')\mathrm{d}t' \tag{6.2.24}$$

和

$$R_{\mathrm{yy}}(0) = S_{\mathrm{u0}}\int_0^{\infty} g^2(t')\mathrm{d}t' \tag{6.2.25}$$

最终得到

$$\sigma_{\mathrm{g},1}^2 \approx \frac{1}{T}\int_0^{\infty} g^2(t')\mathrm{d}t' \tag{6.2.26}$$

因此，互相关函数（CCF）固有不确定性引起的脉冲响应估计的方差与测试信号的幅值无关，只取决于测量时间 $T$ 和脉冲响应平方的面积。

当测量时间 $T$ 较大时，根据式（6.2.13），噪声引起的不确定性为

$$\begin{aligned}\sigma_{\mathrm{g},2}^2 &= \operatorname{var}\big(g(\tau)\big)_{\mathrm{n}} \approx \frac{1}{S_{\mathrm{u0}}^2 T}\int_{-T}^{T} R_{\mathrm{uu}}(\xi)R_{\mathrm{nn}}(\xi)\mathrm{d}\xi \\ &= \frac{1}{S_{\mathrm{u0}}^2 T}R_{\mathrm{nn}}(0) = \frac{1}{S_{\mathrm{u0}}^2 T}\overline{n^2(t)} = \frac{1}{S_{\mathrm{u0}}^2 T}\sigma_{\mathrm{n}}^2\end{aligned} \tag{6.2.27}$$

若 $n(t)$ 是功率谱密度为 $N_0$ 的白噪声，则有

$$\sigma_{g,2}^2 = \frac{N_0}{S_{u0}}\frac{1}{T} \tag{6.2.28}$$

随着噪信比 $\sigma_n^2/S_{u0}$ 或 $N_0/S_{u0}$ 的减小及测量时间 $T$ 的增加，该方差将逐渐变小。因此，脉冲响应估计的方差可表示成两部分的方差之和

$$\sigma_g^2 = \sigma_{g,1}^2 + \sigma_{g,2}^2 \tag{6.2.29}$$

为了更好地考察这两部分方差对脉冲响应估计方差的影响，下面考虑一个一阶系统，其传递函数为

$$G(s) = \frac{y(s)}{u(s)} = \frac{K}{1+T_1 s} \tag{6.2.30}$$

在功率谱密度为 $S_{u0}$ 的白噪声激励下，这个系统的脉冲响应为

$$g(t) = \frac{K}{T_1}\mathrm{e}^{-\frac{t}{T_1}} \tag{6.2.31}$$

互相关函数（CCF）的固有统计不确定性为

$$\sigma_{g1}^2 \approx \frac{1}{T}\int_0^{\infty} g^2(t')\mathrm{d}t' = \frac{K^2}{2T_1 T} \tag{6.2.32}$$

由扰动 $n(t)$ 引起的不确定性为

$$\sigma_{g2}^2 \approx \frac{\sigma_n^2}{S_{u0}T} \tag{6.2.33}$$

如果两部分方差用 $g_{max}=g(0)=K/T_1$ 进行规范化处理，那么脉冲响应相对误差的标准差可写成

$$\frac{\sigma_{g1}}{g_{max}} = \sqrt{\frac{T_1}{2T}} \tag{6.2.34}$$

$$\frac{\sigma_{g2}}{g_{max}} = \frac{\sqrt{T_1}}{K}\frac{\sigma_n}{\sqrt{S_{u0}}}\sqrt{\frac{T_1}{T}} \tag{6.2.35}$$

因此，如果系统的输入是幅值为 $a$、时钟时间为 $\lambda$ 的离散二值噪声信号，那么其功率谱密度可表示为（见第 6.3 节）

$$S_{u0} \approx a^2\lambda \tag{6.2.36}$$

进一步有

$$\frac{\sigma_{g2}}{g_{max}} = \frac{1}{K}\frac{\sigma_n}{a}\sqrt{\frac{T_1}{\lambda}\frac{T_1}{T}} \tag{6.2.37}$$

表 6.1 给出了 $K=1$、$\sigma_n/a=0.2$ 及 $\lambda/T_1=0.2$ 时脉冲响应估计的标准差。

**表 6.1　随测量时间变化的、一阶系统脉冲响应估计的标准差，其中利用互相关函数（CCF）和白噪声激励信号估计脉冲响应**

| $\frac{T}{T_1}$ | 50 | 250 | 1000 |
|---|---|---|---|
| $\frac{\sigma_{g1}}{g_{max}}$ | 0.100 | 0.044 | 0.022 |
| $\frac{\sigma_{g2}}{g_{max}}$ | 0.063 | 0.028 | 0.014 |
| $\frac{\sigma_g}{g_{max}}$ | 0.118 | 0.052 | 0.026 |

该例表明，互相关函数（CCF）的固有统计不确定性与扰动引起的不确定性对估计标准差的影响大体上为同一个数量级，只有在非常差（小）的信噪比 $\sigma_y/\sigma_n$ 情况下，后者才占主导作用。第7章将给出利用相关函数进行辨识的应用实例。

### 6.2.4 利用实际的自然噪声作为输入信号

对于某些应用，可能需要在不干扰过程工作的情况下，利用加入人为的测试信号来确定过程的动态特性。另外，还可以尝试利用对象正常工作过程中产生的扰动作为测试信号。不过，这种自然的输入信号必须具有如下性质：

- 平稳的。
- 带宽必须大于感兴趣过程频段的最高频率。
- 功率谱密度必须大于过程输出扰动的功率谱密度，以免造成过长的测量时间。
- 与其他扰动不相关。
- 无闭环控制，也没有人工干预。

然而，上述这些要求只在极少数的情况下才能得到满足，因此一般来说，**叠加人为的测试信号更为可取**，而且测试信号的幅值要非常小，以免对过程产生不必要的干扰。

## 6.3 利用二值随机信号激励的动态过程相关分析

前面对确定性周期和非周期测试信号的详细讨论表明，对给定幅值受限的测试信号，方波信号即二值信号具有最大的幅值密度（或者振荡幅值），从而能最好地利用给定的幅值范围。

**连续时间随机二值信号（RBS）**

二值随机信号又称作**随机二值信号**（RBS），它具有如下两个性质：第一，信号 $u(t)$ 有 $+a$ 和 $-a$ 两个状态；第二，从一个状态变成另一个状态可能发生在任一时刻。与其他具有连续幅值分布的随机信号相比，这种信号有以下优点：

- 生成简单。
- 互相关函数（CCF）计算简单，因为所研究系统的输出只需分别乘以 $+a$ 或 $-a$ 就可计算互相关函数（CCF）。
- 在信号幅值受限制的情况下，可获得最大的幅值密度。

就目前通常能达到的计算能力而言，前两点已不具有更多的优势，但第三点仍然是使用二值测试信号的最大理由。

RBS 信号的自相关函数（ACF）可以这样确定（Solodownikow，1964）：在给定的时间段 $\Delta t$ 内，$n$ 次符号变化的概率服从 Poisson 分布

$$P(n)=\frac{(\mu\Delta t)^n}{n!}\mathrm{e}^{-\mu\Delta t} \tag{6.3.1}$$

式中，$\mu$ 表示在给定的时间段内符号变化的平均数。

RBS 信号的乘积 $u(t)u(t+\tau)$ 取值为 $+a^2$ 或 $-a^2$，取决于 $u(t)$ 和 $u(t+\tau)$ 是符号相同，还是符号相反。在 $\tau=0$ 时，期望值 $\mathrm{E}\{u(t)u(t+\tau)\}$ 为 $+a^2$。对于 $\tau>0$，若符号发生变化的总次数为 1，3，…（即奇数），则乘积为 $-a^2$。相反地，若符号发生变化的总次数为 0，2，

4，…（即偶数），则乘积为 $+a^2$。因为符号改变是随机的，因此对于 $\Delta t=|\tau|$，有

$$\begin{aligned}\mathrm{E}\{u(t)u(t+\tau)\}&=a^2\big(P(0)+P(2)+\cdots\big)-a^2\big(P(1)+P(3)+\cdots\big)\\&=a^2\mathrm{e}^{-\mu|\tau|}\left(1-\frac{\mu\tau}{1!}+\frac{(\mu\tau)^2}{2!}\pm\cdots\right)\\&=a^2\mathrm{e}^{-2\mu|\tau|}\end{aligned}\tag{6.3.2}$$

图 6.3 是 RBS 信号的自相关函数（ACF）曲线，基本上与一阶滤波宽带噪声的自相关函数（ACF）具有同样的变化趋势。如果选择如下参数

$$a^2=\frac{S_{u0}\omega_C}{2}\ \text{和}\ \mu=\frac{\omega_C}{2}\tag{6.3.3}$$

则两者的自相关函数（ACF）是相同的。这意味着在给定的时间段内 RBS 信号的符号变化平均数 $\mu$ 等于转折频率的一半。

**离散随机二值信号**

由于具有易于利用移位寄存器和数字计算机生成的特点，**离散随机二值信号**（DRBS）在实际中得以广泛应用。这种信号的符号改变发生在时刻为 $k\lambda$，$k=1,2,3,\cdots$的离散点上，其中 $\lambda$ 为时间间隔长度，也称作时钟时间（见图 6.4）。

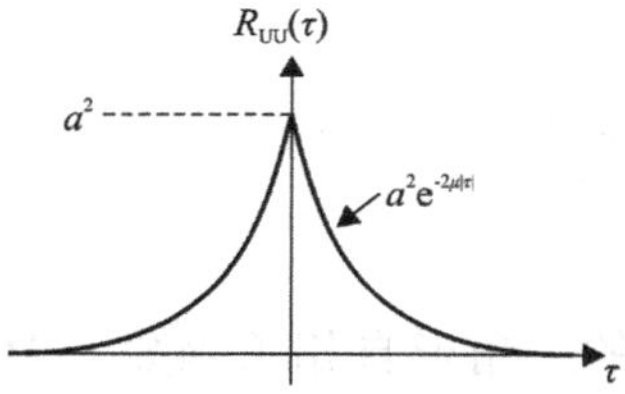


图 6.3　随机二值信号（RBS）的自相关函数

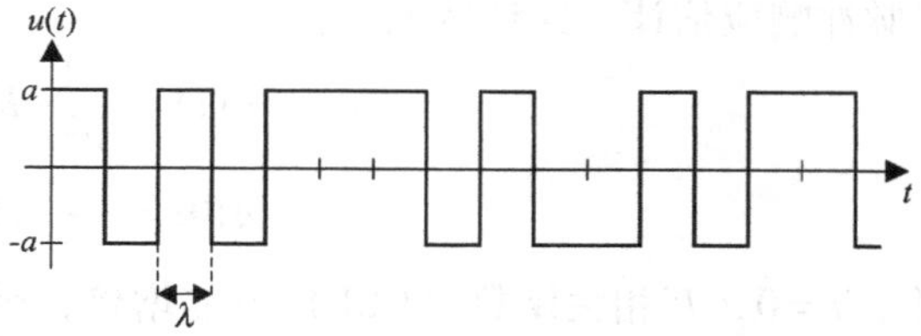


图 6.4　离散随机二值信号（DRBS）

DRBS 信号的自相关函数（ACF）为

$$R_{uu}(\tau)=\lim_{T\to\infty}\int_{-T}^{T}u(t)u(t-\tau)\mathrm{d}\tau\tag{6.3.4}$$

该式可以这样计算：当 $\tau=0$ 时，乘积只能是正的，积分面积为 $2a^2T$，所以 $R_{uu}(0)=a^2$；对于小的时间平移，即 $|\tau|<\lambda$，由于存在负的乘积项，使得 $R_{uu}(\tau)<a^2$，需要扣除的积分面积与 $\tau$ 成正比；对于 $|\tau|\geqslant\lambda$ 的时间平移，正的乘积项和负的乘积项数量相同，从而 $R_{uu}(\tau)=0$。因此，DRBS 的自相关函数（ACF）可总结为

$$R_{uu}(\tau)=\begin{cases}a^2\left(1-\frac{|\tau|}{\lambda}\right),\ |\tau|<\lambda\\0,\ |\tau|\geqslant\lambda\end{cases}\tag{6.3.5}$$

根据式（2.3.17），利用傅里叶变换可获得 DRBS 的功率谱密度为

$$S_{uu}=a^2\lambda\left(\frac{\sin\frac{\omega\lambda}{2}}{\frac{\omega\lambda}{2}}\right)^2\tag{6.3.6}$$

它与宽度为 $2\lambda$ 的三角脉冲的傅里叶变换相同，见式（4.2.4）。DRBS 的离散时间功率谱密度可写成

$$S_{uu}(z)=\sum_{\tau=-\infty}^{\infty}R_{uu}(z)z^{-\tau}=R_{uu}(0)=S_{uu}^*(\omega)=a^2,\ 0\leqslant|\omega|\leqslant\frac{\pi}{T_0}\tag{6.3.7}$$

图 6.5 是离散随机二值信号的自相关函数（ACF）曲线。

如果 $\omega=\omega_C$ 处的功率谱密度幅度与宽带有限噪声的功率谱密度幅度相等，即 $S_{uu}(\omega_C)=S_{u0}/2$（见式（6.2.18）），则有

$$S_{u0}=a^2\lambda,\ \lambda\approx\frac{2.77}{\omega_C} \tag{6.3.8}$$

因此，对于 $\omega<\omega_C$ 的频率范围，宽带有限噪声和 DRBS 具有近似相同的功率谱密度。

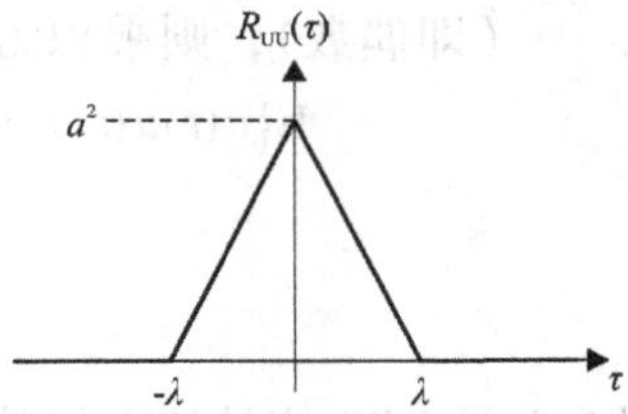


图 6.5　离散随机二值信号（DRBS）的自相关函数

随着时钟时间变小，DRBS 的自相关函数（ACF）将趋近于面积为 $a^2\lambda$ 的小脉冲。如果 $\lambda$ 小于动态过程总的时间常数，那么可以用具有同样面积的 δ 函数来近似三角形的自相关函数（ACF），即

$$R_{uu}(\tau)=a^2\lambda\delta(\tau) \tag{6.3.9}$$

此时，其功率谱密度变为

$$S_{u0}\approx a^2\lambda \tag{6.3.10}$$

根据第 6.2.2 节，类似于利用白噪声激励来确定脉冲响应那样，也可以利用 DRBS 信号来确定脉冲响应估计。这种情况下有

$$\begin{aligned}g(\tau)&=\frac{1}{a^2\lambda}R_{uy}(\tau),\ \tau\geqslant\lambda\\ g(0)&=\frac{2}{a^2\lambda}R_{uy}(0)\end{aligned} \tag{6.3.11}$$

对于 $\tau=0$，互相关函数（CCF）值需增倍，因为这时的三角形自相关函数（ACF）实际上只计算了一半（$\tau\leqslant0$）。对这种简单的估计方法，第 6.2.3 节讨论的误差估计同样适用。对于给定的幅值 $a$，时钟时间 $\lambda$ 不能选择得太小，否则脉冲响应估计的方差可能急剧增长。

上述所有的讨论只适用于无限长的测量时间。对于有限长的测量时间，相关函数和功率谱密度必须针对每次实验分别计算。

使用离散随机二值信号有很大的优势，与具有连续幅值分布的随机信号相比，幅值 $a$ 和时钟时间 $\lambda$ 能更好地与所研究的过程相匹配。然而，存在于自相关函数（ACF）估计和互相关函数（CCF）估计中的固有不确定性仍然比较麻烦。此外，由于测试信号的随机性，实验很难复现。这些缺点通过使用一种周期性二值测试信号可以克服，这种测试信号的自相关函数（ACF）几乎与 DRBS 相同。

**连续时间的伪随机二值信号（PRBS）**

举例来说，从离散随机二值信号剪取 $N$ 个样本，并将它重复一遍或多遍，便可生成周期性二值信号。无可否认这是一种简单的方法，但它存在许多问题。第一，随机序列不易于参数化；第二，式（6.3.5）和式（6.3.6）给出的性质只适用于无限长的序列。对于有限长的序列，需要针对每一序列分别确定自相关函数（ACF）和功率谱密度。

由于上述这些不切实际的问题，因此更倾向于选择那些具有与随机 DRBS 几乎相同自相关函数（ACF）的周期性二值信号序列。这种序列通常可利用 $n$ 级输出带反馈的移位寄存器生成。对于一个 $n$ 级移位寄存器，随着时钟输入的触发，二值信息“0”或“1”将传递到下一级。这种移位寄存器带有反馈，以便生成长度 $N>n$ 的周期性序列。通常，这种移位寄存器的两级或更多级的输出反馈给 XOR 门，见图 6.6。

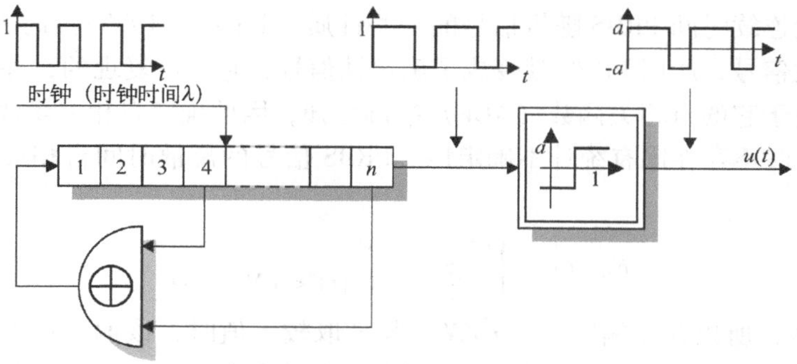


图 6.6　伪随机二值信号发生器

XOR 门是一种异或元件，如果两个输入具有相同的状态（即“0”/“0”或“1”/“1”），XOR 门输出为“0”，如果两个输入具有不同的状态（即“0”/“1”或“1”/“0”），XOR 门输出为“1”。除了移位寄存器所有状态都为零的初始状态，移位寄存器在其他任意初始状态下都可以获得周期性信号。因为一个 $n$ 级移位寄存器产生不同状态的最大数为 $2^n$，且排除掉所有状态均为零的情况，因此由这种移位寄存器生成的信号序列可能的最大长度（最大周期）为

$$N = 2^n - 1 \tag{6.3.12}$$

每次时钟脉冲过后，移位寄存器将产生新的状态组合。不过，只有在特定的反馈设置下，才能生成可能的最大长度的信号序列（Chow and Davies，1964；Davies，1970），见表 6.2。如果将输出“0”映射为 $-a$，将输出“1”映射为 $+a$，就可获得所希望的伪随机二值信号。图 6.7 给出由 4 级移位寄存器生成的信号。

**表 6.2　生成可能最大长度 PRBS 信号所需的移位寄存器反馈结构**

| 级数 | 反馈律 | 长度 |
|---|---|---|
| 2 | 1XOR2 | 3 |
| 3 | 1XOR3 or 2XOR3 | 7 |
| 4 | 1XOR4 or 3XOR4 | 15 |
| 5 | 2XOR5 or 3XOR5 | 31 |
| 6 | 1XOR6 or 5XOR6 | 63 |
| 7 | 1XOR7 or 3XOR7 or 4XOR7 or 6XOR7 | 127 |
| 8 | 1XOR2XOR7XOR8 | 255 |
| 9 | 4XOR9 or 5XOR9 | 511 |
| 10 | 3XOR10 or 7XOR10 | 1023 |
| 11 | 2XOR11 or 9XOR11 | 2047 |

注：“XOR”代表异或门，“or”表示可能的不同反馈律，利用它生成的序列具有相同的可能最大样本长度。

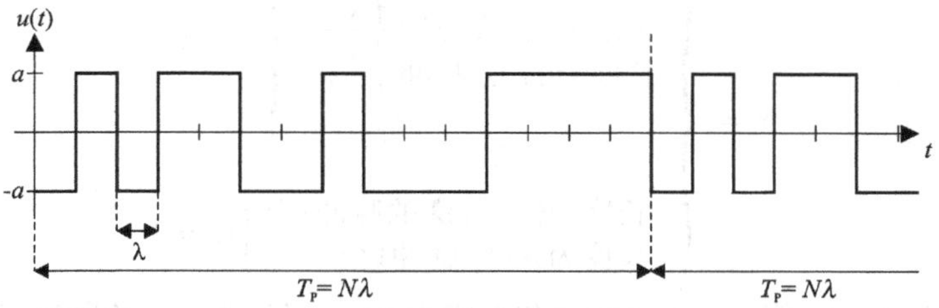


图 6.7　4 级移位寄存器生成的伪随机二值信号，最大长度（最大周期）为 $N=15$

下面将讨论连续时间 PRBS 随机信号的一些性质（Davies，1970）。时钟时间用 $\lambda$ 表示。因为它是周期性信号，所以 PRBS 就变成了确定性信号，它是可复现的，并可调整以适应于特定的过程。由于它的自相关函数（ACF）准确已知，因此确定自相关函数（ACF）和互相关函数（CCF）时不存在固有统计不确定性。PRBS 信号的离散时间自相关函数（ACF）可写成

$$R_{\mathrm{uu}}(\tau)=\begin{cases}a^2, & \tau=0\\ -\frac{a^2}{N}, & \lambda\leqslant|\tau|<(N-1)\lambda\end{cases}\tag{6.3.13}$$

由于 $N$ 为非偶数，所以存在偏置量 $-a^2/N$。当 $N$ 取较大值时，该偏置量可忽略不计。再次考虑 DRBS 的自相关函数（ACF）计算，其连续时间自相关函数（ACF）为

$$R_{\mathrm{uu}}(\tau)=a^2\left(1-\frac{|\tau|}{\lambda}\left(1+\frac{1}{N}\right)\right),\quad 0<|\tau|\leqslant\lambda\tag{6.3.14}$$

因此，PRBS 与 DRBS 的自相关函数（ACF）具有同样的形状。这就合理解释了命名伪随机的由来。由于该信号具有周期性，因此其自相关函数（ACF）也具有周期性（见图 6.8）

$$R_{\mathrm{uu}}(\tau)=\begin{cases}a^2\left(1-\left(1+\frac{1}{N}\right)\frac{|\tau-\nu N\lambda|}{\lambda}\right), & |\tau-\nu N\lambda|\leqslant\lambda\\ -\frac{a^2}{N}, & (\lambda+\nu N\lambda)<|\tau|<(N-1)\lambda+\nu N\lambda\end{cases}\tag{6.3.15}$$

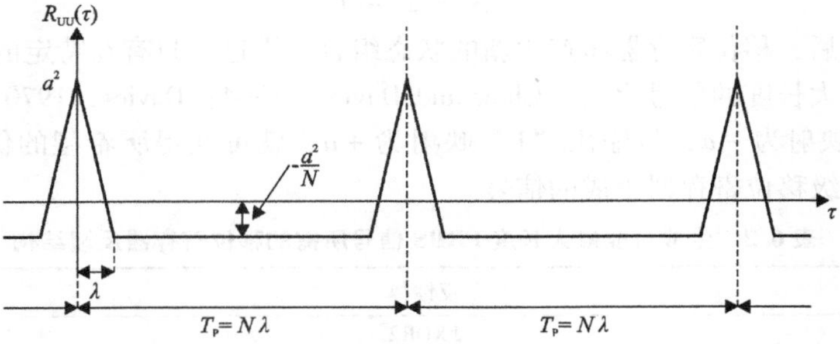

图 6.8　连续时间伪随机二值信号的自相关函数

通过观察信号的幅值分布情况，可总结以下特点：

- PRBS 信号包含 $(N+1)/2$ 次幅值 $+a$ 和 $(N-1)/2$ 次幅值 $-a$，其均值为

$$\overline{u(k)}=\frac{a}{N}\tag{6.3.16}$$

- 若将 PRBS 信号看作由幅值分别为 $+a$ 和 $-a$ 的方脉冲拼接而成，则不同脉冲长度出现的频次为

$$\alpha=\begin{cases}\left.\begin{array}{l}\text{长度为的 }\lambda\text{ 脉冲 }\frac{1}{2}\frac{N+1}{2}\\ \text{长度为的 }2\lambda\text{ 脉冲 }\frac{1}{4}\frac{N+1}{2}\\ \text{长度为的 }3\lambda\text{ 脉冲 }\frac{1}{8}\frac{N+1}{2}\\ \vdots\end{array}\right\}\alpha>1\\ \\ \left.\begin{array}{l}\text{长度为}(n-1)\lambda\text{ 的脉冲1个}\\ \text{长度为 }n\lambda\text{ 的脉冲1个}\end{array}\right\}\alpha=1\end{cases}\tag{6.3.17}$$

除了长度为 $(n-1)\lambda$、幅值为 $+a$ 的脉冲和长度为 $n\lambda$、幅值为 $-a$ 的脉冲是单个之外，幅值

为 $+a$ 和 $-a$ 的脉冲个数总是相等的。

由于 PRBS 具有周期性，因此其功率谱密度不具有连续性，而是一些离散的谱线。利用自相关函数（ACF）的傅里叶变换，这些离散谱线可写成

$$S_{\mathrm{uu}}(\omega)=\int_{-\infty}^{\infty}R_{\mathrm{uu}}(\tau)\mathrm{e}^{-\mathrm{i}\omega\tau}\mathrm{d}\tau \tag{6.3.18}$$

首先，将自相关函数（ACF）展开成傅里叶级数（Davies，1970）

$$R_{\mathrm{uu}}(\tau)=\sum_{\nu=-\infty}^{\infty}c_{\nu}\mathrm{e}^{-\mathrm{i}\nu\omega_0\tau} \tag{6.3.19}$$

其中，傅里叶系数为

$$\begin{aligned}c_{\nu}(\mathrm{i}\nu\omega_0)&=\frac{1}{T_{\mathrm{P}}}\int_{-\frac{T_{\mathrm{P}}}{2}}^{\frac{T_{\mathrm{P}}}{2}}R_{\mathrm{uu}}(\tau)\mathrm{e}^{-\mathrm{i}\nu\omega_0\tau}\mathrm{d}\tau\\&=\frac{2}{T_{\mathrm{P}}}\int_{0}^{\frac{T_{\mathrm{P}}}{2}}R_{\mathrm{uu}}(\tau)\cos\nu\omega_0\tau\mathrm{d}\tau\end{aligned} \tag{6.3.20}$$

利用式（6.3.13）和式（6.3.14），可得

$$\begin{aligned}c_{\nu}(\mathrm{i}\nu\omega_0)&=\frac{2}{T_{\mathrm{P}}}\int_{0}^{\lambda}a^2\left(1-\frac{\tau}{\lambda}\left(\frac{N+1}{N}\right)\right)\cos\nu\omega_0\tau\mathrm{d}\tau\\&\quad+\frac{2}{T_{\mathrm{P}}}\int_{\lambda}^{\frac{T_{\mathrm{P}}}{2}}-\frac{a^2}{N}\cos\nu\omega_0\tau\mathrm{d}\tau\\&=\frac{2a^2}{N\lambda}\left(\frac{1}{\nu\omega_0}\sin\nu\omega_0\lambda-\frac{N+1}{N\lambda(\nu\omega_0)^2}(\cos\nu\omega_0\lambda-1)\right.\\&\quad\left.-\frac{N+1}{N\nu\omega_0}\sin\nu\omega_0\lambda+\frac{1}{N\nu\omega_0}\sin\nu\omega_0\lambda\right)\\&=\frac{2a^2(N+1)}{(N\lambda\nu\omega_0)^2}(1-\cos\nu\omega_0\lambda)\\&=\frac{a^2(N+1)}{N^2}\left(\frac{\sin\frac{\nu\omega_0\lambda}{2}}{\frac{\nu\omega_0\lambda}{2}}\right)^2\end{aligned} \tag{6.3.21}$$

这些傅里叶系数都是实数，进而将自相关函数（ACF）的傅里叶级数写成

$$R_{\mathrm{uu}}(\tau)=\sum_{\nu=-\infty}^{\infty}\frac{a^2(N+1)}{N^2}\left(\frac{\sin\frac{\nu\omega_0\lambda}{2}}{\frac{\nu\omega_0\lambda}{2}}\right)^2\cos\nu\omega_0\tau \tag{6.3.22}$$

将上式代入式（6.3.18），有

$$S_{\mathrm{uu}}(\omega_0)=\frac{a^2(N+1)}{N^2}\sum_{\nu=-\infty}^{\infty}\left(\frac{\sin\frac{\nu\omega_0\lambda}{2}}{\frac{\nu\omega_0\lambda}{2}}\right)^2\delta(\omega-\nu\omega_0) \tag{6.3.23}$$

和

$$S_{\mathrm{uu}}(0)=\frac{a^2(N+1)}{N^2}\delta(\omega) \tag{6.3.24}$$

将式（6.3.23）中的因子记作 $Q$，其值为

$$Q(\nu\omega_0)=\frac{a^2}{N}\left(1+\frac{1}{N}\right)\left(\frac{\sin\frac{\nu\omega_0\lambda}{2}}{\frac{\nu\omega_0\lambda}{2}}\right)^2=\frac{a^2}{N}\left(1+\frac{1}{N}\right)\left(\frac{\sin\frac{\nu}{N}\pi}{\frac{\nu}{n}\pi}\right)^2 \tag{6.3.25}$$

对不同的 $v=0,1,2,\cdots$,因子 $Q$ 的变化图形如图 6.9 所示。离散谱具有如下的性质：

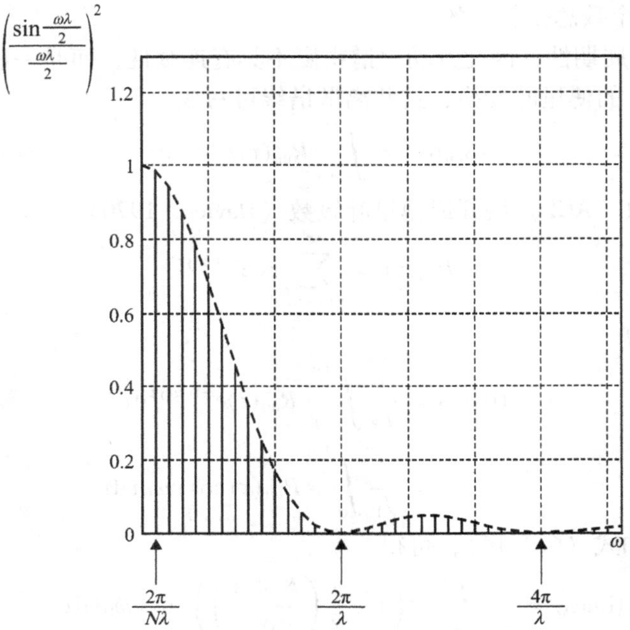


图 6.9　对于周期时间为 $T_P = N\lambda$ 且 $N = 15$ 的 PRBS 信号，其离散功率谱密度的 $Q$ 因子

- 谱线间距为 $\Delta\omega = \omega_0 = 2\pi/(N\lambda)$。
- 随着频率增加，谱线逐渐减小，并在 $\nu\omega_0 = 2\pi j/\lambda, j = 1, 2, \cdots$ 取零值。
- 根据第一零值（见图 6.9），信号的带宽可定义为

$$\omega_B = \frac{2\pi}{\lambda} \tag{6.3.26}$$

- 利用 $S_{uu}(\omega_c) = S_{uu}/2$ 和（6.3.8）式，截止频率定义为

$$\omega_c \approx \frac{2.77}{\lambda} \tag{6.3.27}$$

- 当 $\nu \approx N/3$ 时，因子 $Q(\nu\omega_0)$ 比 $Q(0)$ 减少了 3 dB。这意味着在低于如下频率的频段上可假设功率谱密度为常值

$$\omega_{3dB} = \frac{\omega_B}{3} = \frac{2\pi}{3\lambda} \tag{6.3.28}$$

图 6.10 给出了离散功率谱密度因子 $Q$ 随时钟时间 $\lambda$ 的变化情况，图 6.10a 是时钟时间为 $\lambda_1$、周期长度为 $T_P = N_1\lambda_1$ 的原始 PRBS 信号 $Q$ 曲线。现在，在不同的假设条件下增加时钟时间：

- 时钟时间 $\lambda$ 增加，但周期时间 $T_P$ 保持不变，图 6.10b 给出 $\lambda = 2\lambda_1$ 时的 $Q$ 曲线，即

$$Q(\nu\omega_0) = 2\frac{a^2}{N_1}\left(1 + \frac{2}{N_1}\right)\left(\frac{\sin k\omega_0\lambda_1}{k\omega_0\lambda_1}\right)^2 \tag{6.3.29}$$

  - 谱线间距 $\Delta\omega = 2\pi/T_P$ 保持不变。
  - 第一零值位于 $\omega = 2\pi/\lambda_2 = \pi/\lambda_1$，即该零值在较低的频段达到。
  - 谱线较少，但幅值较高（总功率近似为常数）。

- 时钟时间 $\lambda$ 增加，但周期长度 $N$ 保持不变，图 6.10c 给出 $\lambda=2\lambda_1$ 时的 $Q$ 曲线，即

$$Q(\nu\omega_0)=\frac{a^2}{N_1}\left(1+\frac{1}{N_1}\right)\left(\frac{\sin\frac{\nu\omega_0\lambda_1}{2}}{\frac{\nu\omega_0\lambda_1}{2}}\right)^2 \tag{6.3.30}$$

  - 谱线间距 $\Delta\omega=2\pi/(2N_1\lambda_1)=\pi/(N_1\lambda_1)$ 变小。
  - 第一零值位于 $\omega=2\pi/\lambda_2=\pi/\lambda_1$，即该零值在较低频段达到。
  - 谱线较多，但幅值相等。

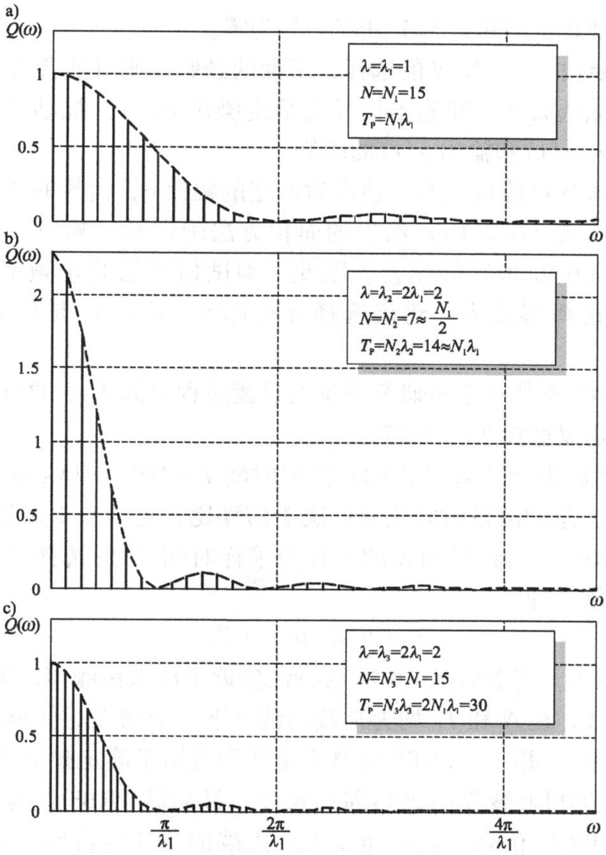


图 6.10　对于不同周期长度 $N$ 和不同时钟时间 $\lambda$ 的 PRBS 信号，
其离散功率谱密度的 $Q$ 因子

在上述两种情况下，对该参数进行研究表明，通过增加时钟时间 $\lambda$ 可以较大强度地激励较低频段的动态特性。相对于过渡过程时间，当周期时间 $T_{\mathrm{P}}$ 取较大值时，对于 $\lambda \ll N$，且 $N$ 比较大，PRBS 信号的自相关函数（ACF）将接近于式（6.3.5）给出的 DRBS 自相关函数（ACF），其直流分量 $-a^2/N$ 小到可以忽略。此时，可以利用该简化形式的 DRBS 自相关函数来确定脉冲响应。另外，如果时钟时间 $\lambda$ 小于动态过程总的时间常数，则有

$$\Phi_{\mathrm{uu}}(\tau)\approx a^2\lambda\delta(\tau) \tag{6.3.31}$$

其功率谱密度为

$$S_{\mathrm{u0}}\approx a^2\lambda \tag{6.3.32}$$

脉冲响应可写成

$$g(\tau)=\frac{1}{a^2\lambda}R_{\mathrm{uy}}(\tau) \tag{6.3.33}$$

这类似于利用白噪声输入激励系统的情况，见式（6.2.16）。第 7.2.1 节将讨论离散时间信号的去卷积运算。

在这种情况下，可根据第 6.2.3 节的论述，对扰动 $n(t)$ 造成的估计误差进行分析。但需注意到，由于 PRBS 具有确定性，因此其互相关函数（CCF）估计不存在式（6.1.8）所示的固有不确定性，所以式（6.2.32）中的 $\sigma^2_{g,1}$ 为零。

对于 PRBS **自由参数** $a$、$\lambda$ 和 $N$ 的选择，下面的经验规则可能会有帮助：

- 幅值 $a$ 要尽可能选大些，使输出信号受给定噪声 $n(t)$ 的扰动尽可能小。但是，需要考虑过程对输入 $u(t)$ 和输出 $y(t)$ 的限制。
- 时钟时间 $\lambda$ 应该尽可能选大些，使得对给定的幅值 $a$，信号的功率谱密度 $S_{\mathrm{uu}}(\omega)$ 尽可能大。如果根据式（6.2.16）给出的简化方法确定脉冲响应，则相应的估计会不正确，并产生式（6.2.20）的误差。因此，测试信号的截止频率 $\omega_c=1/\lambda$ 不能太小，为此 $\lambda$ 也不能选择得太大。建议选择 $\lambda\leqslant T_i/5$，其中 $T_i$ 是感兴趣过程的最小时间常数。
- 周期时间 $T_P=N\lambda$ 不能小于所研究系统的过渡过程时间 $T_{95}$，这样才不会使脉冲响应估计产生重叠。建议选择 $T_P\approx1.5T_{95}$。

PRBS 信号的周期数 $M$ 要根据所需的总测量时间 $T=MT_P=MN\lambda$ 来确定。在信号参数 $a$、$\lambda$ 和 $N$ 给定的情况下，总的测量时间主要取决于信噪比，见第 6.2.3 节。

对于**离散时间 PRBS**，时钟时间 $\lambda$ 的选择与采样时间 $T_0$ 的选择是有关联的，因为 $\lambda$ 只能取采样时间的整数倍，即

$$\lambda=\mu T_0,\ \mu=1,2,\ldots \tag{6.3.34}$$

对于 $\mu=1$ 和比较大的 $N$，离散时间 PRBS 的特性接近于离散白噪声。如果通过选取 $\mu=2,3,\cdots$，以增加时钟时间 $\lambda$，在 $N$ 和 $T_P$ 均为常数的情况下，会增强对低频的激励。文献（Pintelon and Schoukens，2001）指出，PRBS 信号不是特别适用于确定频率响应函数，因为它不具有 $2^n$ 这种适用于快速傅里叶变换的理想周期长度。最后就 PRBS 信号可否用于非线性系统给个补充说明，使用 PRBS 信号一般不能发现输入端的非线性特性，也就是说对诸如 Hammerstein 模型是不适用的，见第 18 章。

文献（Ljung，1999）描述了一种产生 RBS 信号的不同方法：首先，利用成形滤波器，对零均值高斯白噪声信号进行滤波，以产生具有适当频率成分的测试信号；然后，只保留所产生信号的符号，并根据需要对测试信号的幅值进行标度变换。可是，这种非线性操作会改变信号的频率成分，为此需要分析所获 RBS 信号的频谱，以确保信号的适用性。

**离散时间的广义随机二值信号（GRBS）**

**广义随机二值信号（GRBS）**（Tulleken，1990）是随机二值信号的一种推广形式。对于离散随机二值信号，假设幅值变化是随机的，即在每一时刻 $k$，信号幅值保持不变的概率为 50%，幅值发生变化的概率也为 50%。对于这种信号来说，其幅值不可能长时间保持不变。

因此广义随机二值信号引入另外一个变量，用于描述信号值发生变化和保持不变的概率。下面，假设信号值保持不变的概率为 $p$，使得

$$P\big(u(k) = u(k-1)\big) = p \tag{6.3.35}$$

$$P\big(u(k) \neq u(k-1)\big) = (1-p) \tag{6.3.36}$$

**脉冲长度的期望值**为

$$\mathrm{E}\{T_{\mathrm{P}}\} = \sum_{k=1}^{\infty}(kT_0)p^{k-1}(1-p) = \frac{T_0}{1-p} \tag{6.3.37}$$

从上式看出，如果$p$增加，就会频繁出现具有较长脉冲长度的信号。然而，它与 PRBS 信号的重大区别是，总能出现长度为 $T_0$ 的脉冲。对 PRBS 信号来说，最小的脉冲长度取决于 $\mu T_0$。无限长的 GRBS 信号的自相关函数为

$$R_{\mathrm{uu}}(\tau) = a^2(2p-1)^{|\tau|} \tag{6.3.38}$$

其功率谱密度为

$$S_{\mathrm{uu}} = \frac{(1-\beta)^2 T_0}{1-2\beta\cos\omega T_0 + \beta^2},\ \beta = 2p-1 \tag{6.3.39}$$

PRBS 信号和 GRBS 信号的频谱比较如图 6. 11 所示。从该图可看出，GRBS 信号激励的频率范围比 PRBS 信号更宽。由于 PRBS 信号具有周期性，因此其频谱零值出现在较低的频段上（Zimmerschied，2002）。

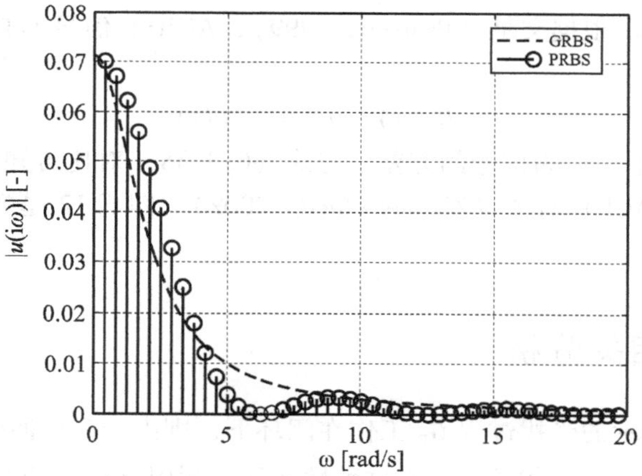


图 6. 11　PRBS 信号（$\mu T_0 = 1\mathrm{s}$，$a = 1$，$N = 15$）和 GRBS 信号（$T_0 = 0.1\mathrm{s}$，$p \approx 0.9$）的频谱比较（Zimmerschied，2002）

**幅值调制的 PRBS 和 GRBS**

PRBS（见第 6. 3 节）和 GRBS（见第 6. 3 节）并不适用于非线性系统辨识，因为它们所产生的$u(k)$只取两个不同值，因此不能在整个输入范围$u(k) \in (u_{\min} \cdots u_{\max})$上激励非线性系统，所以必须采用一种测试信号，不仅激励频率有变化，而且激励幅值也有变化。这意味着需要考虑更多的设计参数，比如文献（Doyle et al，2002）：

- 输入序列长度 $N$。
- 输入幅值范围 $u(k) \in (u^*_{\min} \cdots u^*_{\max})$。
- 输入幅值 $u(k)$的分布。
- 生成信号的频谱或形状。

PRBS 信号或 GRBS 信号可以用作研究非线性激励信号的基础。在许多应用中，已证实

它们是很好用的，且信号特性已为人们所熟知。为了设计适用于非线性系统的输入序列，一种简单而直接的扩展方法如下：

首先，利用 PRBS 或 GRBS 信号确定每一脉冲的长度，然后从预先定义好的幅值集合中选取脉冲的幅度。这时需要对 $u_{\min} \sim u_{\max}$ 的输入范围进行等区间划分，且每次取值只取幅值集合中的单一值。另一种方法是利用随机数发生器，在 $u_{\min} \sim u_{\max}$ 区间内随机选取 $u(k)$ 值。虽然所获得的测试信号的幅值分布和频率分布在整个工作范围上是不均匀的，但对充分长的测试信号序列，它不会造成严重的影响，见图 6.12。

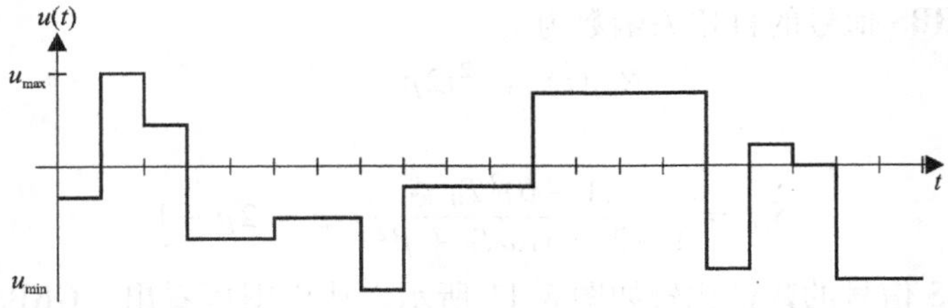


图 6.12　幅值调制的伪随机二值信号（APRBS）

APRBS 信号或 AGRBS 信号的自相关函数（ACF）非常类似于 PRBS 信号或 GRBS 信号的自相关函数（ACF）。根据文献（Pearson，1999），AGRBS 信号的自相关函数（ACF）可写成

$$R_{\mathrm{uu}}(\tau) = \mu^2 + \sigma^2 p(\tau) \tag{6.3.40}$$

其中，$\mu$ 为信号的均值，$\sigma^2$ 为信号的方差。与式（6.3.38）对比可知，上式第二项与 GRBS 信号的自相关函数（ACF）有关（Zimmerschied，2002）。图 6.12 是幅值调制伪随机二值信号的一个例子。

## 6.4　闭环下的相关分析

如果如图 6.13 所示的受扰过程 $G_{\mathrm{P}}$ 工作在闭环下，则由于反馈回路和控制器 $G_{\mathrm{c}}$ 的作用，过程输入 $u(t)$ 与扰动 $n(t)$ 是相关的。在这种情况下，利用互相关函数 $R_{\mathrm{uy}}(\tau)$ 通常不可能确定过程的动态特性，它与测试信号加到控制回路的位置无关。然而，如果还试图使用前面所述的方法来辨识模型，那么负时刻的脉冲响应通常会出现非零值（Godman and Reswick，1956；Rödder，1973，1974）。

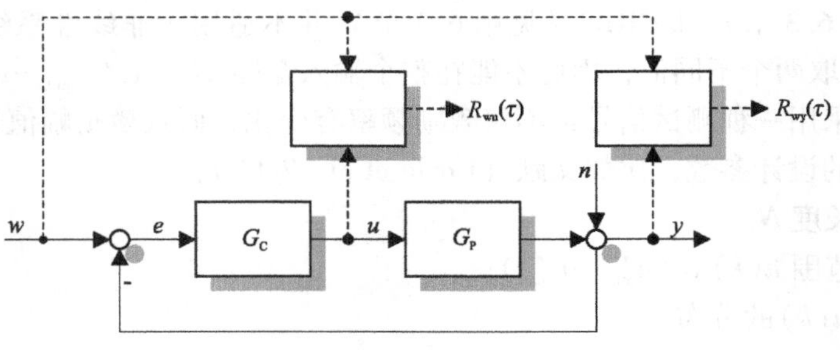


图 6.13　闭环下相关分析方块图

如果过程输入和输出与外部测试信号 $w(t)$ 进行相关运算，那么过程的动态特性是可以辨识的。此时，有

$$R_{\mathrm{wu}}(\tau) = \mathrm{E}\{w(t-\tau)u_0(t)\} + \underbrace{\mathrm{E}\{w(t-\tau)u_{\mathrm{n}}(t)\}}_{=0} \tag{6.4.1}$$

其中，$u_0(t)$ 代表 $u(t)$ 中由 $w(t)$ 激励的部分，$u_{\mathrm{n}}(t)$ 代表由 $n(t)$ 激励控制器所产生的部分。由于扰动与设定点不相关，由此可得

$$R_{\mathrm{wy}}(\tau) = \mathrm{E}\{w(t-\tau)y_0(t)\} + \underbrace{\mathrm{E}\{w(t-\tau)n(t)\}}_{=0} \tag{6.4.2}$$

利用 $R_{\mathrm{wu}}(\tau)$，可获得脉冲响应 $g_{\mathrm{wu}}(\tau)$，再应用拉普拉斯变换，得到传递函数

$$G_{\mathrm{uw}} = \frac{u(s)}{w(s)} = \frac{G_{\mathrm{C}}}{1+G_{\mathrm{C}}G_{\mathrm{P}}} \tag{6.4.3}$$

经过类似的推导，可以根据相关函数 $R_{\mathrm{wy}}(\tau)$，获得脉冲响应 $g_{\mathrm{wy}}(\tau)$ 及其传递函数

$$G_{\mathrm{wy}} = \frac{G_{\mathrm{C}}G_{\mathrm{P}}}{1+G_{\mathrm{C}}G_{\mathrm{P}}} \tag{6.4.4}$$

利用上述两个传递函数，可推导出 $G_{\mathrm{P}}$ 为

$$G_{\mathrm{P}} = \frac{G_{\mathrm{wy}}}{G_{\mathrm{wu}}} \tag{6.4.5}$$

然而，如果过程在 $u(t)$ 和 $y(t)$ 之间没有受到其他扰动，并且测试信号从合适的位置加到控制回路上，那么该过程的辨识可以是无误差的（Rödder，1974）。

## 6.5 小结

利用随机测试信号或伪随机测试信号的相关分析方法，可以估计得到线性过程的非参数模型。如果过程是由有色或白色输入信号激励的，这些方法能用于实时在线辨识，以获得过程的脉冲响应估计。对于白噪声输入信号，脉冲响应估计与互相关函数（CCF）成正比。由于平稳信号的互相关函数（CCF）能自动将有用信号和噪声分离，因此即使存在较大的扰动和不利的信噪比，这些方法仍然可以使用，唯一的要求是测量时间要充分长。虽然在某些条件下有可能使用自然噪声作为测试信号，但是不大建议使用。在实际应用中，一般最好使用人为的测试信号。伪随机二值信号（PRBS）已得到广泛应用，因为这种信号易于设计和生成，其自相关函数（ACF）计算简单，能够直接用于辨识脉冲响应。除了伪随机二值信号之外，本章还介绍了广义随机二值信号。与在低频段有零幅值谱的伪随机二值信号相比，广义随机二值信号能激励更宽的频率范围。关于非线性系统的激励，如果要辨识过程的非线性特性，二值信号是不适合用作激励信号的，因为二值信号不能覆盖整个输入范围 $u \in (u_{\min}, u_{\max})$。

## 习题

6.1　自相关函数

描述白噪声和转折频率为 $f_{\mathrm{C}} = 1\ \mathrm{Hz}$ 的一阶滤波宽带噪声的自相关函数的形状。

6.2 互相关函数

利用习题6.1的信号作为输入信号，激励传递函数为 $G(s)=K/(1+Ts)$（其中 $K=1$，$T=0.2\,s$）的一阶过程，试计算该过程输入和输出的互相关函数（CCF）。

6.3 离散随机二值信号

计算 $a=2\,V$ 和 $\lambda=2\,s$ 的离散随机二值信号的自相关函数（ACF）。

6.4 相关分析

如果过程 $G_P$ 的控制回路没有断开，即系统工作在闭环状态下，试描述如何测量过程的频率响应。已知条件是设定点 $w(t)$ 可以自由选择，控制变量 $u(t)$ 和（扰动）输出 $y(t)$ 是可测的。目前已有许多可用的相关软件用于计算相关函数和傅里叶变换。试描述确定频率响应的整个过程，以及哪些相关函数需要计算？如何确定连续时间的频率响应。

6.5 离散随机二值信号和伪随机二值信号

试就以下几个方面讨论离散随机二值信号和伪随机二值信号的差别：可重复生成、均值、自相关函数、功率谱密度和周期性。

## 参考文献


Bendat JS, Piersol AG (2010) Random data: Analysis and measurement procedures, 4th edn. Wiley-Interscience, New York

Chow P, Davies AC (1964) The synthesis of cyclic code generators. Electron Eng 36: 253-259

Cummins JC (1964) A note on errors and signal to noise ratio of binary cross correlation measurements of system impulse response. Atom Energy Establishment, Winfrith (AEEW), Dorset

Davies WDT (1970) System identification for self-adaptive control. Wiley-Interscience, London

Doyle FJ, Pearson RK, Ogunnaike BA (2002) Identification and control using Volterra models. Communications and Control Engineering, Springer, London

Eykhoff P (1964) Process parameter estimation. Progress in Control Engineering 2:162-206

Godman TP, Reswick JB (1956) Determination of th system characteristics from normal operation modes. Trans ASME 78: 259-271

Hänsler E (2001) Statistische Signale: Grundlagen und Anwendungen. Springer, Berlin

Hughes M, Norton A (1962) The measurement of control system characteristics by means of cross-correlator. Proc IEE Part B 109(43): 77-83

Ljung L (1999) System identification: Theory for the user, 2nd edn. Prentice Hall Information and System Sciences Series, Prentice Hall PTR, Upper Saddle River, NJ

Papoulis A (1962) The Fourier integral and its applications. McGraw Hill, New York

Pearson RK (1999) Discrete-time dynamic models. Topics in chemical engineering, Oxford University Press, New York

Pintelon R, Schoukens J (2001) System identification: A frequency domain approach. IEEE Press, Piscataway, NJ

Rödder P (1973) Systemidentifikation mit stochastischen Signalen im geschlossenen Regelkreis

-Verfahren der Fehlerabschätzung. Dissertation. RWTH Aachen, Aachen

Rödder P (1974) Nichtbeachtung der Rückkopplung bei der Systemanalyse mit stochastischen Signalen. Regelungstechnik 22:154-156

Sage AP, Melsa JL (1971) System identification. Academic Press, New York

Solodownikow WW (1964) Einführung in die statistische Dynamik linearer Regelsysteme. Oldenbourg Verlag, München

Tulleken HJAF (1990) Generalized binary noise test-signal concept for improved identification-experiment design. Automatica 26(1): 37-49

Zimmerschied R (2002) Entwurf von Anregungssignalen für die Identifikation nichtlinearer dynamischer Prozesse. Diplomarbeit. Institut für Regelungstechnik, TU Darmstadt, Darmstadt

# 第 7 章

# 离散时间模型的相关分析

基于前面第 6 章论述的连续时间情况的相关分析原理，本章将更加详尽地讨论离散时间的情况，这种情况需要在数字计算机上实现。连续时间信号和离散时间信号处理的差别很小，仅是相关函数的计算有所不同，其主要的区别在于连续时间积分用离散值求和替代。在第 7.1 节中还会再次讨论相关函数的估计，不过这次讨论将重点分析有限长度信号采样的情况及随后出现的固有估计不确定性问题。在这节中还将讨论一种相关函数计算的快速实现方法。对在线应用来说，更有用的是实现相关函数的递推估计。第 7.2 节论述离散时间情况下线性动态采样系统的相关分析。在前一章第 6.3 节中已经讨论过的**二值测试信号**，它非常适合用作去卷积运算的测试信号，本章对此只作简短讨论。

## 7.1 相关函数估计

### 7.1.1 自相关函数

根据式（2.4.3），对于离散时间为 $k=t/T_0=0,1,2,\cdots$、采样时间为 $T_0$ 的离散时间平稳随机过程 $x(k)$，其自相关函数（ACF）定义为

$$R_{xx}(\tau)=\mathrm{E}\{x(k)x(k+\tau)\}=\lim_{N\to\infty}\frac{1}{N}\sum_{k=1}^{N}x(k)x(k+\tau) \tag{7.1.1}$$

在这种简单的情况下，假设测量周期是无限长的。然而，信号的数据记录长度总是有限的。后面有趣的是，基于有限长度 $N$ 和恒定采样时间 $T_0$ 的数据点序列来估计信号 $x(k)$ 个体样本函数 $\{x(k)\}$ 的自相关函数（ACF）可能达到的精度。根据式（7.1.1），自相关函数（ACF）的估计可写成

$$\hat{R}_{xx}(\tau)\approx R_{xx}^{N}(\tau)=\frac{1}{N}\sum_{k=0}^{N-1}x(k)x(k+\tau) \tag{7.1.2}$$

然而，如果 $x(k)$ 只在有限区间 $0\leqslant k\leqslant N-1$ 上进行采样，则有

$$\hat{R}_{xx}(\tau)=\frac{1}{N}\sum_{k=0}^{N-1-|\tau|}x(k)x(k+|\tau|),\quad 0\leqslant|\tau|\leqslant N-1 \tag{7.1.3}$$

因为当 $k<0$ 且 $k>N-1$ 时，$x(k)=0$，或当 $k>N-1-|\tau|$ 时，$x(k+|\tau|)=0$。在这种情况下，只有 $N-|\tau|$ 项乘积，因此可以采用另外一种替代的估计形式

$$\hat{R}'_{xx}(\tau)=\frac{1}{N-|\tau|}\sum_{k=0}^{N-1-|\tau|}x(k)x(k+|\tau|),\ 0\leqslant|\tau|\leqslant N-1 \tag{7.1.4}$$

式中，求和后除以有效项数 $N-|\tau|$。

现在的问题是上面的这两种估计哪一种更好？为了研究这个问题，假设 $E\{x(k)\}=0$，那么在区间 $0\leqslant|\tau|\leqslant N-1$ 上这两个估计量的期望值可以写成

$$\begin{aligned}E\{\hat{R}_{xx}(\tau)\}&=\frac{1}{N}\sum_{k=0}^{N-1-|\tau|}E\{x(k)x(k+|\tau|)\}=\frac{1}{N}\sum_{k=0}^{N-1-|\tau|}R_{xx}(\tau)\\&=\left(1-\frac{|\tau|}{N}\right)R_{xx}(\tau)=R_{xx}(\tau)+b(\tau)\end{aligned} \tag{7.1.5}$$

和

$$E\{\hat{R}'_{xx}(\tau)\}=R_{xx}(\tau) \tag{7.1.6}$$

从式（7.1.5）可以看到，当采样长度 $N$ 有限时，该估计存在系统误差 $b(\tau)$（偏差）。但是，当 $N\to\infty$ 且 $|\tau|\ll N$ 时，该误差为零，即有

$$\lim_{N\to\infty}E\{\hat{R}_{xx}(\tau)\}=R_{xx}(\tau),\ |\tau|\ll N \tag{7.1.7}$$

因此这种估计是一致的。然而，对于有限的测量周期 $N$，式（7.1.4）也是无偏估计。

如果信号服从高斯分布，根据下节所介绍的互相关函数方差，可以导出式（7.1.2）的估计方差为

$$\begin{aligned}\lim_{N\to\infty}\operatorname{var}\hat{R}_{xx}(\tau)&=\lim_{N\to\infty}E\{(\hat{R}_{xx}(\tau)-R_{xx}(\tau))^2\}\\&=\lim_{N\to\infty}\sum_{\nu=-(N-1)}^{N-1}\left(R_{xx}^2(\nu)+R_{xx}(\nu+\tau)R_{xx}(\nu-\tau)\right)\end{aligned} \tag{7.1.8}$$

该式表明自相关函数估计具有固有不确定性，见第6章。如果自相关函数是有限的，且 $E\{x(k)\}=0$，则当 $N\to\infty$ 时，该方差为零。因此，利用式（7.1.2）计算的自相关函数（ACF）估计是均方意义下一致的。根据式（7.1.8），当 $N$ 较大时，对下面几种特殊情况，可以推导出这个结论。

- $\tau=0$：

$$\operatorname{var}\hat{R}_{xx}(\tau)\approx\frac{2}{N}\sum_{\xi=-(N-1)}^{N-1}R_{xx}^2(\xi) \tag{7.1.9}$$

如果 $x(k)$ 为白噪声，则

$$\operatorname{var}\hat{R}_{xx}(0)\approx\frac{2}{N}R_{xx}^2(0)=\left(\overline{x^2(k)}\right)^2 \tag{7.1.10}$$

- 较大 $\tau$：根据 $R_{xx}(\tau)\approx0$，有

$$R_{xx}^2(\nu)\gg R_{xx}(\nu+\tau)R_{xx}(\nu-\tau)\text{ 因为 }R_{xx}(\tau)\approx0 \tag{7.1.11}$$

为此可得到

$$\operatorname{var}\hat{R}_{xx}(\tau)\approx\frac{1}{N}\sum_{\nu=-(N-1)}^{N-1}R_{xx}^2(\nu) \tag{7.1.12}$$

根据式（7.1.10）和式（7.1.11），进一步可得到

$$\operatorname{var}\hat{R}_{xx}(0)\approx2\operatorname{var}\hat{R}_{xx}(\tau) \tag{7.1.13}$$

即 $\tau$ 较大时的方差是 $\tau=0$ 时方差的一半。

对式（7.1.4）的无偏估计，式（7.1.9）中的 $N$ 要用 $N-|\tau|$ 替换，由此对于有限的 $N$，有

$$\operatorname{var}\hat{R}'_{\mathrm{xx}}(\tau)=\frac{N}{N-|\tau|}\operatorname{var}\left(\hat{R}_{\mathrm{xx}}(\tau)\right) \tag{7.1.14}$$

由上式可知，当 $|\tau|>0$ 时，无偏估计的方差更大些；当 $|\tau|\to N$ 时，无偏估计的方差趋于无穷。因此，通常还是采用式（7.1.2）的有偏估计。表 7.1 汇集了这两种估计的主要性能。

因为假设 $\mathrm{E}\{x(k)\}=0$，因此所有的式子都可以类似地用于**自协方差函数** $C_{\mathrm{xx}}(\tau)$ 的估计。当另有扰动 $n(t)$ 叠加时，第 6.1 节中的考虑同样适用。

**表 7.1　自相关函数的估计性能**

| 估计 | $N$ 有限时的偏差 | $N$ 有限时的方差 | $N\to\infty$ 时的偏差 |
| --- | --- | --- | --- |
| $\hat{R}_{\mathrm{XX}}(\tau)$ | $-\frac{\vert\tau\vert}{N}R_{\mathrm{XX}}(\tau)$ | $\operatorname{var}(\hat{R}_{\mathrm{XX}}(\tau))$ | 0 |
| $\hat{R}'_{\mathrm{XX}}(\tau)$ | 0 | $\frac{N}{N-\vert\tau\vert}\operatorname{var}(\hat{R}_{\mathrm{XX}}(\tau))$ | 0 |

## 7.1.2　互相关函数

根据式（2.4.4），两个离散时间平稳过程的互相关函数定义为

$$R_{\mathrm{xy}}(\tau)=\mathrm{E}\{x(k)y(k+\tau)\}=\lim_{N\to\infty}\frac{1}{N}\sum_{k=0}^{N-1}x(k)y(k+\tau)=\mathrm{E}\{x(k-\tau)y(k)\} \tag{7.1.15}$$

比照式（7.1.2），互相关函数的估计可写成

$$\hat{R}_{\mathrm{xy}}(\tau)\approx R_{\mathrm{xy}}^{N}(\tau)=\frac{1}{N}\sum_{k=0}^{N-1}x(k)y(k+\tau) \tag{7.1.16}$$

对于区间 $-(N-1)\leqslant\tau\leqslant N-1$，有

$$\hat{R}_{\mathrm{xy}}(\tau)=\begin{cases}\dfrac{1}{N}\displaystyle\sum_{k=0}^{N-1-\tau}x(k)y(k+\tau),\ 0\leqslant\tau\leqslant N-1\\ \dfrac{1}{N}\displaystyle\sum_{k=-\tau}^{N-1}x(k)y(k+\tau),\ -(N-1)\leqslant\tau<0\end{cases} \tag{7.1.17}$$

因为当 $k<0$ 和 $k>N-1$ 时，有 $y(k)=0$ 和 $x(k)=0$。对比式（7.1，5），互相关函数估计的期望值写成

$$\mathrm{E}\{\hat{R}_{\mathrm{xy}}(\tau)\}=\left(1-\frac{|\tau|}{N}\right)R_{\mathrm{xy}}(\tau) \tag{7.1.18}$$

对有限的测量时间 $N$，这种估计是有偏的。只有当 $N\to\infty$ 时偏差才会为零，即有

$$\lim_{N\to\infty}\mathrm{E}\{\hat{R}_{\mathrm{xy}}(\tau)\}=R_{\mathrm{xy}}(\tau) \tag{7.1.19}$$

如果式（7.1.17）右边除以 $N-|\tau|$，而不除以 $N$，则互相关函数估计对有限的测量周期也是无偏的，但其方差也像相应自相关函数估计那样反而会增大。

下面讨论式（7.1.17）的方差。文献（Bartlett，1946）第一次研究了这种方差的计算

（不过只对自相关函数）。

根据互相关函数的定义

$$\operatorname{var}\hat{R}_{xy}(\tau)=\mathrm{E}\{(\hat{R}_{xy}(\tau)-R_{xy}(\tau))^2\}=\mathrm{E}\{(\hat{R}_{xy}(\tau))^2\}-R_{xy}^2(\tau) \tag{7.1.20}$$

式中利用了式（7.1.19）的结果。进而，将上式右边期望值项写成

$$\mathrm{E}\{(\hat{R}_{xy}(\tau))^2\}=\frac{1}{N^2}\sum_{k=0}^{N-1}\sum_{k'=0}^{N-1}\mathrm{E}\{x(k)y(k+\tau)x(k')y(k'+\tau)\} \tag{7.1.21}$$

为了简化符号，将采用式（7.1.15）的上下限，而不用式（7.1.17）的上下限。现假设 $x(k)$ 和 $y(k)$ 均服从高斯分布，此时式（7.1.21）包含 4 个随机变量，记作 $z_1$、$z_2$、$z_3$ 和 $z_4$。根据文献（Bendat and Piersol，2010），这些变量满足

$$\begin{aligned}\mathrm{E}\{z_1,z_2,z_3,z_4\}=&\ \mathrm{E}\{z_1,z_2\}\mathrm{E}\{z_3,z_4\}+\mathrm{E}\{z_1,z_3\}\mathrm{E}\{z_2,z_4\}\\&-\mathrm{E}\{z_1,z_4\}\mathrm{E}\{z_2,z_3\}-2\overline{z_1}\,\overline{z_2}\,\overline{z_3}\,\overline{z_4}\end{aligned} \tag{7.1.22}$$

若 $\mathrm{E}\{x(k)\}=0$ 或 $\mathrm{E}\{y(k)\}=0$，则

$$\begin{aligned}&\mathrm{E}\{x(k)y(k+\tau)x(k')y(k'+\tau)\}\\&=R_{xy}^2(\tau)+R_{xx}(k'-k)R_{yy}(k'-k)+R_{xy}(k'-k+\tau)R_{yx}(k'-k-\tau)\end{aligned} \tag{7.1.23}$$

将式（7.1.23）代入式（7.1.21），有

$$\begin{aligned}\operatorname{var}\hat{R}_{xy}(\tau)=&\ \frac{1}{N^2}\sum_{k=0}^{N-1}\sum_{k'=0}^{N-1}\Big(R_{xx}(k'-k)R_{yy}(k'-k)\\&+R_{xy}(k'-k+\tau)R_{yx}(k'-k-\tau)\Big)\end{aligned} \tag{7.1.24}$$

令 $k'-k=\xi$，上式变成

$$\operatorname{var}\hat{R}_{xy}(\tau)=\frac{1}{N^2}\sum_{k=0}^{N-1}\sum_{\xi=-k}^{N-1-k}\big(R_{xx}(\xi)R_{yy}(\xi)+R_{xy}(\xi+\tau)R_{yx}(\xi-\tau)\big) \tag{7.1.25}$$

上式的和项记作 $F(\xi)$，其求和面积示于图 7.1。交换求和顺序后，可得

$$\begin{aligned}\sum_{k=0}^{N-1}\sum_{\xi=-k}^{N-1-k}F(\xi)&=\underbrace{\sum_{\xi=0}^{N-1}F(\xi)\sum_{k=0}^{N-1-\xi}1}_{\text{右三角}}+\underbrace{\sum_{\xi=-(N-1)}^{0}F(\xi)\sum_{k=-\xi}^{N-1}1}_{\text{左三角}}\\&=\sum_{\xi=0}^{N-1}(N-\xi)F(\xi)+\sum_{\xi=-(N-1)}^{0}(N+\xi)F(\xi)\\&=\sum_{\xi=-(N-1)}^{N-1}(N-|\xi|)F(\xi)\end{aligned} \tag{7.1.26}$$

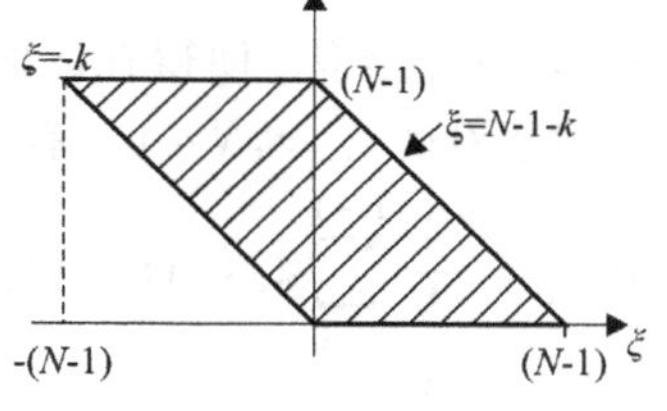


图 7.1　式（7.1.25）的求和面积

由此，式（7.1.25）可成

$$\operatorname{var}\hat{R}_{\mathrm{xy}}(\tau)=\frac{1}{N}\sum_{\xi=-(N-1)}^{N-1}\left(1-\frac{|\xi|}{N}\right)\left(R_{\mathrm{xx}}(\xi)R_{\mathrm{yy}}(\xi)+R_{\mathrm{xy}}(\xi+\tau)R_{\mathrm{yx}}(\xi-\tau)\right) \quad (7.1.27)$$

最终求得

$$\lim_{N\to\infty}\operatorname{var}\hat{R}_{\mathrm{xy}}(\tau)=\lim_{N\to\infty}\frac{1}{N}\sum_{\xi=-(N-1)}^{N-1}\left(R_{\mathrm{xx}}(\xi)R_{\mathrm{yy}}(\xi)+R_{\mathrm{xy}}(\xi+\tau)R_{\mathrm{yx}}(\xi-\tau)\right) \quad (7.1.28)$$

该方差取决于两个随机信号的统计性质，它表示互相关函数（CCF）具有的固有不确定性，见第6.1节。当 $N\to\infty$ 时，若相关函数为有限的，且 $E\{x(k)\}=0$ 或 $E\{y(k)\}=0$，则方差变成零。因此，对于高斯分布的信号而言，利用式（7.1.17）得到的互相关函数估计在均方意义下是一致的。在另外叠加有扰动的情况下，第6.1节中的考虑仍然适用。

### 7.1.3 相关函数的快速计算

因为相关函数的计算通常要用到大量的数据点 $N$，所以需要讨论高效率的计算算法。下面讨论的算法是以快速傅里叶变换（见第3.1.3节）为基础的（Kammeyer and Kroschel, 2009），它利用有偏的相关函数估计式

$$\hat{R}_{\mathrm{xx}}(\tau)=\frac{1}{N}\sum_{k=0}^{N-1-|\tau|}x(k)x(k+|\tau|),\ 0\leqslant|\tau|\leqslant N-1 \quad (7.1.29)$$

该式也就是式（7.1.3），它在时域中表示成卷积，在频域中可表示成乘积。

用补零的办法将信号 $x(k)$ 的总长度扩充成 $L$，即

$$x_L(k)=\begin{cases}x(k),\ 0\leqslant k\leqslant N-1\\0,\ N-1<k\leqslant L-1\end{cases} \quad (7.1.30)$$

该信号的自相关函数估计可重写成

$$\hat{R}_{\mathrm{xx}}(\tau)=\frac{1}{N}\sum_{k=0}^{N-1-|\tau|}x(k)x(k+|\tau|)=\frac{1}{N}\sum_{k=0}^{L-1-|\tau|}x_L(k)x_L(k+|\tau|) \quad (7.1.31)$$

由于自相关函数的对称性，即有 $R_{\mathrm{xx}}(-\tau)=R_{\mathrm{xx}}(\tau)$，因此只需要计算 $\tau\geqslant0$ 的函数值。所以可假设 $\tau>0$，从而去掉绝对值符号

$$\begin{aligned}\hat{R}_{\mathrm{xx}}(\tau)\big|_{\tau\geqslant0}&=\frac{1}{N}\sum_{k=0}^{L-1-\tau}x_L(k)x_L(k+\tau)\\&=\frac{1}{N}\sum_{\nu=\tau}^{L-1}x_L(\nu-\tau)x_L(\nu)=\frac{1}{N}\sum_{\nu=\tau}^{L-1}x_L(-(\tau-\nu))x_L(\nu)\end{aligned} \quad (7.1.32)$$

因为对于 $-(\tau-\nu)<0$，也就是 $\nu<\tau$，有 $x_L(-(\tau-\nu))=0$，因此求和的索引可以从 $\nu=0$ 开始，而不从 $\nu=\tau$ 开始。由于 $x_L(-(\tau-\nu))=0$，使得在区间 $0\leqslant\nu\leqslant\tau$ 内求和值为零，所以这部分的和值对求和没有贡献。为此对于 $0\leqslant|\tau|\leqslant N-1$，有

$$\begin{aligned}\hat{R}_{\mathrm{xx}}(\tau)\big|_{\tau\geqslant0}&=\frac{1}{N}\sum_{\nu=0}^{L-1}x_L(-(\tau-\nu))x_L(\nu)\\&=\frac{1}{N}x_L(-k)*x_L(k)\end{aligned} \quad (7.1.33)$$

该式表示信号 $x_L(k)$ 和 $x_L(-k)$ 的卷积。这个卷积在频域中可用简单的乘法来计算。所以自相关函数的计算过程是：先将序列 $x_L(k)$ 和 $x_L(-k)$ 变换到频域，然后将两个傅里叶变换相乘，最后再将乘积变换回时域。虽然这个计算过程看起来有点累赘，像个慢过程，但是鉴于快速傅里叶变换的高效性，这样的计算受益会很大，见第 3 章。

虽然用零来扩充信号初看起来好像有点主观，但是通过观察图 7.2，并注意到可以利用离散傅里叶变换对来计算相关函数，那么之所以这样做的理由也就很清楚了。

图 7.2a 给出相关函数的常规计算，信号序列与其时间平移的相应序列在区间 $\tau \leqslant k \leqslant N-1$ 内相乘。这样利用傅里叶变换计算两个序列的卷积会遇到两个问题，也见图 7.2b：第一，如果序列有 $N$ 个数据点，卷积求和的索引总是要从 0 到 $N-1$；第二，离散傅里叶变换使信号出现周期性重复，即对于 $i=\cdots,-3,-2,-1,1,2,3,\cdots$，有 $x(k+iN)=x(k)\neq 0$。在图 7.2b 中，黑圆代表原始数据点，白圆代表周期重复的数据点。为了避免周期性重复的不利影响，一种补救的办法是额外将零引入信号，见图 7.2c。现在，对 $L \geqslant N+\max\tau$ 个数据点求和，其中附加引入的零数据点会对测量区间之外信号重复所产生的不利影响起到抑制作用。

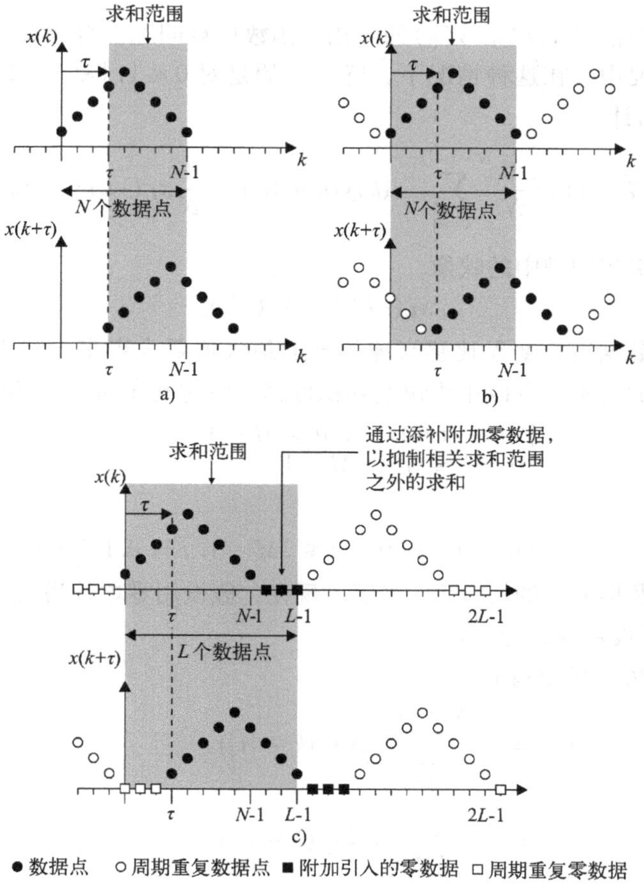


图 7.2 相关函数的计算

a) 常规信号卷积 b) 周期重复信号卷积 c) 补零的周期重复信号卷积

综上所述，如果采用 FFT 来计算信号 $x(k)$ 的频域描述，信号就会在测量区间之外出现周期性重复，此外求和总是在 $N$ 个或 $L$ 个数据点的全区间上进行。通过附加引入零数据，将数据扩充成任意长度

$$L \geqslant N + \max \tau \tag{7.1.34}$$

这样可以避免由离散时间信号傅里叶变换引起周期性重复所造成的误差。$L$ 的选择可以任意大，或顺便可选择成 2 或 4 的次幂长度，以便应用高效率的快速傅里叶变换算法。需要注意的是，对 $\tau > N-1$ 的计算结果必须舍去，因为它们是无效的。

现在，自相关函数可按下式计算

$$\begin{aligned}\hat{R}_{xx}(\tau) &= \frac{1}{N}\mathrm{DFT}^{-1}\left\{\mathrm{DFT}\{x_L(-k)\}\,\mathrm{DFT}\{x_L(k)\}\right\} \\ &= \frac{1}{N}\mathrm{DFT}^{-1}\left\{\left|\mathrm{DFT}\{x_L(k)\}\right|^2\right\}\end{aligned} \tag{7.1.35}$$

这样，自相关函数的计算就描述成频域中的问题（Kammeyer and Kroschel，2009；Press et al，2007）。进一步采用一些技巧可以加快相关函数的计算，如对较小的数据块重复应用傅里叶变换（Rader，1970）。

下面将讨论两个信号 $x(k)$ 和 $y(k)$ 的互相关函数计算问题，自相关函数的计算自动包含在这种更一般的情况中。在这种情况下，感兴趣的是对 $0 \leqslant |\tau| \leqslant N-1$ 计算信号 $x(k)$ 和 $y(k)$ 的互相关函数估计

$$\hat{R}_{xy}(\tau) = \frac{1}{N}\sum_{k=0}^{N-1-|\tau|} x(k)y(k+|\tau|) = \frac{1}{N}x_L(-k) * y_L(k) \tag{7.1.36}$$

时域中的映像将会引起频域中的映像

$$x_L(-k) \circ\!\!-\!\!\bullet\ x_L(-\mathrm{i}\omega) \tag{7.1.37}$$

通常情况下，数据集长度 $N$ 比感兴趣的 $\tau$ 的最大值要大得多，利用这点可以加快相关函数的计算。同样的技术还可以用于快速卷积计算。将时间序列 $x(k)$ 和 $y(k)$ 拆分成

$$x_i = \begin{cases} x(n+iM),\ 0 \leqslant n \leqslant M-1,\ i = 0,1,2,\cdots \\ 0,\ M \leqslant n \leqslant 2M-1 \end{cases} \tag{7.1.38}$$

且

$$y_i = y(n+iM),\ 0 \leqslant n \leqslant 2M-1,\ i = 0,1,2,\cdots \tag{7.1.39}$$

其中，$M = \max|\tau|$ 及拆分总的块数 $I$ 已确定。现在，假设用零填补最后一个数据块，使数据长度为 $2M$，此外假设从现在起 $\tau > 0$。

那么式（7.1.36）可重写成

$$\begin{aligned}\hat{R}_{xy}(\tau) &= \frac{1}{N}\sum_{k=0}^{N-1-|\tau|} x(k)y(k+|\tau|) \\ &= \frac{1}{N}\sum_{k=0}^{N-1-|\tau|} x(k)y(k+|\tau|) \\ &= \frac{1}{N}\sum_{i=0}^{I-1}\sum_{k=0}^{M-1} x(k+iM)y(k+iM+\tau)\end{aligned}$$

$$
\begin{aligned}
&= \frac{1}{N}\sum_{i=0}^{I-1}\sum_{k=0}^{M-1} x_i(k)y_i(k+\tau) \\
&= \frac{1}{N}\sum_{i=0}^{I-1} \mathrm{DFT}^{-1}\Big\{\mathrm{DFT}\{x_i(-k)\}\,\mathrm{DFT}\{y_i(k)\}\Big\} \\
&= \frac{1}{NL}\sum_{i=0}^{I-1}\sum_{n=0}^{N-1} \mathrm{DFT}\{x_i(-k)\}\,\mathrm{DFT}\{y_i(k)\}W_N^{nk} \qquad (7.1.40) \\
&= \frac{1}{NL}\sum_{n=0}^{N-1}\sum_{i=0}^{I-1} \mathrm{DFT}\{x_i(-k)\}\,\mathrm{DFT}\{y_i(k)\}W_N^{nk} \\
&= \frac{1}{N}\mathrm{DFT}^{-1}\left\{\sum_{i=0}^{I-1} \mathrm{DFT}\{x_i(-k)\}\,\mathrm{DFT}\{y_i(k)\}\right\}
\end{aligned}
$$

对于去卷积而言，感兴趣的只是 $\tau \geqslant 0$ 的 $R_{uy}(\tau)$ 值。如果还想获得 $\tau<0$ 的 $R_{uy}(\tau)$ 值，可以利用 $R_{uy}(-\tau)=R_{yu}(\tau)$，其中 $\tau \geqslant 0$ 的 $R_{yu}(\tau)$ 值可利用刚才介绍的算法计算。文献（Fransaer and Fransaer，1991）提出一种计算方法，其基本思想是利用向量 $x_{i+1}(k)$ 实现向量 $x_i(k)$ 的更换。

综上讨论，初看起来这种方法的效率好像不如直接计算卷积和的效率高。然而，通过对数值运算量的简单分析，便可知道为什么这种方法具有更高的效率。

假设在区间 $0 \leqslant \tau \leqslant M-1$ 内计算 $N$ 个数据点序列的卷积，当 $M \ll N$ 时，直接计算卷积需要 $NM$ 次乘法和 $NM$ 次加法的运算量，而利用 FFT 和上述数据分段的方法，相应的加法和乘法运算量两者都可降低到 $N\log_2 M$。显然，当 $M$ 很大时，节省的计算量相当惊人。

### 7.1.4 相关函数的递推计算

相关函数也能以递推的形式计算。现在讨论互相关函数的递推计算，因为自相关函数的递推计算可以直接从互相关函数的计算方法移植得到。对于时刻 $k-1$，非递推估计的计算式如式（7.1.16）所示

$$
\hat{R}_{xy}(\tau,k-1) = \frac{1}{k}\sum_{l=0}^{k-1} x(l-\tau)y(l) \qquad (7.1.41)
$$

对于时刻 $k$，估计式可写成

$$
\begin{aligned}
\hat{R}_{xy}(\tau,k) &= \frac{1}{k+1}\sum_{l=0}^{k} x(l-\tau)y(l) \\
&= \frac{1}{k+1}\Bigg(\underbrace{\sum_{l=0}^{k-1} x(l-\tau)y(\tau)}_{k\hat{R}_{xy}(\tau,k-1)} + x(k-\tau)y(k)\Bigg) \qquad (7.1.42)^{\ominus}
\end{aligned}
$$

因此有

---

⊖ 译者注：原文第 2 等式右边第 1 项误为 $x(l-\tau)y(\tau)$。

$$\hat{R}_{xy}(\tau,k) = \hat{R}_{xy}(\tau,k) + \frac{1}{k+1}\left(x(k-\tau)y(k) - \hat{R}_{xy}(\tau,k-1)\right) \quad (7.1.43)^{⊖}$$

新的估计　旧的估计　　校正因子　新的乘积　　　旧的估计

如果上式括号项表示成误差或新息

$$e(k) = x(k-\tau)y(k) - \hat{R}_{xy}(\tau,k-1) \quad (7.1.44)$$

则递推公式可写成

$$\hat{R}_{xy}(\tau,k) = \hat{R}_{xy}(\tau,k-1) + \gamma(k)e(k) \quad (7.1.45)$$

式中，校正因子为

$$\gamma(k) = \frac{1}{k+1} \quad (7.1.46)$$

随着测量时刻 $k$ 的增加，附加新贡献的权值 $\gamma(k)$ 越来越小。这种加权与常规的求平均是一样的，后者对 $0 \leqslant l \leqslant k$ 所有项都取相同的权值。

如果校正因子中的 $k$ 固定为 $k_1$，则所有的新贡献都赋予相同的权值 $\gamma(k_1)$，那么相应的递推估计算法就相当于离散低通滤波器。这些改进使算法也可能用于分析慢时变过程。

## 7.2 线性动态系统的相关分析

借助相关函数，可以推导出一种易于应用的时域辨识方法，称作**去卷积法**。下面将讨论这种方法。

### 7.2.1 利用去卷积确定脉冲响应

如果一个稳定的、线性时不变过程被有色平稳的、随机输入信号 $u(k)$ 激励，那么在瞬态响应消失之后，相应的输出 $y(k)$ 也将是平稳随机信号，所以自相关函数 $\hat{R}_{uu}(\tau)$ 和互相关函数 $\hat{R}_{uy}(\tau)$ 是可以估计的。

现在，假设 $E\{u(k)\}=0$ 和 $E\{y(k)\}=0$，那么两个相关函数的关系可以用式（2.4.12）的卷积和表示

$$R_{uy}(\tau) = \sum_{\nu=0}^{\infty} R_{uu}(\tau-\nu)g(\nu) \quad (7.2.1)$$

式中，$g(v)$ 代表离散时间脉冲响应。再假设 $\tau$ 取不同值时，$R_{uu}(\tau)$ 和 $R_{uy}(\tau)$ 已经确定，如图 7.3 所示。

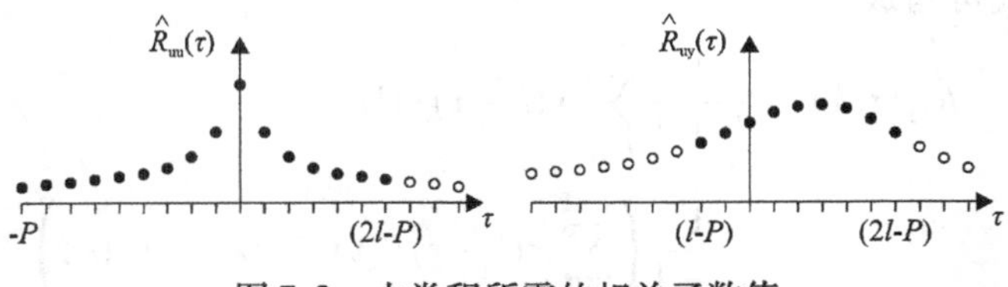


图 7.3　去卷积所需的相关函数值

下面将讨论脉冲响应 $g(v)$ 的确定。根据式（7.2.1），对每个不同的 $\tau$，可获得由不同元素组成的方程。为了确定脉冲响应 $g(0)$、$g(1)$、…、$g(l)$，需要将 $l+1$ 个单独方程列写

⊖ 译者注：原文等式右边第 1 项误为 $\hat{R}_{xy}(\tau,k)$。

成方程组

$$\underbrace{\begin{pmatrix} R_{uy}(-P+l) \\ \vdots \\ R_{uy}(-1) \\ R_{uy}(0) \\ R_{uy}(1) \\ \vdots \\ R_{uy}(M) \end{pmatrix}}_{\hat{\boldsymbol{R}}_{uy}} \approx \underbrace{\begin{pmatrix} R_{uu}(-P+l) & \cdots & R_{uu}(-P) \\ \vdots & & \vdots \\ R_{uu}(-1) & \cdots & R_{uu}(-1-l) \\ R_{uu}(0) & \cdots & R_{uu}(-l) \\ R_{uu}(1) & \cdots & R_{uu}(1-l) \\ \vdots & & \vdots \\ R_{uu}(M) & \cdots & R_{uu}(M-l) \end{pmatrix}}_{\hat{\boldsymbol{R}}_{uu}} \underbrace{\begin{pmatrix} g(0) \\ \vdots \\ g(l) \end{pmatrix}}_{\boldsymbol{g}} \tag{7.2.2}$$

$R_{uu}(\tau)$最大的负时间平移为$\tau_{min}=-P$，最大的正时间平移为$\tau_{max}=M$，因此该方程组由$P-l+M+1$个方程构成。如果选取$M=-P+2l$，则有$l+1$个方程，使得$\hat{\boldsymbol{R}}_{uu}$成为方阵，于是有

$$\boldsymbol{g} \approx \hat{\boldsymbol{R}}_{uu}^{-1}\hat{\boldsymbol{R}}_{uy} \tag{7.2.3}$$

另外，如果再选取$P=l$，则自相关函数$R_{uu}$取正$\tau$值和负$\tau$值的元素数量相同（自相关函数（ACF）是对称的，此时$\tau_{min}=-P=-l$，$\tau_{max}=M=l$）。考虑到脉冲响应$g(v)$只计算到有限的$v=l$值，而非$v\to\infty$，为此会产生截断误差。通常，随着$l$的增加，按式（7.2.3）计算的估计会更加准确。

式（7.2.3）中的$\hat{\boldsymbol{R}}_{uu}$存在逆的条件为

$$\det \hat{\boldsymbol{R}}_{uu} \neq 0 \tag{7.2.4}$$

这意味着方程组不能包含线性相关的行或列，也就是$R_{uu}(\tau)$的上下两行中至少有一个值必须是不同的，如果过程是由输入$u(k)$动态激励的，这点是可以保证的。

从图7.3可以看到，不是所有的$R_{uy}(\tau)$和$R_{uu}(\tau)$都用于计算$g(v)$。如果还想利用不为零的其他相关函数值和更多的过程可用信息，就必须将$P$进一步左移，将$M$进一步右移，以便获得$(P+M+1)>l+1$个方程，用来确定$l+1$个未知的$g(v)$值。利用伪逆运算，通常可以获得更为精确的脉冲响应$\boldsymbol{g}$的估计，写成

$$\hat{\boldsymbol{g}} = \left(\hat{\boldsymbol{R}}_{uu}^{T}\hat{\boldsymbol{R}}_{uu}\right)^{-1}\hat{\boldsymbol{R}}_{uu}^{T}\hat{\boldsymbol{R}}_{uy} \tag{7.2.5}$$

如果利用**白噪声**来激励过程，其自相关函数为

$$R_{uu}(\tau) = \sigma_u^2\delta(\tau) = R_{uu}(0)\delta(\tau) \tag{7.2.6}$$

其中

$$\delta(\tau) = \begin{cases} 1, & \tau = 0 \\ 0, & \tau \neq 0 \end{cases} \tag{7.2.7}$$

那么脉冲响应的估计就可以大大简化。根据式（7.2.1），有

$$R_{uy}(\tau) = R_{uu}(0)g(\tau) \tag{7.2.8}$$

所以

$$\hat{g}(\tau) = \frac{1}{\hat{R}_{uu}(0)}\hat{R}_{uy}(\tau) \tag{7.2.9}$$

这种情况下，脉冲响应估计与互相关函数估计成正比。

**例7.1（去卷积方法应用于三质量振荡器）**

在下面的例子中，利用PRBS信号激励三质量振荡器。为了避免由于粘性摩擦和库仑摩擦

对启动转矩造成的不利影响，振荡器以某平均转速工作。这个状态点为工作点，系统在其附近可以线性化。图 7.4 显示用于激励系统的 PRBS 信号 $u(t)$ 和第三质量块的转速 $\omega_3(t)$。PRBS 发生器的时钟时间 $\lambda=0.15\,\mathrm{s}$，测量值的采样周期 $T_0=0.003\,\mathrm{s}$，这样 PRBS 输出采样点 $\mu=50$。

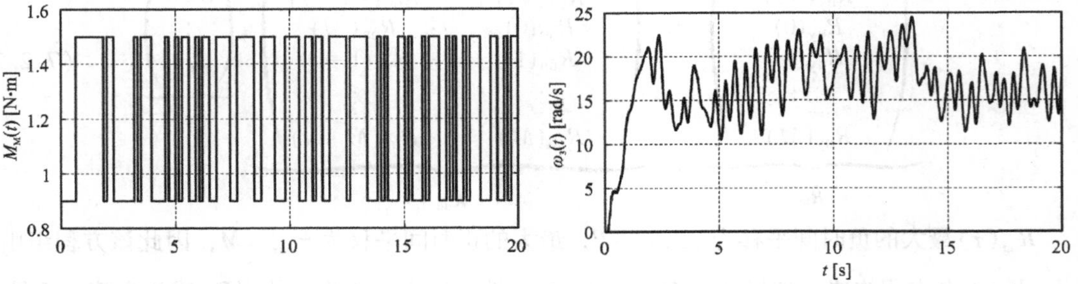


图 7.4　利用 PRBS 信号激励三质量振荡器，激励信号参数：$\mu=50$、$n=11$ 和 $T_0=0.003\,\mathrm{s}$，周期时间为 $T_P=307.5\,\mathrm{s}$

在 PRBS 激励下，自相关函数（ACF）和互相关函数（CCF）如图 7.5 所示。从图中可

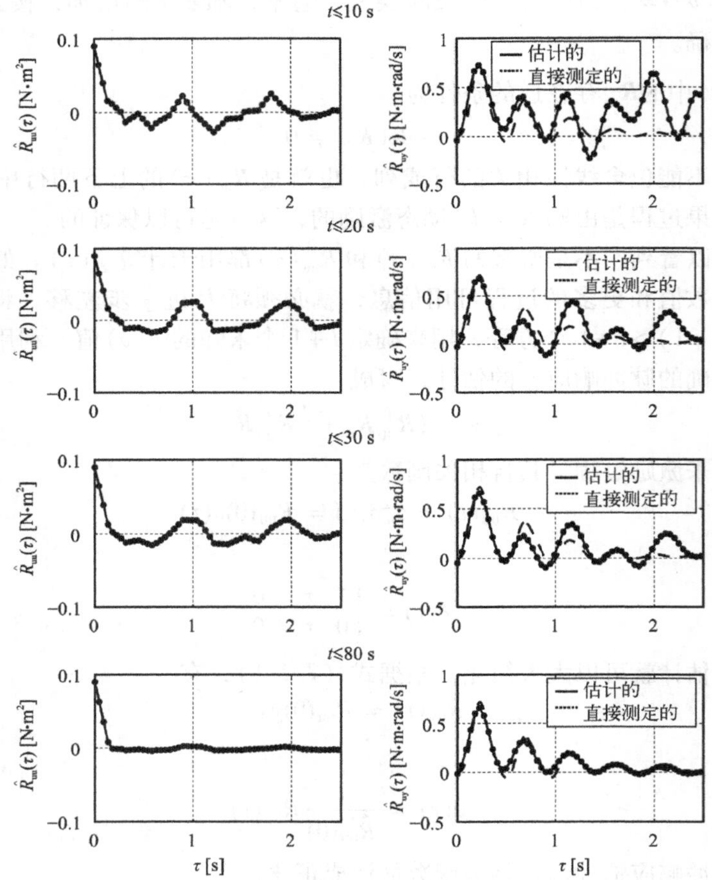


图 7.5　利用图 7.4 中的信号数据，在不同长度的测量区间 $0\leqslant t\leqslant T$ 内，估计自相关函数（ACF）和互相关函数（CCF）。估计的脉冲响应（实线）和直接测定的脉冲响应（**短划线**）

看到，在 $t=80\,\mathrm{s}$ 后，计算的自相关函数（ACF）就收敛到准确的轨迹上，而且互相关函数（CCF）接近于利用式（7.2.9）直接测定的脉冲响应。尽管已可以获得良好的估计效果，但仍然要提醒，PRBS 的自相关函数（ACF）只有对完整的周期才满足式（6.3.15）。另外，在图 7.6 中去卷积运算是基于式（7.2.5）中 $R_{\mathrm{uu}}(\tau)$ 的求逆运算。从该图可看出，脉冲响应估计收敛到真实脉冲响应的速度更快，在 $t=20\,\mathrm{s}$ 时，就已获得相当好的结果。 □

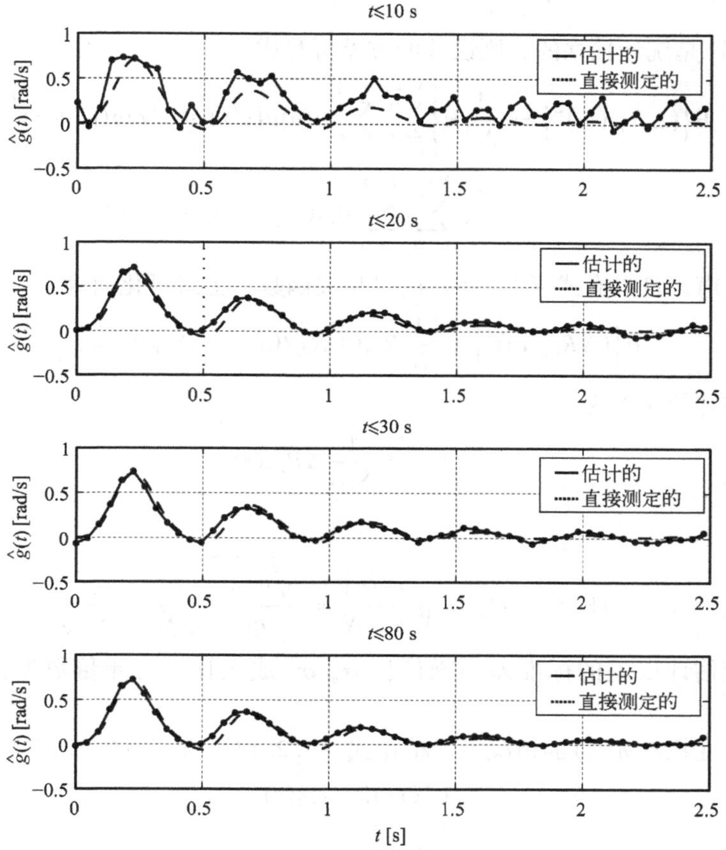


图 7.6　对图 7.5 中不同长度的测量区间 $0\leqslant t\leqslant T$，基于相关函数的估计值，利用式（7.2.5）估计脉冲响应。估计的脉冲响应（**实线**）和直接测定的脉冲响应（**短划线**）

## 7.2.2　随机扰动的影响

现在，分析输出信号中随机扰动对估计互相关函数 $R_{\mathrm{uy}}(\tau)$ 的影响。为了这个目的，假设准确的输出信号 $y_{\mathrm{u}}(k)$ 受叠加随机扰动 $n(k)$ 污染，即

$$y(k)=y_{\mathrm{u}}(k)+n(k) \tag{7.2.10}$$

还假设输入信号 $u(k)$ 及其自相关函数 $R_{\mathrm{uu}}(\tau)$ 准确已知。这样可将互相关函数写成

$$\hat{R}_{\mathrm{uy}}(\tau)=\frac{1}{N}\sum_{\nu=0}^{N-1}u(\nu)y(\nu+\tau) \tag{7.2.11}$$

利用式（7.2.10），互相关函数的误差为

$$\Delta R_{uy}(\tau) = \frac{1}{N}\sum_{\nu=0}^{N-1} u(\nu)n(\nu+\tau) \tag{7.2.12}$$

如果扰动 $n(k)$ 与输入信号是不相关的，且 $\mathrm{E}\{n(k)\}=0$ 或 $\mathrm{E}\{u(k)\}=0$，则有

$$\mathrm{E}\{\Delta R_{uy}(\tau)\} = \frac{1}{N}\sum_{\nu=0}^{N-1} \mathrm{E}\{u(k)\}\mathrm{E}\{n(k+\tau)\} = \mathrm{E}\{u(k)\}\mathrm{E}\{n(k)\} = 0 \tag{7.2.13}$$

如果 $u(k)$ 和 $y(k)$ 是统计独立的，则误差的方差可写成

$$\begin{aligned}\mathrm{E}\left\{\left(\Delta\hat{R}_{uy}(\tau)\right)^2\right\} &= \frac{1}{N^2}\mathrm{E}\left\{\sum_{\nu=0}^{N-1}\sum_{\nu'=0}^{N-1} u(\nu)u(\nu')n(\nu+\tau)n(\nu'+\tau)\right\} \\ &= \frac{1}{N^2}\sum_{\nu=0}^{N-1}\sum_{\nu'=0}^{N-1} R_{uu}(\nu'-\nu)R_{nn}(\nu'-\nu)\end{aligned} \tag{7.2.14}$$

如果输入是白噪声，且具有式（7.2.6）的自相关函数，上式可化简为

$$\mathrm{E}\left\{\left(\Delta\hat{R}_{uy}(\tau)\right)^2\right\} = \frac{1}{N}R_{uu}(0)R_{nn}(0) = \frac{1}{N}S_{uu0}\,\overline{n^2(k)} \tag{7.2.15}$$

那么脉冲响应估计的误差为

$$\Delta g(\tau) = \frac{1}{S_{uu0}}\Delta\hat{R}_{uy}(\tau) \tag{7.2.16}$$

其标准差为

$$\sigma_g = \sqrt{\mathrm{E}\{\Delta g^2(\tau)\}} = \sqrt{\frac{\overline{n^2(k)}}{S_{uu0}N}} = \frac{\sqrt{\overline{n^2(k)}}}{\sigma_u}\frac{1}{\sqrt{N}} = \frac{\sigma_n}{\sigma_u}\frac{1}{\sqrt{N}} \tag{7.2.17}$$

可见，脉冲响应估计误差的标准差与噪信比 $\sigma_n/\sigma_u$ 成正比，与测量数据长度 $N$ 的方根成反比。

因此，在存在扰动 $n(k)$ 的情况下，根据式（7.2.13）和式（7.2.17），有

$$\mathrm{E}\{\hat{g}(\tau)\} = g_0(\tau) \tag{7.2.18}$$

和

$$\lim_{N\to\infty} \operatorname{var}\hat{g}(\tau) = 0 \tag{7.2.19}$$

因此，由式（7.2.9）估计的脉冲响应是均方意义下一致的。对由式（7.2.3）和式（7.2.5）给出的更具一般性的估计，也能得到相应的收敛性结论。在相关函数估计都是一致的前提下，有

$$\begin{aligned}\lim_{N\to\infty}\mathrm{E}\{\hat{\boldsymbol{g}}\} &\approx \lim_{N\to\infty}\mathrm{E}\{\hat{\boldsymbol{R}}_{uu}^{-1}\hat{\boldsymbol{R}}_{uy}\} \\ &\approx \lim_{N\to\infty}\mathrm{E}\{\hat{\boldsymbol{R}}_{uu}^{-1}\}\lim_{N\to\infty}\mathrm{E}\{\hat{\boldsymbol{R}}_{uy}\} = \boldsymbol{R}_{uu}^{-1}\boldsymbol{R}_{uy} \\ &\approx \boldsymbol{g}_0\end{aligned} \tag{7.2.20}$$

随着 $N\to\infty$，相关函数估计的方差也趋于零（参见 7.1 节），从而可推导出如下定理（忽略脉冲响应的截断效应）。

**定理 7.1（基于相关函数估计的脉冲响应的收敛性）**

在满足如下的必要条件：

- $u(k)$和$y_u(k)$是平稳信号。
- $E\{u(k)\}=0$。
- 输入信号为持续激励，使得 $\det \hat{\boldsymbol{R}}_{uu} \neq 0$。
- 扰动$n(k)$与$u(k)$不相关，且是平稳的。

利用式（7.2.3）、式（7.2.5）或式（7.2.9）的去卷积运算，可以获得线性时不变过程的脉冲响应$g(k)$估计，且是均方意义下一致的。 □

如果自相关函数准确已知，如PRBS，那么利用式（7.1.2）计算的自相关函数（ACF）不存在固有不确定性。另外，根据式（7.1.28）和式（7.2.13）知，如果$E\{y(k)\}=0$和$E\{n(k)\}=0$，则$E\{u(k)\}$可能为非零值。

下面通过例子说明上述结论的合理性。如果输入或输出具有非零均值，则有

$$u(k)=U(k)-U_{00} \tag{7.2.21}$$

$$y(k)=Y(k)-Y_{00} \tag{7.2.22}$$

其中，$U_{00}=\overline{U(k)}$，$Y_{00}=\overline{Y(k)}$。将上述小幅值信号代入式（7.2.11），有

$$\hat{R}_{uy}(\tau)=\frac{1}{N}\sum_{\nu=0}^{N-1}\big(U(\nu)Y(\nu+\tau)\big)-U_{00}Y_{00} \tag{7.2.23}$$

因此必须在测量期间分别确定$U(k)$和$Y(k)$的均值，并扣除其乘积项。但是，如果$U_{00}=0$或$Y_{00}=0$，且$E\{n(k)\}=0$，就无需分别计算均值，因为这种情况下式（7.2.23）和式（7.2.13）给出的结果是一样的。然而，由于有限字长及其带来的计算误差，因此通常建议编程时要考虑到由式（7.2.21）和式（7.2.22）描述的信号偏差。如果在动态测量期间$U_{00}$和$Y_{00}$均为常值，则需要分别确定工作点的$U_{00}$和$Y_{00}$。

## 7.3 离散时间二值测试信号

凭借相关函数，辨识具有采样信号的线性过程，如果能采用二值测试信号，则这一任务可以更好地得以执行。离散随机二值信号（DRBS）是利用在离散时刻$kT_0$二值的随机变化生成的，参见图7.7。

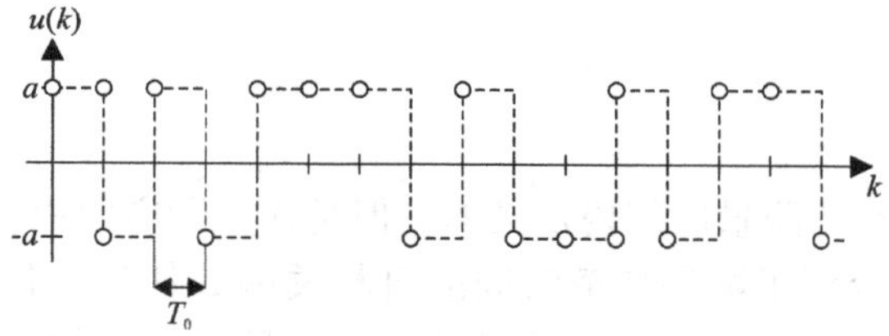


图7.7 离散随机二值信号（DRBS）

这种离散随机二值信号的离散时间自相关函数为

$$R_{uu}(\tau)=\begin{cases}a^2, & \tau=0\\ 0, & \tau\neq 0\end{cases} \tag{7.3.1}$$

当$\tau\neq 0$时，正值和负值出现的频次相等，自相关函数为零，参见图7.8，其功率谱密度为

$$S_{\mathrm{uu}}(\tau) = \sum_{\tau=-\infty}^{\infty} R_{\mathrm{uu}}(\tau) z^{-\tau} = R_{\mathrm{uu}}(0) = S_{\mathrm{uu}}^{*}(\omega) = a^2,\ 0 \leqslant |\omega| \leqslant \frac{\pi}{T_0} \tag{7.3.2}$$

因此，离散随机二值信号与具有任意幅值密度的离散白噪声具有相同的自相关函数和功率谱密度。

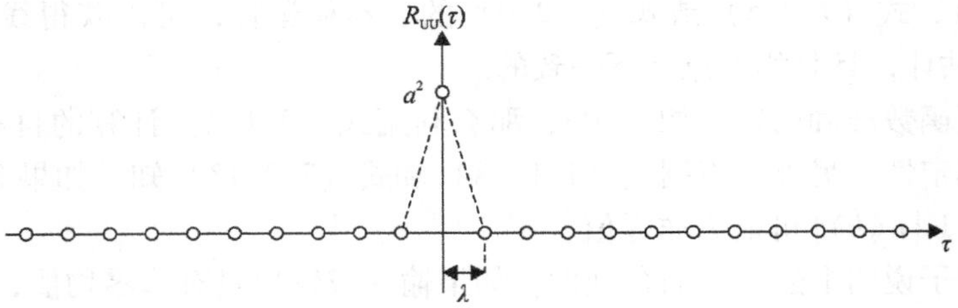


图 7.8　离散随机二值信号（DRBS）的自相关函数

式（7.3.1）和式（7.3.2）只适用于无限长的测量时间。对于有限长的测量时间，自相关函数和功率谱密度与式（7.3.1）和式（7.3.2）给出的理论值偏差较大，因此需要针对每次测量分别计算。鉴于这种原因，通常应优先选用周期二值信号。它是一种确定性信号，但对有限的测量时间，其自相关函数与 $t \to \infty$ 时随机信号的自相关函数几乎相同。离散伪随机二值信号的自相关函数如图 7.9 所示。这种信号可利用第 6.3 节介绍的移位寄存器产生，参见文献（Chow and Davies，1964；Pittermann and Schweizer，1966；Davies，1970）。

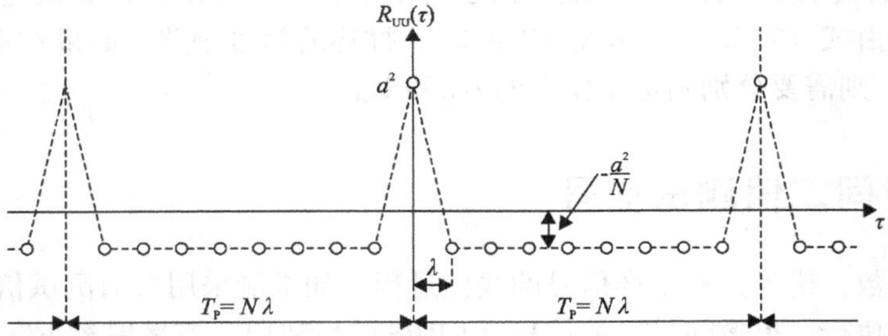


图 7.9　离散时间伪随机二值信号的自相关函数

## 7.4　小结

相关函数是在无限长的测量区间内定义的。但是在实际应用中，测量区间总要受到最大数据点 $N$ 的限制。本章介绍了两种离散时间的自相关函数估计，各自都是对有限测量时间的采样数据，也分别讨论了这两种估计的优缺点，一种是无偏估计，另一种具有较小的方差。这些结果同样可以用于互相关函数估计。本章还介绍了一种快速相关函数计算方法，它把相关函数的计算解释成两个信号的卷积，在频域中完成这个卷积运算。也就是利用离散傅里叶变换将两个信号变换到频域，在频域中做乘积运算，再将结果变换回时域。对大的数据集和待计算的大量不同的时间间隔，这种方法能有效地降低计算量。通过将时间序列拆分成较小的数据块，分别对小数据块进行处理，这样相关函数的计算还能进一步加快。另外还讨论了相关函数估计的递推形式。利用去卷积运算，相关函数的估计可以用来确定系统的脉冲响应。

本章讨论的利用随机信号和伪随机信号进行相关分析的方法，非常适合于可线性化的、离散时间信号过程的非参数模型辨识。这种辨识方法很容易在数字信号处理器或在数字微型控制器中实现，其递推形式也非常适合于在线实时辨识。

## 习题

7.1 相关函数估计

试描述两种利用有限时间测量数据来估计自相关函数的方法，并讨论这两种估计依赖于测量时间的偏差和方差。

7.2 相关函数快速计算

利用某种数学软件包内置的傅里叶变换子程序，编程实现相关函数的快速计算。

7.3 去卷积 I

如何利用去卷积运算来确定线性系统的脉冲响应？对于用白噪声作为输入信号，该问题会如何简化？

7.4 去卷积 II

给定一个过程

$$G(z)=\frac{y(z)}{u(z)}=\frac{0.5z^{-1}}{1-0.5z^{-1}}$$

以 PRBS 信号作为输入信号 $u(k)$，其中 $N=4$、初值为(1,0,0,1)。通过手工计算或利用数学编程，回答下列问题：

a）确定 $k=1,2,\cdots,25$ 时的 $y(k)$值。

b）确定自相关函数和互相关函数。

c）利用去卷积，确定脉冲响应。

## 参考文献


Bartlett MS (1946) On the theoretical specification and sampling properties of auto-correlated time series. J Roy Statistical Society B 8(1): 27-41

Bendat JS, Piersol AG (2010) Random data: Analysis and measurement procedures, 4th edn. Wiley-Interscience, New York

Chow P, Davies AC (1964) The synthesis of cyclic code generators. Electron Eng 36: 253-259

Davies WDT (1970) System identification for self-adaptive control. Wiley-Interscience, London

Fransaer J, Fransaer D (1991) Fast cross-correlation algorithm with application to spectral analysis. IEEE Trans Signal Process 39(9): 2089-2092

Kammeyer KD, Kroschel K (2009) Digitale Signalverarbeitung: Filterung und Spektralanalyse mit MATLAB-Übungen, 7th edn. Teubner, Wiesbaden

Pittermann F, Schweizer G (1966) Erzeugung und Verwendung von binärem Rauschen bei

Flugversuchen. Regelungstechnik 14:63–70

Press WH, Teukolsky SA, Vetterling WT, Flannery BP (2007) Numerical recipes: The art of scientific computing, 3rd edn. Cambridge University Press, Cambridge, UK

Rader C (1970) An improved algorithm for high speed autocorrelation with applications to spectral estimation. IEEE Trans Audio Electroacoust 18(4): 439–441

# 第Ⅲ部分　参数模型辨识
# ——离散时间信号

# 第 8 章

# 稳态过程的最小二乘参数估计

本章是最小二乘参数估计的基础，它可用于根据（含有噪声的）测量数据来确定模型参数。本章所论述的用于稳态非线性系统的基本方法将用于第 9 章中的动态离散时间系统。在第 9 章中，还将给出一种递推形式，可对过程进行实时辨识。第 10 章将针对线性动态过程，给出这种基本方法的一些改进。在第 15 章中，最小二乘法还将用于线性动态连续时间过程辨识。此外，这种方法还将用于根据频率响应数据对过程进行辨识（第 14 章）以及对闭环过程（第 13 章）、非线性系统（第 18 章）、MIMO 系统（第 17 章）进行辨识。

## 8.1 引言

参数估计的基本任务可以用如下的形式给出：给定一个真实过程，其参数为

$$\boldsymbol{\theta}_0^{\mathrm{T}} = (\theta_{10}\ \theta_{20}\ \cdots\ \theta_{m0}) \tag{8.1.1}$$

输出为 $y_{\mathrm{u}}(k)$。假设该过程服从具有参数 $\boldsymbol{\theta}_0$的物理定律，例如一个行星系统，其中只有输出是可以观测的，表示为

$$y_{\mathrm{u}}(k) = f(\boldsymbol{\theta}_0) \tag{8.1.2}$$

但是，输出 $y_{\mathrm{u}}(k)$不能直接测量，只能测得 $y_{\mathrm{P}}(k)$，它是过程的真实输出附加干扰 $n(k)$后的测量数据，见图 8.1。

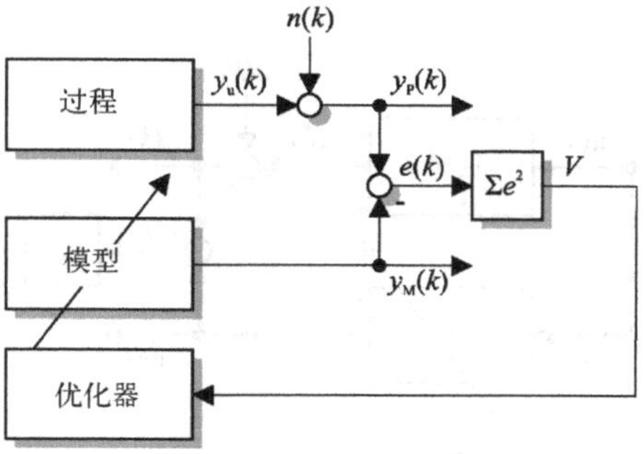


图 8.1　最小二乘法框架示意图

另外，过程的模型表示为

$$y_{\mathrm{M}} = f(\boldsymbol{\theta}) \tag{8.1.3}$$

其中

$$\boldsymbol{\theta}^{\mathrm{T}} = \left(\theta_1\ \theta_2 \cdots \theta_m\right) \tag{8.1.4}$$

是未知的模型参数。现在的任务是寻找模型参数 $\boldsymbol{\theta}$，使得模型最优地拟合 $N$ 个观测值 $y_{\mathrm{P}}(k)$。

这个问题是高斯在1795年（年仅18岁）首次解决的。高斯后来在1821和1823年发表的论文“Theoria combinatoris observationum erroribus minimis obnoxiae I and II”中，提出并正式推导了最小二乘法。在最初的问题描述中，参数 $\theta_i$ 为行星的轨道参数，模型 $y_{\mathrm{M}}=f(\boldsymbol{\theta})$ 为Kepler行星运动定律，模型输出 $y_{\mathrm{M}}$ 为行星在不同时刻的坐标，测量值 $y_{\mathrm{P}}$ 为观测值，即“测量到的”位置。

**最优拟合**的定义：引入观测误差

$$e(k) = y_{\mathrm{P}}(k) - y_{\mathrm{M}}(k) \tag{8.1.5}$$

再求误差平方和的极小值

$$V = e^2(1) + e^2(2) + \ldots + e^2(N) = \sum_{k=1}^{N}\left(e(k)\right)^2 \tag{8.1.6}$$

原理框架示意图见图8.1。

选择二次型代价函数有几个原因。首先，它比绝对误差 $|e(k)|$ 等许多其他的代价函数更容易实现极小化。然而主要原因是，对于一个正态分布噪声，它可以渐近地得到关于参数误差方差的最优无偏估计，这将在第8.5节讨论。

但是，二次型准则对个别大的异常值过分强调，忽略了虽然小但是由于模型不准而一直存在的误差。因此，也有用其他准则的，比如最小绝对值代价函数或混合的线性/二次型代价函数，见第19.1节和文献（Pintelon and Schoukens，2001）。

上述问题是本章以及下面的参数估计各章的出发点。本章将针对具有可测的输入和输出稳态过程的简单情形讨论最小二乘法，见图8.2。这是一种易于理解的教程方式，首先采用标量计算，然后将这个过程转换为向量形式。下面将给出两种不同的推导，一种是基于微分运算，另一种是基于几何解释。在其他背景下，最小二乘法是**回归方法**的一种。下面几章将处理更为复杂的动态过程以及参数估计问题的递推形式、针对特殊应用的改进和高效的计算方法。

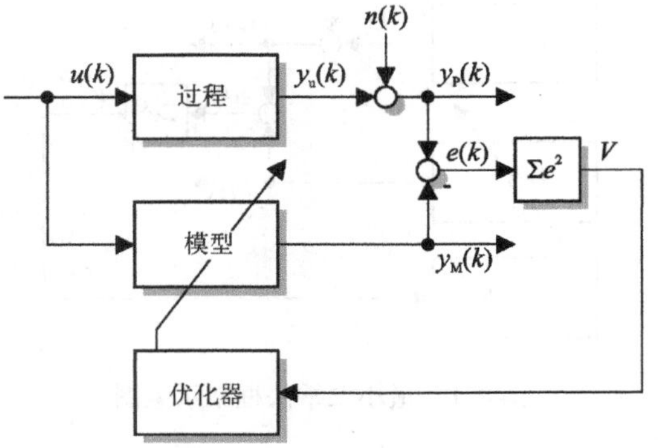


图8.2 根据测量的输入和输出信号，利用最小二乘法进行过程参数估计的框架示意图

## 8.2 线性稳态过程

简单线性过程的稳态特性可写成

$$y = Ku \tag{8.2.1}$$

一般情况下，至少需要假设过程的采样输出 $y_u(k)$（即想要的或有用的信号）受到干扰 $n(k)$的影响，使得测量输出为

$$y_P(k) = y_u(k) + n(k) \tag{8.2.2}$$

其中，$n(k)$是离散时间平稳随机信号，且 $E\{n(k)\}=0$。那么，**受干扰的过程**可写成

$$y_P(k) = Ku(k) + n(k) \tag{8.2.3}$$

见图 8.3 最上面的部分。现在的任务是利用 $N$ 组测量数据来确定参数 $K$，测量数据组由$(u(1), y_P(1))$至$(u(N), y_P(N))$所构成的$u(k)$和$y_P(k)$数据对组成。

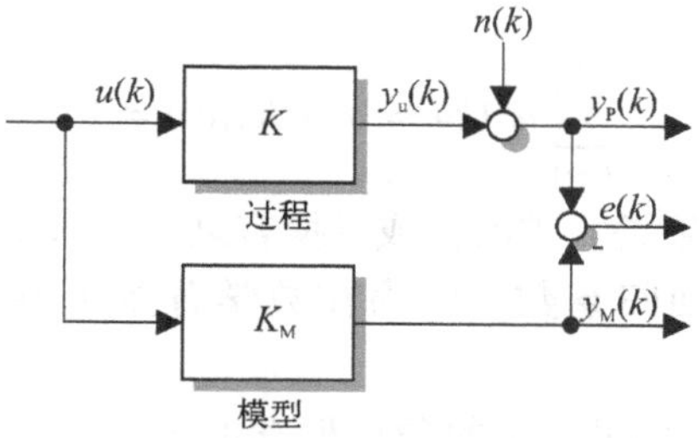


图 8.3　具有一个参数的线性稳态过程，用于计算误差 $e(k)$的过程和模型框图

由于过程的结构已知，现在可以设置如下**模型**

$$y_M(k) = K_M u(k) \tag{8.2.4}$$

与过程（见图 8.3）并列，使得过程和模型之间的误差用相应输出信号之差表示，即

$$e(k) = y_P(k) - y_M(k) \tag{8.2.5}$$

利用式（8.1.5）和式（8.2.4），可得

$$\underset{\text{误差}}{e(k)} = \underset{\text{观测值}}{y_P(k)} - \underset{\text{模型预报值}}{K_M u(k)} \tag{8.2.6}$$

对于最小二乘法，代价函数取

$$V = \sum_{k=1}^{N} e^2(k) = \sum_{k=1}^{N} \left(y_P(k) - K_M u(k)\right)^2 \tag{8.2.7}$$

必须通过极小化这个代价函数，以求得参数 $K_M$。为求得极小值，首先求其关于模型参数 $K_M$ 的一阶导数

$$\frac{dV}{dK_M} = -2\sum_{k=1}^{N} \left(y_P(k) - K_M u(k)\right)u(k) \tag{8.2.8}$$

令式（8.2.7）关于模型参数 $K_M$ 的一阶导数为零，以找到 $K_M$ 的最优值，使得式（8.2.7）达到极小值。这个最优选择记作参数估计$\hat{K}$，即

$$\left.\frac{\mathrm{d}V}{\mathrm{d}K_{\mathrm{M}}}\right|_{K_{\mathrm{M}}=\hat{K}} \stackrel{!}{=} 0 \Rightarrow -2\sum_{k=1}^{N}\big(y_{\mathrm{P}}(k)-\hat{K}u(k)\big)u(k)=0 \tag{8.2.9}$$

求解以上方程，可以得到模型系数的估计值为

$$\hat{K}=\frac{\sum_{k=1}^{N}y_{\mathrm{P}}(k)u(k)}{\sum_{k=1}^{N}u^{2}(k)} \tag{8.2.10}$$

将分子、分母都乘以 $1/N$，可得

$$\hat{K}=\frac{\hat{R}_{\mathrm{uy}}(0)}{\hat{R}_{\mathrm{uu}}(0)} \tag{8.2.11}$$

因此，最优的估计值$\hat{K}$是互相关函数和自相关函数在 $\tau=0$ 时估计值之比。该估计值的存在条件是

$$\sum_{k=1}^{N}u^{2}(k)\neq 0 \text{ 或 } \hat{R}_{\mathrm{uu}}(0)\neq 0 \tag{8.2.12}$$

该方程要求输入信号 $u(k)$必须是非零的，或者换言之，输入信号 $u(k)$必须将参数为 $K$ 的过程“激励”起来。$K$ 也称为**回归系数**，因为在数学背景下参数估计问题也可以看作回归问题。

下面研究估计的收敛性。回顾一下收敛性概念的定义，见附录 A。考虑式（8.2.2）和式（8.2.10），$\hat{K}$的期望值写成

$$\begin{aligned}\mathrm{E}\{\hat{K}\}&=\mathrm{E}\left\{\frac{\sum_{k=1}^{N}y_{\mathrm{P}}(k)u(k)}{\sum_{k=1}^{N}u^{2}(k)}\right\}=\mathrm{E}\left\{\frac{\sum_{k=1}^{N}\big(y_{\mathrm{u}}(k)+n(k)\big)u(k)}{\sum_{k=1}^{N}u^{2}(k)}\right\}\\&=\frac{1}{\sum_{k=1}^{N}u^{2}(k)}\left(\sum_{k=1}^{N}y_{\mathrm{u}}(k)u(k)+\sum_{k=1}^{N}\mathrm{E}\{n(k)u(k)\}\right)=K\end{aligned} \tag{8.2.13}$$

上式的条件是：输入信号 $u(k)$与噪声 $n(k)$不相关，那么

$$\mathrm{E}\{u(k)n(k)\}=\mathrm{E}\{u(k)\}\mathrm{E}\{n(k)\} \tag{8.2.14}$$

且 $\mathrm{E}\{n(k)\}=0$ 且/或 $\mathrm{E}\{u(k)\}=0$。因此根据式（8.2.10）得到的估计值是无偏的。

考虑到式（8.2.2）、式（8.2.10）和式（8.2.13），可求得参数估计值$\hat{K}$的方差为

$$\sigma_{\mathrm{K}}^{2}=\mathrm{E}\{(\hat{K}-K)^{2}\}=\frac{1}{\left(\sum_{k=1}^{N}u^{2}(k)\right)^{2}}\mathrm{E}\left\{\left(\sum_{k=1}^{N}n(k)u(k)\right)^{2}\right\} \tag{8.2.15}$$

如果 $u(k)$与 $n(k)$不相关，则

$$\mathrm{E}\left\{\sum_{k=1}^{N} n(k)u(k)\cdot\sum_{k'=1}^{N} n(k')u(k')\right\}=\sum_{k=1}^{N}\sum_{k'=1}^{N} R_{\mathrm{nn}}(k-k')R_{\mathrm{uu}}(k-k')=Q \tag{8.2.16}$$

如果 $n(k)$ 或 $u(k)$ 是白噪声，上式可以进一步简化。

第一种情况，假设 $n(k)$ 为白噪声，这时

$$R_{\mathrm{nn}}(\tau)=\sigma_{\mathrm{n}}^{2}\delta(\tau)=\overline{n^{2}(k)}\delta(\tau) \tag{8.2.17}$$

$$Q=NR_{\mathrm{uu}}(0)\,\overline{n^{2}(k)}=\overline{n^{2}(k)}\sum_{k=1}^{N}u^{2}(k) \tag{8.2.18}$$

$$\sigma_{\mathrm{K}}^{2}=\frac{\overline{n^{2}(k)}}{\sum_{k=1}^{N}u^{2}(k)} \tag{8.2.19}$$

另一种情况，即如果 $u(k)$ 为白噪声，则可以得到同样的结果，若 $n(k)$ 和/或 $u(k)$ 为白噪声，因此估计参数的标准差可以写成

$$\sigma_{\mathrm{K}}=\sqrt{\mathrm{E}\{(\hat{K}-K)^{2}\}}=\sqrt{\frac{\overline{n^{2}(k)}}{\overline{u^{2}(k)}}}\frac{1}{\sqrt{N}}=\left(\frac{\sigma_{\mathrm{n}}}{\sigma_{\mathrm{u}}}\right)\frac{1}{\sqrt{N}} \tag{8.2.20}$$

当信噪比（$\sigma_{\mathrm{u}}/\sigma_{\mathrm{n}}$）变好（即变大）时，标准差变小，而且反比于测量数据点个数 $N$ 的平方根。下面记真实但未知的过程参数为 $K_0$。由于

$$\mathrm{E}\{\hat{K}\}=K_{0} \tag{8.2.21}$$

且

$$\lim_{N\to\infty}\mathrm{E}\{(\hat{K}-K_{0})^{2}\}=0 \tag{8.2.22}$$

所以式（8.2.13）的估计是均方意义下一致的（附录 A）。现在为这个参数估计问题引入**向量记法**。引入向量

$$\boldsymbol{u}=\begin{pmatrix}u(1)\\u(2)\\\vdots\\u(N)\end{pmatrix},\ \boldsymbol{y}_{\mathrm{P}}=\begin{pmatrix}y_{\mathrm{P}}(1)\\y_{\mathrm{P}}(2)\\\vdots\\y_{\mathrm{P}}(N)\end{pmatrix},\ \boldsymbol{e}=\begin{pmatrix}e(1)\\e(2)\\\vdots\\e(N)\end{pmatrix} \tag{8.2.23}$$

误差式子可以写成

$$\boldsymbol{e}=\boldsymbol{y}_{\mathrm{P}}-\boldsymbol{u}K \tag{8.2.24}$$

代价函数写作

$$V=\boldsymbol{e}^{\mathrm{T}}\boldsymbol{e}=(\boldsymbol{y}_{\mathrm{P}}-\boldsymbol{u}K)^{\mathrm{T}}(\boldsymbol{y}_{\mathrm{P}}-\boldsymbol{u}K) \tag{8.2.25}$$

取代价函数的一阶导数，有

$$\frac{\mathrm{d}V}{\mathrm{d}K}=\frac{\mathrm{d}\boldsymbol{e}^{\mathrm{T}}}{\mathrm{d}K}\boldsymbol{e}+\boldsymbol{e}^{\mathrm{T}}\frac{\mathrm{d}\boldsymbol{e}}{\mathrm{d}K} \tag{8.2.26}$$

其中，误差关于参数的导数可写成

$$\frac{\mathrm{d}\boldsymbol{e}}{\mathrm{d}K}=-\boldsymbol{u},\quad \frac{\mathrm{d}\boldsymbol{e}^{\mathrm{T}}}{\mathrm{d}K}=-\boldsymbol{u}^{\mathrm{T}} \tag{8.2.27}$$

令式（8.2.26）的导数为零，并考虑式（8.2.27），有

$$\left.\frac{\mathrm{d}V}{\mathrm{d}K}\right|_{K=\hat{K}} = -2\boldsymbol{u}^{\mathrm{T}}(\boldsymbol{y}_{\mathrm{P}} - \boldsymbol{u}K) \stackrel{!}{=} 0 \tag{8.2.28}$$

其解可写成

$$\boldsymbol{u}^{\mathrm{T}}\boldsymbol{u}\hat{K} = \boldsymbol{u}^{\mathrm{T}}\boldsymbol{y}_{\mathrm{P}} \Leftrightarrow \hat{K} = \left(\boldsymbol{u}^{\mathrm{T}}\boldsymbol{u}\right)^{-1}\boldsymbol{u}^{\mathrm{T}}\boldsymbol{y}_{\mathrm{P}} \tag{8.2.29}$$

这个解与式（8.2.10）是相同的。

如果使用大信号变量，记作 $U(k)$ 和 $Y(k)$，那么可以得到

$$Y_{\mathrm{P}}(k) - Y_{00} = K\big(U(k) - U_{00}\big) + n(k) \tag{8.2.30}$$

$$Y_{\mathrm{M}}(k) - Y_{00} = K_{\mathrm{M}}\big(U(k) - U_{00}\big) \tag{8.2.31}$$

误差为

$$e(k) = Y_{\mathrm{P}}(k) - Y_{\mathrm{M}}(k) = y_{\mathrm{P}}(k) - y_{\mathrm{M}}(k) = y_{\mathrm{P}}(k) - K_{\mathrm{M}}\big(U(k) - U_{00}\big) \tag{8.2.32}$$

与式（8.2.5）相同。

式中直流分量 $Y_{00}$ 相互抵消，故 $Y_{00}$ 无需精确已知（或可以任取）。但直流分量 $U_{00}$ 必须精确已知。于是可以导出定理 8.1。

**定理 8.1（线性稳态过程参数估计的一致性）**

利用最小二乘法可以获得线性稳态过程参数 $K$ 的均方意义下一致估计，如果满足下述必要条件：

- 输入信号 $u(k) = U(k) - U_{00}$ 精确可测，$U_{00}$ 精确已知。
- $\sum_{k=1}^{N} u^2(k) \neq 0$，即过程被充分激励。
- 干扰 $n(k)$ 是平稳的，$\mathrm{E}\{n(k)\} =$ 常数。
- 输入信号 $u(k)$ 与干扰 $n(k)$ 不相关。
- $\mathrm{E}\{n(k)\} = 0$ 或者 $\mathrm{E}\{u(k)\} = 0$。

□

## 8.3 非线性稳态过程

现在考虑一个稳态过程，其输出非线性依赖于输入量 $U(k)$，但线性依赖于过程参数 $K_i$

$$Y_{\mathrm{u}}(k) = K_0 + U(k)K_1 + U^2(k)K_2 + \cdots + U^q(k)K_q = K_0 + \sum_{\nu=1}^{q} U^{\nu}K_{\nu} \tag{8.3.1}$$

见图 8.4，该过程称作是关于参数线性的。

再次假设 $U(k)$ 精确已知。如果测量到的输出信号受到随机扰动 $n(k)$ 的影响，那么输出可写成

$$Y(k) = Y_{\mathrm{u}}(k) + n(k) \tag{8.3.2}$$

约定下述的矩阵

$$\boldsymbol{\Psi} = \begin{pmatrix} 1 & U(1) & U^2(1) & \cdots & U^q(1) \\ 1 & U(2) & U^2(2) & \cdots & U^q(2) \\ \vdots & \vdots & \vdots & & \vdots \\ 1 & U(N) & U^2(N) & \cdots & U^q(N) \end{pmatrix}$$

和向量

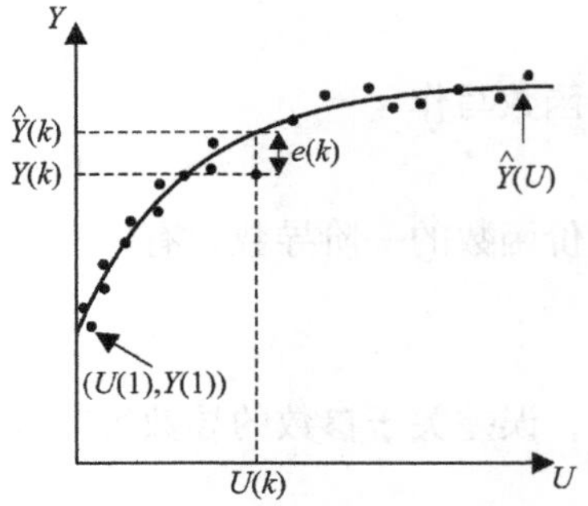

图 8.4　非线性（多项式）稳态过程的参数估计

$$\boldsymbol{y}=\begin{pmatrix}Y_{\mathrm{P}}(1)\\Y_{\mathrm{P}}(2)\\\vdots\\Y_{\mathrm{P}}(N)\end{pmatrix}\quad\boldsymbol{e}=\begin{pmatrix}e(1)\\e(2)\\\vdots\\e(N)\end{pmatrix}\quad\boldsymbol{n}=\begin{pmatrix}n(1)\\n(2)\\\vdots\\n(N)\end{pmatrix}\quad\boldsymbol{\theta}=\begin{pmatrix}K_0\\K_1\\\vdots\\K_q\end{pmatrix}$$

这样的记法就变成了广为接受的回归问题记法，$\boldsymbol{\Psi}$ 为数据矩阵，$\boldsymbol{\theta}$ 为参数向量，$\boldsymbol{y}$ 为输出向量。那么，过程方程写成

$$\boldsymbol{y}=\boldsymbol{\Psi}\boldsymbol{\theta}_0+\boldsymbol{n}\tag{8.3.3}$$

其中，$\boldsymbol{\theta}_0$ 表示真实（但未知）的参数；模型方程可写作

$$\hat{\boldsymbol{y}}=\boldsymbol{\Psi}\boldsymbol{\theta}\tag{8.3.4}$$

其中，$\hat{\boldsymbol{y}}$表示从当前起的模型输出。再一次将过程和模型并列起来，过程和模型的误差为

$$\boldsymbol{e}=\boldsymbol{y}-\boldsymbol{\Psi}\boldsymbol{\theta}\tag{8.3.5}$$

那么代价函数写成

$$\begin{aligned}V&=\boldsymbol{e}^{\mathrm{T}}\boldsymbol{e}=\left(\boldsymbol{y}^{\mathrm{T}}-\boldsymbol{\theta}^{\mathrm{T}}\boldsymbol{\Psi}^{\mathrm{T}}\right)\left(\boldsymbol{y}-\boldsymbol{\Psi}\boldsymbol{\theta}\right)\\&=\boldsymbol{y}^{\mathrm{T}}\boldsymbol{y}-\boldsymbol{\theta}^{\mathrm{T}}\boldsymbol{\Psi}^{\mathrm{T}}\boldsymbol{y}-\boldsymbol{y}^{\mathrm{T}}\boldsymbol{\Psi}\boldsymbol{\theta}+\boldsymbol{\theta}^{\mathrm{T}}\boldsymbol{\Psi}^{\mathrm{T}}\boldsymbol{\Psi}\boldsymbol{\theta}\end{aligned}\tag{8.3.6}$$

且

$$V=\boldsymbol{y}^{\mathrm{T}}\boldsymbol{y}-\boldsymbol{\theta}^{\mathrm{T}}\boldsymbol{\Psi}^{\mathrm{T}}\boldsymbol{y}-\left(\boldsymbol{\Psi}^{\mathrm{T}}\boldsymbol{y}\right)^{\mathrm{T}}\boldsymbol{\theta}+\boldsymbol{\theta}^{\mathrm{T}}\boldsymbol{\Psi}^{\mathrm{T}}\boldsymbol{\Psi}\boldsymbol{\theta}\tag{8.3.7}$$

利用向量和矩阵的微积分运算，见附录 A. 3，上述各项关于参数向量 $\boldsymbol{\theta}$ 的导数为

$$\frac{\mathrm{d}}{\mathrm{d}\boldsymbol{\theta}}\left(\boldsymbol{\theta}^{\mathrm{T}}\boldsymbol{\Psi}^{\mathrm{T}}\boldsymbol{y}\right)=\boldsymbol{\Psi}^{\mathrm{T}}\boldsymbol{y}\tag{8.3.8}$$

$$\frac{\mathrm{d}}{\mathrm{d}\boldsymbol{\theta}}\left(\left(\boldsymbol{\Psi}^{\mathrm{T}}\boldsymbol{y}\right)^{\mathrm{T}}\boldsymbol{\theta}\right)=\boldsymbol{\Psi}^{\mathrm{T}}\boldsymbol{y}\tag{8.3.9}$$

$$\frac{\mathrm{d}}{\mathrm{d}\boldsymbol{\theta}}\left(\boldsymbol{\theta}^{\mathrm{T}}\boldsymbol{\Psi}^{\mathrm{T}}\boldsymbol{\Psi}\boldsymbol{\theta}\right)=2\boldsymbol{\Psi}^{\mathrm{T}}\boldsymbol{\Psi}\boldsymbol{\theta}\tag{8.3.10}$$

故有

$$\frac{\mathrm{d}V}{\mathrm{d}\boldsymbol{\theta}}=-2\boldsymbol{\Psi}^{\mathrm{T}}\boldsymbol{y}+2\boldsymbol{\Psi}^{\mathrm{T}}\boldsymbol{\Psi}\boldsymbol{\theta}=-2\boldsymbol{\Psi}^{\mathrm{T}}\left(\boldsymbol{y}-\boldsymbol{\Psi}\boldsymbol{\theta}\right)\tag{8.3.11}$$

根据最优条件

$$\left.\frac{\mathrm{d}V}{\mathrm{d}\boldsymbol{\theta}}\right|_{\boldsymbol{\theta}=\hat{\boldsymbol{\theta}}}\overset{!}{=}0\tag{8.3.12}$$

估计值为

$$\hat{\boldsymbol{\theta}}=\left(\boldsymbol{\Psi}^{\mathrm{T}}\boldsymbol{\Psi}\right)^{-1}\boldsymbol{\Psi}^{\mathrm{T}}\boldsymbol{y}\tag{8.3.13}$$

为使解存在，$\boldsymbol{\Psi}^{\mathrm{T}}\boldsymbol{\Psi}$不能是奇异的，因此过程的充分激励的条件为

$$\det\left(\boldsymbol{\Psi}^{\mathrm{T}}\boldsymbol{\Psi}\right)\neq0\tag{8.3.14}$$

若输入和噪声即 $\boldsymbol{\Psi}$ 和 $\boldsymbol{n}$ 中的元素之间互不相关，且 $\mathrm{E}\{n(k)\}=0$，则该估计的期望值为

$$\mathrm{E}\{\hat{\boldsymbol{\theta}}\}=\boldsymbol{\theta}+\mathrm{E}\{(\boldsymbol{\Psi}^{\mathrm{T}}\boldsymbol{\Psi})^{-1}\boldsymbol{\Psi}^{\mathrm{T}}\boldsymbol{n}\}=\boldsymbol{\theta}\tag{8.3.15}$$

因此$\hat{\boldsymbol{\theta}}$是无偏估计量。方差可以用类似于第 9 章的方法来确定，另见文献（Ljung，1999）。

**定理 8.2（非线性稳态过程参数估计的一致性）**

利用最小二乘法可以获得式（8.3.1）所示的非线性稳态过程参数 $\boldsymbol{\theta}$ 的均方意义下一致估计，如果满足下述必要条件：

- 输入信号 $U(k)$精确可测。

- det（$\boldsymbol{\Psi}^{\mathrm{T}}\boldsymbol{\Psi}\neq 0$）。
- 干扰 $n(k)$ 是平稳且零均值的，即 $\mathrm{E}\{n(k)\}=0$。
- 输入信号 $U(k)$ 与干扰 $n(k)$ 不相关。

□

## 8.4 几何解释

最小二乘法也可以通过**正交关系**以几何的方式解释（Himmelblau，1970；van der Waerden，1969；Björck，1996；Golub and van Loan，1996；Ljung，1999；Verhaegen and Verdult，2007）。本节从几何的角度重新考虑最小二乘问题。

误差 $\boldsymbol{e}$ 已定义为模型输出 $\hat{\boldsymbol{y}}$ 和过程输出 $\boldsymbol{y}$ 之间的偏差

$$\boldsymbol{e}=\boldsymbol{y}-\hat{\boldsymbol{y}}=\boldsymbol{y}-\boldsymbol{\Psi}\hat{\boldsymbol{\theta}} \tag{8.4.1}$$

那么代价函数可写成

$$V=\boldsymbol{e}^{\mathrm{T}}\boldsymbol{e} \tag{8.4.2}$$

将向量积 $\boldsymbol{e}^{\mathrm{T}}\boldsymbol{e}$ 写成欧几里德距离的平方，有

$$V=\boldsymbol{e}^{\mathrm{T}}\boldsymbol{e}=\|\boldsymbol{e}\|_2^2 \tag{8.4.3}$$

为求得最优参数集，需要确定最小欧几里德距离，即

$$\min_{\hat{\theta}}\|\boldsymbol{e}\|_2=\min_{\hat{\theta}}\|\boldsymbol{y}-\hat{\boldsymbol{y}}\|_2=\min_{\hat{\theta}}\|\boldsymbol{y}-\boldsymbol{\Psi}\hat{\boldsymbol{\theta}}\|_2 \tag{8.4.4}$$

如果向量 $\boldsymbol{e}$ 正交于回归分量 $\boldsymbol{\psi}_1$ 和 $\boldsymbol{\psi}_2$（即数据矩阵 $\boldsymbol{\Psi}$ 的列）所张成的平面，则 $\boldsymbol{e}$ 的欧几里德距离为最小。这点从几何的角度看很明显，但也可以数学上证明。正如前面已经给出的那样，根据最优准则，有

$$\left.\frac{\mathrm{d}V}{\mathrm{d}\boldsymbol{\theta}}\right|_{\boldsymbol{\theta}=\hat{\boldsymbol{\theta}}}\overset{!}{=}0 \tag{8.4.5}$$

也就是需要

$$\boldsymbol{\Psi}^{\mathrm{T}}\left(\boldsymbol{y}-\boldsymbol{\Psi}\hat{\boldsymbol{\theta}}\right)=0 \tag{8.4.6}$$

因为借助误差 $\boldsymbol{e}$ 的关系，可以将式（8.4.6）改写成

$$\boldsymbol{\Psi}^{\mathrm{T}}\left(\boldsymbol{y}-\boldsymbol{\Psi}\hat{\boldsymbol{\theta}}\right)=\boldsymbol{\Psi}^{\mathrm{T}}\boldsymbol{e}=0 \tag{8.4.7}$$

为了满足式（8.4.7），**正交关系**要求误差 $\boldsymbol{e}$ 需要与回归分量正交，即与 $\boldsymbol{\Psi}$ 的列正交。

下面将以具有 3 个测量值的实验为例，见图 8.5。这 3 个测量值是在不同时刻 $k=1,2,3$ 得到的，记作 $(\psi_1(1),\psi_2(1),y(1))$、$(\psi_1(2),\psi_2(2),y(2))$ 和 $(\psi_1(3),\psi_2(3),y(3))$，或者记作矩阵

$$\boldsymbol{\Psi}=\begin{pmatrix}\psi_1(1) & \psi_2(1)\\ \psi_1(2) & \psi_2(2)\\ \psi_1(3) & \psi_2(3)\end{pmatrix} \tag{8.4.8}$$

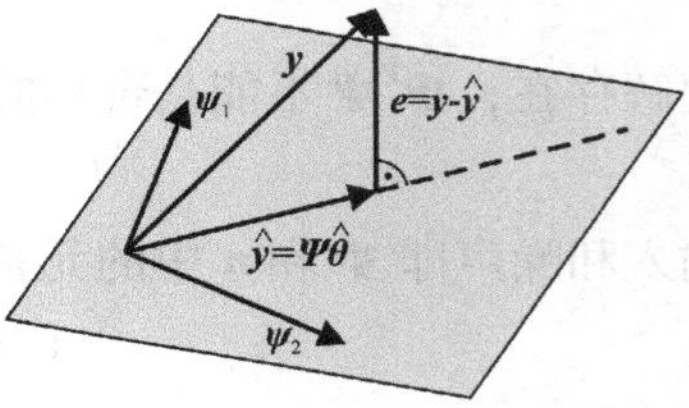

图 8.5　最小二乘法的几何解释

和向量

$$\boldsymbol{y}=\begin{pmatrix}y_1\\ y_2\\ y_3\end{pmatrix} \tag{8.4.9}$$

模型输出$\hat{\boldsymbol{y}}$写成

$$\underbrace{\begin{pmatrix}\hat{y}_1\\\hat{y}_2\\\hat{y}_3\end{pmatrix}}_{\hat{\boldsymbol{y}}}=\theta_1\underbrace{\begin{pmatrix}\psi_1(1)\\\psi_1(2)\\\psi_1(3)\end{pmatrix}}_{\boldsymbol{\psi}_1}+\theta_2\underbrace{\begin{pmatrix}\psi_2(1)\\\psi_2(2)\\\psi_2(3)\end{pmatrix}}_{\boldsymbol{\psi}_2} \tag{8.4.10}$$

因此，现在试图用模型输出向量$\hat{\boldsymbol{y}}$来表示测量值向量$\boldsymbol{y}$。模型输出$\hat{\boldsymbol{y}}$由$\boldsymbol{\Psi}$的列向量$\boldsymbol{\psi}_1$和$\boldsymbol{\psi}_2$线性组合给出。这意味着必须把向量$\boldsymbol{y}$投影到由$\boldsymbol{\psi}_1$和$\boldsymbol{\psi}_2$所张成的平面上。

如果模型输出$\hat{\boldsymbol{y}}$与过程输出$\boldsymbol{y}$之间的误差$\boldsymbol{e}$正交地直立于由$\boldsymbol{\psi}_1$和$\boldsymbol{\psi}_2$所张成的平面上，则它具有最小的范数，即视为长度最短，这就是正交关系的含义。该正交关系在下文还会用到，如第 16 章子空间法的推导和第 22 章利用最小二乘法的数值算法的推导，这种算法更适合用于最小二乘参数估计。通常，这种改进的数值算法可以避免像式（8.2.10）和式（8.3.13）那样直接求逆，而是通过构造$\boldsymbol{\Psi}$的标准正交基来计算。第 22 章论述的 QR 分解方法，通过对平方 2 – 范数表示的代价函数$V$的分解，给出一种更有吸引力的最小二乘求解方法。文献（Verhaegen and Verdult，2007）也证明了这种推导。

对于第 8.2 节的线性稳态过程，输出信号$y$和误差$e$线性地依赖于输入信号$u$和单个参数$K$。第 8.3 节中深入讨论的非线性稳态过程在$y$与$\boldsymbol{\theta}$和$e$与$\boldsymbol{\theta}$之间都是线性依赖关系，但$\boldsymbol{\Psi}$元素含有非线性关系。因此，本章所论述的参数估计方法也能适用于非线性过程，只要误差$e$**关于参数$\boldsymbol{\theta}$是线性的**，即误差$e$线性依赖于估计参数$\boldsymbol{\theta}$。

虽然，这种依赖关系看起来在应用时会受到限制，但在许多实际问题中这个限制是很小的，通常做些变换就可以将问题转换成关于参数线性的问题。例如

$$Y_{\mathrm{u}}(k)=K_1\mathrm{e}^{-K_2U(k)}$$

可以变换成

$$\log Y_{\mathrm{u}}(k)=\log K_1-K_2U(k)$$

这就变成关于参数线性的。另一个例子是振荡幅值和相位的估计

$$Y_{\mathrm{u}}(k)=a\sin(\omega kT_0+\varphi)$$

为了辨识$a$和$\varphi$，可将上式表示为

$$Y_{\mathrm{u}}(k)=b\cos(\omega U(k))+c\sin(\omega U(k))\,,\ U(k)=kT_0$$

其中，$U(k)=kT_0$。该方程关于参数$b$和$c$是线性的。由此可得到$a$和$\varphi$的估计为

$$\hat{a}=\sqrt{\hat{b}^2+\hat{c}^2}\,,\quad \hat{\varphi}=\arctan\frac{\hat{b}}{\hat{c}}$$

这种非线性表达式，如果通过变换能够变成关于参数线性的表达式，就将称之为**本质线性的**（Åström and Eykhoff，1971）。

此外，许多函数可以用低阶（如 2 阶或 3 阶）的多项式足够精确地近似为关于参数线性

$$Y_{\mathrm{u}}(k)=f\big(U(k)\big)\approx K_0+K_1U(k)+K_2U^2(k) \tag{8.4.11}$$

当然也可以采用分片线性近似、仿射和其他的许多方法将问题写成关于参数线性。

## 8.5 极大似然和 Cramér – Rao 界

本章一开始就提到，在输出干扰的概率密度函数服从高斯分布的情况下，合乎情理的代

价函数就应该选最小二乘代价函数。下面对此给出证明，也将进一步研究这种估计器的**质量**。这种质量问题就是指能够获得的最优估计是什么。

在讨论估计质量之前，先介绍**似然**这个术语，并导出**极大似然估计器**。

极大似然估计是基于测量值的条件概率函数

$$p_{\boldsymbol{y}}(\boldsymbol{y}|\boldsymbol{u},\boldsymbol{\theta}) \tag{8.5.1}$$

该函数称作**似然**函数。可以清楚地看到，测量（观测）到 $\boldsymbol{y}$ 值的某确定序列的概率依赖于输入 $\boldsymbol{u}$ 和待估计参数 $\boldsymbol{\theta}$。为了得到更紧凑的表示，自变量中忽略输入 $\boldsymbol{u}$。

极大似然估计的基本思想是，选择参数估计$\hat{\boldsymbol{\theta}}$，使得似然函数极大化，以此作为真实参数 $\boldsymbol{\theta}$ 的估计值，即

$$p_{\boldsymbol{y}}(\boldsymbol{y}|\boldsymbol{\theta})\big|_{\boldsymbol{\theta}=\hat{\boldsymbol{\theta}}} \rightarrow \max \tag{8.5.2}$$

因此，将这些参数作为估计值，使得测量值**最有可能**发生。极大值可以用微积分运算中经典的方法求得，令其关于未知参数 $\boldsymbol{\theta}$ 的一阶导数等于零，有

$$\left.\frac{\partial p_{\boldsymbol{y}}(\boldsymbol{y}|\boldsymbol{\theta})}{\partial \boldsymbol{\theta}}\right|_{\boldsymbol{\theta}=\hat{\boldsymbol{\theta}}} \overset{!}{=} \mathbf{0} \tag{8.5.3}$$

现将这种技术用于**稳态非线性**过程参数的估计。过程的被测输出表示为

$$\boldsymbol{y} = \boldsymbol{\Psi}\boldsymbol{\theta} + \boldsymbol{n} \tag{8.5.4}$$

每时刻的噪声样本 $n(k)$ 都是服从高斯分布的，其概率密度函数为

$$p\big(n(k)\big) = \frac{1}{\sqrt{2\pi\sigma_{\mathrm{n}}^2}} \exp\left(-\frac{(n(k)-\mu)^2}{2\sigma_{\mathrm{n}}^2}\right) \tag{8.5.5}$$

其中，$\mu=0$，因为假定噪声为零均值的。对于白噪声，每时刻的噪声都是不相关的，因此整个 $N$ 个样本的噪声序列 $\boldsymbol{n}$ 的概率密度函数为每个样本各自的概率密度函数之积

$$p(\boldsymbol{n}) = \prod_{k=0}^{N-1} \frac{1}{\sqrt{2\pi\sigma_{\mathrm{n}}^2}} \exp\left(-\frac{(n(k))^2}{2\sigma_{\mathrm{n}}^2}\right) = \frac{1}{(2\pi)^{\frac{N}{2}}\sqrt{\det \boldsymbol{\Sigma}}} \mathrm{e}^{-\frac{1}{2}\boldsymbol{n}^{\mathrm{T}}\boldsymbol{\Sigma}^{-1}\boldsymbol{n}} \tag{8.5.6}$$

它服从 $N$ 维高斯分布，$\boldsymbol{\Sigma}$ 为协方差矩阵。各元素不相关的话，$\boldsymbol{\Sigma}=\sigma_{\mathrm{n}}^2\boldsymbol{I}$，其中 $\boldsymbol{I}$ 是单位矩阵，$\det\boldsymbol{\Sigma}=N\sigma_{\mathrm{n}}^2$。

因测量值 $\boldsymbol{y}=\boldsymbol{\Psi}\boldsymbol{\theta}+\boldsymbol{n}$，故有 $\boldsymbol{n}=\boldsymbol{y}-\boldsymbol{\Psi}\boldsymbol{\theta}$，测量值 $\boldsymbol{y}$ 的概率密度函数可表示为

$$p(\boldsymbol{y}|\boldsymbol{\theta}) = \frac{1}{(2\pi)^{\frac{N}{2}}\sqrt{N}\sigma_{\mathrm{n}}} \exp\left(-\frac{1}{2\sigma_{\mathrm{n}}^2}(\boldsymbol{y}-\boldsymbol{\Psi}\boldsymbol{\theta})^{\mathrm{T}}(\boldsymbol{y}-\boldsymbol{\Psi}\boldsymbol{\theta})\right) \tag{8.5.7}$$

对于这个函数，其极大值是可以确定的。在高斯分布下计算极大似然估计的通用方法是先取对数，因为 $p(x)$ 和 $\log p(x)$ 在相同的 $x$ 值下都取得极大值，但取对数后更容易处理。因此

$$\left.\frac{\partial \log f(\boldsymbol{y}|\boldsymbol{\theta})}{\partial \boldsymbol{\theta}}\right|_{\boldsymbol{\theta}=\hat{\boldsymbol{\theta}}} = \frac{1}{2\sigma_{\mathrm{N}}^2}\Big(\big(\boldsymbol{y}-\boldsymbol{\Psi}\hat{\boldsymbol{\theta}}\big)^{\mathrm{T}}\big(\boldsymbol{y}-\boldsymbol{\Psi}\hat{\boldsymbol{\theta}}\big)\Big) \overset{!}{=} 0 \tag{8.5.8}$$

解上述方程，可以得到 $\hat{\boldsymbol{\theta}}$ 为

$$\hat{\boldsymbol{\theta}} = \big(\boldsymbol{\Psi}^{\mathrm{T}}\boldsymbol{\Psi}\big)^{-1}\boldsymbol{\Psi}^{\mathrm{T}}\boldsymbol{y} \tag{8.5.9}$$

这与式（8.3.13）是相同的。所以**最小二乘估计器**与**极大似然估计器**得到的解是相同的。

现在讨论估计器的质量，其问题是估计方差是否存在下界。如果这种情况存在，那么获得可达到最小方差的估计器就是最优估计器。这种质量的测度称作估计器的**有效性**（见附

录 A)，可以推导出可达到最小方差的下界为 **Cramér – Rao 界**。

为了推导这个 Cramér – Rao 界，考虑任意的无偏估计 $\hat{\boldsymbol{\theta}}$，即 $\mathrm{E}\{\hat{\boldsymbol{\theta}} \mid \boldsymbol{\theta}\} = \boldsymbol{\theta}$。在这个前提下，求估计的方差 $\mathrm{E}\{(\boldsymbol{\theta} - \hat{\boldsymbol{\theta}} \mid \boldsymbol{\theta})^2\}$。

下面的 Cramér – Rao 界推导由文献（Hansler，2001）给出，那里有更详细的推导。推导的指导思想是，对于一个无偏估计，$\mathrm{E}\{\hat{\boldsymbol{\theta}} - \boldsymbol{\theta}\}$ 的期望值为零，即

$$\mathrm{E}\{\hat{\boldsymbol{\theta}} - \boldsymbol{\theta}\} = \int_{-\infty}^{\infty} (\hat{\boldsymbol{\theta}} - \boldsymbol{\theta}) p_y(y|\boldsymbol{\theta}) \mathrm{d}y \tag{8.5.10}$$

对参数向量 $\boldsymbol{\theta}$ 求导，得到

$$\int_{-\infty}^{\infty} \frac{\partial}{\partial \boldsymbol{\theta}} \Big( (\hat{\boldsymbol{\theta}} - \boldsymbol{\theta}) p_y(y|\boldsymbol{\theta}) \mathrm{d}y \Big) = 0 \tag{8.5.11}$$

根据 Cauchy – Schwartz 不等式 $(\mathrm{E}\{xy\})^2 \leqslant \mathrm{E}\{x^2\}\mathrm{E}\{y^2\}$，估计方差的下界为

$$\mathrm{E}\{(\hat{\boldsymbol{\theta}} - \boldsymbol{\theta})^2\} \geqslant \frac{1}{\mathrm{E}\left\{\left(\dfrac{\partial}{\partial \boldsymbol{\theta}} \log p_y(y|\boldsymbol{\theta})\right)^2\right\}} \tag{8.5.12}$$

或写成

$$\mathrm{E}\{(\hat{\boldsymbol{\theta}} - \boldsymbol{\theta})^2) \geqslant \frac{-1}{\mathrm{E}\left\{\dfrac{\partial^2}{\partial \boldsymbol{\theta}^2} \log p_y(y|\boldsymbol{\theta})\right\}} \tag{8.5.13}$$

详细的推导也见文献（Raol et al，2004）。

如果估计器的估计方差达到下界，则称它为**有效的**。术语 **BLUE** 代表**最优线性无偏估计器**，表示该估计器达到所有无偏估计器的最小方差。根据 Gauss – Markov 定理，最小二乘估计器就是最优线性无偏估计器。下面的论述证实，该估计器在噪声 $n(k)$ 和误差 $e(k)$ 为高斯分布情况下也达到了 Cramér – Rao 界。Cramér – Rao 界不总是可以达到的，因为它过于保守，见文献（Pintelon and Schoukens，2001）。尽管还存在一些更为宽松的界，但难以计算，因而很少用。

Cramér – Rao 界还可用于最小二乘估计器，在这种情况下等价于极大似然估计器。因此可达到的最小方差为

$$\mathrm{E}\{(\hat{\boldsymbol{\theta}} - \boldsymbol{\theta})^2\} \geqslant \frac{-1}{\mathrm{E}\left\{\dfrac{\partial^2}{\partial \boldsymbol{\theta}^2} \log p_y(y|\boldsymbol{\theta})\right\}} = \sigma_{\mathrm{e}}^2 \mathrm{E}\{(\boldsymbol{\Psi}^{\mathrm{T}}\boldsymbol{\Psi})^{-1}\} \tag{8.5.14}$$

如果误差 $e(k)$/噪声 $n(k)$ 为高斯分布，那么估计器达到 Cramér – Rao 界，是所有估计器的最小方差。分母项称作 **Fisher 信息矩阵**（Fisher，1922，1950）。从 Cramér – Rao 界扩展到有偏估计的讨论见文献（van den Bos，2007）。

## 8.6 约束

约束是求解必须满足的附加条件，分为**等式**和**不等式约束**。线性不等式约束要求参数满足下列的一组不等式

$$\boldsymbol{A\theta} \leqslant \boldsymbol{b} \tag{8.6.1}$$

而等式约束需要参数满足如下的一组方程

$$C\theta = d \tag{8.6.2}$$

首先介绍等式约束的情况，因为它容易直接求解（Björck，1996）。要求 $C$ 具有线性无关列，使得式（8.6.2）的方程系统是一致的。先求解无约束的最小二乘问题

$$\hat{\theta} = (\Psi^{\mathrm{T}}\Psi)^{-1}\Psi^{\mathrm{T}}y \tag{8.6.3}$$

然后求受约束问题的解 $\tilde{\theta}$，可以求得 $\tilde{\theta}$ 为

$$\tilde{\theta} = \hat{\theta} - (\Psi^{\mathrm{T}}\Psi)^{-1}C\left(C(\Psi^{\mathrm{T}}\Psi)^{-1}C^{\mathrm{T}}\right)^{-1}(C\hat{\theta} - d) \tag{8.6.4}$$

见文献（Doyle et al，2002）。

不等式约束理论上可以采用**有效集法**求解，但在数值实现上更倾向于采用其他的方法，如内点法（Nocedal and Wright，2006）。有效集法的基本思想是，不等式约束可以是闲置的，这种情况不需要把约束视作优化问题解的一部分；如果不等式约束是有效的，那么可以将它视作等式约束，因为设计变量被固定在**可行空间**的边界上。这里的有效意味着约束对解是起作用的，而闲置意味着当时的约束对解没有影响。这个算法的关键之处在于有效集的确定，它可能具有指数复杂性。递推最小二乘法（RLS）也允许包含一个简洁方式的约束，见第 9.6.1 节。

## 8.7 小结

本章中，针对线性和非线性过程推导了最小二乘法，它适用于由线性和非线性代数方程描述的稳态过程。能够直接求解，也就是非迭代求解的一个重要条件是，过程输出和模型输出之间的误差关于参数是线性的。但是，许多关于参数非线性的函数可以通过变换使其成为关于参数线性的，或者可以用多项式或分片线性模型来近似。

对于最小二乘的应用，利用 Gauss – Markov 定理，可以证明最小二乘法能给出最优线性无偏估计。同时还进一步说明输出具有高斯噪声的最小二乘法与极大似然估计器是等价的，估计方差渐近达到 Cramér – Rao 界，它是估计方差的下界，使其成为渐近有效估计器。

## 习题

8.1 非线性稳态 SISO 过程

过程由一个二阶非线性稳态模型描述

$$y(k) = K_0 + K_1 u(k) + K_2 u^2(k)$$

其中，参数 $K_0$ 为零，因此下面不用考虑它。基于如下的测量数据：

| 数据点 $k$ | 1 | 2 | 3 | 4 | 5 |
|---|---|---|---|---|---|
| 输入信号 $u$ | −1.5 | −0.5 | 4.5 | 7 | 8 |
| 输出信号 $y$ | 5.5 | 1.5 | −3.5 | 4.5 | 8.5 |

利用最小二乘法，求参数 $K_1$ 和 $K_2$。

8.2 非线性稳态 MISO 过程

一个 MISO 过程由非线性二阶模型描述

$$y(k) = K_0 - K_1 u_1(k) u_2(k) + K_2 u_1^2(k)$$

利用最小二乘法来辨识这个过程。构建数据矩阵 $\boldsymbol{\Psi}$、数据向量 $\boldsymbol{y}$ 和参数向量 $\boldsymbol{\theta}$，利用下面给定的测量值：

| 数据点 $k$ | 1 | 2 | 3 | 4 | 5 |
|---|---|---|---|---|---|
| 输入信号 $u_1$ | -1 | -0.5 | 0 | 1 | 2 |
| 输入信号 $u_2$ | 2 | 2 | 2 | 2 | 2 |
| 输出信号 $y$ | 3.5 | 1.875 | 0 | -4.5 | -10 |

求参数 $K_1$ 和 $K_2$，假设 $K_0 = 0$。

8.3 非线性稳态 SISO 过程

利用下面的测量数据，辨识一个稳态非线性过程，其模型结构为

$$y(k) = \sqrt{a u(k)} + (b+1) u^2(k)$$

| 数据点 $k$ | 1 | 2 | 3 | 4 | 5 |
|---|---|---|---|---|---|
| 输入信号 $u$ | 0.5 | 1 | 1.5 | 2 | 2.5 |
| 输出信号 $y$ | 2.2247 | 5.7321 | 11.1213 | 18.4495 | 27.7386 |

先构建数据矩阵 $\boldsymbol{\Psi}$、数据向量 $\boldsymbol{y}$ 和参数向量 $\boldsymbol{\theta}$，然后求参数 $a$ 和 $b$。

8.4 正弦振荡

利用最小二乘法求振荡频率 $\omega_0$ 已知的相位 $\varphi$ 和幅值 $A$，即

$$y(t) = A \sin(\omega_0 t + \varphi)$$

信号的采样时间 $T_0 = 0.1$ s，振荡频率 $\omega_0 = 10$ rad/s。利用下面数据：

| 数据点 $k$ | 0 | 1 | 2 | 3 | 4 |
|---|---|---|---|---|---|
| 输出信号 $y(k)$ | 0.52 | 1.91 | 1.54 | -0.24 | -1.80 |

求参数 $A$ 和 $\varphi$。

8.5 一致估计和 BLUE

什么是一致估计？BLUE 代表什么？

8.6 偏差

什么是偏差？如何用数学定义？

## 参考文献


Åström KJ, Eykhoff P (1971) System identification–a survey. Automatica 7(2): 123–162

Björck Å (1996) Numerical methods for least squares problems. SIAM, Philadelphia

van den Bos A (2007) Parameter estimation for scientists and engineers. Wiley-Interscience, Hoboken, NJ

Doyle FJ, Pearson RK, Ogunnaike BA (2002) Identification and control using Volterra models. Communications and Control Engineering, Springer, London

Fisher RA (1922) On the mathematical foundation of theoretical statistics. Philos Trans R Soc

London, Ser A 222: 309-368

Fisher RA (1950) Contributions to mathematical statistics. J. Wiley, New York, NY

Golub GH, van Loan CF (1996) Matrix computations, 3rd edn. Johns Hopkins studies in the mathematical sciences, Johns Hopkins Univ. Press, Baltimore

Hänsler E (2001) Statistische Signale: Grundlagen und Anwendungen. Springer, Berlin

Himmelblau DM (1970) Process analysis by statistical methods. Wiley & Sons, NewYork, NY

Ljung L (1999) System identification: Theory for the user, 2nd edn. Prentice Hall Information and System Sciences Series, Prentice Hall PTR, Upper Saddle River, NJ

Nocedal J, Wright SJ (2006) Numerical optimization, 2nd edn. Springer series inoperations research, Springer, New York

Pintelon R, Schoukens J (2001) System identification: A frequency domain approach. IEEE Press, Piscataway, NJ

Raol JR, Girija G, Singh J (2004) Modelling and parameter estimation of dynamic systems, IEE control engineering series, vol 65. Institution of Electrical Engineers, London

Verhaegen M, Verdult V (2007) Filtering and system identification: A least squares approach. Cambridge University Press, Cambridge

van der Waerden BL (1969) Mathematical statistics. Springer, Berlin

# 第 9 章

# 动态过程的最小二乘参数估计

上一章讨论了最小二乘法在稳态模型中的应用，这是科学研究人员很早以前就熟知的，而最小二乘法应用于动态过程辨识则要晚些时候。关于 AR 模型的参数估计最初的研究报道是关于经济数据的时间序列分析（Koopmans，1937；Mann and Wald，1943）以及用于线性动态过程差分方程的估计（Kalman，1958；Durbin，1960；Levin，1960；Lee，1964）。

本章将针对离散时间情况详细讨论最小二乘法在动态过程中的应用，后面的第 15 章将讨论连续时间的情况。本章里，首先推导原始的非递推形式，然后详细给出其递推形式。另外，还将讨论最小二乘的加权方法和非常重要的指数遗忘最小二乘法。

为了不淹没最小二乘法应用于动态系统的基本思路，本章仅讨论问题的一种数学求解方法。第 22 章将进一步讨论最小二乘问题求解的不同方法，并比较各种方法的精度和速度。第 10 章还将讨论最小二乘的改进方法，以便针对作用于输入的噪声以及其他情况，使之获得更好的估计结果。

## 9.1 最小二乘（LS）非递推方法

下面针对离散时间线性过程推导最小二乘的经典方法。

### 9.1.1 基本方程

离散时间线性过程的传递函数写成

$$G(z^{-1}) = \frac{y(z)}{u(z)} = \frac{b_0 + b_1 z^{-1} + \cdots + b_m z^{-m}}{1 + a_1 z^{-1} + \cdots + a_m z^{-m}} = \frac{B(z^{-1})}{A(z^{-1})} \tag{9.1.1}$$

其中

$$\begin{aligned} u(k) &= U(k) - U_{00} \\ y(k) &= Y(k) - Y_{00} \end{aligned} \tag{9.1.2}$$

为信号相对于稳态值 $U_{00}$ 和 $Y_{00}$ 的偏差，也见式（2.2.19）。下面将忽略参数 $b_0$，因为“双真”系统[⊖]在现实中很难遇到，也就是能立即跟随阶跃输入响应的系统几乎不存在。由于忽略了 $b_0$，下面参数估计问题的维数降低了一维。对式（9.1.1）过程进行扩展，引入迟延 $T_d$，且整数 $d = T_d/T_0 = 0,1,\cdots$。又假设模型阶次和迟延准确已知，若非如此，可采用第 23 章所论述的方法来确定合适的模型阶次和迟延。

⊖ 译者注：指分子和分母的多项式阶次相等的系统。

考虑延迟后的传递函数可写成

$$G_{\mathrm{P}}(z)=\frac{y_{\mathrm{u}}(z)}{u(z)}=\frac{B(z^{-1})}{A(z^{-1})}z^{-d}=\frac{b_1z^{-1}+\cdots+b_mz^{-m}}{1+a_1z^{-1}+\cdots+a_mz^{-m}}z^{-d} \tag{9.1.3}$$

假设可测信号 $y(k)$ 是实际过程输出 $y_{\mathrm{u}}(k)$（有用信号）与随机干扰 $n(k)$ 的叠加

$$y(k)=y_{\mathrm{u}}(k)+n(k) \tag{9.1.4}$$

见图 9.1。

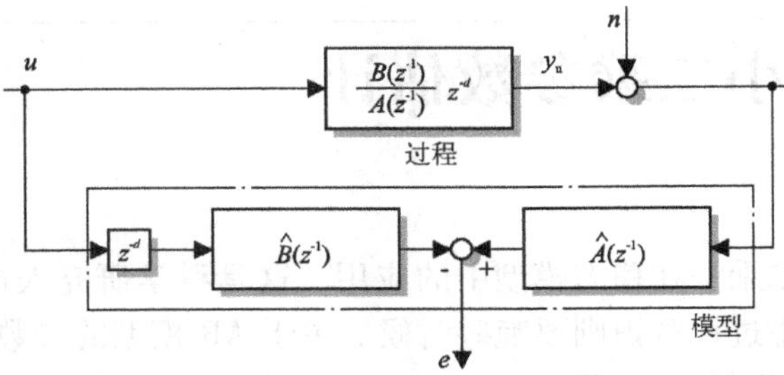


图 9.1　最小二乘法非递推参数估计方块图

现在的任务就是根据 $N$ 组输入信号 $u(k)$ 和测量输出 $y(k)$，确定过程传递函数式 (9.1.3) 中的未知参数 $a_i$ 和 $b_i$。首先，做如下一些假设：

- 当 $k<0$ 时，过程处于稳态。
- 模型阶次 $m$ 和迟延 $d$ 准确已知（如果它们事先不知道，如何确定模型阶次 $m$ 和迟延 $d$ 的方法见第 23 章）。
- 输入 $u(k)$ 及其直流分量 $U_{00}$ 准确已知。
- 干扰 $n(k)$ 必须是平稳的，且 $\mathrm{E}\{n(k)\}=0$。
- 直流分量 $Y_{00}$ 准确已知，且与 $U_{00}$ 相对应。

将式 (9.1.3) 变换到时域，得到差分方程

$$y_{\mathrm{u}}(k)+a_1y_{\mathrm{u}}(k-1)+\cdots+a_my_{\mathrm{u}}(k-m)=b_1u(k-d-1)+\cdots+b_mu(k-d-m) \tag{9.1.5}$$

使用测量值 $y(k)$ 代替模型输出 $y_{\mathrm{u}}(k)$，进而将待估计的参数插入方程，有

$$\begin{aligned}&y(k)+\hat{a}_1(k-1)y(k-1)+\cdots+\hat{a}_m(k-1)y(k-m)\\&\quad-\hat{b}_1(k-1)u(k-d-1)-\cdots-\hat{b}_m(k-1)u(k-d-m)=e(k)\end{aligned} \tag{9.1.6}$$

由于用测量值 $y(k)$ 代替“真实的”的输出 $y_{\mathrm{u}}(k)$，用参数估计值代替“真实的”的参数值，由此而造成方程误差 $e(k)$（残差）。图 9.1 给出了一个总的框架，根据第 1 章的论述（见图 1.8），这个框架中的误差称为**广义方程误差**。该误差定义是**关于参数线性**的，这是应用参数估计**直接方法**所必需的。正如第 1.3 节所论述的那样，直接方法可以一次求得参数估计。

式 (9.1.6) 可以解释为：基于第 $k-1$ 时刻之前的测量数据，对未来输出信号 $y(k)$ 提前一步的预报值 $\hat{y}(k\mid k-1)$（**一步预报**）。在这种情况下，式 (9.1.6) 可以写成

$$\begin{aligned}\hat{y}(k|k-1)&=-\hat{a}_1(k-1)y(k-1)-\cdots-\hat{a}_m(k-1)y(k-m)\\&\quad+\hat{b}_1(k-1)u(k-d-1)+\cdots-\hat{b}_m(k-1)u(k-d-m)\\&=\boldsymbol{\psi}^{\mathrm{T}}(k)\hat{\boldsymbol{\theta}}(k-1)\end{aligned} \tag{9.1.7}$$

其中，数据向量定义为

$$\boldsymbol{\psi}^{\mathrm{T}}(k)=\big(-y(k-1)\cdots-y(k-m)\big|u(k-d-1)\cdots u(k-d-m)\big) \tag{9.1.8}$$

参数向量定义为

$$\hat{\boldsymbol{\theta}}^{\mathrm{T}}(k)=\big(\hat{a}_1\cdots\hat{a}_m\big|\hat{b}_1\cdots\hat{b}_m\big) \tag{9.1.9}$$

可见，式（9.1.7）与非线性稳态情况下的回归模型式（8.3.3）是对应的。为此，式（9.1.6）中的方程误差可以解释为

$$\underset{\text{方程误差}}{e(k)} = \underset{\text{新的观测值}}{y(k)} - \underset{\text{模型一步预报值}}{\hat{y}(k|k-1)} \tag{9.1.10}$$

现在，对输入和输出在时间点 $k=0,1,2,\cdots,m+d+N$ 上进行采样。在第 $k=m+d$ 步，数据向量 $\psi$ 式（9.1.8）首次被填满。对 $k=m+d,m+d+1,\cdots,m+d+N$ 时刻，可以建立一个具有 $N+1$ 个方程的系统

$$y(k) = \boldsymbol{\psi}^{\mathrm{T}}(k)\hat{\boldsymbol{\theta}}(k-1) + e(k) \tag{9.1.11}$$

为了确定 $2m$ 个参数，需要至少 $2m$ 个方程，故必须 $N\geqslant 2m-1$。为了抑制干扰 $n(k)$ 的影响，通常使用更多的方程，即 $N\gg 2m-1$。

以上 $N+1$ 个方程可写成如下的矩阵形式

$$\boldsymbol{y}(m+d+N) = \boldsymbol{\Psi}(m+d+N)\hat{\boldsymbol{\theta}}(m+d+N-1) + \boldsymbol{e}(m+d+N) \tag{9.1.12}$$

其中

$$\boldsymbol{y}^{\mathrm{T}}(m+d+N) = \big(y(m+d)\ y(m+d+1)\cdots y(m+d+N)\big) \tag{9.1.13}$$

数据矩阵

$$\boldsymbol{\Psi}(m+d+N) = \left(\begin{array}{ccc|ccc} -y(m+d-1) & \cdots & -y(d) & u(m-1) & \cdots & u(0) \\ -y(m+d) & \cdots & -y(d+1) & u(m) & \cdots & u(1) \\ \vdots & & \vdots & \vdots & & \vdots \\ -y(m+d+N-1) & \cdots & -y(d+N) & u(m+N-1) & \cdots & u(N) \end{array}\right) \tag{9.1.14}$$

为了极小化如下的代价函数

$$V = \boldsymbol{e}^{\mathrm{T}}(m+d+N)\boldsymbol{e}(m+d+N) = \sum_{k=m+d}^{m+d+N} e^2(k) \tag{9.1.15}$$

其中

$$\boldsymbol{e}^{\mathrm{T}}(m+d+N) = \big(e(m+d)\ e(m+d+1)\cdots e(m+d+N)\big) \tag{9.1.16}$$

类比于第 8.3 节，求代价函数的一阶导数，见式（8.3.11），令其等于零，即

$$\left.\frac{\mathrm{d}V}{\mathrm{d}\boldsymbol{\theta}}\right|_{\boldsymbol{\theta}=\hat{\boldsymbol{\theta}}} = -2\boldsymbol{\Psi}^{\mathrm{T}}\big(\boldsymbol{y} - \boldsymbol{\Psi}\hat{\boldsymbol{\theta}}\big) \overset{!}{=} \mathbf{0} \tag{9.1.17}$$

对于 $k=m+d+N$ 时刻，对比式（8.3.13），可得到超定方程组的解为

$$\hat{\boldsymbol{\theta}} = \big(\boldsymbol{\Psi}^{\mathrm{T}}\boldsymbol{\Psi}\big)^{-1}\boldsymbol{\Psi}^{\mathrm{T}}\boldsymbol{y} \tag{9.1.18}$$

利用下面的简写

$$\boldsymbol{P} = \big(\boldsymbol{\Psi}^{\mathrm{T}}\boldsymbol{\Psi}\big)^{-1} \tag{9.1.19}$$

上式写成

$$\hat{\boldsymbol{\theta}} = \boldsymbol{P}\boldsymbol{\Psi}^{\mathrm{T}}\boldsymbol{y} \tag{9.1.20}$$

为了计算参数估计值 $\hat{\boldsymbol{\theta}}$，需对如下矩阵求逆

$$\boldsymbol{\Psi}^{\mathrm{T}}\boldsymbol{\Psi} = \boldsymbol{P}^{-1}\ \text{（见下页）} \tag{9.1.21}$$

再乘以向量

$$\boldsymbol{\Psi}^{\mathrm{T}}\boldsymbol{y}\ \text{（见下页）} \tag{9.1.22}$$

$$
\boldsymbol{\Psi}^{\mathrm{T}}\boldsymbol{\Psi}=\left(\begin{array}{ccc|ccc}
\sum\limits_{k=m+d-1}^{m+d+N-1} y^2(k) & \cdots & \sum\limits_{k=m+d-1}^{m+d+N-1} y(k)y(k-m+1) & -\sum\limits_{k=m+d-1}^{m+d+N-1} y(k)u(k-d) & \cdots & \sum\limits_{k=m+d-1}^{m+d+N-1} y(k)u(k-d-m+1) \\
\sum\limits_{k=m+d-2}^{m+d+N-2} y(k)y(k+1) & \cdots & \sum\limits_{k=m+d-2}^{m+d+N-2} y(k)y(k-m+2) & -\sum\limits_{k=m+d-2}^{m+d+N-2} y(k)u(k-d+1) & \cdots & \sum\limits_{k=m+d-2}^{m+d+N-2} y(k)u(k-d-m+2) \\
\vdots & & \vdots & \vdots & & \vdots \\
 & & \sum\limits_{k=d}^{d+N} y^2(k) & -\sum\limits_{k=d}^{d+N} y(k)u(k-d+m-1) & \cdots & \sum\limits_{k=d}^{d+N} y(k)u(k-d) \\
\hline
 & & & \sum\limits_{k=m-1}^{m+N-1} u^2(k) & \cdots & \sum\limits_{k=m-1}^{m+N-1} u(k)u(k-m+1) \\
 & & & & & \sum\limits_{k=m-2}^{m+N-2} u(k)u(k-m+2) \\
 & & & & & \vdots \\
 & & & & & \sum\limits_{k=0}^{N} u^2(k)
\end{array}\right) \tag{9.1.21}
$$

$$
\boldsymbol{\Psi}^{\mathrm{T}}\boldsymbol{y}=\left(\begin{array}{c}
-\sum\limits_{k=m+d}^{m+d+N} y(k)y(k-1) \\
-\sum\limits_{k=m+d}^{m+d+N} y(k)y(k-2) \\
\vdots \\
-\sum\limits_{k=m+d}^{m+d+N} y(k)y(k-m) \\
\hline
-\sum\limits_{k=m+d}^{m+d+N} y(k)u(k-d-1) \\
\vdots \\
-\sum\limits_{k=m+d}^{m+d+N} y(k)u(k-d-m)
\end{array}\right) \tag{9.1.22}
$$

参见（Åström and Eykhoff，1971）。

矩阵 $\boldsymbol{\Psi}$ 的维数为$(N+1)\times 2m$，因此对于很长的测量时间，矩阵 $\boldsymbol{\Psi}$ 的维数会变得很大。对于平稳的输入和输出信号，矩阵 $\boldsymbol{\Psi}^{\mathrm{T}}\boldsymbol{\Psi}$ 是对称的，维数为 $2m\times 2m$，与测量时间段无关。为了使其逆存在，矩阵 $\boldsymbol{\Psi}^{\mathrm{T}}\boldsymbol{\Psi}$ 必须是（满）秩的（$2m$）或

$$
\det\left(\boldsymbol{\Psi}^{\mathrm{T}}\boldsymbol{\Psi}\right)=\det\left(\boldsymbol{P}^{-1}\right)\neq 0 \tag{9.1.23}
$$

这个必要条件意味着，所研究的过程必须是被输入信号充分激励的，见第 9.1.4 节。根据式

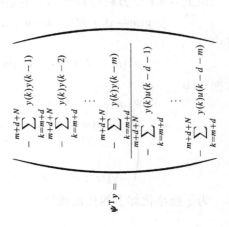

(9.1.17)，其二阶导数写成

$$\frac{\mathrm{d}V}{\mathrm{d}\boldsymbol{\theta}\,\mathrm{d}\boldsymbol{\theta}^{\mathrm{T}}}=\boldsymbol{\Psi}^{\mathrm{T}}\boldsymbol{\Psi} \tag{9.1.24}$$

为了使代价函数在由式（9.1.17）确定的最优点处取得（局部）极小值，矩阵 $\boldsymbol{\Psi}^{\mathrm{T}}\boldsymbol{\Psi}$ 必须是正定的，即

$$\det\boldsymbol{\Psi}^{\mathrm{T}}\boldsymbol{\Psi}>0 \tag{9.1.25}$$

如果 $\boldsymbol{\Psi}^{\mathrm{T}}\boldsymbol{\Psi}$ 和 $\boldsymbol{\Psi}^{\mathrm{T}}\boldsymbol{y}$ 都除以 $N$，则矩阵和向量的每个元素都是相关函数，只是求相关函数的起止点不同，见式（9.2.21）和式（9.1.22）。然而，当 $N$ 很大时，这些不同的起止时间是可以忽略的，由此可建立“相关矩阵”

$$(N+1)^{-1}\boldsymbol{\Psi}^{\mathrm{T}}\boldsymbol{\Psi}=$$

$$\left(\begin{array}{cccc|ccc}
\hat{R}_{\mathrm{yy}}(0) & \hat{R}_{\mathrm{yy}}(1) & \cdots & \hat{R}_{\mathrm{yy}}(m-1) & -\hat{R}_{\mathrm{uy}}(d) & \cdots & -\hat{R}_{\mathrm{uy}}(d+m-1)\\
\hat{R}_{\mathrm{yy}}(1) & \hat{R}_{\mathrm{yy}}(0) & \cdots & \hat{R}_{\mathrm{yy}}(m-2) & -\hat{R}_{\mathrm{uy}}(d-1) & \cdots & -\hat{R}_{\mathrm{uy}}(d+m-2)\\
\vdots & \vdots & & \vdots & \vdots & & \vdots\\
 & & \cdots & \hat{R}_{\mathrm{yy}}(0) & -\hat{R}_{\mathrm{uy}}(d-m+1) & \cdots & -\hat{R}_{\mathrm{uy}}(d)\\
\hline
 & & & & \hat{R}_{\mathrm{uu}}(0) & \cdots & \hat{R}_{\mathrm{uu}}(m-1)\\
\vdots & \vdots & & \vdots & \vdots & & \vdots\\
 & & & & & & \hat{R}_{\mathrm{uu}}(0)
\end{array}\right) \tag{9.1.26}$$

和“相关向量”

$$(N+1)^{-1}\boldsymbol{\Psi}^{\mathrm{T}}\boldsymbol{y}=\left(\begin{array}{c}
-\hat{R}_{\mathrm{yy}}(1)\\
-\hat{R}_{\mathrm{yy}}(2)\\
\vdots\\
-\hat{R}_{\mathrm{yy}}(m)\\
\hline
\hat{R}_{\mathrm{uy}}(d+1)\\
\vdots\\
\hat{R}_{\mathrm{uy}}(d+m)
\end{array}\right) \tag{9.1.27}$$

因此，对于动态情况，最小二乘法也可以用相关函数表示。如果根据下式来确定 $\hat{\boldsymbol{\theta}}$

$$\hat{\boldsymbol{\theta}}=\left(\frac{1}{N+1}\boldsymbol{\Psi}^{\mathrm{T}}\boldsymbol{\Psi}\right)^{-1}\frac{1}{N+1}\boldsymbol{\Psi}^{\mathrm{T}}\boldsymbol{y} \tag{9.1.28}$$

那么在收敛的情况下，矩阵和向量的元素将逼近相关函数的常值。因此，矩阵和向量的元素非常适合用作非参数且易于解释的中间结果来检查参数估计的进程。

需要注意，这里只用到如下的相关函数

$$\hat{R}_{\mathrm{yy}}(0),\hat{R}_{\mathrm{yy}}(1),\cdots,\hat{R}_{\mathrm{yy}}(m-1)$$

$$\hat{R}_{\mathrm{uu}}(0),\hat{R}_{\mathrm{uu}}(1),\cdots,\hat{R}_{\mathrm{uu}}(m-1)$$

$$\hat{R}_{\mathrm{uy}}(d),\hat{R}_{\mathrm{uy}}(d+1),\cdots,\hat{R}_{\mathrm{uy}}(d+m-1)$$

因此，计算相关函数时总是利用到 $m$ 个值。如果对于其他的时移 $\tau$，即分别对应 $\tau<0$ 和 $\tau>m-1$，或 $\tau<d$ 和 $\tau>d+m-1$，相关函数明显不为零，则这种方法没有用到有关过程动态特性的全部可用信息，这一问题在第 9.3 节中还会讨论。

为计算参数估计值，有下述选择：

- 建立 $\boldsymbol{\Psi}$ 和 $\boldsymbol{y}$，计算 $\boldsymbol{\Psi}^{\mathrm{T}}\boldsymbol{\Psi}$ 和 $\boldsymbol{\Psi}^{\mathrm{T}}\boldsymbol{y}$，再利用式（9.1.18）求解参数估计问题。
- 用式（9.1.21）和式（9.1.22）所给的求和形式，求解 $\boldsymbol{\Psi}^{\mathrm{T}}\boldsymbol{\Psi}$ 和 $\boldsymbol{\Psi}^{\mathrm{T}}\boldsymbol{y}$ 中的元素，然后利用式（9.1.18）计算。
- 根据式（9.1.26）和式（9.1.27），利用相关函数形式，求解 $(N+1)^{-1}\boldsymbol{\Psi}^{\mathrm{T}}\boldsymbol{\Psi}$ 和 $(N+1)^{-1}\boldsymbol{\Psi}^{\mathrm{T}}\boldsymbol{y}$ 中的元素，然后利用式（9.1.28）计算。

### 9.1.2 收敛性

为了检查收敛性，本节将在式（9.1.4）所假设的，也就是输出受到随机噪声 $n(k)$ 干扰的情况下，分析参数估计的期望值和收敛性。

关于参数估计的期望值，假设模型（9.1.12）的估计参数已经与过程参数 $\boldsymbol{\theta}_0$ 一致，将式（9.1.12）代入式（9.1.18），可得

$$\mathrm{E}\{\hat{\boldsymbol{\theta}}\} = \mathrm{E}\{(\boldsymbol{\Psi}^{\mathrm{T}}\boldsymbol{\Psi})^{-1}\boldsymbol{\Psi}^{\mathrm{T}}\boldsymbol{\Psi}\boldsymbol{\theta}_0 + (\boldsymbol{\Psi}^{\mathrm{T}}\boldsymbol{\Psi})^{-1}\boldsymbol{\Psi}^{\mathrm{T}}\boldsymbol{e}\} = \boldsymbol{\theta}_0 + \mathrm{E}\{(\boldsymbol{\Psi}^{\mathrm{T}}\boldsymbol{\Psi})^{-1}\boldsymbol{\Psi}^{\mathrm{T}}\boldsymbol{e}\} \tag{9.1.29}$$

其中

$$\boldsymbol{b} = \mathrm{E}\{(\boldsymbol{\Psi}^{\mathrm{T}}\boldsymbol{\Psi})^{-1}\boldsymbol{\Psi}^{\mathrm{T}}\boldsymbol{e}\} \tag{9.1.30}$$

为偏差。若偏差为零，则上述 $\hat{\boldsymbol{\theta}}=\boldsymbol{\theta}_0$ 的假设就得到满足。于是有下面的定理。

**定理 9.1（无偏参数估计的第一个性质）**

利用最小二乘法对式（9.1.5）描述的动态过程参数进行估计，如果获得的参数估计是无偏的，则 $\boldsymbol{\Psi}^{\mathrm{T}}$ 和 $\boldsymbol{e}$ 不相关，且 $\mathrm{E}\{\boldsymbol{e}\}=0$。那么，对任意有限的测量时间 $N$，有

$$\boldsymbol{b} = \mathrm{E}\{(\boldsymbol{\Psi}^{\mathrm{T}}\boldsymbol{\Psi})^{-1}\boldsymbol{\Psi}^{\mathrm{T}}\}\mathrm{E}\{\boldsymbol{e}\} = \boldsymbol{0} \tag{9.1.31}$$

□

这意味着，根据式（9.1.27），有

$$(N+1)^{-1}\mathrm{E}\{\boldsymbol{\Psi}^{\mathrm{T}}\boldsymbol{e}\} = \mathrm{E}\left\{\begin{pmatrix} -\hat{R}_{\mathrm{ye}}(1) \\ \vdots \\ -\hat{R}_{\mathrm{ye}}(m) \\ \hline -\hat{R}_{\mathrm{ue}}(d+1) \\ \vdots \\ -\hat{R}_{\mathrm{ue}}(d+m) \end{pmatrix}\right\} = \boldsymbol{0} \tag{9.1.32}$$

对于 $\hat{\boldsymbol{\theta}}=\boldsymbol{\theta}_0$，输入信号 $u(k)$ 与误差信号 $e(k)$ 不相关，因此 $R_{\mathrm{ue}}(\tau)=0$。后文还将用到式（9.1.32），见式（9.1.54）。

现在需要研究的是，必须满足什么条件才能获得无偏参数估计。针对这个问题，假设信号是平稳过程，使得相关函数的估计是一致的，即

$$\lim_{N\to\infty}\mathrm{E}\{\hat{R}_{\mathrm{uu}}(\tau)\} = R_{\mathrm{uu}}(\tau)$$

$$\lim_{N\to\infty}\mathrm{E}\{\hat{R}_{\mathrm{yy}}(\tau)\} = R_{\mathrm{yy}}(\tau)$$

$$\lim_{N\to\infty}\mathrm{E}\{\hat{R}_{\mathrm{uy}}(\tau)\} = R_{\mathrm{uy}}(\tau)$$

根据 Slutsky 定理（见附录 A.1），由式（9.1.28），参数估计依概率收敛为

$$\operatorname*{plim}_{N\to\infty}\hat{\boldsymbol{\theta}} = \left(\operatorname*{plim}_{N\to\infty}\frac{1}{N+1}\boldsymbol{\Psi}^{\mathrm{T}}\boldsymbol{\Psi}\right)^{-1}\left(\operatorname*{plim}_{N\to\infty}\frac{1}{N+1}\boldsymbol{\Psi}^{\mathrm{T}}\boldsymbol{y}\right) \tag{9.1.33}$$

包括

$$\lim_{N\to\infty}\mathrm{E}\{\hat{\boldsymbol{\theta}}\}=\left(\lim_{N\to\infty}\mathrm{E}\left\{\frac{1}{N+1}\boldsymbol{\Psi}^{\mathrm{T}}\boldsymbol{\Psi}\right\}\right)^{-1}\left(\lim_{N\to\infty}\mathrm{E}\left\{\frac{1}{N+1}\boldsymbol{\Psi}^{\mathrm{T}}\boldsymbol{y}\right\}\right)\tag{9.1.34}$$

这意味着，括号中的每一项都收敛于各自的稳态值，且是统计独立的。现在，将式（9.1.34）分解成有用信号和干扰两部分。利用式（9.1.4），式（9.1.8）变成

$$\begin{aligned}\boldsymbol{\psi}^{\mathrm{T}}(k)&=\big(-y_{\mathrm{u}}(k-1)\cdots-y_{\mathrm{u}}(k-m)\big|u(k-d-1)\cdots u(k-d-m)\big)\\&\quad+\big(-n(k-1)\cdots-n(k-m)\big|0\cdots0\big)\\&=\boldsymbol{\psi}_{\mathrm{u}}^{\mathrm{T}}(k)+\boldsymbol{\psi}_{\mathrm{n}}^{\mathrm{T}}(k)\end{aligned}\tag{9.1.35}$$

这样

$$\boldsymbol{\Psi}^{\mathrm{T}}=\boldsymbol{\Psi}_{\mathrm{u}}^{\mathrm{T}}+\boldsymbol{\Psi}_{\mathrm{n}}^{\mathrm{T}}\tag{9.1.36}$$

进而根据式（9.1.4），有

$$y(k)=y_{\mathrm{u}}(k)+n(k)=\boldsymbol{\psi}_{\mathrm{u}}^{\mathrm{T}}(k)\boldsymbol{\theta}_0+n(k)\tag{9.1.37}$$

其中，$\boldsymbol{\theta}_0$ 为真实的过程参数，因此

$$\boldsymbol{y}=\boldsymbol{\Psi}_{\mathrm{u}}\boldsymbol{\theta}_0+\boldsymbol{n}=(\boldsymbol{\Psi}-\boldsymbol{\Psi}_{\mathrm{n}})\boldsymbol{\theta}_0+\boldsymbol{n}\tag{9.1.38}$$

若将式（9.1.38）代入式（9.1.34），则

$$\begin{aligned}\lim_{N\to\infty}\mathrm{E}\{\hat{\boldsymbol{\theta}}\}&=\left(\lim_{N\to\infty}\mathrm{E}\left\{\frac{1}{N+1}\boldsymbol{\Psi}^{\mathrm{T}}\boldsymbol{\Psi}\right\}\right)^{-1}\\&\quad\left(\lim_{N\to\infty}\mathrm{E}\left\{\frac{1}{N+1}\boldsymbol{\Psi}^{\mathrm{T}}(\boldsymbol{\Psi}-\boldsymbol{\Psi}_{\mathrm{n}})\boldsymbol{\theta}_0+\frac{1}{N+1}\boldsymbol{\Psi}^{\mathrm{T}}\boldsymbol{n}\right\}\right)\\&=\boldsymbol{\theta}_0+\boldsymbol{b}\end{aligned}\tag{9.1.39}$$

其中

$$\begin{aligned}\lim_{N\to\infty}\boldsymbol{b}&=\left(\lim_{N\to\infty}\mathrm{E}\left\{\frac{1}{N+1}\boldsymbol{\Psi}^{\mathrm{T}}\boldsymbol{\Psi}\right\}\right)^{-1}\\&\quad\left(\lim_{N\to\infty}\mathrm{E}\left\{\frac{1}{N+1}\boldsymbol{\Psi}^{\mathrm{T}}\boldsymbol{n}-\frac{1}{N+1}\boldsymbol{\Psi}^{\mathrm{T}}\boldsymbol{\Psi}_{\mathrm{n}}\boldsymbol{\theta}_0\right\}\right)\end{aligned}\tag{9.1.40}$$

代表一个渐近偏差。为简单起见，引入“相关矩阵”

$$\hat{\boldsymbol{R}}(N+1)=\frac{1}{N+1}\boldsymbol{\Psi}^{\mathrm{T}}\boldsymbol{\Psi}\tag{9.1.41}$$

$$\boldsymbol{R}=\lim_{N\to\infty}\mathrm{E}\left\{\frac{1}{N+1}\boldsymbol{\Psi}^{\mathrm{T}}\boldsymbol{\Psi}\right\}\tag{9.1.42}$$

基于式（9.1.26）和式（9.1.27），有

$$\lim_{N\to\infty}\boldsymbol{b}=\boldsymbol{R}^{-1}\lim_{N\to\infty}\mathrm{E}\left\{\begin{pmatrix}-\hat{R}_{\mathrm{yn}}(1)\\\vdots\\-\hat{R}_{\mathrm{yn}}(m)\\\hline0\\\vdots\\0\end{pmatrix}-\begin{pmatrix}a_1\hat{R}_{\mathrm{yn}}(0)+\cdots+a_m\hat{R}_{\mathrm{yn}}(1-m)\\\vdots\\a_1\hat{R}_{\mathrm{yn}}(m-1)+\cdots+a_m\hat{R}_{\mathrm{yn}}(0)\\\hline0\\\vdots\\0\end{pmatrix}\right\}\tag{9.1.43}$$

其中，$\hat{R}_{\mathrm{un}}(\tau)=0$，即假设输入信号 $u(k)$ 和噪声 $n(k)$ 是不相关的。对于互相关函数

(CCF)，根据 $y(k)=y_u(k)+n(k)$，有

$$\begin{aligned}\mathrm{E}\{\hat{R}_{yn}(\tau)\} &= \mathrm{E}\left\{\frac{1}{N+1}\sum_{k=0}^{N} y(k)n(k+\tau)\right\} \\ &= \underbrace{\mathrm{E}\left\{\frac{1}{N+1}\sum_{k=0}^{N} y_u(k)n(k+\tau)\right\}}_{=0} + \mathrm{E}\left\{\frac{1}{N+1}\sum_{k=0}^{N} n(k)n(k+\tau)\right\} \\ &= R_{nn}(\tau)\end{aligned} \tag{9.1.44}$$

故

$$\lim_{N\to\infty} \boldsymbol{b} = -\boldsymbol{R}^{-1} \lim_{N\to\infty} \mathrm{E}\left\{\begin{pmatrix} \hat{R}_{nn}(1)+a_1\hat{R}_{nn}(0)+\cdots+a_m\hat{R}_{nn}(1-m) \\ \vdots \\ \hat{R}_{nn}(m)+a_1\hat{R}_{nn}(m-1)+\cdots+a_m\hat{R}_{nn}(0) \\ \hline 0 \\ \vdots \\ 0 \end{pmatrix}\right\} \tag{9.1.45}$$

如果 $N\to\infty$，有

$$\sum_{j=0}^{m} a_j R_{nn}(\tau-j)=0, \text{对于} 1\leqslant\tau\leqslant m, \text{且} a_0=1 \tag{9.1.46}$$

则该偏差为零。这就是自回归信号过程式（2.4.17）的 **Yule - Walker 方程**

$$\begin{aligned} n(k)+a_1 n(k-1)+\cdots+a_m n(k-m) &= \nu(k) \\ A(z^{-1})n(z) &= \nu(z) \end{aligned} \tag{9.1.47}$$

其中，$v(k)$ 为统计独立的高斯随机信号，有 $(\bar{v},\sigma_v)=(0,1)$。式（9.1.47）意味着，噪声必须是由白噪声 $v(k)$ 经过传递函数 $1/A(z^{-1})$ 生成得到的，才能获得 $\boldsymbol{b}=\boldsymbol{0}$ 的无偏估计。因此

$$G_\nu(z)=\frac{n(z)}{\nu(z)}=\frac{1}{A(z^{-1})} \tag{9.1.48}$$

参见图 9.2。则输出写成

$$y(z)=\frac{1}{A}\nu(z)+\frac{B}{A}u(z) \tag{9.1.49}$$

误差信号为

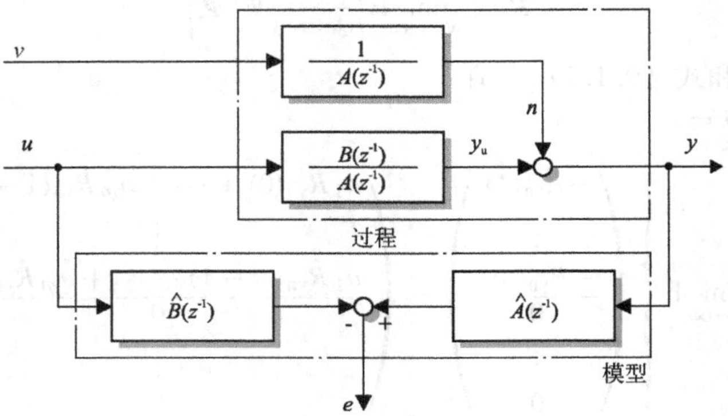


图 9.2　利用最小二乘法获得无偏参数估计所需的过程结构，其中 $v$ 为白噪声

$$e(k) = -\hat{B}u(k) + \hat{A}y(k) = -\hat{B}u(k) + \frac{\hat{A}}{A}\nu(k) + \hat{A}\frac{B}{A}u(k) \tag{9.1.50}$$

如果过程和模型参数精确匹配，即 $\hat{\boldsymbol{\theta}} = \boldsymbol{\theta}_0$ 或分别有 $\hat{A} = A$ 和 $\hat{B} = B$，那么偏差 $\boldsymbol{b}$ 消失，则有

$$e(z) = \nu(z) \tag{9.1.51}$$

**定理 9.2（一致参数估计的条件）**

利用最小二乘法对式（9.1.5）描述的动态过程参数进行估计，获得的参数估计是一致（渐近无偏）的，如果误差 $e(k)$ 是不相关的，即

$$R_{\mathrm{ee}}(\tau) = \sigma_{\mathrm{e}}^2\delta(\tau)\text{，其中 }\delta(\tau) = \begin{cases} 1, & \tau = 0 \\ 0, & \tau \neq 0 \end{cases} \tag{9.1.52}$$

且 $e(k)$ 具有零均值，也就是

$$\mathrm{E}\{e(k)\} = 0 \tag{9.1.53}$$

□

对上述定理的注释：如果满足上述定理的条件，那么对于有限测量时间 $N$，参数估计也是无偏的。

由式（9.1.32），对于有限测量时间 $N$ 的无偏估计，有

$$\begin{aligned}\hat{R}_{\mathrm{ye}}(\tau) &= \frac{1}{N+1}\sum_{k=m+d}^{m+d+N} e(k)y(k-\tau) \\ &= \frac{1}{N+1}\sum_{k=m+d}^{m+d+N} e(k+\tau)y(k) = 0\text{，}\tau = 1,2,\cdots,m\end{aligned} \tag{9.1.54}$$

对于 $e(k)$，考虑式（9.1.4）、式（9.1.7）、式（9.1.10）和式（9.1.35），以及 $\hat{\boldsymbol{\theta}} = \boldsymbol{\theta}_0$，有

$$\begin{aligned}e(k) &= y(k) - \boldsymbol{\psi}^{\mathrm{T}}(k)\boldsymbol{\theta}_0 = y_{\mathrm{u}}(k) + n(k) - \boldsymbol{\psi}_{\mathrm{u}}^{\mathrm{T}}(k)\boldsymbol{\theta}_0 - \boldsymbol{\psi}_{\mathrm{n}}^{\mathrm{T}}(k)\boldsymbol{\theta}_0 \\ &= n(k) - \boldsymbol{\psi}_{\mathrm{n}}^{\mathrm{T}}(k)\boldsymbol{\theta}_0\end{aligned} \tag{9.1.55}$$

和

$$\boldsymbol{\psi}_{\mathrm{n}}^{\mathrm{T}}(k) = \big(-n(k-1) \cdots -n(k-m)\big|0 \cdots 0\big) \tag{9.1.56}$$

可见，方程误差只依赖于 $n(k)$。

如果将式（9.1.4）代入式（9.1.54），并考虑到 $\hat{\boldsymbol{\theta}} = \boldsymbol{\theta}_0$ 的收敛性，所需要的信号 $y_{\mathrm{u}}(k)$ 与 $e(k)$ 不相关，则有

$$\mathrm{E}\{\hat{R}_{\mathrm{ye}}(\tau)\} = \mathrm{E}\left\{\frac{1}{N+1}\sum_{k=m+d}^{m+d+N} e(k)n(k-\tau)\right\} = R_{\mathrm{ne}}(\tau)\text{，}\tau = 1,2,\cdots,m \tag{9.1.57}$$

根据式（9.1.47），如果干扰 $n(k)$ 受控于自回归信号过程，那么方程式（9.1.47）乘以 $n(k-\tau)$，并求期望值，得到

$$R_{\mathrm{nn}}(\tau) + a_1R_{\mathrm{nn}}(\tau-1) + \cdots + a_mR_{\mathrm{nn}}(\tau-m) = R_{\mathrm{ne}}(\tau) \tag{9.1.58}$$

根据 Yule - Walker 方程，且对于 $\tau > 0$，$R_{\mathrm{ne}}(\tau)$ 为零，可得

$$R_{\mathrm{nn}}(\tau) + a_1R_{\mathrm{nn}}(\tau-1) + \cdots + a_mR_{\mathrm{nn}}(\tau-m) = 0 \tag{9.1.59}$$

且

$$R_{\mathrm{ne}}(\tau) = 0,\ \tau = 1,2,\cdots,m \tag{9.1.60}$$

因此，根据式（9.1.32）和式（9.1.57），偏差 $\boldsymbol{b}$ 消失，即 $\boldsymbol{b} = \mathbf{0}$。

至此，本章给出的定理均假设噪声通过一个特定的成形滤波器作用在系统输出上，见式(9.1.48)。为此，对于有限的测量时间，参数估计也是无偏的。

所需要的成形滤波器

$$G_\nu(z^{-1}) = \frac{D(z^{-1})}{C(z^{-1})} = \frac{1}{A(z^{-1})} \tag{9.1.61}$$

具有特定的形式。对于阶次高于1的动态系统，通常干扰传递函数的分子 $D(z^{-1})$ 不等于1，而是具有如下形式

$$D(z^{-1}) = d_0 + d_1 z^{-1} + d_2 z^{-2} + \cdots \tag{9.1.62}$$

因此，对于受到干扰影响的动态系统，参数估计一般是有偏的。如式（9.1.40）所示，如果干扰 $n(k)$ 的幅值相对于所需要的信号变大，则偏差也随之增大。图9.2所示的模型结构称作ARX（Ljung，1999）。

如果定理9.2的条件不能满足，则得到的结果是有偏估计，偏差的**幅值**由式（9.1.43）给出。下面是定理9.2的注释

$$\begin{aligned} \mathrm{E}\{\boldsymbol{b}(N+1)\} &= -\mathrm{E}\{\boldsymbol{R}^{-1}(N+1)\} \\ &= \mathrm{E}\left\{\begin{pmatrix} \hat{R}_{\mathrm{nn}}(1) + a_1\hat{R}_{\mathrm{nn}}(0) + \cdots + a_m\hat{R}_{\mathrm{nn}}(1-m) \\ \vdots \\ \hat{R}_{\mathrm{nn}}(m) + a_1\hat{R}_{\mathrm{nn}}(m-1) + \cdots + a_m\hat{R}_{\mathrm{nn}}(0) \\ \hline 0 \\ \vdots \\ 0 \end{pmatrix}\right\} \end{aligned} \tag{9.1.63}$$

对于噪声 $n(k)$ 为白噪声的这种特殊情况，利用

$$\mathrm{E}\{\hat{R}_{\mathrm{nn}}(0)\} = R_{\mathrm{nn}}(0) = \mathrm{E}\{n^2(k)\} = \sigma_{\mathrm{n}}^2 \tag{9.1.64}$$

上式简化为

$$\begin{aligned} \mathrm{E}\{\boldsymbol{b}(N+1)\} &= -\mathrm{E}\{\boldsymbol{R}^{-1}(N+1)\}\begin{pmatrix} a_1 \\ \vdots \\ a_m \\ \hline 0 \\ \vdots \\ 0 \end{pmatrix}\sigma_{\mathrm{n}}^2 \\ &= -\mathrm{E}\{\boldsymbol{R}^{-1}(N+1)\}\left(\begin{array}{c|c} \boldsymbol{I} & \boldsymbol{0} \\ \hline \boldsymbol{0} & \boldsymbol{0} \end{array}\right)\boldsymbol{\theta}_0\sigma_{\mathrm{n}}^2 \end{aligned} \tag{9.1.65}$$

关于偏差的更进一步研究可参阅文献（Sagara et al，1979）。

### 9.1.3 参数估计的协方差和模型的不确定性

考虑式（9.1.29），并假设 $\hat{\boldsymbol{\theta}} = \boldsymbol{\theta}_0$，那么参数估计的**协方差矩阵**可写成

$$\begin{aligned} \operatorname{cov}\Delta\boldsymbol{\theta} &= \mathrm{E}\{(\hat{\boldsymbol{\theta}} - \boldsymbol{\theta}_0)(\hat{\boldsymbol{\theta}} - \boldsymbol{\theta}_0)^{\mathrm{T}}\} \\ &= \mathrm{E}\{((\boldsymbol{\Psi}^{\mathrm{T}}\boldsymbol{\Psi})^{-1}\boldsymbol{\Psi}^{\mathrm{T}}\boldsymbol{e})((\boldsymbol{\Psi}^{\mathrm{T}}\boldsymbol{\Psi})^{-1}\boldsymbol{\Psi}^{\mathrm{T}}\boldsymbol{e})^{\mathrm{T}}\} \\ &= \mathrm{E}\{(\boldsymbol{\Psi}^{\mathrm{T}}\boldsymbol{\Psi})^{-1}\boldsymbol{\Psi}^{\mathrm{T}}\boldsymbol{e}\boldsymbol{e}^{\mathrm{T}}\boldsymbol{\Psi}(\boldsymbol{\Psi}^{\mathrm{T}}\boldsymbol{\Psi})^{-1}\} \end{aligned} \tag{9.1.66}$$

注意 $((\boldsymbol{\Psi}^{\mathrm{T}}\boldsymbol{\Psi})^{-1})^{\mathrm{T}} = (\boldsymbol{\Psi}^{\mathrm{T}}\boldsymbol{\Psi})^{-1}$，因为 $(\boldsymbol{\Psi}^{\mathrm{T}}\boldsymbol{\Psi})$ 是对称阵。如果 $\boldsymbol{\Psi}$ 和 $\boldsymbol{e}$ 统计独立，则

$$\operatorname{cov}\Delta\boldsymbol{\theta} = \mathrm{E}\{(\boldsymbol{\Psi}^{\mathrm{T}}\boldsymbol{\Psi})\boldsymbol{\Psi}^{\mathrm{T}}\}\mathrm{E}\{\boldsymbol{e}\boldsymbol{e}^{\mathrm{T}}\}\mathrm{E}\{\boldsymbol{\Psi}(\boldsymbol{\Psi}^{\mathrm{T}}\boldsymbol{\Psi})^{-1}\} \tag{9.1.67}$$ ㊀

进而，如果 $\boldsymbol{e}$ 是不相关的，则

$$\mathrm{E}\{\boldsymbol{e}\boldsymbol{e}^{\mathrm{T}}\} = \sigma_{\mathrm{e}}^2\boldsymbol{I} \tag{9.1.68}$$

在这些条件下，且满足定理 9.2 条件，也就是对无偏参数估计，协方差阵变成

$$\begin{aligned}\operatorname{cov}\Delta\boldsymbol{\theta} &= \sigma_{\mathrm{e}}^2\mathrm{E}\{(\boldsymbol{\Psi}^{\mathrm{T}}\boldsymbol{\Psi})^{-1}\} = \sigma_{\mathrm{e}}^2\mathrm{E}\{\boldsymbol{P}\} \\ &= \sigma_{\mathrm{e}}^2\mathrm{E}\{((N+1)^{-1}\boldsymbol{\Psi}^{\mathrm{T}}\boldsymbol{\Psi})^{-1}\}\frac{1}{N+1} = \sigma_{\mathrm{e}}^2\frac{1}{N+1}\mathrm{E}\{\hat{\boldsymbol{R}}^{-1}(N+1)\}\end{aligned} \tag{9.1.69}$$

当 $N\to\infty$ 时，有

$$\lim_{N\to\infty}\operatorname{cov}\Delta\boldsymbol{\theta} = \boldsymbol{R}^{-1}\lim_{N\to\infty}\frac{\sigma_{\mathrm{e}}^2}{N+1} = 0 \tag{9.1.70}$$

因此，如果定理 9.2 成立，则参数估计是均方意义下一致收敛的。

一般地，$\sigma_{\mathrm{e}}^2$ 是未知的。依据文献（Stuart et al，1987；Kendall and Stuart，1977b，a；Johnston and DiNardo，1997；Mendel，1973；Eykhoff，1974），可以获得它的无偏估计

$$\sigma_{\mathrm{e}}^2 \approx \hat{\sigma}_{\mathrm{e}}^2(m+d+N) = \frac{1}{N+1-2m}\boldsymbol{e}^{\mathrm{T}}(m+d+N)\boldsymbol{e}(m+d+N) \tag{9.1.71}$$

其中

$$\boldsymbol{e} = \boldsymbol{y} - \boldsymbol{\Psi}\hat{\boldsymbol{\theta}} \tag{9.1.72}$$

因此，不仅根据式（9.1.18）或式（9.1.28）可确定参数估计，同时还可利用式（9.1.69）和式（9.1.71）对方差和协方差进行估计。

除了找到参数估计协方差的表达式外，我们还对寻找模型不确定性的度量感兴趣。对这个问题没有唯一的方法，下面仅仅总结文献中提到的一些方法，作为判断模型不确定性的一种工具。

第一个方法是基于参数估计的协方差阵。假设参数误差 $\hat{\boldsymbol{\theta}}-\boldsymbol{\theta}_0$ 服从以零为中心的高斯分布，协方差阵为 $\boldsymbol{P}_\theta$，那么每个参数误差都服从高斯分布，且概率密度函数为

$$p(\hat{\theta}_k) = \frac{1}{\sqrt{2\pi P_{\boldsymbol{\theta},kk}}}\exp\left(-\frac{\hat{\theta}_k - \theta_{0,k}}{2P_{\boldsymbol{\theta},kk}}\right) \tag{9.1.73}$$

其中，$\hat{\theta}_k$ 为第 $k$ 个参数的估计值，$\theta_{0,k}$ 为相应的真实参数，$P_{\theta,kk}$ 为 $\boldsymbol{P}_\theta$ 对角线上的对应元素。利用上式，通过求积分可以确定估计值 $\hat{\theta}_k$ 距离真实值 $\theta_{0,k}$ 超过 $a$ 的概率

$$P(|\hat{\theta}_k - \theta_{0,k}| > a) = 1 - \int_{-a}^{a}\frac{1}{\sqrt{2\pi P_{\boldsymbol{\theta},kk}}}\exp\left(-\frac{x}{2P_{\boldsymbol{\theta},kk}}\right)\mathrm{d}x \tag{9.1.74}$$

类似的推导也可参阅文献（Ljung，1999；Box et al，2008）。

接下来，确定参数向量的置信区间，这里将用到 $\chi^2$ 分布。因为 $k$ 个独立服从高斯分布的随机变量之和服从 $k$ 自由度的 $\chi^2$ 分布，为此下面的随机量

$$r^2 = \sum_k\frac{(\hat{\theta}_k - \theta_{0,k})^2}{P_{\boldsymbol{\theta},kk}} \tag{9.1.75}$$

---

㊀ 译者注：原文缺一个求逆符号。

服从$\chi^2$分布，自由度为$d=\dim\theta$。随机量$r$以某概率不超过$r_{\max}$的置信区间可以通过查阅有关统计的教材中$\chi^2$分布表获得，并可用于计算置信椭球，见文献（Ljung，1999）。

利用误差传播规则，也能导出所得模型的不确定性。这个模型本质上是一个被估计参数的非线性函数，下文记作$M$，即

$$M = f(\hat{\boldsymbol{\theta}}) \tag{9.1.76}$$

那么，可将协方差转换为

$$\mathrm{cov}\, f(\hat{\boldsymbol{\theta}}) = \left( \frac{\partial f(\boldsymbol{\theta})}{\partial \boldsymbol{\theta}} \bigg|_{\boldsymbol{\theta}=\hat{\boldsymbol{\theta}}} \right) \boldsymbol{P}_{\boldsymbol{\theta}} \left( \frac{\partial f(\boldsymbol{\theta})}{\partial \boldsymbol{\theta}} \bigg|_{\boldsymbol{\theta}=\hat{\boldsymbol{\theta}}} \right)^{\mathrm{T}} \tag{9.1.77}$$

见文献（Vuerinckx et al，2001）。因此，模型为$\boldsymbol{y}=\boldsymbol{\Psi\theta}$系统输出的协方差为

$$\mathrm{cov}\, \hat{\boldsymbol{y}} = \boldsymbol{\Psi}\, \mathrm{cov}\, \Delta\hat{\boldsymbol{\theta}} \boldsymbol{\Psi}^{\mathrm{T}} \tag{9.1.78}$$

上述推导是假设估计参数服从高斯分布，且估计是无偏的情况，但并不一定都必须是这种情况，特别是对于有限的短采样时长$N$，后面将给出另一种方法。

在有限采样时长下，置信区间的进一步讨论可参阅文献（Campi and Weyer，2002；Weyer and Campi，2002）。

关于传递函数极点和零点位置的不确定性，建议通过给每个估计的零点和极点分别加摄动并检查所得到的模型是否仍能足够逼真地描述系统来确定它们的置信域（Vuerinckx et al，2001）。已经发现，置信区间的形状完全可以不同于通常假定的椭球，见文献（Pintelon and Schoukens，2001）。关于不确定性椭球的讨论，也可参阅文献（Geners，2005）和（Bombois et al，2005），文献中指出，在频域中不确定性椭球的计算常常基于错误的分布假设，因为不确定性是在每个频率点上分别进行分析的。关于求取模型质量的更多方法，可见文献（Ninness and Goodwin，1995）的综述。

**例 9.1（用于 LS 参数估计的一阶系统）**

通过两个例子来说明动态系统的最小二乘法。首先分析一个简单的一阶差分方程，然后分析三质量振荡器系统。

简单的一阶差分方程为

$$y_{\mathrm{u}}(k) + a_1 y_{\mathrm{u}}(k-1) = b_1 u(k-1) \tag{9.1.79}$$

$$y(k) = y_{\mathrm{u}}(k) + n(k) \tag{9.1.80}$$

该差分方程表示的是具有 ZOH（零阶保持）的一阶连续时间系统。类比于式（9.1.6），用作参数估计的过程模型可以写成

$$y(k) + \hat{a}_1 y(k-1) - \hat{b}_1 u(k-1) = e(k) \tag{9.1.81}$$

测量$u(k)$和$y(k)$，总共获得$N+1$组数据，则有

$$\boldsymbol{\Psi} = \left( \begin{array}{c|c} -y(0) & u(0) \\ -y(1) & u(1) \\ \vdots & \\ -y(N-1) & u(N-1) \end{array} \right) \tag{9.1.82}$$

且

$$\boldsymbol{y} = \begin{pmatrix} y(1) \\ y(2) \\ \vdots \\ y(N) \end{pmatrix} \tag{9.1.83}$$

那么

$$(N+1)^{-1}\boldsymbol{\Psi}^{\mathrm{T}}\boldsymbol{\Psi}=\begin{pmatrix}\hat{R}_{\mathrm{yy}}(0) & -\hat{R}_{\mathrm{uy}}(0)\\ -\hat{R}_{\mathrm{uy}}(0) & \hat{R}_{\mathrm{uu}}(0)\end{pmatrix} \tag{9.1.84}$$

$$(N+1)^{-1}\boldsymbol{\Psi}^{\mathrm{T}}\boldsymbol{y}=\begin{pmatrix}-\hat{R}_{\mathrm{yy}}(1)\\ -\hat{R}_{\mathrm{uy}}(1)\end{pmatrix} \tag{9.1.85}$$

求逆得

$$(N+1)\left(\boldsymbol{\Psi}^{\mathrm{T}}\boldsymbol{\Psi}\right)^{-1}=\frac{1}{\hat{R}_{\mathrm{uu}}(0)\hat{R}_{\mathrm{yy}}(0)-\left(\hat{R}_{\mathrm{uy}}(0)\right)^{2}}\begin{pmatrix}\hat{R}_{\mathrm{uu}}(0) & \hat{R}_{\mathrm{uy}}(0)\\ \hat{R}_{\mathrm{uy}}(0) & \hat{R}_{\mathrm{yy}}(0)\end{pmatrix} \tag{9.1.86}$$

最后的参数估计为

$$\begin{pmatrix}\hat{a}_1\\ \hat{b}_1\end{pmatrix}=\frac{1}{\hat{R}_{\mathrm{uu}}(0)\hat{R}_{\mathrm{yy}}(0)-\left(\hat{R}_{\mathrm{uy}}(0)\right)^{2}}\begin{pmatrix}-\hat{R}_{\mathrm{uu}}(0)\hat{R}_{\mathrm{yy}}(1)+\hat{R}_{\mathrm{uy}}(0)\hat{R}_{\mathrm{uy}}(1)\\ -\hat{R}_{\mathrm{uy}}(0)\hat{R}_{\mathrm{yy}}(1)+\hat{R}_{\mathrm{yy}}(0)\hat{R}_{\mathrm{uy}}(1)\end{pmatrix} \tag{9.1.87}$$

如果定理 9.2 的条件不满足，那么根据式（9.1.45），结果的偏差可以估计为

$$\begin{aligned}\boldsymbol{b}&=-\mathrm{E}\left\{(N+1)\left(\boldsymbol{\Psi}^{\mathrm{T}}\boldsymbol{\Psi}\right)^{-1}\right\}\mathrm{E}\begin{pmatrix}\hat{R}_{\mathrm{nn}}(1)+\hat{a}_1\hat{R}_{\mathrm{nn}}(0)\\ 0\end{pmatrix}\\ &=-\frac{1}{\hat{R}_{\mathrm{uu}}(0)\hat{R}_{\mathrm{yy}}(0)-\left(\hat{R}_{\mathrm{uy}}(0)\right)^{2}}\begin{pmatrix}-\hat{R}_{\mathrm{uu}}(0)\hat{R}_{\mathrm{nn}}(1)+\hat{a}_1\hat{R}_{\mathrm{uu}}(0)\hat{R}_{\mathrm{nn}}(0)\\ -\hat{R}_{\mathrm{uy}}(0)\hat{R}_{\mathrm{nn}}(1)+\hat{a}_1\hat{R}_{\mathrm{uy}}(0)\hat{R}_{\mathrm{nn}}(0)\end{pmatrix}\end{aligned} \tag{9.1.88}$$

如果假设 $u(k)$ 和 $y(k)$ 都是白噪声，使得 $R_{\mathrm{uy}}(0)=g(0)=0$，则上式变得更为简单，有

$$\mathrm{E}\{\Delta\hat{a}_1\}=-a_1\frac{R_{\mathrm{nn}}(0)}{R_{\mathrm{yy}}(0)}=-a_1\frac{\overline{n^2(k)}}{\overline{y^2(k)}}=-a_1\frac{1}{1+\frac{\overline{y_{\mathrm{u}}^2(k)}}{\overline{n^2(k)}}} \tag{9.1.89}$$

$$\mathrm{E}\{\Delta\hat{b}_1\}=0 \tag{9.1.90}$$

可见，$\hat{a}_1$ 的偏差随着噪声幅值的增大而增大，而参数 $\hat{b}_1$ 是无偏估计。

根据式（9.1.69），参数误差的协方差阵为

$$\operatorname{cov}\begin{pmatrix}\Delta\hat{a}_1\\ \Delta\hat{b}_1\end{pmatrix}=\mathrm{E}\left\{\frac{\sigma_{\mathrm{e}}^2}{\hat{R}_{\mathrm{uu}}(0)\hat{R}_{\mathrm{yy}}(0)-\left(\hat{R}_{\mathrm{uy}}(0)\right)^{2}}\begin{pmatrix}\hat{R}_{\mathrm{uu}}(0) & \hat{R}_{\mathrm{uy}}(0)\\ \hat{R}_{\mathrm{uy}}(0) & \hat{R}_{\mathrm{yy}}(0)\end{pmatrix}\right\}\frac{1}{N+1} \tag{9.1.91}$$

如果 $u(k)$ 是白噪声，那么可求得方差为

$$\operatorname{var}\Delta\hat{a}_1=\frac{\overline{e^2(k)}}{\overline{y^2(k)}}\frac{1}{N+1} \tag{9.1.92}$$

$$\operatorname{var}\Delta\hat{b}_1=\frac{\overline{e^2(k)}}{\overline{u^2(k)}}\frac{1}{N+1} \tag{9.1.93}$$

如果 $n(k)$ 也是白噪声，那么对于无偏估计 $\hat{\boldsymbol{\theta}}=\boldsymbol{\theta}_0$，式（9.1.55）平方后，可得

$$\operatorname{var}\Delta\hat{a}_1=\left(1+a_1^2\right)\frac{\overline{n^2(k)}}{\overline{y^2(k)}}\frac{1}{N+1} \tag{9.1.94}$$

$$\operatorname{var}\Delta\hat{b}_1=\left(1+a_1^2\right)\frac{\overline{n^2(k)}}{\overline{u^2(k)}}\frac{1}{N+1} \tag{9.1.95}$$

因此，参数估计的标准差与测量时间的平方根成正比地减小。一个有趣的结果是

$$\frac{\operatorname{var}(\Delta\hat{b}_1)}{\operatorname{var}(\Delta\hat{a}_1)} = \frac{\overline{y^2(k)}}{\overline{u^2(k)}} = \frac{\overline{y_u^2(k)}}{\overline{u^2(k)}} + \frac{\overline{n^2(k)}}{\overline{u^2(k)}} \tag{9.1.96}$$

当输入信号 $u(k)$ 含有更高频成分时，参数 $\hat{b}_1$ 的方差相对于参数 $\hat{a}_1$ 的方差随着 $n(k)$ 和 $y_u(k)$ 的减小而减小。□

**例 9.2（用于 LS 估计的连续时间一阶系统）**

考虑一个一阶系统，传递函数为

$$G(s) = \frac{K}{1 + sT_1} \tag{9.1.97}$$

系统参数选为 $K=2$，$T_1=0.5\text{ s}$。

由于前面所讲的参数估计都是针对离散时间动态系统的，因此先要对这个系统进行 $z$ 变换。关于连续时间系统的参数估计，读者可参阅第 15 章。这个系统的离散时间模型可写成

$$G(z^{-1}) = \frac{b_1 z^{-1}}{1 + a_1 z^{-1}} = \frac{0.09754 z^{-1}}{1 - 0.9512 z^{-1}} \tag{9.1.98}$$

模型系数为

$$b_1 = K\left(1 - \mathrm{e}^{-\frac{T_0}{T_1}}\right) = 0.09754 \tag{9.1.99}$$

和

$$a_1 = -\mathrm{e}^{-\frac{T_0}{T_1}} = 0.9512 \tag{9.1.100}$$

其中，采样时间 $T_0=0.025\text{ s}$。

根据式（9.1.82）构造矩阵 $\boldsymbol{\Psi}$，根据式（9.1.83）构造向量 $\boldsymbol{y}$。生成一个白噪声并叠加到输出上，加到输出上的噪声分三个不同水平，结果见图 9.3 ~ 图 9.5。第一种情况如图 9.3 所示，叠加的噪声水平很小（$\sigma_n=0.0002$），可以看到参数估计与点划线所示的理论值匹配得很好。图 9.4 叠加的是中等水平的噪声（$\sigma_n=0.02$），可以看出参数估计出现偏差。最后，图 9.5 叠加的是更大噪声（$\sigma_n=2$），尽管经过了很长时间，参数估计仍不收敛于真实值，而是稳定在有偏值上。这些图是用 DSFI 算法生成的，见第 22 章，它在数值上更为鲁棒，其结果与直接计算矩阵 $\boldsymbol{\Psi}$ 的伪逆所得到的结果不相上下。

物理系统通常用 ODE（常微分方程）描述，当用最小二乘法来确定其离散时间模型时，获得的离散时间模型参数必须转换回相应的连续时间模型，以便得到系统的物理参数，如电感、弹簧系数等。这个一阶系统的两个物理参数可以写成

$$K = \frac{b_1}{1 + a_1} \tag{9.1.101}$$

和

$$T_1 = -\frac{T_0}{\ln -a_1} \tag{9.1.102}$$

表 9.1 列出模型参数估计值及误差等结果，从中可以看到系统参数的估计偏差可能变得很大，致使这种参数估计值毫无用处。还可看出，估计偏差主要影响参数估计值 $\hat{a}_1$，而估计值 $\hat{b}_1$ 仍能收敛到真值（见例 9.1）。就噪声而言，为了说明噪声对估计偏差的影响，噪声水平选得相当大。在许多情况下，可以使用其他更适合于含有噪声信号的方法，例如正交相关分析法，见第 5.5.2 节。

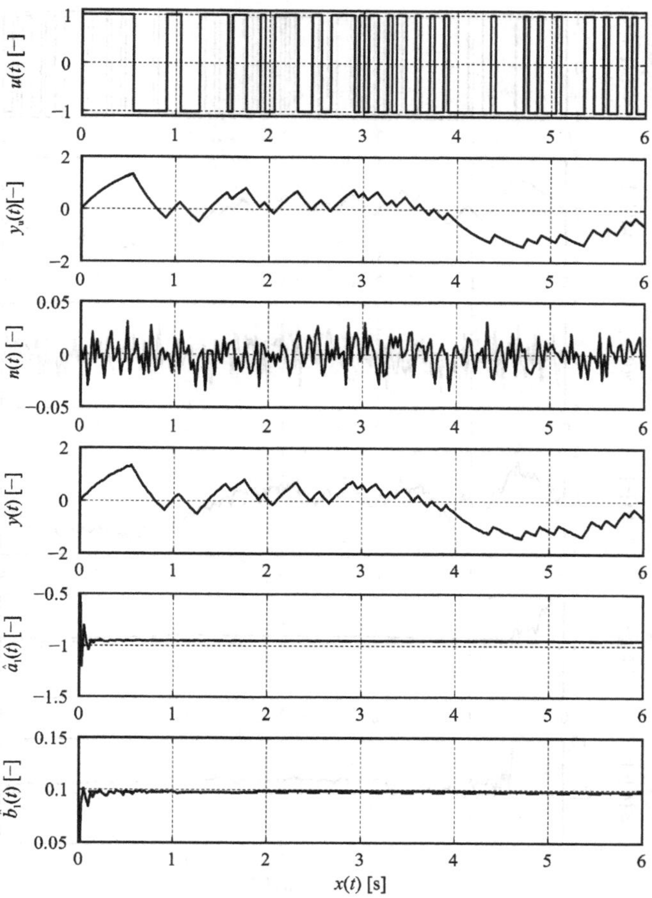


图 9.3　一阶系统的参数估计，真实参数值（点划线），$\sigma_n=0.0002$，$\sigma_n/\sigma_y=0.0004$

**表 9.1　一阶过程的模型参数估计结果**

| $\sigma_n$ | $\hat{a}$ | $\hat{b}$ | $\hat{K}$ | $\hat{T}_1$ | $\Delta\hat{K}$ [%] | $\Delta\hat{T}_1$ [%] | 备注 |
|---|---|---|---|---|---|---|---|
| ≈0 | −0.9510 | 0.09802 | 2 | 0.4975 | ≈0 | −0.50 | |
| 0.0002 | −0.9500 | 0.09807 | 1.9617 | 0.4875 | −1.92 | −2.51 | 见图 9.3 |
| 0.002 | −0.9411 | 0.09851 | 1.6735 | 0.4121 | −16.32 | −17.59 | |
| 0.02 | −0.8607 | 0.10241 | 0.7354 | 0.1667 | −63.23 | −66.66 | 见图 9.4 |
| 0.2 | −0.4652 | 0.12148 | 0.2272 | 0.0327 | −88.64 | −93.47 | |
| 2.0 | −0.0828 | 0.1399 | 0.1525 | 0.0100 | −92.37 | −97.99 | 见图 9.5 |

**例 9.3（三质量振荡器系统的离散时间模型）**

为将最小二乘法应用于实际过程，再看一个三质量振荡器系统的例子。本章只对离散时间模型进行辨识，对连续时间模型物理参数的估计见第 15 章。

对从电动机转矩到最后一个质量块位置的连续时间传递函数，可通过具有 6 个状态的状态空间模型来描述。在传递函数描述中，系统有 6 个极点，因此离散时间传递函数理论上是 6 阶的，写成

$$G(z^{-1})=\frac{b_1z^{-1}+b_2z^{-2}+b_3z^{-3}+b_4z^{-4}+b_5z^{-5}+b_6z^{-6}}{1+a_1z^{-1}+a_2z^{-2}+a_3z^{-3}+a_4z^{-4}+a_5z^{-5}+a_6z^{-6}} \tag{9.1.103}$$

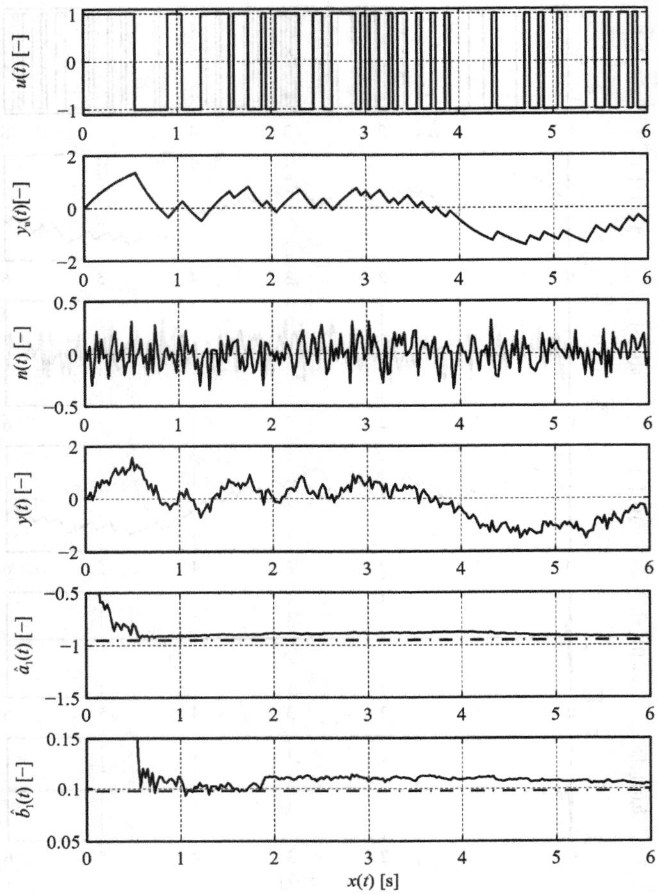


图 9.4　一阶系统的参数估计，真实参数值（点划线），$\sigma_n = 0.02$，$\sigma_n/\sigma_y = 0.04$

为了说明高阶系统的情况，根据式（9.1.82）和式（9.1.83），分别给出矩阵 $\boldsymbol{\Psi}$ 和向量 $\boldsymbol{y}$ 的构造，其中 $\boldsymbol{\Psi}$ 写成

$$\boldsymbol{\Psi} = \left(\begin{array}{cccc|ccc} -y(5) & -y(4) & \cdots & -y(0) & u(5) & \cdots & u(0) \\ -y(6) & -y(5) & \cdots & -y(1) & u(6) & \cdots & u(1) \\ \vdots & \vdots & & \vdots & \vdots & & \vdots \\ -y(N-1) & -y(N-2) & \cdots & -y(N-6) & u(N-1) & \cdots & u(N-6) \end{array}\right) \tag{9.1.104}$$

$\boldsymbol{y}$ 写成

$$\boldsymbol{y} = \begin{pmatrix} y(6) \\ y(7) \\ \vdots \\ y(N) \end{pmatrix} \tag{9.1.105}$$

那么参数向量 $\boldsymbol{\theta}$ 由各模型系数组成

$$\boldsymbol{\theta}^{\mathrm{T}} = \big(a(1)\ a(2) \cdots a(6) \big| b(1) \cdots b(6)\big) \tag{9.1.106}$$

利用 PRBS 信号激励这个过程（见第 6.3 节），过程输入是作用于第一个质量块的电动机转矩 $M_{\mathrm{M}}$，输出是第 3 个质量块的转速 $\omega_3 = \dot{\varphi}_3$，如图 9.6 所示。在激励 20 s 后，参数可以

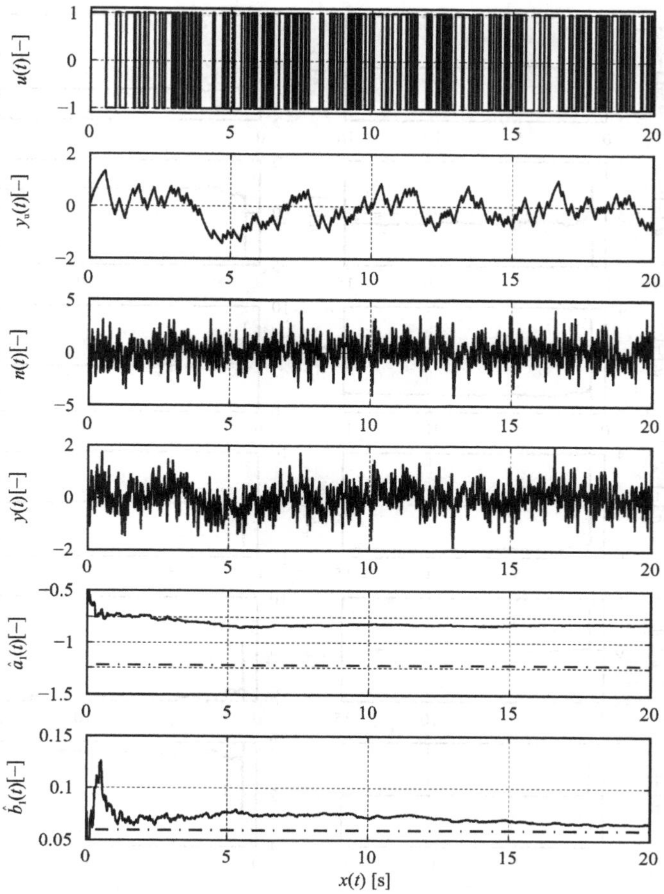


图 9.5　一阶系统的参数估计，真实参数值（点划线），$\sigma_n=2$，$\sigma_n/\sigma_y=4$

可靠地估计出来，见图 9.7。采样时间的选择是离散时间模型估计中的一个非常重要问题。这个三质量振荡器系统的测量数据是以采样时间 $T_0=0.003\ \mathrm{s}$ 采样得到的，这样的采样率对获得合理的结果来说是太高了，所以对数据进行降采样率处理，采样率降低 16 倍，实际的采样时间 $T_0=48\ \mathrm{ms}$。在第 23.2 节将讨论采样率的最优选择问题。

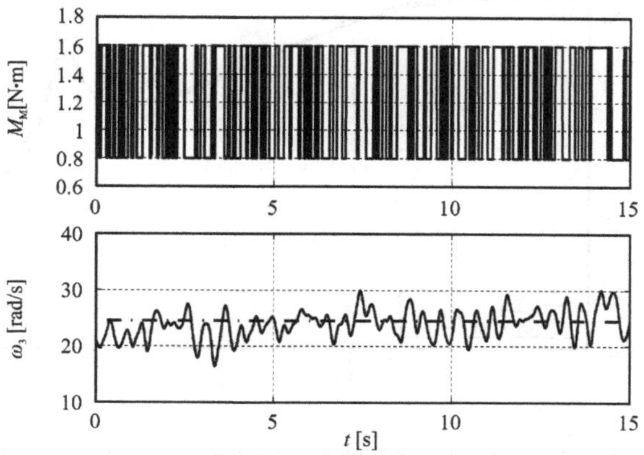


图 9.6　用于三质量振荡器离散时间模型参数估计的输入和输出信号

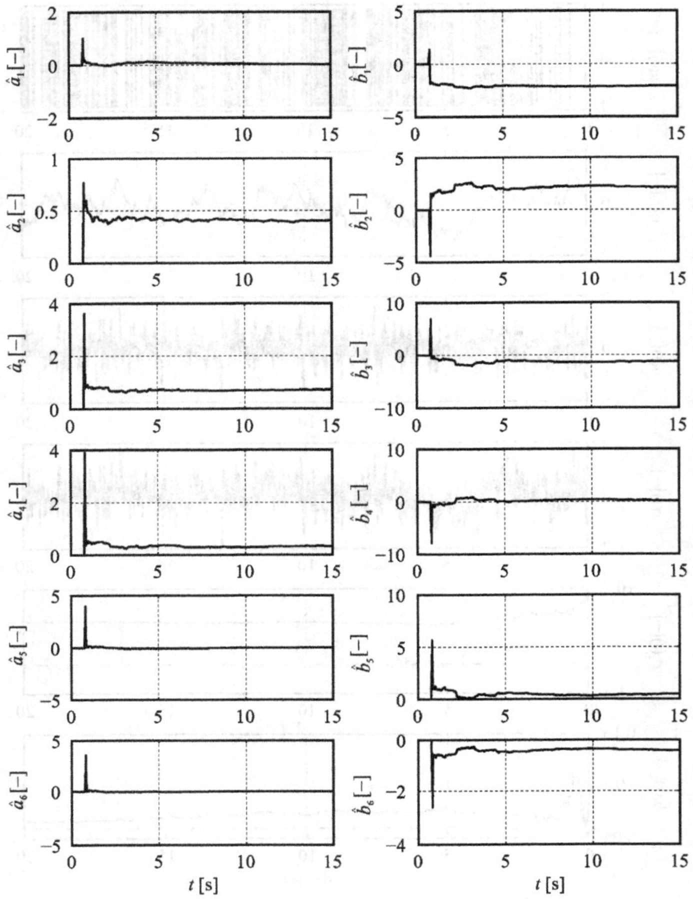


图 9.7　三质量振荡器离散时间模型参数估计及其随着时间的变化

为了评判估计模型的质量，将离散时间模型的频率响应与利用正交相关分析法（见第 5.5.2 节）直接测量得到的频率响应做图形对比。图 9.8 的对比表明了估计模型具有很高的逼真度。

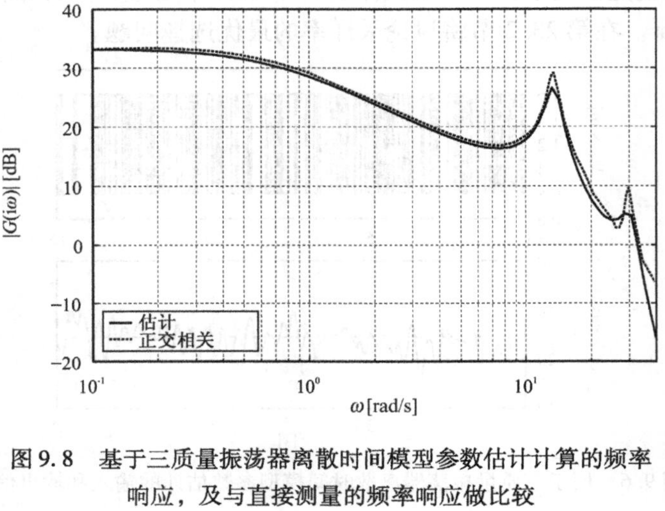


图 9.8　基于三质量振荡器离散时间模型参数估计计算的频率响应，及与直接测量的频率响应做比较

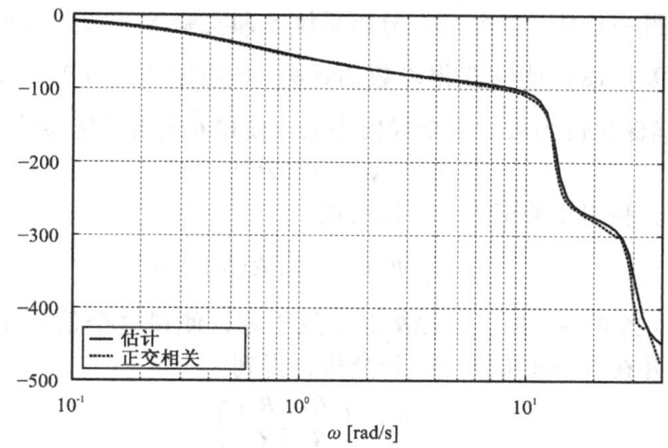


图 9.8　基于三质量振荡器离散时间模型参数估计计算的频率响应，及与直接测量的频率响应做比较（续）

## 9.1.4　参数可辨识性

在使用任何一个参数辨识方法之前，都必须检查参数的可辨识性。通常可辨识性涉及的问题是：利用某种辨识方法辨识所获得的模型，能否用来描述真实的系统？因此，可辨识性依赖于如下条件：

- 系统 S。
- 实验设计 X。
- 模型结构 M。
- 辨识方法 I。

关于可辨识性已有多种定义，在文献（Bellman and Åström，1970）中，如果辨识准则，即代价函数，具有单个的最小值，则定义为满足可辨识性。然而，在多数情况下，可辨识性与参数估计的一致性是相联系的。对于参数系统模型，如果模型参数估计值$\hat{\boldsymbol{\theta}}(N)$在$N \to \infty$时收敛于真值$\boldsymbol{\theta}_0$，则模型参数$\boldsymbol{\theta}$是可辨识的。但是，不同的作者所选择的收敛性准则是不同的。文献（Åström and Bohlin，1965）和（Tse and Anton，1972）以概率来检验收敛性，而文献（Staley and Yue，1970）在均方意义下使用收敛性。下面将沿用文献（Staley and Yue，1970）和（Young，1984）所用的可辨识性概念。

**参数可辨识性的定义**

如果估计值$\hat{\boldsymbol{\theta}}$在均方意义下收敛于真值$\boldsymbol{\theta}_0$，则模型参数向量$\boldsymbol{\theta}$是可辨识的。这意味着

$$\lim_{N \to \infty} \mathrm{E}\{\hat{\boldsymbol{\theta}}(N)\} = \boldsymbol{\theta}_0$$

$$\lim_{N \to \infty} \operatorname{cov} \Delta\hat{\boldsymbol{\theta}}(N) = \mathbf{0}$$

因此需要均方意义下一致的估计器。

下面将分析的是为保证参数可辨识性，系统 S、实验 X、模型结构 M 和辨识方法 I 所必须满足的条件，并用于最小二乘法，以验证这些条件。

首先，假设模型结构 M 和系统结构 S 是一致的，并且选择的模型结构使得定理 9.2 满

足，也就是可以获得一致估计。然后，分析系统 S 和实验 X 还需要满足其他哪些条件。

为了根据式（9.1.18）能够获得参数估计$\hat{\boldsymbol{\theta}}$，必须保证式（9.1.23）$\det(\boldsymbol{\Psi}^{\mathrm{T}}\boldsymbol{\Psi})\neq 0$ 和式（9.1.25），以确保代价函数达到全局极小值，使得$\hat{\boldsymbol{\theta}}$成为最优参数集。如果

$$\det \boldsymbol{\Psi}^{\mathrm{T}}\boldsymbol{\Psi} = \det \boldsymbol{P}^{-1} > 0 \tag{9.1.107}$$

则两个条件均成立。利用相关矩阵，可以写成

$$\det \frac{1}{N}\boldsymbol{\Psi}^{\mathrm{T}}\boldsymbol{\Psi} = \det \hat{\boldsymbol{R}}(N) > 0 \tag{9.1.108}$$

利用式（9.1.70），当 $N\to\infty$ 时，$\mathrm{cov}\Delta\boldsymbol{\theta}$ 也收敛于零，使得这个估计是均方意义下一致的。将相关矩阵分块，并在 $N\to\infty$ 极限下进行分析，得到

$$\boldsymbol{R} = \left(\begin{array}{c|c} \boldsymbol{R}_{11} & \boldsymbol{R}_{12} \\ \hline \boldsymbol{R}_{21} & \boldsymbol{R}_{22} \end{array}\right) \tag{9.1.109}$$

使得

$$\boldsymbol{R}_{22} = \begin{pmatrix} R_{\mathrm{uu}}(0) & R_{\mathrm{uu}}(1) & \cdots & R_{\mathrm{uu}}(m-1) \\ R_{\mathrm{uu}}(-1) & R_{\mathrm{uu}}(0) & \cdots & R_{\mathrm{uu}}(m-2) \\ \vdots & \vdots & & \vdots \\ R_{\mathrm{uu}}(-m+1) & R_{\mathrm{uu}}(-m+2) & \cdots & R_{\mathrm{uu}}(0) \end{pmatrix} \tag{9.1.110}$$

或者由于 $R_{\mathrm{uu}}$ 的对称性，有

$$\boldsymbol{R}_{22} = \begin{pmatrix} R_{\mathrm{uu}}(0) & R_{\mathrm{uu}}(1) & \cdots & R_{\mathrm{uu}}(m-1) \\ R_{\mathrm{uu}}(1) & R_{\mathrm{uu}}(0) & \cdots & R_{\mathrm{uu}}(m-2) \\ \vdots & \vdots & & \vdots \\ R_{\mathrm{uu}}(m-1) & R_{\mathrm{uu}}(m-2) & \cdots & R_{\mathrm{uu}}(0) \end{pmatrix} \tag{9.1.111}$$

利用式（9.1.109）的分块矩阵，式（9.1.108）的行列式可写成（Young，1984）

$$|\boldsymbol{R}| = |\boldsymbol{R}_{11}|\,|\boldsymbol{R}_{22} - \boldsymbol{R}_{21}\boldsymbol{R}_{11}^{-1}\boldsymbol{R}_{12}| \tag{9.1.112}$$

或

$$|\boldsymbol{R}| = |\boldsymbol{R}_{22}|\,|\boldsymbol{R}_{11} - \boldsymbol{R}_{12}\boldsymbol{R}_{22}^{-1}\boldsymbol{R}_{21}| \tag{9.1.113}$$

因此，必要条件为

$$\det \boldsymbol{R}_{22} > 0 \tag{9.1.114}$$

且

$$\det \boldsymbol{R}_{11} > 0 \tag{9.1.115}$$

下面将进一步讨论这些条件导出的对输入信号和系统的要求。在这种情况下，可以分辨出结构可辨识和可辨识性的区别，结构可辨识是指系统在一般意义下是可辨识的，可辨识性是指所选的输入的确可以辨识这个系统。

**输入信号的条件**

为满足式（9.1.114）的条件，需要检查式（9.1.110）满足行列式大于零的必要条件。对于正定矩阵，根据 Sylvester 准则，必须保证所有的主子式[⊖]都是正的，即

$$\det \boldsymbol{R}_i > 0\,,\ i = 1,2,\cdots,m \tag{9.1.116}$$

这意味着

---

⊖ 译者注：原文误为右上行列式。

$$\det \boldsymbol{R}_1 = R_{\text{uu}}(0) > 0$$

$$\det \boldsymbol{R}_2 = \begin{vmatrix} R_{\text{uu}}(0) & R_{\text{uu}}(1) \\ R_{\text{uu}}(-1) & R_{\text{uu}}(0) \end{vmatrix} > 0$$

$$\vdots$$

最终是

$$\det \boldsymbol{R}_{22} > 0 \tag{9.1.117}$$

这里，$\boldsymbol{R}_{22} > 0$ 只依赖于输入信号 $u(k)$，所以通过选择合适的输入 $u(k)$，总可以使式（9.1.114）得到满足。

**定理 9.3（持续激励条件）**

利用最小二乘法进行参数估计的必要条件是：输入信号 $u(k) = U(k) - \overline{U}$ 需要满足如下条件

$$\overline{U} = \lim_{N\to\infty} \frac{1}{N} \sum_{k=m+d}^{m+d+N-1} U(k) \tag{9.1.118}$$

及

$$R_{\text{uu}}(\tau) = \lim_{N\to\infty} \big(U(k) - \overline{U}\big)\big(U(k+\tau) - \overline{U}\big) \tag{9.1.119}$$

存在，且矩阵 $\boldsymbol{R}_{22}$ 正定。 □

这些条件在文献（Åström and Bohlin，1965）中针对极大似然法已有论述，称之为 **$m$ 阶持续激励**。注意，式（9.1.114）条件与相关分析法中的式（7.2.4）是相同的，不同的只是持续激励的阶次。下面是持续激励输入信号的一些例子：

- $R_{\text{uu}}(0) > R_{\text{uu}}(1) > \cdots > R_{\text{uu}}(m)$：$m$ 阶滑动平均信号过程。
- $R_{\text{uu}}(0) \neq 0, R_{\text{uu}}(1) = \cdots = R_{\text{uu}}(m) = 0$：$m\to\infty$ 时为白噪声。
- 当 $\tau = 0, N\lambda, 2N\lambda, \cdots$ 时，$R_{\text{uu}}(\tau) = a^2$；当 $\lambda(1+vN) < \tau < \lambda(N-1+vN)$ 时，其中 $v = 0,1,2,\cdots$，$R_{\text{uu}}(\tau) = -a^2/N$：PRBS 信号，幅值为 $a$，时钟时间 $\lambda = T_0$，周期长度 $N$，若 $N = m+1$，则为 $m$ 阶持续激励。

通过评估确定性或随机性信号的自相关函数可以很容易验证定理 9.3 的条件。

$m$ 阶持续激励的条件也可以在频域中解释。由傅里叶分析可知，离散时间信号过程的功率谱密度在 $0 < \omega < \pi/T_0$ 范围内可写成

$$S_{\text{uu}}^*(\omega) = \sum_{n=-\infty}^{\infty} R_{\text{uu}}(n)\mathrm{e}^{-\mathrm{i}\omega T_0 n} = R_{\text{uu}}(0) + 2\sum_{n=1}^{\infty} R_{\text{uu}}(n)\cos\omega T_0 n \tag{9.1.120}$$

其存在的必要条件是，对所有的 $\tau$，自相关函数 $R_{\text{uu}}(\tau) > 0$。这样的信号是任意阶持续激励的。因此，如果对所有的 $\omega$，$S_{\text{uu}}^*(\omega) > 0$，那么信号是任意阶持续激励的（Åström and Eykhoff，1971）。有限阶的持续激励信号是指，对某些频率，$S_{\text{uu}}^*(\omega) = 0$（如第 4.2 节脉冲或第 6.3 节 PRBS 的傅里叶变换）。

文献（Ljung，1999）指出，对 $m$ 阶传递函数的辨识，输入信号必须是 $2m$ 阶持续激励的。因此，使用 $m$ 个正弦波就足够了，有关多正弦信号见第 4 章。

**过程的条件**

为了满足式（9.1.115），必须确保

$$\det R_1 = R_{yy}(0) > 0$$

$$\det \boldsymbol{R}_2 = \begin{vmatrix} R_{yy}(0) & R_{yy}(1) \\ R_{yy}(-1) & R_{yy}(0) \end{vmatrix} = R_{yy}^2(0) - R_{yy}(1) > 0$$

$$\vdots$$

最终

$$\det \boldsymbol{R}_{11} > 0 \tag{9.1.121}$$

虽然，通过选择合适的输入信号可以满足式（9.1.117），但式（9.1.121）的条件还依赖于系统。如果 $\boldsymbol{R}_{22}$是正定的，则有下面的定理。

**定理 9.4（过程的条件）**

利用最小二乘法进行参数估计的必要条件是：对于输出 $y(k) = Y(k) - \overline{Y}$，其中

$$\overline{Y} = \lim_{N\to\infty} \frac{1}{N+1} \sum_{k=m+d}^{m+d+N} Y(k) \tag{9.1.122}$$

且定义

$$R_{yy}(\tau) = \lim_{N\to\infty} \sum_{k=m+d}^{m+d+N} \big(Y(k) - \overline{Y}\big)\big(Y(k+\tau) - \overline{Y}\big) \tag{9.1.123}$$

如下的矩阵

$$\boldsymbol{R}_{11} = \big(R_{ij} = R_{yy}(i-j)\big), i, j = 1, \cdots, m \tag{9.1.124}$$

是正定的。 □

为满足这些条件，必须保证：

- 系统必须是稳定的，$A(z)$的全部极点都在单位圆内。
- 系数 $b_i, i = 1, 2, \cdots, m$ 不能都为零，以保证对于 $m$ 阶的持续激励输入，输出信号也是 $m$ 阶持续激励的，因此矩阵 $R_{11}$是正定的，这是必须确保的。
- $A(z)$和 $B(z)$不能有公共的根。

这也意味着，必须选择正确的模型阶次 $m$。如果系统模型阶次选择得过高，会造成零极点对消。以上这些要求可以合并成如下条件（Tse and Anton，1972）：

- 如果最小维数 $m$ 已知，则稳定性、可控性和可观性可以确保可辨识性。

如果定理 9.3 和 9.4 中的条件能满足，则式（9.1.114）和式（9.1.115）可以满足，但式（9.1.108）还不一定能保证满足，因为根据式（9.1.112）和式（9.1.113），右面部分的矩阵也必须是正定的。下面用一个例子来说明。

**例 9.4（谐波激励的参数可辨识性）**

线性离散时间过程利用正弦信号激励

$$u(kT_0) = u_0 \sin \omega_1 k T_0$$

需要研究对于如下过程

$$G_{\mathrm{P,A}} = \frac{b_0 + b_1 z^{-1} + \cdots + b_m z^{-m}}{1 + a_1 z^{-1} + \cdots + a_m z^{-m}}$$

$$G_{\mathrm{P,B}} = \frac{b_1 z^{-1} + \cdots + b_m z^{-m}}{1 + a_1 z^{-1} + \cdots + a_m z^{-m}}$$

需要几阶的激励信号，当输出瞬态稳定了，模型参数是可辨识的。对这两种过程，输出可

写成

$$y(kT_0)=y_0\sin(\omega_1 kT_0+\varphi)$$

其中，$y_0$和 $\varphi$ 是不同的。对应的相关函数为

$$R_{\mathrm{uu}}(\tau)=\frac{u_0^2}{2}\cos\omega_1\tau T_0$$

$$R_{\mathrm{yy}}(\tau)=\frac{y_0^2}{2}\cos\omega_1\tau T_0$$

首先，考察过程 A($b_0\neq0$)。建立矩阵

$$\boldsymbol{R}_{22}=\begin{pmatrix}R_{\mathrm{uu}}(0) & \cdots & R_{\mathrm{uu}}(m)\\ \vdots & & \vdots\\ R_{\mathrm{uu}}(m) & \cdots & R_{\mathrm{uu}}(0)\end{pmatrix}$$

和

$$\boldsymbol{R}_{11}=\begin{pmatrix}R_{\mathrm{yy}}(0) & \cdots & R_{\mathrm{yy}}(m-1)\\ \vdots & & \vdots\\ R_{\mathrm{yy}}(m-1) & \cdots & R_{\mathrm{yy}}(0)\end{pmatrix}$$

对于过程阶次 $m=1$

$$\begin{aligned}\det\boldsymbol{R}_{22}&=R_{\mathrm{uu}}^2(0)-R_{\mathrm{uu}}^2(1)=\frac{u_0^2}{2}\left(1-\cos^2\omega_1T_0\right)\\&=\frac{u_0^2}{2}\sin^2\omega_1T_0>0,\text{若}\omega_1T_0\neq0,\pi,2\pi,\cdots\end{aligned}$$

$$\det\boldsymbol{R}_{11}=R_{\mathrm{yy}}(0)=\frac{y_0^2}{2}>0$$

$$\det\boldsymbol{R}>0\text{，根据式 (9.1.112)}$$

因此，过程是可辨识的。

现在，考虑过程阶次 $m=2$ 的情况

$$\begin{aligned}\det\boldsymbol{R}_{22}&=R_{\mathrm{uu}}^3(0)+2R_{\mathrm{uu}}^2(1)R_{\mathrm{uu}}(2)-R_{\mathrm{uu}}^2(2)R_{\mathrm{uu}}(0)-2R_{\mathrm{uu}}^2(1)R_{\mathrm{uu}}(0)\\&=\left(\frac{u_0^2}{2}\right)^3\left(1-\cos^4\omega_1T_0-\sin^4\omega_1T_0-2\cos^2\omega_1T_0\sin^2\omega_1T_0\right)\\&=0\end{aligned}$$

$$\det\boldsymbol{R}_{11}=R_{\mathrm{yy}}^2(0)-R_{\mathrm{yy}}^2(1)=\frac{y_0^2}{2}\sin^2\omega_1T_0>0$$

$$\det\boldsymbol{R}=0\text{，根据式 (9.1.113)}$$

在这种情况下过程是不可辨识的。

现在，考虑过程 B($b_0\neq0$)。需要分析矩阵

$$\boldsymbol{R}_{22}=\begin{pmatrix}R_{\mathrm{uu}}(0) & \cdots & R_{\mathrm{uu}}(m-1)\\ \vdots & & \vdots\\ R_{\mathrm{uu}}(m-1) & \cdots & R_{\mathrm{uu}}(0)\end{pmatrix}$$

和

$$\boldsymbol{R}_{11}=\begin{pmatrix}R_{\mathrm{yy}}(0) & \ldots & R_{\mathrm{yy}}(m-1)\\ \vdots & & \vdots\\ R_{\mathrm{yy}}(m-1) & \ldots & R_{\mathrm{yy}}(0)\end{pmatrix}$$

对 $m=1$，分析得到

$$\det \boldsymbol{R}_{22} = R_{\mathrm{uu}}(0) = \frac{u_0^2}{2} > 0$$

$$\det \boldsymbol{R}_{11} = R_{\mathrm{yy}}(0) = \frac{y_0^2}{2} > 0$$

$$\det \boldsymbol{R} > 0$$

过程是可辨识的。对于 $m=2$

$$\det \boldsymbol{R}_{22} = R_{\mathrm{uu}}^2(0) - R_{\mathrm{uu}}^2(1) = \frac{u_0^2}{2}\sin^2\omega_1 T_0 > 0$$

$$\det \boldsymbol{R}_{11} = R_{\mathrm{yy}}^2(0) - R_{\mathrm{yy}}^2(1) = \frac{y_0^2}{2}\sin^2\omega_1 T_0 > 0,\ 若 \omega_1 T_0 \neq 0, \pi, 2\pi, \ldots$$

然而，尽管 $\boldsymbol{R}_{22}$ 和 $\boldsymbol{R}_{11}$ 是正定的，但 $\boldsymbol{R}$ 不是正定的，因为通过选 $\varphi=\pi/2$，并计算其行列式就可以看出。

本例说明，对于 $b_0 \neq 0$，式（9.1.114）和式（9.1.115）的条件已经足以确保 $\det\boldsymbol{R}>0$，但当 $b_0=0$ 时则不然（在文献（Åström and Bohlin，1965）中所论述的条件只考虑 $b_0 \neq 0$ 的情况）。一般的结论是：对于单个正弦振荡信号，只能用于辨识最大阶次为 1 的过程。然而需注意，对于过程 A，可以辨识 3 个参数 $b_0$、$b_1$、$a_1$，而对过程 B，只能辨识两个参数 $b_1$、$a_1$。

□

对于最小二乘法，上述所有的重要条件可以总结成如下定理。

**定理 9.5（最小二乘法一致参数估计的条件）**

利用最小二乘法，线性时不变差分方程的参数估计是均方意义下的一致估计，如果满足下述必要条件：

- 阶次 $m$ 和迟延 $d$ 是已知的。
- 输入信号 $u(k)=U(k)-U_{00}$ 已能准确测量，且直流分量已知。
- 矩阵

$$\boldsymbol{R} = \frac{1}{N+1}\boldsymbol{\Psi}^{\mathrm{T}}\boldsymbol{\Psi}$$

  必须是正定的，这要求
  - 输入信号 $u(k)$ 至少必须是 $m$ 阶持续激励的，见定理 9.3。
  - 过程必须是稳定的、可控和可观的，见定理 9.4。
- 叠加到输出信号 $y(k)=Y(k)-Y_{00}$ 上的随机干扰 $n(k)$ 是平稳的，直流分量 $Y_{00}$ 准确已知，且与 $U_{00}$ 是相对应的。
- 误差 $e(k)$ 是不相关的，且 $\mathrm{E}\{e(k)\}=0$。

□

根据这些条件，对于 $\hat{\boldsymbol{\theta}}=\boldsymbol{\theta}_0$，还有：

1）$\mathrm{E}\{n(k)\}=0$（根据式（9.1.47）、式（9.1.51）和定理 9.5）。　　(9.1.125)

2）$R_{\mathrm{ue}}(\tau)=0$（根据式（9.1.55））。　　(9.1.126)

另外，这些关系式也可用于验证参数估计。上述概念扩展到非线性系统，可见文献（van Doren et al，2009）。

### 9.1.5 未知直流分量

对于过程参数估计，因为必须使用测量信号 $U(k)$ 和 $Y(k)$ 的变化量 $u(k)$ 和 $y(k)$，所以直流分量（直流或稳态值）$U_{00}$ 和 $Y_{00}$ 要么必须可估计，要么必须消去。下面的方法可用于处理未知的直流分量 $U_{00}$ 和 $Y_{00}$。

**差分**

在未知直流分量的情况下，获得变化量的最简单方法是求差分

$$
\begin{aligned}
U(k)-U(k-1) &= u(k)-u(k-1)=\Delta u(k) \\
Y(k)-Y(k-1) &= y(k)-y(k-1)=\Delta y(k)
\end{aligned}
\tag{9.1.127}
$$

对于参数估计，不使用 $u(z)$ 和 $y(z)$，而使用信号 $\Delta u(z)=u(z)(1-z^{-1})$ 和 $\Delta y(z)=y(z)(1-z^{-1})$。由于这种特殊的高通滤波器同时作用于过程输入和输出，所以可以采用与测量 $u(k)$ 和 $y(k)$ 相同的辨识方式来估计过程参数。在参数估计算法中，要将 $u(k)$ 和 $y(k)$ 替换成 $\Delta u(k)$ 和 $\Delta y(k)$，然而信噪比可能会变差。如果直流分量可以准确获得，那么可以用其他的辨识方法。

**平均**

在动态激励之前，利用求稳态测量值的均值

$$\hat{Y}_{00}=\frac{1}{N}\sum_{k=0}^{N-1}Y(k) \tag{9.1.128}$$

可以很容易地估计出直流分量，其递推计算形式为

$$\hat{Y}_{00}=\hat{Y}_{00}(k-1)+\frac{1}{k}\big(Y(k)-\hat{Y}_{00}(k-1)\big) \tag{9.1.129}$$

对于慢时变直流分量，可以采用指数遗忘的递推平均计算

$$\hat{Y}_{00}=\lambda\hat{Y}_{00}(k-1)+(1-\lambda)Y(k) \tag{9.1.130}$$

其中，$\lambda<1$。对 $U_{00}$ 有类似的结果，那么变化量 $u(k)$ 和 $y(k)$ 可以这么确定

$$u(k)=U(k)-U_{00} \tag{9.1.131}$$

$$y(k)=Y(k)-Y_{00} \tag{9.1.132}$$

**常数的隐式估计**

也可以将直流分量 $U_{00}$ 和 $Y_{00}$ 的估计包括到参数估计问题中，将式（9.1.132）和式（9.1.131）代入式（9.1.5），得

$$
\begin{aligned}
Y(k)= &-a_1Y(k-1)-\cdots-a_mY(k-m)+b_1U(k-d-1) \\
&+\cdots+b_mU(k-d-m)+C
\end{aligned}
\tag{9.1.133}
$$

其中

$$C=(1+a_1+\cdots+a_m)Y_{00}-(b_1+\cdots+b_m)U_{00} \tag{9.1.134}$$

把参数 $C$ 扩展到参数向量 $\hat{\boldsymbol{\theta}}$ 中，在数据向量 $\boldsymbol{\psi}^{\mathrm{T}}(k)$ 中加入常数 1，那么测量值 $Y(k)$ 和 $U(k)$ 可以直接用于估计，$C$ 同时也是一个估计参数。然后，对一个给定的直流分量，利用式（9.1.134）来计算另一个直流分量。对于闭环辨识，可以方便地使用

$$Y_{00}=W(k) \tag{9.1.135}$$

**常数的显式估计**

对描述动态特性的参数 $\hat{a}_i$ 和 $\hat{b}_i$ 以及直流分量 $C$ 也可以分别进行估计。首先，利用上面

的差分方法来估计动态参数，然后根据

$$
\begin{aligned}
L(k) = & Y(k) + \hat{a}_1 Y(k-1) + \cdots + \hat{a}_m Y(k-m) \\
& -\hat{b}_1 U(k-d-1) - \cdots - \hat{b}_m U(k-d-m)
\end{aligned} \tag{9.1.136}
$$

将方程误差变写成

$$
e(k) = L(k) - C \tag{9.1.137}
$$

应用 LS 法之后，有

$$
C(m+d+N) = \frac{1}{N+1} \sum_{k=m+d}^{m+d+N} L(k) \tag{9.1.138}
$$

对于很大的 $N$，可得

$$
\hat{C} \approx \left(1 + \sum_{i=1}^{m} \hat{a}_i\right) \hat{Y}_{00} - \left(\sum_{i=1}^{m} \hat{b}_i\right) \hat{U}_{00} \tag{9.1.139}
$$

如果$\hat{Y}_{00}$是所关心的，而 $U_{00}$是已知的，那么根据式（9.1.139），利用估计值$\hat{C}$，可以计算得到$\hat{Y}_{00}$。在这种情况下，$\hat{\boldsymbol{\theta}}$和 $\hat{C}$ 只单方向相关联，因为$\hat{\boldsymbol{\theta}}$不依赖于$\hat{C}$。这种方法的缺点是，进行差分会造成噪信比变差。直流分量估计方法的最终选择取决于特定的应用。

# 9.2 周期参数信号模型的谱分析

如果傅里叶变换的信号域在测量区间之外也是已知的，那么与确定傅里叶变换相关的许多问题也就不存在了（见第 3.1 节）。由于这个原因，在没有任何有关信号域的先验假设情况下，文献（Burg，1968）找到了一种根据测量数据点来预测未知信号域的方法，这个利用了与信号域相关的最大不确定性估计导出**极大熵**的概念，由此获得有显著改进的谱估计。

## 9.2.1 时域参数信号模型

文献（Heij et al，2007）提出一种方法，可以用于获得频率已知的振荡信号的幅值和相位。在最小二乘设置（见第 8 章）中，数据矩阵构造为

$$
\boldsymbol{\Psi} = \begin{pmatrix}
\cos\omega_1 & \sin\omega_1 & \cdots & \cos\omega_n & \sin\omega_n \\
\cos 2\omega_1 & \sin 2\omega_1 & \cdots & \cos 2\omega_n & \sin 2\omega_n \\
\vdots & \vdots & & \vdots & \vdots \\
\cos N\omega_1 & \sin N\omega_1 & \cdots & \cos N\omega_n & \sin N\omega_n
\end{pmatrix} \tag{9.2.1}
$$

输出向量选择待分析的信号 $x(k)$，即

$$
\boldsymbol{y}^{\mathrm{T}} = \big(x(1)\ x(2) \cdots x(N)\big) \tag{9.2.2}
$$

那么，估计参数向量具有如下形式

$$
\hat{\boldsymbol{\theta}}^{\mathrm{T}} = \big(\hat{b}_1\ \hat{c}_1 \cdots \hat{b}_n\ \hat{c}_n\big) \tag{9.2.3}
$$

振荡信号的相位和幅值

$$
y_i(k) = a_i \sin\big(\omega_i k + \varphi_i\big) \tag{9.2.4}
$$

可以估计为

$$
\hat{a}_i = \sqrt{\hat{b}_i^2 + \hat{c}_i^2} \tag{9.2.5}
$$

和

$$\hat{\varphi}_i = \arctan \frac{\hat{b}_i}{\hat{c}_i} \tag{9.2.6}$$

这种估计方法具有很好的特性，遗漏一些相关频率或包括一些不相关频率都不会影响参数估计的结果。

### 9.2.2 频域参数信号模型

在研究周期信号时，就好像它是由一个虚构的成形滤波器 $F(z)$ 或 $F(\mathrm{i}\omega)$ 生成的。这个成形滤波器是由式（2.4.10）$\delta(k)$ 描述的 $\delta$ 脉冲驱动，以生成稳态振荡 $y(k)$。现在的目标是对成形滤波器 $F(z)$ 的频率响应与测量信号 $y(z)$ 的幅值谱进行匹配，这等价于对功率谱密度进行匹配

$$S_{yy}(z) \overset{!}{=} |F(z)|^2 S_{\delta\delta}(z) = |F(z)|^2 \tag{9.2.7}$$

一般情况下，参数信号模型可以有三种不同的结构，如第2.4节的讨论。对于**滑动平均（MA）模型**，滤波器为

$$F_{\mathrm{MA}}(z) = \beta_0 + \beta_1 z^{-1} + \cdots + \beta_n z^{-m} \tag{9.2.8}$$

其信号谱是用（有限的）$m$ 阶多项式近似的，一般来说这对光滑谱的近似更为合适。与此相反，这种模型不适于振荡信号的建模，在频谱中会有明显的峰值表现。

这就引出另一种可能的候选结构，称作**自回归（AR）模型**。单纯的自回归模型写成

$$F_{\mathrm{AR}}(z) = \frac{\beta_0}{1 + \alpha_1 z^{-1} + \cdots + \alpha_m z^{-n}} \tag{9.2.9}$$

它可以根据分母多项式的极点来近似周期信号陡峭的谱线。对谐波振荡信号谱的估计，这种模型是不错的选择（Tong，1975，1977；Pandit and Wu，1983）。

第三种可能的结构是如下组合的**自回归滑动平均（ARMA）模型**

$$F_{\mathrm{ARMA}}(z) = \frac{\beta_0 + \beta_1 z^{-1} + \cdots + \beta_n z^{-m}}{1 + \alpha_1 z^{-1} + \cdots + \alpha_m z^{-n}} \tag{9.2.10}$$

它将 AR 和 MA 两种模型的可能性合并成一个模型，其最大的缺点是增加了参数个数，分别与 AR 和 MA 模型相比，参数个数增加了一倍，它还可能导致收敛性问题。对此文献（Makhoul，1975，1976）给出了一些更加复杂和更为特殊的估计器。

回到式（9.2.7），可以获得 AR 模型的功率谱密度

$$S_{yy}(z) = F(z)F^*(z)S_{\delta\delta}(z) = \frac{\beta_0^2}{\left|1 + \sum_{\nu=0}^{n} \alpha_\nu z^{-\nu}\right|^2} \tag{9.2.11}$$

根据测量信号 $y(k)$ 可以获得系数 $b_0$ 和 $a_k$ 的估计，由此导出功率谱密度 $S_{yy}(\mathrm{i}\omega)$ 的**频域参数自回归模型**，模型用 $n+1$ 个参数描述，其中 $n$ 一般在 4~30 区间中取值。对于纯 AR 滤波器，确定其功率谱密度 $S_{yy}(\mathrm{i}\omega)$ 的极大熵方法，可参见文献（Edward and Fitelson，1973）和（Ulrych and Bishop，1975）。

### 9.2.3 系数的确定

为了抑制随机干扰，极大熵谱估计也将使用相关函数，而不直接用测量信号 $y(t)$。现在，假设测量信号由一组阻尼振荡信号组成，写成

$$y(t)=\sum_{\nu=1}^{m} y_{0\nu}\mathrm{e}^{-d_\nu t}\sin(\omega_\nu t+\varphi_\nu) \tag{9.2.12}$$

其自相关函数为

$$R_{yy}(\tau)=\mathrm{E}\{y(t)y(t+\tau)\}=\sum_{\nu=1}^{m}\frac{y_{0\nu}^2}{2}\mathrm{e}^{-d_\nu\tau}\cos\omega_\nu\tau \tag{9.2.13}$$

正如第5.5节所述，周期信号$y(t)$的自相关函数$R_{yy}(\tau)$是以$\tau$为周期的函数。考虑这些情况，自相关函数（ACF）肯定可以用成形滤波器来近似，即有

$$R_{yy}(z)=F(z)\delta(z) \tag{9.2.14}$$

通过ACF的计算，相位信息会丢掉，幅值会发生变化，乘上常数因子成为

$$R_{0\nu}=\frac{1}{2}y_{0\nu}^2 \tag{9.2.15}$$

为了能获得ACF模型中的$m$个频率成分，模型的阶次必须是$2m$阶的。因为只对平稳的稳态振荡信号感兴趣，所以可以只用一个AR模型，对于$2m$阶信号，模型写成

$$R_{nn}(\tau)=R_{yy}(\tau)+\alpha_1R_{yy}(\tau-1)+\alpha_2R_{yy}(\tau-2)+\cdots+\alpha_{2m}R_{yy}(\tau-2m) \tag{9.2.16}$$

其中，考虑了加性、零均值以及不相关的干扰$n(t)$，其ACF为

$$R_{nn}(\tau)=\begin{cases}n_0, & \tau=0\\ 0, & \text{其他}\end{cases} \tag{9.2.17}$$

对于不同的时间延迟$\tau$，构成方程组

$$\begin{pmatrix}R_{yy}(0) & R_{yy}(1) & \cdots & R_{yy}(2m)\\ R_{yy}(1) & R_{yy}(0) & \cdots & R_{yy}(2m-1)\\ \vdots & \vdots & & \vdots\\ R_{yy}(2m) & R_{yy}(2m-1) & \cdots & R_{yy}(0)\end{pmatrix}\begin{pmatrix}1\\ \alpha_1\\ \vdots\\ \alpha_{2m}\end{pmatrix}=\begin{pmatrix}n_0\\ 0\\ \vdots\\ 0\end{pmatrix} \tag{9.2.18}$$

其中，利用了ACF的轴对称性，即$R_{yy}(k)=R_{yy}(-k)$。系数$n_0$可表示为

$$R_{nn}(0)=n_0=\mathrm{E}\{n^2(k)\}=\mathrm{E}\left\{\left(y(k)-\hat{y}(k)\right)^2\right\} \tag{9.2.19}$$

它可以作为均方模型误差的一个指标，其中$\hat{y}(k)$是$y(k)$的模型预测值。

为了建立这个方程组，必须根据第$k=0,1,\cdots,N-1$时刻的测量信号序列$y(k)$，计算出$\tau=0,\cdots,2m$时自相关函数$R_{yy}(\tau)$的估计值。根据式（7.1.4），自相关函数可以确定为

$$\hat{R}_{yy}(\tau)=\frac{1}{N-|\tau|}\sum_{\nu=0}^{N-1-|\tau|}y(\nu)y(\nu+|\tau|),\quad 0\leqslant|\tau|\leqslant N-1 \tag{9.2.20}$$

式（9.2.18）的方程组可以利用Burg算法（Press et al，2007）有效求解。利用AR信号模型分母多项式的极点分解，可以确定$y(t)$中重要的离散振荡频率成分

$$z^{2m}\left(1+a_1z^{-1}+a_2z^{-2}+\cdots+a_{2m}z^{-2m}\right)\overset{!}{=}\prod_{\nu=1}^{m}\left(1+a_{1\nu}z^{-1}+a_{2\nu}z^{-2}\right) \tag{9.2.21}$$

根据相应的$z$变换表（Isermann，1991），对每对共轭复数极点，可以获得$y(t)$中适当的正弦振荡角频率

$$\omega_k=\frac{1}{T_0}\arccos\left(\frac{-a_{1\nu}}{2\sqrt{a_{2\nu}}}\right) \tag{9.2.22}$$

由此可以确定信号$y(t)$中所有重要的振荡频率成分。

### 9.2.4 幅值的估计

每个有贡献振荡的幅值 $y_{0k}$理论上都可以根据 AR 信号模型求得。不幸的是，这种方法已被证实很不精确，因为其结果依赖于分母系数 $a_k$和分子常数系数 $b_0$。系数估计的微小误差都可能造成幅值估计大的误差。为了避免这些不希望的影响，有另一种估计方法可用来确定幅值（Neumann and Janik，1990；Neumann，1991）。

在周期性振荡的 ACF 中

$$R_{yy}(\tau)=\mathrm{E}\{y(t)y(t+\tau)\}=\sum_{\nu=1}^{m}\frac{y_{0\nu}^2}{2}\mathrm{e}^{-d_\nu\tau}\cos\omega_\nu\tau \tag{9.2.23}$$

忽略掉阻尼值很小的阻尼项，这时有

$$R_{yy}(\tau)=\mathrm{E}\{y(t)y(t+\tau)\}=\sum_{\nu=1}^{m}\frac{y_{0\nu}^2}{2}\cos\omega_\nu\tau \tag{9.2.24}$$

这种形式在第 5 章中已广泛使用。依据前面的估计问题，如果对 $y(t)$振荡有贡献的频率成分已知，那么就可以建立另一个方程组来确定 ACF 的幅值，即 $R_{0k}$的值可写成

$$\begin{pmatrix}R_{yy}(1)\\R_{yy}(2)\\\vdots\\R_{yy}(m)\end{pmatrix}=\begin{pmatrix}\cos(\omega_1T_0)&\cos(\omega_2T_0)&\cdots&\cos(\omega_mT_0)\\\cos(\omega_12T_0)&\cos(\omega_22T_0)&\cdots&\cos(\omega_m2T_0)\\\vdots&\vdots&&\vdots\\\cos(\omega_1mT_0)&\cos(\omega_2mT_0)&\cdots&\cos(\omega_mmT_0)\end{pmatrix}\begin{pmatrix}R_{01}\\R_{02}\\\vdots\\R_{0m}\end{pmatrix} \tag{9.2.25}$$

根据 ACF 的幅值，最终可以确定信号的幅值

$$y_{0\nu}=\sqrt{2R_{0\nu}} \tag{9.2.26}$$

这样就找到了一个参数模型，用于表达测量信号 $y(kT_0)$的功率谱密度 $S_{yy}$，也就是利用重要的正弦分量频率来表示利用参数 AR 模型描述的谱密度，模型的阶次 $m$ 必须通过适当的选择或者搜索来确定（Isermann，2005，2006）。

## 9.3 非参数中间模型的参数估计

如果过程模型的结构事先未知，那么可以先辨识出非参数模型，然后再基于前面辨识得到的中间模型来确定参数模型，这种辨识结果是令人满意的。在第一步中，无需假设模型的结构，在辨识的第二步中再确定适当的模型阶次和迟延。由于非参数模型已经凝聚了测量数据信息，在第二步的辨识中只需要用到少得多的数据。非参数模型也已经可以用于评价辨识结果的质量。下面给出两种不同的方法。

### 9.3.1 非周期激励响应和最小二乘法

对信噪比高的情况，为了辨识一个过程，可以先利用**相同的确定性输入信号**，记录几个响应信号，再求这些信号的平均值，以消除随机干扰的影响。输入信号必须能激励感兴趣的过程动态特性，除此之外输入信号可以具有任意的形式，通常首选的是**阶跃和斜坡信号**或**矩形和梯形脉冲信号**。

现在，考虑确定性输入信号 $u_j(k)$和相应的输出 $y_j(k)$。这里，$u_j(k)$和 $y_j(k)$仍旧为小的信号变量。若将相同的输入信号 $u_j(k)$使用 $M$ 次，那么系统响应的平均值为

$$\overline{y}(k)=\frac{1}{M}\sum_{j=1}^{M}y_j(k) \tag{9.3.1}$$

如果过程的输出 $y_j(k)$ 叠加一个随机信号 $n(k)$

$$y_j(k)=y_{uj}(k)+n_j(k) \tag{9.3.2}$$

则期望值为

$$\mathrm{E}\{\overline{y}(k)\}=y_u(k)+\mathrm{E}\{\overline{n}(k)\} \tag{9.3.3}$$

因此，如果 $\mathrm{E}\{\overline{n}(k)\}=0$，那么平均输出信号的期望值与有用信号是相同的。现在，针对参数估计，写作 $y(k)=\overline{y}(k)$，参数模型采用差分方程形式

$$\begin{aligned}y(k)=&-a_1y(k-1)-a_2y(k-2)-\cdots-a_my(k-m)\\&+b_1u(k-d-1)+b_2u(k-d-2)+\cdots+b_mu(k-d-m)\end{aligned} \tag{9.3.4}$$

对 $1\leqslant k\leqslant l$ 的区间，式（9.3.4）可以写成向量形式

$$\begin{pmatrix}y(1)\\y(2)\\y(3)\\\vdots\\y(l)\end{pmatrix}=\left(\begin{array}{cccc|ccc}0&0&\cdots&0&u(-d)&\cdots&0\\-y(1)&0&\cdots&0&u(1-d)&\cdots&0\\-y(2)&-y(1)&\cdots&0&u(2-d)&\cdots&0\\\vdots&\vdots&&\vdots&\vdots&&\vdots\\-y(l-1)&-y(l-2)&\cdots&-y(l-m)&u(l-d-1)&\cdots&u(l-d-m)\end{array}\right)\begin{pmatrix}a_1\\a_2\\\vdots\\a_m\\b_1\\\vdots\\b_m\end{pmatrix} \tag{9.3.5}$$

然后写作

$$\boldsymbol{y}=\boldsymbol{R}\boldsymbol{\theta} \tag{9.3.6}$$

引入误差 $\boldsymbol{e}$

$$\boldsymbol{e}=\boldsymbol{y}-\boldsymbol{R}\boldsymbol{\theta} \tag{9.3.7}$$

利用二次型代价函数 $V$

$$V=\boldsymbol{e}^{\mathrm{T}}\boldsymbol{e} \tag{9.3.8}$$

得到的参数估计为

$$\hat{\boldsymbol{\theta}}=\left(\boldsymbol{R}^{\mathrm{T}}\boldsymbol{R}\right)^{-1}\boldsymbol{R}^{\mathrm{T}}\boldsymbol{y} \tag{9.3.9}$$

这种参数估计是均方意义下一致的，因为对于误差的极限值，有

$$\lim_{M\to\infty}\mathrm{E}\{e(k)\}\big|_{\hat{\boldsymbol{\theta}}=\boldsymbol{\theta}_0}=\lim_{M\to\infty}\mathrm{E}\{\overline{n}(k)+a_1\overline{n}(k-1)+\cdots+a_m\overline{n}(k-m)\}=0 \tag{9.3.10}$$

如果 $\mathrm{E}\{\overline{n}(k)\}=0$，则

$$\lim_{M\to\infty}\mathrm{E}\{\hat{\boldsymbol{\theta}}-\boldsymbol{\theta}_0\}=\lim_{M\to\infty}\mathrm{E}\left\{\left(\boldsymbol{R}^{\mathrm{T}}\boldsymbol{R}\right)^{-1}\boldsymbol{R}^{\mathrm{T}}\boldsymbol{e}\right\}=\boldsymbol{0} \tag{9.3.11}$$

$$\begin{aligned}\lim_{M\to\infty}\mathrm{E}\left\{\left(\hat{\boldsymbol{\theta}}-\boldsymbol{\theta}_0\right)\left(\hat{\boldsymbol{\theta}}-\boldsymbol{\theta}_0\right)^{\mathrm{T}}\right\}&=\lim_{M\to\infty}\mathrm{E}\left\{\left(\boldsymbol{R}^{\mathrm{T}}\boldsymbol{R}\right)^{-1}\boldsymbol{R}^{\mathrm{T}}\boldsymbol{e}^{\mathrm{T}}\boldsymbol{e}\boldsymbol{R}\left(\boldsymbol{R}^{\mathrm{T}}\boldsymbol{R}\right)^{-1}\right\}\\&=\boldsymbol{0}\end{aligned} \tag{9.3.12}$$

其中，$l$ 的选择必须覆盖到整个瞬态过程，下界为待估参数的个数，即 $l\geqslant 2m$，上界由下面的条件给出

$$\det(\boldsymbol{R}^{\mathrm{T}}\boldsymbol{R}) \neq 0 \tag{9.3.13}$$

如果 $l$ 选得过大，则会有过多的数据点是来自于稳态的，矩阵 $\boldsymbol{R}^{\mathrm{T}}\boldsymbol{R}$ 就变得近似于非奇异，致使矩阵的每行接近于线性相关。这种方法与通常的最小二乘法的区别在于，首先对数据点进行了平均，以减弱干扰的影响，同时也避免了相关误差信号造成的偏差问题。

### 9.3.2 相关-最小二乘法（COR-LS）

如果以随机或伪随机信号作为输入，那么输入的自相关函数为

$$R_{\mathrm{uu}}(\tau) = \lim_{N\to\infty} \frac{1}{N+1} \sum_{k=0}^{N} u(k-\tau)u(k) \tag{9.3.14}$$

输入和输出之间的互相关函数为

$$R_{\mathrm{uy}}(\tau) = \lim_{N\to\infty} \frac{1}{N+1} \sum_{k=0}^{N} u(k-\tau)y(k) \tag{9.3.15}$$

相关函数也可递推写成

$$\hat{R}_{\mathrm{uy}}(\tau,k) = \hat{R}_{\mathrm{uy}}(\tau,k-1) + \frac{1}{k+1}\left(u(k-\tau)y(k) - \hat{R}_{\mathrm{uy}}(\tau,k-1)\right) \tag{9.3.16}$$

过程模型依旧采用差分方程描述

$$\begin{aligned} y(k) = &-a_1y(k-1) - a_2y(k-2) - \cdots - a_my(k-m) \\ &+ b_1u(k-d-1) + b_2u(k-d-2) + \cdots + b_mu(k-d-m) \end{aligned} \tag{9.3.17}$$

方程两边乘以 $u(k-\tau)$，并计算期望值，有

$$\begin{aligned} R_{\mathrm{uy}}(\tau) = &-a_1R_{\mathrm{uy}}(\tau-1) - a_2R_{\mathrm{uy}}(\tau-2) - \cdots - a_mR_{\mathrm{uy}}(\tau-m) \\ &+ b_1R_{\mathrm{uu}}(\tau-d-1) + b_2R_{\mathrm{uy}}(\tau-d-2) + \cdots + b_mR_{\mathrm{uu}}(\tau-d-m) \end{aligned} \tag{9.3.18}$$

这个关系是下面辨识技术的基础（Isermann and Baur，1974），文献（Scheuer，1973）也给出了一种类似的方法。如果只以有限的 $N$ 个测量为基础来求解相关函数，则式（9.3.18）也成立。在此情况下，相关函数用下面的估计值代替

$$\hat{R}_{\mathrm{uy}}(\tau) = \frac{1}{N+1} \sum_{k=0}^{N} u(k-\tau)y(k) \tag{9.3.19}$$

用于参数估计的互相关函数值在 $-P\leqslant\tau\leqslant M$ 的区间内，$R_{\mathrm{uy}}(\tau)\neq0$；对于 $\tau<-P$ 和 $\tau>M$，$R_{\mathrm{uy}}(\tau)\approx0$，见图 9.9。

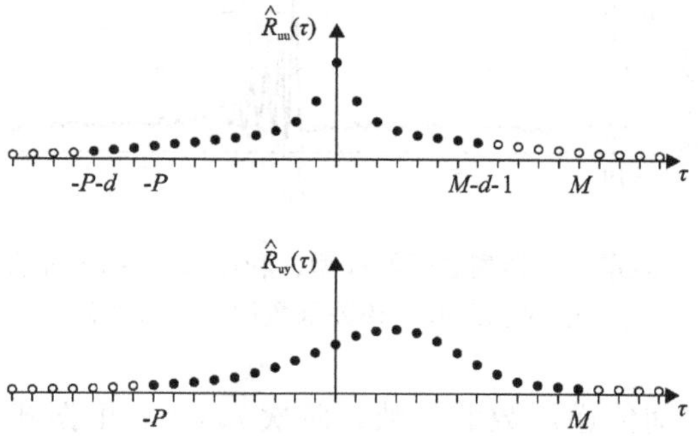


图 9.9　用于参数估计的相关函数值（有色噪声输入）

然后，得到方程组

$$\begin{pmatrix} R_{\mathrm{uy}}(-P+m) \\ \vdots \\ R_{\mathrm{uy}}(-1) \\ R_{\mathrm{uy}}(0) \\ R_{\mathrm{uy}}(1) \\ \vdots \\ R_{\mathrm{uy}}(M) \end{pmatrix} = \left(\begin{array}{ccc|cc} -R_{\mathrm{uy}}(-P+m+1) & \cdots & -R_{\mathrm{uy}}(-P) & R_{\mathrm{uu}}(-P+m-d-1) & \cdots \\ \vdots & & \vdots & \vdots & \\ -R_{\mathrm{uy}}(-2) & \cdots & -R_{\mathrm{uy}}(-1-m) & R_{\mathrm{uu}}(-2-d) & \cdots \\ -R_{\mathrm{uy}}(-1) & \cdots & -R_{\mathrm{uy}}(-m) & R_{\mathrm{uu}}(-d-1) & \cdots \\ -R_{\mathrm{uy}}(0) & \cdots & -R_{\mathrm{uy}}(1-m) & R_{\mathrm{uu}}(-d) & \cdots \\ \vdots & & \vdots & \vdots & \\ -R_{\mathrm{uy}}(M-1) & \cdots & -R_{\mathrm{uy}}(M-m) & R_{\mathrm{uu}}(M-d-1) & \cdots \end{array}\right) \begin{pmatrix} a_1 \\ \vdots \\ a_m \\ b_1 \\ \vdots \end{pmatrix} \tag{9.3.20}$$

可写成

$$\boldsymbol{R}_{\mathrm{uy}} = \boldsymbol{S\theta} \tag{9.3.21}$$

使用最小二乘法，得到参数估计

$$\hat{\boldsymbol{\theta}} = (\boldsymbol{S}^{\mathrm{T}}\boldsymbol{S})^{-1}\boldsymbol{S}^{\mathrm{T}}\boldsymbol{R}_{\mathrm{uy}} \tag{9.3.22}$$

**例 9.5（基于 COR－LS 的参数估计）**

用 COR－LS 法来估计三质量振荡器离散时间传递函数的参数。首先，确定相关函数估计值$\hat{R}_{\mathrm{uu}}(\tau)$和$\hat{R}_{\mathrm{uy}}(\tau)$，见图 9.10；输入 $u(k)$采用 PRBS 信号，因此待评价区间的自相关函数与白噪声的自相关函数十分相似。图 9.6 给出了输入 $u(k)$和输出 $y(k)=\omega_3(k)$。

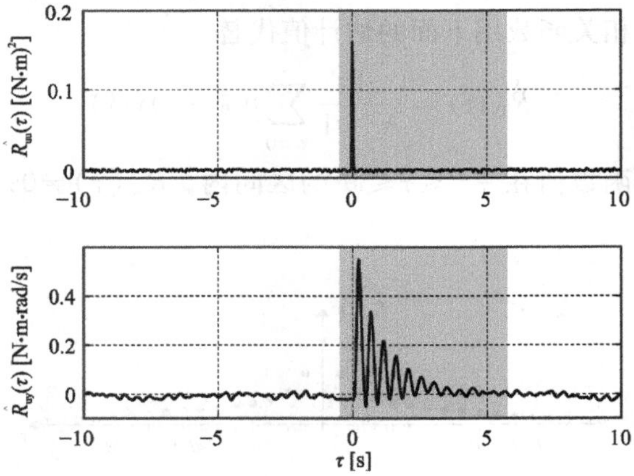


图 9.10　对三质量振荡器离散时间模型，利用 COR－LS 方法的参数估计，其中灰色区域的相关函数用于参数估计

依旧求输入和输出之间传递函数的参数，阶次 $m=6$。根据式（9.3.20），构造矩阵 $\boldsymbol{\Psi}$ 和向量 $\boldsymbol{y}$（根据 PRBS 输入，$P=0$）

$$
\boldsymbol{\Psi} = \left( \begin{array}{cccc|cccc} -\hat{R}_{\mathrm{uy}}(5) & \cdots & -\hat{R}_{\mathrm{uy}}(0) & & \hat{R}_{\mathrm{uu}}(5) & \cdots & \hat{R}_{\mathrm{uu}}(0) \\ -\hat{R}_{\mathrm{uy}}(6) & \cdots & -\hat{R}_{\mathrm{uy}}(1) & & \hat{R}_{\mathrm{uu}}(6) & \cdots & \hat{R}_{\mathrm{uu}}(1) \\ \vdots & & \vdots & & \vdots & & \vdots \\ -\hat{R}_{\mathrm{uy}}(M-1) & \cdots & -\hat{R}_{\mathrm{uy}}(M-6) & & \hat{R}_{\mathrm{uu}}(M-1) & \cdots & \hat{R}_{\mathrm{uu}}(M-6) \end{array} \right) \tag{9.3.23}
$$

$$
\boldsymbol{y} = \begin{pmatrix} \hat{R}_{\mathrm{uy}}(6) \\ \hat{R}_{\mathrm{uy}}(7) \\ \vdots \\ \hat{R}_{\mathrm{uy}}(M) \end{pmatrix} \tag{9.3.24}
$$

参数向量 $\boldsymbol{\theta}$ 写成

$$
\boldsymbol{\theta}^{\mathrm{T}} = \left( a_1 \; a_2 \cdots a_6 \middle| b_1 \; b_2 \cdots b_6 \right) \tag{9.3.25}
$$

为了判断估计模型的质量，估计离散时间模型的频率响应与正交相关分析法（见第 5.5.2 节）获得的频率响应一起放在图 9.11 中进行比较。可见，估计模型具有很高的逼真度。 □

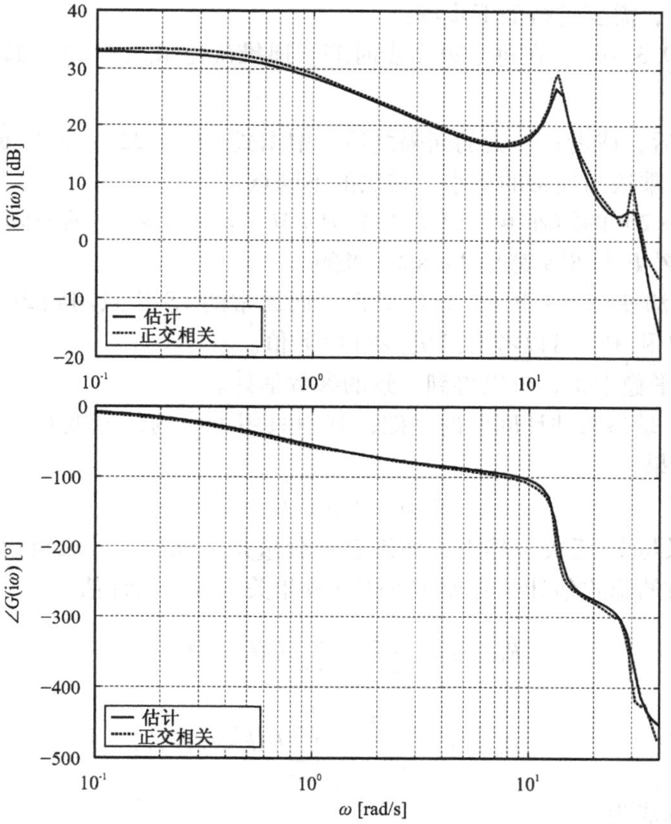


图 9.11　对三质量振荡器离散时间模型，利用 COR－LS 法获得参数估计，基于模型参数计算的频率响应，与直接测量的频率响应做比较

现在，研究该估计值的收敛性。由第 7 章可知，如果 $\mathrm{E}\{n(k)\}=0$，且 $\mathrm{E}\{u(k-\tau)n(k)\}=0$，则相关函数的估计值在 $N\to\infty$ 时收敛于

$$\lim_{N\to\infty} \mathrm{E}\{\hat{R}_{uu}(\tau)\} = R_{uu,0}(\tau) \tag{9.3.26}$$

$$\lim_{N\to\infty} \mathrm{E}\{\hat{R}_{uy}(\tau)\} = R_{uy,0}(\tau) \tag{9.3.27}$$

因此，在有限时间区间内确定的估计值将收敛于相关函数的真值，只要模型的结构和阶次与过程相匹配，就有

$$\lim_{N\to\infty} \mathrm{E}\{e\} = \mathbf{0} \tag{9.3.28}$$

由此可以看出，本方法得到的估计值是**均方意义下一致**的。这种方法既可以递推使用，也可以非递推使用。

**非递推方法（COR－LS）**

对于非递推方法，需要进行如下步骤：

1）存储 $u(k)$ 和 $y(k)$。

2）根据式（9.3.19），确定 $R_{uu}(\tau)$ 和 $R_{uy}(\tau)$，再根据式（9.3.22），确定 $\hat{\boldsymbol{\theta}}$。

**递推方法（RCOR－LS）**

对于递推方法，需要进行如下步骤：

1）根据式（9.3.16），在每个第 $k$ 步时刻，递推确定 $R_{uy}(\tau,k)$，如有必要，同时确定 $R_{uu}(\tau,k)$。

2）在每步之后，或者在较大的间隔之后，根据式（9.3.22），确定 $\hat{\boldsymbol{\theta}}$。

相关－最小二乘法与通常的最小二乘法的不同点：

1）不处理 $N\times 2m$ 的矩阵 $\boldsymbol{\Psi}$，而是处理 $(P+M-m+1)\times 2m$ 的矩阵 $\boldsymbol{S}$，一般矩阵 $\boldsymbol{S}$ 相对要小些，矩阵 $\boldsymbol{\Psi}^{\mathrm{T}}\boldsymbol{\Psi}$ 和 $\boldsymbol{S}^{\mathrm{T}}\boldsymbol{S}$ 都是 $2m\times 2m$ 维的。

2）COR－LS 法使用 $P+M+1$ 个 CCF 值，而通常的 LS 法只用到 $2m-1$ 个 CCF 值，如果相应地选择好 $P$ 和 $M$，可以考虑到更多的 CCF 值。

3）对任意的平稳干扰，可以得到一致的参数估计。

式（9.3.18）是参数估计问题的基础，其中只用了小的信号变量。对于大的信号变量 $U(k)$ 和 $Y(k)$，如果

$$U_{00} = \mathrm{E}\{u(k)\} = 0$$

首先可以证明结果与 $Y_{00}$ 无关。然而，如果直流分量是未知的，那么可以用第 9.1.5 节所讲的方法。对于常数的隐式估计，必须按下式计算相关函数的估计值

$$\hat{R}_{uu}(\tau) = \frac{1}{N+1}\sum_{k=0}^{N} U(k-\tau)U(k) \tag{9.3.29}$$

$$\hat{R}_{uy}(\tau) = \frac{1}{N+1}\sum_{k=0}^{N} U(k-\tau)Y(k) \tag{9.3.30}$$

将矩阵 $\boldsymbol{S}$ 扩展 1 列成为

$$\boldsymbol{R}_{uy} = \underbrace{\left(\begin{array}{c|c} \boldsymbol{S} & \begin{matrix}1\\ \vdots \\ 1\end{matrix}\end{array}\right)}_{\boldsymbol{S}^*}\boldsymbol{\theta}^* \tag{9.3.31}$$

那么，新的参数向量 $\boldsymbol{\theta}^*$ 包含常数 $C$，作为参数向量的最后一个元素，如第 9.1.5 节所述。

## 9.4 最小二乘的递推方法（RLS）

到现在为止，所给出的最小二乘法都假设已经存储了所有的测量数据，并进行一次处理（批处理）。这也意味着，只有在测量结束后才能完成参数估计。因此，最小二乘的非递推方法更适合于离线辨识。

然而，如果过程需要进行在线实时辨识，则应在测量过程中，每次采样之后，就获得新的参数估计。如果使用前面介绍的最小二乘的非递推方法，就要在每步采样之后将数据矩阵 $\boldsymbol{\Psi}$ 扩展一行，然后处理全部已有的数据（包括前面各步的采样数据）。这样需要的计算量比较大，不适合在线实时计算。递推方法可以降低计算量，在每步采样之后对参数估计进行更新，前面的测量数据无需存储。经过适当的改进，它还可能用于辨识时变过程，见本章后续的介绍。

文献（Gauss，1809）论述过最小二乘递推方法，也见文献（Genin，1968）。这种方法在动态系统中的最先应用见文献（Lee，1964）和（Albert and Sittler，1965）。在第 9.4.1 节中将推导这种方法的基本方程，然后在第 9.4.2 节将递推参数估计扩展到随机信号，第 9.4.3 节介绍未知直流分量的处理方法，在后面的一章中（第 12.4 节）将分析其收敛性。

### 9.4.1 基本方程

最小二乘的非递推方法在第 $k$ 步采样时得到参数估计为

$$\hat{\boldsymbol{\theta}}(k) = \boldsymbol{P}(k)\boldsymbol{\Psi}^{\mathrm{T}}(k)\boldsymbol{y}(k) \tag{9.4.1}$$

其中

$$\boldsymbol{P}(k) = \left(\boldsymbol{\Psi}^{\mathrm{T}}(k)\boldsymbol{\Psi}(k)\right)^{-1} \tag{9.4.2}$$

$$\boldsymbol{y}(k) = \begin{pmatrix} y(1) \\ y(2) \\ \vdots \\ y(k) \end{pmatrix} \tag{9.4.3}$$

$$\boldsymbol{\Psi}(k) = \begin{pmatrix} \boldsymbol{\psi}^{\mathrm{T}}(1) \\ \boldsymbol{\psi}^{\mathrm{T}}(2) \\ \vdots \\ \boldsymbol{\psi}^{\mathrm{T}}(k) \end{pmatrix} \tag{9.4.4}$$

且

$$\boldsymbol{\psi}^{\mathrm{T}} = \left(-y(k-1)\ -y(k-2)\ \cdots\ -y(k-m)\middle|u(k-d-1)\ \cdots\ u(k-d-m)\right) \tag{9.4.5}$$

因此，第 $k+1$ 步的参数估计可以写成

$$\hat{\boldsymbol{\theta}}(k+1) = \boldsymbol{P}(k+1)\boldsymbol{\Psi}^{\mathrm{T}}(k+1)\boldsymbol{y}(k+1) \tag{9.4.6}$$

上式可以拆分成

$$\begin{aligned}\hat{\boldsymbol{\theta}}(k+1) &= \boldsymbol{P}(k+1)\begin{pmatrix} \boldsymbol{\Psi}(k) \\ \boldsymbol{\psi}^{\mathrm{T}}(k+1) \end{pmatrix}^{\mathrm{T}}\begin{pmatrix} \boldsymbol{y}(k) \\ y(k+1) \end{pmatrix} \\ &= \boldsymbol{P}(k+1)\left(\boldsymbol{\Psi}(k)\boldsymbol{y}(k) + \boldsymbol{\psi}^{\mathrm{T}}(k+1)y(k+1)\right)\end{aligned} \tag{9.4.7}$$

根据式（9.4.1），将 $\boldsymbol{\Psi}(k)\boldsymbol{y}(k) = \boldsymbol{P}^{-1}(k)\hat{\boldsymbol{\theta}}(k)$ 代入，可得

$$\hat{\boldsymbol{\theta}}(k+1)=\hat{\boldsymbol{\theta}}(k)+\big(\boldsymbol{P}(k+1)\boldsymbol{P}^{-1}(k)-\boldsymbol{I}\big)\hat{\boldsymbol{\theta}}(k)+\boldsymbol{P}(k+1)\boldsymbol{\psi}(k+1)y(k+1) \tag{9.4.8}$$

根据式（9.4.2），有

$$\begin{aligned}\boldsymbol{P}(k+1)&=\left(\begin{pmatrix}\boldsymbol{\Psi}(k)\\ \boldsymbol{\psi}^{\mathrm{T}}(k+1)\end{pmatrix}^{\mathrm{T}}\begin{pmatrix}\boldsymbol{\Psi}(k)\\ \boldsymbol{\psi}^{\mathrm{T}}(k+1)\end{pmatrix}\right)^{-1}\\ &=\big(\boldsymbol{P}^{-1}(k)+\boldsymbol{\psi}(k+1)\boldsymbol{\psi}^{\mathrm{T}}(k+1)\big)^{-1}\end{aligned} \tag{9.4.9}$$

因此

$$\boldsymbol{P}^{-1}(k)=\boldsymbol{P}^{-1}(k+1)-\boldsymbol{\psi}(k+1)\boldsymbol{\psi}^{\mathrm{T}}(k+1) \tag{9.4.10}$$

结合式（9.4.8），得到

$$\underbrace{\hat{\boldsymbol{\theta}}(k+1)}_{\text{新的参考估计}}=\underbrace{\hat{\boldsymbol{\theta}}(k)}_{\text{旧的参考估计}}+\underbrace{\boldsymbol{P}(k+1)\boldsymbol{\psi}(k+1)}_{\text{校正向量}}\big(\underbrace{y(k+1)}_{\text{新的测量值}}-\underbrace{\boldsymbol{\psi}^{\mathrm{T}}(k+1)\hat{\boldsymbol{\theta}}(k)}_{\text{基于最后一个参数估计的预报值}}\big) \tag{9.4.11}$$

这样就得到参数估计问题的递推形式。根据式（9.1.7），以下这项

$$\boldsymbol{\psi}^{\mathrm{T}}(k+1)\hat{\boldsymbol{\theta}}(k)=\hat{y}(k+1|k) \tag{9.4.12}$$

可以解释为利用直到第 $k$ 步为止的参数和测量值进行的模型一步预报。根据式（9.1.10），式（9.4.11）括号中为方程误差

$$\big(y(k+1)-\boldsymbol{\psi}^{\mathrm{T}}(k+1)\hat{\boldsymbol{\theta}}(k)\big)=e(k+1) \tag{9.4.13}$$

因此，式（9.4.11）最终可写成

$$\hat{\boldsymbol{\theta}}(k+1)=\hat{\boldsymbol{\theta}}(k)+\boldsymbol{P}(k+1)\boldsymbol{\psi}(k+1)e(k+1) \tag{9.4.14}$$

其中，必须根据式（9.4.9）或式（9.4.10）分别递推确定 $\boldsymbol{P}(k+1)$ 和 $\boldsymbol{P}^{-1}(k+1)$。这意味着每步更新时需要求一次矩阵的逆，利用附录 A. 4 给出的矩阵求逆定理，可以避免这个矩阵求逆运算。这样可以不用式（9.4.9），而可以写成

$$\begin{aligned}\boldsymbol{P}(k+1)=&\boldsymbol{P}(k)-\boldsymbol{P}(k)\boldsymbol{\psi}(k+1)\\ &\big(\boldsymbol{\psi}^{\mathrm{T}}(k+1)\boldsymbol{P}(k)\boldsymbol{\psi}(k+1)+1\big)^{-1}\boldsymbol{\psi}^{\mathrm{T}}(k+1)\boldsymbol{P}(k)\end{aligned} \tag{9.4.15}$$

由于括号中只是一个标量，因此不需要对矩阵求逆。乘以 $\boldsymbol{\psi}(k+1)$，得到

$$\boldsymbol{P}(k+1)\boldsymbol{\psi}(k+1)=\frac{1}{\boldsymbol{\psi}^{\mathrm{T}}(k+1)\boldsymbol{P}(k)\boldsymbol{\psi}(k+1)+1}\boldsymbol{P}(k)\boldsymbol{\psi}(k+1) \tag{9.4.16}$$

结合式（9.4.11），就得到最小二乘的递推方法

$$\hat{\boldsymbol{\theta}}(k+1)=\hat{\boldsymbol{\theta}}(k)+\boldsymbol{\gamma}(k)\big(y(k+1)-\boldsymbol{\psi}^{\mathrm{T}}(k+1)\hat{\boldsymbol{\theta}}(k)\big) \tag{9.4.17}$$

其中，校正向量 $\boldsymbol{\gamma}(k)$ 可写成

$$\boldsymbol{\gamma}(k)=\boldsymbol{P}(k+1)\boldsymbol{\psi}(k+1)=\frac{1}{\boldsymbol{\psi}^{\mathrm{T}}(k+1)\boldsymbol{P}(k)\boldsymbol{\psi}(k+1)+1}\boldsymbol{P}(k)\boldsymbol{\psi}(k+1) \tag{9.4.18}$$

由式（9.4.15），可得

$$\boldsymbol{P}(k+1)=\big(\boldsymbol{I}-\boldsymbol{\gamma}(k)\boldsymbol{\psi}^{\mathrm{T}}(k+1)\big)\boldsymbol{P}(k) \tag{9.4.19}$$

因此，最小二乘的递推方法由上述 3 个式子组成，必须按照式（9.4.18）、式（9.4.17）和式（9.4.19）的顺序进行，见文献（Goodwin and Sin，1984）。矩阵 $\boldsymbol{P}(k+1)$ 是估计误差协方差矩阵的等权重估计，因为根据式（9.1.69），对无偏估计下式成立

$$\mathrm{E}\{\boldsymbol{P}(k+1)\} = \frac{1}{\sigma_e^2}\operatorname{cov}\Delta\boldsymbol{\theta}(k+1) \tag{9.4.20}$$

为了启动最小二乘的递推方法，$\hat{\boldsymbol{\theta}}(k)$和$P(k)$的初始值必须已知。为了选择合适的初始值，已证明下面的方法是成功的（Klinger，1968）：

- **用最小二乘的非递推方法启动**：使用最小二乘的非递推方法至少需要$2m$个方程，例如从$k=d+1$到$k=d+2m=k'$，然后用$\hat{\boldsymbol{\theta}}(k')$和$\boldsymbol{P}(k')$值作为最小二乘递推方法的初始值，递推从第$k=k'$步开始。
- **使用先验的估计值**：如果先验已知模型参数、协方差和方程误差方差的近似值，那么这些值可用作$\hat{\boldsymbol{\theta}}(0)$和$\boldsymbol{P}(0)$的初始值。
- **假设合适的初始值**：最容易的做法是假设合适的初始值$\hat{\boldsymbol{\theta}}(0)$和$\boldsymbol{P}(0)$（Lee，1964）。

下面推导$\boldsymbol{P}(0)$的合适选择，根据式（9.4.10），有

$$\begin{aligned}
\boldsymbol{P}^{-1}(k+1) &= \boldsymbol{P}^{-1}(k) + \boldsymbol{\psi}(k+1)\boldsymbol{\psi}^{\mathrm{T}}(k+1) \\
\boldsymbol{P}^{-1}(1) &= \boldsymbol{P}^{-1}(0) + \boldsymbol{\psi}(1)\boldsymbol{\psi}^{\mathrm{T}}(1) \\
\boldsymbol{P}^{-1}(2) &= \boldsymbol{P}^{-1}(1) + \boldsymbol{\psi}(2)\boldsymbol{\psi}^{\mathrm{T}}(2) \\
&= \boldsymbol{P}^{-1}(0) + \boldsymbol{\psi}(1)\boldsymbol{\psi}^{\mathrm{T}}(1) + \boldsymbol{\psi}(2)\boldsymbol{\psi}^{\mathrm{T}}(2) \\
&\;\;\vdots \\
\boldsymbol{P}^{-1}(k) &= \boldsymbol{P}^{-1}(0) + \boldsymbol{\Psi}^{\mathrm{T}}(k)\boldsymbol{\Psi}(k)
\end{aligned} \tag{9.4.21}$$

若选择

$$\boldsymbol{P}(0) = \alpha\boldsymbol{I} \tag{9.4.22}$$

其中，$\alpha$为很大的值，则有

$$\lim_{\alpha\to\infty}\boldsymbol{P}^{-1}(0) = \frac{1}{\alpha}\boldsymbol{I} = \boldsymbol{0} \tag{9.4.23}$$

这时式（9.4.21）与式（9.4.2）相同，后者就是非递推情况下$\boldsymbol{P}(k)$的定义。

当$\alpha$值很大时，$\boldsymbol{P}(0)$对递推计算的$\boldsymbol{P}(k)$影响很小，可以忽略。又根据式（9.4.11），有

$$\begin{aligned}
\hat{\boldsymbol{\theta}}(1) &= \hat{\boldsymbol{\theta}}(0) + \boldsymbol{P}(1)\boldsymbol{\psi}(1)\big(y(1) - \boldsymbol{\psi}^{\mathrm{T}}(1)\hat{\boldsymbol{\theta}}(0)\big) \\
&= \boldsymbol{P}(1)\Big(\boldsymbol{\psi}(1)y(1) + \big(-\boldsymbol{\psi}(1)\boldsymbol{\psi}^{\mathrm{T}}(1) + \boldsymbol{P}^{-1}(1)\big)\hat{\boldsymbol{\theta}}(0)\Big)
\end{aligned}$$

且根据式（9.4.21），有

$$\hat{\boldsymbol{\theta}}(1) = \boldsymbol{P}(1)\big(\boldsymbol{\psi}(1)y(1) + \boldsymbol{P}^{-1}(0)\hat{\boldsymbol{\theta}}(0)\big) \tag{9.4.24}$$

相应地

$$\begin{aligned}
\hat{\boldsymbol{\theta}}(2) &= \boldsymbol{P}(2)\big(\boldsymbol{\psi}(2)y(2) + \boldsymbol{P}^{-1}(1)\hat{\boldsymbol{\theta}}(1)\big) \\
&= \boldsymbol{P}(2)\big(\boldsymbol{\psi}(2)y(2) + \boldsymbol{\psi}(1)y(1) + \boldsymbol{P}^{-1}(0)\hat{\boldsymbol{\theta}}(0)\big)
\end{aligned}$$

最终得到

$$\hat{\boldsymbol{\theta}}(k) = \boldsymbol{P}(k)\big(\boldsymbol{\Psi}(k)\boldsymbol{y}(k) + \boldsymbol{P}^{-1}(0)\hat{\boldsymbol{\theta}}(0)\big) \tag{9.4.25}$$

考虑式（9.4.23）的原因，对很大的$\alpha$和任意的$\hat{\boldsymbol{\theta}}(0)$，式（9.4.25）与式（9.4.1）的非递推估计相符。$\alpha$选择很大的值可以解释为：使得在初始时，假设$\hat{\boldsymbol{\theta}}(0)$估计误差具有很大

的方差，参见式（9.4.20）。因此，为了启动递推方法，可根据式（9.4.22）来选择 $\boldsymbol{P}(0)$，并选任意的 $\hat{\boldsymbol{\theta}}(0)$，或者为了简单起见，取 $\hat{\boldsymbol{\theta}}(0)=0$。

现在，需要研究至少要选多大的 $\alpha$。由式（9.4.18）可以看出，$\boldsymbol{P}(0)=\alpha\boldsymbol{I}$ 对校正向量 $\boldsymbol{\gamma}(0)$ 没有明显的影响（Isermann，1974），如果

$$\boldsymbol{\psi}^{\mathrm{T}}(1)\boldsymbol{P}(0)\boldsymbol{\psi}(1)=\alpha\boldsymbol{\psi}^{\mathrm{T}}(1)\boldsymbol{\psi}(1)\gg 1 \tag{9.4.26}$$

因此，在这种情况下

$$\lim_{\alpha\to\infty}\gamma(0)=\lim_{\alpha\to\infty}\boldsymbol{P}(0)\boldsymbol{\psi}(1)\left(\boldsymbol{\psi}^{\mathrm{T}}(1)\boldsymbol{P}(0)\boldsymbol{\psi}(1)\right)^{-1}=\boldsymbol{\psi}(1)\left(\boldsymbol{\psi}^{\mathrm{T}}(1)\boldsymbol{\psi}(1)\right)^{-1} \tag{9.4.27}$$

如果过程在 $k<0$ 时已处于稳态，即测试信号在 $k=0$ 开始之前，有 $u(k)=0$ 和 $y(k)=0$，那么对于 $d=0$，有

$$\boldsymbol{\psi}^{\mathrm{T}}(1)=\left(0\cdots 0\middle|u(0)\cdots\right) \tag{9.4.28}$$

且根据式（9.4.26），有 $\alpha u^2(0)\gg 1$ 或

$$\alpha\gg\frac{1}{u^2(0)} \tag{9.4.29}$$

如果过程不处于稳态，那么可以导出

$$\alpha\gg\frac{1}{\sum_{k=0}^{m-1}y^2(k)+\sum_{k=0}^{m-1}u^2(k)} \tag{9.4.30}$$

以此来选择正确的 $\alpha$。可以看出，$\alpha$ 依赖于信号变化的平方。信号的变化越大，$\alpha$ 可以选得越小。对于 $u(0)=1$，$\alpha=10$ 就足够了（Lee，1964）。文献（Baur，1976）通过仿真说明，对于 $\alpha=10$ 或 $\alpha=10^5$，在足够长的测量时间后，只有很小的差别。在实践中，可以在 $\alpha=100$，…，10000 的区间选择 $\alpha$ 值。

**例 9.6（具有 2 个参数的一阶差分方程的递推辨识）**

再次使用例 9.2 中已用过的过程。过程特性由下式描述

$$y_{\mathrm{u}}(k)+a_1y_{\mathrm{u}}(k-1)=b_1u(k-1)$$
$$y(k)=y_{\mathrm{u}}(k)+n(k)$$

根据式（9.1.6），过程模型写成

$$y(k)+\hat{a}_1y(k-1)-\hat{b}_1u(k-1)=e(k)$$

或

$$y(k)=\boldsymbol{\psi}^{\mathrm{T}}(k)\hat{\boldsymbol{\theta}}(k-1)+e(k)$$

其中

$$\boldsymbol{\psi}^{\mathrm{T}}(k)=\left(-y(k-1)\ u(k-1)\right)$$
$$\hat{\boldsymbol{\theta}}(k-1)=\left(\hat{a}_1(k-1)\ \hat{b}_1(k-1)\right)^{\mathrm{T}}$$

按下面的进程来编写估计程序：

1）在第 $k$ 步测量新的数据 $u(k)$ 和 $y(k)$。

2）$e(k)=y(k)-\left(-y(k-1)\ u(k-1)\right)\begin{pmatrix}\hat{a}_1(k-1)\\ \hat{b}_1(k-1)\end{pmatrix}$。

3）新的参数估计为 $\begin{pmatrix}\hat{a}_1(k)\\ \hat{b}_1(k)\end{pmatrix}=\begin{pmatrix}\hat{a}_1(k-1)\\ \hat{b}_1(k-1)\end{pmatrix}+\underbrace{\begin{pmatrix}\hat{\gamma}_1(k-1)\\ \hat{\gamma}_2(k-1)\end{pmatrix}}_{\text{由第7步}}e(k)$。

4）将新的数据 $y(k)$ 和 $u(k)$ 组合起来，成为 $\boldsymbol{\psi}^{\mathrm{T}}(k+1) = \big(-y(k)\ u(k)\big)$。

5）$\underbrace{\boldsymbol{P}(k)}_{\text{由第8步}}\ \boldsymbol{\psi} k+1 = \begin{pmatrix} p_{11}(k) & p_{12}(k) \\ p_{21}(k) & p_{22}(k) \end{pmatrix}\begin{pmatrix} -y(k) \\ u(k) \end{pmatrix}$

$$= \begin{pmatrix} -p_{11}(k)y(k) + p_{12}(k)u(k) \\ -p_{21}(k)y(k) + p_{22}(k)u(k) \end{pmatrix} = \begin{pmatrix} i_1 \\ i_2 \end{pmatrix} = \boldsymbol{i}$$

6）$\boldsymbol{\psi}^{\mathrm{T}}(k+1)\ \underbrace{\boldsymbol{P}(k)\boldsymbol{\psi}(k+1)}_{\text{由第5步}} = \big(-y(k)\ u(k)\big)\begin{pmatrix} i_1 \\ i_2 \end{pmatrix} = -i_1 y(k) + i_2 u(k) = j$

7）$\begin{pmatrix} \hat{\gamma}_1(k) \\ \hat{\gamma}_2(k) \end{pmatrix} = \frac{1}{j+\lambda}\begin{pmatrix} i_1 \\ i_2 \end{pmatrix}$

8）求 $\boldsymbol{P}(k+1)$，即

$$\begin{aligned} \boldsymbol{P}(k+1) &= \frac{1}{\lambda}\big(\boldsymbol{P}(k) - \boldsymbol{\gamma}(k)\boldsymbol{\psi}^{\mathrm{T}}(k+1)\boldsymbol{P}(k)\big) \\ &= \frac{1}{\lambda}\Big(\boldsymbol{P}(k) - \gamma(k)\ \underbrace{\big(\boldsymbol{P}(k)\boldsymbol{\psi}(k+1^{)}\big)^{\mathrm{T}}}_{\text{由第5步}}\Big) \\ &= \frac{1}{\lambda}\big(\boldsymbol{P}(k) - \boldsymbol{\gamma}(k)\boldsymbol{i}^{\mathrm{T}}\big) \\ &= \frac{1}{\lambda}\begin{pmatrix} p_{11}(k) - \gamma_1 i_1 & p_{12}(k) - \gamma_1 i_2 \\ p_{21}(k) - \gamma_2 i_1 & p_{22}(k) - \gamma_2 i_2 \end{pmatrix} \end{aligned}$$

9）在下一时刻，用 $k$ 来取代 $(k+1)$，返回第 1 步。

为了 $k=0$ 时的启动，选择

$$\hat{\boldsymbol{\theta}}(0) = \begin{pmatrix} 0 \\ 0 \end{pmatrix} \text{ 和 } \boldsymbol{P}(0) = \begin{pmatrix} \alpha & 0 \\ 0 & \alpha \end{pmatrix}$$

其中，$\alpha$ 为一个大数。 □

现在，将最小二乘的递推方法表示成方块图，如图 9.12 所示。

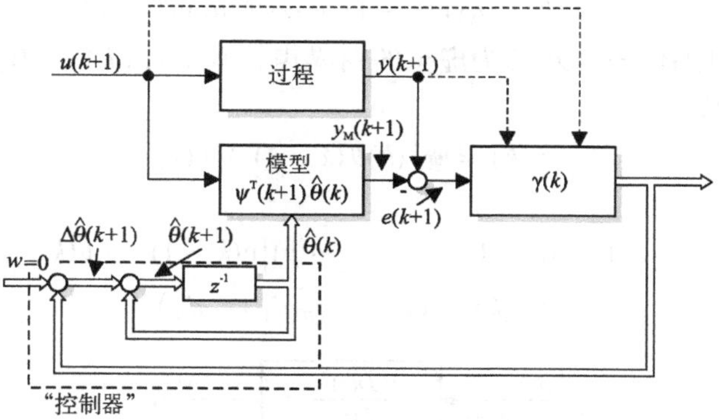


图 9.12　基于最小二乘法的递推参数估计方块图

为了构建这个方块图，将式（9.4.17）改写成

$$\hat{\boldsymbol{\theta}}(k+1) = \hat{\boldsymbol{\theta}}(k) + \Delta\hat{\boldsymbol{\theta}}(k+1)$$

$$\Delta\hat{\boldsymbol{\theta}}(k+1) = \boldsymbol{\gamma}(k)\big(y(k+1) - \boldsymbol{\psi}^{\mathrm{T}}(k+1)\hat{\boldsymbol{\theta}}(k)\big) = \boldsymbol{\gamma}(k)e(k+1)$$

这样就构成了闭环，被控量为 $\Delta\hat{\boldsymbol{\theta}}(k+1)$，设定值为 $\boldsymbol{w}=\mathbf{0}$，具有积分作用的离散时间“控制器”为

$$\frac{\hat{\boldsymbol{\theta}}(z)}{\Delta\hat{\boldsymbol{\theta}}(z)}=\frac{1}{1-z^{-1}}$$

且控制量为 $\hat{\boldsymbol{\theta}}(k)$。该“对象”包含了过程模型和校正向量 $\boldsymbol{\gamma}$。由于模型和 $\boldsymbol{\gamma}$ 校正因子都是根据信号 $u(k)$ 和 $y(k)$ 调整的，因此“对象”表现出时变特性。这一想法在文献（Becker，1990）中被用来设计具有“更优控制行为”的改进递推算法。

这种闭环结构蕴含着一个潜在的思想：将具有积分作用的离散时间“控制器”替换成其他的控制算法，就构成了 RLS – IF（改进反馈的递推最小二乘）算法。这样，无偏估计的要求就与控制没有稳态误差相联系。进一步分析表明，控制器矩阵只有对角线元素，这意味着每个参数可以用一个 SISO 控制器来控制，这极大地简化了控制器的设计，而且可以采用“干扰前馈控制”等方法。如果知道估计参数是如何随着测量信号变化的（如随工作点变化或随温度变化），那么就可以利用这个信息通过前馈控制来加速参数自适应。例如，通过使用高阶多项式，有可能在参数单调/非单调变化时避免参数估计的时滞误差。建议如下传递函数的控制器结构

$$G(z)=\mu\frac{z-a}{(z-1)(z-b)} \tag{9.4.31}$$

也就是额外引入一个极点和一个零点。但是，控制器参数的整定非常依赖于待辨识的过程，因此这里不能给出一般的整定规则。

## 9.4.2 随机信号的递推参数估计

最小二乘法也可用于随机信号模型的参数估计。选择平稳自回归滑动平均（ARMA）过程作为模型，即

$$\begin{aligned}&y(k)+c_1y(k-1)+\cdots+c_py(k-p)\\&=\nu(k)+d_1\nu(k-1)+\cdots+d_p\nu(k-p)\end{aligned} \tag{9.4.32}$$

见图 9.13，$y(k)$ 为可测信号，$\nu(k)$ 为虚拟的白噪声，其 $\mathrm{E}\{\nu(k)\}=0$，方差为 $\sigma_\nu^2$。根据式(9.1.7)，上式可写成

$$y(k)=\boldsymbol{\psi}^{\mathrm{T}}(k)\hat{\boldsymbol{\theta}}(k-1)+\nu(k) \tag{9.4.33}$$

其中

$$\boldsymbol{\psi}^{\mathrm{T}}(k)=\big(-y(k-1)\cdots-y(k-p)\big|\nu(k-1)\cdots\nu(k-p)\big) \tag{9.4.34}$$

$$\hat{\boldsymbol{\theta}}^{\mathrm{T}}(k)=\big(c_1\cdots c_p\big|d_1\cdots d_p\big) \tag{9.4.35}$$

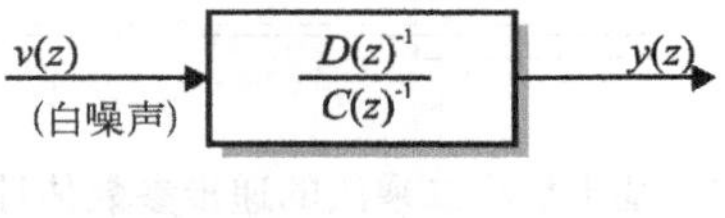


图 9.13　自回归滑动平均（ARMA）随机信号模型

如果 $\nu(k-1),\cdots,\nu(k-p)$ 值已知，就可以像用于动态过程模型估计那样使用最小二乘的递推方法，因为 $\nu(k)$ 可理解为方程误差，根据定义，它是统计不相关的。

现在讨论获得测量值 $y(k)$ 之后这一时刻的情况。在这个时间点，$y(k-1),\cdots,y(k-p)$

是已知的。如果假设估计值$\hat{\nu}(k-1),\cdots,\hat{\nu}(k-p)$和$\hat{\boldsymbol{\theta}}(k-1)$都已知，那么就可以用式（9.4.33）来估计最新的输入$\hat{\nu}(k)$（Panuska，1969）

$$\hat{\nu}(k)=y(k)-\hat{\boldsymbol{\psi}}^{\mathrm{T}}(k)\hat{\boldsymbol{\theta}}(k-1) \tag{9.4.36}$$

其中

$$\hat{\boldsymbol{\psi}}^{\mathrm{T}}(k)=\big(-y(k-1)\cdots-y(k-p)\big|\hat{\nu}(k-1)\cdots\hat{\nu}(k-p)\big) \tag{9.4.37}$$

然后，同样得到

$$\hat{\boldsymbol{\psi}}^{\mathrm{T}}(k+1)=\big(-y(k)\cdots-y(k-p+1)\big|\hat{\nu}(k)\cdots\hat{\nu}(k-p+1)\big) \tag{9.4.38}$$

这时就可以用式（9.4.17）~式（9.4.19）的递推估计算法来估计$\hat{\boldsymbol{\theta}}(k+1)$，其中$\boldsymbol{\psi}^{\mathrm{T}}(k+1)$用$\hat{\boldsymbol{\psi}}^{\mathrm{T}}(k+1)$来代替。然后可以估计$\hat{\nu}(k+1)$和$\hat{\boldsymbol{\theta}}(k+2)$，以此类推，初始值选择

$$\hat{\nu}(0)=\hat{y}(0),\ \hat{\boldsymbol{\theta}}(0)=\boldsymbol{0},\ \boldsymbol{P}(0)=\alpha\boldsymbol{I} \tag{9.4.39}$$

其中，$\alpha$取合适的大数。由于$v(k)$是统计不相关的，且$\nu(k)$和$\hat{\boldsymbol{\psi}}^{\mathrm{T}}(k)$不相关，那么根据定理9.1、定理9.2和式（9.1.70），获得的估计是**均方意义下一致的**。

对于参数可辨识性，还需要其他一些条件：

① 系统必须是渐近稳定的，即极点或$C(z)=0$的根在单位圆之内，以保证式（9.4.32）是平稳的，且$\boldsymbol{R}$中的相关函数收敛于固定值，这个条件也是对在输入$u(k)$激励下动态过程稳定性的要求。

② 零点或$D(z)=0$的根也必须在单位圆内，以保证式（9.4.36）的白噪声估计值或

$$\hat{\nu}(z)=\frac{\hat{C}(z^{-1})}{\hat{D}(z^{-1})}y(z)$$

不是发散的。

根据式（9.1.71），$\nu(k)$的方差估计为

$$\hat{\sigma}_{\nu}^{2}(k)=\frac{1}{k+1-2p}\sum_{i=0}^{k}\hat{\nu}^{2}(k) \tag{9.4.40}$$

或者写成如下的递推形式

$$\hat{\sigma}_{\nu}^{2}(k+1)=\hat{\sigma}_{\nu}^{2}(k)+\frac{1}{k+2-2p}\big(\hat{\nu}^{2}(k+1)-\hat{\sigma}_{\nu}^{2}(k)\big) \tag{9.4.41}$$

一般说来，随机信号过程的估计比动态过程明显要收敛得慢，因为输入信号$\nu(k)$是未知的，也需要进行估计。

### 9.4.3 未知直流分量

如果直流分量$U_{00}$和$Y_{00}$未知，理论上可以用第9.1.5节所讲的相同方法，只是要重新写成递推应用的形式。

**平均**

平均值估计的递推方程可写成

$$\hat{Y}_{00}(k)=\hat{Y}_{00}(k-1)+\frac{1}{k}\big(Y(k)-\hat{Y}_{00}(k-1)\big) \tag{9.4.42}$$

对于慢时变的直流分量，可采用指数遗忘的平均递推计算形式

$$\hat{Y}_{00}(k)=\lambda\hat{Y}_{00}(k-1)+(1-\lambda)Y(k) \tag{9.4.43}$$

其中，$\lambda<1$（Isermann，1987）。

**差分**

按式（9.1.127）所描述的那样进行差分。

**常数的隐式估计**

为了进行递推估计，可以通过引入元素 $C$，以扩展参数向量 $\hat{\boldsymbol{\theta}}$，以此来求得常数 $C$，同时通过添加 1 来扩展数据向量 $\boldsymbol{\psi}^{\mathrm{T}}(k)$。测量值 $Y(k)$ 和 $U(k)$ 可直接用于估计，$C$ 也是要估计的。

**常数的显式估计**

为了进行常数的显式估计，类似于式（9.4.42）或式（9.4.43），必须对 $\hat{K}_0$ 进行递推估计。

## 9.5 加权最小二乘方法（WLS）

### 9.5.1 Markov 估计

对于到目前为止所讨论的最小二乘法，其所有的方程误差 $e(k)$ 都是等值加权的。下面将讨论对 $e(k)$ 的每个值进行不等值加权的情况，以得到更为一般的最小二乘法。那么，将代价函数式（9.1.15）写成

$$\begin{aligned}V=&w(m+d)e^2(m+d)+w(m+d+1)e^2(m+d+1)+\cdots\\&+w(m+d+N)e^2(m+d+N)\end{aligned} \tag{9.5.1}$$

或更一般的形式

$$V=\boldsymbol{e}^{\mathrm{T}}\boldsymbol{W}\boldsymbol{e} \tag{9.5.2}$$

其中，$\boldsymbol{W}$ 应为对称正定阵，因为只有对称部分对 $V$ 才有贡献，且只有正定矩阵才能保证唯一解的存在。对于式（9.5.1）的权重，矩阵 $\boldsymbol{W}$ 为对角阵

$$\boldsymbol{W}=\begin{pmatrix}w(m+d) & 0 & \cdots & 0\\ 0 & w(m+d+1) & \cdots & 0\\ \vdots & & & \vdots\\ 0 & 0 & \cdots & w(m+d+N)\end{pmatrix} \tag{9.5.3}$$

与式（9.1.18）类似，从式（9.5.2）开始，采用加权最小二乘法得到的非递推参数估计为

$$\hat{\boldsymbol{\theta}}=\left(\boldsymbol{\Psi}^{\mathrm{T}}\boldsymbol{W}\boldsymbol{\Psi}\right)^{-1}\boldsymbol{\Psi}^{\mathrm{T}}\boldsymbol{W}\boldsymbol{y} \tag{9.5.4}$$

该参数估计为一致估计的条件和定理 9.5 所给的相同。对于估计的协方差，类似地可得到

$$\operatorname{cov}\Delta\boldsymbol{\theta}=\mathrm{E}\{(\boldsymbol{\Psi}^{\mathrm{T}}\boldsymbol{W}\boldsymbol{\Psi})^{-1}\boldsymbol{\Psi}^{\mathrm{T}}\}\boldsymbol{W}\mathrm{E}\{\boldsymbol{e}\boldsymbol{e}^{\mathrm{T}}\}\boldsymbol{W}\mathrm{E}\{\boldsymbol{\Psi}(\boldsymbol{\Psi}^{\mathrm{T}}\boldsymbol{W}\boldsymbol{\Psi})^{-1}\} \tag{9.5.5}$$

如果选加权矩阵 $\boldsymbol{W}$ 为

$$\boldsymbol{W}=\left(\mathrm{E}\{\boldsymbol{e}\boldsymbol{e}^{\mathrm{T}}\}\right)^{-1} \tag{9.5.6}$$

则式（9.5.5）将简化为

$$\operatorname{cov}\Delta\boldsymbol{\theta}_{\mathrm{MV}}=\left(\boldsymbol{\Psi}^{\mathrm{T}}\left(\mathrm{E}\{\boldsymbol{e}\boldsymbol{e}^{\mathrm{T}}\}\right)^{-1}\boldsymbol{\Psi}\right)^{-1} \tag{9.5.7}$$

因此

$$\operatorname{cov}\Delta\boldsymbol{\theta}_{\mathrm{MV}}\leqslant\operatorname{cov}\Delta\boldsymbol{\theta}\tag{9.5.8}$$

这意味着，选式（9.5.6）作为加权矩阵导致的参数估计具有可能达到的最小方差（Deutsch，1965；Eykhoff，1974），最小方差估计也称为 **Markov 估计**。但是需要注意，方程误差的协方差矩阵一般事先是未知的。如果误差 $\boldsymbol{e}$ 是不相关的，那么其协方差阵是对角的，由式（9.5.4）和式（9.5.6），可得到最小方差估计为

$$\hat{\boldsymbol{\theta}}=\left(\boldsymbol{\Psi}^{\mathrm{T}}\boldsymbol{\Psi}\right)^{-1}\boldsymbol{\Psi}^{\mathrm{T}}\boldsymbol{y}\tag{9.5.9}$$

这也就是最小二乘法。

加权最小二乘递推方法的推导如下，根据式（9.4.2），引入

$$\boldsymbol{P}_{\mathrm{W}}(k)=\left(\boldsymbol{\Psi}^{\mathrm{T}}(k)\boldsymbol{W}(k)\boldsymbol{\Psi}(k)\right)^{-1}\tag{9.5.10}$$

记

$$\boldsymbol{\Psi}_{\mathrm{W}}=\boldsymbol{W}(k)\boldsymbol{\Psi}(k),\ \boldsymbol{y}_{\mathrm{W}}(k)=\boldsymbol{W}(k)\boldsymbol{y}(k)\tag{9.5.11}$$

得到

$$\begin{aligned}\boldsymbol{\psi}_{\mathrm{W}}^{\mathrm{T}}(k)&=\boldsymbol{\psi}^{\mathrm{T}}(k)w(k)\\ \boldsymbol{P}_{\mathrm{W}}(k)&=\left(\boldsymbol{\Psi}^{\mathrm{T}}(k)\boldsymbol{\Psi}_{\mathrm{W}}(k)\right)^{-1}\end{aligned}\tag{9.5.12}$$

那么，时刻 $k$ 和 $k+1$ 的估计值为

$$\hat{\boldsymbol{\theta}}(k)=\boldsymbol{P}_{\mathrm{W}}(k)\boldsymbol{\Psi}^{\mathrm{T}}(k)\boldsymbol{y}_{\mathrm{W}}(k)\tag{9.5.13}$$

$$\begin{aligned}\hat{\boldsymbol{\theta}}(k+1)&=\boldsymbol{P}_{\mathrm{W}}(k+1)\boldsymbol{\Psi}^{\mathrm{T}}(k+1)\boldsymbol{y}_{\mathrm{W}}(k+1)\\ &=\boldsymbol{P}_{\mathrm{W}}(k+1)\begin{pmatrix}\boldsymbol{\Psi}(k)\\ \boldsymbol{\psi}^{\mathrm{T}}(k+1)\end{pmatrix}^{\mathrm{T}}\begin{pmatrix}\boldsymbol{y}_{\mathrm{W}}(k)\\ y_{\mathrm{W}}(k+1)\end{pmatrix}\\ &=\boldsymbol{P}_{\mathrm{W}}(k+1)\left(\boldsymbol{\Psi}^{\mathrm{T}}(k)\boldsymbol{y}_{\mathrm{W}}(k)+\boldsymbol{\psi}(k+1)y_{\mathrm{W}}(k+1)\right)\end{aligned}\tag{9.5.14}$$

进一步的计算可以类比于式（9.4.8）及其以下的式子来进行。下面的式子可以用于递推加权最小二乘法的估计

$$\hat{\boldsymbol{\theta}}(k+1)=\hat{\boldsymbol{\theta}}(k)+\boldsymbol{\gamma}_{\mathrm{W}}(k)\left(\boldsymbol{y}_{\mathrm{W}}(k+1)-\boldsymbol{\psi}_{\mathrm{W}}^{\mathrm{T}}(k+1)\hat{\boldsymbol{\theta}}(k)\right)\tag{9.5.15}$$

$$\boldsymbol{\gamma}_{\mathrm{W}}(k+1)=\frac{1}{\boldsymbol{\psi}_{\mathrm{W}}^{\mathrm{T}}(k+1)\boldsymbol{P}_{\mathrm{W}}(k)\boldsymbol{\psi}(k+1)+1}\boldsymbol{P}_{\mathrm{W}}(k)\boldsymbol{\psi}(k+1)\tag{9.5.16}$$

$$\boldsymbol{P}_{\mathrm{W}}(k+1)=\left(\boldsymbol{I}-\boldsymbol{\gamma}_{\mathrm{W}}(k)\boldsymbol{\psi}_{\mathrm{W}}^{\mathrm{T}}(k+1)\right)\boldsymbol{P}_{\mathrm{W}}(k)\tag{9.5.17}$$

如果假设加权矩阵为对角阵

$$\boldsymbol{W}(k)=\begin{pmatrix}w(0)&0&\cdots&0\\ 0&w(1)&\cdots&0\\ \vdots&\vdots&&\vdots\\ 0&0&\cdots&w(k)\end{pmatrix}\tag{9.5.18}$$

那么，根据式（9.5.11），得到

$$\boldsymbol{\psi}_{\mathrm{W}}^{\mathrm{T}}(k)=\boldsymbol{\psi}^{\mathrm{T}}(k)w(k),\ y_{\mathrm{W}}(k)=y(k)w(k)\tag{9.5.19}$$

使用式（9.5.15）~式（9.5.17），最终得到

$$\hat{\boldsymbol{\theta}}(k+1)=\hat{\boldsymbol{\theta}}(k)+\boldsymbol{\gamma}(k)\left(\boldsymbol{y}(k+1)-\boldsymbol{\psi}^{\mathrm{T}}(k+1)\hat{\boldsymbol{\theta}}(k)\right)\tag{9.5.20}$$

$$\boldsymbol{\gamma}(k)=\frac{1}{\boldsymbol{\psi}^{\mathrm{T}}(k+1)\boldsymbol{P}_{\mathrm{W}}(k)\boldsymbol{\psi}(k+1)+\frac{1}{w(k+1)}}\boldsymbol{P}_{\mathrm{W}}(k)\boldsymbol{\psi}(k+1)\tag{9.5.21}$$

$$P_W(k+1) = \left(I - \gamma(k)\psi^T(k+1)\right)P_W(k) \tag{9.5.22}$$

与标准的递推最小二乘算法比较，校正向量 $\gamma$ 的计算发生了变化，分母中的 1 替代为 $1/w(k+1)$，意味着 $P_W(k+1)$ 的值也发生了变化。

## 9.6 指数遗忘的递推参数估计

如果递推估计算法能够跟踪随着时间缓慢变化的过程参数，那么对新的测量值应该比对旧的测量值赋予更高的权重，因此估计算法应该具有**衰减记忆**。这可以通过对平方误差依时间进行加权而整合到最小二乘法中，如上所述。

通过选择

$$w(k) = \lambda^{(m+d+N)-k} = \lambda^{N'-k},\ 0 < \lambda < 1 \tag{9.6.1}$$

对误差 $e(k)$ 进行加权，$N'=50$ 时的加权因子见表 9.2。权重在第 $N'$ 步时指数地增加至 1，因此称之为指数遗忘记忆，$\lambda$ 称为**遗忘因子**。

**表 9.2 利用式（9.6.1），$N'=50$ 时的加权因子**

| $k$ | 1 | 10 | 20 | 30 | 40 | 47 | 48 | 49 | 50 |
|---|---|---|---|---|---|---|---|---|---|
| $\lambda=0.99'$ | 0.61 | 0.67 | 0.73 | 0.82 | 0.90 | 0.97 | 0.98 | 0.99 | 1 |
| $\lambda=0.95$ | 0.08 | 0.13 | 0.21 | 0.35 | 0.60 | 0.85 | 0.90 | 0.95 | 1 |

对于非递推估计，加权矩阵式（9.5.3）写成

$$W(m+d+n) = \begin{pmatrix} \lambda^N & & & & & \\ & \lambda^{N-1} & & & & \\ & & \ddots & & & \\ & & & \lambda^2 & & \\ & & & & \lambda & \\ & & & & & 1 \end{pmatrix} \tag{9.6.2}$$

新的测量值到达之后，加权矩阵更新为

$$W(k+1) = \begin{pmatrix} \lambda W(k) & \mathbf{0} \\ \mathbf{0}^T & 1 \end{pmatrix} \tag{9.6.3}$$

因此，参数估计更新为

$$\begin{aligned}\hat{\theta}(k+1) &= P_W(k+1)\begin{pmatrix} \Psi(k) \\ \psi^T(k+1)\end{pmatrix}\begin{pmatrix} \lambda W(k) & \mathbf{0} \\ \mathbf{0}^T & 1 \end{pmatrix}\begin{pmatrix} y(k) \\ y(k+1)\end{pmatrix} \\ &= P_W(k+1)\left(\lambda\Psi^T(k)W(k)y(k) + \psi(k+1)y(k+1)\right) \\ &= P_W(k+1)\left(\lambda P_W(k)^{-1}\hat{\theta}(k) + \psi(k+1)y(k+1)\right)\end{aligned} \tag{9.6.4}$$

也见式（9.5.4）和式（9.5.13）。进一步有

$$\begin{aligned}P_W(k+1) &= \left(\begin{pmatrix} \Psi(k) \\ \psi^T(k+1)\end{pmatrix}^T\begin{pmatrix} \lambda W(k) & \mathbf{0} \\ \mathbf{0}^T & 1 \end{pmatrix}\begin{pmatrix} \Psi(k) \\ \psi^T(k+1)\end{pmatrix}\right)^{-1} \\ &= \left(\lambda\Psi^T(k)W(k)\Psi(k) + \psi(k+1)\psi^T(k+1)\right)^{-1} \\ &= \left(\lambda P_W(k)^{-1} + \psi(k)\psi^T(k+1)\right)^{-1}\end{aligned} \tag{9.6.5}$$

因此

$$P_{\mathrm{W}}^{-1}(k+1)=\lambda P_{\mathrm{W}}^{-1}(k)+\psi(k+1)\psi^{\mathrm{T}}(k+1) \tag{9.6.6}$$

根据式（9.4.8），由式（9.6.4），可得

$$\begin{aligned}\hat{\theta}(k+1)=&\hat{\theta}(k)+\big(\lambda P_{\mathrm{W}}(k+1)P_{\mathrm{W}}^{-1}(k)-I\big)\hat{\theta}(k)\\&+P_{\mathrm{W}}(k+1)\Psi(k+1)y(k+1)\end{aligned} \tag{9.6.7}$$

并插入到式（9.6.5），得

$$\hat{\theta}(k+1)=\hat{\theta}(k)+P_{\mathrm{W}}(k+1)\psi(k+1)\left(y(k+1)-\psi^{\mathrm{T}}(k+1)\hat{\theta}(k)\right) \tag{9.6.8}$$

类似于式（9.4.15），应用矩阵求逆引理，可得

$$\begin{aligned}P_{\mathrm{W}}(k+1)=&\frac{1}{\lambda}P_{\mathrm{W}}(k)\\&-\frac{1}{\lambda}P_{\mathrm{W}}(k)\psi(k+1)\left(\psi^{\mathrm{T}}(k+1)\frac{1}{\lambda}P_{\mathrm{W}}(k)\psi(k+1)+1\right)^{-1}\psi^{\mathrm{T}}(k+1)\frac{1}{\lambda}P_{\mathrm{W}}(k)\end{aligned} \tag{9.6.9}$$

和

$$P_{\mathrm{W}}(k+1)\psi(k+1)=\frac{P_{\mathrm{W}}(k)\psi(k+1)}{\psi^{\mathrm{T}}(k+1)P_{\mathrm{W}}(k)\psi(k+1)+\lambda}=\gamma_{\mathrm{W}}(k) \tag{9.6.10}$$

最后，递推估计算法写成

$$\hat{\theta}(k+1)=\hat{\theta}(k)+\gamma_{\mathrm{W}}(k)\big(y(k+1)-\psi^{\mathrm{T}}(k+1)\hat{\theta}(k)\big) \tag{9.6.11}$$

$$\gamma_{\mathrm{W}}(k)=\frac{1}{\psi^{\mathrm{T}}(k+1)P_{\mathrm{W}}(k)\psi(k+1)+\lambda}P_{\mathrm{W}}(k)\psi(k+1) \tag{9.6.12}$$

$$P_{\mathrm{W}}(k+1)=\big(I-\gamma_{\mathrm{W}}(k)\psi^{\mathrm{T}}(k+1)\big)P_{\mathrm{W}}(k)\frac{1}{\lambda} \tag{9.6.13}$$

并依照式（9.6.12）、式（9.6.11）和式（9.6.13）的顺序进行计算。

$\lambda$ 对参数估计的影响可由式（9.6.6）和式（9.6.8）很容易看出。$\lambda=1$ 时，$P_{\mathrm{W}}^{-1}(k)$与参数估计的协方差阵成正比。$P_{\mathrm{W}}^{-1}(k+1)$是这样构成的：新的测量数据 $\psi(k+1)\psi^{\mathrm{T}}(k+1)$ 的权重为1，而旧的数据 $P_{\mathrm{W}}^{-1}(k)$加上较小的权重 $\lambda<1$。这相当于加上最后一步的协方差值，或者等价于增加旧的参数估计的不确定性。

$\lambda$ 的选择体现了对噪声的更好抑制($\lambda\to1$)和对时变系统的更好跟踪($\lambda\to1$)之间的权衡。在实际应用中，选择 $0.9<\lambda<0.995$ 是比较好的。关于 $\lambda$ 是选成常数还是选为时变参数的详细讨论可见第 12 章。

### 9.6.1 带约束的最小二乘递推方法

最小二乘的递推方法可以方便地引入约束（Goodwin and Sin，1984），下面简要介绍这个问题。等式约束需要提前处理，对参数集进行变换。不等式约束，例如为保证稳定性等而确定的单个参数的边界，可以按下面的方式处理。

在 RLS 算法每次迭代后，检查估计参数 $\hat{\theta}$ 是否位于可行区域之内，即在允许值的集合之内，记作 $\mathcal{C}$。如果在区域内，则进行下一次的迭代计算，与通常的方式没有两样。如不在区域内，则将新的参数向量投影到 $\mathcal{C}$ 的边界，然后再进行下一步计算。

到 $\mathcal{C}$ 边界上的投影需使代价函数的值在约束下尽可能地小，做法如下（Goodwin and Sin，1984）：

1）将参数向量做如下变换，映射到新的坐标系。

$$\boldsymbol{\rho} = \boldsymbol{P}^{-\frac{1}{2}}\hat{\boldsymbol{\theta}} \tag{9.6.14}$$

2）将 $\boldsymbol{\rho}$ 正交投影到变换后的可行区域 $\overline{\mathcal{C}}$ 的边界上。

3）将结果变换回去，以得到 $\hat{\boldsymbol{\theta}}'$。

### 9.6.2 Tikhonov 正则化

Tikhonov 正则化（Tikhonov and Arsenin，1977；Tikhonov，1995）为二次型代价函数增加一个惩罚项

$$V(\boldsymbol{\theta}) = \sum_{k=1}^{N} e^2(k,\boldsymbol{\theta}) + \gamma\Omega(\boldsymbol{\theta}) \tag{9.6.15}$$

式中，$\gamma>0$ 为标量参数，决定正则化度；$\Omega(\boldsymbol{\theta})$ 为正则化项，依赖于待估计的参数，通常 $\Omega(\boldsymbol{\theta})$ 是通过参数加权向量的 2 - 范数来计算的，如下

$$\Omega(\boldsymbol{\theta}) = \boldsymbol{\theta}^{\mathrm{T}}\boldsymbol{K}\boldsymbol{\theta} \tag{9.6.16}$$

对这种选择，仍可直接求得最小二乘问题的解

$$\hat{\theta} = \left(\boldsymbol{\Psi}^{\mathrm{T}}\boldsymbol{\Psi} + \gamma\boldsymbol{K}\right)^{-1}\boldsymbol{\Psi}^{\mathrm{T}}\boldsymbol{y} \tag{9.6.17}$$

矩阵 $\boldsymbol{K}$ 可选择为单位阵，使不必要的参数为零。在更一般的情况下，可以选为 $\Omega(\boldsymbol{\theta}) = (\boldsymbol{\theta}-\boldsymbol{\theta}_0)^{\mathrm{T}}(\boldsymbol{\theta}-\boldsymbol{\theta}_0)$，以使参数趋向于 $\boldsymbol{\theta}_0$。这种正则化也称作**岭回归**（Hoerl and Kennard，1970a，b）。

## 9.7 小结

最小二乘法非常适用于线性动态离散时间过程以及关于参数线性的非线性（稳态）过程的辨识。本章讨论的估计方法都是基于广义方程误差的。为了获得无偏估计，干扰必须是由白噪声经过非常特殊的滤波器生成。对于更一般的干扰，最小二乘法只能给出有偏的参数估计。第 10 章将进一步讨论一些策略，以避免这种偏差或者限制它对估计的影响。

除了过程模型外，还讨论了信号模型的时域和频域参数估计，包括利用参数信号模型进行谱密度的估计，这种估计的最大优点是能消除泄漏效应，因为不用再假设信号在测量时间之外是周期性地重复。还讨论了几种不同的技术：第一种是基于时域的纯 LS 参数估计问题；另一种是试图使测量信号与有色噪声的功率谱密度相匹配，这个有色噪声是用白噪声通过成形滤波器生成的。

此外，给出了判断参数是否可辨识的条件。特别是，输入必须是一定阶次的持续激励。关于输入是否为持续激励，描述了其测试的表达形式，并给出了常用的持续激励输入的例子。推导了最小二乘法的递推形式，它能高效地实时在线估计参数。通过引入加权最小二乘法以及随后的指数遗忘最小二乘法，使对时变过程的辨识也成为可能。

使用中间非参数模型不仅可以获得无偏估计，还可以在参数估计之前用来压缩实验数据。

本章中还讨论了引入约束问题和 Tikhonov 正则化，Tikhonov 正则化也称作岭回归，能将无用的参数“拉”到零。

## 习题

9.1　离散时间过程 1

给定离散时间过程

$$G(z)=\frac{0.5z^{-1}}{(1-0.5z^{-1})(1-0.1z^{-1})}$$

（1）对 $u(k)=\sigma(k)$，求阶跃响应。

（2）求输入信号 $u(k)=\sin\pi k/5$ 的响应。

给定过程的一个简化模型

$$G_{\mathrm{m}}(z)=\frac{b_1z^{-1}}{1+a_1z^{-1}}$$

对阶跃响应和正弦输入，用最小二乘法求参数 $a_1$ 和 $b_1$。

9.2　离散时间滑动平均模型

给定二阶过程

$$y(k)=b_0u(k)+b_1u(k-1)$$

和如下的测量值

| 数据点 $k$ | 0 | 1 | 2 | 3 | 4 | 5 | 6 | 7 | 8 | 9 | 10 |
|---|---|---|---|---|---|---|---|---|---|---|---|
| 输入 $u(k)$ | 0 | 1 | −1 | 1 | 1 | 1 | −1 | −1 | 0 | 0 | 0 |
| 输出 $y(k)$ | 0 | 1.1 | −0.2 | 0.1 | 0.9 | 1 | 0.1 | −1.1 | −0.8 | −0.1 | 0 |

用最小二乘法估计参数 $b_0$ 和 $b_1$，并求干扰 $n(k)$ 的均值和方差。

9.3　离散时间过程 2

PRBS 信号

$$u(k)=1,-1,1,1,1,-1,-1,1,-1,1,1,1,1,-1,\cdots$$

以 $N=7$ 为周期，将其用作输入信号作用于如下的过程

$$G(z)=\frac{0.7z^{-1}}{1-0.3z^{-1}}$$

① 求输出 $y(k)$、自相关函数 $R_{\mathrm{uu}}(\tau)$ 和互相关函数 $R_{\mathrm{uy}}(\tau)$。

② 将 $R_{\mathrm{uu}}(\tau)$ 用作过程的输入，与前面计算的 $R_{\mathrm{uy}}(\tau)$ 进行对比。

③ 估计系统的脉冲响应，将其与 $R_{\mathrm{uy}}(\tau)$ 进行对比。

④ 用最小二乘法估计参数 $b_0$ 和 $b_1$。

9.4　离散时间过程 3

给定过程

$$y(k)+a_1y(k-1)=b_1u(k-1)$$

写出递推最小二乘的式子。如果过程含有 $d=2$ 的迟延，会有什么变化?

9.5　离散时间过程 4

用最小二乘法辨识一个一阶过程，这个过程不能对阶跃信号直接响应。为了辨识，记录 $N=18$ 组输入/输出数据。

① 画出过程和模型之间的输入误差、输出误差和方程误差的方块图。为了使误差关于参数是线性的，应该选哪种结构?

② 如果 $\boldsymbol{\theta}$ 为参数向量，$\boldsymbol{\Psi}$ 为数据矩阵，$\boldsymbol{y}$ 为输出向量，那么最小二乘法的非递推估计方程是什么? 各向量和矩阵的维数是多少?

③ 用幅值为 1 的 PRBS 信号作为输入信号，获得的自相关函数和互相关函数如下:

$$R_{uy}(0) = -0.0662 \quad R_{uy}(1) = 0.4666$$
$$R_{yy}(0) = 0.278 \quad R_{yy}(1) = 0.112$$

求模型参数 $a_1$ 和 $b_1$。

9.6 无偏估计

利用最小二乘法估计一阶模型的参数，获得无偏估计的条件是什么? 干扰 $n(k)$ 为白噪声时，哪种估计会是有偏的?

9.7 直流分量

在大信号值 $U(k)$ 和 $Y(k)$ 下，比较各种不同的估计直流分量方法的优缺点。

9.8 指数遗忘

如果输入信号没有变化，那么对指数遗忘($\lambda<1$)的最小二乘法来说，会发生什么问题?

9.9 正弦激励

如果过程由单个正弦振荡信号激励，可以辨识的最大模型阶次是几阶?

9.10 随机干扰

如果是随机干扰作用于过程，那么根据什么关系可以减小参数估计的误差? 这个误差是测量时间的函数。

## 参考文献

Albert R, Sittler RW (1965) A method for computing least squares estimators that keep up with the data. SIAM J Control Optim 3(3): 384 -417

Åström KJ, Bohlin T (1965) Numerical identification of linear dynamic systems from normal operating records. In: Proceedings of the IFAC Symposium Theory of Self-Adaptive Control Systems, Teddington

Åström KJ, Eykhoff P (1971) System identification - a survey. Automatica 7(2): 123 -162

Baur U (1976) On-Line Parameterschätzverfahren zur Identifikation linearer, dynamischer Prozesse mit Prozeßrechnern: Entwicklung, Vergleich, Erprobung: KfK-PDV-Bericht Nr. 65. Kernforschungszentrum Karlsruhe, Karlsruhe

Becker HP (1990) Beiträge zur rekursiven Parameterschätzung zeitvarianter Prozesse. Fortschr. -Ber. VDI Reihe 8 Nr. 203. VDI Verlag, Düsseldorf

Bellmann R, Åström KJ (1970) On structural identifiability. Math Biosci 7(3 -4): 329 -339

Bombois X, Anderson BDO, Gevers M (2005) Quantification of frequency domain error bounds with guaranteed confidence level in prediction error identification. Syst Control Lett 54(11): 471 -482

Box GEP, Jenkins GM, Reinsel GC (2008) Time series analysis: Forecasting and control, 4th edn. Wiley Series in Probability and Statistics, John Wiley, Hoboken, NJ

Burg JP (1968) A new analysis technique for time series data. In: Proceedings of NATO Advanced Study Institute on Signal Processing, Enschede

Campi MC, Weyer E (2002) Finite sample properties of system identification methods. IEEE Trans Autom Control 47(8): 1329 – 1334

Deutsch R (1965) Estimation theory. Prentice-Hall, Englewood Cliffs, NJ

van Doren JFM, Douma SG, van den Hof PMJ, Jansen JD, Bosgra OH (2009) Identifiability: From qualitative analysis to model structure approximation. In: Proceedings of the 15th IFAC Symposium on System Identification, Saint-Malo, France

Durbin J (1960) Estimation of parameters in time-series regression models. J Roy Statistical Society B 22(1):139 – 153

Edward J, Fitelson M (1973) Notes on maximum-entropy processing (Corresp.). IEEE Trans Inf Theory 19(2):232 – 234

Eykhoff P (1974) System identification: Parameter and state estimation. Wiley – Interscience, London

Gauss KF (1809) Theory of the motion of the heavenly bodies moving about the sun in conic sections: Reprint 2004. Dover phoenix editions, Dover, Mineola, NY

Genin Y (1968) A note on linear minimum variance estimation problems. IEEE Trans Autom Control 13(1):103 – 103

Gevers M (2005) Identification for control: From early achievements to the revival of experimental design. Eur J Cont 2005(11):1 – 18

Goodwin GC, Sin KS (1984) Adaptive filtering, prediction and control. Prentice-Hall information and system sciences series, Prentice-Hall, Englewood Cliffs, NJ

HeijC, Ran A, Schagen F (2007) Introduction to mathematical systems theory: linear systems, identification and control. Birkhäuser Verlag, Basel

Hoerl AE, Kennard RW (1970a) Ridge regression: Application to nonorthogonal problems. Technometrics 12(1): 69 – 82

Hoerl AE, Kennard RW(1970b) Ridge regression: Biased estimation for nonorthogonal problems. Technometrics 12(1): 55 – 67

Isermann R (1974) Prozessidentifikation: Identifikation und Parameterschätzung dynamischer Prozesse mit diskreten Signalen. Springer, Heidelberg

Isermann R (1987) Digitale Regelsysteme Band 1 und 2. Springer, Heidelberg

Isermann R (1991) Digital control systems, 2nd edn. Springer, Berlin

Isermann R (2005) Mechatronic Systems: Fundamentals. Springer, London

Isermann R (2006) Fault-diagnosis systems: An introduction from fault detection to fault tolerance. Springer, Berlin

Isermann R, Baur U (1974) Two-step process identification with correlation analysis and least-squares parameter estimation. J Dyn Syst Meas Contr 96:426 – 432

Johnston J, DiNardo J (1997) Econometric Methods: Economics Series, 4th edn. McGraw–

Hill, New York, NY

Kalman RE (1958) Design of a self-optimizing control system. Trans ASME 80:468 – 478

Kendall MG, Stuart A (1977a) The advanced theory of statistics: Design and analysis, and time-series (vol. 3). Charles Griffin, London

Kendall MG, Stuart A (1977b) The advanced theory of statistics: Inference and relationship (vol. 2). Charles Griffin, London

Klinger A (1968) Prior information and bias in sequential estimation. IEEE Trans Autom Control 13(1): 102 – 103

Koopmans TC (1937) Linear regression analysis of economic time series. Netherlands Economic Institute, Haarlem

Lee KI (1964) Optimal estimation, identification, and control, Massachusetts Institute of Technology research monographs, vol 28. MIT Press, Cambridge, MA

Levin MJ (1960) Optimum estimation of impulse response in the presence of noise. IRE Trans Circuit Theory 7(1):50 – 56

Ljung L (1999) System identification: Theory for the user, 2nd edn. Prentice Hall Information and System Sciences Series, Prentice Hall PTR, Upper Saddle River, NJ

Makhoul J (1975) Linear prediction: A tutorial review. Proc IEEE 63(4):561 – 580

Makhoul J (1976) Correction to "Linear prediction: A tutorial review". Proc IEEE 64 (2): 285

Mann HB, Wald W (1943) On the statistical treatment of linear stochastic difference equations. Econometrica 11(3/4):173 – 220

Mendel JM (1973) Discrete techniques of parameter estimation: The equation error formulation, Control Theory, vol 1. Marcel Dekker, New York

Neumann D (1991) Fault diagnosis of machine-tools by estimation of signal spectra. In: Proceedings of the IFAC/IMACS Symposium on Fault Detection, Supervision, and Safety for Technical Processes SAFEPROCESS'91, Baden-Baden, Germany

Neumann D, Janik W (1990) Fehlerdiagnose an spanenden Werkzeugmaschinen mit parametrischen Signalmodellen von Schwingungen. In: VDI-Schwingungstagung Mannheim, VDI-Verlag, Düsseldorf, Germany

Ninness B, Goodwin GC (1995) Estimation of model quality. Automatica 31(12): 32 – 74

Pandit SM, Wu SM (1983) Time series and system analysis with applications. Wiley, New York

Panuska V (1969) An adaptive recursive least squares identification algorithm. In: Proceedings of the IEEE Symposium in Adaptive Processes, Decision and Control

Pintelon R, Schoukens J (2001) System identification: A frequency domain approach. IEEE Press, Piscataway, NJ

Press WH, Teukolsky SA, Vetterling WT, Flannery BP (2007) Numerical recipes: The art of scientific computing, 3rd edn. Cambridge University Press, Cambridge, UK

Sagara S, Wada K, Gotanda H (1979) On asymptotic bias of linear least squares estimator.

In: Proceedings of the 5th IFAC Symposium on Identification and System Parameter Estimation, Pergamon Press, Darmstadt, Germany

Scheuer HG (1973) Ein für den Prozessrechnereinsatz geeignetes Identifikationsverfahren auf der Grundlage von Korrelationsfunktionen. Dissertation. Universität Trier, Trier

Staley RM, Yue PC (1970) On system parameter identifiability. Inf Sci 2(2):127 – 138

Stuart TA, Ord JK, Kendall MG (1987) Kendalls advanced theory of statistics: Distribution theory (vol. 1). Charles Griffin Book

Tikhonov AN (1995) Numerical methods for the solution of ill-posed problems, Mathematics and its applications, vol 328. Kluwer Academic Publishers, Dordrecht

Tikhonov AN, Arsenin VY (1977) Solutions of ill-posed problems. Scripta series in mathematics, Winston, Washington, D. C.

Tong H (1975) Autoregressive model fitting with noisy data by Akaike's information criterion. IEEE Trans Inf Theory 21(4): 476 – 480

Tong H (1977) More on autoregressive model fitting with noisy data by Akaike's information criterion. IEEE Trans Inf Theory 23(3): 409 – 410

Tse E, Anton J (1972) On the identifiability of parameters. IEEE Trans Autom Control 17 (5): 637 – 646

Ulrych TJ, Bishop TN (1975) Maximum entropy spectral analysis and autoregressive decomposition. Rev Geophys 13(1):183 – 200

Vuerinckx R, Pintelon R, Schoukens J, Rolain Y (2001) Obtaining accurate confidence regions for the estimated zeros and poles in system identification problems. IEEE Trans Autom Control 46(4):656 – 659

Weyer E, Campi MC (2002) Non-asymptotic confidence ellipsoids for the least-squares estimate. Automatica 38(9): 1539 – 1547

Young P (1984) Recursive estimation and time-series analysis: An introduction. Communications and control engineering series, Springer, Berlin

# 第 10 章

# 最小二乘参数估计的改进

为了利用最小二乘法获得线性动态过程的无偏估计，误差信号 $e(k)$ 不能是相关的。只有作用在系统上的干扰 $n(k)$ 是由白噪声 $v(k)$ 经过传递函数为 $1/A(z^{-1})$ 的成形滤波器生成的有色噪声，这个要求才能满足。由于在实践中这个前提条件很难满足，因此最小二乘法通常要在相关误差信号环境下工作，所以获得的估计是有偏的。当噪声水平较高时，这个偏差可能很大，使得辨识结果不能用。为了避免这个问题，下面针对更多类型的动态过程，讨论一些可获得无偏估计的方法。此外，还将介绍随机逼近法，也就是 Robbins - Monro 算法、Kiefer - Wolfowitz 算法以及最小均方和归一化最小均方算法，它们都能逼近最小二乘解，而且计算量很小。

## 10.1 广义最小二乘法

下面介绍一些方法，通过对成形滤波器的传递函数引入额外的自由度，以使噪声模型具有更大的灵活度。最为灵活的模型是 Box - Jenkins 模型，它允许对噪声模型的分子和分母自由地配置参数（Ljung，1999）。然而，更多的自由度也会带来问题，也就是如何辨识这些额外的参数。因此，譬如为了能直接使用最小二乘参数估计方法，对自由度进行限制可能是有意义的和/或必要的。

### 10.1.1 广义最小二乘的非递推方法（GLS）

广义最小二乘法背后的基本意图是，针对通常的最小二乘模型

$$A(z^{-1})y(z) - B(z^{-1})z^{-d}u(z) = e(z) \tag{10.1.1}$$

其中不相关误差信号 $e(k)$ 用相关信号代替，即用有色噪声 $\xi(k)$ 替换，它是由成形滤波器生成的

$$\xi(z) = \frac{1}{F(z^{-1})}e'(z) \tag{10.1.2}$$

其中，$e'(z)$ 是不相关的。这里假设 $\xi(k)$ 是自回归信号过程。由于滤波器多项式 $F(z^{-1})$ 是未知的，文献（Clarke，1967）提出了如下迭代解决方法：

**第 1 步：**

基于模型

$$A(z^{-1})y(z) - B(z^{-1})z^{-d}u(z) = \xi(z) \tag{10.1.3}$$

其中，$\xi(z)$为相关信号。在 $m+d\leqslant k\leqslant m+d+N$ 区间内，对测量值使用最小二乘法，得到有偏的估计值 $\hat{\boldsymbol{\theta}}_1$。

**第 2 步：**

根据式（10.1.3），针对估计参数 $\hat{\boldsymbol{\theta}}_1$，求误差信号 $\xi(k)$。使用 AR 模型

$$\xi(k)=\boldsymbol{\psi}_{\xi}^{\mathrm{T}}(k)\boldsymbol{f}+e'(k) \tag{10.1.4}$$

得到

$$\boldsymbol{\psi}_{\xi}^{\mathrm{T}}(k)=\big(-\xi(k-1)\ -\xi(k-2)\ \cdots\ -\xi(k-\nu)\big) \tag{10.1.5}$$

$$\boldsymbol{f}^{\mathrm{T}}=\big(f_1\ f_2\ \cdots\ f_\nu\big) \tag{10.1.6}$$

其中，阶次 $v$ 必须适当假设，如取 $v=m$。那么，根据最小二乘法，参数估计值为

$$\hat{\boldsymbol{f}}=(\boldsymbol{\Xi}^{\mathrm{T}}\boldsymbol{\Xi})^{-1}\boldsymbol{\Xi}^{\mathrm{T}}\boldsymbol{\xi} \tag{10.1.7}$$

其中，$\boldsymbol{\Xi}$ 是由 $\boldsymbol{\psi}_{\xi}^{T}(k)$的行向量组成的。

**第 3 步：**

利用滤波器

$$G_{\mathrm{F}}(z^{-1})=\hat{F}(z^{-1}) \tag{10.1.8}$$

对输入和输出测量信号 $u(k)$和 $y(k)$进行滤波处理，使得

$$\tilde{u}(z)=G_{\mathrm{F}}(z^{-1})u(z),\ \tilde{y}(z)=G_{\mathrm{F}}(z^{-1})y(z) \tag{10.1.9}$$

**第 4 步：**

利用滤波后的信号 $\tilde{u}$ 和 $\tilde{y}$，对如下模型使用最小二乘法

$$A(z^{-1})\tilde{y}(z)-B(z^{-1})z^{-d}\tilde{u}(z)=\xi'(z) \tag{10.1.10}$$

得到参数估计 $\hat{\boldsymbol{\theta}}_2$，见图 10.1。

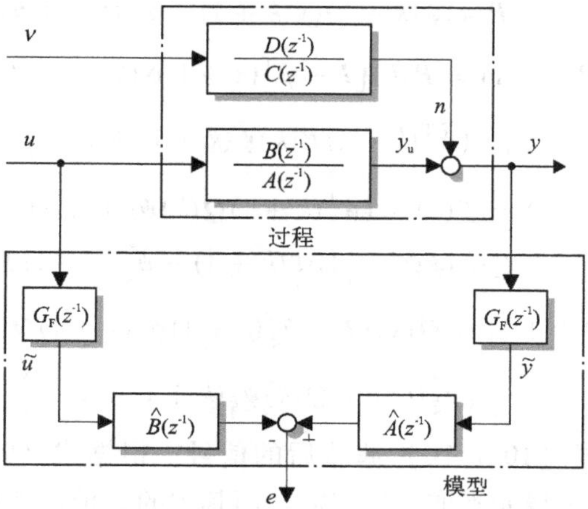


图 10.1 广义最小二乘法（GLS）的方块图

**第 5 步：**

重复第 2~4 步，直到从一次迭代至下一次迭代，参数估计 $\hat{\boldsymbol{\theta}}_j$ 没有显著变化。

为了得到无偏参数估计，误差信号 $\xi'(k)$ 必须是不相关的。根据式（10.1.2），如果 $\hat{F}(z^{-1})$ 与 $F(z^{-1})$ 相匹配，那么就是这种情况。对如下形式用于生成噪声的成形滤波器，广义最小二乘法给出无偏估计

$$G_{\nu}(z)=\frac{n(z)}{\nu(z)}=\frac{D(z^{-1})}{C(z^{-1})}=\frac{1}{A(z^{-1})F(z^{-1})} \tag{10.1.11}$$

通过将式（10.1.2）代入式（10.1.3），且有 $\nu(k)=e'(k)$，可以证明这一点。如果这种形式的噪声滤波器不适用于模型干扰，那么广义最小二乘法给出的是有偏估计，甚者完全不能收敛。

文献（Steiglitz and McBride，1965）提出了一种简单的 GLS 算法形式：在第 $i$ 步迭代时，建议设置 $\hat{F}_j(z^{-1})=\hat{A}_{(j-1)}(z^{-1})$。然而，这导致需要一个非常特别的滤波器 $G_{\nu}(z^{-1})$。

文献（Stoica and Söderström，1977）提出另外一种 GLS 方法，将式（10.1.3）中的 $\xi(k)$ 替换成滑动平均过程

$$\xi(z)=H(z^{-1})e'(z) \tag{10.1.12}$$

见文献（Isermann，1974）。而这种方法与 ELS 法类似，见第 10.2 节，它不是一种迭代的方法。与通常的最小二乘法相比，广义最小二乘法的计算量比较大，不过，作为一种报酬，它能给出噪声生成信号过程的模型。

### 10.1.2 广义最小二乘的递推方法（RGLS）

用类似于推导最小二乘的递推算法的方式，也可导出广义最小二乘法的递推形式。这里只给出结果，具体推导见文献（Hastings-James and Sage，1969）。广义最小二乘的递推算式可写成

$$\begin{aligned}\hat{\boldsymbol{\theta}}(k+1)=\hat{\boldsymbol{\theta}}(k)+&\left(\boldsymbol{\psi}^{\mathrm{T}}(k+1)\tilde{\boldsymbol{P}}(k)\tilde{\boldsymbol{\psi}}(k+1)+1\right)^{-1}\\&\tilde{\boldsymbol{P}}(k)\tilde{\boldsymbol{\psi}}(k+1)\left(\tilde{y}(k+1)-\boldsymbol{\psi}^{\mathrm{T}}(k+1)\hat{\boldsymbol{\theta}}(k)\right)\end{aligned} \tag{10.1.13}$$

$$\begin{aligned}\tilde{\boldsymbol{P}}(k+1)=\tilde{\boldsymbol{P}}(k)\Big(&\boldsymbol{I}-\tilde{\boldsymbol{\psi}}^{\mathrm{T}}(k+1)\tilde{\boldsymbol{\psi}}(k+1)\tilde{\boldsymbol{P}}(k)\\&\left(\tilde{\boldsymbol{\psi}}^{\mathrm{T}}(k+1)\tilde{\boldsymbol{P}}(k)\tilde{\boldsymbol{\psi}}(k+1)+1\right)^{-1}\Big)\end{aligned} \tag{10.1.14}$$

$$\begin{aligned}\tilde{\boldsymbol{f}}(k+1)=\tilde{\boldsymbol{f}}(k)+&\left(\boldsymbol{\psi}_{\xi}^{\mathrm{T}}(k+1)\boldsymbol{Q}(k)\boldsymbol{\psi}_{\xi}(k+1)+1\right)^{-1}\\&\boldsymbol{Q}(k)\boldsymbol{\psi}_{\xi}(k+1)\left(\xi(k+1)-\boldsymbol{\psi}_{\xi}^{\mathrm{T}}(k+1)\hat{\boldsymbol{f}}(k)\right)\end{aligned} \tag{10.1.15}$$

$$\begin{aligned}\boldsymbol{Q}(k+1)=\boldsymbol{Q}(k)\Big(&\boldsymbol{I}-\boldsymbol{\psi}_{\xi}^{\mathrm{T}}(k+1)\boldsymbol{\psi}_{\xi}(k+1)\boldsymbol{Q}(k)\\&\left(\boldsymbol{\psi}_{\xi}^{\mathrm{T}}(k+1)\boldsymbol{Q}(k)\boldsymbol{\psi}_{\xi}(k+1)+1\right)^{-1}\Big)\end{aligned} \tag{10.1.16}$$

式中，$\tilde{\psi}$ 的元素是根据式（10.1.10）滤波后的信号。根据式（9.4.22），初始值 $\boldsymbol{P}(0)$ 和 $\boldsymbol{Q}(0)$ 选成对角矩阵，对角线元素取大的实数。而其中的 $\alpha$ 值不能取太大，因为这种情况下可能会造成估计值发散，参数估计的初始值可选 $\hat{\boldsymbol{\theta}}(0)=\boldsymbol{0}$。

通过替换如下的项，以及式（10.1.15）和式（10.1.16）中的项，可以实现对历史数据以 $\lambda$ 进行指数加权。

式（10.1.13）和式（10.1.14）中的 $\left(\boldsymbol{\psi}^{\mathrm{T}}(k+1)\tilde{\boldsymbol{P}}(k)\tilde{\boldsymbol{\psi}}(k+1)+\lambda\right)$ (10.1.17)

式（10.1.14）中的 $\tilde{\boldsymbol{P}}(k+1)=\frac{1}{\lambda}\tilde{\boldsymbol{P}}(k)(\boldsymbol{I}-\cdots)$ （10.1.18）

如果前 100 ~200 个数据以 $\lambda=0.99$ 进行加权，那么这样的指数加权可得到更好的收敛性（Isermann and Baur，1973）。这种情况下初始值对后续的递推结果影响很小。

## 10.2 增广最小二乘法（ELS）

如果用于最小二乘法的模型

$$A(z^{-1})y(z)-B(z^{-1})\,z^{-d}\,u(z)=\varepsilon(z) \tag{10.2.1}$$

其中，$\varepsilon(z)$为相关误差信号，替换成 ARMAX 模型

$$A(z^{-1})y(z)-B(z^{-1})z^{-d}u(z)=D(z^{-1})e'(z) \tag{10.2.2}$$

其中，相关误差信号表示成 $\varepsilon(z)=D(z^{-1})e'(z)$，那么用于动态过程和随机信号的递推方法可以扩展成为增广最小二乘法（Young，1968；Panuska，1969）。基于

$$y(k)=\boldsymbol{\psi}^{\mathrm{T}}(k)\hat{\boldsymbol{\theta}}(k-1)+e(k) \tag{10.2.3}$$

引入下面的增广向量

$$\begin{aligned}\boldsymbol{\psi}^{\mathrm{T}}(k)=\big(&-y(k-1)\cdots-y(k-m)\big|u(k-d-1)\cdots\\&u(k-d-m)\big|\hat{\nu}(k-1)\cdots\hat{\nu}(k-p)\big)\end{aligned} \tag{10.2.4}$$

$$\hat{\boldsymbol{\theta}}^{\mathrm{T}}=\big(\hat{a}_1\cdots a_m\big|\hat{b}_1\cdots\hat{b}_m\big|\hat{d}_1\cdots\hat{d}_p\big) \tag{10.2.5}$$

和 ARMA 信号过程式（9.4.32）的情况一样，虚构且未知的白噪声 $\nu(k)$的估计值取作 $\hat{\nu}(k)=e'(k)$，它可由下式递推确定

$$\hat{\nu}(k)=y(k)-\boldsymbol{\psi}^{\mathrm{T}}(k)\hat{\boldsymbol{\theta}}(k-1) \tag{10.2.6}$$

然后，使用递推形式

$$\hat{\boldsymbol{\theta}}(k+1)=\hat{\boldsymbol{\theta}}(k)+\gamma(k)\big(y(k+1)-\hat{\boldsymbol{\psi}}^{\mathrm{T}}(k+1)\hat{\boldsymbol{\theta}}(k)\big) \tag{10.2.7}$$

及与式（9.4.17）~式（9.4.19）对应的算式。也可以用下式代替式（10.2.6）

$$\hat{\nu}(k)=y(k)-\boldsymbol{\psi}^{\mathrm{T}}(k)\hat{\boldsymbol{\theta}}(k) \tag{10.2.8}$$

这意味着，多项式

$$H(z)=\frac{1}{D(z)}-\frac{1}{2} \tag{10.2.9}$$

必须是正实多项式。

数据向量 $\boldsymbol{\psi}^{\mathrm{T}}(k+1)$中的估计值 $\hat{\nu}(k)=e'(k)$是递推计算的，因此 $D(z)=0$ 所有的根必须位于 $z$ 平面的单位圆内。如果将 LS 法的收敛性条件用于模型式（10.2.3），则参数估计是无偏的，又是均方意义下一致的，这意味着式（10.2.2）必须成立。

这种情况下，噪声成形滤波器可写成

$$G_\nu(z)=\frac{n(z)}{\nu(z)}=\frac{D(z^{-1})}{A(z^{-1})} \tag{10.2.10}$$

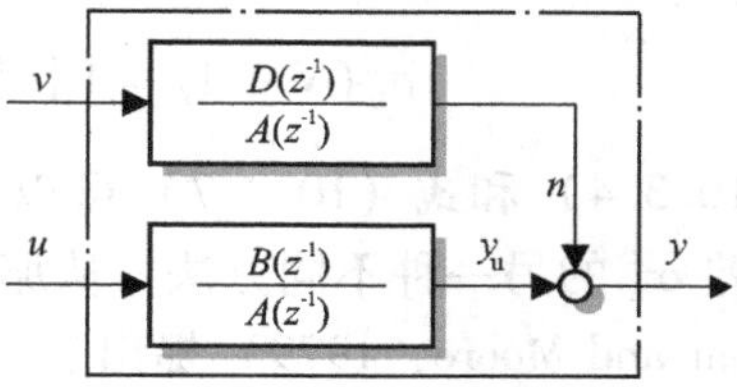

图 10.2 增广最小二乘法（ELS）的方块图

见图 10.2。虽然分母多项式不能变，会限制噪声模型的通用性，但可以通过改变分子多项式的阶次，以足够准确地逼近给定的干扰 $n(k)$，因此模型仍具有很大的自由度。多项式 $D(z^{-1})$的参数估

计会比过程参数的估计收敛得慢，而这种方法几乎不会额外增加计算量，这在许多应用中已得到证实。

## 10.3 偏差校正方法（CLS）

之前讨论的方法都是试图通过对信号过程的干扰作特殊的假设，以避免有偏估计，因而在最小二乘法的原始基本模型中可以包括一个相关误差 $e(k)$。解决这个问题另一个不同的方法是，确定结果造成的偏差，再用这个偏差来校正利用最小二乘法得到的有偏估计。当然，要求这个偏差通过合理的努力是可以确定的，这要在非常特殊的情况下才是可能的，非常重要的一点，干扰必须是白噪声。文献（Stoica and Söderström，1982）对解决这种问题的不同方法做了概述。造成这种偏差的模型形式可以是

$$y(z)=\frac{B(z^{-1})}{A(z^{-1})}z^{-d}u(z)+n(z) \tag{10.3.1}$$

其中，假设干扰 $n(k)$ 为白噪声，且 $\mathrm{E}\{n(k)\}=0$，方差为 $\sigma_{\mathrm{n}}^2$。那么，依据式（9.1.65），偏差可以写成

$$\mathrm{E}\{\boldsymbol{b}(N+1)\}=-\mathrm{E}\{\boldsymbol{R}^{-1}(N+1)\}\underbrace{\left(\begin{array}{c|c}\boldsymbol{I}&\boldsymbol{0}\\\hline\boldsymbol{0}&\boldsymbol{0}\end{array}\right)}_{\boldsymbol{S}}\boldsymbol{\theta}_0\sigma_{\mathrm{n}}^2 \tag{10.3.2}$$

其中，$\boldsymbol{\theta}_0$ 表示真实参数。现在，利用这个偏差来校正参数估计值 $\hat{\boldsymbol{\theta}}_{\mathrm{LS}}$，比较式（9.1.39），有

$$\begin{aligned}\hat{\boldsymbol{\theta}}_{\mathrm{CLS}}(N+1)&=\hat{\boldsymbol{\theta}}_{\mathrm{LS}}(N+1)-\boldsymbol{b}(N+1)\\&=\hat{\boldsymbol{R}}^{-1}(N-1)\frac{1}{N+1}\boldsymbol{\Psi}^{\mathrm{T}}(N+1)\boldsymbol{y}(N+1)\\&\quad+\hat{\boldsymbol{R}}^{-1}(N+1)\boldsymbol{S}\hat{\boldsymbol{\theta}}_{\mathrm{CLS}}(N+1)\sigma_{\mathrm{n}}^2\end{aligned} \tag{10.3.3}$$

由此

$$\hat{\boldsymbol{\theta}}_{\mathrm{CLS}}(N+1)=\left(\boldsymbol{R}(N-1)-\boldsymbol{S}\sigma_{\mathrm{n}}^2\right)^{-1}\frac{1}{N+1}\boldsymbol{\Psi}^{\mathrm{T}}(N+1)\boldsymbol{y}(N+1) \tag{10.3.4}$$

对于已知的系统模型式（10.3.1），利用

$$n(z)=y(z)-\frac{B(z^{-1})}{A(z^{-1})}z^{-d}u(z) \tag{10.3.5}$$

或者基于差分方程

$$n(k)=y(k)-\boldsymbol{\psi}^{\mathrm{T}}(k)\hat{\boldsymbol{\theta}}(k)-\boldsymbol{\psi}_{\mathrm{n}}^{\mathrm{T}}(k)\boldsymbol{S}\hat{\boldsymbol{\theta}}(k) \tag{10.3.6}$$

可以求得方差 $\sigma_{\mathrm{n}}^2$ 为

$$\sigma_{\mathrm{n}}^2(N+1)=\mathrm{E}\{n^2(k)\}=\frac{1}{N+1-2m}\boldsymbol{n}^{\mathrm{T}}(N+1)\boldsymbol{n}(N+1) \tag{10.3.7}$$

式（10.3.4）和式（10.3.7）可以迭代使用。文献（Stoica and Söderström，1982）给出计算方差 $\sigma_{\mathrm{n}}^2$ 的另一种不同方法，从那里可以看到，估计值不会好于辅助变量法的结果。文献（Kumar and Moore，1979）提出了一种对有色误差 $e(k)$ 进行偏差部分校正的方法。

## 10.4 总体最小二乘法（TLS）

最小二乘法用的是以下形式的模型

$$y - e = \boldsymbol{\Psi}\hat{\boldsymbol{\theta}} \tag{10.4.1}$$

并通过下式来确定参数

$$\hat{\boldsymbol{\theta}} = \arg\min \|e\|_2^2 \tag{10.4.2}$$

这里，假设只有输出受到噪声的干扰，因此只能用模型输出与测量值的距离来进行极小化，见图 10.3。

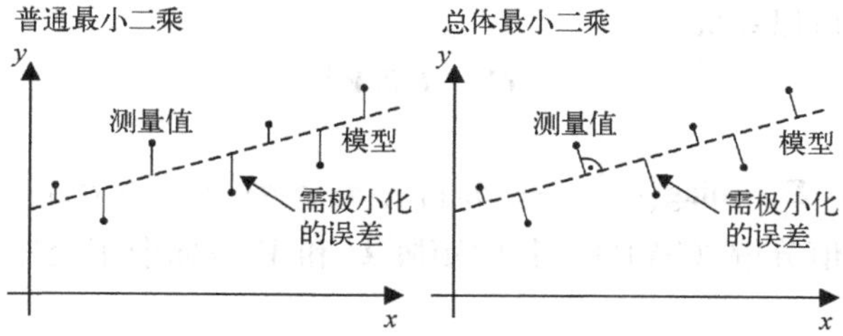


图 10.3　对一维 $y=\theta_1 x$ 的情况，利用普通最小二乘法和总体最小二乘法，计算测量值和模型输出之间的误差

对于**总体最小二乘**，它由文献（Golub and Reinsch，1970）和（Golub and van Loan，1980）提出，其模型写成

$$y + e = (\boldsymbol{\Psi} + \boldsymbol{F})\hat{\boldsymbol{\theta}} \tag{10.4.3}$$

也就是，假设误差不仅存在于输出向量 $\boldsymbol{y}$ 的测量值中，也存在于数据矩阵 $\boldsymbol{\Psi}$ 所含的测量值中。上述模型可以改写为

$$\Big(\underbrace{(\boldsymbol{\Psi}, \boldsymbol{y})}_{\boldsymbol{C}} + \underbrace{(\boldsymbol{F}, \boldsymbol{e})}_{\boldsymbol{\Delta}}\Big)\begin{pmatrix}\hat{\boldsymbol{\theta}} \\ -1\end{pmatrix} = 0 \tag{10.4.4}$$

下面通过两种方式来介绍总体最小二乘法：一种是比较实用的方式，另一种将简要介绍正确的数学推导。

式（10.4.4）中受到干扰的测量值矩阵 $\boldsymbol{C}$ 是 $N\times(m+1)$ 维的，其中 $N \gg m$，对于受到干扰的测量值而言，矩阵 $\boldsymbol{C}$ 是满秩的，秩为 $m+1$。为了确定模型的 $m$ 个参数，矩阵 $\boldsymbol{C}$ 的秩必须降为 $m$。对于秩为 $m$，$m+1$ 列中有一列与其他列是线性相关的，因此对方程组可以准确求解，求得参数估计向量 $\hat{\boldsymbol{\theta}}$。这种降秩可以通过奇异值分解来实现，也就是通过奇异值分解，去掉最小的奇异值。下面将从数学的角度来推导这个过程。

总体最小二乘法的根本目标是对扩展的误差矩阵 $\boldsymbol{\Delta}=(\boldsymbol{F},\boldsymbol{e})$ 的元素进行极小化。这个极小化是在 **Frobenius 范数**意义下进行的，即

$$\|\boldsymbol{\Delta}\|_F^2 = \sum_{i=1}^{M}\sum_{j=1}^{N}\boldsymbol{\Delta}_{ij}^2 \tag{10.4.5}$$

其中，$i$ 和 $j$ 分别为 $\boldsymbol{\Delta}$ 的行号和列号。对于实数测量值，该范数可以用非数学的方式解释为，

将欧几里德向量范数扩展到矩阵，不仅对输出误差向量 $\boldsymbol{e}$ 取范数，还对数据误差矩阵 $\boldsymbol{F}$ 中的所有列向量取范数。利用 Frobenius 范数，参数估计值可写成

$$\hat{\boldsymbol{\theta}} = \arg\min \|\boldsymbol{\Delta}\|_{\mathrm{F}}^2 \tag{10.4.6}$$

为了求解总体最小二乘问题，要利用到下面的事实：矩阵乘以标准正交矩阵 $\boldsymbol{U}$（满足 $\boldsymbol{U}^{-1}=\boldsymbol{U}^{\mathrm{T}}$），其 Frobenius 范数不变，即有

$$\|\boldsymbol{U}\boldsymbol{A}\|_{\mathrm{F}}^2 = \|\boldsymbol{A}\|_{\mathrm{F}}^2 \tag{10.4.7}$$

现在，利用这一事实来推导总体最小二乘法。试图对扩展的误差矩阵 $\boldsymbol{\Delta}$ 进行极小化，或等价于寻找一个秩为 $m$ 的矩阵$\widetilde{\boldsymbol{C}}$，使其最佳地逼近矩阵 $\boldsymbol{C}$，即

$$\|\boldsymbol{\Delta}\|_{\mathrm{F}}^2 = \|\boldsymbol{C}-\tilde{\boldsymbol{C}}\|_{\mathrm{F}}^2 \tag{10.4.8}$$

不失一般性，矩阵 $\boldsymbol{C}$ 可以写成

$$\boldsymbol{C} = \boldsymbol{U}\boldsymbol{\Sigma}\boldsymbol{V}^{\mathrm{T}} \tag{10.4.9}$$

其中

$$\boldsymbol{\Sigma} = \mathrm{diag}\left(\sigma_1\ \sigma_2\ \cdots\ \sigma_{n+1}\right),\ \sigma_1 \geqslant \sigma_2 \geqslant \cdots \geqslant \sigma_{n+1} \tag{10.4.10}$$

上式不过是 $\boldsymbol{C}$ 的奇异值分解（SVD），其中矩阵 $\boldsymbol{U}$ 和 $\boldsymbol{V}$ 是标准正交矩阵。利用任意矩阵 $\boldsymbol{S}$，可将矩阵 $\widetilde{\boldsymbol{C}}$ 写成

$$\tilde{\boldsymbol{C}} = \boldsymbol{U}\boldsymbol{\Sigma}\boldsymbol{V}^{\mathrm{T}} \Leftrightarrow \boldsymbol{U}^{-1}\tilde{\boldsymbol{C}}\left(\boldsymbol{V}^{\mathrm{T}}\right)^{-1} = \boldsymbol{U}^{\mathrm{T}}\tilde{\boldsymbol{C}}\boldsymbol{V} = \boldsymbol{S}^{\ominus} \tag{10.4.11}$$

那么，代价函数可以改写为

$$\|\boldsymbol{C}-\tilde{\boldsymbol{C}}\|_{\mathrm{F}}^2 = \|\boldsymbol{U}\boldsymbol{\Sigma}\boldsymbol{V}^{\mathrm{T}} - \boldsymbol{U}\boldsymbol{S}\boldsymbol{V}^{\mathrm{T}}\|_{\mathrm{F}}^2 = \|\boldsymbol{\Sigma}-\boldsymbol{S}\|_{\mathrm{F}}^2 \tag{10.4.12}$$

因为 $\boldsymbol{U}$ 和 $\boldsymbol{V}$ 都是标准正交矩阵。由于矩阵 $\boldsymbol{\Sigma}$ 是对角阵，因此显然矩阵 $\boldsymbol{S}$ 也应该是对角阵。$\boldsymbol{S}$ 的所有非对角元素都必须为零，以确保代价函数达到极小值。现在，将矩阵 $\boldsymbol{S}$ 写成

$$\boldsymbol{S} = \mathrm{diag}\left(s_1\ s_2\ \cdots\ s_{n+1}\right) \tag{10.4.13}$$

代价函数写成

$$V = \|\boldsymbol{\Sigma}-\boldsymbol{S}\|_{\mathrm{F}}^2 = \sum_{i=1}^{m+1}\left(\sigma_i - s_i\right)^2 \tag{10.4.14}$$

由于矩阵 $\widetilde{\boldsymbol{C}}$ 的秩应该为 $m$，那么矩阵 $\boldsymbol{S}$ 在对角线上至少有 $m$ 个非零元素 $s_i$，且必须有一个元素 $s_i=0$。为了使代价函数极小化，应该选择对 $i=1$，…，$n$，有 $s_i=\sigma_i$，且 $s_{n+1}=0$。那么，代价函数变成

$$V = \|\boldsymbol{\Sigma}-\boldsymbol{S}\|_{\mathrm{F}}^2 = \sigma_{n+1}^2 \tag{10.4.15}$$

为此可将矩阵 $\widetilde{\boldsymbol{C}}$ 写成

$$\hat{\boldsymbol{C}} = \boldsymbol{U}\,\mathrm{diag}\left(\sigma_1\ \sigma_2\ \cdots\ \sigma_n\ 0\right)\boldsymbol{V}^{\mathrm{T}} \tag{10.4.16}$$

既然确定了秩为 $n$ 的近似矩阵 $\widetilde{\boldsymbol{C}}$，就可以求解式（10.4.4），将它重新写成

$$\hat{\boldsymbol{C}}\begin{pmatrix}\hat{\boldsymbol{\theta}}\\ -1\end{pmatrix} = \boldsymbol{0} \tag{10.4.17}$$

这等于确定了 $\widetilde{\boldsymbol{C}}$ 的零空间，定义为

---

⊖ 译者注：原文第一个等式右边误为 $\boldsymbol{\Sigma}$。

$$\hat{C}x = 0 \tag{10.4.18}$$

SVD 可以为零空间给出一个标准正交基，所以很容易求得上述方程的解。矩阵 $\boldsymbol{V}$ 中与零奇异值相关的列向量构成矩阵 $\widetilde{\boldsymbol{C}}$ **零空间的标准正交基**。由于矩阵 $\widetilde{\boldsymbol{C}}$ 的最后一个奇异值已被设定为零，所以矩阵 $\boldsymbol{V}$ 的最后一个列向量构成 $\widetilde{\boldsymbol{C}}$ 零空间的标准正交基，因此有

$$\boldsymbol{C} = \boldsymbol{U\Sigma V}^{\mathrm{T}} \tag{10.4.19}$$

根据 $\alpha V_{22} = -1$ 的要求，可以将 $\alpha$ 设为 $\alpha = -V_{22}^{-1}$，由此可确定参数估计值为

$$\hat{\theta} = -V_{22}^{-1}\boldsymbol{V}_{12} \tag{10.4.20}$$

关于这个解的推导，也可参见文献（Goedecke，1987；Zimmerschied，2008）。这种方法也称作**变量带误差（errors-in-variables）法和正交回归法**。关于总体最小二乘法的详细综述，可参见著作（van Huffel and Vandewalle，1991）或综述论文（Markovsky and van Huffel，2007）。

如果误差具有不同的方差，则可诉诸**广义总体最小二乘（GTLS）**问题，将不同的方差引到 $\boldsymbol{\Psi}$ 的不同列中。在这种情况下，引入标度矩阵 $\boldsymbol{G}$，对代价函数

$$V = \|\boldsymbol{\Delta G}\|_{\mathrm{F}}^2 \tag{10.4.21}$$

进行极小化处理，其中 $\boldsymbol{G} = \mathrm{diag}(1/\sigma_1, 1/\sigma_2, \cdots, 1/\sigma_{n+1})$，$\sigma_i$ 分别为相应的回归因子或输出的误差标准差。

通过适当的标度处理，也可用于处理 $\boldsymbol{\Delta}$ 不同列之间的相关性。$\boldsymbol{\Delta}$ 的误差协方差矩阵 $\boldsymbol{C}$ 必须除了标度因子以外是已知的。标度矩阵可以选择为

$$\boldsymbol{G} = \boldsymbol{R}_{\mathrm{C}}^{-1} \tag{10.4.22}$$

其中，给定 $\boldsymbol{R}_C$，使得 $\boldsymbol{C} = \boldsymbol{R}_C^{\mathrm{T}}\boldsymbol{R}_C$。

文献（Markovsky and van Huffel，2007）和（Söderström，2007）指出，总体最小二乘法的原始形式可能不适合用于动态系统辨识，因为 $\boldsymbol{\Psi}$ 和 $\boldsymbol{y}$ 的元素通常是关联的，特别是 $\boldsymbol{\Psi}$ 一般是一个 Hankel 矩阵。为此，STLS（结构总体最小二乘）法可能有更好的适用性（Markovsky et al，2005）。

总体最小二乘法与主成分分析（PCA）密切相关，PCA 在统计中用于寻找数据集的相关性，以减小数据集的维度，PCA 确定并保留测量数据中具有最大方差的子空间，参见著作（Jolliffe，2002）。

## 10.5 辅助变量法

### 10.5.1 辅助变量的非递推方法（IV）

为了避免有偏估计问题，一种直接的方法是引入所谓的**辅助变量**。这个方法可追溯到文献（Reiersøl，1941）、（Durbin，1954）和（Kendalland and Stuart，1961）。它也是基于方程误差模型

$$\boldsymbol{e} = \boldsymbol{y} - \boldsymbol{\Psi\theta} \tag{10.5.1}$$

上式两边乘以**辅助变量矩阵** $\boldsymbol{W}$ 的转置，则有

$$\boldsymbol{W}^{\mathrm{T}}\boldsymbol{e} = \boldsymbol{W}^{\mathrm{T}}\boldsymbol{y} - \boldsymbol{W}^{\mathrm{T}}\boldsymbol{\Psi\theta} \tag{10.5.2}$$

如果选择 $\boldsymbol{W}$ 的元素，即所谓的辅助变量，使得

$$\operatorname*{plim}_{N\to\infty} \boldsymbol{W}^{\mathrm{T}}\boldsymbol{e} = \boldsymbol{0} \tag{10.5.3}$$

$$\operatorname*{plim}_{N\to\infty} \boldsymbol{W}^{\mathrm{T}}\boldsymbol{\Psi} \text{ 正定} \tag{10.5.4}$$

则根据式（10.5.2），有

$$\operatorname*{plim}_{N\to\infty} \boldsymbol{W}^{\mathrm{T}}\boldsymbol{\Psi}\boldsymbol{\theta} = \operatorname*{plim}_{N\to\infty} \boldsymbol{W}^{\mathrm{T}}\boldsymbol{y} \tag{10.5.5}$$

那么参数估计可写成

$$\hat{\boldsymbol{\theta}} = \left(\boldsymbol{W}^{\mathrm{T}}\boldsymbol{\Psi}\right)^{-1}\boldsymbol{W}^{\mathrm{T}}\boldsymbol{y} \tag{10.5.6}$$

根据定理9.2，如果有附加条件

$$\operatorname*{plim}_{N\to\infty} \boldsymbol{e} = \boldsymbol{0} \tag{10.5.7}$$

则参数估计是渐近无偏（一致）的。

现在，主要的问题是寻找合适的辅助变量。根据式（10.5.3）和式（10.5.4），要选择的辅助变量 $w_i(k)$，必须尽可能地

- 与干扰 $n(k)$ 不相关。
- 与有用信号 $u(k)$ 和 $y_{\mathrm{u}}(k)$ 相关。

在 $\hat{\boldsymbol{\theta}}=\boldsymbol{\theta}_0$ 匹配的情况下，$e(k)$ 只依赖于 $n(k)$，使得式（10.5.3）满足，且根据 $\boldsymbol{W}$ 中的有用信号，$\boldsymbol{W}^{\mathrm{T}}\boldsymbol{\psi}$ 也是正定的，见第9.1.4节。

文献（Joseph et al，1961）选择输入信号作为辅助变量，即

$$\boldsymbol{w}^{\mathrm{T}} = \left(u(k-1-\delta)\cdots u(k-m-\delta)\middle|u(k-d-1)\cdots u(k-d-m)\right) \tag{10.5.8}$$

因为这些辅助变量容易获得，且与 $\psi$ 相关。可以通过选择 $\delta$，使协方差阵 $\boldsymbol{R}_{w\psi}(\tau)$ 中的元素最大。

如果 $\boldsymbol{W}$ 包含 $\psi$ 中不受干扰的信号，那么可以获得 $\boldsymbol{W}$ 与 $\psi$ 之间更强的相关性，因此必须估计出不受干扰的输出信号 $h(k)=\hat{y}_u(k)$，这样就可构造出辅助变量向量

$$\boldsymbol{w}^{\mathrm{T}} = \left(-h(k-1)\cdots -h(k-m)\middle|u(k-d-1)\cdots u(k-d-m)\right) \tag{10.5.9}$$

这种辅助变量的构造是文献（Wong and Polak，1967）和（Young，1970）提出的。根据式(9.1.18)，利用已知的输入信号和估计参数，可以估计出不受干扰的输出

$$h(k) = \hat{y}_{\mathrm{u}}(k) = \boldsymbol{\psi}^{\mathrm{T}}(k)\hat{\boldsymbol{\theta}}(k) \tag{10.5.10}$$

上式可视作辅助模型，提供辅助参数 $\boldsymbol{\theta}_{\mathrm{aux}}$，目的用于重构有用的输出信号 $y_{\mathrm{u}}(k)$，见图10.4。那么，辅助变量矩阵可写成

$$\boldsymbol{W} = \left(\begin{array}{ccc|ccc} -h(m+d+1) & \cdots & -h(d) & u(m-1) & \cdots & u(0) \\ -h(m+d) & \cdots & -h(d+1) & u(m) & \cdots & u(1) \\ \vdots & & \vdots & \vdots & & \vdots \\ -h(m+d+N+1) & \cdots & -h(d+N) & u(m+N-1) & \cdots & u(N) \end{array}\right) \tag{10.5.11}$$

关于这种方法的非递推运用，可以用如下的方法（Young，1970）：

① 在首次迭代中，采用式（10.5.8）的辅助变量或使用式（9.1.18）普通的最小二乘法。

② 根据式（10.5.10），利用参数估计 $\hat{\boldsymbol{\theta}}_1$，求改进的辅助变量，并获得新的参数向量 $\hat{\boldsymbol{\theta}}_2$。

③ 重复第2步，直到估计参数在迭代前后没有明显变化。

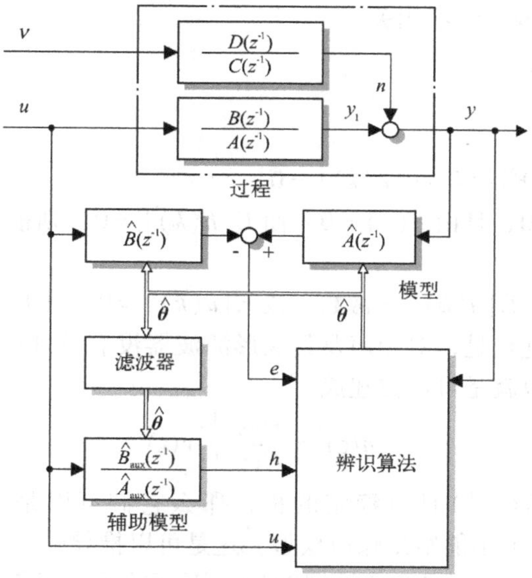


图 10.4　辅助变量法（IV）的方块图

一般情况下，通过几步迭代就足以获得合适的估计。此外，经验表明辅助变量不需要与未受干扰的信号准确匹配。利用普通的最小二乘法作为启动，也已被证明是很有效的（Baur，1976）。

与式（9.1.69）类似，参数估计的协方差为

$$\operatorname{cov}\Delta\boldsymbol{\theta}=\mathrm{E}\{(\hat{\boldsymbol{\theta}}-\boldsymbol{\theta}_0)(\hat{\boldsymbol{\theta}}-\boldsymbol{\theta}_0^{\mathrm{T}})\}=\mathrm{E}\{(\boldsymbol{W}^{\mathrm{T}}\boldsymbol{\Psi})^{-1}\boldsymbol{W}^{\mathrm{T}}\boldsymbol{e}\boldsymbol{e}^{\mathrm{T}}\boldsymbol{W}(\boldsymbol{W}^{\mathrm{T}}\boldsymbol{\Psi})^{-1}\} \tag{10.5.12}$$

式中，$\boldsymbol{W}$ 和 $\boldsymbol{e}$ 是统计不相关的，但对于 $\boldsymbol{\psi}$ 和 $\boldsymbol{e}$ 就不是这样了，因为 $\boldsymbol{e}$ 是相关的。所以，上式还不能简单地进行化简。

如果辅助模型式（10.5.10）的参数收敛于真实的过程参数，即有

$$\underset{N\to\infty}{\operatorname{plim}}\ \hat{\boldsymbol{\theta}}_{\mathrm{aux}}=\underset{N\to\infty}{\operatorname{plim}}\ \hat{\boldsymbol{\theta}}=\boldsymbol{\theta}_0 \tag{10.5.13}$$

又假设对于很大的 $N$，有

$$\frac{1}{N+1}\mathrm{E}\{\boldsymbol{W}^{\mathrm{T}}\boldsymbol{\Psi}\}\approx\frac{1}{N+1}\mathrm{E}\{\boldsymbol{W}^{\mathrm{T}}\boldsymbol{W}\} \tag{10.5.14}$$

那么，由式（10.5.12），可得

$$\operatorname{cov}\Delta\boldsymbol{\theta}\approx\mathrm{E}\left\{\left(\boldsymbol{W}^{\mathrm{T}}\boldsymbol{W}\right)^{-1}\boldsymbol{W}^{\mathrm{T}}\right\}\mathrm{E}\{\boldsymbol{e}\boldsymbol{e}^{\mathrm{T}}\}\mathrm{E}\left\{\boldsymbol{W}\left(\boldsymbol{W}^{\mathrm{T}}\boldsymbol{W}\right)^{-1}\right\} \tag{10.5.15}$$

对上式进行适当的整理，可以证明，如果 $e(k)$ 是平稳的，则协方差以 $1/\sqrt{N+1}$ 的速度衰减。

到目前为止，只考虑输入和输出小信号的动态特性，即

$$u(k)=U(k)=U_{00},\quad y(k)=Y(k)-Y_{00}$$

这里，$Y_{00}$ 一般是未知的。然而，如果 $\mathrm{E}\{U(k)\}=0$，辅助模型的输出也受 $\mathrm{E}\{h(k)\}=0$ 的支配，则对 $Y_{00}$ 没有影响，因为在式（10.5.6）中，$\boldsymbol{y}(k)$ 的值与 $h(k)$ 不相关。

**定理 10.1（辅助变量法获得一致参数估计的条件）**

参数 $\boldsymbol{\theta}$ 的估计是均方意义下一致的，如果满足如下条件：

① $m$ 和 $d$ 准确已知。

② $u(k)=U(k)-U_{00}$ 准确已知。

③ $e(k)$与辅助变量 $\boldsymbol{w}^{\mathrm{T}}(k)$不相关。

④ $\mathrm{E}\{e(k)\}=0$。

□

由此，有如下条件：

① 对于$|\tau|\geqslant 0$，有 $\mathrm{E}\{u(k-\tau)n(k)\}=0$。

② 如果 $\mathrm{E}\{u(k)\}=0$，且由 $h(k)=0$，而 $\mathrm{E}\{h(k)\}=0$，则根据式（10.5.9），$Y_{00}$可以不是已知的。

③ $\mathrm{E}\{n(k)\}=0$，且 $\mathrm{E}\{u(k)\}=$常数，或 $\mathrm{E}\{u(k)\}=0$，且 $\mathrm{E}\{n(k)\}=0$。

辅助变量法的很大优点是，对噪声及其成形滤波器没有特殊的假设，噪声 $n(k)$可以是任意的平稳有色噪声，也就是可以描述成

$$n(z)=\frac{D(z^{-1})}{C(z^{-1})}\nu(z) \tag{10.5.16}$$

如果多项式 $D(z^{-1})$和 $C(z^{-1})$具有稳定的根，那么它们可以是任意的，且与 $A(z^{-1})$和 $B(z^{-1})$ 无关。IV 法本质上不能给出噪声模型，这是可以推导的，如下一节所述。IV 法的详细分析可见文献（Söderström and Stoica，1983）。下面的思想虽然是针对频域辨识提出的，但也可以应用于时域：在多测量值的情况下，文献（Pintelon and Schoukens，2001）提出，使用另外不同的实验测量数据作为辅助变量，因为它们与测量数据是高度相关的，而与噪声实际上是不相关的。辅助变量法还可以与加权的估计式结合使用（Stoica and Jansson，2000）。

## 10.5.2 辅助变量的递推方法（RIV）

根据最小二乘的递推方法，也能给出辅助变量法的递推形式（Wong and Polak，1967；Young，1968）

$$\hat{\boldsymbol{\theta}}(k+1)=\hat{\boldsymbol{\theta}}(k)+\boldsymbol{\gamma}(k)\big(y(k+1)-\boldsymbol{\psi}^{\mathrm{T}}(k+1)\hat{\boldsymbol{\theta}}(k)\big) \tag{10.5.17}$$

$$\boldsymbol{\gamma}(k)=\frac{1}{\boldsymbol{\psi}^{\mathrm{T}}(k+1)\boldsymbol{P}(k)\boldsymbol{\psi}(k+1)+1}\boldsymbol{P}(k)\boldsymbol{w}(k+1) \tag{10.5.18}$$

$$\boldsymbol{P}(k+1)=\big(\boldsymbol{I}-\boldsymbol{\gamma}(k)\boldsymbol{\psi}^{\mathrm{T}}(k+1)\big)\boldsymbol{P}(k) \tag{10.5.19}$$

其中

$$\boldsymbol{P}(k)=\big(\boldsymbol{W}^{\mathrm{T}}(k)\boldsymbol{\Psi}(k)\big)^{-1} \tag{10.5.20}$$

这种方法的方块图如图 10.4 所示。

为了避免辅助变量 $h(k)$与当前误差信号 $e(k)$之间的强相关性，文献（Wong and Polak，1967）建议，在估计参数和辅助模型所用的参数集之间引入迟延 $q$，其中 $q$ 的选择应使得 $e(k+q)$与 $e(k)$不相关。

文献（Young，1970）进一步使用一种离散时间低通滤波器，使得

$$\hat{\boldsymbol{\theta}}_{\mathrm{aux}}(k)=(1-\beta)\hat{\boldsymbol{\theta}}_{\mathrm{aux}}(k-1)+\beta\hat{\boldsymbol{\theta}}(k-q) \tag{10.5.21}$$

在这种情况下，$q$ 的选择就不那么关键了，参数估计也平滑了，避免了辅助模型参数快速变化的影响。式中 $\beta$ 可选为 $0.01\leqslant\beta\leqslant 0.1$（Baur，1976）。

类比于普通的最小二乘法，初始值可选 $\boldsymbol{P}(0)=\alpha\boldsymbol{I}$，这是对角线元素很大的对角阵，初始参数向量 $\hat{\boldsymbol{\theta}}=\boldsymbol{0}$。在起始阶段，需要监控辅助模型的收敛性。算法的起始阶段，采用最小

二乘的递推方法，也被证明是有用的（Baur，1976）。

这种算法不能自动得到噪声模型，如果需要，可以按下面的步骤来求（Young，1970）：

1）首先，按下式来确定噪声 $n(k)$

$$n(k) = y(k) - \hat{y}_{\mathrm{u}}(k) = y(k) - h(k)$$

其中，$y(k)$是过程输出测量值，$h(k)$是辅助模型的输出。

2）然后，利用适当的参数估计方法，求得如下 ARMA 信号过程模型

$$n(z) = \frac{D(z^{-1})}{C(z^{-1})}\nu(z)$$

例如可以使用第 9.4 节介绍的最小二乘递推方法。

## 10.6 随机逼近法（STA）

随机逼近法是一类递推的参数估计方法，计算量比最小二乘的递推方法要小。这类方法是利用基于梯度的方法对代价函数进行极小化实现的，对于确定性和随机性的模型都适用。

随机梯度法可追溯到文献（Robbins and Monro，1951）、（Kiefer and Wolfwitz，1952）、（Blum，1954）和（Dvoretzky，1956）的工作。对这类方法的综述可参见文献（Sakrison，1966；Albert and Gardner，1967；Sage and Melsa，1971）以及近期的文献（Kushner and Yin，2003）。

### 10.6.1 Robbins - Monro 算法

基于梯度的方法用一个例子来引出，给出一种一维的情况，即估计单个的参数，这个参数 $\theta$ 满足如下方程

$$g(\theta) = g_0 \tag{10.6.1}$$

其中，$g(0)$必须是准确可测的，$g_0$是已知的常数。那么，未知参数 $\theta$，也就是式（10.6.1）方程的根，可以通过下述梯度来迭代求解

$$\theta(k+1) = \theta(k) - \rho(k)\big(g(\theta(k)) - g_0\big) \tag{10.6.2}$$

其中，加权因子 $\rho(k)$ 必须恰当选择，以保证算法的收敛性。如果 $g(\theta(k)) - g_0 = 0$，则 $\theta(k+1)$为准确解。

现在，假设 $g(\theta)$不可测，只能测得受到干扰的变量

$$f(\theta,n) = g(\theta) + n \tag{10.6.3}$$

其中，$n$ 为随机量，其均值 $\mathrm{E}\{n\} = 0$，且方差有限。那么，$f(\theta,n)$也是随机量，不能用式（10.6.2）来求 $\theta$，因为 $g(\theta)$未知。由于

$$\mathrm{E}\big\{f(\theta,n)\big\} = g(\theta) \tag{10.6.4}$$

因此也期望能采用式（10.6.2）所示的算法，将 $g(\theta)$替换成$f(\theta,n)$后，就变成随机算法

$$\hat{\theta}(k+1) = \hat{\theta}(k) - \rho(k)\big(f(\hat{\theta}(k),n(k)) - g_0\big) \tag{10.6.5}$$

经过足够多次的迭代后，依然可以收敛到真值 $\theta_0$。这种算法称作 **Robbins - Monro 算法**。

利用受到干扰的方程（10.6.1），以确定误差

$$e(k) = f(\hat{\theta}(k),n(k)) - g_0 \tag{10.6.6}$$

从旧的参数估计值中减去这个误差用校正因子 $\rho(k)$ 加权后的结果，就得到新的参数估

计值。

**定理 10.2（Robbins – Monro 算法）**

Robbins – Monro 算法在均方意义下收敛

$$\lim_{k\to\infty} \mathrm{E}\left\{\left(\hat{\theta}(k)-\theta_0\right)^2\right\}=0$$

的条件为：

① 式（10.6.1）有唯一解。

② 随机量$f(k)$具有相同的概率密度函数，且是统计不相关的。

③ $\lim\limits_{k\to\infty}\rho(k)=0, \sum\limits_{k=1}^{\infty}\rho(k)=\infty, \sum\limits_{k=1}^{\infty}\rho^2(k)<\infty$

□

定理的证明参见文献（Sakrison，1966）。满足上述条件的加权因子$\rho(k)$，有

$$\rho(k)=\frac{\alpha}{\beta+k}\text{或}\rho(k)=\frac{\alpha}{k} \tag{10.6.7}$$

其中，$\alpha$和$\beta$可任意取。如果$\alpha$足够大，对于大的$k$，就会有好的收敛性。

### 10.6.2 Kiefer – Wolfowitz 算法

如果通过使函数$g(\theta)$达到极值来确定参数$\theta$，即满足

$$\frac{\mathrm{d}}{\mathrm{d}\theta}g(\theta)=0 \tag{10.6.8}$$

则可将其陈述成第二种随机逼近算法。在这种情况下，确定性的基于梯度的算法可写成

$$\theta(k+1)=\theta(k)-\rho(k)\frac{\mathrm{d}}{\mathrm{d}\theta}g(\theta) \tag{10.6.9}$$

如果$g(\theta)$不能准确测量，只能测得受式（10.6.3）支配的变量，那么类比于式（10.6.5），可导出如下的随机算法

$$\hat{\theta}(k+1)=\hat{\theta}(k)-\rho(k)\frac{\mathrm{d}}{\mathrm{d}\theta}f(\hat{\theta}(k),n(k)) \tag{10.6.10}$$

该算法称作 **Kiefer – Wolfowitz 算法**。

如果函数$f(\hat{\theta}(k),n(k))$不是处处可导，或者求导数过于复杂，可以用差分商来代替一阶导数，那么可以得到

$$\hat{\theta}(k+1)=\hat{\theta}(k)-\frac{\rho(k)}{2\Delta\theta(k)}\left(f(\hat{\theta}(k)+\Delta\theta(k),n(k))-f(\hat{\theta}(k)-\Delta\theta(k),n(k))\right) \tag{10.6.11}$$

由此可直接导出下面的定理。

**定理 10.3（Kiefer – Wolfwitz 算法）**

Kiefer – Wolfwitz 算法在下列条件下是均方意义下收敛的：

① $g(\theta)$有单个极值。

② 随机量$f(k)$具有相同的概率密度函数，且是统计不相关的。

③ $\lim\limits_{k\to\infty}\Delta\theta(k)=0, \lim\limits_{k\to\infty}\rho(k)=0, \sum\limits_{k=1}\rho(k)\Delta\theta(k)<\infty, \sum\limits_{k=1}^{\infty}\left(\frac{\rho(k)}{\Delta\theta(k)}\right)^2<\infty$。

□

为了同时估计标量函数 $g(\theta)$ 一个以上的参数，可将式（10.6.5）和式（10.6.10）中的标量参数 $\theta$ 替换成参数向量 $\boldsymbol{\theta}$。

现在，将随机逼近法应用于式（9.1.5）或式（9.1.7）表示的差分方程的参数估计。为此，感兴趣的是确定如下代价函数的极小值

$$V(k) = e^2(k) \tag{10.6.12}$$

为了确定这个极小值，它是事先未知的，现在将应用 Kiefer - Wolfowitz 算法。下面这些关系式与第9.4节是一致的。对照式（9.4.13），可以确定给定的样本误差为

$$e(k+1) = y(k+1) - \boldsymbol{\psi}^{\mathrm{T}}(k+1)\hat{\boldsymbol{\theta}}(k) \tag{10.6.13}$$

那么，式（10.6.12）的代价函数的导数为

$$\frac{\partial V(k+1)}{\partial \boldsymbol{\theta}} = -2\boldsymbol{\psi}(k+1)\big(y(k+1) - \boldsymbol{\psi}^{\mathrm{T}}(k+1)\hat{\boldsymbol{\theta}}(k)\big) \tag{10.6.14}$$

式（10.6.10）写成

$$\underset{\text{新的参数估计}}{\hat{\boldsymbol{\theta}}(k+1)} = \underset{\text{旧的参数估计}}{\hat{\boldsymbol{\theta}}(k)} + \underset{\text{校正向量}}{2\rho(k+1)\boldsymbol{\psi}(k+1)} \left( \underset{\text{新的测量值}}{\big(y(k+1)} - \underset{\text{基于最后一个参数估计的预报值}}{\boldsymbol{\psi}^{\mathrm{T}}(k+1)\hat{\boldsymbol{\theta}}(k)\big)} \right) \tag{10.6.15}$$

其中，加权因子一般建议选择

$$2\rho(k+1) = \frac{1}{k+1}\frac{1}{\kappa}, \kappa > 0 \tag{10.6.16}$$

这时的随机逼近算法与式（9.4.11）所示的递推最小二乘是一致的，只是校正向量的定义不同而已，所不同的是最小二乘递推方法以数据方差的函数进行更新。在向量情况下，随机逼近法用的是标量的校正因子 $2\rho(k+1)$，而递推最小二乘用的是参数误差的协方差阵 $\boldsymbol{P}(k+1)$，是基于当前参数估计的准确度对上一步方程误差进行加权。因此，随机逼近法可视作最小二乘递推方法一种高度简化的版本。

根据定理10.3和式（10.6.12），$e(k)$ 必须是统计不相关的，才能获得一致估计。因为这个条件在许多应用中都不能保证，所以一般得不到无偏估计。文献（Saridis and Stein，1968）解释说，如果测量信号的统计性质能准确已知，这个偏差是可以校正的。随机逼近法还可以用于非参数模型估计（Saridis and Stein，1968；Isermann and Baur，1973）。

需要指出，通过改变加权因子 $\rho(k)$ 的计算，可以改进算法的收敛性。如果校正因子是根据式（10.6.16）的建议来选择，在算法的起始阶段它是很大的，这意味着误差 $e(k)$ 被过分强调。如果根据图10.5来选择 $\rho(k)$，那么会导致参数估计的衰减变化，可获得更好的收敛性，如文献（Isermann and Bauer，1973）所述。随机逼近法只能在非常有限的应用领域中使用，因为它的收敛性不是很可靠，而最小二乘递推方法虽然计算量大些，但如今在多数情况下还是经常使用的。

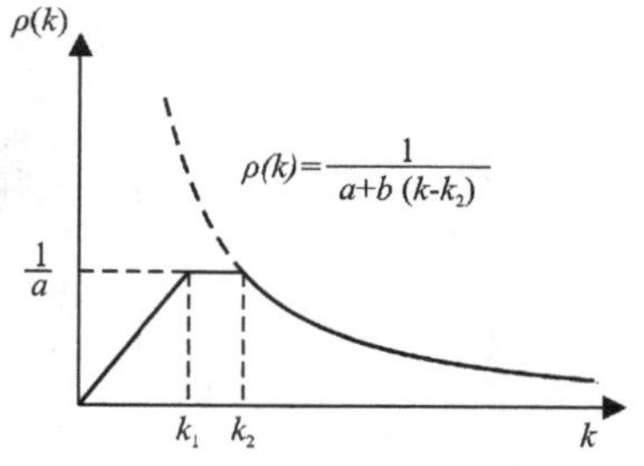

图10.5 建议用于随机逼近法的校正因子 $\rho(k)$ 的时间特性

**例 10.1（利用 RLS 算法、Kiefer - Wolfowitz 算法和归一化最小均方算法辨识一阶过程）**

现在，用例 9.2 来比较 RLS 算法和 Kiefer - Wolfowitz（以下记作 KW）算法的辨识效果。参数估计的收敛性比较见图 10.6，从图中可以看到，RLS 算法收敛更快些。图 10.7 显示的是不同方法如何收敛于最优参数集的，可见校正因子 $\rho$ 的选择（本例为常数），对收敛性和收敛速度有很大影响。图中的一个个椭圆为代价函数 $V$，即误差平方和 $\sum e^2(k)$ 的等高线。在本例中，还给出了归一化最小均方（NLMS）算法的辨识结果，该算法将在下节讨论。

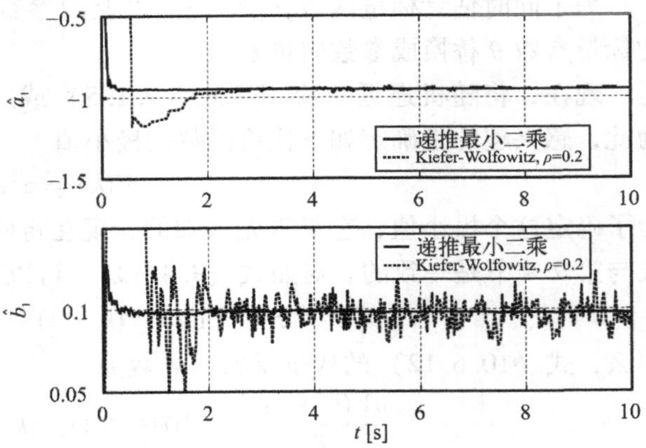


图 10.6　一阶系统的参数估计，递推最小二乘法与 Kiefer - Wolfowitz 算法（$\rho=0.2$）的比较

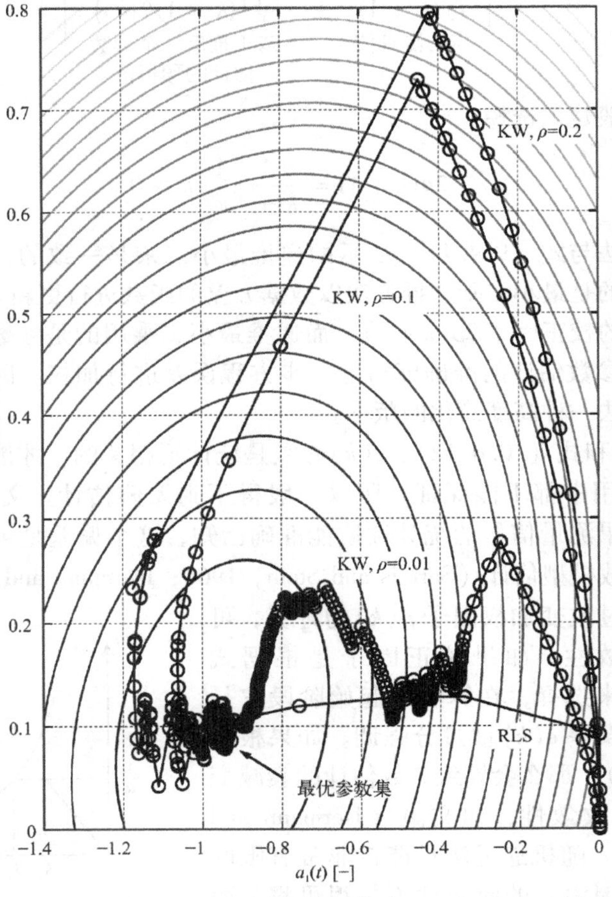


图 10.7　RLS 法、KW 法（不同的因子 $\rho$）和 NLMS 法的收敛性及代价函数的等高线，其中 $\hat{\boldsymbol{\theta}}(0)=\mathbf{0}$。注意，递推最小二乘法具有较好性能

**例 10.2（利用 Kiefer – Wolfowitz 算法辨识三质量振荡器系统）**

将 Kiefer – Wolfowitz 算法应用于三质量振荡器系统，系统的激励信号为 PRBS 信号（见第 6.3 节）。测量值与图 9.6 相同，以便于比较不同方法的辨识结果。

由图 10.8 可见，参数估计收敛需要很长的时间，相比之下，在 RLS 算法情况下，参数估计只需 15 s 的时间就稳定了，见图 9.7。影响收敛性的一个重要因素是校正因子 $\rho(k)$ 的选择，这里是根据图 10.5 所给出的方法来选择的，它是时间的函数，见图 10.10。即使实验结束，其频率响应也与理论模型不完全匹配，见图 10.9。在实验过程中也已经看出，尽管校正因子 $\rho(k)$ 对收敛性很关键，但的确很难选择。 □

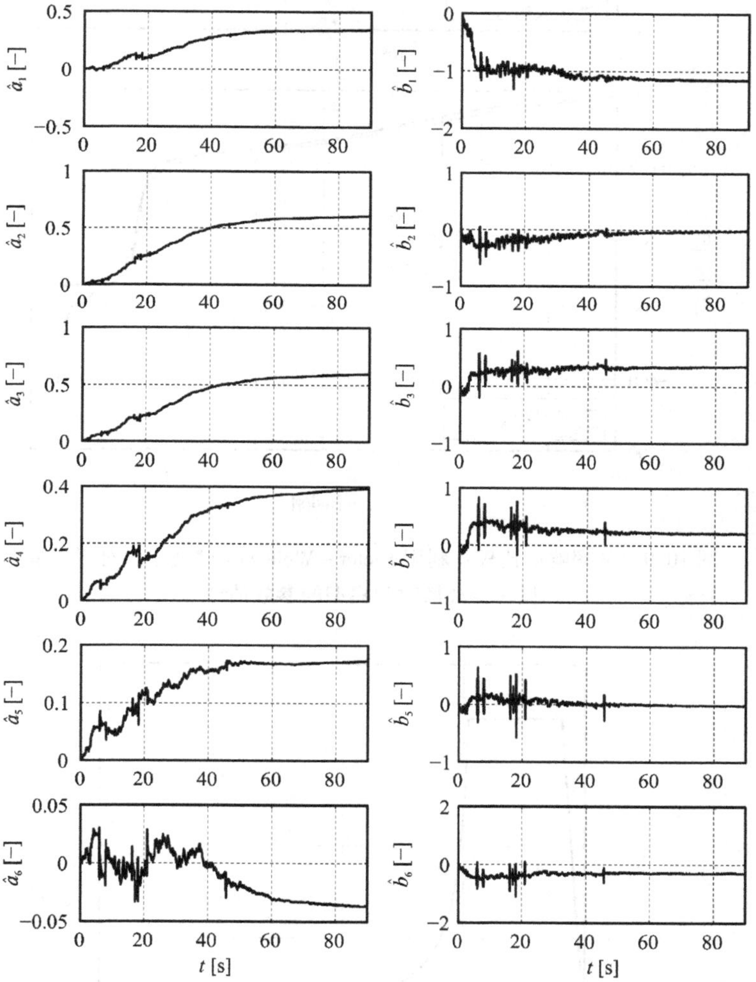


图 10.8 参数估计值：利用 Kiefer – Wolfowitz 梯度法，对三质量振荡器离散时间模型的参数估计

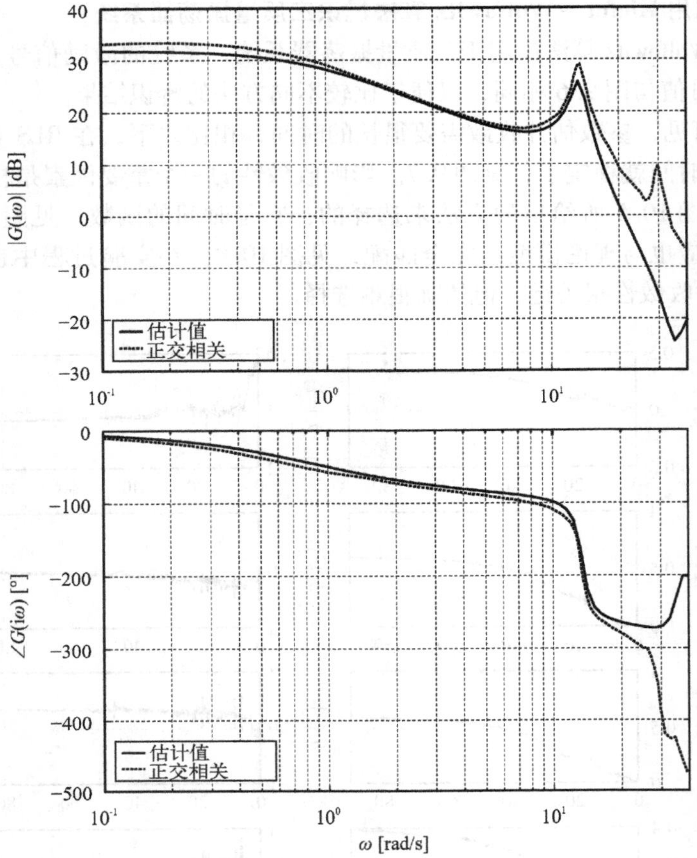


**图 10.9　频率响应比较：利用 Kiefer – Wolfowitz 梯度法，对三质量振荡器离散时间模型的参数估计**

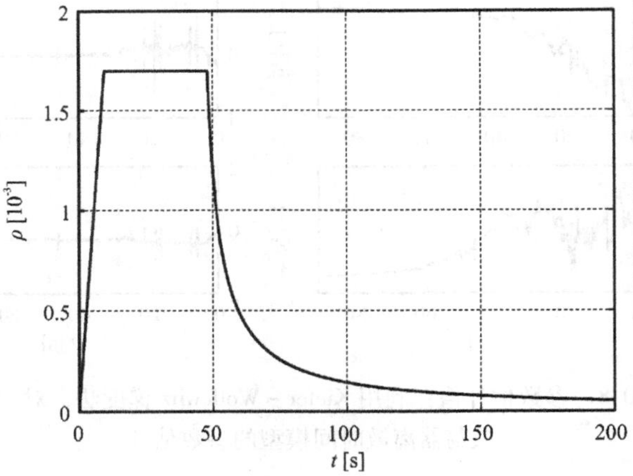


**图 10.10　图 10.8Kiefer – Wolfowitz 梯度法所用的校正因子 $\rho(k)$**

## 10.7 （归一化）最小均方法（NLMS）

类似于 Kiefer – Wolfowitz 算法的更新方程式（10.6.15），可以写出

$$\underbrace{\hat{\boldsymbol{\theta}}(k+1)}_{\text{新的参数估计}} = \underbrace{\hat{\boldsymbol{\theta}}(k)}_{\text{旧的参数估计}} + \underbrace{\beta\boldsymbol{\psi}(k+1)}_{\text{校正向量}} \left( \underbrace{y(k+1)}_{\text{新的测量值}} - \underbrace{\boldsymbol{\psi}^{\mathrm{T}}(k+1)\hat{\boldsymbol{\theta}}(k)}_{\text{基于最后一个参数估计的预报值}} \right) \tag{10.7.1}$$

其中，校正向量的加权因子写成 $\beta(k+1)$，这就导出了最小均方算法（Haykin and Widrow，2003），其中的 $\beta$ 可解释为**学习速率**。对于 Kiefer – Wolfowitz 算法，校正因子 $\rho(k+1)$ 仅由时间步数 $k$ 来操控，而学习速率 $\beta$ 被表示成测量数据的函数。

在没有噪声的情况下，该算法应一步采样就能收敛到真值。因此，在参数估计更新为 $\hat{\boldsymbol{\theta}}(k+1)$ 时，模型输出应与测量值匹配，即有

$$y(k+1) = \boldsymbol{\psi}^{\mathrm{T}}(k+1)\hat{\boldsymbol{\theta}}(k+1) \tag{10.7.2}$$

将式（10.7.1）和式（10.7.2）合并，得到理想的一步预报值为

$$\begin{aligned} y(k+1) &= \boldsymbol{\psi}^{\mathrm{T}}(k+1)\Big(\hat{\boldsymbol{\theta}}(k) + \beta\boldsymbol{\psi}(k+1)\big(y(k+1) - \boldsymbol{\psi}^{\mathrm{T}}(k+1)\hat{\boldsymbol{\theta}}(k)\big)\Big) \\ \Leftrightarrow \beta &= \frac{1}{\boldsymbol{\psi}^{\mathrm{T}}(k+1)\boldsymbol{\psi}(k+1)} \end{aligned} \tag{10.7.3}$$

因此，学习速率应该处在如下区间内

$$0 < \beta < \frac{1}{\boldsymbol{\psi}^{\mathrm{T}}(k+1)\boldsymbol{\psi}(k+1)} \tag{10.7.4}$$

最小均方算法很大的缺点是，每步实际的偏差减少量都是变化的。为此，对算法进行归一化处理，更新为

$$\hat{\boldsymbol{\theta}}(k+1) = \hat{\boldsymbol{\theta}}(k) + \frac{\tilde{\beta}}{\boldsymbol{\psi}^{\mathrm{T}}(k+1)\boldsymbol{\psi}(k+1)}\boldsymbol{\psi}(k+1)\big(y(k+1) - \boldsymbol{\psi}^{\mathrm{T}}(k+1)\hat{\boldsymbol{\theta}}(k)\big) \tag{10.7.5}$$

参见文献（Brown and Harris，1994）。这种归一化算法在例 10.1 中使用过，见图 10.7。可以看出，收敛性相对于 KW 算法没有明显改进。这种算法还存在一个问题，算法更新时要除以 $\boldsymbol{\psi}^{\mathrm{T}}(k+1)\boldsymbol{\psi}(k+1)$，而它可能为零。文献（Goodwin and Sin，1984）给出了两种补救措施：一种想法是将向量 $\boldsymbol{\psi}(k)$ 扩展，在向量的末尾添加常数“1”，这样做还同时可以估计与工作点有关的直流分量；另一种想法是改成除以因子 $\boldsymbol{\psi}^{\mathrm{T}}(k+1)\boldsymbol{\psi}(k+1)+c$，其中 $c$ 是常数，且 $c>0$。

## 10.8 小结

本章讨论了最小二乘法的改进和替代方法。改进最小二乘经典方法的目的是为了消除偏差，如果最小二乘法用于辨识的线性动态离散时间系统，其输出具有较大的噪声，就会存在这个偏差。对噪声信号模型做不同的假设，如假设为 AR、MA 或 ARMA 模型，估计质量对

噪声的假设有很强的依赖性。由于 RELS 算法应用简单，所以广泛被使用，其他方法容许偏差存在，在估计完成之后再设法校正偏差。总体最小二乘法不同于前面的方法，它可以同时处理输入和输出含有噪声的情况。

本章中还介绍了辅助变量法，这是另一种有价值的参数估计方法，因为它可以给出无偏估计。但是，这种方法的收敛性严重依赖于辅助变量的选择。如果将这种方法用于闭环参数估计可能会有问题，见第 13 章。本章也讨论了辅助变量的选择。

本章最后介绍了随机逼近法，这是一种易于实现的方法，它是基于梯度优化的方法，见第 19 章。随机逼近法可视作一种非常简化的 RLS 参数估计方法。在实际应用中，随机逼近法并不常用，因为即使 RLS 算法的计算量偏高，但如今在多数应用中已不再是问题。

## 习题

10.1 GLS、ELS 与 TLS

广义最小二乘、增广最小二乘和总体最小二乘这三种方法对噪声模型的假设是什么？

10.2 辅助变量法 I

什么是辅助变量？为给出无偏估计，需要满足什么条件？通常采用什么方法来选择辅助变量？

10.3 辅助变量法 II

如果记录了相同测试信号下的几组实验结果，在这种情况下，应如何选择辅助变量？

10.4 Robbins – Monro 和 Kiefer – Wolfowitz 算法

对一维的情况，估计参数 $\theta$ 要用什么方程？两种算法中的哪一种可以用来确定函数的极值点？用自己的语言解释，为什么 RLS 算法一般比 Kiefer – Wolfowitz 算法收敛快。

## 参考文献


Albert AE, Gardner LA Jr (1967) Stochastic approximation and non-linear regression. MIT Press, Cambridge, MA

Baur U (1976) On-Line Parameterschätzverfahrenzur Identifikation linearer, dynamischer Prozesse mit Prozeßrechnern: Entwicklung, Vergleich, Erprobung: KfK-PDV-Bericht Nr. 65. Kernforschungszentrum Karlsruhe, Karlsruhe

Blum J (1954) Multidimensional stochastic approximation procedures. Ann Math Statist 25 (4): 737 – 744

Brown M, Harris C (1994) Neurofuzzy adaptive modelling and control. Prentice-Hall international series in systems and control engineering, Prentice Hall, New York

Clarke DW (1967) Generalized least squares estimation of the parameters of a dynamic model. In: Preprints of the IFAC Symposium on Identification in Automatic Control Systems, Prague, Czechoslovakia

Durbin J (1954) Errors in variables. Revue del' Institut International de Statistique / Review of the International Statistical Institute 22(1/3): 23 – 32

Dvoretzky A (1956) On stochastic approximation. In: Proceedings of the 3rd Berkeley Symposium on Mathematical Statistics and Probability, Berkeley, CA, USA

Goedecke W (1987) Fehlererkennung an einem thermischen Prozeβ mit Methoden der Parameterschätzung: Fortschr. - Ber. VDI Reihe 8 Nr. 130. VDI Verlag, Düsseldorf

Golub GH, van Loan C (1980) An analysis of the total least squares problems. SIAM J Numer Anal 17(6): 883 - 893

Golub GH, Reinsch C (1970) Singular value decomposition and least squares solutions. Numer Math 14(5): 403 - 420

Goodwin GC, Sin KS (1984) Adaptive filtering, prediction and control. Prentice-Hall information and system sciences series, Prentice-Hall, Englewood Cliffs, NJ

Hastings-James R, Sage MW (1969) Recursive generalized least-squares procedure for online identification of process parameters. Proc IEE 116(12): 2057 - 2062

Haykin S, Widrow B (2003) Least-mean-square adaptive filters. Wiley series in adaptive and learning systems for signal processing, communication and control, Wiley - Interscience, Hoboken, NJ

van Huffel S, Vandewalle J (1991) The total least squares problem: Computational aspects and analysis, Frontiers in applied mathematics, vol 9. SIAM, Philadelphia, PA

Isermann R (1974) Prozessidentifikation: Identifikation und Parameterschätzung dynamischer Prozesse mit diskreten Signalen. Springer, Heidelberg

Isermann R, Baur U (1973) Results of testcase A. In: Proceedings of the 3rd IFAC Symposium on System Identification, North Holland Publ. Co., Amsterdam, Netherlands

Jolliffe IT (2002) Principal component analysis, 2nd edn. Springer series in statistics, Springer, New York

Joseph P, Lewis J, Tou J (1961) Plant identification in the presence of disturbances and application to digital control systems. Trans AIEE (Appl and Ind) 80: 18 - 24

Kendall MG, Stuart A (1961) The advanced theory of statistics. Volume 2. Griffin, London, UK

Kiefer J, Wolfowitz J (1952) Statistical estimation of the maximum of a regression function. Ann Math Stat 23(3): 462 - 466

Kumar PR, Moore JB (1979) Towards bias elimination in least squares system identification via detection techniques. In: Proceedings of the 5th IFAC Symposium on Identification and System Parameter Estimation, Darmstadt, Pergamon Press, Darmstadt, Germany

Kushner HJ, Yin GG (2003) Stochastic approximation and recursive algorithms and applications, Applications of mathematics, vol 35, 2nd edn. Springer, New York, NY

Ljung L (1999) System identification: Theory for the user, 2nd edn. Prentice Hall Information and System Sciences Series, Prentice Hall PTR, Upper Saddle River, NJ

Markovsky I, van Huffel S (2007) Overview of total least-squares methods. Signal Proc 87 (10): 2283 - 2302

Markovsky I, Willems JC, van Huffel S, de Bart M, Pintelon R (2005) Application of structured total least squares for system identification and model reduction. IEEE Trans Autom Control 50 (10): 1490 – 1500

Panuska V (1969) An adaptive recursive least squares identification algorithm. In: Proceedings of the IEEE Symposium in Adaptive Processes, Decision and Control

Pintelon R, Schoukens J (2001) System identification: A frequency domain approach. IEEE Press, Piscataway, NJ

Reiersøl O (1941) Confluence analysis by means of lag moments and other methods of confluence analysis. Econometrica 9(1): 1 – 24

Robbins H, Monro S (1951) A stochastic approximation method. Ann Math Statist 22(3): 400 – 407

Sage AP, Melsa JL (1971) System identification. Academic Press, New York

Sakrison DJ (1966) Stochastic approximation. Adv Commun Syst 2: 51 – 106

Saridis GN, Stein G (1968) Stochastic approximation algorithms for linear discretetime system identification. IEEE Trans Autom Control 13(5): 515 – 523

Söderström T (2007) Errors – in – variables methods in system identification. Automatica 43 (6): 939 – 958

Söderström T, Stoica PG (1983) Instrumental variable methods for system identification, Lecture notes in control and information sciences, vol 57. Springer, Berlin

Steiglitz K, McBride LE (1965) A technique for the identification of linear systems. IEEE Trans Autom Control 10: 461 – 464

Stoica P, Jansson M (2000) On the estimation of optimal weights for instrumental variable system identification methods. In: Proceedings of the 12th IFAC Symposium on System Identification, Santa Barbara, CA, USA

Stoica PG, Söderström T (1977) A method for the identification of linear systems using the generalized least squares principle. IEEE Trans Autom Control 22(4): 631 – 634

Stoica PG, Söderström T (1982) Bias correction in least squares identification. Int J Control 35 (3): 449 – 457

Wong K, Polak E (1967) Identification of linear discrete time systems using the instrumental variable method. IEEE Trans Autom Control 12(6): 707 – 718

Young P (1968) The use of linear regression and related procedures for the identification of dynamic processes. In: Proceedings of the 7th IEEE Symposium in Adaptive Processes, Los Angeles, CA, USA

Young P (1970) An instrumental variable method for real–time identification of a noisy process. Automatica 6(2): 271 – 287

Zimmerschied R (2008) Identifikation nichtlinearer Prozesse mit dynamischen lokalaffinen Modellen: Maßnahmen zur Reduktion von Bias und Varianz. Fortschr. – Ber. VDI Reihe 8 Nr. 1150. VDI Verlag, Düsseldorf

# 第 11 章

# 贝叶斯方法和极大似然法

到目前为止讨论的参数估计方法都假设参数 $\boldsymbol{\theta}$ 和输出 $\boldsymbol{y}$ 的观测值为确定值，现在从随机的角度，将参数自身和/或输出视作一系列的随机变量。在贝叶斯估计中，参数向量具有概率密度函数 $p(\boldsymbol{\theta})$，输出可用条件概率密度函数 $p(\boldsymbol{y}\mid\boldsymbol{\theta})$ 来描述。那么，可以基于这个统计信息导出参数估计问题的解。由于实际问题中关于参数概率密度函数 $p(\boldsymbol{\theta})$ 的特别信息几乎不可能得到，随后便导出极大似然估计，它是基于观测输出概率密度函数 $p(\boldsymbol{y}\mid\boldsymbol{\theta})$ 的。

## 11.1 贝叶斯方法

对给定的测量 $\boldsymbol{y}$ 的集合，可以根据条件概率密度函数 $p(\boldsymbol{\theta}\mid\boldsymbol{y})$ 来推断参数。这个条件概率密度函数只有在实验完成之后才能确定，因为它明显依赖于测量值。因此，它是一种后验概率密度函数。现在，基于这个后验概率密度函数来寻找“最优”的参数估计 $\hat{\boldsymbol{\theta}}$。为了评判最优性，必须再次引入最优准则 $W(\hat{\boldsymbol{\theta}},\boldsymbol{\theta})$，然后对如下的代价函数进行最小化

$$\min_{\hat{\boldsymbol{\theta}}}\int_m W(\hat{\boldsymbol{\theta}},\boldsymbol{\theta})p(\boldsymbol{\theta}|\boldsymbol{y})\mathrm{d}^m\boldsymbol{\theta} \tag{11.1.1}$$

并求极小值

$$\frac{\partial}{\partial\hat{\boldsymbol{\theta}}}\int_m W(\hat{\boldsymbol{\theta}},\boldsymbol{\theta})p(\boldsymbol{\theta}|\boldsymbol{y})\mathrm{d}^m\boldsymbol{\theta}=\mathbf{0} \tag{11.1.2}$$

其中，$\int_m$ 是对 $\boldsymbol{\theta}$ 所有分量 $\mathrm{d}\theta_1,\mathrm{d}\theta_2,\cdots,\mathrm{d}\theta_m$ 的 $m$ 重积分。例如，最优准则可取如下的二次型函数

$$W=(\hat{\boldsymbol{\theta}}-\boldsymbol{\theta})^{\mathrm{T}}(\hat{\boldsymbol{\theta}}-\boldsymbol{\theta}) \tag{11.1.3}$$

在一维情况下，将式（11.1.1）写成

$$\min_{\hat{\theta}}\int(\hat{\theta}-\theta)^2p(\theta|\boldsymbol{y})\mathrm{d}\theta \tag{11.1.4}$$

取一阶导数以求最优值 $\hat{\theta}$，得到

$$\hat{\theta}=\int\theta p(\theta|\boldsymbol{y})\mathrm{d}\theta \tag{11.1.5}$$

它就是参数 $\theta$ 关于给定的概率密度函数 $p(\boldsymbol{\theta}\mid\boldsymbol{y})$ 的期望值。

另一种方法是选取由概率密度函数指出的最可能的值，也就是选取概率密度函数的极大值作为估计值

$$\hat{\boldsymbol{\theta}} = \arg\max_{\theta} p(\boldsymbol{\theta}|\boldsymbol{y}) \tag{11.1.6}$$

这种情况下的 PDF 称作**似然函数**。

两种方法的关键都是要确定条件概率密度函数 $p(\boldsymbol{\theta} \mid \boldsymbol{y})$，它可以利用如下的贝叶斯法则（Papoulis，1962）来确定

$$p(\boldsymbol{\theta}, \boldsymbol{y}) = p(\boldsymbol{\theta}|\boldsymbol{y})p(\boldsymbol{y}) \tag{11.1.7}$$

其中，$p(\boldsymbol{\theta},\boldsymbol{y})$ 为联合 PDF；$p(\boldsymbol{y})$ 为后验 PDF，它是根据实验中获得的测量值得到的，进而有

$$p(\boldsymbol{\theta}, \boldsymbol{y}) = p(\boldsymbol{y}|\boldsymbol{\theta})p(\boldsymbol{\theta}) \tag{11.1.8}$$

因此，根据式（11.1.7），可得

$$p(\boldsymbol{\theta}|\boldsymbol{y}) = \frac{p(\boldsymbol{\theta}, \boldsymbol{y})}{p(\boldsymbol{y})} \tag{11.1.9}$$

由式（11.1.8），有

$$p(\boldsymbol{\theta}|\boldsymbol{y}) = \frac{p(\boldsymbol{y}|\boldsymbol{\theta})p(\boldsymbol{\theta})}{p(\boldsymbol{y})} \tag{11.1.10}$$

其中，$\boldsymbol{\theta}$ 的 PDF 必须事先已知。这样情况下，就可以直接求解式（11.1.2）。

类似地，利用上述结果，式（11.1.6）可写成

$$\hat{\boldsymbol{\theta}} = \arg\max_{\theta} p(\boldsymbol{y}|\boldsymbol{\theta})p(\boldsymbol{\theta}) \tag{11.1.11}$$

如果无法对 $\boldsymbol{\theta}$ 做任何假设，那么就假设在参数空间内它是均匀分布的，则

$$\hat{\boldsymbol{\theta}} = \arg\max_{\theta} p(\boldsymbol{y}|\boldsymbol{\theta}) \tag{11.1.12}$$

获得的结果就是**极大似然**估计，这在第 8.5 节中已讲过了。在先验 PDF 对估计结果的影响可以忽略的情况下，极大后验估计也就接近于极大似然估计（Ljung，1999）。

这种方法的主要缺点是，贝叶斯估计需要参数 $\boldsymbol{\theta}$ 概率密度函数的知识，而条件概率密度函数要付出更高的数学代价才能获得。因此，贝叶斯估计几乎无法用于系统辨识领域的实际应用。然而，可以把它看作最为综合的参数估计技术，它可以作为研究其他许多算法的起点，比如下一节讨论的极大似然估计，可以视作是贝叶斯估计的一个特例。在某些噪声假设下，极大似然估计又可以看作与最小二乘估计有关系（Isermann，1992），见图 11.1。进一步的信息可参阅文献（Lee，1964；Nahi，1969；Eykhoff，1974；Peterka，1981；Ljung，1999）。贝叶斯法则也经常应用于分类问题（Isermann，2006）。

关于贝叶斯方法在参数估计中应用的文献很少，主要原因可能是确定条件概率密度函数时的计算问题，而且参数的概率密度函数通常是未知的。因此，贝叶斯估计主要在于理论价值，可以把它看作是一种最一般、最综合的估计方法，其他的基本估计方法可以此为起点，通过某些假设或某种限定导出。

这种估计方法之间的关系如图 11.1 所示。在参数均匀分布的假设下，即 $p(\boldsymbol{\theta}_0)=$常数，贝叶斯估计式（11.1.11）变成极大似然估计式（11.1.12）。在下面对动态系统进行极大似然估计的推导中，用方程误差 $\boldsymbol{e}$ 代替测量信号 $\boldsymbol{y}$，以方便于处理，即

$$\hat{\boldsymbol{\theta}} = \arg\max_{\theta} p(\boldsymbol{e}|\boldsymbol{\theta}) \tag{11.1.13}$$

如果进一步假设误差 $\boldsymbol{e}$ 是统计不相关的，并服从高斯分布，且 $\mathrm{E}\{\boldsymbol{e}\}=\boldsymbol{0}$，又有误差协方差阵 $\boldsymbol{R}=\mathrm{E}\{\boldsymbol{e}\boldsymbol{e}^{\mathrm{T}}\}$，那么

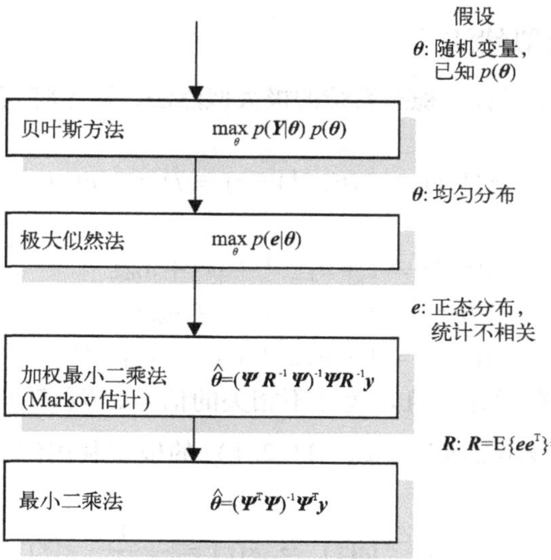


图 11.1　由贝叶斯方法，通过具体的假设，而导出不同的参数估计方法

$$p(\boldsymbol{e}\,|\,\boldsymbol{\theta})=\frac{1}{(2\pi)^{N/2}(\det\boldsymbol{R})^{1/2}}\exp\left(-\frac{1}{2}\boldsymbol{e}^{\mathrm{T}}\boldsymbol{R}^{-1}\boldsymbol{e}\right)\tag{11.1.14}$$

在第 11.2 节中，将详细推导这个结果。由此，有

$$\ln p(\boldsymbol{e}\,|\,\boldsymbol{\theta})=-\frac{1}{2}\boldsymbol{e}^{\mathrm{T}}\boldsymbol{R}^{-1}\boldsymbol{e}+\text{const}\tag{11.1.15}$$

且

$$\frac{\partial}{\partial\boldsymbol{\theta}}p(\boldsymbol{e}\,|\,\boldsymbol{\theta})=-\frac{\partial}{\partial\boldsymbol{\theta}}\boldsymbol{e}^{\mathrm{T}}\boldsymbol{R}^{-1}\boldsymbol{e}=\boldsymbol{0}\tag{11.1.16}$$

因此，必须极小化二次型代价函数式（11.1.15），其中误差以其协方差阵的逆加权。对照式（9.5.6）和式（9.5.4），这就是一种加权最小二乘法，具有参数估计的最小方差

$$\hat{\boldsymbol{\theta}}=\left(\boldsymbol{\Psi}^{\mathrm{T}}\boldsymbol{R}^{-1}\boldsymbol{\Psi}\right)^{-1}\boldsymbol{\Psi}^{\mathrm{T}}\boldsymbol{R}^{-1}\boldsymbol{y}\tag{11.1.17}$$

参数估计方差达到最小，因此也就成为 Markov 估计。对于不相关的误差，有

$$\boldsymbol{R}=\sigma_e^2\boldsymbol{I}\tag{11.1.18}$$

使得式（11.1.17）变成最小二乘估计

$$\hat{\boldsymbol{\theta}}=\left(\boldsymbol{\Psi}^{\mathrm{T}}\boldsymbol{\Psi}\right)^{-1}\boldsymbol{\Psi}^{\mathrm{T}}\boldsymbol{y}\tag{11.1.19}$$

如果假设 $\boldsymbol{e}$ 是均匀分布，且是统计不相关的，那么第 11.2 节讨论的极大似然法就可以被视作一种最小二乘法。由于误差 $\boldsymbol{e}$ 和噪声成形滤波器多项式 $D(z^{-1})$ 的系数成非线性关系，所以估计方程必须迭代进行求解。

## 11.2　极大似然法（ML）

下面，先推导针对线性动态离散时间系统的极大似然估计的非递推形式，然后说明在某些简化假设下，可以构成递推形式。

### 11.2.1 非递推的极大似然法

在第 8.5 节中已经介绍过针对稳态系统的极大似然法，这里将其应用于离散时间线性动态系统。过程的模型为

$$A(z^{-1})y(z) - B(z^{-1})u(z) = D(z^{-1})e(z) \quad (11.2.1)$$

其中

$$A(z^{-1}) = 1 + a_1 z^{-1} + \cdots + a_m z^{-m} \quad (11.2.2)$$

$$B(z^{-1}) = b_1 z^{-1} + \cdots + b_m z^{-m} \quad (11.2.3)$$

$$D(z^{-1}) = 1 + d_1 z^{-1} + \cdots + d_m z^{-m} \quad (11.2.4)$$

式中，$e(k)$是服从高斯分布$(0,\sigma_e)$且是统计不相关的信号，$D(z^{-1})$的所有根都位于单位圆内。对照第 9.1 节所讲的最小二乘法，式（11.2.1）的模型利用滤波器$1/\hat{D}(z^{-1})$对方程误差$\varepsilon(k)$进行滤波，即

$$\varepsilon(z) = \hat{D}(z^{-1})e(z) \Leftrightarrow e(z) = \frac{1}{\hat{D}(z^{-1})}\varepsilon(z) \quad (11.2.5)$$

因此，假设方程误差$\varepsilon(k)$是相关信号，通过滤波器转化成不相关误差$e(k)$，见图 11.2。

为了推导出极大似然估计算法（也见第 8.5 节），必须考虑受干扰被测输出的概率密度函数。下面，假设测量输出$y(k)$服从高斯分布，这样就可以对结果方程进行解析处理。

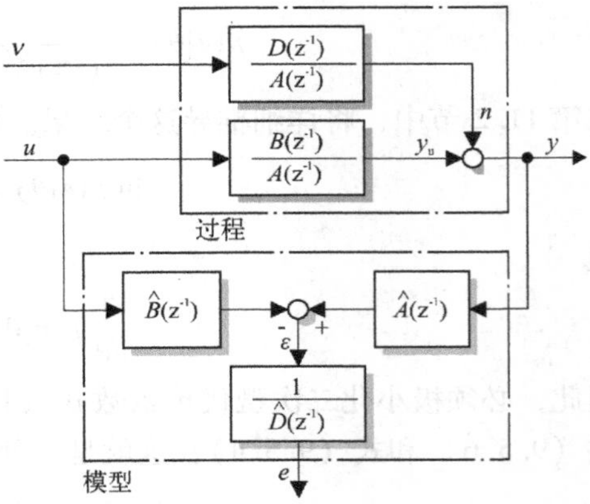


图 11.2 动态系统极大似然法示意图

给定输入信号$\{u(k)\}$，观测信号样本$\{y(k)\}$的条件概率密度函数对于给定的过程参数

$$\boldsymbol{\theta} = (a_1 \cdots a_m | b_1 \cdots b_m | d_1 \cdots d_m) \quad (11.2.6)$$

可以写成

$$p(\{y(k)\}|\{u(k)\},\boldsymbol{\theta}) = p(\boldsymbol{y}|\boldsymbol{u},\boldsymbol{\theta}) \quad (11.2.7)$$

而且是已知的，见图 11.3。现在，将测量值$y_p(k)$和$u_p(k)$代入上式，得到**似然函数**

$$p(\boldsymbol{y}_P|\boldsymbol{u}_P,\boldsymbol{\theta}) \quad (11.2.8)$$

它的分析依赖于未知参数$\theta_i$，见图 11.4。

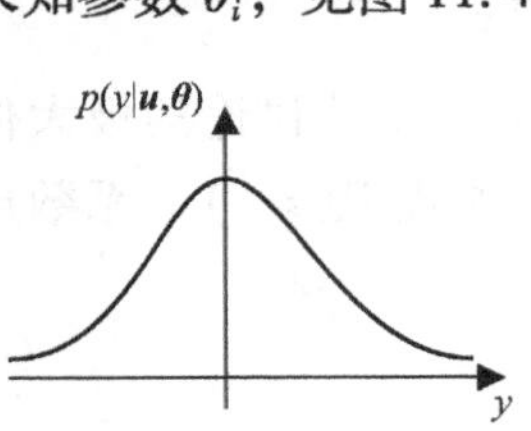


图 11.3 观测信号$y(k)$的条件概率密度函数

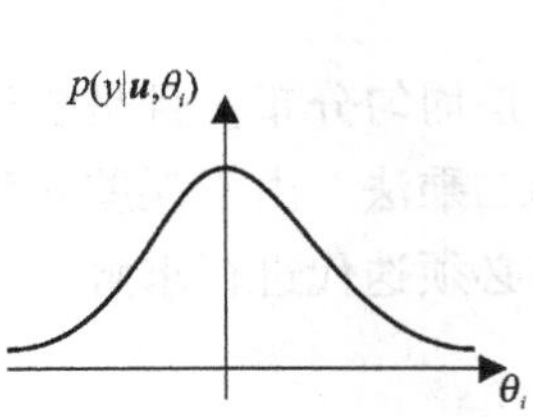


图 11.4 单个参数$\theta_i$的似然函数

由于参数$\theta_i$是常数，故而不是随机变量，所以似然函数不是参数的概率密度函数。极大似然估计的内在原理是，对未知参数$\theta_i$的最优估计，使得以最大的可能性（或似然）得

到观测结果。从数学上看，就是寻找 $\theta_i$ 的值，以极大化似然函数。因此，参数 $\boldsymbol{\theta}$ 可通过寻找似然函数的极大值或者相应地求一阶导数，并令其为零来求得

$$\left.\frac{\partial}{\partial \boldsymbol{\theta}} p(y|\boldsymbol{u},\boldsymbol{\theta})\right|_{\boldsymbol{\theta}=\hat{\boldsymbol{\theta}}} = \mathbf{0} \tag{11.2.9}$$

由于单个测量值 $y(k)$ 不是统计不相关的，所以概率密度函数难以计算。因此，下面的推导将基于误差 $e(k)$，假设其服从高斯分布，且是统计不相关的。在这种情况下，考虑似然函数

$$p(e|\boldsymbol{u},\boldsymbol{\theta}) \tag{11.2.10}$$

并利用下式求其估计值

$$\left.\frac{\partial}{\partial \boldsymbol{\theta}} p(e|\boldsymbol{u},\boldsymbol{\theta})\right|_{\boldsymbol{\theta}=\hat{\boldsymbol{\theta}}} = \mathbf{0} \tag{11.2.11}$$

由于假设 $e(k)$ 是统计不相关的，所以可以将概率密度函数 $p(\boldsymbol{e} \mid \boldsymbol{u},\boldsymbol{\theta})$ 写成

$$p(e|\boldsymbol{u},\boldsymbol{\theta}) = \prod_{k=1}^{N} p(e(k)|\boldsymbol{u},\boldsymbol{\theta}) \tag{11.2.12}$$

又假设各个误差 $e(k)$ 服从高斯分布，所以取似然函数的对数更为有利，即为

$$\begin{aligned} L(\boldsymbol{\theta}) &= \ln\left(\left(\frac{1}{\sigma_{\mathrm{e}}\sqrt{2\pi}}\right)^{N} \prod_{k=1}^{N} \mathrm{e}^{-\frac{1}{2}\frac{e^2(k)}{\sigma_{\mathrm{e}}^2}}\right) \\ &= -\frac{1}{2\sigma_{\mathrm{e}}^2}\sum_{k=1}^{N} e^2(k) - N\ln\sigma_{\mathrm{e}} - \frac{N}{2}\ln 2\pi \end{aligned} \tag{11.2.13}$$

可见，关于参数 $\boldsymbol{\theta}$，极大化对数似然函数（更准确地，应称自然对数似然函数），等价于极小化误差平方和

$$V = \sum_{k=1}^{N} e^2(k) \tag{11.2.14}$$

因此，对于图 11.2 所示的系统结构，当误差 $e(k)$ 服从高斯分布时，极大似然和最小二乘估计得到的结果是相同的。

这种解只能迭代进行，因为代价函数关于 $A(z^{-1})$ 和 $B(z^{-1})$ 的参数是线性的，但关于 $D(z^{-1})$ 的参数却是非线性的。文献（Åström and Bohlin，1965）采用 Newton – Raphson 算法来求解这个优化问题。一阶导数和二阶导数（Hesse 矩阵）分别记作

$$\boldsymbol{V}_{\boldsymbol{\theta}}^{\mathrm{T}}(\boldsymbol{\theta}) = \left(\frac{\partial V}{\partial \boldsymbol{\theta}}\right)^{\mathrm{T}} = \left(\frac{\partial V}{\partial \theta_1}\ \frac{\partial V}{\partial \theta_2}\ \cdots\ \frac{\partial V}{\partial \theta_p}\right) \tag{11.2.15}$$

和

$$\boldsymbol{V}_{\boldsymbol{\theta\theta}}(\boldsymbol{\theta}) = \frac{\partial^2 V}{\partial \boldsymbol{\theta}^{\mathrm{T}}\partial \boldsymbol{\theta}} = \begin{pmatrix} \frac{\partial^2 V}{\partial\theta_1\partial\theta_1} & \cdots & \frac{\partial^2 V}{\partial\theta_p\partial\theta_1} \\ \vdots & & \vdots \\ \frac{\partial^2 V}{\partial\theta_1\partial\theta_p} & \cdots & \frac{\partial^2 V}{\partial\theta_p\partial\theta_p} \end{pmatrix} \tag{11.2.16}$$

对应的偏导数为

$$\frac{\partial V}{\partial \theta_i} = \sum_{k=1}^{N} e(k) \frac{\partial e(k)}{\partial \theta_i} \tag{11.2.17}$$

$$\frac{\partial^2 V}{\partial \theta_i \partial \theta_j} = \sum_{k=1}^{N} \frac{\partial e(k)}{\partial \theta_i} \frac{\partial e(k)}{\partial \theta_j} + \sum_{k=1}^{N} e(k) \frac{\partial^2 e(k)}{\partial \theta_i \partial \theta_j} \tag{11.2.18}$$

上式表明，还需要误差 $e(k)$ 关于单个参数的偏导数，可写成

$$D(z^{-1}) \frac{\partial e(k)}{\partial a_i} = y(k) z^{-i} \tag{11.2.19}$$

$$D(z^{-1}) \frac{\partial e(k)}{\partial b_i} = -u(k) z^{-i} \tag{11.2.20}$$

$$D(z^{-1}) \frac{\partial e(k)}{\partial d_i} = -e(k) z^{-i} \tag{11.2.21}$$

$$D(z^{-1}) \frac{\partial^2 e(k)}{\partial a_i \partial d_j} = -z^{-j} \frac{\partial e(k)}{\partial a_i} = -z^{-i-j+1} \frac{\partial e(k)}{\partial a_1} \tag{11.2.22}$$

$$D(z^{-1}) \frac{\partial^2 e(k)}{\partial b_i \partial d_j} = -z^{-j} \frac{\partial e(k)}{\partial b_i} = -z^{-i-j+1} \frac{\partial e(k)}{\partial b_1} \tag{11.2.23}$$

$$D(z^{-1}) \frac{\partial^2 e(k)}{\partial d_i \partial d_j} = -2z^{-j} \frac{\partial e(k)}{\partial d_i} = -2z^{-i-j+1} \frac{\partial e(k)}{\partial d_1} \tag{11.2.24}$$

其中，引入了时移算子 $z$，定义如下

$$y(k) z^{-l} = y(k-l) \tag{11.2.25}$$

进一步有

$$D(z^{-1}) \frac{\partial^2 e(k)}{\partial a_i \partial a_j} = 0 \tag{11.2.26}$$

$$D(z^{-1}) \frac{\partial^2 e(k)}{\partial a_i \partial b_j} = 0 \tag{11.2.27}$$

$$D(z^{-1}) \frac{\partial^2 e(k)}{\partial b_i \partial b_j} = 0 \tag{11.2.28}$$

由于优化算法的更新方程写成

$$\begin{aligned} \boldsymbol{\theta}(k+1) &= \boldsymbol{\theta}(k) - \left( \frac{\partial^2 V}{\partial \boldsymbol{\theta}^{\mathrm{T}} \partial \boldsymbol{\theta}} \right)^{-1} \bigg|_{\boldsymbol{\theta}=\boldsymbol{\theta}(k)} \left( \frac{\partial V}{\partial \boldsymbol{\theta}} \right) \bigg|_{\boldsymbol{\theta}=\boldsymbol{\theta}(k)} \\ &= \boldsymbol{\theta}(k) - \boldsymbol{V}_{\boldsymbol{\theta}\boldsymbol{\theta}} \big( \boldsymbol{\theta}(k) \big)^{-1} \boldsymbol{V}_{\boldsymbol{\theta}} \big( \boldsymbol{\theta}(k) \big) \end{aligned} \tag{11.2.29}$$

这种情况下，$D(z^{-1})$ 项就消去了。

对于极大似然估计的收敛性，其先决条件是选择合适的初始值。建议在首次迭代时，取 $D(z^{-1})=1$，即 $d_i=0$，使之成为普通的最小二乘法，利用最小二乘问题的直接解，以获得（有偏的）初始值。

**定理 11.1（极大似然估计的收敛性）**

对于图 11.2 的 ARMAX 过程，极大似然估计给出一致渐近有效的参数估计，达到 Cramér－Rao 下界（Åström and Bohlin，1965；van der Waerden，1969；Deutsch，1965），如果满足如下条件：

- $u(k)=U(k)-U_{00}$ 准确已知。

- $Y_{00}$准确已知，且与 $U_{00}$相对应。
- $e(k)$的元素统计不相关，且服从高斯分布。
- $D(z)=0$ 的根都位于单位圆内。
- 选择已知的合适初始值$\hat{\boldsymbol{\theta}}(0)$。

□

对于很多其他的噪声分布，这里讨论的估计方法也是收敛的，但在多数情况下不再是渐近有效的。

在文献（Raol et al，2004）中，对动态系统的极大似然估计做了概述，那里将极大似然估计用于输出误差模型，代价函数关于参数的偏导数是通过有限差分和相应的参数摄动求得的。专著（van den Bos，2007）还讨论了极大似然估计与非线性优化算法的结合问题。根据文献（Ljung，1999）的论述，极大似然估计也可解释为极大熵或极小信息距离估计。

### 11.2.2 递推极大似然法（RML）

通过对非递推方法的偏导数进行近似，可以推导出递推的极大似然法（Söderström，1973；Fuhrt and Carapic，1975）。为了这个推导，首先要将过程模型式（11.2.1）表达成

$$y(k)=\boldsymbol{\psi}^{\mathrm{T}}(k)\boldsymbol{\theta}+\nu(k) \tag{11.2.30}$$

其中

$$\begin{aligned}\boldsymbol{\psi}^{\mathrm{T}}(k)=\big(-y(k-1)\cdots-y(k-m)\big|u(k-d-1)\cdots u(k-d-m)\big|\\ \nu(k-1)\cdots\nu(k-m)\big)\end{aligned} \tag{11.2.31}$$

$$\boldsymbol{\theta}^{\mathrm{T}}=\big(a_1\cdots a_m\big|b_1\cdots b_m\big|d_1\cdots d_m\big) \tag{11.2.32}$$

又将代价函数写成

$$V(k+1,\hat{\boldsymbol{\theta}})=V(k,\hat{\boldsymbol{\theta}})+\frac{1}{2}e^2(k+1,\hat{\boldsymbol{\theta}}) \tag{11.2.33}$$

然后，将其一阶导数和二阶导数写成

$$\boldsymbol{V}_{\boldsymbol{\theta}}(\hat{\boldsymbol{\theta}},k+1)=\underbrace{\boldsymbol{V}_{\boldsymbol{\theta}}(\hat{\boldsymbol{\theta}},k)}_{\approx\mathbf{0}}+e(\hat{\boldsymbol{\theta}},k+1)\frac{\partial e(\boldsymbol{\theta},k+1)}{\partial\boldsymbol{\theta}}\Big|_{\boldsymbol{\theta}=\hat{\boldsymbol{\theta}}} \tag{11.2.34}$$

和

$$\begin{aligned}\boldsymbol{V}_{\boldsymbol{\theta\theta}}(\hat{\boldsymbol{\theta}},k+1)=\boldsymbol{V}_{\boldsymbol{\theta\theta}}(\hat{\boldsymbol{\theta}},k)+\Big(\frac{\partial e(\boldsymbol{\theta},k+1)}{\partial\boldsymbol{\theta}}\Big)^{\mathrm{T}}\Big|_{\boldsymbol{\theta}=\hat{\boldsymbol{\theta}}}\Big(\frac{\partial e(\boldsymbol{\theta},k+1)}{\partial\boldsymbol{\theta}}\Big)\Big|_{\boldsymbol{\theta}=\hat{\boldsymbol{\theta}}}\\ \underbrace{+\,e(\hat{\boldsymbol{\theta}},k+1)\Big(\frac{\partial^2 e(\boldsymbol{\theta},k+1)}{\partial\boldsymbol{\theta}^2}\Big)\Big|_{\boldsymbol{\theta}=\hat{\boldsymbol{\theta}}}}_{\approx\mathbf{0}}\end{aligned} \tag{11.2.35}$$

式中，所标注出的项近似为零（Söderström，1973）。这些式子就构成了估计算法

$$\hat{\boldsymbol{\theta}}(k+1)=\hat{\boldsymbol{\theta}}(k)+\boldsymbol{\gamma}(k)e(k+1) \tag{11.2.36}$$

式中

$$\boldsymbol{\gamma}(k)=\boldsymbol{P}(k+1)\boldsymbol{\varphi}(k+1)=\frac{\boldsymbol{P}(k)\boldsymbol{\varphi}(k+1)}{1+\boldsymbol{\varphi}^{\mathrm{T}}(k+1)\boldsymbol{P}(k)\boldsymbol{\varphi}(k+1)} \tag{11.2.37}$$

$$\boldsymbol{P}(k)=\boldsymbol{V}_{\boldsymbol{\theta\theta}}^{-1}(\hat{\boldsymbol{\theta}}(k-1),k) \tag{11.2.38}$$

$$\boldsymbol{P}(k+1)=\big(\boldsymbol{I}-\boldsymbol{\gamma}(k)\boldsymbol{\varphi}^{\mathrm{T}}(k+1)\big)\boldsymbol{P}(k) \tag{11.2.39}$$

$$\varphi(k+1) = -\frac{\partial e(\boldsymbol{\theta}(k), k+1)}{\partial \boldsymbol{\theta}}\bigg|_{\boldsymbol{\theta}=\hat{\boldsymbol{\theta}}} \tag{11.2.40}$$

$$e(k+1) = y(k+1) - \hat{\boldsymbol{\psi}}^{\mathrm{T}}(k+1)\hat{\boldsymbol{\theta}}(k) \tag{11.2.41}$$

$$\hat{v}(k+1) = \hat{e}(k+1) \tag{11.2.42}$$

因此，由式（11.2.31），$\boldsymbol{\psi}^{\mathrm{T}}$ 近似为

$$\hat{\boldsymbol{\psi}}^{\mathrm{T}}(k+1) = \big(-y(k-1)\cdots -y(k-m)\big|u(k-d-1)\cdots u(k-d-m)\big|\\ e(k-1)\cdots e(k-m)\big) \tag{11.2.43}$$

向量 $\boldsymbol{\varphi}^{\mathrm{T}}(k+1)$ 中的元素可确定为

$$\boldsymbol{\varphi}^{\mathrm{T}}(k+1) = -\bigg(\frac{\partial e(k+1)}{\partial a_1}\cdots\frac{\partial e(k+1)}{\partial a_m}\ \frac{\partial e(k+1)}{\partial b_1}\cdots\frac{\partial e(k+1)}{\partial b_m}\\ \frac{\partial e(k+1)}{\partial d_1}\cdots\frac{\partial e(k+1)}{\partial d_m}\bigg) \tag{11.2.44}$$

式中，$e(k)=\hat{v}(k)$，根据式（11.2.1），有

$$z\frac{\partial e(z)}{\partial a_i} = \frac{1}{\hat{D}(z^{-1})}y(z)z^{-(i-1)} = y'(z)z^{-(i-1)} \tag{11.2.45}$$

$$z\frac{\partial e(z)}{\partial b_i} = -\frac{1}{\hat{D}(z^{-1})}u(z)z^{-(i-1)}z^{-d} = -u'(z)z^{-(i-1)}z^{-d} \tag{11.2.46}$$

$$z\frac{\partial e(z)}{\partial d_i} = -\frac{1}{\hat{D}(z^{-1})}e(z)z^{-(i-1)} = -e'(z)z^{-(i-1)} \tag{11.2.47}$$

其中，$i=1,\cdots,m$。这些元素可理解为滤波后的信号

$$\hat{\boldsymbol{\varphi}}^{\mathrm{T}}(k+1) = \big(-y'(k-1)\cdots -y'(k-m)\big|u'(k-d-1)\cdots\\ u'(k-d-m)\big|e'(k-1)\cdots e'(k-m)\big) \tag{11.2.48}$$

它们可由差分方程生成

$$y'(k) = y(k) - \hat{d}_1 y'(k-1) - \cdots - \hat{d}_m y'(k-m) \tag{11.2.49}$$

$$u'(k-d) = u(k-d) - \hat{d}_1 u'(k-d-1) - \cdots - \hat{d}_m u'(k-d-m) \tag{11.2.50}$$

$$e'(k) = e(k) - \hat{d}_1 e'(k-1) - \cdots - \hat{d}_m e'(k-m) \tag{11.2.51}$$

式中 $\hat{d}_i$ 就用当前的估计值 $\hat{d}_i(k)$。由于在推导开始时就做了简化近似，因而得到的只是非递推极大似然法的近似解。

初始值可选

$$\hat{\boldsymbol{\theta}}(0) = \mathbf{0},\ \boldsymbol{P}(0) = \alpha\boldsymbol{I},\ \boldsymbol{\varphi}(0) = \mathbf{0} \tag{11.2.52}$$

算法的收敛性准则与非递推极大似然估计相同。特别是，$D(z)=0$ 所有的根都必须在单位圆内，以使得式（11.2.49）~式（11.2.51）是稳定的。

### 11.2.3 Cramér – Rao 界与最大精度

对于线性动态系统的极大似然估计，还可求得 Cramér – Rao 界（Eykhoff，1974），其含义见式（8.5.14）。在多参数的情况下，Cramér – Rao 界表示为

$$\operatorname{cov}\Delta\hat{\boldsymbol{\theta}} = \mathrm{E}\{(\hat{\boldsymbol{\theta}} - \boldsymbol{\theta}_0)(\hat{\boldsymbol{\theta}} - \boldsymbol{\theta}_0)^{\mathrm{T}}\} \geqslant \boldsymbol{J}^{-1} \tag{11.2.53}$$

其中，**信息矩阵**定义为

$$J = \mathrm{E}\left\{\left(\frac{\partial L}{\partial \boldsymbol{\theta}_0}\right)\left(\frac{\partial L}{\partial \boldsymbol{\theta}_0}\right)^{\mathrm{T}}\right\} = -\mathrm{E}\left\{\frac{\partial^2 L}{\partial \boldsymbol{\theta}_0 \partial \boldsymbol{\theta}_0^{\mathrm{T}}}\right\} \tag{11.2.54}$$

这里，$\boldsymbol{\theta}_0$ 表示真实参数。对于服从高斯分布的误差 $e(k)$，可得

$$\frac{\partial L}{\partial \boldsymbol{\theta}_0} = -\frac{1}{\sigma_{\mathrm{e}}^2}\frac{\partial V}{\partial \boldsymbol{\theta}_0} \tag{11.2.55}$$

因此

$$J = \frac{1}{\sigma_{\mathrm{e}}^4}\mathrm{E}\left\{\left(\frac{\partial V}{\partial \boldsymbol{\theta}_0}\right)\left(\frac{\partial V}{\partial \boldsymbol{\theta}_0}\right)^{\mathrm{T}}\right\} = \frac{1}{\sigma_{\mathrm{e}}^2}\mathrm{E}\left\{\frac{\partial^2 L}{\partial \boldsymbol{\theta}_0 \partial \boldsymbol{\theta}_0^{\mathrm{T}}}\right\} \tag{11.2.56}$$

由此，参数估计的协方差阵可表示成

$$\operatorname{cov}\Delta\hat{\boldsymbol{\theta}} \geqslant \frac{2V}{N}\mathrm{E}\{\boldsymbol{V}_{\boldsymbol{\theta\theta}}^{-1}\} \tag{11.2.57}$$

这个结果表明，在给定的假设条件下，没有其他的无偏估计与极大似然估计相比能获得更小的方差。因此，极大似然估计是**渐近有效**的。

如果将 Cramér – Rao 界用于最小二乘参数估计的基本方程式（9.1.12）

$$\boldsymbol{y} = \boldsymbol{\Psi}\hat{\boldsymbol{\theta}} + \boldsymbol{e} \tag{11.2.58}$$

则对数似然函数可写成

$$L(\boldsymbol{\theta}) = -\frac{1}{2\sigma_{\mathrm{e}}^2}\boldsymbol{e}^{\mathrm{T}}\boldsymbol{e} + \mathrm{const} \tag{11.2.59}$$

信息矩阵为

$$J = \frac{1}{\sigma_{\mathrm{e}}^2}\mathrm{E}\{\boldsymbol{\Psi}^{\mathrm{T}}\boldsymbol{\Psi}\} \tag{11.2.60}$$

因此，对照式（9.1.24），有

$$\operatorname{cov}\Delta\hat{\boldsymbol{\theta}} \geqslant \sigma_{\mathrm{e}}^2\mathrm{E}\left\{(\boldsymbol{\Psi}^{\mathrm{T}}\boldsymbol{\Psi})^{-1}\right\} \tag{11.2.61}$$

可见，该下界与式（9.1.69）相同。进一步与式（9.5.7）比较发现，在不相关误差信号和模型分别为式（9.1.12）或式（11.2.58）的情况下，利用最小二乘法、Markov 估计法和极大似然法，得到的参数估计都将达到最小可能的方差。文献（van den Boom，1982）用仿真结果，对 Cramér – Rao 界进行了比较，结果表明最优的参数估计方法一定具有很好的匹配度。文献（Ninness，2009）针对有限的（特别是短的）数据序列，讨论了估计误差的量化问题。

## 11.3 小结

本章介绍了贝叶斯估计器和极大似然估计器，这里的讨论只限于离散时间线性动态系统的辨识。贝叶斯估计器将参数视为随机变量，并将其概率密度函数的信息引入到参数估计问题的求解中。然而，由于在实际应用中这个信息几乎无法获得，所以对于利用实验数据进行参数估计而言，贝叶斯估计器的应用是很有限的。不过已经表明，极大似然估计器和最小二乘估计器都可以根据贝叶斯估计器导出，见图 11.1。

极大似然估计基于对测量信号的随机处理，其参数估计是利用观测数据的概率密度函数求得的。对于 ARMAX 模型结构和服从正态分布、统计独立的误差信号，用于线性动态离散

时间系统的极大似然估计法，可利用非线性优化算法求解得到。做某些简化近似之后，也就构成了递推的极大似然估计。虽然极大似然估计的计算量比较大，不过已经证明它是渐近有效的，也就是能达到 Cramér - Rao 下界，在特定条件下是可能的最小方差估计。极大似然估计方法还可用于许多其他的场合，比如频域辨识（McKelvey，2000）。

## 习题

11.1 贝叶斯估计

对给定的观测数据集，如何利用贝叶斯法则求参数的条件概率密度函数 $p(\boldsymbol{\theta}|\boldsymbol{y})$？

11.2 贝叶斯估计、极大似然估计和最小二乘估计

这些参数估计方法之间是怎么相互联系的？从一种估计器到另一种估计器的假设条件是什么？

11.3 Cramér - Rao 下界

对于一个参数 $\theta_0$，推导 Cramér - Rao 不等式（答案见文献（Isermann，1992）第 14 页）。

## 参考文献


Åström KJ, Bohlin T (1965) Numerical identification of linear dynamic systems from normal operating records. In: Proceedings of the IFAC Symposium Theory of Self-Adaptive Control Systems, Teddington

van den Boom AJW (1982) System identification-on the variety and coherence in parameter- and order estimation methods. Ph. D. thesis. TH Eindhoven, Eindhoven

van den Bos A (2007) Parameter estimation for scientists and engineers. Wiley-Inter science, Hoboken, NJ

Deutsch R (1965) Estimation theory. Prentice-Hall, Englewood Cliffs, NJ

Eykhoff P (1974) System identification: Parameter and state estimation. Wiley-Inter science, London

Fuhrt BP, Carapic M (1975) On-line maximum likelihood algorithm for the identification of dynamic systems. In: 4th IFAC-Symposium on Identification, Tbilisi, USSR

Isermann R (1992) Identifikation dynamischer Systeme: Besondere Methoden, Anwendungen (Vol 2). Springer, Berlin

Isermann R (2006) Fault-diagnosis systems: An introduction from fault detection to fault tolerance. Springer, Berlin

Lee KI (1964) Optimal estimation, identification, and control, Massachusetts Institute of Technology research monographs, vol 28. MIT Press, Cambridge, MA

Ljung L (1999) System identification: Theory for the user, 2nd edn. Prentice Hall Information and System Sciences Series, Prentice Hall PTR, Upper Saddle River, NJ

McKelvey T (2000) Frequency domain identification. In: Proceedings of the 12th IFAC Symposium on System Identification, Santa Barbara, CA, USA

Nahi NE (1969) Estimation theory and applications. J. Wiley, New York, NY

Ninness B (2009) Some system identification challenges and approaches. In: Proceedings of the 15th IFAC Symposium on System Identification, Saint-Malo, France

Papoulis A (1962) The Fourier integral and its applications. McGraw Hill, New York

Peterka V (1981) Bayesian approach to system identification. In: Trends and progress in system identification, Pergamon Press, Oxford

Raol JR, Girija G, Singh J (2004) Modelling and parameter estimation of dynamic systems, IEE control engineering series, vol 65. Institution of Electrical Engineers, London

Söderström T (1973) An on-line algorithm for approximate maximum likelihood identification of linear dynamic systems. Report 7308. Dept. of Automatic Control, Lund Inst of Technology, Lund

van der Waerden BL (1969) Mathematical statistics. Springer, Berlin

# 第 12 章 时变过程的参数估计

对于许多实际过程，支配线性差分方程的参数并非常数，由于受到内部或外部的影响，这些参数可能随着时间变化。另外，通常非线性过程只能在当前工作点附近的小区间内进行线性化，如果工作点变了，这种情况下线性化的动态特性也变了。对于工作点的缓慢变化，利用具有时变参数的线性差分方程可得到比较好的描述。递推最小二乘法（见第 9 章）还可用于辨识时变参数。下面介绍利用最小二乘法来跟踪时变参数变化的不同方法。

## 12.1 恒定遗忘因子的指数遗忘

联系到加权最小二乘法，第 9.6 节中建议了一种方法，通过选择如下的权重 $w(k)$，可以用来辨识缓慢的时变过程

$$w(k) = \lambda^{N'-k} \tag{12.1.1}$$

通过选择 $w(k)$，以控制对误差的加权，这种特定的方式称作**指数遗忘**。

针对指数遗忘的加权最小二乘法，递推估计式（9.6.11）~式（9.6.13）如下

$$\hat{\boldsymbol{\theta}}(k+1) = \hat{\boldsymbol{\theta}}(k) + \boldsymbol{\gamma}(k)\big(y(k+1) - \boldsymbol{\psi}^{\mathrm{T}}(k+1)\hat{\boldsymbol{\theta}}(k)\big) \tag{12.1.2}$$

$$\boldsymbol{\gamma}(k) = \frac{1}{\boldsymbol{\psi}^{\mathrm{T}}(k+1)\boldsymbol{P}(k)\boldsymbol{\psi}(k+1) + \lambda}\boldsymbol{P}(k)\boldsymbol{\psi}(k+1) \tag{12.1.3}$$

$$\boldsymbol{P}(k+1) = \big(\boldsymbol{I} - \boldsymbol{\gamma}(k)\boldsymbol{\psi}^{\mathrm{T}}(k+1)\big)\boldsymbol{P}(k)\frac{1}{\lambda} \tag{12.1.4}$$

遗忘因子 $\lambda$ 对算法的影响从协方差阵式（9.6.6）的逆可以直接看出来

$$\boldsymbol{P}^{-1}(k+1) = \lambda\boldsymbol{P}^{-1}(k) + \boldsymbol{\psi}(k+1)\boldsymbol{\psi}^{\mathrm{T}}(k+1) \tag{12.1.5}$$

$\boldsymbol{P}^{-1}$ 与式（11.2.60）的信息矩阵 $\boldsymbol{J}$ 成正比

$$\boldsymbol{J} = \frac{1}{\sigma_e^2}\mathrm{E}\{\boldsymbol{\Psi}^{\mathrm{T}}\boldsymbol{\Psi}\} = \frac{1}{\sigma_e^2}\mathrm{E}\{\boldsymbol{P}^{-1}\} \tag{12.1.6}$$

见文献（Eykhoff，1974；Isermann，1992）。

通过取 $\lambda<1$，使得上一步的信息减少，或者相应的协方差增加，这意味着假如估计的质量不好，就要加大新测量值的权重。

$\lambda = 1$ 时，有

$$\lim_{k\to\infty}\mathrm{E}\{\boldsymbol{P}(k)\} = \boldsymbol{0} \tag{12.1.7}$$

$$\lim_{k\to\infty} \mathrm{E}\{\boldsymbol{\gamma}(k)\} = \lim_{k\to\infty} \mathrm{E}\{\boldsymbol{P}(k+1)\boldsymbol{\psi}(k+1)\} = \boldsymbol{0} \tag{12.1.8}$$

对大的时间 $k$，实际上测量值对 $\hat{\boldsymbol{\theta}}(k+1)$没有影响。这样式（12.1.5）$\boldsymbol{P}^{-1}(k+1)$的元素将趋于无穷。

然而，如果使用遗忘因子 $\lambda<1$，则根据式（12.1.5），有

$$\boldsymbol{P}^{-1}(k) = \lambda^k \boldsymbol{P}^{-1}(0) + \sum_{i=0}^{k} \lambda^{k-i} \boldsymbol{\psi}(i)\boldsymbol{\psi}^{\mathrm{T}}(i) \tag{12.1.9}$$

若初始矩阵 $\boldsymbol{P}(0)=\alpha\boldsymbol{I}$ 中的 $\alpha$ 值很大，式（12.1.9）的第一项接近于零，因为对于 $\lambda<1$，有

$$\lim_{k\to\infty} \sum_{i=1}^{k} \lambda^{k-i} = \lim_{k\to\infty} \sum_{i=0}^{k-1} \lambda^{i} < \infty \tag{12.1.10}$$

（为正数收敛序列），因此 $\boldsymbol{P}^{-1}(k)$不趋向于无穷而收敛于固定值

$$\lim_{k\to\infty} \mathrm{E}\{\boldsymbol{P}^{-1}(k)\} = \boldsymbol{P}^{-1}(\infty) \tag{12.1.11}$$

因此

$$\lim_{k\to\infty} \mathrm{E}\{\boldsymbol{P}(k)\} = \boldsymbol{P}(\infty) \tag{12.1.12}$$

以及

$$\lim_{k\to\infty} \mathrm{E}\{\boldsymbol{\gamma}(k)\} = \boldsymbol{\gamma}(\infty) \tag{12.1.13}$$

它们是有限且非零的。这样，在 $k$ 大时，新的测量值得到恒定的权重，而估计值关于参数变化仍然是敏感的，并且能跟上过程的缓慢变化。这与 $\lambda<1$ 的情况不同，其新测量值的权重或影响随着 $k$ 的增加变得越来越小。在指数遗忘情况下，由于有效的平均时间小了，噪声的影响增加了，方差也增加了。

**例 12.1（利用恒定遗忘因子的参数估计）**

给定一个二阶系统，其传递函数为

$$G(s) = \frac{K}{(1+T_1 s)(1+T_2 s)} \tag{12.1.14}$$

其中，$K=1$，$T_1=0.75\,\mathrm{s}$，$T_{2,0}=0.5\,\mathrm{s}$。在 $t=50\,\mathrm{s}$ 时刻，系统参数发生变化，第二个时间常数变为 $T_{2,1}=0.25\,\mathrm{s}$。系统由 PRBS 信号激励，幅值 $a=1$，时钟时间 $T=0.25\,\mathrm{s}$。对系统进行离散化，采样时间取 $T_0=0.25\,\mathrm{s}$，得到离散时间的传递函数为

$$G_0(z) = \frac{0.06347z + 0.04807}{z^2 - 1.323z + 0.4346} \tag{12.1.15}$$

和

$$G_1(z) = \frac{0.1091z + 0.07004}{z^2 - 1.084z + 0.2636} \tag{12.1.16}$$

系统输出叠加（0，0.0045）的高斯白噪声。

现在，首先以 $\lambda=0.9$ 对系统进行辨识，见图 12.1。然后以 $\lambda=0.99$ 进行辨识，见图 12.2。可见，对于小的 $\lambda$ 值，可以更快地跟踪系统参数的变化，但是同时系统参数具有更大的方差。

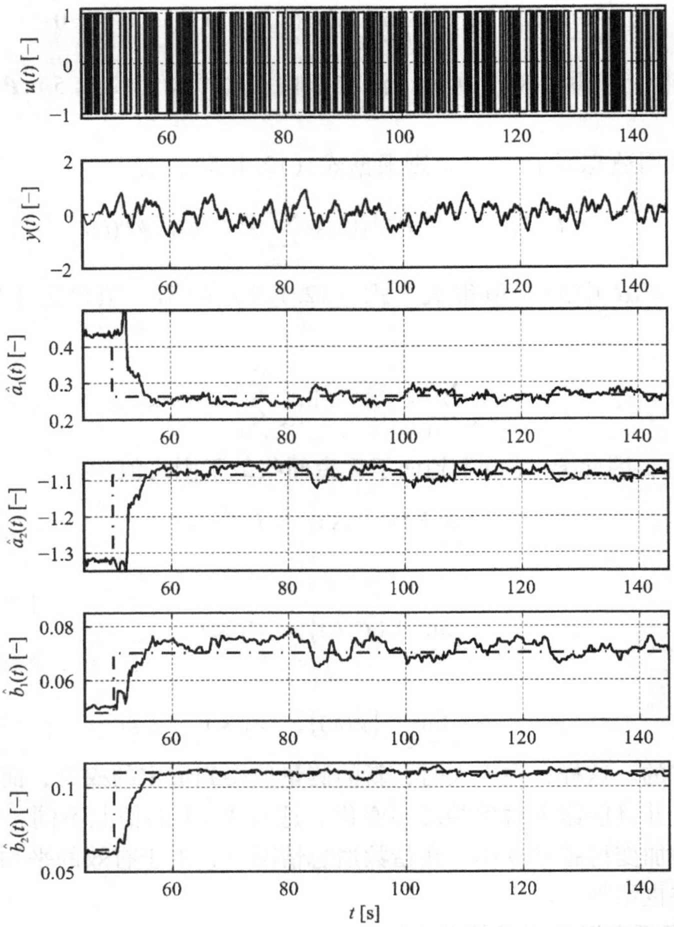


图 12.1　二阶系统的参数估计，系统的参数是变化的，取 $\lambda=0.9$，点划线表示真实的参数

遗忘因子 $\lambda$ 必须这样来选择：

- 如果参数变化速率很大，$\lambda$ 取小（如 $\lambda=0.90$），则只允许有小的噪声。
- 如果参数变化速率很小，$\lambda$ 取大（如 $\lambda=0.98$），则噪声可以大一些。

文献（Goodwin and Sin，1984）建议引入一个死区，在校正向量超过一定阈值后才对参数估计进行更新，这样能有效地消除小的参数变化。否则，若为了能足够快地跟踪时变过程，要选择小的遗忘因子，就会出现小的参数波动。

由于 $e(k)=\hat{v}(k)$ 未知而造成 RML 和 RELS 法在初始阶段收敛得比较慢，所以在算法开始运行阶段，要采用较小的权重，以加速收敛。

文献（Söderström et al，1974）建议采用下面的方式选择时变的遗忘因子

$$\lambda(k)=\lambda_0\lambda(k-1)+1-\lambda_0 \tag{12.1.17}$$

其中，$\lambda_0<1$，$\lambda(0)<1$。文献（Mikleš and Fikar，2007）提出，初始条件可选择为

$$\lambda(0)=\lambda_0=0.95\cdots0.99 \tag{12.1.18}$$

遗忘因子逐渐趋向于1，因此过去的数据随着时间渐渐被遗忘掉。

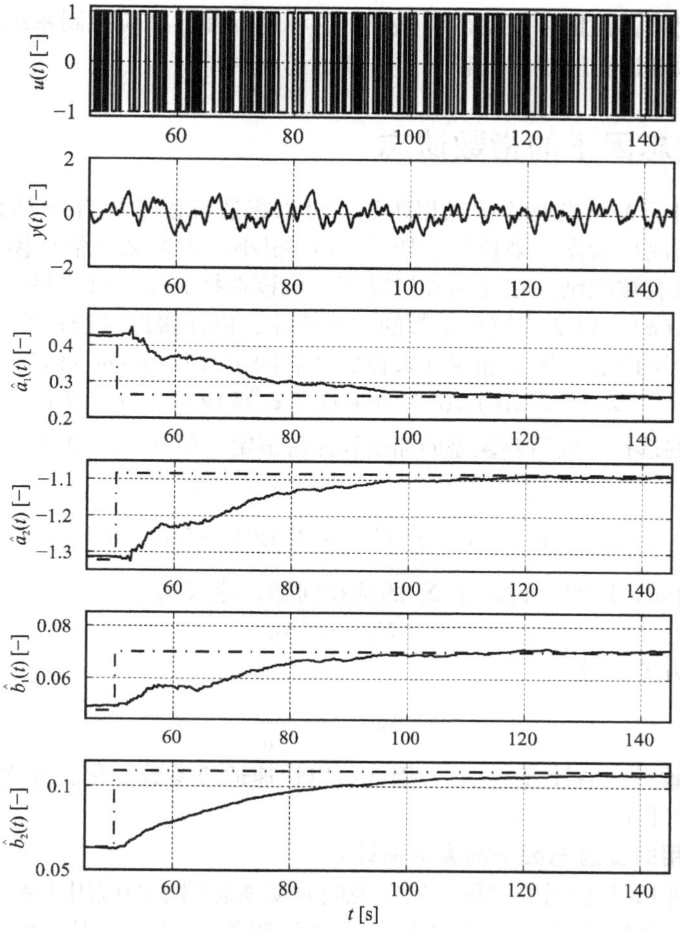


图 12.2　二阶系统的参数估计，系统参数是变化的，取 $\lambda = 0.99$，点划线表示真实的参数

也可以将这种启动方式和采用可变 $\lambda$ 的指数遗忘结合起来使用

$$\lambda(k+1) = \lambda_0 \lambda(k) + \lambda(1-\lambda_0) \tag{12.1.19}$$

比照参数 $\lambda_0$ 和 $\lambda$，初始阶段的权值比较小，然后随着 $k$ 的增大，逐渐成为通常的指数遗忘

$$\lim_{k \to \infty} \lambda(k+1) = \lambda \tag{12.1.20}$$

采用**恒定遗忘因子**的参数估计算法适合用于参数变化比较小，且输入为持续激励的过程。另外，如果过程参数是不变的，而且噪声的记忆长度 $M = 1/(1-\lambda)$ 不太长㊀，那么可以获得很好的辨识结果。但是，如果在恒定遗忘因子 $\lambda < 1$，输入又不是充分激励的情况下，就会有问题。这时，因为 $\boldsymbol{\psi}(k+1) \approx \mathbf{0}$，所以 $\boldsymbol{P}^{-1}(k+1)$ 值减小，见式（12.1.5），或者 $\boldsymbol{P}(k+1)$ 的元素持续增加（协方差阵增大）。由于校正向量为

$$\boldsymbol{\gamma}(k) = \boldsymbol{P}(k+1)\boldsymbol{\psi}(k+1) \tag{12.1.21}$$

所以估计值会变得越来越敏感。那么，很小的干扰或者数值计算误差就可能足够产生大的、

㊀ 译者注：噪声的记忆长度越短，其特性越接近白噪声。

突然的参数估计变化，使估计值变得不稳定。这种情况在自适应控制系统中可以观察到。因此，必须对输入激励进行监视，或者采用时变的遗忘因子。

## 12.2 可变遗忘因子的指数遗忘

为了使遗忘因子 $\boldsymbol{\lambda}$ 与当前的状况相匹配，可以将遗忘因子 $\boldsymbol{\lambda}$ 作为估计质量的函数进行监控，比如通过监测后验误差来控制。如果 $e_0(k)$ 很小，则要么是估计模型与过程匹配得很好，要么是过程没有被激励。在这两种情况下，应该选择 $\boldsymbol{\lambda}(k)\approx 1$。另一方面，如果误差很大，则应该减小 $\boldsymbol{\lambda}(k)$，以适应模型系数的快速变化，以便跟踪过程特性。

还可以使用如下的后验误差加权和来控制遗忘因子（Fortescue et al，1981）

$$\Sigma(k)=\lambda(k)\Sigma(k-1)+\left(1-\boldsymbol{\psi}^{\mathrm{T}}(k)\boldsymbol{\gamma}(k-1)\right)e^2(k) \tag{12.2.1}$$

这里，通过 $\boldsymbol{\lambda}(k)$ 的选择，使后验误差的加权和保持恒定，即 $\boldsymbol{\Sigma}(k)=\boldsymbol{\Sigma}(k-1)=\boldsymbol{\Sigma}_0$，因此 $\boldsymbol{\lambda}(k)$ 可选择为

$$\lambda(k)=1-\frac{1}{\Sigma_0}\left(1-\boldsymbol{\psi}^{\mathrm{T}}(k)\boldsymbol{\gamma}(k-1)\right)e^2(k) \tag{12.2.2}$$

文献（Isermann et al，1992）讨论了 $\boldsymbol{\Sigma}_0$ 的选择问题，建议选择

$$\Sigma_0=\sigma_{\mathrm{n}}^2 N_0 \tag{12.2.3}$$

其中，$\boldsymbol{\sigma}_{\mathrm{n}}^2$ 为噪声方差，且

$$N_0=\frac{1}{1-\lambda_0} \tag{12.2.4}$$

小的 $N_0$ 值会导致敏感的估计（$\boldsymbol{\lambda}_0$ 小），因此可以快速适应参数变化，反之亦然。此外，对遗忘因子要定义一个下界 $\boldsymbol{\lambda}_{\min}$。

**例 12.2（利用时变遗忘因子的参数估计）**

再次使用与例 12.1 相同的过程，用以说明时变遗忘因子的应用效果。图 12.3 给出实现的结果，并解释在系统参数变化的过程中是如何调整时变遗忘因子的，其中遗忘因子在 $0.4\leqslant\boldsymbol{\lambda}(k)\leqslant 1$ 之间调整。 □

$\boldsymbol{\Sigma}_0$ 的选择是个很实际的问题，如果选得太小，即使参数没有发生变化，$\boldsymbol{\lambda}(k)$ 也会变化很大。另一个缺点是，即使过程参数不变，$\boldsymbol{\lambda}(k)$ 也会根据噪声方差 $\boldsymbol{\sigma}_{\mathrm{n}}^2$ 而变化，而且随着 $\boldsymbol{\sigma}_{\mathrm{n}}^2$ 增加，$\boldsymbol{\lambda}(k)$ 变小，这与 $\boldsymbol{\lambda}(k)$ 对噪声的有益适应方向是矛盾的。

如果能估计出方差 $\boldsymbol{\sigma}_{\mathrm{n}}^2$，则可以用来提升算法的性能（Siegel，1985）。例如，可以通过下面的递推式子来实现

$$\hat{\sigma}_{\mathrm{n}}^2(k)=\kappa\hat{\sigma}_{\mathrm{n}}^2(k-1)+(1-\kappa)e^2(k),\ \kappa<1 \tag{12.2.5}$$

如果超过下面的阈值

$$\hat{\sigma}_{\mathrm{n}}^2(k)\geqslant\sigma_{\mathrm{n}0}^2 \tag{12.2.6}$$

$$|\hat{\sigma}_{\mathrm{n}}^2(k)-\hat{\sigma}_{\mathrm{n}}^2(k-1)|\geqslant\Delta\sigma_{\mathrm{n}}^2 \tag{12.2.7}$$

则假设参数发生了变化，这时可选择小的 $N_{02}$，使得

$$\Sigma_0=\hat{\sigma}_{\mathrm{n}}^2 N_{02} \tag{12.2.8}$$

如果 $\hat{\boldsymbol{\sigma}}_{\mathrm{n}}^2(k)$ 的值没有超过阈值，则与之相反，令

$$\Sigma_0=\hat{\sigma}_{\mathrm{n}}^2 N_{01} \tag{12.2.9}$$

其中，$N_{01}>N_{02}$（如 $N_{01}=10N_{02}$）。

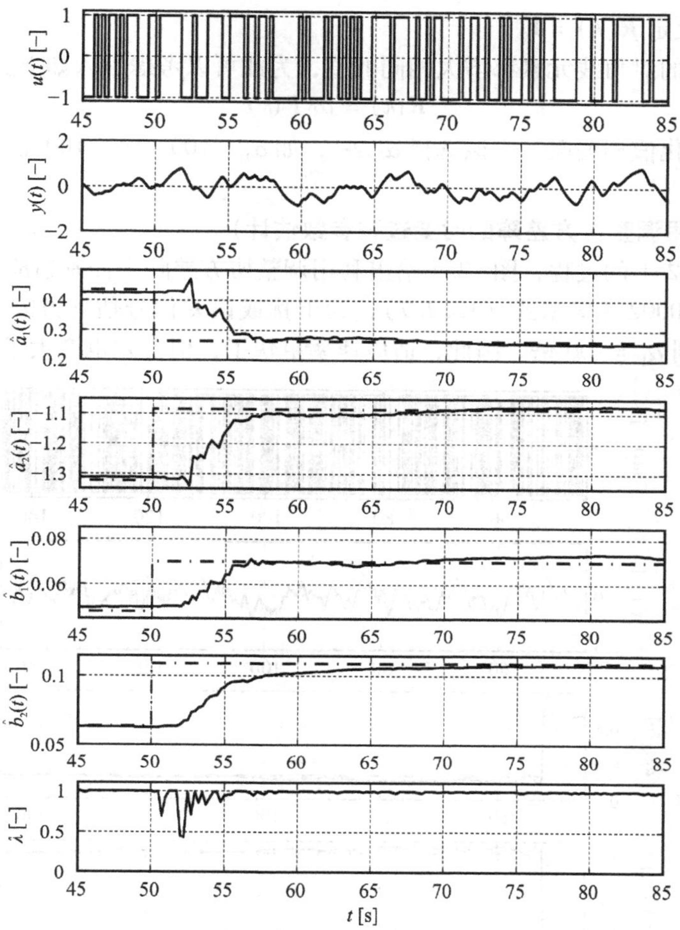


图 12.3　二阶系统的参数估计，系统参数是变化的，采用可变遗忘因子 $\lambda(k)$，点划线表示真实参数

## 12.3　协方差矩阵的调整

基于调整遗忘因子 $\lambda$ 的估计方法只对缓慢的参数变化过程非常适用，因为校正向量 $\boldsymbol{\gamma}(k)$依赖于只是缓慢（指数）变化的协方差阵 $\boldsymbol{P}(k)$，见式（12.1.2）~式（12.1.5）。而对于参数快速变化的情况，$\boldsymbol{\gamma}(k)$和 $\boldsymbol{P}(k)$也必须快速变化，这可以通过为 $\boldsymbol{P}(k)$增加一个矩阵 $\boldsymbol{R}(k)$来实现

$$\boldsymbol{P}(k+1)=\left(\boldsymbol{I}-\boldsymbol{\gamma}(k)\boldsymbol{\psi}^{\mathrm{T}}(k+1)\boldsymbol{P}(k)\frac{1}{\lambda}\right)+\boldsymbol{R}(k) \tag{12.3.1}$$

增大协方差阵的元素比仅改变遗忘因子会使参数变化更快。如果仅考虑对角矩阵，像选择 $\boldsymbol{P}(0)$初始值那样，那么当超过式（12.2.6）和式（12.2.7）所示的阈值时，可以选择

$$\boldsymbol{R}(k)=\beta\frac{e^2(k)}{\hat{\sigma}_{\mathrm{n}}^2(k)}\boldsymbol{I} \tag{12.3.2}$$

而小于阈值时，设定 $\boldsymbol{R}(k)=\boldsymbol{0}$。

缺点是 $\boldsymbol{P}(k)$ 的对角线元素都增大相同的值，为此可以考虑引入如下关系：

$$\boldsymbol{R}(k)=\alpha_{\mathrm{R}}\boldsymbol{P}(k) \tag{12.3.3}$$

与 $\boldsymbol{P}(k)$ 的当前变化值相关联。应该选择 $\alpha_{\mathrm{R}}\gg 1$，如 $\alpha_{\mathrm{R}}=100$，…，1000。每种情况可以视为一种重启。

**例 12.3（利用调整协方差阵的时变过程参数估计）**

再次考虑例 12.1 的过程，图 12.4 给出利用调整协方差阵来控制适应速度。由于在超过阈值 $\Delta\sigma_n^2(k)>0.0002$（根据式（12.2.7），为干扰或误差信号估计方差的梯度）后，协方差增加了，增加到 $\alpha_{\mathrm{R}}=100$ 倍。因此，适应速率更快了，但方差也变大了。 □

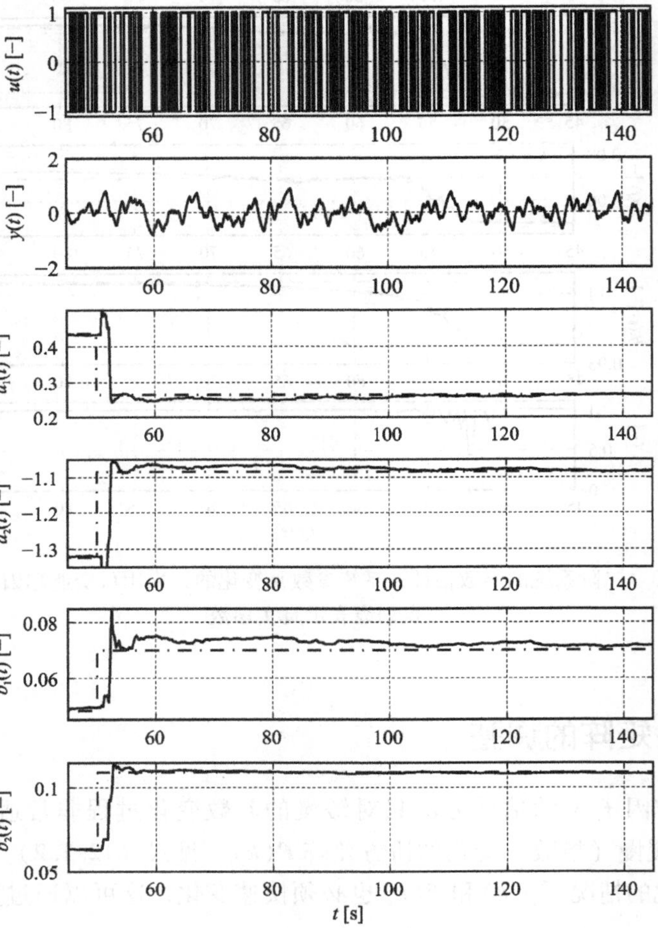


图 12.4　二阶系统的参数估计，系统参数是变化的，利用调整协方差阵，在超过阈值 $\Delta\sigma_n^2(k)>0.0002$ 后，协方差增加到 $\alpha_{\mathrm{R}}=100$ 倍，点划线表示真实的参数

## 12.4　递推参数估计方法的收敛性

参数估计的收敛性有过全面透彻的研究，文献（Lai and Wei，1982）给出了经典的结

论，近期文献（Hu and Ljung，2008）对此再度作了讨论，文献（Isermann，1992）和（Isermann et al，1992）对收敛性的经典分析也作了深入的概述，在此不再重复。然而，如果将参数估计 $\hat{\boldsymbol{\theta}}$ 解释为状态变量，那么离散时间状态反馈和状态观测器的特性也可以转移用到递推参数估计上，如文献（Kofahl，1988）和（Isermann，1992）所论述的。下面做一概要介绍。

### 12.4.1 观测器形式的参数估计

对于利用状态空间模型式（2.2.24）和式（2.2.25）表示的过程，这种 SISO 系统的状态观测器的方程可写成

$$\hat{\boldsymbol{x}}(k+1)=\boldsymbol{A}\hat{\boldsymbol{x}}(k)+\boldsymbol{b}u(k)+\boldsymbol{h}\big(y(k)-\boldsymbol{c}^{\mathrm{T}}\hat{\boldsymbol{x}}(k)\big) \tag{12.4.1}$$

状态估计的误差为

$$\tilde{\boldsymbol{x}}(k)=\boldsymbol{x}(k)-\hat{\boldsymbol{x}}(k) \tag{12.4.2}$$

可用下面的差分方程表示

$$\tilde{\boldsymbol{x}}(k+1)=\big(\boldsymbol{A}-\boldsymbol{h}\boldsymbol{c}^{\mathrm{T}}\big)\tilde{\boldsymbol{x}}(k) \tag{12.4.3}$$

为了使 $k\to\infty$ 时误差 $\tilde{\boldsymbol{x}}(k)$ 为零，即有

$$\lim_{k\to\infty}\tilde{\boldsymbol{x}}(k)=\boldsymbol{0} \tag{12.4.4}$$

方程式（12.4.3）必须是渐近稳定的。因此，观测器的特征方程

$$\det\big(z\boldsymbol{I}-\boldsymbol{A}-\boldsymbol{h}\boldsymbol{c}^{\mathrm{T}}\big)=(z-z_1)(z-z_2)\cdots(z-z_m) \tag{12.4.5}$$

的零点都只能是 $|z_i|<1$，$i=1, 2, \cdots, m$。如果将过程的时变参数 $\boldsymbol{\theta}$ 解释为状态变量，那么可以导出**参数状态模型**

$$\boldsymbol{\theta}(k+1)=\boldsymbol{I}\boldsymbol{\theta}(k)+\boldsymbol{\eta}(k) \tag{12.4.6}$$

$$y(k+1)=\boldsymbol{\psi}^{\mathrm{T}}(k+1)\boldsymbol{\theta}(k)+n(k+1) \tag{12.4.7}$$

式中，$\boldsymbol{\eta}(k)$表示（确定的）参数变化。得到的方块图如图 12.5 所示。

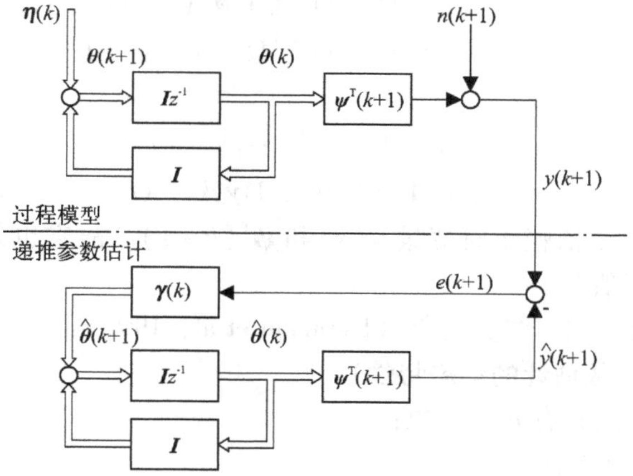


图 12.5 在状态空间框架下，利用最小二乘法进行递推参数估计的方块图

根据式（9.4.17），递推最小二乘参数估计算法为

$$\hat{\boldsymbol{\theta}}(k+1)=\hat{\boldsymbol{\theta}}(k)+\boldsymbol{\gamma}(k)e(k+1) \tag{12.4.8}$$

$$e(k+1)=y(k+1)-\boldsymbol{\psi}^{\mathrm{T}}(k+1)\hat{\boldsymbol{\theta}}(k) \tag{12.4.9}$$

其中

$$\boldsymbol{\psi}^{\mathrm{T}}(k+1)=\big(-y(k)\cdots-y(k-m+1)\big|u(k-d)\cdots u(k-d-m+1)\big) \tag{12.4.10}$$

这个估计过程如图 12.5 下半部分所示。图 12.5 方块图与状态观测器方程式（12.4.1）是对应的，不过输入为零（$\boldsymbol{b}=\boldsymbol{0}$），且有如下等价的项

$$\boldsymbol{A}\rightarrow\boldsymbol{I},\ \boldsymbol{h}\rightarrow\boldsymbol{\gamma}(k),\ \boldsymbol{c}\rightarrow\boldsymbol{\psi}^{\mathrm{T}}(k+1) \tag{12.4.11}$$

这个**参数－状态观测器**具有时变的反馈增益 $\boldsymbol{\gamma}(k)$ 和时变的输出向量 $\boldsymbol{\psi}^{\mathrm{T}}(k+1)$。对于参数估计误差，利用式（12.4.6）、式（12.4.8）和式（12.4.9），可以得到

$$\begin{aligned}\boldsymbol{e}_{\boldsymbol{\theta}}(k+1)&=\boldsymbol{\theta}(k+1)-\hat{\boldsymbol{\theta}}(k+1)\\&=\big(\boldsymbol{I}-\boldsymbol{\gamma}(k)\boldsymbol{\psi}^{\mathrm{T}}(k+1)\big)\boldsymbol{e}_{\boldsymbol{\theta}}(k+1)+\boldsymbol{\eta}(k)-\boldsymbol{\gamma}(k)n(k+1)\end{aligned} \tag{12.4.12}$$

这与状态观测器的齐次向量差分方程式（12.4.3）是对应的，区别在于 $\boldsymbol{\gamma}$ 和 $\boldsymbol{\psi}^{\mathrm{T}}$ 是时变的，且依赖于测量信号。此外，干扰 $\boldsymbol{\eta}(k)$ 和 $\boldsymbol{\gamma}(k)n(k+1)$ 作用于系统，对于时不变过程，且 $n(k)=0$，它们就消失了。

为了使式（12.4.12）中的参数误差不发散，差分方程的齐次部分必须是渐近稳定的。但这部分包含有时变的项，这与经典的状态观测器是不同的。假设这些时变参数固定不变，就可以用类似于式（12.4.5）的方式，求得特征方程

$$\det\big(z\boldsymbol{I}-\boldsymbol{I}+\boldsymbol{\gamma}(k)\boldsymbol{\psi}^{\mathrm{T}}(k+1)\big)=0 \tag{12.4.13}$$

类比于观测器，可以由这个方程确定特征值。根据文献（Kofahl，1988），在 $\boldsymbol{\gamma}(k)=\boldsymbol{\gamma}$ 和 $\boldsymbol{\psi}^{\mathrm{T}}(k+1)=\boldsymbol{\psi}^{\mathrm{T}}$ 作为常量处理时，可得到

$$\begin{aligned}\det\big(z\boldsymbol{I}-\boldsymbol{I}+\boldsymbol{\gamma}\boldsymbol{\psi}^{\mathrm{T}}\big)&=\det\big((z\boldsymbol{I}-\boldsymbol{I})(\boldsymbol{I}+(z\boldsymbol{I}-\boldsymbol{I})^{-1}\boldsymbol{\gamma}\boldsymbol{\psi}^{\mathrm{T}})\big)\\&=\det\big(z\boldsymbol{I}-\boldsymbol{I}\big)\det\big(\boldsymbol{I}+(z\boldsymbol{I}-\boldsymbol{I})^{-1}\boldsymbol{\gamma}\boldsymbol{\psi}^{\mathrm{T}}\big)\end{aligned} \tag{12.4.14}$$

引入关系式 $\det(\boldsymbol{A}+\boldsymbol{u}\boldsymbol{v}^{\mathrm{T}})=\det\boldsymbol{A}(1+\boldsymbol{v}^{\mathrm{T}}\boldsymbol{A}^{-1}\boldsymbol{u})$（Gröbner，1966），可以写出

$$\begin{aligned}&\det\big(z\boldsymbol{I}-\boldsymbol{I}\big)\det(\boldsymbol{I})\big(1+\boldsymbol{\psi}^{\mathrm{T}}\boldsymbol{I}^{-1}(z\boldsymbol{I}-\boldsymbol{I})^{-1}\boldsymbol{\gamma}\big)\\&\quad=(z-1)^n\big(1+\boldsymbol{\psi}^{\mathrm{T}}(z-1)^{-1}\boldsymbol{\gamma}\big)\\&\quad=(z-1)^{n-1}\big(z-1+\boldsymbol{\psi}^{\mathrm{T}}\boldsymbol{\gamma}\big)\end{aligned} \tag{12.4.15}$$

然后，求得特征值为

$$z_i=1,i=1,\cdots,n-1 \tag{12.4.16}$$

$$z_n=1-\boldsymbol{\psi}^{\mathrm{T}}(k+1)\boldsymbol{\gamma}(k+1) \tag{12.4.17}$$

被假设为常数的特征值 $z_n$ 依赖于时变量 $\boldsymbol{\gamma}(k)$ 和 $\boldsymbol{\psi}^{\mathrm{T}}(k+1)$，故它也是时变的，把它称作参数估计式的“时变特征值”。

由此，有如下定理，另可参见文献（Isermann et al，1992）：

**定理 12.1（递推参数估计的动态特性）**

最小二乘的递推方法具有 $n$ 个参数：

- （$n-1$）个常数特征值

$$z_i=1,\ i=0,1,\cdots,n-1 \tag{12.4.18}$$

- 一个“时变特征值”

$$\begin{aligned}z_n&=1-\boldsymbol{\psi}^{\mathrm{T}}(k+1)\boldsymbol{\gamma}(k)\\&=\big(\lambda+\boldsymbol{\psi}^{\mathrm{T}}(k+1)\boldsymbol{P}(k)\boldsymbol{\psi}(k+1)\big)^{-1}\end{aligned} \tag{12.4.19}$$

而且

$$0 < z_n(k) \leqslant \lambda \tag{12.4.20}$$

其中，式（12.4.19）右边由式（9.4.18）得到。 □

正如文献（Kofahl，1988）所讨论的，对突发的激励，“时变特征值”趋向于

$$z_n(k) \to 0 \tag{12.4.21}$$

在没有激励的情况下，这个特征值趋向于

$$\lim_{k \to \infty} z_n(k) \to \lambda \tag{12.4.22}$$

在下面的例子中，可以看到这个特性。

**例 12.4（递推参数估计的特征值）**

图 12.6 给出了 $\lambda = 0.95$ 和 $\lambda = 1$ 时参数估计的“时变特征值” $z_n(k)$。在突发激励的情况下，特征值变小，在激励很小或者没有的阶段，它分别趋向于所选的 $\lambda = 0.95$ 和 $\lambda = 1$。

□

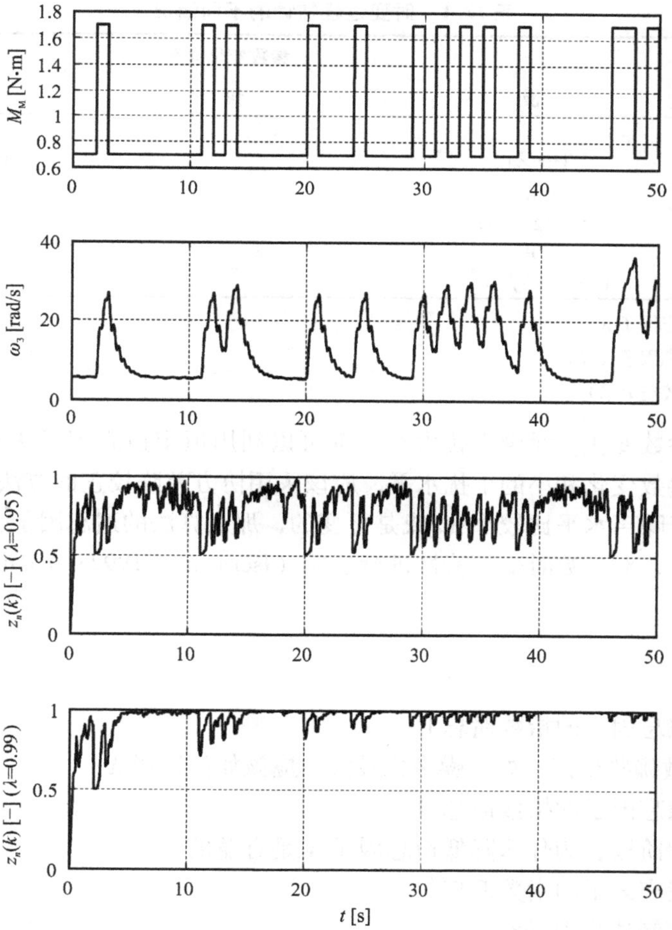


图 12.6　对于利用 PRBS 信号激励的三质量振荡器的参数估计，其“时变特征值”的变化

因此，“特征值”$z_n(k)$是激励大小的一个度量，可以用来控制或监督时变参数估计，例如用于自适应控制（Kofahl，1988）。

## 12.5 小结

针对时变过程的参数估计，需要分清部分相对的不同情况，见表 12.1。参数的变化速率可分为或快、或慢、或者两者兼有（变化的），**信噪比**可分为或小、或大、或两者兼有（变化的）。在所有这些情况下，必须对选用的参数估计算法在下面的两种能力之间进行权衡：

- 快速地跟踪参数变化。
- 很好地消除干扰。

最简单的情况是，参数变化缓慢，干扰又比较小；最困难的情况是，参数变化较快，干扰又比较大。

**表 12.1 时变过程估计的不同情况**

| 干扰/噪声 | 参数变化速率 | | |
|---|---|---|---|
| | 慢 | 快 | 可变 |
| 小 | A<br>$(\to \lambda_1)$ | C | B<br>$(\to \lambda = f(\sigma_e^2))$ |
| 大 | A<br>$(\to \lambda_2 > \lambda_1)$ | – | – |
| 可变 | B<br>$(\to \lambda = f(\sigma_n^2))$ | – | B<br>$(\to \lambda = f(\sigma_n^2, k))$ |

方法 A：恒定的遗忘因子 $\lambda$

方法 B：可变的遗忘因子 $\lambda(k)$

方法 C：协方差阵校正 $\boldsymbol{P}(k)$

对于缓慢的参数变化，无论干扰大小，都可以利用恒定遗忘因子 $\lambda$ 的递推参数估计方法。对于较快的参数变化和小的干扰水平，应该采用协方差阵校正的方法。如果参数变化的速率是可变的，且噪声水平比较小和/或是可变的，那么算法的遗忘因子也应该是可变的。

另一种方法是，对参数时变的特性进行建模（Isermann，1992；Young，2009）。

## 习题

12.1 恒定遗忘因子的指数遗忘 I

选择 $\lambda$ 时要做哪些权衡？如果噪声比较大，应该如何选择 $\lambda$？

12.2 恒定遗忘因子的指数遗忘 II

在算法的初始阶段，为什么降低遗忘因子 $\lambda$ 是有益的？

12.3 可变遗忘因子的指数遗忘

为什么必须控制遗忘因子？

12.4 协方差阵的调整

为什么必须调整协方差阵？用自己的语言解释，为何这样可以跟踪参数变化。

12.5 无激励

如果输入激励趋向于零，时变过程的参数估计会出现什么情况？

## 参考文献


Eykhoff P (1974) System identification: Parameter and state estimation. Wiley - Interscience, London

Fortescue TR, Kershenbaum LS, Ydstie BE (1981) Implementation of self-tuning regulators with variable forgetting factor. Automatica 17(6): 831 - 835

Goodwin GC, Sin KS (1984) Adaptive filtering, prediction and control. Prentice-Hall information and system sciences series, Prentice-Hall, Englewood Cliffs, NJ

Gröbner W (1966) Matrizenrechnung. BI-Hochschultaschenbücher Verlag, Mannheim

Hu XL, Ljung L (2008) New convergence results for the least squares identification algorithm. In: The International Federation of Automatic Control (ed) Proceedings of the 17th IFAC World Congress, Seoul, Korea, pp 5030 - 5035

Isermann R (1992) Identifikation dynamischer Systeme: Besondere Methoden, Anwendungen (Vol 2). Springer, Berlin

Isermann R, Lachmann KH, Matko D (1992) Adaptive control systems. Prentice Hall international series in systems and control engineering, Prentice Hall, New York, NY

Kofahl R (1988) Robusteparameter adaptive Regelungen: Fachberichte Messen, Steuern, Regeln Nr. 19. Springer, Berlin

Lai TC, Wei CZ (1982) Least squares estimates in stochastic regression models with applications to identification and control of dynamic systems. Ann Stat 10(1): 154 - 166

Mikleš J, Fikar M (2007) Process modelling, identification, and control. Springer, Berlin

Siegel M (1985) Parameter adaptive Regelung zeitvarianter Prozesse. Studienarbeit. Institut für Regelungstechnik, TH Darmstadt, Darmstadt

Söderström T, Ljung L, Gustavsson I (1974) A comparative study of recursive identification methods. Report 7427. Dept. of Automatic Control, Lund Inst of Technology, Lund

Young PC (2009) Time variable parameter estimation. In: Proceedings of the 15th IFAC Symposium on System Identification, Saint-Malo, France

# 第 13 章

# 闭环参数估计

在某些应用中，过程只能在闭环下进行辨识。例如，在生物和经济系统中，控制器与系统是集成在一起的，而且是不可分割的一部分。对于工程技术系统来说，如在自适应控制系统领域，过程模型也必须是系统处于闭环控制下才能更新。此外，具有积分作用的过程通常只有在闭环控制下才是可靠运行的，以抑制作用在系统上的干扰造成的影响，避免系统出现漂移。另外，对于许多安全攸关的系统，断开控制器可能是极其危险的。另一方面，在生产系统中，没有闭环控制，就不可能维持所需的产品质量。

对于前面所述的辨识方法，首先必须检查其收敛准则是否适用于闭环运行的情况。例如，对相关分析法，要求输入 $u(k)$ 和干扰 $n(k)$ 是不相关的，然而反馈回路会造成这种相关性。另外，对于最小二乘法，要求误差 $e(k)$ 与数据向量 $\boldsymbol{\psi}^{\mathrm{T}}(k)$ 不相关，因而需要检查反馈回路是否会造成这种相关性。

关于闭环辨识，一般可以分为两种情况，参见图 13.1 和图 13.2：

- **情况 a，间接过程辨识**：辨识闭环过程模型，控制器模型必须已知，根据闭环模型导出过程模型。
- **情况 b，直接过程辨识**：直接辨识过程模型，不需要辨识闭环模型的中间步骤，因此控制器模型无需已知。

另外，还有一些可以辨识的问题：

- **情况 c**，只测量输出 $y(k)$。
- **情况 d**，输入 $u(k)$ 和输出 $y(k)$ 都测量。
- **情况 e**，不加额外的测试信号。
- **情况 f**，加额外的测试信号 $u_{\mathrm{S}}(k)$（可测或不可测）。
- **情况 g**，可测的额外测试信号 $u_{\mathrm{S}}(k)$ 用于辨识。

下面讨论的可能是几种情况的组合。第 13.1 节讨论 a + c + e 情况，第 13.2 和 13.3 节讨论 a + g 情况和 b + d + f 情况。

## 13.1 无额外测试信号的过程辨识

根据图 13.1，线性时不变过程的传递函数为

$$G_{\mathrm{P}} = \frac{y_{\mathrm{u}}(z)}{u(z)} = \frac{B(z^{-1})}{A(z^{-1})}z^{-d} = \frac{b_1 z^{-1} + \cdots + b_{m_b} z^{-m_b}}{1 + a_1 z^{-1} + \cdots + a_{m_a} z^{-m_a}} z^{-d} \tag{13.1.1}$$

噪声成形滤波器为

$$G_\nu(z)=\frac{n(z)}{\nu(z)}=\frac{D(z^{-1})}{C(z^{-1})} \tag{13.1.2}$$

对其在闭环运行下进行辨识。假设描述噪声的成形滤波器 $C(z^{-1})=A(z^{-1})$，无额外测试信号下的辨识问题就大大简化了。这样，成形滤波器写成

$$G_\nu(z)=\frac{n(z)}{\nu(z)}=\frac{D(z^{-1})}{A(z^{-1})}=\frac{1+d_1z^{-1}+\cdots+d_{m_d}z^{-m_d}}{1+a_1z^{-1}+\cdots+a_{m_a}z^{-m_a}} \tag{13.1.3}$$

控制器的传递函数为

$$G_C=\frac{u(z)}{e_w(z)}=\frac{Q(z^{-1})}{P(z^{-1})}=\frac{q_0+q_1z^{-1}+\cdots+q_\nu z^{-\nu}}{1+p_1z^{-1}+\cdots+p_\mu z^{-\mu}} \tag{13.1.4}$$

另外，输出和控制偏差写成

$$y(z)=y_u(z)+n(z)$$
$$e_w(z)=w(z)-y(z)$$

一般情况下，假设 $w(z)=0$，即 $e_W(z)=-y(z)$；$\nu(z)$ 为不可测，且 $E\{\nu(k)\}=0$、方差为 $\sigma_\nu^2$ 的统计独立噪声。

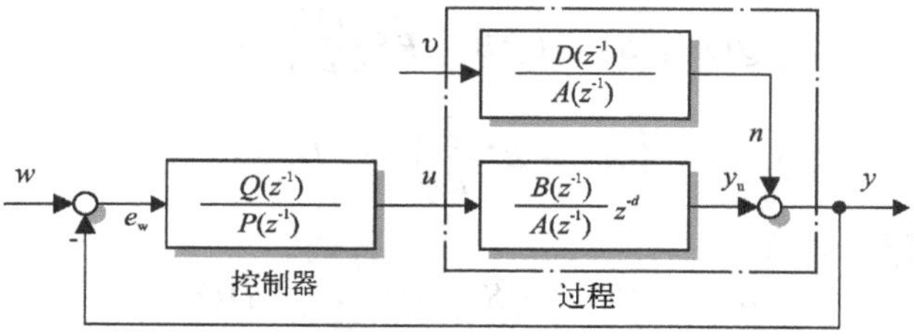


图 13.1　无额外测试信号的闭环过程辨识方块图

## 13.1.1　间接过程辨识（情况 a + c + e）

闭环过程干扰通道的传递函数为

$$\begin{aligned}\frac{y(z)}{\nu(z)}&=\frac{G_\nu(z)}{1+G_C(z)G_P(z)}=\frac{D(z^{-1})P(z^{-1})}{A(z^{-1})P(z^{-1})+B(z^{-1})z^{-d}Q(z^{-1})}\\&=\frac{1+\beta_1z^{-1}+\cdots+\beta_rz^{-r}}{1+\alpha_1z^{-1}+\cdots+\alpha_lz^{-l}}=\frac{\mathcal{B}(z^{-1})}{\mathcal{A}(z^{-1})}\end{aligned} \tag{13.1.5}$$

因此，输出 $y(k)$ 是一个 ARMA 过程。把控制回路假设为一个成形滤波器，那么输出 $y(k)$ 由统计独立噪声 $v(k)$ 生成，生成多项式的阶次为

$$l=\max(m_a+\mu,m_b+\nu+d) \tag{13.1.6}$$

$$r=m_d+\mu \tag{13.1.7}$$

如果只分析控制器的输出 $y(k)$，那么 ARMA 过程的参数估计值可以确定为

$$\boldsymbol{\theta}_{\alpha,\beta}^{\mathrm{T}}=(\hat{\alpha}_1\cdots\hat{\alpha}_l\,|\,\hat{\beta}_1\cdots\hat{\beta}_r) \tag{13.1.8}$$

例如，只要 $\mathcal{A}(z^{-1})$ 所有的极点都在单位圆内，且多项式 $D(z^{-1})$ 和 $\mathcal{A}(z^{-1})$ 没有共同的根，则可以使用第 10.2 节所讲的 ELS 递推方法。

间接辨识法下一步的任务是利用估计参数 $\hat{\alpha}_i$ 和 $\hat{\beta}_i$ 来确定未知的过程参数

$$\boldsymbol{\theta}^{\mathrm{T}} = \left(\hat{a}_1 \cdots \hat{a}_{m_a} \middle| \hat{b}_1 \cdots \hat{b}_{m_b} \middle| \hat{d}_1 \cdots \hat{d}_{m_d}\right) \tag{13.1.9}$$

为了保证参数可以明确无误地确定，需要满足一定的可辨识性条件。

**闭环可辨识性条件**

如果利用适当的参数估计方法，获得的过程参数估计是一致的，那么称该过程是参数可辨识的。下面讨论可辨识性条件，只有输出可测时，这些条件必须满足。

**可辨识性条件 1**

为了紧缩记法，根据式（13.1.5），控制回路的输入/输出关系写成

$$\left(A + B\frac{Q}{P}\right)y = D\nu \tag{13.1.10}$$

通过加和减多项式 $S(z^{-1})$，可将上述方程改写成

$$\left(A + S + B\frac{Q}{P} - S\right)y = D\nu \tag{13.1.11}$$

$$\left(A + S + \left(B - \frac{P}{Q}S\right)\frac{Q}{P}\right)y = D\nu \tag{13.1.12}$$

$$\left(Q(A + S) + (QB - PS)\frac{Q}{P}\right)y = QD\nu \tag{13.1.13}$$

$$\left(A^* + B^*\frac{Q}{P}\right)y = D^*\nu \tag{13.1.14}$$

与式（13.1.10）比较，具有

$$\frac{B^*}{A^*} = \frac{BQ - PS}{AQ + SQ}, \quad \frac{D^*}{A^*} = \frac{DQ}{AQ + SQ} \tag{13.1.15}$$

及控制器为 $Q/P$ 的控制回路与原来考虑的控制回路式（13.1.5）具有相同的输入/输出特性。由于 $S$ 是任意的，即使控制器 $Q/P$ 准确已知，过程也不能根据输入/输出关系 $y/v$ 准确无误地进行辨识，除非多项式 $B(z^{-1})z^{-d}$和 $A(z^{-1})$的阶次也准确已知（Bohlin，1971）。因此，**可辨识性条件 1** 为：**模型阶次必须先验已知**。

**可辨识性条件 2**

根据式（13.1.5），$m_a + m_b$ 个未知参数 $\hat{a}_i$ 和$\hat{b}_i$ 必须利用 $l$ 个参数 $\hat{\alpha}_i$ 来确定。如果多项式 $D$ 和 $\mathcal{A}$ 没有共同的根，那么为了能准确无误地求得过程参数，需要 $l = m_a + m_b$ 或

$$\max(m_a + \mu, m_b + \nu + d) \geqslant m_a + m_b \tag{13.1.16}$$

$$\max(\mu - m_b, \nu + d - m_a) \geqslant 0 \tag{13.1.17}$$

因此，**可辨识性条件 2** 为：**控制器阶次必需足够高，且满足**

若

$$\nu > \mu - d + m_a - m_b \Rightarrow \nu \geqslant m_a - d \tag{13.1.18}$$

或

$$\nu < \mu - d + m_a - m_b \Rightarrow \mu \geqslant m_b \tag{13.1.19}$$

在 $d = 0$ 的情况下，控制器阶次必须 $v \geqslant m_a$ 或者 $\mu \geqslant m_b$。如果 $d > 0$，则必须 $v \geqslant m_a - d$ 或者 $\mu \geqslant m_b$。迟延 $d$ 存在于过程中还是控制器中无所谓，因此可辨识性条件也可以为：控制器具有迟延 $d = m_a$，且阶次 $v = 0, \mu = 0$。

如果 $r \geqslant m_d$ 或者

$$\mu \geqslant 0 \tag{13.1.20}$$

式（13.1.3）的参数$\hat{d}_i$ 可以通过式（13.1.5）的参数$\hat{\beta}_i$ 准确求得。因此，参数 $d_i$ 的估计可以由任意的控制器得到，只要 $D(z^{-1})$和$\mathscr{A}$没有共同的根。

如果 $D(z^{-1})$和$\mathscr{A}$有 $p$ 个共同的根，那么它们就不能辨识，只有 $l-p$ 个参数 $\hat{\alpha}_i$ 和 $r-p$ 个参数 $\hat{\beta}_i$ 是可以辨识的。因此，过程参数 $\hat{a}_i$ 和 $\hat{b}_i$ 的可辨识性条件 2 为

$$\max(\mu - m_b, \nu + d - m_a) \geqslant p \tag{13.1.21}$$

需要说明一点，只有 $D(z^{-1})$和$\mathscr{A}$的共同根对此会有影响，$\mathscr{B}$和$\mathscr{A}$的共同根对此不会有影响，因为$\mathscr{B}=DP$，而 $P$ 是已知的。

如果控制器阶次不是足够高，则可以利用两组不同的控制器参数进行闭环辨识（Gustavsson et al，1974；Kurz and Isermann，1975；Gustavsson et al，1977）。

**例 13.1（带有外部干扰的闭环辨识）**

对 $m_a=m_b=m=1$ 的一阶过程

$$y(k) + ay(k-1) = bu(k-1) + \nu(k) + d\nu(k-1) \tag{13.1.22}$$

在闭环下进行参数辨识。为此，考虑不同的控制器。

（1）一个 P 控制器：$u(k) = -q_0 y(k)\,(v=0, \mu=0)$

利用这个控制器，得到 ARMA 过程方程

$$y(k) + (a + bq_0)y(k-1) = \nu(k) + d\nu(k-1) \tag{13.1.23}$$

或

$$y(k) + \alpha y(k-1) = \nu(k) + \beta\nu(k-1) \tag{13.1.24}$$

令系数相等，得

$$\hat{\alpha} = \hat{a} + \hat{b}q_0 \tag{13.1.25}$$

$$\hat{\beta} = \hat{d} \tag{13.1.26}$$

可见，无法确定 $\hat{a}$ 和 $\hat{b}$ 的唯一解。这与式（13.1.19）的条件是一致的，因为 $v\geqslant 1$ 或 $\mu\geqslant 1$ 的条件明显不满足。

（2）一个 PD 控制器：$u(k) = -q_0 y(k) - q_1 y(k-1)$ $(v=0, \mu=0)$

现在的 ARMA 过程方程是二阶的，写成

$$y(k) + (a + bq_0)y(k-1) + bq_1 y(k-2) = \nu(k) + d\nu(k-1) \tag{13.1.27}$$

$$y(k) + \alpha_1 y(k-1) + \alpha_2 y(k-2) = \nu(k) + \beta\nu(k-1) \tag{13.1.28}$$

令系数相等，得到

$$\hat{a} = \hat{\alpha}_1 + \hat{b}q_0 \tag{13.1.29}$$

$$\hat{b} = \hat{\alpha}_2 / q_1 \tag{13.1.30}$$

$$\hat{d} = \hat{\beta} \tag{13.1.31}$$

因此过程参数是可辨识的。

（3）两个 P 控制器：$u(k) = -q_{01}y(k), u(k) = -q_{02}y(k)$

利用这两个控制器得到两个 ARMA 过程方程，令系数相等，得到

$$\hat{\alpha}_{11} = \hat{a} + \hat{b}q_{01} \tag{13.1.32}$$

$$\hat{\alpha}_{12} = \hat{a} + \hat{b}q_{02} \tag{13.1.33}$$

由此得到

$$\hat{a}=\frac{\hat{\alpha}_{11}-\frac{q_{01}}{q_{02}}\hat{\alpha}_{12}}{1-\frac{q_{01}}{q_{02}}} \tag{13.1.34}$$

$$\hat{b}=\frac{1}{q_{02}}(\hat{\alpha}_{12}-\hat{a}) \tag{13.1.35}$$

因此，过程参数是可辨识的，只要 $q_{01}\neq q_{02}$。 □

在一般情况下，从 ARMA 模型的参数 $\hat{\alpha}_1,\cdots,\hat{\alpha}_l$ 中，通过令其与式（13.1.3）中的系数相等，并检查以上所述的可辨识性条件，就可以获得过程参数$\hat{\boldsymbol{\theta}}$。如果 $d=0, m_a=m_b$，且控制器阶次 $v=m$，并$\mu\leqslant m$，故有 $l=2m$，且满足式（13.1.19）的条件，那么在$p_0=1$时，有

$$\begin{array}{llllllll} a_1 & & & +b_1q_0 & & & =\alpha_1-p_1 \\ a_1p_1 & +a_2 & & +b_1q_1 & +b_2q_0 & & =\alpha_2-p_2 \\ \vdots & \vdots & & \vdots & \vdots & & \vdots \\ a_1p_{j-1} & +a_2p_{j-2} & \cdots+a_mp_{j-m} & +b_1q_{j-1} & +b_2q_{j-2} & \cdots+b_mq_{j-m} & =\alpha_j-p_j \end{array} \tag{13.1.36}$$

这组方程可以写成矩阵形式

$$\underbrace{\left(\begin{array}{cccc|cccc} 1 & 0 & \cdots & 0 & q_0 & 0 & \cdots & 0 \\ p_1 & 1 & \cdots & 0 & q_1 & q_0 & \cdots & 0 \\ \vdots & p_1 & \cdots & 0 & q_2 & q_1 & \cdots & \vdots \\ p_\mu & \vdots & & 1 & & \vdots & & q_0 \\ 0 & p_\mu & & p_1 & q_m & & & q_1 \\ 0 & 0 & & \vdots & 0 & q_m & & \\ \vdots & \vdots & & p_\mu & \vdots & \vdots & & \vdots \\ 0 & 0 & \cdots & 0 & 0 & 0 & \cdots & q_m \end{array}\right)}_{\boldsymbol{S}} \underbrace{\begin{pmatrix} a_1 \\ a_2 \\ a_3 \\ \vdots \\ a_m \\ b_1 \\ b_2 \\ \vdots \\ b_m \end{pmatrix}}_{\boldsymbol{\theta}} = \underbrace{\begin{pmatrix} \alpha_1-p_1 \\ \alpha_2-p_2 \\ \alpha_3-p_3 \\ \vdots \\ \alpha_\mu-p_\mu \\ \alpha_{\mu+1} \\ \alpha_{\mu+2} \\ \vdots \\ \alpha_{2m} \end{pmatrix}}_{\boldsymbol{\alpha}^*} \tag{13.1.37}$$

由于矩阵 $\boldsymbol{S}$ 是方阵，可以利用下式来确定过程参数

$$\hat{\boldsymbol{\theta}}=\boldsymbol{S}^{-1}\boldsymbol{\alpha}^* \tag{13.1.38}$$

这再次说明，为了能使式（13.1.37）得到明确的解，矩阵 $\boldsymbol{S}$ 必须具有 $r=2m$ 的秩，因此有 $v=m$ 或 $\mu=m$。如果 $v>m$ 或 $\mu>m$，则需要借助伪逆方法来求解超定方程组。正如第 13.3 节将要讨论的，在恒定的控制器参数下，间接辨识的过程参数收敛速度很慢。另外一个缺点是，在一些实际应用中，控制器不一定是线性的，即使是标准的工业 PID 控制器，也可能带有限幅器、抗饱和及死区等其他非线性环节，使得如果不能保持在线性工作区域内，那么不能使用间接辨识方法（Forssell and Ljung，1999）。

### 13.1.2 直接过程辨识（情况 b + d + e）

在上一节中，假设输出 $y(k)$是可测的，控制器是已知的，然后利用控制器方程可以计算得到过程的输入 $u(k)$，因此理论上输入 $u(k)$的测量值并不提供任何关于过程的新信息。然而，如果输入 $u(k)$是可以测量的，那么过程就可以直接辨识，不需要辨识闭环动态特性的中间步骤，而且控制器的知识也不再需要。

如果利用非参数模型的辨识方法，比如根据图 13.1 和被测信号 $u(k)$和 $y(k)$，对控制回路进行相关分析，那么由于

$$\frac{u(z)}{\nu(z)} = -\frac{-G_C(z)G_\nu(z)}{1+G_C(z)G_P(z)} \tag{13.1.39}$$

和

$$\frac{y(z)}{\nu(z)} = -\frac{-G_\nu(z)}{1+G_C(z)G_P(z)} \tag{13.1.40}$$

可以辨识具有如下传递函数的过程

$$\frac{y(z)}{u(z)} = \frac{y(z)/\nu(z)}{u(z)/\nu(z)} = -\frac{1}{G_C(z)} \tag{13.1.41}$$

它是控制器传递函数的负倒数。对于辨识来说，应该采用有用的信号 $y_u(k)=y(k)-n(k)$，因为有

$$\frac{y_u(z)}{u(z)} = \frac{y(z)-n(z)}{u(z)} = \frac{y(z)/\nu(z)-n(z)/\nu(z)}{u(z)/\nu(z)} = G_P(z) \tag{13.1.42}$$

也就是可以辨识得到过程的传递函数。这说明成形滤波器 $n(k)/v(k)$ 必须已知，因此使用式（13.1.1）和式（13.1.3）的过程模型，可得

$$\hat{A}(z^{-1})y(z) = \hat{B}(z^{-1})z^{-d}u(z) + \hat{D}(z^{-1})\nu(z) \tag{13.1.43}$$

这个过程模型也包含干扰的成形滤波器。

如图 13.1 所示，过程工作在闭环状态下，其中

$$\frac{u(z)}{e_w(z)} = \frac{Q(z^{-1})}{P(z^{-1})} \Leftrightarrow Q(z^{-1})y(z) = -P(z^{-1})u(z) \tag{13.1.44}$$

将控制律代入式（13.1.43），得

$$\hat{A}(z^{-1})P(z^{-1})y(z) - \hat{B}(z^{-1})z^{-d}P(z^{-1})u(z) = \hat{D}(z^{-1})P(z^{-1})\nu(z) \tag{13.1.45}$$

消去 $P(z^{-1})$ 之后，可见它与过程式（13.1.43）的开环模型是一样的。与过程的开环状态唯一的区别是，输入 $u(k)$ 不能自由选择，而且根据式（13.1.44）的控制律，它依赖于输出 $y(k)$。

可辨识性条件可以由代价函数 $V$ 具有唯一极小值的要求推导出来。可以看出，在 $e(k)=v(k)$ 收敛的情况下，具有**相同的可辨识性条件**，这在上一节讨论间接过程辨识时已经讲过（Isermann，1992）。

最后，要研究是否可以使用与直接参数估计相同的方法，这些方法已在开环辨识中成功应用。

最小二乘法和增广最小二乘法都是基于误差

$$e(k) = y(k) - \hat{y}(k|k-1) = y(k) - \boldsymbol{\psi}^T(k)\hat{\theta}(k-1) \tag{13.1.46}$$

估计量能收敛的条件是，$e(k)$ 与 $\boldsymbol{\psi}^T(k)$ 的元素是统计独立的。对于最小二乘法，必须保证

$$\boldsymbol{\psi}^T(k) = \big(-y(k-1)\cdots\big|u(k-d-1)\cdots\big) \tag{13.1.47}$$

对于增广最小二乘法，必须保证

$$\boldsymbol{\psi}^T(k) = \big(-y(k-1)\cdots\big|u(k-d-1)\cdots\big|\hat{\upsilon}(k-1)\cdots\big) \tag{13.1.48}$$

与 $e(k)$ 是统计独立的。至于收敛性，可以假设 $e(k)=v(k)$。然而，由于 $v(k)$ 只影响 $y(k)$，$y(k+1),\cdots$，而这些值并不出现在 $\boldsymbol{\psi}^T(k)$ 中。由此可知，$e(k)$ 与 $\boldsymbol{\psi}^T(k)$ 的各元素是统计独立的。

如果引入反馈回路，基本上不会发生什么变化。在闭环下，误差 $e(k)$ 也不依赖于

$\boldsymbol{\psi}^{T}(k)$ 的元素。因此，所有基于式（13.1.46）预报误差 $e(k)$ 的方法也都可以在闭环下使用获得一致估计，只要前面所述的可辨识性条件满足。因此这些方法可以应用于信号 $u(k)$ 和 $y(k)$，无论反馈回路是否存在。其他参数辨识方法的可用性可参见第 13.3 节。

对于线性、时不变、无噪声的控制器，且**不外加测试信号的闭环辨识**，一些重要的结论归纳如下：

① 为了用参数估计方法进行间接过程辨识（只有 $y(k)$ 测量值）和直接过程辨识，第 13.1.1 节中的**可辨识性条件 1 和 2** 必须满足。

② 因为对于间接辨识，信号过程分母有 $l \geqslant m_a + m_b$ 个参数、分子有 $r = m_d + \mu$ 个参数，而对于直接辨识，过程分母有 $m_a$ 个参数、分子有 $m_b$ 个参数，所以如果能使用直接辨识方法，可望获得更好的结果，特别是过程具有较高的阶次时候。

③ 对于闭环下的直接辨识方法，可以使用基于预报误差的开环方法，只要可辨识性条件满足。

④ 如果由于控制器的阶次太低，控制器不满足可辨识性条件 2，那么利用下面的办法也可以获得可辨识性：

a）在具有不同参数的两个控制器之间切换（Gustavsson et al，1977；Kurz，1977）。

b）在反馈回路中引入迟延 $d \geqslant m_a - v + p$。

c）使用非线性或时变控制器。

⑤ 隐含着系统不需要是稳定的（Forssell and Ljung，1999）。

## 13.2 利用额外测试信号的过程辨识

现在，将一个外部测试信号加到本章开头介绍的控制回路中，见图 13.2。在这种情况下，过程的输入 $u(k)$ 为

$$u(k) = u_C(k) + u_S(k) \tag{13.2.1}$$

其中

$$u_C(z) = -\frac{Q(z^{-1})}{R(z^{-1})}y(z)^{\ominus} \tag{13.2.2}$$

额外的信号 $u_S(k)$ 可由信号 $s(k)$ 经过一个特殊的滤波器生成，即

$$u_S(z) = G_S(z)s(z) \tag{13.2.3}$$

这种结构可以用来同时处理不同的实验设置：如果 $G_S(z) = G_C(z)^{\ominus}$，则 $s(k) = w(k)$ 成为设定值。$s(k)$ 也可以是控制器引起的干扰，例如在非正常技术的控制器情况下。最后，如果测试信号直接加到过程的输入，则 $G_S(z) = 1$，且 $s(k) = u_S(k)$。

$u_S(k)$ 可以用不同的方法生成。然而，为了下面的推导，必须保证作用于控制回路上的外部信号 $u_S(k)$ 与干扰 $v(k)$ 是不相关的。额外信号 $s(k)$ 一般不需要是可测的。

同样，该过程还可以基于测量值 $y(k)$ 间接辨识，或者基于测量值 $u(k)$ 和 $y(k)$ 直接辨识。下面的推导只限于直接辨识，因为间接辨识不提供其他任何好处。

---

㊀ 译者注：原文分母误为 $R(z^{-1})$，且假设设定值 $w = 0$。

㊁ 译者注：原文等式右边误为 $G_R(z)$。

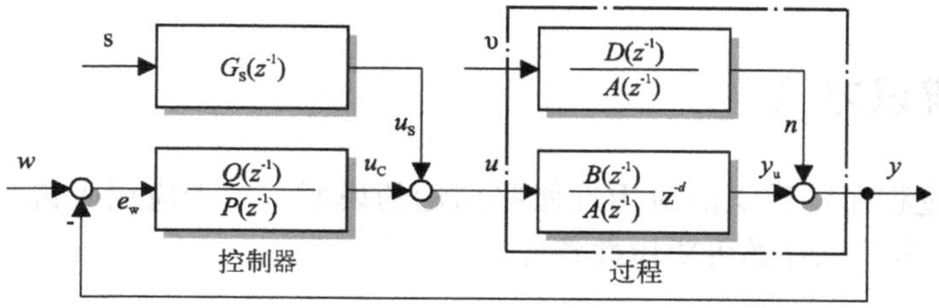


图 13.2　有额外测试信号的闭环过程辨识方块图

闭环传递函数写成

$$y(z)=\frac{DP}{AP+Bz^{-d}Q}\nu(z)+\frac{Bz^{-d}P}{AP+Bz^{-d}Q}u_S(z) \tag{13.2.4}$$

由此可得

$$(AP+Bz^{-d}Q)y(z)=DP\nu(z)+Bz^{-d}Pu_S(z) \tag{13.2.5}$$

考虑式（13.2.1），有

$$A(z^{-1})P(z^{-1})y(z)-B(z^{-1})z^{-d}P(z^{-1})u(z)=D(z^{-1})P(z^{-1})\nu(z) \tag{13.2.6}$$

消去多项式 $P(z^{-1})$后，得到与开环相同的关系式，即

$$A(z^{-1})y(z)-B(z^{-1})z^{-d}u(z)=D(z^{-1})\nu(z) \tag{13.2.7}$$

与式（13.1.43）不同，$u(k)$不仅由控制器生成，而且根据式（13.2.1），还有外部测试信号 $u_S(z)$的作用。因此，差分方程写成

$$\begin{aligned}u(k-d-1)=&-p_1u(k-d-2)-\cdots-p_\mu u(k-\mu-d-1)\\&-q_0y(k-d-1)-\cdots-q_\nu y(k-\nu-d-1)\\&+u_S(k-d-1)-\cdots-p_1u_S(k-d-2)\\&\cdots+p_\mu u_S(k-\mu-d-1)\end{aligned} \tag{13.2.8}$$

这里考虑了式（13.2.1）和式（13.2.2）。如果 $u_S(k)\neq 0$，那么对任何的阶次 $\mu$ 和 $v$，$u(k-1)$ 与 $\boldsymbol{\psi}^T(k)$都不会线性相关。因此，根据式（13.2.7），该过程是**直接可辨识**的，只要外部信号 $u_S(k)$对感兴趣的过程动态特性进行了充分激励。需要注意的是，并未假设额外的测试信号 $u_S(z)$是可测的。对于外部测试信号 $u_S(k)$，与上一节讨论的可辨识性条件 2 就没有关系了，但**可辨识性条件 1 仍然必须满足**。

如果有外部测试信号 $u_S(k)$加到控制回路中，那么和上一节一样，同样可将基于预报误差 $e(k)$的开环辨识方法应用于闭环辨识。控制器不必已知，额外的信号 $u_S$ 也不必可测。对任意的噪声成形滤波器 $D(z^{-1})/C(z^{-1})$，这些结论也都是成立的。

为了辨识获得非参数的传递函数模型，文献（Schoukens et al，2009）提出一种简单的方法。建议利用下式来辨识传递函数$\hat{G}(\mathrm{i}\omega_k)$

$$\hat{G}(\mathrm{i}\omega_k)=\frac{\hat{G}_{wy}(\mathrm{i}\omega_k)}{\hat{G}_{wu}(\mathrm{i}\omega_k)} \tag{13.2.9}$$

其中，$w(\mathrm{i}\omega)$代表设定值，$\hat{G}_{wy}(\mathrm{i}\omega_k)$为 $w(\mathrm{i}\omega)$到 $y(\mathrm{i}\omega)$的传递函数估计。式中的两个中间传递函数表明，测量误差只产生在“输出”上，因此可以采用适当的方法来辨识频率响应，获得渐进无偏估计。

## 13.3 闭环辨识方法

本节对闭环过程在线辨识的应用性做些结论的说明。对于应用来说，首先必须检查第13.1节和第13.2节所论述的可辨识性条件。

### 13.3.1 无额外测试信号的间接过程辨识

如果对过程进行间接辨识，也就是只利用输出 $y(k)$ 的测量值，且如果没有额外的信号加到控制回路中，那么就可以用第9.4.2节中针对随机信号的RLS法来确定式（13.1.5）ARMA过程的参数 $\alpha_i$ 和 $\beta_i$。第二步，如果可辨识性条件满足，利用式（13.1.38），可以确定式（13.1.37）中的过程参数 $a_i$ 和 $b_i$。另一种方法也可以采用相关—最小二乘法（RCOR-LS）(Kurz and Isermann, 1975)。

这种情况参数估计收敛很慢，原因可能是待估计的参数个数 $l+r$ 比较多，且输入信号 $v(k)$ 未知，也需要估计。如果过程输入 $u(k)$ 是可测的，那么更倾向于使用直接辨识方法，如下一节所述。

### 13.3.2 有额外测试信号的间接过程辨识

如果控制器是完全未知的，理论上也有可能对设定值 $w(k)$ 到输出 $y(k)$ 的模型进行辨识，然后根据辨识出来的整个闭环过程传递函数和控制器传递函数的知识来确定对象的传递函数。由于 $w(k)$ 和 $y(k)$ 是相关的，这种情况下所有的开环系统辨识方法都可以运用（Forssell and Ljung, 1999）。

### 13.3.3 无额外测试信号的直接过程辨识

第13.1节已经说明，原理上基于预报误差 $e(k)$ 的参数辨识方法也适用于闭环辨识，特别是RLS、RELS、RML等方法都是适用的。如果可辨识性条件1和2都满足，那么可以将这些方法用在信号 $u(k)$ 和 $y(k)$ 上，就像开环情况一样。如果使用RLS的情况下，噪声成形滤波器具有 $1/A$ 形式，使用RELS和RML情况下，噪声成形滤波器具有 $D/A$ 形式，那么它们都获得无偏一致估计。

为了使用RIV法得到无偏估计，式（10.5.9）辅助变量向量 $\boldsymbol{w}^{\mathrm{T}}(k)$ 不能与误差 $e(k)$ 相关因而与干扰 $n(k)$ 相关。然而，由于存在反馈回路，过程输入 $u(k-\tau)$ 在 $\tau\geqslant0$ 时与 $n(k)$ 相关，因此在闭环状态下RIV法得到的是有偏估计。如果噪声成形滤波器具有 $1/A$ 形式，且 $e(k)$ 是不相关的信号，那么当 $\tau\geqslant1$ 时 $u(k-\tau)$ 与 $e(k)$ 的相关性才会消失。一些文献对辅助变量法在闭环辨识中的应用做过特殊的改进，如（Gilson and van den Hof, 2005; Gilson et al, 2009）。

### 13.3.4 有额外测试信号的直接过程辨识

如果有外部信号加到控制回路中，如第13.2节所述，那么只需检查可辨识性条件1，而不需要考虑可辨识性条件2。如果只用 $u(k)$ 和 $y(k)$，不用额外的信号 $u_S(k)$，那么可以使用 RLS、RELS、RML 法来进行参数估计。如果额外的信号 $u_S(k)$ 是可测的，那么可以利用它来构造辅助变量，然后采用 RIV 法进行参数估计，该方法可用于与开环情况相同的噪声成形滤波器上。

文献（Kurz and Isermann，1975）描述了将 RCOR－LS 法用于本章所考虑的三种闭环情况。如果不是每步采集样本之后都要进行参数估计，而只需在较大的时间间隔内进行，那么这种方法是适用的。

## 13.4 小结

闭环过程辨识甚至在**没有额外的外部测试信号**下就可以完成。间接辨识方法只测量输出信号 $y(k)$，估计出闭环过程的中间 ARMA 模型，然后根据中间模型确定开环过程的参数。直接辨识方法同时利用输入 $u(k)$ 和输出 $y(k)$ 测量数据，与开环辨识一样，能直接估计过程模型。对于这两种情况，在两个可辨识性条件下，过程才是可辨识的，这两个条件见第 13.1.1 节。控制器和过程的阶次必须准确已知，反馈模型必须具有足够高的阶次。如果用一个固定的控制器不能满足可辨识性条件 2，那么利用**两个不同控制器**的相互切换或者利用**具有两组不同参数集的相同控制器**的相互切换，闭环系统也是可以辨识的。文献（Kurz，1977）指出，如果控制器的切换时间减小到（5～10）$T_0$，那么参数估计的方差可以减小。关于辨识零极点方差误差的定量指标，可参见文献（Mårtensson and Hjalmarsson，2009），该文献也讨论了闭环辨识。通常，闭环辨识之后，通过随后设计改进（自适应）的控制器，可以提高闭环控制系统的质量。不过，这会引出一些不同的问题，在文献（Hjalmarsson，2005）中有所讨论。

对于利用**额外外部测试信号**进行辨识时，第二个可辨识性条件就不再需要考虑了。由于间接辨识法收敛很慢，所以一般倾向于用直接辨识法，前面各章讨论的典型开环方法在这里都可以运用。至于子空间方法（第 16 章），需要提醒注意，通常子空间方法用于闭环辨识只能得到有偏估计（Ljung，1999）。

## 习题

13.1 间接过程辨识

给定一个阶次 $n=2$、$d=1$ 的过程。对于闭环间接过程辨识，线性控制器所需要的阶次是多少？

13.2 直接过程辨识

为什么只要有可能就应该利用输入 $u(k)$ 和输出 $y(k)$ 的信息？

13.3 直接过程辨识

有同事建议利用输入 $u(k)$ 和输出 $y(k)$ 测量数据，并通过确定过程传递函数 $G(\mathrm{i}\omega)=y(\mathrm{i}\omega)/u(\mathrm{i}\omega)$，以此来辨识没有无外部测试信号的闭环系统。这样做为什么无法得到期望的结果？如果能够增加一个外部测试信号，该方法可行吗？

## 参考文献

Bohlin T (1971) On the problem of ambiguities in maximum likelihood identification. Automatica 7(2): 199 - 210

Forssell U, Ljung L (1999) Closed-loop identification revisited. Automatica 35(7): 1215 - 1241

Gilson M, van den Hof PMJ (2005) Instrumental variable methods for closed-loop system identification. Automatica 41: 241 - 249

Gilson M, Garnier H, Young PC, van den Hof PMJ (2009) Refined instrumental variable methods for closed-loop system identification. In: Proceedings of the 15th IFAC Symposium on System Identification, Saint-Malo, France

Gustavsson I, Ljung L, Söderström T (1974) Identification of linear multivariable process dynamics using closed-loop experiments. Report 7401. Dept. of Automatic Control, Lund Inst of Technology, Lund

Gustavsson I, Ljung L, Söderström T (1977) Identification in closed loop-identifiability and accuracy aspects. Automatica 13(1): 59 - 75

Hjalmarsson H (2005) From experiment design to closed-loop control. Automatica 41(3): 393 - 438

Isermann R (1992) Identifikation dynamischer Systeme: Besondere Methoden, Anwendungen (Vol 2). Springer, Berlin

Kurz H (1977) Recursive process identification in closed loop with switching regulators. In: Proceedings of the 4th IFAC Symposium Digital Computer Applications to Process Control, Amsterdam, Netherlands

Kurz H, Isermann R (1975) Methods for on-line process identification in closed loop. In: Proceedings of the 6th IFAC Congress, Boston, MA, USA

Ljung L (1999) System identification: Theory for the user, 2nd edn. Prentice Hall Information and System Sciences Series, Prentice Hall PTR, Upper Saddle River, NJ

Mårtensson J, Hjalmarsson H (2009) Variance-error quantification for identified poles and zeros. Automatica 45(11): 2512 - 2525

Schoukens J, Vandersteen K, Barbé, Pintelon R (2009) Nonparametric preprocessing in system identification: A powerful tool. In: Proceedings of the European Control Conference 2009 - ECC 09, Budapest, Hungary, pp 1 - 14

# 第Ⅳ部分　参数模型辨识
# ——连续时间信号

# 第 14 章

# 频率响应的参数估计

本章论述以非参数频率响应函数作为中间模型的参数估计方法。利用这种中间模型有很多好处：即使在很差（噪声）的条件下，也能利用诸如正交相关分析法来测定频率响应函数。另外，运用参数估计方法之前，在多数情况下通过对频率响应函数的平滑可以使实验数据变得更加精炼。此外，非参数频率响应函数能为模型阶次的选择，以及判断是否存在迟延和谐振等提供帮助。文献（Juang，1994）还指出，比如在模态分析中，与随着时间变化的测量数据图相比，频率响应是一种更好的表达方式，更为测试工程师所熟悉。

## 14.1 引言

假设利用频率响应的直接测量方法（见第 4 章和第 5 章），频率响应函数的 $N+1$ 个测量点可以确定为

$$G(\mathrm{i}\omega_\nu) = |G(\mathrm{i}\omega_\nu)|\mathrm{e}^{-\mathrm{i}\varphi(\omega_\nu)} = \mathrm{Re}\{G(\mathrm{i}\omega_\nu)\} + \mathrm{Im}\{G(\mathrm{i}\omega_\nu)\} \tag{14.1.1}$$

这种以非参数形式给出、作为中间模型的频率响应，现在用参数传递函数近似表达为

$$G(\mathrm{i}\omega) = \frac{b_0 + b_1\mathrm{i}\omega + \cdots + b_m(\mathrm{i}\omega)^m}{1 + a_1\mathrm{i}\omega + \cdots + a_n(\mathrm{i}\omega)^n} \tag{14.1.2}$$

这种近似表示过去通常采用图形的方法获得，如见文献（Strolbel，1968）的综述，而如今主要采用解析的方法获取，参见文献（Isermann，1992；Pintelon and Schoukens，2001）。

下面将论述根据频率响应获取参数模型的方法，其中有些方法只用到频率响应两个分量中间的一个，即幅值或相位或者实部或虚部，因为这两个分量在一定前提下是成对出现的。它们之间存在如下的依存关系：

一个稳定、可实现（$m \leqslant n$）系统的实部和虚部，它们的依存关系可用 Hilbert 变换 $g(y) = \mathfrak{H}(f(x))$ 表示，参见文献（Unbenhauen，2008；Kammeyer and Kroschel，2009），即有

$$g(y) = \mathfrak{H}(f(x)) = \frac{1}{\pi}\int_{-\infty}^{\infty}\frac{f(x)}{y-x}\mathrm{d}x \tag{14.1.3}$$

因为

$$R(\omega) = +\frac{1}{\pi}\int_{-\infty}^{\infty}\frac{I(u)}{\omega-u}\mathrm{d}u + R(\infty) \tag{14.1.4}$$

$$I(\omega) = -\frac{1}{\pi}\int_{-\infty}^{\infty}\frac{R(u)}{\omega-u}\mathrm{d}u \tag{14.1.5}$$

因此，如果给定频率响应的虚部，那么在上述前提下可以确定实部，反之亦然。顺便提

一下，对系统的因果性，满足 Hilbert 变换是必要条件，也是充分条件。

对幅值和相位来说，可以给出类似的关系

$$\ln|G(\mathrm{i}\omega)|-\ln|G(\mathrm{i}\infty)|=-\frac{1}{\pi}\int_{-\infty}^{\infty}\frac{\varphi(u)-\varphi(\omega)}{u-\omega}\mathrm{d}u \tag{14.1.6}$$

$$\varphi(\omega)=\frac{1}{\pi}\int_{-\infty}^{\infty}\frac{\ln|G(\mathrm{i}u)|-\ln|G(\mathrm{i}\omega)|}{u-\omega}\mathrm{d}u \tag{14.1.7}$$

若给定一个幅值 $|G(\mathrm{i}\omega)|$，就可以很容易地确定相位，反之亦然。对那些只通过逼近频率响应幅值的方法，必须保证系统不含迟延，而且系统不是全通的。如果存在迟延，则应该先通过逼近频率响应的幅值以确定传递函数的有理部分，然后根据相位差来确定迟延。

## 14.2 频率响应的最小二乘逼近法（FR-LS）

通常情况下，与待辨识传递函数的参数个数相比，频率响应函数的测量点数量要多得多。在这种情况下，可以用参数估计方法来最小化测量的频率响应函数与模型之间的误差。给定如下过程

$$G(\mathrm{i}\omega)=R(\omega)+\mathrm{i}I(\omega) \tag{14.2.1}$$

和模型

$$\hat{G}(\mathrm{i}\omega)=\frac{\hat{B}(\mathrm{i}\omega)}{\hat{A}(\mathrm{i}\omega)}=\frac{\hat{B}_{\mathrm{R}}(\omega)+\mathrm{i}\hat{B}_{\mathrm{I}}(\omega)}{\hat{A}_{\mathrm{R}}(\omega)+\mathrm{i}\hat{A}_{\mathrm{I}}(\omega)} \tag{14.2.2}$$

现在的任务是根据 $N+1$ 个测量点

$$G(\mathrm{i}\omega_n)=R(\omega_n)+\mathrm{i}I(\omega_n),\ n=0,1,\cdots,N \tag{14.2.3}$$

来确定参数 $\hat{a}_i$ 和 $\hat{b}_i$。为此，要用图 1.8 所示的输出误差，并定义为

$$e(\mathrm{i}\omega_n)=G(\mathrm{i}\omega_n)-\frac{\hat{B}(\mathrm{i}\omega_n)}{\hat{A}(\mathrm{i}\omega_n)} \tag{14.2.4}$$

则代价函数写成

$$V=\frac{1}{N+1}\sum_{k=0}^{N}\frac{|G(\mathrm{i}\omega_k)-\hat{G}(\mathrm{i}\omega_k,\boldsymbol{\theta})|^2}{\sigma_{\mathrm{G}}^2(k)} \tag{14.2.5}$$

其中，引入测量误差作为单个误差的权重（Pintelon and Schoukens，2001）。

输出误差又是关于参数非线性的，因此必须采用迭代优化算法，见第 19 章。这里，$G(\mathrm{i}\omega_k)$ 的辨识可由输出 $y(\mathrm{i}\omega_k)$ 和输入 $u(\mathrm{i}\omega_k)$ 的 DFT 相除得到。在大多数应用中，采样是足够快的，而且传递函数在高频段会呈现充分的幅值衰减，为此 $G(\mathrm{i}\omega_k)$ 是可以充分地逼近连续时间传递函数 $G(s)$。在其他情况下，必须采用如文献（Gillberg and Ljung，2010）中所描述的方法。

令式（14.2.5）乘以 $U(s)$，可得到代价函数

$$V=\sum_{k=1}^{N}|Y(\mathrm{i}\omega_k)-\hat{Y}(\mathrm{i}\omega_k,\boldsymbol{\theta})|^2 \tag{14.2.6}$$

这仍然会导致非线性优化问题（Pintelon and Schoukens，2001）。

也可以使用广义的方程误差，这种情况下写成

$$\varepsilon(\mathrm{i}\omega_n) = \hat{A}(\mathrm{i}\omega_n)e(\mathrm{i}\omega_n) = \hat{A}(\mathrm{i}\omega_n)G(\mathrm{i}\omega_n) - \hat{B}(\mathrm{i}\omega_n) \tag{14.2.7}$$

见文献（Levy，1959；Sawaragiet al，1981；Pintelon and Schoukens，2001）。现在采用加权误差平方和作为代价函数

$$V = \sum_{n=0}^{N} w_n |\varepsilon(\mathrm{i}\omega_n)|^2 \tag{14.2.8}$$

其中，$w_n$ 是加权因子。代入式（14.2.3）和式（14.2.7），可得到

$$\begin{aligned}\varepsilon(\mathrm{i}\omega) = \hat{A}(\mathrm{i}\omega)e(\mathrm{i}\omega) &= \big(R(\omega)\hat{A}_{\mathrm{R}}(\omega) - I(\omega)\hat{A}_{\mathrm{I}}(\omega) - \hat{B}_{\mathrm{R}}(\mathrm{i}\omega)\big) \\ &\quad + \mathrm{i}\big(R(\omega)\hat{A}_{\mathrm{I}}(\omega) + I(\omega)\hat{A}_{\mathrm{R}}(\omega) - \hat{B}_{\mathrm{I}}(\mathrm{i}\omega)\big)\end{aligned} \tag{14.2.9}$$

由此有

$$\begin{aligned}V &= \sum_{n=0}^{N}\Big(w_n\big(R(\omega_n)\hat{A}_{\mathrm{R}}(\omega_n) - I(\omega_n)\hat{A}_{\mathrm{I}}(\omega_n) - \hat{B}_{\mathrm{R}}(\omega_n)\big)^2 \\ &\quad + w_n\big(R(\omega_n)\hat{A}_{\mathrm{I}}(\omega_n) + I(\omega_n)\hat{A}_{\mathrm{R}}(\omega_n) - \hat{B}_{\mathrm{I}}(\omega_n)\big)^2\Big) \\ &= \sum_{n=0}^{N} w_n\big(L_n^2 + M_n^2\big)\end{aligned} \tag{14.2.10}$$

其中多项式为

$$A_{\mathrm{R}}(\omega) = 1 - a_2\omega^2 + a_4\omega^4 - a_6\omega^6 + \cdots \tag{14.2.11}$$

$$A_{\mathrm{I}}(\omega) = a_1\omega - a_3\omega^3 + a_5\omega^5 - \cdots \tag{14.2.12}$$

$$B_{\mathrm{R}}(\omega) = b_0 - b_2\omega^2 + b_4\omega^4 - b_6\omega^6 + \cdots \tag{14.2.13}$$

$$B_{\mathrm{I}}(\omega) = b_1\omega - b_3\omega^3 + b_5\omega^5 - \cdots \tag{14.2.14}$$

现在构造最小二乘法所需的数据矩阵、参数向量和输出向量。由于代价函数式（14.2.10）包含每个频率 $\omega_n$ 的两个平方项之和，所以数据矩阵和输出向量对每个频率 $\omega_n$ 都有两行。对某个频率，代价函数 $V$ 的附加项 $\Delta V(\omega_n)$ 写成

$$\Delta V(\omega_n) = w_n\varepsilon_{\mathrm{R}}(\omega_n)^2 + w_n\varepsilon_{\mathrm{I}}(\omega_n)^2 \tag{14.2.15}$$

因此

$$\boldsymbol{\varepsilon}_n = \begin{pmatrix}\varepsilon_{\mathrm{R}}(\omega_n) \\ \varepsilon_{\mathrm{I}}(\omega_n)\end{pmatrix} \tag{14.2.16}$$

误差的实部可以写成

$$\begin{aligned}\varepsilon_{\mathrm{R}}(\omega_n) &= R(\omega_n) - a_2\omega_n^2R(\omega_n) + a_4\omega_n^4R(\omega_n) - \cdots \\ &\quad - a_1\omega_nI(\omega_n) + a_3\omega_n^3I(\omega_n) - \cdots - b_0 + b_2\omega_n^2 - b_4\omega_n^4 - \cdots\end{aligned} \tag{14.2.17}$$

虚部写成

$$\begin{aligned}\varepsilon_{\mathrm{I}}(\omega_n) &= I(\omega_n) - a_2\omega_n^2I(\omega_n) + a_4\omega_n^4I(\omega_n) - \cdots \\ &\quad + a_1\omega_nR(\omega_n) - a_3\omega_n^3R(\omega_n) + \cdots - b_1\omega_n + b_3\omega_n^3 - \cdots\end{aligned} \tag{14.2.18}$$

这些等式分列成数据矩阵

$$\boldsymbol{\Psi}_n^{\mathrm{T}} = \begin{pmatrix} -\omega_nI(\omega_n) & -\omega_n^2R(\omega_n) & \omega_n^3I(\omega_n) & \omega_n^4R(\omega_n) & \cdots & -1 & 0 & \omega_n^2 & 0 & \cdots \\ +\omega_nR(\omega_n) & -\omega_n^2I(\omega_n) & -\omega_n^3R(\omega_n) & \omega_n^4I(\omega_n) & \cdots & 0 & -\omega_n & 0 & \omega_n^3 & \cdots \end{pmatrix} \tag{14.2.19}$$

和输出向量

$$\boldsymbol{y}_n = \begin{pmatrix} R(\omega_n) \\ I(\omega_n)\end{pmatrix} \tag{14.2.20}$$

对这种构成情况，参数向量表示为

$$\boldsymbol{\theta}^{\mathrm{T}} = \left(a_1\ a_2\ a_3\ a_4 \cdots b_0\ b_1\ b_2\ b_3\ b_4 \cdots\right) \tag{14.2.21}$$

而且权矩阵写成

$$\boldsymbol{W}_n = \begin{pmatrix} w(\omega_n) & 0 \\ 0 & w(\omega_n) \end{pmatrix} \tag{14.2.22}$$

根据这些表达形式可以构造

$$\boldsymbol{\Psi} = \begin{pmatrix} \boldsymbol{\psi}_0^{\mathrm{T}} \\ \boldsymbol{\psi}_1^{\mathrm{T}} \\ \vdots \\ \boldsymbol{\psi}_N^{\mathrm{T}} \end{pmatrix} \tag{14.2.23}$$

和

$$\boldsymbol{y} = \begin{pmatrix} \boldsymbol{y}_0 \\ \boldsymbol{y}_1 \\ \vdots \\ \boldsymbol{y}_N \end{pmatrix} \tag{14.2.24}$$

以及

$$\boldsymbol{W} = \begin{pmatrix} \boldsymbol{W}_0 & \boldsymbol{0} & & \boldsymbol{0} \\ \boldsymbol{0} & \boldsymbol{W}_1 & & \boldsymbol{0} \\ & & \ddots & \\ \boldsymbol{0} & \boldsymbol{0} & & \boldsymbol{W}_N \end{pmatrix} \tag{14.2.25}$$

并用加权最小二乘法求解这个问题，见式（9.5.4），可得

$$\hat{\boldsymbol{\theta}} = \left(\boldsymbol{\Psi}^{\mathrm{T}}\boldsymbol{W}\boldsymbol{\Psi}\right)^{-1}\boldsymbol{\Psi}^{\mathrm{T}}\boldsymbol{W}\boldsymbol{y} \tag{14.2.26}$$

对于加权因子 $w_n$ 的选择，采用如下相对误差加权形式，可以顾及频率响应测量的精度

$$w_n = c\frac{|G(\mathrm{i}\omega_n)|^2}{|\Delta G(\mathrm{i}\omega_n)|^2} \tag{14.2.27}$$

其中，$|\Delta G(\mathrm{i}\omega_n)|$ 是给定的绝对误差值。这种加权方式通常是很有吸引力的，因为相对误差随着频率的增加而增大。高频段测量值的精度通常比较低，通过选择倒数关系，使较大的相对误差具有较小的权重。此外，正如文献（Pintelon et al，1994）指出，式（14.2.7）所给的广义误差是 $\omega_n$ 的多项式，因而测量误差由 $\omega_n^{2m}$ 加权。所以，代价函数中每个单项的权重随着 $\omega_n$ 的增加而减小。

列出式（14.2.7）的方程误差，从数学的角度看，是以 $A(\mathrm{i}\omega_n)$来加权输出误差 $e(\mathrm{i}\omega_n)$的。此加权可以利用下式得到

$$w_n = \frac{1}{|A(\mathrm{i}\omega_n)|^2} \tag{14.2.28}$$

由于 $A(\mathrm{i}\omega_n)$几乎很少事先已知，因此通常要用迭代的方法来求解这种参数估计问题。

文献（Strobel，1968，1975）提出一种最小二乘的改进方法，以加权频率响应误差构成代价函数

$$V = \sum_{n=0}^{N} w_n \left|\frac{\Delta G(\mathrm{i}\omega_n)}{G(\mathrm{i}\omega_n)}\right|^2 = \sum_{n=0}^{N} w_n \left|\frac{G(\mathrm{i}\omega_n) - \hat{G}(\mathrm{i}\omega_n)}{G(\mathrm{i}\omega_n)}\right|^2 \tag{14.2.29}$$

其中

$$\Delta G(\mathrm{i}\omega_n) = G(\mathrm{i}\omega_n) - \hat{G}(\mathrm{i}\omega_n) \tag{14.2.30}$$

上式为频率响应测量值与估计值之差。

**例 14.1（根据频率响应辨识三质量振荡器的离散时间动态模型）**

将这种方法用于三质量振荡器系统，并利用正交相关分析法（见第 5.5.2 节）测定的频率响应数据来估计系统的传递函数。从图 14.1 可以看到，参数估计方法与非参数估计方法所获得的结果相当吻合。 □

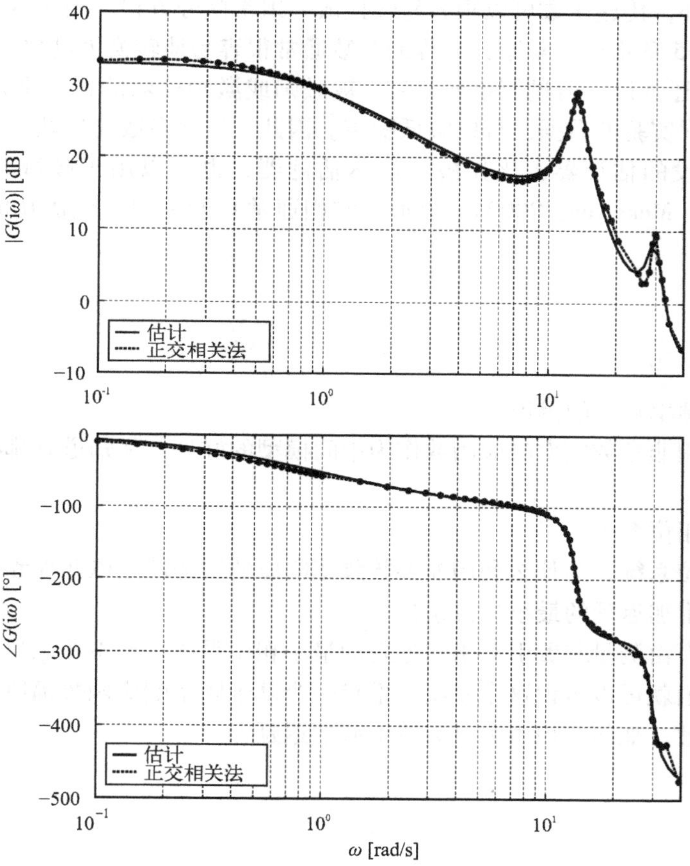


图 14.1 根据频率响应测量数据，估计三质量振荡器的传递函数；频率响应是利用正交相关分析法获得的，数据点个数 $N=68$，频域范围为 0.1 rad/s $\leqslant \omega \leqslant$ 40 rad/s

如果对输入 $u(k)$ 与输出 $y(k)$ 独立进行傅里叶变换得到频域数据，则与上面的方程误差类似，可以构成代价函数

$$V = \sum_{k=1}^{N} |\hat{A}(\mathrm{i}\omega_k, \boldsymbol{\theta})Y(\mathrm{i}\omega_k) - \hat{B}(\mathrm{i}\omega_k, \boldsymbol{\theta})U(\mathrm{i}\omega_k)|^2 \tag{14.2.31}$$

该函数形式也是关于参数线性的，可利用批处理或递推的最小二乘法求解（Pintelon and Schoukens，2001；Ljung，1999）。

## 14.3 小结

本章论述了如何根据作为中间模型直接测量的频率响应来估计传递函数的参数。在估计传递函数参数之前，先确定频率响应，以此作为非参数模型，这样做有几点好处：首先，频率响应可以利用比如正交相关分析法来确定，它可以处理大噪声的信号。其次，由于这种情况下频率响应函数是非参数模型，在导出参数模型之前，可以用来检验模型阶次和迟延的假设是否合适。另外，传递函数可以很容易转换成一组常微分方程，用它可以控制连续过程的动态特性。如第 15 章指出，常微分方程的参数通常很容易地转换为过程系数。文献（Pintelon et al，1994）还强调，通过简单地忽略未被激励或激励很弱的，特别是噪声频率，以及尽可能地合并不同实验的数据，可以降低噪声。因此，这些参数比离散模型更易求得。其他基于不同噪声假设的估计器，比如极大似然估计器，也可以用于频域辨识（Pintelon and Schoukens，1997；Mckelvey，2000）。然而，它们通常只能采用迭代优化的算法求解，因而计算开销比较大。

## 习题

14.1 利用频率响应的辨识

说出三个利用非参数频率响应函数作为中间模型的好处。你知道有哪些获取频率响应的方法？

14.2 最小相位系统

对于最小相位系统，为什么利用非参数频率响应的实部就足以匹配参数传递函数？

14.3 具有附加迟延的最小相位系统

给定一个具有由测量装置引起未知迟延的最小相位系统，若不考虑迟延，为什么基于频率响应函数的幅值就可以辨识这个系统？推导一个基于频率响应函数幅值的代价函数，用于辨识参数传递函数。如何辨识由测量装置引起的迟延？

## 参考文献


Gillberg J，Ljung L（2010）Frequency domain identification of continuous-time output error models，Part I：Uniformly sampled data and frequency function approximation. Automatica 46(1)：1 - 10

Isermann R（1992）Identifikation dynamischer Systeme：Besondere Methoden，Anwendungen（Vol 2). Springer，Berlin

Juang JN（1994）Applied system identification. Prentice Hall，Englewood Cliffs，NJ References 377

Kammeyer KD，Kroschel K（2009）Digitale Signalverarbeitung：Filterung und Spektralanalyse mit MATLAB-Übungen，7th edn. Teubner，Wiesbaden

Levy EC（1959）Complex curve fitting. IRE TransAutom Control 4：37 - 43

Ljung L (1999) System identification: Theory for the user, 2nd edn. Prentice Hall Information and System Sciences Series, Prentice Hall PTR, Upper Saddle River, NJ

McKelvey T (2000) Frequency domain identification. In: Proceedings of the 12th IFAC Symposium on System Identification, Santa Barbara, CA, USA

Pintelon R, Schoukens J (1997) Identification of continuous-time systems using arbitrary signals. Automatica 33(5): 991 -994

Pintelon R, Schoukens J (2001) System identification: A frequency domain approach. IEEE Press, Piscataway, NJ

Pintelon R, Guillaume P, Rolain Y, Schoukens J, van Hamme H (1994) Parametric identification of transfer functions in the frequency domain: A survey. IEEE Trans Autom Control 39(11): 2245 -2260

Sawaragi V, Soeda T, Nakamizo T (1981) Classical methods and time series estimation. In: Trends and progress in system identification, Pergamon Press, Oxford

Strobel H (1968) Systemanalyse mit determinierten Testsignalen. Verlag Technik, Berlin

Strobel H (1975) Experimentelle Systemanalyse. Elektronisches Rechnen und Regeln, Akademie Verlag, Berlin

Unbehauen H (2008) Regelungstechnik, 15th edn. Vieweg + Teubner, Wiesbaden

# 第 15 章

# 微分方程和连续时间过程的参数估计

动态过程的参数估计方法最初是结合数字控制系统，应用于离散时间过程模型的。然而，在一些应用中，如理论模型的验证或故障诊断，需要连续时间信号模型的参数估计方法。

此外，连续时间模型通常更好解释，因为在很多情况下模型参数可以转换成物理参数。文献（Rao and Garnier，2002）对用于辨识连续时间模型的离散时间方法和连续时间方法进行了比较。文献（Garnier and Wang，2008；Rao and Unbenhauen，2006）建议将连续时间模型辨识分成两种本质上不同的方法。对于直接方法，直接建立与连续时间模型有相同参数特性的离散时间模型；对于间接方法，则先辨识离散时间模型，然后再转换成连续时间模型。这两种方法本章都会进行讨论。首先讨论如何利用直接方法辨识连续时间参数模型，包括多种确定导数的方法；然后再讨论将离散时间模型转换成连续时间参数的方法。有关这方面的第一篇综述文章是 Young 于 1981 年发表的（Young，1981），近期的综述文章可参见文献（Rao and Unbenhauen，2006）。专著（Garnier and Wang，2008）对这个领域不同时期的发展作了概述。

## 15.1 最小二乘方法

### 15.1.1 基本方程

考虑一个集中参数的稳定过程，可以用线性时不变微分方程描述为

$$\begin{aligned} a_n y_u^{(n)}(t) + a_{n-1} y_u^{(n-1)}(t) + \cdots + a_1 y_u^{(1)}(t) + y_u(t) \\ = b_m u^{(m)}(t) + b_{m-1} u^{(m-1)}(t) + \cdots + b_1 u^{(1)}(t) + b_0 u(t) \end{aligned} \tag{15.1.1}$$

其中，$m<n$。假设输出信号的导数

$$y^{(j)}(t) = \frac{\mathrm{d}^j y(t)}{\mathrm{d}t^j},\ j = 1,2,\cdots,n \tag{15.1.2}$$

和输入信号 $u(t)$ 的导数 $u^{(j)}(t)$，$j=1,2,\cdots,m$ 均存在。$u(t)$ 和 $y(t)$ 是实际信号 $U(t)$ 和 $Y(t)$ 与工作点 $U_{00}$ 和 $Y_{00}$ 的偏差量，即

$$\begin{aligned} u(t) &= U(t) - U_{00} \\ y(t) &= Y(t) - Y_{00} \end{aligned} \tag{15.1.3}$$

对应于常微分方程式（15.1.1）的传递函数为

$$G_{\mathrm{P}}(s)=\frac{y_{\mathrm{u}}(s)}{u(s)}=\frac{B(s)}{A(s)}=\frac{b_0+b_1 s+\cdots+b_{m-1}s^{m-1}+b_m s^m}{1+a_1 s+\cdots+a_{n-1}s^{n-1}+a_n s^n} \tag{15.1.4}$$

见图 15.1。

可测信号 $y(t)$ 包含附加的干扰信号 $n(t)$，即

$$y(t)=y_{\mathrm{u}}(t)+n(t) \tag{15.1.5}$$

将式（15.1.5）代入式（15.1.1），并引入**方程误差** $e(t)$，类似于第 9.1 节，有

$$y(t)=\boldsymbol{\psi}^{\mathrm{T}}(t)\boldsymbol{\theta}+e(t) \tag{15.1.6}$$

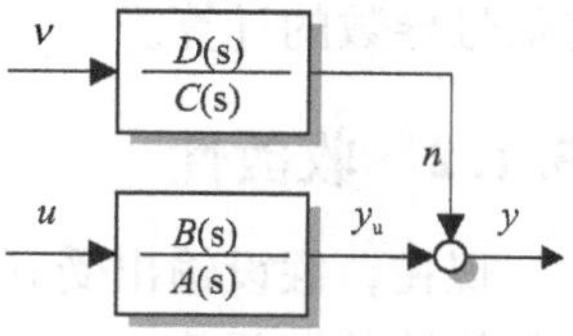


图 15.1 连续时间信号的线性过程

式中

$$\boldsymbol{\psi}^{\mathrm{T}}(t)=\left(-y^{(1)}(t)\cdots-y^{(n)}(t)\middle|u(t)\cdots u^{(m)}(t)\right) \tag{15.1.7}$$

$$\boldsymbol{\theta}=\left(a_1\cdots a_n\middle|b_0\cdots b_m\right)^{\mathrm{T}} \tag{15.1.8}$$

本章讨论的所有方法都是采用方程误差的，如果想用输出误差，也就是仿真误差，可参考第 19 章讨论的方法。

若采用适当的 $\boldsymbol{\psi}$ 和 $\boldsymbol{\theta}$，也可建立如下模型（Young，1981）

$$y^{(n)}(t)=\boldsymbol{\psi}^{\mathrm{T}}(t)\boldsymbol{\theta}+e(t) \tag{15.1.9}$$

对于假设只有模型输出含有噪声的辨识方法，如果试图选择噪声最大的变量作为模型输出 $y$，那么最小二乘法是一种不错的选择。当然也可以选择其他的方法，比如总体最小二乘法，见第 10.4 节，这种方法假设噪声不仅存在于模型输出上，也存在于回归变量中。

现在，在离散采样点 $t=kT_0(k=0,1,2,\cdots,N)$ 上测得输入和输出信号，$T_0$ 为采样时间，并且确定它们的导数。基于这些数据，可以写出 $N+1$ 个方程

$$y(k)=\boldsymbol{\psi}^{\mathrm{T}}(k)\boldsymbol{\theta}+e(k),\ k=1,2,\cdots,N \tag{15.1.10}$$

这个方程组可以写成矩阵形式

$$\boldsymbol{y}=\boldsymbol{\Psi}\boldsymbol{\theta}+\boldsymbol{e} \tag{15.1.11}$$

其中

$$\boldsymbol{y}^{\mathrm{T}}=\left(y(0)\ y(1)\cdots y(N)\right) \tag{15.1.12}$$

$$\boldsymbol{\Psi}=\left(\begin{array}{ccc|ccc}-y^{(1)}(0) & \cdots & -y^{(n)}(0) & u(0) & \cdots & u^{(m)}(0)\\ -y^{(1)}(1) & \cdots & -y^{(n)}(1) & u(1) & \cdots & u^{(m)}(1)\\ \vdots & & \vdots & \vdots & & \vdots\\ -y^{(1)}(N) & \cdots & -y^{(n)}(N) & u(1) & \cdots & u^{(m)}(N)\end{array}\right) \tag{15.1.13}$$

文献（Ljung and Wills，2008；Larsson and Söderström，2002）均指出，连续时间模型更容易适应于不规则采样的情况。如果导数可以直接测量，那么显然任何时间 $t$ 的微分方程都可以计算。否则，用于计算测量信号导数的数值算法必须能适应变化的采样时间，见文献（Larsson and Söderström，2002）。

正如第 9.1 节所述，通过最小化代价函数

$$V=\boldsymbol{e}^{\mathrm{T}}\boldsymbol{e}=\sum_{k=0}^{N}e^2(k) \tag{15.1.14}$$

可得到 $\mathrm{d}V/\mathrm{d}\hat{\boldsymbol{\theta}}=\boldsymbol{0}$ 和 $\boldsymbol{\theta}=\hat{\boldsymbol{\theta}}$。利用最小二乘法得到的参数估计向量为

$$\hat{\boldsymbol{\theta}}=\left(\boldsymbol{\Psi}^{\mathrm{T}}\boldsymbol{\Psi}\right)^{-1}\boldsymbol{\Psi}^{\mathrm{T}}\boldsymbol{y} \tag{15.1.15}$$

上式存在唯一解的条件是 $\boldsymbol{\Psi}^{\mathrm{T}}(N)\boldsymbol{\Psi}(N)$ 非奇异。可以看出，这种方法与离散模型的最小二乘法非常相似。因此，离散模型的许多推导都可以直接沿用，比如第 22 章中的递推形式及数值计算的改进形式。然而，连续时间模型的辨识也有它自身的一些特殊问题，如收敛性和所需信号导数的计算。

### 15.1.2 收敛性

现在，假设输出受到平稳随机信号 $n(t)$ 的干扰，类似于第 9.1.2 节的推导，可以确定参数估计的期望值。

将下式代入式（15.1.15）

$$y(k)=\boldsymbol{\psi}^{\mathrm{T}}(k)\boldsymbol{\theta}_0+e(k) \tag{15.1.16}$$

即假设模型参数 $\hat{\boldsymbol{\theta}}$ 与真实参数 $\boldsymbol{\theta}_0$ 结构上匹配，可得到期望值

$$\mathrm{E}\{\hat{\boldsymbol{\theta}}\}=\boldsymbol{\theta}_0+\mathrm{E}\{(\boldsymbol{\Psi}^{\mathrm{T}}\boldsymbol{\Psi})^{-1}\boldsymbol{\Psi}^{\mathrm{T}}\boldsymbol{e}\} \tag{15.1.17}$$

其中

$$\boldsymbol{b}=\mathrm{E}\{(\boldsymbol{\Psi}^{\mathrm{T}}\boldsymbol{\Psi})^{-1}\boldsymbol{\Psi}^{\mathrm{T}}\boldsymbol{e}\} \tag{15.1.18}$$

是估计偏差。要消除这个偏差，要求

$$\mathrm{E}\{\boldsymbol{\Psi}^{\mathrm{T}}\boldsymbol{e}\}=\mathbf{0} \tag{15.1.19}$$

由式（15.1.5）可知，只有

$$\hat{\boldsymbol{R}}_{\mathrm{y}^{(j)}\mathrm{e}}=\hat{\boldsymbol{R}}_{\mathrm{n}^{(j)}\mathrm{e}} \tag{15.1.20}$$

才能得到无偏估计，而且因为 $e(t)$ 和 $u(t)$ 不相关，如果

$$\mathrm{E}\left\{\begin{array}{l}-\hat{\boldsymbol{R}}_{\mathrm{n}^{(1)}\mathrm{e}}(0)\ -\hat{\boldsymbol{R}}_{\mathrm{n}^{(2)}\mathrm{e}}(0)\ \cdots -\ \hat{\boldsymbol{R}}_{\mathrm{n}^{(n)}\mathrm{e}}(0)\\ 0\\ \vdots\\ 0\end{array}\right\}=\mathbf{0}^{\mathrm{T}} \tag{15.1.21}$$

则估计才是无偏的。这就给出微分方程

$$e(t)=a_n n^{(n)}(t)+\cdots+a_1 n^{(1)}(t)+n(t) \tag{15.1.22}$$

使得干扰信号 $n(t)$ 由方程误差 $e(t)$ 通过如下的成形滤波器产生

$$G_{\mathrm{F}}(s)=\frac{n(s)}{e(s)}=\frac{1}{1+a_1 s+\cdots+a_n s^n} \tag{15.1.23}$$

式（15.1.22）与 $n^{(j)}(t-\tau)$ 相乘后，并取数学期望，得到

$$\hat{\boldsymbol{R}}_{\mathrm{n}^{(j)}\mathrm{e}}(\tau)=a_n\hat{\boldsymbol{R}}_{\mathrm{n}^{(1)}\mathrm{n}^{(n)}}(\tau)+\cdots+a_1\hat{\boldsymbol{R}}_{\mathrm{n}^{(1)}\mathrm{n}^{(1)}}(\tau)+a_n\hat{\boldsymbol{R}}_{\mathrm{n}^{(1)}\mathrm{n}}(\tau) \tag{15.1.24}$$

现在，可将上式写成

$$\hat{\boldsymbol{R}}_{\mathrm{n}^{(j)}\mathrm{e}}(\tau)=\frac{\mathrm{d}^j}{\mathrm{d}\tau}\hat{\boldsymbol{R}}_{\mathrm{ne}}(\tau)=\frac{\mathrm{d}^j}{\mathrm{d}\tau}\mathrm{E}\{n(t)e(t+\tau)\} \tag{15.1.25}$$

假设 $e(t)$ 是高斯白噪声，方差为

$$R_{\mathrm{ee}}(\tau)=\lambda\delta(t) \tag{15.1.26}$$

则成形滤波器的互相关函数为

$$R_{\mathrm{ne}}(\tau)=g_{\mathrm{F}}(\tau)=\mathfrak{L}^{-1}\{G_{\mathrm{F}}(s)\} \tag{15.1.27}$$

且式（15.1.21）中的各元素为

$$\hat{\boldsymbol{R}}_{\mathrm{n}^{(j)}\mathrm{e}}(0) = \lim_{\tau\to 0}\left(s^{j+1}G_{\mathrm{F}}(s) - s^{j}g_{\mathrm{F}}(0+) - s^{j-1}g_{\mathrm{F}}^{(1)}(0+) - \cdots - sg_{\mathrm{F}}^{(j-1)}(0+)\right)$$
$$\begin{cases} = 0,\ j = 1,2,\cdots,n-2 \\ \neq 0,\ j = n-1,n \end{cases} \tag{15.1.28}$$

因此，式（15.1.21）是不成立的，所以得到的是有偏估计。与离散时间动态系统的最小二乘法不同，即使 $e(t)$ 为高斯白噪声，也不能获得无偏估计。为此，对于连续时间系统，只有当信噪比非常好的情况下才能使用最小二乘法。

## 15.2 导数的确定㊀

如果所需的信号导数是直接可测的（如车辆的应用），则导数数据能直接进入数据矩阵 $\boldsymbol{\Psi}$，而且 $\boldsymbol{\Psi}$ 的相关矩阵 $\boldsymbol{\Psi}^{\mathrm{T}}\boldsymbol{\Psi}/(N+1)$ 也是容易计算的。相反地，如果导数是不可测的，就必须根据测量信号 $u(t)$ 和 $y(t)$ 来确定。对此，一般有两种选择：数值微分或状态变量滤波。利用有限脉冲响应滤波器来确定导数是一种便捷的方法，但其计算量可能要超过状态变量滤波器，尤其是在需要确定大量的导数情况下。

### 15.2.1 数值微分

由于干扰信号的存在，对确定高阶的导数，**数值微分**和插值方法（如样条函数）的组合通常不能抑制噪声的影响，使得这种方法只能限于用在最高二阶或三阶导数的计算。然而，在很多情况下，只有一阶导数的计算才是可靠的。文献（Söderström and Mossberg, 2000）论述了一些利用插值函数确定导数的方法。

通常情况下，可以采用下面的方法来确定导数

向前微分商：
$$\hat{\dot{x}}(k) = \frac{x(k+1) - x(k)}{T_0} \tag{15.2.1}$$

向后微分商：
$$\hat{\dot{x}}(k) = \frac{x(k) - x(k-1)}{T_0} \tag{15.2.2}$$

中心微分商：
$$\hat{\dot{x}}(k) = \frac{x(k+1) - x(k-1)}{2T_0} \tag{15.2.3}$$

这几种方法都有各自的优缺点，向前微分商和中心微分商要依赖于将来的数值，向后微分商会导致半个采样周期的迟延。

### 15.2.2 状态变量滤波器

状态变量滤波器的原理是利用低通滤波器将高频噪声滤掉，并转换成状态空间表达形式，因此滤波器的输出是状态信号，也就是滤波后信号的各阶导数。滤波器被设计成可滤除高于截止频率（$f>f_{\mathrm{c}}$）的任意噪声。

状态变量滤波器（见图 15.2）

㊀ 原注：基于学位论文（Michael Vogt，1998）。

$$G_{\mathrm{F}}(s)=\frac{y_{\mathrm{F}}(s)}{y(s)}=\frac{f_0}{f_0+f_1 s+\cdots+f_{n-1} s^{n-1}+s^n} \tag{15.2.4}$$

已被证实用于连续时间系统辨识具有良好的效果。状态变量滤波器是一种具有特定的拓朴结构的模拟滤波器，经离散化后在计算机上实现。输入信号 $u(t)$ 和输出 $y(t)$ 必须采用相同的状态变量滤波器进行滤波，见图 15.5，滤波器参数 $f_i$ 的选择相对比较自由。关于离散化可以采用不同的逼近方法，更多细节可参考文献（Vogt，1998）。

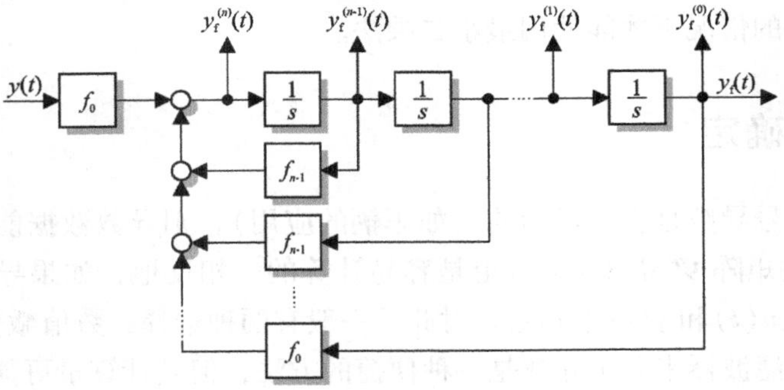


图 15.2　用于滤波且确定信号导数的状态变量滤波器

根据文献（Young，1998），滤波器的系数可以选择为 $f_i=\hat{a}_i$，得到的是一个自适应低通滤波器。然而，也可以采用固定参数的滤波器。对于线性系统，可选择 Butterworth 低通滤波器，或任何其他类型的低通滤波器，比如 Bessel 滤波器和 Chebyshev 滤波器等（Kammeyer and Kroschel，2009；Hamming，2007；Tietz et al，2010）。对于非线性过程，应该选用非 Butterworth 的其他形式滤波器，如 Bessel 滤波器，因为这种滤波器在时域不会发生振荡。

**Butterworth 滤波器**的设计思想是使其传递函数在通频带上的幅度尽可能为常数。规范化的 Butterworth 滤波器（$\omega_C=1$）的传递函数可以写成

$$G_{\mathrm{F}}(s)=\frac{K}{\prod_i\left(1+\alpha_i s+\beta_i s^2\right)}=\frac{K}{B(s)} \tag{15.2.5}$$

其参数为

- 当阶次 $n$ 为偶数时，

$$\left.\begin{aligned}\alpha_i&=2\cos\tfrac{(2i-1)\pi}{2n}\\ \beta_i&=1\end{aligned}\right\} i=1,\cdots,\frac{n}{2} \tag{15.2.6}$$

- 当阶次 $n$ 为奇数时，

$$\left.\begin{aligned}\alpha_1&=1;\ \alpha_i=2\cos\frac{(i-1)\pi}{n}\\ \beta_1&=0;\ \beta_i=1\end{aligned}\right\} i=2,\cdots,\frac{n+1}{2} \tag{15.2.7}$$

表 15.1 给出了阶次 $n$ 较低时的 Butterworth 滤波器参数，图 15.3 是对应的频域响应。如果滤波器的截止频率 $\omega_C$ 设计为任意值，则传递函数写成

$$G_{\mathrm{F}}(s)=\frac{1}{\prod_i\left(1+\alpha_i\dfrac{s}{\omega_{\mathrm{C}}}+\beta_i\dfrac{s^2}{\omega_{\mathrm{C}}^2}\right)} \tag{15.2.8}$$

式中，通常选取 $K=1$。传递函数中的连乘展开后，有

$$G_F(s) = \frac{1}{1 + a_1 s + \cdots + a_n s^n} \tag{15.2.9}$$

**表 15.1　规范化的 Butterworth 滤波器的多项式 $B(s)$**

| 阶次 $n$ | Butterworth 滤波器的多项式 $B(s)$ |
|---|---|
| $n=1$ | $s+1$ |
| $n=2$ | $s^2+1.4142s+1$ |
| $n=3$ | $s^3+2s^2+2s+1$ |
| $n=4$ | $s^4+2.6131s^3+3.4142s^2+2.6131s+1$ |
| $n=5$ | $s^5+3.2361s^4+5.2361s^3+5.2361s^2+3.2361s+1$ |
| $n=6$ | $s^6+3.8637s^5+7.4641s^4+9.1416s^3+7.4641s^2+3.8637s+1$ |

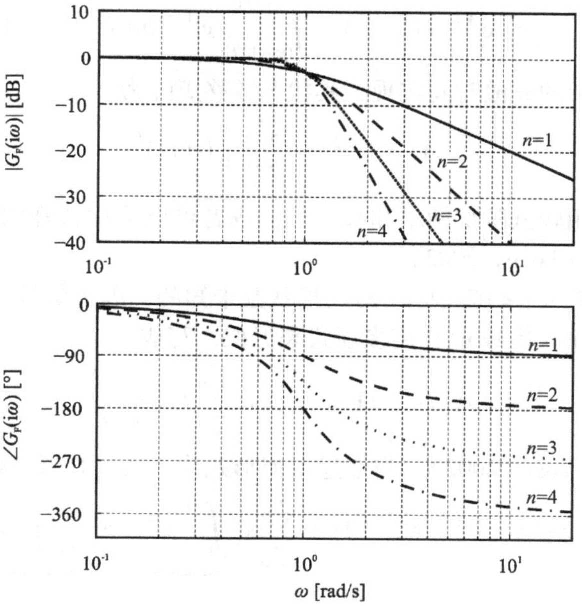


图 15.3　带有插值器的离散状态滤波器

现在，将这种滤波器转换成状态空间模型形式的可控规范型

$$\frac{\mathrm{d}}{\mathrm{d}t}\boldsymbol{x}_F(t) = \underbrace{\begin{pmatrix} 0 & 1 & 0 & \cdots & 0 \\ 0 & 0 & 1 & \cdots & 0 \\ \vdots & \vdots & \vdots & \ddots & \vdots \\ 0 & 0 & 0 & \cdots & 1 \\ -\frac{1}{a_n} & -\frac{a_1}{a_n} & -\frac{a_2}{a_n} & \cdots & -\frac{a_{n-1}}{a_n} \end{pmatrix}}_{\boldsymbol{A}} \boldsymbol{x}_F(t) + \underbrace{\begin{pmatrix} 0 \\ 0 \\ \vdots \\ 0 \\ \frac{1}{a_n} \end{pmatrix}}_{\boldsymbol{b}} x(t) \tag{15.2.10}$$

这里省略了输出方程，因为状态变量滤波器的状态已经给出了所有必需的变量。与图 15.2 中的结构比较后，可知

$$\left.\begin{aligned}f_0 &= -\frac{1}{a_n}\\ f_1 &= -\frac{a_1}{a_n}\\ &\vdots\\ f_{n-1} &= -\frac{a_{n-1}}{a_n}\end{aligned}\right\} \tag{15.2.11}$$

这种滤波器要利用数字计算机来实现，因此必须先进行离散化。为此，需要推导离散时间的状态空间表达，即（参见式（2.2.24）与式（2.2.25））

$$\boldsymbol{x}(k+1) = \boldsymbol{A}_{\mathrm{d}}\boldsymbol{x}(k) + \boldsymbol{b}_{\mathrm{d}}u(k) \tag{15.2.12}$$

$$y(k) = \boldsymbol{c}_{\mathrm{d}}^{\mathrm{T}}\boldsymbol{x}(k) + d_{\mathrm{d}}u(k) \tag{15.2.13}$$

其中，下角标 d 表示离散时间变量。对比式（2.1.27），利用如下关系可以将连续时间系统转换为离散时间形式

$$\begin{aligned}\boldsymbol{x}(k) &= \mathrm{e}^{\boldsymbol{A}T_0}\boldsymbol{x}(k-1) + \int_{(k-1)T_0}^{(k)T_0} \mathrm{e}^{\boldsymbol{A}(kT_0-\tau)}\boldsymbol{b}u(\tau)\mathrm{d}\tau\\ &= \mathrm{e}^{\boldsymbol{A}T_0}\boldsymbol{x}(k-1) + \int_{(k-1)T_0}^{(k)T_0} \mathrm{e}^{\boldsymbol{A}(\tau)}\boldsymbol{b}u(kT_0-\tau)\mathrm{d}\tau\end{aligned} \tag{15.2.14}$$

可以明显看出，所得到的离散时间实现，其状态转移矩阵为

$$\boldsymbol{A}_{\mathrm{d}} = \mathrm{e}^{\boldsymbol{A}T_0} = \sum_{k=0}^{\infty}\frac{1}{k}(\boldsymbol{A}T_0)^k \tag{15.2.15}$$

其中，无限求和可以用较低阶次的求和来逼近，或者可以采用特殊的算法来计算矩阵指数，见文献（Moler and van Loan，2003）。

积分区间$(k-1)T_0<\tau<kT_0$内$u(\tau)$的形状是未知的，因为信号在$T_0$整数倍时刻$t=kT_0$才有采样值。下面，输入信号$u(t)$用多项式来近似，写成

$$u(kT_0-\tau) \approx p(\tau) = \sum_{i=0}^{r}\kappa_i\left(\frac{\tau}{T_0}\right)^i \tag{15.2.16}$$

见文献（Wolfram and Vogt，2002）。将上述近似形式代入式（15.2.14），得到

$$\begin{aligned}\boldsymbol{x}(k) &\approx \mathrm{e}^{\boldsymbol{A}T_0}\boldsymbol{x}(k-1) + \sum_{i=0}^{r}\kappa_i \underbrace{\int_0^{T_0}\mathrm{e}^{\boldsymbol{A}(\tau)}\boldsymbol{b}\left(\frac{\tau}{T_0}\right)^i\mathrm{d}\tau}_{\gamma_i}\\ &= \mathrm{e}^{\boldsymbol{A}T_0}\boldsymbol{x}(k-1) + \boldsymbol{\Gamma}\begin{pmatrix}\kappa_0\\ \vdots\\ \kappa_r\end{pmatrix}\end{aligned} \tag{15.2.17}$$

式中，$\boldsymbol{\Gamma}=(\boldsymbol{\gamma}_0 \quad \boldsymbol{\gamma}_1 \quad \cdots \quad \boldsymbol{\gamma}_r)$各列可以由下面的等式确定

$$\boldsymbol{\gamma}_0 = \boldsymbol{A}^{-1}(\mathrm{e}^{\boldsymbol{A}T_0} - \boldsymbol{I})\boldsymbol{b} \tag{15.2.18}$$

$$\boldsymbol{\gamma}_i = \boldsymbol{A}^{-1}\left(\mathrm{e}^{\boldsymbol{A}T_0}\boldsymbol{b} - \frac{i}{T_0}\boldsymbol{\gamma}_{i-1}\right), i = 1,\cdots,r \tag{15.2.19}$$

确定多项式系数$\kappa_i$的一种方法是，让多项式和信号的最近$r+1$个采样点相匹配（Peter，1982），即

$$p(lT_0) \overset{!}{=} u((k-l)T_0), l = 0,\cdots,r \tag{15.2.20}$$

由此得到方程组

$$\underbrace{\begin{pmatrix} 1 & 0 & \cdots & 0 \\ \vdots & \vdots & & \vdots \\ 1 & r-1 & \cdots & (r-1)^r \\ 1 & r & \cdots & r^r \end{pmatrix}}_{V} \begin{pmatrix} \kappa_0 \\ \kappa_1 \\ \vdots \\ \kappa_r \end{pmatrix} = \begin{pmatrix} u(kT_0) \\ u((k-1)T_0) \\ \vdots \\ u((k-r)T_0) \end{pmatrix} \tag{15.2.21}$$

这个方程组的解是 Vandermonde 矩阵 $\boldsymbol{V}$ 的逆，参见文献（Eisenberg and Fedele，2006）。由

$$\boldsymbol{B} = \boldsymbol{\Gamma} \boldsymbol{V}^{-1} \tag{15.2.22}$$

可推导得到图 15.4 的结构。表 15.2 给出了 $r = 1, 2, 3$ 时的 $\boldsymbol{V}^{-1}$。

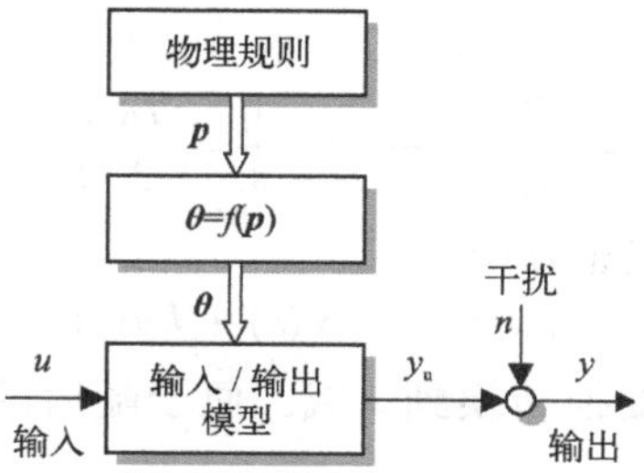


图 15.4 具有插值运算的离散时间状态变量滤波器

**表 15.2 低阶 $r$ 的 $V^{-1}$ 和 $T$ 矩阵**

| $n$ | $V^{-1}$ | $T$ |
|---|---|---|
| $r = 1$ | $\begin{pmatrix} 1 & 0 \\ -1 & 1 \end{pmatrix}$ | $\begin{pmatrix} 1 & 0 \\ 1 & -1 \end{pmatrix}$ |
| $r = 2$ | $\begin{pmatrix} 1 & 0 & 0 \\ -\frac{3}{2} & 2 & -\frac{1}{2} \\ \frac{1}{2} & -1 & \frac{1}{2} \end{pmatrix}$ | $\begin{pmatrix} 1 & 0 & 0 \\ 1 & -1 & 0 \\ \frac{1}{2} & -1 & \frac{1}{2} \end{pmatrix}$ |
| $r = 3$ | $\begin{pmatrix} 1 & 0 & 0 & 0 \\ -\frac{11}{6} & 3 & -\frac{3}{2} & \frac{1}{3} \\ 1 & -\frac{5}{2} & 2 & -\frac{1}{2} \\ -\frac{1}{6} & \frac{1}{2} & -\frac{1}{2} & \frac{1}{6} \end{pmatrix}$ | $\begin{pmatrix} 1 & 0 & 0 & 0 \\ 1 & -1 & 0 & 0 \\ \frac{1}{2} & -1 & \frac{1}{2} & 0 \\ \frac{1}{6} & -\frac{1}{2} & \frac{1}{2} & -\frac{1}{6} \end{pmatrix}$ |

对更高的阶次 $r$，多项式响应特性会出现波纹。另一种确定逼近多项式系数的方法是采用 Taylor 级数展开。对这种逼近方法，多项式和 $k$ 时刻输入系列的前 $r$ 阶导数相等，即有

$$p^{(l)}(0) = u^{(l)}(kT_0), l = 0, \cdots, r \tag{15.2.23}$$

其中，等式两边导数可以写成

$$p^{(0)} = \left.\frac{\mathrm{d}^l p(\tau)}{\mathrm{d}\tau^l}\right|_{\tau=0} = \frac{l!}{T_0^l}\kappa_l \tag{15.2.24}$$

和

$$u^{(l)} = \left.\frac{\mathrm{d}^l u(kT_0 - \tau)}{\mathrm{d}\tau^l}\right|_{\tau=0} \approx \frac{1}{T_0^l}\Delta^l u(kT_0) = \frac{1}{T_0^l}\sum_{i=0}^{l}(-1)^i u\big((k-i)T_0\big) \tag{15.2.25}$$

这样就导出多项式系数为

$$\kappa_i = \sum_{k=0}^{l} \frac{(-1)^i}{l!}\binom{l}{i} u((k-i)T_0) = \sum_{k=0}^{l} \frac{(-1)^i}{i!\,(l-i)!} \tag{15.2.26}$$

或者写成矩阵形式

$$\boldsymbol{\kappa} = \boldsymbol{T}\boldsymbol{u}(kT_0) \tag{15.2.27}$$

对于图 15.4 的结构，矩阵 $\boldsymbol{B}_d$ 可以写成

$$\boldsymbol{B}_d = \boldsymbol{\Gamma}\boldsymbol{T} \tag{15.2.28}$$

表 15.2 给出了 $r = 1, 2, 3$ 时的矩阵 $\boldsymbol{T}$。

另一种获得离散时间系统实现的是利用双线性变换（Wolfram and Vogt，2002）。这里，利用下式替代 $s$

$$s = \frac{2}{T_0}\frac{z-1}{z+1} \quad 或 \quad \frac{1}{s} = \frac{T_0}{2}\frac{z+1}{z-1} \tag{15.2.29}$$

这种双线性变换可以用来转换状态方程

$$s\boldsymbol{x}(s) = \boldsymbol{A}\boldsymbol{x}(s) + \boldsymbol{b}u(s) \tag{15.2.30}$$

即把连续时间系统的拉普拉斯变换转换到 $z$ 域，便于随后的离散时间处理。经双线性变换给出

$$\frac{2}{T_0}\frac{z-1}{z+1}\boldsymbol{x}(k) = \boldsymbol{A}\boldsymbol{x}(k) + \boldsymbol{b}u(k) \tag{15.2.31}$$

为了将上式变成一般的状态方程形式，需要引入新的状态变量。有两种不同的方法可以用来选择新的状态变量，第一种是

$$\tilde{\boldsymbol{x}} = \frac{1}{T_0}\left(\boldsymbol{I} - \frac{T_0}{2}\boldsymbol{A}\right)\boldsymbol{x} - \frac{1}{2}\boldsymbol{b}u \tag{15.2.32}$$

则有

$$\boldsymbol{A}_d = \left(\boldsymbol{I} + \frac{T_0}{2}\boldsymbol{A}\right)\left(\boldsymbol{I} - \frac{T_0}{2}\boldsymbol{A}\right)^{-1} \tag{15.2.33}$$

$$\boldsymbol{b}_d = \left(\boldsymbol{I} - \frac{T_0}{2}\right)^{-1}\boldsymbol{b} \tag{15.2.34}$$

$$\boldsymbol{C}_d = T_0\left(\boldsymbol{I} - \frac{T_0}{2}\boldsymbol{A}\right)^{-1} \tag{15.2.35}$$

$$\boldsymbol{d}_d = \frac{T_0}{2}\left(\boldsymbol{I} - \frac{T_0}{2}\boldsymbol{A}\right)^{-1}\boldsymbol{b} \tag{15.2.36}$$

其中，$\boldsymbol{C}_d$ 和 $\boldsymbol{d}_d$ 是稠密矩阵。

另一种选择状态变量 $\tilde{\boldsymbol{x}}$的方法会导致 $\boldsymbol{C}_d$ 为单位矩阵，这种状态变量选择为

$$\tilde{\boldsymbol{x}} = \boldsymbol{x} - \frac{T_0}{2}\left(\boldsymbol{I} - \frac{T_0}{2}\boldsymbol{A}\right)\boldsymbol{b}u \tag{15.2.37}$$

由此得到

$$\boldsymbol{A}_d = \left(\boldsymbol{I} - \frac{T_0}{2}\boldsymbol{A}\right)^{-1}\left(\boldsymbol{I} + \frac{T_0}{2}\boldsymbol{A}\right) \tag{15.2.38}$$

$$\boldsymbol{b}_d = T_0\left(\boldsymbol{I} - \frac{T_0}{2}\boldsymbol{A}\right)^{-2}\boldsymbol{b} \tag{15.2.39}$$

$$C_d = I \tag{15.2.40}$$

$$d_d = \frac{T_0}{2}\left(I - \frac{T_0}{2}A\right)^{-1} b \tag{15.2.41}$$

从数值计算的角度看，$b_d$ 中的平方项是复杂的。如果不需要所有的导数项，则可以略掉对应行的计算。对频域响应的研究显示，采用双线性变换的另一个好处是，在 $T_0/2$ 处引入了一个额外的极点，更有利于截止频率段的衰减。

由于具有良好的衰减特性，所以一般推荐采用双线性变换进行离散化以及推导状态变量滤波器。然而，如果想用 Taylor 级数或多项式逼近，则应该选择 Taylor 级数，它可以避免利用多项式插值的有关问题，特别是对高阶导数而言（Wolfram and Vogt，2002）。

为了保证参数估计的结果与采用原始信号一致，输入和输出必须使用相同的滤波器，见图 15.5。这样，采用状态变量滤波器就不会改变需要估计的线性过程传递函数。不过由于噪声特性变了，估计结果还是会受到影响的（Ljung，1999）。

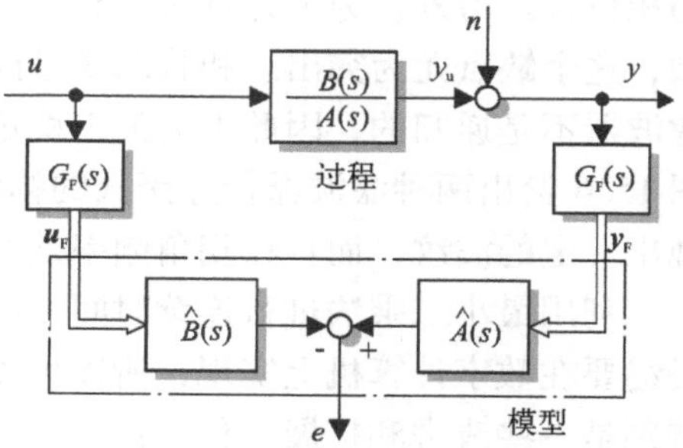


图 15.5　用于参数估计的状态变量滤波器

## 15.2.3　有限脉冲响应（FIR）滤波器

由于状态变量滤波器是无限脉冲响应（IIR）滤波器，它的脉冲响应无限长，因此很难预测干扰对滤波信号的影响。另外，IIR 滤波器理论上可能是不稳定的，因此还要考虑稳定性问题。FIR 滤波器和 IIR 滤波器在其他方面的比较见表 15.3，也参见文献（Wolfram and Vogt，2002）。

**表 15.3　FIR 滤波器和 IIR 滤波器的特性**

| IIR（无限脉冲响应） | FIR（有限脉冲响应） |
|---|---|
| 脉冲响应具有无限长的持续时间 | 脉冲响应具有有限长的持续时间 |
| 理论上，在 $k\to\infty$ 时才能达到稳态 | 对 $m$ 阶滤波器，$k=m+1$ 个采样点后，即可达到稳态 |
| 如果在计算机上采用有限字长来实现，滤波器可能不稳定或者陷入极限环 | 滤波器不会不稳定或陷入极限环 |
| 通常只能采用浮点运算器来实现 | 可以采用整数型运算来实现 |
| 群迟延不是常数，非线性相位 | 群迟延是常数，线性相位 |
| 一个滤波器就能提供所有的导数 | 每个导数需要单独的滤波器 |
| 通常滤波器的阶次比较低 | 滤波器的阶次比较高 |

显然采用 FIR 滤波器，也就是脉冲响应具有有限长度，可以避免这些问题。为了确定滤波信号的导数，需要对低通滤波器脉冲响应导数的恰当形式和信号自身作卷积。这样做是可能的，因为任意信号 $u(t)$ 和终止时间为 $T_F$ 的 FIR 滤波器作卷积，其时间导数可以确定为

$$\begin{aligned}\frac{\mathrm{d}y(t)}{\mathrm{d}t} &= \frac{\mathrm{d}}{\mathrm{d}t}\int_{t-T_F}^{t} g(t-\tau)u(\tau)\mathrm{d}\tau \\ &= \int_{t-T_F}^{t} \frac{\partial}{\partial t} g(t-\tau)u(\tau)\mathrm{d}\tau + g(0)u(t) - g(T_F)u(t-T_F)\end{aligned} \tag{15.2.42}$$

如果脉冲响应在 $0<t<T_F$ 区间之外为零，它对时间的导数可表示为

$$\dot{y}(t)=\int_0^{T_F}\dot{g}(\tau)u(t-\tau)\mathrm{d}\tau \tag{15.2.43}$$

参见文献（Oppenheim and Schafer，2009；Wolfram and Moseler，2000；Wolfram and Vogt，2002）。然而，主要的问题是 FIR 滤波器的设计，似乎应该采用高阶滤波和/或快速采样。为了有良好的衰减特性，采用高阶滤波可保证有良好的衰减特性，但滤波阶次过高会导致大的相位移。另外，为了计算每阶导数，需要分别设计独立的滤波器，如果要辨识的是高阶模型，这个缺点尤为突出。和状态变量滤波器相比，通常 FIR 滤波器的计算量更大。不过 FIR 滤波器不是递归的，因此不会失去稳定性。此外，在合理的设计下，它的相位也是线性的。图 15.6 给出两种滤波器传递函数的幅值特性比较，可以看出 FIR 滤波器在截止频带区内呈现出一定的波纹，而且在拐角频率处的下降也不那么明显。

利用最小二乘法进行连续时间过程的参数估计，最后还得采用离散时间算法，因为估计最终要在数字计算机上实现，所以可以类似地应用本书第Ⅲ部分和第Ⅶ部分所给出的结果，特别是一些改进和扩展，包括：

- 估计算法的递推实现。
- 时变过程。
- 数值改进方法。
- 模型阶次确定。
- 输入信号选择。

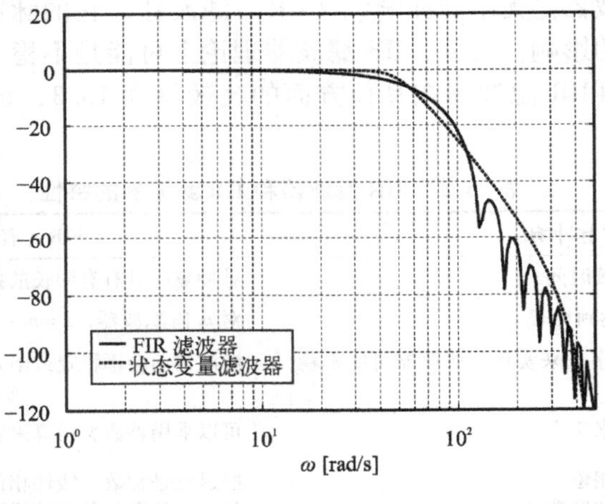


图 15.6　状态变量滤波器（阶次 $n=4$，拐角频率 $f_C=50$ Hz，采样时间 $T_0=1$ ms）和 FIR 滤波器（阶次 $m=24$，采样时间 $T_0=1$ ms）的比较（Wolfram and Vogt，2002）

**例 15.1（三质量振荡器连续时间模型的估计）**

将本方法应用于三质量振荡器，采用具有 Butterworth 特性的状态变量滤波器来生成输入和输出信号导数，滤波器的参数：截止频率 $f_C=37.9$ rad/s 和阶次 $n=9$，估计得到的连续时间传递函数模型的频率响应见图 15.7。图 15.8 给出的是状态变量滤波器的频率响应。

□

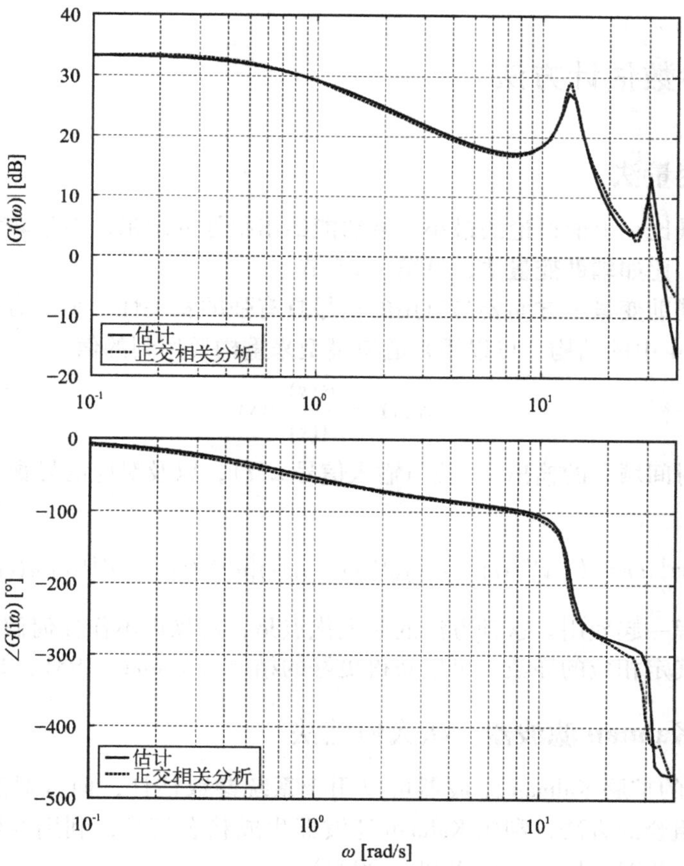


图 15.7　利用连续时间模型描述的三质量振荡器的频率响应估计

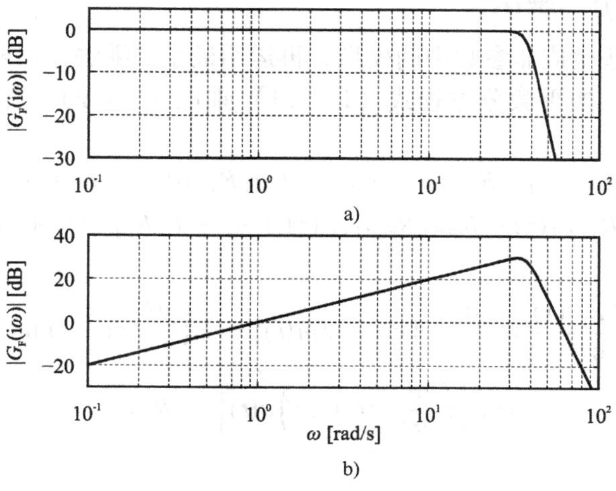


图 15.8　状态变量滤波器的频率响应

a）生成滤波输入（$y_F(t)$）　b）生成滤波输入的一阶导数（$\dot{y}_F(t)$）

## 15.3 一致参数估计方法

### 15.3.1 辅助变量法

对于好的信噪比，上面讨论的最小二乘法能给出很好的结果。对于较大的噪声，需要采用一致估计方法，比如**辅助变量法**，见第 10.5 节。

如前所述，辅助变量一方面要与有用的信号具有强的相关性，另一方面又要与噪声不相关。类似于图 10.4 中的结构，可以用自适应模型来重构要用到的信号

$$\hat{y}_{\mathrm{u}}(s)=\frac{\hat{B}(s)}{\hat{A}(s)}u(s) \tag{15.3.1}$$

这种估计系统在时间域上的输出 $\hat{y}_u(s)$ 与输入信号 $u(t)$，以及对应的导数一起用于构成辅助变量向量

$$\boldsymbol{w}^{\mathrm{T}}(t)=\left(-y_{\mathrm{u}}^{(n)}(t)\cdots-y_{\mathrm{u}}^{(1)}(t)\ -y_{\mathrm{u}}(t)\middle|u^{(m)}(t)\cdots u^{(1)}(t)\ u(t)\right) \tag{15.3.2}$$

它可以和估计方程一起使用。这种方法的最大优点是，对噪声不作任何假设，与状态变量滤波器结合使用来确定相应的导数，可以获得更好的结果（Young，1981，2002）。

### 15.3.2 扩展 Kalman 滤波器，极大似然法

第 21 章介绍的扩展 Kalman 滤波器可以用于系统参数估计，而且对连续时间系统也适用。还可以采用组合的方法，利用 Kalman 滤波器生成状态信号，利用参数估计方法来估计参数（Raol et al，2004；Ljung and Wills，2008）。

### 15.3.3 相关－最小二乘法

先利用相关分析法生成非参数中间模型，再运用最小二乘法，这两种方法的结合也能用于连续时间模型辨识。如果微分方程式（15.1.1）乘以 $u(t-\tau)$，并求各项乘积的数学期望，则可得到

$$\begin{aligned}&a_n R_{\mathrm{uy}^{(n)}}(\tau)+a_{n-1}R_{\mathrm{uy}^{(n-1)}}(\tau)+\cdots+a_1 R_{\mathrm{uy}^{(1)}}(\tau)+R_{\mathrm{uy}}(\tau)\\&=b_m R_{\mathrm{uu}^{(m)}}(\tau)+b_{m-1}R_{\mathrm{uu}^{(m-1)}}(\tau)+\cdots+b_1 R_{\mathrm{uu}^{(1)}}(\tau)+b_0 R_{\mathrm{uu}^{(0)}}(\tau)\end{aligned} \tag{15.3.3}$$

利用

$$\begin{aligned}\frac{\mathrm{d}^j R_{\mathrm{uy}}(\tau)}{\mathrm{d}\tau^j}&=\frac{\mathrm{d}^j}{\mathrm{d}\tau^j}\mathrm{E}\{y(t+\tau)u(t)\}=\mathrm{E}\left\{\frac{\mathrm{d}^j}{\mathrm{d}\tau^j}y(t+\tau)u(t)\right\}\\&=\mathrm{E}\left\{\left(\frac{\mathrm{d}^j}{\mathrm{d}t^j}y(t+\tau)\right)u(t)\right\}=R_{\mathrm{uy}^{(n)}}(\tau)\end{aligned} \tag{15.3.4}$$

可得

$$R_{\mathrm{uy}^{(n)}}(\tau)=\frac{\mathrm{d}^j R_{\mathrm{uy}}(\tau)}{\mathrm{d}\tau^j} \tag{15.3.5}$$

利用这个结果，式（15.3.3）可以写成相关函数的微分方程

$$
\begin{aligned}
&a_n\frac{\mathrm{d}^n}{\mathrm{d}\tau^n}R_{\mathrm{uy}}(\tau)+a_{n-1}\frac{\mathrm{d}^{n-1}}{\mathrm{d}\tau^{n-1}}R_{\mathrm{uy}}(\tau)+\cdots+a_1\frac{\mathrm{d}}{\mathrm{d}\tau}R_{\mathrm{uy}}(\tau)+R_{\mathrm{uy}}(\tau)\\
&\quad=b_m\frac{\mathrm{d}^m}{\mathrm{d}\tau^m}R_{\mathrm{uu}}(\tau)+b_{m-1}\frac{\mathrm{d}^{m-1}}{\mathrm{d}\tau^{m-1}}R_{\mathrm{uu}}(\tau)+\cdots+b_1\frac{\mathrm{d}}{\mathrm{d}\tau}R_{\mathrm{uu}}(\tau)+b_0R_{\mathrm{uu}}(\tau)
\end{aligned}
\tag{15.3.6}
$$

可以像 COR－LS 用于离散时间模型那样处理上述方程。对不同的时间间隔 $\tau=\nu\tau_0$，确定相应的相关函数及其导数，其中 $\tau_0$ 是相关函数值的采样时间。引入方程误差，可得到如下估计方程

$$
\underbrace{\begin{pmatrix}R_{\mathrm{uy}}(-P\tau_0)\\ \vdots\\ R_{\mathrm{uy}}(-\tau_0)\\ R_{\mathrm{uy}}(0)\\ R_{\mathrm{uy}}(\tau_0)\\ \vdots\\ R_{\mathrm{uy}}(M\tau_0)\end{pmatrix}}_{\boldsymbol{\Phi}}=
$$

$$
\underbrace{\begin{pmatrix}R_{\mathrm{uy}}^{(1)}(-P\tau_0) & \cdots & R_{\mathrm{uy}}^{(n)}(-P\tau_0) & R_{\mathrm{uu}}(-P\tau_0) & \cdots & R_{\mathrm{uu}}^{(m)}(-P\tau_0)\\ \vdots & & \vdots & \vdots & & \vdots\\ -R_{\mathrm{uy}}^{(1)}(-\tau_0) & \cdots & -R_{\mathrm{uy}}^{(n)}(-\tau_0) & R_{\mathrm{uu}}(-\tau_0) & \cdots & R_{\mathrm{uu}}^{(m)}(-\tau_0)\\ -R_{\mathrm{uy}}^{(1)}(0) & \cdots & -R_{\mathrm{uy}}^{(n)}(0) & R_{\mathrm{uu}}(0) & \cdots & R_{\mathrm{uu}}^{(m)}(0)\\ -R_{\mathrm{uy}}^{(1)}(\tau_0) & \cdots & -R_{\mathrm{uy}}^{(n)}(\tau_0) & R_{\mathrm{uu}}(\tau_0) & \cdots & R_{\mathrm{uu}}^{(m)}(\tau_0)\\ \vdots & & \vdots & \vdots & & \vdots\\ -R_{\mathrm{uy}}^{(1)}(M\tau_0) & \cdots & -R_{\mathrm{uy}}^{(n)}(M\tau_0) & R_{\mathrm{uu}}(M\tau_0) & \cdots & R_{\mathrm{uu}}^{(m)}(M\tau_0)\end{pmatrix}}_{\boldsymbol{S}}\underbrace{\begin{pmatrix}a_1\\ \vdots\\ a_n\\ b_0\\ \vdots\\ b_m\end{pmatrix}}_{\boldsymbol{\theta}}
\tag{15.3.7}
$$

$$
+\underbrace{\begin{pmatrix}e(-P\tau_0)\\ \vdots\\ e(-\tau_0)\\ e(0)\\ e(\tau_0)\\ \vdots\\ e(M\tau_0)\end{pmatrix}}_{\boldsymbol{e}}
$$

其中，和离散时间的情况一样，相关函数在区间 $PT_0\leqslant\tau\leqslant MT_0$ 上是已知的。通过最小化代价函数 $V=\boldsymbol{e}^{\mathrm{T}}\boldsymbol{e}$，得到如下估计

$$
\hat{\boldsymbol{\theta}}=\left(\boldsymbol{S}^{\mathrm{T}}\boldsymbol{S}\right)^{-1}\boldsymbol{S}^{\mathrm{T}}\boldsymbol{\Phi}
\tag{15.3.8}
$$

这样，COR－LS 法可按下面的步骤完成：

1）利用递推或非递推的方法，计算相关函数 $R_{uy}(\tau)$ 和 $R_{uu}(\tau)$，$PT_0\leqslant\tau\leqslant MT_0$。

2）利用数值计算方法，如样条逼近法，确定相关函数的导数。

3）根据式（15.3.8），本书讲述过的任何一种求解最小二乘问题的方法，都可用来确定参数估计。

如第 9.3.2 节所述，如果相关函数是收敛的话，利用这种方法可以得到一致估计。这种

方法的主要优点是，不必确定原始信号的导数，只需要求相应的相关函数的导数，这样可以大大降低噪声的影响。另外，不仅仅只用到 $\tau=0$ 的相关函数（如同在最小二乘法），还要用到多个不同 $\tau$ 值的相关函数。还有其他一些优点，如由于处理的矩阵维数变小（数据量减小），模型阶次和迟延时间更容易确定。

### 15.3.4 离散时间模型的转换

对于离散时间过程模型，已经有很多参数估计方法，这些估计方法也有几个现成可用的软件包。因此，一种显而易见的方法是，先在离散时间范围内估计模型的（无偏）参数，然后再利用适当的转换方法确定连续时间模型的参数。下面要讨论的一种方法，它可以用来根据离散时间模型的参数确定连续时间模型的参数。连续时间模型为

$$\dot{\boldsymbol{x}}(t)=\boldsymbol{A}\boldsymbol{x}(t)+\boldsymbol{B}\boldsymbol{u}(t) \tag{15.3.9}$$

$$\boldsymbol{y}(t)=\boldsymbol{C}\boldsymbol{x}(t) \tag{15.3.10}$$

离散时间模型为

$$\boldsymbol{x}(k+1)=\boldsymbol{F}\boldsymbol{x}(k)+\boldsymbol{G}\boldsymbol{u}(k) \tag{15.3.11}$$

$$\boldsymbol{y}(k)=\boldsymbol{C}\boldsymbol{x}(k) \tag{15.3.12}$$

见文献（Sinha and Lastman，1982）。对于采样点之间输入信号值的不同假设，模型转换方法是不一样的。

下述方法是基于式（15.3.9）的积分（Hung et al，1980）

$$\boldsymbol{x}(k+1)=\boldsymbol{x}(k)+\boldsymbol{A}\int_{kT_0}^{(k+1)T_0}\boldsymbol{x}(t)\mathrm{d}t+\boldsymbol{B}\int_{kT_0}^{(k+1)T_0}\boldsymbol{u}(t)\mathrm{d}t \tag{15.3.13}$$

根据梯形规则，它可近似为

$$\boldsymbol{x}(k+1)=\boldsymbol{x}(k)+\frac{1}{2}\boldsymbol{A}T_0\big(\boldsymbol{x}(k+1)+\boldsymbol{x}(k)\big)+\frac{1}{2}\boldsymbol{B}T_0\big(\boldsymbol{u}(k+1)+\boldsymbol{u}(k)\big) \tag{15.3.14}$$

如果输入和状态都是已知的，可以利用最小二乘法来确定参数矩阵 $\boldsymbol{A}$ 和 $\boldsymbol{B}$（Sinha and Lastman，1982）。

从离散时间形式到连续时间形式的模型转换可能需要较大的计算量，而且计算过程可能很麻烦，对特殊的情况通常只能单独处理。因此，如果对辨识连续时间系统的模型感兴趣，选择其他的方法可能更好。

## 15.4 物理参数的估计

在一些任务中，不仅对确定过程输入/输出模型（如微分方程）的参数 $\boldsymbol{\theta}$ 感兴趣，对确定服从物理规则且具有物理意义的参数 $\boldsymbol{p}$ 更感兴趣，见图 15.9。这些物理参数称作过程系数，以便区别于输入/输出**模型参数** $\boldsymbol{\theta}$。对控制工程的许多典型任务，比如固定参数控制器或自适应控制器的设计，有了模型参数 $\boldsymbol{\theta}$ 的知识就足够了。但对如下一些任务，就必须还要知道过程系数 $\boldsymbol{p}$：

- 在各种自然科学领域，不可直接测量的系数确定。
- 技术流程规范的验证。
- 运行中的故障检测和诊断。

• 生产设备的质量控制。

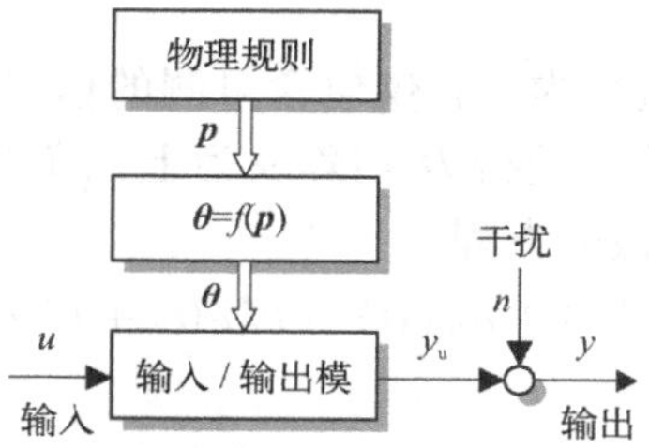


图 15.9　动态过程模型，其中 $\boldsymbol{\theta}$ 为模型参数，$\boldsymbol{p}$ 为过程物理参数

一般情况下，根据过程系数，利用一些代数关系式，可以确定模型参数

$$\boldsymbol{\theta} = f(\boldsymbol{p}) \tag{15.4.1}$$

根据理论建模，这些非线性关系通常是已知的，见第 1.1 节。现在的问题是，要根据输入信号 $u(t)$ 和（受干扰的）输出信号 $y(t)$ 的测量值，如何确定过程系数 $\boldsymbol{p}$。一般情况下，导出的是误差关于参数非线性的模型，因此必须采用迭代的方法，见第 19 章。这种直接估计过程系数的方法属于离线的解决方案。

另一种方法是，先估计模型参数 $\boldsymbol{\theta}$，再利用逆向关系

$$\boldsymbol{p} = f^{-1}(\boldsymbol{\theta}) \tag{15.4.2}$$

来确定过程系数 $p$。但这又会引出如下一些问题：

• 过程系数 $\boldsymbol{p}$ 能否唯一确定？
• 必须采用哪种测试信号，以及必须测量哪些信号，才能使过程系数 $\boldsymbol{p}$ 可辨识？
• 能否利用先验知识，如先验已知的过程系数 $p_i$ 或模型参数 $\theta_i$，用以改进 $\boldsymbol{\theta}$ 或 $\boldsymbol{p}$ 的估计结果？

解决这些问题的方案是必须将理论建模和经验建模的方法结合起来，最重要的一步是建立平衡方程、结构方程（物理或化学的状态方程）、现象方程以及相应的关联方程，再利用这些方程得到以方程组或方块图表示的目标过程模型。

假设过程是线性的，且有 $M$ 个可测信号 $\boldsymbol{\eta}_j(t)$ 和 $N$ 个不可测信号 $\xi_j(t)$。对具有 $L$ 个元素的过程，拉普拉斯变换后的**过程元方程**可写成

$$\sum_{j=1}^{M} g_{ij}\eta_j(s) = \sum_{j=1}^{N} h_{ij}\xi_j(s),\ i = 1,2,\cdots,L \tag{15.4.3}$$

其中

$$g_{ij} \in \{0, \pm 1, \alpha_{ij}, s^{\kappa}\} \tag{15.4.4}$$

$$h_{ij} \in \{0, \pm 1, \beta_{ij}, s^{\kappa}\} \tag{15.4.5}$$

$$\kappa \in \{-1, 0, 1\} \tag{15.4.6}$$

现在，将具有 $L$ 个方程的方程组写成向量/矩阵形式

$$\boldsymbol{Gq} = \boldsymbol{H\xi} \tag{15.4.7}$$

式中

$$\boldsymbol{\eta}^{\mathrm{T}} = (\eta_1\ \eta_2 \cdots \eta_M) \tag{15.4.8}$$

$$\boldsymbol{\xi}^{\mathrm{T}} = (\xi_1\ \xi_2 \cdots \xi_N) \tag{15.4.9}$$

其中，矩阵 $\boldsymbol{G}$ 是 $L\times M$ 维的，矩阵 $\boldsymbol{H}$ 是 $L\times N$ 维的，并假设各个过程元方程之间是线性独立的。

参数估计需要构建一个模型结构，它仅包含可测的信号。为了消去那些不可测的信号，需对方程组（15.4.7）进行变换，使得 $\boldsymbol{H}$ 矩阵成为上三角矩阵。利用拉普拉斯逆变换，可以获得描述输入/输出特性的常微分方程

$$a_n^* y^{(n)}(t)+\cdots+a_1^* y^{(1)}(t)+a_0^* y(t)=b_0^* u(t)+b_1^* u^{(1)}(t)+\cdots+b_m^* u^{(m)}(t) \tag{15.4.10}$$

方程中的所有变量都与参数相关联。然而，对于参数估计，需要写成如下的模型形式

$$a_n y^{(n)}(t)+\cdots+a_1 y^{(1)}(t)+y(t)=b_0 u(t)+b_1 u^{(1)}(t)+\cdots+b_m u^{(m)}(t) \tag{15.4.11}$$

式中，所有带“$*$”的参数 $a_i^*$ 和 $b_i^*$ 都乘上因子 $1/a_0^*$。

在基本方程式（15.4.7）中，每个过程系数 $p_i$ 均以原始且单独的方式出现，因此 $\boldsymbol{G}$ 和 $\boldsymbol{H}$ 的元素可以写成

$$g_{ij}=p_{gij}s^{\kappa},\ h_{ij}=p_{hij}s^{\kappa},\ \kappa\in(-1,0,1) \tag{15.4.12}$$

转换成上三角矩阵后，只有最后一行是用来建立输入/输出模型的。在这一行中，参数的形式为

$$\begin{aligned}\theta_i&=\sum_{\mu=1}^{q}c_{i\mu}\prod_{\nu=1}^{l}p_\nu^{\varepsilon_{\mu\nu}}\\&=c_{i1}p_1^{\varepsilon_{11}}p_2^{\varepsilon_{12}}\cdots p_t^{\varepsilon_{1t}}+c_{i2}p_1^{\varepsilon_{21}}p_2^{\varepsilon_{22}}\cdots p_t^{\varepsilon_{2t}}\\&\quad+\cdots+c_{iq}p_1^{\varepsilon_{q1}}p_2^{\varepsilon_{q2}}\cdots p_t^{\varepsilon_{qt}}\end{aligned} \tag{15.4.13}$$

式中，假设 $a_0^*$ 以简单的乘积形式包含过程系数，如

$$a_0^*=\prod_{\nu=1}^{l}p_\nu^{\varepsilon_{\mu\nu}} \tag{15.4.14}$$

利用

$$z_\mu=\prod_{\nu=1}^{l}p_\nu^{\varepsilon_{\mu\nu}} \tag{15.4.15}$$

可以得到

$$\theta_i=\sum_{\mu=1}^{q}c_{i\mu}z_\mu \tag{15.4.16}$$

上式表示参数是过程系数的代数函数，其中参数 $z_\mu$ 是过程系数 $p_1,p_2,\cdots,p_i$ 所有出现的单个或乘积形式的简写，其指数通常为 $\varepsilon_{\mu\nu}=1$ 或 $\varepsilon_{\mu\nu}=-1$。

那么，模型参数和过程系数之间的关系写成向量/矩阵的形式

$$\underbrace{\begin{pmatrix}\theta_1\\\theta_2\\\vdots\\\theta_r\end{pmatrix}}_{\boldsymbol{\theta}}=\underbrace{\begin{pmatrix}c_{11}&\cdots&c_{1q}\\c_{21}&\cdots&c_{2q}\\\vdots&&\vdots\\c_{r1}&\cdots&c_{rq}\end{pmatrix}}_{\boldsymbol{C}}\underbrace{\begin{pmatrix}z_1\\z_2\\\vdots\\z_q\end{pmatrix}}_{\boldsymbol{z}} \tag{15.4.17}$$

向量 $z$ 包含过程系数的乘积和过程系数本身，因此 $z$ 的维数 $q$ 不小于 $l$。

下面，假设参数 $\boldsymbol{\theta}_i$ 已经通过参数估计方法获得，现在感兴趣的是如何确定过程系数 $p_\nu$。

因为多数情况下关系式 $\boldsymbol{\theta}=f(\boldsymbol{p})$ 是非线性的，因此上述问题没有一般的解法。利用本书论述的任何参数估计方法，一旦确定 $r$ 个模型参数 $\theta_i$，剩下的问题就是确定 $l$ 个过程系数 $p_i$。对未知的过程系数 $p_j$，可以用求解非线性方程组 $\boldsymbol{\theta}=f(\boldsymbol{p})$ 的方法来确定它们，即求解

$$\boldsymbol{p}=f^{-1}(\boldsymbol{\theta}) \tag{15.4.18}$$

对低阶的模型，也就是一阶或二阶模型，上面的方程组经过适当的努力通常是可以求解的。但是，对于具有更多参数的过程模型，只能给出求解的基本思路。

通常，将方程组改写成隐式方程

$$\underbrace{\begin{pmatrix} q_1 \\ q_2 \\ \vdots \\ q_r \end{pmatrix}}_{\boldsymbol{q}} = \underbrace{\begin{pmatrix} \theta_1 \\ \theta_2 \\ \vdots \\ \theta_r \end{pmatrix}}_{\boldsymbol{\theta}} - \underbrace{\begin{pmatrix} c_{11} & \cdots & c_{1q} \\ c_{21} & \cdots & c_{2q} \\ \vdots & & \vdots \\ c_{r1} & \cdots & c_{rq} \end{pmatrix}}_{\boldsymbol{C}} \underbrace{\begin{pmatrix} z_1 \\ z_2 \\ \vdots \\ z_q \end{pmatrix}}_{\boldsymbol{z}} = \underbrace{\begin{pmatrix} 0 \\ 0 \\ \vdots \\ 0 \end{pmatrix}}_{\boldsymbol{0}} \tag{15.4.19}$$

可得

$$\boldsymbol{q}=\boldsymbol{\theta}-\boldsymbol{C}\boldsymbol{z}=\boldsymbol{0} \tag{15.4.20}$$

其中

$$\boldsymbol{z}=g(\boldsymbol{p}) \tag{15.4.21}$$

式中，需要求解的过程系数为

$$\boldsymbol{p}=\begin{pmatrix} p_1 & p_2 & \cdots & p_t \end{pmatrix}^{\mathrm{T}} \tag{15.4.22}$$

根据**隐函数定理**，如果对应的 Jacobian 矩阵有

$$\det \boldsymbol{Q}_{\boldsymbol{p}} \neq 0 \tag{15.4.23}$$

那么对于含有 $l$ 个未知过程系数 $\boldsymbol{p}$ 的非线性方程组在 $\boldsymbol{p}_0$ 的邻域内是可解的，其中 Jacobian 矩阵写成

$$\boldsymbol{Q}_{\boldsymbol{p}}=\frac{\partial \boldsymbol{q}^{\mathrm{T}}}{\partial \boldsymbol{p}}=\begin{pmatrix} \dfrac{\partial q_1}{\partial p_1} & \dfrac{\partial q_2}{\partial p_1} & \cdots & \dfrac{\partial q_r}{\partial p_1} \\ \dfrac{\partial q_1}{\partial p_2} & \dfrac{\partial q_2}{\partial p_2} & \cdots & \dfrac{\partial q_r}{\partial p_2} \\ \vdots & \vdots & & \vdots \\ \dfrac{\partial q_1}{\partial q_1} & \dfrac{\partial q_2}{\partial q_2} & \cdots & \dfrac{\partial q_r}{\partial q_l} \end{pmatrix} \tag{15.4.24}$$

式中，$\boldsymbol{q}$ 必须是连续可导的，且 $r=l$。根据这点可以导出过程系数 $\boldsymbol{p}$ 的**可辨识性条件**。

根据 $r$ 个模型参数 $\theta_i$，可以唯一地确定 $l$ 个过程参数 $p_v$ 的必要条件是，$r=l$ 且在解 $\boldsymbol{p}_0$ 邻域内 Jacobian 矩阵行列式（$\det\boldsymbol{Q}_p$）不为零（Isermann，1992）。

可辨识性条件仅仅陈述在一般情况下这个问题是否可解，根据这个条件并不能推导出特定的解，仍然需要针对未知过程参数，利用相应的方程组求解方法来确定未知的过程系数。对此，利用计算机代数程序可帮助求解（Schumann，1991），也可参考文献（Isermann，1992）中的一些范例。

另一种不同的方法是基于相似变换的方法，见式（17.2.9）~式（17.2.11）。这种方法先估计用状态空间表示的黑箱模型，然后利用相似变换，将模型变换成与物理推导的状态空间模型相匹配的结构，再确定模型的参数（Parillo and Ljung，2003；Xie and Ljung，

2002)。

**例 15.2（根据三质量振荡器连续时间模型参数来确定物理过程系数）**

根据传递函数的估计，用符号表示的传递函数，通过系数对比，要推演出三质量振荡器的物理参数是不可能的，因为这么做极为复杂，且是系统物理参数的非线性函数。然而，利用完全的状态信息，通过全状态矩阵的参数化，是有可能确定物理过程系数的。

正如第 17 章的详细论述，三质量振荡器的运动方程可以写成

$$\ddot{\varphi}_1(t) = \underbrace{\frac{c_1}{J_1}}_{\theta_{11}}\big(\varphi_2(t) - \varphi_1(t)\big) + \underbrace{\frac{-d_1}{J_1}}_{\theta_{12}}\dot{\varphi}_1(t) + \underbrace{\frac{1}{J_1}}_{\theta_{13}}M_{\mathrm{M}}(t) \tag{15.4.25}$$

$$\ddot{\varphi}_2(t) = \underbrace{\frac{c_1}{J_2}}_{\theta_{21}}\big(\varphi_1(t) - \varphi_2(t)\big) + \underbrace{\frac{c_2}{J_2}}_{\theta_{22}}\big(\varphi_3(t) - \varphi_2(t)\big) + \underbrace{\frac{-d_2}{J_2}}_{\theta_{23}}\dot{\varphi}_2(t) \tag{15.4.26}$$

$$\ddot{\varphi}_3(t) = \underbrace{\frac{c_2}{J_3}}_{\theta_{31}}\big(\varphi_2(t) - \varphi_3(t)\big) + \underbrace{\frac{-d_3}{J_3}}_{\theta_{32}}\dot{\varphi}_3(t) \tag{15.4.27}$$

根据模型参数估计值 $\hat{\theta}_{11}\cdots\hat{\theta}_{32}$ 可以确定物理过程系数，分别如下：

$$\hat{J}_1 = \frac{1}{\hat{\theta}_{13}} = 12.2\times10^{-3}\,\mathrm{kg{\cdot}m^2} \tag{15.4.28}$$

$$\hat{d}_1 = -\hat{\theta}_{12}\hat{J}_1 = 0.0137\,\frac{\mathrm{s\,N{\cdot}m}}{\mathrm{rad}} \tag{15.4.29}$$

$$\hat{c}_1 = \hat{\theta}_{11}\hat{J}_1 = 2.4955\,\frac{\mathrm{N{\cdot}m}}{\mathrm{rad}} \tag{15.4.30}$$

$$\hat{J}_2 = \frac{\hat{c}_1}{\hat{\theta}_{21}} = 7.8\times10^{-3}\,\mathrm{kg{\cdot}m^2} \tag{15.4.31}$$

$$\hat{d}_2 = \hat{\theta}_{23}\hat{J}_2 = 0.0017\,\frac{\mathrm{s\,N{\cdot}m}}{\mathrm{rad}} \tag{15.4.32}$$

$$\hat{c}_2 = \hat{\theta}_{22}\hat{J}_2 = 1.9882\,\frac{\mathrm{N{\cdot}m}}{\mathrm{rad}} \tag{15.4.33}$$

$$\hat{J}_3 = \frac{\hat{c}_2}{\hat{\theta}_{31}} = 13.7\times10^{-3}\,\mathrm{kg{\cdot}m^2} \tag{15.4.34}$$

$$\hat{d}_3 = \hat{\theta}_{32}\hat{J}_3 = 0.0024\,\frac{\mathrm{s{\cdot}N{\cdot}m}}{\mathrm{rad}} \tag{15.4.35}$$

本例中估计的模型参数和物理过程系数的个数恰巧相等，但这并不是必须的。 □

## 15.5 部分参数已知的参数估计

现在，假设参数向量式（15.1.1）中的一些 $a_i$ 和 $b_i$ 是已知的

$$\boldsymbol{\theta} = \big(a_1\,a_2\cdots a_n\big|b_0\,b_1\cdots b_m\big)^{\mathrm{T}} \tag{15.5.1}$$

这些已知的参数标记为 $a_i''$ 和 $b_i''$。

这样，参数向量 $\boldsymbol{\theta}$ 可分成已知参数向量 $\boldsymbol{\theta}''$ 和未知参数向量 $\boldsymbol{\theta}'$，记作

$$\boldsymbol{\theta} = \begin{pmatrix} \boldsymbol{\theta}' \\ \boldsymbol{\theta}'' \end{pmatrix} \tag{15.5.2}$$

在相应的方程组中，可以将已知参数对应的元素移到等式的左侧

$$y(t) - \boldsymbol{\psi}''^{\mathrm{T}}(t)\boldsymbol{\theta}'' = \boldsymbol{\psi}'^{\mathrm{T}}(t)\boldsymbol{\theta}'(t) + e(t) \tag{15.5.3}$$

将其简记为

$$\tilde{y}(t) = y(t) - \boldsymbol{\psi}''^{\mathrm{T}}(t)\boldsymbol{\theta}'' \tag{15.5.4}$$

则可得到

$$\tilde{y}(t) = \boldsymbol{\psi}'^{\mathrm{T}}(t)\boldsymbol{\theta}'(t) + e(t) \tag{15.5.5}$$

及其向量形式

$$\tilde{\boldsymbol{y}} = \boldsymbol{\Psi}'\boldsymbol{\theta}' + \boldsymbol{e} \tag{15.5.6}$$

由此可导出

$$\hat{\boldsymbol{\theta}}' = \left(\boldsymbol{\Psi}'^{\mathrm{T}}\boldsymbol{\Psi}'\right)^{-1}\boldsymbol{\Psi}'^{\mathrm{T}}\tilde{\boldsymbol{y}}'' \tag{15.5.7}$$

上式是对减少的参数向量 $\boldsymbol{\theta}'$ 和减少的数据矩阵 $\boldsymbol{\Psi}'$ 以及增广的输出 $\tilde{y}$ 运用参数估计方法的结果。

文献（Rentzsch，1988）利用下面的二阶过程

$$a_2 y^{(2)}(t) + a_1 y^{(1)}(t) + a_0 y(t) = b_1 u^{(1)}(t) + b_0 u(t) \tag{15.5.8}$$

研究了单个先验已知的参数对参数估计质量的影响，结果汇总如下：

- **一个参数已知**：对那些估计方差相对较大的参数，用已知值将它固定住，可以渐近地改善参数估计，特别是 $a_2$ 和 $b_1$ 的先验知识尤其有用。
- **多个参数已知**：
  - 与前面所述的只有一个参数已知的情况相比，仅当 $a_2$ 和 $b_1$ 包括在已知的参数中时，参数的渐近估计质量才能得到改善。
  - 已知的参数越多，收敛速度越快。

与参数完全未知的情况相比，即使只有一个参数的先验信息，参数估计也会得到很大的改善。特别是 $a_2$ 的先验信息作用很大。对于更多参数已知的情况，除非它们的精度相对较高（如上面考虑的例子，误差小于5%），否则对参数估计的改善不大。

## 15.6 小结

对于连续时间模型的过程参数估计，一般可以采用与离散时间系统模型相同的方法。然而，问题是导数的计算。数值计算方法（比如有限差分法）仅能用于低阶模型，在许多情况下甚至只能用于一阶模型。因此，可以使用本章介绍的状态变量滤波器，用作确定（滤波）信号导数的工具。

状态变量滤波器的传递函数必需是低通滤波器，如 Butterworth 滤波器。截止频率应设置在过程响应最高频率附近，滤波器的阶次应该比过程模型阶次高两阶，同时也是确定最高阶次导数的需要。采样频率应该接近拐点频率的约 20 倍。需要注意的是，滤波器确定的是滤波后信号 $u_{\mathrm{F}}(t)$、$y_{\mathrm{F}}(t)$ 的导数，并不是原始信号 $u(t)$、$y(t)$ 的导数。特别地，大的噪声会给参数估计带来系统误差。在这种情况下，应该采用一致的参数估计方法，如辅助变量法，相关分析法和迭代优化方法等。在文献（Ljung，2009）中通过一个案例研究，对不同方法

进行了比较。

一种有效的备选方法是采用并联模型，并通过计算输出误差 $y(t)-\hat{y}(t)$ 来实现，这样可以避免导数的计算，但必须采用迭代优化方法，见第 19 章。子空间方法也可以应用于连续时间系统，见第 16 章。

还可利用频域方法来确定传递函数，然后再获得连续时间微分方程的系数，这种方法也可参见专著（Pintelon and Schoukens，2001）中的第 4 章和第 14 章。这种情况下。获得参数传递函数的同时，还能获得噪声模型估计。

最后，需要根据模型参数导出过程系数，通常这需要解非线性方程组，本章给出求解的指导思想和必要的条件。作为一般性的结论，可以断言，利用动态特性辨识得到的过程参数与根据稳态特性辨识得到的过程参数相比要多得多。另外，根据动态测量值，过程系数是否可辨识取决于过程输入和输出的选择与利用。

## 习题

15.1　连续时间模型 I

对感兴趣的辨识问题，采用连续时间模型表示的理由有哪些？

15.2　连续时间模型 II

哪种方法可以直接用于辨识连续时间模型？

15.3　导数信息

哪些方法能为本章所讨论的参数估计方法提供导数信息？试以二阶微分方程为例，给出相应参数估计方法所需的导数信息。

15.4　一阶系统

针对例 2.1 中的温度计模型，先估计它的一阶离散时间模型，再转换成连续时间模型，试确定温度计模型的增益和时间常数。

15.5　一阶系统

针对例 2.1 中的温度计模型，估计它的一阶连续时间模型，再与它的时间响应直接匹配，试确定温度计模型的增益和时间常数。

## 参考文献

Eisinberg A，Fedele G（2006）On the inversion of the Vandermonde matrix. Applied Mathematics and Computation 174(2)：1384－1397

Garnier H，Wang L（2008）Identification of continuous-time models from sampled data. Advances in Industrial Control，Springer，London

Hamming RW（2007）Digital filters，3rd edn. Dover books on engineering，Dover Publications，Mineola，NY

Hung JC，Liu CC，Chou PY（1980）In：Proceedings of the 14th Asilomar Conf. Circuits Systems Computers，Pacific Grove，CA，USA

Isermann R（1992）Estimation of physical parameters for dynamic processes with application to an industrial robot. Int J Control 55(6): 1287 - 1298

Kammeyer KD, Kroschel K (2009) Digitale Signalverarbeitung: Filterung und Spektralanalyse mit MATLAB-Übungen, 7th edn. Teubner, Wiesbaden

Larsson EK, Söderström T (2002) Identification of continuous-time AR processes from unevenly sampled data. Automatica 38(4): 709 - 718

Ljung L (1999) System identification: Theory for the user, 2nd edn. Prentice Hall Information and System Sciences Series, Prentice Hall PTR, Upper Saddle River, NJ

Ljung L (2009) Experiments with identification of continuous time models. In: Proceedings of the 15th IFAC Symposium on System Identification, Saint-Malo, France

Ljung L, Wills A (2008) Issues in sampling and estimating continuous-time models with stochastic disturbances. In: Proceedings of the 17th IFAC World Congress, Seoul, Korea

Moler C, van Loan C (2003) Nineteen dubios ways to compute the exponential of a matrix, twenty-five years later. SIAM Rev 45(1): 3 - 49

Oppenheim AV, Schafer RW (2009) Discrete-time signal processing, 3rd edn. Prentice Hall, Upper Saddle River, NJ

Parillo PA, Ljung L (2003) Initialization of physical parameter estimates. In: Proceedings of the 13th IFAC Symposium on System Identification, Rotterdam, The Netherlands, pp 1524 - 1529

Peter K (1982) Parameteradaptive Regelalgorithmen auf der Basis zeitkonitnuierlicher Prozessmodelle. Dissertation. TH Darmstadt, Darmstadt

Pintelon R, Schoukens J (2001) System identification: A frequency domain approach. IEEE Press, Piscataway, NJ

Pintelon R, Schoukens J, Rolain Y (2000) Box-Jenkins continuous-time modeling. Automatica 36(7): 983 - 991

Rao GP, Garnier H (2002) Numerical illustrations of the relevance of direct continuous-time model identification. In: Proceedings of the 15th IFAC World Congress, Barcelona, Spain

Rao GP, Unbehauen H (2006) Identification of continuous-time systems. IEE Proceedings Control Theory and Applications 153(2): 185 - 220

Raol JR, Girija G, Singh J (2004) Modelling and parameter estimation of dynamic systems, IEE control engineering series, vol 65. Institution of Electrical Engineers, London

Rentzsch M (1988) Analyse des Verhaltens rekursiver Parametershätzverfahren beim Einbringen von A-Priori Information. Diplomarbeit. Institut für Regelungstechnik, TH Darmstadt, Darmstadt, Germany

Schumann A (1991) INID-A computer software for experimental modeling. In: Proceedings of the 9th IFAC Symposium on Identification, Budapest, Hungary

Sinha NK, Lastman GJ (1982) Identification of continuous time multivariable systems from sampled data. Int J Control 35(1): 117 - 126

Söderström T, Mossberg M (2000) Performance evaluation of methods for identifying continuous-time autoregressive processes. Automatica 36(1): 53 - 59

Tietze U, Schenk C, Gamm E (2010) Halbleiter-Schaltungstechnik, 13th edn. Springer, Berlin

Vogt M (1998) Weiterentwicklung von Verfahren zur Online-Parameterschätzung und Untersuchung von Methoden zur Erzeugung zeitlicher Ableitungen. Diplomarbeit. Institut für Regelungstechnik, TU Darmstadt, Darmstadt

Wolfram A, Moseler O (2000) Design and application of digital FIR differentiators using modulating functions. In: Proceedings of the 12th IFAC Symposium on System Identification, Santa Barbara, CA, USA

Wolfram A, Vogt M (2002) Zeitdiskrete Filteralgorithmen zur Erzeugung zeitlicher Ableitungen. at 50(7): 346-353

Xie LL, Ljung L (2002) Estimate physical parameters by black-box modeling. In: Proceedings of the 21st Chinese Control Conference, Hangzhou, China, pp 673-677

Young P (1981) Parameter estimation for continuous time models-a survey. Automatica 17 (1):23-39

Young PC (2002) Optimal IV identification and estimation of continuous time TF models. In: Proceedings of the 15th IFAC World Congress, Barcelona, Spain

# 第 16 章

# 子空间法

仅当输入和输出信号可测量时，子空间法才能用于辨识状态空间模型。因为状态变量不需要测量，辨识也不用状态变量的测量值，模型结构不可能是唯一的，所以模型要经过 $\boldsymbol{T}$ 相似变换才能确定。状态空间辨识有一些特点是令人关注的，就是子空间辨识在辨识过程中可以同时确定适当的模型阶次，它被当作辨识过程的一部分；另外，这种方法的形成从一开始就涵盖了多输入/多输出（MIMO）系统。子空间法的发展简史可参阅文献（Viberg and Stoica，1996）。

引言之后，将介绍两种不同的子空间辨识方法。首先，讨论纯确定性的系统，也就是没有噪声作用于系统的情况，这样可以将子空间辨识的概念和思路讲清楚。然后，再讨论更为实际的情况，也就是测量值或多或少地受到噪声的影响。

## 16.1　引言

为了推导子空间辨识方法，首先回顾第 2 章中的离散时间状态空间方程。为了方便起见，将方程的递推解式（2.2.32）和式（2.2.33）重写如下：

$$\boldsymbol{x}(k)=\boldsymbol{A}^{k}\boldsymbol{x}(0)+\sum_{i=0}^{k-1}\boldsymbol{A}^{k-i-1}\boldsymbol{B}\boldsymbol{u}(i) \tag{16.1.1}$$

$$\boldsymbol{y}(k)=\boldsymbol{C}\boldsymbol{x}(k)+\boldsymbol{D}\boldsymbol{u}(k) \tag{16.1.2}$$

基于这些方程，可以推导出关于过程输入/输出特性方程，然后利用这些方程来推导辨识方法，以便获得仅基于输入和输出测量值的状态空间模型。

对具有 $k$ 个采样点的输入序列 $\boldsymbol{u}$，对应的输出 $\boldsymbol{y}$ 可以写为

$$\begin{pmatrix}\boldsymbol{y}(0)\\ \boldsymbol{y}(1)\\ \boldsymbol{y}(2)\\ \vdots\\ \boldsymbol{y}(k-1)\end{pmatrix}=\underbrace{\begin{pmatrix}\boldsymbol{C}\\ \boldsymbol{C}\boldsymbol{A}\\ \boldsymbol{C}\boldsymbol{A}^{2}\\ \vdots\\ \boldsymbol{C}\boldsymbol{A}^{k-1}\end{pmatrix}}_{\boldsymbol{Q}_{\mathrm{Bk}}}\boldsymbol{x}(0)$$

$$
+\underbrace{\begin{pmatrix} D & 0 & 0 & \dots & 0 \\ CB & D & 0 & \dots & 0 \\ CAB & CB & D & \dots & 0 \\ \vdots & \vdots & \vdots & & 0 \\ CA^{k-2}B & CA^{k-3}B & CA^{k-4}B & \dots & D \end{pmatrix}}_{\mathcal{T}_k}\begin{pmatrix} u(0) \\ u(1) \\ u(2) \\ \vdots \\ u(k-1) \end{pmatrix}. \tag{16.1.3}
$$

式中，矩阵 $D, CB, CAB, \cdots, CA^{k-2}B$ 称作 **Markov 参数**（Juang，1994；Juang and Phan，2006）。

时移 $d$ 个采样点，上面的方程仍然成立

$$
\begin{pmatrix} y(d) \\ y(d+1) \\ \vdots \\ y(d+k-1) \end{pmatrix} = Q_{\mathrm{Bk}}x(d) + \mathcal{T}_k\begin{pmatrix} u(d) \\ u(d+1) \\ \vdots \\ u(d+k-1) \end{pmatrix}. \tag{16.1.4}
$$

上式方程中，矩阵 $Q_{\mathrm{Bk}}$ 称作增广可观性矩阵

$$
Q_{\mathrm{Bk}} = \begin{pmatrix} C \\ CA \\ CA^2 \\ \vdots \\ CA^{k-1} \end{pmatrix} \tag{16.1.5}
$$

假设 $Q_{\mathrm{Bk}}$ 是满秩的，也就是系统是可观的。$Q_{\mathrm{Bk}}$ 之所以称作增广可观性矩阵，因为 $k > n$。另外，**逆向增广可控性矩阵** $Q_{\mathrm{Sk}}$ 定义为

$$
Q_{\mathrm{Sk}} = \left( A^{k-1}B \ A^{k-2}B \ \cdots \ AB \ B \right) \tag{16.1.6}
$$

同样假设它是满秩的，意味着系统是可控的。最后，将矩阵 $\mathcal{T}_k$ 写成

$$
\mathcal{T}_k = \begin{pmatrix} D & 0 & 0 & \cdots & 0 \\ CB & D & 0 & \cdots & 0 \\ CAB & CB & D & \cdots & 0 \\ \vdots & \vdots & \vdots & & \vdots \\ CA^{k-2}B & CA^{k-3}B & CA^{k-4}B & \cdots & D \end{pmatrix} \tag{16.1.7}
$$

上式包含系统所有的 **Markov 参数**，见第 17 章。

为了简练起见，将输入 $u(k)$ 和输出 $y(k)$ 分成两组，输入为

$$
U = \left(\frac{U_-}{U_+}\right) = \left(\frac{U_{0|k-1}}{U_{k|2k-1}}\right) = \left(\begin{array}{ccccc} u_0 & u_1 & u_2 & \cdots & u_{N-1} \\ u_1 & u_2 & u_3 & \cdots & u_N \\ \vdots & \vdots & \vdots & & \vdots \\ u_{k-1} & u_k & u_{k+1} & \cdots & u_{k+N-2} \\ \hline u_k & u_{k+1} & u_{k+2} & \cdots & u_{k+N-1} \\ u_{k+1} & u_{k+2} & u_{k+3} & \cdots & u_{k+N} \\ \vdots & \vdots & \vdots & & \vdots \\ u_{2k-1} & u_{2k} & u_{2k+1} & \dots & u_{2k+N-2} \end{array}\right) \tag{16.1.8}
$$

输出为

$$Y = \begin{pmatrix} Y_- \\ Y_+ \end{pmatrix} = \begin{pmatrix} Y_{0|k-1} \\ Y_{k|2k-1} \end{pmatrix} \tag{16.1.9}$$

其中，下标“-”表示**过去值**，下标“+”表示**将来值**。这种特殊结构的矩阵称作 **Hankel 矩阵**，沿着（分块）对角线对称的元素是相同的（Golub and van Loan，1996）。

上述关系和定义可以将输入 $\boldsymbol{u}$ 和输出 $\boldsymbol{y}$ 的过去值和将来值联系起来，得到如下关系：

$$Y_- = Q_{\mathrm{Bk}} X_- + \mathcal{T}_k U_- \tag{16.1.10}$$

$$Y_+ = Q_{\mathrm{Bk}} X_+ + \mathcal{T}_k U_+ \tag{16.1.11}$$

其中，$\boldsymbol{X}_-$ 表示**过去状态矩阵**

$$X_- = \left( x(0)\ x(1) \cdots x(k-1) \right) \tag{16.1.12}$$

类似地，$\boldsymbol{X}_+$ 表示**将来状态矩阵**

$$X_+ = \left( x(k)\ x(k+1) \cdots x(2k) \right) \tag{16.1.13}$$

状态矩阵 $\boldsymbol{X}_-$ 和 $\boldsymbol{X}_+$ 的关系为

$$X_+ = A^k X_- + Q_{\mathrm{Sk}} U_- \tag{16.1.14}$$

如下假设是必需的：

- $\boldsymbol{X}_k$ 的秩为 $n$ => 系统被充分激励，并记录 $k$ 个采样数据，$k$ 要大于系统状态矩阵的维数 $n$。
- $\boldsymbol{U}$ 的秩为 $2kn$，$k > n$ => 系统被 $2n$ 阶持续激励。
- $\mathrm{span}\boldsymbol{X}_k \cap \mathrm{span}\boldsymbol{U}_+ = \phi$ => $\boldsymbol{X}_k$ 和 $\boldsymbol{U}_+$ 的行向量是线性无关的，因此系统必须是开环的。

这种方法的主要缺点是不适用于闭环系统辨识，因为反馈导致输入和输出之间的相关性。类似于第 13 章中的描述，这时可以采用其他的一些方法。第一种方法，忽略反馈回路的影响，并且希望由于输入和输出之间可能的相关性导致的辨识误差可以小到能接受的地步。第二种方法，先辨识闭环动态特性，然后利用控制器的传递函数来确定开环动态特性。最后一种方法，也可以采用输入-输出联合方法（Katayama and Tanaka，2007）。

此外，还有一些改进的子空间辨识方法可用于闭环系统。比如，文献（Ljung and McKelvey，1996）提出一种思想，它是基于利用高维的中间 ARX 模型；文献（Verhaegen，1993；Chou and Verhaegen，1999；van Overshee and de Moor，1997；Lin et al，2005；Jansson，2005）还介绍了其他一些方法；文献（Chiuso and Picci，2005）探讨了闭环系统子空间辨识算法的一致性。

根据式（16.1.10），$\boldsymbol{X}_$可以确定为

$$X_- = Q_{\mathrm{Bk}}^{\dagger} Y_- - Q_{\mathrm{Bk}}^{\dagger} \mathcal{T}_k U_- \tag{16.1.15}$$

利用式（16.1.14），有

$$X_+ = \underbrace{\left( Q_{\mathrm{Sk}} - A^k Q_{\mathrm{Bk}}^{\dagger} \mathcal{T}_k \quad A^k Q_{\mathrm{Bk}}^{\dagger} \right)}_{L_-} \underbrace{\begin{pmatrix} U_- \\ Y_- \end{pmatrix}}_{W_-} \tag{16.1.16}$$

式中，过去的输入和输出结合写成

$$W_- = \begin{pmatrix} U_- \\ Y_- \end{pmatrix} \tag{16.1.17}$$

类似地，将来的输入和输出可以结合写成 $\boldsymbol{W}_+$。

根据式（16.1.11），有

$$Y_+ = Q_{Bk}X_+ + \mathcal{T}_k U_+ = Q_{Bk}L_-W_- + \mathcal{T}_k U_+ \tag{16.1.18}$$

这样就可以确定系统的状态变量数。状态矩阵 $\boldsymbol{X}$ 的秩为 $n$，因为它的维数为 $n\times k(k>n)$，而 $n\times k$ 维矩阵 $\boldsymbol{A}$ 的秩最多取 $m$ 和 $n$ 的较小者，即 $\mathrm{rank}\boldsymbol{A}\leqslant\min(m,n)$。

不幸的是，$X_+$ 是未知的，只有 $\boldsymbol{U}$ 和 $\boldsymbol{Y}$ 是已知的。如果 $\mathcal{T}_k U_+$ 可以从 $Y_+$ 中消去，则通过对 $Y_+$ 秩的分析可以直接推导出 $X_+$ 的秩[⊖]，因为假如 $\boldsymbol{C}$ 的秩为 $m$，$\boldsymbol{A}$ 矩阵和 $l\times m$ 维 $\boldsymbol{C}$ 矩阵的乘积满足 $\mathrm{rank}\boldsymbol{CA}=\mathrm{rank}\boldsymbol{A}$。这个结果可以用到这个问题上。由于假设系统是可观测的，所以 $Q_{Bk}$ 是满秩的。因此，不考虑输入矩阵 $U_+$ 的影响，$Y_+$ 剩余部分的秩仍为 $n$。

现在的问题是，如何能消去 $U_+$ 对 $Y_+$ 的影响，这可以利用所谓的子空间法来实现。下面简单介绍子空间的一般概念之后，将介绍这种子空间法。

## 16.2 子空间

在进一步讨论辨识方法之前，先介绍矩阵子空间及在矩阵子空间上投影的概念。$m\times n$ 维的任意实矩阵 $\boldsymbol{A}$ 可以写成

$$A = \begin{pmatrix} r_1 \\ r_2 \\ \vdots \\ r_m \end{pmatrix} = (c_1\ c_2\ \cdots\ c_n) \tag{16.2.1}$$

其中，行向量 $r_k\in\mathbb{R}^{1\times n}$，列向量 $c_k\in\mathbb{R}^{m\times 1}$。矩阵的**行空间**由行向量 $r_k$ 张成，即空间的所有点都可以表示成行向量 $r_k$ 的线性组合，同样矩阵的**列空间**由列向量 $c_k$ 张成。行空间和列空间都是 $A$ 的**子空间**。

现在，介绍在矩阵子空间上的**正交投影**。对于向量 $f$ 在矩阵 $\boldsymbol{A}$ 行空间上的投影，就是用矩阵 $\boldsymbol{A}$ 行向量 $r_k$ 的线性组合来表示 $f$，即表示成

$$\tilde{f} = \sum_{i=1}^{m} g_i r_i = gA \tag{16.2.2}$$

其中，投影后的变量记为 $\tilde{f}$。这个投影可以写成

$$f/A = gA = fA^{\mathrm{T}}(AA^{\mathrm{T}})^{-1}A \tag{16.2.3}$$

从向量 $f$ 的投影可直接推广到矩阵 $\boldsymbol{F}$ 的投影。

**斜投影**是向量 $f$ 先投影到 $\boldsymbol{A}$ 和 $\boldsymbol{B}$ 联合空间（joint space）上，然后仅取留在 $\boldsymbol{A}$ 子空间中的那部分。更正式的说法是，向量 $f$ 沿着 $\boldsymbol{B}$ 行空间的方向在 $\boldsymbol{A}$ 行空间上的投影。这个投影可以写成

$$\begin{aligned} f/_B A = gA &= f(A^{\mathrm{T}}\ B^{\mathrm{T}})\begin{pmatrix} AA^{\mathrm{T}} & AB^{\mathrm{T}} \\ BA^{\mathrm{T}} & BB^{\mathrm{T}} \end{pmatrix}^{\dagger}\begin{pmatrix} A \\ \not{B} \end{pmatrix} \\ &= f(A^{\mathrm{T}}\ B^{\mathrm{T}})\begin{pmatrix} AA^{\mathrm{T}} & AB^{\mathrm{T}} \\ BA^{\mathrm{T}} & BB^{\mathrm{T}} \end{pmatrix}^{\dagger}\begin{pmatrix} A \\ 0 \end{pmatrix} \end{aligned} \tag{16.2.4}$$

其中，零矩阵0与矩阵 $\boldsymbol{B}$ 是同维的，$\not{B}$ 表示删去这一项，用同维数的零矩阵代替。这样，

⊖ 译者注：原文误为 $\boldsymbol{X}$。

等同于

$$f/_B A = gA = f\left(A^{\mathrm{T}}\ B^{\mathrm{T}}\right)\left(\begin{pmatrix} AA^{\mathrm{T}} & AB^{\mathrm{T}} \\ BA^{\mathrm{T}} & BB^{\mathrm{T}} \end{pmatrix}^{\dagger}\right)_{\text{保留前}m\text{列}} A \tag{16.2.5}$$

其中，$A$ 是 $m\times n$ 维的矩阵。同样，向量的斜投影也可直接推广到矩阵的斜投影。

## 16.3 子空间辨识

如果输入和输出按式（16.1.8）和式（16.1.9）那样进行分组，那么对（几乎）没有噪声的情况可以按下式处理

$$Y_+/_{U_+}\begin{pmatrix} U_- \\ Y_- \end{pmatrix} = Q_{\mathrm{Bk}}L_-\begin{pmatrix} U_- \\ Y_- \end{pmatrix} = Q_{\mathrm{Bk}}X_+ = P \tag{16.3.1}$$

这是 N4SID 算法（状态子空间辨识数值算法）的基本实现途径（van Overshee and de Moor, 1994）。

斜投影也可以利用 QR 分解得到，记作

$$\begin{pmatrix} U_+ \\ W_- \\ Y_+ \end{pmatrix} = \begin{pmatrix} R_{11} & 0 & 0 \\ R_{21} & R_{22} & 0 \\ R_{31} & R_{32} & R_{33} \end{pmatrix}\begin{pmatrix} Q_1^{\mathrm{T}} \\ Q_2^{\mathrm{T}} \\ Q_3^{\mathrm{T}} \end{pmatrix} \tag{16.3.2}$$

其解可以写成

$$P = Y_+/_{U_+}\begin{pmatrix} U_- \\ Y_- \end{pmatrix} = R_{32}R_{22}^{\dagger}W_- \tag{16.3.3}$$

这是 MOESP（多变量输出误差状态空间）算法的基本思想（Verhaegen, 1994）。

矩阵 $P$ 包含增广可观性矩阵 $Q_{\mathrm{Bk}}$ 和状态矩阵 $X_+$ 的所有信息。此外，还可以利用 $P$ 来确定状态的个数 $n$，因为 $P$ 和 $X_+$ 具有相同的秩。这些信息可以利用对矩阵 $P$ 进行 SVD 分解得到

$$P = U\Sigma V^{\mathrm{T}} = \left(U_1\ U_2\right)\begin{pmatrix} \Sigma_1 & 0 \\ 0 & \Sigma_2 \end{pmatrix}\begin{pmatrix} V_1^{\mathrm{T}} \\ V_2^{\mathrm{T}} \end{pmatrix},\ \text{对所有}\ i,j\ \text{有}\ \Sigma_{1ii} \gg \Sigma_{2jj} \tag{16.3.4}$$

其中，$\Sigma_1$ 和 $\Sigma_2$ 是对角矩阵，且 $\Sigma_1$ 对角线上的元素远大于 $\Sigma_2$ 对角线上的元素。无噪声的情况下后者应该为零，即 $\Sigma_2=0$，有噪声的情况下多少会偏离零。根据矩阵 $\Sigma_1(n\times n)$ 的维数可以确定系统的状态个数。

将奇异值 $\sigma_i$ 按降序排列，使用者自行选择一个阈值，以便将奇异值 $\sigma_i$ 分成“较大”和“较小”的两类[⊖]。一旦选定阈值，系统状态的个数也就确定下来。

下面，利用测量数据可以获得增广可观性矩阵 $Q_{\mathrm{Bk}}$ 和状态矩阵 $X_+$，它们可以写成

$$Q_{\mathrm{Bn}} = U_1\Sigma_1^{1/2}T \tag{16.3.5}$$

$$X_+ = T^{-1}\Sigma_1^{1/2}V_1^{\mathrm{T}}. \tag{16.3.6}$$

其中，$T$ 为相似变换矩阵，而且它是存在的。相似变换矩阵 $T$ 的存在可以容易地解释为：因

---

⊖ 译者注：原文误为特征值 $\sigma_i$，应是奇异值 $\sigma_i$；$\sigma_i$ 是矩阵 $\begin{pmatrix} \Sigma_1 & 0 \\ 0 & \Sigma_2 \end{pmatrix}$ 的对角线元素。

为仅根据输入和输出测量数据，所以只能获得 $n$ 个状态的信息，但不能确定状态与输入和输出存在怎么样的关系。

有几种方法可以用来确定 $\boldsymbol{Q}_{\mathrm{Bk}}$ 和 $\boldsymbol{X}_+$ 与状态空间模型的系数矩阵 $\boldsymbol{A}$、$\boldsymbol{B}$、$\boldsymbol{C}$ 和 $\boldsymbol{D}$ 之间的关系。下面介绍其中的两种，但实际上决不仅仅只有这两种。

观察 $\boldsymbol{Q}_{\mathrm{Bk}}$ 的结构

$$\boldsymbol{Q}_{\mathrm{Bk}} = \begin{pmatrix} \boldsymbol{C} \\ \boldsymbol{CA} \\ \boldsymbol{CA}^2 \\ \vdots \\ \boldsymbol{CA}^{k-1} \end{pmatrix} \tag{16.3.7}$$

可以注意到 $\boldsymbol{Q}_{\mathrm{Bk}}$ 的前 $p$ 行即为矩阵 $\boldsymbol{C}$。此外

$$\underline{\boldsymbol{Q}_{\mathrm{B}_k}} = \overline{\boldsymbol{Q}_{\mathrm{B}k}}\boldsymbol{A}，\text{其中 } \underline{\boldsymbol{Q}_{\mathrm{B}_k}} = \begin{pmatrix} \not{\boldsymbol{C}} \\ \boldsymbol{CA} \\ \boldsymbol{CA}^2 \\ \vdots \\ \boldsymbol{CA}^{k-1} \end{pmatrix}，\quad \overline{\boldsymbol{Q}_{\mathrm{B}k}} = \begin{pmatrix} \boldsymbol{C} \\ \boldsymbol{CA} \\ \boldsymbol{CA}^2 \\ \vdots \\ \not{\boldsymbol{CA}}^{k-1} \end{pmatrix} \tag{16.3.8}$$

式中，$\not{\boldsymbol{C}}$ 表示删掉前 $r$ 行，$\not{\boldsymbol{C}}\boldsymbol{A}^{k-1}$ 表示删掉后 $r$ 行。这样，矩阵 $\boldsymbol{A}$ 矩就可确定为

$$\boldsymbol{A} = \overline{\boldsymbol{Q}_{\mathrm{B}k}}^{\dagger}\underline{\boldsymbol{Q}_{\mathrm{B}_k}} \tag{16.3.9}$$

矩阵 $\boldsymbol{B}$ 和 $\boldsymbol{D}$ 可以用如下的方法确定：除了在列空间上的投影外，再定义在正交列空间上的投影为 $\boldsymbol{Q}_{\mathrm{Bk}}^{\perp} = \boldsymbol{I} - \boldsymbol{Q}_{\mathrm{Bk}}(\boldsymbol{Q}_{\mathrm{Bk}}^{\mathrm{T}}\boldsymbol{Q}_{\mathrm{Bk}})^{-1}\boldsymbol{Q}_{\mathrm{Bk}}^{\mathrm{T}}$，由此可推导出

$$\boldsymbol{Q}_{\mathrm{Bk}}{}^{\perp}\boldsymbol{Y}_+^{\mathrm{T}} = \boldsymbol{Q}_{\mathrm{Bk}}{}^{\perp}\boldsymbol{\mathcal{T}}_k = \boldsymbol{Q}_{\mathrm{Bk}}{}^{\perp}\begin{pmatrix} \boldsymbol{I} & \boldsymbol{0} \\ \boldsymbol{0} & \underline{\boldsymbol{Q}_{\mathrm{Bk}}} \end{pmatrix} \tag{16.3.10}$$

利用最小二乘方法，即可确定 $\boldsymbol{B}$ 和 $\boldsymbol{D}$。

另一种方法是基于状态方程式（16.1.1）和式（16.1.2），对某个采样时刻，将状态方程和输出方程写成

$$\boldsymbol{X}^+ = \boldsymbol{AX} + \boldsymbol{BU} \tag{16.3.11}$$

$$\boldsymbol{Y} = \boldsymbol{CX} + \boldsymbol{DU} \tag{16.3.12}$$

其中

$$\boldsymbol{U} = (\boldsymbol{u}_k\ \boldsymbol{u}_{k+1}\ \boldsymbol{u}_{k+2}\ \cdots\ \boldsymbol{u}_{k+N-1}) \tag{16.3.13}$$

$$\boldsymbol{Y} = (\boldsymbol{y}_k\ \boldsymbol{y}_{k+1}\ \boldsymbol{y}_{k+2}\ \cdots\ \boldsymbol{y}_{k+N-1}) \tag{16.3.14}$$

$$\boldsymbol{X} = (\boldsymbol{x}_k\ \boldsymbol{x}_{k+1}\ \boldsymbol{x}_{k+2}\ \cdots\ \boldsymbol{x}_{k+N-1}) \tag{16.3.15}$$

$$\boldsymbol{X}^+ = (\boldsymbol{x}_{k+1}\ \boldsymbol{x}_{k+2}\ \boldsymbol{x}_{k+3}\ \cdots\ \boldsymbol{x}_{k+N}) \tag{16.3.16}$$

唯一未知的是在 $k+1$ 时刻的状态 $\boldsymbol{X}^+$。基于

$$\boldsymbol{Y}_{k+1|k+N} = \boldsymbol{Q}_{\mathrm{B,N-1}}\boldsymbol{X}^+ - \boldsymbol{\mathcal{T}}_{N-1}\boldsymbol{U}_{k+1|k+N} \tag{16.3.17}$$

可以得到

$$\boldsymbol{X}^+ = \boldsymbol{Q}_{\mathrm{B,N-1}}{}^{\dagger}\boldsymbol{Y}_{k+1|k+N} - \boldsymbol{Q}_{\mathrm{B,N-1}}{}^{\dagger}\boldsymbol{\mathcal{T}}_{N-1}\boldsymbol{U}_{k+1|k+N} \tag{16.3.18}$$

现在，所有的项都已求得，可以利用最小二乘法，求解如下方程组

$$\begin{pmatrix} \boldsymbol{X}^+ \\ \boldsymbol{Y} \end{pmatrix} = \begin{pmatrix} \boldsymbol{A} & \boldsymbol{B} \\ \boldsymbol{C} & \boldsymbol{D} \end{pmatrix}\begin{pmatrix} \boldsymbol{X} \\ \boldsymbol{U} \end{pmatrix} \tag{16.3.19}$$

并确定状态空间模型的所有参数矩阵。

在存在噪声的情况下，应该选择带有噪声的增广状态空间模型作为基本模型结构

$$x(k+1) = Ax(k) + Bu(k) + w(k) \tag{16.3.20}$$

$$y(k) = Cx(k) + Du(k) + v(k) \tag{16.3.21}$$

其中，噪声的统计特性为

$$\mathrm{E}\left\{\begin{pmatrix} w(k) \\ v(k) \end{pmatrix}\begin{pmatrix} w^{\mathrm{T}}(k) & v^{\mathrm{T}}(k) \end{pmatrix}\right\} = \begin{pmatrix} Q & S \\ S^{\mathrm{T}} & R \end{pmatrix}\delta(k) \tag{16.3.22}$$

第一种方法很容易理解，但是有偏的。首先，采用斜投影来确定

$$P_k = Y_+ /_{U_+} W_- \tag{16.3.23}$$

$$P_{k+1} = Y_+^- /_{U_+^-} W_-^+ \tag{16.3.24}$$

其中，上标“-”和“+”表示矩阵在相应的方向上减少或增加一行。因此，利用奇异值分解

$$P_k = U\Sigma V^{\mathrm{T}} \tag{16.3.25}$$

可以确定

$$Q_{\mathrm{Bn}} = U_1 \Sigma_1^{1/2} T \tag{16.3.26}$$

$$Q_{\mathrm{B,N-1}} = \underline{Q_{\mathrm{Bn}}} \tag{16.3.27}$$

并以此确定状态序列

$$X_n = Q_{\mathrm{Bn}}{}^{\dagger} P_n \tag{16.3.28}$$

$$X_{n+1} = Q_{\mathrm{B,N-1}}{}^{\dagger} P_{n+1} \tag{16.3.29}$$

接下来，可以确定状态空间模型的参数，首先求解如下方程：

$$\begin{pmatrix} X(n+1) \\ Y \end{pmatrix} = \begin{pmatrix} A & B \\ C & D \end{pmatrix}\begin{pmatrix} X(n) \\ U \end{pmatrix} + \begin{pmatrix} \varrho_{\mathrm{w}} \\ \varrho_{\mathrm{v}} \end{pmatrix} \tag{16.3.30}$$

其中，噪声模型的参数可以利用残差矩阵 $\varrho$ 求得

$$\begin{pmatrix} Q & S \\ S^{\mathrm{T}} & R \end{pmatrix} = \mathrm{E}\left\{\begin{pmatrix} \varrho_{\mathrm{w}} \\ \varrho_{\mathrm{v}} \end{pmatrix}\begin{pmatrix} \varrho_{\mathrm{w}}^{\mathrm{T}} & \varrho_{\mathrm{v}}^{\mathrm{T}} \end{pmatrix}\right\} \tag{16.3.31}$$

式中，对于无限长的采样，期望值可以由时间均值确定。该算法由文献（van Overshee and de Moor，1994）给出，不过多数情况下，它是有偏的。仅当采样时间趋向无限，且系统是完全确定性的（即无噪声），或输入 $u$ 是白噪声时才是无偏的。在大多数情况下这些条件都不能得到保证。

文献（van Overshee and de Moor，1996b）也论述了对噪声相对不敏感的其他一些算法。下面将概要讨论其中的一种算法。如果把将来的输出投影在过去的输入和输出以及将来的输入构成的空间上，可得到

$$\mathcal{Z}_k = Y_+ / \begin{pmatrix} W_- \\ U_+ \end{pmatrix} = Q_{\mathrm{Bk}} \hat{X}_k + \mathcal{T}_k U_+ \tag{16.3.32}$$

对下一时刻，也有同样的关系

$$\mathcal{Z}_{k+1} = Y_+^- / \begin{pmatrix} W_-^+ \\ U_+^- \end{pmatrix} = Q_{\mathrm{B(k-1)}} \hat{X}_{k+1} + \mathcal{T}_{k-1} U_+^- \tag{16.3.33}$$

那么状态估计可以利用状态观测器获得，且应该只跟随确定性部分的动态特性，也就是应该遵循如下的差分方程：

$$\hat{X}_{k+1} = A\hat{X}_k + BU_k + \varrho_{\mathrm{w}} \tag{16.3.34}$$
$$\hat{Y}_k = C\hat{X}_k + DU_k + \varrho_{\mathrm{v}} \tag{16.3.35}$$
根据式（16.3.32）和式（16.3.33），可得
$$\hat{X}_k = Q_{\mathrm{Bk}}{}^{\dagger}(\mathcal{Z}_k - \mathcal{T}_k U_+) \tag{16.3.36}$$
$$\hat{X}_{k+1} = Q_{\mathrm{B(k-1)}}{}^{\dagger}(\mathcal{Z}_{k+1} - \mathcal{T}_{k-1} U_+^-) \tag{16.3.37}$$
利用式（16.3.34）和式（16.3.35），得到
$$\begin{pmatrix} Q_{\mathrm{B(k-1)}}{}^{\dagger}\mathcal{Z}_{k+1} \\ Y \end{pmatrix} = \begin{pmatrix} A \\ C \end{pmatrix} Q_{\mathrm{Bk}}{}^{\dagger}\mathcal{Z}_k + \underbrace{\begin{pmatrix} \left(B \middle| Q_{\mathrm{B(k-1)}}{}^{\dagger}\mathcal{T}_{k-1}\right) - A Q_{\mathrm{Bk}}{}^{\dagger}\mathcal{T}_k \\ \left(D \middle| 0\right) - C Q_{\mathrm{Bk}}{}^{\dagger}\mathcal{T}_k \end{pmatrix}}_{\mathcal{K}} U + \begin{pmatrix} \varrho_{\mathrm{w}} \\ \varrho_{\mathrm{v}} \end{pmatrix} \tag{16.3.38}$$
利用最小二乘法求解这个方程，可以得到 $A$、$B$ 和 $\mathcal{K}$，其中噪声 $\varrho_{\mathrm{w}}$ 和 $\varrho_{\mathrm{v}}$ 先把它们看作当前尚未确定的残差。根据 $\mathcal{K}$ 的信息，可以确定 $B$ 和 $D$。最后一步再确定残差 $\varrho_{\mathrm{w}}$ 和 $\varrho_{\mathrm{v}}$，以此可求得噪声协方差。

## 16.4 利用脉冲响应进行辨识

系统的脉冲响应总是可以测量的，尤其是在机械系统的模态分析中。举例说明，用重锤击打机械系统，然后测量系统不同结构部位引起的加速度，就可以得到脉冲响应序列。Ho－Kalman 方法（Ho and Kalman，1966）就可以直接利用这些脉冲响应测量值，也可参阅文献（Juang，1994）。

以状态空间表示的 MIMO 系统脉冲响应可以表示成
$$G_k = \begin{cases} D, k = 0 \\ CA^{k-1}B, \ k = 1,2,\cdots \end{cases} \tag{16.4.1}$$
现在，讨论利用脉冲响应测量值来确定状态空间模型的参数。明显，矩阵 $D$ 可以直接由下式确定
$$D = G_0 \tag{16.4.2}$$
然后，基于 Hankel 矩阵来确定参数矩阵 $A$、$B$ 和 $C$。这里，**Hankel 矩阵** $\mathcal{H}$ 定义为
$$\mathcal{H}_{k,l} = \begin{pmatrix} G_1 & G_2 & G_3 & \cdots & G_l \\ G_2 & G_3 & G_4 & \cdots & G_{l+1} \\ G_3 & G_4 & G_5 & \cdots & G_{l+2} \\ \vdots & \vdots & \vdots & & \vdots \\ G_k & G_{k+1} & G_{k+2} & \cdots & G_{k+l+1} \end{pmatrix} \tag{16.4.3}$$
可见，Hankel 矩阵可以写成可控性矩阵和可观性矩阵的乘积，即
$$\mathcal{H}_{k,l} = Q_{\mathrm{Bk}} Q_{\mathrm{Sl}} \tag{16.4.4}$$
利用奇异值分解，将 Hankel 矩阵分解成
$$\mathcal{H}_{k,l} = U\Sigma V^{\mathrm{T}} = \begin{pmatrix} U_1 & U_2 \end{pmatrix} \begin{pmatrix} \Sigma_1 & 0 \\ 0 & \Sigma_2 \end{pmatrix} \begin{pmatrix} V_1^{\mathrm{T}} \\ V_2^{\mathrm{T}} \end{pmatrix}，其中 \Sigma_2 = 0 \tag{16.4.5}$$
通过奇异值分解，借助相似变换矩阵 $T$，可以分别给出可控性矩阵和可观性矩阵

$$Q_B = U_1 \Sigma_1^{1/2} T \tag{16.4.6}$$

$$Q_S = T^{-1} \Sigma_1^{1/2} V_1^T \tag{16.4.7}$$

由此，可确定所需的系数矩阵

$$A = \underline{Q_{B}}_k^{\dagger} \overline{Q_{Bk}} \tag{16.4.8}$$

$$B = Q_S(1:n, 1:m) \tag{16.4.9}$$

$$C = Q_B(1:p, 1:n) \tag{16.4.10}$$

其中，矩阵 $B$ 和 $C$ 是分别从可控性矩阵和可观性矩阵截取得到的。

## 16.5 原始形式的一些改进

对子空间辨识的原始形式可以有很多改进，比如可以递推地求解子空间辨识问题（Houtzager et al，2009）。这样，即使有大量的参数需要估计，算法仍然可以用于实时应用场合。文献（Massiono and Verhaegen，2008）给出了一种用于大规模系统的方法。

子空间辨识也可以用于频域辨识（van Overshee and de Moor，1996a），其思想是在频域中将状态空间模型写成

$$s\boldsymbol{x}(s) = \boldsymbol{A}\boldsymbol{x}(s) + \boldsymbol{B}\boldsymbol{I}_m \tag{16.5.1}$$

$$\boldsymbol{g}(s) = \boldsymbol{C}\boldsymbol{x}(s) + \boldsymbol{D}\boldsymbol{I}_m \tag{16.5.2}$$

因为频域中输入 $\boldsymbol{u}(s)$ 选成适当维数的单位矩阵 $\boldsymbol{I}_m$，所以输出 $\boldsymbol{y}(s)$ 可以表示系统的脉冲响应。这样，可构成如下数据矩阵：

$$\mathcal{G} = \begin{pmatrix} \boldsymbol{g}(\mathrm{i}\omega_1) & \boldsymbol{g}(\mathrm{i}\omega_2) & \cdots & \boldsymbol{g}(\mathrm{i}\omega_N) \\ (\mathrm{i}\omega_1)\boldsymbol{g}(\mathrm{i}\omega_1) & (\mathrm{i}\omega_2)\boldsymbol{g}(\mathrm{i}\omega_2) & \cdots & (\mathrm{i}\omega_N)\boldsymbol{g}(\mathrm{i}\omega_N) \\ \vdots & \vdots & & \vdots \\ (\mathrm{i}\omega_1)^{2k-1}\boldsymbol{g}(\mathrm{i}\omega_1) & (\mathrm{i}\omega_2)^{2k-1}\boldsymbol{g}(\mathrm{i}\omega_2) & \cdots & (\mathrm{i}\omega_N)^{2k-1}\boldsymbol{g}(\mathrm{i}\omega_N) \end{pmatrix} \tag{16.5.3}$$

和

$$\mathcal{I} = \begin{pmatrix} \boldsymbol{I}_m & \boldsymbol{I}_m & \cdots & \boldsymbol{I}_m \\ (\mathrm{i}\omega_1)\boldsymbol{I}_m & (\mathrm{i}\omega_2)\boldsymbol{I}_m & \cdots & (\mathrm{i}\omega_N)\boldsymbol{I}_m \\ \vdots & \vdots & & \vdots \\ (\mathrm{i}\omega_1)^{2k-1}\boldsymbol{I}_m & (\mathrm{i}\omega_2)^{2k-1}\boldsymbol{I}_m & \cdots & (\mathrm{i}\omega_N)^{2k-1}\boldsymbol{I}_m \end{pmatrix} \tag{16.5.4}$$

以及

$$\mathcal{X} = \left(\boldsymbol{x}(\mathrm{i}\omega_1)\ \boldsymbol{x}(\mathrm{i}\omega_2)\ \cdots\ \boldsymbol{x}(\mathrm{i}\omega_N)\right) \tag{16.5.5}$$

利用这些矩阵，可以根据前面论述的经典方法，也就是利用 SVD 分解，可得到

$$\mathcal{H}/\mathcal{I}^{\perp} = \boldsymbol{U}\boldsymbol{\Sigma}\boldsymbol{V}^{\mathrm{T}} = (\boldsymbol{U}_1\ \boldsymbol{U}_2)\begin{pmatrix} \boldsymbol{\Sigma}_1 & \boldsymbol{0} \\ \boldsymbol{0} & \boldsymbol{\Sigma}_2 \end{pmatrix}\begin{pmatrix} \boldsymbol{V}_1^{\mathrm{T}} \\ \boldsymbol{V}_2^{\mathrm{T}} \end{pmatrix}，对所有 i,j 有 \Sigma_{1ii} \gg \Sigma_{2jj} \tag{16.5.6}$$

并像上面所描述的那样进行处理。不过，矩阵有可能会是病态的，对此文献（van Overshee and de Moor，1996a）给出了另外一种替代方法。文献（Bauer，2005）讨论了子空间估计方法的渐近性质。

**例 16.1（三质量振荡器的子空间辨识）**

在这个例子中，利用 N4SID 算法来辨识三质量振荡器的模型。

例中，利用 PRBS 信号（见第 6.3 节）对过程进行激励，过程的输入是作用在第一个质

量块上的扭矩 $\boldsymbol{M}_M$，输出是第三个质量块的角速度 $\omega_3=\dot{\varphi}_3$，如图 16.1 所示。离散时间模型估计的一个重要问题是采样频率，在采样时间为 $T_0=0.003$ s 的情况下，采集三质量振荡器的数据，这种采样速率过高了，得到的结果并不理想。因此，将采样速率降低 $N=6$ 倍，使采样时间为 $T_0=0.018$ s。

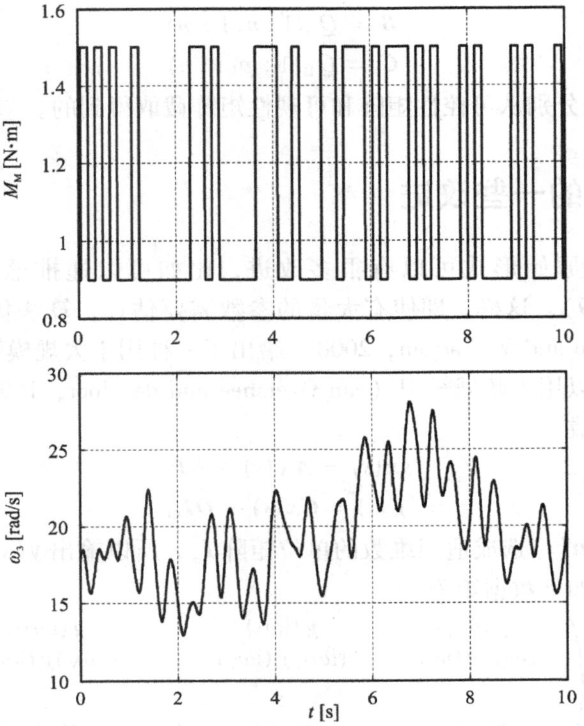


图 16.1　基于 N4SID 算法，用于三质量振荡器离散时间模型参数估计的输入和输出信号

为了判断估计模型的质量，对离散时间模型的频率响应和利用正交相关分析法直接测量的频率响应（见第 5.5.2 节）进行比较，图 16.2 给出的比较结果，表明估计模型具有很好的精确度。 □

## 16.6　用于连续时间系统

上面讨论的方法一般也可以用于连续时间系统，参见文献（Rao and Unbenhauen, 2006）。这种情况可以采用如下方程：

$$\boldsymbol{Y}_i=\boldsymbol{T}_{1,i}\boldsymbol{X}+\boldsymbol{T}_{2,i}\boldsymbol{U}_i \tag{16.6.1}$$

并以

$$\boldsymbol{X}=\left(\boldsymbol{x}(t_1)\ \boldsymbol{x}(t_2)\cdots\boldsymbol{x}(t_N)\right) \tag{16.6.2}$$

为基，且有

$$\boldsymbol{U}_i=\begin{pmatrix}\boldsymbol{u}(t_1) & \cdots & \boldsymbol{u}(t_N)\\ \dot{\boldsymbol{u}}(t_1) & \cdots & \dot{\boldsymbol{u}}(t_N)\\ \vdots & & \vdots\\ \boldsymbol{u}^{(r-1)}(t_1) & \cdots & \boldsymbol{u}^{(r-1)}(t_N)\end{pmatrix} \tag{16.6.3}$$

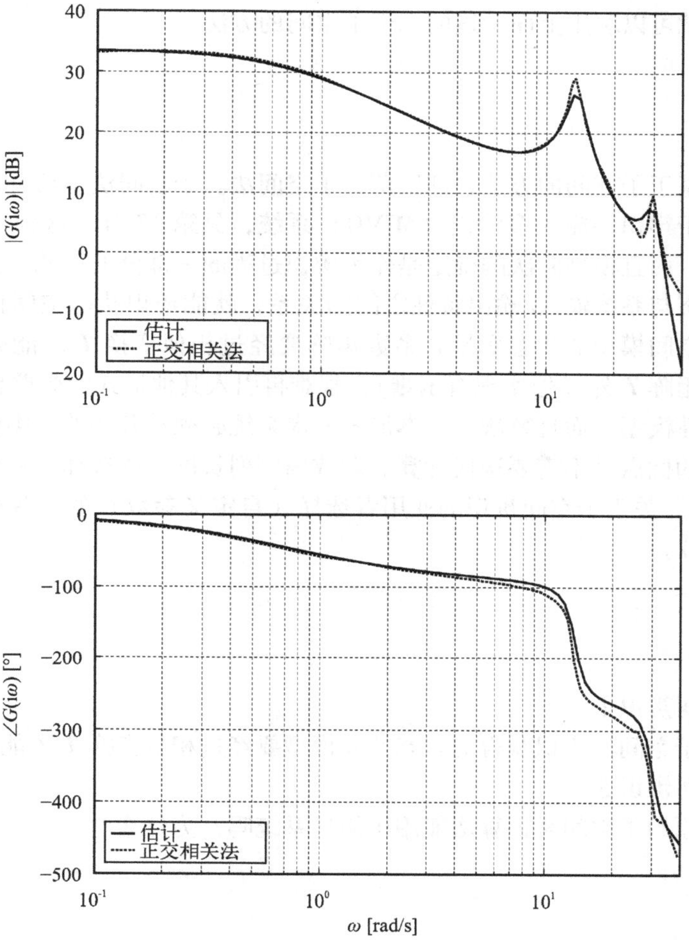


图 16.2　基于 N4SID 算法，三质量振荡器离散时间模型的频率响应与直接测量的频率响应比较

及

$$
\boldsymbol{Y}_i=\begin{pmatrix} \boldsymbol{y}(t_1) & \cdots & \boldsymbol{y}(t_N) \\ \dot{\boldsymbol{y}}(t_1) & \cdots & \dot{\boldsymbol{y}}(t_N) \\ \vdots & & \vdots \\ \boldsymbol{y}^{(i-1)}(t_1) & \cdots & \boldsymbol{y}^{(i-1)}(t_N) \end{pmatrix} \tag{16.6.4}
$$

可以看到，这种方法的问题是如何获得相应阶的导数，然后即可构造增广可观性矩阵

$$
\boldsymbol{Q}_{\mathrm{B}}=\begin{pmatrix} \boldsymbol{C} \\ \boldsymbol{CA} \\ \vdots \\ \boldsymbol{CA}^{i-1} \end{pmatrix} \tag{16.6.5}
$$

和增广可控性矩阵

$$
\boldsymbol{Q}_{\mathrm{S}}=\begin{pmatrix} \boldsymbol{D} & \boldsymbol{0} & \cdots & \boldsymbol{0} \\ \boldsymbol{CB} & \boldsymbol{D} & \cdots & \boldsymbol{0} \\ \vdots & \vdots & & \vdots \\ \boldsymbol{CA}^{i-2}\boldsymbol{B} & \boldsymbol{CA}^{i-3}\boldsymbol{B} & \cdots & \boldsymbol{D} \end{pmatrix} \tag{16.6.6}
$$

利用这些矩阵，就可以利用上面所述的基于子空间的方法。

## 16.7 小结

本章介绍了基于子空间的方法，即所谓的子空间法。子空间法不仅可以用于辨识单变量系统，也可以用于辨识多输入多输出（MIMO）系统，见第 17 章。这种方法最大的好处是不需要先验假设，而且模型阶次的确定是作为辨识过程的一部分的。此外，不需要知道状态的初始条件和状态与系统输入/输出特性之间的关系，就能辨识状态空间模型。带来的代价是，状态和状态空间模型的状态变量和系数矩阵要经过相似变换 $\boldsymbol{T}$ 才能完全确定。除了适当选择相似变换矩阵 $\boldsymbol{T}$ 外（但实现有困难），很难再引入其他形式的先验信息。这种方法不能直接用于非线性模型，而且算法的基本形式要求系统必须是开环的。类似于经典的最小二乘法，子空间法的优点是不需要迭代计算。对数据序列长度 $k$ 的选择，一般建议要大于模型阶次 $n$ 的 2 ~3 倍。关于子空间辨识的使用者选择（自定义参数）的一些初步研究可参见文献（Ljung，2009）。

## 习题

16.1 子空间辨识 I

为什么利用子空间法辨识获得的状态空间模型要经过相似变换 $\boldsymbol{T}$ 才能完全确定？

16.2 子空间辨识 II

本章介绍的原始子空间辨识算法能用于闭环系统吗？为什么？

## 参考文献


Bauer D (2005) Asymptotic properties of subspace estimators. Automatica 41(3): 359 -376

Chiuso A, Picci G (2005) Consistency analysis of some closed-loop subspace identification methods. Automatica 41(3): 377 -391

Chou CT, Verhaegen M (1999) Closed-loop identification using canonical correlation analysis. In: Proceedings of the European Control Conference 1999, Karlsruhe, Germany

Golub GH, van Loan CF (1996) Matrix computations, 3rd edn. Johns Hopkins studies in the mathematical sciences, Johns Hopkins Univ. Press, Baltimore

Ho BL, Kalman RE (1966) Effective construction of linear state variable models from input/output functions. Regelungstechnik 14:545 -548

Houtzager I, van Wingerden JW, Verhaegen M (2009) Fast-array recursive closed loop subspace model identification. In: Proceedings of the 15th IFAC Symposium on System Identification, Saint-Malo, France

Jansson M (2005) A new subspace identification method for closed loop data. In: Proceedings of the 16th IFAC World Congress

Juang JN (1994) Applied system identification. Prentice Hall, Englewood Cliffs, NJ

Juang JN, Phan MQ (2006) Identification and control of mechanical systems. Cambridge University Press, Cambridge

Katayama T, Tanaka H (2007) An approach to closed-loop subspace identification by orthogonal decomposition. Automatica 43(9): 1623 - 1630

Lin W, Qin SJ, Ljung L (2005) Comparison of subspace identification methods for systems operating in closed-loop. In: Proceedings of the 16th IFAC World Congress

Ljung L (2009) Aspects and experiences of user choices in subspace identification methods. In: Proceedings of the 15th IFAC Symposium on System Identification, Saint-Malo, France, pp 1802 - 1807

Ljung L, McKelvey T (1996) Subspace identification from closed loop data. Signal Process 52 (2): 209 - 215

Massiono P, Verhaegen M (2008) Subspace identification of a class of large-scale systems. In: Proceedings of the 17th IFAC World Congress, Seoul, Korea, pp 8840 - 8845

van Overshee P, de Moor B (1994) N4SID: Subspace algorithms for the identification of combined deterministic-stochastic systems. Automatica 30(1): 75 - 93

van Overshee P, de Moor B (1996a) Continuous-time frequency domain subspace system identification. Signal Proc 52(2): 179 - 194

van Overshee P, de Moor B (1996b) Subspace identification for linear systems: Theory-implementation-applications. Kluwer Academic Publishers, Boston

van Overshee P, de Moor B (1997) Closed loop subspace systems identification. In: Proceedings of the 36th IEEE Conference on Decision and Control, San Diego, CA, USA

Rao GP, Unbehauen H (2006) Identification of continuous-time systems. IEE Proceedings Control Theory and Applications 153(2): 185 - 220

Verhaegen M (1993) Application of a subspace model identification technique to identify LTI systems operating in closed-loop. Automatica 29(4): 1027 - 1040

Verhaegen M (1994) Identification of the deterministic part of MIMO state space models given in innovations form from input-output data. Automatica 30(1): 61 - 74

Viberg M, Stoica P (1996) Editorial note. Signal Proc 52(2): 99 - 101

# 第V部分　多变量系统辨识

# 第 17 章

# 多输入多输出系统的参数估计

在多输入多输出（MIMO）系统辨识中，选择适当的模型结构是很重要的，因为它决定辨识参数的个数。因此，本章将会讨论用于描述 MIMO 系统的不同模型结构。

由于模型结构和辨识方法很多，而且还存在许多变型，所以本章不能一一讨论，主要将集中讨论几种模型结构，它们已被证实比较适用于 MIMO 系统辨识。如果要辨识的是输入/输出模型，那么选用 P 规范型和简化的 P 规范型结构作为辨识模型结构是很适合的。然后，将介绍几种不同形式的 MIMO 系统状态空间模型表示，实际上就是介绍可观规范型和可控规范型模型。此外，还将讨论如何将状态空间模型转换成输入/输出模型，同时还将讨论利用脉冲响应和相应的 Markov 参数表示的模型。

前面已经介绍过的许多用于单输入单输出（SISO）系统的辨识方法，它们也可以用于 MIMO 系统辨识。一种最基本但很耗时的方法是，逐个激励 MIMO 系统的各个输入，按 SISO 模型逐个辨识系统的每个输入/输出动态特性。然而，如果能同时激励所有的输入，则可以节省很多时间。输入信号必须满足一定的特性，以便适应于所用的辨识方法。基于这点考虑，本章将讨论一种基于 PRBS 信号生成正交测试信号的方法，然后讨论相应的可用于 MIMO 系统的辨识方法，比如相关分析法和基于最小二乘的参数估计方法。

## 17.1 传递函数模型

下面，考虑具有 $p$ 个输入 $u_j$ 和 $r$ 个输出 $y_i$ 的线性过程。如果将每个输出 $y_i$ 表示为各输入 $u_j$ 作用于部分传递函数 $G_{ij}$的分量之和，则可得到如下的**广义传递函数矩阵**模型：

$$\underbrace{\begin{pmatrix} y_1 \\ y_2 \\ \vdots \\ y_r \end{pmatrix}}_{\boldsymbol{y}(z)} = \underbrace{\begin{pmatrix} G_{11} & G_{12} & \cdots & G_{1p} \\ G_{21} & G_{22} & \cdots & G_{2p} \\ \vdots & \vdots & & \vdots \\ G_{r1} & G_{r2} & \cdots & G_{rp} \end{pmatrix}}_{\boldsymbol{G}(z)} \underbrace{\begin{pmatrix} u_1 \\ u_2 \\ \vdots \\ u_p \end{pmatrix}}_{\boldsymbol{u}(z)} \tag{17.1.1}$$

对输入和输出个数相等（$r=p$）的情况，$\boldsymbol{G}$ 是一个方阵。对于 $p=2$，$r=2$，图 17.1 给出相应的 P 规范型模型结构，其他的规范型模型结构，如 V 规范型，可以将它转换成 P 规范型结构（Schwarz，1967，1971；Isermann，1991）。

假设传递函数矩阵每个元素 $G_{ij}$都是单独的传递函数，那么直接就得到 P 规范型，与系

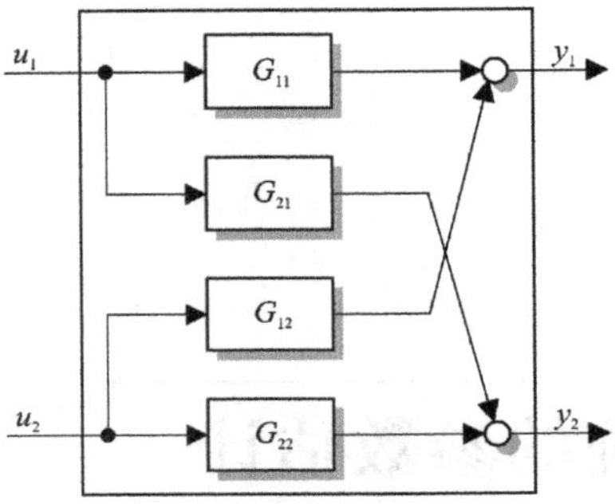


图 17.1　具有 $p=2$ 个输入，$r=2$ 个输出的 MIMO 过程，传递函数用 P 规范型表示

统结构无关。在很多情况下，各个传递函数 $G_{ij}$ 含有公共的部分，使传递函数矩阵 $\boldsymbol{G}$ 的参数个数增加太多。此外，由于式（17.1.1）不能构成关于参数线性的方程误差，这种非常通用的传递函数矩阵表示不适合用于参数估计。不过，它可以用作非参数模型表示的模型结构。

如果传递函数都作用于同一个输出变量，那么可以采用如下简化的模型结构（见图 17.2）

$$y_i=\sum_{j=1}^{p}G_{ij}u_j=\sum_{j=1}^{p}\frac{B_{ij}}{A_{ij}}u_j \tag{17.1.2}$$

这时模型拥有共同的分母多项式，即 $A_{ij}=A_i$

$$y_i=\frac{1}{A_i}\sum_{j=1}^{p}B_{ij}u_j \tag{17.1.3}$$

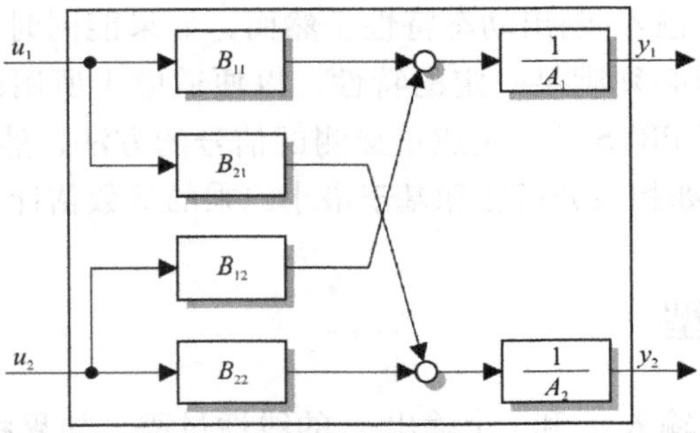


图 17.2　具有 $p=2$ 个输入，$r=2$ 个输出的 MIMO 过程，传递函数用简化的 P 规范型或矩阵多项式形式表示

在这种情况下，简化的 P 规范型传递函数模型可写成

$$\underbrace{\begin{pmatrix} A_1 & 0 & \cdots & 0 \\ 0 & A_2 & & 0 \\ \vdots & & \ddots & \vdots \\ 0 & 0 & & A_r \end{pmatrix}}_{\boldsymbol{A}(z^{-1})}\underbrace{\begin{pmatrix} y_1 \\ y_2 \\ \vdots \\ y_r \end{pmatrix}}_{\boldsymbol{y}(z)}=\underbrace{\begin{pmatrix} B_{11} & B_{12} & \cdots & B_{1p} \\ B_{21} & B_{22} & \cdots & B_{2p} \\ \vdots & \vdots & & \vdots \\ B_{r1} & B_{r2} & \cdots & B_{rp} \end{pmatrix}}_{\boldsymbol{B}(z^{-1})}\underbrace{\begin{pmatrix} u_1 \\ u_2 \\ \vdots \\ u_p \end{pmatrix}}_{\boldsymbol{u}(z)} \tag{17.1.4}$$

或

$$\boldsymbol{y}(z)=\boldsymbol{A}^{-1}(z^{-1})\boldsymbol{B}(z^{-1})\boldsymbol{u}(z) \tag{17.1.5}$$

使得

$$G(z) = A^{-1}(z^{-1})B(z^{-1}) \tag{17.1.6}$$

如果输出 $y(k)$受到如下统计独立的噪声干扰

$$n(z) = G_\nu(z)\nu(z) \tag{17.1.7}$$

其中

$$\nu(z)^{\mathrm{T}} = \big(\nu_1(z)\ \nu_2(z)\ \cdots\ \nu_r(z)\big) \tag{17.1.8}$$

那么传递函数矩阵模型写成

$$y(z) = G(z)u(z) + G_\nu(z)\nu(z) \tag{17.1.9}$$

### 17.1.1 矩阵多项式表示

另一种的传递函数表示是**矩阵多项式模型**

$$A(z^{-1})y(z) = B(z^{-1})u(z) \tag{17.1.10}$$

其中，矩阵多项式为

$$A(z^{-1}) = A_0 + A_1 z^{-1} + \cdots + A_m z^{-m} \tag{17.1.11}$$

$$B(z^{-1}) = B_0 + B_1 z^{-1} + \cdots + B_m z^{-m} \tag{17.1.12}$$

如果$A(z^{-1})$是对角矩阵多项式，结果就是式（17.1.4），那么系统是简化的 P 规范型结构。同样，也可以包含噪声项，写成

$$A(z^{-1})y(z) = B(z^{-1})u(z) + D(z^{-1})\nu(z) \tag{17.1.13}$$

## 17.2 状态空间模型

下面将介绍以状态空间形式表示的几种不同模型。第 2.1.2 节和第 2.2.1 节已经对一般的状态空间形式作过介绍，这里只是简单涉及一下，主要注意力将放在状态空间模型参数矩阵和参数向量的不同结构上。

### 17.2.1 状态空间形式

假设线性时不变 MIMO 系统可以用如下的离散时间广义状态空间表示：

$$x(k+1) = Ax(k) + Bu(k) \tag{17.2.1}$$

$$y(k) = Cx(k) \tag{17.2.2}$$

其中

| | | |
|---|---|---|
| $x(k)$ | 状态向量， | 维数 $m\times 1$ |
| $u(k)$ | 输入向量， | 维数 $p\times 1$ |
| $y(k)$ | 输出向量， | 维数 $r\times 1$ |
| $A$ | 状态参数矩阵， | 维数 $m\times m$ |
| $B$ | 输入参数向量， | 维数 $m\times p$ |
| $C$ | 输出参数向量， | 维数 $r\times m$ |

模型中向量变量的数值是相对直流分量的差值，即

$$u(k) = U(k) - U_{00} \text{ 和 } y(k) = Y(k) - Y_{00} \tag{17.2.3}$$

这样的模型可能是根据理论的连续时间模型经过离散化处理的结果，如第 2.2.1 节描述的那

样。状态空间表示的结构依赖于系统和描述其动态特性的规律。

如第 2.2.1 节所述，如果系统既可控又可观，则系统具有最小实现形式。如果系统的可控性矩阵

$$\boldsymbol{Q}_{\mathrm{S}} = \left(\boldsymbol{B}\ \boldsymbol{A}\boldsymbol{B}\ \cdots\ \boldsymbol{A}^{m-1}\boldsymbol{B}\right) \tag{17.2.4}$$

是满秩的（即秩为 $m$），则系统是可控的。类似地，如果系统的可观性矩阵

$$\boldsymbol{Q}_{\mathrm{B}} = \begin{pmatrix} \boldsymbol{C} \\ \boldsymbol{C}\boldsymbol{A} \\ \vdots \\ \boldsymbol{C}^{m-1}\boldsymbol{A} \end{pmatrix} \tag{17.2.5}$$

是满秩的（即秩为 $m$），则系统是可观的。

在状态空间表示中，模型最多包含 $m^2+mp+mr$ 个参数。如果系统同时还包含直接馈通函数，则模型的最多参数个数增加到 $m^2+mp+mr+pr$ 个。对于描述输入/输出特性，通常只需要很少的参数，下面将具体阐述。

通过线性变换 $\boldsymbol{T}$

$$\boldsymbol{x}_{\mathrm{t}} = \boldsymbol{T}\boldsymbol{x} \tag{17.2.6}$$

其中，$\boldsymbol{T}$ 是非奇异变换矩阵，则有

$$\boldsymbol{x}_{\mathrm{t}}(k+1) = \boldsymbol{A}_{\mathrm{t}}\boldsymbol{x}_{\mathrm{t}}(k) + \boldsymbol{B}_{\mathrm{t}}\boldsymbol{u}(k) \tag{17.2.7}$$

$$\boldsymbol{y}(k) = \boldsymbol{C}_{\mathrm{t}}\boldsymbol{x}_{\mathrm{t}}(k) \tag{17.2.8}$$

式中

$$\boldsymbol{A}_{\mathrm{t}} = \boldsymbol{T}\boldsymbol{A}\boldsymbol{T}^{-1} \tag{17.2.9}$$

$$\boldsymbol{B}_{\mathrm{T}} = \boldsymbol{T}\boldsymbol{B} \tag{17.2.10}$$

$$\boldsymbol{C}_{\mathrm{t}} = \boldsymbol{C}\boldsymbol{T}^{-1} \tag{17.2.11}$$

这个状态空间模型的传递函数矩阵为

$$\boldsymbol{G}(z) = \boldsymbol{C}\left(z\boldsymbol{I} - \boldsymbol{A}\right)^{-1}\boldsymbol{B} \tag{17.2.12}$$

变换后的系统为

$$\boldsymbol{G}_{\mathrm{t}}(z) = \boldsymbol{C}_{\mathrm{t}}\left(s\boldsymbol{I} - \boldsymbol{A}_{\mathrm{t}}\right)^{-1}\boldsymbol{B}_{\mathrm{t}} = \boldsymbol{C}\left(z\boldsymbol{I} - \boldsymbol{A}\right)^{-1}\boldsymbol{B} = \boldsymbol{G}(z) \tag{17.2.13}$$

只要把刚刚引入的变换关系式代入，上式可以很容易得到证明。

由上式可知，变换矩阵的选择对系统的输入/输出特性没有影响。因此，对某一输入/输出特性，找不到唯一的实现 $\boldsymbol{A}$、$\boldsymbol{B}$、$\boldsymbol{C}$。现在，要通过选择矩阵 $\boldsymbol{T}$，使得矩阵 $\boldsymbol{A}$ 的元素尽可能多地固定为 0 或 1，这就引出各种特殊的规范型。下面，将简单介绍其中的两种。

**可观规范型**

可观规范型的特征是指参数矩阵 $\boldsymbol{A}$ 和 $\boldsymbol{C}$ 具有特殊的形式。对 SISO 系统，通过变换 $\boldsymbol{T}=\boldsymbol{Q}_{\mathrm{B}}$，可得到相应的规范型。对于 MIMO 系统，可构造出一个类似变换。首先，将输出参数矩阵划分成许多行向量

$$\boldsymbol{C} = \begin{pmatrix} \boldsymbol{c}_1^{\mathrm{T}} \\ \boldsymbol{c}_2^{\mathrm{T}} \\ \vdots \\ \boldsymbol{c}_r^{\mathrm{T}} \end{pmatrix} \tag{17.2.14}$$

构造变换矩阵

$$
T' = \begin{pmatrix} \left.\begin{matrix} c_1^{\mathrm{T}} \\ c_1^{\mathrm{T}} A \\ \vdots \\ c_1^{\mathrm{T}} A^{m_1-1} \end{matrix}\right\} m_1 \\ \hline \vdots \\ \hline \left.\begin{matrix} c_r^{\mathrm{T}} \\ c_r^{\mathrm{T}} A \\ \vdots \\ c_r^{\mathrm{T}} A^{m_r-1} \end{matrix}\right\} m_r \end{pmatrix} \tag{17.2.15}
$$

这个矩阵必须包含 $m$ 个线性无关的行向量，以保证 $\boldsymbol{T}'$是非奇异的（秩为 $m$）。因此，从第一个输出开始，将行向量 $\boldsymbol{c}_1^{\mathrm{T}}$，$\boldsymbol{c}_1^{\mathrm{T}}\boldsymbol{A}$，…置入矩阵 $\boldsymbol{T}'$中，直至出现第一个线性相关的行向量 $\boldsymbol{c}_1^{\mathrm{T}}\boldsymbol{A}^{m_1}$为止，再依次对其他的输出作相同的操作。可以看到

$$
\sum_{i=1}^{r} m_i = m \tag{17.2.16}
$$

可观规范型可以写成

$$
\boldsymbol{x}'(k+1) = \boldsymbol{A}'\boldsymbol{x}'(k) + \boldsymbol{B}'\boldsymbol{u}(k) \tag{17.2.17}
$$

$$
\boldsymbol{y}'(k) = \boldsymbol{C}'\boldsymbol{x}'(k) \tag{17.2.18}
$$

其中，状态向量为

$$
\boldsymbol{x}' = \boldsymbol{T}'\boldsymbol{x} \tag{17.2.19}
$$

状态参数矩阵为

$$
\boldsymbol{A}' = \begin{pmatrix} \boldsymbol{A}'_{11} & \boldsymbol{0} & \cdots & \boldsymbol{0} \\ \boldsymbol{A}'_{21} & \boldsymbol{A}'_{22} & \cdots & \boldsymbol{0} \\ \vdots & \vdots & & \vdots \\ \boldsymbol{A}'_{r1} & \boldsymbol{A}'_{r2} & \cdots & \boldsymbol{A}'_{rr} \end{pmatrix} \tag{17.2.20}
$$

其中

$$
\boldsymbol{A}'_{ii} = \begin{pmatrix} 0 & 1 & 0 & \cdots & \\ 0 & 0 & 1 & \cdots & \\ \vdots & \vdots & \ddots & & \\ 0 & 0 & 0 & \cdots & 1 \\ & & \boldsymbol{a}_{ii}'^{\mathrm{T}} & & \end{pmatrix}, \quad \boldsymbol{A}'_{ij} = \begin{pmatrix} 0 & 0 & 0 & \cdots & \\ 0 & 0 & 0 & \cdots & \\ \vdots & \vdots & \ddots & & \\ 0 & 0 & 0 & \cdots & 0 \\ & & \boldsymbol{a}_{ij}'^{\mathrm{T}} & & \end{pmatrix} \tag{17.2.21}
$$

输出参数矩阵为

$$
\boldsymbol{c}' = \left.\begin{pmatrix} \overbrace{\begin{matrix} 1 & 0 & \ldots & 0 \\ 0 & 0 & \ldots & 0 \\ \vdots & \vdots & & \vdots \\ 0 & 0 & & 0 \end{matrix}}^{m_1>0} & \overbrace{\begin{matrix} 1 & 0 & \cdots & 0 \\ 0 & 0 & \cdots & 0 \\ \vdots & \vdots & & \vdots \\ 0 & 0 & & 0 \end{matrix}}^{m_2>0} & \cdots & \overbrace{\begin{matrix} 1 & 0 & \cdots & 0 \\ 0 & 0 & \cdots & 0 \\ \vdots & \vdots & & \vdots \\ 0 & 0 & & 0 \end{matrix}}^{m_p>0} \\ \left.\begin{matrix} \boldsymbol{c}_{m+1}'^{\mathrm{T}} \\ \vdots \\ \boldsymbol{c}_r'^{\mathrm{T}} \end{matrix}\right\} m_i = 0 \end{pmatrix}\right\} r \tag{17.2.22}
$$

其中

$$
\boldsymbol{c}_i'^{\mathrm{T}} = (\boldsymbol{a}_{i1}'^{\mathrm{T}}, \boldsymbol{a}_{i2}'^{\mathrm{T}}, \cdots, \boldsymbol{a}_{i,i-1}'^{\mathrm{T}}, 0, \cdots, 0) \\ i = m+1, \cdots, r \tag{17.2.23}
$$

也可参考文献（Goodwin and Sin，1984）。

利用 $\boldsymbol{B}' = \boldsymbol{T}'\boldsymbol{B}$，可得到可控性矩阵

$$
\boldsymbol{B}' = \begin{pmatrix} \left.\begin{matrix} \boldsymbol{b}_{11}'^{\mathrm{T}} \\ \vdots \\ \boldsymbol{b}_{1m_1}'^{\mathrm{T}} \end{matrix}\right\} m_1 \\ \hline \vdots \\ \hline \left.\begin{matrix} \boldsymbol{b}_{r1}'^{\mathrm{T}} \\ \vdots \\ \boldsymbol{b}_{rm_r}'^{\mathrm{T}} \end{matrix}\right\} m_r \end{pmatrix} = \begin{pmatrix} \boldsymbol{c}_1^{\mathrm{T}}\boldsymbol{B} \\ \vdots \\ \boldsymbol{c}_1^{\mathrm{T}}\boldsymbol{A}^{m_1-1}\boldsymbol{B} \\ \hline \vdots \\ \hline \boldsymbol{c}_r^{\mathrm{T}}\boldsymbol{B} \\ \vdots \\ \boldsymbol{c}_r^{\mathrm{T}}\boldsymbol{A}^{m_r-1}\boldsymbol{B} \end{pmatrix} \tag{17.2.24}
$$

其中

$$
\boldsymbol{b}_{ij}'^{\mathrm{T}} = (\boldsymbol{b}_{ij1}', \cdots, \boldsymbol{b}_{ijp}'),\ i = 1, \cdots, r,\ \ j = 1, \cdots, m_i \tag{17.2.25}
$$

利用 Markov 参数

$$
\boldsymbol{M}(q) = \begin{pmatrix} \boldsymbol{m}_1^{\mathrm{T}}(q) \\ \vdots \\ \boldsymbol{m}_r^{\mathrm{T}}(q) \end{pmatrix} = \boldsymbol{C}\boldsymbol{A}^{q-1}\boldsymbol{B} = \boldsymbol{C}'\boldsymbol{A}'^{(q-1)}\boldsymbol{B}',\ q = 1, 2, \cdots \tag{17.2.26}
$$

也可写成如下的形式：

$$
\boldsymbol{b}_{ij}' = \boldsymbol{m}_i^{\mathrm{T}}(j) = \boldsymbol{c}_i^{\mathrm{T}}\boldsymbol{A}^{j-1}\boldsymbol{B} \tag{17.2.27}
$$

可观规范型具有如下一些特点：

- 系统参数矩阵 $\boldsymbol{A}$ 的子块具有下三角形式，因此子系统仅与一个方向有耦合，也就是第 $i$ 个子系统仅与第 1，2，…，$i-1$ 个子系统有耦合。
- 在主对角线上，可以找到阶次分别为 $m_1$，$m_2$，…，$m_r$ 的子系统，它们是对应 SISO 系统的可观规范型。
- 输出参数矩阵具有相当简单的形式，每个输出 $y_i$ 分别与阶次为 $m_1$，$m_2$，…的子系统对应，因此输出与对应的状态变量数是相同的。
- 如果输出出现阶次为 $m_i=0$，则向量 $\boldsymbol{a}_{ij}$ 出现在矩阵 $\boldsymbol{C}$ 中。
- 如果选择第 1 个输出 $y_1$ 为阶次 $m_1$ 的最小系统，然后再选择第 2 个输出 $y_2$ 为阶次 $m_2$ 的最小系统，依此下去，则整个系统的参数个数是最少的。

文献（Popov，1972；Guidorzi，1975；Ackermann，1988；Blessing，1980；Goodwin and Sin，1984）还介绍了可观规范型的一些扩展形式。

**可控规范型**

可控规范型是可观规范型的对偶形式，其特征是指参数矩阵 $\boldsymbol{A}$ 和 $\boldsymbol{B}$ 具有特殊的形式。对 SISO 系统，通过变换 $\boldsymbol{T}=\boldsymbol{Q}_s^{-1}$，可以得到相应的规范型。对于 MIMO 系统，可以进行类似的相似变换。将输入参数矩阵划分成许多列向量

$$
\boldsymbol{B} = (\boldsymbol{b}_1\ \boldsymbol{b}_2\ \cdots\ \boldsymbol{b}_p) \tag{17.2.28}
$$

利用可控性矩阵 $\boldsymbol{Q}_s$，构造变换矩阵

$$
(\boldsymbol{T}'')^{-1} = (\underbrace{\boldsymbol{b}_1, \boldsymbol{A}\boldsymbol{b}_1, \cdots, \boldsymbol{A}_{m_1}^{m_1-1}\boldsymbol{b}_1}| \cdots | \underbrace{\boldsymbol{b}_p, \boldsymbol{A}\boldsymbol{b}_p, \cdots, \boldsymbol{A}_{m_p}^{m_p-1}\boldsymbol{b}_r}) = \boldsymbol{R} \tag{17.2.29}
$$

这个矩阵必须包含 $m$ 个线性无关的列向量，以保证 $\boldsymbol{T}''$是非奇异的（秩为 $m$）。类似于可观性规范型，从第一个输入开始，将列向量 $\boldsymbol{b}_1$，$\boldsymbol{A}\boldsymbol{b}_1\cdots$置入矩阵 $\boldsymbol{T}''$中，直至出现第一个线性相关的列向量 $\boldsymbol{A}^{m_1}\boldsymbol{b}_1$ 为止，再依次对其他的输入作相同的操作。其结构参数可以解释为系统的可控性指数，满足

$$\sum_{i=1}^{p} m_i = m \tag{17.2.30}$$

可控规范型可写成

$$\boldsymbol{x}''(k+1) = \boldsymbol{A}''\boldsymbol{x}''(k) + \boldsymbol{B}''\boldsymbol{u}(k) \tag{17.2.31}$$

$$\boldsymbol{y}''(k) = \boldsymbol{C}''\boldsymbol{x}''(k) \tag{17.2.32}$$

其中，状态向量为

$$\boldsymbol{x}'' = \boldsymbol{T}''\boldsymbol{x} = \boldsymbol{R}^{-1}\boldsymbol{x} \tag{17.2.33}$$

状态参数矩阵为

$$\boldsymbol{A}' = \begin{pmatrix} \boldsymbol{A}''_{11} & \boldsymbol{A}''_{12} & \cdots & \boldsymbol{A}''_{1p} \\ \boldsymbol{0} & \boldsymbol{A}''_{22} & \cdots & \boldsymbol{A}''_{2p} \\ \vdots & \vdots & & \vdots \\ \boldsymbol{0} & \boldsymbol{0} & \cdots & \boldsymbol{A}''_{pp} \end{pmatrix} \tag{17.2.34}$$

其中

$$\boldsymbol{A}''_{ii} = \begin{pmatrix} 0 & \cdots & 0 & \\ 1 & \cdots & 0 & \\ \vdots & \ddots & \ddots & \boldsymbol{a}''_{ii} \\ 0 & \cdots & 1 & \end{pmatrix},\ \boldsymbol{A}'_{ij} = \begin{pmatrix} 0 & \cdots & 0 & \\ 1 & \cdots & 0 & \\ \vdots & \ddots & \ddots & \boldsymbol{a}''_{ij} \\ 0 & \cdots & 1 & \end{pmatrix} \tag{17.2.35}$$

输入参数矩阵为

$$\boldsymbol{B}' = \begin{pmatrix} \left.\begin{matrix} 1 & 0 & \cdots & 0 \\ 0 & 0 & \cdots & 0 \\ \vdots & \vdots & & \vdots \\ 0 & 0 & & 0 \end{matrix}\right\} m_1 \\ \hline \left.\begin{matrix} 1 & 0 & \cdots & 0 \\ 0 & 0 & \cdots & 0 \\ \vdots & \vdots & & \vdots \\ 0 & 0 & & 0 \end{matrix}\right\} m_2 \\ \hline \begin{matrix} \vdots & \vdots & & \vdots \end{matrix} \\ \hline \left.\begin{matrix} 1 & 0 & \cdots & 0 \\ 0 & 0 & \cdots & 0 \\ \vdots & \vdots & & \vdots \\ 0 & 0 & & 0 \end{matrix}\right\} m_p \end{pmatrix} \tag{17.2.36}$$

这里，假设 $m_i \neq 0$。输出参数矩阵满足 $\boldsymbol{C}'' = \boldsymbol{C}\boldsymbol{R}$，有

$$\begin{aligned} \boldsymbol{C}'' &= (\boldsymbol{c}''_{11} \cdots \boldsymbol{c}''_{1m_1} | \cdots | \boldsymbol{c}''_{p1} \cdots \boldsymbol{c}''_{pm_p}) \\ &= (\boldsymbol{C}\boldsymbol{b}_1 \cdots \boldsymbol{C}\boldsymbol{A}^{m_1-1}\boldsymbol{b}_1 | \cdots | \boldsymbol{C}\boldsymbol{b}_p \cdots \boldsymbol{C}\boldsymbol{A}^{m_p-1}\boldsymbol{b}_p) \end{aligned} \tag{17.2.37}$$

其中

$$c''_{ij} = (c''_{ij1}, \cdots, c''_{ijp}), i = 1, \cdots, p,\ j = 1, \cdots, m_i \tag{17.2.38}$$

也可参考文献（Goodwin and Sin，1984）。在这个方程中，可以构造 Markov 参数

$$M(q) = \left(m_1(q), \cdots, m_p(q)\right) = CA^{q-1}B = C''A''^{(q-1)}B'',\ q = 1,2,\cdots \quad (17.2.39)$$

使得

$$c''_{ij} = m_i(j) = CA^{j-1}b_i \quad (17.2.40)$$

可控规范型具有如下一些特点：

- 系统参数矩阵 $A$ 的子块具有上三角形式，因此子系统仅与一个方向有耦合，也就是第 $i$ 个系统仅与第 $i+1$，$i+2$，…，$p$ 个子系统有耦合。
- 在主对角线上，可以找到阶次分别为 $m_1$，$m_2$，…，$m_r$ 的子系统，它们是对应 SISO 子系统的可控规范型。
- 输入参数矩阵具有相当简单的形式：每个输入 $u_j$ 分别与阶次为 $m_1$，$m_2$，…的子系统对应。

对于辨识来说，除了这两种规范型外，还可以采用 **Jordan 规范型**，或者**分块对角型**等。考虑随机干扰作用的状态空间结构可写成

$$x(k+1) = Ax(k) + Bu(k) + Dv(k) \quad (17.2.41)$$

$$y(k) = Cx(k) + v(k) \quad (17.2.42)$$

### 17.2.2 输入/输出模型

上面介绍的状态空间模型需要状态变量 $x(k)$ 的信息，才能确定模型参数，也就是模型系数矩阵 $A$ 和 $C$ 或者矩阵 $A$ 和 $B$。状态变量不总是可测的，这种情况下需要通过估计得到，这将导致非线性估计问题，可以利用扩展 Kalman 滤波器来估计，见第 21 章，但收敛速度一般很慢，有些情况下甚至是发散的。在很多情况下，可行的办法是将状态空间系统转换成输入/输出形式，得到参数估计后，再将模型转换成状态空间模型（Blessing，1980；Schumann，1982），这种情况采用可观规范型模型特别适宜。根据式（17.2.41），对于 $y(k+v)$, $v=0,1,\cdots,m-1$，可得

$$\begin{pmatrix} y(k) \\ y(k+1) \\ \vdots \\ y(k+m-1) \end{pmatrix} = \begin{pmatrix} C \\ CA \\ \vdots \\ CA^{m-1} \end{pmatrix} x'(k) + \begin{pmatrix} 0 & \cdots & 0 \\ 0 & \cdots & CB \\ \vdots & & \vdots \\ CB & \cdots & CA^{m-2}B \end{pmatrix} \begin{pmatrix} u(k) \\ u(k+1) \\ \vdots \\ u(k+m-2) \end{pmatrix} + \begin{pmatrix} v(k) \\ v(k+1) \\ \vdots \\ v(k+m-1) \end{pmatrix} + \begin{pmatrix} 0 & \cdots & 0 \\ 0 & \cdots & CD \\ \vdots & & \vdots \\ CD & \cdots & CA^{m-2}D \end{pmatrix} \begin{pmatrix} v(k) \\ v(k+1) \\ \vdots \\ v(k+m-2) \end{pmatrix} \quad (17.2.43)$$

由于 $x'$ 与可观性矩阵及 $T = Q_B^{-1}$ 相乘，后两项相乘结果是单位阵。因此方程组的解可写成

$$x'(k) = y_m - v_m - S_u u_m - S_v v_m \quad (17.2.44)$$

再利用 $z$ 变换，得到

$$A'_{ii}\big(y_i(z)-\nu_i(z)\big)=\sum_{j=1}^{i-1}A'_{ij}(z^{-1})(y_i(z)-\nu_i(z))$$
$$+\sum_{j=1}^{p}B'_{ij}(z^{-1})u_j(z)+\sum_{j=1}^{r}D'_{ij}(z^{-1})\nu_j(z) \tag{17.2.45}$$

其中，$i=1, 2, \cdots, r$（Schumann，1982）。这个模型称作**最小输入/输出模型**，它包含了输出 $y_i(k)$ 依赖于 $y_j(k)$，$j<i$ 的耦合项。如果能成功地消去这些耦合项，就可以得到简化的 P 规范型输入/输出模型

$$A_{ii}y_i(z)=\sum_{j=1}^{p}B_{ij}(z^{-1})u_j(z)+D_{ii}(z^{-1})\nu_i(z) \tag{17.2.46}$$

然而，P 规范型不再是最小实现，为此就不可能直接确定式（17.2.41）的状态空间模型。

## 17.3 脉冲响应模型和 Markov 参数

为了计算给定输入下的输出，可以递推计算式（17.2.1），并与式（17.2.2）联合，得到

$$\boldsymbol{y}(k)=\boldsymbol{C}\boldsymbol{A}^k\boldsymbol{x}(0)+\sum_{\nu=0}^{k-1}\boldsymbol{C}\boldsymbol{A}^{\nu}\boldsymbol{B}\boldsymbol{u}(k-\nu-1), k=2,3,\cdots \tag{17.3.1}$$

其中，$\boldsymbol{x}(0)$ 为初始状态值，且

$$\boldsymbol{G}(\nu)=\boldsymbol{C}\boldsymbol{A}^{\nu}\boldsymbol{B} \tag{17.3.2}$$

是脉冲响应矩阵（Schwarz，1967，1971），由此可将传递函数矩阵写成

$$\boldsymbol{G}(z)=\sum_{\nu=0}^{\infty}\boldsymbol{G}(\nu)z^{-\nu} \tag{17.3.3}$$

记

$$\boldsymbol{M}_{\nu}=\boldsymbol{G}(\nu)=\boldsymbol{C}\boldsymbol{A}^{\nu}\boldsymbol{B},\ \nu=0,1,2,\cdots \tag{17.3.4}$$

称作 MIMO 系统的 Markov 参数（Ho and Kalman，1966）。

根据式（17.3.1）和式（17.3.3），可得传递函数矩阵为

$$\boldsymbol{G}(z)=\sum_{\nu=0}^{\infty}\boldsymbol{M}_{\nu}z^{-(\nu+1)} \tag{17.3.5}$$

对输出变量，有

$$\boldsymbol{y}(k)=\boldsymbol{M}_k\boldsymbol{\beta}_0+\sum_{\nu=0}^{k-1}\boldsymbol{M}_{\nu}\boldsymbol{u}(k-\nu-1) \tag{17.3.6}$$

其中

$$\boldsymbol{B}\boldsymbol{\beta}_0=\boldsymbol{x}(0)\text{ 或 }\boldsymbol{\beta}_0=\big(\boldsymbol{B}^{\mathrm{T}}\boldsymbol{B}\big)^{-1}\boldsymbol{B}\boldsymbol{x}(0) \tag{17.3.7}$$

用向量形式表示为

$$\begin{pmatrix}\boldsymbol{y}(0)\\ \boldsymbol{y}(1)\\ \boldsymbol{y}(2)\\ \vdots\end{pmatrix}=\begin{pmatrix}\boldsymbol{M}_0 & \boldsymbol{0} & & \cdots\boldsymbol{0}\\ \boldsymbol{M}_1 & \boldsymbol{M}_0 & \boldsymbol{0} & \cdots\boldsymbol{0}\\ \boldsymbol{M}_2 & \boldsymbol{M}_1 & \boldsymbol{M}_0 & \cdots\boldsymbol{0}\\ \vdots & \vdots & \vdots & \vdots\end{pmatrix}\begin{pmatrix}\boldsymbol{u}(-1)\\ \boldsymbol{u}(0)\\ \boldsymbol{u}(1)\\ \vdots\end{pmatrix}+\begin{pmatrix}\boldsymbol{M}_0 & \boldsymbol{M}_1 & \cdots & \boldsymbol{M}_{m-1}\\ \boldsymbol{M}_1 & \boldsymbol{M}_2 & \cdots & \boldsymbol{M}_m\\ \boldsymbol{M}_2 & \boldsymbol{M}_3 & \cdots & \boldsymbol{M}_{m+1}\\ \vdots & \vdots & & \vdots\end{pmatrix}\begin{pmatrix}\boldsymbol{\beta}_0\\ \boldsymbol{0}\\ \boldsymbol{0}\\ \vdots\end{pmatrix} \tag{17.3.8}$$

或

$$y = \mathcal{T}(0,\infty)u + \mathcal{H}(m,\infty)\beta_0 \tag{17.3.9}$$

称作**Hankel 模型**，其中$\mathcal{T}$ 是 Toeplitz 矩阵，$\mathcal{H}$是 Hankel 矩阵。Hankel 矩阵是可控性矩阵与可观性矩阵的乘积

$$\mathcal{H} = Q_B Q_S = \begin{pmatrix} M_0 & M_1 & \cdots & M_{m-1} \\ M_1 & M_2 & \cdots & M_m \\ M_2 & M_3 & \cdots & M_{m+1} \\ \vdots & \vdots & & \vdots \end{pmatrix} \tag{17.3.10}$$

它以 Markov 参数为元素，且 rank $\mathcal{T} = m$。对于常见的初始状态为零的情况，即 $\boldsymbol{\beta}_0 = 0$，可得

$$(y(0), y(1), y(2), \cdots) = (M_0, M_1, M_2, \cdots)\begin{pmatrix} u(-1) & u(0) & u(1) & \cdots \\ 0 & u(-1) & u(0) & \cdots \\ 0 & 0 & u(-1) & \cdots \\ \vdots & \vdots & & \vdots \end{pmatrix}, \tag{17.3.11}$$

上式可写作

$$Y = MU \tag{17.3.12}$$

系统具有附加噪声时，写成

$$Y = MU + N \tag{17.3.13}$$

## 17.4 顺序辨识

如果对第 $i=1,2,\cdots,p$ 个输入逐一进行激励，并测量所有的第 $j=1,2,\cdots,r$ 个输出，则可以分别对每个输入辨识得到一个单输入多输出（SIMO）模型。如果采用 P 规范型结构，那么可以使用前面讨论的各种经典的 SISO 系统辨识方法。然而，若同时激励MIMO系统的多个输入，则可以节省很多测量时间，且可获得一致模型。因此，下面将讨论几种 MIMO 辨识方法。文献（Gevers et al，2006）也证实了同时激励所有输入的好处。

## 17.5 相关分析法

第 6 章和第 7 章介绍的相关分析法可以用于 MIMO 系统辨识。对 MIMO 系统来说，仍然可以使用基于相关函数的去卷积方法。

### 17.5.1 去卷积法

如果右乘 $\boldsymbol{u}^{\mathrm{T}}(k-\tau)$，可以得到如下的卷积形式

$$y(k) = \sum_{\nu=0}^{k-1} M_\nu u(k-\nu-1) \tag{17.5.1}$$

考虑其期望值，可得

$$R_{\mathrm{uy}} = \sum_{\nu=0}^{k-1} M_\nu R_{\mathrm{uu}}(\tau-\nu-1) \tag{17.5.2}$$

如果像第 7 章那样，根据测量数据估计相关函数，那么可以类似于式（7.2.1）~式（7.2.3），

利用去卷积的方法，确定 Markov 参数。列出如下方程组：

$$\boldsymbol{R}_{\mathrm{uy}} = \boldsymbol{M}\boldsymbol{R}_{\mathrm{uu}} \tag{17.5.3}$$

如果 $\boldsymbol{R}_{\mathrm{uu}}$是方阵，可得

$$\boldsymbol{M} = \boldsymbol{R}_{\mathrm{uy}}\boldsymbol{R}_{\mathrm{uu}}^{-1} \tag{17.5.4}$$

如果 $\boldsymbol{R}_{\mathrm{uu}}$不是方阵，那么可利用伪逆得到

$$\boldsymbol{M} = \boldsymbol{R}_{\mathrm{uy}}\boldsymbol{R}_{\mathrm{uu}}^{\mathrm{T}}(\boldsymbol{R}_{\mathrm{uu}}^{\mathrm{T}}\boldsymbol{R}_{\mathrm{uu}})^{-1} \tag{17.5.5}$$

上式的计算量很大，因为需要计算高维矩阵的逆。若输入信号 $\boldsymbol{u}(k)$ 的组成分量是白噪声，有

$$\boldsymbol{R}_{\mathrm{uu}}(\tau) = \boldsymbol{R}_{\mathrm{uu}}(0)\delta(\tau) \tag{17.5.6}$$

而且这些输入是互不相关的，那么可以直接确定 Markov 参数

$$m_{k,i,j} = \frac{R_{\mathrm{u}_i\mathrm{y}_j}(k)}{R_{\mathrm{u}_i\mathrm{u}_i}(0)} \tag{17.5.7}$$

这种方法在文献（Juang，1994）中也有论述。

### 17.5.2 测试信号

对同时激励所有输入的情况，如果输入又是互不相关的，那么辨识会变得更加容易，无论是计算方面还是收敛性方面都变得比较简单。对于稳定系统，也就是当 $v > v_{\max}$，有 $\boldsymbol{M}_v \approx \boldsymbol{0}$，当运用相关分析法时，互相关函数应该为零，也就是

$$R_{\mathrm{u}_i\mathrm{u}_j}(\tau) = 0,\ |\tau| = 0,\cdots,\nu_{\max},\ i = 1,\cdots,p;\ j = 1,\cdots,p, i \neq j \tag{17.5.8}$$

这意味着测试信号必须是相互正交的。而用于 SISO 系统的 PRBS 信号不能满足这个要求，不过通过改进仍然可以使用（Briggs et al，1967；Tsafestas，1977；Blessing，1980）。

为了生成正交测试信号，必须将输入信号写成两个二值周期信号的乘积

$$u_i(k) = h_i(k)p(k) \tag{17.5.9}$$

$$h_i(k) = h_i(k+\nu N_{\mathrm{H}}),\ \nu = 1,2,\cdots \tag{17.5.10}$$

$$p(k) = p(k+\nu N_{\mathrm{p}}) \tag{17.5.11}$$

这样，$u_i(k)$的周期长度为 $N = N_{\mathrm{p}}N_{\mathrm{H}}$，其中 $p(k)$是基本的 PRBS 信号，如第 6.3 节所述。如果 $h_i(k)$和 $p(k)$是统计独立的，则互相关函数写成

$$R_{\mathrm{u}_i\mathrm{u}_j} = R_{\mathrm{h}_i\mathrm{h}_j}R_{\mathrm{pp}},\ i,j = 1,\cdots,p \tag{17.5.12}$$

为了使基本的 PRBS 信号满足

$$R_{\mathrm{pp}}(\tau) = 0,\ |\tau| = 1,\cdots,N_{\mathrm{p}}-1 \tag{17.5.13}$$

信号的幅值必须取 $+a$ 和 $-aP$，其中

$$P = \frac{\sqrt{N_{\mathrm{p}}+1}-2}{\sqrt{N_{\mathrm{p}}+1}} \tag{17.5.14}$$

根据式（17.5.8），输入信号必须是互不相关的，即

$$R_{\mathrm{u}_i\mathrm{u}_j} = R_{\mathrm{h}_i\mathrm{h}_j}R_{\mathrm{pp}} = 0,\ i \neq j \tag{17.5.15}$$

因此，有

$$R_{\mathrm{h}_i\mathrm{h}_j} = 0,\ i \neq j \tag{17.5.16}$$

如果信号 $h_i(k)$的周期为 $N_{\mathrm{H}}$，选自阶次为 $N_{\mathrm{H}} = 2^n$ 的 **Hadamard 矩阵**元素，那么上述条件得

到满足（Bauer，1953）。如果 Hadamard 矩阵的元素取 Walsh 函数，那么就可以构成阶次为 $N_H=2^n$ 的 Hadamard 矩阵，这是一种简单的实现（Briggs et al，1967；Blessing，1980）。然后，有下面的递归关系

$$\boldsymbol{H}_{(2^n)}=\begin{pmatrix}\boldsymbol{H}_{(2^{n-1})} & \boldsymbol{H}_{(2^{n-1})}\\ \boldsymbol{H}_{(2^{n-1})} & -\boldsymbol{H}_{(2^{n-1})}\end{pmatrix} \tag{17.5.17}$$

其中，$\boldsymbol{H}_1=1$，$n=p-1$。为了生成 $p$ 个输入信号，必须构成阶次为 $N_H=2^n=2^{p-1}$ 的矩阵 $\boldsymbol{H}_{(N_H)}$，周期二值信号 $h_i(k)$ 就可以由 $H$ 的第 $i$ 行元素与幅值 $H_i$ 相乘得到。因为 $H$ 的第一行仅包含数值 1，所以 $u_1(k)$ 是幅值为 $H_1$ 和 $-H_1P$ 的二值伪随机信号。其他信号 $u_2(k)$，$u_3(k),\cdots,u_p(k)$ 是幅值为 $\pm H_i$ 和 $\pm H_iP$ 的四值信号（Blessing，1980；Hensel，1987），这就意味着产生的是幅度调制的伪随机二值信号（APRBS）（Pintelon and Schoukins，2001）。对于频域辨识，推荐采用这种方法生成输入信号。

单个测试信号的周期长度为 $N=N_HN_P$。对于 2、3、4、…个输入信号，对应的 $n=1$，2，3，…及 $N=2N_P$，$4N_P$，$8N_P$，…，同时也是使 $p$ 个输入信号互不相关的最短采样长度。图 17.3 和图 17.4 给出了正交测试信号的一个例子。

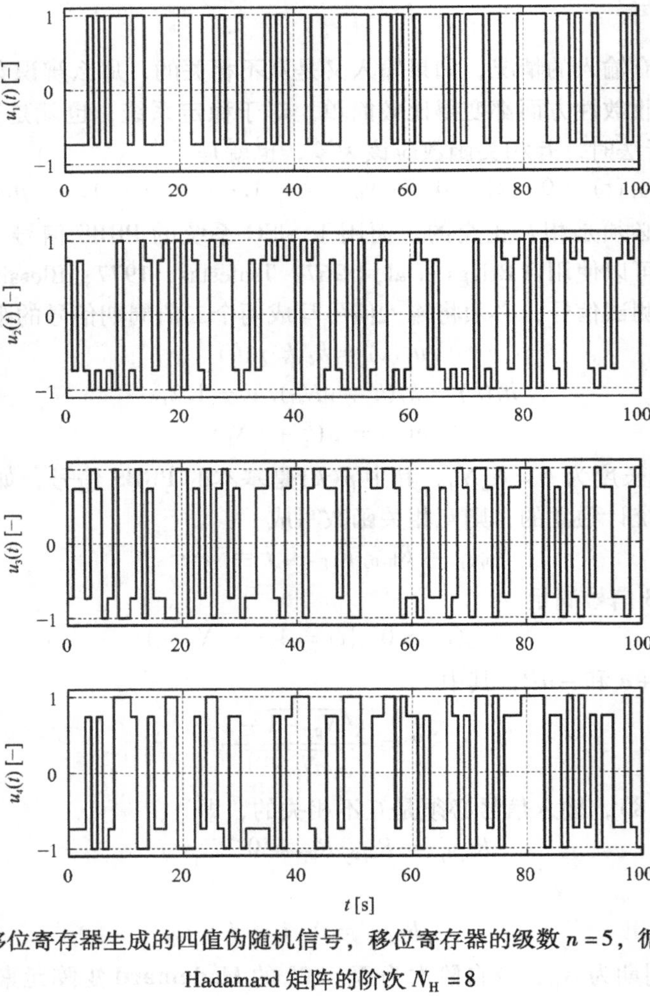


图 17.3　利用移位寄存器生成的四值伪随机信号，移位寄存器的级数 $n=5$，循环周期 $N_P=31$，Hadamard 矩阵的阶次 $N_H=8$

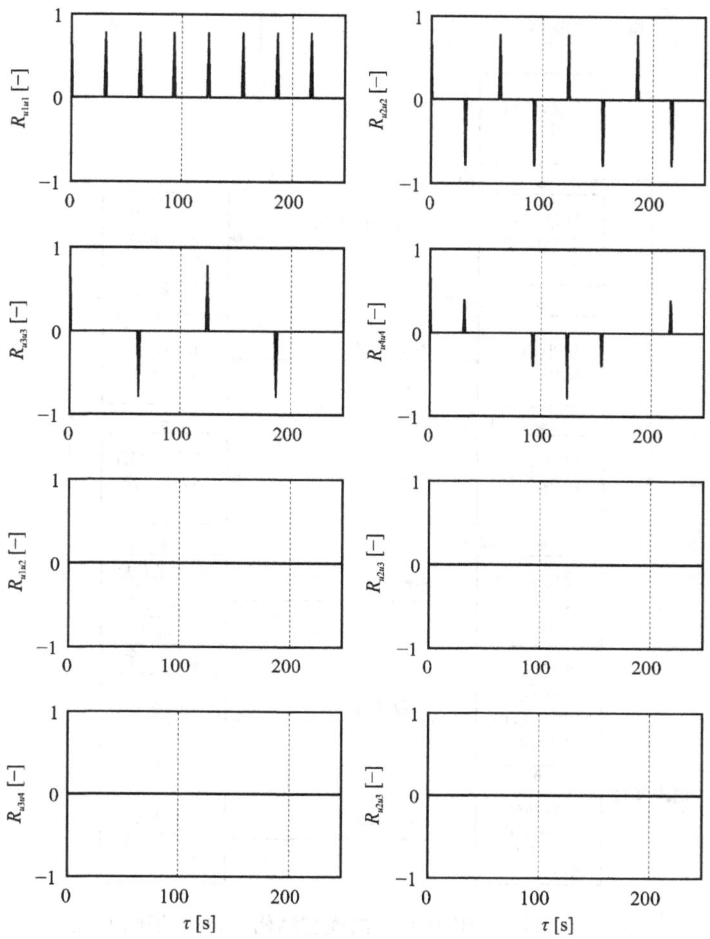


图 17.4　伪随机信号的相关函数，生成伪随机信号的移位寄存器级数 $n=5$，循环周期 $N_P=31$，Hadamard 矩阵的阶次 $N_H=8$

## 17.6　参数估计方法

由于模型结构和参数估计方法很多，所以要估计 MIMO 系统的模型参数就有许多不同选择的可能性。如果除了输入和输出信号，还可以测量系统的状态，那么模型应该使用状态空间表达式（17.2.1）和式（17.2.2），它可以根据物理的系统建模方法得到（通常是连续时间信号），这种模型必须是可控可观的。如果对每个输出和对应的子模型建模

$$y_i(k)=\boldsymbol{\psi}_i^{\mathrm{T}}\boldsymbol{\theta}_i+e_i(k),\ i=1,2,\cdots,p \tag{17.6.1}$$

其中，$\boldsymbol{\psi}_i^{\mathrm{T}}(k)$包含所有作用于$y_i(k)$的测量信号（包括可测的状态），那么可以利用 SISO 系统的参数估计方法，比如最小二乘法。如果状态是不可测的，而又要避免同时对状态和参数进行估计（因为这是非线性估计问题），那么就要借助输入/输出模型。具体不同的可能选择见图 17.5 中的概览。

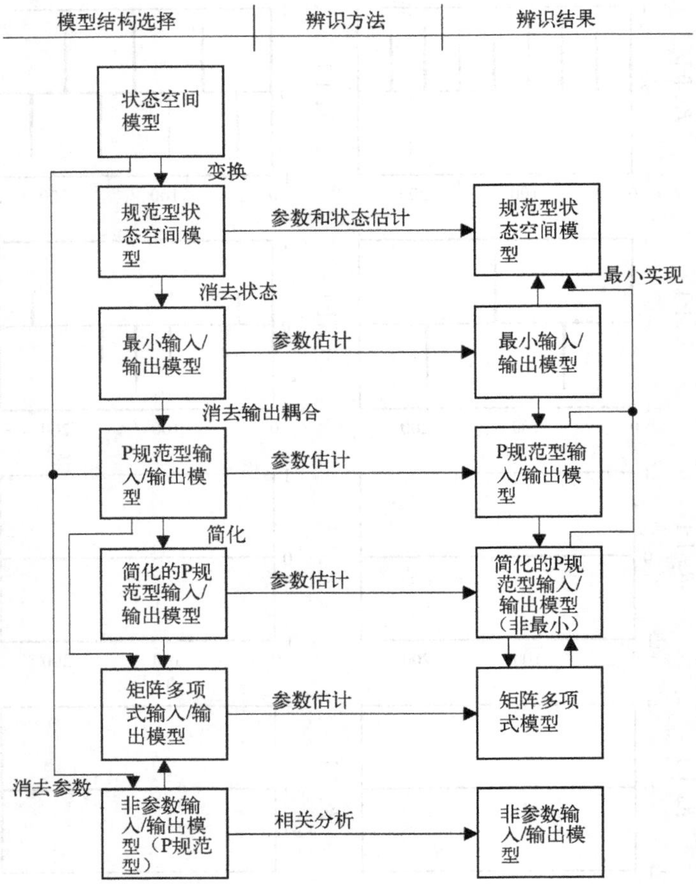


图 17.5　线性 MIMO 系统的模型结构与合适的辨识方法

## 17.6.1　最小二乘方法

如果根据式（17.6.1），对每个输出 $y_i(k)$ 建立子模型，则最小二乘法可以直接用于下面的输入/输出模型，包括最小输入/输出模型、P 规范型输入/输出模型、简化的 P 规范型输入/输出模型和矩阵多项式输入/输出模型。这意味着根据估计参数的用途，MIMO 系统将被拆分成 MISO 系统。对于简化的 P 规范型输入/输出模型，数据向量和参数向量可以写成

$$\begin{aligned}\boldsymbol{\psi}_i^{\mathrm{T}} = & \big(\big(-y_i(k-1)\cdots -y_i(k-m)\big|u_1(k-1)\cdots u_1(k-m_i)\big| \\ & u_p(k-1)\cdots u_p(k-m_i)\big)\end{aligned} \tag{17.6.2}$$

$$\boldsymbol{\theta}_i^{\mathrm{T}} = \big(a_{i11}\cdots a_{i1m_i}\big|b_{i11}\cdots b_{i1m_i}\big|b_{ip1}\cdots b_{ipm_i}\big) \tag{17.6.3}$$

也可参阅文献（Schumann，1982；Hensel，1987）。对这种模型的参数估计，SISO 系统所用的非递推和递推的参数估计方法都可以使用。

## 17.6.2　相关 - 最小二乘法

如果将相关 - 最小二乘法（即 COR - LS 方法）应用于 MIMO 系统，那么第 9.3 节中论述的利用非参数中间模型进行参数估计的优势就会更显突出。当模型结构也即模型阶次和迟

延必须利用实验数据确定时，该优势更加明显。

第 9.3 节介绍的 COR－LS 方法也可用于 MIMO 系统多输入/输出模型估计。例如，对 P 规范型输入/输出模型，基于

$$A_{ii}(q^{-1})y_i(q)=\sum_{j=1}^{p}B_{ij}(q^{-1})u_j(q) \tag{17.6.4}$$

及与 $u_j(q-\tau)$ 的乘积，再求期望，可得

$$A_{ii}(q^{-1})R_{\mathrm{u}_i\mathrm{y}_j}(\tau)=\sum_{j=1}^{p}B_{ij}(q^{-1})R_{\mathrm{u}_i\mathrm{u}_j}(q) \tag{17.6.5}$$

并如式（9.3.20）那样建立方程式，然后再像式（9.3.22）那样求解。

如果可以确定输入信号的和

$$u_{\Sigma}(k)=\sum_{j=1}^{p}u_j(k) \tag{17.6.6}$$

则计算量可以大大减小（Hensel，1987）。又，如果输入信号是互不相关的，则下式成立

$$R_{\mathrm{u}_\Sigma\mathrm{u}_j}(\tau)=R_{\mathrm{u}_j\mathrm{u}_j}(\tau) \tag{17.6.7}$$

因此，可得如下模型：

$$A_{ii}(q^{-1})R_{\mathrm{u}_\Sigma\mathrm{y}_j}(\tau)=\sum_{j=1}^{p}B_{ij}(q^{-1})R_{\mathrm{u}_\Sigma\mathrm{u}_j}(q) \tag{17.6.8}$$

为了减少存储空间，相关函数可以像式（9.3.16）那样递推计算。

文献（Blessing，1979，1980）将 COR－LS 应用到最小输入/输出模型，该模型是基于可观规范型（$\boldsymbol{A}$，$\boldsymbol{B}$，$\boldsymbol{C}$）转换过来的。在第二步中，还可以同时估计得到噪声模型的参数。

关于输入/输出模型阶次和迟延以及状态空间模型结构指数的确定，原则上可以采用和 SISO 系统一样的方法，见第 23.3 节。文献（Blessing，1980）讨论了如何通过分析代价函数和信息矩阵的特征值来确定属于输出 $y_i$ 的结构指数 $\hat{m}_i$。文献（Hensel，1987）将利用行列式比确定模型结构参数的方法（Woodside，1971）应用于简化的 P 规范型的信息矩阵。

## 17.7 小结

对于只有输入和输出是可测的、而状态是不可测的，且同时有多个输入激励的情况，图 17.5 就 MIMO 系统所用的不同模型结构以及相应合适的辨识方法给出了一个总的概览。

**状态空间模型**通常都是根据系统的理论模型直接得到的。对于辨识而言，系统和模型必须是既可观又可控的，因此必须是最小实现。转换成**规范化的状态空间模型**后，得到的模型具有最少的参数，而且这种模型结构可用于后续的应用，比如用于设计反馈控制器，或用于观测器的设计等。另外，这样的模型又可转换成其他形式的模型。

如果想避免非线性估计问题，则必须去掉状态估计，也就是不能同时估计状态和参数。要去掉状态变量，就必须采用合适的**输入/输出模型**。根据规范化的状态空间模型，可以直接获得**最小实现的输入输出模型**，并通过消除输出之间的耦合，得到**简化的 P 规范型输入/输出模型**，也可以写成**矩阵多项式模型**。

利用任何一种输入/输出模型，都可以进行**参数估计**，获得的模型参数可看作为表述参

数估计问题的基础。如果想获得规范化的状态空间模型并作为结果，先根据最小实现的输入/输出模型，通过简单的转换得到 P 规范型输入/输出模型，再利用最小实现获得规范化的状态空间模型，这些都可以很方便地做到。

利用相关函数，可得到用 Markov 参数表述的非参数输入/输出模型。利用相关分析法辨识非参数模型和利用参数估计方法辨识参数模型，都要基于同时激励系统的所有输入，激励的方法与 SISO 系统一样。为了简化结果方程的计算，并加快收敛速度，应该采用正交测试信号，利用本章所述的方法，根据单个 PRBS 信号就可生成这样的正交信号。

Markov 参数可以通过对相关函数去卷积得到，适用于这种参数估计方法的模型结构可以参考图 17.5。前面各章讨论过的最小二乘法及其改进都可以用于多变量输入/输出模型辨识。COR - LS 方法特别适合于 MIMO 系统辨识、模型阶次和迟延，或其他模型结构参数的确定，可以穿插在 MIMO 系统辨识中同步进行。用于 SISO 系统的许多辨识方法都可以直接运用。另一种可选的 MIMO 系统辨识方法是子空间法，见第 16 章，它可以在辨识参数过程中确定模型阶次，因此不需要先验假设。

对于同时激励多个输入信号，一个成功的应用例子是针对内燃机引擎试验台进行的 MIMO 模型辨识，辨识结果用于校正电子控制系统（Schreiber and Isermann，2009）。

## 习题

17.1　基于 SISO 模型的 MIMO 系统辨识

本章论述的模型结构中，哪些是可以与 SISO 模型辨识方法结合使用的？

17.2　双输入/双输出模型 1

假设 P 规范型结构的所有四个传递函数都是一阶过程，给出几种可能的辨识方案。

17.3　双输入双输出模型 2

在图 17.1 中，若 $G_{12}(s)=0$，对辨识会有什么影响？

## 参考文献


Ackermann J (1988) Abtastregelung, 3rd edn. Springer, Berlin

Blessing P (1979) Identification of the input/output and noise-dyanmics of linear multi-variable systems. In: Proceedings of the 5th IFAC Symposium on Identification and System Parameter Estimation Darmstadt, Pergamon Press, Darmstadt, Germany

Blessing P (1980) Ein Verfahren zur Identifikation von linearen, stochastischgestörten Mehrgrößensystemen: KfK-PDV-Bericht. Kernforschungszentrum Karlsruhe, Karlsruhe

Brauer A (1953) On a new class of Hadamard determinants. Math Z 58(1): 219 -225

Briggs PAN, Godfrey KR, Hammond PH (1967) Estimation of process dynamic characteristics by correlation methods using pseudo random signals. In: Proceedings of the IFAC Symposium Identification, Prag, Czech Republic

Gevers M, Miskovic L, Bonvin D, Karimi A (2006) Identification of multi-input systems: Variance analysis and input design issues. Automatica 42(4): 559 -572

Goodwin GC, Sin KS (1984) Adaptive filtering, prediction and control. Prentice-Hall information and system sciences series, Prentice-Hall, Englewood Cliffs, NJ

Guidorzi R (1975) Canonical structures in the identification of multivariable systems. Automatica 11(4):361-374

Hensel H (1987) Methoden des rechnergestützten Entwurfs und Echtzeiteinsatzeszeitdiskreter Mehrgrößenregelungen und ihre Realisierung in einem CAD-System. Fortschr. - Ber. VDI Reihe 20 Nr. 4. VDI Verlag, Düsseldorf

Ho BL, Kalman RE (1966) Effective construction of linear state variable models from input/output functions. Regelungstechnik 14: 545-548

Isermann R (1991) Digital control systems, 2nd edn. Springer, Berlin

Juang JN (1994) Applied system identification. Prentice Hall, Englewood Cliffs, NJ

Pintelon R, Schoukens J (2001) System identification: A frequency domain approach. IEEE Press, Piscataway, NJ

Popov VM (1972) Invariant description of linear time-variant controllable systems. SIAM J Control 10: 252-264

Schreiber A, Isermann R (2009) Methods for stationary and dynamic measurement and modeling of combustion engines. In: Proceedings of the 3rd International Symposium on Development Methodology, Wiesbaden, Germany

Schumann R (1982) Digitale parameteradaptive Mehrgrößenregelung - KfK - PDVBerichtNr. 217. Kernforschungszentrum Karlsruhe, Karlsruhe

Schwarz H (1967, 1971) Mehrfach-Regelungen, vol 1. Springer, Berlin

Tsafestas SG (1977) Multivariable control system identification using pseudo random test input. Int J Control Theory and Applic 5: 58-66

Woodside CM (1971) Estimation of the order of linear systems. Automatica 7(6): 727-733

# 第Ⅵ部分　非线性系统辨识

# 第 18 章

# 非线性系统的参数估计

由于动态系统输入和输出之间的非线性关系有很多种可能的结构，仅用几种模型类是不可能辨识那么多种类型的非线性系统的。然而，对某些类型的非线性系统，模型形式可以适用于已知辨识方法所需的模型结构。在这种意义下，下面将讨论几种模型结构和与之相适应的参数辨识方法。首先讨论连续可导非线性的动态系统，然后讨论不连续可导非线性的动态系统，比如带摩擦和死区的系统。

## 18.1 连续可导非线性的动态系统

这种动态系统的经典辨识方法多数都是基于多项式逼近的，主要的区别有一般的方法和涉及特殊模型结构的方法，前者如 Volterra 级数或 Kolmogorov - Gabor 多项式，后者如 Hammerstein 模型、Wiener 模型或非线性差分方程模型（Eykhoff，1974；Haber and Unbenhauen，1990；Isermann et al，1992）。

某些稳态多项式逼近具有关于参数是线性的优点，这个优点对某些动态多项式模型仍然具备。关于参数线性这个优点可以避免使用计算量大的迭代优化方法。

下面，特别关注一些经典的非线性动态模型，这些模型都是基于用多项式表示非线性部分，动态部分按离散时间系统建模。

注意，按照式（10.2.2），利用时移算子 $z^{-1}$⊖，将线性差分方程写成

$$A(z^{-1})\,y(k) = B\,(z^{-1})\,z^{-d}\,u(k) + D\,(z^{-1})\,v(k) \tag{18.1.1}$$

式中，$y(k)z^{-i} = y(k-i)$。

### 18.1.1 Volterra 级数

针对卷积积分

$$y(t) = \int_0^t g(\tau)u(t-\tau)\mathrm{d}\tau \tag{18.1.2}$$

连续可导非线性系统的输入/输出关系可以用 **Volterra 级数**描述为

⊖ 译者注：本章原文时移算子用 $q^{-1}$ 表示，为全书统一起见改用 $z^{-1}$。

$$y(t)=g'_0+\int_0^t g'_1(\tau_1)u(t-\tau_1)\mathrm{d}\tau_1+\int_0^t\int_0^t g'_2(\tau_1,\tau_2)u(t-\tau_1)u(t-\tau_2)\mathrm{d}\tau_1\mathrm{d}\tau_2$$
$$+\int_0^t\int_0^t\int_0^t g'_3(\tau_1,\tau_2,\tau_3)u(t-\tau_1)u(t-\tau_2)u(t-\tau_3)\mathrm{d}\tau_1\mathrm{d}\tau_2\mathrm{d}\tau_3+\cdots \tag{18.1.3}$$

见文献（Volterra，1959；Gibson，1963；Eykhoff，1973；Shetzen，1980）。这个无限函数幂级数包含着对称的 $n$ 阶 **Volterra 核** $g'_n(\tau_1,\cdots,\tau_n)$，也称作 $n$ 阶脉冲响应。根据因果条件，意味着

$$g'_n(\tau_1,\cdots,\tau_n)=0,\ \tau_i<0,\ i=1,2,\cdots,n \tag{18.1.4}$$

当 $n=1$ 时，就得到线性系统的卷积积分。这种模型适用于连续时间过程，然而通常都采用离散形式。

对离散时间系统，Volterra 级数写成

$$y(k)=g_0+\sum_{\tau_1=0}^{k}g_1(\tau_1)u(k-\tau_1)+\sum_{\tau_1=0}^{k}\sum_{\tau_2=0}^{k}g_2(\tau_1,\tau_2)u(k-\tau_1)u(k-\tau_2)$$
$$+\sum_{\tau_1=0}^{k}\sum_{\tau_2=0}^{k}\sum_{\tau_3=0}^{k}g_3(\tau_1,\tau_2,\tau_3)u(k-\tau_1)u(k-\tau_2)u(k-\tau_3)+\cdots \tag{18.1.5}$$

Volterra 级数模型是非参数模型，辨识需要确定 Volterra 核的函数值。由于非线性模型可以描述大幅偏离工作点的系统特性，下面将采用大信号 $U(k)$ 和 $Y(k)$。如果将脉冲响应有意义的元素限定到时刻 $k\leqslant M$，则至 $p$ 阶的 Volterra 级数可以写成

$$y(k)=c_{00}+\sum_{n=1}^{p}v_M^n(k) \tag{18.1.6}$$

$$v_M^n=\sum_{i_1=0}^{M}\cdots\sum_{i_n=1}^{M}\alpha_n(i_1,\cdots,i_n)u(k-i_1)\cdots u(k-i_n) \tag{18.1.7}$$

因为上面的函数中系数都是线性的，所以可利用最小二乘法来确定所有的系数（Doyle，2002）。然而，当需要涵盖很长的脉冲响应序列时，参数的个数增长很快。这样的模型称作非线性有限脉冲响应（NFIR）模型。

另一种方法是，利用参数模型来逼近阶次不超过 $p$ 的离散 Volterra 级数

$$A(z^{-1})y(k)=c_{00}+B_1(z^{-1})u(k-d)$$
$$+\sum_{\beta_1=0}^{h}B_{2\beta_1}(z^{-1})u(k-d)u(k-d-\beta_1)+\cdots$$
$$+\sum_{\beta_1=0}^{h}\sum_{\beta_2=\beta_1}^{h}\cdots\sum_{\beta_{p-1}=\beta_{p-2}}^{h}B_{\mathrm{p}\beta_1\beta_2\cdots\beta_{p-1}}(z^{-1})u(k-d)\prod_{\xi=1}^{p-1}u(k-d-\beta_\xi)+\cdots \tag{18.1.8}$$

见文献（Bamberger，1978；Lachmann，1983），式中引入了迟延 $d=T_{\mathrm{D}}/T_0$。这个非线性差分方程模型是利用有限个参数来逼近 Volterra 级数，称之为 AR – Volterra 级数。

作为一种特殊情况，可以导出特殊的非线性参数模型，即所谓的 **Hammerstein 模型**。下面的推导基于文献（Lachmann，1983，1985），也可参阅文献（Isermann，1992）。

### 18.1.2 Hammerstein 模型

如果输入信号 $u(k)$ 不允许有时间移位，即 $h=0$，则可得到如下的广义 **Hammerstein**

模型

$$A(z^{-1})y(k) = c_{00} + B_1^H(z^{-1})u(k-d) + B_2^H(z^{-1})u^2(k-d) + \cdots + B_p^H(z^{-1})u^p(k-d) \tag{18.1.9}$$

最著名的 Hammerstein 模型是**简单 Hammerstein 模型**，见图 18.1，它包含一个由 $p$ 阶多项式描述的稳态非线性系统

$$x^*(k) = r_0 + r_1 u(k) + r_2 u^2(k) + \cdots + r_p u^p(k) \tag{18.1.10}$$

和一个由下式描述的线性动态系统

$$A(z^{-1})y(k) = B^*(z^{-1})z^{-d}x^*(k) \tag{18.1.11}$$

其中

$$A(z^{-1}) = 1 + a_1 z^{-1} + \cdots + a_m z^{-m} \tag{18.1.12}$$

$$B^*(z^{-1}) = b_1^* z^{-1} + \cdots + b_m^* z^{-m} \tag{18.1.13}$$

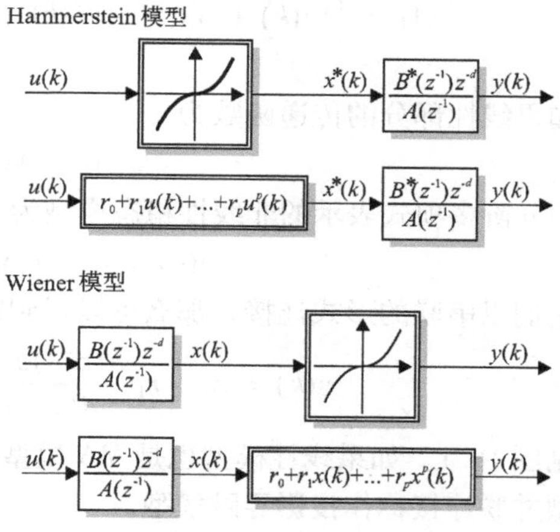

图 18.1　非线性模型

可参见文献（Hammerstein，1930）。因此，有

$$A(z^{-1})y(k) = r_{00} + B_1^*(z^{-1})u(k-d) + \cdots + B_p^*(z^{-1})u^p(k-d) + D(z^{-1})\nu(k) \tag{18.1.14}$$

其中

$$r_{00} = r_0 \sum_{j=1}^{m} b_j^* \tag{18.1.15}$$

且

$$B_i^*(z^{-1}) = r_i B^*(z^{-1}),\ i = 1,2,\cdots,p \tag{18.1.16}$$

这里，其后的线性部分可以看作 MISO 系统，其输入 $u(k)$ 的各次幂分别是 MISO 系统的输入（Chang and Luus，1971）。如果假设线性部分是 MA 模型，且对 $u(k)$ 的各次幂是相同的，则得到一个有限的 Hammerstein 模型。

如果线性 SISO 系统是由任意的稳态非线性环节驱动，则只能利用非线性优化方法来辨识。然而，利用可分离的最小二乘法，可以大大减少非线性搜索中需要优化的参数个数。这里，可先利用非线性优化方法来确定非线性子系统的参数，然后再利用最小二乘法直接确定线性子系统的参数，因为非线性模型参数可以提供对 $\hat{x}^*(k)$ 的估计。

如果稳态非线性模型是关于参数线性的，在假设线性模型已知的前提下，有可能根据输出测量数据和线性模型的知识对 $\hat{x}^*(k)$ 进行估计，那么就可以直接用最小二乘法估计非线性部分的参数。这样，利用线性部分的估计模型，基于输入测量数据和非线性模型，就可以再次提供对 $\hat{x}^*(k)$ 的估计。依此，又可以用来改进线性部分的模型，如此循环往复（Liu and Bai，2007），第 18.1.5 节中给出这种方法的一个例子。

如果将几个有限的 Hammerstein 模型并列连接，就可以获得另一种特殊结构的模型，构成所谓的 **Uryson 模型**。

### 18.1.3 Wiener 模型

Hammerstein 模型描述的是稳态非线性模型连接到后面的动态线性系统的输入，而 Wiener 模型是由线性动态模型与其后的稳态非线性模型组成。一般的 Wiener 模型写成

$$A_1(z^{-1})y(k) + A_2(z^{-1})y^2(k) + \cdots + A_l(z^{-1})y^l(k) = c_{00} + B(z^{-1})u(k-d) \tag{18.1.17}$$

如果线性部分的传递函数为

$$A(z^{-1})x(k) = B(z^{-1})z^{-d}u(k) \tag{18.1.18}$$

用 $p$ 阶多项式表示的非线性稳态模型为

$$y(k) = r_0 + r_1x(k) + r_2x^2(k) + \cdots + r_lx^l(k) \tag{18.1.19}$$

它们以串联的形式连接，那么可以得到**简单的 Wiener 模型**

$$y(k) = r_0 + r_1\frac{B(z^{-1})z^{-d}}{A(z^{-1})}u(k) + r_2\left(\frac{B(z^{-1})z^{-d}}{A(z^{-1})}\right)^2u^2(k) + \cdots \tag{18.1.20}$$

见图 18.1。如果线性模型也是 MA 模型，则得到的是有限 Wiener 模型。几个有限 Wiener 模型并联连接称作**投影寻踪模型**。

如果在两个线性传递函数之间放置一个非线性环节，则得到的是 **Wiener－Hammerstein 模型**。**Hammerstein－Wiener 模型**描述的是相反的情况，即线性动态系统被两个非线性环节隔开。

对参数估计而言，关于参数线性的模型是最适宜的。Voterra 参数模型和 Hammerstein 模型都符合这个条件，但 Wiener 模型不满足这个条件。因此，只能基于非线性优化方法，使输出误差平方 $(y(k)-\hat{y}(k))^2$ 达到最小来辨识 Wiener 模型。为此，文献（Lachmann，1983）提出一种模型，在输出端包含非线性环节，但关于参数是线性的，下一节将具体介绍这种模型。

文献（Crama et al，2003）提出了一种方法，用于获取迭代优化算法的初始估计，其基本思想是，先利用输入/输出数据辨识线性传递函数模型，获得线性传递函数模型的初始估计之后，就可以计算稳态非线性模型的输入和输出信号，以此获得稳态非线性模型参数的初始估计。这种方法可以重复多次，直至满意为止。文献（Hagenblad et al，2008）给出一种极大似然代价函数，可以同时考虑噪声作用于输出信号和中间变量 $x(k)$ 受到噪声干扰的情况。

### 18.1.4 Lachmann 提出的模型

如果通过输出延时乘积，将广义 Hammerstein 模型增广，那么可得到（Lachmann，1983）

$$\begin{aligned} &A(z^{-1})y(k) + \sum_{\beta_1=0}^{h} A_{2\beta_1}(z^{-1})y(k)y(k-\beta_1) + \cdots \\ &+ \sum_{\beta_1=0}^{h}\sum_{\beta_2=\beta_1}^{h}\cdots\sum_{\beta_{p-1}=\beta_{p-2}}^{h} A_{p\beta_1\beta_2\cdots\beta_{p-1}}(z^{-1})y(k)\prod_{\xi=1}^{p-1}y(k-\beta_\xi) \\ &= B(z^{-1})u(k-d) + c_{00} \end{aligned} \tag{18.1.21}$$

类似于 Volterra 参数模型，将系数多项式写成

$$A_{p\beta_1\beta_2\cdots\beta_{p-1}}(z^{-1}) = a_{p\beta_1\beta_2\cdots\beta_{p-1}1}z^{-1} + \cdots + a_{p\beta_1\beta_2\cdots\beta_{p-1}m}z^{-m} \tag{18.1.22}$$

可以看出，上述模型是一种镜像 Volterra 级数模型。

### 18.1.5 参数估计

对于非线性过程，如果本质上模型结构是关于参数线性的，那么可利用直接的估计方法求解线性估计问题，比如最小二乘法及其各种改进方法，见第 9 章和第 10 章。以下的模型结构都是关于参数线性的：

- Volterra 参数模型。
- 广义 Hammerstein 模型和简单 Hammerstein 模型。
- Lachmann 提出的模型。

所有模型都具有如下形式：

$$A(z^{-1})y(k) = NL(u, y, z^{-1}) \tag{18.1.23}$$

对其他模型结构，如 Wiener 模型，其估计方程取决于引入的方程误差形式，是关于参数非线性的，因此需要采用迭代的参数估计方法，见第 19 章。

对于直接估计方法，参照式（9.1.11），可以将模型写成如下形式：

$$y(k) = \boldsymbol{\psi}^{\mathrm{T}}(k)\hat{\boldsymbol{\theta}}(k-1) + e(k) \tag{18.1.24}$$

并应用比如 LS 或 RLS 方法，式中的数据向量包含下面信号测量值（$d=0$）。

- 对 **Volterra 参数模型**，为

$$\begin{aligned}\boldsymbol{\psi}^{\mathrm{T}}(k) = \big(&-y(k-1),\cdots,u(k-1),\cdots u^2(k-1),\cdots \\ &u(k-1)u(k-2),\cdots,u^3(k-1),\cdots,u(k-1)u^2(k-2),\cdots\big)\end{aligned} \tag{18.1.25}$$

- 对**广义 Hammerstein 模型**，为

$$\boldsymbol{\psi}^{\mathrm{T}}(k) = \big(-y(k-1),\cdots,u(k-1),\cdots u^2(k-1),\cdots,u^3(k-1),\cdots\big) \tag{18.1.26}$$

- 对 **Lachmann 提出的模型**，为

$$\begin{aligned}\boldsymbol{\psi}^{\mathrm{T}}(k) = \big(&-y(k-1),\cdots,-y^2(k-1),\cdots,-y(k-1)y(k-2),\cdots \\ &-y^3(k-1),\cdots,-y(k),y^2(k-1),\cdots,u(k-1),\cdots\big)\end{aligned} \tag{18.1.27}$$

加上噪声成形滤波器，式（18.1.23）增广为

$$A(z^{-1})y(k) = NL(u, y, z^{-1}) + D(z^{-1})\nu(k) \tag{18.1.28}$$

这时需要应用比如增广最小二乘法（ELS）来估计模型参数。

对于 Volterra 参数模型和广义 Hammerstein 模型，利用 LS 或 ELS 方法获得无偏估计的条件，与线性系统是一样的。也就是，如果生成噪声的成形滤波器的传递函数分别为 $1/A(z^{-1})$或$D(z^{-1})/A(z^{-1})$，则估计是无偏的。对 Lachmann 提出的模型，在 $n(k)\neq 0$ 的情况下，估计一般都是有偏的（Lachmann，1983）。

参数可辨识性条件也可以根据 $\boldsymbol{\psi}^{\mathrm{T}}\boldsymbol{\psi}$ 必须是正定来推导。举例说明，对广义 Hammerstein 模型的辨识，当 $p=2$ 时，矩阵

$$\boldsymbol{H}_{22} = \begin{pmatrix} R_{\mathrm{uu}}(0) & \cdots & R_{\mathrm{uu}}(m-1) & R_{\mathrm{uu^2}}(0) & \cdots & R_{\mathrm{uu^2}}(m-1) \\ & \ddots & & & \vdots & \\ & & R_{\mathrm{uu}}(0) & & & \\ & & & R_{\mathrm{u^2u^2}}(0) & & \\ & & & & \ddots & \\ & & & & & R_{\mathrm{u^2u^2}}(0) \end{pmatrix} \tag{18.1.29}$$

必须是正定的。因此，自相关函数

$$R_{u^i u^j}(\tau) = \mathrm{E}\{u^i(k)u^j(k-\tau)\}, \ i = 1,\cdots,p, \ j = 1,\cdots,p \tag{18.1.30}$$

必须使得 det $H_{22}>0$。利用一些多幅度水平的伪随机二值信号可以满足这个要求（Godfrey，1986；Dotsenko et al，1971；Bamberger，1978；Lachmann，1983）。关于连续可导的非线性过程，参数估计的例子可参见文献（Bamberger，1978；Haber，1979；Lachmann，1983）。尽管这些非线性模型通常都用于离散时间过程，但是同样的方法也可应用于连续时间过程（Unbenhauen，2006）。

**例 18.1（Hammerstein 模型的参数估计）**

假设非线性模型是二阶的

$$x^*(k) = r_0 + r_1 u(k) + r_2 u^2(k) \tag{18.1.31}$$

动态模型是一阶的

$$y(k) = -a_1 y(k-1) + b_1 u(k-1) \tag{18.1.32}$$

则 Hammerstein 模型写成

$$y(k) = -a_1 y(k-1) + b_1 r_0 + b_1 r_1 u(k-1) + b_1 r_2 u^2(k-1) \tag{18.1.33}$$

且有

$$y(k) = \boldsymbol{\psi}^{\mathrm{T}}(k)\hat{\boldsymbol{\theta}}$$

其中

$$\boldsymbol{\psi}^{\mathrm{T}}(k) = \big(-y(k-1) \ 1 \ u(k-1) \ u^2(k-1)\big) \tag{18.1.34}$$

参数 $\hat{\boldsymbol{\theta}}$ 可以直接由下式确定

$$\hat{\boldsymbol{\theta}} = \big(a_1 \ b_1 r_0 \ b_1 r_1 \ b_1 r_2\big) = \big(a_1 \ b_0^* \ b_1^* \ b_2^*\big) \tag{18.1.35}$$

可见，参数 $b_1$ 是不能唯一确定的，因此将其固定为常数，即令 $b_1=1$；参数 $r_0 \sim r_2$ 可以由 $r_0=b_0^*/b_1$，$r_1=b_1^*/b_1$ 和 $r_2=b_2^*/b_1$ 计算得到。 □

## 18.2 不连续可导非线性的动态系统

在机械系统中，存在不连续可导的非线性过程，特别是摩擦和齿隙以及电气系统中的磁滞现象。通常，它们都是在时域中建模，得到的微分方程是非线性的，因此不能利用拉普拉斯变换或 $z$ 变换处理。

### 18.2.1 带摩擦的系统

在很多机械过程中，存在着干磨擦和粘滞摩擦。考虑如图 18.2 所示的机械振子，其运动方程为

$$m\ddot{y}_2(t) + d\dot{y}_2(t) + cy_2(t) + F_{\mathrm{F}}(t) = cy_1(t) \tag{18.2.1}$$

摩擦力表现为 Stribeck 曲线，见图 18.3。记 $f_{\mathrm{F}}=F_{\mathrm{F}}/F_{\mathrm{N}}$，其中 $F_{\mathrm{N}}$ 为法向力，则有

$$f_{\mathrm{F}} = -\mu_{\mathrm{C}}\,\mathrm{sign}\,v + f_{\mathrm{v}}v + f_{\mathrm{m}}\mathrm{e}^{-c|v|}\,\mathrm{sign}\,v \tag{18.2.2}$$

摩擦力等于 $f_{\mathrm{F}}$ 乘以法向力 $F_{\mathrm{N}}$。

在静止时，即 $v=0$ 的时候，作用在过程中的是静（黏性）摩擦力

$$|F_{\mathrm{Fs}}| \leqslant F_{\mathrm{Fmax}} = \mu_{\mathrm{Smax}} F_{\mathrm{N}} \tag{18.2.3}$$

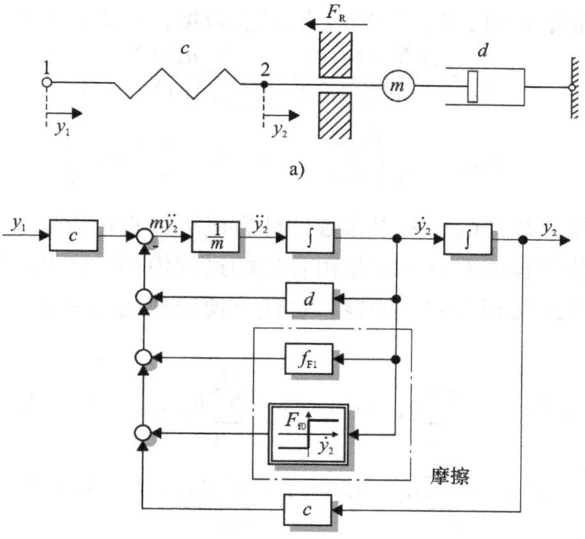


a)

b)

图 18.2　带摩擦的机械振子

a）结构示意图　b）方块图

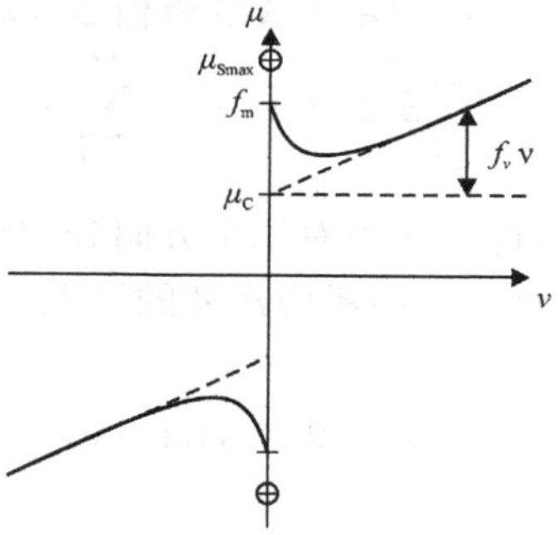


图 18.3　动态摩擦的 Stribeck 摩擦力曲线

$\mu_C$：干摩擦或库仑摩擦，$f_V\dot{y}(t)$：粘滞摩擦，$f_m$：$\dot{y}\to 0+$ 的最大摩擦，$\mu_{smax}$：最大夹持力

静摩擦力始终等于作用力，且与作用力方向相反（或符号相反）。一旦作用力超过最大的力 $F_{Fmax}$，物体将突然开始移动。

通常，摩擦力可近似为

$$F_F(t) = F_{F0}\,\mathrm{sign}\,\dot{y}(t) + f_{F1}\dot{y}(t) \tag{18.2.4}$$

其中，$F_{F0}$是与速度无关的干摩擦或库仑摩擦，$f_{F1}\dot{y}(t)$是与速度成正比的粘滞摩擦（Isermann，2005）。上式所示的摩擦力可直接代入系统的动态运动方程中，当然也可采用如下的辨识方法。

为了辨识带摩擦的过程，通过连续或递阶地缓慢改变输入信号 $u(t)=y_1(t)$，并测量输出 $y(t)=y_2(t)$，可逐点画出迟滞曲线。

如果将迟滞曲线描述成

$$\begin{aligned} y_+(u) &= K_{0+} + K_{1+}u \\ y_-(u) &= K_{0-} + K_{1-}u \end{aligned} \tag{18.2.5}$$

则利用最小二乘法，根据 $v=1，2，\cdots N-1$ 测量点数据，可以估计迟滞曲线参数

$$\hat{K}_{1\pm}=\frac{N\sum u(v)y_{\pm}(v)-\sum u(v)\sum y_{\pm}(v)}{N\sum u^{2}(v)-\sum u(v)\sum u(v)} \tag{18.2.6}$$

$$\hat{K}_{0\pm}=\frac{1}{N}\left(\sum y_{\pm}(v)-\hat{K}_{1\pm}\sum u(v)\right) \tag{18.2.7}$$

因为微分方程是关于参数线性的，所以参数估计方法可以直接应用于带干摩擦和粘滞摩擦的运动过程。对此，微分方程或差分方程是很合适的过程模型。在某些情况下，不仅可以在运动方程中方便地引入与速度相关的干摩擦，也能方便地使用与速度方向相关的动态参数，比如下面的差分方程：

$$y(k)=-\sum_{i=1}^{m}a_{1+}y(k-1)+\sum_{i=1}^{m}b_{i+}u(k-i)+K_{0+} \tag{18.2.8}$$

$$y(k)=-\sum_{i=1}^{m}a_{i-}y(k-i)+\sum_{i=1}^{m}b_{1-}u(k-1)+K_{0-} \tag{18.2.9}$$

其中，$K_{0+}$ 和 $K_{0-}$ 可理解为与方向有关的偏置量或直流分量。这样，利用下面的方法可以估计这些偏置量：

- 偏置量 $K_{0+}$ 和 $K_{0-}$ 的隐式估计。
- 偏置量 $K_{0+}$ 和 $K_{0-}$ 的显式估计：利用生成的差值 $\Delta y(k)$ 和 $\Delta u(k)$，并估计下式的参数

$$\Delta y(k)=-\sum_{i=1}^{m}\hat{a}_{i}\Delta y(k-i)+\sum_{i=1}^{m}\hat{b}_{i}\Delta u(k-i) \tag{18.2.10}$$

假设参数 $\hat{a}_i$ 和 $\hat{b}_i$ 与速度无关。为此，必须对每个方向分别估计参数 $\hat{K}_{0+}$ 和 $\hat{K}_{0-}$。

对与方向有关的模型参数估计，需要考虑额外的辨识要求，即要求运动是单向的，且不可逆回，这意味着运动必须满足

$$\dot{y}(t)>0 \text{ 或 } \dot{y}(t)<0 \tag{18.2.11}$$

这可对所有的 $k$，检验下式

$$\Delta y(k)>\varepsilon \text{ 或 } \Delta y(k)<-\varepsilon \tag{18.2.12}$$

文献（Maron，1991）提出了一种为比例作用过程设计的输入测试信号，可以满足这个条件，见图 18.4。以线性的坡度，在一个方向上形成一定速度的运动，然后为了激励高频成分加上阶跃，并渐近达到稳态状态。运动方向改变时参数估计必须停止工作（如图 18.4 中的点 1，2，3，…），运动方向改变之后，要么重新估计参数，要么继续使用相应方向的原参数估计值。

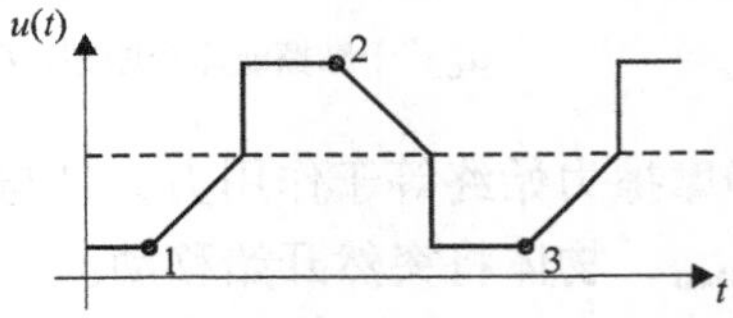

图 18.4 测试信号，用于带干摩擦过程的参数估计

估计模型式（18.2.8）和式（18.2.9）的稳态特性，可以计算迟滞曲线

$$y_{+}(u)=\frac{\hat{K}_{0+}}{1+\sum\hat{a}_{i+}}+\frac{\sum\hat{b}_{i+}}{1+\sum\hat{a}_{i+}}u \tag{18.2.13}$$

$$y_{-}(u)=\frac{\hat{K}_{0-}}{1+\sum\hat{a}_{i-}}+\frac{\sum\hat{b}_{i-}}{1+\sum\hat{a}_{i-}}u \tag{18.2.14}$$

为了检验基于动态特性的参数估计，需要将计算得到的特性曲线与根据稳态特性测量得

到的曲线进行比较，以检验辨识结果。

对旋转式驱动器，文献（Held，1989，1991）研究了一种特殊的参数估计方法，对测量的扭矩和旋转加速度做相关运算，以此估计系统的转动惯量，然后根据这个转动惯量，估计以非参数形式表示的摩擦扭矩特性曲线。

上面描述的用于辨识带摩擦过程的方法在实际应用中得到了成功的验证，文献（Maron，1991；Raab，1993）还将它应用于具有摩擦力补偿的数字控制，文献（Armstrong-Hélouvry，1991；Canudas de Wit，1988）对此还作了进一步的研究。文献（Freyermuth，1991，1993）研究了机器人驱动器中球状轴承的摩擦力估计问题；文献（Bußhardt，1995；Weispfenning，1997）对汽车悬挂减振装置的摩擦力估计问题也作了研究。

### 18.2.2 具有死区的系统

作为另外一个例子，考虑一个机械振子，齿隙或死区宽度为 $2y_t$，见图 18.5。对没有齿隙的振子，有

$$m\ddot{y}_2(t)+d\dot{y}_2(t)+cy_2(t)=cy_3(t) \tag{18.2.15}$$

齿隙特性可描述为

$$y_3(t)=\begin{cases}y_1(t)-y_t\,, & y_1(t)>y_t\\ 0\,, & -y_t\leqslant y_1(t)\leqslant y_t\\ y_1(t)+y_t\,, & y_1(t)<-y_t\end{cases} \tag{18.2.16}$$

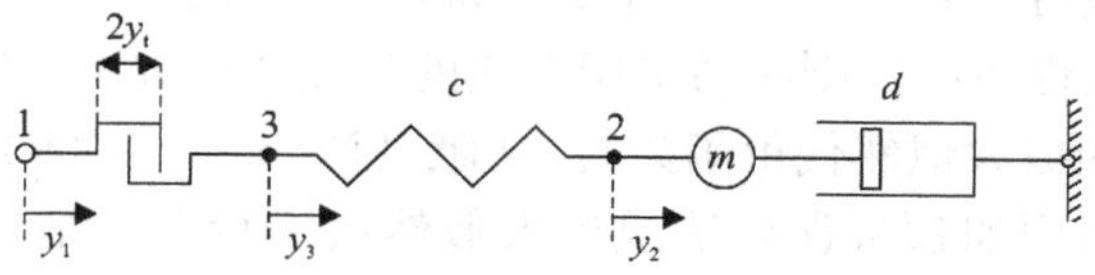


a)

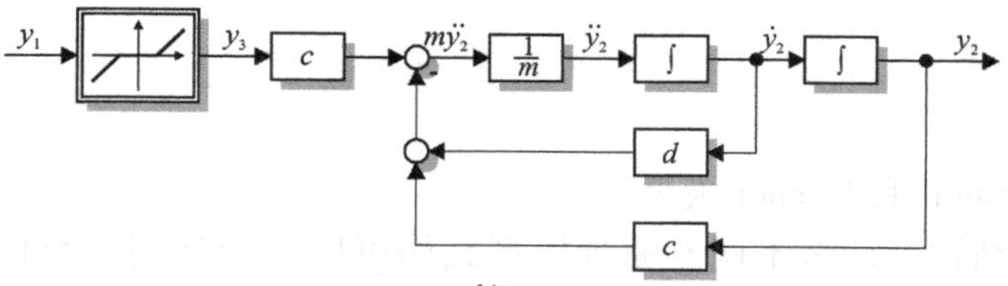


b)

图 18.5 具有齿隙（死区）的机械振子

a）结构示意图 b）$y_1(t)<-y_t$ 和 $y_1(t)>y_t$ 情况下的方块图

该方程给出的非线性特性曲线如图 18.5b 所示。当齿隙限制在 $y_1(t)>y_t$ 的情况下，有

$$m\ddot{y}_2(t)+d\dot{y}_2(t)+cy_2(t)+cy_t=cy_1(t) \tag{18.2.17}$$

当齿隙限制在 $y_1(t)<-y_t$[⊖]的情况下，有

$$m\ddot{y}_2(t)+d\dot{y}_2(t)+cy_2(t)-cy_t=cy_1(t) \tag{18.2.18}$$

式中，齿隙表现为带符号的常数，其正负号依赖于 $y_1(t)$ 的符号。对于间隙范围内的区域，当 $y_3(t)=0$，而且点 3 固定时（比如因为存在某种未建模的摩擦力），系统的本征特性可写成

⊖ 译者注：原文误为 $y_1(t)<y_t$。

$$m\ddot{y}_2(t) + d\,\dot{y}_2(t) + c\,y_2(t) = 0 \tag{18.2.19}$$

如果点 3 不是固定的，且在齿隙范围内可任意移动，则不再存在弹簧力，为此必须设$y_2 = y_3$，且式（18.2.19）中的 $c=0$。

死区参数 $y_t$ 的估计只有在死区之外的范围才有可能，也就是 $y_1(t) < -y_t$ 和 $y_1(t) > y_t$ 的范围内，类似于干摩擦的式（18.2.8）和式（18.2.9）。作为测试信号，可进行双向的缓慢运动，以便获得迟滞曲线（Maron，1991）。文献（Specht，1986）研究了机器人驱动器的死区非线性估计问题，也可参见文献（Isermann，2005，2006）。

综上所述，对死区外的区域可以得到如图 18.6 所示的简化系统框图。在这个区域中，齿隙的作用可理解为对输入信号的偏移量，偏移的方向（符号）是变化的。

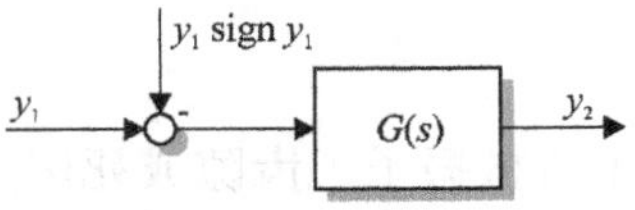


图 18.6　带有齿隙的线性系统在 $|y_1(t)| > |y_t|$ 时的简化框图

## 18.3　小结

原来为线性系统开发的参数估计方法也可以用于非线性系统，只要所用的模型结构是关于参数线性的。对于连线可导系统，可采用如 Volterra 级数或 Hammerstein 模型等。对模型是关于参数非线性的非线性系统，则必须采用迭代的参数估计方法，通过数值计算，以极小化代价函数来实现（比如极大似然代价函数）。文献（Ninness，2009）建议用粒子滤波器来确定概率密度函数，再利用如预报误差法或极大似然法进行参数估计。文献（Wang et al，2009）针对 Hammerstein 系统辨识问题，分析了两阶段优化算法。

## 习题

18.1　Hammerstein 和 Wiener 模型

这两种模型的结构有什么不同？哪种模型结构可以直接利用参数估计方法（如最小二乘法）进行辨识？

18.2　摩擦 1

如何简化 Stribeck 曲线，使得可以直接利用最小二乘法进行参数辨识？

18.3　摩擦 2

对具有干摩擦和粘滞摩擦的二阶机械动力学方程，如何估计干摩擦和粘滞摩擦系数？哪种实验和参数辨识方法可以适用于这种估计？

18.4　齿隙

为了辨识齿隙参数，必须满足什么条件？

## 参考文献


Armstrong-Hélouvry B（1991）Control of machines with friction, The Kluwer international series in engineering and computer science. Robotics, vol 128. Kluwer Academic Publishers, Boston

Bamberger W (1978) Verfahren zur On-line-Optimierung des statischen Verhaltens nichtlinear, dynamisch träger Prozesse: KfK-PDV-Bericht 159. Kernforschungszentrum Karlsruhe, Karlsruhe

Bußhardt J (1995) Selbsteinstellende Feder-Dämpfer-Systeme für Kraftfahrzeuge. Fortschr. -Ber. VDI Reihe 12 Nr. 240. VDI Verlag, Düsseldorf

Chang F, Luus R (1971) A noniterative method for identification using Hammerstein model. IEEE Trans Autom Control 16(5): 464-468

Crama P, Schoukens J, Pintelon R (2003) Generation of enhanced initial estimates for Wiener systems and Hammerstein systems. In: Proceedings of the 13th IFAC Symposium on System Identification, Rotterdam, The Netherlands

Dotsenko VI, Faradzhev RG, Charkartisvhili GS (1971) Properties of maximal length sequences with p-levels. Automatika i Telemechanika H 9: 189-194

Doyle FJ, Pearson RK, Ogunnaike BA (2002) Identification and control using Volterra models. Communications and Control Engineering, Springer, London

Eykhoff P (1974) System identification: Parameter and state estimation. Wiley-Interscience, London

Freyermuth B (1991) An approach to model based fault diagnosis of industrial robots. In: Proceedings of the IEEE International Conference on Robotics and Automation 1991, pp 1350-1356

Freyermuth B (1993) Wissensbasierte Fehlerdiagnose am Beispiel eines Industrieroboters: Fortschr. -Ber. VDI Reihe 8 Nr. 315. VDI Verlag, Düsseldorf

Gibson JE (1963) Nonlinear automatic control. McGraw-Hill, New York, NY

Godfrey KR (1986) Three-level m-sequeunces. Electron Let 2 pp 241-243

Haber R (1979) Eine Identifikationsmethode zur Parameterschätzung bei nichtlinearen dynamischen Modellen für Prozessrechner: KfK-PDV-Bericht Nr. 175. Kernforschungszentrum Karlsruhe, Karlsruhe

Haber R, Unbehauen H (1990) Structure identification of nonlinear dynamic systems - a survey on input/output approaches. Automatica 26(4): 651-677

Hagenblad A, Ljung L, Wills A (2008) Maximum likelihood identification of Wiener models. Automatica 44(11):2697-2705

Hammerstein A (1930) Nichtlineare Integralgleichungen nebst Anwendungen. ActaMath 4(1): 117-176

Held V (1989) Identifikation der Trägheitsparameter von Industrierobotern. Robotersysteme5: 11-119

Held V (1991) Parameterschätzung und Reglersynthese für Industrieroboter. Fortschr. -Ber. VDI Reihe 8 Nr. 275. VDI Verlag, Düsseldorf

Isermann R (1992) Identifikation dynamischer Systeme: Besondere Methoden, Anwendungen (Vol 2). Springer, Berlin

Isermann R (2005) Mechatronic Systems: Fundamentals. Springer, London

Isermann R (2006) Fault-diagnosis systems: An introduction from fault detection to fault tolerance. Springer, Berlin

Isermann R, Lachmann KH, Matko D (1992) Adaptive control systems. Prentice Hall international series in systems and control engineering, Prentice Hall, New York, NY

Lachmann KH (1983) Parameteradaptive Regelalgorithmen für bestimmte Klassennichtlinearer Prozesse mit eindeutigen Nichtlinearitäten. Fortschr. - Ber. VDI Reihe8 Nr. 66. VDI Verlag, Düsseldorf

Lachmann KH (1985) Selbsteinstellende nichtlineare Regelalgorithmen für eine bestimmte Klasse nichtlinearer Prozesse. at 33(7):210-218

Liu Y, Bai EW (2007) Iterative identification of Hammerstein systems. Automatica 43(2): 346-354

Maron C (1991) Methoden zur Identifikation und Lageregelung mechanischer Prozesse mit Reibung. Fortschr. - Ber. VDI Reihe 8 Nr. 246. VDI Verlag, Düsseldorf

Ninness B (2009) Some system identification challenges and approaches. In: Proceedings of the 15th IFAC Symposium on System Identification, Saint-Malo, France

Raab U (1993) Modellgestützte digitale Regelung und Überwachung von Kraftfahrzeugen. Fortschr. - Ber. VDI Reihe 8 Nr. 313. VDI Verlag, Düsseldorf

Rao GP, Unbehauen H (2006) Identification of continuous-time systems. IEE Proceedings Control Theory and Applications 153(2): 185-220

Schetzen M (1980) The Volterra and Wiener theories of nonlinear systems. John Wiley and Sons Ltd, New York

Specht R (1986) Ermittlung von Getriebelose und Getriebereibung bei Robotergelenkenmit Gleichstromantrieben. VDI-Bericht Nr. 589. VDI Verlag, Düsseldorf

Volterra V (1959) Theory of functionals and of integral and integro-differential equations. Dover Publications, London, UK

Wang J, Zhang Q, Ljung L (2009) Optimality analysis of the two-stage algorithm for Hammerstein system identification. In: Proceedings of the 15th IFAC Symposium on System Identification, Saint-Malo, France

Weispfenning T (1997) Fault detection and diagnosis of components of the vehicle vertical dynamics. Meccanica 32(5): 459-472

Canudas de Wit CA (1988) Adaptive control for partially known systems: theory and applications, Studies in automation and control, vol 7. Elsevier, Amsterdam

# 第 19 章 迭代优化

本章将介绍数值优化算法，用以最小化代价函数，即使这些代价函数是关于参数非线性的。

## 19.1 引言

关于连续时间参数模型的辨识方法，过去主要使用模拟计算机，在当时起着重要的作用，得到的模型是可调整的，而且发展成为**模型调整技术**或**模型参考自适应辨识方法**。如今，这些辨识方法不再用模拟计算机实现，而是做成计算机程序或特殊软件工具的一部分，在数字计算机上实现。下面，将介绍几种数值优化算法，这些算法可以通过调整模型的参数，使模型能最好地与测量数据相匹配。迄今为止，参数估计方法主要受限于模型的代价函数，它必须是关于参数线性的。在下文中，将介绍能处理代价函数关于参数非线性的几种方法。这给了设计代价函数更大的空间，而且可以直接确定非线性过程模型中的物理参数，而不是传递函数的系数，而传递函数的系数通常是多个物理参数混合在一起的。另外，还可以包括一些约束，比如要求结果模型的稳定性或某些物理参数必须是正数等。

误差的确定有几种不同的方式，取决于模型的配置，如图 1.8 所示。**输出误差**为

$$e(s)=y(s)-y_{\mathrm{M}}(s)=y(s)-\frac{B_{\mathrm{M}}(s)}{A_{\mathrm{M}}(s)}u(s) \tag{19.1.1}$$

导出**并联模型**；**方程误差**为

$$e(s)=A_{\mathrm{M}}(s)y(s)-B_{\mathrm{M}}(s)u(s) \tag{19.1.2}$$

导出**串－并联模型**；**输入误差**为

$$e(s)=\frac{A_{\mathrm{M}}(s)}{B_{\mathrm{M}}(s)}y(s)-u(s) \tag{19.1.3}$$

导出**串联模型**或称**反向模型**[⊖]。在时域及对非线性系统，可以构建类似的模型配置，见图 19.1。串－并联模型的最大优点是不会不稳定，因为没有构成反馈回路。另外一方面，利用串－并联模型配置获得的模型，不能保证可以作为独立的仿真模型运行。特别是对小的采样时间（相对于系统动态响应时间而言），串－并联模型所标称的模型逼真度会高于实际模型的逼真度。对特别短的采样时间（相对于系统动态响应时间而言），模型通常就失灵了，衰

---

⊖ 译者注：亦称倒数模型，如$\frac{1}{A_{\mathrm{M}}(s)}$。

退为 $y_M(k) \approx y(k-1)$。

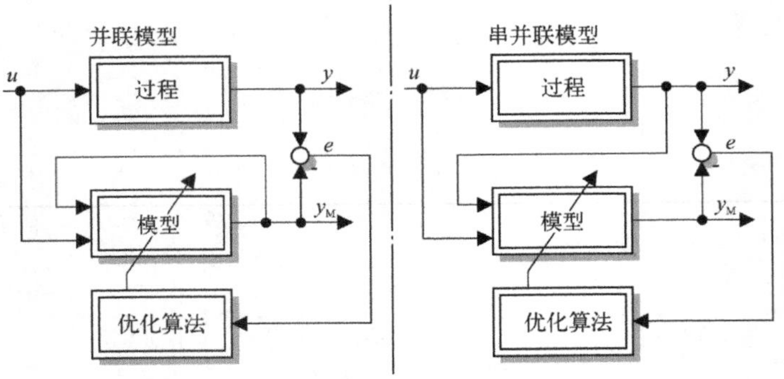


图 19.1　用于迭代优化的模型配置

作为代价函数，甚至可以选择误差的任意函数，如 $f(\boldsymbol{\theta},e)=e^2$ 或 $f(\boldsymbol{\theta},e)=|e|$，也可以选择组合的代价函数，小误差相对于大误差赋予不同的加权比率，以抑制异常值的影响。正如第 8 章讨论过的，二次型代价函数对异常值的影响过于强调。为了减小这个影响，提出了其他几种类型的代价函数，见表 19.1，也见图 19.2 及文献（Rousseeuw and Leroy，1987；Kötter et al，2007）。

**表 19.1　不同类型的代价函数，也见图 19.2**

| 名　称 | 代价函数 |
|---|---|
| 最小二乘 | $e^2$ |
| Huber | $\begin{cases} e^2/2\,, & \|r\| \leqslant c \\ c(\|e\| - c/2)\,, & \|r\| > c \end{cases}$ |
| 双平方 | $\begin{cases} c^2/6\left(1-\left(1-(r/c)^2\right)^3\right)\,, & \|r\| \leqslant c \\ c^2/6\,, & \|r\| > c \end{cases}$ |
| L1 - L2 | $2\left(\sqrt{1+e^2/2}-1\right)$ |
| 绝对值 | $\|e\|$ |

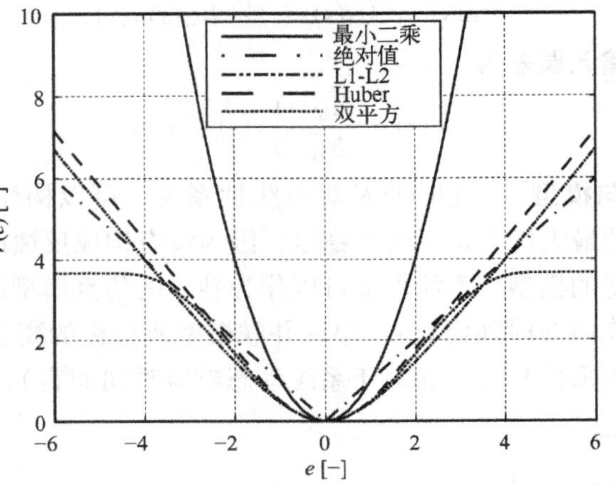


图 19.2　不同类型的代价函数（Huber 函数：$c=1.345$；双平方：$c=4.6851$），也见表 19.1

代价函数 $V(\boldsymbol{\theta},e)$ 通常是各个时刻误差的（加权）代数和，参数是通过极小化代价函数来确定的。附加的一些约束，如参数空间的边界或所得系统的稳定性，也可以表达成数学形式。下面假设代价函数具有唯一的最小值，在最小值处误差 $e$ 不一定为零。后面几节中将讨论几种算法，通过数值计算的方法来确定（非线性）函数的最小值。

## 19.2 非线性优化算法

非线性函数的优化有很多算法，下面将有选择地介绍其中一小部分，主要集中在易于实现和已被证实比较适用于系统辨识的那些算法。关于优化算法的完整讨论可参阅专著（Vanderplaats，2005；Nocedal and Wright，2006；Snyman，2005；Ravindran et al，2006 和 Boyd and Vandenberghe，2004），关于优化算法在计算机上的实现可参阅专著（Press et al，2007）。在这些专著中，读者可以找到算法的详细推导。本章的目的仅给出不同算法是如何工作的一些背景信息，以便选择适当的算法，来求解给定的参数估计问题。关于这方面的综述及随机优化方法也可参阅专著（Nelles，2001）。

非线性优化问题通常可以写成

$$\begin{aligned}&\min_{\boldsymbol{x}} f(\boldsymbol{x})\\ &\text{s.t. } \boldsymbol{g}(\boldsymbol{x}) \leqslant \boldsymbol{0}\\ &\quad\ \ \boldsymbol{h}(\boldsymbol{x}) = \boldsymbol{0}\end{aligned} \tag{19.2.1}$$

其中，“s. t.”（subject to）代表“受约于”，这种符号用在优化问题中是特有的。通过相应地调整向量 $x$ 中的各个元素，以使 $f(\boldsymbol{x})$ 达到最小值。优化问题是要受限于约束的，也就是要求 $\boldsymbol{g}(\boldsymbol{x})\leqslant\boldsymbol{0}$ 和 $\boldsymbol{h}(\boldsymbol{x})=\boldsymbol{0}$。为了使优化问题适应于系统辨识框架，需要设 $\boldsymbol{x}=\boldsymbol{\theta}$ 及 $f(\boldsymbol{x})=v(\boldsymbol{\theta})$。在数值优化中，参数向量称作**设计变量** $\boldsymbol{x}$，代价函数或价值函数称作**目标函数** $f$。

约束可以根据设计变量的条件推导出。注意，约束的建立总是要分别满足条件 $g_i(\boldsymbol{x})\leqslant 0$ 和 $h_j(\boldsymbol{x})=0$。比如，如果要保证 $x_1<4$，那么需要建立不等式约束 $g(\boldsymbol{x})=x_1-4<0$[⊖]。类似地，如果要保证 $x_1x_2=x_3^2$，那么需要建立等式约束 $h(\boldsymbol{x})=x_1x_2-x_3^2=0$。

许多优化算法都以如下的形式进行迭代

$$\boldsymbol{x}(k+1)=\boldsymbol{x}(k)+\alpha s(k) \tag{19.2.2}$$

其中，$\boldsymbol{x}(k), k=1,2,\cdots,$ 为所谓的**最小化序列**，$s(k)$ 为**搜索向量**，$\alpha$ 表示为了获得 $\boldsymbol{x}(k+1)$ 在搜索方向上的步长，最终逼近的**最优解**记作 $\boldsymbol{x}^*$。

显然，需要一个**初始猜测** $\boldsymbol{x}(0)$ 作为算法的起始点。如果可能，初始猜测应该靠近最优解。比如，可以采用技术说明书/数据手册中的过程参数作为起始点，或者采用以往辨识获得的结果作为起始点。如果没有什么可用的信息，也可以随机选择起始点，甚至可以随机选择几个不同的起始点或选择等间隔的起始点，多次启动算法，以找到合适的初始猜测。

同时需要定义迭代算法的**终止条件**。对无约束的优化问题，如果

$$\nabla f(\boldsymbol{x})=\boldsymbol{0} \tag{19.2.3}$$

⊖ 译者注：原文误为 $g(x)=x_1+4<0$。

其中，$\nabla f(\boldsymbol{x})$是函数的梯度，定义为

$$\nabla f(\boldsymbol{x}) = \left(\frac{\partial f(\boldsymbol{x})}{\partial \boldsymbol{x}}\right) = \left(\frac{\partial f(\boldsymbol{x})}{\partial x_1} \; \frac{\partial f(\boldsymbol{x})}{\partial x_2} \cdots \frac{\partial f(\boldsymbol{x})}{\partial x_p}\right)^{\mathrm{T}} \tag{19.2.4}$$

那么优化函数可能达到局部最优点。此外，Hessian 矩阵 $\boldsymbol{H}(x) = \nabla^2 f(\boldsymbol{x})$⊖定义为

$$\nabla^2 f(\boldsymbol{x}) = \frac{\partial^2 f(\boldsymbol{x})}{\partial \boldsymbol{x}^{\mathrm{T}} \partial \boldsymbol{x}} = \begin{pmatrix} \frac{\partial^2 f(\boldsymbol{x})}{\partial x_1 \partial x_1} & \cdots & \frac{\partial^2 f(\boldsymbol{x})}{\partial x_p \partial x_1} \\ \vdots & & \vdots \\ \frac{\partial^2 f(\boldsymbol{x})}{\partial x_1 \partial x_p} & \cdots & \frac{\partial^2 f(\boldsymbol{x})}{\partial x_p \partial x_p} \end{pmatrix} \tag{19.2.5}$$

它必须是正定的，以保证达到最小值（至少是局部最小值）。然而，由于数值计算的不精确或存在约束，不可能精确到达最小值点。因此，**终止准则**通常使用基于更新的步长和代价函数的改进量

$$\|\boldsymbol{x}(k+1) - \boldsymbol{x}(k)\| \leqslant \varepsilon_{\mathrm{x}} \quad f(\boldsymbol{x}(k)) - f(\boldsymbol{x}(k+1)) \leqslant \varepsilon_{\mathrm{f}} \tag{19.2.6}$$

同时还能给出相关的收敛准则。

**可行区域**是搜索空间中满足所有约束的区域，可用区域是能使目标函数下降的区域。在迭代过程中应该在**可行区域和可用区域**中不断搜索，以达到下一次迭代的最优解。

关于代价函数，它依赖于哪些信息，有以下几种不同的区别：

- **零阶方法**：只使用代价函数$f(\boldsymbol{x})$本身。
- **一阶方法**：使用代价函数$f(\boldsymbol{x})$及其一阶梯度$\partial f/\partial \boldsymbol{x}$。
- **二阶方法**：使用代价函数$f(\boldsymbol{x})$、一阶梯度$\partial f/\partial \boldsymbol{x}$及二阶 Hessen 矩阵$\partial^2 f/\partial \boldsymbol{x}^2$（或其近似值）。

有关偏微分的计算可以是解析的，也可以利用有限差分法，见第 19.7 节。

## 19.3 一维方法

首先，介绍一维优化方法，它可以用来求解只有一个变量 $x$ 的优化问题，通过选择变量 $x$，使函数 $f$ 达到最优值。虽然这是最基本的一类优化方法，但它代表着特别重要的优化算法，甚至许多多维优化方法，一旦建立起搜索向量，随后也将应用一维搜索来确定式(19.2.2）中的 α 值。α 值的确定称作**线搜索**。

**点估计算法（零阶方法）**

如果函数是单峰且连续的，则可用多项式来逼近，并用它来确定最小值。对近似的多项式，可以采用微积分中的标准方法来确定最优解。

给定三个点$(x_1, f_1)$、$(x_2, f_2)$和$(x_3, f_3)$，可以匹配得到一个二次型函数

$$f(x) = a_0 + a_1(x - x_1) + a_2(x - x_1)(x - x_2) \tag{19.3.1}$$

其参数为

$$a_0 = f_1 \tag{19.3.2}$$

---

⊖ 译者注：原文误为$\nabla^2 f(x)^2$。

$$a_1 = \frac{f_2 - f_1}{x_2 - x_1} \tag{19.3.3}$$

$$a_2 = \frac{\frac{f_3-f_1}{x_3-x_1} - \frac{f_2-f_1}{x_2-x_1}}{x_3 - x_2} \tag{19.3.4}$$

通过$\partial f/\partial x=0$，可求得最优解为

$$x^* = \frac{x_2 - x_1}{2} - \frac{a_1}{2a_2} \tag{19.3.5}$$

这种算法的最大好处是，只需求取少数几个点的函数值。但另一方面，它不能保证估计值的质量，特别是对高度非线性的函数。

也可以采用更高阶次的逼近，如立方逼近，但随着逼近多项式阶次的增加，求解最小值的计算量也会增大。此外，局部极小值的个数也随着多项式阶次的增加而增多。虽然点估计法理论上要优于区域消去法，但在实际应用中却并不总是如此。在实际应用中，区域消去法具有很高的鲁棒性，可用作初始阶段的精细搜索。然后，一旦足够精确地确定了解的边界，就可以利用点估计法准确地找到精确解。

**区域消去算法（零阶方法）**

区域消去法在每步迭代中去除关注区域中的一部分子区间，从而缩小了最优解的搜索空间。

假设最优解以 $x_L$ 和 $x_R$ 为界，且对应的代价函数值$f_L$ 和$f_R$ 是已知的，则有

1）计算中间点 $x_M$

$$x_M = \frac{x_L + x_R}{2}$$

的函数值$f_M$。

2）确定点 $x_1$ 和 $x_2$

$$x_1 = x_L + \frac{x_R - x_L}{4} \text{ 和 } x_2 = x_R - \frac{x_R - x_L}{4}$$

3）确定相应的函数值$f_1$ 和$f_2$。

4）比较$f_1$ 和$f_M$，

若$f_1 < f_M$，则 $x_R = x_M$，$x_M = x_1$；

否则，比较$f_2$ 和$f_M$，

若$f_2 < f_M$，则 $x_L = x_M$，$x_M = x_2$；

若$f_2 > f_M$[⊖]，则 $x_L = x_1$，$x_R = x_2$。

5）检查收敛性；否则，跳回第 2 步。

由于这种算法每次迭代可消去一半的界限区间，所以只要终止容许区间的长度是给定的$\varepsilon_X$，那么算法所需的迭代步数就可以预先确定。

**黄金分割搜索（零阶方法）**

黄金分割搜索是一种最常用的区域消去法，类似于在本节稍后介绍的分半算法。它包含如下步骤：

---

⊖ 译者注：应改为$f_2 \geqslant f_m$。

1）计算

$$x_1 = (1-\tau)x_L + \tau x_R$$
$$x_2 = \tau x_L + (1-\tau)x_R$$

并确定对应的目标函数值$f_1$和$f_2$。

2）若$f_1 > f_2$，则$x_L = x_1$，$x_1 = x_2$，$f_1 = f_2$，且

$$x_2 = \tau x_L + (1-\tau)x_R$$

再次计算$x_2$处的$f_2$值。

若$f_1 \leqslant f_2$[⊖]，则$x_R = x_2$，$x_2 = x_1$，$f_2 = f_1$，且

$$x_1 = (1-\tau)x_L + \tau x_R$$

再次计算$x_1$处的$f_1$值。

3）重复第2步，直至收敛。

对于黄金分割搜索，取$\tau = 0.38197$，$1-\tau = 0.61803$。这两个数字保证点之间的距离比例为常数。虽然选择$\tau = 0.5$（即分半算法），以相同的迭代步数可以更快地缩小最小值[⊖]所在的区间，但还是更偏好于使用黄金分割比例，因为黄金分割法对最优点的界限分割更为保守，似乎会有好处。

**分半算法（一阶方法）**

分半算法是一种简单的方法，它基于目标函数及其一阶导数的计算。为使算法更为简练，记一阶导数为$f' = \partial f / \partial x$。这种算法十分简单，在每一步迭代中都将初始区间$(x_L, x_R)$一分为二。目标函数必须是单峰且可导的，使得$f'$存在。与后面给出的 Newton – Raphson 算法相比，分半算法仅需要一阶导数。

1）找到最优解的两个界限点$x_L$和$x_R$，使得$f'(x_L) < 0$和$f'(x_R) > 0$。

2）求中间点

$$x_M = \frac{x_L + x_R}{2}$$

3）计算$f'(x_M)$。

4）若$f'(x_M) > 0$，则去掉右半部分区间$(x_{R,new} = x_{M,old})$，否则去掉左半部分区间$(x_{L,new} = x_{M,old})$。

5）检查收敛性；若有必要，跳回第2步继续。

**Newton – Raphson 算法（二阶方法）**

**Newton – Raphson 算法**需要目标函数及其关于未知参数一阶和二阶导数的信息。如果在最优解附近启动，算法的效率很高。如果远离最优解启动，在不利的条件下算法有发散的危险。

1）从点$x$启动。

2）移动到新的点

---

⊖ 译者注：原文为$f_1 < f_2$。

⊖ 译者注：原文为“最大值”，根据式（19.2.1）应为“最小值”。

$$x^* = x - \frac{f'(x)}{f''(x)}$$

3）计算$f^*(x^*)$值。

4）检查收敛性；若有必要，跳回第2步继续。

## 19.4 多维优化

最常遇到的还是多维优化问题，其目标函数$f$依赖于设计变量向量$x$。在这种情况下，可以应用下面介绍的方法。下面介绍的所有方法都保留求解无约束优化问题的原始形式，在后面的第19.5节中将讨论带约束的问题。

### 19.4.1 零阶优化器

零阶方法只用到函数变量的信息，当函数的梯度信息不能得到时，零阶方法非常适用于这种情况。此外，零阶方法具有鲁棒、且易以实现的优点。关于无梯度信息的优化方法的综述，可参阅文献（Conn et al，2009）。其他包括遗传算法（Mitchell，1996）、模拟退火法（Schneider and Kirkpatrick，2006）和生物启发算法，如蚁群优化方法（Kennedy et al，2001）等一些零阶方法都是很有名的优化方法。

**下山单纯形法（Nelder－Mead）**

在$n$维空间中，单纯形是一个由$n+1$个顶点组成的多面体，各顶点之间的距离相等。例如，在二维空间中，单纯形就是一个三角形。在下山单纯形法的每步迭代中，把最差点投影到单纯形相应对立面的顶点，以构成新的单纯形。另外，单纯形的大小是可以调整的，以便更好地分界最优解。虽然下山单纯形法非常简单，但已证实它是鲁棒的，且在有噪声的情况下也能很好地运行。注意，在线性规划中也有“单纯形法”，不要与这里的下山单纯形法混淆。

1）根据各点的目标函数值，按升值排序，排成$f(\boldsymbol{x}_1)\leqslant f(\boldsymbol{x}_2)\leqslant\cdots\leqslant f(\boldsymbol{x}_{n+1})$。

2）**反射**：将最差点通过其他剩余点的重心$\boldsymbol{x}_0$，利用镜像反射，构成反射点$\boldsymbol{x}_R=\boldsymbol{x}_0+(\boldsymbol{x}_0-\boldsymbol{x}_{n+1})$。如果反射点的目标函数值$f(\boldsymbol{x}_R)$比$f(\boldsymbol{x}_n)$好，但比$f(\boldsymbol{x}_1)$差，则用$\boldsymbol{x}_R$替代$\boldsymbol{x}_{n+1}$，跳至第6步。

3）**扩展**：如果反射点是新的最优解，即优于$f(\boldsymbol{x}_1)$，则扩展单纯形，构成扩展点$\boldsymbol{x}_E=\boldsymbol{x}_0+\gamma(\boldsymbol{x}_0-\boldsymbol{x}_{n+1})$，其中$\gamma>1$，以便延伸该方向的搜索，这样会有好处的。如果扩展点$\boldsymbol{x}_E$给出更低的目标函数值，则以$\boldsymbol{x}_E$替代$\boldsymbol{x}_{n+1}$，跳至第6步。否则，保持单纯形不变，以$\boldsymbol{x}_R$替代$\boldsymbol{x}_{n+1}$，跳至第6步。

4）**收缩**：目标函数值可能没有变小，因为反射点的函数值还是最差点的函数值$f(\boldsymbol{x}_n)$。这时不应该试图用这么大的步长搜索，应通过确定收缩点$\boldsymbol{x}_C=\boldsymbol{x}_0+\varrho(\boldsymbol{x}_0-\boldsymbol{x}_{n+1}),\varrho<1$，将单纯形缩小。如果收缩点$\boldsymbol{x}_C$的函数值优于点$\boldsymbol{x}_{n+1}$的函数值，则保留收缩的单纯形，以$\boldsymbol{x}_C$替代$\boldsymbol{x}_{n+1}$，跳至第6步。

5）**缩小**：此刻最优解似乎已经在单纯形内部，因此必须缩小单纯形的大小，以便分界出最优解。除了最优解点，其他点均替换为$\boldsymbol{x}_i=\boldsymbol{x}_1+\sigma(\boldsymbol{x}_i-\boldsymbol{x}_1),i=2,\cdots,n+1$。

6）如果达到收敛容许条件，则终止算法；否则跳回第 1 步。

**例 19.1（利用下山单纯形法确定一阶系统的参数）**

为了解释下山单纯形法的一般工作原理，选择一个二维的参数估计问题。考虑如下的传递函数

$$G(s)=\frac{K}{Ts+1} \tag{19.4.1}$$

基于输出误差 $e(t)=y(t)-\hat{y}(t)$，确定过程的增益 $K$ 和时间常数 $T$。为了解释工作原理，本例没用到“扩展”步骤。

建立如下的代价函数

$$V=\sum_{k=0}^{N-1}(y(k)-\hat{y}(k))^2 \tag{19.4.2}$$

为了确定模型的响应 $\hat{y}(k)$，在计算机上仿真该过程，尽管系统是以连续时间形式表示的，仍然采用时间变量 $k$。另外应该指出，这个代价函数与极大似然估计在有白噪声作用于输出 $y(k)$ 且采用并联模型情况下所用的代价函数是一样的。因此，理论上说这个代价函数给出的是最优解（Ljung，2009）。

对这个过程模型，选用的参数为 $K=2$ 和 $T=0.5$ s。图 19.3 给出过程的输入输出，图 19.4 给出算法是如何从随机给定的起始值（$K=0.5$ 和 $T=1.8$s）逼近目标函数的最小值的。当到达最小值时，单纯形经历了数次“缩小”。同时也利用梯度下降法来求解本例，以便与零阶方法和一阶方法进行对比。 □

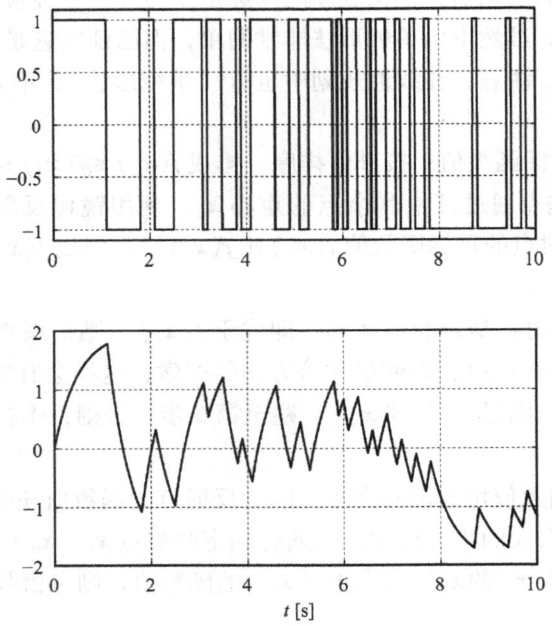


图 19.3　一阶系统例子，$u(k)$ 为过程输入，$y(k)$ 为过程输出，$\hat{y}(k)$ 为模型输出

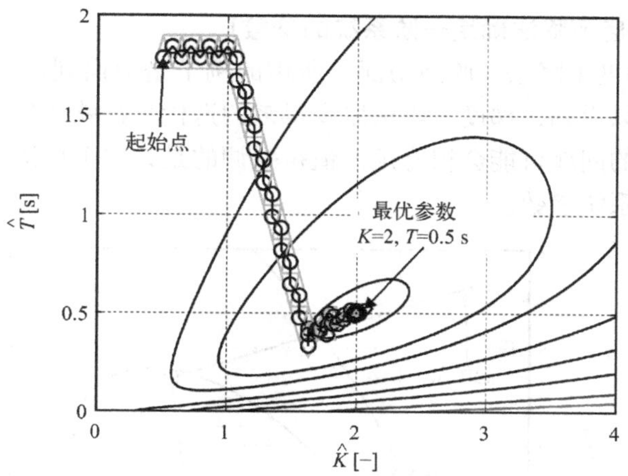


图 19.4　下山单纯形法的收敛过程和代价函数的等值线

### 19.4.2　一阶优化器

一阶优化方法还要用到目标函数的梯度信息，记为$\nabla f(\boldsymbol{x}) = \partial f(\boldsymbol{x})/\partial \boldsymbol{x}$。梯度信息既可以解析地给出，也可以利用有限差分给出。

**梯度下降法（一阶方法）**

梯度下降法在每步搜索中均向梯度$\nabla f(\boldsymbol{x})$的负方向行进

$$\boldsymbol{x}(k+1) = \boldsymbol{x}(k) + \alpha \boldsymbol{s}(k) \tag{19.4.3}$$

$$\boldsymbol{s}(k) = -\frac{\nabla f(\boldsymbol{x}(k))}{\|\nabla f(\boldsymbol{x}(k))\|_2} \tag{19.4.4}$$

其中，$\boldsymbol{s}(k)$是搜索向量，步长$\alpha$可以利用随后的负方向上的一维线搜索来确定，见第 19.3 节。梯度通常规范化到单位长度，即除以向量的欧几里德范数$\|\nabla f(\boldsymbol{x}(k))\|_2$。这种方法也常称作**最速下降法**，它的主要缺点是，对不恰当的设计变量标尺，算法可能变得很慢（Press et al, 2007）。

Fletcher – Reeves 算法是梯度下降法的一个扩展，对二次型目标函数，它具有平方收敛性。当首次搜索到最陡的方向之后，随后的搜索向量写成

$$\boldsymbol{s}(k) = -\nabla f(\boldsymbol{x}(k)) + \beta(k)\boldsymbol{s}(k-1) \tag{19.4.5}$$

其中

$$\beta(k) = \frac{\left(\nabla f(\boldsymbol{x}(k))\right)^{\mathrm{T}}\left(\nabla f(\boldsymbol{x}(k))\right)^{\mathrm{T}}}{\left(\nabla f(\boldsymbol{x}(k-1))\right)^{\mathrm{T}}\left(\nabla f(\boldsymbol{x}(k-1))\right)^{\mathrm{T}}} \tag{19.4.6}$$

除了对二次型函数具有平方收敛性外，它的优点是过去迭代步的信息会被重复使用。在远离最优解使用也是有效的，当接近最优解时，收敛速度会加快。

由于数值计算不精确的缘故，优化过程中有可能需要多次重启 Fletcher – Reeves 算法。在这种情况下，算法要在某一步相应的梯度方向上重启，此时算法可以改进写成

$$\beta(k) = \frac{\left(\nabla f(\boldsymbol{x}(k)) - \nabla f(\boldsymbol{x}(k-1))\right)^{\mathrm{T}}\left(\nabla f(\boldsymbol{x}(k))\right)}{\left(\nabla f(\boldsymbol{x}(k-1))\right)^{\mathrm{T}}\left(\nabla f(\boldsymbol{x}(k-1))\right)^{\mathrm{T}}} \tag{19.4.7}$$

这时称作 **Polak – Ribiere 算法**。

**例 19.2（利用梯度下降法确定一阶系统的参数）**

图 19.5 给出了梯度下降法的收敛情况，所用的例子是前面利用下山单纯形法进行辨识用过的一阶系统。可以看到，梯度下降法以少得多的迭代步数就达到了收敛点，然而梯度的计算对大型和更复杂的问题可能会很麻烦。值得强调的是，这个算法以少得多的迭代步数就可以辨识得到正确的系统参数。 □

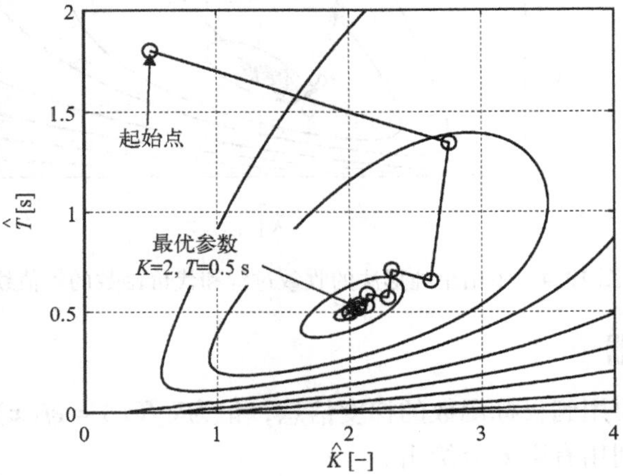


图 19.5　最速下降算法的收敛过程和代价函数的等值线

### 19.4.3　二阶优化器

二阶优化方法的速度比较快，而且效率高，其缺点是必须知道二阶导数，用于确定 Hessian 矩阵。对很多问题来说，由于代价函数对各个参数的二阶偏导数计算比较复杂，所以二阶导数不能解析给出。为了克服这个缺点，提出了一些近似的方法，在推导牛顿法之后将介绍这些方法，这些近似方法试图仅用梯度信息来近似 Hessian 矩阵。

**牛顿法**

牛顿法有时候也称作 Newton - Raphson 算法，用于寻找函数的零点，它可以通过$f(\boldsymbol{x})$在 $\boldsymbol{x}_0$ 处的二阶近似展开导出，写成

$$f(\boldsymbol{x}_0+\Delta\boldsymbol{x})\approx f(\boldsymbol{x}_0)+\nabla f(\boldsymbol{x}_0)\Delta\boldsymbol{x}+\frac{1}{2}\Delta\boldsymbol{x}^{\mathrm{T}}\nabla^2 f(\boldsymbol{x}_0)\Delta\boldsymbol{x} \tag{19.4.8}$$

对最优解来说，它对参数向量 $\boldsymbol{x}$ 的梯度必须为零，即

$$\begin{aligned}&\frac{\partial f(\boldsymbol{x}_0+\Delta\boldsymbol{x})}{\partial\Delta\boldsymbol{x}}=\nabla f(\boldsymbol{x}_0)+\nabla^2 f(\boldsymbol{x}_0)\Delta\boldsymbol{x}=\mathbf{0}\\&\Leftrightarrow\Delta\boldsymbol{x}=-\left(\nabla^2 f(\boldsymbol{x}_0)\right)^{-1}\nabla f(\boldsymbol{x}_0)\end{aligned} \tag{19.4.9}$$

得到的是牛顿步长。如果函数$f(\boldsymbol{x})$是二次型的，则牛顿解的更新为

$$\boldsymbol{x}(k+1)=\boldsymbol{x}(k)+\boldsymbol{s}(k) \tag{19.4.10}$$

$$\boldsymbol{s}(k)=-\left(\nabla^2 f(\boldsymbol{x}(k))\right)^{-1}\nabla f(\boldsymbol{x}(k)) \tag{19.4.11}$$

它以 $\alpha=1$ 直接给出最优解 $\boldsymbol{x}^*$。如第 22.3 节所指出的，在目前情况下对矩阵($\nabla^2 f(\boldsymbol{x}(k))$)直接求逆，可能会存在数值计算上的问题。此外，Hessian 矩阵是很少能获得的，也见下节的准牛顿法。

如果函数可以用二次型函数充分逼近，则这种方法可以产生一个接近最优解的点。这种算法需要迭代进行。二次优化方法的最大优点在于它的速度和效率。然而，二阶导数必须是已知的，而且必须保证 Hessian 矩阵是正定的，在远离最优解的时候这个条件不一定能满足。与一阶优化方法（即基于梯度的）对比，对于真正的二次型问题，当 $\alpha=1$ 时，二阶优化方法的更新步长可以自动确定，因此理论上不需要用后续的一维线搜索来确定步长。然而，如果需要用后续的一维线搜索来确定步长，那么 $\alpha=1$ 是一维线搜索的很好初始值。

**准牛顿法**

牛顿法的主要缺点是几乎没有用到 Hessian 矩阵的信息，为此导出了许多准牛顿法，试图仅用一阶导数信息来近似 Hessian 矩阵。

这里，将解的更新写成

$$\boldsymbol{x}(k+1)=\boldsymbol{x}(k)+\boldsymbol{s}(k) \tag{19.4.12}$$

$$\boldsymbol{s}=-\boldsymbol{H}(k)\,\nabla f(\boldsymbol{x}(k)) \tag{19.4.13}$$

其中，$\boldsymbol{H}(k)$ **不是** Hessian 矩阵，而是 Hessian 矩阵逆的近似。矩阵 $\boldsymbol{H}(k)$ 的初始值取 $\boldsymbol{H}(\mathrm{k})=\boldsymbol{I}$，随后的更新写成

$$\boldsymbol{H}(k+1)=\boldsymbol{H}(k)+\boldsymbol{D}(k) \tag{19.4.14}$$

其中

$$\begin{aligned}\boldsymbol{D}(k)=&\frac{\sigma+\theta\tau}{\sigma^2}\boldsymbol{p}(k)\boldsymbol{p}(k)^{\mathrm{T}}+\frac{\theta-1}{\tau}\boldsymbol{H}(k)\boldsymbol{y}(\boldsymbol{H}(k)\boldsymbol{y})^{\mathrm{T}}\\&-\frac{\theta}{\sigma}\left(\boldsymbol{H}(k)\boldsymbol{y}\boldsymbol{p}^{\mathrm{T}}+\boldsymbol{p}(\boldsymbol{H}(k)\boldsymbol{y})^{\mathrm{T}}\right)\end{aligned} \tag{19.4.15}$$

且各参数为

$$\sigma=\boldsymbol{p}^{\mathrm{T}}\boldsymbol{y} \tag{19.4.16}$$

$$\tau=\boldsymbol{y}^{\mathrm{T}}\boldsymbol{H}(k)\boldsymbol{y} \tag{19.4.17}$$

$$\boldsymbol{p}=\boldsymbol{x}(k)-\boldsymbol{x}(k-1) \tag{19.4.18}$$

$$\boldsymbol{y}=\nabla f(\boldsymbol{x}(k))-\nabla f(\boldsymbol{x}(k-1)) \tag{19.4.19}$$

式中，参数 $\theta$ 使得算法在不同的改进方法之间切换。当 $\theta=0$ 时，切换为 DFP（Davidon，Fletcher，Powell）算法；当 $\theta=1$ 时，切换为 BFGS（Broyden，Fletcher，Goldfarb，Shanno）算法，这些算法如何逼近 Hessian 矩阵逆的方法是不一样的。

**Gauss – Newton 算法**

对于基于误差函数 $e_k(\boldsymbol{x})$ 平方和的目标函数，可以找到特殊的逼近 Hessian 矩阵的方法，由此构成所谓的 Gauss – Newton 算法。目标函数写成

$$f(\boldsymbol{x})=\sum_{k=1}^{N}e_k^2(\boldsymbol{x}) \tag{19.4.20}$$

其梯度向量 $\partial f(\boldsymbol{x})/\partial\boldsymbol{x}$ 的元素为

$$\frac{\partial f(\boldsymbol{x})}{\partial x_i}=\frac{\partial}{\partial x_i}\left(\sum_{k=1}^{N}e_k^2(\boldsymbol{x})\right)=\sum_{k=1}^{N}\frac{\partial}{\partial x_i}e_k^2(\boldsymbol{x})=\sum_{k=1}^{N}2e_k(\boldsymbol{x})\frac{\partial}{\partial x_i}e_k(\boldsymbol{x}) \tag{19.4.21}$$

且 Hessian 矩阵 $\boldsymbol{H}(\boldsymbol{x})$ 的元素为

$$H_{i,j}(\boldsymbol{x})=\frac{\partial^2 f(\boldsymbol{x})}{\partial x_i\partial x_j}=\frac{\partial}{\partial x_j}\left(\sum_{k=1}^{N}2e_k^2(\boldsymbol{x})\frac{\partial}{\partial x_i}e_k(\boldsymbol{x})\right)$$
$$=2\sum_{k=1}^{N}\left(\frac{\partial}{\partial x_j}e_k(\boldsymbol{x})\right)\left(\frac{\partial}{\partial x_i}e_k(\boldsymbol{x})\right)+\underbrace{2\sum_{k=1}^{N}\frac{\partial^2}{\partial x_i\partial x_j}e_k(\boldsymbol{x})}_{\approx 0} \tag{19.4.22}$$
$$\approx 2\sum_{k=1}^{N}\left(\frac{\partial}{\partial x_j}e_k(\boldsymbol{x})\right)\left(\frac{\partial}{\partial x_i}e_k(\boldsymbol{x})\right)$$

这里，Hessian 矩阵仅用一阶导数信息近似。

利用 Jacobian 矩阵

$$\boldsymbol{J}=\frac{\partial \boldsymbol{e}}{\partial \boldsymbol{x}} \tag{19.4.23}$$

可以将解的更新写成

$$\boldsymbol{x}(k+1)=\boldsymbol{x}(k)+\boldsymbol{s}(k) \tag{19.4.24}$$
$$\boldsymbol{s}(k)=-\left(\boldsymbol{J}^{\mathrm{T}}\boldsymbol{J}\right)^{-1}\left(\boldsymbol{J}^{\mathrm{T}}\boldsymbol{e}\right) \tag{19.4.25}$$

这样，Hessian 矩阵的近似写成 $\boldsymbol{H}\approx 2\boldsymbol{J}^{\mathrm{T}}\boldsymbol{J}$，且梯度为 $\nabla^2 f(\boldsymbol{x}(k))\approx 2\boldsymbol{J}^{\mathrm{T}}\boldsymbol{e}$。另外，直接求逆在数值上是有问题的，应该避免。因此，也可以根据如下方程

$$\left(\boldsymbol{J}^{\mathrm{T}}\boldsymbol{J}\right)^{-1}\boldsymbol{s}(k)=-\boldsymbol{J}^{\mathrm{T}}\boldsymbol{e} \tag{19.4.26}$$

利用在第 22.3 节中用于求解最小二乘问题的方法来确定搜索向量。

**Levenberg – Marquart 算法**

**Levenberg – Marquart 算法**是 Gauss – Newton 算法的一种改进形式，可写成

$$\boldsymbol{x}(k+1)=\boldsymbol{x}(k)+\boldsymbol{s}(k) \tag{19.4.27}$$
$$\boldsymbol{s}(k)=-\left(\boldsymbol{J}^{\mathrm{T}}\boldsymbol{J}+\lambda\boldsymbol{I}\right)^{-1}\left(\boldsymbol{J}^{\mathrm{T}}\boldsymbol{e}\right) \tag{19.4.28}$$

其中，$\boldsymbol{I}$ 是单位矩阵，这种方法也称作**信赖域法**，算法分母中的加项 $\lambda\boldsymbol{I}$ 使更新搜索向量 $\boldsymbol{s}(k)$ 向最陡下降方向旋转。为了得到最优结果，每一步搜索都要更新参数 $\lambda$。然而，通常使用启发式方法，如果算法发散，则增加 $\lambda$ 值，如果算法收敛，则减小 $\lambda$ 值。通过引入加项 $\lambda\boldsymbol{I}$ 及适当选择 $\lambda$ 值，可以迫使优化序列中的函数值下降，此外加项 $\lambda\boldsymbol{I}$ 可以增加数值计算的稳定性。

## 19.5 约束

通常优化问题必须加有约束，它是优化问题的一部分。典型的一种约束是模型的稳定性，因为不稳定的模型不能正确地用于仿真，也不能用于后续的应用。另外，在很多情况下模型是由物理参数组成的，如弹簧系数或质量等，它们都是有物理意义的，不能是负的。所以没有物理意义的模型不应该包括在搜索空间中。还有，加入约束会限制模型的灵活性，因此模型的方差会变小，并以增大偏差为代价，也见第 20.2 节中有关偏差 – 方差两难选择的论述。

### 19.5.1 序贯无约束极小化方法

将约束引入优化问题的一种方法是 SUMT 方法，即**序贯无约束极小化方法**。这里构造一个伪目标函数

$$\Phi(\boldsymbol{x},r_{\mathrm{P}})=f(\boldsymbol{x})+r_{\mathrm{P}}p(\boldsymbol{x}) \tag{19.5.1}$$

其中，$p(\boldsymbol{x})$称作**惩罚函数**，用于将约束引入代价函数；$r_{\mathrm{P}}$ 表示标量**惩罚因子**，通常随着优化的进行其值越来越加大，以避免不能满足约束条件。下面描述几种可能的方法。

**外罚函数法**

外罚函数法的惩罚函数写成

$$p(\boldsymbol{x})=\sum_{i=1}^{m}\left(\max(0,g_j(\boldsymbol{x}))\right)^2+\sum_{k=1}^{l}\left(h_k(\boldsymbol{x})\right)^2 \tag{19.5.2}$$

正如引言中所述，$g_j(\boldsymbol{x})$代表不等式约束，也就是必须满足 $g_j(\boldsymbol{x})\leqslant \mathbf{0}$，$h_k(\boldsymbol{x})$代表等式约束，即 $h_k(\boldsymbol{x})=\mathbf{0}$。

只有对应的约束不满足时，惩罚函数才施加影响，因此称作**外惩罚**。最优设计问题总是从不可行域的一侧逼近的，因此过早终止算法只能得到不可行的解，通常也是不稳定的解。惩罚因子 $r_{\mathrm{P}}$ 通常要从较小的值开始，以使开始时处在可行设计域内，并从可行区域内开始搜索。比如，惩罚因子 $r_{\mathrm{P}}$ 可以从 0.1 开始，然后逐渐增加到 10000，甚至 100000。

**内罚函数法**

内罚函数法的惩罚函数写成

$$p(\boldsymbol{x})=r_{\mathrm{P}}'\sum_{i=1}^{m}\frac{-1}{g_j(\boldsymbol{x})}+r_{\mathrm{P}}\sum_{k=1}^{l}(h_k(\boldsymbol{x}))^2 \tag{19.5.3}$$

只要解是可行的，惩罚函数值都是正的，而且当不满足约束时趋向无穷大。惩罚函数的两项分别带有权值 $r_{\mathrm{P}}$ 和 $r_{\mathrm{P}}'$。如果算法在可行域内位于最优解不太远的点启动，则应该启用内罚函数法，这样算法就会从可行域逼近最优解。如果初始猜测是不可行的和/或离最优解很远，则应该启用外罚函数法。相反地，内罚函数法决不能从不可行的初始猜测点启用，因为这样算法会**更偏向于趋于**不可行的解。

**扩展内罚函数法**

扩展内罚函数法的惩罚函数写成

$$p(\boldsymbol{x})=r_{\mathrm{P}}'\sum_{i=1}^{m}\tilde{g}_j(\boldsymbol{x})$$
$$\tilde{g}_j=\begin{cases}-\dfrac{1}{g_j(\boldsymbol{x})}&,\ g_j(\boldsymbol{x})\leqslant-\varepsilon\\[2mm]-\dfrac{2\varepsilon-g_j(\boldsymbol{x})}{\varepsilon^2}&,\ g_j(\boldsymbol{x})>-\varepsilon\end{cases} \tag{19.5.4}$$

式中，$\varepsilon$ 为小的正数，惩罚函数在约束边界上不再是不连续的。

**二次型扩展内罚函数法**

二次型扩展内罚函数法的惩罚函数写成

$$p(\boldsymbol{x})=r_{\mathrm{P}}'\sum_{i=1}^{m}\tilde{g}_j(\boldsymbol{x})$$
$$\tilde{g}_j=\begin{cases}-\dfrac{1}{g_j(\boldsymbol{x})}&,\ g_j(\boldsymbol{x})\leqslant\varepsilon\\[2mm]-\dfrac{1}{\varepsilon}\left(\left(\dfrac{g_j(\boldsymbol{x})}{\varepsilon}\right)2-3\dfrac{g_j(\boldsymbol{x})}{\varepsilon}+3\right)&,\ g_j(\boldsymbol{x})>\varepsilon\end{cases} \tag{19.5.5}$$

式中，由于二阶导数已然是连续的，所以二阶优化方法也是可用的。不过，代价是增加了惩罚函数的非线性度。

**其他的惩罚函数**

表 19.2 给出了其他一些也可以使用的惩罚函数。

**表 19.2　其他一些惩罚函数**

| 名称、形状和方程 | 名称、形状和方程 |
| --- | --- |
| 抛物线惩罚函数<br>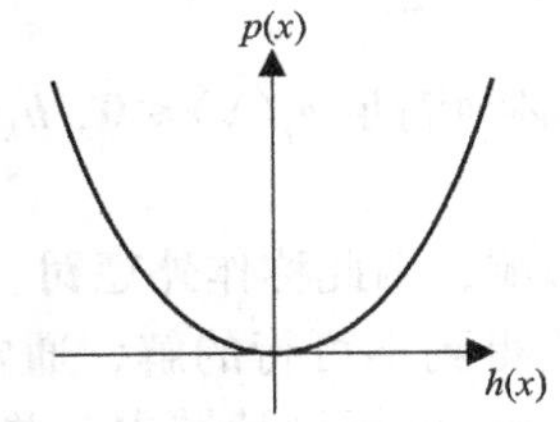<br>$p(\boldsymbol{x}) = r_{\mathrm{P}}\big(h(\boldsymbol{x})\big)^2$<br>见外罚函数法 | 半抛物线惩罚函数<br>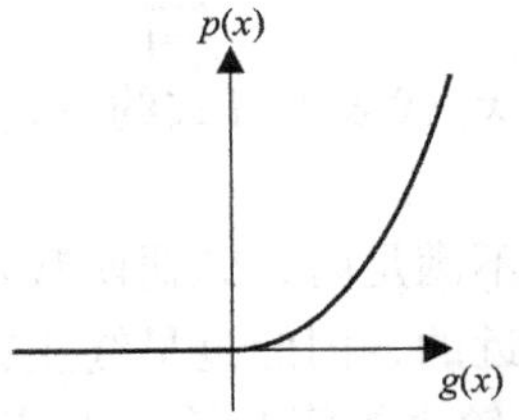<br>$p(\boldsymbol{x}) = \begin{cases} r_{\mathrm{P}}\big(g(\boldsymbol{x})\big)^2, & g(\boldsymbol{x}) > 0 \\ 0, & \text{其他} \end{cases}$<br>见外罚函数法 |
| 无限障碍惩罚函数<br>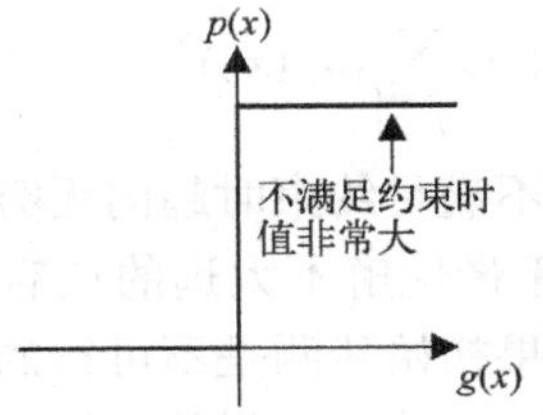<br>$p(\boldsymbol{x}) = \begin{cases} 10^{20}, & g(\boldsymbol{x}) > 0 \\ 0, & \text{其他} \end{cases}$ | 对数惩罚函数<br>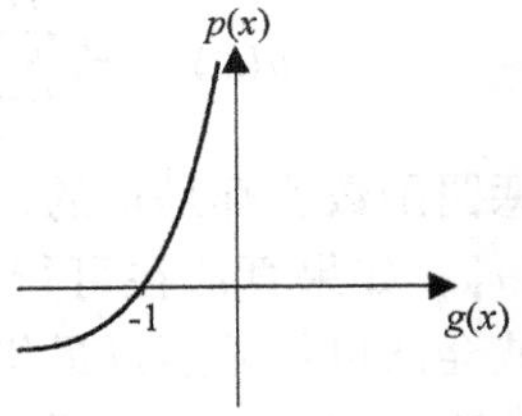<br>$p(\boldsymbol{x}) = -r_{\mathrm{P}}\log\big(-g(\boldsymbol{x})\big)$ |
| 逆惩罚函数<br>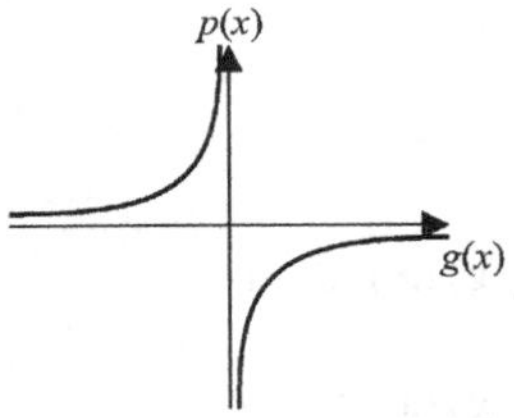<br>$p(\boldsymbol{x}) = -r_{\mathrm{P}}\frac{1}{g(\boldsymbol{x})}$ | |

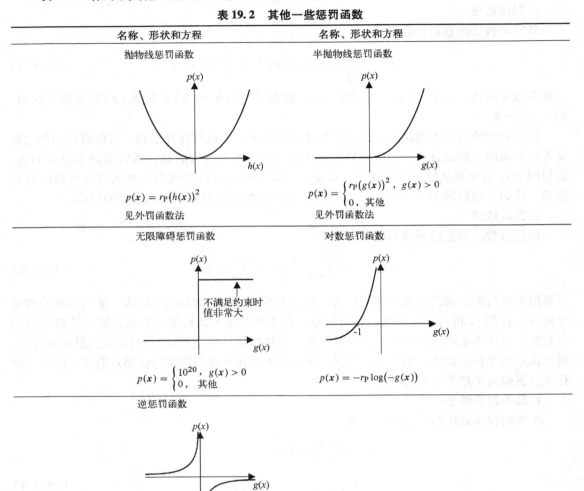

**例 19.3（基于物理模型，利用下山单纯形法辨识三质量振荡器的频率响应，所用的代价函数带有约束）**

在这个例子中，利用正交相关分析法辨识获得频率响应，再根据频率响应来确定三质量振荡器的物理参数。

辨识过程分三步进行：首先，利用正交相关分析法辨识获得系统的频率响应，如第 5.5.2 节所描述的；然后，利用通过实验确定的频率响应幅值，确定状态空间模型的物理参数，也就是如下的参数估计向量

$$\boldsymbol{\theta}^{\mathrm{T}} = \big(J_1\ J_2\ J_3\ d_1\ d_2\ d_3\ c_1\ c_2\big) \tag{19.5.6}$$

所用的代价函数是测量的频率响应幅值 $|G(\mathrm{i}\omega_n)|$ 与模型的频率响应幅值 $|\hat{G}(\mathrm{i}\omega_n)|$ 之间的误

差平方，写成

$$V=\sum_{n=1}^{N}\left(|G(\mathrm{i}\omega_n)|-|\hat{G}(\mathrm{i}\omega_n)|\right)^2 \tag{19.5.7}$$

这样就可以获得最小相位系统的参数。再引入约束，保证所有的估计参数是非负的，以便获得有意义的参数估计。

参数估计的结果为

$$\hat{J}_1=0.0184\,\mathrm{kg\cdot m^2}\qquad \hat{J}_2=0.0082\,\mathrm{kg\cdot m^2}\qquad \hat{J}_3=0.0033\,\mathrm{kg\cdot m^2}$$
$$\hat{c}_1=1.3545\frac{\mathrm{N\cdot m}}{\mathrm{rad}}\qquad \hat{c}_2=1.9307\frac{\mathrm{N\cdot m}}{\mathrm{rad}}$$
$$\hat{d}_1=9.8145\times10^{-5}\frac{\mathrm{N\cdot m\cdot s}}{\mathrm{rad}}\qquad \hat{d}_2=1.1047\times10^{-7}\frac{\mathrm{N\cdot m\cdot s}}{\mathrm{rad}}\qquad \hat{d}_3=0.0198\frac{\mathrm{N\cdot m\cdot s}}{\mathrm{rad}}$$

最后一步对所有 $n$ 个点的相位 $\angle G(i\omega_n)$ 和 $\angle\hat{G}(i\omega_n)$ 进行匹配。这样可以检测出额外的迟延，这个迟延是信号采样和随后的信号调理造成的。

确定的额外的迟延为

$$T_{\mathrm{D}}=0.0047\ \mathrm{s}$$

最后，具有迟延的模型频率响应如图 19.6 所示。 □

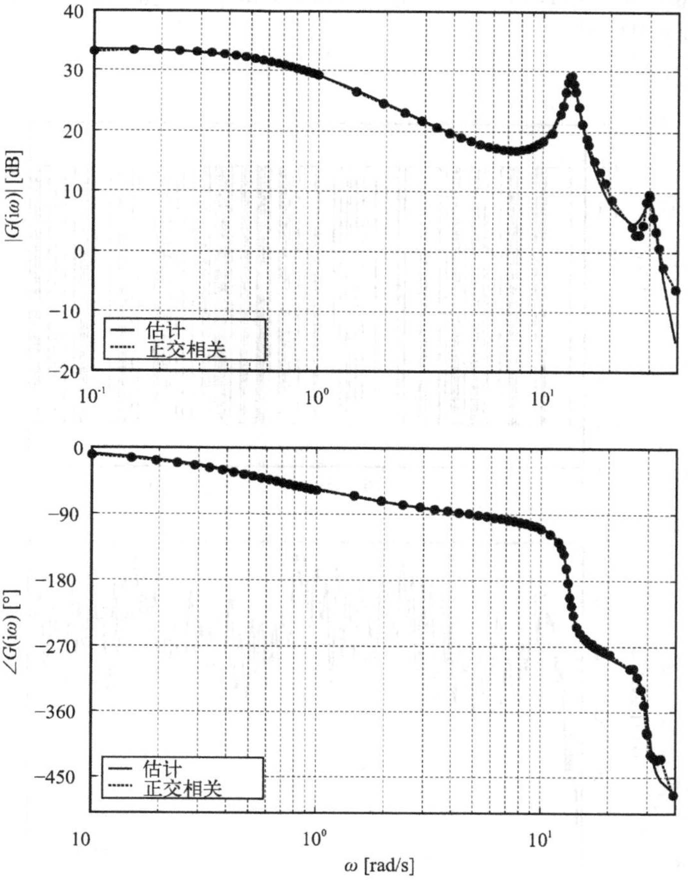


图 19.6 基于频率响应测量数据和利用带约束的下山单纯形法辨识得到的三质量振荡器模型

**例 19.4（基于输出误差，利用下山单纯形法辨识三质量振荡器模型，所用的代价函数带有约束）**

在这个例子中，时域的测量数据被再次用来确定三质量振荡器的物理参数。考虑三质量振荡器模型含有干摩擦（Bähretal，2009），因为迭代优化方法可以处理非线性模型。

代价函数是基于输出误差的，写成

$$V = \sum_{k=1}^{N} \left(y(k) - \hat{y}(k)\right)^2 \tag{19.5.8}$$

相应的参数向量为

$$\boldsymbol{\theta}^{\mathrm{T}} = \left(J_1\ J_2\ J_3\ d_1\ d_2\ d_3\ d_{0,1}\ d_{0,2}\ d_{0,3}\ c_1\ c_2\right) \tag{19.5.9}$$

又一次引入约束，保证所有的参数为正的，以便获得有意义的参数估计。时域模型的参数估计结果为

$$\begin{array}{lll}
\hat{J}_1 = 0.0188\,\mathrm{kg\cdot m^2} & \hat{J}_2 = 0.0076\,\mathrm{kg\cdot m^2} & \hat{J}_3 = 0.0031\,\mathrm{kg\cdot m^2} \\
\hat{c}_1 = 1.3958\frac{\mathrm{N\cdot m}}{\mathrm{rad}} & \hat{c}_2 = 1.9319\frac{\mathrm{N\cdot m}}{\mathrm{rad}} & \\
\hat{d}_1 = 2.6107\times10^{-4}\frac{\mathrm{N\cdot m\cdot s}}{\mathrm{rad}} & \hat{d}_2 = 0.001\frac{\mathrm{N\cdot m\cdot s}}{\mathrm{rad}} & \hat{d}_3 = 0.0295\frac{\mathrm{N\cdot m\cdot s}}{\mathrm{rad}} \\
\hat{d}_{10} = 0.0245\,\mathrm{N\cdot m} & \hat{d}_{20} \approx 0.0\,\mathrm{N\cdot m} & \hat{d}_{30} = 0.6709\,\mathrm{N\cdot m} \\
\hat{T}_{\mathrm{D}} = 0.0018\,\mathrm{s} & &
\end{array}$$

如图 19.7 所示。

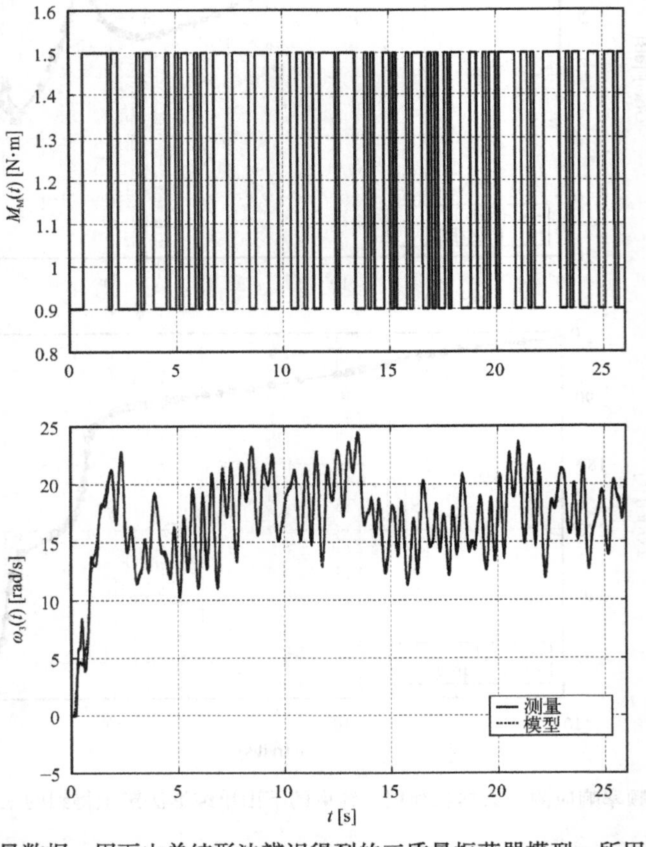


图 19.7　基于时域测量数据，用下山单纯形法辨识得到的三质量振荡器模型，所用的代价函数带有约束

与利用纯线性模型的例 19.3 所得的结果进行比较，可以看到结果吻合得很好。由于改善了摩擦模型，其辨识结果当然会有不同。 □

还有一些带约束的直接搜索方法，对这些方法，推荐读者参阅前面提到的专门研究数值优化方法的书籍。

## 19.6 利用迭代优化的预报误差法

第 9 章中讨论的线性系统辨识局限于特殊的模型类，因为优化问题必须是关于参数线性的。因此，只有 ARX 模型可以直接用最小二乘方法来估计。在第 10 章中，讨论了几种线性动态过程基本方法的改进算法，这些算法可用于辨识某些其他类型的模型。本节将介绍**预报误差法**，利用 Gauss – Newton 或 Levenberg – Marquardt 算法，以求解非线性最小二乘问题。由于优化问题不再要求关于参数线性，所以可以辨识更多不同类型的模型（Ljung，1999）。

现在，讨论这类**预报误差辨识方法**（PEM）。通行的做法是，基于至 $k-1$ 时刻的测量数据，预测当前时刻过程的输出 $\hat{y}(k)$。就最一般的情况来讨论这种算法，如图 19.8 所示。通过对应项的等价替换，算法可以容易地适用于更为复杂的情况。

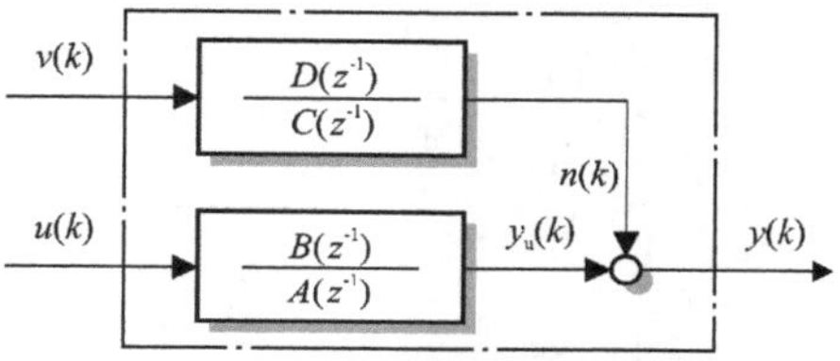

图 19.8 预报误差法（PEM）的基本方块图

模型输出 $y(k)$ 由模型输入 $u(k)$ 的响应和干扰噪声 $n(k)$ 组成

$$y(k) = y_{\mathrm{u}}(k) + n(k) \tag{19.6.1}$$

如果白噪声 $v(k)$ 驱动生成干扰 $n(k)$ 的成形滤波器已知，干扰 $n(k)$ 的真实值可以方便地利用如下的时间函数来计算

$$\sum_{i=0}^{m_{\mathrm{c}}} c_i \nu(k) z^{-i} = \sum_{i=0}^{m_{\mathrm{d}}} d_i n(k) z^{-i} \tag{19.6.2}$$

上式正是成形滤波器传递函数写成时域的形式，见图 19.9a，其中及下文都设 $c_0=1$，$d_0=1$。

然而，由于 $k$ 时刻白噪声的真实值是未知的，它需要根据至 $k-1$ 时刻的测量数据进行估计，记作 $\hat{v}(k\mid k-1)$，所以式（19.6.2）可以写成

$$\sum_{i=0}^{m_{\mathrm{c}}} c_i \hat{\nu}(k) z^{-i} = \sum_{i=0}^{m_{\mathrm{d}}} d_i n(k) z^{-i} \tag{19.6.3}$$

白噪声 $v(i)$ 的过去值（$i \leqslant k-1$）可以利用 $n(i), i \leqslant k-1$ 来确定，因此可以假设是已知的。白噪声 $v(k)$ 的当前值是未知的，对其需要一个合理的假设。由于 $v(k)$ 是零均值白噪声，其期望为 $\mathrm{E}\{v(k)\}=0$，因此估计值 $\hat{v}(k)$ 可以写成

$$\hat{\nu}(k|k-1) = \mathrm{E}\{\nu(k)\} = 0 \tag{19.6.4}$$

这样，估计值 $\hat{n}(k\mid k-1)$ 就可以写成

$$\begin{aligned} &\sum_{i=1}^{m_{\mathrm{c}}} c_i \hat{\nu}(k) z^{-1} - \sum_{i=1}^{m_{\mathrm{d}}} d_i n(k) z^{-1} = \hat{n}(k|k-1) \\ \Leftrightarrow &\left(\sum_{i=0}^{m_{\mathrm{c}}} c_i \hat{\nu}(k) z^{-i} - \hat{\nu}(k)\right) - \left(\sum_{i=0}^{m_{\mathrm{d}}} d_i n(k) z^{-i} - n(k)\right) = \hat{n}(k|k-1) \end{aligned} \tag{19.6.5}$$

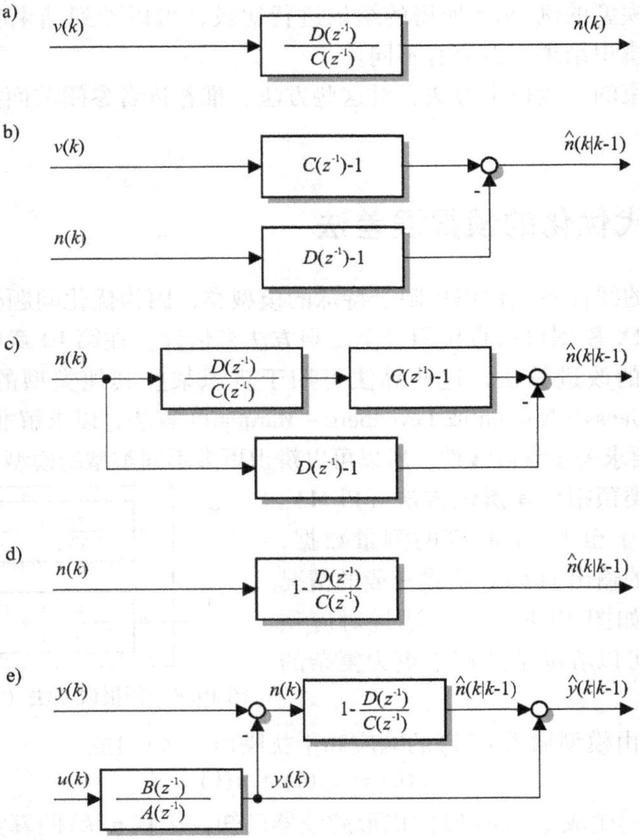


图 19.9　基于 $n(i), i \leqslant k-1$ 的测量数据，对噪声 $\hat{n}(k)$ 的预报

上式的方块图如图 19.9c 所示。这个方块图可以转换成图 19.9d 的形式，那么给出的预报值 $\hat{n}(k \mid k-1)$ 为

$$\hat{n}(k|k-1) = \left(1 - \frac{D(z^{-1})}{C(z^{-1})}\right)n(k) \tag{19.6.6}$$

这个模型已经可以用于估计噪声模型了，也就是用于估计随机模型。

在下一步中，加上图 19.8 中过程模型的确定性部分。由于

$$y(k) = y_{\mathrm{u}}(k) + n(k) \tag{19.6.7}$$

及

$$y_{\mathrm{u}}(k) = \frac{B(z^{-1})}{A(z^{-1})}u(k) \tag{19.6.8}$$

所以可以先减去 $y_{\mathrm{u}}(k)$，以便得到 $n(k)$，再利用式（19.6.6），给出估计值 $\hat{n}(k \mid k-1)$，并加上 $y_{\mathrm{u}}(k)$，得到 $\hat{y}(k \mid k-1)$，这就导出了预报方程

$$\hat{y}(k|k-1) = \left(1 - \frac{D(z^{-1})}{C(z^{-1})}\right)y(k) + \frac{D(z^{-1})\,B(z^{-1})}{C(z^{-1})\,A(z^{-1})}u(k) \tag{19.6.9}$$

也见图 19.9e。

输出预报值 $\hat{y}(k \mid k-1)$ 可以用来确定预报误差 $e(k)$

$$e(k) = y(k) - \hat{y}(k|k-1) \tag{19.6.10}$$

基于这个误差，可以采用如下的二次型代价函数

$$f(\boldsymbol{x}) = \sum_{k=1}^{N} e_k^2(\boldsymbol{x}) \tag{19.6.11}$$

它可以利用第 19.4.3 节中论述的 Gauss – Newton 算法进行求解。

对式（19.6.9）模型，其解析的梯度形式可以表示为

$$\frac{\partial}{\partial a_i}\hat{y}(k|k-1) = -\frac{D(z^{-1})\,B(z^{-1})}{C(z^{-1})\,A(z^{-1})\,A(z^{-1})}u(k-i) \tag{19.6.12}$$

$$\frac{\partial}{\partial b_i}\hat{y}(k|k-1) = \frac{D(z^{-1})}{C(z^{-1})\,A(z^{-1})}u(k-i) \tag{19.6.13}$$

$$\frac{\partial}{\partial c_i}\hat{y}(k|k-1) = -\frac{D(z^{-1})\,B(z^{-1})}{C(z^{-1})\,C(z^{-1})\,A(z^{-1})}u(k-i) + \frac{D(z^{-1})}{C(z^{-1})\,C(z^{-1})}y(k-i) \tag{19.6.14}$$

$$\frac{\partial}{\partial d_i}\hat{y}(k|k-1) = \frac{B(z^{-1})}{C(z^{-1})\,A(z^{-1})}u(k-i) - \frac{1}{C(z^{-1})}y(k-i) \tag{19.6.15}$$

## 19.7 梯度的确定

上一节讨论的一阶优化方法和二阶优化方法，它们都需要相应的导数信息，这可以利用标准的有限差分方法获得。在一维优化方法中，$f$ 对 $x$ 的一阶导数可以近似写成

$$\frac{\mathrm{d}f(x)}{\mathrm{d}x} = \frac{f(x+\Delta x) - f(x)}{\Delta x} \tag{19.7.1}$$

其中，$\Delta x$ 需要经过合理的选择。二阶导数可以确定为

$$\frac{\mathrm{d}^2 f}{\mathrm{d}x^2} = \frac{f(x+\Delta x) - 2f(x) + f(x-\Delta x)}{\Delta x^2} \tag{19.7.2}$$

这种方法可以直接推广到多维的情况。

对状态空间系统，也需要推导一种算法，用于确定输出关于输入或状态矩阵参数的导数。因为这种方法也可以用于辨识基于微分方程描述的线性系统，且以输出误差设置的输入/输出模型，所以导数的推导非常相似。

对于用式（2.1.24）和式（2.1.25）给出的状态空间模型

$$\dot{\boldsymbol{x}}(t) = \boldsymbol{A}\boldsymbol{x}(t) + \boldsymbol{b}u(t) \tag{19.7.3}$$

$$y(t) = \boldsymbol{c}^{\mathrm{T}}\boldsymbol{x}(t) + du(t) \tag{19.7.4}$$

现在需要确定状态 $\boldsymbol{x}(t)$ 和输出 $y(t)$ 关于矩阵 $\boldsymbol{A}$ 元素 $a_{i,j}$ 的偏导数，这可以利用如下的微分方程来确定 $\partial\boldsymbol{x}(t)/\partial a_{i,j}$

$$\frac{\partial}{\partial a_{i,j}}\dot{\boldsymbol{x}}(t) = \frac{\partial \boldsymbol{A}}{\partial a_{i,j}}\boldsymbol{x}(t) + \boldsymbol{A}\frac{\partial \boldsymbol{x}(t)}{\partial a_{i,j}} \tag{19.7.5}$$

因此，可以通过求解如下的增广状态空间模型

$$\begin{pmatrix} \dot{\boldsymbol{x}}(t) \\ \frac{\partial}{\partial a_{i,j}}\dot{\boldsymbol{x}}(t) \end{pmatrix} = \begin{pmatrix} \boldsymbol{A} & \boldsymbol{0} \\ \frac{\partial \boldsymbol{A}}{\partial a_{i,j}} & \boldsymbol{A} \end{pmatrix} \begin{pmatrix} \boldsymbol{x}(t) \\ \frac{\partial}{\partial a_{i,j}}\boldsymbol{x}(t) \end{pmatrix} + \begin{pmatrix} \boldsymbol{b} \\ \boldsymbol{0} \end{pmatrix} u(t) \tag{19.7.6}$$

以便同时获得状态及状态关于各元素 $a_{i,j}$ 的偏导数。由此，可以确定输出的偏导数为

$$\frac{\partial}{\partial a_{i,j}} y(t) = \boldsymbol{c}^{\mathrm{T}} \frac{\partial \boldsymbol{x}(t)}{\partial a_{i,j}} \tag{19.7.7}$$

利用类似的方法，可以得到状态 $x(t)$ 和输出 $y(t)$ 关于输入向量中参数 $b_i$ 的偏导数。对此，增广状态空间模型可以写成

$$\begin{pmatrix} \dot{\boldsymbol{x}}(t) \\ \dfrac{\partial}{\partial b_i}\dot{\boldsymbol{x}}(t) \end{pmatrix} = \begin{pmatrix} \boldsymbol{A} & \boldsymbol{0} \\ \boldsymbol{0} & \boldsymbol{A} \end{pmatrix} \begin{pmatrix} \boldsymbol{x}(t) \\ \dfrac{\partial}{\partial b_i}\boldsymbol{x}(t) \end{pmatrix} + \begin{pmatrix} \boldsymbol{b} \\ \dfrac{\partial \boldsymbol{b}}{\partial b_i} \end{pmatrix} u(t) \tag{19.7.8}$$

和

$$\frac{\partial}{\partial b_i} y(t) = \boldsymbol{c}^{\mathrm{T}} \frac{\partial \boldsymbol{x}(t)}{\partial b_i} \tag{19.7.9}$$

因为状态不是 $c_i$ 的函数，所以输出向量关于元素 $c_i$ 的偏导数只出现在输出方程式（2.1.25）中，则有

$$\frac{\partial}{\partial c_i} y(t) = \frac{\partial \boldsymbol{c}^{\mathrm{T}}}{\partial c_i} \boldsymbol{x}(t) \tag{19.7.10}$$

根据这些偏导数，在线性情况下可以容易地确定代价函数关于估计参数的偏导数。有关偏导数的推导也可参阅文献（Verhaegen and Verdult，2007）和（van Doren et al，2009）。这种方法的主要缺点是，当参数 $\theta_i$ 的个数很多时，需要用到很多滤波器，也可参阅文献（Ninness，2009）关于高维参数估计问题的讨论。注意，利用如下的方法可以加快计算速度，首先求解 $\dot{\boldsymbol{x}}(t) = \boldsymbol{A}\boldsymbol{x}(t) + \boldsymbol{b}u(t)$，然后再求解状态偏导数微分方程。

在专著（van den Bos，2007）中，更深入地讨论了参数估计的非线性优化算法，并给出其他一些代价函数关于牛顿步长的推导，比如极大似然函数。

## 19.8 模型不确定性

用类似于第 9.1.3 节论述的方法，也可以用来确定利用迭代优化方法求解的参数协方差。文献（Ljung，1999）给出了一种基于 Taylor 展开的方法。这里将给出另外一种不同的方法，它是基于误差传播规则的。模型输出记为

$$\hat{y} = f(\hat{\boldsymbol{\theta}}) \tag{19.8.1}$$

模型输出的协方差写成

$$\operatorname{cov} \hat{y} = \mathrm{E}\{(\hat{y} - \mathrm{E}\{\hat{y}\})^2\} \tag{19.8.2}$$

$$\operatorname{cov} \hat{y} \approx \frac{1}{N} \sum_{k=0}^{N-1} \big(\hat{y}(k) - y(k)\big)^2 \tag{19.8.3}$$

其中，假设模型误差 $\hat{y}(k) - y(k)$ 是零均值的。如果它不是零均值的，那么得到的就不可能是最小误差。另外，根据误差传播规则，有

$$\operatorname{cov} y = \left( \left.\frac{\partial y(\boldsymbol{\theta})}{\partial \boldsymbol{\theta}}\right|_{\boldsymbol{\theta}=\hat{\boldsymbol{\theta}}} \right)^{\mathrm{T}} \operatorname{cov} \Delta\boldsymbol{\theta} \left( \left.\frac{\partial y(\boldsymbol{\theta})}{\partial \boldsymbol{\theta}}\right|_{\boldsymbol{\theta}=\hat{\boldsymbol{\theta}}} \right) \tag{19.8.4}$$

那么可以求解得到参数协方差为

$$\operatorname{cov} \Delta\boldsymbol{\theta} = \left( \left.\frac{\partial^2 y(\boldsymbol{\theta})}{\partial \boldsymbol{\theta}\,\partial \boldsymbol{\theta}^{\mathrm{T}}}\right|_{\boldsymbol{\theta}=\hat{\boldsymbol{\theta}}} \right)^{-1} \left( \left.\frac{\partial y(\boldsymbol{\theta})}{\partial \boldsymbol{\theta}}\right|_{\boldsymbol{\theta}=\hat{\boldsymbol{\theta}}} \right)^{\mathrm{T}} \operatorname{cov} y \left( \left.\frac{\partial y(\boldsymbol{\theta})}{\partial \boldsymbol{\theta}}\right|_{\boldsymbol{\theta}=\hat{\boldsymbol{\theta}}} \right) \left( \left.\frac{\partial^2 y(\boldsymbol{\theta})}{\partial \boldsymbol{\theta}\,\partial \boldsymbol{\theta}^{\mathrm{T}}}\right|_{\boldsymbol{\theta}=\hat{\boldsymbol{\theta}}} \right)^{-1} \tag{19.8.5}$$

上式可以用来确定任意模型参数误差的协方差。

## 19.9 小结

本章介绍的数值优化算法可用于求解参数估计问题，特别是关于参数非线性的情况。由于这些算法采用迭代方法，所以它们不能胜任实时的应用。但是，与直接（非迭代）方法相比，它们最大的优点是能求解更多类型的问题，并且在问题的表达中，可以容易地加入额外的参数约束条件。

本章引入了并联模型和串－并联模型，是用以确定模型与测量值之间误差的两种方式。优化问题的描述还引入不等式和等式的两种约束，虽然一开始就考虑约束，似乎会使问题复杂化，但通常还是建议这么做。约束对驱使优化器趋于最优解是有帮助的，因为约束缩小了设计空间的一些搜索区域。此外，等式约束可以减少优化器求解的参数个数。还有，约束对保证模型后续的应用也是必要的，比如物理参数通常不能是负的，因此一开始就可以排除掉这种没有意义的解。

优化方法的最大优点是，模型不必转换成关于参数线性的形式，也就是说任何模型都可以用于系统辨识，不管它是线性的还是非线性的、是连续时间的还是离散时间的、是关于参数线性的还是关于参数非线性的。

优化方法的主要缺点是，无法保证一定能找到全局最优解，事实上收敛性也不能完全保证。此外，对大多数算法，到达最优解所需的迭代步数也是无法事先知道的，这对实时应用是不利的。最后，优化方法的计算量比介绍过的直接（非迭代）方法要大得多。

尽管许多参数估计问题的解理论上是可以无偏、有效的，但是求解所用的数值计算算法并不能保证这一点，因为事实上不一定能真正达到最优解。然而，无偏和有效这些性质只有在达到最优解的时候才能满足。因此，迭代优化方法得到的结果可能比采用直接（非迭代）方法获得的结果还要差，比如最小二乘法。

无论什么时候都应该尽可能对参数施加简单的约束条件。通常，可以指定参数的上下界区间，稳定性是另一个典型的约束，因为不稳定的系统无法与过程并行进行仿真。一种特别简单的方法是，将约束作为惩罚项加入代价函数。更多的细节，比如设计变量标尺、约束标尺等，均在本章的概述中作了论述。

优化算法运行的起始点，即所谓的初始猜测，对算法收敛有着相当重要的作用。可以尝试从几个随机选取的起始点启动算法，便于找到合适的初始点，以保证优化器逼近全局最优解，而不至于陷入局部最优。此外，有些惩罚函数要求初始猜测必须是实际可行的，也就是要满足所有的约束条件。第 2.5 节给出一种简单的方法，对确定系统的特征值会有帮助，以便用于确定算法的初始值。另一种方法是，采用非迭代的方法，如最小二乘法（见第 9 章）或子空间法，先辨识一个模型，以此导出黑箱模型的参数。这个模型可以是状态空间形式，或从其他模型转换成状态空间形式，然后确定一个相似变换，见式（17.2.9）~式（17.2.11），将辨识得到的状态空间模型转换成物理推导的状态空间模型结构，同时可以确定模型的物理参数（Parillo and Ljung，2003；Xie and Ljung，2002），见第 15 章。

对于确定这样的初始模型，采用零阶优化与通过惩罚函数引入约束相结合应该是一种很好的方法，因为零阶优化方法的鲁棒性好，且约束的数量和类型可以是变化的。此外，零阶优化方法不需要提供梯度信息和可能的 Hessian 矩阵，这在过程辨识的初始阶段是很有利的，因为初始阶段的辨识结果通常可能是变化的或需要调整的。有时甚至可以从无约束的优化开始，然后在必要的时候加上约束，以使优化器远离没有意义的解。这样就可以不考虑有没有约束问题，使用同一种优化算法。

如果利用上述非线性参数估计方法获得参数化模型，并可以证明它能很好地描述过程的动态特性（见第 23.8 节中辨识结果的验证方法），那么应该尽量将模型表达成关于参数线性的，并用直接（非迭代）方法建立参数化模型，因为这能保证估计器收敛，并获得全局最优解。此外，这样做计算量会小很多，这对一些问题是会有益的，比如有多个类似的过程要建立参数化模型，或者要在实时应用中进行参数估计，如自适应控制（Isermann et al, 1992）或故障检测和诊断（Isermann, 2006）。

## 习题

19.1 并联或串 - 并联模型

两种模型配置的优点和缺点是什么？对小的采样时间（相对于系统动态响应时间而言），为什么串 - 并联模型可能会有比较大的问题？

19.2 Rosenbrock 函数

试用本章中给出的几种 $n$ 维优化算法，确定 Rosenbrock 函数（亦称为香蕉函数）

$$f(x) = (1 - x_1)^2 + 100(x_2 - x_1^2)^2$$

的最优解。

19.3 零阶、一阶和二阶优化方法

需要梯度和 Hessian 矩阵信息的算法的优缺点是什么？

19.4 目标函数

分别在时域和频域内构建适合用于辨识的目标函数，这些目标函数是关于参数线性的？或是关于参数非线性的？如何确定最优参数，也就是找到函数的最小值？

19.5 约束

在辨识领域中，有哪些典型的约束条件可以引用到优化问题中？

19.6 系统辨识

对如下的一阶过程

$$y(k) + a_1 y(k-1) = b_1 u(k-1)$$

给出一种采用二次型代价函数的优化算法，并利用

- 梯度搜索算法。
- Newton - Raphson 算法。

辨识过程参数 $a_1$ 和 $b_1$。

## 参考文献

Bähr J, Isermann R, Muenchhof M (2009) Fault management for a three mass torsion oscillator. In: Proceedings of the European Control Conference 2009 - ECC 09, Budapest, Hungary van den Bos A (2007) Parameter estimation for scientists and engineers. Wiley-Interscience, Hoboken, NJ

Boyd S, Vandenberghe L (2004) Convex optimization. Cambridge University Press, Cambridge, UK

Conn AR, Scheinberg K, Vicente LN (2009) Introduction to derivative-free optimization, MPS-SIAM series on optimization, vol 8. SIAM, Philadelphia

van Doren JFM, Douma SG, van den Hof PMJ, Jansen JD, Bosgra OH (2009) Identifiability: From qualitative analysis to model structure approximation. In: Proceedings of the 15th IFAC Symposium on System Identification, Saint-Malo, France

Isermann R (2006) Fault-diagnosis systems: An introduction from fault detection to fault tolerance. Springer, Berlin

Isermann R, Lachmann KH, Matko D (1992) Adaptive control systems. Prentice Hall international series in systems and control engineering, Prentice Hall, New York, NY

Kennedy J, Eberhart RC, Shi Y (2001) Swarm intelligence. The Morgan Kaufmann series in evolutionary computation, Morgan Kaufmann, San Francisco, CA

Kötter H, Schneider F, Fang F, Gußner T, Isermann R (2007) Robust regressor and outlier-detection for combustion engine measurements. In: Röpke K (ed) Design of experiments (DoE) in engine development – DoE and other modern development methods, Expert Verlag, Renningen, pp 377–396

Ljung L (1999) System identification: Theory for the user, 2nd edn. Prentice Hall Information and System Sciences Series, Prentice Hall PTR, Upper Saddle River, NJ

Ljung L (2009) Experiments with identification of continuous time models. In: Proceedings of the 15th IFAC Symposium on System Identification, Saint-Malo, France

Mitchell M (1996) An introduction to genetic algorithms. MIT Press, Cambridge, MA

Nelles O (2001) Nonlinear system identification: From classical approaches to neural networks and fuzzy models. Springer, Berlin

Ninness B (2009) Some system identification challenges and approaches. In: Proceedings of the 15th IFAC Symposium on System Identification, Saint-Malo, France

Nocedal J, Wright SJ (2006) Numerical optimization, 2nd edn. Springer series in operations research, Springer, New York

Parillo PA, Ljung L (2003) Initialization of physical parameter estimates. In: Proceedings of the 13th IFAC Symposium on System Identification, Rotterdam, The Netherlands, pp 1524–1529

Press WH, Teukolsky SA, Vetterling WT, Flannery BP (2007) Numerical recipes: The art of scientific computing, 3rd edn. Cambridge University Press, Cambridge, UK

Ravindran A, Ragsdell KM, Reklaitis GV (2006) Engineering optimization: Methods and applications, 2nd edn. John Wiley & Sons, Hoboken, NJ

Rousseeuw PJ, LeroyAM (1987) Robust regression and outlier detection. Wiley Series in Probability and Statistics, Wiley, New York

Schneider JJ, Kirkpatrick S (2006) Stochastic optimization. Springer, Berlin

Snyman JA (2005) Practical mathematical optimization: An introduction to basic optimization theory and classical and new gradient-based algorithms. Springer, New York

Vanderplaats GN (2005) Numerical optimization techniques for engineering design, 4th edn. Vanderplaats Research & Development, Colorado Springs, CO

Verhaegen M, Verdult V (2007) Filtering and system identification: A least squares approach. Cambridge University Press, Cambridge

Xie LL, Ljung L (2002) Estimate physical parameters by black-box modeling. In: Proceedings of the 21st Chinese Control Conference, Hangzhou, China, pp 673 – 677

# 第 20 章

# 用于辨识的神经网络和查询表

许多过程都表现有稳态或动态的非线性特性，特别是考虑较大的操作区间时。因此，非线性过程辨识受到越来越多的关注，比如车辆、飞机、内燃引擎和热电厂等系统的辨识。下面，将基于人工神经网络来推导这种非线性系统的模型，其中用作非线性稳态函数的通用逼近器是首次引入的。

## 20.1 用于辨识的人工神经网络

就一般辨识方法来说，最有意义的是那些不需要过程结构信息的方法，这样的方法应用范围比较广。人工神经网络可以满足这样的要求，它由许多能用数学描述的神经元组成，最初这些神经元是用来描述生物神经元的（McCulloch and Pitts，1943）。神经元之间以网络形式相互连接，可以描述输入和输出信号之间的关系（Rosenblatt，1958；Widrow and Hoff，1960）。本章接下来的部分，将考虑利用人工神经网络（ANNs）来描述输入信号 $u$ 映射到输出信号 $y$ 的关系，如图 20.1 所示。神经网络中可调整的参数通常是未知的，因此需要通过对测量信号 $u$ 和 $y$ 的处理来调整确定这些参数（Hecht-Nielsen，1990；Haykin，2009），这就是所谓的“训练”或“学习”。

图 20.1 具有 $P$ 维输入和 $M$ 维输出的系统

神经网络的设计可分为两个步骤：第一步是**训练**，用以优化神经网络的权重及其他参数；第二步是**泛化**，用以仿真那些没有用来训练的新数据，以判断网络对未知数据的表现性能。神经网络设计的目标是使训练和泛化的模型误差都达到最小，模型误差可以分成两部分：

$$\underbrace{\mathrm{E}\{(y_0-\hat{y})^2\}}_{(\text{模型误差})^2}=\underbrace{\mathrm{E}\{(y_0-\mathrm{E}\{\hat{y}\})^2\}}_{(\text{偏差误差})^2}+\underbrace{\mathrm{E}\{(\hat{y}-\mathrm{E}\{\hat{y}\})^2\}}_{(\text{方差误差})} \tag{20.1.1}$$

其中，**偏差误差**是真实系统输出与模型输出均值之间的系统偏差，当模型不能充分灵活地拟合真实过程（**欠拟合**）时，这种偏差误差就会出现。因此，偏差误差会随着模型复杂度的增加而减小。**方差误差**是模型输出与模型输出均值之间的偏差，方差误差随着模型自由度的增加而增加，这时的模型越来越适应于训练数据集的一些具体特性，如噪声和异常值。因此，选择模型结构时必须在偏差误差和方差误差之间进行权衡，这就是所谓的**偏差－方差困**

境，是一种两难的选择，见图 20.2（German et al，1992；Harris et al，2002）。

在辨识问题中，有意义的是利用（非）线性函数来逼近过程的稳态特性或动态特性。与之相反，如果对输入和输出进行聚类或聚集（聚簇），则是模式识别中的分类问题（Bishop，1995）。下面考虑非线性系统的辨识问题（监督学习问题），其中要用到人工神经网络能以任意的准确度逼近非线性关系的能力。首先，研究利用 ANNs 来描述稳态特性（Hafner et al，1992；Preuß and Tresp，1994），然后再推广到描述动态特性（Ayoubi，1996；Nelles et al，1997；Isermann et al，1997）。

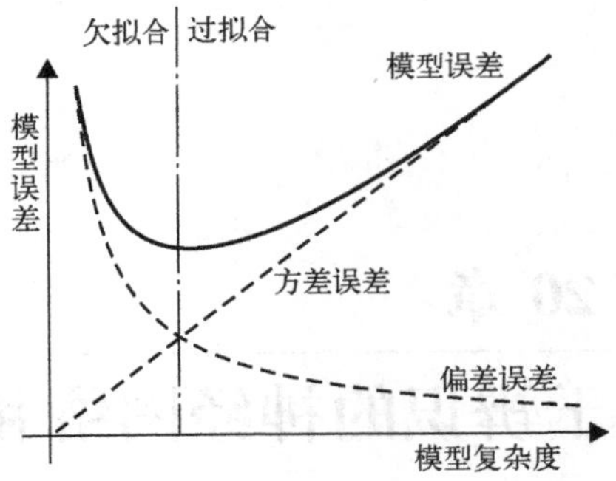


图 20.2　偏差误差和方差误差之间的权衡

## 20.1.1　用于稳态系统的人工神经网络

神经网络可用作非线性函数的一种通用逼近器，以替代多项式逼近。它的优点在于仅需要少量的过程结构先验知识，而且对单输入过程和多输入过程的处理方法是一样的。下面假设需要逼近的系统是一个具有 $P$ 维输入和 $M$ 维输出的非线性系统，见图 20.1。

**神经元模型**

图 20.3 给出神经元模型方块图。在输入算子（突触功能）中，对输入向量 $\boldsymbol{u}$ 和（存储的）加权向量 $\boldsymbol{w}$ 作相似性度量，比如利用乘积标量

$$x = \boldsymbol{w}^{\mathrm{T}}\boldsymbol{u} = \sum_{i=1}^{P} w_i u_i = |\boldsymbol{w}^{\mathrm{T}}||\boldsymbol{u}|\cos\varphi \tag{20.1.2}$$

或者利用欧几里德距离

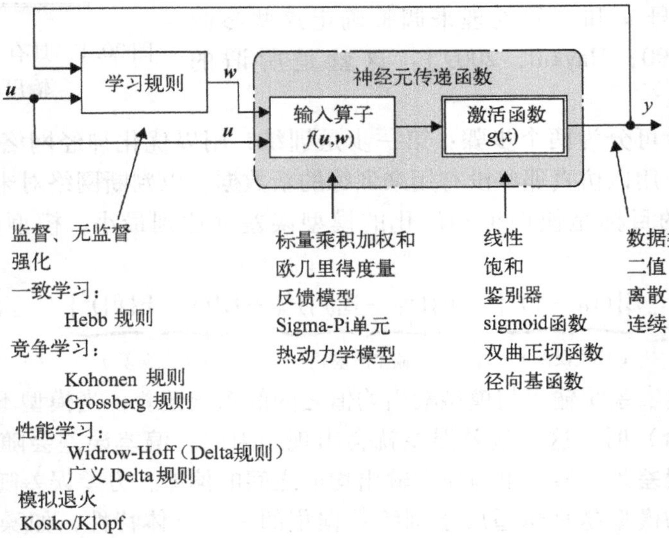


图 20.3　利用输入和输出数据进行过程建模的一般神经元模型

$$x = \|\boldsymbol{u} - \boldsymbol{w}\|^2 = \sum_{i=1}^{P}(u_i - w_i)^2 \tag{20.1.3}$$

如果 $\boldsymbol{w}$ 和 $\boldsymbol{u}$ 是相似的，第一种情况下得到的标量 $x$ 数值会很大，第二种情况下得到的数值会很小。标量 $x$ 也称作神经元的**激活**，它影响激活函数和后续的输出值

$$y = \gamma(x - c) \tag{20.1.4}$$

表 20.1 给出几种一般非线性激活函数的例子，其中阈值 $c$ 是常数，使曲线在 $x$ 方向上平移。

**表 20.1　激活函数的例子**

<table>
<tr><th>名称、形状和函数</th><th>名称、形状和函数</th></tr>
<tr><td>双曲正切<br>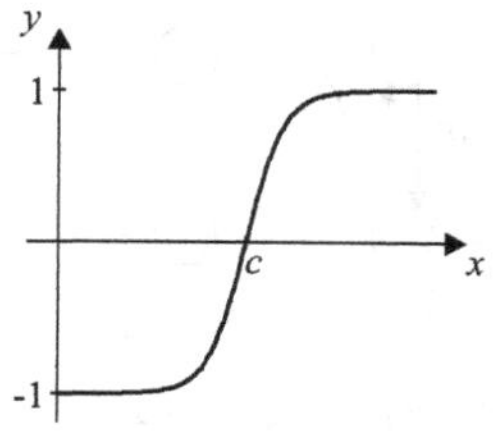

$y = \frac{e^{(x-c)} - e^{-(x-c)}}{e^{(x-c)} + e^{-(x-c)}}$</td><td>中性区<br>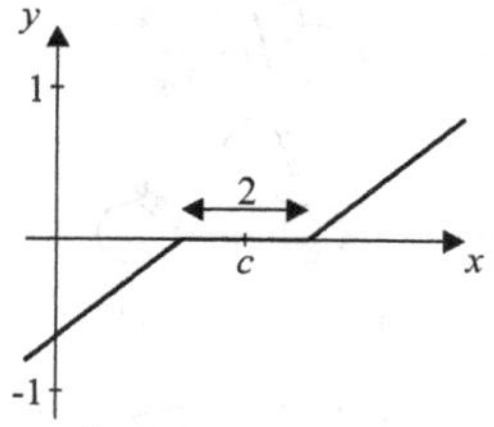

$y = \begin{cases} x-c-1, & x-c \geqslant 1 \\ 0, & \lvert x-c \rvert < 1 \\ x-c+1, & x-c \leqslant -1 \end{cases}$</td></tr>
<tr><td>Sigmoid函数<br>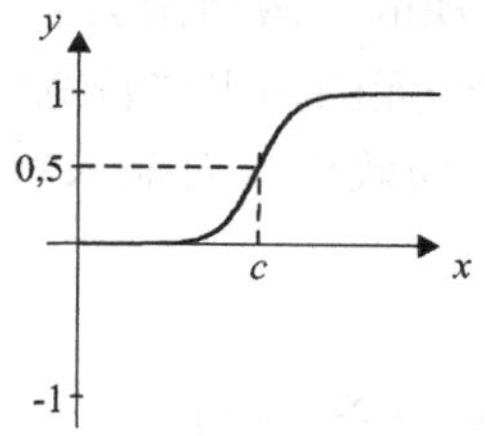

$y = \frac{1}{1+e^{-(x-c)}}$</td><td>高斯函数<br>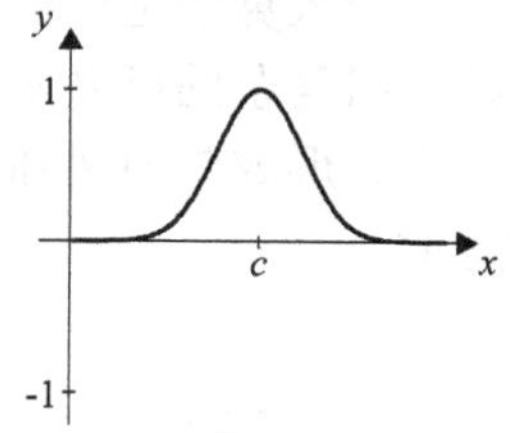

$y = e^{-(x-c)^2}$</td></tr>
<tr><td>限制器<br>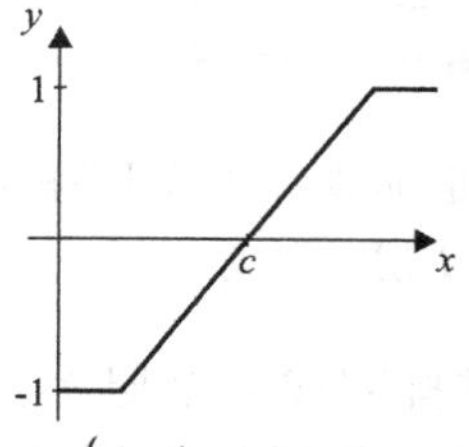

$y = \begin{cases} 1, & (x-c) \geqslant 1 \\ x-c, & \lvert x-c \rvert < 1 \\ -1, & x-c \leqslant -1 \end{cases}$</td><td>二值函数<br>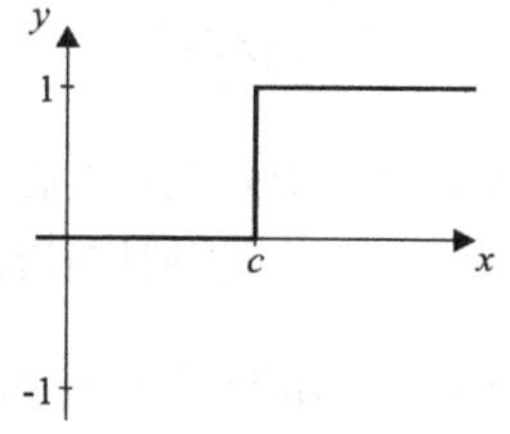

$y = \begin{cases} 0, & x-c < 0 \\ 1, & x-c \geqslant 0 \end{cases}$</td></tr>
</table>

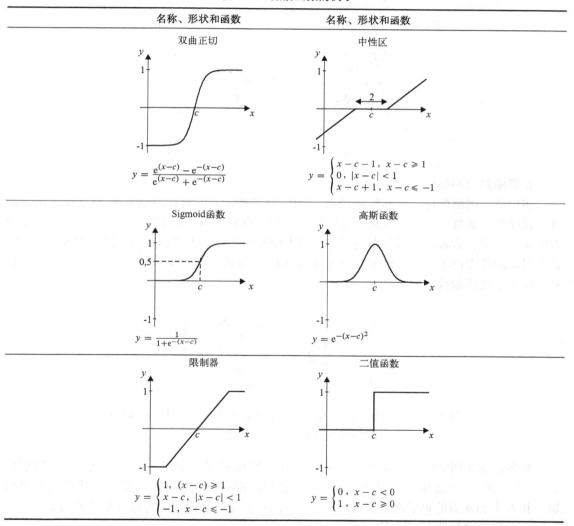

**网络结构**

神经网络由许多单个神经元相互连接组成，如图 20.4 所示，形成不同的**层**：输入层、第一隐层、第二隐层、……、输出层，每层由并行排列的神经元构成。一般来说，输入层是用来标度输入信号的，通常并不单独算作一层。因此，真正的网络结构是从第一隐层开始

的。图 20.4 给出了神经元之间一些重要的内部连接类型：前馈、反馈、横向连接和回归连接。对应于相应的数值域，输入信号可以是二值、离散或连续的。二值和离散信号通常用于分类，而连续信号则用于辨识。

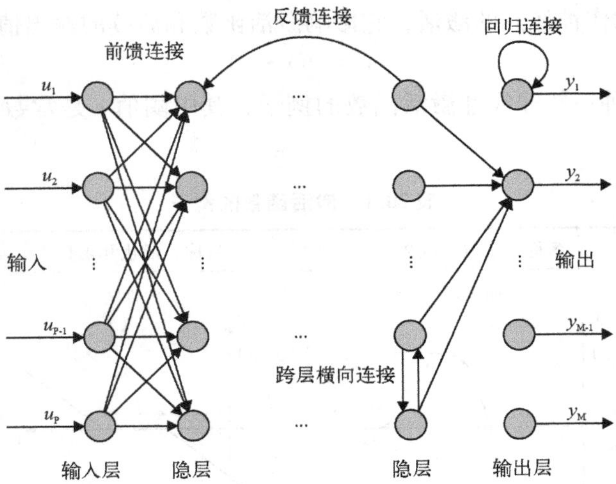


图 20.4　网络结构：神经网络的“层”和“连接”

**多层感知（MLP）网络**

多层感知网络的神经元称作**感知器**，如图 20.5 所示，它直接继承了图 20.3 所示的一般神经元模型。通常，它的输入算子是以标量乘积实现的，激活函数采用的是 Sigmoid 函数或双曲正切函数，后者是一组复杂的可微函数，使神经元的输出在较宽的范围内为零，但同时也在很大的范围内不为零，形成带有外推能力的全局效应。对输入算子赋予权重 $w_i$，在信号流中处于激活函数之前。

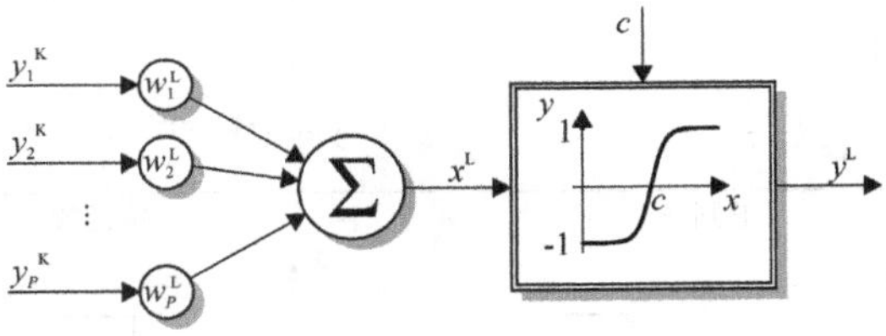


图 20.5　感知神经元：由输入信号带权重 $w_i$ 求和（标量乘积和）及非线性激活函数（用于 $L$ 层）组成

在多层感知网络中，感知器并行连接，并连贯排列成多个层次，构成前馈 MLP 网络，如图 20.6 所示。$P$ 维输入的每个输入对每个感知器都有影响，这种连接关系使得具有 $P$ 维输入和 $K$ 个感知器的每层网络都有（$K \cdot P$）个权重 $w_{kp}$。输出层的神经元最常见的是具有线性激活函数的感知器，如图 20.7 所示。

通常，网络权重 $w_i$ 的调整是基于输入和输出信号测量值的，通过最小化下面的二次型代价函数来实现

$$V(\boldsymbol{w}) = \frac{1}{2}\sum_{k=0}^{N-1} e^2(k) \tag{20.1.5}$$

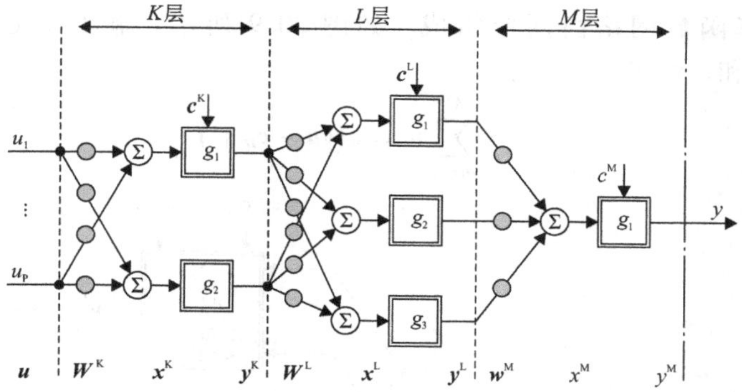

图 20.6　前馈多层感知神经网络，具有三层（2·3·1）感知器，K 层为第一隐层

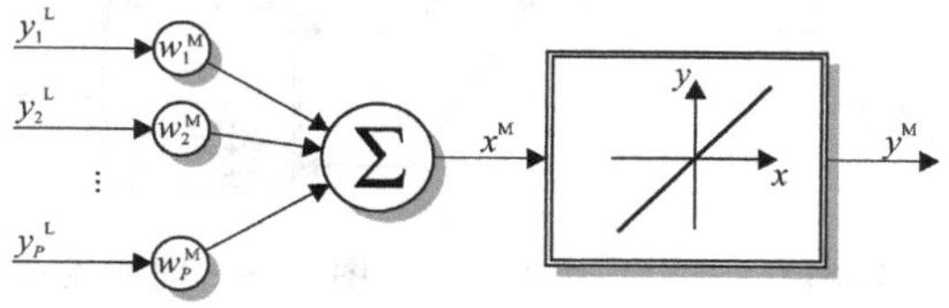

图 20.7　用作输出层（M 层）的感知器，含有线性激活函数

其中，$e(k)$是模型误差

$$e(k) = y(k) - \hat{y}(k) \tag{20.1.6}$$

$y(k)$是输出信号测量值，$\hat{y}(k)$是 $M$ 输出层之后的网络输出。

与利用最小二乘法进行参数估计的情况一样，令代价函数关于参数的一阶导数等于零，也就是

$$\frac{\mathrm{d}V(\boldsymbol{w})}{\mathrm{d}\boldsymbol{w}} = \boldsymbol{0} \tag{20.1.7}$$

由于上述方程的非线性依赖关系，直接求解是不可能的。为此，需要采用如基于梯度的方法进行数值优化求解，见第 19 章。由于误差通过所有的隐层反向传播，所以这种方法称作**误差反向传播法**，或者也称作 **Delta 规则**，其中称作**学习率**的 $\eta$ 必须经过适当的选择（或试凑）来确定。原则上，对存在大量未知参数的情况，基于梯度的方法收敛速度很慢。

**径向基函数（RBF）网络**

径向基函数网络的神经元，如图 20.8 所示，在输入算子中计算欧几里德距离

$$x = \|\boldsymbol{u} - \boldsymbol{c}\|^2 \tag{20.1.8}$$

并传递给激活函数

$$y_m = \gamma_m(\|\boldsymbol{u} - \boldsymbol{c}_m\|^2) \tag{20.1.9}$$

由径向基函数给出的激活函数通常是高斯函数形式的

$$\gamma_m = \exp\left(-\frac{1}{2}\left(\frac{(u_1 - c_{m1})^2}{\sigma_{m1}^2} + \frac{(u_2 - c_{m2})^2}{\sigma_{m2}^2} + \cdots + \frac{(u_P - u_{mP})^2}{\sigma_{mP}^2}\right)\right) \tag{20.1.10}$$

式中，中心 $c_{mi}$和标准差 $\sigma_{mi}$需要预先确定，以使高斯函数是连续分布的，比如在输入空间中均匀分布。激活函数决定了每个输入信号到对应基函数中心的距离。然而，径向基函数对模型输出的贡献是局部的，仅限于函数中心附近的区域。它们的外推能力比较弱，因为它们的输出与函数中心的距离增大将趋于零。

通常，径向基函数网络由两层组成，如图 20.9 所示。输出 $y$ 是感知器型神经元（图 20.7）的加权和，使得

$$\hat{y} = \sum_{m=1}^{M} w_m \gamma_m \left(\|\boldsymbol{u} - \boldsymbol{c}_m\|^2\right) \tag{20.1.11}$$

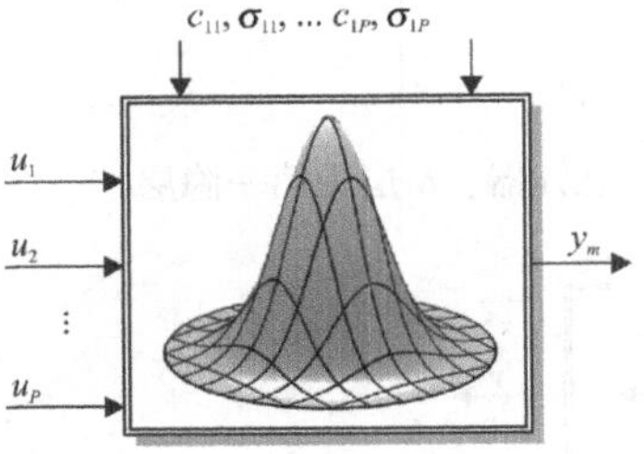


图 20.8　径向基函数的神经元

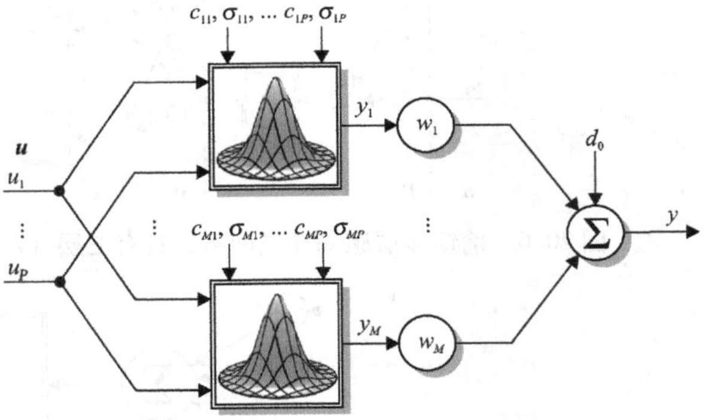


图 20.9　前馈径向基函数网络

由于输出层的权重在信号流中位于非线性激活函数之后，所以误差信号是关于参数线性的，因此可以采用显式的最小二乘法。与采用基于梯度方法的 MLP 网络相比，可以明显提高收敛速度。然而，如果函数中心和标准差也需要进行优化，那么仍然需要采用非线性的数值优化方法。

**局部线性模型网络**

局部线性模型树（LOLIMOT）网络是径向基函数网络的一种扩展（Nelles et al，1997；Nelles，2001）。它将输出层的权重替换为网络输入的线性函数式（20.1.12），并对径向基函数网络进行归一化处理，使所有的基函数之和始终为 1。这样，每个神经元代表一个局部模型，每个局部模型都具有一个对应的有效函数，如图 20.10 所示。这个有效函数决定了输入空间的范围，在此范围内对应的神经元被激活。文献（Murray-Smith and Johansen，1997a）更多地讨论了局部线性模型网络的一般框架。

这里讨论的局部线性模型网络采用了归一化的高斯有效函数式（20.1.10），并对输入空间进行轴正交划分。因此，有效函数可以由一维的隶属度函数组成，网络也可以解释为 Takagi - Sugeno 模糊模型。

局部线性模型网络的输出可以写成

$$\hat{y} = \sum_{m=1}^{M} \Phi_m(\boldsymbol{u})\left(w_{m,0} + w_{m,1}u_m + \cdots + w_{m,p}u_p\right) \tag{20.1.12}$$

式中，高斯有效函数为

$$\Phi_m(\boldsymbol{u}) = \frac{\mu_m(\boldsymbol{u})}{\sum_{i=1}^{M} \mu_i(\boldsymbol{u})} \tag{20.1.13}$$

其中

$$\mu_i(\boldsymbol{u}) = \prod_{j=1}^{p} \exp\left(-\frac{1}{2}\left(\frac{\left(u_j - c_{i,j}\right)^2}{\sigma_{i,j}^2}\right)\right) \tag{20.1.14}$$

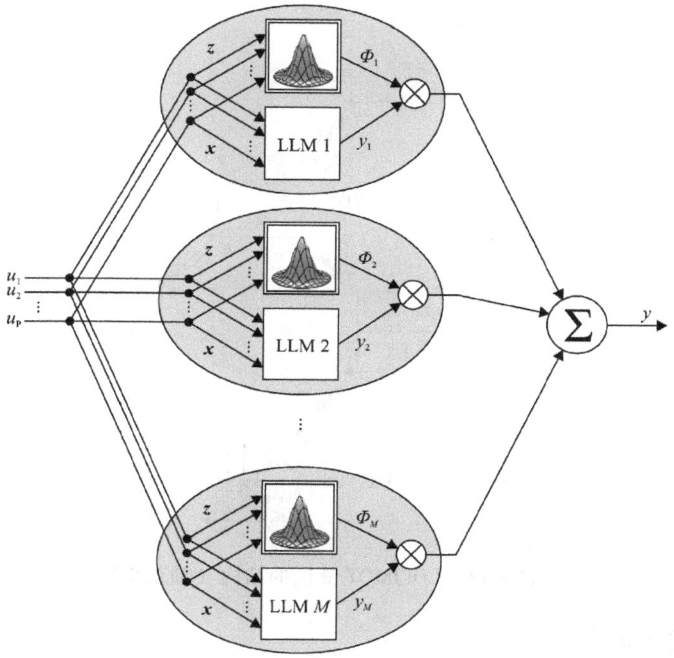

图 20.10　局部线性模型网络（LOLIMOT）

函数中心 $c_{i,j}$和标准差 $\sigma_{i,j}$是非线性参数，而局部模型参数 $w_m$ 是线性参数。采用 LOLIMOT 算法进行训练，算法包括一个外层循环。在外层循环中通过确定有效函数的参数对输入空间进行划分，并嵌入一个内层循环。在内层循环中利用局部加权最小二乘估计，对局部线性模型的参数进行优化。

输入空间的划分采用轴正交方法，得到一系列超立方体。这些超立方体的中心是高斯有效函数$\mu_i(\boldsymbol{u})$，高斯有效函数标准差的选择与这些超立方体的扩充成正比，以适应超立方体尺度的变化。因此，这些非线性参数 $c_{i,j}$和 $\sigma_{i,j}$要利用无启发式的非线性优化方法来确定。LOLIMOT 算法以单个线性模型开始，它对整个输入空间都是有效的。在每步迭代中，每个局部线性模型分裂成两个新的子模型，并只考虑对性能（相对）最差的模型进行改进。通过比较沿着全部输入坐标轴的各种分裂方式，执行其中性能最好的那个分裂方式，如图 20.11 所示。

局部线性模型方法的主要优点：它是一种具有固有结构辨识和相当快速及鲁棒的训练算法。可以通过调整模型结构以适应过程的复杂性，但是应该避免直接运用耗时的非线性优化算法。

文献（Töpfer，1998，2002a，b）给出另一种线性模型结构，即所谓的**链接超平面树**。相对于输入空间划分而言，这种模型可以看作是 LOLIMOT 网络的一种扩展。LOLIMOT 算法仅局限于轴正交划分，而链接超平面树可以对输入空间进行轴倾斜划分。这种更复杂的空间划分策略增加了模型构造的代价，但在强非线性模型特性和高维输入空间的情况下，这种方法表现出其优越的特性。

上面描述了三种人工神经网络的基本结构，这些模型非常适合用来逼近稳态过程的输入/输出数据，也可与文献（Hafner et al，1992；Preuß and Tresp，1994）中所提的方法进行比较。对此，对所用的训练数据要进行选择，以使得所考虑的数据尽量均匀分布于输入空间。经过训练过程后，就可得到稳态过程特性的数学参数模型。由此，就有可能直接计算任意输

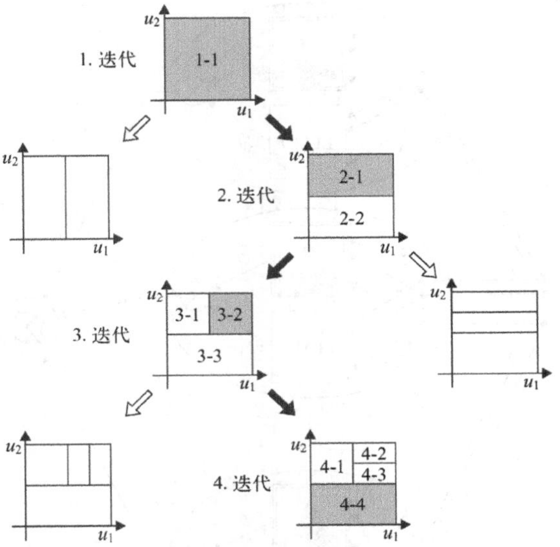


图 20.11　LOLIMOT 算法的结构（轴正交）

入组合 $\boldsymbol{u}$ 对应的输出值 $\hat{y}$。

自动训练过程的好处在于训练数据集有可能使用任意分布的数据，这一点与第 20.2 节描述的基于网格查询表模型是不同的，它不需要知道数据所在的特定位置，因此在实际应用中可以明显减少对测量数据所需要做的工作。

**例 20.1（用于辨识内燃引擎稳态特性的人工神经网络）**

作为一个例子，考察一个六缸（火花点火）引擎的稳态特性，要辨识的是引擎的扭矩与节流阀开度和引擎转速的特性关系。图 20.12 给出的是在一种试验台上测量获得的 433 组数据点。

这里，采用 MLP 网络来逼近数据。在训练之后，对数据的逼近如图 20.13 所示，逼近模型有 31 个参数。显然，这个神经网络模型具有良好的内插和外推能力，这也意味着仅有少数测量点的区域，过程特性也可以得到很好的逼近（Holzmann et al，1997）。□

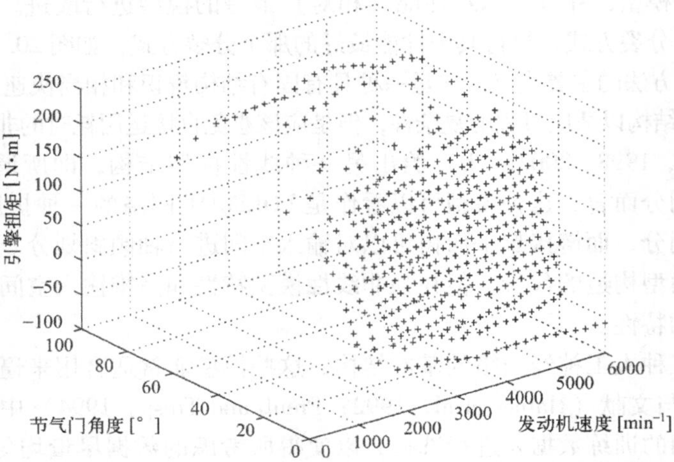


图 20.12　火花点火引擎（2.5 l，V6 cyl.）测量数据：非均匀分布，433 组测量点

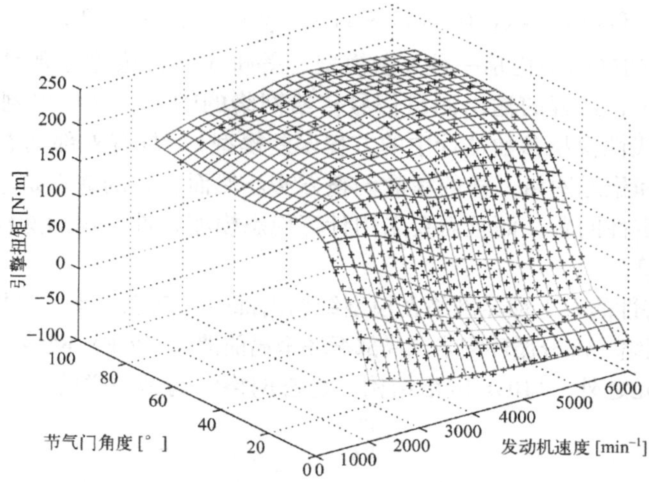


图 20.13　利用网络结构为（2·6·1），具有 31 个参数的 MLP 网络，对引擎数据（+）进行逼近

### 20.1.2　用于动态系统的人工神经网络

无记忆的稳态神经网络引入动态元素可以扩展成动态神经网络，又可分为具有外部动态特性和内部动态特性的两种不同情况（Nelles et al，1997；Isermann et al，1997）。具有外部动态特性的人工神经网络是基于稳态网络构成的，如 MLP 和 RBF 网络。离散时间输入信号 $u(k)$ 经过额外的滤波器 $F_i(z^{-1})$ 传给网络，用同样方法将过程的输出测量信号 $y(k)$ 或神经网络的输出 $\hat{y}(k)$ 经过滤波器 $G_i(z^{-1})$ 传给网络，其中 $z^{-1}$ 表示时移算子[⊖]，即

$$y(k)z^{-1} = y(k-1) \tag{20.1.15}$$

在最简单的情况下，所用的滤波器就是纯时延，如图 20.14a 所示，使用时延后的采样信号作为网络的输入信号，即

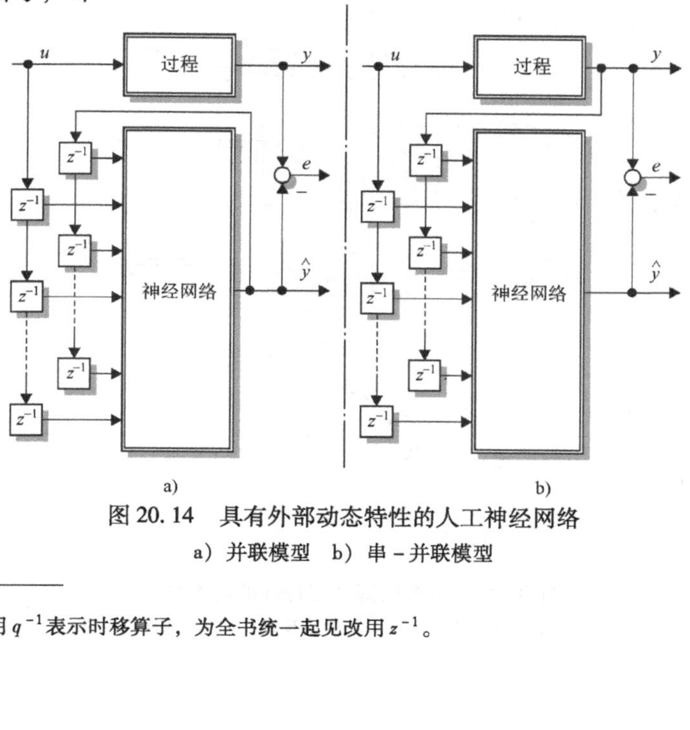


图 20.14　具有外部动态特性的人工神经网络

a）并联模型　b）串 - 并联模型

⊖ 译者注：原文用 $q^{-1}$ 表示时移算子，为全书统一起见改用 $z^{-1}$。

$$\hat{y}(k) = f_{\mathrm{NN}}\big(u(k), u(k-1), \cdots, \hat{y}(k-1), \hat{y}(k-2), \cdots\big) \tag{20.1.16}$$

图 20.14a 所示的网络结构是一种并联模型（等价于线性模型参数估计中的输出误差模型）。在图 20.14b 中，过程的输出测量信号传给网络的输入，这代表网络结构是一种串 - 并联模型（等价于线性模型参数估计中的方程误差模型）。具有外部动态特性的网络有一个好处：有可能采用和稳态网络一样的参数调整方法。然而，它的缺点是增加了输入空间的维数，可能会出现稳定性问题，而且需要采用计算稳态模型特性所用的迭代方法，也就是需要通过模型仿真来计算。

具有内部动态特性的人工神经网络在模型结构内部引入动态元素，根据引入动态元素的类型，可以分为循环网络、部分循环网络和局部循环全局前馈（LRGF）网络（Nelles et al，1997）。除了采用动态神经元之外，LRGF 网络结构与稳态网络结构是一样的，如图 20.15 所示。

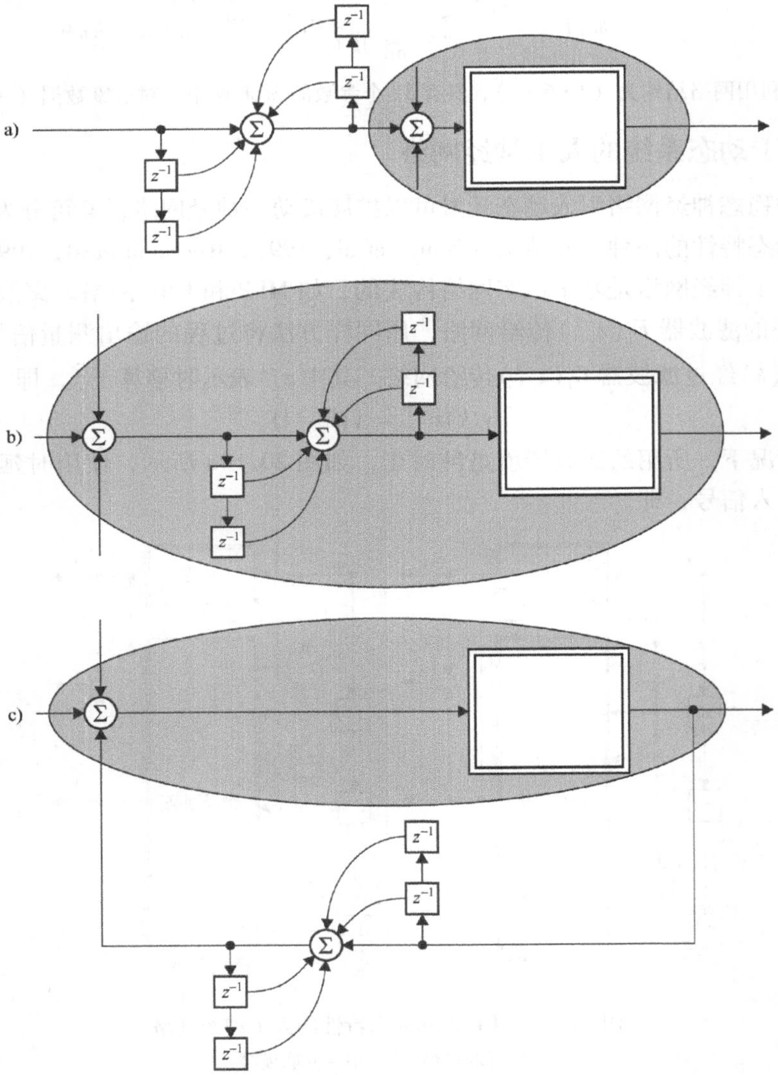


图 20.15　具有内部动态特性的动态神经元

a）局部突触反馈　b）局部激活反馈　c）局部输出反馈

内部动态反馈分为三种情形：局部突触反馈、局部激活反馈和局部输出反馈。其中，局部激活反馈是最简单的（Ayoubi，1996），它利用线性传递函数扩展了每个神经元，最常用的是一阶函数和二阶函数，如图 20.16 所示，其中动态参数 $a_i$ 和 $b_i$ 是需要调整的参数。这种网络的稳态特性和动态特性容易区分，因此稳定性是可以得到保证的。

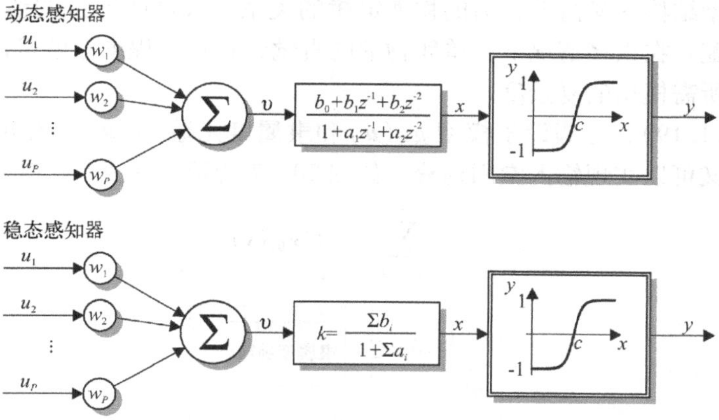


图 20.16　动态和稳态感知器（Ayoubi，1996）

通常，在 LRGF 网络结构中使用的是 MLP 网络。但是，如果假设过程具有 Hammerstein 模型结构，则在输出层也会使用到带有动态元素的 RBF 网络（Ayoubi，1996）。一般情况下，这些动态神经网络的调整需要采用基于扩展的梯度方法（Nelles et al，1997）。

基于上述人工神经网络的基本结构，可以构造出具有特定属性的特殊结构。比如，如果将局部线性模型（LOLIMOT）网络和与外部动态方法相结合，就可以构造出局部有效的线性输入/输出模型。另外，非线性过程的输入激励需要利用多值的信号，比如幅值调制的随机二值信号（如 APRBS 和 AGRBS），见第 6.3 节。

### 20.1.3　半物理局部线性模型

过程的稳态特性和动态特性通常与工作点（用变量 $z$ 表示）有关，需要将所有的输入变量分成操纵变量 $\boldsymbol{u}$ 和工作点变量 $z$，通过这种划分可以辨识获得局部线性模型。这种模型的参数随着工作点变化，也称作线性参数变量模型（LPVM）（Ballé，1998）。

考虑一个 $p$ 维输入 $u_i$ 和一维输出 $y$ 的非线性离散时间动态模型，描述为

$$y(k) = f(\boldsymbol{x}(k)) \tag{20.1.17}$$

其中

$$\begin{aligned}\boldsymbol{x}^{\mathrm{T}}(k) = \big(&u_1(k-1)\cdots u_1(k-n_{u1})\cdots u_p(k-1)\cdots u_p(k-n_{up})\\ &y(k-1)\cdots y(k-n_y)\big)\end{aligned} \tag{20.1.18}$$

对很多类型的非线性模型来说，这种全局非线性模型可以用局部子模型表示

$$\hat{y} = \sum_{m=1}^{M} \Phi_m(\boldsymbol{u}) g_m(\boldsymbol{u}) \tag{20.1.19}$$

每个子模型 $g_m$ 的有效性取决于对应的权重函数 $\Phi_m$（也称作激活函数或隶属度函数）。这些权重函数反映了对输入空间的划分，并确定了相邻子模型之间的瞬态关系（Nelles and Isermann, 1995; Babuška and Verbruggen, 1996; Murray-Smith and Johansen, 1997a; Nelles, 2001)。局部模型的结构可能会是各种各样的，这是由于采用不同的输入空间 $\boldsymbol{u}$ 划分，如网格结构划分、轴正交划分和轴倾斜划分等，以及局部子模型的结构与子模型之间的瞬态关系所造成的（Töpfer, 2002b）。

由于上述模型结构含义清楚，借助物理定律的关系，有可能通过调整局部模型的结构，与过程模型相匹配。在很多情况下，单凭物理的直觉，在很大程度上就可以改善训练和泛化的特性，并减小所需模型的复杂度。

根据式（20.1.19），已假设子模型 $g_m(\boldsymbol{u})$ 和隶属度函数 $\boldsymbol{\Phi}(\boldsymbol{u})$ 具有相同维数的输入空间，而局部模型又可以实现**输入空间划分**，如图 20.17 所示，写成

$$\hat{y} = \sum_{m=1}^{M} \Phi_m(z) g_m(\boldsymbol{x}) \tag{20.1.20}$$

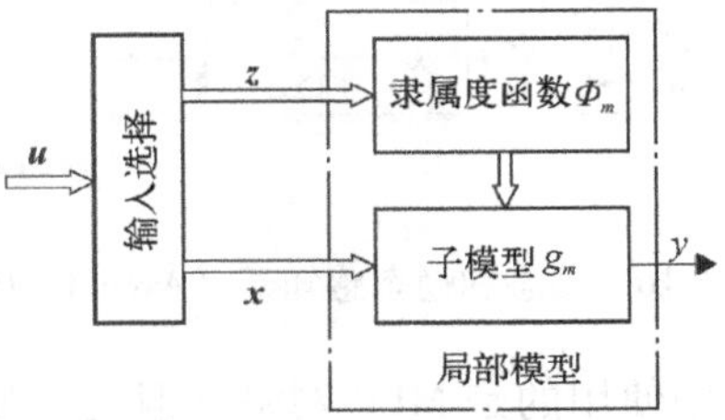


图 20.17　局部模型的结构，其中局部子模型和隶属度函数具有不同的输入空间

权重函数的输入向量 $z$ 只包含向量 $\boldsymbol{u}$ 中那些具有明显非线性作用而又不能用局部子模型充分表达的输入，这些方面的输入最好能再细分成不同的部分。这样做的主要优点是，能显著减小向量 $z$ 的输入变量个数，也可以降低结构辨识的难度。

考虑式（20.1.20）的另一种结构表示，这种方法可以把局部子模型的输入（向量 $\boldsymbol{x}$）和隶属度函数的输入（向量 $z$）划分得更为精确。通常情况下，假设局部子模型关于参数是线性的，描述成

$$g_i(\boldsymbol{x}) = w_{i0} + w_{i1}x_1 + \cdots + w_{in_x}x_{n_x} \tag{20.1.21}$$

那么式（20.1.20）可以写成

$$\hat{y} = w_0(z) + w_1(z)x_1 + \cdots + w_{n_x}(z)x_{n_x},\ w_j(z) = \sum_{m=1}^{M} w_{mj}\Phi_m(z) \tag{20.1.22}$$

式中，每个局部子模型通常都加有常数项 $w_{m0}$，使其成为局部仿射模型，而不是纯粹的局部线性模型。常数项 $w_{m0}$ 是用于对工作点建模的，它与大信号的直流分量有关。

这样，该特定的局部模型就可以看作是关于参数线性的模型，模型参数 $w_j(z)$ 与工作点有关，它们取决于向量 $z$ 的输入值，可见模型参数 $w_j(z)$ 还是具有物理意义的。考虑到这一点，该模型又称作**半物理模型**（Töpfer et al, 2002）。

**子模型结构**的选择总是需要在子模型的复杂性和子模型的数量之间权衡。最常见的是采用线性子模型，它的好处：是众所周知的线性模型的一种直接扩展。然而，在一定的条件下采用更复杂的子模型也是可以的。如果输入变量的主要非线性影响可以定量地用输入变量的非线性变换来描述（比如 $f_1(\boldsymbol{x}) = (x_1^2, x_1x_2, \cdots)$），那么把这种先验知识加到子模型中，可以

大大减少所需子模型的数量。一般地，可以将输入变量 $\boldsymbol{x}$ 预处理成其非线性变换后的变量

$$\boldsymbol{x}^* = F(\boldsymbol{x}) = \left(f_1(\boldsymbol{x})\ f_2(\boldsymbol{x}) \cdots f_{n_{x^*}}(\boldsymbol{x})\right)^{\mathrm{T}} \tag{20.1.23}$$

如图 20.18 所示。除了那些启发式确定的模型结构，局部模型也可以加入纯物理方法确定的模型。此外，局部模型允许引入非齐次模型，从而使得局部子模型在不同工作区域具有不同的结构。

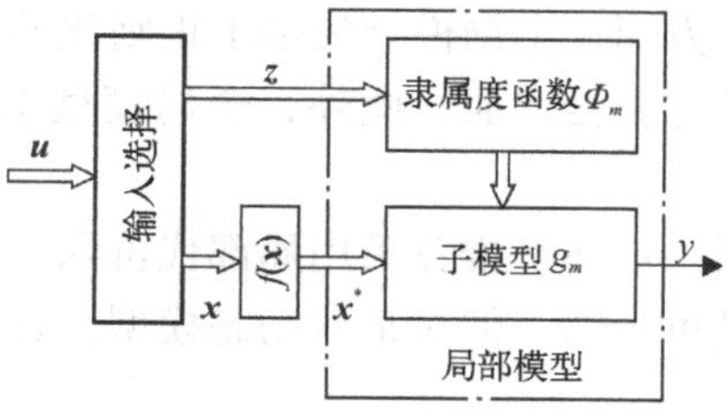


图 20.18　输入变量 $x$ 的预处理，将先验知识加入子模型结构

## 20.1.4　局部和全局参数估计⊖

对于局部动态模型的参数估计，与稳态情况相比会有一些额外的不同考虑。一般情况下，这种模型的参数估计有两种可能，一种是利用**局部代价函数**，另一种是利用**全局代价函数**。**局部代价函数**可以写成

$$V_{m,\text{local}} = \frac{1}{2}\sum_{k=1}^{N}(y - \hat{y}_m)^{\mathrm{T}}\boldsymbol{W}_m(y - \hat{y}_m) \tag{20.1.24}$$

其中，$\boldsymbol{W}_m$ 是第 $m$ 局部子模型的对角权重矩阵，它与激活函数 $\boldsymbol{\Phi}_m(z)$ 有关。这个代价函数是分别针对每个局部子模型（$m=1, 2, \cdots, M$）进行最小化建模的。根据最小二乘解式 (9.5.4)，模型参数估计可写成

$$\boldsymbol{w}_m = (\boldsymbol{X}^{\mathrm{T}}\boldsymbol{W}_m\boldsymbol{X})^{-1}\boldsymbol{X}^{\mathrm{T}}\boldsymbol{W}_m y \tag{20.1.25}$$

可以看到，局部子模型的参数估计是相互独立的，因此可以逐个分别进行估计。各个局部子模型可以看作是对过程局部线性化的结果，与相邻的其他线性化子模型无关。因此，利用局部参数估计给出的是参数隐式正则化结果。

与之相反，**全局代价函数**可以写成

$$V_{\text{global}} = \frac{1}{2}\sum_{k=1}^{N}(y - \hat{y})^{\mathrm{T}}(y - \hat{y}) \tag{20.1.26}$$

式中，全局模型的输出是按式（20.1.12）计算的，它是各个局部子模型输出的迭加

$$\hat{y} = \sum_{m=1}^{M}\boldsymbol{W}_m\hat{y}_m \tag{20.1.27}$$

将式（20.1.27）代入式（20.1.26），可以看出引入的权重矩阵变成二次型，不同于局部代价函数式（20.1.24），后者的误差加权使用独立的权重矩阵。再次利用最小二乘解，可以给出模型参数估计为

⊖　原注：本节由 Heiko Sequenz 编写。

$$w = (X_g^T X_g)^{-1} X_g^T y \tag{20.1.28}$$

其中，全局回归矩阵$X_g$为

$$X_g = (W_1 X \; W_2 X \; \cdots \; W_M X) \tag{20.1.29}$$

式中，$w$是全局参数向量，它包含所有局部子模型的参数。因此，局部子模型参数$w_m$通过矩阵$X_g$是相互耦合的。这使得全局模型更具灵活性，因为局部子模型的瞬态衔接区域也可以用来调整过程的特性。另一方面，全局模型失去了正则化的作用。然而，由于全局模型的灵活性更高，所以模型的误差方差会增加。此外，全局模型不能用于解释过程的局部特性，参数估计也变得更为复杂。

由于这些原因，可能的话一般还是推荐采用局部代价函数来估计模型参数。对于稳态模型来说，这样做一般情况下是可行的，但对某些动态模型，这样做是不可行的，见下节论述内容。

### 20.1.5 局部线性动态模型⊖

本节分四个部分论述，首先讨论动态模型$z$-回归变量的选择，第二部分论述基于不同时刻可变参数的模型结构，接下来讨论将给定传递函数模型结构转换成类似的状态空间模型结构，最后讨论不同误差配置假设下的参数估计，并论述哪种模型结构必须采用全局代价函数的最小化方法。

**$z$-回归变量的选择**

对动态模型来说，模型参数的个数是稳态情况下模型参数个数的倍数。为了减少计算量，局部子模型和激活函数的输入空间可以是不同类型的变量，如第20.1.3节所述。那里，对输入空间的划分是基于先验知识的，目的性是明确的，只有那些具有明显非线性的输入才被用作激活函数的输入，其中激活函数的输入记作$z$-回归变量，局部子模型的输入记作$x$-回归变量。$z$-回归变量和$x$-回归变量是由过程输入$u$和过程输出$y$组成的，因为$u$和$y$都被认为是动态模型的输入。

这里，对输入空间的划分是以辨识为目的的，不以先验知识为依据，所以在$z$-回归变量分布空间中的变量就是通常所用的输入向量。图20.19a给出的是APRBS信号（见第6.3节）的分布，其中$z$-回归变量选$z_1 = u(k-1)$和$z_2 = u(k-2)$。可以看到大部分数据都落在对角线上，这是因为APRBS信号具有保持时间的缘故。如果输入是阶跃变化的信号，则数据只会分布在对角线的周围。图20.19a这个例子所用的是同一个信号$u(k)$，但具有不同的时延。这种情况还可以推广到任意的$z$回归向量，所用的输入信号相同，但时延不同。如果以过程的输出作为$z$-回归变量，那么数据的分布会更差，见图20.19b。这里，考虑一个简单的一阶过程，由于过程的滤波特性，大部分数据都分布在对角线周围，可以看到输入空间的大部分区域没有被覆盖。

用不同的输入信号作为$z$-回归变量也会出现如图20.19a所示的不良分布。若以白噪声作为$z$-回归变量，空间分布是均匀的，如图20.19c所示，它很好地覆盖了输入空间。然而，尽管以白噪声作为$z$-回归变量也不能改善图20.19b所给的这种不良分布。此外，白噪

⊖ 原注：本节基于Ralf Zimmerschied（2008）博士论文，由Heiko Sequenz编写。

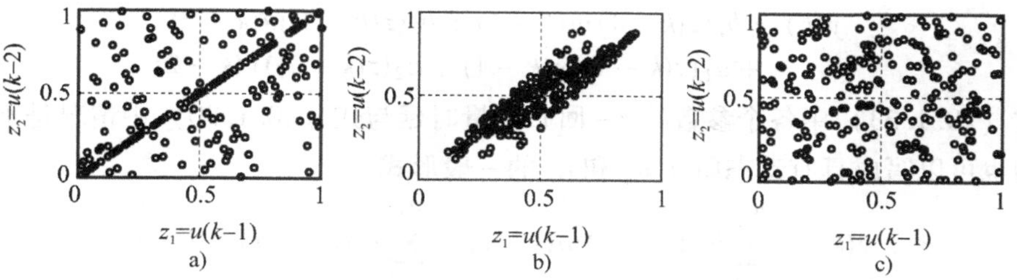


图 20.19　以相同的输入信号作为 $z$－回归变量的空间分布

a）APRBS 输入信号　b）一阶过程的输出信号（以 APRBS 信号为输入）　c）白噪声输入信号

声信号不一定是一种合适的系统激励信号，因为用它激励高频成分时信噪比很低。

由于这些原因，一般建议最多使用每个模型中的一个输入/输出信号作为 $z$－回归变量。对上面所考虑的例子，这意味着要么选 $z_1=u(k-1)$ 作为激活函数的输入，要么选 $z_1=u(k-2)$ 作为激或活函数的输入，两者不能同时选作激活函数的输入。这就限制了模型的灵活性，使偏差误差增加，不过同时会减小方差误差。此外，本节提到的，由于 $z$－回归变量选自相同的模型输入/输出信号所导致的输入空间的不良覆盖问题，就可以很容易避免。

**时延参数的变异**

利用时延参数的变异可以进一步改善 **$z$－回归变量**的选择。到目前为止，模型参数依赖于 $z$－回归变量的时延是固定的，如 $z(k)=u(k-1)$。这意味着对一个二阶系统，仅以 $z(k)=u(k-1)$ 作为 **$z$－回归变量**，模型的输出可以写成

$$\begin{aligned}\hat{y}(k) &= \sum_{m=1}^{M} \Phi_m(z(k))\big(b_1u(k-1)+b_2u(k-2)+a_1y(k-1)+a_2y(k-2)\big)\\ &= b_1(z(k))u(k-1)+b_2(z(k))u(k-2)+a_1(z(k))y(k-1)+a_2(z(k))y(k-2)\end{aligned} \tag{20.1.30}$$

上式，参数 $b_i$ 可以用 $z$－回归变量表示成

$$b_i(z(k)) = \sum_{m=1}^{M} \Phi_m(z(k))b_{i,m} \tag{20.1.31}$$

参数 $a_i$ 也可以表示成类似的形式。注意到，所有的参数都是随着固定时延的 $z$－回归变量变化的，在这个例子中 $z(k)=u(k-1)$。因此，模型的输入会比对应参数的激活函数更晚一些，比如模型输入 $u(k-2)$ 对应的参数 $b_2$，其依赖的激活函数 $\Phi_m(z(k))=\Phi_m(u(k-1))$ 要比模型输入早一个时刻。这说明通常情况下，输入 $u(k-i)$ 与 $b(k-j)$ 是相对应的，分别依赖于 $k-i$ 和 $k-j$ 时刻。

模型的传递函数也可以写成一般的形式

$$\hat{y}(k) = \sum_{m=1}^{M} \Phi_m(z(k))\left(\sum_{i=1}^{n_u} b_i u(k-i) + \sum_{i=1}^{n_y} a_i y(k-i)\right) \tag{20.1.32}$$

式中，模型的动态阶次 $n_u$ 和 $n_y$ 分别对应于输入和输出。

因此，建议逐个地利用输入来改变模型参数。对输入信号 $u(k-1)$ 和 $y(k-1)$，模型参数 $b_1$ 和 $a_1$ 依赖于 $z$－回归变量 $z(k-1)=u(k-1)$；对输入信号 $u(k-2)$ 和 $y(k-2)$，模型参数 $b_2$ 和 $a_2$ 依赖于 $z$－回归变量 $z(k-2)=u(k-2)$。这种模型结构的变化不会改变模型的灵活性，不过要把它转换成状态空间模型结构需要一些必要的理论性质，下一节将讨论这个问题。那么，式（20.1.30）给出的模型可以写成

$$\hat{y}(k)=b_1(z(k-1))u(k-1)+b_2(z(k-2))u(k-2)\\+a_1(z(k-1))y(k-1)+a_2(z(k-2))y(k-2) \tag{20.1.33}$$

注意，式（20.1.33）中各个参数的 $z$－回归变量时延与式（20.1.30）中情况是不同的。

模型也可以写成具有动态阶次 $n_u$ 和 $n_y$ 的一般形式

$$\hat{y}(k)=\sum_{i=1}^{n_u}b_i(z(k-i))u(k-i)+\sum_{i=1}^{n_y}a_i(z(k-i))y(k-i) \tag{20.1.34}$$

式中，参数 $b_i$ 是局部参数 $b_{i,m}$，$m=1, 2, \cdots, M$ 之和，写成

$$b_i(z(k-i))=\sum_{m=1}^{M}\Phi_m(z(k-i))b_{i,m} \tag{20.1.35}$$

还需注意，式（20.1.32）中无时延的参数表示与式（20.1.34）中带时延的参数表示的区别。

**类推成状态空间模型结构**

给定如前面所述的参数时延变化的传递函数模型，它可以转换成状态空间模型结构。需要指出，从局部线性传递函数模型到局部状态空间模型之间的转换一般不是显然的，有时甚至连类似的局部状态空间模型也不存在。尽管如此，给定结构如式（20.1.34）所示的模型，其类似的状态空间模型可以用如下的可观规范型表示

$$\boldsymbol{x}(k+1)=\begin{pmatrix}0 & \cdots & 0 & -a_n(z(k))\\ 1 & & 0 & -a_{n-1}(z(k))\\ \vdots & \ddots & \vdots & \vdots\\ 0 & \cdots & 1 & -a_1(z(k))\end{pmatrix}\boldsymbol{x}(k)+\begin{pmatrix}b_n(z(k))\\ b_{n-1}(z(k))\\ \vdots\\ b_1(z(k))\end{pmatrix}u(k) \tag{20.1.36}$$

$$y(k)=\begin{pmatrix}0 & \cdots & 0 & 1\end{pmatrix}\boldsymbol{x}(k) \tag{20.1.37}$$

为了证明式（20.1.37）和式（20.1.34）的等价性，下面简要论述传递函数模型到状态空间模型结构的转换。逐行写出矩阵方程式（20.1.37）的状态模型

$$\begin{aligned}x_1(k+1)&= \qquad\quad -a_n(z(k))x_n(k)+b_n(z(k))u(k)\\ x_2(k+1)&=x_1(k)-a_{n-1}(z(k))x_n(k)+b_{n-1}(z(k))u(k)\\ &\vdots\\ x_n(k+1)&=x_{n-1}(k)-a_1(z(k))x_n(k)+b_{n-1}(z(k))u(k)\end{aligned} \tag{20.1.38}$$

将第一行延迟一个采样时间（得到 $x_1(k)$），代入第二行，可得

$$x_2(k+1)=-a_n(z(k-1))x_n(k-1)+b_n(z(k-1))u(k-1)\cdots\\-a_{n-1}(z(k))x_n(k)+b_{n-1}(z(k))u(k) \tag{20.1.39}$$

上式再延迟一个采样时间，又代入第三行，替换其中的 $x_2(k)$，可得

$$\begin{aligned}x_3(k+1)&=x_2(k)-a_{n-2}(z(k))x_n(k)+b_{n-2}(z(k))u(k)\\ &=-a_n(z(k-2))x_n(k-2)+b_n(z(k-2))u(k-2)\cdots\\ &\quad -a_{n-1}(z(k-1))x_n(k-1)+b_{n-1}(z(k-1))u(k-1)\cdots\\ &\quad -a_{n-2}(z(k))x_n(k)+b_{n-2}(z(k))u(k)\end{aligned} \tag{20.1.40}$$

以此类推，直到将最后第二行迟延一个采样时刻后的 $x_{n-1}(k)$ 代入最后一行（$x_n(k+1)$）。最后，令 $y(k)=x_n(k)$，便得到传递函数模型式（20.1.34），这样就证明了它们的等价性。因此，每种由参数时延变化给出的模型形式都可以转换成可观规范型的状态空间模型来实现。

**参数估计**

如前所述，动态模型的参数估计依赖于误差的配置，两种常用的误差配置是并联模型和串－并联模型（见图 20.14）。后者与线性模型中的方程误差相对应，如第 9.1 节所述，相应的模型记作 ARX 模型。相应地，采用串－并联配置的局部线性模型称作 **NARX（非线性 ARX）**。模型之所以称作非线性的，因为多个局部线性 ARX 模型组合在一起成为全局非线性模型。这种依赖于输入测量值和输出测量值的模型可以用如下方程表示

$$\hat{y}_{\mathrm{NARX}}(k)=\sum_{m=1}^{M}\left(\sum_{m=1}^{n_u} b_i(z(k-i))u(k-i)+\sum_{m=1}^{n_y} a_i(z(k-i))y(k-i)\right) \tag{20.1.41}$$

类似地，并联模型配置与输出误差相对应，它又对应于线性模型中的 OE 模型。并联模型配置下的全局非线性模型是由局部线性 OE 模型组成的，因此称作 **NOE（非线性 OE）**模型。该模型依赖于输入测量值和模型输出，写成

$$\hat{y}_{\mathrm{NOE}}(k)=\sum_{m=1}^{M}\left(\sum_{m=1}^{n_u} b_i(z(k-i))u(k-i)+\sum_{m=1}^{n_y} a_i(z(k-i))\hat{y}(k-i)\right) \tag{20.1.42}$$

注意，模型式（20.1.41）和式（20.1.42）等式右侧中时延的过程输出是不同的，在 NARX 模型下是过程输出测量值，在 NOE 下是模型输出。

因此，NARX 模型的局部模型输出可以写成仅依赖于测量值的形式

$$\hat{y}_{\mathrm{NARX},m}(k)=\sum_{m=1}^{n_u} z(k-i)u(k-i)+\sum_{m=1}^{n_y} z(k-i)y(k-i) \tag{20.1.43}$$

相反地，NOE 模型还把模型输出作为模型的输入

$$\hat{y}_{\mathrm{NOE},m}(k)=\sum_{m=1}^{n_u} z(k-i)u(k-i)+\sum_{m=1}^{n_y} z(k-i)\hat{y}(k-i) \tag{20.1.44}$$

对于 NOE 模型，为了确定 $\hat{y}(k)$，必须通过仿真计算得到 $k$ 时刻以前的 $\hat{y}(k-1)$ 值。这意味着，所有的局部模型都要以全局模型输出作为输入，因此是相互依赖的。所以对于 NOE 模型，参数需要同时一次进行估计，为此必须像第 20.1.4 节所描述的那样进行全局参数估计。由于误差不再是关于参数线性的，为此需要采用非线性优化算法，如 Levenberg－Marquardt 算法（见第 19.4.3 节），这使得 NOE 模型的训练计算量很大。此外，也不能保证收敛到全局最小值，因为收敛性与初值有关。

相反地，NARX 模型表示的局部模型可以看作是相互独立的，因为输出测量值是可以采样获得的，所以局部参数估计方法或全局参数估计方法都可以采用。因为局部参数估计方法有一些可取的特性，如隐式正则化、计算比较快等，因此被更多采用。

尽管 NOE 模型的计算量比较大，但在需要进行模型仿真的场合还是经常采用的。NOE 模型是对仿真误差进行最小化的，因此比 NARX 模型更适用于模型仿真。另一方面，这种模型使预测误差最小化，因此如果要基于之前的测量值对过程输出进行预测，那么会倾向采用这种模型。当然，NARX 也可用于仿真，但由于它不是在仿真配置下训练的，因此模型会有偏差误差（Ljung，1999）。

NOE 模型的主要缺点是对局部模型不能给出解释，这个缺点可以利用显式正则化来弥补，详见文献（Zimmerschied and Isermann，2008，2009）。

### 20.1.6 带子集选择的局部多项式模型[⊖]

本节将讨论 LOLIMOT 算法（第 20.1.1 节）的进一步拓展，这种拓展是基于文献（Sequenz et al，2009）提出的算法，该文献对这部分内容有比较详细的论述。这种算法主要适用于稳态过程，不过也能用于动态过程。如前面第 20.1.1 节所述，LOLIMOT 算法由外层循环和内层循环组成，分别适应于非线性模型和局部模型。到目前为此，局部模型还只局限于线性或仿射的形式。

为了克服这些相关的限制，假设一种一般的局部模型，其中局部函数用预定阶次为 $o$ 的幂级数来逼近。这样可以减少局部模型的个数，因为这样的局部模型更为复杂，且有较宽的有效范围。由于 $x$ - 回归变量的数量随着阶次 $o$ 和输入数量 $p$ 快速增长，所以需要引入显著性回归变量的选择算法。利用选择算法去除不含过程信息的回归变量，进而降低方差误差。

这种局部模型的结构如图 20.20 所示，记作**局部多项式模型**（LPM），以高斯激活函数为权重函数，并采用具有轴正交划分的树结构算法对输入空间进行划分，见图 20.11。由于外层循环与 LOLIMOT 算法是一样的，下面仅考虑局部模型的估计问题，而且回归变量项用 $x$ - 回归变量表示，因为 $z$ - 回归变量不再受关注。

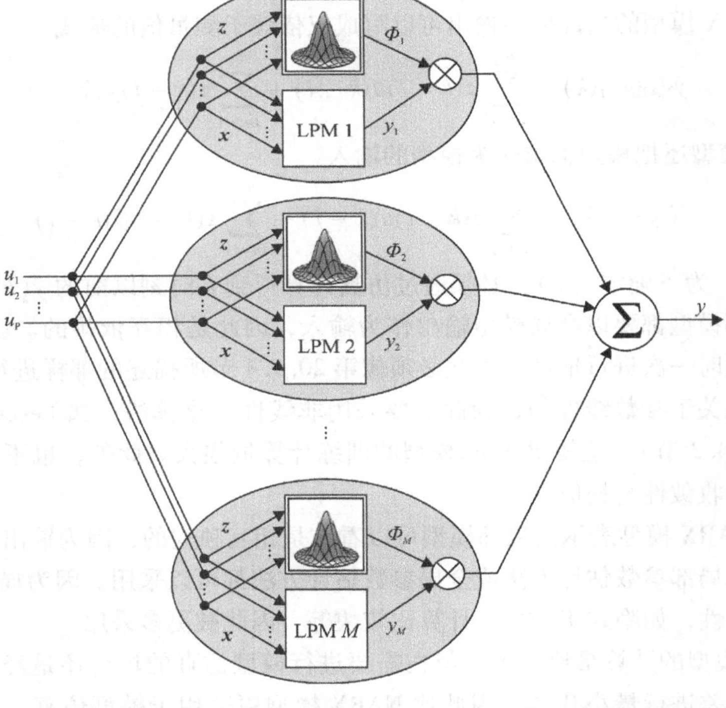


图 20.20　局部多项式模型（LPM）网络，LOLIMOT 算法结构的进一步拓展

这种局部模型方法的思路是：一般情况下，所有实际应用中出现的稳态函数，在其中心附近的邻域内都可以用幂级数任意精确地逼近。将这个中心记作 $\boldsymbol{u}_0$，那么对一般的非线性

⊖ 原注：本节由 Heiko Sequenz 编写。

函数，可以用多维的幂级数逼近写成（如 Bronstein et al，2008）

$$f(u_0 + \Delta u) = f(u_0) + \sum_{i=1}^{o} \frac{1}{i!}\left(\frac{\partial}{\partial u_1}\Delta u_1 + \cdots + \frac{\partial}{\partial u_p}\Delta u_p\right)^i f(u_0) + R_o \quad (20.1.45)$$

其中，$o$ 是幂级数展开式的阶次，$R_o$ 是剩余项。随着阶次 $o$ 的增加，剩余项 $R_o$ 会减小，不过回归变量的个数将增加。因此，推荐取阶次 $o=3$，这是精度与计算量之间一种较好的权衡（Hastie et al，2009）。另外，需要采用某种变量选择算法，以去除一些可忽略的回归变量。

受幂级数的启发，可将回归变量的容许集写成

$$\mathcal{A} = \{u_1, u_2, u_1^2, u_2^2, u_1 u_2, \cdots\} \quad (20.1.46)$$

从中选出回归变量的最优子集。通过穷举回归变量可能的所有子集，可以保证能找到最优子集。但是，这种穷举的方法是行不通的，即使容许集很小也是不可行的，因此下面介绍一种启发式的选择算法。

这种选择算法组合了**向前选择法**、**向后删除法**和**回归变量替代法**，如图 20.21 所示。算法始于空集，利用向前选择法不断地将容许集中的变量加到选择集中，当新的回归变量加到选择集中后，原来选择的某些变量可能被去除。向后删除法就是用来去除选择集中的某些回归变量的，而回归变量替代法试图在选择集和容许集之间交换回归变量，使得更为显著的变量保留在选择集中。有关选择算法的详细论述可参见文献（Miller，2002）。需要指出，选择算法的步骤组合与容许集的规模有关，因此有可能非常耗时。

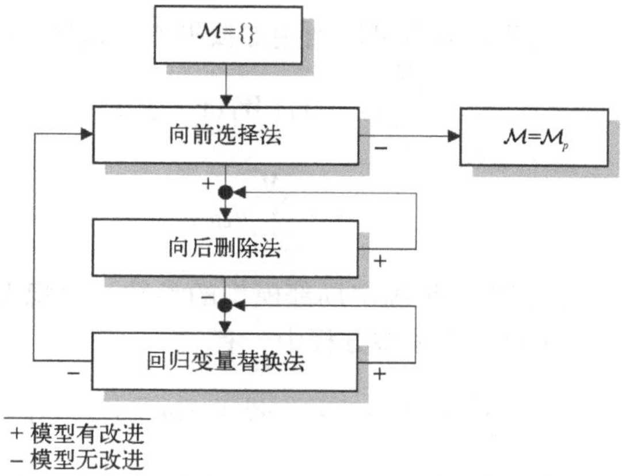


图 20.21　寻找显著性回归变量的选择算法，算法始于空集

为了比较具有不同规模回归变量集的模型，需要一个拟合准则用于评价模型。除了 Mallows 的 $C_p$ 统计量、Akaike 信息准则（AIC）和贝叶斯信息准则（BIC）外，还有其他许多可选的准则。Mallows 的 $C_p$ 统计量可以写成

$$C_p = \frac{\sum_{i=1}^{N}(y_i - \hat{y}_i)^2}{\hat{\sigma}^2} - N + 2n \quad (20.1.47)$$

其中，$\hat{\sigma}^2$ 是残差方差的估计，$\hat{y}$ 是模型的输出，$n$ 为模型拟合参数个数，$N$ 为数据集规模。

类似地，对有限的数据集，改进的 AIC 准则可以写为

$$\mathrm{AIC}_c = N\ln\left(\frac{\sum_{i=1}^{N}\left(y_i-\hat{y}_i\right)^2}{N}\right)+\frac{2N}{N-n-1}n \tag{20.1.48}$$

式中，$n$ 为回归变量数，模型复杂度随之增加，$\sum_{i=1}^{N}(y_i-\hat{y}_i)^2$ 为模型误差，模型复杂度随之降低，改进的 AIC 准则考虑了两者的权衡。这种权衡使得模型误差分解到偏差误差和方差误差达到最小，见图 20.2。其他准则如 BIC 的原理也是类似的，详见文献（Mallows，1973；Burnham and Anderson，2002；Stoica and Selen，2004；Loader，1999）。

由于这些准则是为全局模型设计的，而这里考虑的是带权重的局部模型，所以这些准则必须做些调整。文献 Loader（1999）给出一种局部模型版的 Marrow 的 $C_p$ 统计量

$$C_{p,\mathrm{local},j}=\frac{(\boldsymbol{y}-\hat{\boldsymbol{y}}_j)'\boldsymbol{W}_j(\boldsymbol{y}-\hat{\boldsymbol{y}}_j)}{\hat{\sigma}^2}+\mathrm{tr}(\boldsymbol{W}_j)+2n_{\mathrm{eff},j} \tag{20.1.49}$$

这里，用局部模型误差代替式（20.1.47）中的全局模型误差。式中，$n_{\mathrm{eff},j}$描述的是第 $j$ 局部模型的有效参数个数。有效参数的总体个数小于总的模型参数个数 $n$，这是因为局部模型的参数有可能部分重叠。其中又引入了局部模型的正则化，所以模型总的自由度会减少。各局部模型的自由度分别用有效参数的个数表示。关于有效参数个数的进一步讨论可参阅文献（Moody，1992；Murray-Smith and Johansen，1997b）。有效参数个数可以利用帽子矩阵（见第 23.7.2 节）的迹来确定，写成

$$n_{\mathrm{eff},j}=\mathrm{tr}\left(\boldsymbol{W}_j\boldsymbol{X}\left(\boldsymbol{X}'\boldsymbol{W}_j\boldsymbol{X}\right)^{-1}\boldsymbol{X}'\boldsymbol{W}_j\right)=\mathrm{tr}\,\boldsymbol{H}_j \tag{20.1.50}$$

式（20.1.49）中用 $\hat{\sigma}^2$ 表示的残差方差可以利用加权平方误差之和除以自由度来估计

$$\hat{\sigma}^2=\frac{\sum_{j=1}^{M}(\boldsymbol{y}-\hat{\boldsymbol{y}}_j)'\boldsymbol{W}_j(\boldsymbol{y}-\boldsymbol{y}_j)}{N-\sum_{j=1}^{M}n_{\mathrm{eff},j}} \tag{20.1.51}$$

为了计算局部模型的输出 $\hat{y}$，首先必须确定局部模型的参数。对稳态局部模型来说，可以简单地利用最小二乘解获得。注意，在模型方程中，有

$$\hat{\boldsymbol{y}}_j=\sum_{m=1}^{M}\boldsymbol{W}_j\left(c_1u_1+c_2u_1^2+c_3u_1u_2+\cdots\right) \tag{20.1.52}$$

它关于回归变量本身可能是非线性的，比如 $u_1u_2$，但关于对应的参数 $c_i$ 是线性的。上面给出的这种准则可用于评价具有不同规模回归变量集的局部模型。这样，对每个局部模型都可以选到最优的回归变量集，以各自局部拟合过程的非线性。

除了用于局部回归变量的选择外，上面引入的准则式（20.1.47）和式（20.1.48）还可以在划分算法（外部循环）中用于选择最优的全局模型。由于输入空间利用树构造算法进行划分，其中有些划分区是可选用的。考虑到训练误差，具有最大划分区的模型是最好的。然而，由于方差误差随着模型参数个数的增加而增大，当然也随着局部模型的数量增多而增大，因此也需要进行权衡。这种权衡可以通过最小化上面所给的全局模型版的准则函数来实现。

考虑局部模型的结构，全局模型版的 $C_p$ 统计量写成

$$C_{p,\text{global}} = \frac{\sum_{j=1}^{M}(y-\hat{y}_j)'W_j(y-y_j)}{\hat{\sigma}^2} - N + 2\left(\sum_{j=1}^{M} n_{\text{eff},j} + M\right) \tag{20.1.53}$$

式中，最后一项中额外的参数 $M$ 是考虑了 $M$ 个局部模型的方差估计。利用上面所给的这个准则，如果对输入变量空间的划分不能有进一步的改进，划分算法就可终止。另外还有一种可能，就是将输入变量空间划分到预定的局部多项式模型数目为止，或达到预定的精度为止，然后再利用式（20.1.53）选择最优模型。

下面通过辨识一个已知的非线性过程，以解释所给的算法相对于 LOLIMOT 算法的优势。图 20.22 给出如下函数的仿真实现

$$y = x\mathrm{e}^{\frac{-x^2}{4}} + \nu \tag{20.1.54}$$

其中，真实过程的输出受到测量白噪声的干扰。图中"×"表示仿真数据，基于这个数据集，分别采用 LOLIMOT 算法和改进的算法对过程进行辨识，辨识结果分别见图 20.22a 和图 20.22b。表 20.2 给出训练误差和相对于真实过程的验证误差。

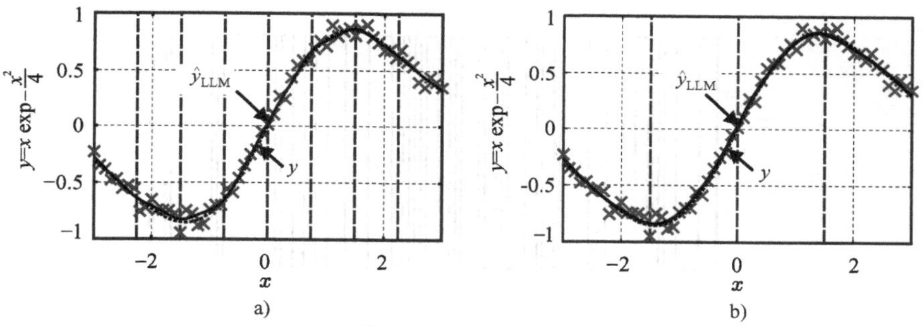


图 20.22　非线性稳态过程的辨识例

a）局部线性模型（LLM）　b）局部多项式模型（LPM）

**表 20.2　NRMSE⊖训练误差和验证误差**

**（采用局部线性模型（LLM）和局部多项式模型（LPM），100 次仿真的平均值）**

| | 训练误差 | 验证误差 | 回归变量数 |
|---|---|---|---|
| LLM | 0.073 | 0.034 | 16 |
| LPM | 0.076 | 0.032 | 13 |

从图 20.22 可以很清楚地看到，这两种算法都能有效地调整非线性结构，以拟合过程；LOLIMOT 算法需要划分 8 个分区，改进的算法只需要划分一半的分区。此外，对这个真实过程，改进的算法获得的模型质量稍微高点，而回归变量的个数反而更少，见表 20.2。改进的算法还有一个优点，就是局部模型的瞬态过渡区更小。但它也有缺点，即局部模型变得更为复杂，且不能按线性化处理，必须以局部级数展开来实现。

所给算法的更多应用例子在文献（Sequenz et al，2010）和（Mrosek et al，2010）中可

⊖ 译者注：NRMSE：Normalized Root Mean Squared Error（标准均方根误差）。

以找到，其中包括共轨柴油引擎的建模例子。

上述分析可以归纳为：如果只有较少的测量值可以利用，则改进的算法特别有效，因为它只需要估计最显著的参数和不太多的局部模型。如果给定大的数据集，两种算法都能用来调整模型结构，以拟合过程的非线性。此外，利用改进的算法可以提供选择全局最优模型的准则。

还需要指出，同样的算法用于动态过程辨识，由于误差配置不同，参数估计的计算量可能有很大的差别（见第 20.1.5 节中的**全局参数估计**）。因此，选择算法必须采用最为简单的形式，如简单的向前选择法。近期有关动态过程的选择算法的研究可参阅文献（Piroddi and Spinelli，2003；Farina and Piroddi，2009）。

**例 20.2（三质量振荡器的动态模型）**

利用 LOLIMOT 神经网络算法辨识三质量振荡器的动态模型，辨识结果见图 20.23。从图中可以看到，动态特性建模效果很好。文献（Bähr et al，2009）也利用 LOLIMOT 算法对摩擦效应建模。□

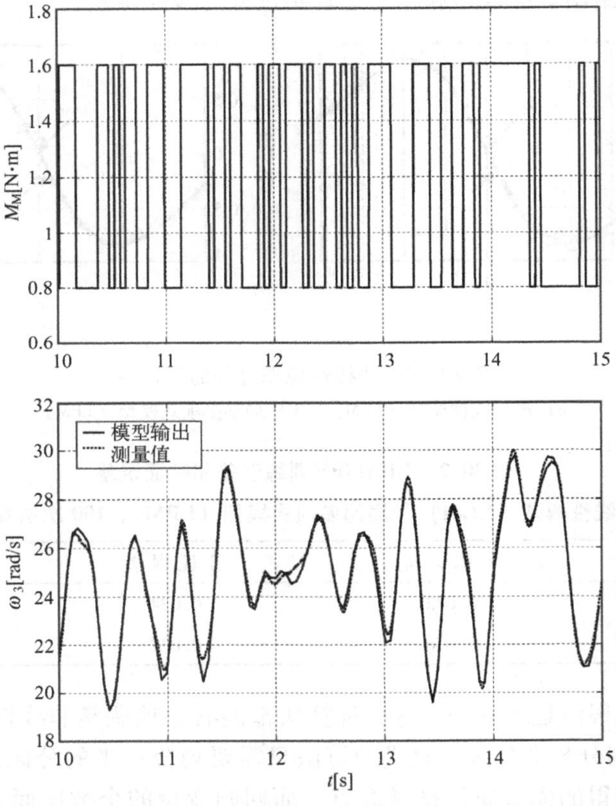


图 20.23　局部线性模型树（LOLIMOT）估计算法用于三质量振荡器动态特性辨识
输入：扭矩 $M_M(t)$，输出：角速度 $\omega_3$，局部模型个数 $N=36$，采样时间 $T_0=0.048\text{s}$，模型阶次 $m=6$

## 20.2　用于稳态过程的查询表

本节将讨论除了基于多项式模型、神经网络和模糊系统之外的其他类型的非线性模型架构。基于网格的查询表（数据图）是实际中用于描述稳态非线性关系一种最为常见的模型类型。特别是在非线性控制领域，查询表已被广泛认可，因为它能清晰灵活地表达非线性关系。比如，现代汽车的电子控制单元包含数百个这种基于网格的查询表，特别是内燃牵引和排放控制（Robert Bosch GmbH，2007）。

在汽车应用中，由于成本的原因，计算和存储能力受到很大的限制，此外还需要满足实时计算的要求。在这些条件下，基于网格的查询表是存储非线性映射关系非常适宜的一种方法。这种表格模型由一组数据点或节点组成，分布在多维的网格上，每个节点包含两个分量，如图 20.25 所示。数据点的高度是标量，它是逼近非线性函数在对应数据点位置上的估计值。图 20.25 中位于网格线上的所有节点存储在比如控制器单元的 ROM 中。对于这种模型的生成，通常要事先固定好所有数据点的位置，再将测量数据值直接放到相应的网格上，这是形成数据点高度最常用的一种方法。

下面考虑最常见的二维情况，给定输入值 $X$ 和 $Y$，计算所需的输出 $Z$ 值，包含两个步骤：第一步，选出围绕数据点的四个坐标点；第二步，进行双线性插值（Schmitt，1995）。为此，需要计算四块面积，如图 20.24 所示（Schmitt，1995；Töpfer，2002b）。

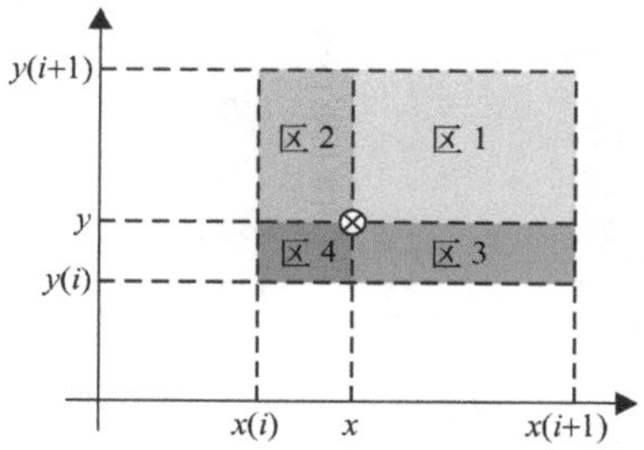

图 20.24　查询表中的插值区域

为了计算所需的输出 $Z$，将所选的四个数据点的高度分别以相对区域的面积作为权重，进行加权求和运算，然后除以总面积，结果为

$$
\begin{aligned}
Z(X,Y) = \Big( & \big(Z(i,j)\ \underbrace{(X(i+j)-X)(Y(j+1)-Y)}_{\text{区 1}}\big) \\
& + \big(Z(i+1,j)\ \underbrace{(X-X(i))(Y(j+1)-Y)}_{\text{区 2}}\big) \\
& + \big(Z(i,j+1)\ \underbrace{(X(i+1)-X)(Y-Y(j))}_{\text{区 3}}\big) \\
& + \big(Z(i+1,j+1)\ \underbrace{(X-X(i))(Y-Y(j))}_{\text{区 4}}\big)\Big) \\
& /\Big(\underbrace{(X(i+1)-X(i))(Y(j+1)-Y(j))}_{\text{所有区}}\Big).
\end{aligned}
\tag{20.2.1}
$$

由于计算方法相对简单，区域插值规则也是常用的，因此特别适合于实时应用。这种方法的精度取决于网格点的数量。对于“平滑”映射关系的逼近，有少量的数据点就足够了；对于强非线性特性，则需要选用更细的网格。

区域插值需要假设网格所覆盖的整个区域内所有数据点的高度都是已知的。然而，这个条件通常得不到满足。

基于网格的查询表属于一种非参数模型类型。这种描述的模型结构具有这样的优点：由于环境条件变化的需要，调整单个数据点的高度很容易做到。然而，查询表的主要缺点是，数据点的个数随着输入数量的增加将指数增长。因此实际应用中，基于网格的查询表一般只局限于一维或二维的输入空间。如果需要考虑更多的输入，则要利用嵌套的查询表。文献

（Müller，2003）研究了一种确定查询表数据点高度的方法，它是基于任意坐标上的测量值利用参数估计方法来确定的。

**例 20.3（基于网格的查询表，辨识内燃引擎的稳态特性）**

例 20.1 中使用过的六缸（火花点火）引擎特性，这里再次使用。这次，在引擎测试台上测得 433 个可用的数据点，如图 20.12 所示，用它们生成基于网格的查询表，得到的二维查询表如图 20.25 所示。□

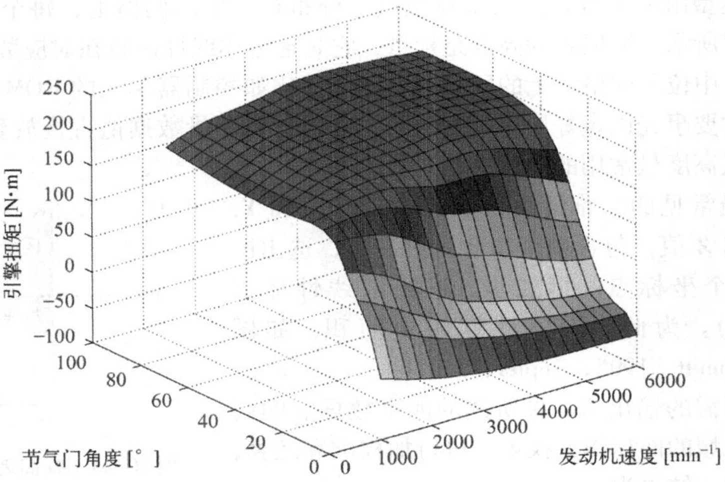


图 20.25　六缸（火花点火）引擎的基于网络的查询表（数据图）

另一个可选的方法是采用参数模型表示，比如多项式模型、神经网络或模糊模型等。显然，这种情况需要较少的模型参数就能逼近输入/输出关系，存储这类模型所需的空间也很小。但是与区域插值方法相比，其计算复杂度要高得多，因为每个神经元的非线性函数都需要计算。另外一方面，基于网络的查询表不适用于动态过程特性的辨识和建模。

文献（Nelles，2001）给出了非线性系统辨识模型结构的详细综述。

## 20.3　小结

本章讨论了神经网络在非线性过程中的应用，神经网络是一种通用的稳态特性逼近器。多层感知器（MLP）和径向基函数（RBF）网络是最常见的网络模型结构，MLP 只能用于非线性迭代优化算法的训练。虽然 RBF 网络的权重可以直接利用最小二乘方法来确定，但是存在一个问题，就高斯基函数的布局不能在最小二乘法训练过程中得到优化。此外，对高维的模型而言高斯基函数的布局是相当困难的，因为基函数不能均匀地分布在输入空间。

借助外部的动态特性，这些通用的稳态逼近器也可以用来辨识动态系统。然而，它的主要缺点是，所得到的结果模型不能很好地得到解释，因为神经网络的结构通常无法给出物理解释。不过，利用局部线性模型，通过径向基函数对不同的工作点进行加权，会使模型具有更好的解释性。本章还介绍了 LOLIMOT 网络，它是一种可用于表示一类局部模型的方法。

最后，介绍了查表法，它不需要复杂的神经元计算，又能全局逼近函数，逼近的效果取决于数据网格的划分。对高维模型可以利用嵌套的查询表，但它的存储空间通常会指数增长。

## 习题

20.1　神经网络结构

试给出神经网络中不同连接类型的名称。

如何给网络的不同层次命名？

20.2　多层感知机

画出一个神经元的结构，并给出几个激活函数的例子。

如何确定网络的参数？

增加额外的输入，网络的复杂度会有什么变化？

20.3　径向基函数网络

画出一个神经元的结构，并给出几个激活函数的例子。

如何确定网络的参数？

增加额外的输入，网络的复杂度会有什么变化？

**维数灾难**是什么意思？

20.4　动态神经网络

有哪两种可能方法可用于带外部动态特性的神经网络？所给出的两种方法有什么优点和缺点？

20.5　神经网络与查询表的比较

对神经网络和查询表，各自的插值性能如何？

20.6　查询表

试画出汽油引擎汽车的燃料消耗与（常数）速度和质量相关的查询表，并讨论查询表的网格选择问题。

## 参考文献


Ayoubi M (1996) Nonlinear system identification based on neural networks with locally distributed dynamics and application to technical processes. Fortschr. – Ber. VDI Reihe 8 Nr. 591. VDI Verlag, Düsseldorf

Babuška R, Verbruggen H (1996) An overview of fuzzy modeling for control. Control Eng Pract 4(11): 1593 – 1606

Bähr J, Isermann R, Muenchhof M (2009) Fault management for a three mass torsion oscillator. In: Proceedings of the European Control Conference 2009 – ECC 09, Budapest, Hungary

Ballé P (1998) Fuzzy-model-based parity equations for fault isolation. Control Eng Pract 7 (2): 261 – 270

Bishop CM (1995) Neural networks for pattern recognition. Oxford University Press, Oxford

Bronstein IN, Semendjajew KA, Musiol G, Mühlig H (2008) Taschenbuch der Mathematik. Harri Deutsch, Frankfurt a. M.

Burnham KP, Anderson DR (2002) Model selection and multimodel inference: A practical information-theoretic approach, 2nd edn. Springer, New York

Farina M, Piroddi L (2009) Simulation error minimization-based identification of polynomial input-output recursive models. In: Proceedings of the 15th IFAC Symposium on System Identification, Saint-Malo, France

German S, Bienenstock E, Doursat R (1992) Neural networks and the bias/variance dilemma. Neural Comput 4(1):1 -58

Hafner S, Geiger H, Kreßel U (1992) Anwendung künstlicher neuronaler Netze inder Automatisierungstechnik. Teil 1: Eine Einführung. atp 34(10): 592 -645

Harris C, Hong X, Gan Q (2002) Adaptive modelling, estimation and fusion from data: A neurofuzzy approach. Advanced information processing, Springer, Berlin

Hastie T, Tibshirani R, Friedman J (2009) The elements of statistical learning: data mining, inference, and prediction, 2nd edn. Springer, New York

Haykin S (2009) Neural networks and learning machines, 3rd edn. Prentice-Hall, New York, NY

Hecht-Nielsen R (1990) Neurocomputing. Addison-Wesley, Reading, MA

Holzmann H, Halfmann C, Germann S, Würtemberger M, Isermann R (1997) Longitudinal and lateral control and supervision of autonomous intelligent vehicles. Control Eng Pract 5(11): 1599 -1605

Isermann R, Ernst (Töpfer) S, Nelles O (1997) Identificaion with dynamic neural networks: architecture, comparisons, applications. In: Proceedings of the 11th IFAC Symposium on System Identification, Fukuoka, Japan

Ljung L (1999) System identification: Theory for the user, 2nd edn. Prentice Hall Information and System Sciences Series, Prentice Hall PTR, Upper Saddle River, NJ

Loader C (1999) Local regression and likelihood. Springer, New York

Mallows C (1973) Some comments on C P. Technometrics 15(4): 661 -675

McCulloch W, Pitts W (1943) A logical calculus of the ideas immanent in nervous activity. Bull Math Biophys 5(4): 115 -133

Miller AJ (2002) Subset selection in regression, 2nd edn. CRC Press, Boca Raton, FL

Moody JE (1992) The effective number of parameters: An analysis of generalization and regularization in nonlinear learning systems. Adv Neural Inf Process Syst 4: 847 -854

Mrosek M, Sequenz H, Isermann R (2010) Control oriented NOx and soot models for Diesel engines. In: Proceedings of the 6th IFAC Symposium Advances in Automotive Control, Munich, Germany

Müller N (2003) Adaptive Motorregelung beim Ottomotor unter Verwendung von Brennraumdruck-Sensoren: Fortschr. -Ber. VDI Reihe 12 Nr. 545. VDI Verlag, Düsseldorf

Murray-Smith R, Johansen T (1997a) Multiple model approaches to modelling and control.

The Taylor and Francis systems and control book series, Taylor & Francis, London

Murray-Smith R, Johansen TA (1997b) Multiple model approaches to modelling and control. Taylor & Francis, London

Nelles O (2001) Nonlinear system identification: From classical approaches to neural networks and fuzzy models. Springer, Berlin

Nelles O, Isermann R (1995) Identification of nonlinear dynamic systems – classical methods versus radial basis function networks. In: Proceedings of the 1995 American Control Conference (ACC), Seattle, WA, USA

Nelles O, Hecker O, Isermann R (1997) Automatic model selection in local linear model trees (LOLIMOT) for nonlinear system identification of a transport delay process. In: Proceedings of the 11th IFAC Symposium on System Identification, Fukuoka, Japan

Piroddi L, Spinelli W (2003) An identification algorithm for polynomial NARX models based on simulation error minimization. Int J Control 76(17): 1767 – 1781

Preuß HP, Tresp V (1994) Neuro-Fuzzy. atp 36(5): 10 – 24

Robert Bosch GmbH (2007) Automotive handbook, 7th edn. Bosch, Plochingen

Rosenblatt E (1958) The perceptron: A probabilistic model for information storage & organisation in the brain. Psychol Rev 65:386 – 408

Schmitt M (1995) Untersuchungen zur Realisierung mehrdimensionaler lernfähiger Kennfelder in Großserien-Steuergeräten. Fortschr. – Ber. VDI Reihe 12 Nr. 246. VDI Verlag, Düsseldorf

Sequenz H, Schreiber A, Isermann R (2009) Identification of nonlinear static processes with local polynomial regression and subset selection. In: Proceedings of the 15th IFAC Symposium on System Identification, Saint-Malo, France

Sequenz H, Mrosek M, Isermann R (2010) Stationary global-local emission models of a CR-Diesel engine with adaptive regressor selection for measurements of airpath and combustion. In: Proceedings of the 6th IFAC Symposium Advances in Automotive Control, Munich, Germany

Stoica P, Selen Y (2004) Model-order selection: A review of information criterion rules. IEEE Signal Process Mag 21(4): 36 – 47

Töpfer S (2002a) Approximation nichtlinearer Prozesse mit Hinging Hyperplane Baummodellen. at 50(4): 147 – 154

Töpfer S (2002b) Hierarchische neuronale Modelle für die Identifikation nichtlinearer Systeme. Fortschr. – Ber. VDI Reihe 10 Nr. 705. VDI Verlag, Düsseldorf

Töpfer S, Wolfram A, Isermann R (2002) Semi-physical modeling of nonlinear processes by means of local model approaches. In: Proceedings of the 15th IFAC World Congress, Barcelona, Spain

Töpfer S geb Ernst (1998) Hinging hyperplane trees for approximation and identification. In: Proceedings of the 37th IEEE Conference on Descision and Control, Tampa, FL, USA

Widrow B, Hoff M (1960) Adaptive switching circuits. IRE Wescon Convention Records pp 96 – 104

Zimmerschied R (2008) Identifikation nichtlinearer Prozesse mit dynamischen lokalaffinen

Modellen : Maßnahmen zur Reduktion von Bias und Varianz. Fortschr. – Ber. VDI Reihe 8 Nr. 1150. VDI Verlag, Düsseldorf

Zimmerschied R, Isermann R (2008) Regularisierungsverfahren für die Identifikation mittels lokal-affiner Modelle. at 56(7): 339 – 349

Zimmerschied R, Isermann R (2009) Nonlinear system identification of block-oriented systems using local affine models. In: Proceedings of the 15th IFAC Symposium on System Identification, Saint-Malo, France

# 第 21 章

# 基于 Kalman 滤波的状态和参数估计

通常，对这样的问题感兴趣：基于直到 $j$ 时刻的输入 $\boldsymbol{u}(l)$ 和输出 $\boldsymbol{y}(l)$ 的测量值，估计 $k$ 时刻离散时间系统的状态 $\hat{\boldsymbol{x}}(k)$，见第 2.1.2 节和第 2.2.1 节及图 21.1。对于不同 $k$ 和 $j$ 的选择，存在几种不同的情况，由此状态估计被赋予不同的名称（Tomizuka，1998）：

- $k>j$：$n$ 步（提前）预报问题（$n=k-j$）。
- $k=j$：滤波问题。
- $k<j$：平滑问题。

下面将讨论一步（提前）预报问题，因为它是状态和参数估计的典型问题。

虽然对于滤波、平滑和预测一些典型的方法是基于频域设计的，如 Wiener 和 Kolmogorov 提出的方法（Hänsler，2001；Papoulis and Pillai，2002），但 Kalman 滤波器完全可以用于时域设计。在第 21.1 节中，首先推导线性时不变离散时间系统的原始 Kalman 滤波器。根据 Kalman 的原始推导（Kalman，1960），假设状态变量 $x(k)$ 和输入变量 $u(k)$ 是服从零均值高斯分布的。

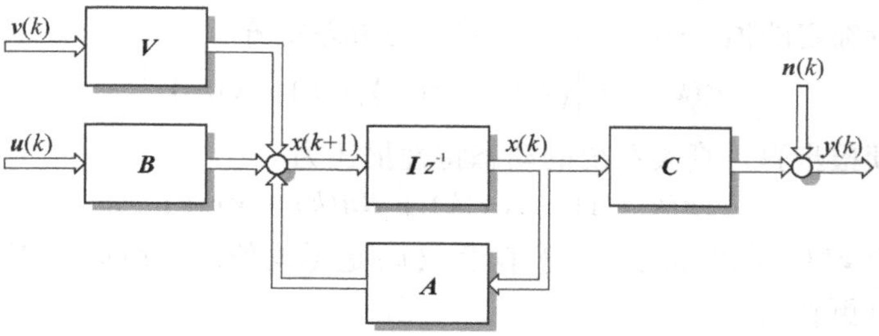


图 21.1　离散时间 MIMO 系统的状态空间表示

对线性时不变的情况，滤波器的增益将趋于常量，它是可以事先计算的，从而节省不少计算量，使滤波器更容易用于在线实现，第 21.2 节将讨论这个问题。此外，Kalman 滤波器可以很方便地应用于线性时变离散时间系统，见第 21.3 节的讨论。在第 21.4 节中，Kalman 滤波器将扩展用于非线性、时变离散时间系统。扩展 Kalman 滤波器不是最优估计器，尽管如此它仍在很多任务中都得到了应用。扩展 Kalman 滤波器不仅能用于估计系统状态，还可以同时用于估计参数，第 21.5 节将讨论这些问题。

## 21.1 离散 Kalman 滤波器

下面将推导经典（离散时间）的 Kalman 滤波器。从如下的线性动态系统状态空间模型开始

$$\boldsymbol{x}(k+1)=\boldsymbol{A}\boldsymbol{x}(k)+\boldsymbol{B}\boldsymbol{u}(k)+\boldsymbol{V}\boldsymbol{\nu}(k) \tag{21.1.1}$$

$$\boldsymbol{y}(k)=\boldsymbol{C}\boldsymbol{x}(k)+\boldsymbol{n}(k) \tag{21.1.2}$$

式中，$\boldsymbol{\nu}(k)$和$\boldsymbol{n}(k)$是不相关的白噪声过程，均值为零，且协方差为

$$\mathrm{E}\left\{\boldsymbol{\nu}(k)\boldsymbol{\nu}^{\mathrm{T}}(k)\right\}=\boldsymbol{M} \tag{21.1.3}$$

$$\mathrm{E}\left\{\boldsymbol{n}(k)\boldsymbol{n}^{\mathrm{T}}(k)\right\}=\boldsymbol{N} \tag{21.1.4}$$

这些噪声作用在系统的状态和输出上。假设系统没有直接馈通作用，为此输出方程式(21.1.2)中不含有直接馈通的$\boldsymbol{D}$矩阵。

现在，感兴趣的是要找到一个最优的线性滤波器，以使状态预报值具有尽可能小的误差。所以预报的最优度量可以采用预报误差平方的数学期望表示，即写成预报误差的向量2－范数

$$\begin{aligned}V&=\mathrm{E}\left\{\left\|\hat{\boldsymbol{x}}(k+1)-\boldsymbol{x}(k+1)\right\|_2^2\right\}\\&=\mathrm{E}\left\{\left(\hat{\boldsymbol{x}}(k+1)-\boldsymbol{x}(k+1)\right)^{\mathrm{T}}\left(\hat{\boldsymbol{x}}(k+1)-\boldsymbol{x}(k+1)\right)\right\}\end{aligned} \tag{21.1.5}$$

这个代价函数将被最小化，这是 Kalman 滤波器的基础。

在下面的推导中，Kalman 滤波器将作为**预报器/校正器**来开发，也就是先提前一步预报未来$k+1$时刻的状态，再基于$k+1$时刻的输出测量值$\boldsymbol{y}(k+1)$对状态进行校正。在下文中，$\boldsymbol{x}(k)$代表$k$时刻的真实状态，$\hat{\boldsymbol{x}}(k+1\mid k)$代表基于直到$k$时刻测量值的状态预报，$\hat{\boldsymbol{x}}(k+1\mid k+1)$代表在$k+1$时刻对状态预报的校正，符号$(k+1\mid k)$表示在$k+1$时刻利用直到$k$时刻测量值所确定的值。矩阵$\boldsymbol{P}(k)$为状态协方差矩阵

$$\boldsymbol{P}(k)=\mathrm{E}\left\{\left(\hat{\boldsymbol{x}}(k)-\boldsymbol{x}(k)\right)\left(\hat{\boldsymbol{x}}(k)-\boldsymbol{x}(k)\right)^{\mathrm{T}}\right\} \tag{21.1.6}$$

首先，推导**预报步骤**。真实系统的动态特性描述为

$$\boldsymbol{x}(k+1)=\boldsymbol{A}\boldsymbol{x}(k)+\boldsymbol{B}\boldsymbol{u}(k)+\boldsymbol{V}\boldsymbol{\nu}(k) \tag{21.1.7}$$

其中，真实的噪声$\boldsymbol{\nu}(k)$是未知的。由于假设$\boldsymbol{\nu}(k)$是零均值的，所以基于直到$k$时刻的测量值，状态的估计可更新为

$$\hat{\boldsymbol{x}}(k+1|k)=\boldsymbol{A}\hat{\boldsymbol{x}}(k)+\boldsymbol{B}\boldsymbol{u}(k) \tag{21.1.8}$$

新的状态协方差矩阵$\boldsymbol{P}^{-}(k+1)$确定为

$$\begin{aligned}\boldsymbol{P}^{-}(k+1)&=\mathrm{E}\left\{\left(\hat{\boldsymbol{x}}(k+1|k)-\boldsymbol{x}(k+1)\right)\left(\hat{\boldsymbol{x}}(k+1|k)-\boldsymbol{x}(k+1)\right)^{\mathrm{T}}\right\}\\&=\mathrm{E}\left\{\left(\boldsymbol{A}\hat{\boldsymbol{x}}(k)-\boldsymbol{A}\boldsymbol{x}(k)+\boldsymbol{V}\boldsymbol{\nu}(k)\right)\left(\boldsymbol{A}\hat{\boldsymbol{x}}(k)-\boldsymbol{A}\boldsymbol{x}(k)+\boldsymbol{V}\boldsymbol{\nu}(k)\right)\right\}\\&=\boldsymbol{A}\mathrm{E}\left\{\left(\hat{\boldsymbol{x}}(k)-\boldsymbol{x}(k)\right)\left(\hat{\boldsymbol{x}}(k)-\boldsymbol{x}(k)\right)^{\mathrm{T}}\right\}\boldsymbol{A}^{\mathrm{T}}\\&\quad+\boldsymbol{A}\mathrm{E}\left\{\left(\hat{\boldsymbol{x}}(k)-\boldsymbol{x}(k)\right)\boldsymbol{\nu}^{\mathrm{T}}\right\}\boldsymbol{V}^{\mathrm{T}}\\&\quad+\boldsymbol{V}\mathrm{E}\left\{\boldsymbol{\nu}(k)\left(\hat{\boldsymbol{x}}(k)-\boldsymbol{x}(k)\right)^{\mathrm{T}}\right\}\boldsymbol{A}^{\mathrm{T}}\\&\quad+\boldsymbol{V}\mathrm{E}\left\{\boldsymbol{\nu}(k)\boldsymbol{\nu}^{\mathrm{T}}(k)\right\}\boldsymbol{V}^{\mathrm{T}}\end{aligned} \tag{21.1.9}$$

最后，有

$$P^{-}(k+1) = AP(k)A^{\mathrm{T}} + VMV^{\mathrm{T}} \tag{21.1.10}$$

式中，上角标“ $^-$ ”表示状态协方差矩阵的预报步骤在校正之前发生。为了推导的需要，要求 $\hat{x}(k)$ 和 $x(k)$ 与 $v(k)$ 均不相关，且 $v(k)$ 为零均值。这样就有

$$\mathrm{E}\{x(k)v(k)^{\mathrm{T}}\} = 0 \tag{21.1.11}$$

$$\mathrm{E}\{\hat{x}(k)v(k)^{\mathrm{T}}\} = 0 \tag{21.1.12}$$

现在，**推导校正步骤**。新的测量值 $y(k+1)$ 被采集之后，用于对状态估计的校正

$$\hat{x}(k+1|k+1) = \hat{x}(k+1|k) + K(k+1)\big(y(k+1) - C\hat{x}(k+1|k)\big) \tag{21.1.13}$$

这样的状态估计是基于直到 $k+1$ 时刻测量值的。反馈增益 $K(k+1)$ 的选择决定了在更新状态估计 $\hat{x}(k+1 \mid k+1)$ 时，是基于模型的状态预报值 $\hat{x}(k+1 \mid k)$ 的权重大，还是实际测量值 $y(k+1)$ 的权重大。在 Kalman 滤波中，观测误差 $y(k+1) - C\hat{x}(k+1 \mid k)$ 也称作**新息**。现在的问题是，对任意给定的时刻 $k+1$，如何选择最优的反馈增益矩阵 $K(k+1)$。为此，需要推导协方差矩阵 $P(k+1)$，将式（21.1.13）重写为

$$\hat{x}(k+1|k+1) = \hat{x}(k+1|k) + K(k+1)\big(Cx(k+1) + n(k+1) - C\hat{x}(k+1|k)\big) \tag{21.1.14}$$

由此导出

$$P(k+1) = \mathrm{E}\Big\{\big(\hat{x}(k+1|k+1) - x(k+1)\big)\big(\hat{x}(k+1|k+1) - x(k+1)\big)^{\mathrm{T}}\Big\} \tag{21.1.15}$$

利用矩阵迹运算，将代价函数式（21.1.5）改写成

$$\begin{aligned} V &= \mathrm{E}\Big\{\big\|\hat{x}(k+1) - x(k+1)\big\|_2^2\Big\} \\ &= \mathrm{E}\Big\{\mathrm{tr}\Big(\big(\hat{x}(k+1|k+1) - x(k+1)\big)\big(\hat{x}(k+1|k+1) - x(k+1)\big)^{\mathrm{T}}\Big)\Big\} \\ &= \mathrm{tr}\,\mathrm{E}\Big\{\big(\hat{x}(k+1|k+1) - x(k+1|k)\big)\big(x(k+1) - \hat{x}(k+1|t)\big)^{\mathrm{T}}\Big\} \end{aligned} \tag{21.1.16}$$

由于数学期望和矩阵迹运算均为线性算子，因此它们的顺序是可以任意交换的。基于矩阵迹运算以及运用向量微积分规则的增益矩阵 $K$ 的完整推导在文献（Heij et al，2007）中有详细介绍。

矩阵迹操作的变量是状态 $x(k)$ 和状态估计 $\hat{x}(k)$ 之间协方差阵的数学期望，也就是矩阵 $P(k+1)$，因此有

$$V = \mathrm{tr}\,P(k+1) \tag{21.1.17}$$

下面，为了行文简练，省去时间变量符号。这样，将式（21.1.14）代入可得到

$$\begin{aligned} P &= \mathrm{E}\Big\{\big(\hat{x} - x - KC(\hat{x} - x) + Kn\big)\big(\hat{x} - x - KC(\hat{x} - x) + Kn\big)^{\mathrm{T}}\Big\} \\ &= \mathrm{E}\Big\{\big((I - KC)(\hat{x} - x) + Kn\big)\big((I - KC)(\hat{x} - x) + Kn\big)^{\mathrm{T}}\Big\} \end{aligned} \tag{21.1.18}$$

最终求得

$$P = (I - KC)P^{-}(I - KC)^{\mathrm{T}} + KNK^{\mathrm{T}} \tag{21.1.19}$$

为了确定 $K(k+1)$ 的最优选择，可以先求式（21.1.17）关于 $K(k)$ 的导数，再让它等于零。对式（21.1.17）求导，可得

$$\frac{\partial}{\partial \boldsymbol{K}} \operatorname{tr} \boldsymbol{P} = \frac{\partial}{\partial \boldsymbol{K}} \operatorname{tr}\Big(\big(\boldsymbol{I} - \boldsymbol{KC}\big)\boldsymbol{P}^{-}\big(\boldsymbol{I} - \boldsymbol{KC}\big)^{\mathrm{T}} + \boldsymbol{KNK}^{\mathrm{T}}\Big) \tag{21.1.20}$$

为了确定矩阵迹关于增益矩阵 $\boldsymbol{K}$ 的偏导数，先给出如下一些矩阵微积分运算规则。对于任意矩阵 $\boldsymbol{A}$、$\boldsymbol{B}$ 和 $\boldsymbol{X}$，有如下的矩阵迹求导规则

$$\frac{\partial}{\partial \boldsymbol{X}} \operatorname{tr}(\boldsymbol{AXB}) = \boldsymbol{A}^{\mathrm{T}}\boldsymbol{B}^{\mathrm{T}} \tag{21.1.21}$$

$$\frac{\partial}{\partial \boldsymbol{X}} \operatorname{tr}(\boldsymbol{AX}^{\mathrm{T}}\boldsymbol{B}) = \boldsymbol{BA} \tag{21.1.22}$$

$$\frac{\partial}{\partial \boldsymbol{X}} \operatorname{tr}(\boldsymbol{AXBX}^{\mathrm{T}}\boldsymbol{C}) = \boldsymbol{A}^{\mathrm{T}}\boldsymbol{C}^{\mathrm{T}}\boldsymbol{XB}^{\mathrm{T}} + \boldsymbol{CAXB} \tag{21.1.23}$$

$$\frac{\partial}{\partial \boldsymbol{X}} \operatorname{tr}(\boldsymbol{XAX}^{\mathrm{T}}) = \boldsymbol{XA}^{\mathrm{T}} + \boldsymbol{XA} \tag{21.1.24}$$

可参见文献（Brooks，2005）。这些规则可以应用于式（21.1.19），有

$$\begin{aligned}\frac{\partial V}{\partial \boldsymbol{K}} &= \frac{\partial}{\partial \boldsymbol{K}} \operatorname{tr}(\boldsymbol{P}^{-} - \boldsymbol{KCP}^{-} - \boldsymbol{P}^{-}\boldsymbol{C}^{\mathrm{T}}\boldsymbol{K}^{\mathrm{T}} + \boldsymbol{KCP}^{-}\boldsymbol{C}^{\mathrm{T}}\boldsymbol{K}^{\mathrm{T}} + \boldsymbol{KNK}^{\mathrm{T}}) \\ &= \underbrace{-\frac{\partial}{\partial \boldsymbol{K}} \operatorname{tr} \boldsymbol{KCP}^{-}}_{(21.1.21),\ \boldsymbol{A}=\boldsymbol{I}\ 和\ \boldsymbol{B}=\boldsymbol{CP}^{-}} \underbrace{-\frac{\partial}{\partial \boldsymbol{K}} \operatorname{tr} \boldsymbol{P}^{-}\boldsymbol{C}^{\mathrm{T}}\boldsymbol{K}^{\mathrm{T}}}_{(21.1.22),\ \boldsymbol{A}=\boldsymbol{P}^{-}\boldsymbol{C}^{\mathrm{T}}\ 和\ \boldsymbol{B}=\boldsymbol{I}} \underbrace{+\frac{\partial}{\partial \boldsymbol{K}} \operatorname{tr} \boldsymbol{KCP}^{-}\boldsymbol{C}^{\mathrm{T}}\boldsymbol{K}^{\mathrm{T}}}_{(21.1.24),\ \boldsymbol{A}=\boldsymbol{CP}^{-}\boldsymbol{C}^{\mathrm{T}}} \\ &\quad \underbrace{+\frac{\partial}{\partial \boldsymbol{K}} \operatorname{tr} \boldsymbol{KNK}^{\mathrm{T}}}_{(21.1.24),\ \boldsymbol{A}=\boldsymbol{N}}\end{aligned} \tag{21.1.25}$$

于是导数写成

$$\frac{\partial V}{\partial \boldsymbol{K}} = -\boldsymbol{P}^{-}\boldsymbol{C}^{\mathrm{T}} - \boldsymbol{P}^{-}\boldsymbol{C}^{\mathrm{T}} + \boldsymbol{KCP}^{-}\boldsymbol{C}^{\mathrm{T}} + \boldsymbol{KCP}^{-}\boldsymbol{C}^{\mathrm{T}} + \boldsymbol{KN}^{\mathrm{T}} + \boldsymbol{KN} \overset{!}{=} \boldsymbol{0} \tag{21.1.26}$$

上式的解为

$$2\boldsymbol{K}\big(\boldsymbol{CP}^{-1}\boldsymbol{C}^{\mathrm{T}} + \boldsymbol{N}\big) = 2\boldsymbol{P}^{-}\boldsymbol{C}^{\mathrm{T}} \tag{21.1.27}$$

$$\Leftrightarrow \boldsymbol{K} = \boldsymbol{P}^{-}\boldsymbol{C}^{\mathrm{T}}\big(\boldsymbol{CP}^{-}\boldsymbol{C}^{\mathrm{T}} + \boldsymbol{N}\big)^{-1} \tag{21.1.28}$$

重新加入时间变量符号，则成为

$$\boldsymbol{K}(k+1) = \boldsymbol{P}^{-}(k+1)\boldsymbol{C}^{\mathrm{T}}\big(\boldsymbol{CP}^{-}(k+1)\boldsymbol{C}^{\mathrm{T}} + \boldsymbol{N}\big)^{-1} \tag{21.1.29}$$

综上推导，方程式（21.1.8）、式（21.1.10）、式（21.1.13）、式（21.1.19）和式（21.1.29）构成了 Kalman 滤波器，形成算法为

**预报：**

$$\hat{\boldsymbol{x}}(k+1|k) = \boldsymbol{A}\hat{\boldsymbol{x}}(k) + \boldsymbol{Bu}(k) \tag{21.1.30}$$

$$\boldsymbol{P}^{-}(k+1) = \boldsymbol{AP}(k)\boldsymbol{A}^{\mathrm{T}} + \boldsymbol{VMV}^{\mathrm{T}} \tag{21.1.31}$$

**校正：**

$$\boldsymbol{K}(k+1) = \boldsymbol{P}^{-}(k+1)\boldsymbol{C}^{\mathrm{T}}\big(\boldsymbol{CP}^{-}(k+1)\boldsymbol{C}^{\mathrm{T}} + \boldsymbol{N}\big)^{-1} \tag{21.1.32}$$

$$\hat{\boldsymbol{x}}(k+1|k+1) = \hat{\boldsymbol{x}}(k+1|k) + \boldsymbol{K}(k+1)\big(\boldsymbol{y}(k+1) - \boldsymbol{C}\hat{\boldsymbol{x}}(k+1|k)\big) \tag{21.1.33}$$

$$\boldsymbol{P}(k+1) = \big(\boldsymbol{I} - \boldsymbol{K}(k+1)\boldsymbol{C}\big)\boldsymbol{P}^{-}(k+1) \tag{21.1.34}$$

其中，$\boldsymbol{P}(k+1)$更新式（21.1.34）只有以最优 Kalman 增益 $\boldsymbol{K}(k+1)$式（21.1.32）用作反馈时才成立。

关于状态的初始值，一般可选择$\hat{\boldsymbol{x}}(0)=\mathbf{0}$。矩阵$\boldsymbol{P}(0)$可选为$\boldsymbol{x}(0)$的协方差阵。图21.2给出Kalman滤波器对应的方块图。

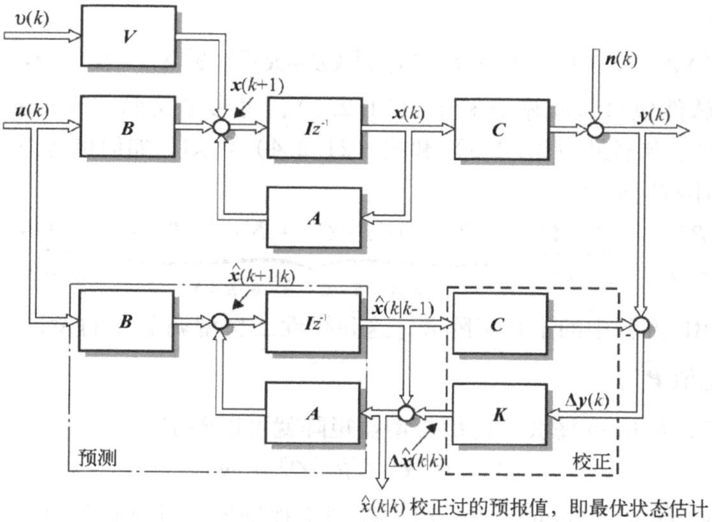


图 21.2　Kalman 滤波器的方块图

在上述设定下，Kalman滤波器被当作一步提前预报器使用。关于$m$步提前预报器的推导，读者可参阅文献（Heij et al，2007）。为了加快计算速度，可以将$n$个互不相关的测量向量当作$n$个顺序的标量测量值。如果采样数据缺失，滤波器可以在增益矩阵$\boldsymbol{K}=\mathbf{0}$情况下运行，也就是只执行预报步骤，不执行利用实际测量值进行校正的步骤（Grewal and Andrews，2008）。

## 21.2　稳态 Kalman 滤波器

由方程式（21.1.30）~式（21.1.34）给出的Kalman滤波器，其主要缺点是计算量比较大，主要是由式（21.2.31）和式（21.2.34）协方差矩阵$\boldsymbol{P}(k)$的更新及式（21.2.32）滤波器增益$\boldsymbol{K}(k)$的计算造成的。对线性时不变系统，可以证明当$k\to\infty$时$\boldsymbol{P}(k)$和$\boldsymbol{K}(k)$将趋于常量。在Kalman滤波器的设计中，这些常量是可以事先确定的，并在滤波过程中保持不变。事先确定这些常量会带来副作用，使在滤波过程中，无需等待$\boldsymbol{P}(k)$和$\boldsymbol{K}(k)$调整到最优的稳态值，滤波器就从“理想”的滤波器增益$\boldsymbol{K}(k)$开始运行。

为了确定$\boldsymbol{P}(k)$在$k\to\infty$时的值，需要根据式（21.1.31）建立$\boldsymbol{P}^-(k+1)$的更新方程。经变换式（21.1.31）变成

$$\begin{aligned}&\boldsymbol{P}^-(k+1)\\&=\boldsymbol{A}\boldsymbol{P}^-(k)\boldsymbol{A}^{\mathrm{T}}-\boldsymbol{A}\boldsymbol{P}^-(k)\boldsymbol{C}^{\mathrm{T}}\left(\boldsymbol{C}\boldsymbol{P}^-(k)\boldsymbol{C}^{\mathrm{T}}+\boldsymbol{N}\right)^{-1}\boldsymbol{C}\boldsymbol{P}^-(k)\boldsymbol{A}^{\mathrm{T}}+\boldsymbol{V}\boldsymbol{M}\boldsymbol{V}^{\mathrm{T}}\end{aligned}\tag{21.2.1}$$

当$k\to\infty$时，矩阵$\boldsymbol{P}^-(k)$趋向于常量，即有

$$\boldsymbol{P}^-(k)=\boldsymbol{P}^-(k+1)=\boldsymbol{P}^-\tag{21.2.2}$$

因此，可将式（21.2.1）写成

$$P^- = AP^-A^T - AP^-C^T(CP^-C^T + N)^{-1}CP^-A^T + VMV^T \tag{21.2.3}$$

这与更一般的离散代数 Riccati 方程（DARE）没有什么区别。DARE 方程定义为（Arnold and Laub，1984）

$$A^TXA - E^TXE - (A^TXB + S)(B^TXB + R)^{-1}(B^TXA + S^T) + Q = 0 \tag{21.2.4}$$

现在已有现成的软件包可以求解方程式（21.2.1），可参见文献（Arnold and Laub，1984；Söderström，2002）。比较式（21.2.3）和式（21.2.4）可知，如何可将系数矩阵传给 DARE 方程求解器，具体对应如下：

$$\underbrace{P^-}_{E=I} = \underbrace{AP^-A^T}_{A=A^T} - \underbrace{AP^-C^T(CP^-C^T + N)^{-1}CP^-A}_{A=A^T,\, B=C^T,\, S=0,\, R=N} + \underbrace{VMV^T}_{Q=VMV^T} \tag{21.2.5}$$

矩阵 $P^-$ 变成 DARE 方程中的未知矩阵 $X$，这和线性二次型调节器的设计非常相似，求解结果就是 $P^-$ 的稳态值 $\overline{P}^-$。

一旦获得 $\overline{P}^-$，Kalman 滤波器的稳态增益矩阵就可以确定

$$\overline{K} = \overline{P}^-C(C\overline{P}^-C^T + N)^{-1} \tag{21.2.6}$$

另见文献（Verhaegen and Verdult，2007）。控制工程领域的软件包通常有专门的调用函数，可以用来设计 Kalman 滤波器，并给出增益矩阵 $\overline{K}$。一旦确定了 $\overline{P}^-$ 和 $\overline{K}$，需要实时更新的 Kalman 滤波器方程简化为

**预报：**

$$\hat{x}(k+1|k) = A\hat{x}(k) + Bu(k) \tag{21.2.7}$$

**校正：**

$$\hat{x}(k+1|k+1) = \hat{x}(k+1|k) + \overline{K}\big(y(k+1) - C\hat{x}(k+1|k)\big) \tag{21.2.8}$$

其中，状态估计的初始值可以取 $\hat{x}(0) = 0$。

为了与状态观测器作对比，将上一时刻的更新方程式（21.2.8）代入式（21.2.7），得到

$$\hat{x}(k+1|k) = A\hat{x}(k|k-1) + Bu(k) + A\overline{K}\big(y(k) - C\hat{x}(k|k-1)\big) \tag{21.2.9}$$

与如下的状态观测器对比

$$\hat{x}(k+1) = A\hat{x}(k) + Bu(k) + H\big(y(k) - C\hat{x}(k)\big) \tag{21.2.10}$$

可知，如果状态观测器的增益选为

$$H = A\overline{K} \tag{21.2.11}$$

则状态观测器方程就相当于 Kalman 滤波器。

## 21.3 时变离散时间系统的 Kalman 滤波器

类似于上面的考虑，由于滤波器方程不依赖于参数矩阵 $A(k)$、$B(k)$ 和 $C(k)$ 的过去值，所以 Kalman 滤波器可以扩展用于时变系统。时变过程的状态空间模型可以写成

$$x(k+1|k) = A(k)x(k) + B(k)u(k) + V(k)v(k) \tag{21.3.1}$$

$$y(k) = C(k)x(k) + n(k) \tag{21.3.2}$$

那么，由方程式（21.1.8）、式（21.1.13）、式（21.1.10）、式（21.1.19）和式（21.1.29）

组成的 Kalman 滤波器，就可以方便地改写成适用于时变系统的形式。滤波器方程变为

**预报：**

$$\hat{\boldsymbol{x}}(k+1)=\boldsymbol{A}(k)\hat{\boldsymbol{x}}(k)+\boldsymbol{B}(k)\boldsymbol{u}(k) \tag{21.3.3}$$

$$\boldsymbol{P}^{-}(k+1)=\boldsymbol{A}(k)\boldsymbol{P}(k)\boldsymbol{A}^{\mathrm{T}}(k)+\boldsymbol{V}(k)\boldsymbol{M}(k)\boldsymbol{V}^{\mathrm{T}}(k) \tag{21.3.4}$$

**校正：**

$$\boldsymbol{K}(k+1)=\boldsymbol{P}^{-}(k+1)\boldsymbol{C}^{\mathrm{T}}(k+1)\big(\boldsymbol{C}(k+1)\boldsymbol{P}^{-}(k+1)\boldsymbol{C}^{\mathrm{T}}(k+1)+\boldsymbol{N}(k)\big)^{-1} \tag{21.3.5}$$

$$\hat{\boldsymbol{x}}(k+1|k+1)=\hat{\boldsymbol{x}}(k+1|k)+\boldsymbol{K}(k+1)\big(\boldsymbol{y}(k+1)-\boldsymbol{C}(k+1)\hat{\boldsymbol{x}}(k+1|k)\big) \tag{21.3.6}$$

$$\boldsymbol{P}(k+1)=\big(\boldsymbol{I}-\boldsymbol{K}(k+1)\boldsymbol{C}(k+1)\big)\boldsymbol{P}^{-}(k+1) \tag{21.3.7}$$

其中，$\boldsymbol{P}(k+1)$更新方程同样只有以最优 Kalman 增益 $\boldsymbol{K}(k+1)$用作反馈时才成立。

## 21.4 扩展 Kalman 滤波器

在很多应用中，遇到的是如下形式的非线性系统模型

$$\boldsymbol{x}(k+1)=\boldsymbol{f}_k(\boldsymbol{x}(k),\boldsymbol{u}(k))+\boldsymbol{V}(k)\boldsymbol{\nu}(k) \tag{21.4.1}$$

$$\boldsymbol{y}(k)=\boldsymbol{g}_k(\boldsymbol{x}(k))+\boldsymbol{n}(k) \tag{21.4.2}$$

其中，$\boldsymbol{f}_k$ 和 $\boldsymbol{g}_k$ 中的 $k$ 表示非线性函数本身也可能是时变的。

对这种模型形式的过程，在很多应用中采用**扩展 Kalman 滤波器**（EKF）。在一些早期的文献中，这种滤波器称作 Kalman – Schmidt 滤波器（Grewal and Andrews，2008）。在扩展 Kalman 滤波器中，状态更新方程是基于“真实”的非线性模型，误差协方差矩阵的更新则基于式（21.4.1）和式（21.4.2）的 Taylor 级数展开。状态的预报步骤由下式给出

$$\hat{\boldsymbol{x}}(k+1|k)=\boldsymbol{f}_k\big(\hat{\boldsymbol{x}}(k),\boldsymbol{u}(k)\big) \tag{21.4.3}$$

协方差的更新需要每步都要计算 Jacobian 矩阵。Jacobian 矩阵由下式给出

$$\boldsymbol{F}(k)=\left.\frac{\partial \boldsymbol{f}_k(\boldsymbol{x},\boldsymbol{u})}{\partial \boldsymbol{x}}\right|_{\boldsymbol{x}=\hat{\boldsymbol{x}}(k),\,\boldsymbol{u}=\boldsymbol{u}(k)} \tag{21.4.4}$$

$$\boldsymbol{G}(k+1)=\left.\frac{\partial \boldsymbol{g}_{k+1}(\boldsymbol{x})}{\partial \boldsymbol{x}}\right|_{\boldsymbol{x}=\hat{\boldsymbol{x}}(k+1|k)} \tag{21.4.5}$$

随后，$\boldsymbol{P}(k+1)$的更新方程和 $\boldsymbol{K}(k+1)$的计算可写成

$$\boldsymbol{P}^{-}(k+1)=\boldsymbol{F}(k)\boldsymbol{P}(k)\boldsymbol{F}^{\mathrm{T}}(k)+\boldsymbol{V}(k)\boldsymbol{M}(k)\boldsymbol{V}^{\mathrm{T}}(k) \tag{21.4.6}$$

$$\boldsymbol{K}(k+1)=\boldsymbol{P}^{-}(k+1)\boldsymbol{G}(k+1)\big(\boldsymbol{G}(k+1)\boldsymbol{P}^{-}(k+1)\boldsymbol{G}^{\mathrm{T}}(k+1)+\boldsymbol{N}(k+1)\big)^{-1} \tag{21.4.7}$$

及

$$\boldsymbol{P}(k+1)=\big(\boldsymbol{I}-\boldsymbol{K}(k+1)\boldsymbol{G}(k+1)\big)\boldsymbol{P}^{-}(k+1) \tag{21.4.8}$$

状态估计是利用真实非线性关系进行校正的，写成

$$\hat{x}(k+1|k+1)=\hat{x}(k+1|k)+\boldsymbol{K}(k+1)\big(\boldsymbol{y}(k+1)-\boldsymbol{g}_{k+1}\big(\hat{\boldsymbol{x}}(k+1|k)\big)\big) \tag{21.4.9}$$

虽然 EKF 的推导看起来很简单，但是必须强调一点：EKF **不能给出最优估计**。对这种 Kalman 滤波器，虽然随机变量在所有时间里都保持为高斯信号，但是经过 EKF 的非线性变换之后，随机变量的分布发生了改变。另外要注意到，比如初始化条件选择不当，在错误的工作点附近进行线性化，滤波器可能会很快发散。然而，尽管 EKF 似乎有着严重缺陷，但在许多应用中仍然还在使用，最典型的应用是导航系统和 GPS 系统。

最终的扩展 Kalman 滤波器可以写成

**预报：**

$$\hat{x}(k+1|k) = \boldsymbol{f}_k\big(\hat{\boldsymbol{x}}(k), \boldsymbol{u}(k)\big) \tag{21.4.10}$$

$$\boldsymbol{F}(k) = \left.\frac{\partial \boldsymbol{f}_k(\boldsymbol{x}, \boldsymbol{u})}{\partial \boldsymbol{x}}\right|_{\boldsymbol{x}=\hat{\boldsymbol{x}}(k),\, \boldsymbol{u}=\boldsymbol{u}(k)} \tag{21.4.11}$$

$$\boldsymbol{P}^{-}(k+1) = \boldsymbol{F}(k)\boldsymbol{P}(k)\boldsymbol{F}^{\mathrm{T}}(k) + \boldsymbol{V}(k)\boldsymbol{M}(k)\boldsymbol{V}^{\mathrm{T}}(k) \tag{21.4.12}$$

**校正：**

$$\boldsymbol{G}(k+1) = \left.\frac{\partial \boldsymbol{g}_{k+1}(\boldsymbol{x})}{\partial \boldsymbol{x}}\right|_{\boldsymbol{x}=\hat{\boldsymbol{x}}(k+1|k)} \tag{21.4.13}$$

$$\boldsymbol{K}(k+1) = \boldsymbol{P}^{-}(k+1)\boldsymbol{G}(k+1)\big(\boldsymbol{G}(k+1)\boldsymbol{P}^{-}(k+1)\boldsymbol{G}^{\mathrm{T}}(k+1) + \boldsymbol{N}(k+1)\big)^{-1} \tag{21.4.14}$$

$$\hat{x}(k+1|k+1) = \hat{x}(k+1|k) + \boldsymbol{K}(k+1)\big(\boldsymbol{y}(k+1) - \boldsymbol{g}_{k+1}\big(\hat{\boldsymbol{x}}(k+1|k)\big)\big) \tag{21.4.15}$$

$$\boldsymbol{P}(k+1) = \big(\boldsymbol{I} - \boldsymbol{K}(k+1)\boldsymbol{G}(k+1)\big)\boldsymbol{P}^{-}(k+1) \tag{21.4.16}$$

## 21.5 扩展 Kalman 滤波器用于参数估计

扩展 Kalman 滤波也可以用于参数估计。这里，将参数向量 $\boldsymbol{\theta}$ 扩展到状态向量 $\boldsymbol{x}(k)$，中，得到如下状态方程

$$\begin{pmatrix} \hat{\boldsymbol{x}}(k+1) \\ \hat{\boldsymbol{\theta}}(k+1) \end{pmatrix} = \begin{pmatrix} \boldsymbol{f}\big(\hat{\boldsymbol{x}}(k), \boldsymbol{\theta}(k), \boldsymbol{u}(k)\big) \\ \boldsymbol{\theta}(k) \end{pmatrix} + \begin{pmatrix} \boldsymbol{F}\boldsymbol{n}(k) \\ \boldsymbol{\xi}(k) \end{pmatrix} \tag{21.5.1}$$

$$\boldsymbol{y}(k) = \boldsymbol{g}\big(\hat{\boldsymbol{x}}(k)\big) \tag{21.5.2}$$

与式（21.4.1）相比，引入了参数向量 $\boldsymbol{\theta}(k)$，其动态特性为

$$\boldsymbol{\theta}(k+1) = \boldsymbol{\theta}(k) + \boldsymbol{\xi}(k) \tag{21.5.3}$$

见文献（Chen，1990）。一般可以将参数向量视为常量。然而，上述模型中包含随机干扰，也就是参数向量被建模为受到白噪声的干扰。如果不是这种情况，那么扩展 Kalman 滤波器就假设这些参数值准确已知，并在滤波过程中不再调整这些参数值。

## 21.6 连续时间模型

如果遇到连续时间过程模型，一般有两种方法。第一种方法是，因为通常 Kalman 滤波器要在计算机上实现，所以都是采用离散时间的形式，这种情况下可以利用式（2.1.27）的转换矩阵，将描述系统动态特性的连续时间模型变换成离散时间形式，然后利用离散时间形式的 Kalman 滤波器。另一种方法是完全基于连续时间的方法，可以采用 **Kalman – Bucy 滤波器**，具体处理可参见文献（Grewal and Andrews，2008）。不过，这在计算上会遇到困难，因为它需要求解矩阵 Riccati 微分方程。

## 21.7 小结

本章首先介绍了 Kalman 滤波器作为系统状态估计的一种方法，它在子空间法的应用中

很有用，因为系统状态在其中是必需的。本章还推导了用于离散时不变系统的 Kalman 滤波器，随后又给出了 Kalman 滤波器在时变系统中的应用。然后，介绍了扩展 Kalman 滤波器（EKF）及其用于非线性系统模型。扩展 Kalman 滤波器（EKF）不仅能用于估计系统状态，也能用于估计系统参数。这里需要重点注意的是，参数必须按受随机干扰影响进行建模，否则参数就不受滤波器方程控制。最后，简单讨论了滤波器在连续时间系统中的应用，这种情况可以采用 Kalman - Bucy 滤波器，它完全基于连续时间域，不过数学上比较复杂。另外，因为如今的滤波器都是利用数字计算机实现的，因此通常更适合将连续模型离散化，然后应用离散时间的 Kalman 滤波方程。还有一些应该注意的事项，如使用扩展 Kalman 滤波器时，只能在当前（估计）的工作点附近进行线性化。扩展 Kalman 滤波器有可能会发散，也就是可能会偏离实际的工作点，导致完全错误的结果。Kalman 滤波器的实时实现问题在文献（Chui and Chen，2009；Grewal and Andrews，2008）中有详细的讨论。

## 习题

21.1 Kalman 滤波器 I

状态观测器和 Kalman 滤波器有什么区别？

21.2 Kalman 滤波器 II

试给出一阶系统的 Kalman 滤波器形式，并画出对应的信号流图。

21.3 扩展 Kalman 滤波器 I

如何将扩展 Kalman 滤波器用于参数估计？试给出关于描述参数“动态”特性的微分方程。

21.4 扩展 Kalman 滤波器 II

模型动态特性的局部线性化含义是什么？

## 参考文献


Arnold WF III, Laub AJ (1984) Generalized eigenproblem algorithms and software for algebraic Riccati equations. Proc IEEE 72(12):1746 – 1754

Brookes M (2005) The matrix reference manual. URL http://www.ee.ic.ac.uk/hp/staff/dmb/matrix/intro.html

Chen CT (1999) Linear system theory and design, 3rd edn. Oxford University Press, New York

Chui CK, Chen G (2009) Kalman filtering with real-time applications, 4th edn. Springer, Berlin

Grewal MS, Andrews AP (2008) Kalman filtering: Theory and practice using MATLAB, 3rd edn. John Wiley & Sons, Hoboken, NJ

Hänsler E (2001) Statistische Signale: Grundlagen und Anwendungen. Springer, Berlin

Heij C, Ran A, Schagen F (2007) Introduction to mathematical systems theory: linear systems, identification and control. Birkhäuser Verlag, Basel

Kalman RE (1960) A new approach to linear filtering and prediction problems. Trans ASME Journal of Basic Engineering Series D 82:35 - 45

Papoulis A, Pillai SU (2002) Probability, random variables and stochastic processes, 4th edn. McGraw Hill, Boston

Söderström T (2002) Discrete-time stochastic systems: Estimation and control, 2nd edn. Advanced Textbooks in Control and Signal Processing, Springer, London

Tomizuka M (1998) Advanced control systems II, class notes for ME233. University of California at Berkeley, Dept of Mechanical Engineering, Berkeley, CA

Verhaegen M, Verdult V (2007) Filtering and system identification: A least squares approach. Cambridge University Press, Cambridge

# 第Ⅶ部分　其他问题

# 第 22 章

# 数值计算

对一些基本的参数估计方法，为了改善它们的性能，可以对相应的算法做些改进。通过算法的改进，可以提高数字计算机的数值计算精度或者能获得所需的中间结果。如果计算机字长有限或者输入信号变化很小，比如自适应控制或故障诊断问题，这时数值计算性能就显得尤为重要，因为这些限制可能会导致病态的方程组。

## 22.1 条件数

作为参数估计的一部分，需要求解如下方程组

$$A\theta = b \tag{22.1.1}$$

如果 $b$ 受到扰动，比如由于数据具有固定的字长或者受噪声的影响，那么方程组变成

$$A(\theta + \Delta\theta) = b + \Delta b \tag{22.1.2}$$

则对参数误差，有

$$\Delta\theta = A^{-1}\Delta b \tag{22.1.3}$$

为了确定 $\Delta b$ 对参数估计误差 $\Delta\theta$ 的影响，引入向量范数$\|b\|$、$\|\theta\|$和矩阵范数$\|A^{-1}\|$。由于

$$\Delta\theta = A^{-1}\Delta b \tag{22.1.4}$$

则有

$$\|\Delta\theta\| = \|A^{-1}\Delta b\| \leqslant \|A^{-1}\|\|\Delta b\| \tag{22.1.5}$$

进一步由于

$$\|b\| = \|A\theta\| \leqslant \|A\|\ \|\theta\| \tag{22.1.6}$$

可得

$$\frac{1}{\|\theta\|} \leqslant \frac{\|A\|}{\|b\|}, \quad \|b\| \neq 0 \tag{22.1.7}$$

当$\|b\|\neq 0$ 时，有

$$\frac{\|\Delta\theta\|}{\|\theta\|} \leqslant \|A^{-1}\|\frac{\|\Delta b\|}{\|x\|} \leqslant \|A\|\|A^{-1}\|\frac{\|\Delta b\|}{\|b\|} \tag{22.1.8}$$

以上关系式描述了 $b$ 相对误差对 $\theta$ 相对误差的影响。影响因子称作矩阵**条件数**

$$\mathrm{cond}(A) = \|A\|\|A^{-1}\| \tag{22.1.9}$$

该条件数依赖于矩阵范数。如果采用矩阵 2 - 范数，可以获得条件数的简单关系，表示成矩阵最大奇异值与最小奇异值之比

$$\mathrm{cond}(A) = \frac{\sigma_{\max}}{\sigma_{\min}} \geqslant 1 \tag{22.1.10}$$

现在，不是直接计算 $\boldsymbol{P}$ 作为算法的中间结果，而是计算 $\boldsymbol{P}$ 的方根，计算 $\boldsymbol{P}$ 会涉及信号的平方运算，这样可以改善数值计算的条件数。由此而导致**方根滤波算法**或**分解算法**，如文献（Biermann，1977）。采用这种方法，算法的形式有两种，或出于协方差矩阵 $\boldsymbol{P}$，或出于信息矩阵 $\boldsymbol{P}^{-1}$（Kaminski et al，1971；Biermann，1977；Kofahl，1986）。

由系统误差的灵敏度可以看到这种正交化方法的优点（Golub and van Loan，1996）。如果利用 LS 方法直接求解正则方程（22.3.1），参数误差界可写成

$$\frac{\|\Delta\hat{\boldsymbol{\theta}}\|}{\|\hat{\boldsymbol{\theta}}\|} \leqslant \operatorname{cond}(\boldsymbol{\Psi}^{\mathrm{T}}\boldsymbol{\Psi})\frac{\|\Delta\boldsymbol{y}\|}{\|\boldsymbol{y}\|} = \operatorname{cond}^2(\boldsymbol{\Psi})\frac{\|\Delta\boldsymbol{y}\|}{\|\boldsymbol{y}\|} \tag{22.1.11}$$

如果使用正交化方法，参数误差的上界为

$$\frac{\|\Delta\hat{\boldsymbol{\theta}}\|}{\|\hat{\boldsymbol{\theta}}\|} \leqslant \operatorname{cond}(\boldsymbol{\Psi})\frac{\|\Delta\boldsymbol{b}\|}{\|\boldsymbol{b}\|} \tag{22.1.12}$$

与正则方程（22.3.1）相比，方程（22.3.5）对测量误差的灵敏性更小。

下面的讨论引自文献（Isermann et al，1992），所有的方法都设法求解如下正则方程

$$\boldsymbol{\Psi}^{\mathrm{T}}\boldsymbol{\Psi}\hat{\boldsymbol{\theta}} = \boldsymbol{\Psi}^{\mathrm{T}}\boldsymbol{y} \tag{22.1.13}$$

可以是一次性批处理方法，也可以是递推方法，因为在线辨识过程中有可用的新数据点。

## 22.2 矩阵 P 的分解方法

求解方程（22.1.13）的一种简单方法是采用高斯消去法。然而，当 $\boldsymbol{\psi}^{\mathrm{T}}\boldsymbol{\psi}$ 是正定矩阵时，可以把对称矩阵 $\boldsymbol{P}$ 分解成三角矩阵

$$\boldsymbol{P} = \boldsymbol{S}\boldsymbol{S}^{\mathrm{T}} \tag{22.2.1}$$

式中，$\boldsymbol{S}$ 称为**方根阵**。然后可直接利用矩阵 $\boldsymbol{S}$ 来求解方程，由此可以推导出**协方差形式的离散方根滤波**（DSFC）算法。对于 RLS 算法，结果变成

$$\begin{aligned}
\hat{\boldsymbol{\theta}}(k+1) &= \hat{\boldsymbol{\theta}}(k) + \boldsymbol{\gamma}(k)e(k+1)\\
\boldsymbol{\gamma}(k) &= a(k)\boldsymbol{S}(k)\boldsymbol{f}(k)\\
\boldsymbol{f}(k) &= \boldsymbol{S}^{\mathrm{T}}(k)\boldsymbol{\psi}(k+1)\\
\boldsymbol{S}(k+1) &= (\boldsymbol{S}(k) - g(k)\boldsymbol{\gamma}(k)\boldsymbol{f}^{\mathrm{T}}(k))/\sqrt{\lambda(k)}\\
1/(a(k)) &= \boldsymbol{f}^{\mathrm{T}}(k)\boldsymbol{f}(k) + \lambda(k)\\
g(k) &= 1/(1+\sqrt{\lambda(k)a(k)})
\end{aligned} \tag{22.2.2}$$

算法的初始值 $\boldsymbol{S}(0)=\sqrt{\alpha}\boldsymbol{I}$ 和 $\hat{\boldsymbol{\theta}}(0)=\boldsymbol{0}$，$\lambda$ 为遗忘因子，参考第 9.6 节。该算法的缺点是每步递推都需要计算方根。

文献（Biermann，1977）提出了另一种方法，即所谓的 **UD 分解法**（DUDC）。这里将协方差矩阵分解成

$$\boldsymbol{P} = \boldsymbol{U}\boldsymbol{D}\boldsymbol{U}^{\mathrm{T}} \tag{22.2.3}$$

式中，$\boldsymbol{D}$ 为对角矩阵，$\boldsymbol{U}$ 是对角线元素为 1 的上三角矩阵。那么，协方差矩阵的递推公式可写成

$$\begin{aligned}
&\boldsymbol{U}(k+1)\boldsymbol{D}(k+1)\boldsymbol{U}^{\mathrm{T}}(k+1) =\\
&\frac{1}{\lambda}\big(\boldsymbol{U}(k)\boldsymbol{D}(k)\boldsymbol{U}^{\mathrm{T}}(k) - \boldsymbol{\gamma}(k)\boldsymbol{\psi}^{\mathrm{T}}(k+1)\boldsymbol{U}(k)\boldsymbol{D}(k)\boldsymbol{U}^{\mathrm{T}}(k)\big)
\end{aligned} \tag{22.2.4}$$

将式（9.4.18）和式（9.6.12）代入后，等式右边变为

$$\begin{aligned}\boldsymbol{UDU}^{\mathrm{T}} &= \frac{1}{\lambda}\boldsymbol{U}(k)\left(\boldsymbol{D}(k)-\frac{1}{\alpha(k)}\boldsymbol{v}(k)\boldsymbol{f}^{\mathrm{T}}(k)\boldsymbol{D}(k)\right)\boldsymbol{U}^{\mathrm{T}}(k)\\ &= \frac{1}{\lambda}\boldsymbol{U}(k)\left(\boldsymbol{D}(k)-\frac{1}{\alpha(k)}\boldsymbol{v}(k)\boldsymbol{v}^{\mathrm{T}}(k)\right)\boldsymbol{U}^{\mathrm{T}}(k)\end{aligned} \tag{22.2.5}$$

式中

$$\begin{aligned}\boldsymbol{f}(k) &= \boldsymbol{U}^{\mathrm{T}}(k)\boldsymbol{\psi}(k+1)\\ \boldsymbol{v}(k) &= \boldsymbol{D}(k)\boldsymbol{f}(k)\\ \alpha(k) &= \lambda+\boldsymbol{f}^{\mathrm{T}}(k)\boldsymbol{v}(k)\end{aligned} \tag{22.2.6}$$

校正向量为

$$\boldsymbol{\gamma}(k) = \frac{1}{\alpha(k)}\boldsymbol{U}(k)\boldsymbol{v}(k) \tag{22.2.7}$$

如果对式（22.2.5）中的$(\boldsymbol{D}-\alpha^{-1}\boldsymbol{v}\boldsymbol{v}^{\mathrm{T}})$再次进行分解，$\boldsymbol{D}$ 和 $\boldsymbol{\alpha}$ 的递推公式变成，参见文献（Biermann，1977）

$$\left.\begin{aligned}\alpha_j &= \alpha_{j-1}+v_f f_j\\ d_j(k+1) &= \frac{d_j(k)\alpha(j-1)}{\alpha_j-\lambda}\\ b_j &= v_j\\ v_j &= \frac{f_j}{\alpha_{j-1}}\end{aligned}\right\} j=2,\cdots,2m \tag{22.2.8}$$

初始值取

$$\alpha_1 = \lambda+v_1 f_1,\ d_1(k+1) = \frac{d_1(k)}{\alpha_1\lambda} \tag{22.2.9}$$

$$b_1 = v_1 \tag{22.2.10}$$

对于每个 $j$，$\boldsymbol{U}$ 的元素满足下列关系式

$$\left.\begin{aligned}u_{ij}(k+1) &= u_{ij}(k)+r_j b_i\\ b_i &= b_i+u_{ij}v_j\end{aligned}\right\} i=1,\cdots,j \tag{22.2.11}$$

$$\boldsymbol{\gamma}(k) = \frac{1}{\alpha_{2m}}\boldsymbol{b} \tag{22.2.12}$$

最后，根据式（9.4.17），模型参数的递推公式可写成

$$\hat{\boldsymbol{\theta}}(k+1) = \hat{\boldsymbol{\theta}}(k)+\boldsymbol{\gamma}(k)e(k+1) \tag{22.2.13}$$

$$e(k+1) = y(k+1)-\boldsymbol{\psi}^{\mathrm{T}}(k+1)\hat{\boldsymbol{\theta}}(k) \tag{22.2.14}$$

上面的式（22.2.12）、式（22.2.8）和式（22.2.11）代替了式（9.4.18）和式（9.4.19）的计算。与 DSFC 相比，该算法不需要计算方根的子程序，其计算量与 RLS 的计算量相当，且与 DSFC 的数值性能类似，只是 $\boldsymbol{U}$ 和 $\boldsymbol{D}$ 的元素比 $\boldsymbol{S}$ 的元素更多。

为了减少每步采样后的计算量，可以利用矩阵不变性（Ljung et al，1978）构成快速算法。这对阶次 $m>5$ 的系统可以节省计算时间，但会增加存储开销，而且对初始值比较敏感。

## 22.3 矩阵 $\boldsymbol{P}^{-1}$ 的分解方法⊖

根据非递推的 LS 算法，信息形式的离散方根滤波（DSFI）算法可写成

⊖ 原注：本节由 Michael Vogt 编写。

$$P^{-1}(k+1)\hat{\theta}(k+1)=\Psi^{\mathrm{T}}(k+1)y(k+1)=f(k+1) \tag{22.3.1}$$

式中

$$P^{-1}(k+1)=\lambda P^{-1}(k)+\psi(k+1)\psi^{\mathrm{T}}(k+1) \tag{22.3.2}$$

$$f(k+1)=\lambda f(k)+\psi(k+1)y(k+1) \tag{22.3.3}$$

现在，将信息矩阵 $P^{-1}$分解成上三角矩阵 $R$

$$P^{-1}=R^{\mathrm{T}}R \tag{22.3.4}$$

对照式（22.2.1），有 $R=S^{-1}$。通过利用下式

$$R(k+1)\hat{\theta}(k+1)=b(k+1) \tag{22.3.5}$$

进行回代，由式（22.3.1）可计算获得 $\hat{\theta}(k+1)$。这个方程是根据式（22.3.1）推导得到的，通过引入正交变换矩阵 $Q$（满足 $Q^{\mathrm{T}}Q=I$），使得

$$\Psi^{\mathrm{T}}Q^{\mathrm{T}}Q\Psi\hat{\theta}=\Psi^{\mathrm{T}}Q^{\mathrm{T}}Qy \tag{22.3.6}$$

其中

$$Q\Psi=\begin{pmatrix}R\\0\end{pmatrix} \tag{22.3.7}$$

是上三角矩阵，且下列的方程成立

$$Qy=\begin{pmatrix}b\\w\end{pmatrix} \tag{22.3.8}$$

利用式（22.3.6），可得到

$$Q(k+1)\Psi(k+1)\hat{\theta}(k+1)=Q(k+1)y(k+1) \tag{22.3.9}$$

实际上，DSFI 算法是利用另一种不同的思想来最小化误差平方和

$$V=\sum e^2(k)=\|e\|_2^2=\|\Psi\hat{\theta}-y\|_2^2 \tag{22.3.10}$$

尽管利用 LS 方法通过解**正则方程** $\nabla V=0$ 可以求得最小值解，不过这里采用 **QR 分解**方法

$$Q\Psi=\begin{pmatrix}R\\0\end{pmatrix} \tag{22.3.11}$$

使求解式（22.3.10）变得简单。这是依据这样的事实：向量乘以正交矩阵 $Q$，其范数不变，因为

$$V=\|\Psi\hat{\theta}-y\|_2^2=\|Q\Psi\hat{\theta}-Qy\|_2^2=\left\|\begin{pmatrix}R\\0\end{pmatrix}\hat{\theta}-\begin{pmatrix}b\\w\end{pmatrix}\right\|_2^2$$

$$=\left\|\begin{pmatrix}R\hat{\theta}-b\\0-w\end{pmatrix}\right\|_2^2=\|R\hat{\theta}-b\|_2^2+\|w\|_2^2=\min_{\hat{\theta}}$$

正如式（22.3.5）所表述的那样，通过求解方程组 $R\hat{\theta}-b=0$，可以求得模型参数 $\hat{\theta}$。剩余的 $\|w\|_2^2$ 为残差，也就是对应于最优参数 $\hat{\theta}$ 的误差平方和。

上述描述的方法其主要工作量是计算 $R$ 和 $b$，通常可以对矩阵 $(\Psi \quad y)$ 应用 **Householder 变换**（Golub and van Loan，1996），这样就无需计算 $Q$。

DSFI 算法需要**递推**计算 $R$ 和 $b$。假设每步递推都有一行数据添加到 $(\Psi \quad y)$，式（22.3.9）可转换成如下递推形式（Kaminski et al，1971）

$$\begin{pmatrix}R(k+1)\\0^{\mathrm{T}}\end{pmatrix}=Q(k+1)\begin{pmatrix}\sqrt{\lambda}R(k)\\\psi^{\mathrm{T}}(k+1)\end{pmatrix} \tag{22.3.12}$$

$$\begin{pmatrix} \boldsymbol{b}(k+1) \\ w(k+1) \end{pmatrix} = \boldsymbol{Q}(k+1)\begin{pmatrix} \sqrt{\lambda}\boldsymbol{b}(k) \\ y(k+1) \end{pmatrix} \tag{22.3.13}$$

根据式（22.3.5），利用$\boldsymbol{R}(k+1)$和$\boldsymbol{b}(k+1)$计算$\hat{\boldsymbol{\theta}}(k+1)$，$w(k+1)$是当前残差。如果每步采样不需要用到参数，这种方法特别适合。这时，只需要递推计算 $\boldsymbol{R}$ 和 $\boldsymbol{b}$，这需要对式（22.3.12）和式（22.3.13）的右边作 **Givens 旋转**。对 $2\times\mu$ 维的矩阵 $\boldsymbol{M}$ 作如下 Givens 旋转变换

$$\boldsymbol{G} = \begin{pmatrix} \gamma & \sigma \\ -\sigma & \gamma \end{pmatrix} \tag{22.3.14}$$

以消去变换矩阵 $\boldsymbol{M}'=\boldsymbol{GM}$ 中的元素 $m'_{21}$，也就是在该矩阵中引入一个零元素

$$\begin{pmatrix} \gamma & \sigma \\ -\sigma & \gamma \end{pmatrix}\begin{pmatrix} m_{11} & m_{12} & \cdots \\ m_{21} & m_{22} & \cdots \end{pmatrix} = \begin{pmatrix} m'_{11} & m'_{12} & \cdots \\ 0 & m'_{22} & \cdots \end{pmatrix} \tag{22.3.15}$$

由如下两个条件

$$\det(\boldsymbol{G}) = \gamma^2 + \sigma^2 = 1\ (\text{归一化}) \tag{22.3.16}$$

$$m'_{21} = -\sigma m_{11} + \gamma m_{21} = 0\ (\text{消去 } m'_{21}) \tag{22.3.17}$$

可解出旋转参数为

$$\gamma = \frac{m_{11}}{\sqrt{m_{11}^2 + m_{21}^2}} \tag{22.3.18}$$

$$\sigma = \frac{m_{21}}{\sqrt{m_{11}^2 + m_{21}^2}} \tag{22.3.19}$$

现在，将该变换不断应用于式（22.3.12）中的$\boldsymbol{\psi}^{\mathrm{T}}(k+1)$和$\sqrt{\lambda}\boldsymbol{R}(k)$的行向量，此时 $\boldsymbol{G}$ 是$(n+1)\times(n+1)$矩阵

$$\begin{pmatrix} * & * & * \\ 0 & * & * \\ 0 & 0 & * \\ * & * & * \end{pmatrix} \xrightarrow{\boldsymbol{G}_1} \begin{pmatrix} \bullet & \bullet & \bullet \\ 0 & * & * \\ 0 & 0 & * \\ 0 & * & * \end{pmatrix} \xrightarrow{\boldsymbol{G}_2} \begin{pmatrix} \bullet & \bullet & \bullet \\ 0 & \bullet & \bullet \\ 0 & 0 & * \\ 0 & 0 & * \end{pmatrix} \xrightarrow{\boldsymbol{G}_3} \begin{pmatrix} \bullet & \bullet & \bullet \\ 0 & \bullet & \bullet \\ 0 & 0 & \bullet \\ 0 & 0 & 0 \end{pmatrix}$$

Givens 矩阵的乘积就是变换矩阵$\boldsymbol{Q}(k+1)$

$$\begin{pmatrix} \boldsymbol{R}(k+1) \\ \boldsymbol{0}^{\mathrm{T}} \end{pmatrix} = \underbrace{\boldsymbol{G}_n(k+1)\cdots\boldsymbol{G}_1(k+1)}_{\boldsymbol{Q}(k+1)}\begin{pmatrix} \sqrt{\lambda}\boldsymbol{R}(k) \\ \boldsymbol{\psi}^{\mathrm{T}}(k+1) \end{pmatrix} \tag{22.3.20}$$

利用同样的方法可以计算式（22.3.13）中的$\boldsymbol{b}(k+1)$。完整的 DSFI 更新步骤可描述为

当$i=1$，…，$n$时，计算

$$\begin{aligned} r_{ii}(k+1) &= \sqrt{\lambda r_{ii}^2(k) + (\psi_i^{(i)}(k+1))^2} \\ \gamma &= r_{ii}(k)/r_{ii}(k+1) \\ \sigma &= \psi_i^{(i)}(k+1)/r_{ii}(k+1) \\ \left.\begin{aligned} r_{ij}(k+1) &= \sqrt{\lambda}\gamma r_{ij}(k) + \sigma\psi_j^{(i)}(k+1) \\ \psi_j^{(i+1)}(k+1) &= -\sqrt{\lambda}\sigma r_{ij}(k) + \gamma\psi_j^{(i)}(k+1) \end{aligned}\right\} & \quad j = i+1,\cdots,n \\ b_i(k+1) &= \sqrt{\lambda}\gamma b_i(k) + \sigma y^{(i)}(k+1) \\ y^{(i+1)}(k+1) &= -\sqrt{\lambda}\sigma b_i(k) + \gamma y^{(i)}(k+1) \end{aligned} \tag{22.3.21}$$

有关方根滤波算法的进一步讨论可参见文献（Peterka，1975；Goodwin and Payne，1977；

Strejc，1980）。

表 22.1 用于比较不同参数估计算法的计算量。归一化最小均方算法是一种随机梯度下降法，因此在寻优过程中不太稳定，见第 10.7 节。递推最小二乘法每步更新时计算量较大，不过精度比较高。表格的最后一行是信息形式的离散方根滤波算法，这种算法数值计算鲁棒性强，但每步更新时计算量较大，包括 $n$ 个方根的计算。如果采用下面的技巧，DSFI 算法可以更高效地执行：只存储矩阵 $\boldsymbol{R}$ 的上三角元素，逐行存储矩阵，这时通过递增指针就可访问矩阵元素，每次迭代并不计算参数向量，而只是更新矩阵 $\boldsymbol{R}$。表 22.2 给出待估计参数个数 $n=4$ 和 $n=6$ 时的计算量。

**表 22.1　不同参数估计算法的计算量，其中正交法包含回代运算，$n$ 是待估计参数个数**

| 方　法 | 加法/减法 | 乘　法 | 除　法 | 平 方 根 |
|---|---|---|---|---|
| NLMS | $3n$ | $3n+1$ | 1 | 0 |
| RLS | $1.5n^2+3.5n$ | $2n^2+4n$ | $n$ | 0 |
| RMGS | $1.5n^2+1.5n$ | $2n^2+3n$ | $2n$ | 0 |
| FDSFI | $1.5n^2+1.5n$ | $2n^2+5n$ | $2n$ | 0 |
| DSFI | $1.5n^2+1.5n$ | $2n^2+5n$ | $2n$ | 0 |

**表 22.2　待估计参数个数 $n=4$ 和 $n=6$ 时的浮点运算总数**

| 方法 | $n=4$ | | | | $n=6$ | | | |
|---|---|---|---|---|---|---|---|---|
| | 加法/减法 | 乘法 | 除法 | 平方根 | 加法/减法 | 乘法 | 除法 | 平方根 |
| NLMS | 12 | 13 | 1 | 0 | 18 | 19 | 1 | 0 |
| RLS | 38 | 48 | 4 | 0 | 75 | 96 | 6 | 0 |
| DSFI | 30 | 66 | 12 | 4 | 63 | 129 | 18 | 6 |

## 22.4　小结

DSFC 算法和 DSFI 算法在数值性能方面没有本质差别，每步迭代计算 DSFI 算法需要 $n$ 次方根运算。像对矩阵 $\boldsymbol{P}$ 进行 UD 分解那样也可以对矩阵 $\boldsymbol{P}^{-1}$ 进行分解，这样就无需方根运算。这些技术需要用**快速 Givens 旋转**替代 Givens 旋转（Golub and van Loan，1996）或采用递推形式的 **Gram Schmidt 正交化**。这些快速正交化方法具有同样的误差灵敏度，但它们的矩阵元素要比使用 DSFI 算法多一些。

根据表 22.1 以及现在计算机具有的较高计算能力，一般情况下建议采用 DSFI 算法。如果使用 DSFI 算法不能获得好的结果，则 RLS 算法是一种好的选择，因为 RLS 算法计算量比较小，而且精度高于随机梯度下降算法。

## 22.5　习题

22.1　QR 分解与 Householder 变换

描述如何利用三个 Householder 变换 $\boldsymbol{Q}_1$、$\boldsymbol{Q}_2$ 和 $\boldsymbol{Q}_3$，对 5×3 维矩阵进行 QR 分解？用 *

代表可能改变的元素，用·表示不变的元素。

22.2　DSFI 算法 I

证明对于任何正交矩阵 $\boldsymbol{Q}$ 和任何向量 $\boldsymbol{x}$，有 $\|\boldsymbol{Qx}\|_2^2 = \|\boldsymbol{x}\|_2^2$，并进一步证明对于向量 $\boldsymbol{x}$

$$\boldsymbol{x} = \begin{pmatrix} \boldsymbol{a} \\ \boldsymbol{b} \end{pmatrix}$$

有

$$\|\boldsymbol{x}\|_2^2 = \|\boldsymbol{a}\|_2^2 + \|\boldsymbol{b}\|_2^2$$

利用这些结果，采用 QR 分解最小化如下代价函数

$$V = \|\boldsymbol{\Psi}\hat{\boldsymbol{\theta}} - \boldsymbol{y}\|_2^2$$

22.3　DSFI 算法 II

编写 DSFI 参数估计算法程序，用于如下二阶动态离散时间过程辨识

$$y(k) + a_1(y(k-1) + a_2 y(k-2) = b_1 u(k-1) + b_2 u(k-2)$$

## 22.6　参考文献


Biermann GJ (1977) Factorization methods for discrete sequential estimation, Mathematics in Science and Engineering, vol 128. Academic Press, New York

Golub GH, van Loan CF (1996) Matrix computations, 3rd edn. Johns Hopkins studies in the mathematical sciences, Johns Hopkins Univ. Press, Baltimore

Goodwin GC, Payne RL (1977) Dynamic system identification: Experiment design and data analysis, Mathematics in Science and Engineering, vol 136. Academic Press, New York, NY

Isermann R, Lachmann KH, Matko D (1992) Adaptive control systems. Prentice Hall international series in systems and control engineering, Prentice Hall, New York, NY

Kaminski P, Bryson Ajr, Schmidt S (1971) Discrete square root filtering: A survey of current techniques. IEEE Trans Autom Control 16(6): 727 – 736

Kofahl R (1986) Self-tuning PID controllers based on process parameter estimation. Journal A 27(3): 169 – 174

Ljung L, Morf M, Falconer D (1978) Fast calculation of gain matrices for recursive estimation schemes. Int J Control 27(1): 1 – 19

Peterka V (1975) A square root filter for real time multivariate regression. Kybernetika 11 (1): 53 – 67

Strejc V (1980) Least squares parameter estimation. Automatica 16(5): 535 – 550

# 第 23 章

# 参数估计的实际问题

回顾图 1.7 可以看到，前面各章主要讨论图中的“运用辨识方法”方框，所获得的过程模型是非参数或参数的，本章将详细讨论图中的其他方框。另外，还将讨论一些特殊的问题，通常这是辨识方法自身不考虑的问题，比如低频和高频干扰，以及系统输入端干扰和积分作用系统的特殊处理方法。此外，本章将对所有的辨识方法进行总结，并讨论它们的最主要优缺点，见第 23.4 节。最后，在本章的结尾会介绍一些严格评价辨识结果的方法。

## 23.1 输入信号的选择

对动态过程辨识来说，如果输入信号可以自由选择，那么必须考虑第 1.2 节提到的限制条件，即

- 输入信号 $u(t)$ 的最大允许幅值及变化速度。
- 输出信号 $y(t)$ 的最大允许幅值。
- 最大测量时间 $T_{\mathrm{M,max}}$。

根据第 9.1.4 节给出的可辨识条件，输入信号必须是 $m$ 阶持续激励的，其中 $m$ 是过程模型阶次，而且输入信号的幅度还必须满足一致估计条件。如果在给定约束条件下，想获得具有最大逼真度的模型，则必须通过设计测试信号，使辨识模型的代价函数也达到最优。显然，这可以根据参数估计误差的协方差阵推导出一个合适的质量评价准则。作为质量评价准则，需要定义一个标量代价函数 $\varPhi$，记作

$$V = \mathrm{E}\{\varPhi(\boldsymbol{J})\} \tag{23.1.1}$$

参见文献（Goodwin and Payne，1977；Gevers，2005），比如

$$V_1 = \mathrm{E}\{\operatorname{tr} \boldsymbol{J}^{-1}\} \tag{23.1.2}$$

该式为 **A－最优准则**，或

$$V_2 = \mathrm{E}\{\operatorname{tr} \boldsymbol{W}\boldsymbol{J}^{-1}\} \tag{23.1.3}$$

式中，$\boldsymbol{W}$ 是适当维的权矩阵（称作 **L－最优准则**）。另外一个度量定义为

$$V_3 = \det \boldsymbol{J} \tag{23.1.4}$$

该准则称作 **D－最优准则**。在高斯分布误差的假设条件下，对最小二乘法来说，采用的准则是

$$\boldsymbol{J} = \frac{1}{\sigma_{\mathrm{e}}^2}\mathrm{E}\{\boldsymbol{\varPsi}^{\mathrm{T}}\boldsymbol{\varPsi}\} = \frac{1}{\sigma_{\mathrm{e}}^2}\mathrm{E}\{\boldsymbol{P}^{-1}\} \tag{23.1.5}$$

基于这个质量评价准则，可以在时域或频域中设法设计最优测试信号（Mehra，1974；Krolikowski and Eykhoff，1985）。

为了消除输入信号达到最优和参数估计之间的相互依赖，可以采用文献（Welsh et al，2006）论述的最大最小方法。这时可以采用上面介绍的任何一种代价函数来优化输入信号。不过，不仅要在单参数集 $\boldsymbol{\theta}$ 上对代价函数进行评价，还要在整个紧参数集 $\boldsymbol{\Theta}$ 上对代价函数进行评价，也就是对在整个紧参数集上获得的最大代价函数进行最小化。因此，这就成为最大最小优化问题。

最优测试信号仅仅是就特殊情况而言的，比如，有效参数估计方法和较长测量时间。此外，质量评价准则不仅可以基于期望的参数误差，也可以基于模型的最终应用。在实际应用中，模型和噪声是先验未知的，这使得事情更加麻烦。因此，只能用迭代的方法设计测试信号或者采用次最优的测试信号。从现在起将这些次最优的测试信号称作可用测试信号，并建议采用如下的指导原则来选取可用测试信号。

**正常工作的信号或人工的测试信号**

可以采用正常工作期间的信号，也可以采用人工的特殊测试信号，作为辨识的输入信号。不过，只有在感兴趣的过程动态特性范围内，能充分激励待辨识过程的正常工作信号才是可用的。此外，输入信号必须是平稳的，而且与作用于过程的扰动是不相关的。这些要求只有在极少数情况下才能得到满足，因此应该尽可能采用人工的测试信号，其特性是准确知道的，并且能通过调整以获得高逼真度的模型。

**测试信号的形状**

测试信号的形状最重要的是受执行器（如电动、气动或液压驱动）限制，因为执行器的最大变化速度是受限的，也就是输入信号对时间的导数受到限制。这也限制了输入信号的最大频率。

**可用测试信号**通常需要连续激励感兴趣的过程特征值，而且与扰动的功率谱相比要尽可能强。就测试信号的设计/选择而言，必须考虑如下一些问题，也可参见第 1.5 节。

- 测试信号的幅值 $u_0$ 应尽可能大，但是必须考虑输入信号、输出信号以及系统状态的限制，这些限制可能是源于工作点限制或线性假设。
- 信号边缘越陡，高频激励越强（Gibb 现象）。
- 输入信号脉冲宽度越窄，中高频激励越强；脉冲宽度越宽，低频激励越强。

根据上述这些考虑，伪随机二值信号（PRBS）和广义随机二值信号（GRBS）特别适合用于相关分析和参数估计，参见第 6.3 节。如果 PRBS 要激励高频，时钟时间 $\lambda$ 必须选择等于采样时间 $T_0$。当选择 $\lambda/T_0=2,3,\cdots$，会增加低频功率谱密度，并能获得更好的 DC 增益估计，不过会减弱对高频的激励。通过改变时钟时间 $\lambda$，可以凭借这个单参数调整激励信号的频谱。对于 GRBS 信号，可以利用概率 $p$ 来改变信号的形状，还可以设想在实验过程中在线调整时钟时间，对 PRBS 和 GRBS 信号的具体设计可参见第 6.3 节。对于低阶过程和某些系统状态受限的过程，建议使用多频率信号，不建议使用 PRBS 信号，参见第 5.3 节。文献（Bombois et al，2008）提出了一种设计最优多正弦激励测试信号的方法，该方法在参数误差方差有约束条件下，通过最小化最大功率（幅值平方和）来实现。

如果测量时间足够长，利用正弦函数激励来估计过程的频率响应是一种确定线性过程频率响应的最好方法，比如正交相关分析法，参见第 5.5.2 节。非线性过程需要采用多值的测试信号，如第6.3节讨论的APRBS信号。

## 23.2 采样速率的选择

对于离散时间信号过程辨识来说，在测量之前必须选择好采样速率，之后采样时间不能减小，相反地利用每隔2个、3个等采样点，可以方便地使采样时间增加两倍或三倍。不过，降低采样速率之前，数据必须进行低通滤波，以避免降速采样数据出现混叠效应。采样时间的选择主要依据于：

- 辨识后期应用中离散时间模型所用的采样时间。
- 辨识模型的精度。
- 数值计算问题。

下面的章节将详细讨论这些问题。

### 23.2.1 预期的应用

如果模型随后用于设计数字控制器，采样时间必须根据控制算法所用的采样时间选择，而控制算法的采样时间又取决于很多方面，如希望的控制质量、所用的控制算法及实现的硬件等。对于PID控制器算法，作为参考值，可选择为

$$\frac{T_0}{T_{95}} \approx \frac{1}{5}, \cdots, \frac{1}{15} \tag{23.2.1}$$

式中，$T_{95}$是在比例作用控制下的过程阶跃响应调节时间的95%（Isermann and Freyermuth，1991）。如果有更高的控制质量要求，采样时间应该更短些。类似地，文献（Verhaegen and Verdult，2007）建议在系统上升时间段内采样8~9次。

为了确定振荡系统的采样速率，文献（Verhaegen and Verdult，2007）提出在阶跃响应达到稳态之前记下周期数，如果周期数为$n$，并假设大概需要4倍的时间常数系统能达到稳定，那么系统的时间常数可估计为

$$T \approx \frac{nT_{\text{cycle}}}{4} \tag{23.2.2}$$

根据估算的时间常数，可以选择采样速率，使系统在一个时间常数期间内采样5~15次。如果采样速率过高，会产生如下影响：

- 矩阵$\boldsymbol{\Psi}^{\mathrm{T}}\boldsymbol{\Psi}$的数值条件变差，因为矩阵的行几乎线性相关。
- 离散时间系统的极点聚集在$z=1$附近。
- 数据含有高频噪声。

### 23.2.2 辨识模型的精度

表23.1给出了采样时间$T_0$对三质量振荡器传递函数参数$a_i$和$b_i$估计的影响。从表中可以看到，减小采样时间使参数$b_i$的绝对值减小，而且使参数$b_i$的和值过于依赖于$b_i$各个参数小数点后的第4位或第5位，而参数$b_i$的和值对确定DC增益很重要。从表中还可以看到，很小的参数绝对误差对模型（增益、脉冲响应）的输入/输出行为特性有很大的影响。另外，如果采样时间选择过大，那么所获得的模型阶次会降低。这从表23.1最后一列可以

看出，这时 $a_6 \cdot |1+\sum a_i|$ 和 $b_6 \cdot |\sum b_i|$，因为最后一个参数小到可以忽略，所以模型阶次降低了。

**表 23.1　三质量振荡器（见附录 B）传递函数的理论模型参数**

| $T_0$[s] | 0.003 | 0.012 | 0.048 | 0.144 |
|---|---|---|---|---|
| $k$ | 1 | 4 | 16 | 48 |
| $b_1$ | −0.013112 | −0.0090007 | 0.055701 | 5.2643 |
| $b_2$ | −0.0042292 | −0.011311 | 0.49831 | 7.5739 |
| $b_3$ | 00086402 | 0.020682 | 0.767 | 2.3529 |
| $b_4$ | 0.0032622 | −0.0019679 | 0.44988 | 0.73567 |
| $b_5$ | −0.0087436 | 0.026107 | 0.0081502 | 0.12386 |
| $b_6$ | 0.023896 | 0.047981 | −0.051817 | −0.031231 |
| $a_1$ | −0.73415 | −1.4584 | −1.955 | 0.11845 |
| $a_2$ | −0.45075 | −0.22564 | 1.718 | 0.18661 |
| $a_3$ | −0.21071 | 0.38383 | −0.68648 | −0.60705 |
| $a_4$ | −0.01038 | 0.50713 | −0.29154 | −0.22439 |
| $a_5$ | 0.16337 | 0.16565 | 0.7275 | −0.094103 |
| $a_6$ | 0.2451 | −0.36914 | −0.47486 | −0.022469 |
| $\sum b_i$ | 0.0097141 | 0.072491 | 1.7272 | 16.0194 |
| $1+\sum a_i$ | 0.0024734 | 0.003428 | 0.037615 | 0.35704 |
| $K$ | 3.9275 | 21.1468 | 45.9185 | 44.8669 |

注：这些参数是采样时间 $T_0$ 的函数；为了减少采样时间的种类，把每隔 $k$ 个采样点的数据保存在数据向量中，便可获得多种采样时间的数据

### 23.2.3　数值计算问题

如果采样时间选择过小，则会导致病态的方程组，因为不同 $k$ 时刻的差分方程几乎变成线性相关。因此，减小采样时间会使参数方差突然增大。

然而，采样时间的选择并不是很严格，过小与过大采样时间之间的范围是相当宽的。

## 23.3　线性动态模型结构参数的确定

用如下传递函数表示的参数模型

$$G_{\mathrm{P}}(z)=\frac{y(z)}{u(z)}=\frac{b_1z^{-1}+\cdots+b_{\hat{m}}z^{-\hat{m}}}{1+a_1z^{-1}+\cdots+a_{\hat{m}}z^{-\hat{m}}}z^{-\hat{d}} \tag{23.3.1}$$

确定模型的阶次就是确定过程模型的结构参数 $\hat{m}$ 和 $\hat{d}$，其真实的阶次为 $m_0$ 和 $d_0$。在理想情况下，应该获得 $\hat{m}=m_0$ 和 $\hat{d}=d_0$。

在大多数情况下，在模型参数估计之前必须选定模型结构参数。为此它们也是部分的先验假设，必须通过结果验证来确定，也就是利用本章随后讨论的模型验证方法来确定模型的阶次和迟延时间，见第 23.8 节。另外，还有一些特殊的方法可用来确定结构参数，这些方

法通常要与相应的参数估计方法一起使用。

这些特殊的方法称作**阶次或迟延检测**，根据下面的不同情况处理方法有所区别：

- 确定性的方法或随机性的方法。
- 参数估计需先前进行或无需先前进行。
- 过程模型和噪声模型是分别处理或是同时处理。

下面介绍一些用于确定模型阶次和迟延的方法。文献（Söderström，1977；van den Boom，1982；Raol et al，2004）除了讨论其他一些内容之外，对模型阶次的测试方法做了总结。通常，相继地确定迟延时间和模型阶次是比较合适的，不过也可以并行地确定这两个结构参数。这些方法在频域辨识中也能用，参见文献（Pintelon and Schoukens，2001）。阶次太高的模型会导致无效的参数估计，阶次太低的模型可能导致非一致估计（Heij et al，2007）。利用非参数辨识技术（如频率响应法），并通过对辨识结果的分析，可以初步获得模型的阶次估计。

## 23.3.1 迟延时间的确定

现在，假定过程阶次 $m$ 已知，为了确定迟延时间，还假设真实的迟延时间 $d_0$ 是有界的，即 $0\leqslant d_0\leqslant d_{\max}$，将过程模型

$$y(z)=\frac{B^*(z^{-1})}{A(z^{-1})}u(z)=G_{\mathrm{P}}^*(z)u(z) \tag{23.3.2}$$

的分子多项式增广为

$$B^*(z^{-1})=b_1^*z^{-1}+\cdots+b_{m+d_{\max}}^*z^{-m-d_{\max}} \tag{23.3.3}$$

对比式（23.3.1）所示的过程模型，可获得

$$\left.\begin{aligned}b_i^*&=0\,,\ \ i=1,2,\cdots,\hat{d}\\ b_i^*&=b_{i-\hat{d}}\,,\ \ i=1+\hat{d},2+\hat{d},\cdots,m+\hat{d}\\ b_i^*&=0\,,\ \ i=m+\hat{d}+1,\cdots,m+d_{\max}\,.\end{aligned}\right\} \tag{23.3.4}$$

为了研究参数估计，使用如下向量

$$\boldsymbol{\psi}^{\mathrm{T}}(k+1)=\left(-y(k)\cdots-y(k-m)\middle|-u(k-1)\cdots-u(k-m-d_{\max})\right) \tag{23.3.5}$$

$$\hat{\boldsymbol{\theta}}=\left(\hat{a}_1\cdots\hat{a}_m\middle|\hat{b}_1^*\cdots\hat{b}_{m+d_{\max}}^*\right) \tag{23.3.6}$$

对于一致的参数估计方法，希望获得

$$\begin{aligned}&\mathrm{E}\{\hat{b}_i^*\}=0\,,\ i=1,2,\cdots,d_0\\ &\qquad\text{和}\,i=m+d_0+1,m+d_0+2,\cdots,m+d_{\max}\end{aligned} \tag{23.3.7}$$

也就是分子多项式的这些参数与其余的参数相比要小得多，所以可以使用下面的准则来确定 $\hat{d}$

$$|\hat{b}_i^*|\ll\sum_{i=1}^{m-d_{\max}}\hat{b}_i^*\,,\ |\hat{b}_{\hat{d}+1}^*|\gg|\hat{b}_i^*|\ i=1,2,\cdots,\hat{d} \tag{23.3.8}$$

在理想情况下，这个准则的第一条件是对所有的 $i=\hat{d}\leqslant d_0$ 都要满足，第二条件只要对 $i=\hat{d}=d_0$ 满足即可（Isermann，1974）。然而，这种简单的方法需要假设几乎不存在扰动的影响，因此只适用于扰动很小或测量时间足够长的情况。

如果存在较大的扰动，可以使用下面的方法（Kurz and Goedecke，1981）：

- 第一步：确定 $B^*(z^{-1})$ 的最大参数 $|\hat{d}^*_{d'_{max}}|$，那么迟延时间应该在如下区间之内

$$0 \leqslant \hat{d} \leqslant d'_{\max} \tag{23.3.9}$$

- 第二步：计算脉冲响应误差

$$\Delta g_d(\tau) = \hat{g}^*(\tau) - \hat{g}_d(\tau),\ d = 0, 1, \cdots, d'_{max} \tag{23.3.10}$$

式中，$\hat{g}^*(\tau)$是$G_{\mathrm{P}}^*(z)$的脉冲响应，$\hat{g}_d(\tau)$是 $G_{\mathrm{P}d}(z)$的脉冲响应，其中 $G_{\mathrm{P}d}(z)$为

$$G_{\mathrm{P}d}(z) = \frac{\hat{B}(z^{-1})}{\hat{A}(z^{-1})} z^{-\hat{d}} \tag{23.3.11}$$

对于这两个脉冲响应，分母多项式$\hat{A}(z^{-1})$是相同的。利用脉冲响应$\hat{g}^*(\tau)$，可以确定模型 $G_{\mathrm{P}d}(z)$多项式$\hat{B}(z^{-1})$的参数为

$$\hat{b}_1 = \hat{g}^*(1 + \hat{d}) \tag{23.3.12}$$

$$\hat{b}_i = \hat{g}^*(i + \hat{d}) + \sum_{j=1}^{i-1} a_j \hat{g}^*(i - j + \hat{d}),\ i = 2, \cdots, m \tag{23.3.13}$$

文献（Kurz，1979）提出了一种计算误差 $\Delta g_d(\tau)$的递推公式。然后，评价如下代价函数

$$V(d) = \sum_{\tau=1}^{M} \Delta g_d^2(\tau),\ d = 0, 1, \cdots, d'_{\max} \tag{23.3.14}$$

- 第三步：通过最小化 $V(\hat{d})$来确定迟延时间$\hat{d}$。

- 第四步：估计参数$\hat{d}_i$。

这种方法的计算量相对较低，因此在递推参数估计的每步采样之后都可以使用。文献（Kurz and Goedecke，1981）给出了一个过程自适应控制的实例，所用的模型具有可变的迟延时间。

对于脉冲响应或阶跃响应等非参数模型而言，可以利用输入与其激励的初始输出响应之间的延时来确定迟延时间。

## 23.3.2 模型阶次的确定

为了确定未知的模型阶次$\hat{m}$，可以使用不同的准则，如：

- 代价函数。
- 信息矩阵的秩。
- 残差。
- 极点和零点。

利用这些准则来确定模型阶次的原理是：随着模型阶次的变化，这些准则量在跨越真实模型阶次时会表现出不同的特性。下面分别介绍这些准则的应用。

**代价函数**

因为所有的参数估计方法都要通过最小化如下代价函数

$$V(m, N) = \boldsymbol{e}^{\mathrm{T}}(m, N)\boldsymbol{e}(m, N) \tag{23.3.15}$$

因此，一种较直观的方法就是分析代价函数，把它当作模型阶次估计$\hat{m}$的函数。式中 $\boldsymbol{e}$ 可以是方程误差向量，也可以是采用参数估计方法获得的残差，或者是模型和过程之间的输出误

差。对给定的模型阶次估计$\hat{m}$，先估计得到参数向量$\hat{\boldsymbol{\theta}}(N)$，然后就可以计算得到误差 $\boldsymbol{e}$。

当 $m=1,2,3,\cdots,m_0$ 时，代价函数 $V(m,N)$将随之变小，因为随着模型阶次的增加，误差 $\boldsymbol{e}$ 将逐渐减小。如果没有扰动作用于过程，理论上应该得到 $V(m_0,N)=0$。如果过程受到扰动的作用，希望 $V(m_0,N)$是代价函数变化过程中一个明显的折点，并且当 $m>m_0$ 时，$V(m,N)$不再有大的变化。因此，确定模型阶次的准则可以采用随着模型阶次增加时 $V(m,N)$的变化量

$$\Delta V(m+1)=V(m)-V(m+1) \tag{23.3.16}$$

模型阶次测试就是寻找这个折点

$$\Delta V(\hat{m}+1)\ll \Delta V(\hat{m}) \tag{23.3.17}$$

这时，代价函数不会再有较大的改善，或者 $V(m)$基本上不再明显下降，使得 $V(\hat{m}+1)\approx V(\hat{m})$，那么$\hat{m}$就是模型阶次的估计。

**例 23.1（三质量振荡器模型阶次的确定）**

现在将通过分析代价函数确定模型阶次的方法用于三质量振荡器系统。从图 23.1 中可知，模型阶次可以被准确估计得到$\hat{m}=m_0=6$。当输出加上噪声后，模型阶次 $m$ 高于 $m_0$ 时，代价函数的变化量略有减小。□

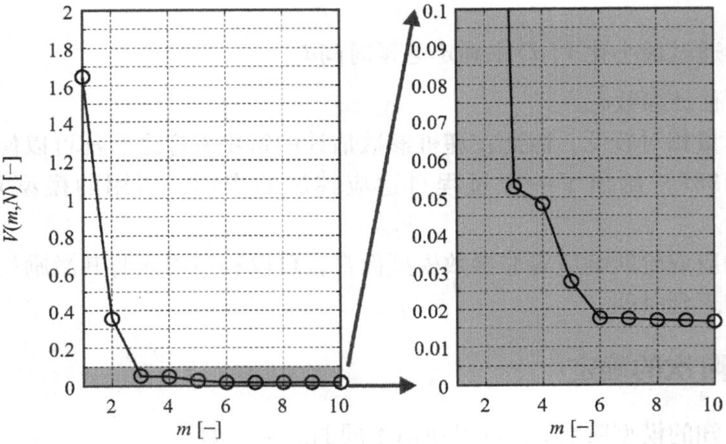


图 23.1　对于三质量振荡器系统，利用参数估计得到的代价函数 $V(m,N)$，它是模型阶次 $m$ 的函数

对每个 $m$ 值（也对每个 $d$ 值）来说，代价函数的计算都必须用到所有的 $N$ 个数据点。因此，采用像 COR－LS 的辨识方法是一种不错的选择，这种方法以非参数模型作为中间模型，使得所要处理的数据量比原始时间序列的数据量小得多。对于模型阶次和迟延时间的在线估计来说，这个优点是很重要的，因为在每步采样期间都需要同时并行地测试所有可能的 $m$ 和 $d$。

为了自动估计模型阶次，应用统计假设检验的方法是很有优势的。当模型阶次从 $m_1$ 变化到 $m_2$ 时，通过判别代价函数是否发生显著变化来确定模型阶次。一种可能的方法是利用 F－检验（Åström，1968），这种检验方法是基于 $V(m_2,N)$与 $V(m_1,N)-V(m_2,N)$是统计独立的。当残差服从正态分布时，它们服从$\chi^2$ 分布。为了进行假设检验，需要判别当模型阶次从$m_1$ 增加到$m_2$ 时，代价函数是否发生显著变化，也就是参数个数从$2m_1$ 变到$2m_2$，利用

下面的统计量来判别

$$t=\frac{V(m_1)-V(m_2)}{V(m_2)}\frac{N-2m_2}{2(m_2-m_1)} \tag{23.3.18}$$

当 $N$ 较大时，随机统计量 $t$ 渐近服从 $F[2(m_2-m_1),(N-2m_2)]$ 分布。为了利用 F 分布进行假设检验，需要定义一个阈值，并从 F 分布表中查得相应的 $t^*$ 值（如见文献 Lehmann and Romano，2005）。如果 $t<t^*$，$m_1$ 就是估计的模型阶次。

与极大似然估计结合，Akaike 定义了几种统计检验准则。下面是**最终预报误差**准则

$$\mathrm{FPE}=\frac{N+2m}{N-2m}\det\frac{1}{N}\sum_{k=1}^{N}\boldsymbol{e}(k,\boldsymbol{\theta})\boldsymbol{e}^{\mathrm{T}}(k,\boldsymbol{\theta}) \tag{23.3.19}$$

式中，$\boldsymbol{e}(k,\boldsymbol{\theta})$是基于 ML 估计量 $\boldsymbol{\theta}$ 的超前一步预报误差，利用 FPE 达到最小值可以确定模型阶次 $m$（Akaike，1970）。另一个准则是 **Akaike 信息准则（AIC）**

$$\mathrm{AIC}=2m-2\log L(\boldsymbol{\theta}) \tag{23.3.20}$$

式中，$L(\boldsymbol{\theta})$是似然函数，$\boldsymbol{\theta}$ 是模型阶次为 $m$ 时的 ML 参数估计，利用 AIC 达到最小值可以确定模型阶次 $m$。如果参数模型的参数个数过多，上式右边第一项会使 AIC 增大。再一个准则是贝叶斯信息准则

$$\mathrm{BIC}=2m\log N-2\log L(\boldsymbol{\theta}) \tag{23.3.21}$$

文献（Söderström，1977）证明了 F－检验、FPE 和 AIC 是渐近等价的。

实际应用代价函数来确定模型阶次时，需要对每个模型阶次 $m$ 确定相应的参数估计 $\theta(m)$，然后再计算代价函数 $V(m)$。为了降低计算量，下面的方法可供选择：

- 针对不同的阶次 $m$，递推计算协方差矩阵 $\boldsymbol{P}(m,N)$，期间不会有矩阵的逆运算（Schumann et al，1981）。
- 利用 DSFI 算法获得参数估计，以相继减少过高阶次的模型估计量（计算量比较小，因为采用三角矩阵）（Kofahl，1986）。

**信息矩阵的秩检验**

对于 LS 参数估计

$$\hat{\theta}(N)=(\boldsymbol{\Psi}^{\mathrm{T}}\boldsymbol{\Psi})^{-1}\boldsymbol{\Psi}^{\mathrm{T}}\boldsymbol{y} \tag{23.3.22}$$

研究如下矩阵的性质

$$\boldsymbol{J}'=\boldsymbol{P}^{-1}=\boldsymbol{\Psi}^{\mathrm{T}}\boldsymbol{\Psi} \tag{23.3.23}$$

该矩阵是式（11.2.56）信息矩阵的一部分。对于没有噪声作用于系统的情况，当模型阶次 $m>m_0$ 时，$\boldsymbol{J}'$变成奇异矩阵，即有

$$\det\boldsymbol{J}'=\det\boldsymbol{\Psi}^{\mathrm{T}}\boldsymbol{\Psi}=0 \tag{23.3.24}$$

因为

$$\mathrm{rank}\,\boldsymbol{J}'=2m_0 \tag{23.3.25}$$

对于有扰动 $n(k)$作用于系统的情况，当$\hat{m}=m_0\rightarrow\hat{m}=m_0+1$ 时，虽然矩阵 $\boldsymbol{J}'$的行列式不会为零，但会发生明显的变化。因此，文献（Woodside，1971）提出通过计算如下行列式比来判断矩阵 $\boldsymbol{J}'$的变化情况

$$\mathrm{DR}(m)=\frac{\boldsymbol{J}'_m}{\boldsymbol{J}'_{m+1}} \tag{23.3.26}$$

当 $m=m_0$，且信噪比较大时，行列式比会出现突变。对噪声幅度较大的情况，建议采用

$$J''=J'-\sigma^2 R \tag{23.3.27}$$

式中，$\sigma^2 R$ 是噪声协方差阵，它必须是已知的。

下面推导一种不需要进行参数估计就能计算代价函数的方法（Hensel，1987）。因有

$$\hat{\theta}=(\Psi^T\Psi)^{-1}\Psi^T y=(\Psi^T\Psi)^{-1}q \tag{23.3.28}$$

$$\begin{aligned} e^T e &= (y^T-\hat{\theta}^T\Psi^T)(y-\Psi\hat{\theta})=y^T y-q^T(\Psi^T\Psi)^{-1}q \\ &= y^T y-q^T\frac{\operatorname{adj}\Psi^T\Psi}{\det\Psi^T\Psi}q \end{aligned} \tag{23.3.29}$$

利用

$$\det\begin{pmatrix}0 & x^T\\ w & A\end{pmatrix}=-\sum_i\sum_j x_i w_j A_{ji}=-x^T(\operatorname{adj}A)w \tag{23.3.30}$$

$$\det\begin{pmatrix}0 & q^T\\ q & \Psi^T\Psi\end{pmatrix}=-q^T(\operatorname{adj}\Psi^T\Psi)q \tag{23.3.31}$$

由此可推导出

$$e^T e\det\Psi^T\Psi=\det\begin{pmatrix}y^T y & q^T\\ q & \Psi^T\Psi\end{pmatrix}=\det\Gamma_m \tag{23.3.32}$$

$$V(m)=e^T e=\frac{\det\Gamma_m}{\det J'_m} \tag{23.3.33}$$

也可参见文献（Woodside，1971）。矩阵 $J'_m$ 具有 $2m\times 2m$ 的维数，增广信息矩阵 $\Gamma_m$ 的维数为 $(2m+1)\times(2m+1)$。因此，矩阵 $\Gamma_m$ 比矩阵 $\Gamma'_{m+1}$ 小 1 维，这是行列式比检验所需要的。

文献（Mäncher and Hensel，1985）建议计算如下代价函数比

$$\mathrm{VR}(m)=\frac{V(m-1)}{V(m)}=\frac{\det\Gamma_{m-1}}{\det J'_{m-1}}\frac{\det J'_m}{\det\Gamma_m} \tag{23.3.34}$$

它是模型阶次 $m$ 的函数，然后通过检验这个比值来确定模型阶次。对于不同阶次 $m$，所需的行列式可以相继确定。利用这种方法，可以用较小的计算量确定模型阶次和迟延时间。这种方法也能适用于 MIMO 系统（Mäncher and Hensel，1985）。

上面介绍的方法分别需要检验信息矩阵 $J'$ 的秩或者检验增广信息矩阵 $\Gamma$ 的秩，并与代价函数的理论值之间建立联系。这种方法的最大优点是不需要估计模型参数，也非常适合于 MIMO 过程（Hensel，1987）。

**零极点检验**

如果所选择的模型阶次 $m$ 高于过程阶次 $m_0$，那么辨识模型就会有额外的（$m-m_0$）个零极点，它们应该可以相互抵消。这种抵消效果可以用来确定模型阶次，不过必须计算模型分子多项式和分母多项式的根。

文献（Pintelon and Schoukens，2001）提出采用如下的检验方法：

- 通过计算信息矩阵的秩，初步估测可能的最大模型阶次。估测的模型阶次要保守些，也就是取尽可能高的阶次。
- 利用估测的模型阶次，初步进行参数估计。
- 消去那些对模型动态特性贡献不大的零点、极点和零极点对，可以利用部分分式展开判断贡献的大小。需要检验每次约简的正确性，如果没有进一步约简的可能，就结束

约简。这时就确定了模型阶次，然后再做最后的参数估计。必要时可反复执行这种方法。

**残差检验**

在无偏估计情况下和其他的理想假设条件下，LS、ELS、GLS 和 ML 等参数估计方法产生的残差应该是白色的。因此，利用计算残差的自相关函数，可以检验残差的白色性。一般来说，这种方法不仅非常适合用于模型验证，也可用于模型阶次的确定（van den Boom and van den Enden，1974；van den Boom，1982）。从模型阶次估计$\hat{m}=1$开始，逐渐增加模型阶次，直至残差首次被检验为白色，此时便可获得期望的模型阶次$\hat{m}=m_0$。

**结论**

实践经验表明，对于高阶过程来说，基于代价函数或信息矩阵的模型阶次辨识方法可以获得较好的结果。如果能组合多种检验方法来确定模型阶次可能会更加有益。不过在许多情况下，可能不存在"最佳"的模型阶次，因为若干小的时间常数或迟延都可能会组合成为一个时间常数，或者因为分布参数系统或（弱）非线性过程的结构不可能完全用线性集总参数模型来表征。因此，辨识得到的模型阶次只是一种近似。根据应用的类型，下面的建议可供参考。

**交互式确定模型阶次**：使用者所作的决策作为离线辨识的一部分，这时因为计算量不是主要的，建议采用不同方法的组合来确定模型阶次，比如代价函数检验方法和零极点检验方法的结合。

**自动确定模型阶次**：如果模型阶次需要实时确定，那么在所选的一种合适算法中计算量可能是起支配作用的。在与递推参数估计方法结合应用时，建议采用代价函数检验方法或信息矩阵秩检验方法。

## 23.4 不同参数估计方法的比较

本节将对本书介绍的不同估计方法进行比较。

### 23.4.1 导言

首先根据所要推导的模型和噪声的假设，对大量的现有参数估计方法进行分类，然后对各种辨识方法的优缺点进行总结。

在随后的章节中，对这些辨识方法的特点进行比较之前，有必要先就辨识方法的比较给些导言评注。

**先验假设**的比较主要考虑与各种方法数学推导和收敛性分析有关的不同假设，这种考虑也适合于计算量的比较，这时主要比较算法的浮点运算（FLOPS）次数和存储空间。对于非递推方法，主要比较浮点运算的总次数；对于递推方法，主要比较两个数据采样点之间的 FLOPS 次数。

**模型可信度**的比较难度更大。一种方法是先假设特定的模型和噪声，再在计算机上进行仿真，然后计算模型的误差，它是数据样本长度或噪声水平的函数。这种方法的最大优点是，对于违背先验假设或违背收敛性理论分析所需假设的情况，也能进行比较。这在实际应用中经常会遇到，因此需要特别关注在这样的情况下，辨识方法的运行效果如何？这种方法的主要缺点是，所有结果都依赖于所用的仿真模型，因此这些结果只是在理论上对该特定仿真模型有效。尽管这些仿真结果在大多数情况下可以推广，但是不能无条件地推广。

对于一些参数估计方法而言，也可以在**收敛性理论分析**方面进行比较，例如可以直接比较 LS、WLS 和 ML 等非递推方法的协方差矩阵，对于递推方法可以比较参数估计的变化轨迹。对于理论上获得的收敛性结果的比较，隐含着比较结果只能适用于很长（甚至可能无限长）的测量时间，且满足所有先验假设的情况。如果关注短测量时间和/或出现违背先验假设的情况，一般只能求助于仿真研究。

第三种可能是将不同的辨识方法应用于真实过程，对应用的效果进行比较。如果已经有辨识方法的应用案例，并能获得这种应用的典型数据，特别推荐采用这种比较方法。然而，问题是在大多数情况下准确的过程模型是未知的，而且过程行为特性和扰动是随着时间变化的，使得比较结果通常无法推广。

总之，可以说没有一种方法，用于辨识方法性能比较时，比较结论会是明确的和令人信服的。因此，仿真、收敛性理论分析和实际应用这三种比较方法应该结合起来使用，以便获得具有一般性的比较结论。

另外一个问题是模型与过程之间误差的数学量化，比如可采用如下的误差：

- 参数误差 $\Delta\boldsymbol{\theta}_i = \hat{\boldsymbol{\theta}}_i - \boldsymbol{\theta}_{i0}$。
- 输出误差 $\Delta y(k) = \hat{y}(k) - y(k)$。
- 方程误差 $e(k) = y(k) - \boldsymbol{\psi}^{\mathrm{T}}(k)\boldsymbol{\theta}_i = \hat{\boldsymbol{\theta}}(k-1)$。
- 输入/输出行为特性误差，如脉冲响应误差 $\Delta g(\tau) = \hat{g}(\tau) - g(\tau)$。

评价这些误差的方式：

- 绝对值。
- 相对值。
- 均值（线性的、二次型）。

由于上述误差和评价方式有多种可能的组合，因此存在多种误差的度量。因为这些度量所含的信息有很大的差异，所以应该将其中的一些度量综合起来考虑。然而，对于最终的衡量标准，模型的应用是最重要的依据。

## 23.4.2 先验假设的比较

对参数估计方法来说，必须给出一定的假设，以便获得无偏估计，尤其要假设成形滤波器的结构和噪声或误差的特性。这些假设需要通过比较和检验，以便知道这些假设在实际参数估计应用中是否能满足。图 23.2 给出一种适宜的模型结构，一般情况下假设过程受到若干扰动 $z_1,\cdots,z_v$ 的干扰，而且还假设这些干扰是通过线性扰动传递函数 $G_{z1}(z),\cdots,G_z(z)$ 作用于测量输出信号 $y$ 的，见图 23.2。如果各个干扰 $z_i$ 都是平稳的随机扰动，那么还可以假设这些扰动都是由适当的成形滤波器在白噪声驱动下生成的。在这种情况下，有

$$n(z) = G_{Z1}(z)G_{F1}(z)\nu_1(z) + \cdots + G_{Z\nu}(z)G_{F\nu}(z)\nu_\nu(z) \tag{23.4.1}$$

典型的情况是，利用这个模型，且假设过程 $G(z)$ 只受一个白噪声 $v(z)$ 干扰，而且通过一个成形滤波器 $G_v(z)$ 滤波，见图 23.3，即有

$$n(z) = G_\nu \nu(z) \tag{23.4.2}$$

又假设各个成形滤波器都是线性的，而且可以用一个共同的噪声源代替各个白噪声。这里，还要强调噪声信号 $n$ 应该是平稳的。但是，这些噪声也可能是非平稳的，或者噪声特性未知，在辨识之前，需要利用特殊的方法消除它们。

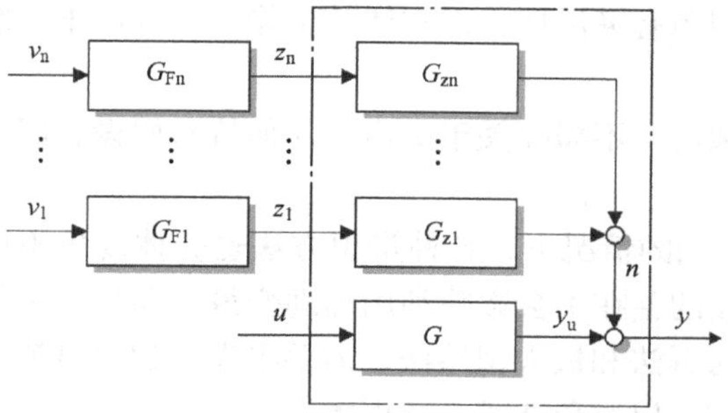


图 23.2　存在扰动的线性过程的复杂模型结构

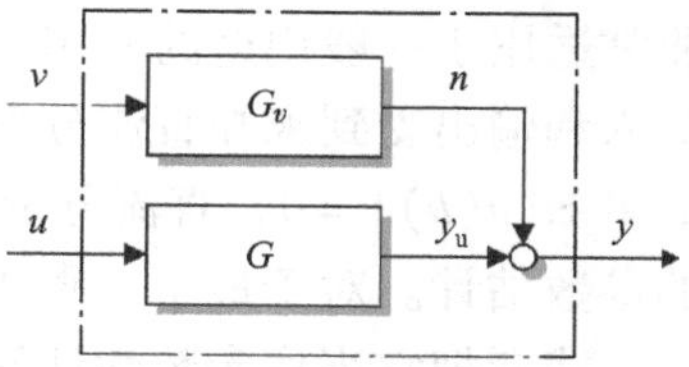


图 23.3　图 23.2 所示过程的简化模型结构

表 23.2 给出各种参数估计方法关于成形滤波器的假设。在最一般的情况下，成形滤波器的结构可写成

$$G_\nu(z) = \frac{D(z^{-1})}{C(z^{-1})} = \frac{d_0 + d_1 z^{-1} + \cdots + d_p z^{-p}}{c_0 + c_1 z^{-1} + \cdots + c_p z^{-p}} \tag{23.4.3}$$

**表 23.2　针对不同的参数估计方法和不同的模型类型，比较噪声模型，也见图 2.8**

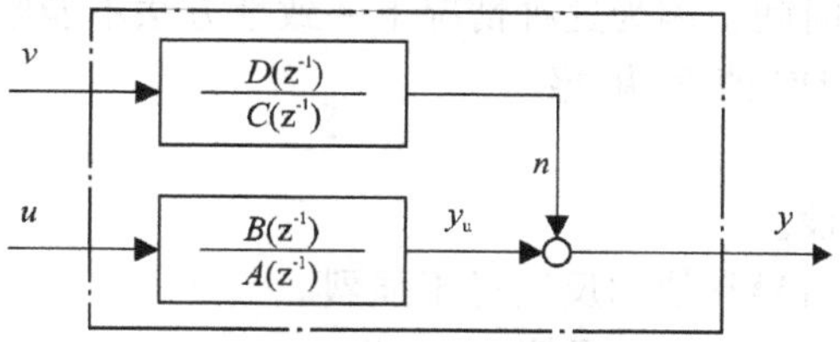


| 参数估计方法 | 过程模型 | 噪声滤波器 | 模型类型 | 先验假设 |
|---|---|---|---|---|
| 最小二乘 (LS) | $\frac{B(z^{-1})}{A(z^{-1})}$ | $\frac{1}{A(z^{-1})}$ | ARX | |
| 随机逼近 (STA) | $\frac{B(z^{-1})}{A(z^{-1})}$ | $\frac{1}{A(z^{-1})}$ | ARX | |
| 广义最小二乘 (GLS) | $\frac{B(z^{-1})}{A(z^{-1})}$ | $\frac{1}{A(z^{-1})F(z^{-1})}$ | ARARX | $F(z^{-1})$ 阶次 $\nu$ |
| 增广最小二乘 (ELS) | $\frac{B(z^{-1})}{A(z^{-1})}$ | $\frac{D(z^{-1})}{A(z^{-1})}$ | ARMAX | |
| 极大似然 (ML) | $\frac{B(z^{-1})}{A(z^{-1})}$ | $\frac{D(z^{-1})}{A(z^{-1})}$ | ARMAX | $e$ 或 $n$ 服从正态分布 |
| 辅助变量 (IV) | $\frac{B(z^{-1})}{A(z^{-1})}$ | $\frac{D(z^{-1})}{C(z^{-1})}$ | BJ | |
| 相关 – 最小二乘 (COR–LS) | $\frac{B(z^{-1})}{A(z^{-1})}$ | $\frac{D(z^{-1})}{C(z^{-1})}$ | BJ | |

为了利用 LS 方法获得无偏估计，成形滤波器的结构必须是 $1/A(z^{-1})$ 的形式，也就是说这种成形滤波器一定具有与待辨识过程相同的分母多项式。由于这种情况几乎是不可能存在的，所以**最小二乘法**通常只能给出有偏估计。对**随机逼近法**来说，通常也是这种情况。

**对广义最小二乘法**，噪声滤波器具有更一般的形式 $1/[A(z^{-1})F(z^{-1})]$。在实际的应用中不可能是这种情况，因此这种方法也只能给出有偏估计。然而，通过适当选取 $F(z^{-1})$ 的模型阶次 $v$，与普通的最小二乘法相比，这种方法的估计偏差会小些。

**对极大似然法和增广最小二乘法**来说，假设成形滤波器为 $D(z^{-1})/A(z^{-1})$。这个模型比最小二乘法和广义最小二乘法假设的噪声模型稍有灵活性，但它还是不能完全近似于一般的噪声滤波器 $D(z^{-1})/C(z^{-1})$。

**辅助变量法和二步法**，如相关－最小二乘法，不需要关于噪声的任何特殊假设，因此这些方法非常适用于一般用途的应用。

在输入和输出受到未知直流分量 DC 值影响的情况下，各种辨识方法也会体现出不同的特性。如果 $\mathrm{E}\{u(k)\}=0$，直流分量 DC 值 $Y_{00}$ 的存在不会影响利用辅助变量法和相关－最小二乘法的参数估计。对于最小二乘法、随机逼近法和极大似然法，需要事先辨识出直流分量 DC 值 $Y_{00}$，或者把它当作参数估计问题来考虑，以避免造成系统误差。

### 23.4.3 辨识方法总结

本节将总结本书所介绍的辨识方法的一些主要优缺点[⊖]。

**非递推参数估计法**

**最小二乘法（LS）**，参见第 9.1 节。

- 有扰动情况下，给出有偏估计。
+ 可应用于短测量时间，因为这种情况下一致性方法不能给出较好的辨识效果。
- 对未知直流分量 DC 值 $Y_{00}$ 敏感。
+ 计算量相对较小。
+ 无需特殊先验假设。
- 二次型代价函数对异常值的反应过于强烈。

**连续时间最小二乘法（LS）**，参见第 15.1 节。

- 给出有偏估计。
- 可能需要计算（噪声）信号的导数。
0 利用特殊的滤波器，可以同时计算信号导数和低通滤波器。
+ 估计参数通常具有直观的物理意义。

**广义最小二乘法（GLS）**，参见第 10.1 节。

- 由于噪声滤波器比较特别，可能造成有偏估计。
- 计算量相对较大。
+ 噪声模型可辨识。
- 噪声成形滤波器的阶次需要先前假设。

**增广最小二乘法（ELS）**，参见第 10.2 节。

- 如果噪声滤波器与实际噪声不匹配，可能造成有偏估计。
- 计算量相对较大。

⊖ 译者注："－"表示是缺点，"＋"表示是优点，"0"表示不是特有的，"±"表示不算是优缺点。

+ 噪声模型可辨识。

+ 几乎没有额外的计算量。

- 噪声成形滤波器的阶次需要先前假设。

- 固定的噪声模型分母多项式会限制可用性。

**偏差校正法（CLS）**，参见第 10.3 节。

+ 计算量小。

- 需要计算偏差，而且偏差只能在特殊情况下才能计算得到。

- 可用性受到限制。

**总体最小二乘法（TLS）**，参见第 10.4 节。

+ 能处理输入带有噪声的情况。

- TLS 法没有考虑特殊的数据矩阵结构。

**辅助变量法（IV）**，参见第 10.5 节。

+ 对于较大范围的噪声，都可获得良好的辨识效果。

+ 计算量小/中等。

- 收敛性可能存在问题。

+ 在$\overline{u(k)}=0$条件下，不受未知直流分量 DC 值 $Y_{00}$ 的影响。

- 噪声成形滤波器的阶次需要先前假设。

**极大似然法（ML）**，参见第 11.2 节。

- 计算量大。

+ 噪声模型可辨识。

- 代价函数可能存在局部最小值。

+ 易于深入的理论分析。

± 先验假设与优化方法有关。

**相关－最小二乘法（COR－LS）**，参见第 9.3.2 节。

+ 对于较大范围的噪声都可获得良好的辨识效果。

+ 计算量小。

+ 中间结果模型可以利用，且不依赖于所选择的模型结构。

+ 在$\overline{u(k)}=0$条件下，对未知直流分量 DC 值 $Y_{00}$ 不敏感。

+ 确定模型阶次和迟延时间所用的计算量小。

+ 结果易于验证。

+ 先验假设只与计算相关函数值的数量有关。

- 由于先要计算相关函数，所以计算量较大。

- 要使相关函数的估计误差小，需要较长的测量时间。

0 与需要计算相关函数的方法具有同样的优缺点。

**频率响应最小二乘法（FR－LS）**，参见第 14.2 节。

+ 对于较大范围的噪声都可获得良好的辨识效果。

+ 频率响应已知时，计算量小。

+ 中间结果模型可以利用，且不依赖于所选择的模型结构。

+ 在$\overline{u(k)}=0$条件下，对直流分量 DC 值 $Y_{00}$不敏感。

+ 确定模型阶次和迟延时间所用的计算量小。

+ 结果易于验证。

+ 先验假设只与测量频率点的数量有关。

+ 如果采用正交相关分析法测量频率响应，结果几乎不受噪声影响。

+ 给出频域模型，随后可用于辨识连续时间模型。

+ 估计参数通常具有直观的物理意义。

− 由于先要计算频率响应，所以计算量大。

− 频率响应估计可能需要较长的测量时间，取决于所用的频率响应辨识方法。

0 与辨识频率响应的方法具有同样的优缺点。

**递推参数估计方法**

除非特别提到，其他性质与非递推方法相同。

**递推最小二乘法（RLS）**，参见第 9.4 节。

+ 可靠的收敛性、鲁棒。

+ 对于短辨识时间或时变过程，辨识结果好于其他的一致性辨识方法。

+ 算法运行具有好的数值计算特性，任何情况下都是首选的一种方法。

+ 可用于许多领域，参见第 24 章。

**递推增广最小二乘法（RELS）**，参见第 10.2 节。

+ 如果特定的噪声成形滤波器 D/A 与实际噪声近似吻合，且 $1/D(z^{-1})$没有不稳定的极点，则具有良好的辨识效果。

− 不能保证一定收敛。

− 与 RLS 相比，初始收敛速度较慢。

− $D(z^{-1})$的参数估计收敛较慢。

+ 计算量相当小。

**递推辅助变量法（RIV）**，参见第 10.5 节。

+ 如果启动时采用他种方法，比如 RLS，则具有可靠的收敛性。

+ 如果保证能收敛，则对于较大范围的噪声都可获得良好的辨识效果。

**递推极大似然法（RML）**，参见第 11.2 节。

• 基本上与 RELS 算法具有相同的性能。

**随机逼近法（STA）**，参见第 10.6 节；**归一化最小均方法（NLMS）**，参见第 10.7 节。

− 步长控制还有待解决。

− 收敛较慢。

+ 易于实现。

+ 计算量比 RLS 算法小。

− 尽管 RLS 具有较大的计算量，但现今大多数情况下都采用 RLS 算法，而不采用 STA 算法。

**扩展 Kalman 滤波器法（EKF）**，参见第 21.4 节。

+ 可同时估计状态和参数。

+ 模型不一定是关于参数线性的。

- 工作点附近局部线性化可能导致发散。
- 因为还必须估计状态，所以计算量较大。

**其他方法**

**特征参数估计法**，参见第 2.5 节。

+ 简单且易于执行，可以获得主导时间常数、过程行为特性等一些重要的信息。
- 精确度不高。

**基于非周期信号的频率响应测量方法**，参见第 4 章。

+ 可用快速算法计算傅里叶变换。
+ 方法易于理解。
+ 不需要模型结构假设。
+ 给出频域模型，且易于转换成连续时间模型。
- 没有采用多组测量数据的平均，方法不是一致的。

**基于周期信号的频率响应测量方法（正交相关分析法）**，参见第 5.5.2 节。

+ 对合理的噪声具有极强的抑制能力。
+ 易于理解。
+ 不需要模型结构假设。
+ 如果用于线性过程，什么时候进行实验是不重要的。
+ 给出频域模型，且易于转换成连续时间模型。
- 需要较长的测量时间。

**去卷积法**，参见第 7.2.1 节。

+ 不需要模型结构假设。
+ 易于理解。
+ 对于白噪声输入，运算简单。
- 脉冲响应比频率响应提供的信息量小。

**迭代优化方法**，参见第 19 章。

+ 可使用多种代价函数，比如可采用那些对异常值反应不太强烈的代价函数。
+ 模型不一定是关于参数线性的。
+ 易于包含多种约束（比如参数的范围、辨识模型的稳定性等）。
+ 可靠、便利且实用的算法。
- 计算量较大。
- 不一定保证收敛（可能出现局部最小值）。
- 只有获得全局最小时，估计量的性能（如有效性）才有可能达到。

**子空间法**，参见第 16 章。

+ 可以半自动确定模型阶次。
+ 模型描述形式适合于 MIMO 系统。
+ 实用的可靠方法。
- 计算量较大。
- 状态变量通常没有物理意义。

**神经网络法（NN）**，参见第 20 章。

+ 模型近似、通用。
+ 模型不一定是关于参数线性的。
+ 有许多可用的实现工具（如软件工具箱）。
- 多数网络的物理意义是有限的，甚至没有。
- 计算量较大。
- 网络参数的选择并不直观。

上面汇集了辨识方法最重要的优缺点，它表明不存在唯一“最佳”的一种辨识方法。相反地，应该在若干种可能的方法中，选择最适合于实验条件，也最适合于后期应用的方法。所以，下一章将讨论一些应用实例，以说明应如何组合不同的辨识方法，才能获得成功。

## 23.5 具有积分作用过程的参数估计

具有积分作用的线性过程，其传递函数可写成

$$G_P(z)=\frac{y(z)}{u(z)}=\frac{B(z^{-1})}{A(z^{-1})}=\frac{B(z^{-1})}{(1-z^{-1})A'(z^{-1})} \tag{23.5.1}$$

式中

$$A'(z^{-1})=1+a_1'z^{-1}+\cdots+a_{m-1}'z^{-(m-1)} \tag{23.5.2}$$

参数 $a_i''$ 与 $A(z^{-1})$ 的系数有关，具有如下关系：

$$\begin{aligned} a_1&=a_1'-1\\ a_2&=a_2'-a_1'\\ &\vdots\\ a_{m-1}&=a_{m-1}'-a_{m-2}'\\ a_m&=-a_{m-1}' \end{aligned} \tag{23.5.3}$$

这种过程有一个单极点 $z=1$，而且还是稳定的（临界稳定）。因为输入和输出之间关系明确，一般情况下采用的参数估计方法与比例作用的过程相同。但是，具有积分作用过程具有独特性，需要采用不同的参数估计方法，参见图 23.4。

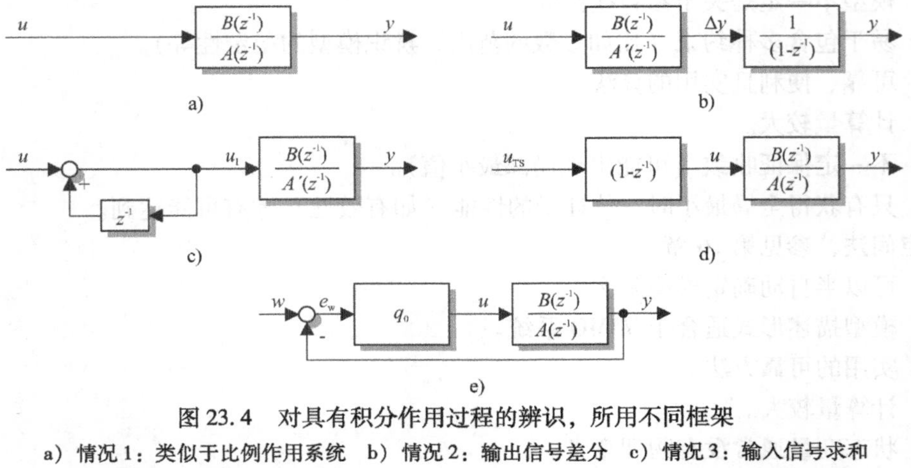


图 23.4 对具有积分作用过程的辨识，所用不同框架

a）情况 1：类似于比例作用系统 b）情况 2：输出信号差分 c）情况 3：输入信号求和 d）情况 4：测试信号差分 e）情况 5：采用比例控制器的闭环系统

**类似于比例作用系统的辨识**

最简单的方法是不考虑积分极点，基于模型式（23.5.1），直接利用$u(k)$和$y(k)$测量数据，估计$A(z^{-1})$和$B(z^{-1})$参数。这种情况记作图23.4“情况1”。

**积分作用的先验知识**

如果极点$z=1$是已知的，那么可以在用于参数估计的信号中考虑这个极点，也就是要么基于（图23.4“情况2”）

$$\frac{y(z)(1-z^{-1})}{u(z)}=\frac{\Delta y(z)}{u(z)}=\frac{B(z^{-1})}{A'(z^{-1})} \tag{23.5.4}$$

要么基于（图23.4“情况3”）

$$\frac{y(z)}{u(z)/(1-z^{-1})}=\frac{y(z)}{u_{\mathrm{I}}(z)}=\frac{B(z^{-1})}{A'(z^{-1})} \tag{23.5.5}$$

对模型式（23.5.1）中的$A(z^{-1})$和$B(z^{-1})$参数进行辨识。在“情况2”中，可用信号为输入$u(k)$和输出的一阶差分$\Delta y(k)$。相反地，在“情况3”中，可用信号为积分输入$u_{\mathrm{I}}(k)$和输出$y(k)$。

**测试信号的调整**

如果使用标准的PRBS信号，必须先减去适当的校正项，以去除信号的均值。为了充分激励过程的高频成分，PRBS信号的时钟时间应选择得尽可能小。当时钟时间取最小值时，即$\lambda=1$，对低频和高频成分的激励强度相同。这会导致积分作用过程的输出发生较大幅度的变化，在实际中这是不允许的。为了增强对高频成分的激励，同时减弱对低频成分的激励，可使用PRBS信号（即测试信号$u_{\mathrm{TS}}$）的一阶差分（图23.4“情况4”）

$$u(z)=(1-z^{-1})u_{\mathrm{TS}}(z)=\Delta u_{\mathrm{TS}}(z) \tag{23.5.6}$$

**闭环**

在实际应用中，在测量期间通常难以避免积分作用过程会出现漂移。为了克服这种漂移，在实验期间可以让过程处于闭环控制状态，并根据测试信号调整设定点（图23.4“情况5”）。

**结论**

针对有噪声和无噪声两种情况，文献（Jordan，1986）利用阶次分别为$m=2$和$m=3$的仿真过程，对比研究了图23.4所示的不同情况，采用递推增广最小二乘法（RELS）作为过程参数的估计方法。通过调整测试信号（图23.4“情况4”），并考虑输入或输出中的积分作用（图23.4“情况2”和“情况3”），就可获得最好的收敛效果。“情况1”和“情况5”收敛最慢。文献（Box et al，2008）中也提出了一种辨识积分作用过程的方法。

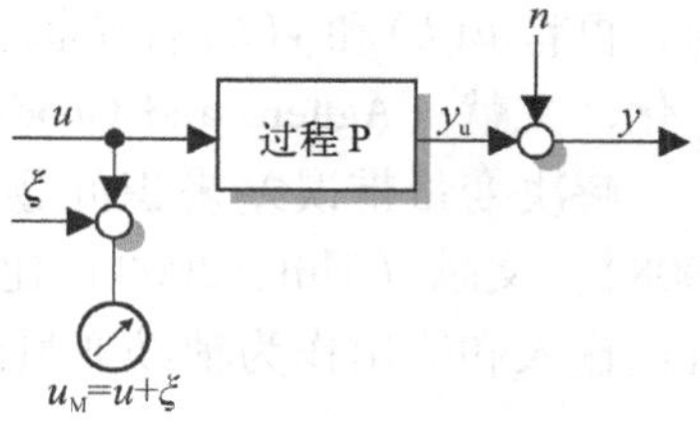


图23.5　输入和输出均有扰动的过程

## 23.6　系统输入扰动

对参数估计方法来说，大多数情况下都假设输入信号准确已知，现在考虑输入信号受到干扰的情况。输入信号可能被测量噪声污染，写成

$$u_{\mathrm{M}}(k)=u(k)+\xi(k) \tag{23.6.1}$$

输出信号也受到干扰，写成

$$y(k)=y_{\mathrm{u}}(k)+n(k) \tag{23.6.2}$$

这种情况见图 23.5。待辨识的过程描述为

$$y_{\mathrm{u}}(z)=\frac{B(z^{-1})}{A(z^{-1})}u(z) \tag{23.6.3}$$

假设扰动 $\xi(k)$ 和 $n(k)$ 是零均值，且互不相关。另外，它们与过程输入 $u(k)$ 也不相关，尤其要求过程没有外部反馈。利用式（23.6.1）和式（23.6.2），将相关函数的计算写成

$$R_{\mathrm{u_Mu_M}}(\tau)=\mathrm{E}\{u_{\mathrm{M}}(k)u_{\mathrm{M}}(k+\tau)\}=\mathrm{E}\{u(k)u(k+\tau)+\xi(k)\xi(k+\tau)\} \tag{23.6.4}$$

如果 $\xi(k)$ 是白噪声，则有

$$R_{\mathrm{u_Mu_M}}(\tau)=R_{\mathrm{uu}}(\tau)\,,\ \tau\neq 0 \tag{23.6.5}$$

此外

$$R_{\mathrm{u_My}}(\tau)=\mathrm{E}\{u_{\mathrm{M}}(k-\tau)y(k)\}=\mathrm{E}\{u(k-\tau)y_{\mathrm{u}}(k)\}=R_{\mathrm{uy}_u} \tag{23.6.6}$$

如果可测输入信号受到白噪声 $\xi(k)$ 扰动，就可确定 $\tau\neq 0$ 时的输入信号自相关函数（ACF），而且互相关函数（CCF）的计算方法与过程输入侧没有受到扰动时的计算方法相同。如果 $R_{\mathrm{uu}}(0)$ 可以去除的话，就可以采用 COR – LS 方法，而这会大大限制方程数量。另外，输入信号可能不是白噪声，这样就不能保证 $\tau\neq 0$ 时 $R_{\mathrm{uu}}(\tau)=0$。文献（Söderström et al，2009）建议将噪声方差 $\sigma_\xi^2$ 当作辨识的一部分，通过估计这个噪声方差，再计算出 $u(k)$ 中的白噪声对 $R_{\mathrm{uu}}(0)$ 的贡献。因为噪声方差 $\sigma_\xi^2$ 可作为 $R_{\mathrm{uu}}(0)$ 的叠加成分，所以该项可作为附加参数引入到问题描述中。

文献（Söderström et al，2002；Söderström，2007）就输入含有噪声的参数估计问题对不同方法给出了综述，这个问题也归作**变量带误差**（EIV）的辨识问题。研究表明，由于真实参数不能使代价函数取得最小值，因此所有基于一步预报的辨识方法都不能给出无偏估计，而只能是有偏估计。在假设 $\xi(k)$ 是白噪声的情况下，可以利用谱分析法或**联合输入输出法**，以获得无偏估计。后面这种方法假设输入信号 $u(k)$ 是利用滤波器从统计独立信号 $w(k)$ 产生的，再将 $u(k)$ 和 $y(k)$ 看作状态空间模型的输出信号，并利用数值优化方法使其代价函数最小化，文献（Agüero and Goodwin，2008）讨论了它的可辨识性。

解决变量带误差辨识问题的另外一种方法是基于 Frisch 方法，参见文献（Hong et al，2008）。文献（Thil，2008）比较了两种辅助变量法，其中有只选输入作为辅助变量的，也有选输入和输出作为辅助变量的，参见第 10.5 节。

## 23.7 消除特殊的扰动

在系统辨识中，一般只对受测试信号激励的输出信号的特定频率范围感兴趣，之后所用的辨识方法主要能消除特定频带内随着时间变化的扰动，较高频的扰动或较低频的扰动需要用特殊的方法消除。下面将讨论这个问题，随后还将讨论异常值的消除方法。

### 23.7.1 漂移和高频噪声

**高频扰动**最好在采样之前利用模拟滤波器消除，这也是抗混叠现象需要研究的重要问

题，参见第3.1.2节，本节也会提及抗混叠滤波器。

需要特别关注的是**低频扰动**，它通常表现为自身漂移。研究已表明，这些低频扰动会对辨识造成严重影响，参见第1.2节和第5.5.2节。低频扰动可用如下模型描述。

**1. $q$ 阶非线性漂移**

$$d(k) = h_0 + h_1 k + h_2 k^2 + \ldots + h_q k^q \tag{23.7.1}$$

**2. ARIMA 过程**

$$d(z) = \frac{F(z^{-1})}{E(z^{-1})(1 - z^{-1})^p} \nu(z), \ p = 1,2 \tag{23.7.2}$$

式中，$v(z)$为平稳不相关信号。

**3. 低频周期信号**

$$d(k) = \sum_{\nu=0}^{l} \beta_\nu \sin(\omega_\nu T_0 k + \alpha_\nu) \tag{23.7.3}$$

利用如下方法可从输出信号 $y(k)$ 中消除这些低频扰动：

***q* 阶非线性漂移**

利用最小二乘法估计参数$\hat{h}_0$，$\hat{h}_1$，…，$\hat{h}_q$，并计算

$$\tilde{y}(k) = y(k) - \hat{d}(k) \tag{23.7.4}$$

这种方法主要用于离线辨识和较长的测量时间。

**ARIMA 过程**

利用如下滤波器消除非平稳部分

$$\tilde{y}(z) = (1 - z^{-1})^p y(z) \tag{23.7.5}$$

也就是对信号 $y(k)$ 求 $p$ 次微分（Young et al，1971）。然而，这种方法同时放大了高频噪声，因此此方法只能用于噪声 $n(k)$ 比有用信号 $y_u(k)$ 小的情况。

**低频周期信号**

对低频周期部分的辨识可以利用傅里叶分析方法。如果扰动各自成分的频率 $\omega_v$ 未知，则可利用计算幅值谱的方法来确定。因此，$\hat{\beta}_v$ 和$\hat{\alpha}_v$ 是能估计的，然后计算

$$\tilde{y}(k) = y(k) - \hat{d}(k) \tag{23.7.6}$$

也可以假设低频周期信号为逐段二阶漂移，再确定其时变参数。

**高通滤波**

目前介绍的所有方法都有一个最大的共同缺点，它们只适合于特定的扰动，并且扰动的阶次 $q$、$p$ 或 $l$ 必须先验已知或者需要用较大的工作量才能估计得到。如果使用高通滤波器，就会容易得多，因为它阻隔低频信号成分，让较高频的信号成分通过。为此，可采用具有如下传递函数的一阶高通滤波器

$$G_{\mathrm{HP}}(s) = \frac{Ts}{1 + Ts} \tag{23.7.7}$$

相应的离散时间传递函数为（参见文献（Isermann and Freyermuth，1991））

$$G_{\mathrm{HP}}(z) = \frac{\tilde{y}(z)}{y(z)} = \frac{1 - z^{-1}}{1 + a_1 z^{-1}} \tag{23.7.8}$$

式中

$$a_1 = -e^{-\frac{T_0}{T}} \tag{23.7.9}$$

为了避免估计结果失真，输入也采用相同的滤波器。

滤波器时间常数的选择必须确保不会滤除有用信号的低频部分，因此 $T$ 的选择依赖于低频扰动的频谱和输入信号。若采用时钟时间为 $\lambda$、周期为 $N$、最低频率为 $\omega_0 = 2\pi/N\lambda$ 的 PRBS 信号作为输入信号，并且只对 $\omega > \omega_0$ 的动态过程感兴趣，那么滤波器的转折频率应该选择为 $\omega_{HP} < \omega_0$，即

$$T > \frac{N\lambda}{2\pi} \tag{23.7.10}$$

文献（Pintelon and Schoukens，2001）建议在使用频域辨识方法时可以不考虑输入和输出中的低频成分。这是可替代高通滤波的一种方法，因为较高频率成分的幅值和相位不会变化。

## 23.7.2 异常值

下面将介绍消除异常值的作图法和分析法。作图法的最大优点是使用直观，无需调整参数，而且使用者能完全控制哪些数据是要剔除的。作图法的主要缺点是不容易自动执行，因此难以用于大数据集，即长测量时间信号和/或大数量信号。

异常值的消除对于使用误差平方的最小二乘法非常重要，这种情况下异常值的扰动特别突出，因为误差取平方使得大的误差会对代价函数产生重大的影响。采用另一种代价函数（参见第 19.1 节）可有助于减小异常值的影响。需要特别注意，只是要去除异常值，不能把相关数据也从训练数据中去除。如果模型与过程动态特性不匹配，这种情况很容易发生。

另外，许多用于估计动态模型的辨识方法要求使用等采样间隔的数据，这种情况下不能只简单地除掉异常值，还需要找到合适的替代数据。文献（Kötter et al，2007）对异常值的检测方法给出了综述。

**$x-t$ 图**

$x-t$ 图是用于检测异常值的最简单方法之一。它将测量值绘制成随时间变化的曲线，如果测量值出现重复，就可以认为存在漂移效应（参见第 23.7.1 节）或存在某种趋势和交叉效应，比如温度测量值。因为分段的阶跃激励也可能引起测量变量的突变，因此只应去除特别高或特别低的数据点。

**测量－预测图**

测量－预测图就是在 $x$ 轴绘制测量变量，在 $y$ 轴绘制预测变量（即模型输出）。如果测量值与预测值完全吻合，所有的数据点都应位于横坐标和纵坐标之间的等分线上。然而，这种方法对未建模动态非常敏感，在瞬态响应期间，可能会导致与等分线的严重偏离。

**杠杆作用**

杠杆作用是本节介绍的第一种分析方法。测量值的杠杆作用 $h_i$ 写成

$$h_i = h_{ii}, \quad \boldsymbol{H} = \boldsymbol{\Psi}\left(\boldsymbol{\Psi}^{\mathrm{T}}\boldsymbol{\Psi}\right)^{-1}\boldsymbol{\Psi}^{\mathrm{T}} \tag{23.7.11}$$

矩阵 $\boldsymbol{H}$ 称为**帽子矩阵**，具有如下关系：

$$\hat{\boldsymbol{y}} = \boldsymbol{H}\boldsymbol{y} \tag{23.7.12}$$

其误差为

$$\boldsymbol{e} = \boldsymbol{y} - \hat{\boldsymbol{y}} = (\boldsymbol{I} - \boldsymbol{H})\boldsymbol{y} \tag{23.7.13}$$

$h_i$ 代表测量值对模型的潜在影响，其最大值或最小值元素对参数估计会产生较大的影响。虽然有时建议利用杠杆作用去除测量数据中的异常值，但是这种方法似乎还存在许多疑问。作为杠杆作用，它只表明某个数据点与参数估计的关联性，并没有说明该数据点与辨识模型匹配得好或不好，因为杠杆作用根本没有考虑输出 $y$。

**学生化残差**

学生化残差的思想是利用数据集的标准差估计对误差进行规范化。进一步说，可利用杠杆作用来规范误差，因为具有较大杠杆作用的数据点对参数估计影响较大，从而会朝各自相应的方向“拉动”模型输出。学生化残差写作

$$e_i' = \frac{e_i}{\hat{\sigma}\sqrt{1-h_i}} \tag{23.7.14}$$

其方差估计为

$$\hat{\sigma} = \frac{1}{N-m}\sum_{k=1}^{N} e_k^2 \tag{23.7.15}$$

式中，$N$ 是数据点数，$m$ 是模型参数个数。去除数据点的阈值通常在区间[2,3]内选择（Kötter et al，2007；Jann，2006）。

**学生化剔除残差**

学生化剔除残差与学生化残差稍有不同，唯一的区别在于估计方差时，待分析的元素不再用来计算$\hat{\sigma}$，即

$$\hat{\sigma}_{-i} = \frac{1}{N-m-1}\sum_{\substack{k=1\\k\neq i}}^{N} e_k^2 \tag{23.7.16}$$

为此，学生化剔除残差可写成

$$e_i'' = \frac{e_i}{\hat{\sigma}_{-i}\sqrt{1-h_i}} \tag{23.7.17}$$

下标“$-i$”表示第 $i$ 个元素不用于各自值的计算。学生化剔除残差所用的阈值与上述学生化残差相同。

**COOK's D 与 DFFITS**

用于异常值检测的其他统计方法还有 COOK's D 法和 DFFITS 法。它们的本质思想是，如果同时出现较大的杠杆作用值和较大的残差，就可能有异常值出现。这两个检测统计量按下式计算

$$\mathrm{D}_i = \frac{e_i'^2}{p}\,\frac{h_i}{1-h_i} \tag{23.7.18}$$

和

$$\mathrm{DFFITS}_i = e_i''\sqrt{\frac{h_i}{1-h_i}} \tag{23.7.19}$$

COOK's D 法的阈值建议取 $4/N$（Jann，2006），DFFITS 法的阈值建议取 $2\sqrt{\rho/N}$（Myers，1990）。

**DFBETAS**

最后介绍的是 DFBETAS 法，其思想是，遗漏一个观测值，计算估计参数的差异，即按

下式计算 DFBETAS 值

$$\mathrm{DFBETAS}_{il} = \frac{\hat{\theta}_l - \hat{\theta}_{l,-i}}{\hat{\sigma}_{-i}\sqrt{u_{ii}}} \tag{23.7.20}$$

式中，$u_{ii}$是矩阵$(\boldsymbol{\Psi}^{\mathrm{T}}\boldsymbol{\Psi})^{-1}$的相应元素，$\theta_l$是利用包含第 $i$ 个测量值的一次完成估计，$\theta_{l,-i}$是没有利用第 $i$ 个测量值的一次完成估计。所以，需要针对每个数据点和每个估计参数计算 DFBETAS 指标，共有 $N\times l$ 个数值。因为每次计算这些量都需要执行一次完整的参数估计，所以 DFBETAS 法的计算相当费时。文献（Myers，1990）将拒绝存在扰动的阈值取为 $2/\sqrt{N}$。

## 23.8 验证

完成过程辨识和参数估计之后，需要检验所获得的模型是否与过程特性相吻合。这种检验取决于辨识方法和评价形式（非递推、递推）。在所有情况下，需要检验：

- 辨识方法的先验假设。
- 辨识模型的输入/输出特性与所测的系统输入/输出特性的吻合程度。先验假设的检验可按下列方法进行。

**非参数辨识方法**

- **线性**：比较利用测试信号不同幅值所获得的辨识模型；比较两个方向上不同阶跃幅度作用下的阶跃响应。
- **时不变性**：比较利用不同记录测量数据段所得的辨识模型。
- **扰动**：噪声与测试信号是否统计独立？是否是平稳的？$R_{\mathrm{un}}(\tau)=0$？$\mathrm{E}\{n(k)\}=0$？
- **不容许扰动**：是否存在不容许扰动？是否存在异常值？均值是否变化？是否存在漂移？对记录信号进行检验。
- **输入信号**：它能在无测量误差或无噪声的状态下测量吗？它能持续激励过程吗？
- **稳态值**：稳态值准确已知吗？

大多数方法都假设系统是线性的。一种简单测试线性的方法是，输入乘以因子 $\alpha$，检验系统是否也能按比例输出（Pintelon and Schoukens，2001）？

**参数辨识方法**

除了上述陈述的问题外，还应该对各自的参数估计方法，检验其他所有的先验假设。针对不同的参数估计方法，这些检验可能包括：

- **误差信号**：统计独立吗？当$|\tau|\neq0$时，$R_{\mathrm{ee}}(\tau)=0$吗？与输入信号统计独立吗？是否$R_{\mathrm{ue}}(\tau)=0$？$\mathrm{E}\{u(k)\}=0$？
- **参数误差的协方差阵**：随着测量时间的增加，参数估计误差的方差逐渐减小吗？参数估计误差的方差足够小吗？

对模型的进一步评价可基于**输入/输出特性的比较**，如利用 $x-t$ 图，将模型的特性与测量值进行比较。另外，第 23.7.2 节介绍的测量 - 预测图也可用于模型验证。文献（Box et al，2008）还强调肉眼检查的重要性。

① 在下述输入信号作用下，比较被测的输出 $y(k)$ 和模型输出$\hat{y}(k)$：

- 与辨识所用的输入信号 $u(k)$ 相同。
- 其他输入信号，如阶跃或脉冲。

② 比较测量信号的互相关函数 $R_{uy}(\tau)$ 和根据模型确定的互相关函数。

对具有好的信噪比过程，可以直接比较输出信号。在其他情况下，需要借助于相关函数。因为误差 $\Delta y(k)$ 可写成

$$\Delta y(k)=y(k)-\hat{y}(k)=\left(\frac{B(z^{-1})}{A(z^{-1})}-\frac{\hat{B}(z^{-1})}{\hat{A}(z^{-1})}\right)u(k)+n(k) \tag{23.8.1}$$

所以看到，当 $n(k)$ 较大时，该误差取决于该噪声，不取决于模型误差。如果噪声模型也辨识得到，那么可以采用

$$\Delta y(k)=\left(\frac{B(z^{-1})}{A(z^{-1})}-\frac{\hat{B}(z^{-1})}{\hat{A}(z^{-1})}\right)u(k)+\left(n(k)-\frac{\hat{D}(z^{-1})}{\hat{C}(z^{-1})}\right)\hat{\upsilon}(k) \tag{23.8.2}$$

其中，基于估计值 $\hat{\upsilon}(k-1)$ 可计算一步预报值。对于不同模型的比较，一种较为适宜的准则为

$$V=\frac{1}{N}\sum_{k=1}^{N}\Delta y^2(k) \tag{23.8.3}$$

其他的检验方法还包括误差分析。这种误差必须是零均值、高斯分布的白噪声序列。对于这种检验，误差序列的均值记为

$$\hat{\bar{e}}=\frac{1}{N}\sum_{k=0}^{N-1}e(k) \tag{23.8.4}$$

方差记为

$$\hat{\sigma}_{\mathrm{e}}^2=\frac{1}{N-1}\sum_{k=0}^{N-1}(e(k)-\hat{\bar{e}})^2 \tag{23.8.5}$$

**偏斜度**定义为标准化三阶中心距

$$\hat{\mu}_3=\frac{1}{N}\sum_{k=0}^{N-1}\frac{\left(e(k)-\hat{\bar{e}}\right)^3}{\hat{\sigma}_{\mathrm{e}}^3} \tag{23.8.6}$$

**峰度系数**定义为标准化四阶中心距

$$\hat{\mu}_4=\frac{1}{N}\sum_{k=0}^{N-1}\frac{\left(e(k)-\hat{\bar{e}}\right)^4}{\hat{\sigma}_{\mathrm{e}}^4} \tag{23.8.7}$$

由于高斯分布具有对称性，偏斜度总是为零的，峰度系数等于3。因此，可以利用这些量来检验高斯分布。统计独立性可以利用计算自相关函数来检验，对统计独立信号的采样数据应满足

$$R_{\mathrm{ee}}(\tau)\approx 0\,,\ \tau\neq 0 \tag{23.8.8}$$

还可以利用图形检验的方法，将输出概率密度函数积分，生成累积分布函数，然后显示成图形，然后再对 $y$ 坐标进行适当的比例缩放，生成等分线。这种具有合适比例缩放的图称作**规范概率图**。

另外，模型验证应该使用其他的数据，不能使用系统辨识用过的数据。这称作交互验证，交互验证可以克服过拟合问题。数据集可以拆分使用，如 2/3 数据用于辨识，1/3 数据

用于检验（Ljung，1999）。正如第 20 章所论述的，模型误差可拆分成有偏差误差和方差误差。文献（Ljung and Lei，1997）指出，通常许多通过验证的模型存在方差误差占主导的情况，也是因为模型自由度太多，致使这些模型更多地适应噪声。

## 23.9 过程辨识所用的特殊设备

大约 1970 年及以后出现的过程计算机，以及 1975 年前后开始兴起的微型计算机都可以用于动态系统辨识。现今，通常都使用带有合适程序软件包的计算机，下一节将讨论这些问题。由于软件包的原因，现在用于参数估计的特殊设备使用率并不高。在不追求完整的前提下，下面简要介绍一些特殊的硬件设备和利用数字计算机进行辨识所用的软件包。

### 23.9.1 硬件设备

本节简要提及硬件设备的发展历史。在研发正交相关分析技术之后，大约在 1955 年期间，使用该技术进行频率响应辨识的特殊设备开始进入市场。直到目前，这种设备依然还在使用。

相关分析法的发展促进了相关仪器的研发，可用的相关仪器有机械式的、光电式的或磁式的，其中有一种相关仪器所使用的磁带，其记录磁头和读数磁头的间距是可变的。这种仪器完全采用模拟技术制造，并且能在 $x-y$ 绘图仪上输出相关函数和功率谱密度。

基于数字傅里叶变换的设备最具影响力，一般都使用快速傅里叶变换。这些设备特别适用于高频测量，并可采用不同的描述形式，如相关函数、功率谱密度等。

市场上可以购买到用于产生测试信号的特殊信号发生器。

### 23.9.2 利用数字计算机辨识

现在，通常都使用数字计算机进行过程辨识。市场上可以购买到一些提供辨识工具的软件包。这些软件包一般都包含数值计算工具箱，如计算傅里叶变换或提供 QR 分解工具。此外，还有能提供完整过程辨识功能的工具箱，如系统辨识工具箱（Ljung，1999）或 LOLIMOT 神经网络工具箱（Nelles，2001）。

## 23.10 小结

本章讨论了参数估计方法实际应用中的一些问题。首先，对输入信号的选择进行了概述，虽然不可能确定出最优输入信号，但是至少给出了应该如何选择输入信号的注意事项。还介绍了基于代价函数优化的一些方法，如信息矩阵函数。可是，大多数代价函数只有在辨识实验完成后才能进行评价，因此输入信号的优化方法只能根据中间的测量值迭代进行。

然后，对采样速率的选择进行了分析。需要说明的是，采样速率的选择不要求非常严格，在较大范围内选择不同的采样速率，通常都能获得良好的估计结果。如果没有存储空间的限制，应该选择尽可能快的采样速率，之后只要对所采数据向量每隔 2 个或 3 个等进行抽样，就可以降低采样速率。另外还介绍了一种用于判断采样时间选择是否合适的指标。

接下来，介绍了模型阶次和迟延时间的确定方法。这些方法基于不同的测试准则，如代价函数、残差检验、辨识模型零极点相消和信息矩阵秩检验等。

具有积分作用的过程一般可以像通常的具有比例作用的过程那样进行处理。如果积分行为的先验知识可以利用，估计效果会得到很大的改善。例如，可以选择特别的测试信号，以适应具有积分作用的过程。一般来说，测试信号必须具有零均值，以避免引起漂移。此外，可以将测试信号的导数引入过程，以增强对高频动态特性的激励。最后，具有积分作用的过程可以在闭环下运行，以消除过程外部扰动等引起的漂移。本章也讨论了测量信号漂移的消除方法，并简短地探讨了输入测量带有噪声的辨识问题。

另外，还讨论比较了本书介绍的所有辨识方法，并对它们的最主要优缺点进行了总结。这将有助于选择合适的辨识方法，以解决特定的辨识问题。

最后，讨论了检验辨识结果和判断它们质量的一些方法。在大多数情况下，都是通过比较特定输入信号激励的过程输出和模型输出。如果噪声影响太大，也可以通过比较输入和输出的互相关函数。然而，最好的检验方法是将模型应用到辨识任务中。

## 习题

23.1 输入信号

输入信号的选择需要考虑哪些问题？怎么样的输入信号对辨识有利？

23.2 采样时间

如果采样时间选择太小，会有什么问题？如果采样时间选择太大，又会有什么问题？

23.3 积分作用系统

哪种方法可用于获取过程是否具有积分作用的先验知识？

23.4 特殊扰动

列举出应用参数估计算法之前应该限制的特殊扰动，如何消除这些扰动的影响？

23.5 模型验证

如何验证辨识结果？

## 参考文献

Agüero JC, Goodwin GC (2008) Identifiability of errors in variables dynamic systems. Automatica 44(2): 371 - 382

Akaike H (1970) Statistical predictor information. Ann Inst Statist Math 22: 203 - 217

Åström KJ (1968) Lectures on the identification problem: The least squares method. Lund

Bombois X, Barenthin M, van den Hof PMJ (2008) Finite-time experiment design with multisines. In: Proceedings of the 17th IFAC World Congress, Seoul, Korea

van den Boom AJW (1982) System identification-on the variety and coherence in parameter-and order estimation methods. Ph. D. thesis. TH Eindhoven, Eindhoven

van den Boom AJW, van den Enden A (1974) The determination of the order of process and noise dynamics. Automatica 10(3): 245 - 256

Box GEP, Jenkins GM, Reinsel GC (2008) Time series analysis: Forecasting and control, 4th edn. Wiley Series in Probability and Statistics, John Wiley, Hoboken, NJ

Gevers M (2005) Identification for control: From early achievements to the revival of experimental design. Eur J Cont 2005(11):1 – 18

Goodwin GC, Payne RL (1977) Dynamic system identification: Experiment design and data analysis, Mathematics in Science and Engineering, vol 136. Academic Press, New York, NY

Heij C, Ran A, Schagen F (2007) Introduction to mathematical systems theory: linear systems, identification and control. Birkhäuser Verlag, Basel

Hensel H (1987) Methoden des rechnergestützten Entwurfs und Echtzeiteinsatzes zeitdiskreter Mehrgrößenregelungen und ihre Realisierung in einem CAD-System. Fortschr. -Ber. VDI Reihe 20 Nr. 4. VDI Verlag, Düsseldorf

Hong M, Söderström T, Soverini U, Diversi R (2008) Comparison of three Frish methods for errors-in-variables identification. In: Proceedings of the 17th IFAC World Congress, Seoul, Korea

Isermann R (1974) Prozessidentifikation: Identifikation und Parameterschätzung dynamischer Prozesse mit diskreten Signalen. Springer, Heidelberg

Isermann R, Freyermuth B (1991) Process fault diagnosis based on process model knowledge. J Dyn Syst Meas Contr 113(4): 620 – 626 & 627 – 633

Jann B (2006) Diagnostik von Regressionsschätzungen bei kleinen Stichproben. In: Diekmann A (ed) Methoden der Sozialforschung. Sonderheft 44 der Kölner Zeitschrift für Soziologie und Sozielwissenschaften, VS-Verlag für Sozialwissenschaften, Wiesbaden

Jordan M(1986) Strukturen zur Identifikation von Regelstrecken mit integralem Verhalten. Diplomarbeit. Institut für Regelungstechnik, Darmstadt

Kofahl R (1986) Self-tuning PID controllers based on process parameter estimation. Journal A 27(3): 169 – 174

Kötter H, Schneider F, Fang F, Gußner T, Isermann R (2007) Robust regressor and outlier-detection for combustion engine measurements. In: Röpke K (ed) Design of experiments (DoE) in engine development – DoE and other modern development methods, Expert Verlag, Renningen, pp 377 – 396

Krolikowski A, Eykhoff P (1985) Input signal design for system identification: A comparative analysis. In: Proceedings of the 7th IFAC Symposium Identification, York

Kurz H (1979) Digital parameter-adaptive control of processes with unknown constant or time – varying dead time. In: Proceedings of the 5th IFAC Symposium on Identification and System Parameter Estimation Darmstadt, Pergamon Press, Darmstadt, Germany

Kurz H, Goedecke W (1981) Digital parameter-adaptive control of processes with unknown dead time. Automatica 17(1):245 – 252

Lehmann EL, Romano JP (2005) Testing statistical hypotheses, 3rd edn. Springer texts in statistics, Springer, New York, NY

Ljung L (1999) System identification: Theory for the user, 2nd edn. Prentice Hall Information and System Sciences Series, Prentice Hall PTR, Upper Saddle River, NJ

Ljung L, Lei G (1997) The role of model validation for assessing the size of the unmodeled dynamics. IEEE Trans Autom Control 42(9): 1230 - 1239

Mäncher H, Hensel H (1985) Determination of order and dead time for multivariable discrete-time parameter estimation methods. In: Proceedings of the 7th IFAC Symposium Identification, York

Mehra R (1974) Optimal input signals for parameter estimation in dynamic systems-Survey and new results. IEEE Trans Autom Control 19(6): 753 - 768

Myers RH (1990) Classical and modern regression with applications (Duxbury Classic), 2nd edn. PWS Kent

Nelles O (2001) Nonlinear system identification: From classical approaches to neural networks and fuzzy models. Springer, Berlin

Pintelon R, Schoukens J (2001) System identification: A frequency domain approach. IEEE Press, Piscataway, NJ

Raol JR, Girija G, Singh J (2004) Modelling and parameter estimation of dynamic systems, IEE control engineering series, vol 65. Institution of Electrical Engineers, London

Schumann R, Lachmann KH, Isermann R (1981) Towards applicability of parameter adaptive control algorithms. In: Proceedings of the 8th IFAC Congress, Kyoto, Japan

Söderström T (1977) On model structure testing in system identification. Int J Control 26(1): 1 - 18

Söderström T (2007) Errors-in-variables methods in system identification. Automatica 43(6):939 - 958

Söderström T, Soverini U, Kaushik M (2002) Perspectives on errors-in-variables estimation for dynamic systems. Signal Proc 82(8): 1139 - 1154

Söderström T, Mossberg M, Hong M (2009) A covariance matching approach for identifying errors-in-variables systems. Automatica 45(9): 2018 - 2031

Thil S, Gilson M, Garnier H (2008) On instrumental variable-based methods for errors-in-variables model identification. In: Proceedings of the 17th IFAC World Congress, Seoul, Korea

Verhaegen M, Verdult V (2007) Filtering and system identification: A least squares approach. Cambridge University Press, Cambridge

Welsh JS, Goodwin GC, Feuer A (2006) Evaluation and comparison of robust optimal experiment design criteria. In: Proceedings of the 2006 American Control Conference, Minneapolis, MN, USA

Woodside CM (1971) Estimation of the order of linear systems. Automatica 7(6): 727 - 733

Young PC, Shellswell SH, Neethling CG (1971) A recursive approach to time-series analysis. Report CUED/B-Control/TR16. University of Cambridge, Cambridge, UK

# 第Ⅷ部分　应　　用

# 第 24 章

# 应用实例

本章给出不同领域的过程辨识应用实例。这些实例涵盖了从电动和射流执行器、机器人和机床、内燃引擎和汽车，一直到热交换器等多种多样的过程，以用于阐述不同方法的应用。然而，这里也只给出不同方法应用的粗略概述。可以看出，最好的应用结果与许多方面有关，包括：

- 实验设计，特别是输入信号的选择和信号调理（如低通滤波）。
- 过程的先验知识，用于选择应用结果的模型类。
- 辨识得到模型的应用意图。

从实例中将会清楚地看出，对于不同的过程，需要将辨识方法与滤波器进行不同的组合，比如有的模型要在时域中辨识，有的模型要在频域中辨识。另外，既有非线性稳态模型，也有线性动态模型，还有非线性动态模型。特别是关于最终的应用，既可能倾向于连续时间模型，也可能是离散时间模型。还将看到，所选的模型结构和所用的辨识方法一定与过程的物理特性有关。因此，获取先验知识对过程的物理（理论）建模而言，总是一个好的出发点。

本章介绍的实例概览见表 24.1。对于每个应用实例，所用到的特殊符号都将罗列于相应的模型方程之下。

**表 24.1　本章实例概览**

| 过程（括号中为小节号） | 连续时间 | 离散时间 | 时域 | 频域 | 线性 | 非线性 | 时变 | MIMO | 物理模型 | 神经网络 |
|---|---|---|---|---|---|---|---|---|---|---|
| 无刷直流电动执行器（24.1.1） | ✓ | | ✓ | | | ✓ | | | ✓ | |
| 电动节流阀所用的传统 DC 电动机（24.1.2） | ✓ | | ✓ | | | ✓ | | | ✓ | |
| 液压执行器（24.1.3） | ✓ | | ✓ | | | ✓ | | | ✓ | |
| 机床（24.2.1） | ✓ | | ✓ | | ✓ | | | | ✓ | |
| 工业机器人（24.2.2） | ✓ | | ✓ | | | ✓ | | | ✓ | |
| 离心泵（24.2.3） | ✓ | | ✓ | | | ✓ | | | ✓ | |
| 热交换器（24.2.4） | ✓ | | ✓ | | ✓ | ✓ | ✓ | | （✓） | ✓ |
| 空调（24.2.5） | | ✓ | ✓ | | ✓ | | | | | |
| 干燥器（24.2.6） | | ✓ | ✓ | | ✓ | | | | | |
| 引擎试验台（24.2.7） | ✓ | | | ✓ | ✓ | | | | | |
| 车辆参数估计（24.3.1） | ✓ | | ✓ | | ✓ | | ✓ | ✓ | ✓ | |

（续）

| 过程（括号中为小节号） | 连续时间 | 离散时间 | 时域 | 频域 | 线性 | 非线性 | 时变 | MIMO | 物理模型 | 神经网络 |
|---|---|---|---|---|---|---|---|---|---|---|
| 制动系统（24.3.2） | ✓ | | ✓ | | ✓ | ✓ | ✓ | | ✓ | |
| 汽车悬挂（24.3.3） | ✓ | | ✓ | | ✓ | （✓） | ✓ | | ✓ | |
| 胎压（24.3.4） | | | | ✓ | ✓ | | ✓ | | | |
| 内燃引擎（24.3.5） | | ✓ | ✓ | | | ✓ | | ✓ | | ✓ |

## 24.1 执行器

本章的应用概述从电动和射流执行器开始，一般情况下在自动化系统中，特别是机电系统，它们被广泛用作执行器。有关的构造和设计特征，及各自实现形式的具体优缺点，乃至建模和控制等各个方面的详细论述，可参阅专著（Isermann，2005）；在故障检测和诊断方面的应用，请参阅（Isermann，2010）及所给的参考文献。

### 24.1.1 无刷直流执行器

作为电动执行机构的第一个例子是客机的座舱排气阀。客机飞行在2000 m以上时，机身内的压力需要持续控制。从引擎出来的新鲜引气不断地从机身前面释放到客舱，安装在机身尾部的客舱排气阀，将客舱中的空气排放到周围环境中。这些阀门由无刷直流电动机（BLDC）驱动，如图24.1所示（Moseler et al，1999）。为了安全起见，驱动器设有冗余，有两个无刷直流电动机作用于共同的齿轮上，另外还有一个传统直流电动机用作额外的备份。

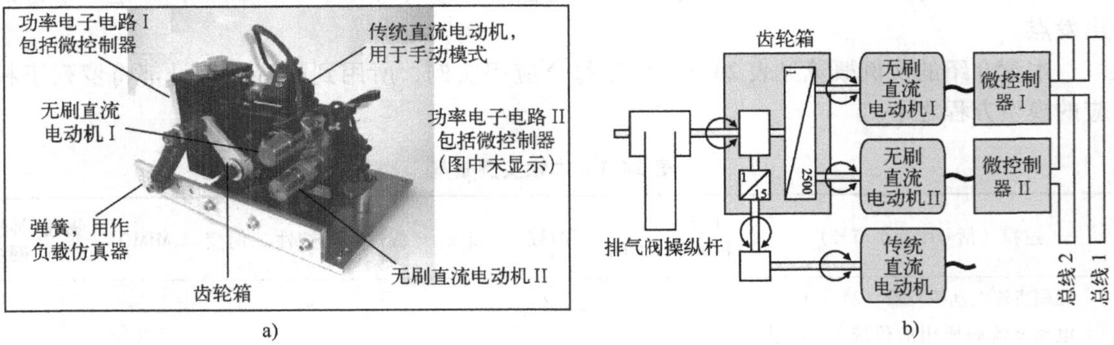


图24.1 客舱排气阀的照片a）和方块图b）

下面，讨论无刷电动机及其驱动负载的动态建模及随后进行的参数辨识。电动机的技术数据见表24.2。

表24.2 BLDC电动机的技术数据

| 参 数 | 数 值 |
|---|---|
| 重量 | 335 g |
| 长度 | 87 mm |
| 直径 | 30.5 mm |

(续)

| 参　　数 | 数　　值 |
|---|---|
| 供电电压 | 28 V |
| 电枢电阻 | 2.3 Ω |
| 空载速率 | 7 400 rpm |
| 空载电流 | 50 mA |
| 短路转矩 | 28 mN · m |
| 短路电流 | 1 A（限制） |

由于电动机需要旋转磁场，以保持转子的运动，传统的直流电动机配置所谓的换向器（整流子），它是一个机械装置，用以改变转子绕组的电流馈入方向，而无刷直流电动机使用电路来完成这个任务。通常，转子是由一块永磁体做成的，电流供给定子绕组，以产生适当的旋转磁场。由于转子仅由永磁体构成，所以无需电气连接。转子的位置利用霍尔传感器检测，反馈给电子电路，以完成电子换向，见图 24.2。电子换向的优点是不需要电刷，也就不会由于磨损消耗而造成电磁干扰，因此可靠性很高。

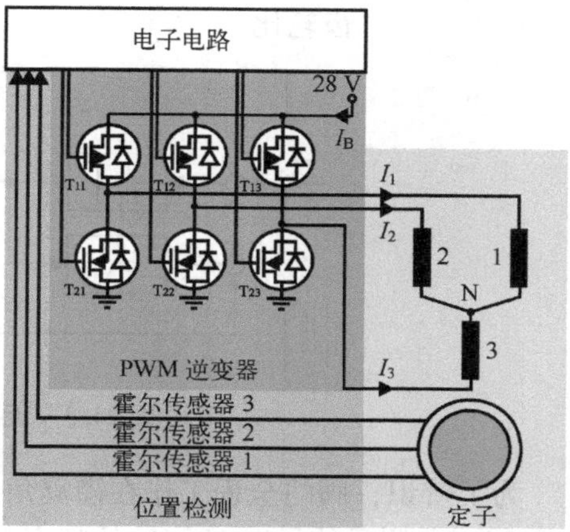

图 24.2　无刷直流电动机示意图，利用集成电路和晶体管实现电子换向

定子有 3 个线圈，Y 形连接，利用脉冲宽度调制（Pulse Width Modulation，PWM）逆变器驱动。转子有 4 个永磁体，转子的磁体位置由安装在定子上的 3 个霍尔传感器检测，由它们来决定 PWM 逆变器 6 个 MOSFET（Metallic Oxide Semiconductor Field Effect Transistor，金属氧化物半导体场效应管）晶体管的切换序列。这个切换方案是由一个单独的可编程逻辑阵列控制实现的。由直流电源给 PWM 逆变器提供固定的电压 $U_B$，通过换向逻辑，经过 6 个晶体管接到 3 个线圈（相）上，以产生方波电压。

通常，只有供电电压 $U_B$、6 相全桥电路的输入电流 $I_B$ 和转子角速度 $\omega_R$ 是可测的。然而，下文讨论详细建模时，还需要用到相电流 $I_A$ 和相电压 $U_A$ 的测量值。由于转子运动时无刷直流电动机将电流逐个相位地切换，因此相电压和电流是与转子方位有关的有效相位对（在星形接法中）。

电动机的特性可用如下两个微分方程描述：

$$U_A(t) = R_A I_A(t) + L_A \frac{d}{dt} I_A(t) + \Psi \omega_R(t) \tag{24.1.1}$$

$$\Psi I_A(t) = J \frac{d}{dt} \omega_R(t) + M_V \omega_R(t) + M_C \operatorname{sign} \omega_R(t) + M_L^* \tag{24.1.2}$$

通过反电动势 $U_{emf} = \Psi\omega_R(t)$ 和电转矩 $M_{el} = \Psi I(t)$，将电与磁－机械子系统耦合在一起。利用库仑力和粘性力，按惯性对机械负载进行建模。此外，提供外部负载的转矩为 $M_L$。电动机的驱动轴与襟翼通过齿轮耦合在一起，齿轮比 $\nu$ 与电动机轴的位置 $\varphi_R$ 和襟翼的位置 $\varphi_G$ 有关，有

$$\varphi_G = \frac{\varphi_R}{\nu} \tag{24.1.3}$$

其中，$\nu = 2500$。襟翼的负载转矩是关于 $\varphi_G$ 的正态分布

$$M_L = c_s f(\varphi_G) \tag{24.1.4}$$

在稳态工作点附近，这个特性近似已知（在实验中，使用弹簧杠杆代替襟翼）。这样，全部的物理量就都转换到"电动机"侧，参考的负载转矩记作 $M_L^*$，图 24.3 是模型的方块图。这种情况下所用的符号如下：

| | | | |
|---|---|---|---|
| $L_A$ | 电枢电感 | $J$ | 惯性 |
| $R_A$ | 电枢电阻 | $M_C$ | 库仑力系数 |
| $\Psi$ | 转矩常数 | $M_V$ | 粘性力系数 |
| $\nu$ | 齿轮比 | | |

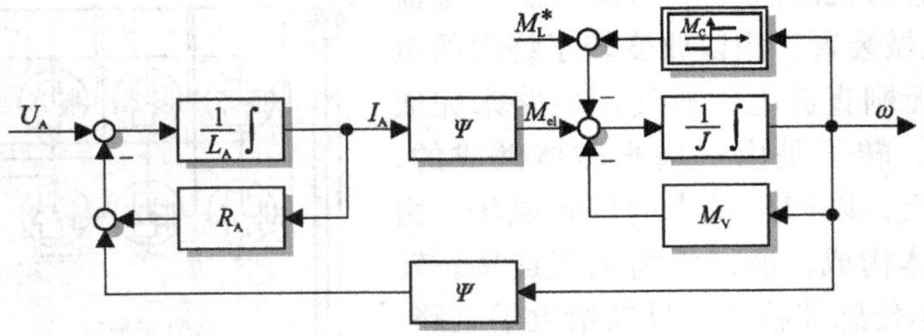


图 24.3　无刷直流电动机模型的方块图

为了辨识，阀门全程工作在襟翼角度 $\varphi_G(t)$ 的闭环位置控制下，设定值和相应的测量值见图 24.4，测量信号以 100 Hz 的频率采样获得，而且经过用 FIR 实现的低通滤波器滤波，

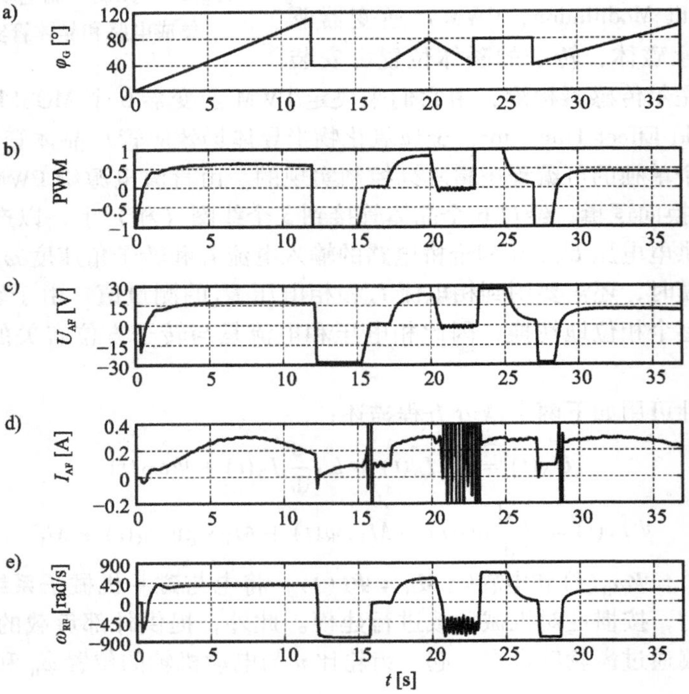


图 24.4　无刷直流电动机的设定值和相应的测量值

a）襟翼角设定值　b）PWM 占空比　c）滤波后的相电压　d）滤波后的相电流　e）滤波后的转速（Vogt，1998）

滤波器系数 $m=24$，拐角频率 $f_C=5\ \text{Hz}$，并利用旋转位置测量值，通过微分滤波器生成旋转速度信号。

利用方程式（24.1.1）和式（24.1.2），就可以构成参数估计问题。为了进行参数估计，需要获得下面的测量信号和计算信号：$U_A(t)$、$I_A(t)$、$\omega_R(t)$和$\varphi_G(t)$。由于RL电路的时间常数很小，利用给定的采样率无法可靠地估计电感 $L_A$，因此电路简化为

$$U_A(t)=R_AI_A(t)+\Psi\omega_R(t) \tag{24.1.5}$$

对信号进行采样，用于参数估计的模型为

$$y(k)=\boldsymbol{\psi}^T(k)\boldsymbol{\theta} \tag{24.1.6}$$

其中

$$y(k)=U_A(k) \tag{24.1.7}$$

$$\boldsymbol{\psi}^T(k)=\left(I_A(k)\ \omega_R(k)\right) \tag{24.1.8}$$

$$\boldsymbol{\theta}=\begin{pmatrix}R_A\\ \Psi\end{pmatrix} \tag{24.1.9}$$

利用最小二乘法，可以得到参数估计值$\hat{R}_A$ 和$\hat{\Psi}$。

另外，磁－机械子系统也需要简化，简化后的模型为

$$\Psi I_A(t)=J\frac{d}{dt}\omega_R(t)+M_C\operatorname{sign}\omega_R+c_F\varphi_G(t) \tag{24.1.10}$$

其中，有几个参数假设已知，包括转动惯量和负载特性，为此得到的模型为

$$U_A(t)=R_AI_A(t)+L_A\frac{d}{dt}I_A(t)+\Psi\omega_R(t) \tag{24.1.11}$$

式中

$$y(k)=\Psi I_A(k)-c_s\varphi_G(k)-J\dot{\omega}_R(k) \tag{24.1.12}$$

$$\boldsymbol{\psi}^T(k)=\left(\operatorname{sign}\omega_R(k)\right) \tag{24.1.13}$$

$$\boldsymbol{\theta}=\left(M_C\right) \tag{24.1.14}$$

利用最小二乘法，可以估计出库仑力系数 $\hat{M}_C$。这样，总共估计了3个参数 $\hat{R}_A$、$\hat{\Psi}$和 $\hat{M}_C$。

在本例中，使用了多种参数估计方法，如RLS（递推最小二乘）、DSFI（离散平方根滤波）和FDSFI（快速DSFI）、NLMS（归一化最小均方），并就浮点实现和整数实现的计算量和估计性能进行了比较。对16位的信号处理器，浮点实现是标准的，在这种情况下可以采用RLS、DSFI或FDFSI算法。但是，如果必须使用可靠，且公认低成本的微控制器，比如16位的西门子C167，就必须采用整数实现，那么只有NLMS算法是可行的（Moseler，2001）。

算法中的遗忘因子选为 $\lambda=0.999$。不是所有的测量值都能用来进行参数估计，因为模型在某些工作区域内测量值不是很精确。估计算法只用了 $0.05\leqslant \text{PWM}\leqslant 0.95$，且 $\omega>10\ \text{rad/s}$ 区间里的测量数据，这也确保了估计算式不会出现除以零的情况。由于用FIR滤波器来消除噪声，所以当没有参数要估计时，滤波器可以关掉。用于参数估计的测量值，要丢掉前 $m$ 个样本数据。在第 $m+1$ 个时间点之后，滤波器的过渡过程已经结束，滤波器的输出可以放心地用于参数估计。参数估计的结果见图24.5，前3 s的测量值也被丢掉，以免估计结果受过渡过程的影响。在 $t=5\ \text{s}$ 时开始输出参数估计值，以保证参数估计的方差降到合理值。辨识得到的模型准确度很高，如图24.6所示，这里采用经典的 $y-t$ 图来

验证结果。

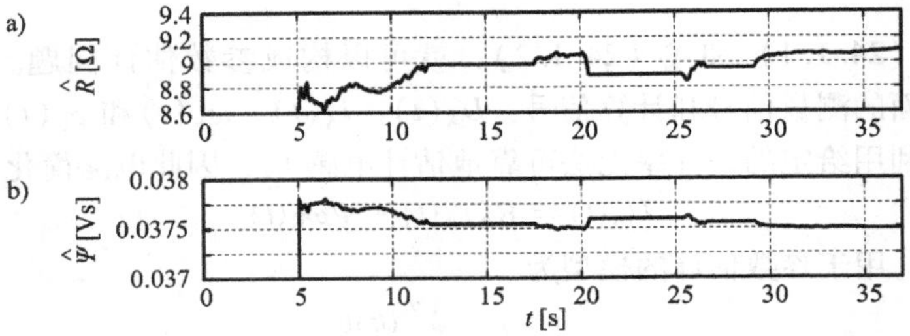


图 24.5 无刷直流电动机的辨识结果

a）欧姆电阻 b）磁通量（Vogt，1998）

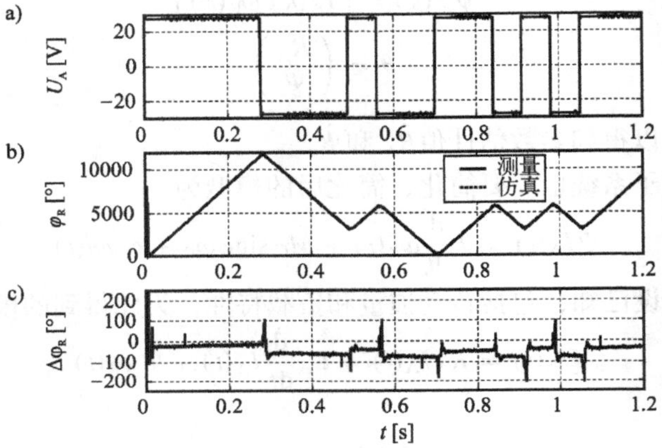


图 24.6 模型验证

a）相电压 b）转子角度，测量和仿真数据几乎重叠

c）转子角度测量和仿真数据之间的误差（Vogt，1998）

## 24.1.2 电磁汽车节气门执行器

汽车节气门执行器是参数估计应用于带负载直流驱动的另一个例子。大约 1990 年开始，电动节气门成为汽油引擎的一个标准部件，用来控制通过吸入歧管到汽缸的空气质量流量。电动节气门由加速踏板操作，期间通过电子控制单元，还利用了来自怠速控制、牵引控制和巡航控制的控制输入信号。相比于前一个例子，这里使用的是带有机械换向器的传统直流电动机。

图 24.7 是执行器的示意图，其照片见图 24.8。利用带刷换向持续激励的直流电动机，通过二级齿轮，在开或关的方向上操纵节气门，克服主螺旋弹簧运行。为了在电压损失进入跛行位置（一种机械冗余）的情况下能打开节气门，另一个弹簧在节气门关闭区间以相反的方向工作。电动机由脉冲宽度调制（PWM）的电枢电压 $U_A \in (-12\ \text{V} \cdots +12\ \text{V})$ 控制，测量变量为电枢电压 $U_A$、电枢电流 $I_A$ 和节气门的角位置 $\varphi_K \in (0° \cdots 90°)$。节气门位置利用两个冗余的、分别工作在两个不同方向上的孤刷电位计检测，位置控制器采用基于模型的滑模控制器，或采用具有时滞、采样时间 $T_0 = 1.5$ ms 的 PID 调节器（Pfeufer，1997，1999）。

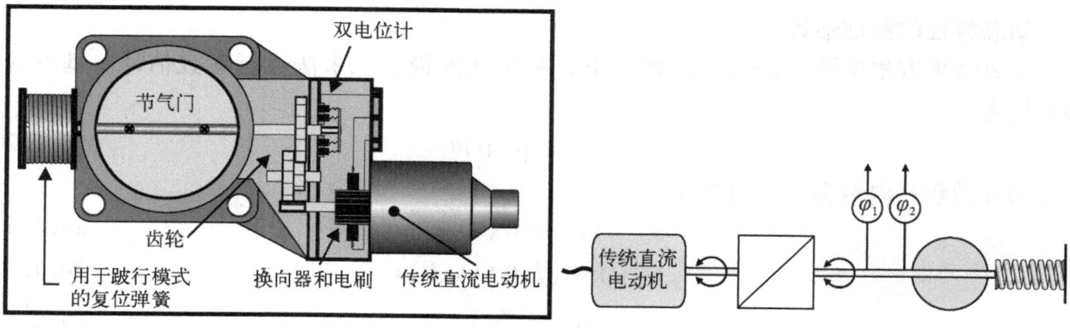


a)　　　　b)

图 24.7　汽油引擎电动节气门

a）示意图　b）方块图

图 24.8　车辆电动节气门照片

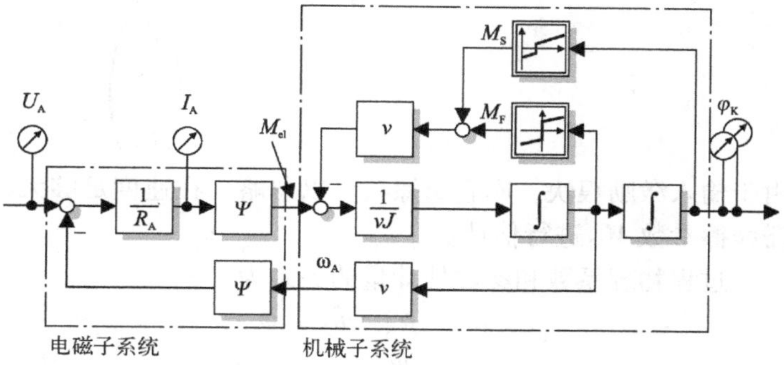


图 24.9　带负载的直流电动机方块图

对节气门进行理论建模，得到下面这些基本方程（Isermann，2005）。直流电动机的模型为

$$U_A(t) = R_A I_A(t) + \Psi \omega_A(t) \tag{24.1.15}$$

$$M_{el}(t) = \Psi I_A(t) \tag{24.1.16}$$

机械部分（与电机轴有关）的模型为

$$\nu J \dot{\omega}_k(t) = M_{el}(t) - M_{mech}(t) \tag{24.1.17}$$

$$M_{mech}(t) = \frac{1}{\nu}\left(c_{S1}\varphi_k(t) + M_{S0} + M_F\right),\ \varphi_k > \varphi_{k0} \tag{24.1.18}$$

$$M_F(t) = M_{F0}\,\mathrm{sign}\,\omega_k(t) + M_{F1}\omega_k(t) \tag{24.1.19}$$

本例中使用的符号：

| | | | |
|---|---|---|---|
| $R_A$ | 电枢电阻 | $\Psi$ | 磁链 |
| $\nu$ | 齿轮比（$\nu = 16.42$） | $J$ | 电动机转动惯量 |
| $M_{F0}$ | 库仑摩擦转矩 | $M_{F1}$ | 粘滞摩擦转矩 |
| $C_{S1}$ | 弹簧系数 | $M_V$ | 弹簧预张力 |
| $\omega_k$ | 节气门角速度（$=\dot{\varphi}_k$） | $\omega_A$ | 电机角速度，$\omega_A = \nu\omega_k$ |

电枢的电感可以忽略，因为电时间常数 $M_{el} = L_A/R_A \approx 1\ \text{ms}$，相比于机械动态特性要小得多。在试验台上测量时，与输入激励相关的，主要有库仑摩擦和粘滞摩擦。

**动态特性的参数估计**

在离散平方根滤波（DSFI）的形式下，利用递推最小二乘法进行参数估计。基本的模型方程为

$$y(t) = \boldsymbol{\psi}^{\mathrm{T}}(t)\boldsymbol{\theta} \tag{24.1.20}$$

电气部分的数据向量和参数向量为

$$y(t) = U_{\mathrm{A}}(t) \tag{24.1.21}$$

$$\boldsymbol{\psi}^{\mathrm{T}}(t) = \big(I_{\mathrm{A}}(t)\ \nu\omega_{\mathrm{k}}(t)\big) \tag{24.1.22}$$

$$\boldsymbol{\theta} = \begin{pmatrix}\theta_1\\ \theta_2\end{pmatrix} \tag{24.1.23}$$

机械部分的数据向量和参数向量为

$$y(t) = \dot{\omega}_{\mathrm{k}}(t) \tag{24.1.24}$$

$$\boldsymbol{\psi}^{\mathrm{T}}(t) = \big(I_{\mathrm{A}}(t)\ \varphi_{\mathrm{k}}(t)\ \omega_{\mathrm{k}}(t)\ 1\big) \tag{24.1.25}$$

$$\theta = \begin{pmatrix}\theta_4\\ \theta_5\\ \theta_6\\ \theta_7\end{pmatrix} \tag{24.1.26}$$

由于输入激励很快，库仑摩擦项可以忽略，在速度足够大，即 $|\omega_{\mathrm{k}}|>1.5\ \mathrm{rad/s}$ 时，才对粘滞摩擦参数 $M_{\mathrm{F1}}$ 进行估计。

过程物理系数和参数估计量的关系为

$$\begin{gathered}\hat{\theta}_1 = R_{\mathrm{A}},\quad \hat{\theta}_2 = \Psi,\\ \hat{\theta}_4 = \frac{\Psi}{\nu J},\quad \hat{\theta}_5 = -\frac{c_{\mathrm{S1}}}{\nu^2 J},\quad \hat{\theta}_6 = -\frac{M_{\mathrm{F1}}}{\nu^2 J}\ \hat{\theta}_7 = -\frac{M_{\mathrm{S0}}}{\nu^2 J}\end{gathered} \tag{24.1.27}$$

由于齿轮比 $\boldsymbol{\nu}$ 已知，转动惯量为

$$J = \frac{\hat{\theta}_2}{\nu\hat{\theta}_4} \tag{24.1.28}$$

其他的过程系数也可直接由参数估计 $\hat{\theta}_{\mathrm{i}}$ 求得。

为了进行参数估计，执行器在闭环下运行，设定值通过 PRBS 信号在 10°～70°之间变化。导数 $\omega_{\mathrm{k}}=\dot{\varphi}_{\mathrm{k}}$ 和 $\dot{\omega}_{\mathrm{k}}=\ddot{\varphi}_{\mathrm{k}}$ 可以利用状态变量滤波器确定，滤波器的采样时间选为 $T_{0,\mathrm{SVF}}=2\ \mathrm{ms}$。参数估计的采样时间取 $T_0=6\ \mathrm{ms}$。获得的参数估计收敛很快，电气部分的最大方程误差≤5%或≤3.5°，机械部分的最大方程误差≤7…12%（Pfeufer，1999）。

**稳态特性的参数估计**

为了获得机械部分，特别是摩擦现象的更为准确的信息，只考虑缓慢连续输入变化下的稳态特性。

设 $\dot{\omega}_{\mathrm{K}}=0$，并忽略粘滞摩擦，根据式（24.1.15）～式（24.1.19），在 $t=kT_0$ 下，可导出

$$I_{\mathrm{A}}(k) = \frac{1}{\nu\Psi}\big(c_{\mathrm{S1}}\varphi_{\mathrm{k}}(k) + M_{\mathrm{S0}} + M_{\mathrm{F0}}\,\mathrm{sign}\,\omega_{\mathrm{k}}(k)\big) = \boldsymbol{\psi}^{\mathrm{T}}(k)\boldsymbol{\theta} \tag{24.1.29}$$

由于库仑摩擦与开和关的方向有关，分别给出两个估计：

$$\boldsymbol{\psi}_1^{\mathrm{T}}(k) = \left(\varphi_{\mathrm{k}}^{+}(k)\ 1\right),\ \boldsymbol{\psi}_2^{\mathrm{T}}(k) = \left(\varphi_{\mathrm{k}}^{-}(k)\ 1\right)$$

$$\hat{\boldsymbol{\theta}}^{+}(k) = \begin{pmatrix} \hat{\theta}_1 \\ \hat{\theta}_2 \end{pmatrix} \quad \hat{\boldsymbol{\theta}}^{-}(k) = \begin{pmatrix} \hat{\theta}_3 \\ \hat{\theta}_4 \end{pmatrix}$$

其中

$$\hat{\theta}_1 = \frac{c_{\mathrm{S1}}}{\nu\Psi} \quad \hat{\theta}_2 = \frac{M_{\mathrm{S0}}}{+} M_{\mathrm{F0}}\nu\Psi$$

$$\hat{\theta}_3 = \frac{c_{\mathrm{S1}}}{\nu\Psi} \quad \hat{\theta}_4 = \frac{M_{\mathrm{S0}} - M_{\mathrm{F0}}}{\nu\Psi}$$

由式（24.1.27），可得到磁链 $\Psi$。那么，过程的物理参数为

$$c_{\mathrm{S1}} = \nu\Psi\frac{\hat{\theta}_1 + \hat{\theta}_3}{2}$$

$$M_{\mathrm{S0}} = \nu\Psi\frac{\hat{\theta}_2 + \hat{\theta}_4}{2}$$

$$M_{\mathrm{F0}} = \nu\Psi\frac{\hat{\theta}_2 - \hat{\theta}_4}{2}$$

利用递推的 DSFI 算法完成参数估计，对每次运动，采样时间取 $T_0 = 6\ \mathrm{ms}$。图 24.10 给出所得到的摩擦力特性，弹簧预张力 $M_{\mathrm{S0}}$ 导致线性弹簧特性的正偏移，静摩擦使摩擦特性曲线移动了 $M_{\mathrm{F0}}^{+}$ 和 $M_{\mathrm{F0}}^{-}$，结果形成滞环特性。通过与节气轴的电磁转矩 $M'_{\mathrm{el}} = \nu\Psi I_{\mathrm{A}}$ 进行比较，表明与估计的滞环特性具有很好的一致性（估计的电磁转矩出现振荡是由于与粘着摩擦或粘－滑效应的闭环特性有关，没有对其进行建模。返回点附近的区域，也就是粘着发生的位置，在参数估计中由于简化而被忽略）。

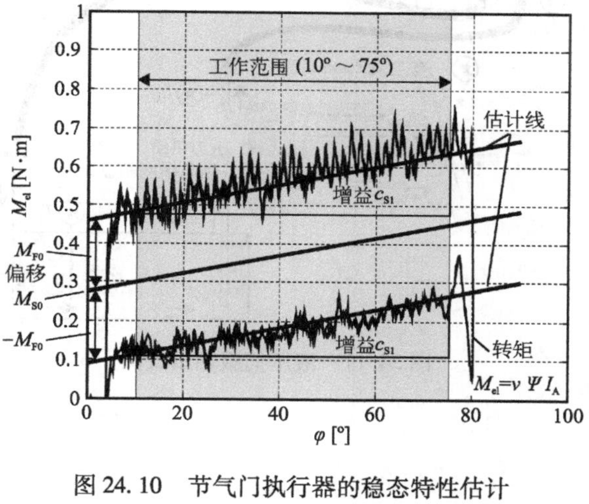


图 24.10 节气门执行器的稳态特性估计

## 24.1.3 液压执行器

液压系统应用于许多场合，对需要大功率且具有快速动作能力的应用，液压系统的优越性特别明显。另外，液压油缸很容易产生直线运动，而电动机通常需要通过齿轮转换才能产生直线运动。

**引言**

液压伺服轴的典型配置如图 24.11 所示，正排量泵用来提供压力供给，油从储罐中被抽出，以高压进入供给线，从这里流进液压伺服轴。对于直线运动的情况，通常需要一个比例阀和一个液压油缸。比例阀用来节流液压流量，将油导入液压油缸的两个腔室之一。为了实现这个任务，比例阀中有一个**滑阀**，在**阀套**中它可以自由运动。滑阀靠不同的力驱动，包括工人的手力（如建筑机械）、液压力（如两级阀的第二级）、转矩电动机（如两级阀的第一

级喷嘴挡板)，或本例中的两个螺线管（直驱式阀）的力，见图 24.13。由于滑阀的移动，发生微小的开启，微小开启产生的压降 $\Delta p$ 形成湍流。油流入液压油缸，在活塞上产生压力，借助活塞杆传递这个力，以驱动外部负载。由于活塞运动，油从对面的腔室压回到储罐。油缸的两个腔室由活塞隔离，标准液压油缸一般采用如图 24.14 所示的密封配置。这里，需要遵循一个权衡：如果油缸密封与油缸外罩压得太紧，在活塞的频繁运动中磨损太快，密封和油缸外罩之间造成摩擦；反之，如果密封安装得太松，在油缸的两个腔室之间会有大的旁通，造成压力形成流和粘性形成流的混合。特别地，在故障检测和诊断领域，有意义的是确定泄漏流系数，因为它是衡量密封是否健康的一个很好指标。本节给出的测量值和结果是利用图 24.12 所示的液压轴试验台，相关技术数据见表 24.3。

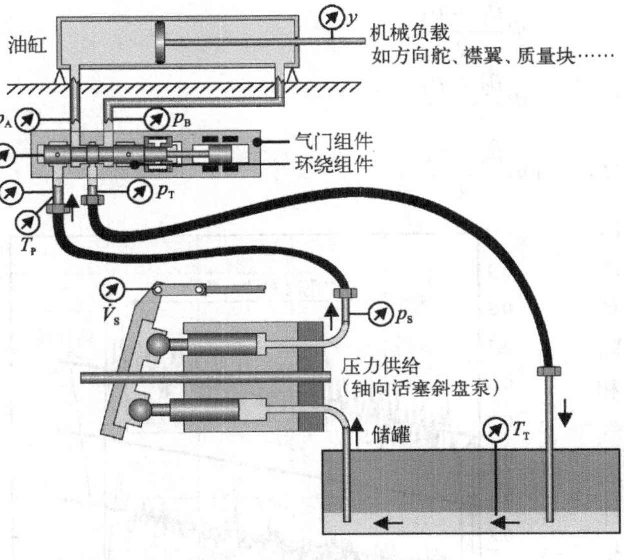


图 24.11　液压伺服轴示意图

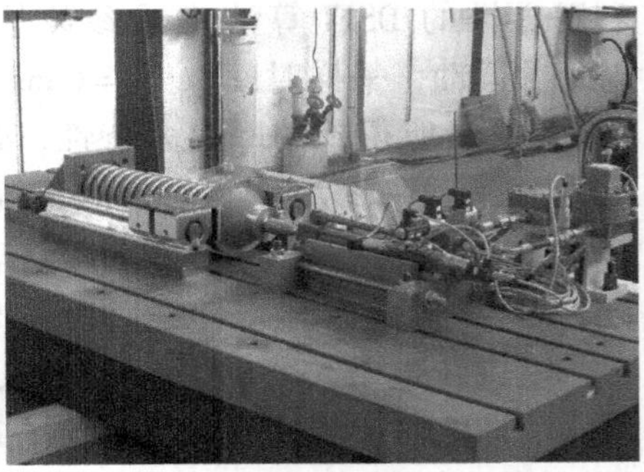

图 24.12　液压伺服轴试验台照片

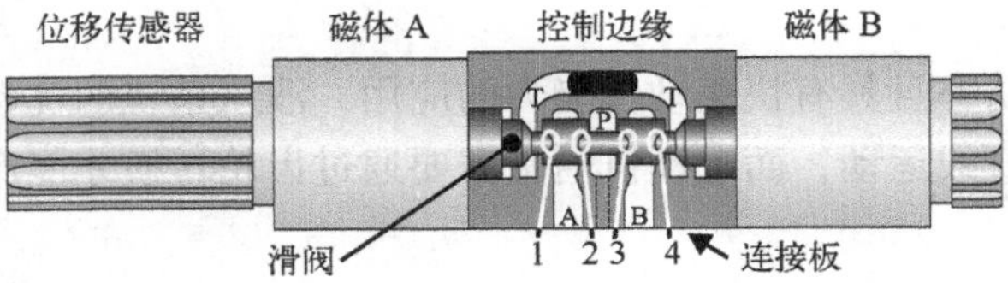


图 24.13　直驱式的比例阀和控制边缘的编号示意图

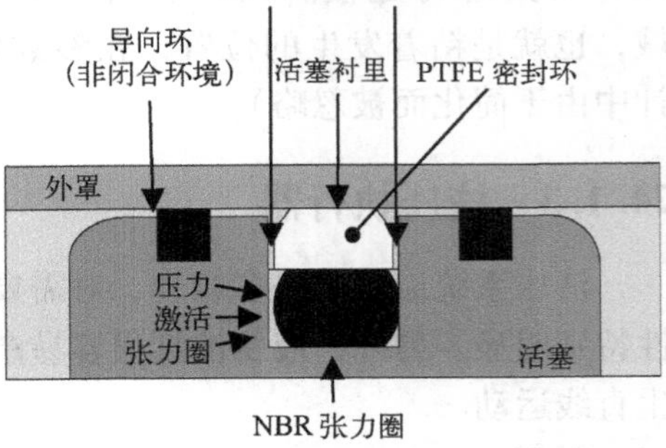


图 24.14　隔离两个油缸腔室的油缸密封示意图

**表 24.3　图 24.12 所示的液压伺服轴的技术规格，以 HLP46 作为液压油**

| 参　数 | 数　值 |
|---|---|
| 系统压力 | 80 bar |

（续）

| 参　数 | 数　值 |
|---|---|
| 泵所提供的最大压力 | 280 bar |
| 泵的位移 | 45 $cm^3$/rec |
| 油缸直径 | 40 mm |
| 活塞杆直径 | 28 mm |
| 油缸冲程 | 300 mm |
| 最大速率 | 1 m/s |
| 最大的力 | 20 kN |
| 负载质量 | 40 kg |
| 负载弹簧刚度 | 100 000 N/m |
| 15℃的液体密度 | 0.87 g/$cm^3$ |
| 平均体积模量 | 2 GPa |

在本节下文中使用的符号：

| | | | |
|---|---|---|---|
| $b_V$ | 阀门流量系数 | $A_A$ | 有效活塞面积 |
| $V_{0A}$ | 腔室 A 闭死容积 | $G_{AB}$ | 层流泄漏系数 |
| $E_{0A}$ | 腔室 A 体积模量 | $\dot{V}$ | 体积流量 |
| $T$ | 液体温度 | $\dot{V}_A$ | 进入腔室 A 的流量 |
| $y_V$ | 滑阀位移 | $y$ | 活塞位移 |
| $p_A$ | 腔室 A 压力 | $k$ | 负载弹簧刚度 |
| $m$ | 负载质量 | $F_0$ | 库仑摩擦力 |
| $c$ | 粘滞摩擦系数 | | |

下脚标：

| | | | |
|---|---|---|---|
| A | 油缸腔室 A | B | 油缸腔室 B |
| P | 压力管路 | T | 回油管路或罐 |
| S | 压力供应/泵 | | |

传感器的布置见图 24.11 和图 24.16，液压伺服轴的实验记录测量值见图 24.15。

**液压系统的辨识**

经过控制边缘的流量为

$$\dot{V}(t) = b_V(y_V(t), T(t))\sqrt{|\Delta p(t)|}\,\mathrm{sign}\,\Delta p(t) \tag{24.1.30}$$

可以看出，流量系数 $b_V$ 依赖于滑阀位移 $y_V(t)$ 和液体温度。液压油缸的腔室 A 的流量平衡写成

$$\dot{V}_A(t) = A_A\dot{y}(t) - G_{AB}\big(p_A(t) - p_B(t)\big) - \frac{1}{E_{0A}}\big(V_{0A} + A_A y(t)\big)\dot{p}_A(t) \tag{24.1.31}$$

辨识需要用到的信号：滑阀位移 $y_V(t)$、腔室 A 的压力 $p_A(t)$、腔室 B 的压力 $p_B(t)$、供给压力 $p_S(t)$、活塞位置 $y(t)$。对油的温度 $T(t)$ 可以测量也可以不测量，取决于模型逼真度的需要。

由于阀门开度特性 $b_V(y_V)$ 的非线性，将其模型写成多项式

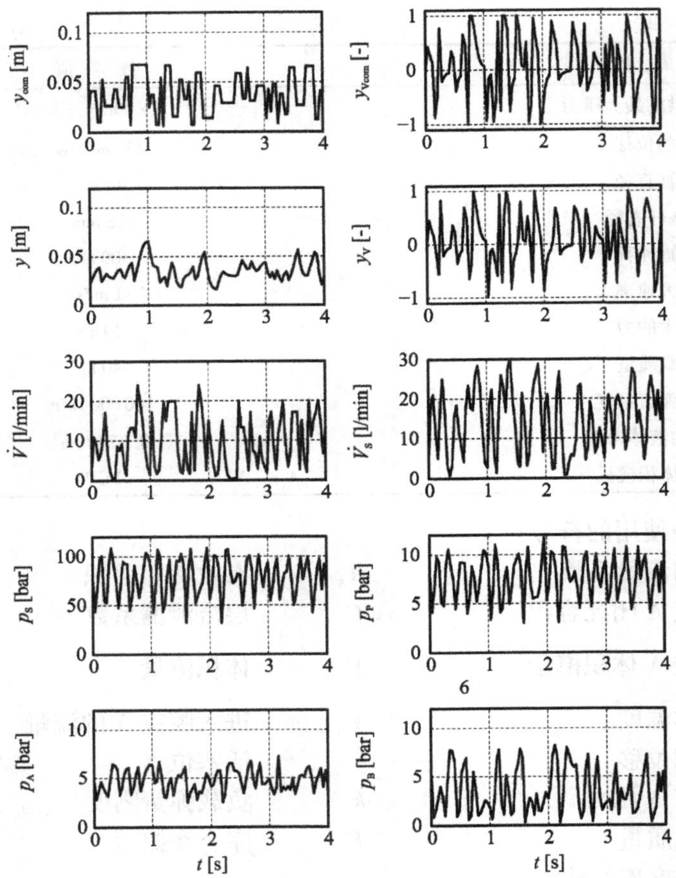


图 24.15 液压伺服轴的测量值，传感器的布置见图 24.11

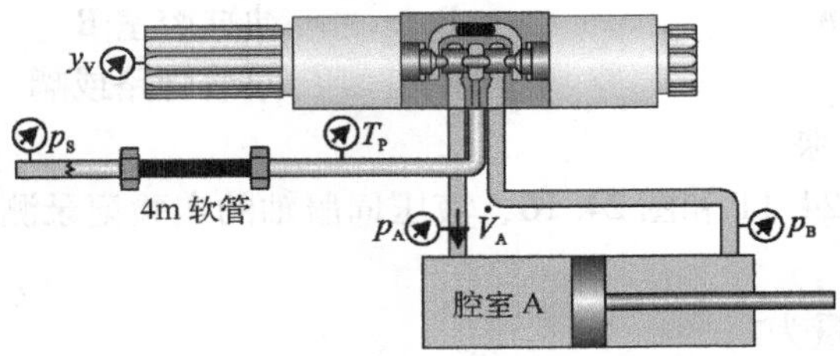


图 24.16 直驱式比例阀和液压油缸示意图

$$b_{Vi}(y_V) = b_{V1i}\, y_V(t) + b_{V2i}\, y_V^2(t) + b_{V3i}\, y_V^3(t) \tag{24.1.32}$$

其中，下脚标 $i$ 代表待建模的控制边缘编号，其编号见图 24.13。由于有 4 条可能的流量通路，所以有 4 个独立的多项式。

将每个模型组合起来，得到

$$\begin{aligned}&\left(V_{0A} + A_A y(t)\right)\frac{1}{\bar{E}(T)}\dot{p}_A(t) + A_A \dot{y}(t) = \\ &\dot{V}_{PA}(p_A, p_P, T, y_V) - \dot{V}_{AT}(p_A, T, y_V) - G_{AB}(T)\left(p_A(t) - p_B(t)\right)\end{aligned} \tag{24.1.33}$$

其中

$$\dot{V}_{\mathrm{PA}}(p_{\mathrm{A}},p_{\mathrm{S}},T,y_{\mathrm{V}})=b_{\mathrm{V2}}(y_{\mathrm{V}},T)\sqrt{|p_{\mathrm{S}}(t)-p_{\mathrm{A}}(t)|}\,\mathrm{sign}\big(p_{\mathrm{P}}(t)-p_{\mathrm{A}}(t)\big) \tag{24.1.34}$$

$$\dot{V}_{\mathrm{AT}}(p_{\mathrm{A}},T,y_{\mathrm{V}})=b_{\mathrm{V1}}(y_{\mathrm{V}},T)\sqrt{|p_{\mathrm{A}}(t)|}\,\mathrm{sign}\,p_{\mathrm{A}}(t) \tag{24.1.35}$$

这些方程可以合并成一个模型。由于参数估计是基于采样信号，现将时间 $t$ 表示为固定采样时间 $T_0$的整数倍 $k$。腔室 A 的模型写成

$$(V_{0\mathrm{A}}+A_{\mathrm{A}}y(k))\frac{1}{\bar{E}(T_{\mathrm{P}})}\dot{p}_{\mathrm{A}}(k)+A_{\mathrm{A}}\dot{y}(k)=\big(\dot{V}_{\mathrm{A}}(p_{\mathrm{A}},p_{\mathrm{S}},T_{\mathrm{P}},y_{\mathrm{V}})-\dot{V}_{\mathrm{AB}}(p_{\mathrm{A}},p_{\mathrm{B}},T_{\mathrm{P}})\big) \tag{24.1.36}$$

其中，$\bar{E}$ 为平均体积弹性模量。利用阀门流量特性的多项式近似得到阀门的流量为

$$\begin{aligned}\dot{V}_{\mathrm{A}}(p_{\mathrm{A}},p_{\mathrm{S}},T_{\mathrm{P}},y_{\mathrm{V}})=&\left(\sum_{i=k}^{l}b_{1i}(T_{\mathrm{P}})y_{\mathrm{V}}(k)^{i}\right)\sqrt{|\Delta p_{\mathrm{SA}}(k)|}\,\mathrm{sign}\,\Delta p_{\mathrm{SA}}(k)\\&-\left(\sum_{i=k}^{l}b_{2i}(T_{\mathrm{P}})y_{\mathrm{V}}(k)^{i}\right)\sqrt{|\Delta p_{\mathrm{AT}}(k)|}\mathrm{sign}\Delta p_{\mathrm{AT}}(k)\end{aligned} \tag{24.1.37}$$

式中，$\Delta p_{\mathrm{SA}}(k)=p_{\mathrm{S}}(k)-p_{\mathrm{A}}(k)$，$\Delta p_{\mathrm{AT}}(k)=p_{\mathrm{A}}(k)$。内漏写成

$$\dot{V}_{\mathrm{AB}}(p_{\mathrm{A}},p_{\mathrm{B}},T_{\mathrm{P}})=G_{\mathrm{AB}}(T_{\mathrm{P}})\big(p_{\mathrm{A}}(k)-p_{\mathrm{B}}(k)\big) \tag{24.1.38}$$

联合上述方程，求解$\dot{y}(k)$，得到

$$\dot{V}_{\mathrm{A}}(p_{\mathrm{A}},p_{\mathrm{S}},T,y_{\mathrm{V}})-G_{\mathrm{AB}}(T)\big(p_{\mathrm{A}}(k)-p_{\mathrm{B}}(k)\big)-\frac{(V_{0\mathrm{A}}+A_{\mathrm{A}}y(k))}{\bar{E}(T)}\dot{p}_{\mathrm{A}}(k)=A_{\mathrm{A}}\dot{y}(k) \tag{24.1.39}$$

现在加入阀门流量，写出多项式形式，可以看出该参数估计问题确实是关于参数线性的，写成

$$\begin{aligned}&\cdots+b_{1i}(T)y_{\mathrm{V}}(k)^{i}\sqrt{|\Delta p_{\mathrm{SA}}(k)|}\,\mathrm{sign}\big(\Delta p_{\mathrm{SA}}(k)\big)\big(y_{\mathrm{V}}(k)\geqslant 0\big)+\cdots\\&-\cdots-b_{2i}(T)y_{\mathrm{V}}(k)^{i}\sqrt{|\Delta p_{\mathrm{AT}}(k)|}\,\mathrm{sign}\big(\Delta p_{\mathrm{AT}}(k)\big)\big(y_{\mathrm{V}}(k)<0\big)-\cdots\\&-G_{\mathrm{AB}}(T)\big(p_{\mathrm{A}}(k)-p_{\mathrm{B}}(k)\big)-\frac{(V_{0\mathrm{A}}+A_{\mathrm{A}}y(k))}{\bar{E}(T)}\dot{p}_{\mathrm{A}}(k)=A_{\mathrm{A}}\dot{y}(k)\end{aligned} \tag{24.1.40}$$

其中，如果满足相应的条件，$(y_V(k)\geqslant 0)$和$(y_V(k)<0)$之和为1，否则为零。

整个参数估计问题就是分构成如下数据矩阵

$$\boldsymbol{\Psi}^{\mathrm{T}}=\begin{pmatrix}\vdots & \\ y_{\mathrm{V}}(k)^{i}\sqrt{|\Delta p_{\mathrm{SA}}(k)|}\,\mathrm{sign}\big(\Delta p_{\mathrm{SA}}(k)\big)\cdot\big(y_{\mathrm{V}}(k)\geqslant 0\big) & \cdots\\ \vdots & \\ y_{\mathrm{V}}(k)^{i}\sqrt{|p_{\mathrm{A}}(k)|}\,\mathrm{sign}\,p_{\mathrm{A}}(k)\cdot\big(y_{\mathrm{V}}(k)<0\big) & \cdots\\ \vdots & \\ p_{\mathrm{A}}(k)-p_{\mathrm{B}}(k) & \cdots\\ A_{\mathrm{A}}\,y(k)\,\dot{p}_{\mathrm{A}}(k) & \cdots\end{pmatrix} \tag{24.1.41}$$

和输出向量

$$\boldsymbol{y}^{\mathrm{T}}=\big(A_{\mathrm{A}}\dot{y}(k),\cdots\big) \tag{24.1.42}$$

参数估计问题的解给出了参数向量 $\boldsymbol{\theta}$ 的估计值，写成

$$\hat{\boldsymbol{\theta}}^{\mathrm{T}}=\left(\hat{b}_{10}(T)\cdots\hat{b}_{1n}(T)\;\hat{b}_{20}(T)\cdots\hat{b}_{2n}(T)\cdots\hat{G}_{\mathrm{AB}}(T)\;\frac{1}{\hat{\bar{E}}(T)}\right) \tag{24.1.43}$$

该参数向量包含 $2n+2$ 个参数变量。尽管这样的参数估计问题在现代计算机上很容易求解，但这里仅用离线辨识。对于在线辨识，针对 $y_V(k) \geqslant 0$ 和 $y_V(k)<0$ 两种情况，将参数估计问题拆分成两个独立的问题，以限制每次迭代估计参数的个数。由于滑阀位移在任意时刻只能是正的或负的，因此参数估计问题是可以简化的。

参数估计的结果见图 24.17 和图 24.18。图 24.17 表明，作为阀门开度函数的阀门流量系数，其非线性特性的辨识结果很好。图 24.18 中，层流泄漏系数的辨识结果也和文献报告的数值匹配得非常好。正如本节引言中所述，层流泄漏系数的知识在故障检测与诊断领域是倍受关注的。最后，图 24.19 给出了一次仿真运行的结果及其与测量值的对比。比较结果表明，利用测量值辨识获得的参数模型有着很好的模型逼真度。这样好的模型逼真度很大程度上归功于对阀门特性的非线性建模。

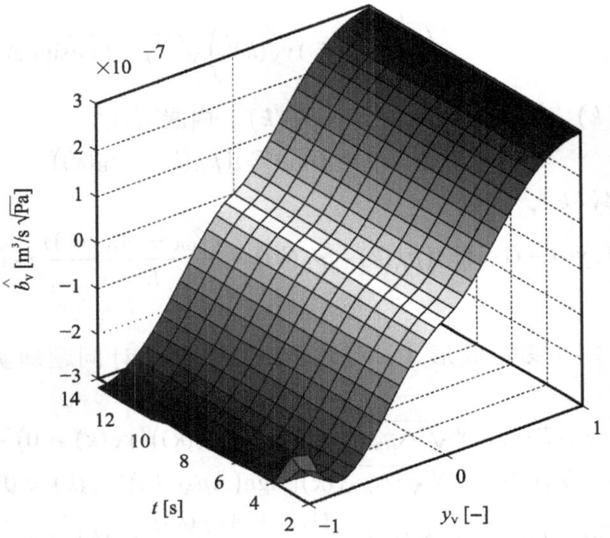


图 24.17　非线性阀门特性估计值随着时间变化的图形

注意，阀门特性是非线性的，且用 $y_V$ 的多项式近似；建模的控制边缘，

对正的 $y_V$，P→A，对负的 $y_V$，T→A

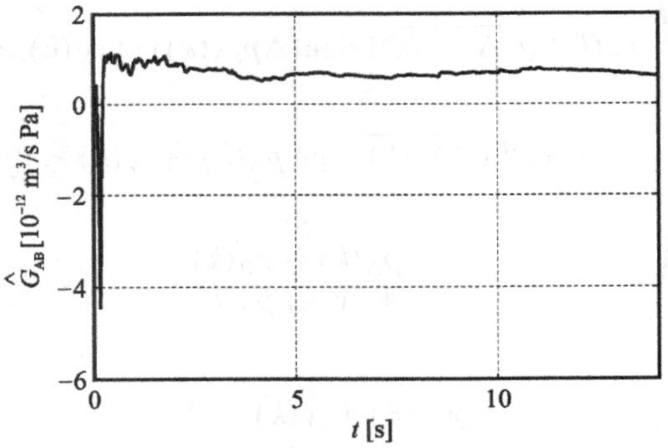


图 24.18　层流泄漏系数 $G_{AB}$ 估计值随着时间变化的曲线

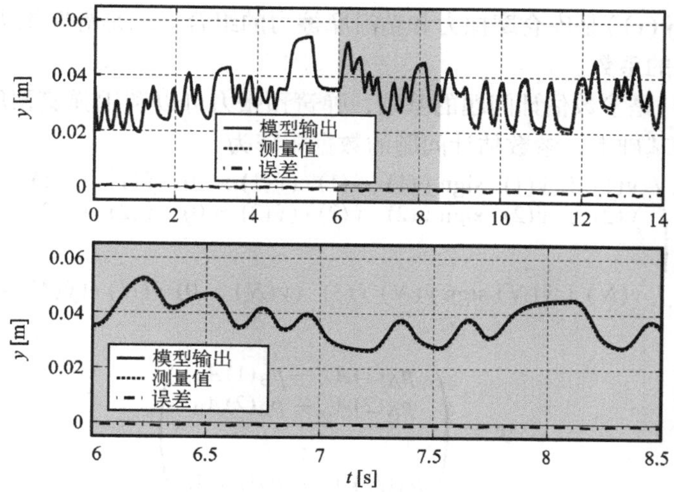


图 24.19　液压伺服轴液压子系统的仿真

通常，液压伺服轴要在很多种负载下运行，而且运行过程中负载可能发生很大的变化。因为负载变化会造成过程参数发生大的变化，为了能够保持好的控制质量，可以使用自适应控制算法，参见文献（Isermann et al，1992）。为了能够更新控制器参数，需要有好的负载模型，因此要利用装在液压伺服轴上的传感器来检测液压伺服轴驱动的负载，见图 24.20。

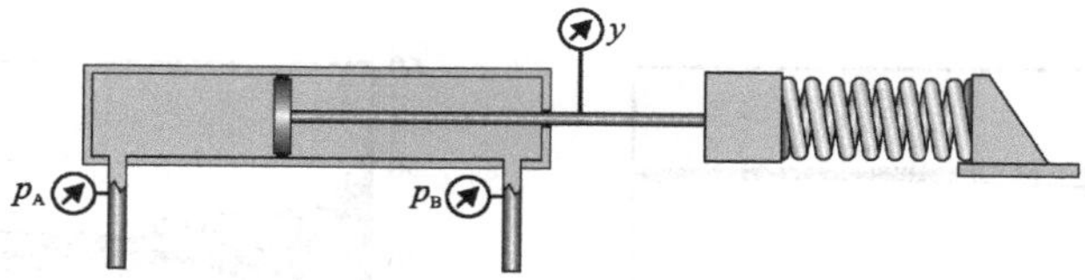


图 24.20　由弹簧和质量块构成的机械负载示意图

图 24.21 是一种通用的负载模型方块图。该模型包含作为负载的质量块和弹簧，也包含摩擦力效应，其模型是库仑力和粘滞摩擦的组合。需要指出，尽管结果只是针对弹簧－质量负载得到的，但方法可用于所有类型的负载，它们都是用式（24.1.44）和图 24.21 所给的通用负载模型描述的。

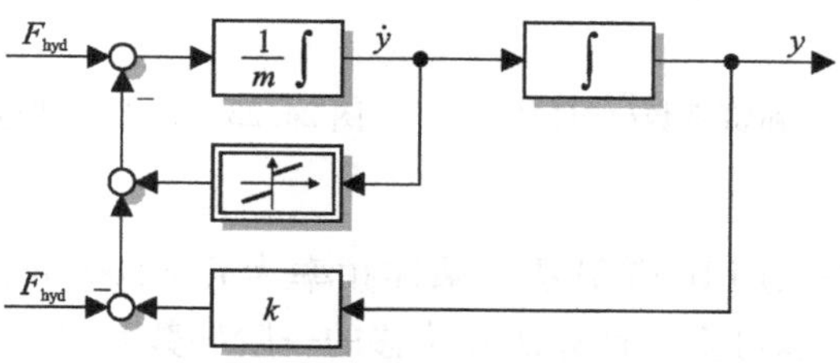


图 24.21　由弹簧和质量块构成的机械负载模型方块图

以活塞作为液压伺服轴产生力的一种部件，其机械特性可用一般的形式描述为

$$p_A(t)A_A - p_B(t)A_B = k\big(y(t) - y_0\big) + m\ddot{y}(t) + \begin{cases} -F_0 + c^-\dot{y}(t), & \dot{y}(t) < 0 \\ F_0 + c^+\dot{y}(t), & \dot{y}(t) \geqslant 0 \end{cases} \quad (24.1.44)$$

其中，摩擦力 $F_F(\dot{y}(t))$ 是库仑摩擦力和粘滞摩擦力的组合。$F_0$是静摩擦力，$c^-$和 $c^+$ 是粘滞摩擦力与方向有关的系数。

式（24.1.44）是参数估计问题的基础，弹簧预张力可以利用弹簧预压缩的位移 $y_0$来估计。在这个方程的基础上，参数估计问题的数据矩阵为

$$\boldsymbol{\Psi} = \begin{pmatrix} y(1) & 1 & \ddot{y}(1) & \operatorname{sign}\dot{y}(1) & \dot{y}(1)\cdot(\dot{y}(1)>0) & \dot{y}(1)\cdot(\dot{y}(1)<0) \\ y(2) & 1 & \ddot{y}(2) & \operatorname{sign}\dot{y}(2) & \dot{y}(2)\cdot(\dot{y}(2)>0) & \dot{y}(2)\cdot(\dot{y}(2)<0) \\ \vdots & \vdots & \vdots & \vdots & \vdots & \vdots \\ y(N) & 1 & \ddot{y}(N) & \operatorname{sign}\dot{y}(N) & \dot{y}(3)\cdot(\dot{y}(N)>0) & \dot{y}(N)\cdot(\dot{y}(N)<0) \end{pmatrix} \tag{24.1.45}$$

输出向量为

$$\boldsymbol{y} = \begin{pmatrix} p_A(1)A_A - p_B(1)A_B \\ p_A(2)A_A - p_B(2)A_B \\ \vdots \\ p_A(N)A_A - p_B(N)A_B \end{pmatrix} \tag{24.1.46}$$

参数估计向量为

$$\boldsymbol{\theta}^T = \left(\hat{k}\ (\hat{k}\cdot\hat{y}_0)\ \hat{m}\ \hat{F}_0\ \hat{c}^-\ \hat{c}^+\right) \tag{24.1.47}$$

利用这种参数估计方法，得到的结果如图 24.22 和图 24.23 所示。回顾表 24.3 的技术规格参数，且已知负载的质量为 $m=40$ kg，弹簧刚度为 $k=100000$ N/m，可以看到，估计结果与实际值匹配得很好。再次运行模型，并同时进行测量，以检验辨识结果的质量，检验结果见图 24.24。

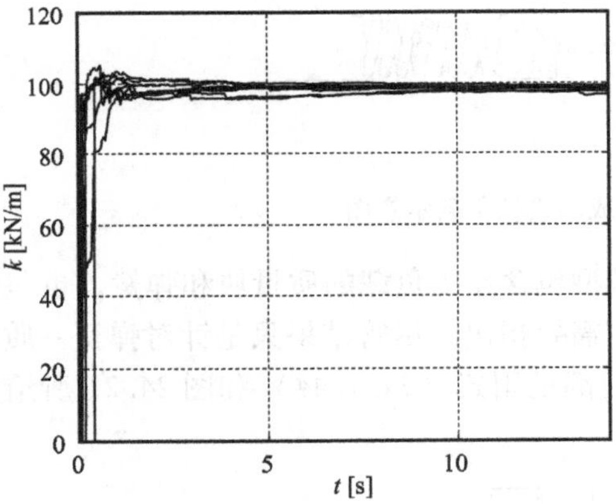


图 24.22　几次测试运行下的弹簧系数$\hat{k}$估计值

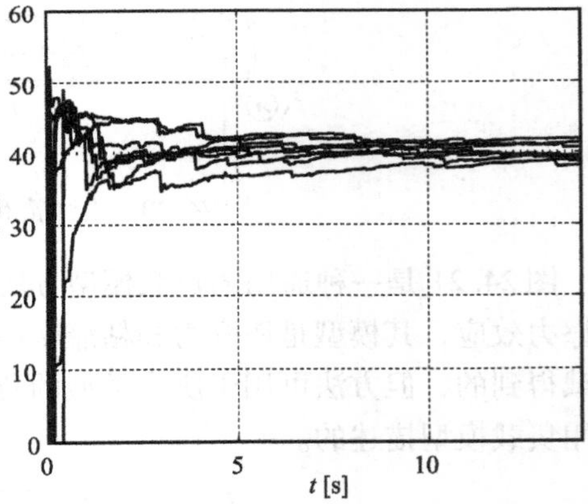


图 24.23　几次测试运行下的负载质量$\hat{m}$估计值

所用的辨识方法都是采用 DSFI 算法，采样频率为 $f_S=500$ Hz。由于信号由数字传感器提供，几乎没有噪声，所以可直接计算活塞位移的一阶导数和二阶导数。对此采用了中心差商法，以保证测量没有延迟。为了能跟踪对象的变化，比如用于故障检测与诊断，所用的方法都采用递推的参数估计方式。

这些参数估计方法的详细论述可参阅博士论文（Muenchhof，2006），论文中还讨论了利用神经网络进行辨识，以及将这些辨识技术应用于故障检测与诊断。

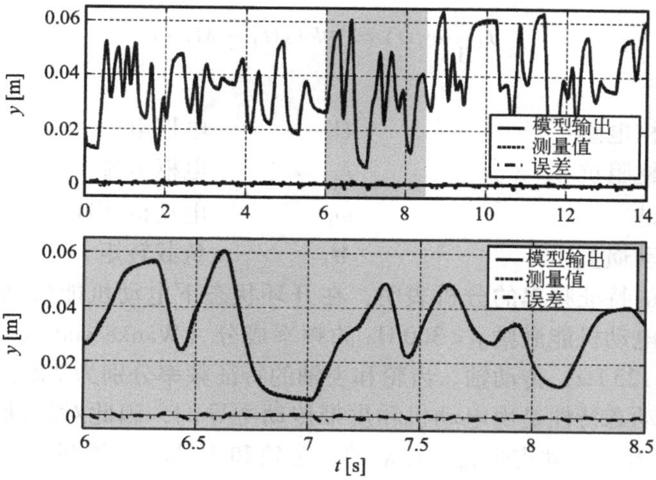


图 24.24　液压伺服轴机械子系统的仿真

## 24.2　机械设备

下面介绍辨识方法在机械设备中的应用，这些方法的应用对控制器设计、自适应控制、机械设备的自动调试以及状态监控来说可能很有益处。

### 24.2.1　机床

作为主传动装置的一个例子，考虑型号为 MAHO MC5 的机械加工中心。具有速度控制的直流电动机驱动皮带、齿轮和主轴，带动切刀和钻头，是一种带有 6 个质量块的多质量－弹簧－阻尼系统。主传动装置的概貌如图 24.25 所示。

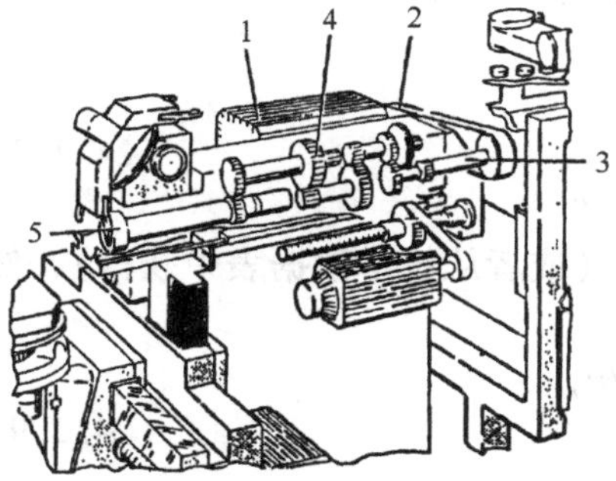


图 24.25　机械加工中心的主传动装置（型号：MAHO MC5）

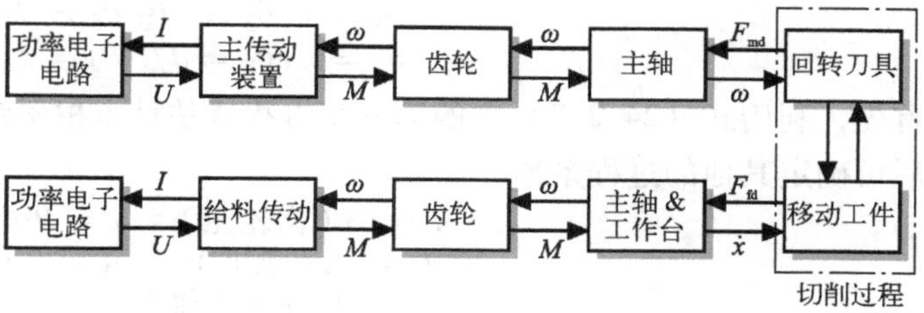


图 24.26　钻磨机床的给料传动和主传动装置信号流的两个端口

下面考虑变量的小偏差，可假设是线性模型。类似于前述的例子，将直流电动机的动态特性写成

$$L_A \frac{d}{dt} I_A(t) = -R_A I_A(t) - \Psi \omega_1(t) + U_A(t) \tag{24.2.1}$$

$$J_1 \frac{\mathrm{d}}{\mathrm{d}t}\omega_1(t) = -\Psi I_{\mathrm{A}}(t) - M_1(t) \tag{24.2.2}$$

其中

| | | | |
|---|---|---|---|
| $L_A$ | 电枢电感 | $U_A$ | 电枢电压 |
| $R_A$ | 电枢阻抗 | $I_A$ | 电枢电流 |
| $\Psi$ | 磁链 | $\omega_1$ | 电动机转速（$\omega_1 = \ddot{\varphi}$） |
| $J_1$ | 转动惯量 | $M_1$ | 负载转矩 |

对主传动装置的特征频率的分析表明，在开环状态下电动机能激励 $f<80$ Hz 的频率成分，在闭环状态下电动机能激励 $f<300$ Hz 的频率成分（Wanke and Isemann，1992）；皮带传动的特征频率为 123 Hz，传动轴、齿轮和主轴的特征频率分别为 706、412 和 1335 Hz。所以，主传动装置的动态特性是由电动机和皮带传动主导的，因此对转动惯量 $J_1$（电动机加上主动皮带轮）和 $J_2$（从动皮带轮、传动轴、齿轮和主轴）二质量系统建模就可以了。主传动装置机械部分可以用线性状态空间模型描述为

$$\dot{x}(t) = \boldsymbol{A}\boldsymbol{x}(t) + \boldsymbol{b}u(t) + \boldsymbol{F}\boldsymbol{z}(t) \tag{24.2.3}$$

式中

$$\boldsymbol{x}^{\mathrm{T}}(t) = \big(I_{\mathrm{A}}(t)\ \varphi_1(t)\ \dot{\varphi}_1(t) \cdots \varphi_5(t)\ \dot{\varphi}_5(t)\big) \tag{24.2.4}$$

$$u(t) = U_{\mathrm{A}}(t) \tag{24.2.5}$$

$$\boldsymbol{z}^{\mathrm{T}}(t) = \big(M_6(t)\ M_{\mathrm{F}}(t)\big) \tag{24.2.6}$$

其中，$M_6$为负载转矩，$M_F$为库仑摩擦转矩。

当然，主传动装置的参数可以利用结构数据求得。然而，如果不能得到所有的参数，或者为了正常运行时的故障检测，这时就要利用测量信号对参数进行估计。

为了利用可以得到的信号 $U_A(t)$、$I_A(t)$、$\omega_1(t)$和主轴转速 $\omega_5(t)$的测量值，来估计主传动装置空运转($M_6=0$)时的参数，使用下述方程

$$G(z) = \frac{-1.15z^{-1} + 1.52z^{-2} - 0.54z^{-3} + 0.27z^{-4} + 0.27z^{-5}}{1 - 2.01z^{-1} + 1.27z^{-2} - 0.24z^{-3} + 0.07z^{-4} - 0.07z^{-5}} z^{-2} \tag{24.2.7}$$

其中

$$\begin{aligned} &\theta_1 = \Psi \ \ \theta_2 = R_{\mathrm{A}} \ \ \theta_3 = L_{\mathrm{A}} \\ &\theta_4 = J_1 \ \ \theta_5 = iJ_2 \ \ \theta_6 = di/c \\ &\theta_7 = i \ \ \ \theta_8 = d/c \ \ \theta_9 = J_2 i^2/c \end{aligned} \tag{24.2.8}$$

首先，利用式（24.2.7）中的第一个方程式估计电枢磁链（或者从技术数据表中获得），然后可确定其他的过程系数

$$\begin{aligned} &i = \theta_7\ (\text{齿轮比}) \qquad c = \theta_5\theta_7/\theta_9 \\ &J_1 = \theta_4\ (\text{电机}) \qquad d = \theta_5\theta_7\theta_8/\theta_9 \\ &J_2 = \theta_5/\theta_7\ (\text{主轴}) \end{aligned} \tag{24.2.9}$$

关于连续时间参数估计的一阶导数和二阶导数，可以利用状态变量滤波器来求，该滤波器设计为6 阶的 Butterworth 滤波器，拐角频率为 79.6 Hz 和 47.8 Hz。增量旋转传感器的分辨率要增加，主轴增加到 4096 条狭缝，电动机增加到 1024 条狭缝，采样时间为 $T_0=0.5$ ms。利用 DSFI（离散平方根滤波信息）参数估计方法，根据 40 个速度阶跃响应数据，估计时间间隔为 15 s，估计结果见图 24.27 ~ 图 24.30。

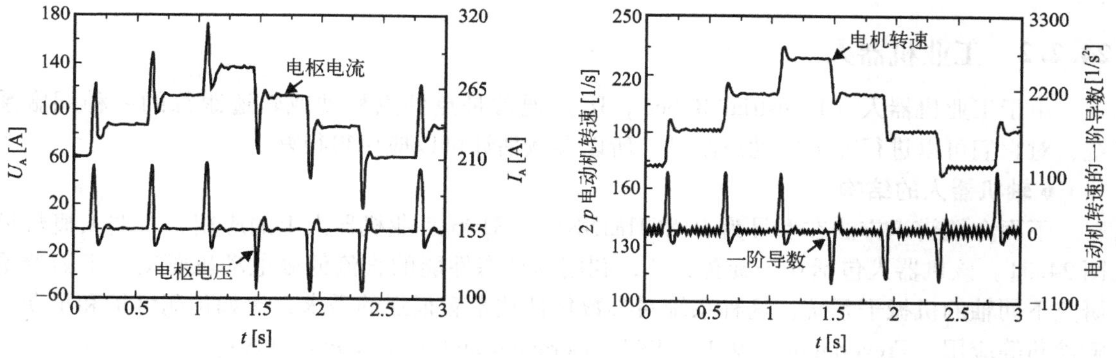


a)　　　　b)

图 24.27　主传动装置的测量信号

a）电枢电压和电枢电流　b）电动机转速 $\omega$ 及一阶导数 $\dot{\omega}$

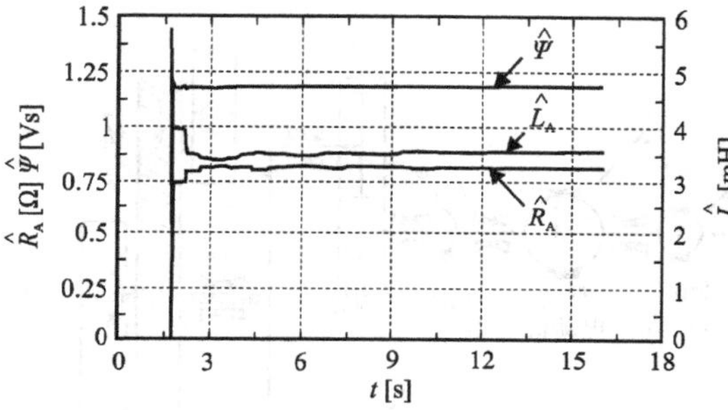


图 24.28　直流电动机的过程系数估计 $\hat{R}_A$、$\hat{\Psi}$、$\hat{L}_A$

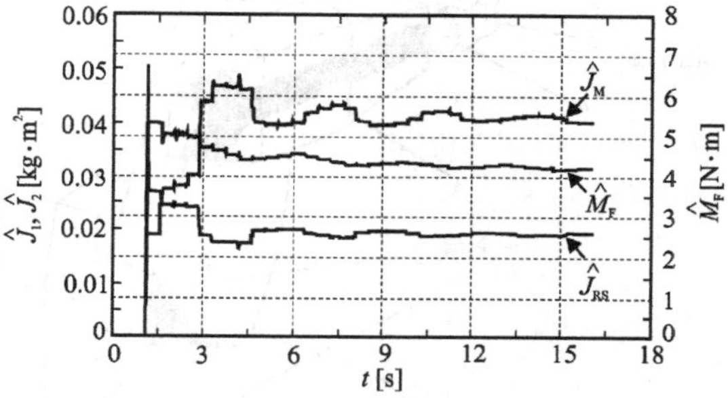


图 24.29　主传动装置的过程系数估计

$\hat{J}_1$ 和 $\hat{J}_2$：电动机和主轴的转动惯量，$\hat{M}_C$：静摩擦转矩

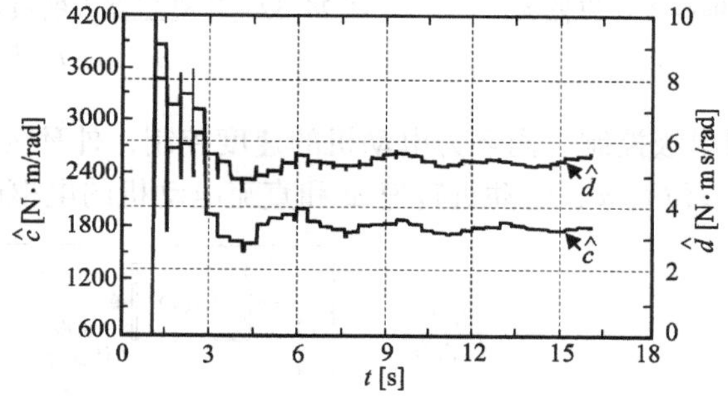


图 24.30　主传动装置的刚度 $\hat{c}$ 和阻尼 $\hat{d}$ 估计

电动机部分的系数估计 $\hat{R}_A$、$\hat{\Psi}$、$\hat{L}_A$ 收敛速度很快，收敛时间约 2 s；机械部分的系数估计 $\hat{J}_1$、$\hat{J}_2$、$\hat{c}$、$\hat{d}$ 收敛速度稍慢些，收敛时间在 5 s 内。大约 15 s 以后，所有的 8 个过程系数都收敛到稳态值，与理论上确定的数值吻合较好（Wanke，1993）。

## 24.2.2 工业机器人

由于工业机器人（Industrial Robots，IR）通常是点到点移动或轨迹跟踪的一种伺服系统，对它们可以进行充分的动态激励，所以参数估计可以应用得很好。

**6 轴机器人的结构**

下面介绍辨识方法在型号为 JUNGHEINRICH R106 工业机器人上的应用，机器人概貌见图 24.31。该机器人包括 6 个旋转关节，利用高动态性能的直流伺服电动机驱动。下面着重研究不同轴的机械子系统，这种系统对参数估计技术有很强的需求，比如预测维护和早期故障诊断等应用（Freyermuth，1991，1993；Isermann and Freyermuth，1991）。

机械轴驱动链由不同的标准机械部件（齿轮、轴承、齿带和传动轴等）组成，将转矩从电动机传递给移动（动作）臂，如图 24.32 所示。

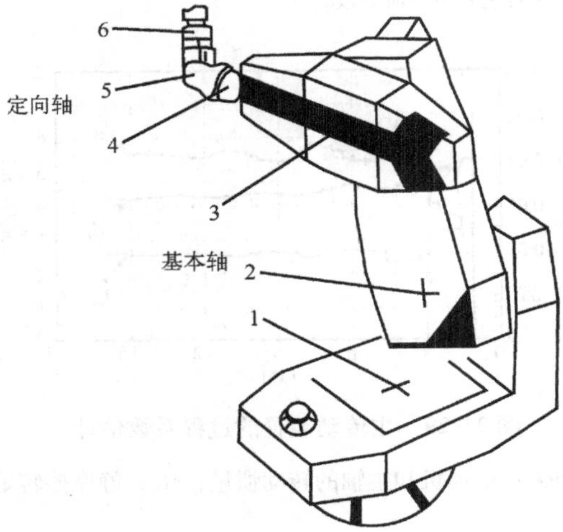


图 24.31　6 个旋转轴的工业机器人

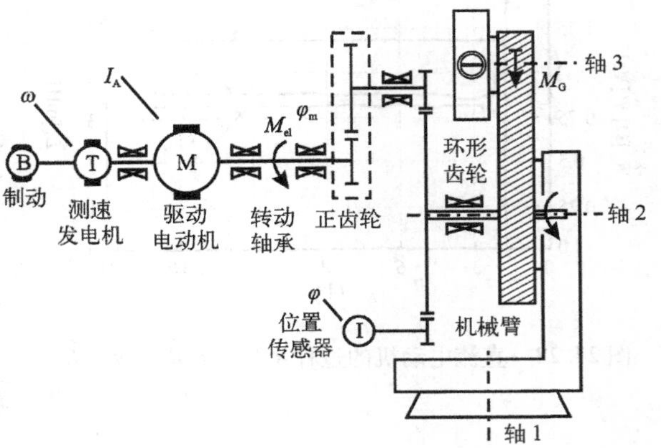


图 24.32　工业机器人的机械传动链（轴）示意图，$\varphi$、$\omega$、$I_A$ 为可测量的

每个轴的控制采用串级控制，内环为电动机的速度控制，外环为轴关节的位置控制，信号流图见图 24.33，关节位置 $\varphi$、电动机转速 $\omega$ 和直流电动机的电枢电流 $I_A$ 为测量变量。

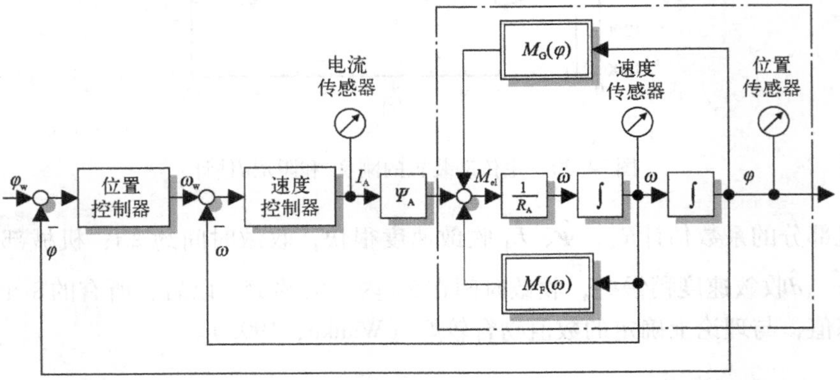


图 24.33　利用常规串级闭环控制的工业机器人驱动单元模型方块图

假设臂是刚体，每个关节都可利用关节轴的转矩平衡来建模

$$M_{\mathrm{el}}(t)/\nu_i = J_{\mathrm{L}}(\varphi_0, m_{\mathrm{L}})\ddot{\varphi}(t) + M'_{\mathrm{F0}}\,\mathrm{sign}\,\dot{\varphi}(t) + M'_{\mathrm{F1}}\dot{\varphi}(t) + M'_{\mathrm{G}}(m_{\mathrm{L}}, \varphi_0) \tag{24.2.10}$$

其中

| | |
|---|---|
| $M_{\mathrm{el}} = \Psi_{\mathrm{A}} I_{\mathrm{A}}$ | 电动机输出轴的电转矩 |
| $\Psi_{\mathrm{A}}$ | 电枢磁链 |
| $I_{\mathrm{A}}$ | 电枢电流 |
| $\nu$ | 总齿轮比 $\varphi/\varphi_{\mathrm{m}}$ |
| $J_{\mathrm{L}}$ | 臂的转动惯量（与位置和负载有关） |
| $M'_{\mathrm{F0}}$ | 关节侧的库仑摩擦转矩 |
| $M'_{\mathrm{F1}}$ | 关节侧的粘滞摩擦转矩 |
| $M'_{\mathrm{G}}$ | 关节侧的重力转矩 |
| $m_{\mathrm{L}}$ | 末端执行器的负载质量 |
| $\varphi$ | 臂的位置 |
| $\varphi_0$ | 臂的基准位置 |
| $\omega = \dot{\phi}/\nu$ | 电动机的角速度 |

重力转矩建模为

$$M_{\mathrm{G}}(m_{\mathrm{L}}, \varphi_0) = M'_{\mathrm{G0}} \cos\varphi \tag{24.2.11}$$

并且可能与运动重力转矩的补偿设备（如气压缸）有关。如果运动不是很快，则轴间的耦合可以忽略。

$\Psi_{\mathrm{A}}$ 可以从电动机技术数据表中获得。将式（24.2.10）的连续时间模型在 $k = t/T_0$ 下进行离散化，其中 $T_0$ 为采样时间，乘以 $\nu$ 后，电动机部分的参数模型写成

$$M_{\mathrm{el}}(k) = J(\varphi_0, m_{\mathrm{L}})\dot{\omega}(k) + M_{\mathrm{F0}}\,\mathrm{sign}\,\omega(k) + M_{\mathrm{F1}}\omega(k) + M_{\mathrm{G0}}\cos\varphi(k) \tag{24.2.12}$$

（对于轴 1，…，6，$1/\nu$ 值分别为 197、197、131、185、222 和 194）

然后，将上式写成向量形式

$$\begin{aligned} M_{\mathrm{el}}(k) &= \boldsymbol{\psi}^{\mathrm{T}}(k)\hat{\boldsymbol{\theta}}(k) + e(k) \\ \boldsymbol{\psi}^{\mathrm{T}}(k) &= \left(\dot{\omega}(k)\ \mathrm{sign}\,\omega(k)\ \omega(k)\ \cos\varphi(k)\right) \\ \hat{\boldsymbol{\theta}} &= \begin{pmatrix} \hat{J} \\ \hat{M}_{\mathrm{F0}} \\ \hat{M}_{\mathrm{F1}} \\ \hat{M}_{\mathrm{G0}} \end{pmatrix} \end{aligned} \tag{24.2.13}$$

并将上式模型用于连续时间的递推参数估计，式中

$$\dot{\omega}(k) = \left.\frac{\mathrm{d}\omega(t)}{\mathrm{d}t}\right|_k = \frac{\omega(k) - \omega(k-1)}{T_0}$$

其中，$T_0$是小的采样时间。这里要注意，估计的过程参数与物理定义的过程系数是相同的。

图 24.34 给出点到点运动（PTP）情况下，基本轴 1 测量信号的典型特性。末端执行器没有带任何额外的负载，将参数估计软件嵌入机器人控制系统，采样时间取 $T_0 = 5\ \mathrm{ms}$，与位置控制器的采用时间相同，模拟低通滤波器的截止频率为 $f_{\mathrm{C}} = 40\ \mathrm{Hz}$，利用数字滤波生成导数$\dot{\omega}$，数字滤波器的截止频率为 $f_{\mathrm{C}} = 20\ \mathrm{Hz}$。

由于测量数据的数值性能很好，所以应用 DSFI（信息形式的离散平方根滤波）算法程

序进行参数估计，遗忘因子取 $\lambda=0.99$。图 24.35 给出估计程序开始后的参数估计，一个运动周期内收敛到常值。

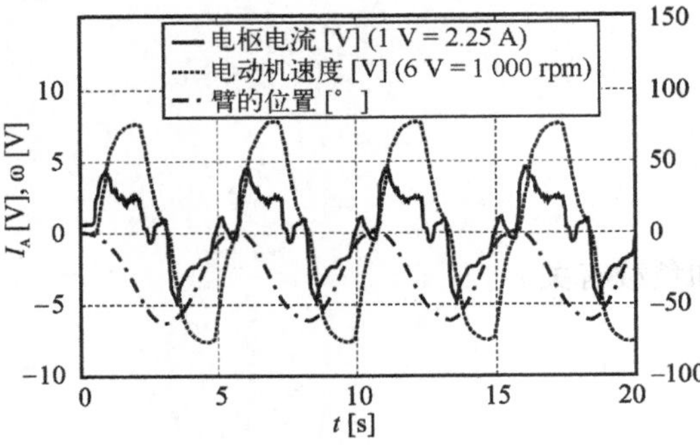


图 24.34 周期性的点到点运动情况下，基本轴 1 的测量值随着时间变化的曲线

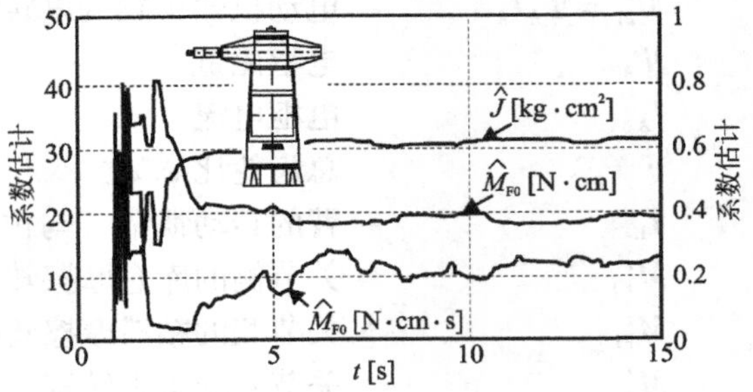


图 24.35 利用图 24.34 信号获得的参数估计

### 24.2.3 离心泵

泵是很多技术工程过程的基本设备，比如动力和化学工业、矿物与采矿、制造、加热、空调和引擎制冷等都要用到泵。它们多数由电动机或内燃引擎驱动，电能消耗比例很高。泵可分为离心泵和静液力泵或正排量泵（往复式泵），前者扬程大，压力比较低；后者压力高，扬程小。它们都可以用来传送纯液体或固-液混合物。顺便提一句，增加输送压力可以补偿阻力损失或者促使热力循环。下面将集中讨论离心泵。

以前，离心泵大都以恒定速度驱动，液体流量利用阀门调节，会造成相应的节流损失。随着有了更便宜的速度控制感应电动机，现在也用较低功率的离心泵来直接控制流量，以节约能源。

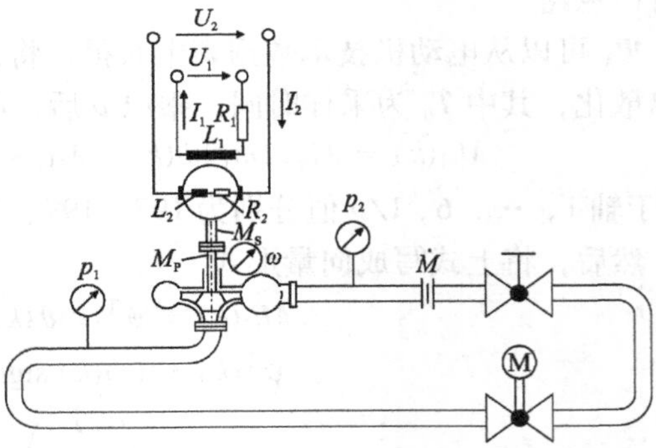


图 24.36 速度控制的直流电动机和离心泵示意图
闭环回路包括：电动机，$P_{max}=4\,\text{kW}$，$n_{max}=3000\,\text{rpm}$，
泵，$H=39\,\text{m}$，$\dot{V}_{max}=160\,\text{m}^3/\text{h}$，$n_{max}=2600\,\text{rpm}$；
交流电动机用于稳态运行，直流电动机用于动态运行

本例中考虑的离心泵是由速度控制的直流电动机驱动，通过闭合管路输送水，见图 24.36。现将直流电动机和泵看成一个单元（Geiger，1985）。

测量信号有：电枢电压 $U_2$、电枢电流 $I_2$、体积流量 $\dot{V}$、角速度 $\omega$、泵总压头 $H$。对假设做些简化后，得到的基本方程如下：

① 电枢电路方程

$$L_2\frac{\mathrm{d}I_2(t)}{\mathrm{d}t}=-R_2I_2(t)-\Psi\omega(t)+U_2(t) \tag{24.2.14}$$

② 电动机和泵的力学方程

$$J_{\mathrm{P}}\frac{\mathrm{d}\omega}{\mathrm{d}t}=\Psi I_2(t)-M_{\mathrm{f0}}-\varrho g h_{\mathrm{th1}}\omega(t)\dot{V}(t) \tag{24.2.15}$$

③ 泵的水力学方程（Pfleiderer and Petermann，2005）

$$H(t)=h_{\mathrm{nn}}\omega^2(t)-h_{\mathrm{nv}}\omega(t)\dot{V}(t)-h_{\mathrm{vv}}\dot{V}^2(t)=h'_{\mathrm{nn}}\dot{V}^2(t) \tag{24.2.16}$$

在这种情况下，方程右边三项可以合并成一项，因为$\dot{V}$与 $\omega$ 成正比。

④ 管道的水力学方程

$$a_{\mathrm{F}}\frac{\mathrm{d}\dot{V}(t)}{\mathrm{d}t}=-h_{\mathrm{rr}}\dot{V}^2(t)+H(t) \tag{24.2.17}$$

本例用到下述符号：

| | | | |
|---|---|---|---|
| $L_2$ | 电枢电感 | $R_2$ | 电枢阻抗 |
| $U_2$ | 电枢电压 | $I_2$ | 电枢电流 |
| $\Psi$ | 磁链 | $\omega$ | 旋转速度 |
| $J_{\mathrm{P}}$ | 泵的转动惯量 | $M_{\mathrm{f0}}$ | 干摩擦转矩 |
| $\varrho$ | 流体密度 | $g$ | 重力常数 |
| $h_{\mathrm{th1}}$ | 泵的理论压头系数 | $\dot{V}$ | 体积流量 |
| $H$ | 传送扬程 | $h_{\mathrm{nn}}$ | 传送压头系数 |
| $h_{\mathrm{nV}}$ | 传送压头系数 | $h_{\mathrm{VV}}$ | 传送压头系数 |
| $a_{\mathrm{F}}$ | 管路特性 | $h_{\mathrm{rr}}$ | 管路流动摩擦 |

总体说来，整个模型是非线性的，但关于估计参数是线性的，因此可以直接、显式地应用最小二乘参数估计方法。模型包含 9 个过程系数：

$$\boldsymbol{p}^{\mathrm{T}}=\left(L_2\ R_2\ \Psi\ J_{\mathrm{P}}\ M_{\mathrm{f0}}\ h_{\mathrm{th1}}\ h'_{\mathrm{nn}}\ a_{\mathrm{F}}\ h_{\mathrm{rr}}\right) \tag{24.2.18}$$

为了进行参数估计，将上式方程写成下列形式：

$$y_j(t)=\boldsymbol{\Psi}_j^{\mathrm{T}}(t)\hat{\boldsymbol{\theta}}_j,\ j=1,2,3,4 \tag{24.2.19}$$

其中

$$\left.\begin{aligned} y_1(t)&=\frac{\mathrm{d}I_2(t)}{\mathrm{d}t} & y_2(t)&=\frac{\mathrm{d}\omega(t)}{\mathrm{d}t}\\ y_3(t)&=H(t) & y_4(t)&=\frac{\mathrm{d}\dot{V}(t)}{\mathrm{d}t}\end{aligned}\right\} \tag{24.2.20}$$

模型参数为

$$\hat{\boldsymbol{\theta}}^{\mathrm{T}}=\left(\hat{\boldsymbol{\theta}}_1^{\mathrm{T}}\ \hat{\boldsymbol{\theta}}_2^{\mathrm{T}}\ \hat{\boldsymbol{\theta}}_3^{\mathrm{T}}\ \hat{\boldsymbol{\theta}}_4^{\mathrm{T}}\right) \tag{24.2.21}$$

利用离散平方根滤波（DSFI）形式的最小二乘法来估计参数。基于模型参数估计 $\hat{\boldsymbol{\theta}}$，可以唯一地确定过程系数向量 $\boldsymbol{p}$ 中的 9 个参数。

直流电动机由 AC/DC 转换器控制，采用速度串级控制，电枢电流作为辅助控制变量，被调量为电枢电压 $U_2$㊀，将微型计算机 DEC - LSI 11/23 在线连接到过程中。为了进行实验，速度控制的设定值 $\omega_{\mathrm{S}}(t)$ 每 2 分钟阶跃变化一次，变化幅值为 750 rpm，泵的工作点为 $n=1000$ rpm，$H=5.4$ m，$\dot{V}=6.48\ \mathrm{m^3/h}$。测量信号的采用时间为 $T_0=5$ ms 和 20 ms，持续时间分别为 2.5 s 和 10 s，获得 500 组采样数据㊁。这些测量数据在参数估计之前存放在核心存储

㊀ 译者注：原文误为电流。

㊁ 译者注：原文没有说明获得的是哪组采用时间的数据。

器中。每 120 s 估计一次模型参数，并计算过程系数，550 个阶跃变化的估计结果见表 24.4。

**表 24.4　泵驱动的估计参数**

| 参　数 | 均　值 | 标 准 差 |
|---|---|---|
| $L_2$[mH] | 57.6 | 5.6% |
| $R_2$[Ω] | 2.20 | 5.0% |
| $\Psi$[Wb] | 0.947 | 1.2% |
| $J[10^{-3}\ kg \cdot m^2]$ | 24.5 | 3.7% |
| $C_{R0}$[N·m] | 0.694 | 13.5% |
| $h_{TH1}[10^{-3}\ ms^2]$ | 1.27 | 3.6% |
| $h_{NN}[10^{-3}\ ms^2]$ | 0.462 | 0.8% |
| $a_B[10^3\ s^2/m^2]$ | 0.905 | 1.46% |
| $h_{RR}[10^6\ s^2/m^5]$ | 1.46 | 3.9% |

## 24.2.4　热交换器

热交换器是动力和化工、加热、制冷、冰箱和空调等领域的典型设备，是各类机器和引擎的组成部分，其任务是在两种或多种介质之间交换热量，比如液体或气体之间交换。

**热交换器类型**

热交换器有很多种类型，以满足有关温度、压力、相变、腐蚀、效率、重量、空间以及转运等方面的特定需求，常用的类型如下：

- 管式热交换器。
- 板式热交换器。

根据流量方向，热交换器又可分为逆流、并流和交叉流，热交换器的介质流体可以是液体、气体或蒸汽，由此形成两种介质的组合：

- 液－液。
- 气－液。
- 液－汽（冷凝器、蒸发器）。
- 气－汽。

**汽/水热交换器**

作为一个例子，考虑一个工业规模的蒸汽热交换器，见图 24.37，它是一个试验工厂的一部分（W. Goedecke，1987；Isermann and Freyermuth，1991）。这个工厂包括蒸汽发生器、蒸汽/冷凝循环（回路 1）、水循环（回路 2）和交叉流热交换器，用于将水的热传给空气。

测量下述变量，用作所考虑的热交换器的输入和输出：

$\dot{m}_s$　　蒸汽质量流量

$\dot{m}_1$　　液体（水）质量流量

$\vartheta_{1i}$　　液体进口温度

$\vartheta_{1o}$　　液体出口温度

液体出口温度 $\vartheta_{1o}$ 用作输出变量，其他三个测量变量作为输入变量。

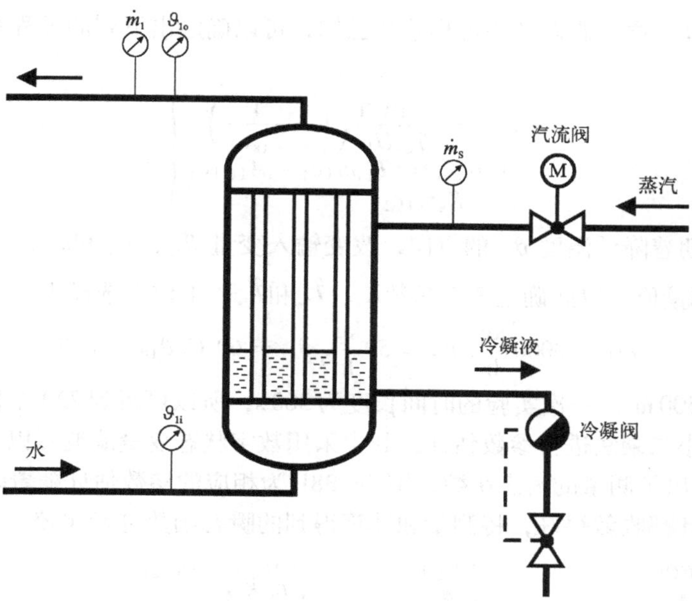


图 24.37　管式热交换器和被测变量

**线性模型和参数估计**

为了对动态特性建模，热交换器分为管段、水头、传输延迟和温度传感器。加热管的动态方程是分布式参数过程，由文献（Isermann，2010）给出，此外还写出了蒸汽空间和管壳的平衡方程。对分布式参数的超越传递函数进行近似，并在工作点附近进行线性化，得到近似的传递函数

$$\tilde{G}_{s\vartheta}(s)=\frac{\Delta\vartheta_{1o}(s)}{\Delta\dot{m}_s(s)}=\frac{K_s}{(1+T_{1s}s)(1+T_{2s}s)}e^{-T_{ds}s} \tag{24.2.22}$$

其中

$$\left.\begin{aligned}&K_s=\frac{r}{\dot{m}_1c_1},\ T_{1s}=\frac{1}{v_1}\left(1+\frac{A_w\varrho_wc_w}{A_1\varrho_1c_1}\right)\\&T_{2s}=\frac{A_w\varrho_wc_w}{\alpha_{w1}U_1}\frac{1}{\left(1+\frac{A_w\varrho_wc_w}{A_1\varrho_1c_1}\right)}\end{aligned}\right\} \tag{24.2.23}$$

式中各变量的含义：

| | | | |
|---|---|---|---|
| $A$ | 面积 | $c_p$ | 比热 |
| $\dot{m}$ | 质量流量 | $r$ | 汽化热 |
| $\alpha$ | 热交换系数 | $\vartheta$ | 温度 |
| $\varrho$ | 密度 | | |

下标的含义：

| | | | |
|---|---|---|---|
| 1 | 热交换器的主侧 | 2 | 热交换器的副侧 |
| w | 壁 | s | 蒸汽 |
| i | 进口 | o | 出口 |

在这种情况下，要用 3 个估计参数去比对 10 个过程系数，因此不可能唯一地确定所有

的过程系数。但是，通过假设某些过程系数已知，可以确定出下列的过程系数或给出系数的组合

$$\left.\begin{aligned}\alpha_{\mathrm{w}1} &= \frac{A_1\varrho_1 c_1}{T_{2\mathrm{s}}U_1}\left(1-\frac{1}{T_{1\mathrm{s}}v_1}\right)\\ A_{\mathrm{W}}\varrho_{\mathrm{W}}c_{\mathrm{W}} &= T_{1\mathrm{s}}\dot{m}_1 c_1 - A_1\varrho_1 c_1\\ r &= K_{\mathrm{s}}\dot{m}_1 c_1\end{aligned}\right\} \tag{24.2.24}$$

通过实验，朝着降低温度 $\vartheta_{S0}$ 的方向，改变输入变量 $\vartheta_{1i}$、$\dot{m}_{\mathrm{S}}$ 和 $\dot{m}_1$，由此得到液体出口温度 $\vartheta_{1o}$ 的瞬态测量值，以此确定 3 个参数 $\hat{K}_{\mathrm{s}}$、$\hat{T}_{1\mathrm{s}}$ 和 $\hat{T}_{2\mathrm{s}}$。工作点选择为

$$\dot{m}_1 = 3000\,\frac{\mathrm{kg}}{\mathrm{h}},\ \dot{m}_{\mathrm{s}} = 50\frac{\mathrm{kg}}{\mathrm{h}},\ \vartheta_{1\mathrm{i}} = 60°\mathrm{C}, \vartheta_{1\mathrm{o}} \approx 70°\mathrm{C}$$

采样时间取 $T_0=500\,\mathrm{ms}$。一次实验的时间长度为 360 s，所以可得到 720 个样本数据。利用递推形式的总体最小二乘法进行参数估计，其中采用数字状态变量滤波器以求得相关的导数。

图 24.38a 给出了测量的瞬态函数，图 24.38b 为相应的参数估计随着时间的变化。在所有情况下参数估计都收敛很好，将测量和计算得到的瞬态函数进行比较，结果吻合得很好。

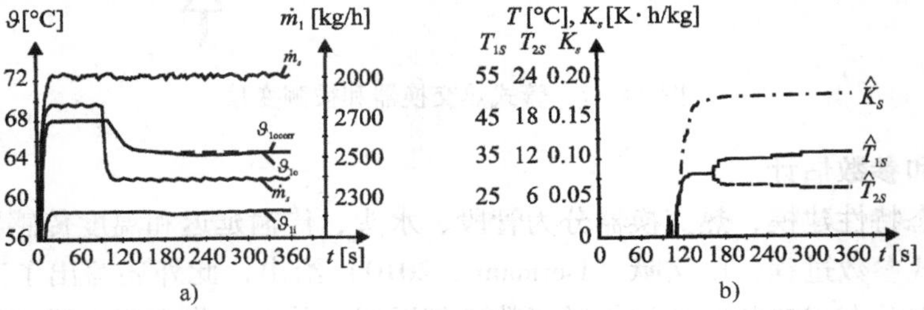


图 24.38　蒸汽流量变化 $\Delta\,\dot{m}_{\mathrm{S}}$ 后的结果

a）蒸汽流量变化下测量的瞬态函数　b）由瞬态函数得到的参数估计

**参数可变的局部线性模型**

由于热交换器的特性受流量的影响很大，稳态特性和动态特性对于变化的流量都是非线性的。为了建立能适用于较大运行范围的模型，首先利用 LOLIMOT 局部线性神经网络模型来描述额定的工作特性，并应用于第 24.2.4 节所用的汽/水热交换器。利用幅度调制 PRBS 信号，对两种流量同时进行大范围的激励，使用 LOLIMOT 模型辨识方法，确定水出口温度 $\vartheta_{1o}$ 关于水体积流量 $\hat{V}_1$、蒸汽质量流量 $\dot{m}_{\mathrm{S}}$ 和进口温度 $\vartheta_{1i}$ 的动态模型（Ballé，1998）。

这样就得到关于水流量的 10 个局部线性模型，利用 $T_0=1\,\mathrm{s}$ 的采样时间，采用如下的二阶动态模型是足够的。

$$\begin{aligned}\vartheta_{1\mathrm{o}}(k) = &-a_1(z)\vartheta_{1\mathrm{o}}(k-1) - a_2(z)\vartheta_{1\mathrm{o}}(k-1)\\ &+ b_{11}(z)\dot{m}_{\mathrm{s}}(k-1) + b_{12}(z)\dot{m}_{\mathrm{s}}(k-2)\\ &+ b_{21}(z)\dot{V}_1(k-1) + b_{31}(z)\vartheta_{1i}(k-1) + c_0(z)\end{aligned} \tag{24.2.25}$$

其中，参数与工作点 $z=\dot{V}_1$ 有关

$$a_\nu(\dot{V}_1) = \sum_{j=1}^{10} a_\nu \Phi_j(\dot{V}),\ b_{\nu\mu}(\dot{V}_1) = \sum_{j=1}^{10} b_{\nu\mu}(\dot{V}),\ c_0(\dot{V}_1) = \sum_{j=1}^{10} c_0\Phi_j(\dot{V}) \tag{24.2.26}$$

其中，$\Phi_{\mathrm{j}}$ 是 LOLIMOT 模型的加权函数。

图 24.39 给出得到的稳态出口温度与两个流量之间的关系。从辨识出来的模型中，可以获取 3 个增益和 1 个主时间常数，部分展示于图 24.40 中。水流量低时，与工作点的相关性特别大，稳态增益和时间常数变化大约有 4 倍。

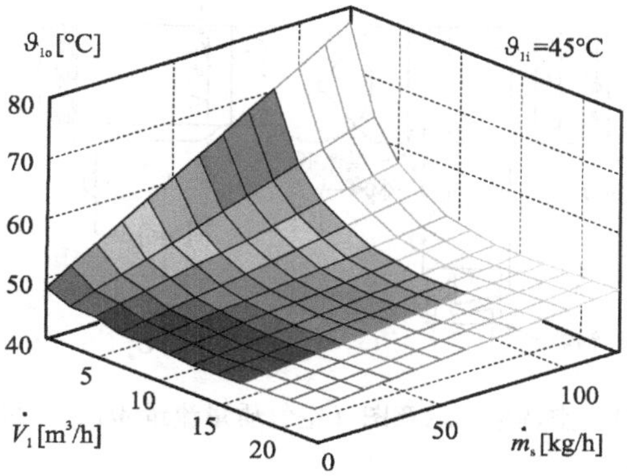


图 24.39　热交换器水出口温度关于水和蒸汽流量的稳态关系图

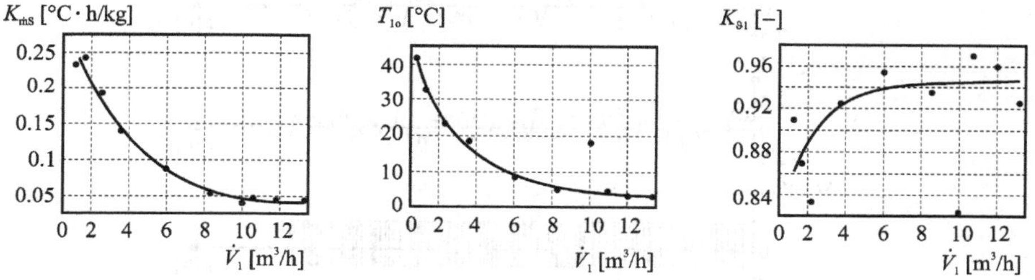


图 24.40　水出口温度与水流量之间的稳态增益和时间常数

## 24.2.5　空调

本节考虑的空调系统包括加热器和加湿器，见图 24.41。利用热水供给，以控制交叉流热交换器之后的空气温度。在加湿器内部，利用水的雾状流来控制湿度。图 24.42 给出了过程的测量值，由于系统是线性 MIMO 过程，为了不增加相关的输入信号，将用于第一个输入上的 PRBS 与正交 PRMS 相加，以获得另一种输入信号。基础 PRBS 信号的时钟时间为 $\lambda=1$，测量时间为 $T_M=195$ s。选用简化的 P 规范型模型作为模型结构，通过行列式检验估计模型的阶次和迟延，得到 $\hat{m}_1=2$，$\hat{d}_{11}=0$，$\hat{d}_{12}=0$；$\hat{m}_1=1$，$\hat{d}_{21}=0$，$\hat{d}_{22}=0$。然后，利用 COR - LS 法，辨识得到如下模型（Hensel，1987）：

$$\hat{G}_{11}(z)=\frac{\Delta\vartheta_{\mathrm{Ao}}}{\Delta U_{\vartheta}(z)}=\frac{0.0509z^{-1}+0.0603z^{-2}}{1-0.8333z^{-1}+0.1493z^{-2}}$$

$$\hat{G}_{21}(z)=\frac{\Delta\vartheta_{\mathrm{Ao}}}{\Delta U_{\varphi}(z)}=\frac{-0.0672z^{-1}-0.0136z^{-2}}{1-0.8333z^{-1}+0.1493z^{-2}}$$

$$\hat{G}_{22}(z)=\frac{\Delta\varphi_{\mathrm{Ao}}}{\Delta U_{\varphi}(z)}=\frac{0.2319z^{-1}}{1-0.3069z^{-1}}$$

$$\hat{G}_{11}(z)=\frac{\Delta\vartheta_{\mathrm{Ao}}}{\Delta U_{\vartheta}(z)}=\frac{0.0107z^{-1}}{1-0.3069z^{-1}}$$

估计参数为：$\hat{K}_{11}=0.3520$，$\hat{K}_{12}=-0.2557$，$\hat{K}_{22}=0.3345$，$\hat{K}_{12}=0.0154$，因此 $\Delta U_{\vartheta}(z)$ 与 $\Delta\varphi_{Ao}(z)$ 的耦合是可忽略的。

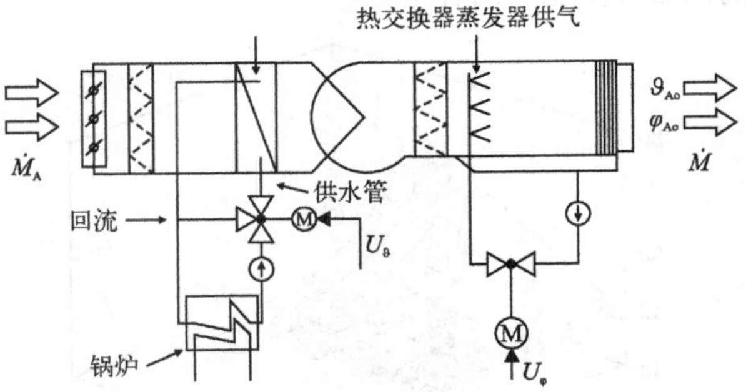


图 24.41　空调单元示意图（空气质量流量 $M_{A,max}=500\ m^3/s$）

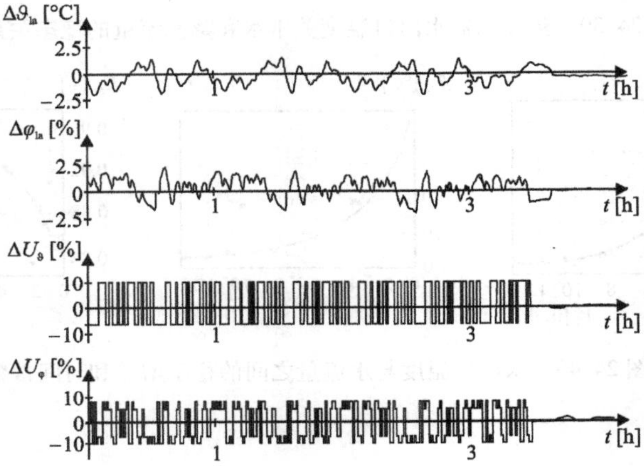


图 24.42　空调单元的测量值

工作点：$\vartheta_{Ao}=30℃$，$\varphi_{Aa}=35℃$，$T_0=1$ min。测试信号幅值：$u_1=1$ V，$u_2=0.8$ V

## 24.2.6　旋转式干燥器

如文献（Mann，1980；Isermann，1987）所描述，通过辨识获得了用于糖料甜菜的旋转式干燥器模型，过程模型的输入是燃料供应$\dot{m}_F$，输出是干燥物质量 $\psi_{DM}$。由于过程的干扰很大，因此利用短测量时间的数据获得的辨识结果不是最优的。但是，如图 24.43 所示，经过大约 6 h 较长的辨识时间，过程输出测量值与模型输出吻合得很好。直流分量的估计差异可解释为由于受大的干扰所造成。利用 COR－LS 辨识方法，得到过程模型为

$$G(z)=\frac{-1.15z^{-1}+1.52z^{-2}-0.54z^{-3}+0.27z^{-4}+0.27z^{-5}}{1-2.01z^{-1}+1.27z^{-2}-0.24z^{-3}+0.07z^{-4}-0.07z^{-5}}z^{-2} \qquad (24.2.27)$$

也见图 24.45。根据图 24.44 所示的计算的阶跃响应可以看出，结果模型具有全通特性，且包含迟延。

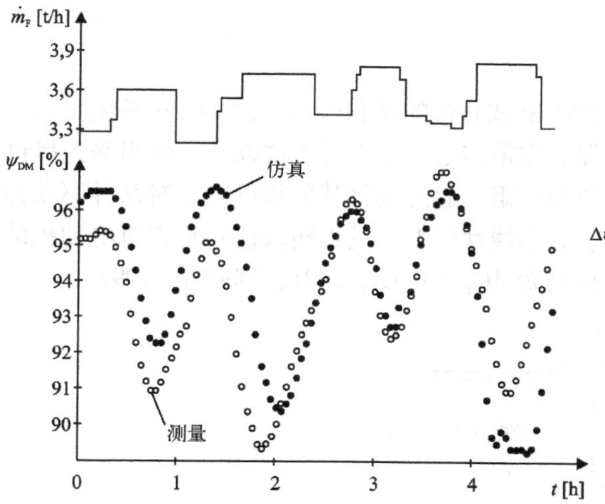


图 24.43　用于旋转式干燥器模型辨识的信号

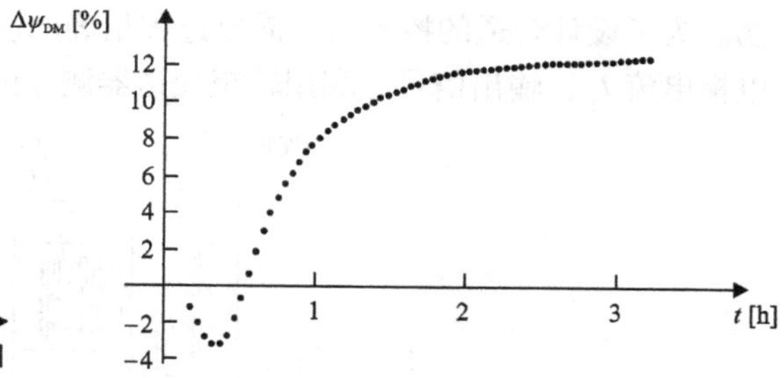


图 24.44　根据辨识模型计算的阶跃响应，阶跃输入是旋转式干燥器调节量燃料质量流量

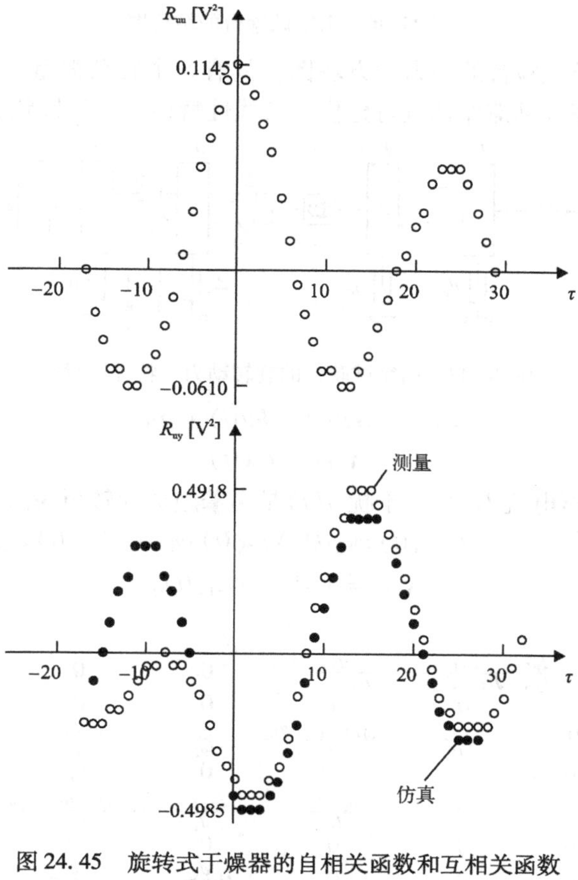


图 24.45　旋转式干燥器的自相关函数和互相关函数

## 24.2.7 引擎试验台

为了设计转矩或速度控制器，需要建立内燃引擎试验台的动态模型。图 24.46 是试验台的结构布置图，包括直流电动机、弹簧钩环离合器、皮带传送、转矩变送器以及内燃引擎连接试验台的法兰。利用拉力器给内燃引擎加上动态负载转矩，通过调整其形状可以应对某种驱动振荡。为了设计合适的控制器，需要过程精确的动力学线性模型，过程输入信号是直流电动机的电枢电流 $I_A$，输出信号是利用转矩变送器测量的转矩 $M_{TT}$（Voigt，1991；Pfeiffer，1997）。

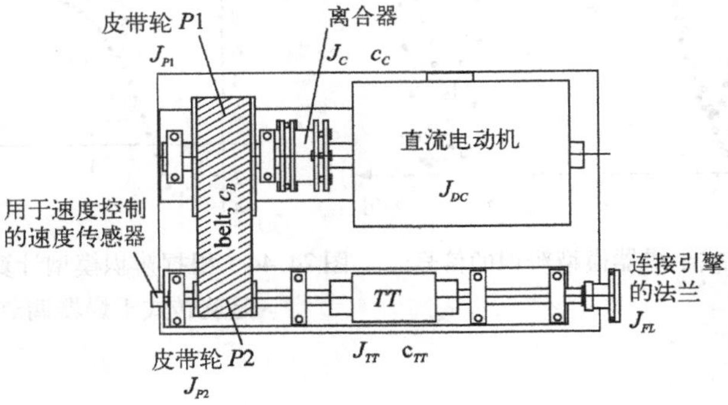


图 24.46 引擎试验台的结构图

图 24.47 给出引擎试验台的动力学方块图，具有 5 个转动惯量，通过弹簧/阻尼组合耦合。滚柱轴承内的摩擦以粘滞摩擦进行建模，其线性特性可用线性状态空间模型描述：

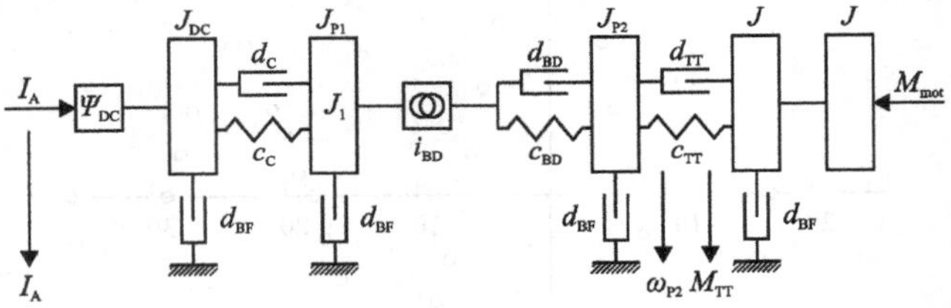


图 24.47 引擎试验台的旋转动力学特性示意图

$$\dot{\boldsymbol{x}}(t)=\boldsymbol{A}\boldsymbol{x}(t)+\boldsymbol{b}u(t)+\boldsymbol{g}n(t) \tag{24.2.28}$$

$$\boldsymbol{y}(t)=\boldsymbol{C}\boldsymbol{x}(t) \tag{24.2.29}$$

其中，输入 $u(t)$ 为电枢电流 $I_A(t)$，干扰 $n(t)$ 是引擎施加的转矩 $M_{mot}(t)$，且

$$\boldsymbol{x}(t)^{\mathrm{T}}=\left(\omega_{FL}\ \Delta\varphi_{TT}(t)\ \omega_{P2}(t)\ \Delta\varphi_{BD}(t)\ \omega_{P1}(t)\ \Delta\varphi_C(t)\ \omega_{DC}(t)\right) \tag{24.2.30}$$

$$\boldsymbol{y}(t)=\left(M_{TT}(t)\ \omega_{P2}(t)\right) \tag{24.2.31}$$

模型参数为

$$\boldsymbol{A}=\begin{pmatrix}
-\frac{d_{TT}+d_{BF}}{J_{FL}+J_{mot}} & \frac{c_{TT}}{J_{FL}+J_{mot}} & \frac{d_{TT}}{J_{FL}+J_{mot}} & 0 & 0 & 0 & 0\\
-1 & 0 & 1 & 0 & 0 & 0 & 0\\
\frac{d_{TT}}{J_{P2}} & -\frac{c_{TT}}{J_{P2}} & -\frac{d_{BD}+d_{TT}+d_{BF}}{J_{P2}} & \frac{c_{BD}}{J_{P2}} & \frac{i_{BD}d_{BD}}{J_{P2}} & 0 & 0\\
0 & 0 & -1 & 0 & i_{BD} & 0 & 0\\
0 & 0 & \frac{i_{BD}d_{BD}}{J_{P1}} & -\frac{i_{BD}c_{BD}}{J_{P1}} & \frac{i_{BD}^2 d_{BD}+d_C+d_{BF}}{J_{P1}} & \frac{c_C}{J_{P1}} & \frac{d_C}{J_{P1}}\\
0 & 0 & 0 & 0 & -1 & 0 & 1\\
0 & 0 & 0 & 0\frac{d_C}{J_{DC}} & -\frac{c_C}{J_{DC}} & \frac{d_C+d_{BF}}{J_{DC}} &
\end{pmatrix} \tag{24.2.32}$$

$$b^{T}=\left(0\,0\,0\,0\,0\,0\,\frac{\Psi_{DC}}{J_{DC}}\right) \tag{24.2.33}$$

$$C=\begin{pmatrix}0 & c_{TT} & 0\,0\,0\,0\,0\\ 0 & 0 & 1\,0\,0\,0\,0\end{pmatrix} \tag{24.2.34}$$

传递函数矩阵可由下式确定：

$$G(s)=C\left(sI-A\right)^{-1}b \tag{24.2.35}$$

考虑 $I_A(t)$ 为输入，$M_{mot}(t)$ 为输出，模型是 7 阶的：

$$G_{IT}(s)=\frac{b_0+b_1s}{a_0+a_1s+a_2s^2+a_3s^3+a_4s^4+a_5s^5+a_6s^6+a_7s^7} \tag{24.2.36}$$

传递函数的参数依赖于系统的物理参数，这些变量的含义：

| | | | |
|---|---|---|---|
| $\Psi_{DC}$ | 直流磁链 | $J$ | 转动惯量 |
| $C$ | 弹簧刚度 | $d$ | 阻尼系数 |
| $\omega$ | 旋转速度 | $\varphi$ | 角度 |
| $M$ | 转矩 | $I$ | 电流 |

下标的含义：

| | | | |
|---|---|---|---|
| BF | 轴承摩擦 | P2 | 皮带轮 P2 |
| DC | 直流 | TT | 转矩变送器 |
| C | 离合器 | FL | 法兰 |
| P1 | 皮带轮 P1 | mot | 测试引擎 |
| BD | 皮带传动 | | |

传递函数的零极点分布见图 24.48，有 3 对共轭复极点、1 个实极点和 1 个实零点。由此可以分辨出自然角特征频率：离合器为 $\omega_{e,C}$，转矩变送器为 $\omega_{e,TT}$，皮带为 $\omega_{e,B}$。考虑非耦合元件为无阻尼二阶系统，其特征频率可确定为

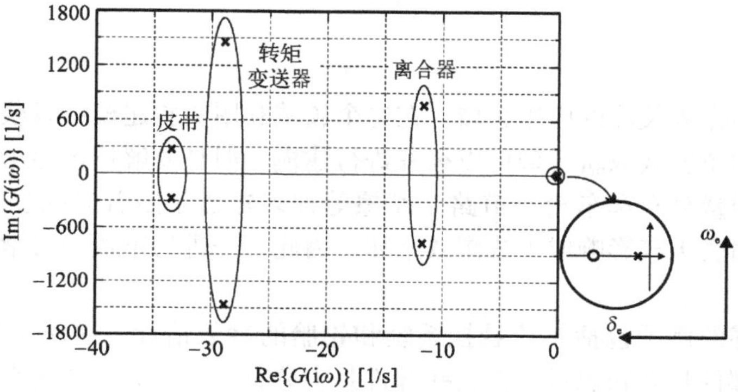


图 24.48 引擎试验台传递函数的零极点

$$f_{0,C}=\frac{1}{2\pi}\sqrt{\frac{c_C(J_{DC}+J_{P1})}{J_{DC}J_{P1}}}=154.7\,\text{Hz}\,(\text{离合器}) \tag{24.2.37}$$

$$f_{0,BD}=\frac{1}{2\pi}\sqrt{\frac{c_{BD}(J_{DC}+J_{P1})+i_{BD}^2(J_{P2}+J_{FL})}{(J_{DC}J_{P1})(J_{P2}+J_{FL})}}=34.5\,\text{Hz}\,(\text{皮带}) \tag{24.2.38}$$

$$f_{0,\mathrm{TT}} = \frac{1}{2\pi}\sqrt{\frac{c_{\mathrm{TT}}(J_{\mathrm{P2}} + J_{\mathrm{FL}})}{J_{\mathrm{P2}}J_{\mathrm{FL}}}} = 154.7\,\mathrm{Hz}\text{（离合器）} \tag{24.2.39}$$

图 24.49 是无引擎时系统的测量频率响应，从图中可以清晰地辨认出 3 个共振频率：皮带约为 45 Hz，离合器为 120 Hz，转矩变送器为 250 Hz。结果显示，模型和测量响应之间吻合得很好（Isermann et al，1992；Pfeiffer，1997）。得到的模型可以用于设计与内燃引擎相关的数字转矩控制器，利用精确的动力传动系模型可以补偿试验台频率到 12 Hz 的动力学特性。

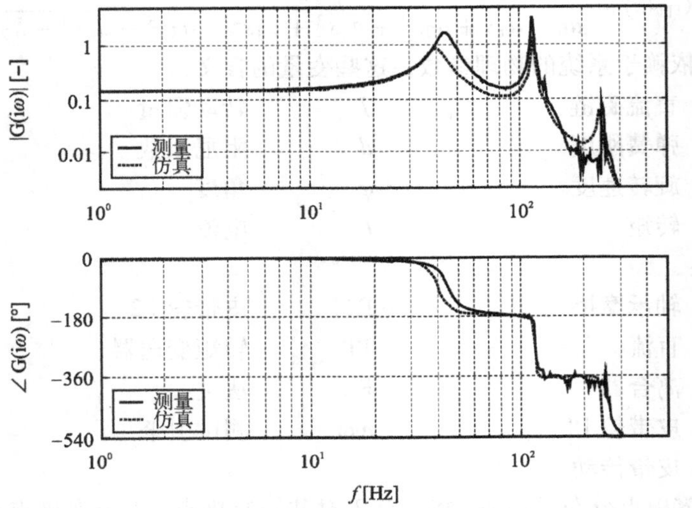


图 24.49　试验台机械部分的测量频率响应，输入是电流 $I_A(t)$，输出是转矩 $M_{TT}(t)$

## 24.3　汽车

汽车是另一个令人关注的应用领域，在这个领域利用实验建模可以获得很大的益处。尽管车辆动力学利用单轨或双轨模型可以很好进行建模，但是要解析地导出模型参数却非常困难。另外，描述质量分布和车轮 - 道路 - 摩擦等许多参数是随着时间变化的，比如负载变化，或者道路表面受天气影响或干或湿或结冰。因此，先进的车辆动力学系统必须能适应车辆参数的变化。

本节下面论述的例子包括车轮悬挂系统和轮胎的参数估计。这两个都是关键的安全系统，因此它们的部件状态知识对监控这些部件是十分有用的。另一个关键的安全系统是制动系统，本节也会讨论它的建模和辨识问题。

最后，还将讨论内燃引擎，随着越来越严格的排放要求，内燃引擎的执行器数量不断增加，使得这些系统成为真正的（非线性）MIMO 系统。

### 24.3.1　车辆参数估计

本节讨论车辆参数估计问题。就先进的车辆动态控制系统来说，对车辆参数估计是很有兴趣的，可以为基于模型的控制算法提供自适应模型。

一个简单又足够精确的模型是单轨模型（Milliken and Milliken，1997），用它可以描述侧向加速度达到约 $a_Y \leqslant 0.4g$ 的汽车动态特性。相比于双轨模型，单轨模型将每个轴的两个轮子组合成轴中心的一个轮子，而且假设车辆的重心在道路表面上，也就是车辆不会滚动，还假设轮胎表面与道路之间的力累积和滑脱角的关系是线性的。由于这些简化的假设，单轨模型不总是具有足够的逼真度，但它对正常驾驶员可能经历的多数情况是够用的。

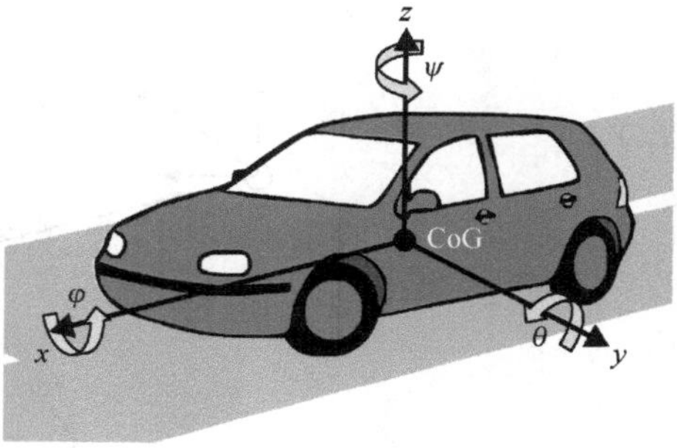


图 24.50　道路车辆的坐标系统（Halbe，2008；Schorn，2007）

图 24.50 是客车的坐标系统，用它来解释下文所要用到的符号：$x$、$y$、$z$ 表示车的三个侧向自由度，$\varphi$ 表示翻滚角，$\psi$ 表示偏航角，$\theta$ 表示俯仰角。

轮胎 - 道路表面相互作用的轮胎特性见图 24.51，由此可见转向摩擦力与滑脱角成为非线性关系，但侧向滑脱角比较小时，可以假设转向力与侧向滑脱角之间是线性的。

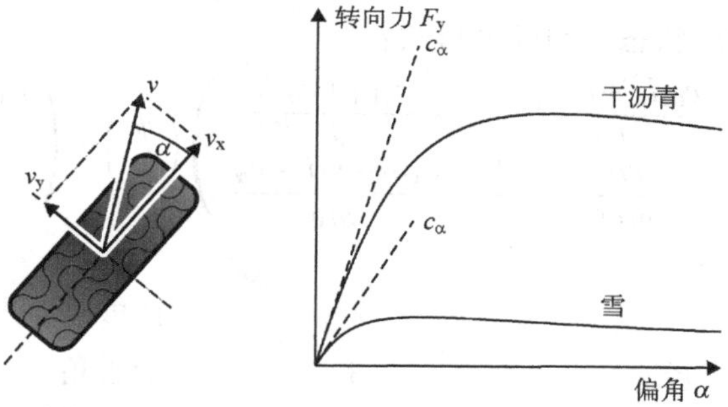


图 24.51　滑脱角和轮胎特性的定义（Halbe，2008；Schorn，2007）

基于车辆的力和力矩平衡，可以导出单轨模型（见图 24.52）：

$$\underbrace{m\frac{v^2}{R}\sin\beta - m\dot{v}\cos\beta}_{\text{D' Alembert 惯性力}} + \underbrace{F_{\mathrm{xr}} + F_{\mathrm{xf}}\cos\delta - F_{\mathrm{yf}}\sin\delta}_{\text{轮胎力}} = 0 \tag{24.3.1}$$

$$\underbrace{-m\frac{v^2}{R}\cos\beta - m\dot{v}\sin\beta}_{\text{D' Alembert 惯性力}} + \underbrace{F_{\mathrm{yr}} + F_{\mathrm{xf}}\sin\delta - F_{\mathrm{yf}}\cos\delta}_{\text{轮胎力}} = 0 \tag{24.3.2}$$

$$-J_z\ddot{\psi} + \left(F_{\mathrm{yf}}\cos\delta + F_{\mathrm{xf}}\sin\delta\right)l_{\mathrm{f}} - F_{\mathrm{yh}}l_{\mathrm{h}} = 0 \tag{24.3.3}$$

另外，有如下的运动学关系：

$$\alpha_{\mathrm{r}} = \arctan\left(\frac{v_{\mathrm{yr}}}{v_{\mathrm{xr}}}\right) = \arctan\left(\frac{l_{\mathrm{r}}\dot{\psi} - v\sin\beta}{v\cos\beta}\right) \approx \left(\frac{l_{\mathrm{r}}\dot{\psi} - v\sin\beta}{v\cos\beta}\right) \tag{24.3.4}$$

$$\alpha_{\mathrm{f}} = \delta - \arctan\left(\frac{l_{\mathrm{f}}\dot{\psi} + v\sin\beta}{v\cos\beta}\right) \approx \delta - \left(\frac{l_{\mathrm{f}}\dot{\psi} + v\sin\beta}{v\cos\beta}\right) \tag{24.3.5}$$

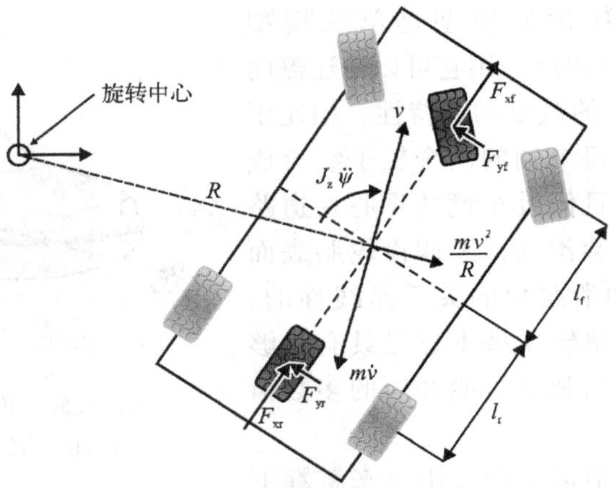


图 24.52　车辆单轨模型示意图（Halbe，2008；Schorn，2007）

它提供前后轮胎的滑脱角。由此可以确定侧向轮胎力为

$$f_{yr} = c_{\alpha r}\alpha_r \tag{24.3.6}$$

$$f_{yf} = c_{\alpha f}\alpha_f \tag{24.3.7}$$

最后，单轨模型可以写成状态空间模型形式：

$$\begin{pmatrix}\ddot{\psi}\\ \dot{\beta}\end{pmatrix} = \begin{pmatrix} -\dfrac{c_{\alpha f}l_f^2 + c_{\alpha r}l_r^2}{J_z v} & -\dfrac{c_{\alpha f}l_f + c_{\alpha r}l_r}{J_z} \\ \dfrac{-c_{\alpha f}l_f - mv^2 + c_{\alpha r}l_r}{mv^2} & -\dfrac{c_{\alpha f}l_f + m\dot{v} + c_{\alpha r}}{mv} \end{pmatrix}\begin{pmatrix}\dot{\psi}\\ \beta\end{pmatrix} + \begin{pmatrix}\dfrac{c_{\alpha f}l_f + c_{\alpha r}l_r}{J_z i_S}\\ \dfrac{c_{\alpha f}}{mvi_S}\end{pmatrix}\delta_H \tag{24.3.8}$$

这些方程所用的符号如下：

| | | | |
|---|---|---|---|
| $m$ | 质量 | $v$ | 速度 |
| $R$ | 瞬时半径 | $\beta$ | 滑脱角 |
| $\delta$ | 转向角 | $J$ | 转动惯量 |
| $l$ | 长度 | $\alpha$ | 侧向滑脱角 |
| $c_\alpha$ | 侧偏刚度 | $\alpha$ | |

所用的下标如下：

| | | | |
|---|---|---|---|
| fl | 左前 | fr | 右前 |
| rl | 左后 | rr | 右后 |

现在，可以通过试驾来估计单轨模型的参数。通过试驾获得的单轨参数模型如图 24.53 所示，从中可以看到模型输出与测量值之间吻合得很好。更多细节可参阅文献（Wesemeier and Isermann，2007；Halbe，2008；Schorn，2007）。

## 24.3.2　制动系统

本节关心客车液压制动系统的建模和辨识，该系统的示意图见图 24.54。驾驶员脚踩的力，通过真空制动助力器放大，然后传递给制动主缸，通常它直接安装在真空制动助力器上。制动主缸被中间的活塞分成两个单独的腔室，两条分开的管路从制动主缸连到液压控制单元，那里安装防抱死制动系统、牵引力控制系统等系统的所有阀门。四条管路从这个单元模块连到四个轮子的制动缸。在车轮制动缸中，制动块可以推向制动盘，以生成摩擦转矩，继而使车辆减速。更多详细的信息可参阅文献（Robert Bosch GmbH，2007；Burckhardt，1991；Breuer and Bill，2006）。

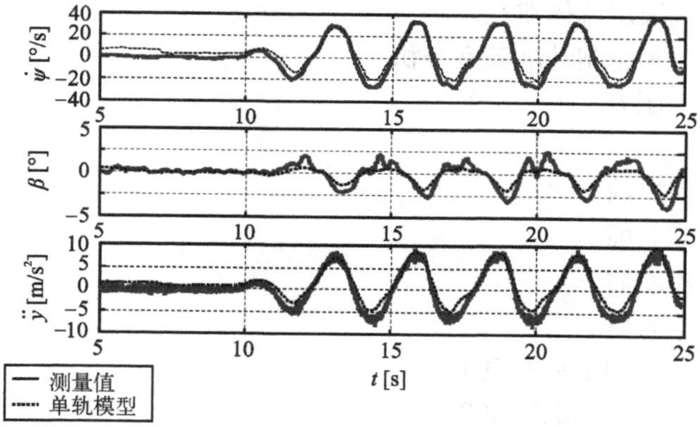


图 24.53　利用单轨参数模型进行驾驶操作（Halbe，2008；Schorn，2007）

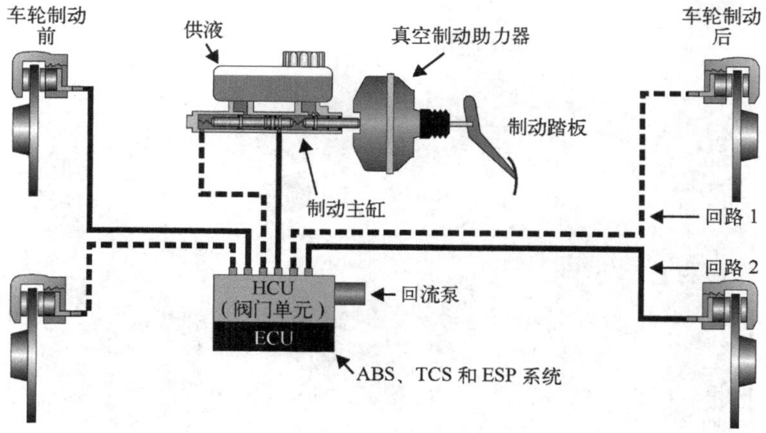


图 24.54　车辆液压制动系统示意图[⊖]液压子系统

**液压子系统**

下面，推导客车制动系统试验台（图 24.55）上的制动系统液压子系统的详细模型。该模型描述成非线性状态空间模型，系统动力学特性用一组一阶非线性微分方程描述

$$\dot{\boldsymbol{x}} = a(\boldsymbol{x}) + \boldsymbol{B}\boldsymbol{u} \tag{24.3.9}$$

模型输出写成

$$y = \boldsymbol{c}^{\mathrm{T}}\boldsymbol{x} + \boldsymbol{d}^{\mathrm{T}}\boldsymbol{u} \tag{24.3.10}$$

这里及本节下文所用的符号如下：

$V$　　体积

$\dot{V}$　　体积流量

⊖ 译者注：ABS（Anti-lock Braking System）防抱死制动系统，TCS（Traction Control System）牵引力控制系统，ESP（Electronic Stability Program）电子稳定系统。

| | |
|---|---|
| $R_T$ | 湍流阻力 |
| $R_L$ | 层流阻力 |
| $L$ | 液压流体惯性 |
| $C$ | 车轮制动缸腔室容积 |
| $P$ | 压力 |

下标表示：

| | |
|---|---|
| fl | 左前 |
| fr | 右前 |
| rl | 左后 |
| rr | 右后 |
| I | 制动主缸腔室 1 |
| II | 制动主缸腔室 2 |
| wbc | 车轮制动缸 |

图 24.55 Darmstadt 工业大学，自动控制与机电一体化研究所（Institute of Automatic Control and Mechatronics，简称 IAT），制动系统试验台（Straky，2003）

操作制动踏板，制动主缸将一定量的制动液推进各自的车轮制动缸，油液的排出量及排出这个量的时间变化率选作系统模型的状态

$$x = (V_{fl}\ \dot{V}_{fl}\ V_{fr}\ \dot{V}_{fr}\ V_{rl}\ \dot{V}_{rl}\ V_{rr}\ \dot{V}_{rr})^T \tag{24.3.11}$$

如果受到压力，制动主缸和液压连接管路会变宽，液压油液被压缩，这些全会导致制动液的消耗。流过液压控制单元中阀门的液体会引起湍流损失。有些阀门是回流阀，压力损失与流向有关，因此建模必须考虑到流向。长的连接管线会导致层流损失，车轮制动缸要按可压缩容积进行建模。这样会再次造成汽缸壁和卡钳的加宽，以及制动块、制动盘和制动液随着压力增加的压缩。

系统的动力学特性可写成

$$
a(\boldsymbol{x}) = \begin{pmatrix} \dot{V}_{\mathrm{fl}} \\ -\dfrac{R_{\mathrm{T,fl}}}{L_{\mathrm{fl}}}\dot{V}_{\mathrm{fl}}^2 - \dfrac{R_{\mathrm{L,fl}}}{L_{\mathrm{fl}}}\dot{V}_{\mathrm{fl}} - \dfrac{1}{L_{\mathrm{fl}}}\displaystyle\int \dfrac{\dot{V}_{\mathrm{fl}}}{C_{\mathrm{fl}}(V_{\mathrm{fl}})}\mathrm{d}t \\ \dot{V}_{\mathrm{fr}} \\ -\dfrac{R_{\mathrm{T,fr}}}{L_{\mathrm{fr}}}\dot{V}_{\mathrm{fr}}^2 - \dfrac{R_{\mathrm{L,fr}}}{L_{\mathrm{fr}}}\dot{V}_{\mathrm{fr}} - \dfrac{1}{L_{\mathrm{fr}}}\displaystyle\int \dfrac{\dot{V}_{\mathrm{fr}}}{C_{\mathrm{fr}}(V_{\mathrm{fr}})}\mathrm{d}t \\ \dot{V}_{\mathrm{rl}} \\ -\dfrac{R_{\mathrm{T,rl}}}{L_{\mathrm{rl}}}\dot{V}_{\mathrm{rl}}^2 - \dfrac{R_{\mathrm{L,rl}}}{L_{\mathrm{rl}}}\dot{V}_{\mathrm{rl}} - \dfrac{1}{L_{\mathrm{rl}}}\displaystyle\int \dfrac{\dot{V}_{\mathrm{rl}}}{C_{\mathrm{rl}}(V_{rl})}\mathrm{d}t \\ \dot{V}_{\mathrm{rr}} \\ -\dfrac{R_{\mathrm{T,rr}}}{L_{\mathrm{rr}}}\dot{V}_{\mathrm{rr}}^2 - \dfrac{R_{\mathrm{L,rr}}}{L_{\mathrm{rr}}}\dot{V}_{\mathrm{rr}} - \dfrac{1}{L_{\mathrm{rr}}}\displaystyle\int \dfrac{\dot{V}_{\mathrm{rr}}}{C_{\mathrm{rr}}(V_{\mathrm{rr}})}\mathrm{d}t \end{pmatrix} \tag{24.3.12}
$$

输入分布矩阵 $\boldsymbol{B}$ 定义为

$$
\boldsymbol{B} = \begin{pmatrix} 0 & 0 & 0 & \dfrac{1}{L_{\mathrm{fl}}} & 0 & \dfrac{1}{L_{\mathrm{rl}}} & 0 & 0 \\ 0 & \dfrac{1}{L_{\mathrm{fl}}} & 0 & 0 & 0 & 0 & 0 & \dfrac{1}{L_{\mathrm{rr}}} \end{pmatrix}^{\mathrm{T}} \tag{24.3.13}
$$

控制输入为制动主缸两个腔室内的压力

$$
\boldsymbol{u} = \begin{pmatrix} p_{\mathrm{II}} \\ p_{\mathrm{I}} \end{pmatrix} \tag{24.3.14}
$$

模型的输出选为总排出容积，它是单个排出容积之和，利用如下的用输出分布向量计算得到

$$
\boldsymbol{c}^{\mathrm{T}} = (1\;0\;1\;0\;1\;0\;1\;0) \tag{24.3.15}
$$

直接馈通向量为

$$
\boldsymbol{d}^{\mathrm{T}} = (C_{\mathrm{II}}\;C_{\mathrm{I}}) \tag{24.3.16}
$$

前面已经提到，由于有回流阀，液压控制单元的压力－流量特性与流向相关，因此湍流阻力写成

$$
R_{\mathrm{T},i} = \begin{cases} R_{\mathrm{Ta},i}\,, & \dot{V}_i \geqslant 0 \\ R_{\mathrm{Tr},i}\,, & \dot{V}_i < 0 \end{cases}, \quad i \in \{\mathrm{fl}, \mathrm{fr}, \mathrm{rl}, \mathrm{rr}\} \tag{24.3.17}
$$

现在，基于图 24.55 试验台的测量数据，利用迭代优化方法，可求得模型的各种参数。得到的模型有很高的准确度，这从图 24.56 所示的仿真结果可以看出。更多的细节在文献（Straky et al，2002；Straky，2003）中有描述。

**真空制动助力器**

制动盘需要较大的操作力，因此要采取一些办法将驾驶员的控制力放大，一种简单有效的设计就是使用真空制动助力器。真空制动助力器除了用于放大驾驶员的输入力外，还用作制动系统中辅助制动的执行设备（Kiesewetter et al，1997），在紧急情况下发起完全制动。

图 24.57 给出了真空制动助力器的剖面图，描绘了真空制动助力器的不同部位，其照片如图 24.58 所示。驾驶员踩踏的脚力通过连杆提供给真空制动助力器，真空制动助力器利用隔板分成两个腔室，其中真空腔室始终保持在明显低于大气压力的某压力下，工作腔室的压力由安装在真空制动助力器内的气动阀控制。这些气动阀门可以打开或关闭从工作腔室到真空腔室（图 24.59a）或者从工作腔室到周围环境（图 24.59b）的气流通路，气动阀的打开和关闭由反作用垫圈（俗称“华司（washer）”）控制，这个垫圈其实就是一个弹性橡胶盘。从周围环境

吸入的空气经过空气过滤器过滤，因此是清洁的。对于火花点火引擎，真空压力取自进气歧管；对于柴油引擎，真空压力由真空泵提供。为了在试验台（图 24.55）上操作，真空制动助力器由隔膜泵提供真空压力，因此这个试验台设备类似于装有柴油引擎的车辆。

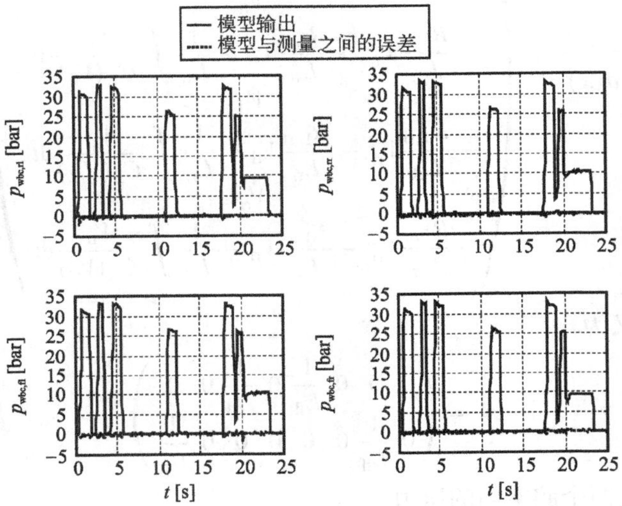


图 24.56　车轮制动缸中压力累积的仿真结果

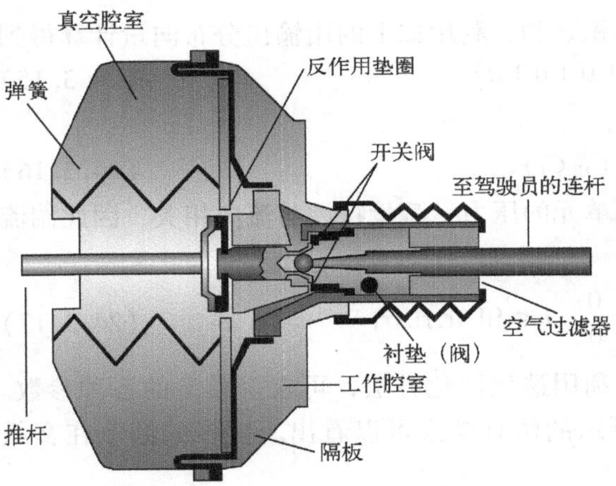


图 24.57　真空制动助力器剖面图

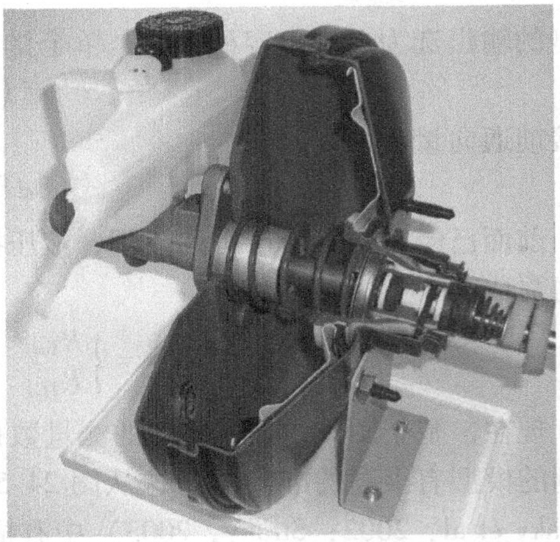

图 24.58　真空制动助力器照片

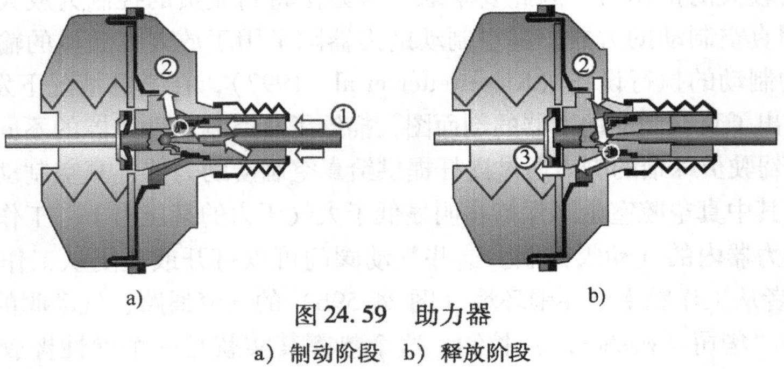


图 24.59　助力器

a）制动阶段　b）释放阶段

真空制动助力器两个腔室的压差施压在隔膜上，通过推杆传送给制动主缸。关于真空制动助力器更加详细的描述，读者可参阅（Robert Bosch GmbH，2007；Burckhardt，1991；Breuer and Bill，2006）。

下文中各变量记作：

| | | | |
|---|---|---|---|
| $p$ | 压力 | $V$ | 体积 |
| $m$ | 质量 | $R$ | 气体常数 |
| $T$ | 温度 | $x$ | 位移 |
| $A$ | 面积 | $A_V$ | 阀开度面积 |
| $\varrho$ | 密度 | $v$ | 速度 |

下标记作：

| | | | |
|---|---|---|---|
| vc | 真空腔室 | wc | 工作腔室 |
| mem | 隔膜，也就是膜隔板 | amb | 环境 |
| link | 连杆 | | |

正如上一节指出的，真空制动助力器由两个腔室组成，可按气动存储设备进行建模（Isermann，2005）。这种存储设备的状态可用如下的理想气体状态方程来描述：

$$p(t)V(t) = m(t)R_{\text{air}}T \tag{24.3.18}$$

其中，$p$ 为压力，$V$ 为当前的密闭容积，$m$ 为密闭空气的质量，$R_{\text{air}}$为气体常数，$T$ 为温度。质量 $m$ 选作守恒量，根据真空腔室的初始容积 $V_{\text{vc},0}$和隔板的位移 $x_{\text{mem}}$，可求得真空腔室（vc）的容积为

$$V_{\text{vc}} = V_{\text{vc},0} - x_{\text{mem}}A_{\text{mem}} \tag{24.3.19}$$

式中，$A_{\text{mem}}$为隔板的横截面积。假设体积和压力的变化为等温的，根据选作守恒量的密闭空气质量，真空腔室内的压力可计算为

$$p_{\text{vc}}(t) = \frac{m_{\text{vc}}R_{\text{air}}T}{V_{\text{vc}}} \tag{24.3.20}$$

实际的密度为

$$\varrho_{\text{vc}} = \frac{m_{\text{vc}}}{V_{\text{vc}}} \tag{24.3.21}$$

对于工作腔室（wc），可导出类似的方程

$$V_{\text{wc}} = V_{\text{wc},0} + x_{\text{mem}}A_{\text{mem}} \tag{24.3.22}$$

$$p_{\text{wc}} = \frac{m_{\text{wc}}R_{\text{air}}T}{V_{\text{wc}}} \tag{24.3.23}$$

$$\varrho_{\text{wc}} = \frac{m_{\text{wc}}}{V_{\text{wc}}} \tag{24.3.24}$$

现在，对气动阀进行建模，为此需要引入 Bernoulli 方程（Isermann，2005）。假设流体为正压的，因为空气的特性可用正压流体来近似。在这种情况下，Bernoulli 方程写成

$$\int_1^2 \frac{\partial v}{\partial t} + \left(P_2 + \frac{v_2^2}{2} + U_2\right) - \left(P_1 + \frac{v_1^2}{2} + U_1\right) = 0 \tag{24.3.25}$$

第一项的影响可以忽略，它描述的是加速导致的压力损失，$P_i$项（$i \in \{1,2\}$）描述的是压缩和膨胀阶段相应的能量消耗，它们可计算为

$$P_I = \int_{p_0}^{p_1} \frac{\mathrm{d}p}{\varrho} = R_{\text{air}}T\int_{p_0}^{p_1} \frac{\mathrm{d}p}{p} = R_{\text{air}}T\ln\left(\frac{p_1}{p_0}\right) \tag{24.3.26}$$

将 Bernoulli 方程应用到从点 1 到点 2 的流量通路，如图 24.59 所示，得到

$$R_{\mathrm{air}}T\ln\left(\frac{p_1}{p_2}\right)+\frac{v_1^2}{2}-\frac{v_2^2}{2}=0 \tag{24.3.27}$$

点 1 位于外部环境中，因此假设速度 $v_1$ 小得可以忽略，并设定压力 $p_1$ 为大气压力 $p_{\mathrm{amb}}$。点 2 位于工作腔室内，因此压力 $p_2$ 等于 $p_{\mathrm{wc}}$。现在，可以求解式（24.3.27），得到 $v_2$ 为

$$v_2=\sqrt{2R_{\mathrm{air}}T\ln\left(\frac{p_{\mathrm{amb}}}{p_{\mathrm{wc}}}\right)} \tag{24.3.28}$$

那么，进入工作腔室的质量流量可求得

$$\dot{m}_{\mathrm{wc}}=A_{\mathrm{V1}}\varrho_{\mathrm{wc}}v_2 \tag{24.3.29}$$

其中，$A_{\mathrm{V1}}$ 为前面提到的环境与工作腔室之间阀门的有效横截开度面积。类似地，可以导出工作腔室与真空腔室之间的阀门特性方程，流量通路如图 24.59 所示，可得到

$$v_3=\sqrt{2R_{\mathrm{air}}T\ln\left(\frac{p_{\mathrm{wc}}}{p_{\mathrm{vc}}}\right)} \tag{24.3.30}$$

$$\dot{m}_{\mathrm{vc}}=-\dot{m}_{\mathrm{wc}}=A_{\mathrm{V2}}\varrho_{\mathrm{VC}}v_3 \tag{24.3.31}$$

两个阀门的有效横截面积是隔膜和踏板位移的函数，根据试验台的实验数据可以计算有效腔室的压力，得到的阀门特性如图 24.60 所示。为了进行辨识，利用仿真和实际腔室压力之间的输出误差数据，使用迭代优化方法，具体采用 Gauss – Newton 算法，其导数通过数值计算求取，模型结构采用物理和黑箱混合的模型，气动力学特性用物理建模，阀门开度函数采用黑箱函数建模。更多的细节可参见文献（Muenchhof et al，2003）。

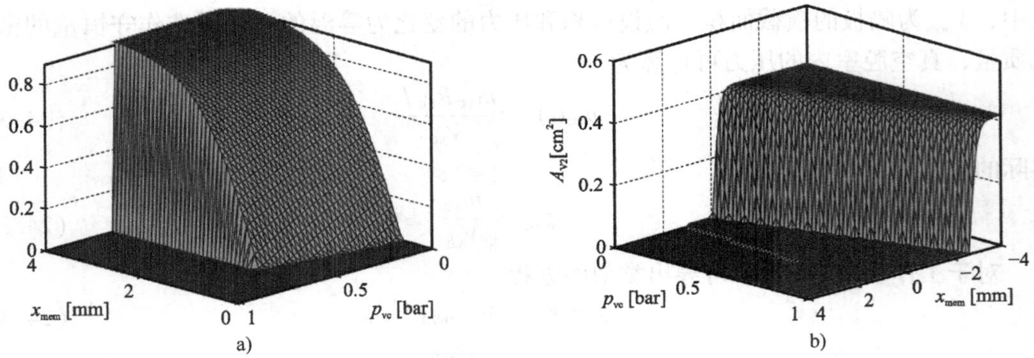


图 24.60 真空助力器

a）阀 1 开度函数 b）阀 2 开度函数

## 24.3.3 汽车悬挂

悬挂以及下节所讲的胎压对车辆动力学有很大的影响，因而是高度安全攸关的。下面提出辨识技术，可用来辨识车辆悬挂和胎压的特性以及对这些部件进行监控。

对于技术检查等服务站的应用或者在驾驶状态下的应用，使用易于测量的变量是十分重要的。如果将辨识方法用于技术检查，那么额外增加的传感器必须容易在车上安装。对于在线辨识，应使用用于悬挂控制的现有变量。满足这些要求的变量有：车体和车轮的垂直加速

度$\ddot{z}_B$ 和$\ddot{z}_W$、悬挂偏角 $z_W - z_B$。另一点很重要，辨识方法需要的车型先验知识只能很少。

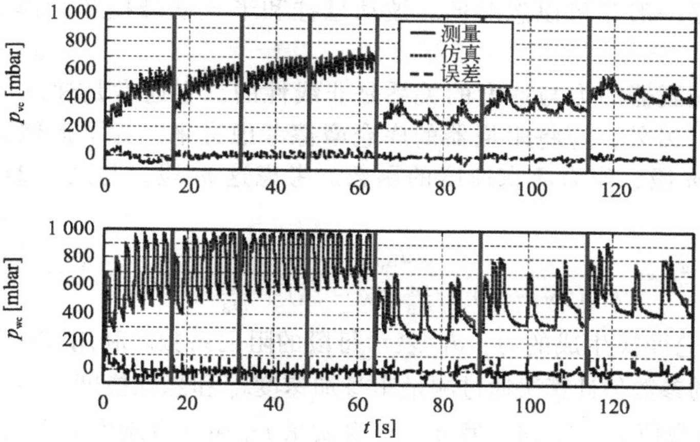


图 24.61　模型输出与过程输出的比较

车辆悬挂系统的简化模型（四分之一车辆模型）示意图如图 24.62 所示。根据受力平衡，有下列方程：

$$m_B\ddot{z}_B(t) = c_B(z_W(t) - z_B(t)) + d_B(\dot{z}_W(t) - \dot{z}_B(t)) \tag{24.3.32}$$

$$m_W\ddot{z}_W(t) = -c_B(z_W(t) - z_B(t)) - d_B(\dot{z}_W(t) - \dot{z}_B(t)) + c_W(r(t) - z_W(t)) \tag{24.3.33}$$

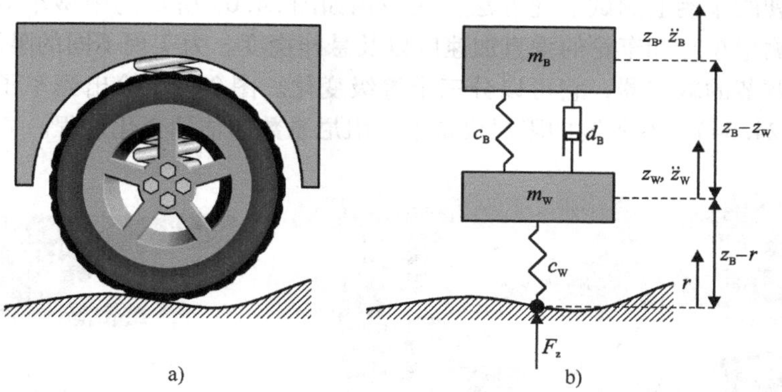


图 24.62　四分之一汽车模型

a）四分之一汽车　b）机械系统示意图

本节用到的符号：

| | | | |
|---|---|---|---|
| $a_1$，$b_1$ | 传递函数参数 | $F_W$ | 车轮力 |
| $c_B$ | 车身弹簧刚度 | $m_B$ | 车身质量 |
| $c_W$ | 轮胎刚度 | $p_W$ | 车轮压力 |
| $d_B$ | 车身阻尼系数 | $r$ | 道路位移 |
| $f_r$ | 共振频率 | $z_B$ | 垂直车身位移 |
| $F_C$ | 库仑摩擦力 | $z_W$ | 垂直车轮位移 |
| $F_D$ | 阻尼力 | $\Delta z_{WB} = z_B - z_W$ | 悬挂挠度 |

$F_S$　　弹簧和阻尼力

对小的车轮，阻尼一般是可以忽略的。被动悬挂和半主动悬挂及其模型参见文献（Isermann，2005）。

一般而言，减震器的力与速度的关系是非线性的，它通常是递减的，而且与活塞的运动方向强相关。另外，应将阻尼器的库仑摩擦考虑进来。为了近似这个特性，可将特性阻尼曲线分为 $m$ 段，作为活塞速度的函数。考虑这 $m$ 段，与式（24.3.32）比较，可得到如下方程：

$$\ddot{z}_B=\frac{d_{B,i}}{m_B(\dot{z}_W-\dot{z}_B)+\frac{c_B}{m_B}(z_W-z_B)+\frac{1}{m_B}F_{C,i}},\ i=1,\cdots,m \tag{24.3.34}$$

式中，$F_{C,i}$表示库仑摩擦生成的力，$d_{B,i}$表示每段的阻尼系数。利用式（24.3.34），阻尼器曲线可以用标准的参数估计算法通过测量车身加速度$\ddot{z}_B$ 和悬挂挠度 $z_W-z_B$ 来估计，其中速度 $\dot{z}_W-\dot{z}_B$ 可以由数值求导得到。另外，车身质量 $m_B$和弹簧刚度 $c_B$只能估计其中的一个，另外一个必须先验已知。利用式（24.3.32）和式（24.3.33），可以得到用于参数估计的其他方程，例如利用式（24.3.35），可以估计轮胎刚度 $c_W$

$$z_W-z_B=-\frac{d_{B,i}}{m_B}(\dot{z}_W-\dot{z}_B)-\frac{c_B}{m_B}(z_W-z_B)+\frac{c_W}{c_B}(r-z_W)-\frac{1}{c_W}F_{C,i} \tag{24.3.35}$$

该方程的缺点是，必须测量道路与车轮之间的距离（$r-z_W$）。关于汽车悬挂的建模和辨识还可参阅文献（Bußhardt，1995；Weispfenning and Leonhardt，1996）。

为了在驾驶的车辆上测试上述方法，在一辆如图 24.63 所示的中型车 Opel Omega 上安装传感器，以测量车身和车轮的垂直加速度以及悬挂挠度。为实现不同的阻尼系数，在车的后轴上安装可调节的减震器，它可以分三个等级变化。图 24.65 给出当车子开过高 2 cm 的木板时（见图 24.64），在不同的阻尼设置下，阻尼系数的估计变化过程。

图 24.63　用于模型验证和参数估计的驾驶实验车

图 24.64　在木板上驾驶实验，用于激励垂直的动态特性

**表 24.5　用于驾驶实验的 Opel Omega 车的技术规格**

| 参　数 | 数　值 |
|---|---|
| 型号 | Opel Omega A 2.0i |
| 年份 | 1993 |
| 驱动 | 后轮驱动 |
| 最高速度 | 190 km/h |
| 引擎 | 4 缸 OHC 火花点火引擎 |
| 引擎排量 | $1.998\times10^{-3}$ m$^3$ |

（续）

| 参　数 | 数　值 |
|---|---|
| 额定功率 | 5200 rpm 时，$85\times10^{-3}$ N·m/s |
| 最大转矩 | 2600 rpm 时，170 N·m |
| 最大阻力矩 | -49 N·m |
| 最大 rpm | 5800 rpm |
| 换档 | 5 速手动换档 |
| 制动 | 四轮盘式制动器 |
| 转向 | 连续球助力转向 |
| 转向传动比 | 13.5 |
| 轮胎规格 | 195/65 R15 91H |
| 轮毂规格 | 6J×15 |
| 无负载车轮的轮胎半径 | 0.320 m |
| 轮胎转动惯量 | 0.9 kg·$m^2$ |
| 前轮簧下质量 | 44 kg |
| 后轮簧下质量 | 46 kg |
| 长度 | 4.738 m |
| 宽度 | 1.760 m |
| 轴距 | 2.730 m |
| 轮齿高 | 0.58 m |

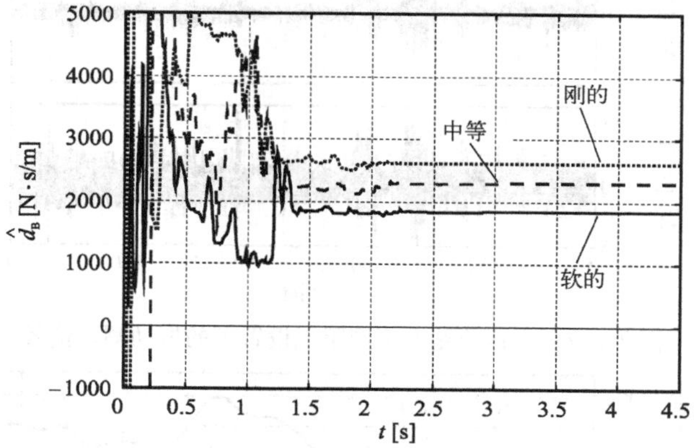


图 24.65　不同阻尼设置下阻尼系数的估计（速度约30 km/h）

在大约 2.5 s 之后，估计值就收敛于终值，阻尼系数估计值与直接测量值大约相差 10%，在不同阻尼设置下估计的特征曲线如图 24.66 所示。不同的设置情况是可以分辨开的，压缩和反弹时的不同阻尼特征尽管效果不如直接测量的特性曲线那么明显，但还是清晰可辨的。更多的结果可参见文献（Börner et al，2001）。

下面，在驾驶演习中调整减震器的阻尼特性，这种情况下递推的参数估计可以适应相应的阻尼系数变化。图 24.67 给出在一次高速公路试驾过程中，悬挂挠度 $z_W - z_B$、悬挂挠度的一阶导数 $\dot{z}_W - \dot{z}_B$ 和右后轮的车轮加速度 $\ddot{z}_W$ 的估计结果，其中悬挂挠度的一阶导数利用状态变量滤波器计算，试驾过程中 30、60、90 和 120 s 之后，改变减震器阻尼特性。

几种估计情况已经表明，指数遗忘的递推最小二乘算法（RLS）得到结果非常好，在大约 10 s 之后，该递推参数估计就能适应变化的阻尼设置，见图 24.68。

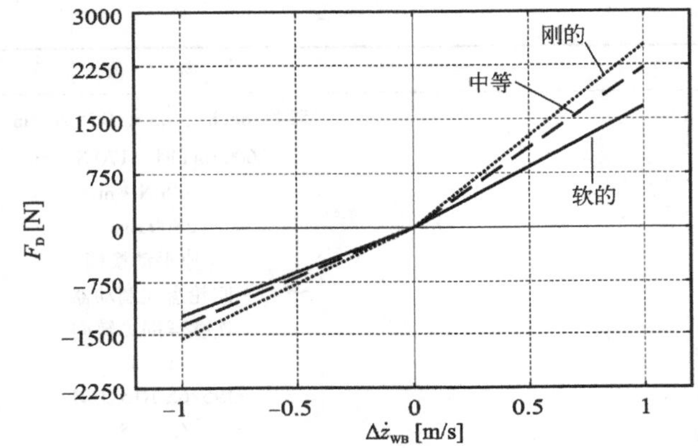


图 24.66　不同阻尼器设置下阻尼特性的估计

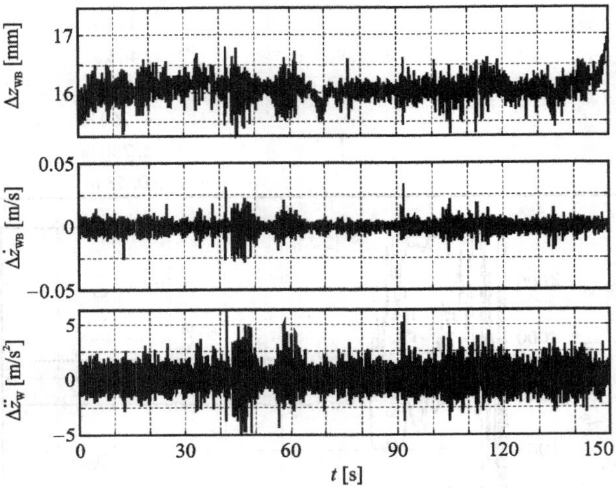


图 24.67　高速公路上不同阻尼设置下的振动测量信号

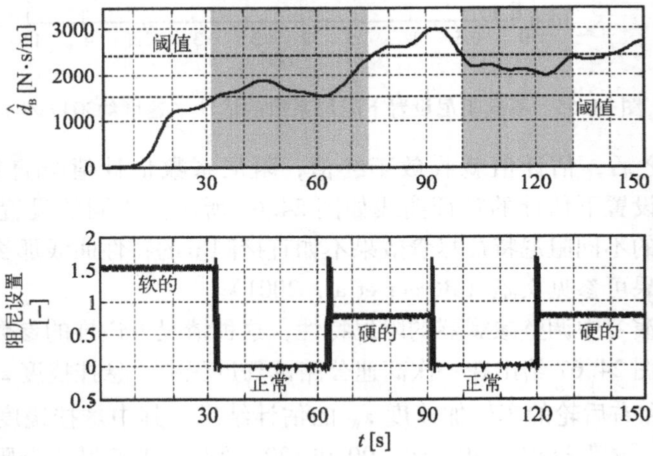


图 24.68　利用 RLS 法和遗忘因子法估计的阻尼系数

0 < $t$ < 3 s：软阻尼配置；30 s < $t$ < 60 s 和 90 s < $t$ < 120 s：中等阻尼配置（正常状态）；

60 s < $t$ < 90 s 和 120 s < $t$ < 150 s：硬阻尼系数

## 24.3.4 胎压

胎压对车辆安全也是非常重要的物理量。Michelin 于 2006 年在安全活动“先思考后驾驶”中进行的调查表明，在 20300 辆被检查的车中，只有 6.5% 的车四个车轮都具有所需的胎压，超过 39.5% 的车至少有一个车胎严重亏气（<1.5 bar）（Bridgestone，2007）。众所周知，在轮胎亏气的情况下驾驶车辆是很危险的。首先，由于车辆动态特性变差，爆胎的概率增加，因而会增加事故风险。由于亏气使轮胎变形，造成轮胎变热，结构变得不稳定（Normann，2000）。另外，轮胎亏气还会增加油耗和轮胎磨损。

一般，胎压测量系统分两种：直接测量和间接测量。直接胎压测量系统使用专门的压力传感器（Normann，2000；Maté and Zittlau，2006；Wagner，2004），由于传感器直接装在轮胎上，它暴露在极端环境条件下，比如很宽的温度范围和大的加速度。另外，传感器的供电和数据传输会增加成本和系统复杂性。因此，还是希望采用其他的测量原理。

间接胎压测量系统的基本思想是，使用车轮或悬挂系统的测量信号，这些信号在车辆其他动力学控制系统中已经使用，并已有测量值，比如车轮速度，在 ABS 系统中已经使用，并利用车轮速度传感器进行了测量。除了车轮速度 ω，还可以利用垂直车轮加速度 $\ddot{z}_W$ 来求胎压，如下文所述。

**扭转车轮速度振荡**

在车轮外壳存在干扰转矩 $M_d$，这个转矩是由摩擦系数的变化以及路面高度的变化引起的。该转矩作用于弹性运动轴承上导致振荡，从外壳上的车轮速度 $\omega_m$ 传递给轮辋上的车轮速度 $\omega$（Persson et al，2002；Prokhorov，2005）。

图 24.69 为扭转车轮振荡动力学特性示意图。车轮和轮辋之间的弹性运动学用扭转刚度 $c_t'$ 和扭转阻尼 $d_t'$ 来描述，车轮和轮辋的转动惯量分别用 $J_m$ 和 $J_r$ 来表示。利用这些量，可给出从干扰转矩 $M_d$ 到车轮速度 $\omega$ 的传递函数

$$G(s)=\frac{\omega(s)}{M_d(s)}=\frac{d_t's+c_t'}{j_rJ_ms^3+(J_r+J_m)d_t's^2+(J_r+J_m)c_t's} \qquad (24.3.36)$$

其中，扭转刚度 $c_t'$ 受胎压影响。胎压的变化可以通过对车轮速度信号进行分析检测到。为检测胎压的变化，需要求车轮速度 $\omega$ 的频谱。这可以通过参数谱分析方法来实现。

a)

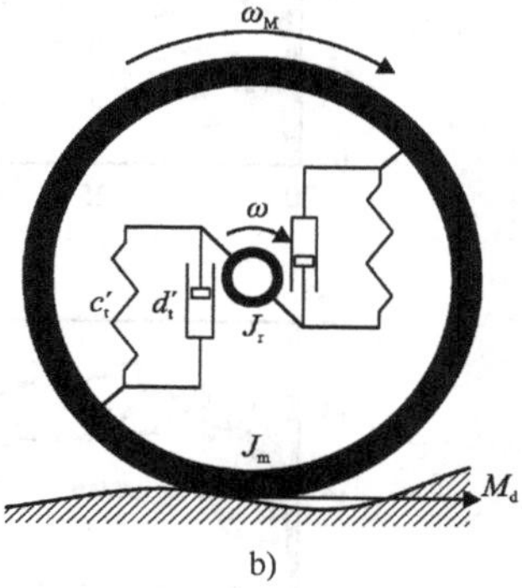

b)

图 24.69 扭转车轮振荡模型

将滤波器 $G(z)$ 建模为自回归过程，即

$$y(k)=q(k)-a_1y(k-1)-a_2y(k-2)-\cdots-a_ny(k-n) \qquad (24.3.37)$$

那么，模型参数可通过最小二乘法或总体最小二乘法来求得。

针对车轮速度分析，谱分量的大部分集中在低频区间（<10 Hz），在 10 Hz 以上的频率区间只有很小的峰值。由于受胎压的影响的谱分量应该在 40 ~ 50 Hz 之间（Persson et al, 2002；Prokhorov，2005），所以可以利用带通滤波器将该频带之外的谱分量削弱。在不同胎压下试驾的实验结果见图 24.70。由图可见，利用傅里叶变换得到的车轮速度信号功率谱密度估计中，有很多个峰值，而且受到很多干扰，因此谐振峰值很难以检测。运用参数谱估计分析法，可以得到更为平滑的频谱。利用最小二乘法的谱分析得到的功率谱密度与通过傅里叶变换估计得到的频谱总体形状是一致的。虽然总体最小二乘法得到的功率谱密度峰过大，但谐振频率识别得很好。利用最小二乘法得到的正确充气后的轮胎谐振位于 43.3 Hz，放气后的轮胎谐振降低到 42.1 Hz。

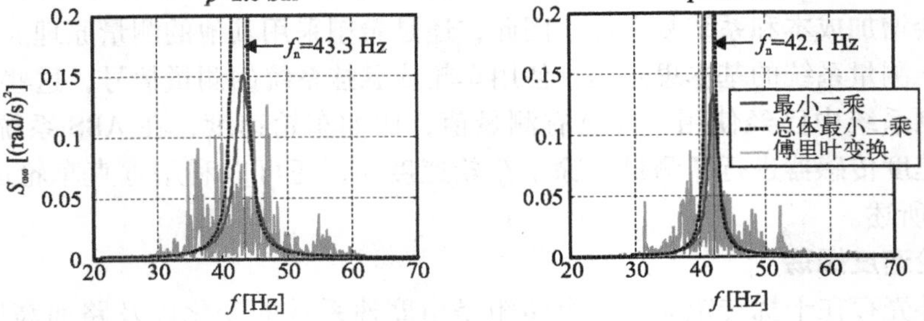


图 24.70　对直行驾驶演习（$v$ = 50 km/h），车轮速度信号功率谱密度的估计值，左后胎压分别为 $p$ = 2.0 bar 和 $p$ = 1.5 bar

为了检测车辆运行中的胎压变化，现在使用递推参数估计方法来在线估计车轮速度信号的功率谱密度。，不再辨识谐振频率，而是辨识自然频率 $f_0$，因为它受悬挂系统磨损的影响较小（Isermann，2002）。

图 24.71 和 24.72 给出了实验结果，图 24.71 中右后轮胎充气不足，$p$ = 1.5 bar，其他

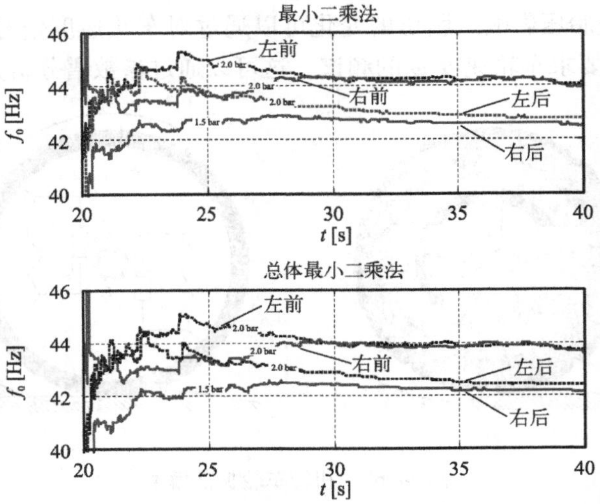


图 24.71　对直行驾驶演习（$v$ = 50 km/h），车轮速度信号功率谱密度的递推估计；右后轮胎充气不足，$p$ = 1.5 bar，其他轮胎正确充气，$p$ = 2.0 bar；功率谱密度用自然频率 $f_0$ 来表征

轮胎都正确充气，$p=2.0$ bar。图中可见，胎压变化的检测可以做到。注意，装有差速齿轮的后轴是车的驱动轴。由于差速齿轮的耦合，左后轮虽然充气合适，但也受影响。

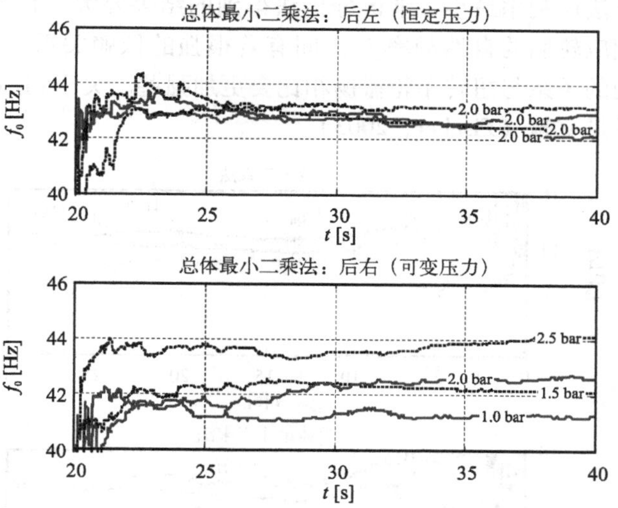


图 24.72　对直行驾驶演习（$v=50$ km/h），扭转车轮振荡功率谱密度的递推估计，其中右后轮胎压在1.0 bar 至2.5 bar 之间变化

**垂直车轮加速度**

悬挂系统中的信号也受胎压的影响（Börneret al，2002；Weispfenning and Isermann，1995；Börner et al，2000），例如弹簧挠度 $z_{wb}$、垂直车身加速度 $\ddot{z}_b$ 或垂直车轮加速度 $\ddot{z}_w$。由于车身运动 $z_b$、$\ddot{z}_b$ 比车轮运动 $z_w$、$\ddot{z}_w$ 慢得多，所以无法在车身运动中看到胎压变化的影响（Börner et al，2000）。考虑图 24.62 所示的四分之一汽车模型，忽略车身移动，即 $z_b=0$，可以导出道路高度 $r$ 到车轮加速度 $\ddot{z}_w$ 的传递函数为

$$G(s)=\frac{\ddot{z}_w(s)}{z_h(s)}=\frac{\frac{c_w}{c_b+c_w}s^2}{\frac{m_w}{c_b+c_w}s^2+\frac{d_b}{c_b+c_w}s+1} \tag{24.3.38}$$

由于轮胎刚度与胎压有关，所以可在 $\ddot{z}_w$ 的频谱中观察到胎压的变化。

本方法的实验结果见图 24.73 至图 24.75。为了分析垂直车轮加速度的频谱，因为基本

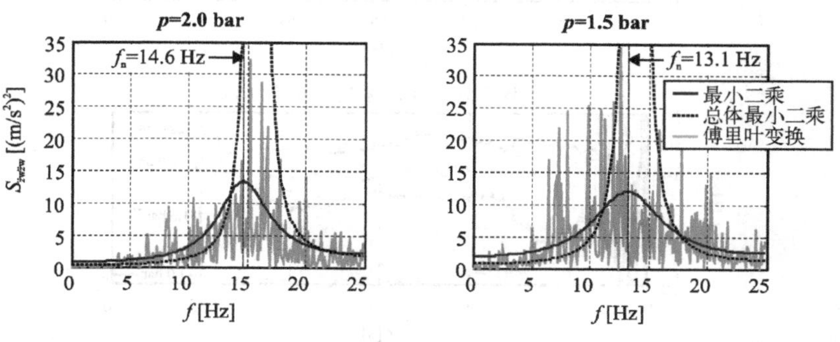


图 24.73　对直行驾驶演习（$v=50$ km/h），垂直车轮加速度功率谱密度的估计值，左后轮胎压分别为 $p=2.0$ bar 和 $p=1.5$ bar

上没有和其他效应相邻的频率峰值，因此不需要滤波。图 24.73 表明，谐振频率可以清晰地检测出来，频谱对胎压变化异常敏感。关于轮胎正确充气与充气不足之间 $f_0$ 的变化，利用总体最小二乘谱分析法比利用最小二乘谱分析法得到的结果要大。在图 24.75 中可以看出，左侧胎压的下降与相应轮胎的自然频率 $f_0$ 之间有着很强的依赖关系。因此，垂直车轮加速度表现出与胎压之间的关系与扭转车轮振荡相比要更加强些。关于利用直接和间接测量进行胎压监测的一篇综述见文献（Fischer，2003）。

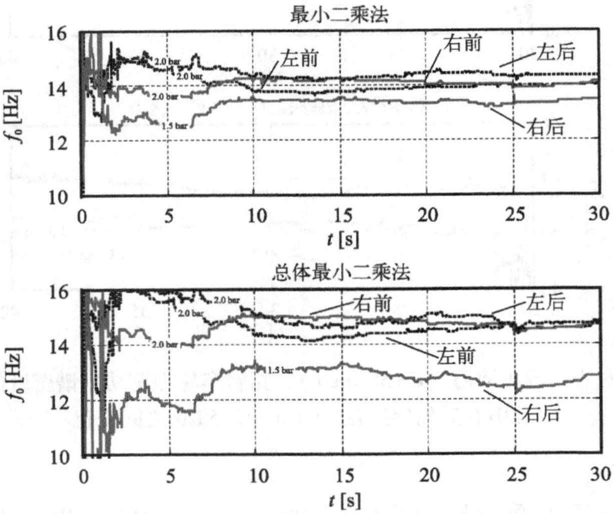


图 24.74　对直行驾驶演习（$v=50\,\mathrm{km/h}$），垂直车轮加速度功率谱密度的递推估计，右后轮胎充气不足，$p=1.5\,\mathrm{bar}$，其他轮胎正确充气，$p=2.0\,\mathrm{bar}$

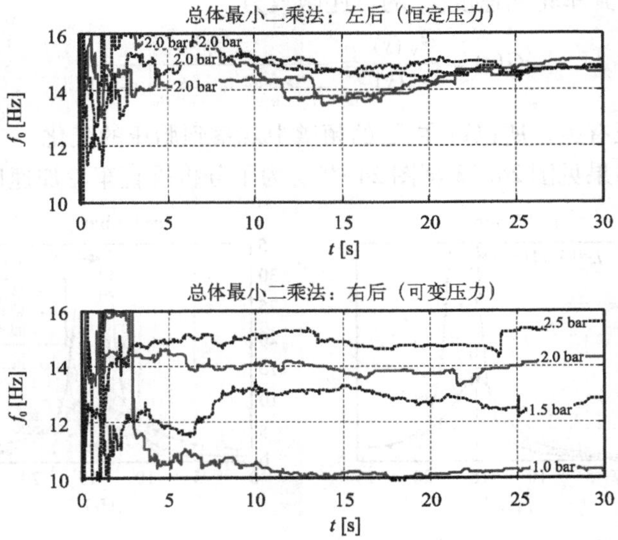


图 24.75　对直行驾驶演习（$v=50\,\mathrm{km/h}$），垂直车轮加速度功率谱密度的递推估计，其中右后轮胎压在 1.0～2.5 bar 之间变化

## 24.3.5 内燃引擎

下面讨论客车内燃引擎模型的辨识，其结果可以用于内燃引擎许多应用领域。与以前的内燃引擎和现代汽油引擎相比，柴油引擎至少需要 8 个调节量和 8 个被调量，以满足低燃油消耗和排放的控制需要。因此，采用多变量非线性控制是必要的，所用的非线性 MIMO 模型是在试验平台上辨识得到的。下面考虑柴油引擎作为内燃引擎模型辨识的一个实例。

现代柴油引擎配置如下的机电一体化执行器：

- 多次喷油的高压喷油系统。
- 可变凸轮轴。
- 可变截面涡轮增压系统。
- 废气再循环。

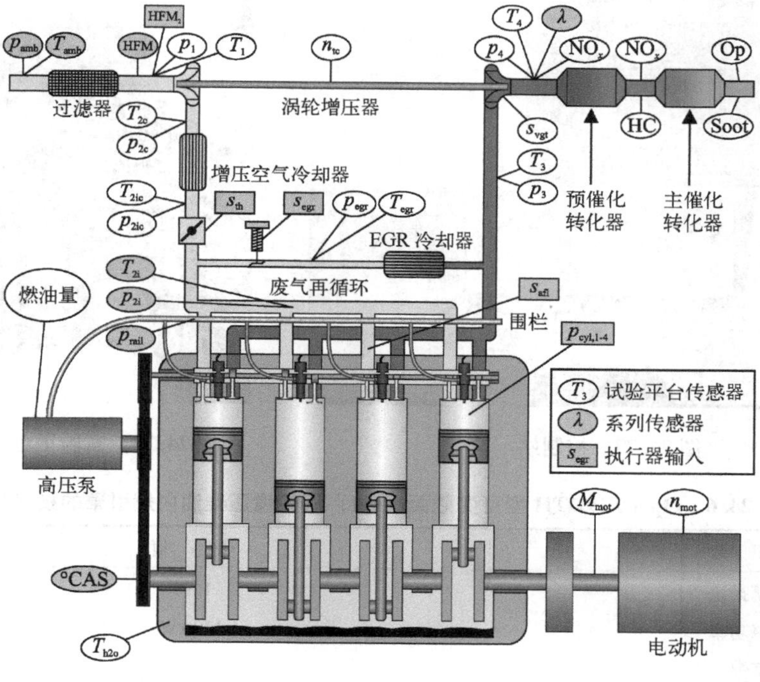


图 24.76 现代柴油内燃引擎示意图（HFM 为热膜空气质量流量传感器）

前文已说过，这些执行器导致被控量增加，影响系统的稳态和动态特性。为了力求降低燃油消耗和排放，需要柴油引擎的精确稳态模型，或者还可能需要精确的动态模型，用于优化引擎控制单元中使用的引擎控制器。近期研究表明，动态驱动车轮引起的排放，其中加速造成的高达 50%（Gschweitl and Martini，2004），因此引擎动态模型的推导变得更为重要。引擎模型辨识的关键问题是如何减小测量时间，因为随着变化的参数个数大增，所需的测量时间呈指数增加。这里，特别要关注输入序列的设计，以便最小化测量时间，又能获取高准确度的模型（Schreiber and Isermann，2009）。本节所用的符号如下：

$m_{air}$　　燃烧腔室中的空气质量

$p_2$　　增压压力

$\varphi_{PI}$　　引燃喷射的曲柄角

$\Delta t_{PI}$　　引燃喷射的持续时间

$q_{PI}$　　引燃喷射的燃油量

$q_{MI}$　　主喷射的燃油量

$NO_x$　　氮氧化物

下面给出一些实验结果，它们是在图 24.77 所示的内燃引擎试验平台上获得的。这些结果例子摘自文献（Schreiber and Isermann，2007）和（Isermann and Schreiber，2010）。

将内燃引擎装在一台推车上（图 24.78），并连接上一台异步电机，给引擎加上一定的转矩负载，以便在不同的负载工况下进行测量。实验是在 Opel Z19DTH 柴油引擎上进行的，其技术规格见表 24.6。

图 24.77　控制站

图 24.78　试验平台上的内燃引擎

**表 24.6　Opel Z19DTH 型可变截面（vgt）涡轮增压柴油内燃引擎的技术规格**

| 参　数 | 数　值 |
|---|---|
| 引擎排量 | 1.91 |
| 引擎功率 | 110 kW |
| 缸数 | 4 |
| 转矩 | 2000 转时，315 N · m |
| 缸径 × 行程 | 82 mm × 94 mm |
| 排放等级 | 欧 4 |

图 24.79 给出测试信号序列，用于对过程的测量。由于内燃引擎的特性是高度非线性的，故使用 APRBS 信号进行辨识，与二值 PRBS 信号相比，信号的幅值也是变化的。另外，输入信号是按 D－最优设计的。

利用 LOLIMOT 神经网络导出了 $NO_x$ 排放模型，作为非线性动态 MISO 模型的一个辨识例子。神经网络的数据和用于训练的测量值见图 24.80，泛化结果如图 24.81 所示。

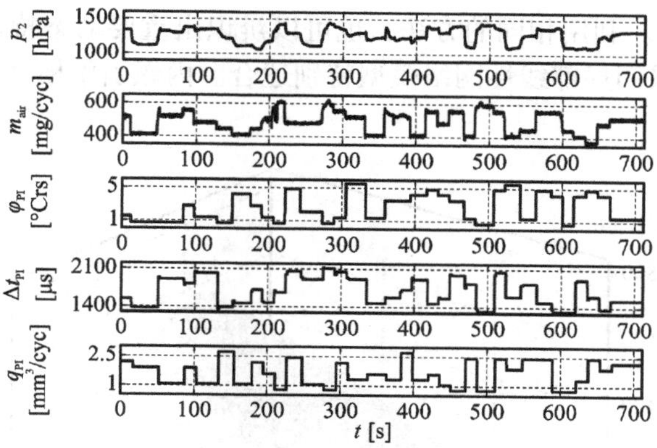


图 24.79　用作内燃引擎激励的输入信号

5 个输入所用的 APRBS 测试信号，同时对引擎进行激励，工作点：

$n_{Mot} = 2000$ rpm，$q_{MI} = 20\ mm^3/cyc$（Isermann and Schreiber，2010）

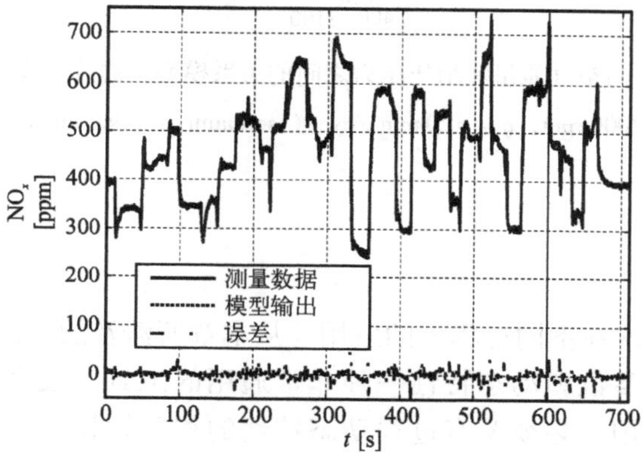


图 24.80　$NO_x$模型的测量数据和模型输出（Isermann and Schreiber，2010）

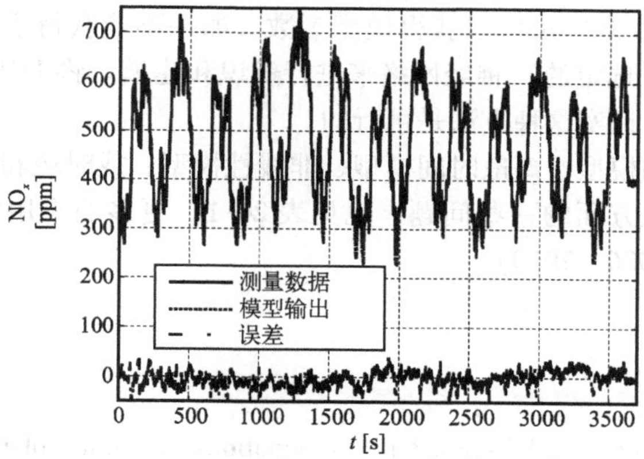


图 24.81　$NO_x$模型的泛化结果，$n_{Mot} = 2000$ rpm，$q_{MI} = 20\ mm^3/cyc$（Isermann and Schreiber，2010）

利用动态模型进行辨识有几个优点。首先，与稳态测量相比，不需要等到系统稳定；其次，根据动态模型，通过计算稳态增益，并忽略动态特性，很容易可以导出稳态模型，得到的稳态特性见图 24.82。利用相同的方法，也可以辨识出重要动态特性的其他模型。对于高非线性特性的辨识，采用局部线性网络模型特别适合。内燃引擎模型在例 20.1 和例 20.3 中已经讨论过。

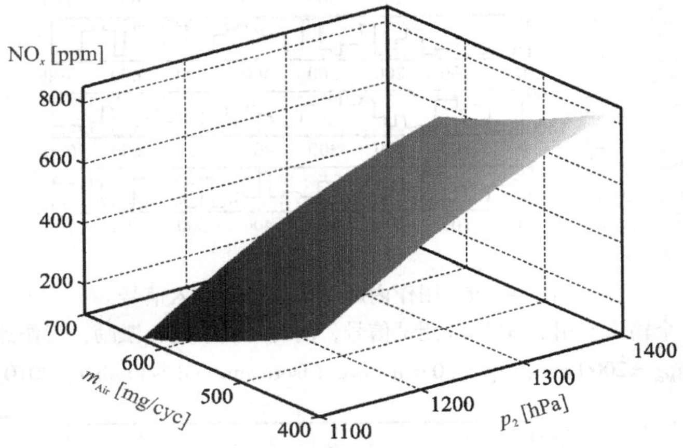


图 24.82　$NO_x$ 与空气质量和增压压力之间的关系模型，通过计算得到的稳态图，$n_{Mot}=2000\,rpm$，$q_{MI}=20\,mm^3/cyc$（Isermann and Schreiber，2010）

## 24.4　小结

本章论述了辨识技术在不同过程上的应用。从本章所涉及的广泛应用领域可以看出，辨识方法是获取过程物理参数和动态特性一种非常通用的工具，很多应用实例都证实了这一点。辨识方法的成功应用，必须要有过程动态特性的相关知识，而且需要合理地选择辨识方法。

对于许多应用，描述过程稳态和动态特性的物理方程是有可能得到的，然后再基于输入/输出数据，使用最小二乘方法可以获得模型参数。如果不能获得主导物理效应的（简单）方程，那么可以利用（选定的）神经网络来进行辨识和建模。将 LOLIMOT 方法应用于内燃引擎模型和热交换器，证实这种方法是可行的。

通过关于连续时间模型、离散时间模型、非线性模型，或时域和、频域辨识等例子的选择，本章还解释了其他方面的一些问题，也见表 24.1。更多的应用实例可参见文献（Isermann，1992，2005，2006，2010）。

## 参考文献


Ballé P（1998）Fuzzy-model-based parity equations for fault isolation. Control Eng Pract 7（2）:261－270

Börner M，Straky H，Weispfenning T，Isermann R（2000）Model-based fault detection of vehicle suspension and hydraulik brake systems. In：Proceedings of the 1st IFAC Conference on Mechatronic Systems，Darmstadt

Börner M, Zele M, Isermann R (2001) Comparison of different fault-detection algorithms for active body control components: automotive suspension system. In: Proceedings of the 2001 ACC, Washington, DC

Börner M, Weispfenning T, Isermann R (2002) Überwachung und Diagnose von Radaufhängungen. In: Isermann R (ed) Mechatronische Systeme für den Maschinenbau, Wiley-VCH-Verlag, Weinheim

Breuer B, Bill KH (2006) Bremsenhandbuch: Grundlagen, Komponenten, Systeme, Fahrdynamik, 3rd edn. ATZ/MTZ-Fachbuch, Vieweg, Wiesbaden

Bridgestone (2007) Umweltbelastung durch Reifen mit zu wenig Druck. URL www. bridgestone. de

Burckhardt M (1991) Fahrwerktechnik: Bremsdynamik und PKW-Bremsanlagen. Vogel Buchverlag, Würzburg

Bußhardt J (1995) Selbsteinstellende Feder-Dämpfer-Last-Systeme für Kraftfahrzeuge: Fortschr. -Ber. VDI Reihe 12 Nr. 240. VDI Verlag, Düsseldorf

Fischer M (2003) Tire pressure monitoring (BT 243). Verlag moderne industrie, Landsberg

Freyermuth B (1991) Knowledge-based incipient fault diagnosis of industrial robots. In: Prepr. IFAC Symposium on Fault Detection, Supervision and Safety for Technical Processes (SAFEPROCESS), Pergamon Press, Baden-Baden, Germany, vol 2, pp 31-37

Freyermuth B (1993) Wissensbasierte Fehlerdiagnose am Beispiel eines Industrieroboters: Fortschr. -Ber. VDI Reihe 8 Nr. 315. VDI Verlag, Düsseldorf

Geiger G (1985) Technische Fehlerdiagnose mittels Parameterschätzung und Fehlerklassifikation am Beispiel einer elektrisch angetriebene Kreiselpumpe: Fortschr. -Ber. VDI Reihe 8 Nr. 91. VDI Verlag, Düsseldorf

Gschweitl K, Martini E (2004) Transient experimental design for the estimation of dynamic engine behavior. In: Haus der Technik (ed) Motorenentwicklung auf dynamischen Prüfständen, Wiesbaden, Germany

Halbe I (2008) Modellgestützte Sensorinformation splattform für die Quer-und Längsdynamik von Kraftfahrzeugen: Anwendungen zur Fehlerdiagnose und Fehlertoleranz: Fortschr. -Ber. VDI Reihe 12 Nr. 680. VDI Verlag, Düsseldorf

Hensel H (1987) Methoden des rechnergestützten Entwurfs und Echtzeiteinsatzes zeitdiskreter Mehrgrößenregelungen und ihre Realisierung in einem CAD-System. Fortschr. -Ber. VDI Reihe 20 Nr. 4. VDI Verlag, Düsseldorf

Isermann R (1987) Digitale Regelsysteme Band 1 und 2. Springer, Heidelberg

Isermann R (1992) Identifikation dynamischer Systeme: Besondere Methoden, Anwendungen (Vol 2). Springer, Berlin

Isermann R (2002) Lecture Regelungstechnik I. Shaker Verlag, Aachen

Isermann R (2005) Mechatronic Systems: Fundamentals. Springer, London

Isermann R (2006) Fault-diagnosis systems: An introduction from fault detection to fault tolerance. Springer, Berlin

Isermann R (2010) Fault diagnosis of technical processes. Springer, Berlin

Isermann R, Freyermuth B (1991) Process fault diagnosis based on process model knowledge. J Dyn Syst Meas Contr 113(4): 620-626 & 627 -633

Isermann R, Schreiber A (2010) Identification of the nonlinear, multivariable behavior of mechatronic combustion engines. In: 5th IFAC Symposium on Mechatronic Systems, Cambridge, MA, USA

Isermann R, Lachmann KH, Matko D (1992) Adaptive control systems. Prentice Hall international series in systems and control engineering, Prentice Hall, New York, NY

Kiesewetter W, Klinkner W, Reichelt W, Steiner M (1997) Der neue Brake-Assistant von Mercedes Benz. atz p 330 ff.

Mann W (1980) Identifikation und digitale Regelung eines Trommeltrockners: Dissertation. TU Darmstadt, Darmstadt

Maté JL, Zittlau D (2006) Elektronik für mehr Sicherheit-Assistenz-und Sicherheitssystemezur Unfallvermeidung. atz pp 578 -585

Milliken WF, Milliken DR (1997) Race Car Vehicle Dynamics. SAE International, Warrendale, PA

Moseler O (2001) Mikrocontrollerbasierte Fehlererkennung für mechatronische Komponenten am Beispiel eines elektromechanischen Stellantriebs. Fortschr. -Ber. VDI Reihe 8 Nr. 908. VDI Verlag, Düsseldorf

Moseler O, Heller T, Isermann R (1999) Model-based fault detection for an actuator driven by a brushless DC motor. In: Proceedings of the 14th IFAC World Congress, Beijing, China

Muenchhof M (2006) Model-based fault detection for a hydraulic servo axis: Fortschr. -Ber. VDI Reihe 8 Nr. 1105. VDI Verlag, Düsseldorf

Muenchhof M, Straky H, Isermann R (2003) Model-based supervision of a vacuum brake booster. In: Proceedings of the 2003 SAFEPROCESS, Washington, DC

Normann N (2000) Reifendruck-Kontrollsystem für alle Fahrzeugklassen. Atz (11): 950 -956

Persson N, Gustafsson F, Drevo M (2002) Indirect tire pressure monitoring system using sensor fusion. In: Proceedings of the Society of Automotive Engineers World Congress, Detroit

Pfeiffer K (1997) Fahrsimulation eines Kraftfahrzeuges mit einem dynamischen Motorenprüfstand: Fortschr. -Ber. VDI Reihe 12 Nr. 336. VDI-Verlag, Düsseldorf

Pfeufer T (1997) Application of model-based fault detection and diagnosis to the quality assurance of an automotive actuator. Control Eng Pract 5(5): 703 -708

Pfeufer T (1999) Modellgestützte Fehlererkennung und Diagnose am Beispiel eines Fahrzeugaktors. Fortschr. -Ber. VDI Reihe 8 Nr. 749. VDI Verlag, Düsseldorf

Pfleiderer C, Petermann H (2005) Strömungsmaschinen, 7th edn. Springer, Berlin

Prokhorov D (2005) Virtual sensors and their automotive applications. In: Proceedings of the 2005 International Conference on Intelligent Sensors, Sensor Networks and Information Processing, Melbourne

Robert Bosch GmbH (2007) Automotive handbook, 7th edn. Bosch, Plochingen

Schorn M (2007) Quer-und Längsregelung eines Personenkraftwagens für ein Fahrerassistenzsystem zur Unfallvermeidung. Fortschr. -Ber. VDI Reihe 12 Nr. 651. VDI Verlag, Düsseldorf

Schreiber A, Isermann R (2007) Dynamic measurement and modeling of high dimensional combustion processes with dynamic test beds. In: 2. Internationales Symposium für Entwicklungsmethodik, Wiesbaden, Germany

Schreiber A, Isermann R (2009) Methods for stationary and dynamic measurement and modeling of combustion engines. In: Proceedings of the 3rd International Symposium on Development Methodology, Wiesbaden, Germany

Straky H (2003) Modellgestützter Funktionsentwurf für KFZ-Stellglieder: Fortschr. -Ber. VDI Reihe 12 Nr. 546. VDI Verlag, Düsseldorf

Straky H, Muenchhof M, Isermann R (2002) A model based supervision system for the hydraulics of passenger car braking systems. In: Proceedings of the 15th IFAC World Congress, Barcelona, Spain

Vogt M (1998) Weiterentwicklung von Verfahren zur Online-Parameterschätzung und Untersuchung von Methoden zur Erzeugung zeitlicher Ableitungen. Diplomarbeit. Institut für Regelungstechnik, TU Darmstadt, Darmstadt

Voigt KU (1991) Regelung und Steuerung eines dynamischen Motorenprüfstands. In: Proceedings of the 36. Internationales wissenschaftliches Kolloquium, Ilmenau

W Goedecke (1987) Fehlererkennung an einem thermischen Prozess mit Methodender Parameterschätzung: Fortschritt-Berichte VDI Reihe 8, Nr. 130. VDI Verlag, Düsseldorf

Wagner D (2004) Tire-IQ System-Ein Reifendruckkontrollsystem. atz (660-666)

Wanke P (1993) Modellgestützte Fehlerfrüherkennung am Hauptantrieb von Bearbeitungszentren. Fortschr. -Ber. VDI Reihe 2 Nr. 291. VDI Verlag, Düsseldorf

Wanke P, Isermann R (1992) Modellgestützte Fehlerfrüherkennung am Hauptantriebeines spanabhebenden Bearbeitungszentrum. at 40(9): 349-356

Weispfenning T, Isermann R (1995) Fehlererkennung an semi-aktiven und konventionellen Radaufhängungen. In: Tagung "Aktive Fahrwerkstechnik", Essen

Weispfenning T, Leonhardt S (1996) Model-based identification of a vehicle suspension using parameter estimation and neural networks. In: Proceedings of the 13th IFAC World Congress, San Francisco, CA, USA

Wesemeier D, Isermann R (2007) Identification of vehicle parameters using static driving maneuvers. In: Proceedings of the 5th IFAC Symposium on Advances in Automotive Control, Aptos, CA

# 第Ⅸ部分　附　　录

# 附录 A

# 数学方面

本附录将重述估计理论中一些重要的基本概念，同时对向量和矩阵运算做简要的概述。估计理论重要概念的详尽论述在诸如（Papoulis and Pillai，2002；Doob，1953；Davenport and Root，1958；Richter，1966；Åström，1970；Fisher，1922、1950）等文献中都可以找到。

## A.1 随机变量的收敛性

考虑一个随机变量序列 $x_n$，$n=1, 2, \cdots$，为了确定这个序列是否收敛到一个极限的随机变量 x，需要采用不同的收敛性定义。下面将简要概述这些定义。

**分布收敛**

如果 $x_n$ 和 $x$ 的累积分布函数分别为 $F_n(x)$和 $F(x)$，对所有的 $x$，$F(x)$连续且满足条件

$$\lim_{n\to\infty} F_n(x) = F(x) \tag{A.1.1}$$

则为一种**收敛的极弱形式**，称作分布收敛。

**概率收敛**

如果

$$\lim_{n\to\infty} P\big(|x_n - x| > \varepsilon\big) = 0\text{，对每个 } \varepsilon > 0 \tag{A.1.2}$$

则序列 $x_n$ 以概率收敛到 $x$。这是一种**收敛的弱定义**。概率收敛又可写成（Doob，1953）

$$\operatorname{plim} x_n = x \text{ 或 } \operatorname*{plim}_{n\to\infty} x_n = x \tag{A.1.3}$$

概率收敛包含分布收敛。如果 $x$ 为常数 $x_0$，则

$$\lim_{n\to\infty} \mathrm{E}\{x_n\} = x_0 \tag{A.1.4}$$

**几乎必然收敛**

收敛的强形式需要满足条件

$$P\left\{\lim_{n\to\infty} x_n = x\right\} = 1 \tag{A.1.5}$$

这种形式的收敛包含概率收敛和分布收敛，亦称作以概率 1 收敛。

**均方收敛**

**收敛的更强形式**需要满足条件

$$\mathrm{E}\left\{(x_n - x)^2\right\} = 0 \tag{A.1.6}$$

这种收敛形式可以写成（Doob，1953；Davenport and Root，1958）

$$\lim x_n = x^{\ominus} \tag{A.1.7}$$

均方收敛包含概率收敛和分布收敛，但不包含几乎必然收敛。对于期望值来说，均方收敛意味着

$$\lim_{n\to\infty} \mathrm{E}\{x_n\} = \mathrm{E}\left\{\lim_{n\to\infty} x_n\right\} = \mathrm{E}\{x\} \tag{A.1.8}$$

**Slutsky 定理**

如果一个随机变量序列 $x_n$，$n=1，2，\cdots$，以概率收敛于常数 $x_0$，即 $\operatorname{plim} x_n = x_0$，且 $y=g(x_n)$ 为连续函数，那么也就是 $\operatorname{plim} y = y_0$ 和 $y_0 = g(x_0)$。因此，有

$$\operatorname{plim} \boldsymbol{V}\boldsymbol{W} = (\operatorname{plim} \boldsymbol{V})(\operatorname{plim} \boldsymbol{W}) \tag{A.1.9}$$

$$\operatorname{plim} \boldsymbol{V}^{-1} = (\operatorname{plim} \boldsymbol{V})^{-1} \tag{A.1.10}$$

这也意味着（亦见文献 Goldberger，1964；Wilks，1962）

$$\lim_{n\to\infty} \mathrm{E}\{\boldsymbol{V}\boldsymbol{W}\} = \lim_{n\to\infty} \mathrm{E}\{\boldsymbol{V}\} \lim_{n\to\infty} \mathrm{E}\{\boldsymbol{W}\} \tag{A.1.11}$$

## A.2 参数估计方法的性质

下面假设具有参数

$$\boldsymbol{\theta}_0^{\mathrm{T}} = (\theta_{10}\ \theta_{20}\ \cdots\ \theta_{m0}) \tag{A.2.1}$$

的过程已知。这些参数不能直接测量，只能根据过程输出信号 $y(k)$ 的测量数据进行估计。这些参数与真实输出$^{\ominus}$变量 $y_{\mathrm{M}}(k)$ 之间的关系是已知的，由如下模型描述

$$y_{\mathrm{M}}(k) = f(\boldsymbol{\theta}, k), k = 1, 2, \cdots, N \tag{A.2.2}$$

然而，真实变量 $y_{\mathrm{M}}(k)$ 不能准确获知，但是含有干扰的输出变量 $y_{\mathrm{P}}(k)$ 是可测的。参数的估计值记作

$$\hat{\boldsymbol{\theta}}^{\mathrm{T}} = (\hat{\theta}_1\ \hat{\theta}_2\ \cdots\ \hat{\theta}_m) \tag{A.2.3}$$

它使模型输出 $y_{\mathrm{M}}(k)$ 尽可能好地与记录的测量值 $y_{\mathrm{P}}(k)$ 一致（Gauss，1980）。现在的问题是如何使估计值 $\hat{\boldsymbol{\theta}}^{\mathrm{T}}$ 与真实值 $\boldsymbol{\theta}_0^{\mathrm{T}}$ 更好地匹配。下面的术语是文献（Fisher，1922，1950）引入的。

**偏差**

如果估计量满足

$$\mathrm{E}\{\hat{\boldsymbol{\theta}}\} = \boldsymbol{\theta}_0 \tag{A.2.4}$$

则称该估计量为**无偏估计量**，或者如果估计量具有系统误差

$$\mathrm{E}\{\hat{\boldsymbol{\theta}}(N) - \boldsymbol{\theta}_0\} = \mathrm{E}\{\hat{\boldsymbol{\theta}}(N)\} - \boldsymbol{\theta}_0 = \boldsymbol{b} \neq \boldsymbol{0} \tag{A.2.5}$$

则该误差称为**偏差**。

**一致估计量**

如果估计 $\hat{\boldsymbol{\theta}}^{\mathrm{T}}$ 以概率收敛到 $\boldsymbol{\theta}_0$，则该估计量称为**一致估计量**，因此

---

⊖ 译者注：意味着 $\lim\limits_{n\to\infty} \mathrm{E}\{(x_n - x)^2\} = 0$ 及 $\lim\limits_{n\to\infty} \mathrm{E}\{x_n\} = \mathrm{E}\{x\}$。

⊖ 译者注：这里所说的“真实输出”是指“模型输出”。

$$P\left(\lim_{N\to\infty}\hat{\boldsymbol{\theta}}(N)-\boldsymbol{\theta}_0=\mathbf{0}\right)=1 \tag{A.2.6}$$

如果该估计量是一致的，只说明对于 $N\to\infty$ 估计量收敛到真值，对有限 $N$ 值的估计量行为特性没有给出任何描述。对于有限 $N$ 值来说，一致估计量甚至可能是有偏的。然而，一致估计量是渐近无偏的，即

$$\lim_{N\to\infty}\mathrm{E}\{\hat{\boldsymbol{\theta}}(N)\}=\boldsymbol{\theta}_0 \tag{A.2.7}$$

另外，如果随着 $N\to\infty$，期望值的方差[⊖]趋于零

$$\lim_{N\to\infty}\mathrm{E}\left\{\left(\hat{\boldsymbol{\theta}}(N)-\boldsymbol{\theta}_0\right)\left(\hat{\boldsymbol{\theta}}(N)-\boldsymbol{\theta}_0\right)^{\mathrm{T}}\right\}=\mathbf{0} \tag{A.2.8}$$

则该估计量为**均方意义下一致的**，那么对于 $N\to\infty$ 估计量的偏差和方差两者均趋于零。

**有效估计量**

如果在一类估计量中，某估计量能给出估计参数的最小方差，即

$$\lim_{N\to\infty}\operatorname{var}\hat{\boldsymbol{\theta}}=\lim_{N\to\infty}\mathrm{E}\left\{\left(\hat{\boldsymbol{\theta}}-\boldsymbol{\theta}_0\right)\left(\hat{\boldsymbol{\theta}}-\boldsymbol{\theta}_0\right)^{\mathrm{T}}\right\}\to\min \tag{A.2.9}$$

则该估计量是**有效的**。如果某估计量是无偏的，且在所有线性无偏估计量中也是有效的，则该估计量称作**最优线性无偏估计量**（**BLUE**）。

**充分估计量**

如果某估计量包含所有的用于参数估计的观测值信息，则该估计量是充分的。在所有估计量中，充分估计量必须具有最小方差，因此也是有效的（Fisher，1950；Kendall and Stuart，1961，1977；Deutsch，1965）。

## A.3 向量和矩阵的导数

在推导估计量时，经常需要求取向量方程的一阶导数，以求得最优值，比如达到最小误差、最小方差或其他极值点。对于向量 $\boldsymbol{x}$ 和矩阵 $\boldsymbol{A}$，可以有下面的关系式

$$\frac{\partial}{\partial\boldsymbol{x}}(\boldsymbol{A}\boldsymbol{x})=\boldsymbol{A}^{\mathrm{T}} \tag{A.3.1}$$

$$\frac{\partial}{\partial\boldsymbol{x}}(\boldsymbol{x}^{\mathrm{T}}\boldsymbol{A})=\boldsymbol{A} \tag{A.3.2}$$

$$\frac{\partial}{\partial\boldsymbol{x}}(\boldsymbol{x}^{\mathrm{T}}\boldsymbol{x})=2\boldsymbol{x} \tag{A.3.3}$$

$$\frac{\partial}{\partial\boldsymbol{x}}(\boldsymbol{x}^{\mathrm{T}}\boldsymbol{A}\boldsymbol{x})=\boldsymbol{A}\boldsymbol{x}+\boldsymbol{A}^{\mathrm{T}}\boldsymbol{x} \tag{A.3.4}$$

$$\frac{\partial}{\partial\boldsymbol{x}}(\boldsymbol{x}^{\mathrm{T}}\boldsymbol{A}\boldsymbol{x})=2\boldsymbol{A}\boldsymbol{x}\text{，若}\boldsymbol{A}\text{ 为对称阵，即}\boldsymbol{A}^{\mathrm{T}}=\boldsymbol{A} \tag{A.3.5}$$

此外，还有如下有关迹的导数的重要运算规则（如 Brookes，2005）：

$$\frac{\partial}{\partial\boldsymbol{X}}\operatorname{tr}(\boldsymbol{A}\boldsymbol{X}\boldsymbol{B})=\boldsymbol{A}^{\mathrm{T}}\boldsymbol{B}^{\mathrm{T}} \tag{A.3.6}$$

$$\frac{\partial}{\partial\boldsymbol{X}}\operatorname{tr}(\boldsymbol{A}\boldsymbol{X}^{\mathrm{T}}\boldsymbol{B})=\boldsymbol{B}\boldsymbol{A} \tag{A.3.7}$$

---

⊖ 译者注：准确说应该为协方差，下同。

$$\frac{\partial}{\partial \boldsymbol{X}}\operatorname{tr}(\boldsymbol{AXBX}^{\mathrm{T}}\boldsymbol{C}) = \boldsymbol{A}^{\mathrm{T}}\boldsymbol{C}^{\mathrm{T}}\boldsymbol{XB}^{\mathrm{T}} + \boldsymbol{CAXB} \tag{A.3.8}$$

$$\frac{\partial}{\partial \boldsymbol{X}}\operatorname{tr}(\boldsymbol{XAX}^{\mathrm{T}}) = \boldsymbol{XA}^{\mathrm{T}} + \boldsymbol{XA} \tag{A.3.9}$$

## A.4 矩阵求逆引理

如果$\boldsymbol{A}$、$\boldsymbol{C}$和（$\boldsymbol{A}^{-1}+\boldsymbol{B}\boldsymbol{C}^{-1}\boldsymbol{D}$）是非奇异方阵，且

$$\boldsymbol{E} = (\boldsymbol{A}^{-1} + \boldsymbol{BC}^{-1}\boldsymbol{D})^{-1} \tag{A.4.1}$$

则

$$\boldsymbol{E} = \boldsymbol{A} - \boldsymbol{AB}(\boldsymbol{DAB} + \boldsymbol{C})^{-1}\boldsymbol{DA} \tag{A.4.2}$$

该引理可以证明如下：

$$\boldsymbol{E}^{-1} = \boldsymbol{A}^{-1} + \boldsymbol{BC}^{-1}\boldsymbol{D} \tag{A.4.3}$$

上式两边左乘$\boldsymbol{E}$，有

$$\boldsymbol{I} = \boldsymbol{EA}^{-1} + \boldsymbol{EBC}^{-1}\boldsymbol{D} \tag{A.4.4}$$

再右乘$\boldsymbol{A}$，可得

$$\boldsymbol{A} = \boldsymbol{E} + \boldsymbol{EBC}^{-1}\boldsymbol{DA} \tag{A.4.5}$$

又右乘$\boldsymbol{B}$，有

$$\boldsymbol{AB} = \boldsymbol{EB} + \boldsymbol{EBC}^{-1}\boldsymbol{DAB} \tag{A.4.6}$$

$$= \boldsymbol{EBC}^{-1}(\boldsymbol{C} + \boldsymbol{DAB}) \tag{A.4.7}$$

整理后

$$\boldsymbol{AB}(\boldsymbol{C} + \boldsymbol{DAB})^{-1} = \boldsymbol{EBC}^{-1} \tag{A.4.8}$$

上式两边右乘$-\boldsymbol{DA}$，得

$$-\boldsymbol{AB}(\boldsymbol{DAB} + \boldsymbol{C})^{-1}\boldsymbol{DA} = -\boldsymbol{EBC}^{-1}\boldsymbol{DA} \tag{A.4.9}$$

通过引入式（A.4.5），得

$$\boldsymbol{A} - \boldsymbol{AB}(\boldsymbol{DAB} + \boldsymbol{C})^{-1}\boldsymbol{DA} = \boldsymbol{E} \tag{A.4.10}$$

□

该引理在$\boldsymbol{D}=\boldsymbol{B}^{\mathrm{T}}$情况下是成立的。该引理大的改进是在式（A.4.2）中只需要一个矩阵的求逆运算[⊖]，而在式（A.4.1）中需要三个矩阵的求逆运算。如果$\boldsymbol{D}=\boldsymbol{B}^{\mathrm{T}}$，且$\boldsymbol{B}$是列向量、$\boldsymbol{C}$退化为标量，则只需要一次除法运算，而不需要两次求逆运算。该引理可应用到式（9.4.9）最小二乘递推方法的推导过程中，通过矩阵和向量替换：$\boldsymbol{E}=\boldsymbol{P}(k+1)$、$\boldsymbol{A}^{-1}=\boldsymbol{P}^{-1}(k)$、$\boldsymbol{B}=\boldsymbol{\psi}(k+1)$、$\boldsymbol{C}^{-1}=1$和$\boldsymbol{D}=\boldsymbol{B}^{\mathrm{T}}=\boldsymbol{\psi}^{\mathrm{T}}(k+1)$，即可推导出式（9.4.15）。

## 参考文献


Äström KJ (1970) Introduction to stochastic control theory. Academic Press, New York

Brookes M (2005) The matrix reference manual. URL http://www.ee.ic.ac.uk/hp/staff/


⊖ 译者注：原文为“两个矩阵的求逆运算”。

dmb/matrix/intro. html

Davenport W, Root W (1958) An introduction to the theory of random signals and noise. McGraw–Hill, New York

Deutsch R (1965) Estimation theory. Prentice–Hall, Englewood Cliffs, NJ

Doob JL (1953) Stochastic processes. Wiley, New York, NY

Fisher RA (1922) On the mathematical foundation of theoretical statistics. Philos Trans R Soc London, Ser A 222:309–368

Fisher RA (1950) Contributions to mathematical statistics. J. Wiley, New York, NY

Gauss KF (1809) Theory of the motion of the heavenly bodies moving about the sun in conic sections: Reprint 2004. Dover phoenix editions, Dover, Mineola, NY

Goldberger AS (1964) Econometric theory. Wiley Publications in Applied Statistics, John Wiley and Sons Ltd

Kendall MG, Stuart A (1961) The advanced theory of statistics. Volume 2. Griffin, London, UK

Kendall MG, Stuart A (1977) The advanced theory of statistics: Inference and relationship (vol. 2). Charles Griffin, London

Papoulis A, Pillai SU (2002) Probability, random variables and stochastic processes, 4th edn. McGraw Hill, Boston

Richter H (1966) Wahrscheinlichkeitstheorie, 2nd edn. Spinger, Berlin

Wilks SS (1962) Mathematical statistics. Wiley, New York

# 附录 B
# 实验系统

在本书个别章节中，利用三质量振荡器的测量数据来说明不同辨识方法的应用，因为该实验系统在较宽的工作范围内可以进行线性化，而且容易理解和建模。此外，系统的共振频率比较低，且这些共振响应在 Bode 图中非常明显。该实验平台配有轴向连接器，使得可以拆卸三质量系统中的一个质量块或两个质量块，以降低系统的阶次。

## B.1　三质量振荡器

三质量振荡器的照片如图 B.2 所示，可作为控制实验室的实验平台。该平台可代表多种传动系统，包括汽车传动系统和机床刀具传动等。图 B.1 是该系统的安装示意图。同步电动机带动齿轮驱动三质量振荡器，同步电动机由变频器控制，并以力矩模式工作，这意味着传送给变频器的控制信号确定了电动机产生的转矩。具有两个以上质量块的转动惯性环节是通过软弹簧连接的。角位置 $\varphi_1(t)$、$\varphi_2(t)$ 和 $\varphi_3(t)$ 是可测的，作为系统的输出。通过轴向连接可以实现三种不同的安装模式：单质量转动惯性环节、双质量振荡器和三质量振荡器。

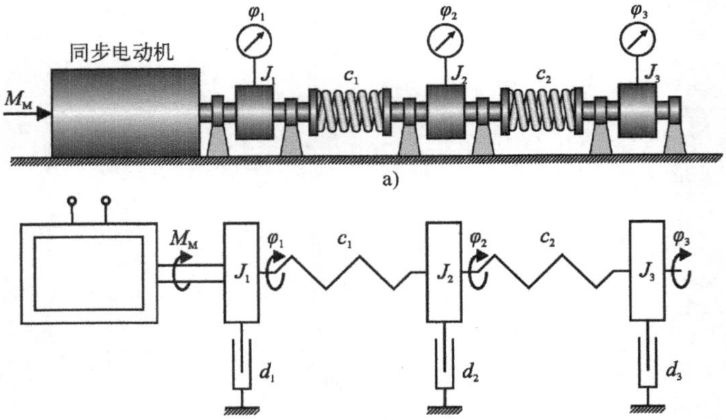


图 B.1　三质量振荡器示意图和方块图

下面将推导基于物理现象的理论数学模型，文献（Isermann，2005）也研究过此类的多质量振荡器建模。为了对图 B.1a 所示的三质量振荡器进行建模，首先需要对图 B.1b 所示的方块图进行推导。该分图给出了各环节之间的动态关系以及需要考虑的物理效应，借助三转动质量的转矩平衡所服从的物理关系（如参见文献 Isermann，2005），可获得如下的微分方程系统

$$J_1\ddot{\varphi}_1 = -d_1\dot{\varphi}_1 - c_1\varphi_1 + c_1\varphi_2 + M_{\mathrm{M}} \tag{B.1.1}$$

$$J_2\ddot{\varphi}_2 = -d_2\dot{\varphi}_2 + c_1\varphi_1 - (c_1 + c_2)\varphi_2 + c_2\varphi_3 \tag{B.1.2}$$

$$J_3\ddot{\varphi}_3 = -d_3\dot{\varphi}_3 + c_2\varphi_2 - c_2\varphi_3 \tag{B.1.3}$$

现将这些运动方程写成如下的二阶 ODE 系统：

$$\boldsymbol{J}\ddot{\boldsymbol{\varphi}}(t) + \boldsymbol{D}\dot{\boldsymbol{\varphi}}(t) + \boldsymbol{C}\boldsymbol{\varphi} = \boldsymbol{M}M_{\mathrm{M}}(t) \tag{B.1.4}$$

其中

$$\boldsymbol{J} = \begin{pmatrix} J_1 & 0 & 0 \\ 0 & J_2 & 0 \\ 0 & 0 & J_3 \end{pmatrix},\ \boldsymbol{D} = \begin{pmatrix} d_1 & 0 & 0 \\ 0 & d_2 & 0 \\ 0 & 0 & d_3 \end{pmatrix},\ \boldsymbol{C} = \begin{pmatrix} c_1 & -c_1 & 0 \\ -c_1 & (c_1 + c_2) & -c_2 \\ 0 & -c_2 & c_2 \end{pmatrix}$$

及

$$\boldsymbol{M} = \begin{pmatrix} 1 \\ 0 \\ 0 \end{pmatrix}$$

图 B.2　三质量振荡器照片：上幅图是三转动惯性环节及电气传动的全图；下幅图是带角位置传感器双转动惯性环节及电气传动的放大图

上述二阶 ODE 方程组又可写成如下的一阶 ODE 系统，其方程状态选择为

$$x(t)=\begin{pmatrix}\varphi_1(t)\\ \varphi_2(t)\\ \varphi_3(t)\\ \dot{\varphi}_1(t)\\ \dot{\varphi}_2(t)\\ \dot{\varphi}_3(t)\end{pmatrix} \tag{B.1.5}$$

输入 $u(t)$是由电气传动施加的转矩，即 $u(t)=M_M(t)$。输出 $y(t)$是第三质量块的角位置，即 $y(t)=\varphi_3(t)$。这种选择可直接得到状态空间描述式（2.1.24）和式（2.1.25）及图 2.2，其状态矩阵 $A$ 为

$$A=\begin{pmatrix}\mathbf{0} & I\\ -J^{-1}C & -J^{-1}D\end{pmatrix}=\begin{pmatrix}0&0&0&1&0&0\\ 0&0&0&0&1&0\\ 0&0&0&0&0&1\\ \frac{-c_1}{J_1}&\frac{c_1}{J_1}&0&\frac{-d_1}{J_1}&0&0\\ \frac{c_1}{J_2}&\frac{-(c_1+c_2)}{J_2}&\frac{c_2}{J_2}&0&\frac{-d_2}{J_2}&0\\ 0&\frac{c_2}{J_3}&\frac{-c_2}{J_3}&0&0&\frac{-d_3}{J_3}\end{pmatrix} \tag{B.1.6}$$

输入向量 $b$ 为

$$b=\begin{pmatrix}0\\0\\0\\ \frac{1}{J_1}\\0\\0\end{pmatrix} \tag{B.1.7}$$

输出向量 $c^{\mathrm{T}}$ 为

$$c^{\mathrm{T}}=\begin{pmatrix}0\;0\;1\;0\;0\;0\end{pmatrix} \tag{B.1.8}$$

利用相应的数值，矩阵分别赋值为

$$A=\begin{pmatrix}0&0&0&1&0&0\\ 0&0&0&0&1&0\\ 0&0&0&0&0&1\\ -73.66&73.66&0&-4.995\times10^{-3}&0&0\\ 164.5&-399.1&234.5&0&-1.342\times10^{-5}&0\\ 0&579.9&-579.9&0&0&-5.941\end{pmatrix} \tag{B.1.9}$$

$$b=\begin{pmatrix}0\\0\\0\\54.38\\0\\0\end{pmatrix} \tag{B.1.10}$$

$$c^{\mathrm{T}}=\begin{pmatrix}0\;0\;1\;0\;0\;0\end{pmatrix} \tag{B.1.11}$$

根据该状态空间描述可以确定该系统的连续时间传递函数为

$$G(s)=\frac{y(s)}{u(s)}=c^{\mathrm{T}}\left(sI-A\right)^{-1}b \tag{B.1.12}$$

下面分别推导单质量转动惯性环节、双质量振荡器和三质量振荡器的传递函数。单质量振荡器系统角位置的传递函数为

$$G(s)=\frac{\varphi_1(s)}{M_M(s)}=\frac{1}{J_1s^2+d_1s}=\frac{\frac{1}{d_1}}{\frac{J_1}{d_1}s^2+s}=\frac{10.888}{200.21s^2+1s} \tag{B.1.13}$$

转动速度的传递函数为

$$G(s)=\frac{\omega_1(s)}{M_M(s)}=\frac{1}{J_1s+d_1}=\frac{\frac{1}{d_1}}{\frac{J_1}{d_1}s+1}=\frac{10.888}{200.21s+1} \tag{B.1.14}$$

对于双质量振荡器，可利用类似的方法推导其传递函数，其运动方程可描述为

$$J_1\ddot{\varphi}_1(t)=-d_1\dot{\varphi}_1(t)-c_1\varphi_1(t)+c_1\varphi_2(t)+M_M(t)$$

$$J_2\ddot{\varphi}_2(t)=-d_2\dot{\varphi}_2(t)+c_1\varphi_1(t)-c_1\varphi_2(t)$$

将上述方程变换到拉普拉斯域，有

$$J_1s^2\varphi_1(s)=-d_1s\varphi_1(s)-c_1\varphi_1(s)+c_1\varphi_2(s)+M_M(s)$$

$$J_2s^2\varphi_2(s)=-d_2s\varphi_2(s)+c_1\varphi_1(s)-c_1\varphi_2(s)$$

以传递函数表示为

$$G(s)=\frac{\varphi_2(s)}{M_M(s)}$$

$$=\frac{c_1}{J_1J_2s^4+(J_2d_1+J_1d_2)s^3+(J_2c_1+d_1d_2+J_1c_1)s^2+(d_2c_1+d_1c_1)s}$$

经过数值赋值，可获得第二质量块的角位置 $\varphi_2$ 的传递函数为

$$G(s)=\frac{\varphi_2(s)}{M_M(s)}=\frac{1.3545}{1.51\times10^{-4}s^4+7.58\times10^{-7}s^3+0.047s^2+1.77\times10^{-4}s}$$

及转速 $\omega_2$ 的传递函数为

$$G(s)=\frac{\omega_2(s)}{M_M(s)}=\frac{1.3545}{1.51\times10^{-4}s^3+7.58\times10^{-7}s^2+0.047s^1+1.77\times10^{-4}}$$

对于整个三质量系统，其传递函数可写成

$$G(s)=\frac{\omega_3(s)}{M_M(s)}$$

$$=\frac{5.189\times10^6s-4.608\times10^{-9}}{s^6+5.946s^5+1053s^4+2813s^3+155400s^2+103100s-3.347\times10^{-9}} \tag{B.1.15}$$

过程参数见表 B.1。另外，信号处理造成的迟延 $T_D=0.0187$ s，这可以在实验平台上辨识得到。

**表 B.1　三质量振荡器的过程参数**

| 参　数 | 数　值 |
|---|---|
| 引擎排量 | 1.91 |
| 引擎功率 | 110 kW |
| 缸数 | 4 |
| 转矩 | 2000 转时，315 N · m |
| 缸径 × 行程 | 82 mm × 94 mm |
| 排放等级 | 欧 4 |

# 参考文献

Isermann R (2005) Mechatronic Systems: Fundamentals. Springer, London

# 索引

（按拼音字母顺序排列，西文字母排在前）

## A



## B

# C

## D



## E

## F

## G

## H



## I



## J

## K

## L



## M

## N



## P

## Q



## R

## S



## T

## U



## V



## W

## X

## Y

## Z